华 章 数 学 译 丛

67

# Introduction to Graph Theory

## Second Edition

# 图论导引

## （原书第2版）典藏版

[美] 道格拉斯·B. 韦斯特　著
（Douglas B. West）

李建中 骆吉洲 译

机械工业出版社
CHINA MACHINE PRESS

**图书在版编目（CIP）数据**

图论导引（原书第2版）典藏版 /（美）道格拉斯·B. 韦斯特著；李建中，骆吉洲译 . —北京：机械工业出版社，2020.1（2024.10 重印）

（华章数学译丛）

书名原文：Introduction to Graph Theory, Second Edition

ISBN 978-7-111-64194-0

Ⅰ. 图… Ⅱ. ①道… ②李… ③骆… Ⅲ. 图论 – 高等学校 – 教材 Ⅳ. O157.5

中国版本图书馆 CIP 数据核字（2019）第 254729 号

北京市版权局著作权合同登记 图字：01-2003-2001 号。

Authorized translation from the English language edition, entitled Introduction to Graph Theory, Second Edition, ISBN: 978-0131437371, by Douglas B. West, published by Pearson Education, Inc., Copyright © 2001, 1996.

All rights reserved. No part of this book may be reproduced or transmitted in any form or by any means, electronic or mechanical, including photocopying, recording or by any information storage retrieval system, without permission from Pearson Education, Inc.

Chinese simplified language edition published by China Machine Press, Copyright © 2020.

本书中文简体字版由 Pearson Education（培生教育出版集团）授权机械工业出版社在中国大陆地区（不包括香港、澳门特别行政区及台湾地区）独家出版发行 . 未经出版者书面许可，不得以任何方式抄袭、复制或节录本书中的任何部分 .

本书封底贴有 Pearson Education（培生教育出版集团）激光防伪标签，无标签者不得销售 .

本书全面介绍了图论的基本概念、基本定理和算法，帮助读者理解并掌握图的结构和解决图论问题的技巧 . 另外，书中包含很多图论的新研究成果，并介绍了一些悬而未决的图论问题 . 证明与应用并举是本书的一个重要特点，书中对所有定理和命题给出了完整的证明，同时讨论了大量的实例和应用，并提供了 1 200 多道习题 .

本书可以作为高等院校数学系本科生和研究生、计算机专业和其他专业研究生的图论课程教材，也可以作为有关教师和工程技术人员的参考书 .

出版发行：机械工业出版社（北京市西城区百万庄大街 22 号 邮政编码：100037）

| | | | |
|---|---|---|---|
| 责任编辑：迟振春 | | 责任校对：殷 虹 | |
| 印 刷：河北宝昌佳彩印刷有限公司 | | 版 次：2024 年 10 月第 1 版第 9 次印刷 | |
| 开 本：186mm×240mm 1/16 | | 印 张：30.75 | |
| 书 号：ISBN 978-7-111-64194-0 | | 定 价：99.00 元 | |

客服电话：（010）88361066 68326294

版权所有·侵权必究

封底无防伪标均为盗版

# 译 者 序

1736 年，瑞士数学家 L. Euler(欧拉)在他的一篇论文中讨论了哥尼斯堡(Königsberg)七桥问题，由此诞生了一个全新的数学分支——图论(Graph Theory). 在经历了 200 多年的发展之后，图论已经积累了大量的理论和结果，其应用领域也逐步扩大. 最初，图论主要用来讨论游戏中遇到的问题；19 世纪末期，图论已经用来研究电网络方程组和有机化学中的分子结构；20 世纪中叶以后，借助于计算机，图论又用来求解生产管理、军事、交通运输、计算机以及通信网络等领域中的许多离散性问题，同时图论中的一些著名问题也借助于计算机得到了证明. 如今，图论本身及其在物理学、化学、运筹学、计算机科学、电子学、信息论、控制论、网络理论、社会科学和管理科学等领域中的应用越来越受到人们的重视. 因此，作为理工科相关专业的学生，全面系统地学习图论中的概念、基本定理和算法并了解图论中的一些悬而未决的问题是十分必要的.

本书是一部优秀的图论教科书，由 Douglas B. West 教授所著，目前已经是第 2 版了. Douglas B. West 教授是伊利诺伊大学数学系的资深教授，长期从事图论理论和组合优化方面的研究工作，发表了 100 多篇论文.

本书旨在介绍图论的基本概念、基本定理和算法，帮助读者理解并掌握图的结构和解决图论问题的技巧. 另外，本书包含很多图论的新研究结果，并介绍了一些悬而未决的图论问题. 证明与应用并举是本书的一个重要特点. 图论中的许多问题都有多个证明，作者对这些证明进行了精心选择，深入浅出地介绍了图论的证明技巧；本书还设计了大量习题，总量超过 1 200 道，通过这些习题，读者可以深刻理解图论的基本概念和证明技巧，并能够补充正文未包括的知识.

本书可以作为高等院校数学系本科生和研究生、计算机专业和其他专业研究生的图论课程教材，也可以作为有关教师和工程技术人员的参考书.

限于译者水平，译文中难免存在疏漏和错误，望广大读者批评指正.

# 前　　言

　　图论是训练离散数学证明技巧的乐园，其结果在计算科学、社会科学和自然科学等多个领域具有广泛应用．本书可作为本科生或低年级研究生 1～2 个学期的图论课程的教材．本书不要求任何图论的预备知识．尽管本书包含许多算法和应用，但重点是理解图的结构和解决图论问题的技巧．

　　目前已经有许多图论的教科书．由 J. A. Bondy 和 U. S. R. Murty 撰写的优秀教材《Graph Theory with Applications》(Macmillan/North-Holland[1976])把重点放在证明和应用两个方面，本书的草稿参照了该书．图论至今仍是一门年轻的学科，应该如何介绍图论的题材，大家仍然没有一致的看法．主题的挑选和顺序的安排，证明方法、目标和基本题目的选择等，一直是众说纷纭．作者在多次修改本书的过程中认识到，对于这些问题做决定是很困难的．本书是作者对这些争议的一点贡献．

## 第 2 版

　　第 2 版的修订主要是为了更易于学生学习和更便于教师教学．本书的总体内容没有很大的变化，但是对内容的表述方式做了修改，使其更容易理解，这一点在本书的前几部分尤其明显．有关第 2 版所做的某些修改，稍后将详细讨论，此处仅做一下概述．

- 非选学节中的选学材料现在用 * 号标明．这些内容不会在后续内容中使用，因而可以跳过．多数选修内容忽略以后，本书可以作为一学期的图论教学内容．如某一小节标记为"选学"，则整个小节的内容都是可选修的，而不再标记该小节中的各个项．
- 对于缺乏基础知识的学生，附录 A 概述了有关集合、逻辑、归纳法、计数、二项式系数、关系和鸽巢原理等方面的相关知识．
- 对于很多证明都重新进行了更细致的叙述，并增加了更多的例子．
- 增加了 350 多道习题，其中多数是第 1～7 章中的比较容易的题目．这样，本书的总习题量超过了 1 200 道．
- 增加了 100 多幅插图．本书的插图总量超过了 400 幅．为区别插图中包括的几种类型的边，书中把原有的实线和虚线改变为粗线和实线，增加了插图的清晰度．
- 相对简单的问题都集中放在各节习题的前面部分，用来作为热身练习．一些习题进行了改写，使其语义更加清楚．
- 对习题的提示做了补充，增加了一个"部分习题的提示"的附录．
- 为了易于查找，概念术语都用黑体字给出，其中绝大多数都出现在概念定义中．
- 为了易于查找，将术语集中在附录 D 中．
- 有关欧拉回路、有向图和 Turán 定理的内容经过了重新编排，以提高学习效率．
- 第 6 章和第 7 章交换了顺序以便先介绍平面性的思想，与复杂性有关的部分经过改编安排在附录中．
- 改正了专业术语的错误，并更加强调与本书内容直接相关的术语．

## 特点

　　本书特点就是使学生能够深入理解本书的内容．本书包括对证明技巧的讨论、1 200 多道习题、400 多幅插图以及许多例子．本书正文中出现的结论都有详细完整的证明．

　　很多本科生在开始学习图论前很少涉足证明技巧，附录 A 提供的背景阅读材料有助于初学者提高这方面的技巧. 如果初学者在理解和书写证明时有困难, 请结合第 1 章仔细阅读附录 A. 虽然本书前面的一些章节仍然讨论了一些证明技巧(特别是归纳法), 但是更多的背景知识(特别是集合、函数、关系和初等计数)已经安排在附录 A 中.

大多数习题都需要证明. 很多本科生在论证问题方面的实践不足, 这将影响他们对于图论和其他数学知识的兴趣. 即使抛开数学, 论证问题方面的智能训练也是极其重要的, 作者希望学生喜欢这种训练. 在求解问题时, 学生应该注意语言的使用("说出的即是你要表达的"), 而且表达准确("表达的即是你要说出的").

虽然图论中许多术语本身就表明了它们各自的定义, 但太多的专业术语定义会影响内容的可读性. 数学家喜欢一开始就给出一系列定义, 但学生们大都愿意熟练掌握一个概念后再去接受下一个概念, 这样他们会学得更好. 学生的这个意愿和审稿者的建议使作者推迟了很多定义的给出, 直到需要的时候. 例如, 笛卡儿积的定义在 5.1 节的着色问题部分给出, 线图的定义则分别在 4.2 节的 Menger 定理部分和 7.1 节的边着色部分给出, 诱导子图的定义和连接的定义分别推迟到 1.2 节和 3.1 节给出.

书中已经改变了对有向图介绍的位置, 将其推迟到了 1.4 节. 如果在介绍图的同时介绍有向图, 会使学生产生迷惑. 在第 1 章的最后介绍有向图相对容易学习, 学生能够在了解两种图的差别的同时加强对基本概念的理解. 在连通性问题上, 本书仍会将这两个模型放在一起讨论.

本书比其他图论书籍包含了更多的内容. 作为"其他主题"的可选章节, 最后一章汇集了很多图论最新研究结果, 使得本书适合不同层次的读者使用. 本科生的教学内容可以由前七章组成(去掉大部分选学内容), 第 8 章可作为对相应主题感兴趣的学生的阅读材料. 研究生的教学内容可以采用如下结构: 第 1 章和第 2 章作为推荐阅读材料, 在课堂上快速进入第 3 章, 并讲授第 8 章的一些主题. 第 8 章以及前面章节的选学内容也可作为高级图论课程的基本内容.

很多图论中的结论都有多个证明, 这样有助于提高学生采用多种方法处理问题的灵活性. 对于同一个问题, 本书可能在注记中谈及一些不同的证明方法, 另外一些留作练习.

很多习题都有提示, 一些提示在习题中直接给出, 另一些在附录 C 中给出. 标记了"−"的问题比较简单, 标记了"＋"的问题比较难. 标记了"＋"的问题不应该作为本科生的作业. 标记了"!"的问题则特别有价值、有启发性或有趣. 标记了"∗"的问题涉及可选内容.

每节习题都以标记"−"的问题开始, 根据相关章节内容的先后顺序排列, 这部分问题的结束由一组点来标记. 这部分问题要么是检查对概念的理解, 要么是对相关章节内容的结论的直接应用. 作者在课堂上推荐一些这样的问题作为热身练习, 在完成主要的作业题(多数这样的习题标记了"!")之前检查学生对基本概念的理解. 多数标记"−"的问题是很好的考试题. 如果在考试中使用其他习题, 从附录 C 中选取一些提示是很好的做法.

涉及多个概念的习题在最后一个相关概念介绍完之后给出. 正文中一个概念介绍完后有时会有指针指向与该概念相关的习题. 全书有很多这样的指针. 每一节对本节习题的引用仅由该习题在这节的习题中的相对编号给出, 对其他习题的交叉引用将通过其章、节和习题编号给出.

## 组织和修改

本书第 1 版力求内容的承接关系以及证明难度和算法复杂性循序渐进.

在第 2 版中, 本书继续保持这种风格. 欧拉回路和哈密顿环仍在不同章节, 并且离得更远. 欧拉回路的简单介绍在 1.2 节, 其中包括了与之密切相关的材料. 原来 2.4 节的部分内容移到其他章节的相关部分, 并删除了 Fleury 算法.

第 1 章被彻底改写. 本书仍然没有使用术语"多重图". 它引起的问题比它能解决的问题要多, 因为很多学生认为一个多重图必须有多条边. 一般来说, 只在需要的时候才在图的前面加上"简单", 而将"图"理解成普通的图, 这样不会引起误解, 因为偶尔在一些特定场合中仅考虑简单图才有意义.

第 2 版中对第 1 章的定义进行了处理, 使其更加容易理解和精确, 特别是路径、轨迹和通道等概念. 原来 1.1 节对于基本定义的非正式分组已经由一个"定义"部分所取代. 定义部分能够帮助学生更容易找到所需的定义.

除了有关同构的内容, 1.1 节对 Petersen 图进行了更精确的介绍, 对于分解和围长的概念也有清晰的阐述. 这为以后的相关讨论提供了方便, 同时也可以激发读者对图同构之外的其他问题的兴趣.

1.2 节到 1.4 节变得更加条理清晰. 对欧拉回路的处理进一步完善了 1.2 节. 1.3 节的一些内容被删除了, 从而突出了度和计数, 这节还包含了原 1.4 节有关顶点度的材料. 1.4 节现在主要是对有向图的介绍.

由于树和距离之间具有很多联系, 所以第 2 章同时包含了这两部分内容. 很多习题包含这些概念. 计算距离的算法也会产生或用到树.

很多图论专家认为 König-Egerváry 定理需要一个与网络流无关的独立证明. 学生在区分"$k$-连通"和"连通度 $k$"时感到困难, 而且"$k$-可染色"和"色数 $k$"也有同样的问题. 因此, 书中首先介绍匹配, 然后用匹配证明 Menger 定理. 匹配和连通性都在着色问题中有所应用.

为了满足众多读者的要求, 本书在 3.1 节结尾增加了一个可选小节, 介绍支配集. 作者通过强调顶点覆盖而不是增广路径, 并使用很多较好的例子, 使得加权二部匹配的概念更加清晰易懂.

在第 1 版中, Turán 定理仅使用了顶点度和归纳的基本思想, 因此这部分内容在第 1 章给出. 这样的安排使学生感到 Turán 定理太抽象, 难以理解. 为此, 考虑到与着色相关的极值问题, 本书在 1.3 节仅保留了简单三角自由的情况(芒泰尔定理), 而将完整的 Turán 定理移至 5.2 节.

关于平面性的章节现在移至"边和环"的前面. 当课时不足时, 平面性应优先讲授, 因为它比边着色和哈密顿环更重要. 与平面性相关问题的可视性较强, 易于被学生接受, 而且许多学生在这之前已经遇到过这些问题. 相对于本书前面的材料来说, 平面图的一些想法似乎比证明边着色问题和哈密顿环问题使用的方法更易于接受和理解.

先讨论平面性问题将会使第 7 章的内容更加条理清晰. 新的编排将会使平面性、边着色、哈密顿环等问题之间关系的讨论更全面, 并自然引出超出四色定理的可选新内容.

当学生们发现着色和哈密顿环问题缺乏好的算法时, 很多人开始关心问题的 NP 完全性. 附录 B 满足了这些读者的好奇心. 使用形式语言来叙述 NP 完全性问题会使问题更抽象, 因此很多学生更喜欢用图论的术语来描述 NP 完全问题. NP 完全性的证明也说明了"图变换"的多样性和有用性.

本书探讨了基本结果之间的关系. 2-因子 Petersen 定理使用了欧拉回路和二部匹配; Menger 定理和最大流-最小割定理的等价关系比第 1 版有更深入的探讨; "棒球淘汰问题"(Baseball Elimination)的应用被论述得更加详尽; $k$-色-临界图的 $k-1$-连通性(第 5 章)用到了二部匹配; 5.3 节对完美图做了简要的介绍, 着重强调了弦图. 与其他书相比, 本书不仅包括了 Vizing 定理的算法证明, 还包括了使用 Thomassen 方法对 Kuratowski 定理的证明.

本书的前七章还有很多其他的增加和改进. 第 6 章末尾对 Heawood 公式和 Robertson-Seymour

定理进行了简要的讨论. 7.1 节增加了关于边 - 色数的 Shannon 界的证明. 5.3 节给出了一个有关单纯顶点的更强的结论, 这使得对弦图的特征刻画变得更简单明了. 在 6.3 节, 删掉了 Birkhoff 菱形的可归约性证明, 增加了有关卸载问题的讨论. 定理证明的讨论是可选的, 目的是在没有开始详细证明之前给出关于证明的思路. 从这个观点出发, 可归约性证明似乎不是重点.

第 8 章包含了一些图论的新内容, 这些内容不适合作为本科生的教学内容. 这一章比前几章的内容更复杂而且撰写得更简练. 这一章的各节都是独立的, 每节都从一个大的主题中选择了最具吸引力的研究结果. 某些节越接近结束理解起来越困难. 在讲授这部分内容时, 教师应该选取某些节比较靠前的内容讲授, 而不要讲授全部内容.

第 8 章和前七章的可选部分可能偶有相关, 但一般都有交叉引用指出这些联系. 与第 1 版相比, 第 8 章的题材没有重大的改变, 只是改正了错误并且许多地方的叙述更加清晰.

在 *The Art of Combinatorics* 一书中将更全面地讨论高级图论. 其中, 第 Ⅰ 卷介绍极值图论, 第 Ⅱ 卷介绍图的结构, 第 Ⅲ 卷讨论拟阵和整数规划(包括网络流), 第 Ⅳ 卷重点介绍组合学中的方法并讨论图特别是随机图的各个方面.

## 课程的设计

第 1 章到第 7 章的 22 节, 每节可占用 2 个学时, 跳过其中大部分可选内容(即标注了星号或选学小节). 作者讲课时, 用 8 个学时讲解第 1 章; 用 12 个学时讲解第 4 章和第 5 章, 每章 6 个学时; 用 20 个学时讲解第 2 章、第 3 章、第 6 章和第 7 章, 每章 5 个学时. 于是, 本书的基本内容可以用 40 个学时讲授完毕. 教师也可以在第 1 章花更多的时间, 而删掉后面章节的部分内容.

在第 1 章后面的各章, 最重要的内容都在第 1 节. 在一学期内只讲授这部分内容, 也能使学生对图论有一个大致的了解. 在第 2、4、5、6、7 章的第 2 节中, 分别讲授 Cayley 公式、Menger 定理、Mycielski 构造、Kuratowski 定理和 Dirac 定理, 这对学生是有益的.

一些可选内容在课堂上讲授是很具有吸引力的. 例如, 作者经常讲授 2.1 节的不相交生成树和 3.2 节的稳定匹配等内容. 作者也讲授 3.3 节有关 $f$-因子的可选子节. 前七章的某些子节标记为可选内容, 是因为以后不再涉及这些内容, 而且这些内容也不属于图论的基础部分. 然而, 这些内容是能够引起学生兴趣的很好的应用. 对学生来说, 可选内容在期末考试时不会出现.

跳过前两章的研究生课程应该包括如下的内容: 图序列、有向图的核、Cayley 公式、矩阵树定理和 Kruskal 算法.

如果在每年四学期制的一个学期中讲授图论课程, 需要突出重点. 这里建议按照下面的大纲讲授: 1.1 节, 邻接矩阵、同构和 Petersen 图; 1.2 节, 全部; 1.3 节, 度 - 和公式和大二部子图; 1.4 节, 讲授到强分量, 加上竞赛图; 2.1 节, 讲授到树中心; 2.2 节, 讲授到矩阵树定理; 2.3 节, Kruskal 算法; 3.1 节, 几乎全部; 3.2 节, 不讲; 3.3 节, Tutte 定理的叙述以及 Petersen 结论的证明; 4.1 节, 讲授到块的定义, 忽略 Harary 图; 4.2 节, 讲授到开放耳分解, 加上 Menger 定理; 4.3 节, 流和分割的对偶性并叙述最大流与最小割之间的相等关系; 5.1 节, 讲授到 Szekeres - Wilf 定理; 5.2 节, Mycielski 构造和 Turán 定理; 5.3 节, 讲授到着色递归, 加上弦图的完美性; 6.1 节, $K_5$ 和 $K_{3,3}$ 的非平面性、对偶图的例子以及欧拉公式及其应用; 6.2 节, Kuratowski 定理和 Tutte 定理的叙述和例子; 6.3 节, 五色定理和交叉数的思想; 7.1 节, 讲授到 Vizing 定理; 7.2 节, 讲授到 Ore 条件和 Chvátal - Erdös 条件; 7.3 节, Tait 定理和 Grinberg 定理.

## 教学方法的进一步说明

在这一版中，作者强调可以自然地从相关材料中得到的那些结果，讲课时强调这些内容有助于内容的融会贯通.

本书更多地强调了 TONCAS 这一要点，即"显然的必要条件也是充分的". 书中明确指出，很多基本结果都可以用这种方式来理解. 这既为本课程提供了一个主题，也使得等价关系中简单的一面和复杂的一面之间的区别更加明朗.

另外，第 3 章到第 5 章以及 7.1 节中强调较多的是极大、极小值问题间的对偶性. 在图论课程中，没有人想深入钻研线性最优化问题中对偶的本质，只需理解构成对偶对的两个最优化问题具有如下性质即可：极大值问题的任意可行解的值不超过极小值问题的任意可行解的值. 如果两个互为对偶问题具有相同取值的可行解，则由对偶性可知，这两个可行解都是最优的. 有关线性规划的讨论在 8.1 节中给出.

其他的要点均属于证明技巧. 其一是用极端化方法来简化证明并避免使用归纳法. 其二就是用归纳法证明条件性命题，关于这一点在注记 1.3.25 中有明确的说明.

导出 Kuratowski 定理的过程有些长. 尽管如此，最好在一个学时内完成其证明. 为了节省时间，可以简单讨论将该问题归约到 3-连通情况的那些预备引理. 注意，用归纳法可以很自然地引出两个引理来证明 3-连通的情况. 此外，还要注意证明使用了 5.2 节中定义的 S-瓣这个概念.

第 6 章的第 1 个学时不要就作图和区域等技术进行冗长的讨论. 最好将这些概念当作直观概念，除非有学生问起它们的细节. 正文中有这些概念的精确叙述.

由于在后续内容中不再涉及，1.4 节中得出有向图概念的应用例子被标记为选学内容. 但这些例子可以使读者更清晰地认识到模型（图或有向图）的选取是依赖于应用的.

由于图论不强调数值计算而强调证明技巧和解释的清晰，因此是用来培养学生书面和口头表达能力的一门很好的课程. 除了布置一些书面作业并要求学生仔细书写其论述过程外，作者发现组织一些"讨论式学习"也是很有成效的，这时学生们讨论问题，教师则在教室里巡视、听学生的讨论并回答他们的问题. 记住，考察一个人是否真正理解了证明过程的最好方法就是让他给别人解释这个证明. 参与这种讨论的学生均受益匪浅.

## 致谢

本书得益于许多大学在课堂教学中对其不断的改进. 按时间顺序排序，使用过这本教材的教师有：Ed Scheinerman（约翰斯·霍普金斯大学），Kathryn Fraughnaugh（科罗拉多大学丹佛分校），Paul Weichsel/Paul Schupp/Xiaoyun Lu（伊利诺伊大学），Dean Hoffman/Pete Johnson/Chris Rodger（厄本大学），Dan Ullman（乔治·华盛顿大学），Zevi Miller/Dan Pritikin（迈阿密大学俄亥俄分校），David Matula（南卫理公会大学），Pavol Hell（西蒙·弗雷泽大学），Grzegorz Kubicki（路易斯维尔大学），Jeff Smith（普度大学），Ann Trenk（韦尔兹利学院），Ken Bogart（达特茅斯学院），Kirk Tolman（伯明翰扬大学），Roger Eggleton（伊利诺伊州立大学），Herb Kasube（布拉德雷大学），Jeff Dinitz（佛蒙特大学）. 其中很多人以及他们的学生都对本书提出了宝贵的修改意见.

在此感谢 Prentice Hall 的 George Lobell 长期的帮助并找到本教材的审阅者. 审阅者 Paul Edelman、Renu Laskar、Gary MacGillivray、Joseph Neggers、Joseph Malkevitch、James Oxley、

Sam Stueckle 和 Barry Tesman 提出了宝贵的意见. 第 8 章的早期版本的审阅者包括 Mike Albertson、Sanjoy Barvah、Dan Kleitman、James Oxley、Chris Rodger 和 Alan Tucker. 第 2 版的审阅者有 Nate Dean、Dalibor Froncek、Renu Laskar、Michael Molloy、David Sumner 和 Daniel Ullman.

从第 1 版到第 2 版的很多修改意见来自读者. 这些修改包括从排版错误到简化证明、附加习题, 这对本书的完成是非常重要的. 在此感谢他们对本书的评价和意见, 包括: Troy Barcume, Stephan Brandt, Gerard Chang, Scott Clark, Dave Gunderson, Dean Hoffman, John D'Angelo, Charles Delzell, Thomas Emden-Weinert, Shimon Even, Fred Galvin, Alfio Giarlotta, Don Greenwell, Jing Huang, Garth Isaak, Steve Kilner, Alexandr Kostochka, André Kündgen, Peter Kwok, JeanMarc Lanlignel, Francois Margot, Alan Mehlenbacher, Joel Miller, Zevi Miller, Wendy Myrvold, Charles Parry, Robert Pratt, Dan Pritikin, Radhika Ramamurthi, Craig Rasmussen, Bruce Reznick, Jian Shen, Tom Shermer, Warren Shreve, Alexander Strehl, Tibor Szabó, Vitaly Voloshin 和 C. Q. Zhang.

特别感谢 John Ganci 对本书极其认真的阅读!

在第 2 版再版时, 学生们发现了许多排版错误. 这些学生包括: Jaspreet Bagga, Brandon Bowersox, Mark Chabura, John Chuang, Greg Harfst, Shalene Melo, Charlie Pikscher 和 Josh Reed.

第 1 版的封面(指英文原书)是由 Ed Scheinerman 使用美国军方 Ballistic 实验室的 BRL-CAD 完成的. 第 2 版的封面是由 Maria Muyot 使用 CorelDRAW 完成的.

Chris Hartman 在为第 1 版参考文献的准备方面做了重要工作, 新的参考文献现在已经被加入. Ted Harding 帮助解决了第 1 版在排版方面的困难.

本书第 2 版是使用 TEX 完成的. TEX 中的科学排版系统归功于 Donald E. Knuth. 书中的插图是使用 gpic 生成的, 它是一种免费的软件.

## 反馈

作者在这里欢迎大家对本书提出修改和建议, 包括对本书主题的评论、结果的归属、更新、对习题的建议、排版错误、专业术语等. 请将您的宝贵信息发送至

west@math. uiuc. edu

如果在参考文献的引用上有所遗漏, 在此表示特别的歉意, 并请通知作者.

作者建立了一个 Web 网站, 包括课程提纲、勘误表、更新等辅助材料, 欢迎您访问!

http://www. math. uiuc. edu/~west/igt

在印刷之前作者已将所知道的所有排版和数学错误更正完毕. 尽管如此, 本书还难免会存在一些错误, 请您帮助找到并通知作者, 以便及时更正.

Douglas B. West
伊利诺伊大学厄巴纳分校

# 符 号 表

| | | | |
|---|---|---|---|
| $\leftrightarrow$ | 邻接关系 | $A-B$ | 集合的差 |
| $\rightarrow$ | 后继关系(有向图) | $\binom{n}{k}$ | 二项式系数 |
| $\cong$ | 同构关系 | | |
| $a\equiv b \bmod n$ | 同余关系 | $\binom{n}{n_1\cdots n_k}$ | 多项式系数 |
| $\Rightarrow$ | 蕴涵 | | |
| $\lfloor x \rfloor$ | 数的下取整 | $\mathbf{1}_n$ | 所有项均为 1 的 $n$-向量 |
| $\lceil x \rceil$ | 数的上取整 | $Y \mid X$ | 条件变量或事件 |
| $[n]$ | $\{1,\cdots,n\}$ | $A(G)$ | 邻接矩阵 |
| $\mid x \mid$ | 数的绝对值 | $\mathrm{Adj}\ A$ | 转置伴随矩阵 |
| $\mid S \mid$ | 集合的大小 | $B(G)$ | 带宽 |
| $\{x: P(x)\}$ | 集合描述 | $\boldsymbol{B}_M$ | 拟阵的基 |
| $\infty$ | 无穷 | $\boldsymbol{C}_M$ | 拟阵的回路 |
| $\varnothing$ | 空集 | $C_n$ | 具有 $n$ 个顶点的环 |
| $\cup$ | 并 | $C_n^d$ | 环的幂 |
| $\cap$ | 交 | $c(G)$ | 分支数 |
| $A\subseteq B$ | 子集 | $c(G)$ | 周长 |
| $G\subseteq H$ | 子图 | $C(G)$ | (哈密顿)闭包 |
| $G[S]$ | 由 $S$ 诱导的 $G$ 的子图 | $c(e)$ | 代价或容量 |
| $\overline{G},\ \overline{X}$ | 图或集合的补 | $\mathrm{cap}(S,T)$ | 割的容量 |
| $G^*$ | (平面)对偶 | $d_1,\cdots,d_n$ | 度序列 |
| $G^k$ | 图的 $k$ 次幂 | $d(v),\ d_G(v)$ | 顶点的度 |
| $S^k$ | $S$ 的 $k$ 元组的集合 | $d^+(v),\ d^-(v)$ | 出度，入度 |
| $[S,\overline{S}]$ | 边割 | $D$ | 有向图 |
| $[S,T]$ | 源点/接收点割 | $D(G)$ | 距离和 |
| $G-v$ | 顶点的删除 | $d(u,v)$ | 从 $u$ 到 $v$ 的距离 |
| $G-e$ | 边的删除 | $\mathrm{diam}\ G$ | 直径 |
| $G\cdot e$ | 边的收缩 | $\det A$ | 行列式 |
| $G+H$ | 图的不相交并 | $E(G)$ | 边集 |
| $G\vee H$ | 图的并 | $E(X)$ | 期望值 |
| $G\square H$ | 图的笛卡儿积 | $e(G)$ | 大小(边数) |
| $G\triangle H,\ A\triangle B$ | 对称差 | $f^+(v),\ f^+(S)$ | 全出口流 |
| $G\circ x$ | 顶点复制 | $f^-(v),\ f^-(S)$ | 全入口流 |
| $G\circ h$ | 顶点多重复制 | $f$ | 函数，流 |
| $A\times B$ | 集合的笛卡儿积 | $f$ | 面数 |

| | | | |
|---|---|---|---|
| $G$ | 图（或有向图） | $\mathbf{R}^2$ | $\mathbf{R} \times \mathbf{R}$ |
| $G^p$ | 模型 A 中的随机图 | $r_M$ | 拟阵的秩函数 |
| $H_{k,n}$ | Harary 图 | $S_\gamma$ | 具有 $\gamma$ 个手柄的表面 |
| $\mathbf{I}_M$ | 拟阵的独立集 | Spec $(G)$ | 谱（特征值） |
| $I$ | 单位矩阵 | $A^{\mathrm{T}}$ | 矩阵的转置 |
| $J$ | 所有元都为 1 的矩阵 | $T$ | 树，竞赛图 |
| $K_n$ | 完全图 | $T_{n,r}$ | Turán 图 |
| $K_{r,s}$ | 完全二部图 | $t_r(n)$ | Turán 图的大小 |
| $L(G)$ | 线图 | $U_{k,n}$ | 均匀拟阵 |
| $l(e)$ | 流的下界 | $u(e)$ | 流的上界 |
| $l(D)$ | 路径的最大长度 | val$(f)$ | 流 $f$ 的值 |
| $l(F)$ | 面的长度 | $V(G)$ | 顶点集 |
| lg $x$ | 以 2 为底的对数 | $W_n$ | 具有 $n$ 个顶点的轮 |
| ln $x$ | 自然对数 | $w(e)$ | 边的权 |
| $M$ | 匹配 | $\mathbf{Z}$ | 整数集 |
| $M(G)$ | 关联矩阵 | $\mathbf{Z}_p$ | 整数模 $p$ |
| $M(G)$ | $G$ 的圈拟阵 | $\alpha(G)$ | 独立数 |
| $M^*$ | 对偶遗传系统 | $\alpha'(G)$ | 匹配的最大尺寸 |
| $M. F$ | $M$ 到 $F$ 的收缩 | $\beta(G)$ | 顶点覆盖数 |
| $M \mid F$ | $M$ 到 $F$ 的限制 | $\beta'(G)$ | 边覆盖数 |
| $\mathbf{N}$ | 自然数集 | $\gamma(G)$ | 亏格，支配数 |
| $N$ | 网络 | $\Delta(G)$ | 最大度 |
| $N(v) N_G(v)$ | （开）邻域 | $\Delta^+(G)$，$\Delta^-(G)$ | 最大出度，最大入度 |
| $N[v]$ | 闭邻域 | $\delta(G)$ | 最小度 |
| $N^+(v)$，$N^-(v)$ | 出邻域，入邻域 | $\delta^+(G)$，$\delta^-(G)$ | 最小出度，最小入度 |
| $n(G)$ | 阶（顶点的个数） | $\partial(v)$ | 顶点处的需求 |
| $O(f)$，$o(f)$ | 增长率 | $\varepsilon_G(u)$ | $G$ 中 $u$ 的离心率 |
| $o(H)$ | 奇分支数 | $\Theta(f)$ | 增长率 |
| $P(A)$ | 事件的概率 | $\theta(G)$ | 团覆盖数 |
| $P_n$ | 具有 $n$ 个顶点的路径 | $\theta'(G)$ | 交数 |
| pdim $G$ | 乘积维 | $\kappa(G)$ | （顶点）连通度 |
| qdim $G$ | 塌陷立方体维 | $\kappa'(G)$ | 边-连通度 |
| $Q_k$ | $k$-维超立方体 | $\kappa(x, y)$ | 局部连通度 |
| rad $G$ | 半径 | $\kappa'(x, y)$ | 局部边-连通度 |
| $R(k, l)$ | 拉姆齐数 | $\kappa(r; G)$ | 局部-全局连通度 |
| $R(G, H)$ | 图拉姆齐数 | $\lambda(x, y)$ | 最大 ♯ 不相交路径 |
| $\mathbf{R}$ | 实数集 | $\lambda'(x, y)$ | 最大 ♯ 边-不相交路径 |

| | | | | |
|---|---|---|---|---|
| $\lambda_1, \cdots, \lambda_n$ | 特征值 | | $\Upsilon(G)$ | 荫度 |
| $\mu_1, \cdots, \mu_n$ | 特征值 | | $\phi(G; \lambda)$ | 特征多项式 |
| $\mu(e), \mu(G)$ | 边重数 | | $\chi(G)$ | 色数 |
| $\upsilon(G)$ | 交叉数 | | $\chi'(G)$ | 边-色数 |
| $\Pi$ | 乘积 | | $\chi(G; k)$ | 色多项式 |
| $\rho(G)$ | 最大密度 | | $\chi_l(G)$ | 序列色数 |
| $\Sigma$ | 和 | | $\psi(G; \lambda)$ | 最小多项式 |
| $\sigma, \pi, \tau$ | 置换 | | $\Omega(f), \omega(f)$ | 增长率 |
| $\sigma(v)$ | 顶点处的供应 | | $\omega(G)$ | 团数 |
| $\sigma_M$ | 生成函数 | | | |
| $\tau(G)$ | 生成树的个数 | | | |

# 目　　录

# 第 1 章 基 本 概 念

## 1.1 什么是图

怎样布线才能使得每一部电话都互相连通，并且花费最小？从首府到每州州府的最短路线是什么？$n$ 项任务怎样才能最有效地由 $n$ 个人完成？管道网络中从源点到汇集点的单位时间最大流是多少？一个计算机芯片需要多少层才能使得同一层的线路互不相交？怎样安排一个体育联盟季度赛的日程表使其在最少的周数内完成？一位流动推销员要以怎样的顺序到达每一个城市才能使得旅行时间最短？我们能用 4 种颜色来为每张地图的各个区域着色并使得相邻的区域具有不同的颜色吗？

这些问题以及其他的一些实际问题都涉及图论．在这本书里，我们将介绍图的一些理论并将其应用于这些问题．我们假定读者具有附录 A 提供的数学背景，即基本的数学对象和语言．

**定义**

我们常说的下面这个导致图论诞生的问题将启示我们给出图的基本定义．

**1.1.1 例**（哥尼斯堡（Königsberg）桥问题） 哥尼斯堡城坐落于普鲁士的普莱格尔河畔．城区包括 Kneiphopf 岛和河的两岸区域．这四个地区通过下图所示的 7 座桥连接．市民们想知道如果他们从家出发，经过每一座桥恰好一次，是否又能返回家．这个问题被简化为遍历右侧的图，图中的黑点表示陆地，曲线表示桥．

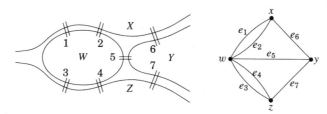

由右侧的模型易知这样的遍历是不存在的．每当我们到达并离开一块陆地时，要通过两座连接到这个地区的桥．我们也可以把出发的第一座桥和返回地区的最后一座桥作为一对．这样所需的遍历要求每块陆地与偶数座桥相连．这个必要条件在哥尼斯堡问题中是不存在的． ■

在 1.2 节当我们说明哪种结构具有可遍历性时，哥尼斯堡桥问题变得更加有趣．同时，哥尼斯堡问题为讨论这样的问题提出了一个通用模型．

**1.1.2 定义** 一个图 $G$ 是一个三元组，这个三元组包含一个**顶点集** $V(G)$、一个**边集** $E(G)$ 和一个关系，该关系使得每一条边和两个顶点（不一定是不同的点）相关联，并将这两个顶点称为这条边的**端点**．

在纸上**作图**就是将每一个顶点定位到一个点上并将边用连接其端点的曲线来表示．

**1.1.3 例** 在例 1.1.1 的图中，顶点集为 $\{x, y, z, w\}$，边集为 $\{e_1, e_2, e_3, e_4, e_5, e_6, e_7\}$，每条边的端点如图所示．

注意 $e_1$ 和 $e_2$ 具有同样的端点，边 $e_3$ 和 $e_4$ 也是如此．如果在一个小水湾上有一座桥，那么桥的两端将在同一块土地上，所以我们要画一条其两个端点在同一点的曲线来表示它．我们有确切的术语来定义图中的这一类边.

**1.1.4 定义**  一个**圈**是一条边, 它的两个端点是相同的. **重边**是具有同一对端点的多条边.

一个**简单图**是不含圈和重边的图. 我们用点的集合和边的集合来确定一个简单图, 边的集合被表示为一组无序点对的集合, 我们用 $e=uv$(或 $e=vu$)来表示一条以 $u$、$v$ 为端点的边 $e$.

当 $u$ 和 $v$ 是一条边的两个端点时, 那么它们是**邻接**的且互为**邻居**. 我们用 $u\leftrightarrow v$ 来表示 $u$ 和 $v$ 是邻接的.

许多重要的应用并不涉及圈和重边, 所以我们只研究简单图. 这样, 一条边由其端点来确定, 进而可以用端点来命名边, 正如定义 1.1.4 所描述的. 在一个简单图里我们把一条边视为一个无序点对并且忽略边和端点间的关联关系. 本书着重于讲述简单图.

**1.1.5 例**  在下图中, 左侧是同一个简单图的两个作图, 该简单图的顶点集是 $\{u, v, w, x, y\}$, 边集是 $\{uv, uw, ux, vx, vw, xw, xy\}$.

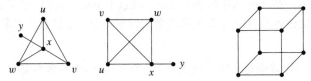

"顶点"和"边"这两个术语来自立体几何. 一个立方体具有多个顶点和多条边, 它们组成一个图的顶点集和边集. 这个图如右侧的图形所示, 图中忽略了顶点和边的名称.

如果一个图的顶点集和边集都是有穷的, 那么该图就是**有穷**的. 除非明确指出, 我们约定**本书中的每一个图都是有穷的**.

\* **1.1.6 注记**  顶点集和边集是空集的图称为**空图**. 将一般的定理推广到包含空图的情况只会带来不必要的复杂性, 所以我们忽略它. 所有的讨论和习题都假定图的顶点集是非空的.

**图模型**

图以多种形式出现. 从一些应用可直接得到有关图的结构的有用概念和术语.

**1.1.7 例**(相识关系和子图)  任意 6 个人中都有 3 个人相互认识或相互陌生吗? 因为"认识"是对称的, 我们可以用一个简单图来对该问题建立模型, 图的每个顶点表示一个人, 每条边表示一对互相认识的人. 相同集合中"不相识"关系产生另一个图, 其边集是前一个图的边集的"补集". 下面我们来介绍这些概念的术语.

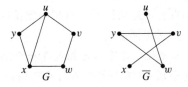

**1.1.8 定义**  一个简单图 $G$ 的**补图** $\overline{G}$ 也是一个简单图, 其顶点集为 $V(G)$, 且 $uv\in E(\overline{G})$ 当且仅当 $uv\notin E(G)$. **团**是图中两两相邻的顶点组成的集合. **独立集**(或**稳定集**)是图中两两互不相邻的顶点组成的集合.

在例 1.1.7 的图 $G$ 中, $\{u, x, y\}$ 是一个大小为 3 的团, $\{u, w\}$ 是一个大小为 2 的独立集, 它们分别是最大团和最大独立集. 这两个值在 $\overline{G}$ 中正好调换, 因为在补图的定义下团变成了独立集(反之亦然). 例 1.1.7 中的问题等价于是否任意 6 顶点图都有一个大小是 3 的团或独立集(习题 29).

从 $G$ 中删除边 $ux$ 就产生一个 5 顶点图, 其中没有大小为 3 的团或大小为 3 的独立集.

**1.1.9 例**(任务分派与二部图) 我们有 $m$ 项任务和 $n$ 个人, 但不是所有的人都能胜任所有的任务. 我们能否为每个任务找到合适的人选? 同样, 我们用一个简单图 $H$ 来对这个问题建立模型, 其中的顶点表示任务和人. 如果人 $p$ 可以胜任任务 $j$, 那么把 $p$ 和 $j$ 放在紧邻位置.

每一项任务将恰好由一个人完成, 每一个人最多可以执行一项任务. 这样我们需要在 $H$ 中找到 $m$ 条相互独立的边(将边视为顶点对). 第 3 章将讲解怎样对此进行测试. 对下面的图来说, 我们找不到这样的边.

很多重要的应用都可以用图来对两个互不相交的集合建立模型. 在有些图中, 顶点集可以被划分成两个独立集, 我们需要给这些图起个名字.

人

任务

**1.1.10 定义** 图 $G$ 称为**二部图**, 如果 $V(G)$ 是两个互不相交的独立集(可以是空集)的并集, 这两个集合称为图 $G$ 的**部集**.

**1.1.11 例**(日程表与图的着色) 假设要安排参议院的会议日程表. 如果两个委员会有相同成员, 则不能将这两个委员会的会议安排在同一时间. 我们需要多少个不同的时间段呢?

我们为每一个委员会构造一个顶点, 如果两个委员会有相同成员, 则相应的两个顶点是相邻的. 我们要给这些顶点分配标记(时间段)使得每条边的端点都有不同的标记. 下面的图有 3 个独立集, 我们可以给每一个独立集分配一个标记. 团中的所有成员必须被分配不同的标记, 故这个例子至少需要 3 个时间段.

因为我们只对顶点集的划分感兴趣, 且标记没有数值意义, 因此将它们称为**颜色**会更方便. 　4

**1.1.12 定义** 图 $G$ 的**色数**, 记为 $\chi(G)$, 是使邻接点获得不同颜色所需颜色的最小数目. 图 $G$ 是 $k$-**分**的, 如果 $V(G)$ 可以表示为 $k$(可以为空)个独立集的并.

这就推广了二部图的思想——二部图是二分的. 具有相同颜色的顶点必构成一个独立集, 所以 $\chi(G)$ 是分解 $V(G)$ 所需独立集的最小数目. 一个图是 $k$-分的当且仅当它的色数最多为 $k$. 当提到分解成独立集的划分中的一个集合时我们用"部集"来指代它.

我们将在第 5 章中学习色数和图的着色. 图论中最著名的(最难以对付的)问题就是地图的着色问题.

**1.1.13 例**(地图与着色) 笼统地讲, 一幅**地图**就是将一个平面分解成相连的区域. 我们能否用最多 4 种颜色来为每幅地图着色, 并使得相邻区域具有不同颜色?

为了将地图着色与图的着色联系起来, 我们用一个顶点来表示一个区域, 用一条边来表示两个区域具有公共边界. 四色问题即是否所得的图的色数最多为 4. 这个图可以在一个平面中画出, 且它没有互相交叉的边, 这种图称为**可平面图**. 定义 1.1.12 前面的那个图是可平面图; 它有一个交叉点, 但另一种画法就没有. 我们将在第 6 章中学习可平面图.

**1.1.14 例**(公路网中的路线问题) 我们可以用图来表示一个公路网, 图中的边表示点间的一段路. 我们可以通过给边加权来衡量距离或行进时间. 在这里边表示物理上的连接. 我们怎样才能找到从 $x$ 到 $y$ 的最短路线? 我们将在第 2 章讲解这个问题.

如果图中的顶点表示我们的家和其他要去的地方, 那么我们会希望在行走路线中每一个顶点正好经过一次. 我们将在第 7 章研究这种路线是否存在.

我们需要一些术语来描述图中的这两种路线.

**1.1.15 定义** 一条**路径**是一个简单图, 其顶点可以排序使得两个顶点是邻接的当且仅当它们在顶点的序列中是前后相继的. 一个**环**是一个顶点数和边数相等的图, 其顶点可以放置于一个圆周上使得两个顶点是相邻的当且仅当它们在圆周上相继出现.

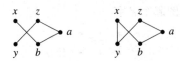

上图给出了一条路径和一个环, 顶点序列是 $x$, $b$, $a$, $z$, $y$. 从环中删除掉一条边会产生一条路径. 在研究公路网中的路线时, 我们仅考虑含于图中的路径和环. 同时, 我们又希望交通网络中的每一个顶点都可以到达其他任何一个顶点. 下面的定义精确说明了这些概念.

**1.1.16 定义** 图 $G$ 的**子图**是一个图 $H$, 它满足 $V(H) \subseteq V(G)$, $E(H) \subseteq E(G)$ 且 $H$ 中边的端点的分配和 $G$ 中的一样. 我们用 $H \subseteq G$ 来表示"$G$ 包含 $H$".

如果 $G$ 中的每一对顶点都属于某一条路径, 图 $G$ 是**连通**的; 否则, 称 $G$ 是**非连通**的.

定义 1.1.12 前面的那个图有 3 个子图是环, 它是一个连通图. 但例 1.1.9 中的图不是连通图.

**矩阵和同构**

我们怎样说明一个图呢? 我们可以列出所有的顶点和边(带上端点), 当然还有其他一些有用的说明方法. 一个图是**无圈**的是指该图允许出现重边但不允许出现圈.

**1.1.17 定义** 令 $G$ 是一个无圈图, 其顶点集是 $V(G) = \{v_1, \cdots, v_n\}$, 边集是 $E(G) = \{e_1, \cdots, e_m\}$. $G$ 的**邻接矩阵**, 记为 $A(G)$, 是一个 $n \times n$ 的矩阵, 元素 $a_{i,j}$ 是以 $v_i$ 和 $v_j$ 为端点的边的数目. $G$ 的**关联矩阵** $M(G)$ 是一个 $n \times m$ 的矩阵, 如果 $v_i$ 是 $e_j$ 的端点, 元素 $m_{i,j}$ 是 1, 否则为 0.

如果顶点 $v$ 是边 $e$ 的端点, 则称 $v$ 和 $e$ 是**关联**的. 顶点 $v$ 的**度**(在无圈图中)是其关联边的数目.

在带圈的图中, 确切定义邻接矩阵、关联矩阵和顶点度的方法依赖于具体的应用. 1.2 节和 1.3 节会讨论到这个问题.

**1.1.18 注记** 邻接矩阵由顶点的顺序决定. 任意邻接矩阵都是**对称**的(对于所有的 $i$, $j$, $a_{i,j} = a_{j,i}$). 简单图的邻接矩阵的元素是 0 或 1, 对角线上的元素都是 0. $v$ 的度是 $A(G)$ 或 $M(G)$ 中 $v$ 对应行中的元素的和.

**1.1.19 例** 对下面的无圈图 $G$, 我们给出了邻接矩阵和关联矩阵, 顶点序列是 $w$, $x$, $y$, $z$, 边序列是 $a$, $b$, $c$, $d$, $e$. 通过观察图 $G$, 把两个矩阵中任一矩阵对应 $y$ 的行的元素求和, 得到 $y$ 的度是 4.

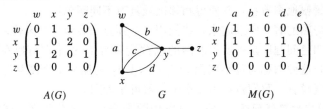

$$A(G) \qquad\qquad G \qquad\qquad M(G)$$

用邻接矩阵来表示一个图也就是按照矩阵中行的顺序来命名图的顶点；第 $i$ 个顶点对应第 $i$ 行和第 $i$ 列．将一个图存储于计算机中需要先命名图中的顶点．

然而，我们要研究的性质（如连通性）是不依赖于这些名字的．直观地讲，如果我们用 $H$ 中的顶点来重新命名 $G$ 中的顶点可以使 $G$ 恰好变成 $H$，那么 $G$ 和 $H$ 结构上的性质将是一样的．下面我们要为简单图精确地描述这一定义．重命名是一个从 $V(G)$ 到 $V(H)$ 的函数，它将 $V(H)$ 中的每个顶点分配给 $V(G)$ 中的一个顶点，使它们配对．这样的函数是一一对应的或双射（见附录A）．重命名使得 $G$ 变为 $H$，即顶点上的双射保持了顶点间的邻接关系．

**1.1.20 定义** 从简单图 $G$ 到简单图 $H$ 的**同构**是一个双射 $f: V(G) \rightarrow V(H)$，使得 $uv \in E(G)$ 当且仅当 $f(u)f(v) \in E(H)$．如果存在从 $G$ 到 $H$ 的同构，我们说"$G$ **同构于** $H$"，记为 $G \cong H$．

**1.1.21 例** 下图中的 $G$ 和 $H$ 是具有 4 个顶点的路径．定义函数 $f: V(G) \rightarrow V(H)$，其中 $f(w)=a$，$f(x)=d$，$f(y)=b$，$f(z)=c$．为了证明 $f$ 是一个同构，我们只需验证 $f$ 保持了边与非边．注意将 $A(G)$ 中的行和列以 $w, y, z, x$ 排序，就会得到 $A(H)$，如下所示；这就证明了 $f$ 是一个同构．

另一个同构将 $w, x, y, z$ 分别映射到 $c, b, d, a$．

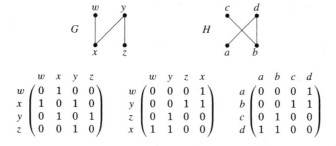

$$
\begin{array}{c}
\begin{array}{c} \quad\ w\ x\ y\ z \end{array} \\
\begin{array}{c} w \\ x \\ y \\ z \end{array}
\begin{pmatrix}
0 & 1 & 0 & 0 \\
1 & 0 & 1 & 0 \\
0 & 1 & 0 & 1 \\
0 & 0 & 1 & 0
\end{pmatrix}
\end{array}
\qquad
\begin{array}{c}
\begin{array}{c} \quad\ w\ y\ z\ x \end{array} \\
\begin{array}{c} w \\ y \\ z \\ x \end{array}
\begin{pmatrix}
0 & 0 & 0 & 1 \\
0 & 0 & 1 & 1 \\
0 & 1 & 0 & 0 \\
1 & 1 & 0 & 0
\end{pmatrix}
\end{array}
\qquad
\begin{array}{c}
\begin{array}{c} \quad\ a\ b\ c\ d \end{array} \\
\begin{array}{c} a \\ b \\ c \\ d \end{array}
\begin{pmatrix}
0 & 0 & 0 & 1 \\
0 & 0 & 1 & 1 \\
0 & 1 & 0 & 0 \\
1 & 1 & 0 & 0
\end{pmatrix}
\end{array}
$$

7

**1.1.22 注记**（寻找同构） 正如例 1.1.21 所示，将邻接矩阵中顶点排序使得两个邻接矩阵相同是证明两个图同构的一个可行方法．将一个置换 $\sigma$ 应用到 $A(G)$ 的行和列中会使 $G$ 中的顶点重新排序．如果新的矩阵和 $A(H)$ 相等，那么这个置换就产生一个同构．我们不用写出矩阵就可以验证一个邻接关系是否被保留．

为使一个显式的顶点一一映射成为一个从 $G$ 到 $H$ 的同构，$G$ 中的顶点 $v$ 在 $H$ 中的象的特性必须和 $v$ 在 $G$ 中的特性保持一致，例如它们必须具有相同的度．

**\*1.1.23 注记**（非简单图的同构） 同构的定义可以推广到含有环和重边的图中，但是必须使用定义 1.1.2 的语言对其进行精确的叙述．

> 一个从 $G$ 到 $H$ 的**同构**是一个双射 $f$，它将 $V(G)$ 映射到 $V(H)$，将 $E(G)$ 映射到 $E(H)$ 使得 $G$ 的端点为 $u$、$v$ 的每一条边映射到一条端点为 $f(u)$ 和 $f(v)$ 的边．

我们不涉及这些细节，因为我们只研究简单图的同构．

因为只要 $G$ 同构于 $H$ 就有 $H$ 同构于 $G$，我们通常说"$G$ 和 $H$ 是同构的"（表示相互的）．形容词"同构的"只应用于一对图；"$G$ 是同构的"没有任何意义（我们会问"同构于什么？"）．同样，我们可以说一组图是"成对同构的"，但说"这组图是同构的"是无意义的．

集合 $S$ 上的一个**关系**就是 $S$ 中的一组有序对．一个**等价关系**就是一个自反的、对称的和传递的关系（见附录A）．例如，一个图中顶点的邻接关系是对称的，但不是自反的，很少是传递的．然而，由 $G$ 和 $H$ 同构的有序对 $(G, H)$ 的集合组成的**同构关系**就具有这三种性质．

**1.1.24 命题** 简单图集合的同构关系是一种等价关系.

**证明** 自反性. $V(G)$ 上的恒等置换是从 $G$ 到其自身的一个同构. 于是，$G\cong G$.

对称性. 如果 $f: V(G)\rightarrow V(H)$ 是从 $G$ 到 $H$ 的一个同构，那么 $f^{-1}$ 是从 $H$ 到 $G$ 的一个同构，因为由"$uv\in E(G)$ 当且仅当 $f(u)f(v)\in E(H)$"可以得到"$xy\in E(H)$ 当且仅当 $f^{-1}(x)f^{-1}(y)\in E(H)$". 这样，$G\cong H$ 推出 $H\cong G$.

传递性. 假设 $f: V(F)\rightarrow V(G)$ 和 $g: V(G)\rightarrow V(H)$ 是同构的. 我们有"$uv\in E(F)$ 当且仅当 $f(u)f(v)\in E(G)$"和"$xy\in E(G)$ 当且仅当 $g(x)g(y)\in E(H)$". 因为 $f$ 是一个同构，对于每一个 $xy\in E(G)$ 我们可以找到 $uv\in E(F)$ 使得 $f(u)=x$, $f(v)=y$. 这样就得到"$uv\in E(F)$ 当且仅当 $g(f(u))g(f(v))\in E(H)$"，那么 $g\circ f$ 就是一个从 $F$ 到 $H$ 的同构. 我们就证明了 $F\cong G$ 和 $G\cong H$ 蕴涵 $F\cong H$. ∎

等价关系把一个集合划分成一些**等价类**；集合中的两个元素满足这一关系当且仅当它们在同一个类中.

**1.1.25 定义** 图的一个**同构类**是在同构关系下的一个等价类.

含 $n$ 个顶点的路径是成同构的. 所有 $n$ 顶点路径的集合是一个同构类.

**1.1.26 注记**("无标记"图与同构类) 当讨论某个图 $G$ 时，我们有一个固定的顶点集，但是我们对于结构的注释也适用每一个同构于 $G$ 的图. 我们的结论是独立于点的名称(标记)的. 因此我们用"无标记图"来表示图同构类.

作图时，即使我们不给图中的顶点命名字，这些顶点也已经由其物理位置命名了. 因此，图的一种画法就是其同构类中的一个成员，我们只称其为一个图. 当我们重画一个图展示其结构方面的问题时，我们选择同构类中一个更方便的成员，讨论的仍是同样的"无标记图".

当讨论图的结构时，命名一些重要的同构类会带来方便，因为我们需要引用同构类或这些同构类的任意代表.

**1.1.27 定义** 将含 $n$ 个顶点的(无标记)路径和环分别记为 $P_n$ 和 $C_n$；**n-环**是具有 $n$ 个点的环. 一个**完全图**是简单图，其任意两个顶点都是邻接的；将含 $n$ 个顶点的(无标记)完全图记为 $K_n$. **完全二部图**或**二部团**是简单的二部图，它的两个顶点是邻接的当且仅当它们在不同的部集里. 如果两个部集的大小是 $r$ 和 $s$，则将(无标记)二部团记为 $K_{r,s}$.

 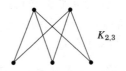

\* **1.1.28 注记** 我们已经把完全图定义为一个任意顶点都对邻接的图，而一个团是图中一组邻接的顶点. 许多作者交替地使用这两个词，但二者的区别允许我们将团和独立集相提并论.

在二部图中，我们用"二部团"来表示"完全二部图". "二部团"就是提醒我们一个完全二部图通常不是一个完全图(习题1).

**1.1.29 注记**(图的其他名字) 当我们为一个图命名而不是为其顶点命名时，我们通常指它的同构类. 从技术上说，"$H$ 是 $G$ 的子图"表示 $G$ 的某个子图是同构于 $H$ 的(我们说"$G$ 包含 $H$ 的一个**拷贝**"). 这样，$C_3$ 是 $K_5$ 的一个子图(每一个具有 5 个顶点的完全图都有 10 个同构于 $C_3$ 的子图)，但它不是 $K_{2,3}$ 的子图.

同样，当问 $G$"是否是"$C_n$ 时是指 $G$ 是否同构于一个含 $n$ 个顶点的环.

一个图结构上的性质是由其邻接关系决定的，因此是被同构保持的．通过发现某个结构性质的不同，我们可以证明 $G$ 和 $H$ 不是同构的．如果它们具有不同数目的边，或不同的子图，或不同的补图等等，则它们不是同构的．

另一方面，从少数的结构性质并不能推出 $G \cong H$．要证明 $G \cong H$，我们必须给出一个保持邻接关系的双射 $f: V(G) \to V(H)$．

**1.1.30 例**（同构与否） 下面的每一个图都有 6 个顶点和 9 条边，且都是连通的，但这些图不是两两同构的．

要证明 $G_1 \cong G_2$，我们要给顶点命名并给出一个双射，然后验证它保持邻接关系．正如下面标记的，将 $u$，$v$，$w$，$x$，$y$，$z$ 分别映射到 1，3，5，2，4，6 的双射就是从 $G_1$ 到 $G_2$ 的一个同构．将 $u$，$v$，$w$，$x$，$y$，$z$ 分别映射到 6，4，2，1，3，5 的双射是另外一个同构．

$G_1$、$G_2$ 都是二部图；它们是 $K_{3,3}$ 的不同画法（同 $G_4$ 一样）．图 $G_3$ 包含 $K_3$，所以其顶点不能被划分成两个独立集．因此，$G_3$ 不同构于其他图．

有时，我们可以用补图来快速检验同构．简单图 $G$ 和 $H$ 同构当且仅当它们的补图也同构（习题 4）．这里 $\overline{G}_1$、$\overline{G}_2$、$\overline{G}_4$ 都包含两个不相交的 3-环并且是不连通的，但 $\overline{G}_3$ 是一个 6-环而且是连通的．

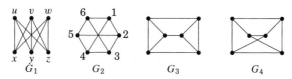

**1.1.31 例**（$n$-顶点图的个数） 要从大小为 $n$ 的集合中选两个顶点，可以先选出一个顶点，然后再选另一个顶点，但不考虑选择的次序，所以这样的选择方案的数目是 $n(n-1)/2$．（从 $n$ 个元素中选出 $k$ 个元素的方案数是 $\binom{n}{k}$，读作"$n$ 选 $k$"．这些数称为**二项式系数**，参见附录 A．） 10

在顶点集 $X$ 的大小为 $n$ 的简单图中，每一对顶点都可能是一条边，也可能不是一条边．对每一对顶点进行一次这样的选择就指定了一个图，所以顶点集为 $X$ 的简单图的数目是 $2^{\binom{n}{2}}$．

例如，4 个固定的顶点集可以得到 64 个简单图．这些图仅仅产生 11 个同构类．下面出现的类是互补的对；只有 $P_4$ 同构于其补图．同构类具有不同的大小，所以用某个同构类的大小去除 $2^{\binom{n}{2}}$ 不能计算出含 $n$ 个顶点的简单图的同构类的数目．

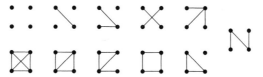

**分解和特殊图**

$P_4 \cong \overline{P}_4$ 引出了一系列关于图的问题．

**1.1.32 定义** 一个图是**自补的**，如果它同构于其补图．图 $G$ 的一个**分解**是其一系列子图且 $G$ 的每条边出现且只出现在一个子图内．

一个 $n$-顶点图 $H$ 是自补的当且仅当 $K_n$ 的某个分解包含了 $H$ 的两个拷贝．

**1.1.33 例**    我们可以将 $K_5$ 分解成两个 5-环. 于是, 5-环是自补的. 任意 $n$-顶点图及其补图是 $K_n$ 的一个分解. $K_{1,n-1}$ 和 $K_{n-1}$ 也是 $K_n$ 的分解, 尽管其中的一个子图少了一个顶点. 在下面右侧的图中, 我们用 3 个 $P_3$ 的拷贝表示 $K_4$ 的一个分解. 习题 31~39 是关于图的分解的.

11

**\*1.1.34 例**    组合设计理论中的一个基本问题是哪些完全图可以分解成若干 $K_3$ 的拷贝. 在下面左侧的图中, 我们给出了 $K_7$ 的这样一个分解. 通过 7 个位置旋转图中的三角形使其经过正好将每一条边遍历一次.

在右侧的图中, $K_6$ 被分解成 $P_4$ 的一些拷贝. 将一个顶点置于中心就将边分成三类: 外面的 5-环、里面(交叉)的 5-环和包含中心顶点的边. 分解中每条 4-顶点路径用到了每类边中的一条; 我们旋转右侧图可以得到下一条路径.

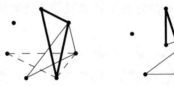

我们将 $K_3$ 的一个拷贝称为一个三角形. 将常出现于有关结构问题中的那些图用短名字来命名将非常方便.

**1.1.35 例** (图展示)    图的易记的名字通常来自于图的某种绘制方式. 我们也将这种名字用到图的所有其他绘制方式上, 因此最好将这种名字看作是同构类的名字. 下面我们给出最多含 5 个顶点的一些图的名字.

在这些名字中, 最重要的是**三角形**($K_3$)和**爪形**($K_{1,3}$). 我们有时也讨论**掌形**($K_{1,3}+e$)和**风筝形** ($K_4-e$); 其他图则很少在讨论中出现.

第一行图的补图是非连通的. 房形的补图是 $P_5$, 公牛形是自补的. 习题 39 的问题是: 哪些图可以用来分解 $K_6$.

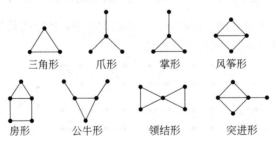

三角形        爪形        掌形        风筝形

房形        公牛形        领结形        突进形

为将 $H$ 分解成 $G$ 的若干拷贝, $G$ 中边数必须整除 $H$ 的边数. 但这是不充分的, 因为 $K_5$ 不能

12

被分解成两个风筝形的拷贝.

**1.1.36 定义**    **Petersen 图**是一个简单图, 其顶点集是一个 5-元素集合的所有 2-元素子集构成的集族, 其边是互不相交的 2-元素子集对.

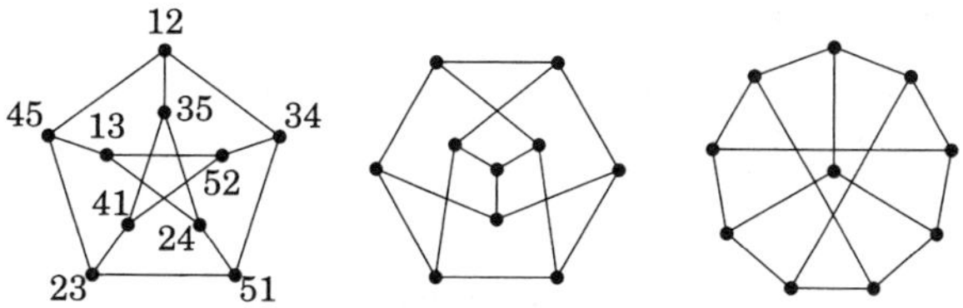

上图中，我们以 3 种方式画出了 Petersen 图．这是一个非常有用的例子，因此也有专门讨论这个问题的一本书（Holton-Sheehan[1993]）．该图的性质从我们已经作为定义使用的图的邻接关系推出．

**1.1.37 例**（Petersen 图的结构）　用[5]＝{1，2，3，4，5}来表示 5-元素集，我们将{a，b}记为 ab 或 ba．因为 12 和 34 是互不相交的，当我们构成图时，它们可以是邻接顶点，但 12 和 23 却不是．对每一个 2-元素集 ab，都有三种方法从[5]中剩下的 3 个元素中选出一个 2-元素集，所以每个顶点的度均是 3．

Petersen 图包含两个不相交的 5-环，以及与两个 5-环上的顶点配对的边．不相交的定义告诉我们 12、34、51、23、45 依次是一个 5-环中的顶点，同样，其余顶点 13、52、41、35、24 依次是另一个环的顶点．此外，13 同 45 邻接，52 同 34 邻接，以此类推，正如上面左侧图所示．

即使没有指定顶点上标记，我们也沿用 Petersen 图这个名字．实际上，我们使用"Petersen 图"命名一个同构类．为了证明上面的三个图是两两同构的，只需用[5]的 2-元素子集命名各个顶点使得每一个例子里邻接关系都是指两个互不相交的子集（习题 24）．■

**1.1.38 命题**　在 Petersen 图中，如果两个顶点不是邻接的，则它们恰好有一个公共的相邻顶点．

**证明**　互不邻接的两个顶点是具有一个公共元素的两个 2-元子集；它们的并集 S 的大小是 3．与这两个顶点都相邻的顶点是与这两个 2-元子集都不相交的一个 2-元子集．由于这两个 2-元子集都是从{1，2，3，4，5}中选出来的，故只有一个 2-元子集与 S 不相交．■

**1.1.39 定义**　含环的图的**围长**是该图中最短环的长度．无环图的围长为无穷大．

**1.1.40 推论**　Petersen 图的围长是 5．

**证明**　Petersen 图是简单图，所以它没有 1-环或 2-环．一个 3-环需要 3 个互不相交的 2-元子集，这在 5 个元素中是不可能的．如果没有 3-环，一个 4-环将需要具有两个公共相邻顶点的非邻接顶点，这在命题 1.1.38 中是不允许的．最后，顶点 12、34、51、23、45 产生了一个 5-环，故围长是 5．■

$\boxed{13}$

Petersen 图是高度对称的．{1，2，3，4，5}的每个排列产生 2-元子集的一个排列并保持这些 2-元子集间的互不相交的关系．这样至少有 5!＝120 个从 Petersen 图到其自身的同构．习题 43 断言这样的映射仅有这些．

***1.1.41 定义**　图 G 的一个**自同构**是一个从 G 到 G 的同构．如果对任意一对顶点 u，$v \in V(G)$ 都存在 G 的一个自同构将 u 映射到 v．图 G 是**顶点传递**的．

G 的自同构是 V(G)的一些排列，这些排列可以应用到 A(G)中的行和列上而无须改变 A(G)．

***1.1.42 例**（自同构）　令 G 是顶点集为{1，2，3，4}、边集为{12，23，34}的路径．该图有两个自同构：恒等排列以及将 1 与 4 对换、2 与 3 对换的排列．顶点 1 与 2 的对换不是 G 的一个自同构，尽管 G 同构于顶点集{1，2，3，4}、边集为{21，13，34}的图．

在 $K_{r,s}$ 中，排列一个部集的顶点并不改变邻接矩阵；这就产生了 r! s! 个自同构．当 r＝s 时，我们也可以交换部集；$K_{t,t}$ 有 $2(t!)^2$ 个自同构．

二部团 $K_{r,s}$ 是顶点传递的当且仅当 r＝s．如果 n>2，那么 $P_n$ 不是顶点传递的，但每一个环都

是顶点传递的 . Petersen 图是顶点传递的 . ■

通过证明一个顶点处的情况，我们可以在顶点传递图中证明一个关于顶点的命题成立 . 顶点传递性保证图从每一个顶点"看起来都是相同的".

**习题**

对问题的解答一般要求写出清楚的说明 . 符号的意义如下：

"（−）"=简单或短 .

"（＋）"=难或长 .

"（!）"=非常有用或具有指导性 .

"（＊）"=涉及书中选学部分的概念 .

各个习题皆以比较容易的问题开始，以检验对课文的理解，这些问题以一行黑点结束 . 其余问题基本上按照书中的题材的次序安排 .

1.1.1 （−）确定哪些完全二部图是完全图 .

1.1.2 （−）为 3-顶点路径写出所有可能的邻接矩阵和关联矩阵 . 同时写出 6-顶点路径和 6-环的一个邻接矩阵 .

1.1.3 （−）用所有元素都相等的矩形块写出 $K_{m,n}$ 的邻接矩阵 .

1.1.4 （−）根据同构的定义，证明：$G \cong H$ 当且仅当 $\overline{G} \cong \overline{H}$.

1.1.5 （−）证明或否定：如果简单图 $G$ 中的每个点的度都是 2，则 $G$ 是一个环 .

1.1.6 （−）确定下面的图是否可以分解成 $P_4$ 的若干拷贝 .

1.1.7 （−）证明：奇数度顶点多于 6 个的图不能分解成 3 条路径 .

1.1.8 （−）证明：下图中左侧的 8-顶点图可以分解成 $K_{1,3}$ 的拷贝，也可以分解成 $P_4$ 的拷贝 .

1.1.9 （−）证明：上图中右侧的图同构于左侧图的补图 .

1.1.10 （−）证明或否定：一个简单非连通图的补图一定是连通的 .

1.1.11 在下图中，确定团大小的最大值和独立集大小的最大值 .

1.1.12 确定 Petersen 图是否是二部图，并确定其最大独立集的大小 .

1.1.13 令 $G$ 表示一个图，其顶点集是坐标取自 $\{0，1\}$ 的 $k$-元组的集合，同时当 $x$ 和 $y$ 恰好有一个坐标不同时 $x$ 与 $y$ 邻接 . 确定 $G$ 是否是二部图 .

1.1.14 (!)证明：从一个 $8 \times 8$ 的棋盘中去掉对角的方格得到一个子棋盘，它不能被分解成 $1 \times 2$ 和 $2 \times 1$ 的矩形．用同样的论述，对所有的二部图给出一个一般的结论．

15

1.1.15 考虑下面 4 类图：$A=\{$路径$\}$，$B=\{$环$\}$，$C=\{$完全图$\}$，$D=\{$二部图$\}$．对其中的任意两类图，确定所有属于这两类图的同构类．

1.1.16 确定下面的图是否同构．

1.1.17 确定任意顶点的度均为 4 的 7-顶点图的同构类的数目．

1.1.18 确定下面哪几对图是同构的．

1.1.19 确定下面哪几对图是同构的．

1.1.20 确定下面哪几对图是同构的．

1.1.21 确定下面的图是否是二部图，它们是否同构(左侧的图就是 Wilson-Watkins[1990]这本书的封面上的那个图)．

16

1.1.22 (!)确定下面哪几对图是同构的，通过测试最小数目的图对来证明．

1.1.23 在下面的每个类中，找到最小的 $n$ 使得对这个 $n$ 值存在不同构的两个 $n$-顶点图，且这两个图具有相同的顶点度的序列.

(a)所有图　　　　　　　(b)无环图　　　　　　　(c)简单图

（提示：每一个类都包含下一个类，答案组成了一个非递减的三元组.对于(c)，用例 1.1.31 中的同构类列表.)

1.1.24 (!)证明：下面的图是 Petersen 图（定义 1.1.36）的多种画法.（提示：用不相交的邻接性的定义.)

1.1.25 (!)证明：Petersen 图不含长度为 7 的环.

1.1.26 (!)令 $G$ 为围长为 4 的一个图，图中每个顶点的度是 $k$.证明：$G$ 至少有 $2k$ 个顶点.确定所有恰好有 $2k$ 个顶点的这样的图.

1.1.27 (!)令 $G$ 是围长为 5 的一个图.证明：如果 $G$ 中的任意顶点的度至少是 $k$，则 $G$ 至少有 $k^2+1$ 个顶点.对于 $k=2$ 和 $k=3$，找出一个正好有 $k^2+1$ 个顶点的这样的图.

1.1.28 (+)奇图 $O_k$.图 $O_k$ 中的顶点是 $\{1, 2, \cdots, 2k+1\}$ 的所有 $k$-元子集.两个顶点是邻接的当且仅当它们是不相交集.于是，$O_2$ 就是 Petersen 图.证明：如果 $k \geqslant 3$，$O_k$ 的围长是 6.

1.1.29 证明：任意 6 个人中都（至少）有 3 个人相互认识或相互不认识.

1.1.30 令 $G$ 是邻接矩阵为 $A$、关联矩阵为 $M$ 的一个简单图.证明：$v_i$ 的度是 $A^2$ 和 $MM^T$ 中对角线上的第 $i$ 个元素.$A^2$ 和 $MM^T$ 中 $(i, j)$ 位置上的元素说明了 $G$ 的哪些性质？

1.1.31 (!)证明：存在有 $n$ 个顶点的自补图当且仅当 $n$ 或 $n-1$ 可以被 4 整除.（提示：当 $n$ 可以被 4 整除时，通过把顶点分为 4 组来推广 $P_4$ 的结构.对于 $n \equiv 1 \bmod 4$，在为 $n-1$ 建立的图上添加一个顶点.)

1.1.32 确定哪些二部团可以分成两个同构子图.

17 1.1.33 对于 $n=5$，$n=7$ 和 $n=9$，将 $K_n$ 分解为 $C_n$ 的若干拷贝.

1.1.34 (!)将 Petersen 图分解为三个连通子图且要求这些子图两两同构.同时，把 Petersen 图分解为 $P_4$ 的拷贝.

1.1.35 (!)证明：$K_n$ 可以分解成 3 个两两同构的子图当且仅当 $n+1$ 不能被 3 整除（提示：当 $n$ 可以被 3 整除时，将顶点划分成 3 个大小相等的集合）.

1.1.36 证明：如果 $K_n$ 可以分解成三角形，则 $n-1$ 或 $n-3$ 可以被 6 整除.

1.1.37 令 $G$ 是每个顶点度均为 3 的一个图.证明：$G$ 不能分解成一些至少含 5 个点的路径.

1.1.38 (!)令 $G$ 是每个顶点度均是 3 的图.证明：$G$ 可以分解成爪形当且仅当 $G$ 是二部图.

1.1.39 (+)在例 1.1.35 的图中，确定哪些图可以用来组成 $K_6$ 的一个分解，将 $K_6$ 分解为两两同构的子图（提示：每一个具有可分解性的图都可以）.

1.1.40 (∗)计算 $P_n$，$C_n$ 和 $K_n$ 的自同构数.

1.1.41 (∗)构造一个含 6 个点的简单图使它只有一个自同构.构造一个简单图使其正好有三个自同构（提示：考虑用附加边防止其翻转的三角形旋转）.

1.1.42　( ∗ )验证 $G$ 的自同构具有如下性质:
　　a)两个自同构的复合是一个自同构.
　　b)恒等排列是一个自同构.
　　c)自同构的逆还是自同构.
　　d)自同构的复合满足结合律.
　　(注:这样,自同构集满足对于群所定义的性质.)

1.1.43　( ∗ )Petersen 图的自同构. 考虑用{1, 2, 3, 4, 5}中互不相交的 2-元素集定义的 Petersen 图. 证明:任意自同构将顶点为 12, 34, 51, 23, 45 的 5-环映射到顶点为 $ab$, $cd$, $ea$, $bc$, $de$ 的 5-环,其中 $a$, $b$, $c$, $d$, $e$ 是{1, 2, 3, 4, 5}的某个排列(注:这意味着只有 120 个自同构).

1.1.44　( ∗ )Petersen 图具有不局限于顶点传递性的对称性. 令 $P=\{u_0, u_1, u_2, u_3\}$ 和 $Q=\{v_0, v_1, v_2, v_3\}$ 是 Petersen 图中含三条边的路径. 证明:恰好存在 Petersen 图的一个自同构将 $u_i$ 映射到 $v_i$,$i=0$, 1, 2, 3(提示:利用互不相交性来描述问题).

1.1.45　(＋)构造一个含 12 个顶点的图使其任意顶点的度是 3 且唯一的自同构是恒等映射.

1.1.46　( ∗ )边传递性. 图 $G$ 是边传递性的,如果对任意 $e$, $f\in E(G)$ 存在一个 $G$ 的自同构将 $e$ 的端点映射到 $f$ 的端点. 证明:习题 1.1.21 中的图是顶点传递的和边传递的. (注:完全图、二部团和 Petersen 图是边传递的.)

1.1.47　( ∗ )边传递与顶点传递.
　　a)将 $K_n(n\geqslant4)$ 中的任意边用一条含两条边并且通过一个新的度为 2 的顶点的路径来替换,得到图 $G$. 证明:$G$ 是边传递的但不是顶点传递的.
　　b)假设 $G$ 是边传递的但不是顶点传递的且没有度为 0 的顶点. 证明:$G$ 是二部图.
　　c)证明:习题 1.1.6 中的图是顶点传递的但不是边传递的.

18

## 1.2　路径、环和迹

在这一节里我们要再次讨论哥尼斯堡桥问题,确定怎样才能遍历图中所有的桥. 我们同时也要研究连通性、路径和环的一些有用的性质.

在此之前,我们要复习一个重要的证明方法. 图论中许多结论可以用归纳原理来证明. 不熟悉归纳法的读者应该阅读附录 A 中的有关材料. 这里,我们要描述一下常用的归纳法形式并使读者熟悉一个证明的模式.

**1.2.1 定理**(强归纳法原理)　令 $P(n)$ 是一个以整数 $n$ 为参数的命题. 如果它满足如下两个条件,则 $P(n)$ 对于任意整数 $n$ 均成立.
　　1)$P(1)$ 成立.
　　2)对于任意 $n>1$,"$P(k)$ 对所有 $1\leqslant k<n$ 成立"蕴涵"$P(n)$ 成立".

**证明**　我们默认正整数的**良序性**:任意非空正整数集都有最小元素. 在此基础上,假设 $P(n)$ 对于某个 $n$ 不成立. 根据良序性可知,有一个最小的 $n$ 使得 $P(n)$ 不成立. 条件(1)保证了这个数不能是 1. 条件(2)保证这个值不能大于 1. 这个矛盾推出 $P(n)$ 对于每个正整数 $n$ 都成立.　■

为了应用归纳法,我们对待证结论验证(1)和(2)是否成立. 验证(1)这一步骤称为证明的**基本步骤**;验证(2)这一步骤称为**归纳步骤**. 命题"$P(k)$ 对所有 $k<n$ 成立"称为**归纳假设**,因为它是在归

纳步骤中证明结论所需的假设. 用来指示命题序列的变量称为**归纳参数**.

归纳参数可以是问题的任意实例的整数函数, 例如图中顶点数或边数. 当归纳参数是 $n$ 时我们说"对 $n$ 作归纳得……".

有很多方式来陈述归纳证明. 我们可以从 0 开始来证明一个有关非负整数的命题. 当归纳步骤中对 $P(n)$ 的证明仅仅用到归纳假设中的 $P(n-1)$ 时, 这种归纳过程称为"普通"归纳法; 当用到所有前面的命题时, 该归纳过程称为"强"归纳法. 对强归纳和普通归纳法, 我们几乎不加以区分, 因为它们等价(参见附录 A).

多数学生初学普通归纳法时采用如下陈述方式: 1)验证当 $n=1$ 时, $P(n)$ 成立; 2)证明当 $P(n)$ 在 $n=k$ 时成立, 则 $P(n)$ 在 $n=k+1$ 时也成立. 事实上, $k\geqslant 1$ 时由 $P(k)$ 证得 $P(k+1)$ 的过程等价于在 $n>1$ 时由 $P(n-1)$ 证得 $P(n)$ 的过程.

当我们在归纳步骤中致力于证明关于归纳参数 $n$ 的结论时, 无须确定是用强归纳还是普通归纳. 这样, 书写起来会更简单, 因为我们可以避免为变量引入一个新名字. 在 1.3 节中我们会解释这种方法也容易出错的原因.

## 图的连通性

正如在定义 1.1.15 中定义的那样, 路径和环都是图; 图 $G$ 中的一条路径是符合路径定义的子图(环有类似的结论). 我们将再介绍一些定义来对图中其他的动作建立模型. 一位徘徊于某城市的旅行者(或哥尼斯堡行人)可以重复经过某些顶点但要求避免边的重复. 一名邮差要给街道两旁的房子送信, 因此每条边要遍历两次.

**1.2.2 定义** 通道是由顶点和边构成的一个序列 $v_0, e_1, v_1, \cdots e_k, v_k$, 使得对于 $1\leqslant i\leqslant k$, 边 $e_i$ 的端点为 $v_{i-1}$ 和 $v_i$. 迹是无重复边的一条通道. 一条 $u,v$-**通道**或 $u,v$-**迹**的第一个顶点是 $u$, 最后一个顶点是 $v$; 它们称为通道或迹的**端点**. 一条 $u,v$-**路径**是一条路径, 其中 $u$ 和 $v$ 的度为 1(是该路径的端点), 其他顶点是**内顶点**.

通道、迹、路径或环的**长度**是指其中的边的数目. 如果通道或迹的端点相同, 则称它是**闭合**的.

**1.2.3 例** 在哥尼斯堡图中(例 1.1.1), 序列 $x, e_2, w, e_5, y, e_6, x, e_1, w, e_2, x$ 是一个长度为 5 的闭合通道; 其中边 $e_2$ 是重复的, 故它不是一条迹. 去掉最后一条边和最后一个顶点得到一条长度为 4 的迹; 它有重复顶点但没有重复边. 包含边 $e_1, e_5, e_6$ 和顶点 $x, w, y$ 的子图是一个长度为 3 的环; 去掉其中的一条边得到一条路径. 具有相同端点的两条边(例如 $e_1$ 和 $e_2$)形成了一个长度为 2 的环. 圈是一个长度为 1 的环. ■

在通道中列出所有边是为了区分非简单图中的重边. 在简单图中, 通道(或迹)完全由其有序的顶点序列来确定. 在简单图中, 我们通常仅依次列出其中的顶点来命名路径、环、迹或通道, 尽管它既包含顶点也包含边. 当讨论环时, 我们可以从任意一个顶点开始而不用在最后重复第一个顶点, 并用括号来表明这是一个环而不是路径.

**1.2.4 例** 下面说明如何在简单图中使用简化后的符号. 在下面的图中, $a, x, a, x, u, y, c, d, y, v, x, b, a$ 确定了一个长度为 12 的闭合通道. 省略前两步得到一个闭合的迹.

该图有 5 个环: $(a, b, x), (c, y, d), (u, x, y), (x, y, v), (u, x, v, y). u, v$-迹 $u, y, c, d, y, x, v$ 包含 $u, v$-路径 $u, y, x, v$ 中的边, 但不包含 $u, v$-路径 $u, y, v$ 中的边.

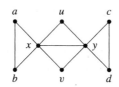

在一个图中，假设沿一条路径从 $u$ 到达 $v$，再沿一条路径从 $v$ 到达 $w$，所经路线不一定是一条 $u, w$-路径，因为该 $u, v$ 路径和 $v, w$-路径可能有公共的内顶点. 但是，我们经历过的顶点和边的序列却一定是一条 $u, w$-通道. 下图中，$u, w$-通道包含了一条 $u, w$-路径. 一条通道 $W$ **包含**一条路径 $P$ 是指，$P$ 的顶点和边是作为 $W$ 的顶点和边的子序列而出现的，并且与 $P$ 具有相同的顺序，但在 $W$ 中不必是连续的.

**1.2.5 引理**　每条 $u, v$-通道都包含一条 $u, v$-路径.

**证明**　我们对 $u, v$-通道 $W$ 的长度 $l$ 作归纳来证明这个定理.

基本步骤：$l = 0$. 没有边，$W$ 只包含一个单独的点 ($u = v$). 它是一条长度为 0 的 $u, v$-路径.

归纳步骤：$l \geqslant 1$. 假设引理对长度小于 $l$ 的通道均成立. 如果 $W$ 没有重复顶点，则其顶点和边就是一条 $u, v$-路径. 如果 $W$ 有一个重复顶点 $w$，则去掉出现在 $w$ 之间的所有顶点和边（只剩一个 $w$）就得到一条较短的含于 $W$ 中的 $u, v$-通道 $W'$. 由归纳假设，$W'$ 包含一条 $u, v$-路径 $P$，这条路径 $P$ 也含于 $W$ 中.

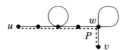

习题 13b 给出了一个更短的证明. 讨论连通的性质时，我们将用到这个引理.

**1.2.6 定义**　图 $G$ 是**连通**的，如果对任意 $u, v \in V(G)$ 都存在一条 $u, v$-路径（否则，称 $G$ 是**非连通**的）. 如果 $G$ 中存在 $u, v$-路径，则称 $u$ **连通**到 $v$. $V(G)$ 的**连通关系**包含所有有序对 $(u, v)$，其中 $u$ 是连通到 $v$ 的.

"连通的"仅仅用来形容图以及图中的顶点对（若 $v$ 是一个顶点，我们不会说"$v$ 是不连通的"）. 证明过程中，"$u$ 是连通到 $v$ 的"这种说法非常有用，但在使用它时必须区分连通和邻接.

| $G$ 有一条 $u, v$-路径 | $uv \in E(G)$ |
| --- | --- |
| $u$ 和 $v$ 是连通的 | $u$ 和 $v$ 是邻接的 |
| $u$ 连通到 $v$ | $u$ 是连接到 $v$ 的 |
|  | $u$ 是邻接于 $v$ 的 |

**1.2.7 注记**　由引理 1.2.5，可以通过说明从任意顶点都有一条到某特定顶点的通道来证明图是连通的.

由引理 1.2.5 可知，连通关系是传递的：如果 $G$ 有一条 $u, v$-路径和一条 $v, w$-路径，则 $G$ 必有一条 $u, w$-路径. 它也是自反的（长度为 0 的路径）和对称的（路径是可逆的）. 因此连通关系是等价关系.

下一个定义描述了连通关系的等价类. $G$ 的**极大连通子图**是 $G$ 的一个连通子图, 且该子图不包含于 $G$ 的其他任何一个连通子图内.

**1.2.8 定义**    图 $G$ 的**连通分量**是其最大的连通子图. 如果一个连通分量(或图)没有边, 那么它是**平凡的**; 否则它就是**非平凡的**. **孤立点**是度为 0 的顶点.

$V(G)$ 上的连通关系的等价类是 $G$ 中连通分量的顶点集构成的集族. 孤立点是一个平凡连通分量, 它仅包含一个顶点而不包含边.

**1.2.9 例**    下面的图有四个连通分量, 其中一个是孤立点. 连通分量的顶点集分别是 $\{p\}$, $\{q, r\}$, $\{s, t, u, v, w\}$ 和 $\{x, y, z\}$. 它们也就是连通关系的等价类.

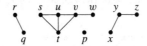

**1.2.10 注记**    连通分量之间两两互不相交. 任意两个连通分量均没有共同顶点. 在位于不同连通分量内的顶点之间加一条边将使得这两个连通分支合并成一个. 于是, 增加一条边将使得连通分量的数目减少 0 或 1, 删除一条边将使得连通分量的数目增加 0 或 1.

**1.2.11 命题**    *每个含 $n$ 个顶点和 $k$ 条边的图至少有 $n-k$ 个连通分量.*

**证明**    含 $n$ 个顶点而没有边的图恰好有 $n$ 个连通分支. 由注记 1.2.10 可知, 每添加一条边将使得连通分量的数目最多减少 1, 所以添加 $k$ 条边后, 连通分量的数目至少是 $n-k$.

删除顶点或边会增加连通分量的数目. 虽然删除一条边(最多——译者注)只能将连通分量的数目增加 1, 但删除一个顶点却可以使连通分量的数目增加很多(考虑二部团 $K_{1,m}$). 如果想通过删除一个点来获得图的一个子图, 必须确保所得结果是一个图, 因为删除顶点的同时也删除了所有与之关联的边.

**1.2.12 定义**    图的**割边**或**割点**是一条边或一个顶点且删除它会增加连通分支的数目. 我们用 $G-e$ 和 $G-M$ 来分别表示从 $G$ 中删除一条边 $e$ 和删除一个边集 $M$ 所得到的子图, 用 $G-v$ 和 $G-S$ 分别表示从 $G$ 中删除一个顶点 $v$ 和删除一个顶点集 $S$ 所得到的子图. **诱导子图**是从图中删除一个顶点的集合后得到的一个子图. 我们用 $G[T]$ 来表示 $G-\overline{T}$, 其中 $\overline{T}=V(G)-T$, 这就是由 $T$ **诱导**的 $G$ 的子图.

如果 $T \subseteq V(G)$, 诱导子图 $G[T]$ 包含 $T$ 及端点位于 $T$ 中的所有边. 完全图是其自身的一个诱导子图, 这个诱导子图是许多单独的顶点. 顶点集 $S$ 是一个独立集当且仅当由它诱导的子图没有边.

**1.2.13 例**    例 1.2.9 中的图有割点 $v$ 和 $y$. 它的割边是 $qr$, $vw$, $xy$ 和 $yz$(删除边时其端点仍然保留).

该图含有 $C_4$ 和 $P_5$ 这两个子图, 但它们不是诱导子图. 由 $\{s, t, u, v\}$ 诱导的子图是一个风筝图. 含有这些顶点的 4-顶点路径不是诱导子图. $P_4$ 是一个诱导子图. 它是由 $\{s, t, v, w\}$ 诱导的子图(也可以由 $\{s, u, v, w\}$ 诱导得到).

下面我们用环的形式来刻画割边.

**1.2.14 定理**    *一条边是割边当且仅当它不属于任何一个环.*

**证明**    令 $e$ 是图 $G$ 中的一条边(其端点为 $x, y$), $H$ 是包含 $e$ 的连通分量. 因为删除 $e$ 不影响其他连通分量, 故只需证明: $H-e$ 是连通的当且仅当 $e$ 含于某个环中.

首先, 假设 $H-e$ 是连通的. 这意味着 $H-e$ 有一条 $x, y$ 路径, 这条路径加上 $e$ 就构成一个环.

现在，假设 $e$ 位于某个环 $C$ 中．取 $u$，$v \in V(H)$．由于 $H$ 是连通的，$H$ 有一条 $u$，$v$ 路径 $P$．如果 $P$ 不包含 $e$，则 $P$ 存在于 $H-e$ 中．如果 $P$ 包含 $e$，由对称性，不妨假设 $x$ 在 $P$ 上位于 $u$ 和 $y$ 之间．由于 $H-e$ 有一条沿 $P$ 行进的 $u$，$x$-路径、一条沿 $C$ 行进的 $x$，$y$-路径以及一条沿 $P$ 行进的 $y$，$v$ 路径，由连通关系的传递性可知 $H-e$ 有一条 $u$，$v$ 路径．我们上述的论证对所有 $u$，$v \in V(H)$ 都成立，故 $H-e$ 是连通的．

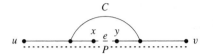

■ 23

## 二部图

我们的下一个目标是用环来刻画二部图的特点．刻画的结果就是像定理 1.2.14 那样的等价命题．当两个条件等价时，验证其中一个条件的同时也验证了另一个．

用条件 $P$ 来刻画类 $\mathbf{G}$ 的特征也就是要证明"$G \in \mathbf{G}$ 当且仅当 $G$ 满足 $P$"．换言之，对于类 $\mathbf{G}$ 成员的成员资格，$P$ 是**充分必要条件**．

| 必要性 | 充分性 |
|---|---|
| $G \in \mathbf{G}$ 仅当 $G$ 满足 $P$ | $G \in \mathbf{G}$ 如果 $G$ 满足 $P$ |
| $G \in \mathbf{G} \Rightarrow G$ 满足 $P$ | $G$ 满足 $P \Rightarrow G \in \mathbf{G}$ |

前面讲过，圈就是长度为 1 的环；有相同端点的两条不同的边形成一个长度为 2 的环．一条通道是**奇的**还是**偶的**取决于其长度是奇数还是偶数．由引理 1.2.5 可知，当环 $C$ 的顶点和边作为闭合通道 $W$ 的子序列出现时，则闭合通道 $W$ 包含环 $C$，其中 $C$ 的顺序是循环的，但不一定是连续的．我们可以认为闭合通道或环开始于它的任意一个顶点．下面的这个引理需要这个观点．

**1.2.15 引理**　任何闭合的奇通道包含一个奇环．

**证明**　我们对闭合奇通道 $W$ 的长度 $l$ 作归纳．

基本步骤：$l=1$．长度为 1 的闭合通道就是一个长度为 1 的环．

归纳步骤：$l>1$．假设引理对较 $W$ 短的闭合奇通道成立．如果 $W$ 没有重复顶点（除了第一个顶点＝最后一个顶点），则 $W$ 本身形成了一个长度为奇数的环．如果顶点 $v$ 在 $W$ 中重复出现，则我们将 $W$ 看成是起始于 $v$ 的并将 $W$ 分裂成两个 $v$，$v$ 通道．由于 $W$ 的长度是奇数，其中的一个 $v$，$v$ 通道的长度是奇数，另一个是偶数．长度为奇数的 $v$，$v$ 通道比 $W$ 短．由归纳假设，它包含一个奇环，这个环的顶点和边依次出现于 $W$ 中．

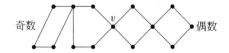

■

**1.2.16 注记**　闭合偶通道不一定包含环，因为它可以是顶点和边的简单重复．尽管如此，如果有一条边 $e$ 在闭合通道 $W$ 中恰好出现一次，则 $W$ 必包含一个通过 $e$ 的环．设 $x$，$y$ 是 $e$ 的端点．从 $W$ 中删除 $e$ 得到一个不经过 $e$ 的 $x$，$y$-通道．由引理 1.2.5 可知，这个通道包含一条 $x$，$y$-路径，这条路径加上 $e$ 就是一个包含 $e$ 的环（参见习题 15.16）．

■

引理 1.2.15 有助于我们对二部图特征的刻画．

**1.2.17 定义**　图 $G$ 的**二部剖分**是指该图的两个互不相交的独立集，且这两个独立集的并集是

$V(G)$．"$G$ 是二部剖分为 $X$，$Y$ 的二部图"这个说法明确地指出了这样的一个剖分．一个 $X$，$Y$-**二部**
**图**是二部剖分 $X$ 和 $Y$ 的二部图．

构成二部剖分的两个集合就是部集(定义 1.1.10)．非连通的二部图有多个二部剖分．连通二部
图只有一个二部剖分，除非将交换次序后的这两个集合看成另一个剖分(习题 7)．

**1.2.18 定理**(König[1936]) 一个图是二部图当且仅当它不包含奇环．

**证明** 必要性．设 $G$ 是一个二部图．每条通道往返于一个二部剖分形成两个集合，故任意一次
回到出发的那个部集都要经过偶数步．因此，$G$ 没有奇数环．

充分性．设 $G$ 是一个不包含奇环的图．我们通过为每一个非平凡分量建立一个二部剖分来证明
$G$ 是二部图．令 $u$ 是非平凡分量 $H$ 的顶点．对于任意 $v \in V(H)$，让 $f(v)$ 表示 $u$，$v$-路径的最短长
度．由于 $H$ 是连通的，$f(v)$ 对于任意 $v \in V(H)$ 均有定义．

设 $X = \{ v \in V(H)：f(v)$ 是偶数$\}$，$Y = \{ v \in V(H)，f(v)$ 是奇数$\}$．如果有一条边 $vv'$ 位于 $X$ 或
$Y$ 中，则最短的一条 $u$，$v$-路径、$vv'$ 以及最短的 $u$，$v'$-路径的逆就构成了一个闭合的奇通道．由引
理 1.2.15 可知，这条通道必包含奇环，这与我们的假设矛盾．因此，$X$ 和 $Y$ 是独立集．同时 $X \cup Y =$
$V(H)$，因此 $H$ 是一个 $X$，$Y$-二分图．

**1.2.19 注记**(二部图的判定) 定理 1.2.18 说明，只要图 $G$ 不是二部图，就可以在 $G$ 中找到一
个奇环．相对于证明所有可能的二部剖分均不成立来说，这要容易得多．如果我们要证明 $G$ 是二部
图，需要定义一个二部剖分并且证明两个集合是独立的；这比检查所有环的奇偶性要容易．

下面，我们来看一个应用．

**1.2.20 定义** 图 $G_1$，$\cdots$，$G_k$ 的**并**，记为 $G_1 \cup \cdots \cup G_k$，是顶点集为 $\bigcup_{i=1}^{k} V(G_i)$、边集为 $\bigcup_{i=1}^{k} E(G_i)$ 的
一个图．

**1.2.21 例** 在下图中，我们把 $K_4$ 表示为两个 4-环的并．如果图 $G$ 被表示为两个或多个子图的
并，则 $G$ 的一条边可能属于其中的多个子图．这一点是分解与并的区别所在，因为在分解中图的每
条边只能属于一组子图中的一个子图．

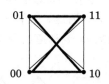

**1.2.22 例** 考虑一个有 $k$ 条航线的空中交通系统．假设：
1)两个城市间的直接服务表示往返的直接服务；
2)任意两个城市至少有一条航线提供直接服务．

同时，假设任意航线中不能包含由奇数个城市形成的环．那么如何用 $k$ 将该系统中的最大城市
数表示出来呢？

由定理 1.2.18 可知，我们要找到最大的 $n$ 值使得 $K_n$ 可以被表示为 $k$ 个二部图的并，每个二部
图对应一条航线．答案是 $2^k$．

**1.2.23 定理** 完全图 $K_n$ 可以被表示为 $k$ 个二部图的并当且仅当 $n \leqslant 2^k$．

**证明** 我们对 $k$ 作归纳. 基本步骤: $k=1$. 因为 $K_3$ 有一个奇环而 $K_2$ 没有, 所以 $K_n$ 本身是一个二部图当且仅当 $n \leqslant 2$.

归纳步骤: $k>1$. 我们用归纳假设来证明等价关系的每一个方向. 首先假设 $K_n = G_1 \bigcup \cdots \bigcup G_k$, 所有 $G_i$ 都是二部图. 我们把 ($K_n$ 的) 顶点集划分为两个集合 $X$、$Y$ 使得 $G_k$ 没有边在 $X$ 或 $Y$ 中. 其余 $k-1$ 个二部图的并必然包含了由 $X$ 或 $Y$ 诱导的完全子图. 应用归纳假设, 可以得到 $|X| \leqslant 2^{k-1}$ 和 $|Y| \leqslant 2^{k-1}$, 所以 $n \leqslant 2^{k-1} + 2^{k-1} = 2^k$.

反过来, 假设 $n \leqslant 2^k$. 我们将 ($K_n$ 的) 顶点集划分成子集 $X$、$Y$ 使得每个子集的大小至多为 $2^{k-1}$. 由归纳假设, 可以分别用 $k-1$ 个二部图来覆盖由 $X$ 或 $Y$ 诱导的完全子图. $X$ 上第 $i$ 个二部子图和 $Y$ 上的第 $i$ 个二部子图的并仍然是一个二部图. 因此, 我们得到 $k-1$ 个二部图, 它们的并包含了由 $X$ 和 $Y$ 诱导的完全子图. 其余的边构成部集为 $X$, $Y$ 的二部团, 令这个二部团为第 $k$ 个二部子图, 就完成了并的构造. ■

该定理的证明也可以不用归纳法, 将顶点用二进制的 $k$-元组编码也可以完成证明 (习题 31).

## 欧拉回路

我们回顾对哥尼斯堡桥问题的分析. 哥尼斯堡人想要的是包含图中所有边的闭合的迹. 正如我们已经看到的, 这种迹存在的必要条件是所有顶点的度为偶数. 同时, 所有边必须属于图的同一个分量.

瑞士数学家欧拉[1736]断言这两个条件也是充分的. 由于他所做的贡献, 这种图被命名为欧拉图. 欧拉的论文出现于 1741 年, 但没有证明这些显然的必要条件也是充分的. 第一个正式发表的完整证明是 Hierholzer[1873] 给出的. 例 1.1.1 中用来建立城市模型的图直到 1894 年才以书面形式出现 (参见 Wilson[1986] 对历史记录的讨论).

**1.2.24 定义** 一个图是**欧拉图**, 如果它有一个闭合迹包含所有的边. 如果我们不关心闭合迹的第一个顶点是什么而仍然保持边的循环顺序, 则称之为**回路**. 一个图中的一个**欧拉回路**或**欧拉迹**是一个包含所有边的回路或迹.

**偶图**是所有顶点的度均为偶数的图. 如果一个顶点的度是**奇[偶]数**, 则称它是奇[偶]的.

我们对于欧拉回路的讨论也可以应用到带有圈的图; 在带有圈的图中令每个圈对顶点度的贡献为 2, 可以将顶点度的概念扩展到带圈的图中. 这不改变度的奇偶性, 并且圈的出现不影响一个图是否有欧拉回路, 除非它是只有一个顶点的分量中的圈.

刻画欧拉图的特点时, 我们要用到一个引理. 图 $G$ 中的一条**极大路径** $P$ 是 $G$ 中一条不含于更长路径的路径. 对于有穷图, 没有路径可以无限扩展, 故必存在极大 (不可扩展的) 路径.

**1.2.25 引理** 如果图 $G$ 中的每一个点的度至少是 2, 则 $G$ 含有一个环.

**证明** 令 $P$ 是 $G$ 中的一条极大路径且 $u$ 是 $P$ 的一个端点. 因为 $P$ 不能再扩展, $u$ 的所有相邻顶点必然已经出现在 $P$ 中. 因为 $u$ 的度至少是 2, 它在 $V(P)$ 中必有一个相邻顶点 $v$, $u$ 和 $v$ 通过一条不在 $P$ 中的边相连. 边 $uv$ 以及 $P$ 中从 $v$ 到 $u$ 的部分就构成一个环.

■

注意有穷性的重要性. 如果 $V(G) = \mathbf{Z}$ 而 $E(G) = \{ij : |i-j| = 1\}$, 则 $G$ 的每个顶点的度都是 2, 但是 $G$ 没有环 (也没有不可扩展的路径). 本书的图都是有限的, 从而避免了这种例子的出现, 我们对此不再说明.

26

**1.2.26 定理** 图 $G$ 是欧拉图当且仅当它最多有一个非平凡的分量并且其顶点的度都是偶数.

**证明** 必要性. 假设 $G$ 有一个欧拉回路 $C$. 每经过 $C$ 的一个顶点要用到与之关联的两条边,并且回路的第一条边和最后一条边在第一个顶点处配对. 因此,每个顶点的度都是偶数. 同时,两条边能够出现在一个迹里当且仅当它们属于同一个分量,所以,该图至多有一个非平凡分量.

充分性. 设条件成立,我们对边数 $m$ 作归纳来获得欧拉回路.

基本步骤: $m=0$. 仅包含一个顶点的闭合迹.

归纳步骤: $m>0$. 由于每个顶点均有偶数度,因此 $G$ 的非平凡分量中的每个顶点的度至少是 2. 由引理 1.2.25 可知,该非平凡分量有一个环 $C$. 令 $G'$ 是从 $G$ 中删除 $E(C)$ 后得到的图.

由于 $C$ 在 $G$ 的每个顶点处有 0 条边或 2 条边,$G'$ 的每个分量均是偶图. 又由于每个分量是连通的并且包含的边少于 $m$ 条,由归纳假设可知 $G'$ 的每个分量有一个欧拉回路. 为了使这些欧拉回路组合成 $G$ 的一个欧拉回路,我们遍历 $C$,但当 $G'$ 的某分量被第一次访问时我们遍历该分量的欧拉回路. 对这个回路的遍历结束于遍历的开始点. 完成了对 $C$ 的遍历,就得到了 $G$ 的欧拉回路.

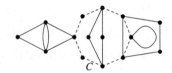

证明方法中,有关偶图特征的表征与欧拉图特征的表征一样重要.

**1.2.27 命题** 任意偶图均可以分解成若干个环.

**证明** 在定理 1.2.26 的证明中,我们已经看到每个非平凡偶图均含有环,且删除一个环仍得到一个偶图. 这样,对边数进行归纳,即可得知这个命题是正确的.

在欧拉回路的特征中,条件的必要性是显而易见的. 描述二部图的特征时,二部图中不存在奇环也是显然的. 在其他许多特点刻画中,条件的必要性也是很显然的. Nash-Williams 和其他的一些人为这样的定理归纳了一个普遍的印象: **TONCAS**,即"显然的必要条件也是充分的".

引理 1.2.25 的证明过程是一个很好的例子,它说明了图论中的一种重要的证明方法,我们称之为**极端化**方法. 当考虑某种特定的结构时,选择在某些方面处于极端情况的例子可能会得到有用的附加信息. 例如,由于极大路径 $P$ 不能被扩展,我们就得到了这样的信息:与 $P$ 的端点相邻的任意顶点都属于 $V(P)$.

在某种意义上,对极端情况做出选择,处理的恰好是重要情况. 在引理 1.2.25 中,我们可以从任何一条路径开始. 如果它是可扩展的,则扩展它. 如果它是不可扩展的,说明出现了重要情况. 我们用几个例子来阐明这个方法,习题 37~42 也用到了极端化方法. 下面,我们针对简单图首先从加强引理 1.2.25 开始.

**1.2.28 命题** 如果 $G$ 是简单图且其任意顶点的度至少为 $k$,则 $G$ 包含一条长度至少为 $k$ 的路径. 如果 $k\geq 2$,那么 $G$ 还包含一个长度至少为 $k+1$ 的环.

**证明** 令 $u$ 是 $G$ 中的一条极大路径 $P$ 的一个端点. 由于 $P$ 不能扩展,$u$ 的任意相邻顶点都在 $V(P)$ 中. 因为 $u$ 至少有 $k$ 个相邻顶点且 $G$ 是简单图,因此 $P$ 中除了 $u$ 外至少还有 $k$ 个顶点故其长度至少是 $k$. 如果 $k\geq 2$,则边 $uv$($v$ 是沿路径 $P$ 距离 $u$ 最远的 $u$ 的相邻顶点)和 $P$ 上从 $v$ 到 $u$ 的部分就构成了一个足够长的环.

**1.2.29 命题** 如果一个图含有一条不是环的边，则它至少有两个顶点不是割点．

**证明** 设 $u$ 是 $G$ 中一条极大路径 $P$ 的一个端点，那么 $u$ 的相邻顶点都位于 $P$ 上．由于 $P-u$ 在 $G-u$ 中是连通的，$u$ 的相邻顶点必位于 $G-u$ 的一个单独的分量内，因此 $u$ 不是割点．

**1.2.30 注记** 我们要注意"极大"和"最大"的区别．作为形容词，**最大**表示"大小（或规模）达到最大值"，**极大**表示"子被更大的包含"．每条最大路径均是一条极大路径，但是极大路径不必具有最大长度．同样，二部团 $K_{r,s}$ 有两个极大独立集，但如果 $r \neq s$ 则它只有一个最大独立集．当描述数量而不是包含关系时，它们的意义是相同的．最大顶点度＝极大顶点度．

除了最大或极大路径或独立集之外，其他的极端情况还包括具有最大度的顶点或具有最小度的顶点，两条路径的第一个分叉点，极大连通子图（分支），等等．在一个连通图 $G$ 中，如果 $S$，$T \subset V(G)$，则可以获得一条从 $S$ 到 $T$ 的路径使得该路径仅有两个端点位于 $S \cup T$ 中，这只需选择一条从 $S$ 到 $T$ 的最短路即可；习题 40 应用了这一点．习题 37 用极端化方法以较短的形式证明了连通关系的传递性．

许多用到归纳法的证明都可以用极端化方法来表述，而许多用到极端化方法的证明也可以用归纳法来完成．为了强调这两种方法的相互关系，我们用极端化方法重新证明欧拉图的特征．

**1.2.31 引理** 在偶图中，每一条不可扩展的迹均是闭合的．

**证明** 令 $T$ 是任意一个偶图中的不可扩展的迹，设其起始顶点为 $u$．$T$ 每次通过 $u$ 之外的一个顶点 $v$，都要用到 $v$ 点处的两条仍未使用过的边，没有重复的．于是，每次到达顶点 $v$，$T$ 用到了奇数条关联到 $v$ 的边．由于 $v$ 有偶数条边，必然还存在一条边使得 $T$ 可以继续．

因此 $T$ 只能结束于其起始点 $u$．在有限图中，$T$ 必定会结束．因此 $T$ 一定是闭合的．

**1.2.32 定理 1.2.26 的第二个证明** 我们来证明 **TONCAS**．在满足条件的图 $G$ 中，令 $T$ 是长度最大的迹；$T$ 也必是一个不可扩展的迹．由引理 1.2.31 可知，$T$ 是闭合的．

假设 $T$ 漏掉了 $G$ 的某条边 $e$．因为 $G$ 只有一个非平凡分量，$G$ 有从 $e$ 到 $T$ 的顶点集的一条最短路径．因此，某条不在 $T$ 中的边 $e'$ 关联到 $T$ 的某个顶点 $v$．

29

因为 $T$ 是闭合的，因此存在一个迹 $T'$，其起、止顶点均为 $v$ 且用到的边同 $T$ 用到的边一样．现在，我们沿 $e'$ 扩展 $T'$ 可以得到一个比 $T$ 更长的迹．这与 $T$ 的选择相矛盾．因此，$T$ 遍历了 $G$ 中的所有边．

这个证明以及由此得到的构造过程（习题 12）是同 Hierholzer[1873] 的结果相类似的．习题 35 给出了另一种证明．

对于每个连通偶图必存在一个欧拉回路这个结论，后续的几个章节中包含了它的几个应用．这里，我们给出一个简单的例子．要在纸上画出图 $G$，我们必须停顿并移动多少次笔呢？作图过程中，不允许重复任何一个线段，故每次将笔落到纸上就画出一个迹．这样，我们要将图 $G$ 分解为一些迹使得它们的个数最小．我们将这个问题简化到连通图的情况，因为画出图 $G$ 所需迹的数目是画出其各个分量所需的迹的数目的和．

如下所示，图 $G$ 有 4 个奇顶点进而可以被分解成两个迹．加入虚线边，它就变成了欧拉图．

**1.2.33 定理**　对于恰好有 $2k$ 个奇顶点的非平凡连通图，分解它至少需 $\max\{k, 1\}$ 个迹.

**证明**　除了非闭合的迹使其端点的度增加奇数之外，每个迹对图中每个顶点的度的贡献均为偶数. 因此，要将所有边划分成若干条迹，必须有一些非闭合的迹起止于奇顶点. 由于每条迹只有两个端点，至少要用 $k$ 条迹才能满足 $2k$ 个奇顶点. 当然，至少需要一个迹才能分解 $G$，因为 $G$ 中含有边. 定理 1.2.26 意味着当 $k = 0$ 时一个迹就足够了.

我们还需证明当 $k > 0$ 时 $k$ 个迹足以分解 $G$. 给定满足题设的一个图 $G$，我们将 $G$ 中的奇顶点配对(以任何方式)并在每一对顶点之间添加一条边把它们连接起来，将这样得到的图表示为 $G'$，如上图所示. 所得到的图 $G'$ 是连通的而且是偶图，所以由定理 1.2.26 可知它有一条欧拉回路 $C$. 在 $G'$ 中遍历 $C$ 时，每次遇到 $G' - E(G)$ 中的一条边时我们就新开始了 $G$ 中的一条的迹. 这就得到了 $k$ 条可以分解 $G$ 的迹.　■

在证明定理的过程中，我们采用对前后内容最具有一般性的证明过程，以减少工作量. 定理 1.2.33 展示了这一点. 通过将 $G$ 转化为另一个图以便应用定理 1.2.26，这样就避免了对定理 1.2.26 中的基本论证过程的重复. 习题 33 要求直接用归纳法对定理 1.2.33 进行证明.

注意，定理 1.2.33 仅考虑了含有偶数个度为奇数的顶点的图. 下一节的第一个结论将对此做出解释.

**习题**

本书中，绝大多数问题均需要证明."构造""给出""得出""确定"等这些词就是明确地要求给出证明. 通过举反例来否定一个问题时，需要确定所给的是一个反例.

1.2.1　(一)确定下列命题的真假.

　　a)任意非连通图都有一个孤立顶点.

　　b)一个图是连通的当且仅当它的某个顶点与其他所有顶点是连通的.

　　c)任意闭合迹的边集可以划分成若干个环的边集.

　　d)如果图中有一个极大迹不是闭合的，则其端点的度是奇数.

1.2.2　(一)确定 $K_4$ 是否包含以下情况(给出一个例子或证明不包含)：

　　a)一个不是迹的通道.

　　b)一个不是路径的非闭合迹.

　　c)一个不是环的闭合迹.

1.2.3　(一)令 $G$ 是顶点集为 $\{1, \cdots, 15\}$ 的图，其中 $i$ 和 $j$ 邻接当且仅当它们的最大公因数大于 1. 计算 $G$ 的分量数并确定 $G$ 中路径的最大长度.

1.2.4　(一)令 $G$ 是一个无圈图. 对于 $v \in V(G)$ 和 $e \in E(G)$，用 $G$ 的相应矩阵来描述 $G - e$ 和 $G - v$ 的邻接矩阵和关联矩阵.

1.2.5　(一)令 $v$ 是连通的简单图 $G$ 中的一个顶点. 证明：在 $G - v$ 的每个分量中，$v$ 都有一个相邻顶点. 由此得出，任何图均没有度为 1 的割点.

1.2.6　(一)下图(掌形)中，找出所有极大路径、极大连通分量和极大独立集. 同时，找出所有最大路径、最大连通分量和最大独立集.

1.2.7 (一)证明：一个二部图具有唯一的二部剖分(除非将两个部集交换顺序后看成另一个二部剖分)当且仅当它是连通的.

1.2.8 (一)确定 $m$ 和 $n$ 的值使得 $K_{m,n}$ 是欧拉图.

1.2.9 (一)分解 Petersen 图所需迹的最小个数是多少?用同样数量的路径可以完成分解吗?

1.2.10 (一)证明或否定:

a)每个欧拉二部图有偶数条边.

b)含偶数个顶点的每个欧拉简单图有偶数条边.

1.2.11 (一)证明或否定:如果 $G$ 是一个欧拉图,其边 $e$,$f$ 有一个公共顶点,则 $G$ 有一个欧拉回路使得 $e$ 和 $f$ 在回路中以相继的次序出现.

1.2.12 (一)将 1.2.32 中的证明转换为在连通偶图中找出一个欧拉回路的过程.

• • • • • • • • • • • •

31

1.2.13 对"每条 $u$,$v$ 通道都包含一条 $u$,$v$ 路径"(引理 1.2.5)的另一种证明.

a)(普通归纳)假定每条长为 $l-1$ 的通道包含一条从其第一个顶点到最后一个顶点的路径,证明每条长度为 $l$ 的路径也满足这一结论.

b)(极端化方法)给定一条 $u$,$v$ 通道 $W$,考虑包含于 $W$ 中的一条最短 $u$,$v$ 通道.

1.2.14 证明或否定下面有关简单图的命题(注:"不同"不是"不相交"):

a)不同的 $u$,$v$ 通道的边集的并集一定包含一个环.

b)不同的 $u$,$v$ 路径的边集的并集一定包含一个环.

1.2.15 (!)令 $W$ 是长度至少为 1 且不包含环的闭合通道.证明:$W$ 的一些边直接重复(每一个方向一次).

1.2.16 设 $e$ 是一条边,它在闭合通道 $W$ 中出现了奇数次.证明:$W$ 中有一些边构成通过 $e$ 的一个环.

1.2.17 (!)设 $G_n$ 是一个图,其顶点是 $\{1, \cdots, n\}$ 的所有排列,两个排列 $a_1, \cdots, a_n$ 和 $b_1, \cdots, b_n$ 是邻接的如果它们互换了某两个邻接位置上的元素($G_3$ 如下图所示).证明:$G_n$ 是连通的.

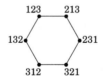

1.2.18 (!)设 $G$ 是一个图,其顶点集是分量元素位于 $\{0, 1\}$ 中的所有 $k$-元组的集合,如果 $x$ 和 $y$ 恰好在两个位置上不同则 $x$ 邻接于 $y$.确定 $G$ 的分量数.

1.2.19 (+)令 $r$ 和 $s$ 是自然数.令 $G$ 是一个简单图,其顶点集是模 $n$ 的同余类,$i$ 和 $j$ 邻接当且仅当二者各有一个元素使得它们的差为 $r$ 或 $s$.证明:$G$ 恰有 $k$ 个分量,$k$ 是 $\{n, r, s\}$ 的最大公因数.

1.2.20 (!)令 $v$ 是简单图 $G$ 的一个割点.证明 $\overline{G}-v$ 是连通的.

1.2.21 设 $G$ 是一个自补图.证明:$G$ 有割点当且仅当 $G$ 有度为 1 的顶点.(Akiyama-Harary[1981])

1.2.22 证明:一个图是连通的当且仅当将其顶点集任意划分成两个非空集合后,均有一条边使其端点分别位于这两个集合中.

1.2.23  在一个不是完全图的连通简单图中，考察下面的每个命题是否成立.

a)$G$ 的每个顶点属于一个同构于 $P_3$ 的诱导子图.

b)$G$ 的每条边属于一个同构于 $P_3$ 的诱导子图.

1.2.24  设 $G$ 是一个简单图，且 $G$ 既没有独立点也没有只含两条边的诱导子图. 证明：$G$ 是一个完全图.

1.2.25  (!)对边数或者顶点数用普通归纳法证明：没有奇环是图成为二部图的充分条件.

1.2.26  (!)证明：图 $G$ 是二部图当且仅当 $G$ 的任意子图 $H$ 都有一个独立集包含了 $V(H)$ 中的至少一半顶点.

1.2.27  设 $G_n$ 是一个图，其顶点是 $\{1, \cdots, n\}$ 的所有排列，两个排列 $a_1, \cdots, a_n$ 和 $b_1, \cdots, b_n$ 是邻接的如果它们互换了某两个位置上的元素. 证明：$G_n$ 是二部图($G_3$ 如下图所示).（提示：对每一个排列 $a$，对满足 $i<j$ 而 $a_i>a_j$ 的 $i$, $j$ 对计数；这种数对称为**逆序**.）

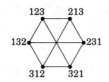

1.2.28  (!)在下面的每个图中，找出边最多的一个二部子图并进行证明. 确定它是否是唯一的具有最多边的二部图.

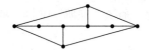

1.2.29  (!)设 $G$ 是一个连通简单图且其诱导子图中不包含 $P_4$ 和 $C_3$. 证明：$G$ 是一个二部团(完全二部图).

1.2.30  设 $G$ 是顶点为 $v_1, \cdots, v_n$ 的一个简单图. 令 $A^k$ 表示其邻接矩阵在矩阵乘法意义下的 $k$ 次幂. 证明：$A^k$ 中 $i$, $j$ 位置上的元素是 $G$ 中长度为 $k$ 的 $v_i$, $v_j$-通道的条数. 证明：$G$ 是二部图当且仅当对于 $\{n-1, n\}$ 中的奇数 $r$，$A^r$ 的对角线元素全是 0(提示：一条通道是顶点和边的一个有序序列).

1.2.31  (!)定理 1.2.23 的非归纳法的证明(参见例 1.2.21).

a)给定 $n \leqslant 2^k$，将 $K_n$ 的顶点编码为互不相同的二进制的 $k$-元组. 由此构造 $k$ 个二部图使得它们的并恰好是 $K_n$.

b)假定 $K_n$ 是二部图 $G_1, \cdots, G_k$ 的并，将 $K_n$ 的顶点编码为互不相同的二进制的 $k$-元组. 由此证明 $n \leqslant 2^k$.

1.2.32  下面的命题是错误的. 添加一个假设使它正确，并证明改正后的命题.

"偶图中的每个极大迹都是一个欧拉回路."

1.2.33  分别对 $k$ 和边数用普通归纳法证明：如果 $k>0$，则含有 $2k$ 个奇顶点的一个连通图可以分解为 $k$ 条迹. 如果没有连通这个假设，命题还正确吗？

1.2.34  对于两个欧拉回路，如果所有由相继的两条边构成无序对是相同的，则称它们等价，其中两条边是否相继要以循环顺序来看(与起点和方向无关). 例如，一个环只包含一个欧拉回路的等价类. 下图中有多少欧拉回路的等价类?

33

1.2.35 Tucker 算法. 设 $G$ 是一个连通偶图. 对于每个顶点, 将其关联边划分成若干对(每一条边均出现于其两个端点的某对边中). 从给定的一条边 $e$ 出发, 沿着当前边对中的另一条边离开当前顶点, 最后在与 $e$ 配对的边处结束. 这样可以将 $G$ 分解成一些闭合的迹. 只要分解中存在至少两个迹, 则找到两个具有公共点的迹, 并在公共点修改边的配对将它们合并成一个更长的迹. 证明: 这个过程可行并且最后得到的迹是一个欧拉回路. (Tucker[1976])

1.2.36 (＋)欧拉图的另一种特征刻画.

　　　a)证明: 如果 $G$ 是欧拉图且 $G'=G-uv$, 则 $G'$ 有奇数个 $u$, $v$-迹仅在最后访问 $v$. 同时证明: 在这一序列 $u$, $v$-迹中, 不是路径的迹的条数是偶数. (Toida[1973])

　　　b)令 $v$ 是图中的一个具有奇数度的顶点. 对于关联到 $v$ 的每一条边 $e$, 令 $c(e)$ 表示包含 $e$ 的环的个数. 利用 $\sum_e c(e)$ 证明: 对于关联到 $v$ 的某条边 $e$, $c(e)$ 是偶数. (McKee[1984])

　　　c)由(a)和(b)推出结论: 一个非平凡连通图是欧拉图当且仅当它的每条边属于奇数个环.

1.2.37 (!)用极端化方法证明: 连通关系是传递的(提示: 给定一个 $u$, $v$-路径 $P$ 和一个 $v$, $w$-路径 $Q$, 考虑 $P$ 的位于 $Q$ 中的第一个顶点).

1.2.38 (!)证明: 具有至少 $n$ 条边的 $n$-顶点图含有一个环.

1.2.39 设无圈图 $G$ 中的每个顶点的度至少是 3. 证明: $G$ 有一个长度是偶数的环(提示: 考虑一条极大路径). (P. Kwok)

1.2.40 (!)令 $P$ 和 $Q$ 是连通图 $G$ 中长度最大的两条路径. 证明: $P$ 和 $Q$ 有一个公共顶点.

1.2.41 令 $G$ 是至少有 3 个顶点的一个连通图. 证明: $G$ 有两个点 $x$, $y$ 满足: 1)$G-\{x, y\}$ 是连通的; 2)$x$, $y$ 是邻接的或有一个公共的相邻顶点(提示: 考虑一条最长的路径). (Chung[1978a])

1.2.42 令 $G$ 是一个连通的简单图且 $P_4$ 或 $C_4$ 不是它的诱导子图. 证明: $G$ 有一个顶点邻接于其他所有顶点(提示: 考虑具有最大度的顶点). (Wolk[1965])

1.2.43 (＋)对 $k$ 作归纳, 证明: 具有偶数条边(2$k$)的任意一个连通简单图可以分解成一些长度为 2 的路径. 如果连通这个假设被省略, 这个结论还成立吗?

## 1.3 顶点度和计数

各顶点的度是图的基本参数. 我们重复这个定义来引入一个重要的概念.

　　**1.3.1 定义** 图 $G$ 中顶点 $v$ 的**度**, 记为 $d_G(v)$ 或 $d(v)$, 是关联到 $v$ 的边的条数, 注意 $v$ 上的圈在计算度时要计算两次. 最大的顶点度记为 $\Delta(G)$, 最小的顶点度记为 $\delta(G)$. 如果 $\Delta(G)=\delta(G)$, 则称 $G$ 是**正则的**. 如果所有顶点度 $k$, 则称 $G$ 是 $k$-**正则的**. $v$ 的**邻域**, 记为 $N_G(v)$ 或 $N(v)$, 是由 $v$ 的邻接顶点构成的集合.

34

　　**1.3.2 定义** 图 $G$ 的**阶**, 记为 $n(G)$, 是 $G$ 中的顶点数. 一个 $n$-**顶点图**是一个阶为 $n$ 的图. 图 $G$ 的**大小**, 记为 $e(G)$, 是 $G$ 中边的条数. 对于 $n\in\mathbf{N}$, 符号 $[n]$ 表示集合 $\{1, \cdots, n\}$.

由于我们的图是有限的，因此 $n(G)$ 和 $e(G)$ 是非负整数. 我们也通常用"$e$"本身来表示一条边. 当 $e$ 表示一条特定的边时，它后面并没有跟一个带括号的图的名字，因为上下文可以表明其含义. 我们用"$n$-环"来表示一个具有 $n$ 个顶点的环；这和"$n$-顶点图"的用法是一致的.

**计数和双射**

我们从图中的某些子图的计数问题开始. 第一个问题就是边的计数，我们用顶点的度来完成计数. 所得公式是图论中的一个重要工具，有时称之为"图论第一定理"或者"握手引理".

**1.3.3 命题**（度-和公式）　如果 $G$ 是一个图，则 $\sum_{v \in V(G)} d(v) = 2e(G)$.

**证明**　将所有顶点的度求和会使每条边计数两次，因为每条边有两个端点并且在其每个端点处都会被计数一次. ■

即使 $G$ 含有圈，上述证明也是成立的，因为每个圈对它的端点的度的贡献为 2. 对于无圈图，公式的两边分别计算了对 $(v, e)$ 的数目（其中 $v$ 是 $e$ 的一个端点），其中一端按顶点分组来计数，另一端按边分组来计数. "以两种方式计数"是证明整数恒等式的一种极好的方法（参见习题 31 和附录 A）.

度-和公式有几个显然的推论. 推论 1.3.5 可以用到习题 9~13 中，而且后续章节中的许多论述也要用到它.

**1.3.4 推论**　在图 $G$ 中，顶点的平均度为 $\dfrac{2e(G)}{n(G)}$，进而 $\delta(G) \leqslant \dfrac{2e(G)}{n(G)} \leqslant \Delta(G)$.

**1.3.5 推论**　任意图含有偶数个度为奇数的顶点. 阶为奇数的图不会以奇数度成为正则图.

**1.3.6 推论**　含有 $n$ 个顶点的 $k$-正则图有 $nk/2$ 条边.

下面，我们将引入一族重要的图.

**1.3.7 定义**　$k$-**维立方体**或**超方体** $Q_k$ 是一个简单图，其顶点是分量取自 $\{0, 1\}$ 的所有 $k$-元组，边是恰在一个位置上取不同值的 $k$ 元组对. $Q_k$ 的一个 $j$-**维子立方体**是同构于 $Q_j$ 的 $Q_k$ 的子图.

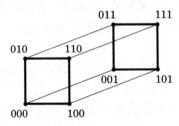

上图是 $Q_3$. 超方体是一种很自然的计算机结构. 如果处理器对应于 $Q_k$ 中的邻接顶点，则它们之间可以直接通信. 用来命名顶点的 $k$ 元组可以视作处理器的地址.

**1.3.8 例**（超方体的结构）　$Q_k$ 中顶点的奇偶性是由该顶点的名字中包含的 1 的个数的奇偶性而决定的. $Q_k$ 中每条边有一个偶端点和一个奇端点. 因此，偶顶点构成一个独立集，奇顶点也构成一个独立集，进而 $Q_k$ 是一个二部图.

$k$-元组的每个分量可以取两个值，所以 $n(Q_k) = 2^k$. 对于一个顶点，取定其名字中的一个位置并将该位置的值修改成另一个值，就可以得到它的一个相邻顶点. 于是，$Q_k$ 是 $k$-正则的. 由推论 1.3.6 可知，$e(Q_k) = k2^{k-1}$.

上图中，加粗的边组成了 $Q_3$ 的两个同构于 $Q_2$ 的子图，这两个子图的形成正好是保持顶点的最后一位的值为 0 或 1 而得到的. 为了得到一个 $j$-维的子立方体, 可以固定 $k-j$ 个位置的值并让其余 $j$ 个位置上的值取自 $2^j$ 个可能的 $j$-元组. 这样得到的子立方体同构于 $Q_j$. 因为有 $\binom{k}{j}$ 种方法来确定 $j$ 个位置并且有 $2^{k-j}$ 种方法来指定其他位置的值, 这就得到 $\binom{k}{j} 2^{k-j}$ 个子立方体. 事实上, 不存在其他的 $j$-维子立方体(习题 29).

$Q_1$ 的拷贝就是 $Q_k$ 中的那些边. 令 $j=1$, 我们的公式等于 $k2^{k-1}$, 这是另一种计算 $e(Q_k)$ 的方法.

令 $j=k-1$, 下面的讨论引出了对 $Q_k$ 的递归定义. 在 $Q_{k-1}$ 的一个拷贝中, 在每个顶点的名字后加一个 0; 在另一个拷贝里, 加一个 1. 在这两个拷贝中, 如果两个顶点的前 $k-1$ 个位置的值相等, 则在它们之间加一条边. 最后的结果就是 $Q_k$. 这种构造方法的初始是 1-顶点图 $Q_0$. 这种递归定义可以帮助我们对立方体的很多性质进行归纳证明, 包括 $e(Q_k)=k2^{k-1}$(习题 23). ■

一个超方体是一个正则二部图. 一个简单的计数方法证明了这种图的一个重要的基本性质.

**1.3.9 命题**　如果 $k>0$, 则 $k$-正则二部图的部集含有相同个数的顶点.

36

**证明**　令 $G$ 是一个 $k$-正则 $X, Y$-二部图. 对端点在 $X$ 中的边进行计数可以得到 $e(G)=k|X|$. 对端点在 $Y$ 中的边进行计数可以得到 $e(G)=k|Y|$, 由此可知 $k|X|=k|Y|$ 对 $k>0$ 成立. ■

另一种对集合进行计数的方法是建立一个双射将该集合映射到另一个大小已知的集合上. 下一个例子用到这种方法. 附录 A 中是用组合(学)方法讨论计数问题的其他例子. 习题 18~25 将涉及计数.

**1.3.10 例**(Petersen 图有 10 个 6-环)　令 $G$ 是 Petersen 图. $G$ 是 3-正则的, 包含了 10 个爪形图($K_{1,3}$ 的拷贝). 我们建立 6-环和爪形间的一一对应.

因为 $G$ 的围长是 5, 因此每个 6-环 $F$ 均是一个诱导子图. $F$ 中的每个顶点在 $F$ 之外有一个相邻顶点. 因为非邻接的两个顶点在 $F$ 之外只有一个公共的相邻顶点(命题 1.1.38), $F$ 中的对顶点有一个在 $F$ 外的公共相邻顶点. 由于 $G$ 是 3-正则的, $F$ 外找到的这 3 个顶点是互不相同的. 因此, 删除 $V(F)$ 后剩下由 3 个度为 1 的顶点和 1 个度为 3 的顶点构成的子图, 这即是一个爪形.

下面, 我们要证明在这种方式下 $G$ 中每个爪形 $H$ 恰好出现一次. 令 $S$ 表示 $H$ 中度为 1 的顶点集; $S$ 是一个独立集. $H$ 的中心顶点已经是($S$ 中顶点的)一个公共的相邻顶点了, 所以从 $S$ 出发的其他 6 条边必到达不同的顶点. 这样 $G-V(H)$ 是 2-正则的. 因为 $G$ 的围长是 5, $G-V(H)$ 必是一个 6-环. 当这个 6-环的顶点被删除后即可得到 $H$. ■

我们再给出一个关于计数的论述过程, 它与一个由来已久的猜想有关. 删除一个顶点后得到的子图称为**顶点删除子图**. 这些子图不一定是不同的; 例如, $C_n$ 的 $n$ 个顶点删除子图都同构于 $P_{n-1}$.

***1.3.11 命题**　对于顶点为 $v_1, \cdots, v_n$ 的简单图 $G$, 如果 $n \geqslant 3$, 则 $e(G)=\dfrac{\sum e(G-v_i)}{n-2}$ 且

$$d_G(v_j)=\frac{\sum e(G-v_i)}{n-2}-e(G-v_j).$$

**证明**  $G$ 的边 $e$ 出现于 $G-v_i$ 中当且仅当 $v_i$ 不是 $e$ 的端点. 于是, $\sum e(G-v_i)$ 使每条边正好被计数 $n-2$ 次.

一旦知道 $e(G)$, $v_j$ 的度就可以计算为删除 $v_j$ 得到 $G-v_j$ 时丢失的边的条数.

通常, 顶点删除子图是以无标记图的形式给出的; 我们仅仅知道(顶点删除子图所属的)同构类序列, 并不知道 $G-v_i$ 中的哪个点对应于 $G$ 中的哪个点. 这导致很难由这些子图来断定 $G$ 是哪种图. 例如, $K_2$ 和它的补图有相同的顶点删除子图序列. 对于大一些的图, 我们有**重构猜想**, 这是由 Kelly 和 Ulam 在 1942 年提出的.

**\*1.3.12 猜想**(重构猜想)  如果 $G$ 是至少有三个顶点的简单图, 则 $G$ 由它的顶点删除子图(的同构类)序列唯一确定. ■

$G$ 的顶点删除子图序列有 $n(G)$ 个元素. 命题 1.3.11 说明 $e(G)$ 和顶点度的序列可以被重新确定. 后者说明可以对正则图进行重构(习题 37). 我们也可以确定 $G$ 是否是连通的(习题 38); 由此可知, 非连通图可以被重构(习题 39). 还有其他一些可重构性的充分条件也是已知的, 但是一般性的重构猜想仍然是一个开放的问题.

## 极值问题

**极值问题**是指在某类对象上的函数的最大值或最小值. 例如, 在含有 $n$ 个顶点的简单图中, 边的最大条数是 $\binom{n}{2}$.

**1.3.13 命题**  在含有 $n$ 个顶点的连通图中, 边的最小条数是 $n-1$.

**证明**  由命题 1.2.11 可知, 每个含有 $n$ 个顶点和 $k$ 条边的图至少有 $n-k$ 个分量. 因此, 每个具有少于 $n-1$ 条边的 $n$-顶点图至少有两个分量, 这是非连通的. 这个命题的倒置命题是, 每个连通的 $n$-顶点图至少有 $n-1$ 条边. 下界可在路径 $P_n$ 上取得. ■

**1.3.14 注记**  在某一类图 $\boldsymbol{G}$ 中, 证明 $\beta$ 是 $f(G)$ 的最小值需要证明如下两项:

1)对于所有的 $G \in \boldsymbol{G}$, $f(G) \geqslant \beta$.

2)对于某个 $G \in \boldsymbol{G}$, $f(G) = \beta$.

对于下界的证明必须适用于任意 $G \in \boldsymbol{G}$. 对于等号的成立, 需要在 $\boldsymbol{G}$ 中找出一个特例使得 $f$ 取得所需的值.

将"$\geqslant$"变成"$\leqslant$"就得到了证明最大值所需的标准.

下面, 我们解决一个求最大值的问题, 求值过程比较复杂.

**1.3.15 命题**  如果 $G$ 是一个简单 $n$-顶点图且满足 $\delta(G) \geqslant (n-1)/2$, 则 $G$ 是连通的.

**证明**  取 $u, v \in V(G)$. 只需证明: 如果 $u, v$ 是非邻接的, 则它们有一个公共的相邻顶点. 由于 $G$ 是简单图, 因此有 $|N(u)| \geqslant \delta(G) \geqslant (n-1)/2$, 对 $v$ 也有类似结果. 如果 $u \not\leftrightarrow v$, 则有 $|N(u) \bigcup N(v)| \leqslant n-2$, 因为 $u$ 和 $v$ 不在这个并集中. 由附录 A 中的注记 A.13, 可以得到

$$|N(u) \bigcap N(v)| = |N(u)| + |N(v)| - |N(u) \bigcup N(v)| \geqslant \frac{n-1}{2} + \frac{n-1}{2} - (n-2) = 1. \qquad ■$$

我们说一个结果是**最优的**或者**灵敏的**, 如果在命题不变成假的情况下, 它的某些方面不能被加强. 如下例所示, 命题 1.3.15 具有这样的性质; 如果 $\delta(G)$ 小于 $(n(G)-1)/2$, 则不能断定 $G$ 一定是连通的.

**1.3.16 例**  令 $G$ 是一个 $n$-顶点图, 共两个分量分别同构于 $K_{\lfloor n/2 \rfloor}$ 和 $K_{\lceil n/2 \rceil}$, $x$ 的**下限** $\lfloor x \rfloor$ 表示不

超过 $x$ 的最大的整数，$x$ 的**上限** $\lceil x \rceil$ 表示不小于 $x$ 的最小整数．因为 $\delta(G) = \lfloor n/2 \rfloor - 1$ 并且 $G$ 是非连通的，命题 1.3.15 中的不等式是灵敏的．

这里我们用上限函数和下限函数是为了描述一个简单的族图，族图中针对每个 $n$ 值给出了一个例子．

通过给出一族例子来证明边界最佳，我们解决了极值问题．命题 1.3.15 和例 1.3.16 证明了"使得一个 $n$-顶点简单图 $G$ 连通需要的最小边数 $\delta(G)$ 是 $\lfloor n/2 \rfloor$"或者"非连通 $n$-顶点简单图中 $\delta(G)$ 的最大值是 $\lfloor n/2 \rfloor - 1$".

我们引入一些简洁的符号来描述例 1.3.16 中的这种图．

**1.3.17 定义**  将顶点集合互不相交的两个图 $G$ 和 $H$ 的并称为**非交并**或者**和**，记为 $G+H$．通常，$mG$ 表示由 $G$ 的 $m$ 个两两互不相交的拷贝构成的图．

**1.3.18 例**  如果 $G$ 和 $H$ 是连通的，则 $G+H$ 的分支为 $G$ 和 $H$，所以例 1.3.16 中的图是 $K_{\lfloor n/2 \rfloor} + K_{\lceil n/2 \rceil}$．当我们没有为顶点命名时，这个符号非常方便．注意 $K_m + K_n = \overline{K}_{m,n}$．

图 $mK_2$ 由 $m$ 条互不相交的边构成．

在图论中，"极值问题"表示要在一族图中寻求最优．如果在某一个图中寻求极限，如独立集的最大规模，或二部图子图的最大规模等，我们对各个图要解决的问题各不相同．为了与前一种问题相区别，我们称这种问题为**最优化问题**．

由于一个最优化问题针对每个图都产生了一个实例，因此通常不能列出所有的解．我们可以寻求一个求解过程或者用输入图的其他参数给出答案的一个界限．在这种意义下，我们来考虑寻找一个图的最大二部图这个问题．它允许我们引用构造性证明或者用"算法"证明（**算法**就是一个能够完成某项任务的过程或程序）．

证明某个事物存在的一种方法就是将它构造出来．可以把这些证明看作算法．为了完成一个算法证明，必须证明算法会终止并产生所需的结果．这可能涉及归纳法、反证法和穷举法，等等．我们给出一个算法并用它找出图中的一个二部子图来证明任意图均有一个较大的二部子图．习题 45~49 也与这个问题相关．

**1.3.19 定理**  每个无圈图 $G$ 都有一个二部子图至少包含了 $e(G)/2$ 条边．

**证明**  我们先将 $V(G)$ 随意划分为两个集合 $X$ 和 $Y$．利用端点分别位于这两个集合中的那些边就得到一个二部剖分为 $X$ 和 $Y$ 的二部子图 $H$．如果 $H$ 中有某个顶点 $v$，它在 $G$ 中的关联边只有一半以下含于 $H$ 中，这说明 $v$ 在它所在的集合中的相邻顶点比它在另一个集合中的相邻顶点要多，如下图所示．把 $v$ 移动到另一个集合后新增加的边将会多于被删除的边．

只要在当前的二部图中发现这样的点，我们就将其移动到另一个集合中．每一次这样的操作必然使得子图的大小增加，因而这个过程必定会终止．当它终止后，对任意 $v \in V(G)$，有 $d_H(v) \geq d_G(v)/2$．对所有的顶点求和后由度-和公式得到 $e(H) \geq e(G)/2$．

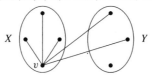

算法证明通常相当于归纳法证明或极端化方法的证明. 但是归纳法证明或极端化方法的证明更加简短易得, 所以我们可以找到一个这样的证明, 然后再将它转化为算法. 例如, 下面是对定理 1.3.19 用极端化方法和反证法得到的证明. 事实上, 对 $H$ 的极端化选择正好是上述算法的输出:

令 $H$ 是 $G$ 的边最多的二部子图. 如果对所有 $v \in V(G)$ 有 $d_H(v) \geqslant d_G(v)/2$, 则由度-和公式得到 $e(H) \geqslant e(G)/2$. 否则, 对某个 $v \in V(G)$ 有 $d_H(v) < d_G(v)/2$, 则在二部剖分中调换 $v$ 的位置即得到一个更大的二部子图, 这与 $H$ 的选择相矛盾.

**1.3.20 例**(局部最大)  定理 1.3.19 中的算法不一定产生边数最大的二部子图, 而输出的仅仅是至少包含一半边的一个二部子图. 下面的图是 5-正则的, 它有 8 个点, 进而有 20 条边. 二部剖分 $X=\{a, b, c, d\}$, $Y=\{e, f, g, h\}$ 产生了一个有 12 条边的 3-正则二部子图. 算法终止于此, 因为调换任何一个顶点的位置会在产生两条边的同时失去三条边.

然而, 二部剖分 $X=\{a, b, g, h\}$ 和 $Y=\{c, d, e, f\}$ 产生了一个有 16 条边的 4-正则二部子图. 通过局部修改来寻找极大值的算法最终得到的可能是一个局部最大值.

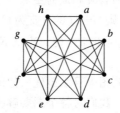

**1.3.21 注记**  在图 $G$ 中, 二部子图的(全局)最大边数是 $e(G)$ 减去从每个奇环中抽取一条边所需的最少边数. ∎

下一个极限问题的出发点不是二部图, 但是它最终与二部图相关. 在政治和战争中, 两个敌对的人很少会有一个共同的敌人; 通常的情况是, 三方中有两方联合对付第三方. 给定 $n$ 个派系, 如果任意敌对双方没有共同的敌对方, 最终可能有多少对敌对派系呢?

用图的语言来说, 就是指在不包含三角形的 $n$-顶点的简单图中最大边数是多少. 二部图不包含三角形, 但其他的很多非二部图(如 Petersen 图)也没有三角形. 用极端化方法(通过选择一个度最大的点), 可以证明上述最大值实际上在完全二部图上取得.

**1.3.22 定义**  图 $G$ 是 $H$-**无关**的, 如果它没有同构于 $H$ 的诱导子图.

**1.3.23 定理**(Mantel [1907])  在 $n$-顶点的三角形无关的简单图中, 最大边数是 $\lfloor n^2/4 \rfloor$.

**证明**  令 $G$ 是一个 $n$-顶点的三角形无关的简单图. 令 $x$ 是一个具有最大度数的顶点, $k=d(x)$. 由于 $G$ 没有三角形, $x$ 的相邻顶点之间没有边. 因此, 对 $x$ 及其非邻接顶点的度求和将使得每条边至少有一个端点被计数一次: $\sum\limits_{v \notin N(x)} d(v) \geqslant e(G)$. 我们对 $n-k$ 个顶点求和, 每个顶点的度最多是 $k$, 所以 $e(G) \leqslant (n-k)k$.

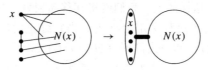

由于 $(n-k)k$ 表示 $K_{n-k,k}$ 中边的条数, 我们证明了 $e(G)$ 被某个具有 $n$ 个顶点的完全二部图的大小所限制. 在 $K_{n-k,k}$ 中, 将一个顶点从大小为 $k$ 的部集转移至大小为 $n-k$ 的集合将会新增 $k-1$ 条边同

时丢失 $n-k$ 条边. 这样净增量为 $2k-1-n$ 条边. 如果 $2k>n+1$, 净增量是正数; 如果 $2k<n+1$, 净增量是负数. 于是, 当 $k$ 取 $\lfloor n/2 \rfloor$ 或 $\lceil n/2 \rceil$ 时, $e(K_{n-k,k})$ 取得最大值. 对于偶数 $n$, 乘积是 $n^2/4$; 对于奇数 $n$, 乘积是 $(n^2-1)/4$. 因而 $e(G) \leqslant \lfloor n^2/4 \rfloor$.

为了证明上界是最优的, 我们给出一个具有 $\lfloor n^2/4 \rfloor$ 条边的三角形无关的图: $K_{\lfloor n/2 \rfloor, \lceil n/2 \rceil}$. ■

尽管通过微积分方法知道 $(n-k)k$ 在 $k$ 上可以达到最大值, 从某些方面来说离散方法更具有优势. 它直接将 $k$ 限制到某个整数上, 并且可以很容易推广到多变量的情况. 所用的局部调换思想与定理 1.3.19 中的思想一致. 只不过, 我们是用它来找出 $K_n$ 中的最大二部子图. 在定理 5.2.9 中, 我们将把定理 1.3.23 推广到 $K_{r+1}$ 无关的图中.

芒泰尔(Mantel)的结果给了我们另一个理由来解释为什么要用另一种形式来表述归纳法. 这个理由就是安全性.

**1.3.24 例**(一个错误的证明)  让我们试着对 $n$ 进行归纳来证明定理 1.3.23. 基本步骤: $n \leqslant 2$. 这时, 完全图 $K_n$ 的边最多并且没有三角形.

归纳步骤: $n>2$. 我们试图进行如下的证明"假设 $n=k$ 时论断成立, 所以 $K_{\lfloor k/2 \rfloor, \lceil k/2 \rceil}$ 是最大的具有 $k+1$ 个顶点的三角形无关的图. 我们增加一个顶点 $x$ 来得到一个有 $k+1$ 个顶点的三角形无关的图. 如果使 $x$ 同时邻接于两个部集中的顶点就会产生三角形. 因此, 我们让 $x$ 只邻接于较大的部集中的那些顶点, 这样新增的边达到最多. 通过这种方法得到了 $K_{\lfloor (k+1)/2 \rfloor, \lceil (k+1)/2 \rceil}$, 从而完成了证明."

这个论述是错误的, 因为我们没有考虑所有含 $k+1$ 个顶点的三角形无关的图. 我们仅仅考虑了以极值 $k$-顶点图为诱导子图的那些图(证明过程中得到的). 这个图确实是含 $k+1$ 个顶点的极值图, 但是我们不能在证明一个结论之前就使用它. 也许添加一个具有很大度数的顶点到某个含 $k$ 个顶点的非极值图中也可以产生一个具有 $k+1$ 个顶点的极值图. ■

习题 51 对 $n$ 进行归纳, 提出一个新的证明.

例 1.3.24 的错误在于, 归纳步骤没有考虑到具有更大参数值的所有实例. 我们称这种错误为**归纳陷阱**. 如果归纳步骤用一个较小的实例为新参数构造得到了一个实例, 那么必须证明在新参数下的所有实例都已经被考虑到了.

如果对于每个归纳参数的值仅存在一个实例(例如在求和公式中), 则(上面的论证)不会造成麻烦. 如果实例多余一个, 一种安全简便的方法就是以新参数下的任意实例作为出发点. 这就明确地考虑了新参数值的每个实例 $G$, 因此不必再去证明我们已经考虑了所有的实例.

然而, 当我们由 $G$ 得到一个较小的实例时, 必须确认归纳假设对它是成立的. 例如, 在用归纳法证明欧拉回路的特征时(定理 1.2.26), 删除环的边之后得到一个含多个连通分量的图, 此时我们必须确保归纳假设对每个连通分量成立而不是确保归纳假设对整个图成立.

42

**1.3.25 注记**(归纳模式)  我们在 $n$ 上作归纳需要证明的命题通常是一个蕴涵关系: $A(n) \Rightarrow B(n)$. 我们必须证明每个满足 $A(n)$ 的实例 $G$ 都满足 $B(n)$. 归纳步骤遵循一个典型的形式. 由 $G$, 我们得到某个(小一些的)$G'$. 如果能证明 $G'$ 满足 $A(n-1)$(对于普通归纳), 则由归纳假设推出 $G'$ 满足 $B(n-1)$. 剩下的就是用 $G'$ 满足 $B(n-1)$ 来证明 $G$ 满足 $B(n)$.

$$
\begin{array}{ccc}
G \text{ 满足 } A(n) & & G \text{ 满足 } B(n) \\
\Downarrow & & \Uparrow \\
G' \text{ 满足 } A(n-1) & \Rightarrow & G' \text{ 满足 } B(n-1)
\end{array}
$$

在如上所示的关系中，中间的推理过程就是归纳假设，其他的推理过程即是我们要做的工作．我们已有的归纳证明遵循了这个模式．■

**\*1.3.26 例**(归纳陷阱) 归纳陷阱可能导致错误结论．我们试着对顶点数作归纳来证明每个3-正则连通简单图没有割边．

由度-和公式知，每一个具有奇数度的正则图的阶为偶数，所以我们考虑具有 $2m$ 个顶点的图．最小的3-正则简单图 $K_4$ 是连通的并且没有割边；这就证明了 $m=2$ 的情况，即基本步骤．现在考虑归纳步骤．

给定一个具有 $2k$ 个顶点的3-正则简单图，我们将它"扩张"成一个具有 $2(k+1)$ 个顶点的3-正则简单图 $G'$(即阶的下一个取值)：取 $G$ 的两条边，用通过新顶点的两条长度为2的路径分别替换它们，并添加一条边连接这两个新顶点．如下所示，$K_{3,3}$ 是由 $K_4$ 扩张得到的．

如果 $G$ 是连通的，则扩张得到的图 $G'$ 也是连通的．因为，对于连接原有的某两个顶点的路径，如果它通过了一条被替换掉的边，则该路径仅仅是长度发生了变化；而到达某新顶点的路径可以由原来的一条到达该顶点的相邻顶点的路径获得．

如果 $G$ 没有割边，则其每条边都在一个环上(定理 1.2.14)．这些环仍然存在于 $G'$ 中(那些用到被替换的边的环的长度增加)．$G'$ 中，连接两个新点的边也位于一个环上，这个环用到了 $G$ 中介于被替换的边之间的一些边．现在，由定理 1.2.14 推出 $G'$ 没有割边．

43 我们已经证明了：如果 $G$ 是连通的且没有割边，那么 $G'$ 也如此．或许我们认为通过对 $m$ 作归纳已经证明了每个含 $2m$ 个顶点的3-正则连通简单图没有割边，但是下面的图就是一个反例．证明失败的原因是不能通过对 $K_4$ 的扩张得到所有的3-正则简单连通图，更无法通过这种方法得到所有没有割边的图，关于这一点见习题 66.

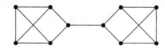

附录 A 给出了归纳陷阱的另一个例子．

## 图序列

下面，我们同时考虑所有顶点的度．

**1.3.27 定义** 一个图的**度序列**是所有顶点度的一个列表，通常表示为一个非递增序列，$d_1 \geq \cdots \geq d_n$.

每个图均有一个度序列，但是究竟哪些序列可能成为度序列呢？即对于给定非负整数 $d_1, \cdots, d_n$，是否存在一个图以这些数作为顶点的度呢？度-和公式表明 $\sum d_i$ 必须是偶数．只要允许圈和重边，则 TONCAS(即这个显然的必要条件也是充分的——译者注)．

**1.3.28 命题** 非负整数 $d_1, \cdots, d_n$ 是某个图的所有顶点度当且仅当 $\sum d_i$ 是偶数．

**证明** 必要性．如果某个图 $G$ 以这些数作为其所有顶点的度，则度-和公式 $\sum d_i = 2e(G)$ 表明这些数的和必为偶数．

**充分性**．假设 $\sum d_i$ 是偶数．我们用 $v_1, \cdots, v_n$ 为顶点来构造一个图使得 $d(v_i) = d_i$ 对所有 $i$ 成立．

由于 $\sum d_i$ 是偶数，则奇数的数目必是偶数．首先，将集合 $\{v_i: d_i$ 是奇数$\}$ 中的顶点任意配对．对于上述每个顶点对，构造一条边使其端点就是这两个顶点．余下的每个顶点还需要的度数是偶数而且是非负的；对于每一个 $i$，在 $v_i$ 放置 $\lfloor d_i/2 \rfloor$ 个圈即可满足这一条件． ∎

这个证明是构造性的．我们还可以用归纳法来证明（习题 56）．只要允许使用圈，构造还是比较容易的．如果不允许使用圈，就不能为序列 (2,0,0) 构造出一个图来，因此条件就不再是充分的了．习题 63 刻画了无圈图的度序列的特征．下面，我们用一个递归条件来刻画简单图的度序列的特征，由此可以很容易得到一个算法．现在，还存在许多其他的刻画方法，Sierksma-Hoogeveen [1991] 给出了其中的 7 种．

44

**1.3.29 定义**    一个**图解序列**是一系列非负整数，这些数可以构成某个简单图的度序列．我们称度序列为 $d$ 的一个简单图"实现"了 $d$．

**1.3.30 例**（递归条件）    序列 2,2,1,1 和 1,0,1 是图解序列．图 $K_2 + K_1$ 实现了 1,0,1．添加一个顶点使其邻接度为 1 和 0 的所有顶点可以得到度序列为 2,2,1,1 的一个图，如下所示．反之，如果实现序列 2,2,1,1 的某个图中有一个点 $w$ 使其相邻顶点的度是 2 和 1，则删除 $w$ 会产生一个度序列为 1,0,1 的图．

同样，为了说明 33333221 是图解序列，要找到该序列的一个实现使其中一个度为 3 的顶点有 3 个度为 3 的相邻顶点．这样的实现存在当且仅当 2223221 是图解序列．我们记录这个条件并测试 3222221．我们不断地删除和记录，直到可以判断剩下的序列是否是可实现的．如果是，则回过头来逐个顶点使其具有所需的度，最终得到原始序列的一个实现．实现不是唯一的．

下一个定理表明这个递归方法是可行的．

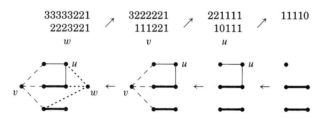

**1.3.31 定理**（Havel [1955]，Hakimi [1962]）    对于 $n>1$，大小为 $n$ 的整数序列 $d$ 是图解序列当且仅当 $d'$ 是图解序列，这里 $d'$ 是删除 $d$ 中最大元素 $\Delta$（$\Delta<n$）并且将紧跟的 $\Delta$ 个最大元素依次减 1 得到的序列．含 1 个元素的图解序列只有是 $d_1=0$．

**证明**    对于 $n=1$，命题是平凡的．对于 $n>1$，首先证明这个条件是充分的．给定满足条件 $d_1 \geqslant \cdots \geqslant d_n$ 的序列 $d$ 和度序列为 $d'$ 的一个简单图 $G'$，我们在 $G'$ 中添加一个顶点使其邻接于 $G'$ 中度为 $d_2-1, \cdots, d_{\Delta+1}-1$ 的那些顶点．这些 $d_i$ 是 $d$ 中紧跟 $\Delta$ 之后的 $\Delta$ 个最大的数，但是 $d_2-1, \cdots, d_{\Delta+1}-1$ 不必是 $d'$ 中 $\Delta$ 个最大的数．

为证明必要性，由实现 $d$ 的一个简单图 $G$ 开始并构造一个实现 $d'$ 的简单图 $G'$．令 $w$ 是 $G$ 中度为 $\Delta$ 的一个顶点．令 $S$ 是一个大小为 $\Delta$ 的顶点集合，其中的顶点具有"所需的度" $d_2, \cdots, d_{\Delta+1}$．如果 $N(w)=S$，则删除 $w$ 即可得到 $G'$．

否则，$S$ 中的某个顶点不在 $N(w)$ 中．这时，我们修改 $G$ 以增加 $|N(w) \cap S|$ 并且不改变任何点

的度. 因为 $|N(w)\bigcap S|$ 最多可以增大 $\Delta$ 次, 因此重复这个过程就会将 $G$ 转变成 $d$ 的另一个实现 $G^*$, 并且其中 $S$ 是 $w$ 的邻域. 在 $G^*$ 中删除 $w$, 则得到所需的实现 $d'$ 的图 $G'$.

当 $N(w)\neq S$ 时为了找出 $G^*$, 我们选择 $x\in S$ 和 $z\notin S$ 使得 $w\leftrightarrow z$ 且 $w\not\leftrightarrow x$. 我们想添加 $wx$ 并删除 $wz$, 但是必须保持各顶点的度不变. 由于 $d(x)\geqslant d(z)$ 且 $w$ 已经是 $z$ 的一个相邻顶点而非 $x$ 的相邻顶点, 因此必存在一个顶点 $y$ 邻接于 $x$ 但不邻接于 $z$. 现在, 我们删除 $\{wz,xy\}$ 并添加 $\{wx,yz\}$ 以增大 $|N(w)\bigcap S|$.

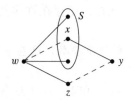

定理 1.3.31 通过检验有 $n-1$ 个数的序列来检验一个有 $n$ 个数的序列是否是图解序列; 由此得到一个递归算法. 充分条件 "$\sum d_i$ 是偶数" 是隐含的: $\sum d'_i=(\sum d_i)-2\Delta$ 表明 $\sum d'_i$ 和 $\sum d_i$ 的奇偶性相同.

算法证明通过 "局部修改" 将中间目标逐步逼近所求条件. 这样的证明也可以改写成归纳法证明, 归纳参数就是到所求条件的 "距离". 在定理 1.3.31 中, 这个距离就是 $S$ 中不在 $N(w)$ 中的顶点的个数.

我们用了调换边的办法将度序列为 $d$ 的任意一个图变成了符合所求条件的一个图. 下面, 我们证明每个度序列为 $d$ 的简单图均可以用这种转换方法转换为其他的任何图.

**1.3.32 定义** 在一个简单图中, 一个 **2-调换** 是将一对边 $xy$ 和 $zw$ 替换成边 $yz$ 和 $wx$, 假定 $yz$ 和 $wx$ 并不出现于原始图中.

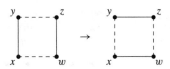

上图的虚线表明了非邻接顶点对. 如果 $y\leftrightarrow z$ 或 $w\leftrightarrow x$, 则不能实现 2-调换这个操作, 因为由此得到的图不是简单图. 2-调换保持了所有顶点的度. 如果某个 2-调换将 $H$ 变成 $H^*$, 则在相同的 4 个顶点上的 2-调换将 $H^*$ 变成 $H$. 下图给出了两个连续的 2-调换操作.

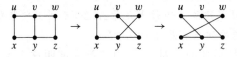

*\* **1.3.33 定理**(Berge [1973, p153-154])   如果 $G$ 和 $H$ 是顶点集均为 $V$ 的两个简单图, 则 $d_G(v)=d_H(v)$ 对每个 $v\in V$ 成立当且仅当有一个 2-调换的序列将 $G$ 转换为 $H$.

**证明**   每个 2-调换都保持了所有顶点的度, 所以这个条件是充分的. 相反, 如果 $d_G(v)=d_H(v)$ 对每个 $v\in V$ 成立, 则通过对顶点数作归纳将获得一个恰当的 2-调换序列. 如果 $n\leqslant 3$, 则对每个序列 $d_1,\cdots,d_n$, 最多有一个简单图满足 $d(v_i)=d_i$. 因此, 我们可以用 $n=3$ 作为基本步骤.

考虑 $n\geqslant 4$ 的情况, 并令 $w$ 是具有最大度 $\Delta$ 的一个顶点. 令 $S=\{v_1,\cdots,v_\Delta\}$ 是一个固定的顶点集, 它由除了 $w$ 之外的其他 $\Delta$ 个度最大的顶点构成. 正如定理 1.3.31 的证明, 一系列 2-调换可以

将 $G$ 转换成 $G^*$ 使得 $N_{G^*}(w)=S$，另一个这样的序列将 $H$ 转换成一个图 $H^*$ 使得 $N_{H^*}(w)=S$.

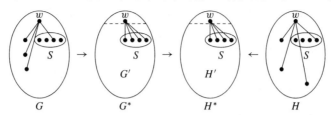

由于 $N_{G^*}(w)=N_{H^*}(w)$，删除 $w$ 将得到简单图 $G'=G^*-w$ 和 $H'=H^*-w$，且 $d_G(v)=d_H(v)$ 对每个顶点 $v$ 成立. 由归纳假设知，某个 2-调换序列将 $G'$ 转换为 $H'$. 由于调换过程不涉及 $w$ 且 $w$ 在 $G^*$ 和 $H^*$ 中具有相同的相邻顶点，这个序列将 $G^*$ 转换为 $H^*$. 故先将 $G$ 转换为 $G^*$，然后将 $G^*$ 转换为 $H^*$，再(用逆序的 2-调换序列)将 $H^*$ 转换为 $H$，这样就完成了 $G$ 到 $H$ 的转换. ■

对于这个问题，我们也可运用如下的归纳法. 对恰好出现在 $G$ 或 $H$ 中的边数目作归纳，这个值是 0 当且仅当这两个图已经相同. 在这种方法中，只需找出 $G$ 的一个 2-调换使得 $G$ 更接近于 $H$，或找出 $H$ 的一个 2-调换使得 $H$ 更接近于 $G$.

**习题**

对于带有参数的命题，必须证明该命题对所有参数成立，而不能仅通过举例来证明. 对某个集合进行计数也要给出证明.

1.3.1 (—)证明或反证：如果 $u$ 和 $v$ 是图 $G$ 中仅有的具有奇数度的顶点，则 $G$ 包含一条 $u, v$ 路径.

1.3.2 (—)某班有 9 个学生，每个学生给其他 3 个人送情人卡. 确定能否使得每个学生收到的卡均来自其送过卡的那 3 个相同的人.

47

1.3.3 (—)令 $u$ 和 $v$ 是简单图 $G$ 中的邻接顶点. 证明：$uv$ 至少属于 $G$ 中的 $d(u)+d(v)-n(G)$ 个三角形.

1.3.4 (—)证明：下面的图同构于 $Q_4$.

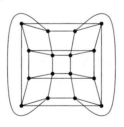

1.3.5 (—)计算 $Q_k$ 中 $P_3$ 和 $C_4$ 的拷贝数.

1.3.6 (—)给定图 $G$ 和 $H$，确定 $G+H$ 的连通分量数和最大度数，并用 $G$ 和 $H$ 的参数来表示.

1.3.7 (—)分别确定 $P_n$，$C_n$ 和 $K_n$ 中二部子图的最大边数.

1.3.8 (—)下面哪些序列是图解序列? 给出一个构造或者证明它不是.

a)(5, 5, 4, 3, 2, 2, 2, 1)　　　　b)(5, 5, 4, 4, 2, 2, 1, 1)

c)(5, 5, 5, 3, 2, 2, 1, 1)　　　　d)(5, 5, 5, 4, 2, 1, 1, 1)

• • • • • • • • • •

1.3.9 在一个运动联盟中，将所有运动队组织成两个赛区，每个赛区有 13 个队. 能否恰当安排比赛使得每队在其所在赛区中进行 9 场比赛而与另一个赛区中的运动队进行 4 场比赛?

1.3.10 设 $l, m, n$ 是非负整数且 $l+m=n$. 找出有关 $l, m, n$ 的充要条件以保证存在一个连通的

具有 $n$ 个顶点的简单图, 使其有 $l$ 个顶点具有偶数度且 $m$ 个顶点具有奇数度.

1.3.11　令 $W$ 是图 $G$ 中的一条闭合通道. 令 $H$ 是 $G$ 的子图, $H$ 由 $W$ 中使用了奇数次的那些边构成. 证明: 对任意 $v \in V(G)$, $d_H(v)$ 是偶数.

1.3.12　(!)证明: 偶图没有割边. 对任意 $k \geqslant 1$, 构造具有一条割边的 $2k+1$-正则简单图.

1.3.13　(+)一个**山区**是上半部平面上从 $(a, 0)$ 到 $(b, 0)$ 的一条多边形曲线. 旅行者 $A$ 和 $B$ 分别从 $(a, 0)$ 和 $(b, 0)$ 出发. 证明: 如果 $A$ 和 $B$ 在山区内行走时始终保持地平面以上的高度一致, 他们仍然能够相遇(提示: 定义一个图来模拟旅行者的移动, 然后应用引理 1.3.5)(本题由 D. G. Hoffman 提供).

48

1.3.14　证明: 至少有两个顶点的任意简单图有两个顶点具有相同的度. 对于无圈图这个结论还成立吗?

1.3.15　对 $k \geqslant 3$, 确定最小的 $n$ 使得:
　　　 a)存在一个具有 $n$ 个顶点的简单 $k$-正则图.
　　　 b)存在若干个具有 $n$ 个顶点的简单 $k$-正则图且彼此间互不同构.

1.3.16　(+)对于 $k \geqslant 2$ 和 $g \geqslant 2$, 证明: 存在一个围长为 $g$ 的 $k$-正则图(提示: 用归纳法构造出这种图, 利用一个围长为 $g$ 的 $k-1$-正则图 $H$ 和一个围长为 $\lceil g/2 \rceil$ 的 $n(H)$-正则图. 注: 阶最小的这样一个图称为一个 $(k, g)$-**笼**.)(Erdös-Sachs[1963])

1.3.17　(!)令 $G$ 是至少有两个顶点的图. 证明或反证:
　　　 a)删除一个度为 $\Delta(G)$ 的顶点不会增加度的平均值.
　　　 b)删除一个度为 $\delta(G)$ 的顶点不会减小度的平均值.

1.3.18　(!)对于 $k \geqslant 2$, 证明: 一个 $k$-正则二部图没有割边.

1.3.19　令 $G$ 是一个非爪形的简单图. 证明: 如果 $\Delta(G) \geqslant 5$, 则 $G$ 有一个 4-环. 对所有的 $n \in \mathbf{N}$, 构造一个阶至少为 $n$ 的非爪形的 4-正则图并要求它没有 4-环.

1.3.20　(!)计算 $K_n$ 中长度为 $n$ 的环的个数, 以及 $K_{n,n}$ 中长度为 $2n$ 的环的个数.

1.3.21　计算 $K_{m,n}$ 中 6-环的个数.

1.3.22　(!)令 $G$ 是一个非二部图, 其顶点个数为 $n$ 且最小度为 $k$. 令 $l$ 是 $G$ 中奇环的最小长度.
　　　 a)令 $C$ 是 $G$ 中长度为 $l$ 的一个环. 证明: 每个不在 $V(C)$ 中的顶点最多在 $V(C)$ 中有两个相邻顶点.
　　　 b)用两种方法对连接 $V(C)$ 和 $V(G)-V(C)$ 的边进行计数来证明 $n \geqslant kl/2$(并且由此 $l \leqslant 2n/k$). (Campbell-Staton[1991])
　　　 c)$k$ 是偶数时, 证明: b)中的不等式是最优的(提示: 构造一个含 $k/2$ 个互不相交的 $l$-环的图).

1.3.23　用 $Q_k$ 的递归定义(例 1.3.8)来证明 $e(Q_k) = k2^{k-1}$.

1.3.24　证明: $K_{2,3}$ 不含于任何一个 $Q_k$ 中.

1.3.25　(!)证明: 超方体中的每个长度为 $2r$ 的环都含于一个维数最多为 $r$ 的子立方体中. 一个长度为 $2r$ 的环能否含于一个维数小于 $r$ 的子立方体中?

1.3.26　(!)计算 $Q_3$ 中 6-环的个数. 证明: $Q_k$ 中的每个 6-环恰好含于一个 3-维的子立方体中. 由

此对 $k \geqslant 3$ 时 $Q_k$ 中 6-环进行计数.

1.3.27 给定 $k \in \mathbf{N}$，令 $G$ 是 $Q_{2k+1}$ 的一个诱导子图，诱导集合是由 1 的个数和 0 的个数相差 1 的那些顶点构成的. 证明 $G$ 是正则的，并计算 $n(G)$，$e(G)$ 和 $G$ 的围长.

1.3.28 令 $V$ 是二进制 $k$-元组的集合. 以 $V$ 为顶点集，设 $u \leftrightarrow v$ 当且仅当 $u$ 和 $v$ 恰好有一个坐标相同，这样就定义了一个简单图 $Q'_k$. 证明：$Q'_k$ 同构于超立方体 $Q_k$ 当且仅当 $k$ 是偶数.
(D. G. Hoffman)

1.3.29 ($*+$)$k$-维立方体 $Q_k$ 的自同构.

a)证明：$Q_k$ 中 $Q_j$ 的每个拷贝是一个诱导子图，诱导集合有 $2^j$ 个顶点并且其中所有顶点在固定的 $k-j$ 个坐标上具有定值(提示：证明 $Q_j$ 的一个拷贝有两个顶点在 $j$ 个坐标上不同).

b)用(a)来计算 $Q_k$ 的自同构数.

49

1.3.30 证明：在 Petersen 图中，每条边恰好属于 4 个 5-环，由此证明 Petersen 图恰好有 12 个 5-环(提示：对于第一部分，将边扩展为 $P_4$ 的一个拷贝并应用命题 1.1.38).

1.3.31 (!)用完全图和计数方法(不是代数方法)证明：

a)$\binom{n}{2} = \binom{k}{2} + k(n-k) + \binom{n-k}{2}$，$0 \leqslant k \leqslant n$.

b)如果 $\sum n_i = n$，则 $\sum \binom{n_i}{2} \leqslant \binom{n}{2}$.

1.3.32 (!)证明：顶点集为 $[n]$ 的简单偶图的个数是 $2^{\binom{n-1}{2}}$(提示：建立一个双射到顶点集为 $[n-1]$ 的所有简单图构成的集合上).

1.3.33 ($+$)令 $G$ 是一个三角形无关的简单 $n$-顶点图，并且每一对非邻接顶点恰有两个公共的相邻顶点.

a)证明：$n(G) = 1 + \binom{d(x)+1}{2}$，其中 $x \in V(G)$. 由此得出结论：$G$ 是正则的.

b)当 $k=5$ 时，证明：从 $G$ 中删除任何一个顶点及其相邻顶点后得到 Petersen 图(注：$k=5$ 时，图 $G$ 实际上是在 $Q_4$ 上添加一些连接互补顶点的边而得到的).

1.3.34 ($+$)令 $G$ 是一个风筝形无关的简单 $n$-顶点图，并且每一对非邻接顶点恰好有两个公共的相邻顶点. 证明：$G$ 是正则的(Galvin).

1.3.35 ($+$)令 $n$ 和 $k$ 是整数且 $1 < k < n-1$. 令 $G$ 是一个简单 $n$-顶点图，且 $G$ 的每个 $k$-顶点诱导子图有 $m$ 条边.

a)令 $G'$ 是 $G$ 的一个有 $l$ 个顶点的诱导子图，$l > k$. 证明：$e(G') = m\binom{l}{k} \big/ \binom{l-2}{k-2}$.

b)用(a)证明：$G \in \{K_n, \overline{K_n}\}$(提示：用(a)来证明以 $u$，$v$ 为端点的边的条数不依赖于 $u$，$v$ 的选择).

1.3.36 令 $G$ 是一个 4-顶点图，删除其中的一个点后得到的子图系列如下，试确定 $G$.

1.3.37 设 $G$ 是一个无圈正则图且 $n(G) \geqslant 3$. 令 $H$ 是删除 $G$ 的一个顶点后得到的图. 描述(并证明)一个由 $H$ 得到 $G$ 的方法.

1.3.38 令 $G$ 是一个至少有 3 个顶点的图. 证明: $G$ 是连通的当且仅当至少有两个通过删除 $G$ 中的一个顶点而得到的子图是连通的(提示: 用命题 1.2.29).

1.3.39 ($*+$). 证明: 每个至少有 3 个顶点的非连通图 $G$ 是可重构的(提示: 用习题 1.3.38 来确定 $G$ 是非连通的, 用 $G_1$, $\cdots$, $G_n$ 来找到 $G$ 的一个分量 $M$, 它在顶点最多的所有分量中出现的次数最多, 用命题 1.2.29 来选择 $v$ 使得 $L=M-v$ 是连通的, 并且通过找到某个 $G-v_i$(其中 $M$ 的一个拷贝变成 $L$ 的一个拷贝)来重构 $G$).

1.3.40 (!)令 $G$ 是一个 $n$-顶点简单图, 其中 $n \geqslant 2$. 在下面的每个条件下, 确定 $G$ 中边数的最大可能值.

a)$G$ 有一个大小为 $a$ 的独立集.

b)$G$ 恰有 $k$ 个连通分支.

c)$G$ 是非连通的.

1.3.41 (!)证明或反证: 如果 $G$ 是一个 $n$-顶点简单图, 且其最大度是 $\lceil n/2 \rceil$、最小度是 $\lfloor n/2 \rfloor - 1$, 则 $G$ 是连通的.

1.3.42 令 $G$ 是一个 $k$-正则图, 其中互不邻接且没有公共相邻顶点的那些顶点构成集合 $S$. 用鸽巢原理证明 $|S| \leqslant \lfloor n(G)/(k+1) \rfloor$. 证明该上界对 $Q_3$ 最可能达到(注: 该上界对 $Q_4$ 不大可能达到).

1.3.43 ($+$)令 $G$ 是一个没有孤立点的简单图, 并令 $a=2e(G)/n(G)$ 是 $G$ 的平均度. 令 $t(v)$ 是 $v$ 的相邻顶点的平均度. 证明: $t(v) \geqslant a$ 对某个 $v \in V(G)$ 成立. 构造一个由无限个连通图构成的图族使得 $t(v) > a$ 对每个 $v$ 成立(提示: 对于第一部分, 计算 $t(v)$ 的平均值, 当 $x$, $y>0$ 时利用 $x/y+y/x \geqslant 2$). (Ajtai-Komlós-Szemerédi[1980])

1.3.44 (!)令 $G$ 是一个平均度为 $a=2e(G)/n(G)$ 的无圈图.

a)证明: $G-x$ 的平均度至少为 $a$ 当且仅当 $d(x) \leqslant a/2$.

b)用(a)给出一个算法来证明: 如果 $a>0$, 则 $G$ 有一个最小度大于 $a/2$ 的子图.

c)证明: 不存在大于 $1/2$ 的常数 $c$ 使得 $G$ 一定有一个最小度大于 $ca$ 的子图. 这也证明了(b)中的边界是可能达到的(提示: 用 $K_{1,n-1}$).

1.3.45 确定 Petersen 图的二部子图的最大边数.

1.3.46 证明或否定: 只要定理 1.3.19 中的算法应用于一个二部图, 它就会找到具有最多边的二部子图(整个图).

1.3.47 对 $n(G)$ 作归纳, 证明: 每个非平凡无圈图 $G$ 均有一个二部子图 $H$ 使得 $H$ 的边数多于 $e(G)/2$.

1.3.48 构造图 $G_1$, $G_2$, $\cdots$($G_n$ 有 $2n$ 个顶点)使得 $\lim_{n \to \infty} f_n = 1/2$, 其中 $f_n$ 是 $G_n$ 中最大二部子图的边数 $E(G_n)$ 所占的比例.

1.3.49 对每个 $k \in \mathbf{N}$ 和每个无圈图 $G$, 证明: $G$ 有一个 $k$-部子图 $H$(定义 1.1.12)使得 $e(H) \geqslant (1-1/k)e(G)$.

1.3.50 ($+$)对 $n \geqslant 3$, 在每条边均属于某个三角形的 $n$-顶点图中, 确定连通 $n$-顶点图的最小边数. (Erdös[1988])

1.3.51 （＋）令 $G$ 是一个简单 $n$-顶点图，其中 $n>3$.

a)用命题 1.3.11 证明：如果 $G$ 的边多于 $n^2/4$ 条，则 $G$ 有一个顶点使得删除它之后得到一个边数多于 $(n-1)^2/4$ 的图（提示：在每个图中，边数是一个整数）.

b)由（a），用归纳法证明：如果 $e(G)>n^2/4$，则 $G$ 有一个三角形.

1.3.52 证明：每个边数最大的 $n$-顶点三角形－无关的简单图均同构于 $K_{\lfloor n/2\rfloor,\lceil n/2\rceil}$（提示：扩展定理 1.3.23 的证明）.

1.3.53 （!）每局桥牌比赛有两个队，每队有两个人搭档. 在某俱乐部中，某晚他们规定如果 4 个人中的任意 2 人在当晚的比赛中曾做过搭档，则这 4 个人不能再一起进行比赛. 假设有 15 个人来到俱乐部，但是其中一人决定去学习图论，其他 14 人打牌，直到每一个人都已经参与了 4 局比赛，然后他们又成功地玩了 6 局比赛（12 组搭档）. 现在这 14 个人无法再进行比赛了. 证明：如果他们可以说服那个学习图论的人来参与比赛，则至少还可以玩一局比赛（选自 Bondy-Murty[1976, p111]）.

51

1.3.54 （＋）令 $G$ 是一个有 $n$ 个顶点的简单图，$t(G)$ 是 $G$ 和 $\overline{G}$ 中三角形的总数.

a)证明：$t(G)=\binom{n}{3}-(n-2)e(G)+\sum_{v\in V(G)}\binom{d(v)}{2}$ 个三角形（提示：分别考虑任意三个顶点对每一面的贡献）.

b)证明：$t(G)\geqslant n(n-1)(n-5)/24$（提示：用平均度来表示 $\sum_{v\in V(G)}\binom{d(v)}{2}$ 的下界）.

c)当 $n-1$ 可以被 4 整除时，构造一个图使(b)中的等号成立. (Goodman [1959])

1.3.55 （＋）不诱导 $P_4$ 的最大大小.

a)令 $G$ 是一个非连通简单图的补图. 证明：$e(G)\leqslant\Delta(G)^2$ 且等号仅对于 $K_{\Delta(G),\Delta(G)}$ 成立.

b)令 $G$ 是一个简单连通的 $P_4$-无关的图，其最大度为 $k$. 证明 $e(G)\leqslant k^2$. (Seinsche[1974], Chung-West[1993])

1.3.56 用归纳法（对 $n$ 或者 $\sum d_i$）证明：如果 $d_1,\cdots,d_n$ 是非负整数且 $\sum d_i$ 是偶数，则存在一个 $n$-顶点图使其顶点的度为 $d_1,\cdots,d_n$（注：这就给出了命题 1.3.28 的另一种证明）.

1.3.57 （!）令 $n$ 是正整数. 令 $d$ 是 $n$ 个非负整数的序列，其和是偶数且最大元素小于 $n$ 并且与最小元素的差最多为 1. 证明：$d$ 是一个图解序列（提示：用 Havel-Hakimi 定理. 例子：443333 是这样一个序列，33333322 也是）.

1.3.58 Havel-Hakimi 定理的推广. 给定一个非递增的非负整数序列 $d$. 删除 $d_k$ 并将剩下的 $d_k$ 个最大元素分别减 1，将这样得到的序列记为 $d'$. 证明：$d$ 是图解序列当且仅当 $d'$ 是图解序列（提示：模仿定理 1.3.31 的证明）. (Wang-Kleitman [1973])

1.3.59 定义 $d=(d_1,\cdots,d_{2k})$，其中 $d_{2i}=d_{2i-1}=i$ 对 $1\leqslant i\leqslant k$ 成立. 证明：$d$ 是图解序列（提示：不要使用 Havel-Hakimi 定理）.

1.3.60 （＋）令 $d$ 是一个整数序列，它包含 $k$ 个 $a$ 和 $n-k$ 个 $b$，其中 $a\geqslant b\geqslant0$. 确定 $d$ 成为图解序列的充要条件.

1.3.61 （!）假设 $G\cong\overline{G}$ 且 $n(G)\equiv1\bmod 4$. 证明：$G$ 至少有一个顶点的度为 $(n(G)-1)/2$.

1.3.62 假设 $n$ 模 4 的余数为 0 或 1. 构造一个有 $\frac{1}{2}\binom{n}{2}$ 条边的 $n$-点简单图 $G$ 使得 $\Delta(G)-\delta(G)\leqslant1$.

1.3.63　(!)令 $d_1$，…，$d_n$ 为整数且 $d_1 \geqslant \cdots \geqslant d_n \geqslant 0$. 证明：存在一个无圈图(允许有重边)使其度序列为 $d_1$，…，$d_n$ 当且仅当 $\sum d_i$ 是偶数并且 $d_1 \leqslant d_2 + \cdots + d_n$. (Hakimi [1962])

1.3.64　(!)令 $d_1 \leqslant \cdots \leqslant d_n$ 是一个简单图 $G$ 的所有顶点的度. 证明：如果 $d_j \geqslant j$ 在 $j \leqslant n-1-d_n$ 时成立，则 $G$ 是连通的(提示：考虑删除某个度最大的顶点后的一个连通分量).

1.3.65　(+)令 $a_1 \leqslant \cdots \leqslant a_n$ 是互不相同的正整数. 证明：存在一个有 $a_{k+1}$ 个顶点的简单图使得其互不相同的顶点度构成的**集合**是 $a_1$，…，$a_k$(提示：对 $k$ 用归纳法来构造这样一个图). (Kapoor-Polimeni-Wall[1977])

[52] 1.3.66　(∗)3-正则图的扩张(参见例 1.3.26). 对于 $n=4k$，其中 $k \geqslant 2$，构造一个具有 $n$ 个顶点的连通 3-正则简单图使得它没有割边，并且它不能由一个更小的 3-正则简单图通过扩张得到(提示：所需的图必须不具有这样的边，应用"删除"操作删除这条边可得到一个更小的简单图).

1.3.67　(∗)3-正则简单图的构造.

　　a)证明：一个 2-调换可以通过一系列扩张和删除来实现；这些操作在例 1.3.26 中定义过(注意：若删除操作会导致重边，则它是不被允许的).

　　b)由(a)证明：每个 3-正则简单图均可以由 $K_4$ 通过一系列扩张和删除操作来得到. (Batagelj [1984])

1.3.68　(∗)令 $G$ 和 $H$ 是两个简单二部图，每个图的二部剖分均为 $X$, $Y$. 证明：$d_G(v) = d_H(v)$ 对所有 $v \in X \cup Y$ 成立当且仅当存在 2-调换的一个序列将 $G$ 转换为 $H$ 并且该序列不改变二部剖分(每一个 2-调换将两条连接 $X$ 和 $Y$ 的边替换为另外两条连接 $X$ 和 $Y$ 的边).

## 1.4　有向图

前面我们用图为一些对称关系建立了模型. 关系不必是对称的；通常 $S$ 上的一个关系可以是 $S \times S$ 中有序对的任意集合(参见附录 A). 对于这些关系，我们需要一个更一般的模型.

**定义和例子**

为 $S$ 上的一个普通关系寻找图表示的过程导致了有向图模型的产生.

**1.4.1 例**　对于自然数 $x$, $y$，如果 $y/x$ 是一个素数，则称 $x$ 是 $y$ 的一个"极大约数". 对于 $S \subseteq$ **N**，集合 $R = \{(x, y) \in S^2 : x$ 是 $y$ 的一个极大约数$\}$ 是 $S$ 上的一个关系. 为了用图将它表示出来，我们为 $S$ 中的每个元素指定坐标系中的一个点，并且只要 $(x, y) \in R$ 就画一个从 $x$ 到 $y$ 的箭头. 下面我们给出了 $S = [12]$ 时的结果.

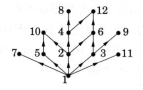

**1.4.2 定义**　一个**有向图** $G$ 是一个三元组，其中包含一个**顶点集** $V(G)$、一个**边集** $E(G)$ 和一个为每条边分配一个有序顶点对的函数. 有序对的第一个顶点是边的**尾部**，第二顶点是**头部**；它们统[53] 称边的**端点**. 我们说一条边就是指一条从其**尾部**到**头部**的边.

术语"头部"和"尾部"来自有向图中使用的箭头. 与绘图一样，我们为每个顶点分配平面上的一个点，为每条边分配一条曲线来连接其端点. 如果绘制的是有向图，我们给曲线一个方向，从尾部指向头部.

如果用一个有向图模拟一个关系,每条边最多对应一个有序对(尾部,头部).这样,与处理简单图时相同,我们往往忽视为每条边分配端点的那个函数,而仅仅把每条边看作一个有序顶点对.

**1.4.3 定义** 在一个有向图中,一个**圈**是端点相同的一条边.**重边**指的是具有相同有序端点对的所有边.一个有向图是**简单的**,如果每个有序对至多是一条边的头部和尾部,每个顶点处可以有一个圈.

在一个简单有向图中,我们将尾部为 $u$、头部为 $v$ 的边记为 $uv$. 如果有一条从 $u$ 到 $v$ 的边,则称 $v$ 是 $u$ 的**后继**,$u$ 是 $v$ 的**前驱**. 我们用 $u \to v$ 表示"存在一条从 $u$ 到 $v$ 的边".

**1.4.4 应用** 一个**有穷状态机**(也称作**有穷自动机**或**离散系统**)有若干可能的"状态".这样一个系统可以用一个有向图来表示,其中顶点表示状态,边表示两个状态之间可能的转换.

转换本身只沿一个方向进行,所以有向图提供了正确的模型.边上的标记可以用来记录触发转换的事件.当一个事件使得系统保持在同一状态时,我们用圈来表示.当两种事件可以触发某特定的转换时,我们可以用重边来表示.

考虑由两个开关控制的一盏灯,通常称之为一个"三向开关".第一个开关可以是开或关,第二个开关可以是开或关,而灯也可以是开(+)或关(-),这样,共有 8 个状态.状态之间的转换是由开关触发的.在下面的图中,水平边表示由第一个开关触发的转换,垂直边表示由第二个开关触发的转换(当讨论有穷状态机时,通常将点画得足够大以便将标记置于其中,但我们仍坚持用实心圆点表示顶点).

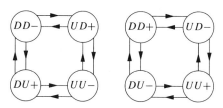

\***1.4.5 应用** 当一个系统随机运行时,边上的标记可以用来记录转换发生的概率.离开某个顶点的所有边上的概率和为 1,这种系统叫作 **Markov 链**. 线性代数的方法可以用来计算长期在某个状态下所花时间的百分比.

54

例如,假设天气有两个状态:好和坏.气流的移动足够慢以至于明天的天气将会和今天的一样.在大多数地区,暴风雨不会拖延很长时间,所以我们可以采用下图中的转换概率.如果按小时记录状态而不是按天记录,那么保持同一状态的概率会更高.

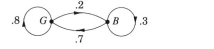

**1.4.6 定义** 一个有向图是一条**路径**,如果它是一个简单有向图而且其顶点可以进行线性排序,使得存在一条以 $u$ 为尾部、以 $v$ 为头部的边,当且仅当在排序中 $v$ 是直接跟在 $u$ 的后面.一个**环**可以进行类似的定义,只需将顶点排成一个环.

**1.4.7 例**(函数有向图) 我们可以用有向图来研究函数 $f: A \to A$. $f$ 的**函数有向图**是顶点集为 $A$、边集为 $\{(x, f(x)): x \in A\}$ 的简单有向图. 对于每个 $x$,以 $x$ 为尾部的唯一一条边指向 $x$ 在 $f$ 下的象.

在函数有向图中, 沿一条路径行进就是进行函数迭代. 在一个排列中, 每个元素恰好是一个元素的象, 所以它的函数有向图在每个顶点处均有一个头部和一个尾部. 因此, 一个排列的函数有向图由若干不相交的环构成. 下图中, 我们给出了[7]的一个排列的函数有向图.

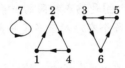

**\*1.4.8 注记** 在图和有向图这两个模型中, 我们通常对于相关联概念使用相同的名字. 许多作者在讨论有向图时将"顶点"和"边"改用"节点"和"弧", 但这使一些类推过程难以实施. 一些结果具有相同的陈述和证明, 仅仅因改变术语(尤其在第 4 章)而重复推导它们是一种浪费.

同时, 图 $G$ 也可以用有向图 $D$ 来模拟, 将其中每条边 $uv \in E(G)$ 替换成 $uv$, $vu \in E(D)$. 这样, 有向图的结果可以应用到图上. 由于有向图中"边"的概念扩展了图中"边"的概念, 因此使用同一个术语是清楚的.

一些作者用"有向路径"和"有向环"来表示我们在有向图中的路径和环的概念, 但是这种区别是不必要的; 对于不包含箭头的"弱"图, 我们可以通过忽略方向来得到一条路径或环, 下面来定义这个概念.

55

**1.4.9 定义** 有向图 $D$ 的**底图**是将 $D$ 中的边看作无向对之后得到的图 $G$; 顶点集和边集保持不变, 并且在 $D$ 和 $G$ 中边的端点是相同的, 但是在 $G$ 中它们是无序对.

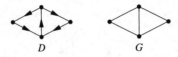

图论的许多方法是在研究普通图时得到的. 有向图是一个有用的额外工具, 尤其是在实际应用中. 正如我们试图说明的那样, 我们希望通过描述图和有向图的异同来使得概念更加清楚.

在对比有向图和图时, 我们通常用 $G$ 表示图而用 $D$ 表示有向图. 如果单独讨论一个有向图, 我们通常用 $G$.

**1.4.10 定义** 对于图和有向图, **子图、同构、分解**和**并**的定义是相同的. 在有向图 $G$ 的**邻接矩阵** $A(G)$ 中, 位置 $i, j$ 的元素是从 $v_i$ 到 $v_j$ 的边的条数. 在无圈有向图 $G$ 的**关联矩阵** $M(G)$ 中, 我们设 $m_{i,j} = +1$ 如果 $v_i$ 是 $e_j$ 的尾部, 设 $m_{i,j} = -1$ 如果 $v_i$ 是 $e_j$ 的头部.

**1.4.11 例** 如下有向图的底图是例 1.1.19 中的图; 注意其相应矩阵的相似处和相异处.

$$
A(G) = \begin{array}{c} \\ w \\ x \\ y \\ z \end{array}
\begin{array}{c} \begin{array}{cccc} w & x & y & z \end{array} \\
\begin{pmatrix} 0 & 0 & 1 & 0 \\ 1 & 0 & 1 & 0 \\ 0 & 1 & 0 & 1 \\ 0 & 0 & 0 & 0 \end{pmatrix} \end{array}
\qquad
M(G) = \begin{array}{c} \\ w \\ x \\ y \\ z \end{array}
\begin{array}{c} \begin{array}{ccccc} a & b & c & d & e \end{array} \\
\begin{pmatrix} -1 & +1 & 0 & 0 & 0 \\ +1 & 0 & +1 & -1 & 0 \\ 0 & -1 & -1 & +1 & +1 \\ 0 & 0 & 0 & 0 & -1 \end{pmatrix} \end{array}
$$

要定义连通的有向图, 有两种选择. 可以仅仅要求底图是连通的, 然而这不能反映有向图的连通性的有用之处.

**1.4.12 定义** 一个有向图是**弱连通**的, 如果它的底图是连通的. 一个有向图是**强连通**的或者**强**的, 如果对于每个有序顶点对 $u, v$, 存在一条从 $u$ 到 $v$ 的路径. 一个有向图的**强分量**是指它的极大强连通子图.

**1.4.13 例**    仅由边 $xy$ 构成的 2-顶点有向图有一个 $x,y$-路径，但没有 $y,x$-路径，因此不是强连通的. 作为一个有向图，一条 $n$-顶点路径有 $n$ 个强分量；但是一个环只有一个强分量. 在下面的有向图中，三个被圈起来的子有向图是强分量. 强分量的性质在习题 10～13 中讨论.

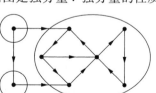

**\*1.4.14 应用**（游戏）    许多双人游戏可以用有穷状态机来描述. 顶点集是游戏中所有可能的状态构成的集合. 如果（一个游戏者在其自己的这一轮中）做出某种步骤使得状态从 $x$ 移动到 $y$，则产生一条从状态 $x$ 到状态 $y$ 的边.

令 $W$ 是能取胜的位置对应的那些顶点构成的集合；将游戏状态转变成这种状态的游戏者获胜. 没有边离开 $W$. 失败者将游戏状态转变到某个状态使得该状态有到 $W$ 的边，因为这时另一个游戏者下一步就可以到达 $W$ 了. 分析游戏的一种方法就是寻找由互不邻接的顶点构成的一个集合 $S$，使得它包含 $W$ 并且每一个不在 $S$ 中的顶点均通过一条边连接到 $S$ 中的一个顶点. 能够将游戏状态转变到 $S$ 中的某顶点的游戏者获胜，但是不得不从 $S$ 中的某个顶点开始移动的游戏者失败.

例如，考虑一个游戏，其中有两堆硬币，每个游戏者在其轮次中可以拿掉其中一堆硬币中的任意一部分. 拿掉最后一个硬币的游戏者获胜. 所有可能的游戏状态是非负整数对 $(r,s)$. 游戏的定义指明 $(0,0)$ 是唯一的获胜状态. 然而，有希望获胜的状态集合 $S$ 是 $\{(r,r): r\geqslant 0\}$. 由于在游戏的一个步骤中只有一个坐标可能会减少，在 $S$ 之内是没有边的. 对于任意 $(r,s)\notin S$，一个游戏者从稍多的一堆硬币中拿掉 $|r-s|$ 即可到达 $S$.

一般的争抢游戏开始于任意堆硬币，每一堆有任意多个硬币，除此之外游戏规则是相同的. 习题 18 保证了争抢游戏总是有一个胜利方案集合 $S$，因为这个游戏的无向图没有环. 如果初始位置在 $S$ 中，那么第二个游戏者获胜（假设最优玩法）. 否则，第一个游戏者获胜.

**\*1.4.15 定义**    有向图 $D$ 中的一个**核**是一个集合 $S\subseteq V(D)$，使得 $S$ 不包含边并且每个不在 $S$ 中的顶点均在 $S$ 中有一个后继.

奇环这种有向图没有核（习题 17）；但是如果不允许奇环作为子图，通常均会得到一个核. 为了证明这一点，所有用到的路径、环和通道都是有向的. 关于在有向图中的移动，我们需要一些声明，它们的正确性可以用图中相同的过程来证明. 例如，有向图中的任意 $u,v$-通道包含一条 $u$, $v$-路径（习题 3）；有向图中的任意闭合奇通道包含一个奇环（习题 4）. 从 $x$ 到 $y$ 的**距离**的概念将在 2.1 节进行更加详细的讲解；它是 $x,y$-路径的最短长度.

**\*1.4.16 定理**（Richardson[1953]）    没有奇环的任意有向图均有一个核.

**证明**    令 $D$ 是这样一个有向图. 我们首先考察 $D$ 是强连通的情况，见下页图. 任意给定一个顶点 $y\in V(D)$，令 $S$ 是由到 $y$ 的距离为偶数的顶点构成的集合. 每个到 $y$ 的距离为奇数的顶点在 $S$ 中有一个后继，正如所需的那样.

如果 $S$ 中的顶点不是彼此非邻接的，则存在一条边 $uv$ 使得 $u,v\in S$. 由 $S$ 的定义可知，存在一条具有偶数长度的 $u,y$ 路径 $P$ 和一条具有偶数长度的 $v,y$-路径 $P'$. 将 $uv$ 加到 $P'$ 的初始端得到一条

56

57

具有奇数长度的 $u$, $y$-通道 $W$. 因为 $D$ 是强连通的, $D$ 有一条 $y$, $u$-路径 $Q$. 将 $Q$ 与 $P$ 或 $W$ 合并得到 $D$ 中的一条闭合奇通道. 这是不可能的, 因为闭合奇通道包含一个奇环. 因此, $S$ 是 $D$ 的一个核.

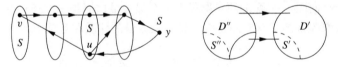

对于一般情况, 我们对 $n(D)$ 用归纳法.

基本步骤: $n(D) = 1$. 唯一的例子是一个无圈独立顶点. 这个顶点是其自身的核.

归纳步骤: $n(D) > 1$. 因为我们已经对强联通图进行了证明, 因此可以假设 $D$ 不是强连通的. 对于 $D$ 中的某个强连通分量 $D'$, 不存在从 $D'$ 中的一个顶点到不在 $D'$ 中的一个顶点的边 (习题 11). 我们已经证明了 $D'$ 有一个核; 令 $S'$ 是 $D'$ 的核.

从 $D$ 中删除 $D'$ 以及 $S'$ 的所有前驱, 设所得子有向图为 $D''$. 由归纳假设知, $D''$ 有一个核; 设 $S''$ 是 $D''$ 的一个核. 我们断言 $S' \cup S''$ 是 $D$ 的一个核. 由于 $D'$ 没有 $S'$ 的前驱, 故 $S' \cup S''$ 内没有边. $D' - S''$ 中的每个顶点在 $S''$ 中有一个后继, 所有其他不在 $S' \cup S''$ 中的顶点在 $S'$ 中有一个后继. ■

## 顶点度

在有向图中, 我们用图中相同的符号来表示顶点数和边数. 顶点度的符号区别了边的头部和尾部.

**1.4.17 定义** 令 $v$ 是一个有向图中的顶点. **出度** $d^+(v)$ 是以 $v$ 为尾部的边的条数. **入度** $d^-(v)$ 是以 $v$ 为头部的边的条数. **出邻域**或**后继集** $N^+(v)$ 是 $\{x \in V(G): v \to x\}$. **入邻域**或**前驱集** $N^-(v)$ 是 $\{x \in V(G): x \to v\}$. 最小入度和最大入度表示为 $\delta^-(G)$ 和 $\Delta^-(G)$; 对于出度, 我们用 $\delta^+(G)$ 和 $\Delta^+(G)$ 来表示.

在有向图中, 将图的度-和公式类推过来是很简单的.

**1.4.18 命题** 在有向图 $G$ 中, $\displaystyle\sum_{v \in V(G)} d^+(v) = e(G) = \sum_{v \in V(G)} d^-(v)$.

**证明** 每条边恰有一个尾部和一个头部. ■

将度序列类推到有向图中即得到 "度对" $(d^+(v_i), d^-(v_i))$ 的序列. 整数对的序列何时能成为一个有向图的度对序列呢? 如图所示, 当我们允许重边的时候这是很简单的.

**\*1.4.19 命题** 非负整数对的一个序列是某个有向图的度对序列当且仅当第一个坐标的和等于第二个坐标的和.

**证明** 这个条件是必要的, 因为每条边均有一个尾部和一个头部, 它们在这两个和中都要被计数一次.

对于充分性, 考察整数对 $\{(d_i^+, d_i^-): 1 \leqslant i \leqslant n\}$ 和顶点 $v_1, \cdots, v_n$. 令 $m = \sum d_i^+ = \sum d_j^-$. 考虑 $m$ 个点. 给这些点分配正标记, 使得其中 $d_i^+$ 个点标记为 $i$. 同时, 给这些点分配负标记, 使得其中 $d_j^-$ 个点标记为 $-j$. 对于标记为 $i$ 和 $-j$ 的点, 从 $v_i$ 到 $v_j$ 放置一条边. 这样就产生了一个有向图, 它满足 $d^+(v_i) = d_i^+$ 和 $d^-(v_i) = d_i^-$. ■

对于简单有向图, 这个问题就难一些. 通过一个变换, 问题可以用二部图加以重述, 这里用到的变换在许多关于有向图问题中都非常有用.

**\*1.4.20 定义** 有向图 $D$ 的**分裂**是一个二部图 $G$, 其部集 $V^+$, $V^-$ 是 $V(D)$ 的两个拷贝. 对每个顶点 $x \in V(D)$, 存在一个顶点 $x^+ \in V^+$ 和一个顶点 $x^- \in V^-$. 对于 $D$ 中每条从 $u$ 到 $v$ 的边, 在 $G$

中存在一条以 $u^+$，$v^-$ 为端点的边.

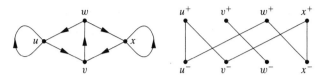

*1.4.21 注记  $D$ 的分裂中的顶点度是 $D$ 中顶点的入度和出度.

此外，如果一个 $X$，$Y$-二部图 $G$ 满足 $|X|=|Y|=n$，则可以通过如下转换得到一个 $n$-顶点有向图 $D$：为 $G$ 中每条边 $x_iy_j$ 在 $D$ 中增加一条边 $v_iv_j$. 现在 $G$ 是 $D$ 的分裂(这是在简单有向图中允许有圈的一个理由).

这样，存在一个具有度对 $\{(d_i^+，d_i^-)：1\leqslant i\leqslant n\}$ 的简单有向图当且仅当存在一个简单二部图 $G$ 使得其中一个部集中顶点的度为 $d_1^+$，$\cdots$，$d_n^+$ 而另一个部集中顶点的度为 $d_1^-$，$\cdots$，$d_n^-$. 习题 32 得到了一个递归过程来测试这样的一个二部图的存在性. 命题陈述和证明均类似于 Havel-Hakimi 定理，所以习题中也包括了这些内容. ■

59

## 欧拉有向图

在图和有向图中，如果把边作为顶点的有序对，**迹、通道、回路**和**连通关系**的定义是相同的. 在有向图中，前后相继的边必须是按照箭头的方向列出的. 在通道 $v_0$，$e_1$，$\cdots$，$e_k$，$v_k$ 中，$e_i$ 的尾部为 $v_{i-1}$ 而头部为 $v_i$.

**1.4.22 定义**  在一个有向图(或图)中，一个**欧拉迹**是包含所有边的一个迹. 一个**欧拉回路**是包含所有边的一个闭合迹. 一个有向图是**欧拉图**，如果它具有一个欧拉回路.

欧拉有向图的特征表征了类似于欧拉图的特征表征，其证明本质上也相同，因此我们将它留作习题.

**1.4.23 引理**  如果 $G$ 是一个有向图且 $\delta^+(G)\geqslant 1$，则 $G$ 包含一个环. 如果 $\delta^-(G)\geqslant 1$，上述结论也成立.

**证明**  令 $P$ 是 $G$ 中的极大路径，$u$ 是 $P$ 的最后一个顶点. 因为 $P$ 不能扩展，因此 $u$ 的每个后继必定已经是 $P$ 中的顶点. 因为 $\delta^+(G)\geqslant 1$，$u$ 在 $P$ 上有一个后继 $v$. 边 $uv$ 和 $P$ 上从 $v$ 到 $u$ 的部分组成了一个环. ■

**1.4.24 定理**  一个有向图是欧拉图当且仅当 $d^+(v)=d^-(v)$ 对每个顶点 $v$ 成立，并且其底图最多有一个非平凡分量.

**证明**  见习题 19 或习题 20. ■

任意一个没有独立顶点的欧拉有向图是强连通的，尽管在特征表征中弱连通就已经是充分的了.

**1.4.25 应用**(de Bruijn 环)  有 $2^n$ 个长度为 $n$ 的二进制字符串. 能否以循环顺序放置 $2^n$ 个二进制数字使得其中的 $2^n$ 个由 $n$ 个连续数字构成的字符串彼此不同? 对于 $n=4$，(0000111101100101) 就是这样一个放置方案.

可以用这样的放置方案来跟踪旋转鼓(Good[1946])的位置. 鼓有 $2^n$ 个可旋转的位置. 一个圆周形的带状区域被分成 $2^n$ 个部分，它们可以被编码为 0 或 1. 传感器感知 $n$ 个连续的部分. 如果编码具有上面描述的特性，则鼓的位置被传感器所感知的字符串所确定.

为了获得这样一个循环顺序的放置方案，定义一个有向图 $D_n$，其顶点是所有二进制 $(n-1)$-元组．如果 $a$ 的最后 $n-2$ 个元素与 $b$ 的最前面的 $n-2$ 个元素一致，则放置一条从 $a$ 到 $b$ 的边．用 $b$ 的最后一个元素为这条边做上标记．$D_4$ 如下．下面我们证明 $D_n$ 是欧拉图，并且说明怎样由一个欧拉回路产生所需的循环顺序放置方案．

**1.4.26 定理**　应用 1.4.25 中的有向图 $D_n$ 是欧拉图；而且在 $D_n$ 的任何一个欧拉回路中，边上的标记形成一个循环顺序的放置方案使得 $2^n$ 个长度为 $n$ 的连续片断是互不相同的．

**证明**　首先证明 $D_n$ 是欧拉图．因为在其名字后面添加 0 或 1 均可以得到它的一个后继顶点，因此每个顶点的出度是 2．类似地，每一个顶点的入度是 2，因为只要调转移动方向并在名字前加 0 或 1 则上述论证仍成立．同时，$D_n$ 是强连通的，因为从任何顶点出发可以通过标记为 $b_1$，$\cdots$，$b_{n-1}$ 的这些边到达顶点 $b=(b_1$，$\cdots$，$b_{n-1})$．这样 $D_n$ 满足定理 1.4.24 的假设从而 $D_n$ 是欧拉图．

令 $C$ 是 $D_n$ 的一个欧拉回路．抵达顶点 $a=(a_1$，$\cdots$，$a_{n-1})$ 时用到的边一定被标记为 $a_{n-1}$，因为进入任意顶点的边上的标记与该顶点名字的最后一个元素一致．由于删除最靠前的元素并左移其余的元素之后即可得到该边的头部顶点的名字的前面部分，因此之前的那些边的标记（向后看）必定依次为 $a_{n-2}$，$\cdots$，$a_1$．如果 $C$ 接下来用到一条标记为 $a_n$ 的边，则此时最近经历的 $n$ 条边必然被标记为 $a_1$，$\cdots$，$a_n$．

由于 $2^{n-1}$ 个顶点的标记各不相同且离开每个顶点的两条边有不同的标记，因此我们沿 $C$ 从每个顶点遍历每条边恰好一次，我们已经证明了由 $C$ 的边标记给出的环序放置方案的 $2^n$ 个长度为 $n$ 的字符串是互不相同的．

有向图 $D_n$ 是大小为 2 的字母表上的阶为 $n$ 的 **de Bruijn 图**．有时这是很有用的，因为它有许多顶点而边却很少（仅仅是顶点数的两倍）；尽管如此，我们却可以通过一条较短的路径从任意顶点到达另一个顶点．我们可以从当前顶点经 $n-1$ 步到达任何希望到达的顶点，其间所要经历的边可以通过依次引入要到达的顶点的名字中的位来获得．

## 定向和竞赛图

由一个大小为 $n$ 的顶点集，可以有 $n^2$ 个元素的有序对．一个简单有向图虽然允许有圈，但最多将每个有序对当做一条边．这样，$n^2$ 个有序对可能出现在边中或可能不出现在边中．故顶点集为 $v_1$，$\cdots$，$v_n$ 的简单有向图共有 $2^{n^2}$ 个．

有时，我们不允许圈的出现．

**1.4.27 定义**　图 $G$ 的**定向**是一个有向图 $D$，它是由 $G$ 通过为每条边 $xy\in E(G)$ 指定一个方向（$x{\to}y$ 或 $y{\to}x$）得到的．一个**定向图**是一个简单图的定向．一个**竞赛图**是一个完全图的定向．

一个定向图等同于一个无圈简单有向图．如果图 $G$ 的顶点表示参与比较的对象，边表示比较结果，我们可以用 $x{\to}y$ 来记录在比较过程中 $x$ 优于 $y$ 这个结果．所得即是 $G$ 的一个定向．

顶点为 $v_1$，$\cdots$，$v_n$ 的定向图的数目是 $3^{\binom{n}{2}}$；竞赛图的数目是 $2^{\binom{n}{2}}$．

**1.4.28 例** 完全图的定向模拟了"循环赛". 考虑一个 $n$-队联盟,每个队与其余所有队恰好比赛一次. 对于每一对运动队 $u$,$v$,如果 $u$ 赢了则添加边 $uv$,如果 $v$ 赢了则添加边 $vu$. 在赛季结束时,我们得到 $K_n$ 的一个定向. 一个队的"得分"是其出度,即等于该队在比赛中获胜的次数.

由于这个原因,我们称竞赛图的出度序列为**得分序列**. 出度确定了入度,因为对于每一个顶点 $v$ 有 $d^+(v)+d^-(v)=n-1$. 较之于简单图的度序列的特征刻画,容易得到竞赛图的得分序列的特征刻画(习题 35). ■

在竞赛图中,出度最大的顶点可能多于一个,所以可能没有明确的"胜利者"——在下例中,每个顶点的出度和入度均为 2. 当几个队都有最大的胜利次数时,选出一个冠军队是很困难的. 尽管不必存在一个明确的胜利者,我们接下来将证明:始终存在一个队 $x$,对于其他的任意队 $z$,或者 $x$ 战胜 $z$,或者 $x$ 战胜了某个战胜过 $z$ 的队.

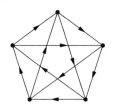

**1.4.29 定义** 在一个有向图中,一个**王**是一个顶点,从它出发通过长度不超过 2 的路径可以到达其他任意一个顶点.

**1.4.30 命题**(Landau[1953]) 任意竞赛图都有一个王.

**证明** 令 $x$ 是竞赛图 $T$ 中的一个顶点. 如果 $x$ 不是王,则存在某个顶点 $y$ 不能从 $x$ 经一条长度不超过 2 的路径到达. 因此 $x$ 的任意后继都不是 $y$ 的前驱. 因为 $T$ 是某个团的一个定向,因此 $x$ 的每个后继必然也是 $y$ 的后继. 同时还有 $y \rightarrow x$. 因此 $d^+(y) > d^+(x)$.

如果 $y$ 也不是王,则我们重复上面的论述可以找到一个出度更大的顶点 $z$. 由于 $T$ 是有穷的,因此不能永不休止地找到顶点使得出度不断增长. 这个过程必定会终止,而只有找到一个王时过程才会终止.

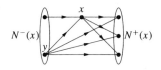

用极端化方法的语言来说,我们已经证明了竞赛图中的任意一个出度最大的顶点均是一个王. 习题 36~38 提出了更多有关王的问题(参见 Maurer[1980]). 习题 39 将这个结果推广到任意有向图上.

**习题**

1.4.1 (一)描述现实世界中的一个关系,要求其有向图没有环. 描述另一个关系,要求其有向图有环但关系本身不是对称的.

1.4.2 (一)在应用 1.4.4 的开关系统中,假设第一个开关不连通到线路中. 画出模拟所得系统的有向图.

1.4.3 (一)证明:有向图中每条 $u$,$v$-通道包含一条 $u$,$v$-路径.

1.4.4 (一)证明:有向图中的每条具有奇数长度的闭合通道包含一个奇环的所有边(提示:仿照引理 1.2.15).

1.4.5 （一）令 $G$ 是一个有向图，其中每个顶点的入度均等于出度．证明：$G$ 可以分解成若干个环．

1.4.6 （一）画出 de Bruijn 图 $D_2$ 和 $D_4$．

1.4.7 （一）证明或否定：如果 $D$ 是含有 10 个顶点的简单图的一个定向，则 $D$ 的顶点不能有不同的出度．

1.4.8 （一）证明：存在一个 $n$-顶点竞赛图使得其中每个顶点的入度等于出度当且仅当 $n$ 是奇数．

• • • • • • • • • •

1.4.9 对每个 $n \geqslant 1$，证明或否定：任意一个含有 $n$ 个顶点的简单有向图有两个顶点具有相同的出度，或者有两个顶点具有相同的入度．

1.4.10 （!）证明：一个有向图是强连通的当且仅当将顶点集任意划分成非空集合 $S$ 和 $T$ 后，均存在一条从 $S$ 到 $T$ 的边．

1.4.11 （!）证明：在任意有向图中，某个强分量没有入边，某个强分量没有出边．

1.4.12 在有向图 $D$ 中，在 $V(D)$ 上定义如下一个关系．即如果 $D$ 有一条 $x$，$y$-路径和一条 $y$，$x$-路径，则认为顶点对 $(x, y)$ 满足这个关系．证明：该关系是一个等价关系，其等价类是 $D$ 各个强分量的顶点集构成的集族．

63

1.4.13 a)证明：有向图的各个强分量是互不相交的．

b)令 $D_1$，$\cdots$，$D_k$ 是有向图 $D$ 的所有强分量．令 $D^*$ 是顶点为 $v_1$，$\cdots$，$v_k$ 的无圈有向图，其中 $v_i \to v_j$ 当且仅当 $i \neq j$ 且 $D$ 有一条从 $D_i$ 到 $D_j$ 的边．证明：$D^*$ 没有环．

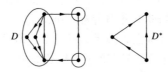

1.4.14 （!）令 $G$ 是一个无环的 $n$-顶点有向图．证明：$G$ 的顶点可以被排序为 $v_1$，$\cdots$，$v_n$ 使得如果 $v_i v_j \in E(G)$ 则必有 $i < j$．

1.4.15 令 $G$ 是顶点集为 $\{(i, j) \in \mathbf{Z}^2 : 0 \leqslant i \leqslant m$ 且 $0 \leqslant j \leqslant n\}$ 的一个简单有向图，$G$ 中有一条从 $(i, j)$ 到 $(i', j')$ 的边当且仅当 $(i', j')$ 可以由 $(i, j)$ 在一个坐标上加 1 得到．证明：$G$ 中从 $(0, 0)$ 到 $(m, n)$ 的路径的数目是 $\binom{m+n}{n}$．

1.4.16 （十）费尔马小定理．给定素数 $n$，令 $\mathbf{Z}_n$ 表示模 $n$ 的剩余类（参见附录 A）．令 $a$ 是与 $n$ 没有公共素因子的一个自然数；乘 $a$ 这个操作定义了 $\mathbf{Z}_n$ 的一个排列．令 $l$ 是满足 $a^l \equiv a \bmod n$ 的最小自然数．

a)令 $G$ 是由乘 $a$ 操作定义的排列的函数有向图，其顶点集为 $\mathbf{Z}_n$．证明：$G$ 中的所有环（除了顶点 $n$ 上的圈）长度均为 $l - 1$．

b)由(a)得出结论 $a^{n-1} \equiv 1 \bmod n$．

1.4.17 （ * ）证明：（有向）奇环是无核有向图．构造一个有向图，使它有一个诱导子图是奇环并要求它也没有核．

1.4.18 （ * ）证明：没有环的有向图有唯一的核．

1.4.19 用引理 1.4.23，对边数作归纳来证明对欧拉有向图的特征刻画（定理 1.4.24）（提示：仿照定理 1.2.26）．

1.4.20 利用极大迹的概念证明对欧拉有向图的特征刻画(定理 1.4.24)(提示：定理 1.2.26 的第二种证明，即 1.2.32).

1.4.21 定理 1.4.24 建立了有向图具有欧拉回路的充要条件. 确定(并证明)有向图具有欧拉迹的充要条件(定义 1.4.22)(Good[1946]).

1.4.22 令 $D$ 是一个有向图，其中除 $d^+(x) - d^-(x) = k = d^-(y) - d^+(y)$ 之外 $d^-(v) = d^+(v)$ 对每个顶点均成立. 利用对欧拉有向图的特征刻画，证明：$D$ 包含 $k$ 条两两无公共边的 $x, y$-路径.

1.4.23 证明：每个图 $G$ 均有一个定向 $D$ 在任意顶点是"平衡的"，即 $|d_D^+(v) - d_D^-(v)| \leqslant 1$ 对每个顶点 $v \in V(G)$ 都成立.

1.4.24 证明或否定：每个图 $G$ 均有一个定向使得对任意 $S \subseteq V(G)$，进入 $S$ 的边的条数和离开 $S$ 的边的条数至多相差 1.

1.4.25 (!)定向与 $P_3$-分解.

a)证明：任意连通图有一个定向使得其中具有奇数出度的顶点至多为 1 个. (Rotman [1991])

b)利用(a)来得出结论：具有偶数条边的简单连通图可以分解成若干条由两条边构成的路径. [64]

1.4.26 将 7 个 0 和 7 个 1 以循环顺序放置使得其中的 14 个由 4 个连续位构成的字符串不同于 0101 和 1010.

1.4.27 任意字母表上具有任意长度的 de Bruijn 序列. 令 $A$ 是一个大小为 $k$ 的字母表. 证明：选自 $A$ 中的 $k^l$ 个字符可以以循环顺序适当放置，使得该序列中的 $k^l$ 个长度为 $l$ 的字符串互不相同. (Good [1946]，Rees[1946])

1.4.28 令 $S$ 是一个大小为 $m$ 的字母表. 解释如何从 $S$ 中选取 $m^4 - m$ 个字母，并将它们按循环顺序放置，使得所有具有由连续字母构成的 4-字母字符串互不相同且至少包含两个不同的字母.

1.4.29 (!)假设 $G$ 是一个图，$D$ 是 $G$ 的一个定向并且是强连通的. 证明：如果 $G$ 有一个奇环，则 $D$ 也有一个奇环(提示：考虑 $G$ 中的一个奇环 $(v_1, \cdots, v_k)$ 的每个顶点对 $\{v_i, v_{i+1}\}$).

1.4.30 (+)给定一个强有向图 $D$，令 $f(D)$ 表示遍历每个顶点的闭合通道的最小长度. 证明：如果 $n \geqslant 2$，则在所有具有 $n$ 个点的强有向图中 $f(D)$ 的最大值是 $\lfloor (n+1)^2/4 \rfloor$. (Cull[1980])

1.4.31 确定 $n$ 的最小值使得存在一对不同构的具有相同出度序列的 $n$-顶点竞赛图.

1.4.32 令 $p = p_1, \cdots, p_m$，$q = q_1, \cdots, q_n$ 是非负整数序列. $(p, q)$ 是**二部图图解对**，如果存在一个简单二部图使得 $p_1, \cdots, p_m$ 是其中一个部集的度而 $q_1, \cdots, q_n$ 是另一个部集的度. 当 $p$ 有正数和时，证明：$(p, q)$ 是二部图图解对当且仅当 $(p', q')$ 是二部图图解对，其中 $(p', q')$ 是由 $(p, q)$ 删除 $p$ 中的最大元素 $\Delta$ 并将 $q$ 的 $\Delta$ 个最大元素均减 1 之后得到的(提示：仿照定理 1.3.31 中的方法).

1.4.33 ($*$)令 $A$ 和 $B$ 是两个 $m \times n$ 的矩阵，其元素均取自 $\{0, 1\}$. 一个交换操作是指将一个形为 $\binom{01}{10}$ 的子阵替换成形为 $\binom{10}{01}$ 的子阵或反之. 证明：如果 $A$ 和 $B$ 有相同的行和表并且有相同的列和表，则通过一系列交换操作可以将 $A$ 转换成 $B$. 用二部图来解释这一结论. (Ryser[1975])

1.4.34 (!)令 $G$ 和 $H$ 是顶点集为 $V$ 的两个竞赛图. 证明：$d_G^+(v) = d_H^+(v)$ 对所有 $v \in V$ 成立当且仅

当在长度为 3 的环上将方向取反可以将 $G$ 变成 $H$(提示:在 $G$ 的由与 $H$ 中方向相反的边构成的子图中,考查具有最大出度的一个顶点).(Ryser[1964])

1.4.35　(+)令 $p_1,\cdots,p_n$ 是非负整数且满足 $p_1 \leqslant \cdots \leqslant p_n$. 令 $p'_k = \sum_{i=1}^{k} p_i$. 证明:存在一个具有出度为 $p_1,\cdots,p_n$ 的竞赛图当且仅当 $p'_k \geqslant \binom{k}{2}$ 对 $1 \leqslant k < n$ 成立并且 $p'_n = \binom{n}{2}$(提示:对 $\sum_{k=1}^{n}\left[p'_k - \binom{k}{2}\right]$ 用归纳法).(Landau[1953])

1.4.36　由命题 1.4.30 可知,每个竞赛图均有王. 令 $T$ 是不具有入度为 0 的顶点的一个竞赛图.
a)证明:如果 $x$ 是 $T$ 的一个王,则 $T$ 另一个王位于 $N^-(x)$ 中.
b)用(a)证明:$T$ 至少有 3 个王.
c)对于每个 $n \geqslant 3$,构造一个竞赛图 $T$,使得 $\delta^-(T) > 0$ 且仅有 3 个王.
(注:只要 $n \geqslant k \geqslant 1$,除 $k=2$ 和 $n=k=4$ 之外,存在一个恰有 $k$ 个王的 $n$-顶点竞赛图.)
(Maurer[1980])

1.4.37　考虑下面以竞赛图 $T$ 作为输入的算法.
1)在 $T$ 中取一个顶点 $x$.
2)如果 $x$ 的入度是 0,则称 $x$ 为 $T$ 的一个王并终止.
3)否则,从 $T$ 中删除 $\{x\} \cup N^+(x)$,将得到的图记为 $T'$.
4)在 $T'$ 上运行该算法;输出一个王并终止.
证明这个算法最终会终止并产生 $T$ 的一个王.

1.4.38　(+)对 $n \in \mathbf{N}$,证明:存在一个 $n$-顶点竞赛图,其中每个顶点均是一个王当且仅当 $n \notin \{2,4\}$.

1.4.39　(+)证明:每个无圈有向图 $D$ 有一个由互不邻接的顶点构成的集合 $S$,使得 $S$ 之外的每个顶点可以从 $S$ 出发通过一条长度至多为 2 的路径到达(提示:对 $n(D)$ 用强归纳)(注:这个结论推广了命题 1.4.30).(Chvátal-Lovász[1974])

1.4.40　一个有向图是**单路径的**,如果对于每一对顶点 $x,y$ 至多有一条(有向)$x,y$-路径. 令 $T_n$ 是有 $n$ 个顶点的竞赛图,其中 $v_i$ 和 $v_j$ 间的边指向具有较大索引号的顶点. 在 $T_n$ 的单路径子图中,最大边数是多少?具有最大边数的单路径子图有多少个?(提示:证明底图没有三角形.)(Maurer-Rabinovitch-Trotter[1980])

1.4.41　令 $G$ 是一个竞赛图. 令 $L_0$ 是某种顺序下 $V(G)$ 的一个序列. 如果在 $L_0$ 中 $y$ 直接跟随于 $x$ 之后但在 $G$ 中 $y \rightarrow x$,则称 $yx$ 是一条**反向边**. 当 $yx$ 是一条反向边时,可以交换 $x$ 和 $y$ 的顺序(这可能会增加方向边的数目). 假设在当前顺序下连续交换一些反向边之后得到序列 $L_0,L_1,\cdots$,证明:如此进行下去,最终会产生一个没有反向边的顶点顺序. 确定终止时的最大步骤数(注:如果顶点是一些数字,每一条边指向较大的数字,上述结果说明连续交换相邻而次序颠倒的数字最终会将序列排序).(Locke[1995])

1.4.42　(!)给定一个比赛的顶点的次序 $\sigma = v_1,\cdots,v_n$,令 $f(\sigma)$ 表示反馈边的长度和,即在满足 $j > i$ 的那些边 $v_j v_i$ 上对 $j-i$ 求和. 证明:最小化 $f(\sigma)$ 的顶点次序均将顶点按出度的非递增顺序放置(提示:确定当 $\sigma$ 中相继元素被交换时 $f(\sigma)$ 将怎样变化).(Kano-Sakamoto[1983],Isaak-Tesman[1991])

# 第2章 树 和 距 离

## 2.1 基本性质

"树"这个词的意思是从根开始分叉并且永远不会形成环. 作为图, 树有很多应用, 尤其是在数据存储、查询和通信上.

**2.1.1 定义** 一个不包含环的图称为是**无环的**. 一个**森林**是一个无环图. 一棵**树**是一个连通的无环图. **叶子**(或**悬垂点**)是指度为 1 的顶点. $G$ 的一个**生成子图**是顶点集为 $V(G)$ 的一个子图. 一棵**生成树**是一个生成子图并且它是一棵树.

**2.1.2 例** 一棵树是一个连通的森林, 且森林的每个分量也是一棵树. 没有环的图当然也没有奇环; 因此树和森林都是二部图.

路径是树. 一棵树是一条路径当且仅当其最大度至多是 2. **星形图**是一棵树, 并且它有一个顶点邻接于其他所有顶点. $n$-顶点星形图就是二部团 $K_{1,n-1}$.

树这种图恰好有一棵生成树, 即整个图本身. $G$ 的生成子图不必是连通的, $G$ 的连通子图也不一定是生成子图. 例如:

如果 $n(G) > 1$, 则顶点集为 $V(G)$ 而边集为 $\varnothing$ 的空子图是生成子图但不是连通的.

如果 $n(G) > 2$, 则由一条边及其端点构成的子图是连通的但不是生成子图. ■

**树的性质**

树有许多等价的特征, 其中任何一个特征均可以作为树的定义. 这些特征刻画非常有用, 因为只需验证其中一个特征即可证明某个图是一棵树, 然后可以使用有关树的所有其他性质.

首先, 我们证明从一棵树中删除一片叶子之后将得到一棵稍小的树.

**2.1.3 引理** 每棵至少具有两个顶点的树至少有两片叶子. 从一棵 $n$-顶点树中删除一片叶子之后得到一棵有 $n-1$ 个顶点的树.

**证明** 至少具有两个顶点的一个连通图有一条边. 在无环图中, 一条极大的非平凡路径的一个端点除了在这条路径上的相邻顶点之外再没有其他的相邻顶点. 因此这样一条路径的两个端点都是叶子.

令 $v$ 是树 $G$ 的一片叶子, 并令 $G' = G - v$. 一个度为 1 的顶点不属于任何一条连接其他两个顶点的路径. 因此, 对于 $u, w \in V(G')$, $G$ 中的每条 $u, v$ 路径也是 $G'$ 中的路径. 因此 $G'$ 是连通的. 由于删除一个顶点不会产生一个环, 因此 $G'$ 也是无环的. 所以, $G'$ 是一棵具有 $n-1$ 个顶点的树.

引理 2.1.3 表明顶点大于 1 的任意一棵树均可以通过把较小的树增加度为 1(我们所有的图都是有穷的)的一个顶点来得到. 这样就可以避免某些证明中的归纳法陷阱: 为了得到所有具有 $n+1$ 个顶点的树, 我们可以在任意一棵 $n$-顶点树中的任意顶点上增加一个相邻顶点. "任意的"表示论证过

程考虑了所有可取的方法.

在证明树的特征之间的等价性时,我们将用到归纳法、以前的结果、计数变元、极端值以及矛盾结果.

**2.1.4 定理** 对于 $n$-顶点图 $G(n \geqslant 1)$,下面的命题等价(并刻画了具有 $n$ 个顶点的树的特征):

A)$G$ 是连通的并且无环.

B)$G$ 是连通的并且有 $n-1$ 条边.

C)$G$ 有 $n-1$ 条边并且无环.

D)$G$ 无圈,并且对于任意 $u$,$v \in V(G)$,$G$ 恰有一条 $u$,$v$-路径.

**证明** 我们首先证明 A、B 和 C 之间的等价性,即证明{连通的,无环的,$n-1$ 条边}中的任意二者能推出第三者.

A⇒{B,C}. 我们在 $n$ 上用归纳法. 对于 $n=1$,一个无环的 1-顶点图没有边. 对于 $n>1$,假设上述蕴涵关系对顶点数少于 $n$ 的图是成立的. 给定一个无环连通图 $G$,引理 2.1.3 给出了一个叶子 $v$,并断言 $G'=G-v$ 也是无环的并且是连通的(参见上页图). 在 $G'$ 上应用归纳假设得到 $e(G')=n-2$. 由于仅有一条边关联到 $v$,因此得到 $e(G)=n-1$.

B⇒{A,C}. 逐一从 $G$ 的各个环中删除边,直到剩下的图 $G'$ 是无环的. 由于环中的任意边均不是割边(定理 1.2.14),因此 $G'$ 是连通的. 前一段的论述表明 $e(G')=n-1$. 由于已知 $e(G)=n-1$,故没有边被删除. 所以 $G'=G$ 并且 $G$ 是无环的.

C⇒{A,B}. 令 $G_1,\cdots,G_k$ 是 $G$ 的分量. 因为每个顶点仅出现于一个分量中,因此有 $\sum_i n(G_i)=n$. 由于 $G$ 没有环,因此每个分量均满足性质 A. 因此,$e(G_i)=n(G_i)-1$. 对 $i$ 求和得到 $e(G)=\sum_i[n(G_i)-1]=n-k$. 已知 $e(G)=n-1$,故 $k=1$ 并且 $G$ 是连通的.

A⇒D. 因为 $G$ 是连通的,所以每对顶点均有一条路径连接. 如果连接某一对顶点的路径多于一条,则在这些具有相同端点的路径中选择(总)长度最短的两条路径 $P$,$Q$. 这样选择极端情况后,$P$ 或 $Q$ 的内部顶点均不属于另一条路径(参见下面的图). 这即证明了($P \cup Q$ 是一个环)⊖$P$ 和 $Q$ 就构成一条闭合通道,而且其中某些边只出现一次. 这即证明了 $P \cup Q$ 是一个环. 这与假设 A 相矛盾.

D⇒A. 如果对任意 $u$,$v \in V(G)$ 均有一条 $u$,$v$-路径,则 $G$ 是连通的. 如果 $G$ 有一个环 $C$,则对某些顶点 $u$,$v \in V(C)$ 来说,在 $G$ 中就有两条 $u$,$v$-路径. 因此,$G$ 是无环的(这也禁止了圈的出现).

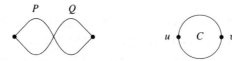

**2.1.5 推论** a)树的每一条边都是割边.

b)在树中添加一条边恰好形成一个环.

c)每个连通图均包含一棵生成树.

**证明** (a)树中没有环,故定理 1.2.14 表明树中的每条边均是割边. (b)在一棵树中,任意一对

---

⊖ 括号中的内容是原文译文,但是译者认为这样选择的两条路径可能会出现公共的内部顶点. ——译者注

顶点恰好由唯一一条路径连接(定理 2.1.4D),所以用一条边将两个顶点连接起来恰好得到一个环.
(c)正如在定理 2.1.4 中证明 B⇒A,C 那样,在一个连通图中反复从各个环中删除边将得到一个连通的无环生成子图. ∎

我们用推论 2.1.5 来证明关于生成树对的两个结果.我们用减法和加法来分别表示边的删除和边的添加.

**2.1.6 命题** 如果 $T,T'$ 是连通图 $G$ 的生成树并且 $e \in E(T) - E(T')$,则存在一条边 $e' \in E(T') - E(T)$ 使得 $T - e + e'$ 是 $G$ 的一棵生成树.

**证明** 由推论 2.1.5a 可知,$T$ 中的每条边都是 $T$ 的一条割边.令 $U$ 和 $U'$ 表示 $T - e$ 的两个分支.因为 $T'$ 是连通的,故 $T'$ 有一条边 $e'$ 使其端点分别位于 $U$ 和 $U'$ 中.现在,$T - e + e'$ 是连通的,有 $n(G) - 1$ 条边,并且是 $G$ 的一棵生成树. ∎

(在下图中,$T$ 用粗线表示,$T'$ 用实线表示,它们有两条公共边.)

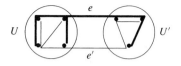

**2.1.7 命题** 如果 $T,T'$ 是连通图 $G$ 的生成树并且 $e \in E(T) - E(T')$,则存在一条边 $e' \in E(T') - E(T)$ 使得 $T' + e - e'$ 是 $G$ 的一个生成树.

**证明** 由推论 2.1.5b 可知,图 $T' + e$ 包含唯一的环 $C$.由于 $T$ 是无环的,因此存在一条边 $e' \in E(C) - E(T)$.删除 $e'$ 破坏了 $T' + e$ 中的唯一的环.现在,$T' + e - e'$ 是连通无环的并且是 $G$ 的一棵生成树. ∎

(在上图中,在 $T$ 中增加边 $e$ 产生一个长度为 5 的环 $C$;$C - e$ 的其他 4 条边都属于 $E(T) - E(T')$ 并且都可以用作 $e'$.)

可以选择边 $e'$ 使其同时满足命题 2.1.6～2.1.7 中的结论,正如这两个命题之间的图所示(习题 37).

下一个结果给出一个实例,它说明如何通过删除一片叶子来完成归纳法证明.

**2.1.8 命题** 如果 $T$ 是一棵具有 $k$ 条边的树,$G$ 是一个简单图且 $\delta(G) \geq k$,则 $T$ 是 $G$ 的一个子图.

**证明** 我们对 $k$ 用归纳法.基本步骤:$k = 0$.每一个简单图都包含 $K_1$,它是唯一一棵没有边的树.

归纳步骤:$k > 0$.假设论断对边数少于 $k$ 的树成立.因为 $k > 0$,引理 2.1.3 允许在 $T$ 中选择一片叶子 $v$;令 $u$ 表示其相邻顶点.考虑一棵较小的树 $T' = T - v$.由归纳法假设可知,$T'$ 是 $G$ 的子图,因为 $\delta(G) \geq k > k - 1$.

令 $x$ 是 $T'$ 的拷贝中对应于 $u$(见图)的顶点.因为 $T'$ 仅有 $k - 1$ 个不同于 $u$ 的顶点并且 $d_G(x) \geq k$,因此 $x$ 在 $G$ 中有一个相邻顶点 $y$ 不在 $T'$ 的这个拷贝中.增加边 $xy$ 扩展 $T'$ 的这个拷贝使之变成 $T$ 在 $G$ 中的一个拷贝,其中 $y$ 就相当于 $v$. ∎

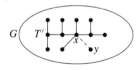

命题 2.1.8 中的不等式是严格的；图 $K_k$ 的最小度是 $k-1$，但是它不包含具有 $k$ 条边的树. 命题表明每一个边数多于 $n(k-1)$ 的 $n$-顶点简单图 $G$ 均具有子图 $T$（习题 34）. Erdös 和 Sós 猜想条件 $e(G)>n(k-1)/2$ 必然使得 $T$ 是 $G$ 的一个子图（Erdös[1964]），这是一个更强的命题. 对于没有 4-环的图，已经证明了这个命题（Saclé-Woźniak [1997]）. Ajtai，Komlós 和 Szemerédi 证明了该命题的一个渐近形式，这一结果出现在 Soffer[2000] 中.

### 树和图中的距离

当用图对网络通信进行建模时，我们希望顶点尽可能互相靠近以便避免通信延迟. 我们用路径 [70] 的长度来衡量距离.

**2.1.9 定义**  如果 $G$ 中存在 $u$，$v$-路径，则从 $u$ 到 $v$ 的**距离**（记为 $d_G(u,v)$. 或简记为 $d(u,v)$）是 $u$，$v$-路径的最短长度. 如果 $G$ 中没有这样的路径，则 $d(u,v)=\infty$. **直径**（diam $G$）是指 $\max\limits_{u,v\in V(G)} d(u,v)$.

顶点 $u$ 的**离心率**记为 $\varepsilon(u)$，是指 $\max\limits_{v\in V(G)} d(u,v)$. 图 $G$ 的**半径**记为 rad $G$，是指 $\min\limits_{u\in V(G)} \varepsilon(u)$.

直径等于顶点的最大离心率. 在非连通图中，直径和半径（以及每个顶点的离心率）是无穷大，因为位于不同分量中的顶点间的距离是无穷大. 我们用"直径"这个词是因为它在几何学中的用法，即集合中的两个元素间的最大距离.

**2.1.10 例**  Petersen 图的直径是 2，因为不邻接的两个顶点有一个公共的相邻顶点. 超立方体 $Q_k$ 的直径是 $k$，因为要通过 $k$ 个步骤才能改变所有 $k$ 个坐标. 环 $C_n$ 的直径是 $\lfloor n/2 \rfloor$. 在所有这些图中，每个顶点都具有相同的离心率，并且 diam $G=$ rad $G$.

对于 $n\geqslant 3$，具有最小直径的 $n$-顶点树是星形，其直径是 2 而半径是 1. 具有最大直径的树是路径，其直径是 $n-1$ 而半径是 $\lceil (n-1)/2 \rceil$. 树中的每条路径都是该路径的端点间的最短路径（并且是唯一路径），所以，树的直径是其中最长路径的长度.

在下面的图中，每个顶点由其离心率来标记. 半径是 2，直径是 4，最长路径的长度是 7.

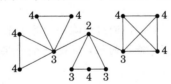

为了使图有大直径，必须丢弃许多边. 由此，我们期望得到如下结论：一个具有大直径的图的补图具有小直径. 为此，我们要用到一个简单的观察结果，即一个图的直径最大是 2 当且仅当非邻接的两个顶点总具有公共的相邻顶点（也可参见习题 15）.

**2.1.11 定理**  如果 $G$ 是简单图，那么 diam $G\geqslant 3\Rightarrow$ diam $\overline{G}\leqslant 3$.

**证明**  如果 diam $G>2$，必存在非邻接顶点 $u$，$v\in V(G)$，并且它们没有公共的相邻顶点. 于是，任意 $x\in V(G)-\{u,v\}$ 至少在 $\{u,v\}$ 中有一个非相邻顶点. 这使得在 $\overline{G}$ 中 $x$ 至少邻接于 $\{u,v\}$ 中的一个顶点. 由于 $uv\in E(\overline{G})$，因此对任意顶点对 $x,y$，在 $\overline{G}$ 中存在一条通过 $\{u,v\}$ 的最大长度为 3 的 $x,y$-路径. 因此 diam $\overline{G}\leqslant 3$.

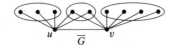

**2.1.12 定义** 图 $G$ 的**中心**是由具有最小离心率的那些顶点诱导的子图.

图的中心是满图当且仅当半径和直径相等. 下面, 我们讨论树的中心. 在归纳步骤中, 我们删除所有叶子, 而不是删除其中的一片.

**2.1.13 定理**(Jordan[1869]) 树的中心是一个顶点或是一条边.

**证明** 我们对树 $T$ 中的顶点数应用归纳法.

基本步骤: $n(T) \leqslant 2$. 树中最多有两个顶点, 其中心就是整棵树.

归纳步骤: $n(T) > 2$. 删除 $T$ 的所有叶子, 将所得图记为 $T'$. 由引理 2.1.3 可知, $T'$ 是一棵树. 由于介于 $T$ 的叶子之间的那些路径的内部顶点被保留下来了, 因此 $T'$ 至少有一个顶点.

在 $T$ 中距离顶点 $u \in V(T)$ 最远的任意一个顶点均是叶子(否则由 $u$ 到达该顶点的路径还可以进一步延伸). 由于这些叶子均已经被删除, 而且介于其他的两个顶点之间的路径不会用到叶子, 因此 $\varepsilon_{T'}(u) = \varepsilon_T(u) - 1$ 对任意 $u \in V(T')$ 成立. 而且, $T$ 的叶子的离心率大于其在 $T$ 中的相邻顶点的离心率. 因此, 使得 $\varepsilon_T(u)$ 达到最小值的那些顶点与使得 $\varepsilon_{T'}(u)$ 达到最小值的那些顶点相同.

我们已经证明了 $T$ 和 $T'$ 具有相同的中心. 由归纳法假设知, $T'$ 的中心是一个顶点或者是一条边.

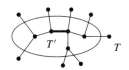

在通信网络中, 大直径是可以接受的, 只要大多数顶点对可以通过短路径通信. 这就导致我们研究平均距离而不是最大距离. 因为平均距离就是距离的和除以 $\binom{n}{2}$(顶点对的个数), 于是这就相当于研究 $D(G) = \sum\limits_{u,v \in V(G)} d_G(u,v)$.

和 $D(G)$ 称为 $G$ 的 **Wiener 指数**(也记为 $W(G)$). 维纳(Wiener)用它来研究石蜡的沸点. 分子可以表示为图, 其中顶点表示原子而边表示原子键. 分子的许多特性与其图的 Wiener 指数相关. 我们研究 $D(G)$ 的极值.

**2.1.14 定理** 在具有 $n$ 个顶点的所有树中, Wiener 指数 $D(T) = \sum\limits_{u,v} d(u,v)$ 在星形上取得最小值而在路径上取得最大值, 而且仅在这两种情况下才能取得极值.

**证明** 由于树有 $n-1$ 条边, 所以有 $n-1$ 对顶点的距离为 1, 并且其他顶点对的距离均至少为 2. 星形恰好取到这个值, 故而使得 $D(G)$ 最小. 为证明其他树无法取到这个值, 考虑 $T$ 中的一片叶子 $x$, 并令 $v$ 是其相邻顶点. 若其他顶点到 $x$ 的距离为 2, 则它们必然也是 $v$ 的相邻顶点, 从而 $T$ 是一个星形. 这个值是 $D(K_{1,n-1}) = (n-1) + 2\binom{n-1}{2} = (n-1)^2$.

对于最大值, 先考虑 $D(P_n)$. 这个值等于一个端点到其他顶点的距离的和, 加上 $D(P_{n-1})$. 我们有

$$\sum_{v \in V(P_n)} d(u,v) = \sum_{i=0}^{n-1} i = \binom{n}{2}.$$ 于是, $D(P_n) = D(P_{n-1}) + \binom{n}{2}$. 由 Pascal 公式 $\binom{n}{k} + \binom{n}{k-1} = \binom{n+1}{k}$(参见附录 A), 由归纳法得到 $D(P_n) = \binom{n+1}{3}$.

$$u \bullet\!\!-\!\!-\!\!-\!\!-\!\!\bullet\!\!\bigcirc\!\!\!\!\!\!-\!P_{n-1}$$

72

我们对 $n$ 用归纳法证明在所有 $n$-顶点树中，$P_n$ 是唯一使得 $D(T)$ 达到最大值的树．

**基本步骤**：$n=1$．具有一个顶点的树只有 $P_1$．

**归纳步骤**：$n>1$．令 $u$ 是 $n$-顶点树 $T$ 的一片叶子．现在，$D(T) = D(T-u) + \sum\limits_{v \in V(T)} d(u,v)$．由归纳假设可知，$D(T-u) \leqslant D(P_{n-1})$，等号成立当且仅当 $T-u$ 是一条路径．从而只需证明 $\sum\limits_{v \in V(T)} d(u,v)$ 取得最大值仅当 $T$ 是一条路径且 $u$ 是其一个端点．

考虑从 $u$ 出发的那些距离的列表．在 $P_n$ 中，该列表是 $1,2,\cdots,n-1$，其中的数值互不相同．从 $u$ 出发到距离 $u$ 最远的顶点的最短路径包含了到 $u$ 的距离为各种值的顶点，因此，在任何树中，在从 $u$ 到其他顶点的距离构成的集合中没有间断．故而，距离值的重复使得 $\sum\limits_{v \in V(T)} d(u,v)$ 比 $u$ 是一条路径的叶子时的情况小．如果 $T$ 不是一条路径，则这种重复确实会出现． ■

在所有 $n$-顶点连通图中，$D(G)$ 由 $K_n$ 达到最小值．最大值问题简化为我们对树已经进行的处理．

**2.1.15 引理**    如果 $H$ 是 $G$ 的子图，则 $d_G(u, v) \leqslant d_H(u, v)$．

**证明**    $H$ 的任意一条 $u$, $v$ 路径也出现在 $G$ 中，因此，$G$ 中最短的 $u$, $v$ 路径不大于 $H$ 中的最短 $u$, $v$ 路径． ■

**2.1.16 推论**    如果 $G$ 是连通的 $n$-顶点图，则 $D(G) \leqslant D(P_n)$．

**证明**    令 $T$ 是 $G$ 的一棵生成树．由引理 2.1.15 可得 $D(G) \leqslant D(T)$．由定理 2.1.14 可得 $D(T) \leqslant D(P_n)$． ■

## 不相交生成树 (选学)

我们已经看到，任意连通图均有生成树．如果原有生成树的某条边出现故障，无公共边的生成树就可以提供其他的路由．Tutte[1961a] 和 Nash-Williams[1961] 分别描述了具有 $k$ 棵两两间没有公共边的生成树的图的特征 (参见习题 67)．

对于不相交边的生成树，我们给出一个应用．David Gale 设计了一种游戏 (Hassenfeld Bros 公司拥有其 1960 年的版权——"Hasbro 玩具")，它在市场上销售时取名为"搭桥"．游戏双方都有一个由位置点构成的矩形网格．游戏时，双方交替行动，游戏者在每次行动中将自己的两个位置点用单位长度的桥连接起来．下面左侧的图给出了棋盘，游戏者 1 的位置点是实心点，游戏者 2 的位置点是空心点．游戏者 1 的目标是要用一条由一些桥构成的路径将棋盘左边的列连通到右边的列，游戏者 2 希望用一条由一些桥构成的路径将棋盘从顶部的行连通到底部的行．

[73]

桥与桥之间不能交叉．因此每放入一座桥就堵住了另一个游戏者可能要采取的行动．由于从左到右的任意路径与从上到下的任意路径均要交叉，所以两个游戏者不可能同时取胜．另外还要注意，棋盘对两个游戏者是对称的．

我们断言，游戏者 2 不可能有必胜的策略．否则，由于棋盘是对称的，游戏者 1 可以以任意方式开始，然后照搬游戏者 2 的策略，即如果游戏者 2 的策略中用到了一座之前放置的桥，则进行一次随意的行动．在游戏者 2 取胜之前，游戏者 1 已经应用同样的策略获胜了．

如果游戏持续到不能再进行任何行动，则必有某个游戏者已经获胜 (习题 70)．由于游戏者 2 没有必胜策略，这意味着游戏者 1 有必胜策略．这里，我们显式地给出一种能让游戏者 1 获胜的策略 (更一般地说，这里的论述在"拟阵"的环境中也成立——见定理 8.2.46)．

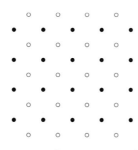 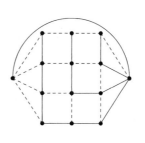

**2.1.17 定理**　在搭桥游戏中，游戏者 1 有一个必胜的策略.

**证明**　对游戏者 1，将其可能的连接方式组织成一个图. 位于同一端的位置点是等价的，所以我们分别将左右两列的端点位置(黑点)收集作为单个顶点. 在端点之间添加一条辅助边. 上面右侧的图表明，这个图是两棵无公共边的生成树的并，我们略去对这两棵生成树进行技术描述上的细节.

将这两棵树放在一起，它们包含目标顶点之间的不相交边的路径. 由于辅助边实际上并不存在，因此假设这是由于游戏者 2 先采取行动而将这条边用掉了. 游戏者 2 的每次行动割断了该图中的某条边 $e$ 并使得它不再可用. 这就将其中一棵树割裂成两个分支，由命题 2.1.6 可知，来自另一棵树的一条边 $e'$ 可以将这棵树重新连接起来.

游戏者 1 选取这样一条边 $e'$. 这使得 $e'$ 是割不断的，因为这其实相当于将 $e'$ 放在两棵生成树中. 删除 $e$ 并使 $e'$ 成为二重边在两棵生成树中各有一个拷贝，得到的图仍然由两棵不相交边的生成树组成. 由于游戏者 2 不能割断一条二重边，因此他不能将两棵树都割裂. 于是游戏者 1 总能进行防守. 下图演示了这种策略.

当游戏者 1 已经获胜时或者当没有任何一条边可以被割断时，上述过程就终止了. 在后一种情况下，剩下的边都是二重边并且构成一棵由游戏者 1 搭建的桥组成的生成树. 因此，无论是哪种情况，游戏者 1 都构建了一条将指定点连接这些特殊顶点的路径.

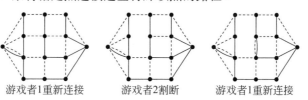

游戏者1重新连接　　　　游戏者2割断　　　　游戏者1重新连接

**习题**

2.1.1　(一)对于每个 $k$ 值，列出最大度为 $k$ 且顶点数不超过 6 的所有树的同构类. 对直径为 $k$ 的情况列出同样的同构类.(解释为什么不存在其他同构类)

2.1.2　(一)令 $G$ 是一个图.
　　　　a)证明：$G$ 是一棵树当且仅当 $G$ 是连通的且其每条边都是割边.
　　　　b)证明：$G$ 是一棵树当且仅当添加任一条以 $V(G)$ 中的顶点为端点的边构成一个环.

2.1.3　(一)证明：一个图是树当且仅当它是无圈的且恰好有一棵生成树.

2.1.4　(一)证明或否定：边数少于端点数的任意图均有一个分量是树.

2.1.5　(一)令 $G$ 是一个图. 证明：$G$ 的极大无环子图由 $G$ 中各连通分量的生成树构成.

2.1.6　(一)令 $T$ 是一棵树，其平均度为 $a$. 确定 $n(T)$ 并用 $a$ 表示出来.

2.1.7　(一)证明：具有 $m$ 条边的任意 $n$-顶点图至少有 $m-n+1$ 个环.

2.1.8　(一)证明下面的每个性质均描述了森林的特征.

　　　a)任意诱导子图有一个度至多为 1 的顶点.

　　　b)任意连通子图是一个诱导子图.

　　　c)连通分量的个数等于顶点数减去边数.

2.1.9　(一)对 $2 \leqslant k \leqslant n-1$，证明，添加一个与 $P_{n-1}$ 的所有顶点均邻接的顶点之后得到的 $n$-顶点图有一棵直径为 $k$ 的生成树.

2.1.10　(一)令 $u$ 和 $v$ 是连通的 $n$-顶点简单图的顶点. 证明：如果 $d(u, v)>2$，则 $d(u)+d(v) \leqslant n+1-d(u, v)$.构造一个反例来说明：只要 $n \geqslant 3$ 且 $d(u, v) \leqslant 2$，则上述结论可能不成立.

2.1.11　(一)令 $x$ 和 $y$ 是图 $G$ 中的相邻顶点. 对所有 $z \in V(G)$，证明：$|d_G(x, z)-d_G(y, z)| \leqslant 1$.

2.1.12　(一)计算双团 $K_{m,n}$ 的直径和半径.

75 2.1.13　(一)证明：直径为 $d$ 的任意连通图有一个独立集至少包含了 $\lceil(1+d)/2\rceil$ 个顶点.

2.1.14　(一)假设计算机处理器由二进制的 $k$-元组命名，且两个处理器可以直接通信当且仅当它们的名字在 $k$-维立方体 $Q_k$ 中是相邻的. 如果名字为 $u$ 的处理器要发送消息给名字为 $v$ 的处理器，它应该怎样确定到达 $v$ 的最短路径上的第一步？

2.1.15　(一)令 $G$ 是直径至少为 4 的一个简单图. 证明：$\bar{G}$ 的直径最大为 2(提示：用定理 2.1.11).

2.1.16　(一)给定简单图 $G$，定义同一顶点集上的简单图 $G'$，其中 $xy \in E(G')$ 当且仅当 $x$ 和 $y$ 在 $G$ 中是相邻的，或者在 $G$ 中有公共的相邻顶点. 证明：$\mathrm{diam}(G')=\lceil\mathrm{diam}(G)/2\rceil$.

• • • • • • • • • • • • • •

2.1.17　(!)通过添加若干边来连接各个分量，证明定理 2.1.4 中 $C \Rightarrow \{A, B\}$ 这个部分.

2.1.18　(!)证明：最大度 $\Delta>1$ 的任意一棵树至少有 $\Delta$ 个度为 1 的顶点. 对任意选取的满足 $n>\Delta \geqslant 2$ 的 $n$ 和 $\Delta$，构造一棵恰有 $\Delta$ 个叶子的 $n$-顶点树，由此证明上述结论是最优的.

2.1.19　证明或否定：如果 $n_i$ 表示树 $T$ 中度为 $i$ 的顶点的个数，则 $\sum i n_i$ 只依赖于树 $T$ 中的顶点数.

2.1.20　饱和烃是由 $k$ 碳原子和 $l$ 个氢原子构成的分子，每个碳原子由 4 个键连接而每个氢原子由 1 个键连接，而且键的任意序列不会形成由原子构成的环. 证明：$l=2k+2$. (Bondy-Murty[1976, p27])

2.1.21　令 $G$ 是一个 $n$ 顶点简单图，它有分解成 $k$ 棵生成树的一个分解. 另外，再假设 $\Delta(G)=\delta(G)+1$. 对于 $2k \geqslant n$，证明这是不成立的. 对于 $2k<n$，确定 $G$ 的度序列并用 $n$ 和 $k$ 表示出来.

2.1.22　令 $T$ 是一棵 $n$-顶点树，对于 $2 \leqslant i \leqslant k$ 的每个 $i$ 值，树中有一个度为 $i$ 的顶点；其余的 $n-k+1$ 个顶点都是叶子. 确定 $n$ 并表示成 $k$ 的形式.

2.1.23　令 $T$ 是一棵树，其中任意顶点的度均为 1 或 $k$. 确定可能的 $n(T)$ 取值.

2.1.24　证明：任意非平凡的树至少有两个极大独立集，且等号仅对星形成立(注：极大≠最大).

2.1.25　证明：在具有 $n$ 个顶点的所有树中，星形的独立集最多.

2.1.26　(!)设 $n \geqslant 3$，令 $G$ 是一个 $n$-顶点图，且任意删除一个顶点之后得到的图均是一棵树. 确定 $e(G)$，并由此确定 $G$ 本身.

2.1.27　(!)令 $d_1, \cdots, d_n$ 是正整数，其中 $n \geqslant 2$. 证明：存在一个顶点度为 $d_1, \cdots, d_n$ 的树当且仅当 $\sum d_i=2n-2$.

2.1.28　对于 $n \geqslant 2$，令 $d_1 \geqslant \cdots \geqslant d_n$ 是非负整数. 证明：存在一个度序列为 $d_1, \cdots, d_n$ 的连通图

（允许有圈和多重边）当且仅当 $\sum d_i$ 是偶数，$d_n \geq 1$，且 $\sum d_i \geq 2n-2$（提示：考虑用最少的分支来实现）．对于简单图，这个结论还成立吗？

2.1.29 （!）任意树都是二部图．证明：每棵树均有一片叶子位于其中较大的部集（如果两个部集的大小相等，则两个部集中均有叶子）．

2.1.30 令 $T$ 是一棵非平凡的树，其中所有与叶子相邻的顶点的度至少为 3．证明：$T$ 中某一对叶子有公共的相邻顶点．

76

2.1.31 证明：恰有两个顶点不是割点的简单连通图是一条路径．

2.1.32 证明：连通图 $G$ 的一条边 $e$ 是割边当且仅当 $e$ 属于任何一棵生成树．证明：$e$ 是一个圈当且仅当 $e$ 不属于任意一棵生成树．

2.1.33 （!）令 $G$ 是一个连通的 $n$-顶点图．证明：$G$ 恰有一个环当且仅当 $G$ 恰有 $n$ 条边．

2.1.34 （!）令 $T$ 是一棵具有 $k$ 条边的树，并令 $G$ 是一个边数多于 $n(k-1)-\binom{k}{2}$ 的简单 $n$-顶点图．用命题 2.1.8 证明：如果 $n>k$，则 $T \subseteq G$．

2.1.35 （!）令 $T$ 是一棵树．证明：$T$ 的顶点全部有奇数度当且仅当对所有 $e \in E(T)$，$T-e$ 的两个分量都具有奇数的阶．

2.1.36 （!）令 $T$ 是一棵阶为偶数的树．证明：$T$ 恰有一个生成子图使得其中每个顶点的度均为奇数．

2.1.37 （!）令 $T$、$T'$ 是连通图 $G$ 的两棵生成树．对于 $e \in E(T)-E(T')$，证明：存在一条边 $e' \in E(T')-E(T)$ 使得 $T'+e-e'$ 和 $T-e+e'$ 都是 $G$ 的生成树．

2.1.38 令 $T$、$T'$ 是同一个顶点集合上的两棵树，且 $d_T(v)=d_{T'}(v)$ 对每个顶点均成立．证明：$T'$ 可以由 $T$ 通过若干 2-调换（定义 1.3.22）操作得到，所以每个操作之后得到的图也是树．（Kelmans[1998]）

2.1.39 （!）令 $G$ 是一棵树，其中 $2k$ 个顶点具有奇数度．证明：$G$ 可以分解成 $k$ 条路径（提示：证明更强的结论，即论断对所有森林均成立）．

2.1.40 （!）令 $G$ 是一棵具有 $k$ 片叶子的树．证明：$G$ 是一些路径 $P_1, \cdots, P_{\lceil k/2 \rceil}$ 的并，且 $P_i \cap P_j = \varnothing$ 对所有 $i \neq j$ 成立．（Ando-Kaneko-Gervacio[1996]）

2.1.41 对 $n \geq 4$，令 $G$ 是满足 $e(G) \geq 2n-3$ 的简单 $n$-顶点图．证明：$G$ 有两个等长的环．（Chen-Lehel-Jacobson-Shreve[1998] 加强了该结论．）

2.1.42 令 $G$ 是一个至少有 3 个顶点的连通欧拉图．$G$ 中的顶点 $v$ 是可扩展的，如果自 $v$ 出发的任意迹均可以扩展形成 $G$ 的欧拉回路．例如，下图中只有标出的顶点是可扩展的．证明有关 $G$ 的如下结论成立（选自 Chartrand-Lesniak[1986, p61]）．

a) 顶点 $v \in V(G)$ 是可扩展的当且仅当 $G-v$ 是森林．（Ore[1951]）

b) 如果 $v$ 是可扩展的，则 $d(v)=\Delta(G)$．（Bäbler[1953]）

c) $G$ 的所有顶点均是可扩展的当且仅当 $G$ 是一个环．

d) 如果 $G$ 不是一个环，则 $G$ 最多有两个可扩展的顶点．

2.1.43 令 $u$ 是连通图 $G$ 的一个顶点. 证明：不可能选出从 $u$ 到其他各顶点的最短路径使得这些路径的并是一棵树.

2.1.44 (!)证明或否定：如果直径为 2 的简单图有一个割点，则其补图有一个孤立顶点.

2.1.45 设 $G$ 是一个图，它有直径分别为 2 和 $l$ 的生成树. 证明：对于 $2<k<l$，$G$ 也有直径为 $k$ 的生成树.（Galvin）

2.1.46 (!)证明：直径为 3 的树是**双星形**(两个中心顶点加上一些叶子). 计算具有 $n$ 个顶点的双星形的同构类的个数.

2.1.47 (!)直径与半径

a)证明：图的顶点对的距离函数 $d(u, v)$ 满足三角不等式 $d(u, v)+d(v, w)\geqslant d(u, w)$.

b)由(a)证明：diam $G\leqslant 2$rad $G$ 对任意图成立.

c)对满足条件 $r\leqslant d\leqslant 2r$ 的任意正整数 $r$ 和 $d$. 构造半径为 $r$ 且直径为 $d$ 的一个简单图(提示：由环来构造一个适当的图).

2.1.48 (!)如果 $n\geqslant 4$，证明直径为 2 且最大度为 $n-2$ 的 $n$-顶点简单图的最小边数是 $2n-4$.

2.1.49 设 $G$ 是一个简单图. 证明：rad $G\geqslant 3 \Rightarrow$ rad $\overline{G}\leqslant 2$.

2.1.50 半径与离心率.

a)证明：相邻顶点的离心率最多相差 1.

b)确定从离心率为 $r+1$ 的一个顶点到 $G$ 的中心的最大可能距离，并将它表达成半径 $r$ 的形式(提示：用具有一个环的图).

2.1.51 令 $x$ 和 $y$ 是图 $G$ 中顶点 $v$ 的两个不同相邻顶点.

a)证明：如果 $G$ 是一棵树，则 $2\varepsilon(v)\leqslant\varepsilon(x)+\varepsilon(y)$.

b)确定使得上述等式不成立的最小图.

2.1.52 令 $x$ 是图 $G$ 中的一个顶点，且假定 $\varepsilon(x)>$ rad $G$.

a)证明：如果 $G$ 是一棵树，则 $x$ 有一个相邻顶点的离心率为 $k-1$.

b)对大于等于 4 的每个偶数 $r$，构造一个半径为 $r$ 的图，使其中 $x$ 的离心率为 $r+2$，并且 $x$ 没有离心率为 $r+1$ 的相邻顶点. 由此说明(a)并不是对所有图都成立(提示：用有一个环的图).

2.1.53 构造一个图，使其中心由两个顶点构成，且这两个顶点之间的距离为 $k$. 由此证明图的中心可以不连通并且可以有距离任意远的分支.

2.1.54 树的中心 设 $T$ 是一棵树.

a)不使用归纳法，证明 $T$ 的中心是一个顶点或者是一条边.

b)证明：$T$ 的中心是一个顶点当且仅当 diam $T=2$rad $T$.

c)由(a)证明：如果 $n(T)$ 是奇数，则 $T$ 的任意自同构将某个顶点映射到其自身.

2.1.55 给定 $x\in V(G)$，令 $s(x) = \sum\limits_{v\in V(G)} d(x,v)$. $G$ 的**重心**是由使 $s(x)$ 达到最小的那些顶点构成的集合所诱导的子图(该集合也被称为**中线**).

a)证明：一棵树的重心是一个顶点或者是一条边(提示：对相邻顶点 $u$ 和 $v$，研究 $s(u)-s(v)$).（Jordan[1869]） b)在直径为 $d$ 的树中，确定中心和重心间的最大距离(例：在下图中，中心是边 $xy$，重心只包含 $z$，它们之间的距离是 1).

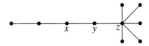

78

2.1.56 设 $T$ 是一棵树. 证明：$T$ 有一个顶点 $v$，使得对所有边 $e \in E(T)$，$T-e$ 包含 $v$ 的分量至少有 $\lceil n(T)/2 \rceil$ 个顶点. 证明 $v$ 要么是唯一的，要么仅有两个这样的相邻顶点.

2.1.57 令 $n_1$，…，$n_k$ 是和为 $n-1$ 的正整数.

a)通过对完全图中的边进行计数，证明 $\sum_{i=1}^{k} \binom{n_i}{2} \leqslant \binom{n-1}{2}$.

b)由(a)证明：如果 $u$ 是树 $T$ 的一个顶点，则 $\sum_{v \in V(T)} d(u,v) \leqslant \binom{n}{2}$ (提示：对顶点数用强归纳法).

2.1.58 (+)令 $S$ 和 $T$ 分别是叶子为 $\{x_1，…，x_k\}$ 和 $\{y_1，…，y_k\}$ 的树，假设 $d_S(x_i，x_j) = d_T(y_i，y_j)$ 对任意 $i$，$j$ 对成立，证明 $S$ 和 $T$ 是同构的. (Smolenskii[1962])

2.1.59 (!)令 $G$ 是一棵树，它有 $n$ 个顶点、$k$ 个叶子且最大度为 $k$.

a)证明：$G$ 是 $k$ 条具有一个公共端点的路径的并.

b)确定 diam $G$ 的可能的最大取值和最小取值.

2.1.60 设 $G$ 是直径为 $d$、最大度为 $k(k>2)$ 的一个图. 证明：$n(G) \leqslant 1 + [(k-1)^d-1]k/(k-2)$ (注：等号对 Petersen 图成立).

2.1.61 (+)令 $G$ 是一个图，在围长至少为 $g(g \geqslant 3)$ 的所有 $k$-正则图$(k \geqslant 2)$(习题 1.3.16 说明了这种图是存在的)中，$G$ 具有最小阶. 证明：$G$ 的直径的最大值为 $g$(提示：如果 $d_G(x，y) > g$，修改 $G$ 可以得到一个围长至少为 $g$ 的更小的 $k$-正则图). (Erdös-Sachs[1963])

2.1.62 (!)设 $G$ 是具有 $n$ 个顶点的连通图. 定义一个新的图 $G'$，具有 $G$ 的每棵生成树的一个顶点，在 $G'$ 中顶点相邻当且仅当相应的生成树恰好有 $n(G)-2$ 条相同的边. 证明：$G$ 是连通的. 确定 $G'$ 的直径. 下图给出一个例子.

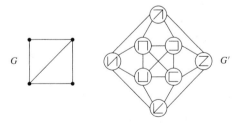

2.1.63 (!)证明：具有 $n+1$ 条边的任意 $n$-顶点图的围长最大值为 $\lfloor (2n+2)/3 \rfloor$. 对每个 $n$ 值，构造一个达到该最大值的例子.

2.1.64 (!)证明：在所有直径为 $k$ 但不是树的图中，$2k+1$ 是围长的最大值(提示：证明如果 $G$ 有一个长度至少为 $2k+2$ 的环，则 $G$ 还有一个长度更短的环).

2.1.65 (+)设 $G$ 是一个连通的 $n$-顶点图，其最小度为 $k$，其中 $k \geqslant 2$ 且 $n-2 \geqslant 2(k+1)$. 证明：diam $G \leqslant 3(n-2)/(k+1)-1$. 只要 $k \geqslant 2$ 且 $(n-2)/(k+1)$ 是一个大于 1 的整数，构造一个

图使得它对上界中的等号成立.(Moon[1965b])

2.1.66　设 $F_1$，$\cdots$，$F_m$ 是森林，它们的并是 $G$. 证明：$m \geqslant \max\limits_{H \subseteq G} \left\lceil \dfrac{e(H)}{n(H)-1} \right\rceil$（注：Nash-Williams

79　　　　[1964]和 Edmonds[1965b]证明了这个界总是可达的——推论 8.2.57）.

2.1.67　证明在 $G$ 中存在 $k$ 棵两两边不相交的生成树的必要条件：将 $G$ 的顶点任意划分成 $r$ 个集合，则至少存在 $G$ 的 $k(r-1)$ 条边使得它们的端点位于划分后的不同集合中（注：推论 8.2.59 证明了这个条件也是充分的——Tutte[1961a]，Nash-Williams[1961]，Edmonds [1965c]）.

2.1.68　下图能分解成若干棵边不相交的生成树吗？能分解成若干棵同构的边不相交的生成树吗？

2.1.69　(∗)考虑定理 2.1.17 前面的图. 它有 9 条垂直方向边和 16 条水平方向或斜向的边. 令 $g_{i,j}$ 是第 $j$ 列垂直方向边中自上向下的第 $i$ 条. 令 $h_{i,j}$ 是第 $i$ 行水平方向/对角线边中的第 $j$ 条. 假设游戏者 1 采用定理 2.1.17 中的策略并在第一步用 $h_{1,1}$. 游戏者 2 阻断了 $g_{2,2}$ 而后游戏者 1 用 $h_{2,3}$. 然后游戏者 2 阻断了 $v_{3,2}$，而游戏者 1 用 $h_{4,2}$. 画出这一时刻的两棵生成树. 假设下一步游戏者 2 阻断 $g_{2,1}$，列出游戏者 1 的符合该策略的所有可能的行动方式. (Pritikin)

2.1.70　(∗)证明：无论采取哪种行动，搭桥游戏在结束时不可能形成结，即证明：当游戏不能继续进行时，必有一个游戏者已经找到了一条路径将其目标位置连接起来.

2.1.71　(∗)如果游戏者修改搭桥游戏的规则，使得具有在友好结束之间的路径的游戏者是输家. 禁止架桥连接终结位置或连接已经有桥连接的位置. 证明：游戏者 2 有一个迫使游戏者 1 输的策略（提示：用命题 2.1.7 而不用命题 2.1.6）.(Pritikin)

2.1.72　(+)证明：如果 $G_1$，$\cdots$，$G_k$ 是树 $G$ 的子树且它们两两相交，则 $G$ 有一个顶点属于所有子树 $G_1$，$\cdots$，$G_k$（提示：对 $k$ 用归纳法. 注：这个结果是树的 **Helly 性质**）.

2.1.73　(+)证明：简单图 $G$ 是森林当且仅当对于 $G$ 中两两相交的路径构成的任意族，其中的路径有一个公共顶点（提示：对于必要性，对路径族的大小用归纳法）.

2.1.74　令 $G$ 是含有 $n-2$ 条边的简单 $n$-顶点图. 证明：$G$ 有一个孤立点或者有两个由非平凡树形成的分量. 用这一结论和归纳法证明 $G$ 是 $\overline{G}$ 的子图（注：对于有 $n-1$ 条边的所有图这一点不成立）.(Burns-Schuster[1977])

2.1.75　(+)证明：除 $K_{1,n-1}$ 外，任意 $n$-顶点树含于其补图中（提示：对 $n$ 用归纳法证明更强的结论：如果 $T$ 是除星形外的一棵 $n$-顶点树，则 $K_n$ 包含 $T$ 的两个边不相交的拷贝，且其中 $T$ 的每个非叶子顶点的两个拷贝出现在不同的顶点上）.(Burns-Schuster[1978])

2.1.76　(+)令 $S$ 是一个 $n$-元素集合，并令 $\{A_1, \cdots, A_n\}$ 是 $S$ 的 $n$ 个不同的子集. 证明：$S$ 有一个元素 $x$ 使得 $A_1 \cup \{x\}, \cdots, A_n \cup \{x\}$ 这些集合是不同的（提示：定义顶点为 $a_1$，$\cdots$，$a_n$ 的一个图，其中 $a_i \leftrightarrow a_j$ 当且仅当 $\{A_i, A_j\}$ 中的一个集合可以通过在另一个集合添加一个元素 $y$ 得到. 用 $y$ 作为这条边的标记. 证明：存在一个森林，由带有每个用到的标记的边组成. 然后用这个结论来获得所需的元素 $x$）.(Bondy[1972a])

80

## 2.2 生成树和枚举

在顶点集 $[n] = \{1, 2, \cdots, n\}$ 上有 $2^{\binom{n}{2}}$ 个简单图，因为任意一对顶点可以是一条边，也可以不是一条边．这些图中有多少个图是树呢？在这一节中，我们将解决这个计数问题，并在任意图中计算生成树的个数，还要讨论几个应用．

**树的枚举**

如果只有一个或两个顶点，则只能形成一棵树．如果有三个顶点，则仍然只有一个同构类，但邻接矩阵是由中心顶点确定的．于是，顶点集 $[3]$ 上存在 3 棵树．如果顶点集为 $[4]$，则存在 4 个星形、12 条路径，共产生 16 棵树．对于顶点集 $[5]$，仔细研究可以得到 125 棵树．

由此，我们看到一个模式，即在顶点集 $[n]$ 上，存在 $n^{n-2}$ 棵树，这就是**凯莱 (Cayley) 公式**．Prüfer、Kirchhoff、Pólya、Renyi 以及其他一些人对此给出了证明．J. W. Moon[1970]写过一本关于枚举树类的书．我们利用双射给出一个证明，该证明建立了一个从顶点集为 $[n]$ 的树构成的集合到一个已知大小的集合的一一对应．

给定由 $n$ 个数构成的集合 $S$，恰好存在 $n^{n-2}$ 种方式来构造一个长度为 $n-2$ 的序列，序列的元素来自 $S$．这些序列构成的集合表示为 $S^{n-2}$（见附录 A）．我们用 $S^{n-2}$ 来对顶点集为 $S$ 的所有树进行编码．由一棵树得到的这样一个序列就是该树的 Prüfer **编码**．

**2.2.1 算法**（Prüfer 编码）　生成 $f(T) = (a_1, \cdots, a_{n-2})$．

**输入**：顶点集为 $S \subseteq \mathbf{N}$ 的一棵树 $T$．

**迭代**：在第 $i$ 步，删除保留下来的标号最小的叶子，并且令 $a_i$ 是这个叶子的相邻顶点． ■

**2.2.2 例**　经过 $n-2$ 次迭代后，原有的 $n-1$ 条边中将只剩下一条，而且我们已经生成了一个元素取自 $S$ 的长度为 $n-2$ 的序列 $f(T)$．在下面的树中，标号最小的叶子是 2，我们删掉它并记录下 7，之后依次删除 3 和 5 并记录下 4，在剩下的 5-顶点树中标号最小的叶子是 4．完整的编码是 (744171)，而最后留下来的顶点是 1 和 8．在第一步之后，Prüfer 编码的剩余部分是顶点集为 $[8]-\{2\}$ 的子树 $T'$ 的 Prüfer 编码．

81

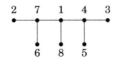

如果我们已知顶点集合 $S$，则可以用 Prüfer 编码 $a$ 重新构造出这棵树．方法是重新构造所有的边．我们首先将 $S$ 中元素看成 $n$ 个孤立点．接下来，在每一步中，生成一条边并且标记一个顶点．当我们准备考虑 $a_i$ 时，还有 $n-i+1$ 个未加标记的顶点和 $a$ 的 $n-i-1$ 个未使用的编码位（包括 $a_i$）．因而，至少有两个未加标记的顶点不会出现在 $a$ 的未用编码位中．令 $x$ 是不在 $a$ 的未用编码位中的标号最小的顶点，添加 $xa_i$ 到边序列中，并且标记 $x$．重复上述过程 $n-2$ 次，剩下两个未标记的顶点，我们连接这两个顶点形成最后一条边．

在上面的例子中，$S$ 中不在编码中的最小元素是 2，所以添加的第一条边连接 2 和 7，并且标记顶点 2；此时，剩下的未加标记的最小元素是 3，我们将它连接到 4，即得到 $a_2$. 如此继续下去，我们将按照边被删除的顺序把它们重构出来，由此从 $a$ 得到 $T$.

通过这个过程，所得图的每个分量均有一个未标记的顶点．初始时确实如此，然后再在未标记的两个顶点间添加一条边就可以将两个分量连接起来．在对新边的一个顶点做标记之后，每个分量又恰好有一个未标记的顶点．在 $n-2$ 个步骤之后，我们有两个未标记的顶点，故而有两个分量．添加最后一条边之后得到一个连通图．于是，我们构建了一个有 $n$ 个顶点和 $n-1$ 条边的连通图．由定理 2.1.4B 可知，它是一棵树，但我们还未证明其 Prüfer 编码是 $a$. ■

**2.2.3 定理**（Cayley 公式[1889]）　对大小为 $n$ 的集合 $S \subseteq \mathbf{N}$，顶点集为 $S$ 的树共有 $n^{n-2}$ 棵．

**证明**（Prüfer[1918]）　结论对 $n=1$ 显然成立，故我们假定 $n \geqslant 2$. 我们证明算法 2.2.1 定义了一个双射 $f$，它将顶点集为 $S$ 的树构成的集合映射到由 $S$ 中元素构成的长为 $n-2$ 的序列的集合 $S^{n-2}$. 我们必须证明对于每个 $a=(a_1, \cdots, a_{n-2}) \in S^{n-2}$，恰好有一棵以 $S$ 为顶点集的树 $T$ 满足 $f(T)=a$. 我们对 $n$ 用归纳法来证明这一点．

基本步骤：$n=2$. 只有一棵具有两个顶点的树．Prüfer 编码的长度为 $0$，这也是唯一的长度为 $0$ 的序列．

归纳步骤：$n>2$. 计算 $f(T)$ 的过程要将每个顶点的度削减为 $1$，然后才可以删除它．于是，每个非叶子顶点都会出现在 $f(T)$ 中．而叶子都不会出现在 $f(T)$ 中，因为要将一个叶子顶点当作另一个叶子顶点的相邻顶点记录下来，需要将这棵树削减成只有一个顶点的树．因此，$T$ 的叶子是 $S$ 中的未出现于 $f(T)$ 中的元素．如果 $f(T)=a$，则第一个被删除的叶子顶点是 $S$ 的未出现于 $a$ 中的最小元素（设为 $x$），且 $x$ 的相邻顶点为 $a_1$.

给定 $a \in S^{n-2}$，现在我们要找出满足 $f(T)=a$ 的所有树．我们已经证明了每棵这样的树一定以顶点 $x$ 作为其最小的叶子且含有边 $xa_1$. 删除叶子 $x$ 将剩下一个新树，它以 $S'=S-\{x\}$ 为顶点集，其 Prüfer 编码为 $a'=(a_2, \cdots, a_{n-2})$，该序列由 $S'$ 中的 $n-3$ 个元素构成．

[82]

由归纳假设可知，恰好存在一棵以 $S'$ 为顶点集而以 $a'$ 为 Prüfer 编码的树 $T'$. 由于每一棵 Prüfer 编码为 $a$ 的树 $T$ 均是在 $T'$ 这样一棵树中添加一条边 $xa_1$ 之后得到的．故至多存在一棵树满足 $f(T)=a$. 此外，将边 $xa_1$ 添加到 $T'$ 上确实生成一棵顶点集为 $S$ 而 Prüfer 编码为 $a$ 的树，所以至少存在这样一棵树． ■

Cayley 用代数方法来处理这个问题，并利用顶点度来完成了对树的计数，Prüfer 的双射也提供了同样的信息．

**2.2.4 推论**　给定和为 $2n-2$ 的正整数 $d_1, \cdots, d_n$，在顶点集 $[n]$ 上恰存在 $(n-2)!$ / $(\prod (d_i - 1)!)$ 棵树使得顶点 $i$ 的度为 $d_i$ 对任意 $i$ 成立．

**证明**　在构造树 $T$ 的 Prüfer 编码时，每删除 $x$ 的一个相邻顶点，就要在 Prüfer 编码中记录一次 $x$，直到删除 $x$ 本身或者 $x$ 是最后剩下的两个顶点之一．所以，在 Prüfer 编码中，每个顶点 $x$ 出现 $d_T(x) - 1$ 次．

因此，如果要对顶点度为给定整数的那些树进行计数，只需对长度为 $n-2$ 并且每个 $i$ 恰出现 $d_i - 1$ 次的数字序列进行计数．如果对 $i$ 的每次重复均用下标来进行区别，则相当于对 $n-2$ 个对象进行排列，所以共有 $(n-2)!$ 个序列．因为 $i$ 的各次重复是没有区别的，因此我们实际上对每个目标序列重复计算了 $(\prod (d_i - 1)!)$ 次，重复计数是由各个 $i$ 值的下标的不同顺序引起的（附录 A 对这个计数问题进行了进一步的讨论）． ■

**2.2.5 例**(具有指定度的树)  考虑顶点集为$\{1，2，3，4，5，6，7\}$且度分别为$(3，1，2，1，3，1，1)$的树. 我们计算得到$\frac{(n-2)!}{\prod(d_i-1)!}=30$；这些树如下图所示. 由度序列知道，只有$\{1，3，5\}$是非叶顶点. 删除这些叶子顶点得到集合$\{1，3，5\}$上的子树. 存在3棵这样的子树，它们是由中间的子树所决定的.

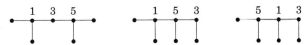

为了得到每一棵树，根据每个非叶顶点的度，我们为其加上适当个数的相邻的叶子顶点. 有6种方法可以完成第一棵树(从剩余的4个顶点中选2个作为顶点1的相邻顶点)，并有12种方法可以完成另外的两棵树(从剩余的4个顶点中选1个作为顶点3的相邻顶点，再从剩余的3个顶点中选1个作为中心顶点的相邻顶点). ∎

**图的生成树**

我们可以用另一种方式解释Cayley公式. 因为顶点集为$[n]$的完全图拥有所有的边，因此这些边都可以用来构成顶点集为$[n]$的树. 于是，以给定的$n$元素为顶点的树的棵数等于含$n$个顶点的完全图中的生成树的棵数.

现在，我们考虑更一般的问题，即在任意图中计算生成树的棵数. 一般情况下，图$G$将不再有完全图这样的对称性，所以不可能像在$K_n$中的情况那样有一个简明的公式，但是我们可以有一个算法，它可以提供一个简单的方式来计算给定的一个图中的生成树的棵数.

**2.2.6 例**  下面给出了一个风筝形. 为计算其生成树的棵数，注意观察可以看到其中4棵树是该画法中外面的那个环中的4条路径. 其余的生成树都用了对角边. 对于每个度为2的顶点，必须包含它的一条边，由此得到了另外4棵生成树. 总共8棵生成树.

在例2.2.6中，分别计算了包含和不包含对角边的树的棵数. 这提示我们可以利用递归方法来计算生成树. 显然，图$G$的不包含边$e$的生成树就是图$G-e$的生成树，但是如何计算包含边$e$的生成树呢? 对此，我们要用到关于图的一个基本操作.

**2.2.7 定义**  在图$G$中，端点为$u$和$v$的边$e$的**收缩**，就是用一个顶点代替$u$和$v$并且与该顶点关联的边包括除$e$之外的所有与$u$或$v$的关联的边. 所得到的图$G\cdot e$比图$G$少一条边.

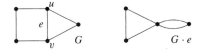

在图$G$的上面这个画法中，边$e$的收缩就是将这条边缩成一个顶点. 收缩一条边可能产生重边和圈. 为了正确计算生成树的棵数，我们必须保留重边(见例2.2.9). 在收缩的其他应用中，重边可能并不相关.

递归过程对所有图均适用.

**2.2.8 命题**  令$\tau(G)$是图$G$的生成树的棵数，如果$e\in E(G)$且$e$不是圈，则$\tau(G)=\tau(G-e)+$

$\tau(G \cdot e)$.

**证明**　$G$ 的不含边 $e$ 的生成树恰好就是 $G-e$ 的生成树. 为说明 $G$ 有 $\tau(G \cdot e)$ 棵包含边 $e$ 的生成树, 需要证明 $e$ 的收缩定义了从 $G$ 的包含 $e$ 的生成树集合到 $G \cdot e$ 的生成树集合之间的一个双射.

84

如果在一棵包含边 $e$ 的生成树中收缩 $e$, 则可以得到图 $G \cdot e$ 的一棵生成树, 因为所得的图 $G \cdot e$ 的子图是生成的和连通的并且有着正确的边数. 在收缩过程中, 其他边保持它们的标识 (identity) 不变, 所以不会将两棵生成树映射到图 $G \cdot e$ 的同一棵生成树. 同时, 图 $G \cdot e$ 的每棵生成树均可以由这种方法得到, 因为将新顶点扩展成边 $e$ 就得到图 $G$ 的一棵生成树. 由于图 $G \cdot e$ 的每棵生成树恰好出现一次, 故该映射是双射. ■

**2.2.9 例**(递归过程中的步骤)　右侧的每个图有 4 棵生成树, 所以由命题 2.2.8 可知风筝形的生成树有 8 棵. 没有重边, 计算结果就错了.

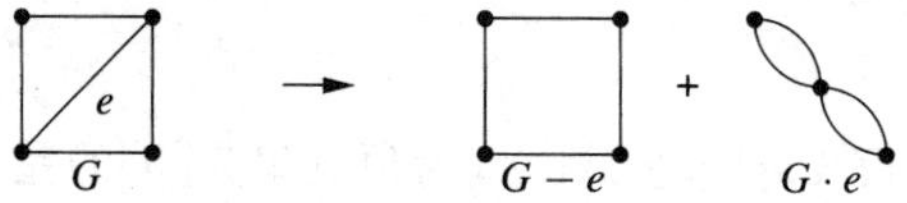

如果我们能够识别一些特殊图形则可以节省一些计算时间, 例如像上面右边的两个图, 它们的生成树的棵数是已知的.

**2.2.10 注记**　如果图 $G$ 是一个连通的无圈图, 且没有长度至少为 3 的环, 则 $\tau(G)$ 等于边的重数的乘积. 一个不连通的图没有生成树. ■

如果边 $e$ 是一个圈, 则不能再应用命题 2.2.8 的递归过程. 例如, 仅由一个顶点及其上的一个圈组成的图, 其生成树只有一个, 但删除和收缩这个圈将使得这棵生成树被计算两次. 由于圈不影响生成树的棵数, 在它们出现的时候可以将其删除.

如果所有的边都是圈, 递归计算生成树需要初始条件. 这样的一个图, 如果它仅有一个顶点, 则它有一棵生成树; 如果顶点数大于 1, 则它没有生成树. 对于一个无圈图 $G$, 如果一台计算机通过删除或收缩其每一条边来完成对生成树的计算, 则可能需要 $2^{e(G)}$ 次操作. 即使像注释 2.2.10 所说的那样采用了节省时间的策略, 计算的总量将随着图的大小呈指数增长; 这是不实际的.

采用另一种技术可以极大地提高计算速度. 矩阵树理论利用行列式计算 $\tau(G)$ 的值, 这一方法隐含在 Kirchhoff[1847] 的工作中. 较之于前一种方法, 它要快得多, 因为一个 $n \times n$ 的矩阵的行列式可以用少于 $n^3$ 次操作来完成计算. 当 $G = K_n$ 时, Cayley 公式也可以从矩阵树理论推出来 (习题 17), 但是它却不易从命题 2.2.8 推出.

在开始叙述定理之前, 我们举例说明该定理指明的计算过程.

85

**2.2.11 例**(一个矩阵树计算)　定理 2.2.12 让我们用顶点度形成对角矩阵, 并用它去减邻接矩阵, 这样得到一个矩阵. 然后, 删除上述矩阵的一行和一列, 再取它的行列式. 如果 $G$ 是例 2.2.9 中的风筝形, 各顶点的度为 3, 3, 2, 2. 我们得到的图 $G$ 的这个矩阵如下图左侧所示, 取中间矩阵的行列式. 结果就是图 $G$ 的生成树的棵数!

$$
\begin{pmatrix}
3 & -1 & -1 & -1 \\
-1 & 3 & -1 & -1 \\
-1 & -1 & 2 & 0 \\
-1 & -1 & 0 & 2
\end{pmatrix}
\rightarrow
\begin{pmatrix}
3 & -1 & -1 \\
-1 & 2 & 0 \\
-1 & 0 & 2
\end{pmatrix}
\rightarrow \quad 8
$$

圈并不影响生成树, 所以我们在计算之前将它们删除. 这个定理的证明用到了行列式的性质. ■

**2.2.12 定理**(矩阵树定理) 给定顶点集为 $v_1$,…,$v_n$ 的无圈图 $G$,设 $a_{i,j}$ 是端点为 $v_i$ 和 $v_j$ 的边的条数. 设 $Q$ 是一个矩阵,其中当 $i \neq j$ 时,$(i, j)$ 位置元素的值为 $-a_{i,j}$,当 $i = j$ 时,$(i, i)$ 位置元素的值为 $d(v_i)$. 如果 $Q^*$ 是从 $Q$ 中删除第 $s$ 行和第 $t$ 列后的矩阵,则 $\tau(G) = (-1)^{s+t} \det Q^*$.

*证明 只证明当 $s = t$ 的情况;一般的情况可以从线性代数知识推出(当一个矩阵各列求和得 0 向量时,则各行的余子式是常数——习题 8.6.18).

第一步. 如果 $D$ 是图 $G$ 的一个定向,而 $M$ 是 $D$ 的关联矩阵,则 $Q = MM^T$. 设边为 $e_1$,…,$e_m$,如果 $v_i$ 是边 $e_j$ 的尾部,则 $M$ 的元素 $m_{i,j} = 1$;如果 $v_i$ 是边 $e_j$ 的头部,则 $M$ 的元素 $m_{i,j} = -1$;否则 $M$ 的元素 $m_{i,j} = 0$. $MM^T$ 的位置 $i$, $j$ 上的元素等于 $M$ 的第 $i$ 行与第 $j$ 行的内积. 当 $i \neq j$ 时,该内积对每一条关联到这两个顶点的边累积一个 $-1$;当 $i = j$ 时,该内积为每一条关联到这个顶点的边累积一个 1,由此得到该顶点的度.

$$M = \begin{matrix} & a & b & c & d & e \\ 1 \\ 2 \\ 3 \\ 4 \end{matrix} \begin{pmatrix} -1 & 1 & 1 & 0 & 0 \\ 0 & 0 & -1 & -1 & 0 \\ 0 & 0 & 0 & 1 & -1 \\ 1 & -1 & 0 & 0 & 1 \end{pmatrix} \qquad Q = \begin{pmatrix} 3 & -1 & 0 & -2 \\ -1 & 2 & -1 & 0 \\ 0 & -1 & 2 & -1 \\ -2 & 0 & -1 & 3 \end{pmatrix}$$

第二步. 如果 $B$ 是 $M$ 的一个 $(n-1) \times (n-1)$ 的子矩阵,则在相应的 $n-1$ 条边构成 $G$ 的一棵生成树的情况下 $\det B = \pm 1$,否则 $\det B = 0$. 对于第一种情况,我们对 $n$ 用归纳法来证明 $\det B = \pm 1$. 对 $n = 1$,由约定可知 $0 \times 0$ 矩阵的行列式为 1. 对于 $n > 1$,令 $T$ 是一棵生成树,其边恰好是 $B$ 的列. 由于 $T$ 至少有两个叶子且只有一行被删除了,故 $B$ 有一行对应了 $T$ 的一个叶子 $x$. $B$ 中的这一行只有一个非 0 元素. 按这一行展开来计算行列式,只剩下具有非 0 权重的子矩阵 $B'$ 的行列式,它对应于 $G-x$ 的生成子树,而 $G-x$ 恰好是从 $G$ 中删除顶点 $x$ 及其关联边之后得到的. 由于 $B'$ 是一个 $(n-2) \times (n-2)$ 的子矩阵,因此它是 $G-x$ 的一个定向的关联矩阵. 由归纳假设得到 $\det B' = \pm 1$. 由于 $x$ 的这一行中的非 0 元素是 $\pm 1$,因此得到矩阵 $B$ 的行列式也是 $\pm 1$.

86

如果对应于 $B$ 的 $n-1$ 列的那些边不构成生成树,则由定理 2.1.4C 知道这些边包含了一个环 $C$. 令未在 $C$ 出现的边对应的列的系数为 0,$C$ 中正向边对应的列的系数为 $+1$,$C$ 中逆向边对应的列的系数为 $-1$,这样就得到 $B$ 的各列的一个线性组合,结果在每个顶点处都得到 0. 因此,这些列是线性相关的,由此知道 $\det B = 0$.

第三步. 计算 $\det Q^*$. 设 $M^*$ 表示从 $M$ 中删除第 $t$ 行得到的矩阵. 于是,$Q^* = M^* (M^*)^T$. 如果 $m < n-1$,则行列式为 0 且不存在生成子树,因此假设 $m \geq n-1$. Binet-Cauchy 公式(习题 8.6.19)利用各因子的方形子阵的行列式来计算两个非方形矩阵的乘积的行列式. 当 $m \geq p$ 时,$A$ 是 $p \times m$ 的,$B$ 是 $m \times p$ 的,上述公式是说 $\det AB = \sum_S \det A_S \det B_S$,其中 $\sum$ 是对 $[m]$ 的所有 $p$ 元子集 $S$ 求和,$A_S$ 是 $A$ 的子阵,其列由 $S$ 中的元素索引,而 $B_S$ 是 $B$ 的子阵,其列由 $S$ 中的元素索引. 如果将该公式应用于 $Q^* = M^* (M^*)^T$,则 $A_S$ 是第二步中讨论的 $(n-1) \times (n-1)$ 的子阵而 $B_S = A_S^T$. 因此,对应于每棵生成树的 $n-1$ 条边的集合,求和过程累积一个 $1 = (\pm 1)^2$;而对于其他的 $n-1$ 条边构成的集合,求和过程累积一个 0. ∎

## 分解和优美标记

我们考虑另一个问题,它是关于图的分解的(定义 1.1.32). 图 $G$ 总可以分解成若干条单独的边. 我们能将 $G$ 分解成较大的树 $T$ 的若干个拷贝吗? 这要求 $e(T)$ 能整除 $e(G)$ 且 $\Delta(G) \geq \Delta(T)$;这个条件是充分的吗？即使 $G$ 是 $e(T)$-正则的，可能仍没有这样的分解（习题 20）；例如，Petersen 图不能分解成若干个爪形.

Häggkvist 曾猜想，如果 $G$ 是 $2m$-正则图且 $T$ 是有 $m$ 条边的树，则 $E(G)$ 可以分解成 $T$ 的 $n(G)$ 个拷贝. 即便是"最简单"的情况，即 $G$ 是完全图的情况，也无法进行求证，因此该猜想因其难度而闻名.

**2.2.13 猜想**（Ringel[1964]）　如果 $T$ 是有 $m$ 条边的一个固定的树，则 $K_{2m+1}$ 可以分解成 $T$ 的 $2m+1$ 个拷贝. ∎

为了证明 Ringel 猜想，人们将研究的焦点放在了一个更强的论断上，即**优美树猜想**. 它蕴涵了 Ringel 猜想，它是关于偶数阶优美图的分解的，其陈述也类似于 Ringel 猜想（习题 23）.

**2.2.14 定义**　具有 $m$ 条边的图 $G$ 的一个**优美标记**是一个函数：$f$：$V(G) \rightarrow \{0, \cdots, m\}$，它使得不同的顶点被标记为不同的整数且 $\{|f(u)-f(v)|：uv \in E(G)\} = \{1, \cdots, m\}$. 如果图 $G$ 有一个优美标记，则该图是优美的.

[87]　**2.2.15 猜想**（优美树猜想——Kotzig，Ringel[1964]）　每棵树都有一个优美标记. ∎

**2.2.16 定理**（Rosa[1967]）　如果一棵含有 $m$ 条边的树 $T$ 有一个优美标记，则 $K_{2m+1}$ 可以分解成 $T$ 的 $2m+1$ 个拷贝.

**证明**　将 $K_{2m+1}$ 的顶点看成模 $2m+1$ 的同余类，并按照循环次序排列. 如果两个同余类是相继的，则它们的差为 1；如果在这两个同余类之间还有一个同余类，则它们的差为 2；依此类推，最大的差为 $m$. 根据端点之间的差来对 $K_{2m+1}$ 的边进行分组. 对于 $1 \leqslant j \leqslant m$，有 $2m+1$ 条边的差为 $j$.

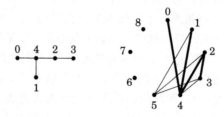

由 $T$ 的一个优美标记，我们在 $K_{2m+1}$ 中定义 $T$ 的各个拷贝，将这些拷贝记为 $T_0, \cdots, T_{2m}$. $T_k$ 的顶点为 $k, \cdots, k+m$（模 $2m+1$），其中 $k+i$ 邻接于 $k+j$ 当且仅当在 $T$ 的优美标记中 $i$ 与 $j$ 是邻接的. $T_0$ 看起来就像一个优美标记，其中对应于每个差值均有一条边. 对 $T$ 的当前拷贝，将其中每条边的两个端点分别加 1，这种平移操作得到的边与原来的边具有相同的差值，平移得到的这些边就形成了 $T$ 的下一个拷贝. 边的每个差值类恰好有一条边位于每个 $T_k$ 中，故 $T_0, \cdots, T_{2m}$ 构成了 $K_{2m+1}$ 的分解. ∎

现在已经知道，对于某些类型的树以及其他一些图族，优美标记是存在的（参见 Gallian[1998]）. 对于星形和路径，很容易找到它们的优美标记. 下面我们定义一族树，它通过添加一些边与路径相关联来对星形和路径进行了泛化.

**2.2.17 定义**　一个**毛虫形**是一棵树，其中有一条路径（即**脊骨**）关联于（或包含）每一条边.

**2.2.18 例**　不位于毛虫形的脊骨上的顶点（即"足"）就是叶子顶点. 下面，我们给出一个毛虫形的优美标记. 事实上，任意毛虫形均是优美的（习题 31）. 在下图中，$Y$ 不是毛虫形.

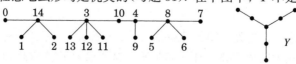

**2.2.19 定理** 一棵树是毛虫形当且仅当它不包含上图中的 Y.

**证明** 从树 $G$ 中删除 $G$ 的所有叶子，将所得的图记为 $G'$. 由于存在于 $G'$ 中的顶点均不是 $G$ 中的叶子顶点，因此 $G'$ 有一个顶点的度至少为 3 当且仅当 Y 出现在 $G$ 中. 因此，$G$ 不包含 Y 的拷贝当且仅当 $\Delta(G')\leqslant 2$. 这等价于 $G'$ 是一条路径，也等价于 $G$ 是一个毛虫形. ■

### 分叉和欧拉有向图(选学)

Tutte 将矩阵树定理扩展到有向图中. 他提出的定理将矩阵树定理归约到对称有向图的情况(如果有向图的邻接矩阵是对称的，则称该有向图是对称的. 因此，对称有向图就是对图的模拟). 该定理与欧拉回路有着惊人的联系.

**2.2.20 定义** 一个**分叉**或者**出流树**是一棵树的一个定向，该定向有一个入度为 0 的根顶点而其余顶点的入度均为 1. **入流树**是将出流树的边取逆向之后得到的图.

以 $v$ 为根的分叉是从 $v$ 出发的一些路径的并(习题 33). 每个顶点恰好能通过一条路径到达. 类似的结果对入流树也成立；一棵入流树是以根顶点为终点的一些路径的并，每条路径起始自一个顶点.

下面给出 Tutte 的这个定理，但不给出证明，然后用该定理对分叉的个数进行计数.

**2.2.21 定理**(有向的矩阵树定理——Tutte[1948]) 给定一个无圈有向图 $G$，令 $Q^- = D^- - A'$ 而 $Q^+ = D^+ - A'$，其中 $D^-$ 和 $D^+$ 分别是由 $G$ 的所有顶点入度和所有顶点出度形成的对角矩阵，$A'$ 的 $i,j$ 位置上的元素是从 $v_j$ 到 $v_i$ 的边的条数. $G$ 的以 $v_i$ 为根的生成出流树(入流树)的棵数等于 $Q^-$ 的第 $i$ 行($Q^+$ 的第 $i$ 列)的每个余子式的值.

$$Q^- = \begin{pmatrix} 0 & 0 & 0 \\ -1 & 1 & 0 \\ -1 & -1 & 2 \end{pmatrix} \qquad Q^+ = \begin{pmatrix} 2 & 0 & 0 \\ -1 & 1 & 0 \\ -1 & -1 & 0 \end{pmatrix}$$

**2.2.22 例** 上面的有向图中有两棵根为 1 的生成出流树，有两棵根为 3 的入流树. $Q^-$ 的第 1 行的任意余子式为 2，而 $Q^+$ 的第 3 列的任意余子式为 2. ■

孤立点不影响欧拉回路. 删除这些孤立点后，一个有向图是欧拉图当且仅当在每个顶点处入度等于出度且其底图是连通的(定理 1.4.24). 这样的有向图也是强连通的，这使得我们可以从中找出生成入流树. 我们将以生成入流树的形式来描述欧拉回路.

**2.2.23 引理** 在强有向图中，任意顶点均是一棵出流树(入流树)的根顶点.

**证明** 考虑一个顶点 $v$. 我们以递归方式添加一些边，从而由 $v$ 得到一个分叉. 当添加了 $i$ 条边之后，令 $S_i$ 是已到达的那些顶点构成的集合；开始时 $S_0 = \{v\}$. 由于 $G$ 是强连通的，必有一条边从 $S_i$ 离开(习题 1.4.10)，我们将这样一条边添加到分叉上并将其头部添加到 $S_i$ 中得到 $S_{i+1}$. 继续这个过程，直到到达了所有顶点.

为得到以 $v$ 为终点的一些路径构成的一棵入流树，只需逆转所有边的方向并利用同样的过程即可. 逆转强有向图的所有边得到的图仍然是强有向的. ■

引理用构造性的方法生成了以某个顶点为根的搜索树，这种树由从根顶点出发的若干条路径构成. 在下一节中，我们将更广泛地讨论搜索树.

**2.2.24 算法**(有向图中的欧拉回路)

**输入**：一个欧拉有向图 $G$ 以及由以顶点 $v$ 为终点的一些路径组成的一棵生成入流树 $T$.

**第一步：** 对任意 $u \in V(G)$，适当安排离开 $u$ 的那些边的次序，使得当 $u \neq v$ 时 $T$ 中离开 $u$ 的那条边排在最后.

**第二步：** 从 $v$ 出发，在当前顶点 $u$ 处，始终选择 $u$ 的上述边次序中的下一条未使用的边离开 $u$，由此构造出一条欧拉回路. ■

**2.2.25 例** 在下面的有向图中，粗边构成了一棵入流树，它由以 $v$ 为终点的一些路径形成. 图中的边依次进行了标号，从标记为 1 的边开始形成了一个欧拉回路. 只有在没有其他可选用的边的情况下，该回路才沿着 $T$ 中的边离开一个顶点. 如果在顶点 $v$ 处，将边 1 排在边 10 之前，将边 10 排在边 13 之前，则算法就按照标定的顺序访问每一条边.

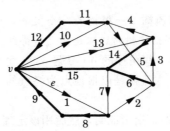

**2.2.26 定理** 算法 2.2.24 总产生一条欧拉回路.

**证明** 由引理 2.2.23，构造出抵达 $v$ 的一棵入流树. 然后，用算法 2.2.24 构造出一条迹. 只需证明，这条迹只能终止在顶点 $v$ 处，并且在终止时它已经遍历了所有的边.

当我们进入一个顶点 $u \neq v$ 时，$T$ 中离开 $u$ 的那条边仍未使用，因为 $d^+(u) = d^-(u)$. 因此，只要进入了顶点 $u$，肯定还能找到边出来. 故这条迹只能终止在 $v$.

算法终止，是因为我们无法再继续；此时，我们位于 $v$ 并且用光了所有的出边. 由于 $d^-(v) = d^+(v)$，因此也必然用光了 $v$ 处的所有入边. 因为我们不能使用 $T$ 的边，除非这条边是剩下的唯一一条离开其尾部的边，故除非用光了其他顶点处的所有边，否则不可能使用进入 $v$ 的那些边，因为 $T$ 中包含从任意顶点到 $v$ 的一条路径. ■

**2.2.27 例** 在下面的有向图中，到达 $v$ 的任意入流树均包含了 $uv$，$yz$，$wx$，$\{zu, zv\}$ 之一以及 $\{xy, xz\}$ 之一. 共有 4 棵到达 $v$ 的入流树. 对每棵入流树，我们考察离开各顶点的那些边的 $\prod (d_i - 1)! = (0!)^3 (1!)^3 = 1$ 种次序. 因此，从 $v$ 出发沿边 $e = vw$ 开始，由每棵入流树得到一条欧拉回路. 这 4 棵入流树以及相应的 4 条欧拉回路如下所示.

| 入流树 | 回路 |
| --- | --- |
| $zu \ \& \ xy$ | $(v, w, x, z, v, x, y, z, u)$ |
| $zu \ \& \ xz$ | $(v, w, x, y, z, v, x, z, u)$ |
| $zv \ \& \ xy$ | $(v, w, x, z, u, v, x, y, z)$ |
| $zv \ \& \ xz$ | $(v, w, x, y, z, u, v, x, z)$ |

如果前后相继的两条边始终相同，则我们认为两个欧拉回路是相同的. 由到达 $v$ 的每棵入流树，算法 2.2.24 产生 $\prod\limits_{u \in V(G)} (d^+(u) - 1)!$ 条不同的欧拉回路. 除顶点 $v$ 之外，各顶点处的最后一条出边由这棵入流树确定. 由于我们仅考虑边的循环次序，因此也可以选择一条特定的边为起始边来对离开 $v$ 的那些边排序. 各顶点处出边顺序的任意变动均会使得某些位置上对下一条边的选择发生改变，进而得到的欧拉回路也就各不相同. 同样，由不同的入流树得到的欧拉回路也不相同. 因此，我们

得到 $c\prod\limits_{u\in V(G)}(d^+(u)-1)!$ 条不同的欧拉回路,其中 $c$ 是 $v$ 的入边的条数.

事实上,这就是所有的欧拉回路.由此,用组合方法论证了欧拉有向图中到达任意顶点的入流树的棵数是一样的.将所有边取逆向后得到的有向图有相同数目的欧拉回路,故从任意顶点出发的出流树的棵数也是值 $c$. 定理 2.2.21 给出了计算 $c$ 的方法.

**2.2.28 定理**(van Aardenne-Ehrenfest and de Bruijn[1951]) 在一个欧拉有向图中,设 $d_i = d^+(v_i)=d^-(v_i)$,则其中欧拉回路的条数为 $c\prod\limits_i(d_i-1)!$,其中 $c$ 是任意顶点处的入流树或者出流树的棵数.

**证明** 算法 2.2.24 已经证明用到达 $v$ 的入流树产生的欧拉回路是这个数目.我们只需证明该过程产生了所有的欧拉回路即可.

为了找出产生欧拉回路 $C$ 的树和边的次序,从边 $e$ 出发沿 $C$ 行进,记录下每个顶点处出边的顺序.除顶点 $v$ 之外,将 $C$ 上各个顶点处的最后一条出边找出来,并将这些边构成的子有向图记为 $T$. 由于 $C$ 中离开某个顶点的最后一条边出现在所有进入该顶点的边之后,故 $T$ 中的每条边均可以在 $T$ 中被扩展成一条到达 $v$ 的路径.由于 $T$ 共有 $n-1$ 条边,故而 $T$ 形成了到达 $v$ 的入流树.因此,$C$ 即是由算法 2.2.24 得到的,其中入流树就是 $T$ 而出边的顺序就是上面记录的次序. ■    91

### 习题

2.2.1 (一)确定符合下列条件的树:a)Prüfer 编码中只含有一个值;b)Prüfer 编码中恰有两个值; c)Prüfer 编码中的值各不相同.

2.2.2 (一)在下面右侧的图中,计算生成树的棵数(命题 2.2.8 给出了系统的方法,而注记 2.2.10 和例 2.2.6 则可以用来简化计算过程).

2.2.3 (一)令 $G$ 是上图中右侧的图.用矩阵树定理找出行列式为 $\tau(G)$ 的一个矩阵,并计算 $\tau(G)$ 的值.

2.2.4 (一)令 $G$ 是一个有 $m$ 条边的简单图.证明:如果 $G$ 有优美标记,则 $K_{2m+1}$ 可以分解成 $G$ 的若干个拷贝(提示:仿照定理 2.2.16 的证明).

● ● ● ● ● ● ● ● ● ● ● ● ●

2.2.5 下图中左侧的图是第 9 届国际图论会议的徽章,该会议每 4 年举行一次而本届会议于 2000 年在 Kalamazoo 召开.计算该图中生成树的棵数.

 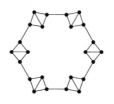

2.2.6 (!)将 $m$ 个两两互不相交的风筝形用 $m$ 条边连接成一个环，可以得到具有 $4m$ 个顶点的3-正则图 $G$. 上图中右侧的图所示的是 $m=6$ 的情形. 证明：$\tau(G)=2m8^m$.

2.2.7 (!)用 Cayley 公式证明：由 $K_n$ 删除一个顶点后所得的图有 $(n-2)n^{n-3}$ 棵生成树.

2.2.8 计算顶点集为 $[n]$ 的下列各个树集合中树的棵数，并分别用 Prüfer 对应和直接计数方法给出两个证明.

a)有两个叶子的树.

b)有 $n-2$ 个叶子的树.

2.2.9 $m$-元集合可以划分成 $r$ 个非空子集，用 $S(m,r)$ 表示这种划分的个数. 用这几个数字来表示顶点集为 $\{v_1, \cdots, v_n\}$ 且恰有 $k$ 个叶子的树的棵数. (Rényi[1959])

2.2.10 计算 $\tau(K_{2,m})$，并计算 $K_{2,m}$ 的生成树的同构类的个数.

2.2.11 (+)计算 $\tau(K_{3,m})$.

2.2.12 由图 $G$ 定义两个新的图. 令 $G'$ 是将 $G$ 中每条边替换为该边的 $k$ 个拷贝之后得到的图. 令 $G''$ 是将 $G$ 中的每条边 $uv \in E(G)$ 替换为通过 $k-1$ 个新增顶点的长度为 $k$ 的 $u$, $v$-路径之后得到的图. 确定 $\tau(G')$ 和 $\tau(G'')$，并将它们表示成 $\tau(G)$ 和 $k$ 的形式.

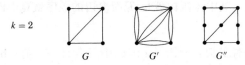

2.2.13 考虑 $K_{n,n}$，设其二部剖分为 $X$, $Y$，其中 $X=\{x_1, \cdots, x_n\}$ 而 $Y=\{y_1, \cdots, y_n\}$. 对每棵生成树 $T$，我们得到一系列有序对 $f(T)$（将各个对的元素垂直排列在一起）. 假设已经得到了这个序列的一部分，令 $u$ 是剩下的子树中位于 $X$ 中的编号最小的叶子，而 $v$ 是位于 $Y$ 中的编号最小的叶子. 将对 $\binom{a}{b}$ 加入序列，其中 $a$ 是 $u$ 的相邻顶点的编号而 $b$ 是 $v$ 的相邻顶点的编号，然后删除顶点 $u$ 和 $v$. 重复上述过程，直到产生 $n-1$ 个对（最后剩下一条边），这 $n-1$ 个对即形成 $f(T)$. 问题(a)将证明 $f$ 是有定义的.

a)证明：$K_{n,n}$ 的任意生成树在每个部集中均有一个叶子.

b)证明：$f$ 是从 $K_{n,n}$ 的生成树集合到 $([n] \times [n])^{n-1}$ 的双射. 因此，$K_{n,n}$ 有 $n^{2n-2}$ 棵生成树.

(Rényi[1966]，Kelmans[1992]，Pritikin[1995])

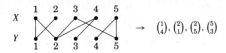

2.2.14 (+)令 $f(r,s)$ 是顶点集为 $[n]$ 且部集大小分别为 $r$ 和 $s(r+s=n)$ 的树的棵数. 证明：$r \neq s$ 时有 $f(r,s) = \binom{r+s}{s} s^{r-1} r^{s-1}$. 当 $r=s$ 时，公式变成了什么形式呢？（提示：先证明，这样一棵树的 Prüfer 序列中将有 $r-1$ 项来自于大小为 $s$ 的部集并且有 $s-1$ 项来自于大小为 $r$ 的部集）. (Scoins[1962]，Glicksman[1963])

2.2.15 设 $n \geq 1$，如下所示，令 $G_n$ 是含有 $2n$ 个顶点和 $3n-2$ 条边的图. 证明：$n>2$ 时有 $\tau(G_n)=4\tau(G_{n-1})-\tau(G_{n-2})$. (Kelmans[1967a])

2.2.16 对 $n \geqslant 1$，在 $P_n$ 上添加一个顶点使之与 $V(P_n)$ 中的所有元素邻接，将所得图中生成树的棵数记为 $a_n$. 例如，$a_1 = 1$，$a_2 = 3$ 且 $a_3 = 8$. 证明：$n > 1$ 时有 $a_n = a_{n-1} + 1 + \sum_{i=1}^{n-1} a_i$. 用上述结论证明：$n > 2$ 时有 $a_n = 3a_{n-1} - a_{n-2}$（注：也可以直接证明 $a_n = 3a_{n-1} - a_{n-2}$）.

93

2.2.17 用矩阵树定理证明 Cayley 公式.

2.2.18 用矩阵树定理计算 $\tau(K_{r,s})$.（Lovász[1979，p223]——对其推广参见 Kelmans[1965]）

2.2.19 （+）用组合方法证明：顶点集为 $[n]$ 的树的棵数 $t_n$ 满足递归关系 $t_n = \sum_{k=1}^{n-1} k \binom{n-2}{k-1} t_k t_{n-k}$

（注：由于 $t_n = n^{n-2}$，这就证明了等式 $n^{n-2} = \sum_{k=1}^{n-1} \binom{n-2}{k-1} k^{k-1} (n-k)^{n-k-2}$）.（Dziobek[1917]；参见 Lovász[1979，p219]）

2.2.20 （!）证明：$d$-正则简单图 $G$ 可以分解成 $K_{1,d}$ 的若干拷贝当且仅当 $G$ 是二部图.

2.2.21 （+）证明：$K_{2m-1,2m}$ 可以分解成 $m$ 条生成路径.

2.2.22 令 $G$ 是一个 $n$-顶点简单图，它可以分解成 $k$ 棵生成树. 另外，还假定 $\Delta(G) = \delta(G) + 1$. 确定 $G$ 的度序列，并将其表示成 $n$ 和 $k$ 的形式.

2.2.23 （!）证明：如果优美树猜想成立且 $T$ 是一棵具有 $m$ 条边的树，则 $K_{2m}$ 可以分解成 $T$ 的 $2m-1$ 个拷贝（提示：由定理 2.2.16 知，可以将 $K_{2m-1}$ 分解成一些具有 $m-1$ 条边的树，应用这个具有循环不变性的分解）.

2.2.24 在顶点集为 $\{0, \cdots, n-1\}$ 的 $n^{n-2}$ 棵树中，由其顶点名称完成优美标记的树有多少棵？

2.2.25 （!）证明：如果图 $G$ 是优美的并且是欧拉图，则 $e(G)$ 模 4 的余数为 0 或 3（提示：用两种方式对边差的绝对值（模 2）求和）.

2.2.26 （+）证明：$C_n$ 是优美的当且仅当 $n$ 或 $n+1$ 能被 4 整除.（Rosa[1979]）

2.2.27 （+）令 $G$ 是由具有一个公共顶点的 $k$ 个 4-环构成的图，证明：$G$ 是优美的（提示：将 0 置于度为 $2k$ 的顶点上）.

2.2.28 令 $d_1, \cdots, d_n$ 是正整数. 直接证明：存在顶点度分别为 $d_1, \cdots, d_n$ 的毛虫形当且仅当 $\sum d_i = 2n - 2$.

2.2.29 证明：用 2-调换操作（定义 1.3.32）可以将任意一棵树转换成具有相同度序列的毛虫形，并使得中间过程中得到的图均为树.

2.2.30 对于二部图，如果将一个部集的顶点按某种次序放在一条直线上，并且将另一个部集的顶点放在与上述直线平行的一条直线上，再将二部图的边画成介于这两条直线间的直线段，则称二部图是画于沟渠之上的. 证明：连通图 $G$ 可以画于沟渠之上而且不引起边交叉当且仅当 $G$ 是一个毛虫形.

2.2.31 （!）一个上/下标记是一个优美标记，其中存在一个临界值 $\alpha$，使得对于任意边的两个端点所获得的标记，一个标记在 $\alpha$ 之上，另一个标记在 $\alpha$ 之下．证明：任意毛虫形有一个上/下标记．证明：如果 7-顶点树不是毛虫形，则没有上/下标记．

2.2.32　（＋）证明：如果 $n\geqslant 3$，则 $n$-毛虫形的同构类的数目为 $2^{n-4}+2^{\lfloor n/2\rfloor-2}$．(Harary-Schwenk [1973]，Kimble-Schwenk[1981])

2.2.33　（!）令 $T$ 是一棵树的一个定向，该定向使得所有边的头部各不相同，不是头部的顶点是根．证明：$T$ 是从根出发的一些路径的并．证明：对于 $T$ 的每个顶点，恰有一条从根出发的路径到达它．

2.2.34　（＊）用定理 2.2.26 证明：下面的算法产生一个长度为 $2^n$ 的二进制 de Bruijn 环（应用 1.4.25 中的环就是以这种方法得到的）．

以 $n$ 个 0 开始．接下来，如果添加 1 不会使前面的长度为 $n$ 的串重复，则添加 1；否则添加 0．

94

2.2.35　（＊）Tarry 算法（下面是 D. G. Hoffman 给出的形式）．假设在一个城堡中，存在有穷多个房间和走廊．每条走廊均有两端，每一端有一扇通往一个房间的门．每个房间有一扇或多扇门，其中每扇门通向一条走廊．从任意房间出发，通过一些门或走廊，可以到达每个房间．开始时，任何门均没有做标记．一个机器人从某个房间出发，可以按照如下规则遍历整个城堡：

1)进入一条走廊后，穿过它并进入另一端的房间．

2)如果进入房间时发现其所有的门均未做标记，则将进入房间时通过的那扇门标记为 $I$．

3)在房间内，如果找到一扇未标记的门，则将其标记为 $O$ 并通过它走出该房间．

4)在房间内，如果所有的门均有标记，则查看是否有一个门未标记为 $O$，如果有，则通过它走出房间．

5)在房间内，如果发现所有的门均标记为 $O$，则终止．

证明：机器人恰好通过每条走廊两次，沿每个方向各一次，然后终止（提示：证明结论对所到之处的任意走廊均成立，并证明任意顶点均是可以到达的．注：所有的决策完全是局部的，因为只能看见当前的房间或者当前的走廊．Tarry 算法[1895]）和其他一些结果是由 König[1936，p35-56]和 Fleischner[1983，1991]分别描述的）．

## 2.3　最优化和树

"最好的生成树"可以有多个含义．**加权图**是各边都标有数值的图．如果要用链路将若干个地方连接起来，则由潜在链路的代价可以得到一个加权图．连通这个系统的最小代价就是该图的生成树的最小总权值．

此外，权值还可以表示距离．在此类情况下，将一条路径的长度定义为其所有边的权值的和．我们可能需要找出距离较小的生成树．在讨论加权图时，**只考虑边上的非负权值**．

**最小生成树**

由可能的通信链路构成的连通加权图中，所有生成树均有 $n-1$ 条边；我们要找出一棵生成树使得所有边的权值之和达到最大值或者最小值．对这两个问题，最平凡的启发式算法能很快找到最优解．

**2.3.1 算法**（最小生成树的 Kruskal 算法）

**输入**：一个加权的连通图．

**思想**：维护一个无环的生成子图 $H$，从具有较小权值的边开始不断扩张它，最后形成生成树. 以权值非递减的次序来考虑各边，权值相同的边可以以任意次序考虑.

**初始化**：设 $E(H)=\varnothing$.

**迭代**：如果下一条权值最小的边将 $H$ 的两个分量连接起来，则将这条边添加进来；否则丢弃这条边. 如果 $H$ 变成连通的则终止.

95

定理 2.3.3 表明，Kruskal 算法产生的树是最优的. 不太复杂的局部优化策略称为**贪心算法**. 贪心算法得到的解通常不一定是最优的，但 Kruskal 算法得到的解却是最优的.

在计算机内部，所有权值均出现在矩阵中，并且通常将"不可用的"的边的权值标得很大. 权值相等的边可以以任意次序进行处理，所得的树具有相同的代价. Kruskal 算法以 $n$ 个顶点构成的森林开始，每次选用的边均将某两个分量连接起来.

**2.3.2 例**   Kruskal 算法中所做的选择只依赖于权值的次序，而不依赖于具体的权值. 在下面的图中，我们用正整数作为权值，目的就是要强调算法处理各边的次序. 选用权值最小的 4 条边之后，不能再选用权值为 5 或 6 的边；然后，我们选择了权值为 7 的边，而对权值为 8 或 9 的边则不再选用.

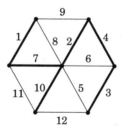

**2.3.3 定理**（Kruskal[1956]）   在连通的加权图 $G$ 中，Kruskal 算法构造出一棵权值最小的生成树.

**证明**   首先证明该算法生成一棵树. 算法选用的边从不构成环. 如果最终所得的图有一个以上的连通分量，则认为没有边能够连接其任意两个分量，因为如果有这样的边则必有一条会被选用. 由于 $G$ 是连通的，这样一条边必然存在，算法也必定会考虑到它. 于是，最终所得的图是连通的且无环的，即它是一棵树.

令 $T$ 是由算法得到的树，而 $T^*$ 是代价最小的一棵生成树. 如果 $T=T^*$，则得证. 如果 $T\neq T^*$，令 $e$ 是选择 $T$ 的过程中第一条不位于 $T^*$ 中的边. 将 $e$ 添加到 $T^*$ 中就产生一个环 $C$. 由于 $T$ 没有环，因此 $C$ 有一条边 $e'\notin E(T)$. 考虑生成树 $T^*+e-e'$.

由于 $T^*$ 包含 $e'$ 和 $T$ 中在 $e$ 之前选用的那些边，算法在选择边 $e$ 时，$e$ 和 $e'$ 均是可选用的，故 $w(e)\leqslant w(e')$. 因此，生成树 $T^*+e-e'$ 的权值不超过 $T^*$；而且较之于 $T^*$，它有更多的边与选择 $T$ 的过程开始时选用的边保持一致.

重复上述过程，最终得到一棵完全与 $T$ 一致的权值最小的生成树. 用极端化方法的话来说，与 $T$ 保持最长一致性的最小生成树就是 $T$ 本身.

**$^*$2.3.4 注记**   在实现 Kruskal 算法时，我们先将 $m$ 条边的权值排序；然后为每个顶点记录包含该顶点的连通分量的标记；对于下一条权值最小的边，如果其两个端点有不同的标记，则选用它；这样就合并了这两个连通分量，这时，我们要将标记较小的分量中的每个顶点上的标记修改为另一个分量的标记. 由于标记发生变化时，其连通分量的大小至少变为原来的 2 倍，故每个标记最多发生 $\lg n$ 次修改，进而总的修改次数最多为 $n\lg n$（我们用 $\lg$ 表示以 2 为底的对数）.

96

通过这种标记的方法,可以看到对于边较多的图,算法的运行时间依赖于排序 $m$ 个数需要的时间. 将这个时间考虑进来,则其他算法可能比 Kruskal 算法要快. 在 Prim 算法(习题 10,Jarnik 也发现了这一算法.)中,生成树由单个顶点通过不断添加边来得到,每次添加的边均是关联到新顶点的权值最小的边. 如果将所有边按权值大小进行预排序,则 Prim 算法和 Kruskal 算法的运行时间相近.

Boruvka[1926] 和 Jarnik[1930] 都提出并解决了最小生成树问题. Boruvka 的算法通过考虑离开当前森林中各个分量的权值最小的边来选取下一条边. Modern 改进这个算法,使用了更有效的数据结构来快速合并连通分支. 后来出现了更快的版本,其中 Tarjan[1984] 假设边是经过预排序的,而 Gabow-Galil-Spencer-Tarjan[1986] 没有这个假定. 全面的讨论以及更多的参考文献请参阅 Ahuja-Magnanti-Orlin[1993,第 13 章]. 关于近年来的发展情况请参阅 Karger-Klein-Tarjan[1995]. ∎

## 最短路径

怎样才能找出一条从当前地点到另一个地点最短的路径呢?怎样才能分别找出从自己家到城内其他各个地方的最短路径呢?这就要求在加权图中分别找出从一个顶点到其他各顶点的最短路径. 这些最短路径放在一起构成了一棵生成树.

Dijkstra 算法(Dijkstra[1959],Whiting-Hillier[1960])解决了这个问题并且算法的运行速度很快. 该算法用到了如下事实,即最短 $u$,$z$-路径中从 $u$ 到 $v$ 的部分必定是最短 $u$,$v$-路径. 它以 $d(u,z)$ 递增的次序分别找出从 $u$ 到其他各顶点的最短路径. 在加权图中,**距离** $d(u,z)$ 是一条 $u$,$z$-路径上各边权值之和能取到的最小值(我们只考虑非负权值).

**2.3.5 算法**(Dijkstra 算法——从某个顶点到其他各顶点的距离)

**输入**:具有非负权值的一个图(或有向图),起始顶点 $u$. 边 $xy$ 的权值记为 $w(xy)$;如果 $xy$ 不是一条边,则记 $w(xy)=\infty$.

**思想**:维护一个顶点集合 $S$,$u$ 到 $S$ 中的各个顶点的最短路径是已知的,扩充 $S$ 直到包含所有顶点. 为此,对于任意 $z \notin S$,我们要维护从 $u$ 到其试探距离 $t(z)$,即目前找到的最短 $u$,$z$-路径的长度.

**初始化**:设 $S=\{u\}$;$t(u)=0$;对 $z \neq u$,设 $t(z)=w(uz)$.

**迭代**:在 $S$ 之外选择顶点 $v$ 使得 $t(v)=\min_{z \notin S} t(z)$. 将 $v$ 加入 $S$. 检查从 $v$ 出发的各条边以修改那些试探距离:对满足 $z \notin S$ 的每一条边 $vz$,用 $\min\{t(z),t(v)+w(vz)\}$ 来更新 $t(z)$.

迭代进行到 $S=V(G)$ 或对任意 $z \notin S$ 有 $t(z)=\infty$ 为止. 最后对所有顶点 $v$ 设 $d(u,v)=t(v)$. ∎

97

**2.3.6 例** 在下面的加权图中,依次找出了从 $u$ 到其他顶点 $a$、$b$、$c$、$d$、$e$ 的最短路径. 这些最短路径的长度分别是 1、3、5、6、8. 为了将这些路径重构出来,只需知道各条路径到达其目标顶点时最后通过的那条边,因为如果最短 $u$,$z$-路径在 $v$ 处通过边 $vz$ 到达顶点 $z$,则这条最短 $u$,$z$-路径的前面部分必定是一条最短 $u$,$v$-路径.

为了维护该信息,只要到 $z$ 的试探距离被更新,算法就要记录引起更新的"所选顶点"的标识. 如果顶点 $z$ 被选出来,则最后一次更新 $t(z)$ 时记录的顶点就是位于这条长为 $d(u,z)$ 的 $u$,$z$-路径上的 $z$ 的前驱. 在这本例中,算法生成了从 $u$ 到顶点 $a$、$b$、$c$、$d$、$e$ 的最短路径,这些路径的最后一条边分别为 $ua$、$ub$、$ac$、$ad$、$de$,它们恰好是由 $u$ 得到的生成树的所有边.

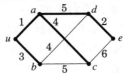

根据算法 2.3.5 中的提法，Dijkstra 算法也可以应用于有向图，产生一棵以 $u$ 为根的出流树（如果从 $u$ 出发可以到达任意一个顶点）. 下面的证明对图和有向图均成立. 为使归纳证明可行而将命题加强的这种技术称为"加载归纳假设".

**2.3.7 定理** 给定一个(有向)图 $G$ 和顶点 $u \in V(G)$，Dijsktra 算法对任意顶点 $z$ 计算出了 $d(u, z)$.

**证明** 我们对每一次迭代证明如下更强的命题：

1)对于 $z \in S$，$t(z) = d(u, z)$.

2)对于 $z \notin S$，$t(z)$ 是从 $S$ 直接到达 $z$ 的 $u$，$z$-路径的最短长度.

对此，我们对 $k = |S|$ 用归纳法. 基本步骤：$k = 1$. 根据初始化可知，$S = \{u\}$，$d(u, u) = t(u) = 0$，从 $S$ 直接到达任意顶点 $z$ 的 $u$，$z$-路径的最短长度为 $t(z) = w(uz)$，当 $uz$ 不是边时这个值是无穷大.

归纳步骤：假设在 $|S| = k$ 时 1)和 2)均成立. 令 $v$ 是满足 $z \notin S$ 并使 $t(z)$ 达到最小值的顶点. 现在，算法选用顶点 $v$；令 $S' = S \cup \{v\}$. 我们先证明 $d(u, v) = t(v)$. 最短 $u$，$v$-路径必须在到达 $v$ 之前从 $S$ 走出来，而归纳假设断言从 $S$ 直接到达 $v$ 的最短路径的长度为 $t(v)$. 归纳假设和 $v$ 的选择过程同样说明，通过 $S$ 之外的一个顶点再到达顶点 $v$ 的任何路径至少长为 $t(v)$. 于是，$d(u, v) = t(v)$，故而对 $S'$ 来说 1)是成立的.

为证明 2)对 $S'$ 成立，令 $z$ 是 $S$ 外不同于 $v$ 的顶点. 由归纳假设可知，从 $S$ 直接到达 $z$ 的 $u$，$z$-路径的最小长度为 $t(z)$（或 $\infty$，如果没有这种路径）. 在将 $v$ 添加到 $S$ 之后，还要考虑从 $v$ 到达 $z$ 的那些路径；既然已知 $d(u, v) = t(v)$，因此最短的这样一条路径长为 $t(v) + w(vz)$. 将这个值与之前得到的 $t(z)$ 比较，可以找到从 $S'$ 直接抵达 $v$ 的最短路径.

98

我们已经证明，对于大小为 $k+1$ 的这个新集合 $S'$，1)和 2)都成立. 这就完成了归纳步骤的证明.

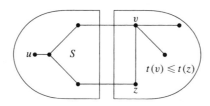

算法在计算过程中，条件 $d(u, x) \leqslant t(z)$ 始终对 $x \in S$ 和 $z \notin S$ 成立；因为算法按照距 $u$ 的距离的非递减顺序来选择顶点. 如果从 $u$ 无法到达顶点 $v$，则算法将这个距离计算为 $d(u, v) = \infty$. Dijsktra 算法在非加权图上的特殊情况就是自 $u$ 出发的**广度优先搜索**. 这里，我们对这个算法及其证明（习题 17）均给出了更简单的论述.

**2.3.8 算法**(*广度优先搜索——BFS*)

**输入**：一个非加权(有向)图和一个初始顶点 $u$.

**思想**：维护一个顶点集合 $R$，它由已经到达但仍未进行搜索的顶点构成. 另外再维护一个由已经搜索过的顶点构成的集合 $S$. 集合 $R$ 作为一个先进先出表(队列)，故先发现的顶点将先进行搜索.

**初始化**：置 $R = \{u\}$，$S = \varnothing$，$d(u, u) = 0$.

**迭代**：只要 $R \neq \varnothing$，我们就从 $R$ 的第一个顶点 $v$ 开始搜索. 未在 $S \cup R$ 中出现的 $v$ 的相邻顶点被添加到 $R$ 的后面并被赋予距离 $d(u, v) + 1$，然后从 $R$ 中将 $v$ 删除并将 $v$ 加入 $S$ 中.

从顶点 $u$ 到其他顶点的最大距离是该顶点的离心率 $\varepsilon(u)$. 于是，从各个顶点分别进行广度优先搜索之后, 即可得到图的直径.

与 Dijsktra 算法相同, 自 $u$ 开始的 BFS 产生一棵树, 在这棵树中, 对于任意顶点 $v$, $u$, $v$-路径就是最短 $u$, $v$-路径. 因此, 图中没有其他的边来连接 $T$ 中一条 $u$, $v$-路径上的顶点.

Dijsktra 算法还显著蕴涵于另一个著名优化问题的解中.

**2.3.9 应用**    邮递员必须遍历道路网络中的每一条边, 且起点和终点都是邮局. 所有的边均有非负权值来表示距离或时间. 我们要找出一个总长度最小的闭合通道来遍历所有的边. 这就是**中国邮递员问题**, 其命名是为了纪念中国数学家管梅谷[1962], 因为他首先提出了这个问题.

如果每个顶点均是偶顶点, 则这个图是欧拉图而答案就是所有边的权值之和. 否则, 我们必须重复某些边. 每个遍历均是重复了某些边的欧拉回路. 找出最短遍历等价于找到总权值最小的这样一些边, 复制这些边将使得图中所有顶点的度变成偶数. 这里, 使用 "复制" 这个词是因为对每条边的使用无须超过两次. 在将所有顶点的度变成偶数的过程中, 如果对某条边的使用达到 3 次或者更多, 则删除其中两个拷贝仍将使得所有顶点的度为偶数. 可以有多种方式来选择要复制的边. ■

**2.3.10 例**    在下面的例子中, 外层的 8 个顶点有奇数度, 如果将它们两两配对以使得所有顶点的度变成偶数, 则额外的开销是 $4+4+4+4=16$ 或 $1+7+7+1=16$. 如果选用全部的纵向边来达到这个目的, 则效果更好, 其额外开销只有 10.

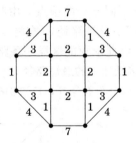

在一个奇顶点和一个偶顶点之间添加一条边, 会使得偶顶点变成奇顶点. 我们必须继续添加边, 直到得到一条达到另一个奇顶点的迹. 每条这样的迹将两个奇顶点配对, 这些迹的所有边就是我们要复制的边. 要将奇顶点配对, 也可以只限于使用路径(习题 24), 但这些路径可能会有公共边.

Edmonds and Johnson[1973]描述了一个方法以解决中国邮递员问题. 如果只有两个奇顶点, 则可以用 Dijsktra 算法找出它们之间的最短路径从而解决问题. 如果有 $2k$ 个奇顶点, 则可以用 Dijsktra 算法找出每对顶点之间的最短路径. 这些路径是解决问题要用到的候选路径. 将这些路径的长度用作权值来标记 $K_{2k}$ 的相应边, 则问题又变成了寻找总权值最小的 $k$ 条边将这 $2k$ 个顶点两两配对. 这是一个加权的最大匹配问题, 3.3 节将讨论这个问题. 对这个问题的各种处理方法参见 Gibbons[1985, p163-165].

**计算机科学中的树(选学)**

在计算机科学中, 绝大多数关于树的应用均使用有根的树.

**2.3.11 定义**    一棵**有根树**是一棵树, 其中的一个顶点 $r$ 被选作**根**. 对每个顶点 $v$, 令 $P(v)$ 是唯一的一条 $v$, $r$-路径. $v$ 的**父亲**是它在 $P(v)$ 上的相邻顶点; 其**孩子**是 $v$ 的其他相邻顶点; 其**祖先**是 $P(v)-v$ 中的那些顶点; 其**子孙**是满足 $P(u)$ 包含 $v$ 的那些顶点 $u$; **叶子**是没有孩子的那些顶点. 一棵**有根平面树**或**平面树**是任意顶点的孩子均被自左向右地排定了顺序的一棵有根树.

从 $u$ 开始进行 BFS(广度优先搜索)之后，就可以将所得的树 $T$ 看成是一棵以 $u$ 为根的树.

**2.3.12 定义**  一棵**二叉树**是任意顶点最多有两个孩子的有根平面树，其中每个顶点的孩子分别标记为**左孩子**和**右孩子**. 以根的孩子为根的两棵子树分别称为这棵树的**左子树**和**右子树**. 一棵 $k$-**元树**允许其任意顶点的孩子达到 $k$ 个.

在二叉树的许多应用中，所有非叶子顶点恰有两个孩子(习题26). 二叉树可以用来存储数据以便快速访问. 我们将每个数据项存放在一个叶子顶点处，并沿着从根到达该叶子的路径来访问这个数据. 我们还可以对这条路径进行编码：如果沿着左孩子前进，则记录 0；如果沿着右孩子前进，则记录 1. 访问数据需要的搜索时间就是该叶子的编码字的长度. 给定 $n$ 个数据项被访问的概率，我们希望将这些数据项组织在一棵有根二叉树的叶子中从而达到最短的搜索时间.

类似地，给定一些很大的计算机文件和有限的存储空间，我们希望将字符编码成二进制串使得文件的总长度最小. 将字符出现的频率除以文件中字符的总数就得到该字符出现的概率. 这个编码问题就归约到了前一个问题.

由于编码字的长度是可变的，因此需要一个方法来识别当前编码字的结束位置. 如果任意编码字均不是其他编码字的前缀，则当前编码字就容易识别了，即自前一个编码字的结束位置起到当前能够构成一个编码字的这些位就是当前编码字. 在这种**前缀-无关**的条件下，二进制编码字就对应于上述的二叉树中叶子的左/右编码. 信息的平均长度为 $\sum p_i l_i$，这里假设第 $i$ 个信息的概率为 $p_i$ 而其编码长度为 $l_i$. 然而，让人吃惊的是构造最优编码非常容易.

**2.3.13 算法**(赫夫曼算法[1952]——前缀编码)

**输入**：权值(频率或概率) $p_1, \cdots, p_n$.

**输出**：前缀码(或者说，一棵二叉树).

**思想**：频率低的数据项应该有较长的编码；将频率低的数据项置于二叉树的深层，办法就是通过将它们组合到其父亲的编码中.

**起始状态**：如果 $n=2$，则最优的编码长度是 1，分别用 0 和 1 对这两个数据项编码(相应的树有一个根和两个叶子；$n=1$ 的情况也可以作为起始状态).

**递归**：当 $n>2$ 时，将可能性最低的两个数据项 $p$，$p'$ 用权值为 $p+p'$ 的新数据项 $q$ 替换. 将这个有 $n-1$ 个数据项的集合看作一个较小的问题. 求解这个新问题之后，将 $p$，$p'$ 作为权值为 $q$ 的叶子的孩子，即在组合项的编码之后扩充 0 和 1，然后将这两个编码分别指定给原来被替换下来的两个数据项. ■

101

**2.3.14 例**(赫夫曼编码)  考虑频率分别为 5、1、1、7、8、2、3、6 的 8 个数据项. 算法 2.2.13 按照下面左侧的树自底向上地合并各个数据项，首先，权值为 1 的两个数据项被组合成一个权值为 2 的数据项. 此时，该数据项与原有的权值为 2 的数据项是当前权值最小的数据项，它们被组合成一个权值为 4 的数据项. 现在，再组合 3 和 4，之后权值最小的是原来的权值为 5 和 6 的数据项. 其余的组合依次是 $5+6=11$、$7+7=14$、$8+11=19$ 和 $14+19=33$.

根据这棵树在右侧的画法，可以得到所有的编码字. 按原来的顺序，各数据项的编码分别为 100、00000、00001、01、11、0001、001 和 101，它们的平均长度为 $\sum p_i l_i = 90/33$. 原来用长度为 3

的二进制位对每个数据项编码，其平均长度为 3. 新编码方案的平均长度比原有编码方案的平均长度短.

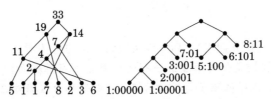

**2.3.15 定理**    给定 $n$ 个数据项的概率分布 $\{p_i\}$，赫夫曼算法产生其平均长度最短的前缀编码.

**证明**    对 $n$ 用归纳法. 基本步骤：$n=2$. 要发送一个信息，至少要发送一个比特. 算法用一个比特为每个数据项编码，因而平均长度为 1.

归纳步骤：$n>2$. 假设给定 $n-1$ 个数据项的概率分布后，算法能产生它们的最优编码. 任意编码均将数据项与二叉树中的叶子对应起来. 固定一棵有 $n$ 个叶子的二叉树，为使得平均编码长度最小，应用贪心策略，将概率为 $p_1 \geqslant \cdots \geqslant p_n$ 的各个信息依次分派给深度递增的各个叶子. 由于每个深度最大的叶子还有一个兄弟叶子，并且交换同一深度的两个叶子不会影响编码的平均长度，故可以假设可能性最低的两个信息以兄弟的形式出现在最深的深度.

令 $T$ 是 $p_1, \cdots, p_n$ 的一棵最优树，其中可能性最小的两个数据项 $p_n$ 和 $p_{n-1}$ 以兄弟的形式出现在最深处. 令 $T'$ 是从 $T$ 中删除这两个叶子后得到的图，而 $q_1, \cdots, q_{n-1}$ 是将 $\{p_{n-1}, p_n\}$ 用 $q_{n-1} = p_{n-1}+p_n$ 替换之后得到的概率分布. 树 $T'$ 为 $\{q_i\}$ 构造一种编码. 树 $T$ 的平均编码长度是 $T'$ 的平均编码长度再加上 $q_{n-1}$，因为如果分派给 $q_{n-1}$ 的叶子的深度为 $k$，则从 $T'$ 变回 $T$ 时要丢弃 $kq_{n-1}$ 并增加 $(k+1)(p_{n-1}+p_n)$.

上面的论述对 $T'$ 的任意选择均成立，故最好的情况是选择 $\{q_i\}$ 的最优编码树 $T'$. 由归纳假设知道，其最优编码树是在 $\{q_i\}$ 上用赫夫曼编码得到的. 将 $\{p_{n-1}, p_n\}$ 替换为 $q_{n-1}$ 正是对 $\{p_i\}$ 进行赫夫曼编码的第一步，故我们断言赫夫曼编码产生 $\{p_i\}$ 的最优编码树.

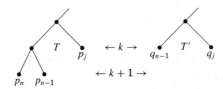

赫夫曼算法计算得出最优前缀编码，其平均编码长度与所有类型的二进制编码的最优值非常接近. Shannon[1948]证明了对于任意二进制编码，其平均编码长度至少是 $\{p_i\}$ 上离散概率分布的**熵**，即 $-\sum p_i \lg p_i$（习题 31）. 如果各个 $p_i$ 均是 $1/2$ 的幂，则赫夫曼编码恰好达到上述下界（习题 30）.

### 习题

2.3.1    （一）为 $K_n$ 的每条边指定一个正权值. 证明：任意环上的总权值是偶数当且仅当任意三角形上的总权值是偶数.

2.3.2    （一）证明或否定：如果 $T$ 是加权图 $G$ 的一棵权值最小的生成树，则 $T$ 中的 $u, v$ 路径是 $G$ 中权值最小的 $u, v$ 路径.

2.3.3    （一）在一个网络中，共有 5 个城市. 在城市 $i$ 和 $j$ 之间直接修一条路的成本是下面矩阵中 $a_{i,j}$ 的值. 无穷大表示在两个城市间有一座山，因而无法修路. 确定为使所有城市相互连通必需的最小成本.

$$\begin{pmatrix} 0 & 3 & 5 & 11 & 9 \\ 3 & 0 & 3 & 9 & 8 \\ 5 & 3 & 0 & \infty & 10 \\ 11 & 9 & \infty & 0 & 7 \\ 9 & 8 & 10 & 7 & 0 \end{pmatrix}$$

2.3.4 （一）删除 $K_5$ 中两条互不关联的边,在所得的图中按如下两种方式将权值{1,1,2,2,3, 3,4,4}分配给所有边:一是使其具有唯一的最小权值生成树,二是使其最小权值生成树 不是唯一的.

2.3.5 （一）在一个网络中,共有 5 个城市.直接从城市 $i$ 到达城市 $j$ 所需要的时间是下面矩阵中 $a_{i,j}$ 的值.这个矩阵不是对称的(用有向图),且 $a_{i,j}=\infty$ 表示两个城市间没有直接连接的路径. 对每个 $i,j$ 对,确定从 $i$ 到 $j$ 的最小访问时间以及相应的访问路径.

$$\begin{pmatrix} 0 & 10 & 20 & \infty & 17 \\ 7 & 0 & 5 & 22 & 33 \\ 14 & 13 & 0 & 15 & 27 \\ 30 & \infty & 17 & 0 & 10 \\ \infty & 15 & 12 & 8 & 0 \end{pmatrix}$$

• • • • • • • • • • • • • • • • • • •

2.3.6 （!）为 $K_n$ 的所有边分配整数权值.假设一个环的权值是该环上所有边的权值之和.证明: 所有环的权值均为偶数当且仅当具有奇数权值的那些边构成的子图是一个生成二部图.(提 示:证明,对于具有偶数权值的边构成的子图,其任意连通分量都是一个完全图)

2.3.7 设 $G$ 是一个加权的连通图并且其各边上的权值互不相同.不使用 Kruskal 算法,证明: $G$ 只 有一棵权值最小的生成树(提示:运用习题 2.1.37).

2.3.8 设 $G$ 是一棵加权连通图.证明:Kruskal 算法在选择下一条边时,如果它面临多条权值相 同的边,则无论它怎样进行选择,最小生成树中边的权值构成的序列(按非递减次序)是 唯一的.

2.3.9 设 $F$ 是连通加权图 $G$ 的一个生成森林.在 $G$ 的端点位于 $F$ 中不同分量的所有边中,设 $e$ 是 权值最小的一条边.证明:在 $G$ 的包含 $F$ 的生成树中,有一个权值最小的生成树包含边 $e$. 用这个结论重新证明 Kruskal 算法能找出最小生成树.

2.3.10 （!）**Prim 算法**从连通图 $G$ 的指定顶点开始逐步得出其生成树;通过迭代,它不断将介于已 到过的顶点和未到过的顶点之间的权值最小的边添加进来;最后,如果所有顶点均已经到 达过了,则结束(上述过程中,如果有多条可供选择的边,则任选一条).证明:Prim 算法 产生 $G$ 的一棵权值最小的生成树(Jarnik[1930]、Prim[1957]和 Dijkstra[1959]各自独立地 研究了这个算法).

2.3.11 对于加权图的一棵生成树 $T$,令 $m(T)$ 表示 $T$ 中边的最大权值.令 $x$ 表示加权图 $G$ 的所有 生成树中 $m(T)$ 的最小值.证明:如果 $T$ 是 $G$ 的总权值最小的一棵生成树,则 $m(T)=x$ (即 $T$ 中的最大权值是最小的).构造一个反例,说明其逆命题不成立(注:最大权值达到 最小值的生成树也称为**瓶颈生成树**或者**最小最大生成树**).

103

2.3.12  在加权完全图中，用迭代过程不断选择权值最小的边，使得当前选择的边总构成一些路径的不相交并(定义 1.3.17). 在 $n-1$ 步之后，所得即为一条生成路径. 证明：算法要么给出一条权值最小的生成路径，要么在失败时给出一族无穷的反例.

2.3.13  (!)令 $T$ 是 $G$ 的最小生成树，而 $T'$ 是 $G$ 的另一棵生成树. 证明：$T'$ 可以通过一系列步骤转换成 $T$，每一步交换 $T'$ 和 $T$ 的一条边使得所得的边集仍构成一棵生成树并且权值不增加.

2.3.14  (!)令 $C$ 是加权图中的一个环. 设 $e$ 是 $C$ 上权值最大的一条边. 证明：存在一棵不包含 $e$ 的最小生成树. 由此证明：不断删除图中权值最大的非割边，直到剩下的图没有环为止，最后将得到一棵最小生成树.

[104]

2.3.15  设 $T$ 是加权连通图 $G$ 的一棵权值最小的生成树. 证明：$G$ 中任意环均有一条权值最大的边不在 $T$ 中.

2.3.16  有一天晚上，有 4 个人要通过一条架在山谷间的危桥. 任意时刻最多只能有两人在桥上. 过桥需要一盏闪光灯，而这些人手中只有一盏闪光灯(因此，过桥时必须带上). 如果单独过桥，他们分别要用 10、5、2、1 分钟. 如果两人同时过桥，则所需时间是较慢者所需的时间. 18 分钟后，沿山谷滚滚而下的山洪将把这座桥冲毁. 这 4 个人能及时过桥吗? 不用图论知识，证明你的结论；并说明如何用图论知识获得答案.

2.3.17  在未加权的图或有向图 $G$ 中给定一个顶点 $u$，(不用 Dijsktra 算法)直接证明：算法 2.3.8 对任意 $z \in V(G)$ 均能计算出 $d(u, z)$.

2.3.18  说明如何用广度优先搜索来计算图的围长.

2.3.19  (+)证明：下面的算法正确地计算了树的直径. 首先，从任意顶点 $w$ 开始广度优先搜索，找出距离 $w$ 最远的顶点 $u$；然后，从 $u$ 开始广度优先搜索，找出距离 $u$ 最远的顶点 $v$；返回 diam $T = d(u, v)$.

2.3.20  最小直径生成树  一棵最小直径生成树(MDST)是其中路径具有最小长度的一棵生成树. 直觉告诉我们，在离心率最小的一个(中心)顶点处应用 Dijkstra 算法将得到一棵 MDST，但这可能是错的.

　　a)构造一个有 5 个顶点的非加权图(所有边的权值均等于 1)作为反例，使得 Dijsktra 算法能应用于离心率最小的某个顶点并得到一棵生成树，但这棵生成树不具备最小直径.

　　b)构造一个有 4 个顶点的加权图作为反例，使得 Dijsktra 应用于任意顶点均得不到 MDST.

2.3.21  设计一个快速的算法来检测一个图是否为二部图. 图可以以邻接矩阵的形式输入，也可以以顶点及其邻接顶点的一个序列的形式输入. 算法对同一条边的考察不应重复两次以上.

2.3.22  (一)在 $Q_k$ 中求解中国邮递员问题，假设其中任意边的权值均为 1.

2.3.23  有一个懒邮递员，他每天早晨都乘公共汽车到邮局；他要选择一条路径以便送完信之后尽早回家(注意：终点**不再**是邮局). 下面的地图是他送信时必须经过的街道，其中 $P$ 表示邮局，$H$ 表示家. 必须要走一遍以上的边满足什么条件? 在最佳路由中，每条边要走几遍?

[105]

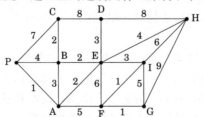

2.3.24 (一)在中国邮递员问题的最优解中，会用一些迹将奇顶点两两配对．解释：为什么这些迹可以假定为路径．构造一个有 4 个奇顶点的加权图，使得中国邮递员问题在其中的最优解复制了两条有一个公共顶点的路径．

2.3.25 令 $G$ 是一棵有根树，其中任意顶点有 0 个或 $k$ 个孩子．给定 $k$，$n(G)$ 可能取哪些值？

2.3.26 找出一个递归公式来计算有 $n+1$ 个叶的二叉树的棵数（这里，每个非叶子顶点恰好有两个孩子，孩子的左右次序会影响计数）．在 $n=2$ 时，下图给出所有可能的情况．

2.3.27 找出一个递归公式来计算有 $n$ 个顶点的有根平面树的棵数（类似于有根二叉树，删除根之后得到的子树通过它们自左向右的次序来区分）．

2.3.28 (一)给定由 10 个消息符号构成的集合，其中各符号的频率分别为 1、2、3、4、5、5、6、7、8、9．为这些符号计算平均长度最小的编码．在最优编码下，一个消息的平均长度是多少？

2.3.29 (一)拼字游戏有 100 张卡片，如下所示，其中各个字符出现的频率不同于英文中各字符出现的频率，如 "S" 的频率在这里就比较低，这样做是为了使游戏更有趣．假定这些频率就是英文中相应字符出现的频率，为了发送信息，请为这些字符找出一个平均长度最小的前缀编码．给出答案时，请为编码字的每种长度标出相对频率．请为（各个字符的）编码字计算平均长度（注：ASCII 码用 5 个比特为每个字母编码，习题中设计的编码比它好．显然，ASCII 码的缺点在于，它包含了一些无关符号的编码）．

| $A$ | $B$ | $C$ | $D$ | $E$ | $F$ | $G$ | $H$ | $I$ | $J$ | $K$ | $L$ | $M$ | $N$ | $O$ | $P$ | $Q$ | $R$ | $S$ | $T$ | $U$ | $V$ | $W$ | $X$ | $Y$ | $Z$ | $\varnothing$ |
|---|---|---|---|---|---|---|---|---|---|---|---|---|---|---|---|---|---|---|---|---|---|---|---|---|---|---|
| 9 | 2 | 2 | 4 | 12 | 2 | 3 | 2 | 9 | 1 | 1 | 4 | 2 | 6 | 8 | 2 | 1 | 6 | 4 | 6 | 4 | 2 | 2 | 1 | 2 | 1 | 2 |

2.3.30 考虑 $n$ 个消息符号，假设它们出现的概率分别为 $p_1,\cdots,p_n$ 且任意 $p_i$ 均是 $1/2$ 的幂（任意 $p_i \geq 0$ 且 $\sum p_i = 1$）．

a)证明：概率最低的两个消息符号有相同的概率．

b)证明：在此概率分布下，赫夫曼编码的平均编码长度为 $-\sum p_i \lg p_i$．

2.3.31 (+)假设有 $n$ 个消息符号，它们出现的概率分别为 $p_1,\cdots,p_n$，且这些消息符号被编码为不同的二进制码．证明：在该概率分布下，任意一种二进制编码的平均长度至少为 $-\sum p_i \lg p_i$（提示：对 $n$ 用归纳法）．(Shannon[1948])

106

# 第 3 章 匹配和因子

## 3.1 匹配和覆盖

在一群人中，有一些人可以两两友好地共住一套房屋．在什么条件下，可以将所有这些人两两配对，安排他们共住一套房屋呢？图论中的很多应用均涉及这样的匹配问题．在例 1.1.9 中，我们考虑了对合格的申请者的工作安排问题．二部图自然将顶点集剖分为两个集合，此时我们还想知道能否用若干条边将这两个集合中的顶点两两配对．对于上面的共住房屋问题，对应的图不必是二部图．

**3.1.1 定义** 图 $G$ 的一个**匹配**是由其一组没有公共端点的不是圈的边构成的集合．与匹配 $M$ 中边关联的那些顶点是被 $M$-**浸润的**，而其余顶点是**未被浸润的**(称之为 $M$-浸润的和 $M$-未浸润的)．图 $G$ 的一个**完美匹配**是浸润了所有顶点的一个匹配．

**3.1.2 例**($K_{n,n}$ 中的完美匹配) 考虑部集为 $X=\{x_1, \cdots, x_n\}$ 和 $Y=\{y_1, \cdots, y_n\}$ 的二部图 $K_{n,n}$．一个完美匹配定义从 $X$ 到 $Y$ 的一个双射．依次为 $x_1, \cdots, x_n$ 找到配对顶点，最后得到 $n!$ 个完美匹配．

每个完美匹配就是 $[n]$ 的一个排列，其中将 $i$ 映射到 $j$ 表示 $x_i$ 与 $y_j$ 配对．我们也可以将匹配用矩阵来表示．用 $X$ 和 $Y$ 分别对应行和列，如果边 $x_i y_j$ 在匹配 $M$ 中，则在位置 $i, j$ 置 1，其他位置为 0，这样即得到相应的矩阵．在这样的矩阵中，每行和每列仅有一个 1.

$$X \begin{array}{cccc} x_1 & x_2 & x_3 & x_4 \end{array} \qquad \begin{pmatrix} 0 & 1 & 0 & 0 \\ 0 & 0 & 1 & 0 \\ 1 & 0 & 0 & 0 \\ 0 & 0 & 0 & 1 \end{pmatrix}$$

**3.1.3 例**(完全图中的完美匹配) 由于 $K_{2n+1}$ 是奇数阶的，故它没有完美匹配．$K_{2n}$ 中完美匹配的个数 $f_n$ 等于将不同的 $2n$ 个人进行配对的方案数．对于 $v_{2n}$ 的搭档，有 $2n-1$ 种选择方式来选择，并且对其中的每一个选择有 $f_{n-1}$ 个方案完成这个完美匹配．于是，$n \geqslant 1$ 时有 $f_n=(2n-1)f_{n-1}$．根据 $f_0=1$，由归纳法得到 $f_n=(2n-1)(2n-3)\cdots(1)$.

对于 $f_n$，还有另一种计数方法．将 $2n$ 个人排好序，然后从头至尾依次将两个相邻者配对，这样就构造出一个完美匹配．每一种排序方法得到一个匹配．每个匹配可以由 $2^n n!$ 种排序方法产生，因为交换各对搭档之间的次序或者交换每对搭档的两个人之间的次序均得到同一个匹配．因此有 $f_n=(2n)! /(2^n n!)$ 个完美匹配．

在 Petersen 图最常见的画法就是由一个完美匹配和两个 5-环构成的．然而，要计算 Petersen 图中完美匹配的个数却颇费周折(习题 14)．由超立方体 $Q_k$ 递归构造，容易找出它的许多完美匹配(习题 16)，但是要准确计数却异常困难．下面的图虽然有偶数阶，却没有完美匹配．

### 最大匹配

一个匹配是由若干条边构成的集合，故其**大小**就是边的条数．为了找出较大的匹配，可以用迭代的方法，每次选择一条边使得其端点没有被已经选出的那些边用过，直到没有可选的边为止．这样可以得到一个极大的匹配,但它可能不是最大的匹配.

**3.1.4 定义** 图 $G$ 的一个**极大匹配**是不能再通过添加边来使其变大的匹配.一个**最大匹配**是图 $G$ 的所有匹配中边数达到最大值的匹配.

如果任意一条不在匹配 $M$ 中的边均与 $M$ 中的某条边关联,则 $M$ 就是一个极大匹配.每个最大匹配均是一个极大匹配,反之不然.

**3.1.5 例** 极大匹配≠最大匹配.有一个极大匹配不是最大匹配的最小图是 $P_4$.如果将中间那条边选进匹配,则该匹配不能再添加其他边,但两端的边形成了一个更大的匹配.下面我们在 $P_4$ 和 $P_6$ 中显示这种现象.

108

在例 3.1.5 中,用细的边代替粗的边产生了一个更大的匹配.这就为寻找更大匹配提供了思路.

**3.1.6 定义** 给定图 $G$ 的一个匹配 $M$,如果一条路径的边交替出现在 $M$ 中和不出现在 $M$ 中,则称之为一条 **$M$-交错路径**.两个端点均未被 $M$-浸润的 $M$-交错路径称为 **$M$-增广路径**.

给定一条 $M$-增广路径 $P$,可以用 $P$ 中不属于 $M$ 的边替换 $P$ 中属于 $M$ 的边,将得到一个新的匹配 $M'$,它比原来的匹配多一条边.因而,如果 $M$ 是一个最大匹配,则它没有 $M$-增广路径.

事实上,下面我们将证明,不存在增广路径是最大匹配的特性.在证明这一点时,考虑两个匹配,并检查恰好属于其中一个匹配的那些边构成的集合.对于这种操作,我们将它定义在有相同顶点集的两个图上(一般来讲,对任何两个集合均可以定义这种操作;参见附录 A).

**3.1.7 定义** 如果 $G$ 和 $H$ 是顶点集为 $V$ 的两个图,**对称差** $G\triangle H$ 是顶点集为 $V$ 的一个图,边集由只出现在 $G$ 和 $H$ 之一中的那些边构成.我们也将这一术语用于边的集合;如果 $M'$ 和 $M$ 是两个匹配,则 $M\triangle M' = (M-M')\bigcup(M'-M)$.

**3.1.8 例** 在下图中,$M$ 是由 5 条实线边构成的匹配,$M'$ 是由 6 条粗边构成的匹配,虚线标记的边既不属于 $M$ 也不属于 $M'$.这两个匹配有一条公共边 $e$,它不属于 $M$ 和 $M'$ 的对称差.$M'\triangle M$ 的边集形成了一个长度为 6 的环和一条长为 3 的路径.

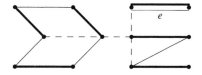

**3.1.9 引理** 在两个匹配的对称差中,任何分量或者是一条路径,或者是一个偶环.

**证明** 令 $M$ 和 $M'$ 是两个匹配且 $F=M\triangle M'$.由于 $M$ 和 $M'$ 均是匹配,因此 $F$ 的任意顶点至多与 $M$ 和 $M'$ 中的每个匹配的一条边相关联.于是,$F$ 中的每个顶点至多关联到两条边.由于 $\Delta(F) \leqslant 2$,$F$ 的任何分量是一条路径或一个环.而且,$F$ 的路径或环的边交替出现于 $M-M'$ 和 $M'-M$,所以每个环有偶数条边,一半来自 $M-M'$,另一半来自 $M'-M$.

**3.1.10 定理**(Berge[1957]) 图 $G$ 的一个匹配 $M$ 是最大匹配当且仅当 $G$ 中没有 $M$-增广路径.

109

**证明** 对于充分性和必要性,我们均证明其倒置命题,即图 $G$ 有比 $M$ 更大的匹配当且仅当 $G$ 中有一条 $M$-增广路径.前面已经看到,$M$-增广路径可以用来产生比 $M$ 更大的匹配.

反过来,令 $M'$ 是 $G$ 的比 $M$ 更大的一个匹配,我们来构造一条 $M$-增广路径.令 $F=M\triangle M'$.由引理 3.1.9 可知,$F$ 由一些路径和一些偶环组成,且每个偶环有相同数目的边分别来自 $M'$ 和 $M$.由

于 $|M'|>|M|$，所以 $F$ 必有一个分量，其中来自 $M'$ 的边多于来自 $M$ 的边；这个分量定是以 $M'$ 中的边开始和结束的一条路径．故而它必是 $G$ 中的一条 $M$-增广路径． ∎

## Hall 匹配条件

在为申请者分派工作时，申请者可能比工作多，故工作分派之后可能还剩余一些申请者．将这一问题模型化，我们考虑一个 $X$, $Y$-二部图（即二部剖分为 $X$, $Y$ 的二部图，参见定义 1.2.17），并在其中找出浸润 $X$ 的一个匹配．

如果一个匹配 $M$ 浸润 $X$，则对任意 $S\subseteq X$，至少存在 $|S|$ 个顶点在 $S$ 中有相邻顶点，因为与 $S$ 匹配的顶点必须从那个集合中选出．用 $N_G(S)$ 或 $N(S)$ 来表示与 $S$ 中顶点相邻的顶点构成的集合，则 $|N(S)|\geqslant|S|$ 是上述问题的一个必要条件．

条件"对于任意 $S\subseteq X$，$|N(S)|\geqslant|S|$"即是 **Hall 条件**．霍尔(Hall)证明了这个显然的必要条件也是充分的(TONCAS).

**3.1.11 定理**（Hall 定理——P. Hall[1935]） $X$, $Y$-二部图有一个浸润 $X$ 的匹配当且仅当对任意 $S\subseteq X$ 有 $|N(S)|\geqslant|S|$．

**证明** 必要性．与 $S$ 匹配的 $|S|$ 个顶点必在 $N(S)$ 中．

**充分性**．为证明 Hall 条件是充分的，我们证明其倒置命题．设 $M$ 是 $G$ 的一个最大匹配但 $M$ 没有浸润 $X$，由此我们要找出一个集合 $S\subseteq X$ 满足 $|N(S)|<|S|$．令 $u\in X$ 是未被 $M$ 浸润的一个顶点．在从 $u$ 出发通过 $G$ 的 $M$-交错路径可以到达的那些顶点中，令位于 $X$ 中的顶点构成 $S$，而位于 $Y$ 中的顶点构成 $T$（参见下图，$M$ 被表示为粗边）．注意，$u\in S$.

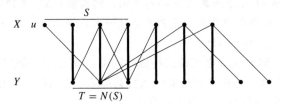

我们断言 $M$ 匹配 $T$ 和 $S-\{u\}$．从 $u$ 开始的 $M$-交错路径沿着不属于 $M$ 的边抵达 $Y$，并且沿着 $M$ 中的边回到 $X$．因此，$S-\{u\}$ 的每个顶点从 $T$ 的一个顶点通过 $M$ 的一条边到达．由于没有 $M$-增广路径，故 $T$ 的任意顶点都是被浸润的；于是每一条抵达 $y\in T$ 的 $M$-交错路径通过 $M$ 扩展到 $S$ 的一个顶点．所以 $M$ 中相应的边产生了一个从 $T$ 到 $S-\{u\}$ 的双射，故而有 $|T|=|S-\{u\}|$．

由 $T$ 和 $S-\{u\}$ 之间的匹配可以得出 $T\subseteq N(S)$．事实上，$T=N(S)$．假设 $y\in Y-T$ 有一个相邻顶点 $v\in S$．因为 $u$ 是未被浸润的而 $S$ 中其余顶点通过 $M$ 与 $T$ 匹配，故边 $vy\notin M$．将边 $vy$ 添加到抵达 $v$ 的一条 $M$-交错路径上之后，得到一条抵达 $y$ 的 $M$-交错路径．这同 $y\notin T$ 矛盾．因此 $vy$ 不存在．

由 $T=N(S)$，我们证明了 $|N(S)|=|T|=|S|-1<|S|$．这即完成了对倒置命题的证明． ∎

也可以假设 Hall 条件成立，再用反证法来证明充分性：假定没有匹配浸润 $X$，由此得出一个矛盾．正如我们所看到的，缺少浸润 $X$ 的匹配就不满足 Hall 条件．与假设相矛盾通常意味着倒置问题中的蕴涵关系得到了证明．我们给出的证明就是按这种方式进行论述的．

**3.1.12 注记** 定理 3.1.11 表明，只要 $X$, $Y$-二部图没有浸润 $X$ 的匹配，就能通过展现 $X$ 的某个子集的相邻点太少来证实这一点．

注意, 定理和证明允许有重边. ■

目前已有很多关于 Hall 定理的证明, 这方面的概要请参见 Mirsky[1971, p38]和 Jacobs[1969]. M. Hall[1948]给出一个证明, 由此导出浸润 $X$ 的匹配的数目的一个下界, 该下界是顶点度的函数. 我们将在 3.2 节从算法角度讨论匹配问题.

如果二剖分的两个集合有相同大小, Hall 定理就变成了**婚配定理**, 该定理最初由 Frobenius [1917]证明, 其名称的由来是要为 $n$ 名男子和 $n$ 名女子安排融洽的婚配关系. 如果每名男子恰好适于与 $k$ 名女子中的任意一人婚配, 且每名女子恰好适于与 $k$ 名男子中的任意一人婚配, 则必定存在一个完美匹配. 这里, 仍允许有多重边, 这增加了定理的应用范围(例如, 参见定理 3.3.9 和 7.1.7).

**3.1.13 推论**   对 $k>0$, 任意 $k$-正则二部图有一个完美匹配.

**证明**   令 $G$ 是一个 $k$-正则 $X, Y$-二部图. 分别用位于 $X$ 中的端点和位于 $Y$ 中的端点来对边进行计数, 有 $k|X|=k|Y|$, 故 $|X|=|Y|$. 于是, 只需验证 Hall 条件, 因为一个浸润 $X$ 的匹配也是浸润 $Y$ 的匹配, 从而必是一个完美匹配.

设 $S\subseteq X$, 令 $m$ 表示从 $S$ 到 $N(S)$ 的边的条数. 由于 $G$ 是 $k$-正则的, 因此有 $m=k|S|$. 这 $m$ 条边均关联到 $N(S)$, 故 $m\leqslant k|N(S)|$. 于是当 $k>0$ 时有 $k|S|\leqslant k|N(S)|$, 由此得 $|S|\leqslant|N(S)|$. 由于选择 $S\subseteq X$ 的随意性, Hall 条件成立. ■

这里, 我们也可以用反证法来证明. 假定 $G$ 没有完美匹配, 则有一个集合 $S\subseteq X$ 使得 $|N(S)|<|S|$. 重复上面的论述, 推导得出矛盾.

111

**最小-最大定理**

如果图 $G$ 没有完美匹配, 由定理 3.1.10 可知, 通过证明 $G$ 没有 $M$-增广路径就可以说明 $M$ 是最大匹配. 然而, 通过检查所有的 $M$-交错路径来排除可能的增广路径, 将会花费很多时间.

在确定一个图是否是二部图时, 我们遇到与此类似的问题. 在那里, 仅需找出一个奇环, 而不是去检查所有可能的奇环二部剖分. 在这里, 我们也只需找出 $G$ 中的某种结构以表明不可能有比 $M$ 更大的匹配, 而不必检查所有可能的 $M$-交错路径.

**3.1.14 定义**   图 $G$ 的一个**顶点覆盖**是由一些顶点构成的集合 $Q\subseteq V(G)$, $Q$ 包含每条边上的至少一个端点. $Q$ 的所有顶点覆盖边集 $E(G)$.

在表示道路网路的图中(其中道路均是直道且没有孤立顶点), 可以将找出最小顶点覆盖解释成安排最少的警察来监管整个道路网路的问题. 这里, "覆盖"的含义即是"监管".

由于任意一个顶点不能覆盖匹配中的两条边, 所以每个顶点覆盖的大小均不小于任何一个匹配的大小. 因此, 找到大小相同的一个匹配和一个顶点覆盖即证明了两者都是最优的. 这一结果对二部图是成立的, 但对一般的图则不成立.

**3.1.15 例**(匹配与顶点覆盖)   在下面左侧图中, 我们标记了一个大小为 2 的顶点覆盖并用粗边表示一个大小为 2 的匹配. 大小为 2 的顶点覆盖使得不存在大于 2 条边的匹配, 大小为 2 的匹配使得不存在小于 2 的顶点覆盖. 在右侧的奇环中, 二者的最优值相差 1. 事实上, 二者的最优值之差可以是任意大(习题 3.3.10).

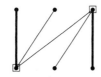

**3.1.16 定理**(König[1931]，Egerváry[1931]) 如果 $G$ 是二部图，则 $G$ 中最大匹配的大小等于 $G$ 的最小顶点覆盖的大小．

**证明** 令 $G$ 是一个 $X,Y$-二部图．设 $Q$ 是 $G$ 的任意顶点覆盖，$M$ 是 $G$ 的任意匹配，由于必须用不同的顶点来覆盖匹配中的各条边，故 $|Q| \geqslant |M|$．给定 $G$ 的一个最小顶点覆盖 $Q$，我们构造一个大小为 $|Q|$ 的匹配来证明上述不等式中的等号总可以取到．

将 $Q$ 划分为 $R = Q \cap X$，$T = Q \cap Y$．令 $H$ 和 $H'$ 分别是由 $R \cup (Y-T)$ 和 $T \cup (X-R)$ 诱导的子图．借助于 Hall 定理，我们证明 $H$ 有一个匹配将 $R$ 浸润到 $Y-T$ 中，而 $H'$ 有一个浸润 $T$ 的匹配．由于 $H$ 和 $H'$ 是不相交的，因此这两个匹配可以合成 $G$ 的一个大小为 $|Q|$ 的匹配．

由于 $R \cup T$ 是一个顶点覆盖，$G$ 没有从 $Y-T$ 到 $X-R$ 的边．对任何 $S \subseteq R$，考虑 $N_H(S)$，它含于 $Y-T$ 之中．如果 $|N_H(S)| < |S|$，则在 $Q$ 中用 $N_H(S)$ 来替换 $S$ 即可得到一个更小的顶点覆盖，因为 $N_H(S)$ 覆盖了所有关联到 $S$ 但未被 $T$ 覆盖的边．

$Q$ 的最小性使得 $H$ 中 Hall 条件成立，故 $H$ 有一个浸润 $R$ 的匹配．对 $H'$ 进行同样的论证可以得到浸润 $T$ 的一个匹配．

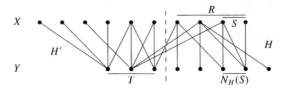

随着图论的不断发展，对于 König-Egerváry 定理这样的基本结论，出现了许多的新证法，参见 Rizzi[2000]．

**3.1.17 注记** 一个**最小-最大关系**是一个定理，它说明某个最小化问题的答案和某个最大化问题的答案之间等同．König-Egerváry 定理说明二部图中顶点覆盖和匹配之间的这种关系．

在本书的讨论中，我们将一对**对偶优化问题**考虑成定义在相同实例（比如图）上的最大化问题 **M** 和最小化问题 **N**，且对 **M** 的每个候选解 $M$ 和 **N** 的每个候选解 $N$（对相同实例），$M$ 的值小于等于 $N$ 的值．通常，解的"值"指的是解的势，正如 **M** 是最大匹配而 **N** 是最小顶点覆盖时一样．

如果 **M** 和 **N** 是对偶问题，则得到候选解 $M$ 和 $N$ 具有相同值就证明 $M$ 和 $N$ 分别是该实例的两个优化解．我们会在本书中陆续遇到很多对偶问题．一个最小-最大关系表明，对某些种类的实例来说，对最优性的简洁证明是存在的．这样的定理正是我们需要的，因为它们将节省很多工作．我们的下一个目标是对二部图中的独立集证明这样的定理．

**独立集和覆盖**

现在我们将讨论从匹配转到独立集上来．图的**独立数**是图中顶点独立集大小的最大值．

**3.1.18 例** 二部图的独立数并不总等于某个部集的大小．在下面的图中，两个部集的大小均为 3，但我们却标出了一个大小为 4 的独立集．

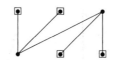

没有一个顶点能覆盖匹配中的两条边．同样，也没有一条边能连接独立集中的两个顶点．这即引起另一个对偶覆盖问题．

**3.1.19 定义** 图 $G$ 的一个**边覆盖**是若干条边构成的集合 $L$，它使得 $G$ 的任意顶点均与 $L$ 中的某条边相关联.

我们说图 $G$ 的所有顶点被边集 $L$ 覆盖了. 在例 3.1.18 中，关联到所标顶点的 4 条边构成一个边覆盖；其余两个顶点被"免费"覆盖了.

没有孤立点的图才有边覆盖. 一个完美匹配形成了有 $n(G)/2$ 条边的一个边覆盖. 通常，我们可以向最大匹配中添加一些边来得到一个边覆盖.

**3.1.20 定义** 对已经定义的独立性问题和覆盖问题中集合大小的最优值，我们使用如下记号：

| | |
|---|---|
| 独立集大小的最大值 | $\alpha(G)$ |
| 匹配大小的最大值 | $\alpha'(G)$ |
| 顶点覆盖大小的最小值 | $\beta(G)$ |
| 边覆盖大小的最小值 | $\beta'(G)$ |

一个图可以有多个具有最大的独立集($C_5$ 有 5 个)，但独立数 $\alpha(G)$ 就是一个整数($\alpha(C_5)=2$). 这些记号把用于回答相应优化问题的数字(比如阶、大小、最大度和直径等等)看成图的参数. 我们用 $\alpha'(G)$ 来表示最大匹配中的边数暗示了它与最大独立集中的顶点数 $\alpha(G)$ 有某种关系. 7.1 节深入讨论这种关系.

我们对最小顶点覆盖使用记号 $\beta(G)$ 是由于最小顶点覆盖和最大匹配之间的关系. 在 $\beta'(G)$ 上加了"一撇"而 $\beta(G)$ 不加撇，是由于 $\beta(G)$ 是对顶点计数而 $\beta'(G)$ 是对边计数.

在约定的记号下，König-Egerváry 定理表述为每个二部图 $G$ 有 $\alpha'(G)=\beta(G)$. 我们还将证明，对一个没有孤立顶点的二部图，有 $\alpha(G)=\beta'(G)$. 因为没有一条边能覆盖独立集中的两个顶点，不等式 $\beta'(G)\geqslant\alpha(G)$ 显然成立(如果 $S\subseteq V(G)$，我们常用 $\overline{S}$ 表示其余顶点构成的集合 $V(G)-S$).

114

**3.1.21 引理** 图 $G$ 中，$S\subseteq V(G)$ 是一个独立集当且仅当 $\overline{S}$ 是一个顶点覆盖，因此有 $\alpha(G)+\beta(G)=n(G)$.

**证明** 如果 $S$ 是一个独立集，则每条边至少与 $\overline{S}$ 中的一个顶点关联. 反之，如果 $\overline{S}$ 覆盖所有的边，则不存在连接 $S$ 中的两个顶点的边. 所以，每个最大的独立集是一个最小顶点覆盖的补集，故有 $\alpha(G)+\beta(G)=n(G)$. ∎

匹配和边覆盖的关系更加微妙，也满足一个类似的公式.

**3.1.22 定理**(Gallai[1959]) 如果 $G$ 是一个没有孤立顶点的图，则有 $\alpha'(G)+\beta'(G)=n(G)$.

**证明** 由一个最大匹配 $M$，构造一个大小为 $n(G)-|M|$ 的边覆盖. 因为最小边覆盖不大于所构造的边覆盖，故有 $\beta'(G)\leqslant n(G)-\alpha'(G)$. 反之，由一个最小边覆盖 $L$，构造一个大小为 $n(G)-|L|$ 的匹配. 因为最大匹配不小于所构造的匹配，于是有 $\alpha'(G)\geqslant n(G)-\beta'(G)$. 这两个不等式即可证明该定理.

令 $M$ 是 $G$ 的一个最大匹配. 对每个未被浸润的顶点，将与之关联的一条边添加到 $M$ 中，我们就构造出一个 $G$ 的边覆盖. 在这个边覆盖中，除了原来匹配 $M$ 中的每条边覆盖两个顶点之外，其余的每条边均覆盖一个顶点，所以该边覆盖的总大小为 $n(G)-|M|$.

令 $L$ 是一个最小边覆盖. 如果边 $e$ 的两个端点都属于 $L$ 中除 $e$ 之外的其他一些边，则 $e\notin L$，因为 $L-\{e\}$ 也是一个边覆盖. 于是，由 $L$ 的边构成的每个分量最多只能有一个顶点的度超过 1，并且必是一个星形(即至多有一个非叶子结点的树). 将分量的个数记为 $k$. 因为对任意星形的每个非中心顶点，$L$ 中必有一条边与之对应，所以 $|L|=n(G)-k$. 从 $L$ 中为每个星形选一条边，即得到一

个大小为 $k=n(G)-|L|$ 的匹配.

**3.1.23 例**  下面的图有 13 个顶点. 我们用粗线标出了一个大小为 4 的匹配, 在其中添加实线边即得到一个大小为 9 的边覆盖. 虚线边无须出现在该覆盖中. 这个边覆盖由 4 个星形组成; 从每个星形中抽出一条边(粗线边)即是前面提到的匹配.

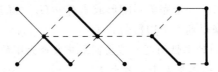

**3.1.24 推论**(König[1916])  如果 $G$ 是一个没有孤立顶点的二部图, 则 $\alpha(G)=\beta'(G)$.

**证明**  由引理 3.1.21 和定理 3.1.22 有 $\alpha(G)+\beta(G)=\alpha'(G)+\beta'(G)$. 再由 König-Egerváry 定理知道 $\alpha'(G)=\beta(G)$, 从第一个式子中减去第二式即可得证.

[115]

### 支配集(选学)

在顶点覆盖中, 被一个顶点覆盖的边就是关联到该顶点的边, 它们形成一个星形. 因此, 顶点覆盖问题也可以表述为用尽可能少的星形覆盖边集. 有些情况下, 我们希望用最少的星形覆盖顶点集. 这同我们下一个图参数等价.

**3.1.25 例**  一个公司想在偏远地区建立发射塔, 要求每个发射塔均要位于居民建筑物旁并使得每个建筑物是可达的. 如果一台发射机可以从 $x$ 到达 $y$, 则它也可以从 $y$ 到达 $x$. 给定可以相互到达的位置点对, 需要多少台发射机才能覆盖所有的建筑物?

一个类似的问题来自于趣味数学游戏: 在一个棋盘上, 需要放置多少个王后才能攻击所有的方格? (习题 56.)

**3.1.26 定义**  在图 $G$ 中, 如果每一个不在集合 $S \subseteq V(G)$ 中的顶点有一个属于 $S$ 的相邻顶点, 则 $S \subseteq V(G)$ 是一个**支配集**. **支配数** $\gamma(G)$ 是 $G$ 中支配集大小的最小值.

**3.1.27 例**  下面的图 $G$ 中, 圆环标记的是大小为 4 的一个极小支配集; 方格标记的是一个大小为 3 的最小支配集, 故 $\gamma(G)=3$.

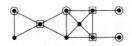

Berge[1962]引进支配集的概念, Ore[1962]定义这一术语, 符号 $\gamma(G)$ 出现在早期的一篇综述中(Cockayne-Hedetniemi[1977]). 专著(Haynes-Hedetniemi-Slater[1998])专门讨论支配集及其变形.

**3.1.28 例**  覆盖顶点集所需星形的个数可以少于覆盖边集所需星形个数. 如果图 $G$ 没有孤立顶点, 则每个顶点覆盖就是一个支配集, 于是 $\gamma(G) < \beta(G)$. 但这两个参数的差可以很大: $\gamma(K_n)=1$, $\beta(K_n)=n-1$.

如果把支配集问题作为极值问题来研究, 则通常借助于图的其他参数(例如阶和最小度)以便获得支配数的上界和下界. 一个度为 $k$ 的顶点支配它本身和 $k$ 个其他顶点; 因此, $k$-正则图 $G$ 中的每个支配集的大小至少是 $n(G)/(k+1)$; 在最小度为 $k$ 的任意一个图中, 贪心算法可以产生一个支配集, 其大小不比上述值大很多.

**3.1.29 定义**  在一个图中, 顶点 $v$ 的**闭邻域** $N[v]$ 指的是 $N(v) \cup \{v\}$. 这是由 $v$ 支配的顶点构

成的集合.

116

**3.1.30 定理**(Arnautov[1974]，Payan[1975]) *最小度为 $k$ 的 $n$-顶点的图有一个大小至多为 $n\dfrac{1+\ln(k+1)}{k+1}$ 的支配集.*

**证明**(Alon[1990]) 令 $G$ 是一个最小度为 $k$ 的图. 给定 $S \subseteq V(G)$, 令 $U$ 是未被 $S$ 中的顶点支配的顶点构成的集合. 我们断言: $S$ 之外有某个顶点 $y$, 它至少支配 $U$ 中的 $|U|(k+1)/n$ 个顶点. $U$ 中每个顶点至少有 $k$ 个相邻顶点, 故 $\sum_{v \in U}|N[v]| \geqslant |U|(k+1)$. $G$ 中每个顶点至多有 $n$ 个相邻顶点, 故它被这 $|U|$ 个集合至多计数 $n$ 次. 因此, 必有某个顶点 $y$ 在求和过程中至少出现 $|U|(k+1)/n$ 次, 因此断言成立.

我们通过迭代来选择一个顶点, 它能够尽可能多地支配那些剩下的仍未受支配的顶点. 上面已经证明, 如果剩下的未受控制顶点有 $r$ 个, 接下来再选择一个支配点后, 最多还剩下 $r(1-(k+1)/n)$ 个未受支配的顶点. 在 $n\dfrac{\ln(k+1)}{k+1}$ 步后, 利用不等式 $1-p < e^{-p}$ 可以证明剩下的未受支配的顶点至多为

$$n\left(1-\frac{k+1}{n}\right)^{n\ln(k+1)/(k+1)} < ne^{-\ln(k+1)} = \frac{n}{k+1}$$

已经选出的顶点和所有剩下的未受支配的顶点一起形成一个支配集, 其大小至多为 $n\dfrac{1+\ln(k+1)}{k+1}$. ■

**3.1.31 注记** 定理 8.5.10 用一个概率方法也证明了这个界限. Caro-Yuster-West[2000]证明了, 对非常大的 $k$ 值, 可以得到一个支配集, 它具有诱导连通子图的附属性质, 它的大小渐近等于上面的值. Alon[1990]用概率方法证明: 当 $k$ 非常大时, 这个界限是渐近意义下最优的.

对较小的 $k$ 值, 确切的界限仍然是值得研究的. 在连通 $n$-顶点图中, $\delta(G) > 2$ 蕴涵了 $\gamma(G) \leqslant 2n/5$(McCuaig-Shepherd[1989], 但有 7 个较小的例外), 而 $\delta(G) \geqslant 3$ 蕴涵了 $\gamma(G) \leqslant 3n/8$(Reed[1996]). 习题 53 要求分别给出达到这两个界限的构造. ■

人们还对支配集的许多变形进行了研究. 比如, 在例 3.1.25 中, 我们可能还要求各个发射机能够相互通信, 这就要求它们诱导出一个连通子图.

**3.1.32 定义** 图 $G$ 的一个支配集 $S$ 是

一个**连通支配集**, 如果 $G[S]$ 是连通的.

一个**独立支配集**, 如果 $G[S]$ 是独立的.

一个**整支配集**, 如果 $G[S]$ 没有孤立顶点.

每一种变形在原来基础上增加一个约束条件, 于是这几类支配集的大小至少是 $\gamma(G)$. 习题 $54\sim 60$ 讨论了这几种变形. 研究独立支配集相当于研究极大独立集. 这就导出有关无爪形图的一个很好的结果.

**3.1.33 引理** 一个图中的某个顶点集是一个独立支配集当且仅当它是一个极大独立集.

**证明** 在所有独立集中, $S$ 是极大的当且仅当每一个不在 $S$ 中的顶点有一个相邻顶点属于 $S$, 这也是 $S$ 成为支配集的条件. ■

117

**3.1.34 定理**(Allan-Laskar[1978]) 每一个无爪形的图有一个大小为 $\gamma(G)$ 的独立支配集.

**证明** 令 $S$ 是无爪形图 $G$ 的一个最小支配集, 且 $S'$ 是 $S$ 的极大独立子集. 令 $T=V(G)-R(R$

是由 $S'$ 支配的顶点的集合 $N(S')\bigcup S')$，$T'$ 是 $T$ 的一个极大独立子集.

因为 $T'$ 不包含 $S'$ 的相邻顶点，因此 $S'\bigcup T'$ 是独立的. 由于 $S'$ 是 $S$ 的极大独立子集，$S-S'$ 中的每个顶点在 $S'$ 中有相邻的顶点. 类似地，$T'$ 控制 $T$. 因此，$S'\bigcup T'$ 是一个支配集.

下面只需证明 $|S'\bigcup T'|\leqslant\gamma(G)$. 由于 $S-S'$ 中的每个顶点在 $S$ 中有相邻顶点，每个这样的顶点在 $T'$ 中至多有一个相邻顶点，$S'\bigcup T'$ 是独立的且 $G$ 是无爪形图. 由于 $S$ 是支配集，故 $T'$ 中的每个顶点在 $S-S'$ 中至少有一个相邻顶点. 所以，$|T'|\leqslant|S-S'|$，这即得到 $|S'\bigcup T'|\leqslant|S|=\gamma(G)$.

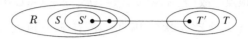

■

**习题**

3.1.1　（一）为下面的每个图找出一个最大匹配. 通过给出对偶问题（最小顶点覆盖）的优化解来证明所找出的是一个最大匹配. 说明为什么这能证明匹配是最优的.

3.1.2　（一）在环 $C_n$ 中，确定极大匹配边数的最小值.

3.1.3　（一）在图 $G$ 中，$S$ 是由被匹配 $M$ 浸润的那些顶点构成的集合. 证明某个最大匹配也能浸润整个 $S$. 这个命题是否对所有的最大匹配都是正确的？

3.1.4　（一）对参数 $\alpha$、$\alpha'$、$\beta$、$\beta'$，分别表述各参数为 1 的简单图的特征.

3.1.5　（一）证明：$\alpha(G)\geqslant\dfrac{n(G)}{\Delta(G)+1}$ 对所有的图均成立.

3.1.6　（一）令 $T$ 是一棵有 $n$ 个顶点的树，$k$ 为 $T$ 中独立集大小的最大值. 用 $n$ 和 $k$ 来表示 $\alpha'(T)$.

3.1.7　（一）利用推论 3.1.24，证明：图 $G$ 是二部图当且仅当对 $G$ 的任意不含孤立顶点的子图 $H$ 有 $\alpha(H)=\beta'(H)$.

• • • • • • • • • • • • • •

3.1.8　（!）证明或否定：每棵树至多有一个完美匹配.

[118]　3.1.9　（!）证明：图 $G$ 中每个极大匹配至少有 $\alpha'(G)/2$ 条边.

3.1.10　设 $M$ 和 $N$ 是图 $G$ 的两个匹配，$|M|>|N|$. 证明：存在匹配 $M'$ 和 $N'$ 使得 $|M'|=|M|-1$，$|N'|=|N|+1$，而且 $M'$ 和 $N'$ 的并集和交集（作为边集）等于 $M$ 和 $N$ 的并集和交集.

3.1.11　令 $C$ 和 $C'$ 是图 $G$ 中的两个环. 证明：$C\triangle C'$ 可以分解为若干个环.

3.1.12　令 $G$ 是围长为 $k$ 的图，$C$ 和 $C'$ 是其中长度为 $k$ 的两个环. 证明：$C\triangle C'$ 是一个环当且仅当 $C\bigcap C'$ 是一条非平凡的路径.（Jiang[2001]）

3.1.13　设 $M$ 和 $M'$ 是 $X,Y$—二部图 $G$ 中的两个匹配，假定 $M$ 浸润 $S\subseteq X$，而 $M'$ 浸润 $T\subseteq Y$. 证明：$G$ 中有一个匹配浸润 $S\bigcup T$. 如下所示，粗线边表示 $M$，细线边表示 $M'$. 我们从两个匹配中分别选出一条边就可以浸润 $S\bigcup T$.

3.1.14 令 $G$ 是 Petersen 图. 在例 7.1.9 中,通过案例分析证明:如果 $M$ 是 $G$ 的一个完美匹配,则有 $G-M=C_5+C_5$. 现在假设这个结论成立.

　　a)证明:$G$ 的每条边属于 4 个 5-环,并计算 $G$ 中 5-环的个数.

　　b)确定 $G$ 中完美匹配的个数.

3.1.15 a)对 $k\geqslant 2$,证明:对 $Q_k$ 的任意完美匹配 $M$ 和任意位标 $i\in[k]$,$M$ 中有偶数条边的端点在第 $i$ 位标上是不同的.

　　b)利用(a)的结论来计算 $Q_3$ 中完美匹配的个数.

3.1.16 对 $k\geqslant 2$,证明 $Q_k$ 至少有 $2^{(2^{k-2})}$ 个完美匹配.

3.1.17 在 $Q_k$ 中,令每个顶点的权值为该顶点的标签中 1 的个数. 证明:在 $Q_k$ 的每个完美匹配中,当 $0\leqslant i\leqslant k-1$ 时,从权表示的顶点到权值表示的顶点的匹配的边共有 $\binom{k-1}{i}$ 条.

3.1.18 (!)两个人在一个图上进行游戏,轮流选择不同的顶点. 游戏者 1 开始可以选任意一个顶点. 每次相继的选择必须与对手上次的选择邻接. 因此,两人选取的顶点最终形成一条路径. 选最后一个顶点的人获胜. 证明:如果图 $G$ 有一个完美匹配,则第二个人有一个必胜策略;否则,第一个人有一个获胜的策略(提示:对于结论的后半部分,第一个人应该从某个最大匹配遗漏的顶点开始).

3.1.19 (!)令 $A=\{A_1,\cdots,A_m\}$ 是集合 $Y$ 的子集族. $A$ 的一个**相异代表系**(SDR)是 $Y$ 中一些满足 $a_i\in A_i$ 的不同元素 $a_1,\cdots,a_m$ 构成的一个集合. 证明:$A$ 有一个 SDR 当且仅当 $\left|\bigcup_{i\in S}A_i\right|\geqslant|S|$ 对任意 $S\subseteq\{1,\cdots,m\}$ 成立.(提示:将该问题转化为图论问题).

3.1.20 一个社团的成员正在安排暑假的度假计划,有旅行项目 $t_1,\cdots,t_n$ 可供选择,但参加 $t_i$ 的人以 $c_i$ 为限. 每人有若干个喜好的项目但是至多只能选择一个. 推导出一个充要条件,使得(在限制条件下)能够为各个成员安排其喜欢的项目.

3.1.21 (!)令 $G$ 是一个 $X,Y$-二部图,其中只要 $\varnothing\neq S\subset X$,就有 $|N(S)|>|S|$. 证明:$G$ 的每条边均属于某个浸润 $X$ 的匹配.

3.1.22 证明:二部图 $G$ 有一个完美匹配当且仅当 $|N(S)|\geqslant|S|$ 对任意 $S\subseteq V(G)$ 成立. 给出一族无穷的反例,说明这一结论不是对所有的图都成立.

3.1.23 (+)Hall 定理的另一个证明. 考虑一个 $X,Y$-二部图 $G$,假设它对任意 $S\subseteq X$ 有 $|N(S)|\geqslant|S|$. 对 $|X|$ 用归纳法证明 $G$ 有一个浸润 $X$ 的匹配(提示:首先,对 $X$ 的每个非空真子集 $S$,考虑 $|N(S)|>|S|$ 的情况. 当此条件不满足时,考虑满足 $|N(T)|=|T|$ 的非空子集 $T\subseteq X$).(M. Hall[1948],Halmos-Vaughan[1950])

3.1.24 (!)**置换矩阵** $P$ 是一个 0-1 矩阵,其中每行、每列仅有一个 1. 证明:具有非负整数元素的一个方阵可以表示成 $k$ 个置换矩阵的和,当且仅当其各行元素之和以及各列元素之和均为 $k$.

3.1.25 (!)**双重随机矩阵** $Q$ 是一个非负实数矩阵,其中每行、每列的元素之和均是 1. 证明:$Q$ 能够表示成 $Q=c_1P_1+\cdots+c_mP_m$,其中 $c_1,\cdots,c_m$ 是和为 1 的非负实数,$P_1,\cdots,P_m$ 是置换矩阵. 例如,

$$\begin{pmatrix} 1/2 & 1/3 & 1/6 \\ 0 & 1/6 & 5/6 \\ 1/2 & 1/2 & 0 \end{pmatrix} = \frac{1}{2}\begin{pmatrix} 1 & 0 & 0 \\ 0 & 0 & 1 \\ 0 & 1 & 0 \end{pmatrix} + \frac{1}{3}\begin{pmatrix} 0 & 1 & 0 \\ 0 & 0 & 1 \\ 1 & 0 & 0 \end{pmatrix} + \frac{1}{6}\begin{pmatrix} 0 & 0 & 1 \\ 0 & 1 & 0 \\ 1 & 0 & 0 \end{pmatrix}$$

119

（提示：对 $Q$ 中非 0 元素的个数用归纳法．）（Birkhoff[1946]，von Neumann[1953]）

3.1.26 （!）一副 $m \times n$ 张的牌分为 $n$ 种花色，每种花色有 $m$ 张不同面值的牌．这些牌可以排成一个 $n \times m$ 的矩阵．

a)证明：有 $m$ 张面值不同的牌分别位于该矩阵的每一列中．

b)利用(a)的结论证明：通过一系列操作，每次操作将两张面值相同的牌交换位置，最终可以使得这些牌的每一列均由 $n$ 张花色不同的牌构成．（Enchev[1994]）

3.1.27 （!）推广的**井字棋**⊖．一个**占位对策游戏**由位置集合 $X = x_1, \cdots, x_n$ 和一族胜利位置集 $W_1, \cdots, W_m$ 组成，每个胜利位置集 $W_i$ 是一个由一些位置构成的集合（井字棋有 9 个位置和 8 个胜利位置集）．两个游戏者轮流选取位置，先选得一个胜利位置集的游戏者获胜．假定每个胜利位置集至少有 $a$ 个位置，每个位置至多出现在 $b$ 个胜利位置集中（在井字游戏中，$a = 3$，$b = 4$）．证明：如果 $a \geqslant 2b$，游戏者 2 总有一个取得和局的策略（提示：形成一个 $X$，$Y$-二部图 $G$，其中 $Y = \{w_1, \cdots, w_m\} \cup \{w_1', \cdots, w_m'\}$，并且只要 $x_i \in W_j$ 就有边 $x_i w_j$ 和 $x_i w_j'$．游戏者 2 如何利用 $G$ 中的一个匹配呢？注：这个结果说明，只要边数足够大，游戏者 2 在 $d$-维的井字游戏中就必有一个保证平局的策略．）

3.1.28 （!）在下图中，给出一个完美匹配或者简要证明它没有完美匹配．

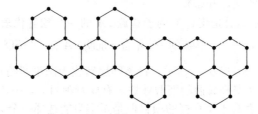

3.1.29 （!）利用 König-Egerváry 定理，证明任意二部图 $G$ 有一个大小至少为 $e(G) / \Delta(G)$ 的匹配．由此得出结论，$K_{n,n}$ 的边数大于 $(k-1)n$ 的每一个子图必有一个大小至少为 $k$ 的匹配．

3.1.30 （!）确定简单二部图的最大边数，使得它既没有 $k$ 条边的匹配也没有具有 $l$ 条边的星形．（Isaak）

3.1.31 （!）用 König-Egerváry 定理证明 Hall 定理．

3.1.32 （!）在 $X$，$Y$-二部图 $G$ 中，集合 $S$ 的**缺失**是指 $\mathrm{def}(S) = |S| - |N(S)|$．注意，$\mathrm{def}(\varnothing) = 0$．证明：$\alpha'(G) = |X| - \max_{S \subseteq X} \mathrm{def}(S)$（提示：构造一个二部图 $G'$，使得 $G'$ 有一个浸润 $X$ 的匹配当且仅当 $G$ 有一个大小满足要求的匹配，并证明 $G'$ 满足 Hall 条件）．（Ore[1955]）

3.1.33 （!）用习题 3.1.32 证明 König-Egerváry 定理（提示：从具有最大缺失的集合获取一个匹配和同样大小的顶点覆盖）．

3.1.34 （!）设 $G$ 是一个没有孤立顶点的 $X$，$Y$-二部图，并像习题 3.1.32 中一样定义缺失．证明：Hall 条件在浸润 $X$ 的一个匹配上得以满足当且仅当 $Y$ 的任意子集的缺失至多为 $|Y| - |X|$．

3.1.35 设 $G$ 是一个 $X$，$Y$-二部图．证明：$G$ 是 $(k+1)K_2$-无关的，当且仅当每个 $S \subseteq X$ 均有一个大小至多为 $k$ 的子集使其邻域为 $N(S)$．（Liu-Zhou[1997]）

3.1.36 设 $G$ 是一个 $X$，$Y$-二部图，它有一个浸润 $X$ 的匹配．令 $m = |X|$，证明：$G$ 至多有 $\dbinom{m}{2}$

————————————
⊖  类似于五子棋． ——译者注

条边不属于任何大小为 $m$ 的匹配．构造例子来表明，这个上界对任意 $m$ 值是最优的．

3.1.37 (+)设 $G$ 是一个 $X$，$Y$-二部图，它有一个浸润 $X$ 的匹配．

a)令 $S$ 和 $T$ 是 $X$ 的子集且有 $|N(S)|=|S|$ 和 $|N(T)|=|T|$．证明：$|N(S\cap T)|=|S\cap T|$．

b)证明：$X$ 中有某个顶点 $x$ 使得任意关联到 $x$ 的边均属于某个最大匹配(提示：考虑满足 $|N(S)|=|S|$ 的极小非空子集 $S\subseteq X$，如果这样的子集存在的话)．

3.1.38 (+)一个面积为 $n$ 的小岛上有 $n$ 对已婚的猎人/农民夫妇．狩猎管理局把小岛分成 $n$ 个大小相等的狩猎区域；农业管理局把小岛分成 $n$ 个大小相等的农业区域；婚姻管理局要求每对夫妇接受两块有重叠的区域．由习题 3.1.25，这总是可以实现的．证明一个如下更强的结论：如果 $n$ 是奇数，则适当安排可以保证每对夫妇的两块区域的重叠部分面积至少为 $4/(n+1)^2$；如果 $n$ 是偶数，则重叠部分面积可以至少为 $4/[n(n+2)]$．另外，再证明：无论怎样安排，更大的公共区域无法对每对夫妇得以保证．下面的例子给出了 $n=3$ 时取得等号的情况(Marcus-Ree[1959]，Floyd[1990])．

$$\begin{pmatrix}0.5 & 0.25 & 0.25\\ 0.5 & 0.25 & 0.25\\ 0 & 0.5 & 0.5\end{pmatrix}$$

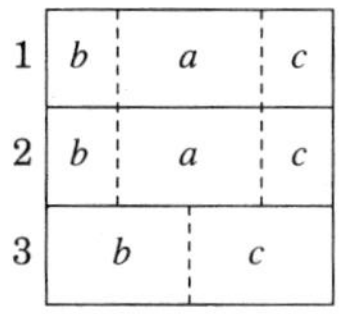

3.1.39 设 $G$ 是一个非平凡简单图．证明：$\alpha(G)\leqslant n(G)-e(G)/\Delta(G)$．如果 $G$ 是正则的，则 $\alpha(G)\leqslant n(G)/2$．(P. Kwok)

3.1.40 令 $G$ 是一个二部图．证明：$\alpha(G)=n(G)/2$ 当且仅当 $G$ 有一个完美匹配． 121

3.1.41 一个连通的 $n$-顶点图恰有一个环当且仅当它恰有 $n$ 条边(习题 2.1.30)．令 $G$ 是一个恰好有一个环 $C$ 的非二部图．证明：$\alpha(G)\geqslant\lfloor(n(G)-1)/2\rfloor$，且等号成立仅当 $G-V(C)$ 有一个完美匹配．

3.1.42 (!)一个贪心算法用迭代过程构造一个较大的独立集 $S$，它每次迭代从剩下的图中选择度最小的一个顶点添加到 $S$ 中，并把该顶点及其相邻顶点从图中删除．证明：在简单图 $G$ 中，该算法产生的独立集的大小至少为 $\sum\limits_{v\in V(G)}\dfrac{1}{d_G(v)+1}$．(Caro[1979]，Wei[1981])

3.1.43 在一个没有孤立顶点的图中，设 $M$ 是一个极大匹配而 $L$ 是一个极小边覆盖．证明下面的结论．(Norman-Rabin[1959]，Gallai[1959])

a)$M$ 是一个最大匹配当且仅当 $M$ 含于某个最小边覆盖中．

b)$L$ 是一个最小边覆盖当且仅当 $L$ 包含一个最大匹配．

3.1.44 (−)设 $G$ 是一个简单图，其中任意 $k$ 个顶点的度之和小于 $n-k$．证明：图 $G$ 的任意极大独立集的顶点数大于 $k$．(Meyer[1972])

3.1.45 图 $G$ 的一条边 $e$ 称为是 **$\alpha$-临界的**，如果 $\alpha(G-e)>\alpha(G)$．设 $xy$ 和 $xz$ 是 $G$ 的两条 $\alpha$-临界边．证明：$G$ 有一个诱导子图是包括 $xy$ 和 $xz$ 的一个奇环(提示：令 $Y$，$Z$ 分别是 $G-xy$ 和 $G-xz$ 的最大独立集．令 $H=G[Y\triangle Z]$．证明：$H$ 的每个分支均有相同数目的顶点来自 $Y$，$Z$．由此证明 $y$ 和 $z$ 属于 $H$ 的同一个分支)．(Berge[1970]，用到 Markossian-Karapetian[1984]中一个推广后的很难的结果)

3.1.46　(∗一)表述支配数为 1 的图的特征.

3.1.47　(∗一)找出支配数和顶点覆盖数不相等的最小树.

3.1.48　(∗一)求 $\gamma(C_n)$ 和 $\gamma(P_n)$ 公式.

3.1.49　(∗)设 $G$ 是一个没有孤立点的图，$S$ 是 $G$ 中的一个极小支配集. 证明：$\overline{S}$ 是一个支配集. 得出结论：$\gamma(G)\leqslant n(G)/2$. (Ore[1962])

3.1.50　(∗)证明：如果 $G$ 是一个没有孤立顶点的 $n$-顶点图，则 $\gamma(G)\leqslant n-\beta'(G)\leqslant n/2$. 对 $1\leqslant k\leqslant n/2$，构造一个满足 $\gamma(G)=k$ 的连通 $n$-顶点图 $G$.

3.1.51　(∗)设 $G$ 是一个 $n$-顶点简单图. 证明：

a)$\lceil n/(1+\Delta(G))\rceil\leqslant\gamma(G)\leqslant n-\Delta(G)$.

b)$(1+\operatorname{diam} G)/3\leqslant\gamma(G)\leqslant n-\lceil(\operatorname{diam} G)/2\rceil$.

3.1.52　(∗)证明：如果 $G$ 的直径至少为 3，则 $\gamma(\overline{G})\leqslant 2$.

3.1.53　(∗)对所有的 $k\in\mathbf{N}$，构造一个支配数为 $2k$ 的 $5k$-顶点连通图. 构造一个满足 $\gamma(G)=3n(G)/8$ 的 3-正则图.

3.1.54　(∗)确定 Petersen 图的支配数，找出其中的一个确定其完全支配集的最小大小.

3.1.55　(∗)在超立方体 $Q_4$ 中，确定支配集、独立支配集、连通支配集和完全支配集的最小大小.

3.1.56　(∗)在 8×8 的棋盘上，找到一种放置 5 个皇后的方法，使得它们能够攻击所有方格中的对方. 证明：没有一种放置方案能使这 5 个皇后间不能互相攻击(注：因而"皇后图"的独立支配数超过了它的支配数；这里支配数是 7).

3.1.57　(∗)对所有的 $n\in\mathbf{N}(n\geqslant 4)$，构造一个支配数为 2 的 $n$-顶点树使得其中独立支配集的最小大小为 $\lfloor n/2\rfloor$.

3.1.58　(∗)证明：$K_{1,r}$-无关图 $G$ 有一个大小至多为 $(r-2)\gamma(G)-(r-3)(r\geqslant 3)$ 的独立支配集(提示：推广定理 3.1.34 中的论证). (Bollobás-Cockayne[1979])

3.1.59　(∗)证明：在阶为 $n$ 的一个连通图 $G$ 中，连通支配集大小的最小值等于 $n$ 减去生成树中叶子的最大数目.

3.1.60　(∗)对 $k\leqslant 5$，满足 $\delta(G)\geqslant k$ 的任意图有一个大小至多为 $3n(G)/(k+1)$ 的连通支配集(Kleitman-West[1991]，Griggs-Wu[1992]). 用后面得到的图来证明这个界几乎是最好的：将 $3m$ 个两两互不相交的团排成环状，并使得每个顶点与该顶点之前的团和之后的团中的任意顶点均相邻. 令各个团的大小分别为 $\lceil k/2\rceil$, $\lfloor k/2\rfloor$, 1, $\lceil k/2\rceil$, $\lfloor k/2\rfloor$, 1, ….

## 3.2　算法和应用

**最大二部匹配**

为找出一个最大匹配，我们反复找出增广路径来扩展当前的匹配. 在二部图中，如果找不到一条增广路径，我们将会找到一个与当前匹配大小相同的顶点覆盖，由此证明当前的匹配就是最大的. 这给出了一个解决最大匹配问题的算法，同时也用算法证明了 König-Egerváry 定理.

给定 $X$, $Y$-二部图 $G$ 的一个匹配 $M$，从 $X$ 的每个未被 $M$ 浸润的顶点开始寻找 $M$-增广路径. 只需从 $X$ 中的顶点开始寻找 $M$-增广路径，因为每条增广路径有奇数条边因此其两个端点分别在 $X$ 和 $Y$ 中. 我们将同时从 $X$ 的每个未浸润顶点开始搜索. 从一个大小为 0 的匹配开始，运行增广路径算

法 $\alpha'(G)$ 次之后即得到一个最大匹配.

**3.2.1 算法**(增广路径算法)

**输入**：$X,Y$-二部图 $G$，$G$ 的一个匹配 $M$，$X$ 中未被 $M$ 浸润的顶点构成的集合 $U$.

**思想**：从 $U$ 出发找出所有的 $M$-交替路径，并令 $S\subseteq X$ 和 $T\subseteq Y$ 是由这些交错路径抵达过的顶点．在路径扩展的过程中，若 $S$ 中的顶点已处理过，则标记它，且以后不再处理；并且扩展过程中每抵达一个顶点，就记录它是经哪个顶点抵达的.

**初始化**：$S=U$；$T=\varnothing$.

**迭代**：如果 $S$ 中没有未标记的顶点，则停止并将 $T\cup(X-S)$ 和 $M$ 分别作为最小覆盖和最大匹配输出．否则，取一个未被标记顶点 $x\in S$. 处理 $x$，考虑满足 $xy\notin M$ 的任意 $y\in N(x)$. 如果 $y$ 未被浸润，则终止并返回一条从 $U$ 抵达 $y$ 的 $M$-增广路径．否则，在 $M$ 中 $y$ 已经与某个顶点 $w\in X$ 匹配．在这种情况下，把 $y$ 放入 $T$ 中（记录它是由 $x$ 抵达的），并把 $w$ 放入集合 $S$ 中（记录它是由 $y$ 抵达的）．处理完所有与 $x$ 关联的边之后，对 $x$ 做出标记．然后继续迭代. 123

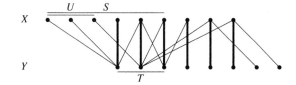

在迭代中处理 $x$ 时，可能会抵达一个以前已抵达过的顶点 $y\in T$. 将 $x$ 作为路径上 $y$ 的前驱顶点记录下来，可能会影响最后返回的 $M$-增广路径，但是不会影响这种增广路径的存在性.

**3.2.2 定理**    在二部图上重复应用增广路径算法将产生大小相同的一个匹配和一个顶点覆盖.

**证明**    只需验证增广路径算法产生一条 $M$-增广路径或一个大小为 $|M|$ 的顶点覆盖．若算法产生一条 $M$-增广路径，则得证．否则，算法终止时，标记了 $S$ 中的所有顶点并将 $Q=T\cup(X-S)$ 作为大小 $|M|$ 的顶点覆盖返回．我们必须证明 $Q$ 是一个顶点覆盖且大小为 $|M|$.

为证明 $Q$ 是一个顶点覆盖，只需证明不存在边连接 $S$ 和 $Y-T$ 的顶点即可．从 $U$ 出发的 $M$-交错路径只能通过 $M$ 中的一条边进入 $X$. 因此，$S-U$ 的任意顶点 $x$ 必然由 $M$ 与 $T$ 中的顶点匹配，并且 $S$ 和 $Y-T$ 间没有属于 $M$ 的边．另外，$M$ 之外也不可能有介于 $S$ 和 $Y-T$ 之间的边．下面进一步表明它们之间没有边存在．当一条路径抵达 $x\in S$ 后，它可以沿着任何一条不在 $M$ 中的边继续扩展，处理 $x$ 时把 $x$ 的所有其他相邻顶点添加到 $T$ 中．由于算法终止前已标记了 $S$ 的所有顶点，故关联到 $S$ 的所有边也都关联到 $T$.

现在，研究 $Q$ 的大小．算法仅将被浸润的顶点放入 $T$ 中；$T$ 中每个顶点通过 $M$ 与 $S$ 中的一个顶点匹配．由于 $U\subseteq S$，因此 $X-S$ 的每个顶点也均是被浸润的顶点．$M$ 中与 $X-S$ 关联的边不涉及 $T$ 中的顶点，这些边与浸润 $T$ 的边是不同的，所以 $M$ 至少有 $|X-S|+|T|$ 条边．因为任何匹配均不能大于这个顶点覆盖，故有 $|M|=|X-S|+|T|=|Q|$. ■

除了算法的正确性之外，我们还关心算法所用的时间（计算步数的多少）．我们用输入规模的函数来度量算法的时间．对于图问题，通常用图的阶 $n(G)$ 或大小 $e(G)$ 来表示输入的规模.

**3.2.3 定义**    一个算法的**运行时间**是其使用的最大计算步数，用输入规模大小的一个函数来表示．一个**好算法**是运行时间为多项式的算法.

运行时间通常表示为"$O(f)$"，其中 $f$ 是输入规模大小的函数．$O(f)$ 表示一系列函数 $g$ 的集合， 124

当 $x$ 相当大时, $|g(x)|$ 被 $|f(x)|$ 的某个常数倍数所限定(即存在常数 $c$ 和 $a$, 使得 $|g(x)| \leqslant c|f(x)|$ 对 $|x| > a$ 恒成立).

1 至 4 章中讨论的很多问题都有好算法. 复杂性的其他概念(附录 B)还不会给我们造成麻烦, 因此不涉及. 因为我们不知道在特定的机器上执行一个特定操作需要多长时间, 所以运行时间中的常数因子的意义不大. 所以, "大 $O$"符号非常方便. 如果 $f$ 是一个二次多项式, 则我们用 $O(n^2)$ 代替 $O(f)$ 来表示一个最多以 $n$ 的二阶形式增长的函数.

**3.2.4 注记** 设 $G$ 是有 $n$ 个顶点和 $m$ 条边的一个 $X$, $Y$-二部图. 由于 $\alpha'(G) \leqslant n/2$, 找出 $G$ 的一个最大匹配需运行算法 3.2.1 至多 $n/2$ 次. 每次运行算法 3.2.1 时, 处理 $X$ 的一个顶点, 而且仅在该顶点被标记之前进行这一次处理; 因此, 算法对每条边也最多考虑一次. 如果处理一条边的时间不超过某个常数, 则算法找出一个最大匹配的时间是 $O(mn)$. 定理 3.2.22 给出了一个更快的算法, 其运行时间为 $O(m\sqrt{n})$. 3.3 节讨论在一般图中找出最大匹配的好算法. ∎

**加权二部匹配**

将我们的结果推广到加权的 $X$, $Y$-二部图, 即是找出总权值最大的一个匹配. 如果我们处理的图不是 $K_{n,n}$, 则插入原本没有的边并赋予权值 0. 这些边不会影响我们得到的匹配的总权值. 所以我们假定所处理的图是 $K_{n,n}$.

因为我们认为各边均有非负权值, 故必有某个权值最大的匹配是完美匹配, 因而我们寻找完美匹配. 我们解决最大权值匹配问题及其对偶问题.

**3.2.5 例**(加权二部匹配及其对偶) 一个农业公司有 $n$ 个农场和 $n$ 个加工厂, 各农场生产的玉米均达到了一个加工厂的加工能力. 将农场 $i$ 生产的玉米送到加工厂 $j$ 加工获得的利润是 $w_{i,j}$. 对部集为 $X = \{x_1, \cdots, x_n\}$ 和 $Y = \{y_1, \cdots, y_n\}$ 的二部图, 在每条边 $x_i y_j$ 上赋予权值 $w_{i,j}$, 这样得到一个加权的二部图. 农业公司希望选择一些边形成一个匹配, 使得总利润最大.

政府宣布玉米生产过量, 因此决定补贴农业公司使其不再生产玉米. 如果农业公司不再使用农场 $i$, 则政府给予补贴 $u_i$; 如果农业公司不再使用加工厂 $j$, 则政府给予补贴 $v_j$. 如果 $u_i + v_j < w_{i,j}$, 则农业公司使用边 $x_i y_j$ 所获得的收益比政府提供补贴总量高. 为使得所有生产停止, 政府支付的补贴必须对所有 $i$, $j$ 满足 $u_i + v_j \geqslant w_{i,j}$. 同时, 政府希望找出一个补贴方案使得 $\sum u_i + \sum v_j$ 达到最小值. ∎

**3.2.6 定义** $n \times n$ 矩阵的一个**截断**是从每行每列各取一个元素得到的 $n$ 个位置. 找出和最大的一个截断即是一个**分配问题**. 这是用矩阵形式表述的**最大权值匹配**问题, 即将非负权值 $w_{i,j}$ 分配给 $K_{n,n}$ 的边 $x_i y_j$, 并找出一个完美匹配 $M$ 使得 $w(M)$ 达到最大.

给定所有边上的权值, 一个**(加权)覆盖**就是对标记 $u_1, \cdots, u_n$ 和 $v_1, \cdots, v_n$ 的适当选择使得 $u_i + v_j \geqslant w_{i,j}$ 对任意 $i$, $j$ 成立. 覆盖 $(u, v)$ 的**代价** $c(u, v)$ 指的是 $\sum u_i + \sum v_j$. **最小加权覆盖**问题就是找出代价最小的一个覆盖.

为了找出权值最小的一个完美匹配, 可以选取某个很大的数 $M$, 然后将每个权值 $w_{i,j}$ 用 $M - w_{i,j}$ 代替, 再从修改后的加权图中找出一个最大权值匹配.

**3.2.7 引理**(加权匹配问题和加权覆盖问题的对偶性) 对于加权二部图 $G$ 的一个完美匹配 $M$ 和加权覆盖 $(u, v)$, 有 $c(u, v) \geqslant w(M)$, 且 $c(u, v) = w(M)$ 当且仅当 $M$ 是由满足 $u_i + v_j = w_{ij}$ 的边 $x_i y_j$ 组成的. 在这种情况下, $M$ 和 $(u, v)$ 都是最优的.

**证明** 因为 $M$ 浸润每个顶点, 因此对任意覆盖 $(u, v)$, 在 $M$ 的每条边上将约束 $u_i + v_j \geqslant w_{ij}$ 求

和得 $c(u, v) \geqslant w(M)$. 而且，如果 $c(u, v) = w(M)$，则求和涉及的 $n$ 个不等式中所有等式必须成立. 最后，由于 $c(u, v) \geqslant w(M)$ 对任意匹配和任意覆盖均成立，故 $c(u, v) = w(M)$ 就表明既没有大于 $c(u, v)$ 的匹配，也没有小于 $w(M)$ 的覆盖. ■

一个匹配和一个覆盖有相同的值，仅当该匹配的所有边均在不等式中等号成立的情况下被覆盖. 由此得到一个算法.

**3.2.8 定义**　加权覆盖 $(u, v)$ 的**相等子图** $G_{u,v}$ 是 $K_{n,n}$ 的一个生成子图，它的边是满足 $u_i + v_j = w_{i,j}$ 的所有顶点对 $x_i, y_j$. 在这个覆盖中，$i, j$ 的差额是 $u_i + v_j - w_{i,j}$.

如果 $G_{u,v}$ 有一个完美匹配，则其权值是 $\sum u_i + \sum v_j$，由引理 3.2.7 可知它即是一个优化解. 否则，（通过任一种方法，例如增广路径算法）在 $G_{u,v}$ 中找出有相同大小的一个匹配 $M$ 和一个顶点覆盖 $Q$. 令 $R = Q \cap X$，$T = Q \cap Y$. 如下所示，图中大小为 $|Q|$ 的匹配由 $|R|$ 条从 $R$ 到 $Y - T$ 的边和 $|T|$ 条从 $T$ 到 $X - R$ 的边组成.

为了在相等子图中找到一个更大的匹配，在保持 $M$ 中所有边上的相等关系均成立的条件下，引进从 $X - R$ 到 $Y - T$ 的一条边来对覆盖 $(u, v)$ 进行修改. 连接 $X - R$ 和 $Y - T$ 的边均不在 $G_{u,v}$ 中，且这些边上的差额均为正；令 $\varepsilon$ 是这些边上差额的最小值. 对任意 $x_i \in X - R$，从 $u_i$ 减去 $\varepsilon$，这个操作使得相关边上的覆盖条件仍成立，同时使得相等子图至少增加了一条边. 为使得从 $X - R$ 到 $T$ 的边的覆盖条件仍保持成立，需对每个 $y_j \in T$，把 $\varepsilon$ 加到 $v_j$ 上.

对新的相等子图重复上述过程，最终获得一个覆盖，它的相等子图有一个完美匹配. Kuhn 把由此得到的算法称为**匈牙利算法**，以纪念 König 和 Egerváry 所做的一些工作，这些工作正是匈牙利算法的基础.

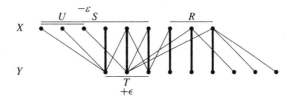

**3.2.9 算法**（匈牙利算法——Kuhn[1955]，Munkres[1957]）

**输入**：由 $K_{n,n}$ 的所有边的权值构成的矩阵，其中 $K_{n,n}$ 的二部剖分为 $X$，$Y$.

**思想**：不断调整覆盖 $(u, v)$，直到其相等子图 $G_{u,v}$ 有一个完美匹配.

**初始化**：令 $(u, v)$ 是一个覆盖，比如 $u_i = \max_j \{w_{i,j}\}$ 和 $v_j = 0$.

**迭代**：在 $G_{u,v}$ 中找出一个最大匹配 $M$. 如果 $M$ 是一个完美匹配，停止并将 $M$ 作为最大权值匹配返回. 否则，令 $Q$ 是 $G_{u,v}$ 中大小为 $|M|$ 的一个顶点覆盖. 设 $R = Q \cap X$，$T = Q \cap Y$. 令

$$\varepsilon = \min\{u_i + v_j - w_{i,j} : x_i \in X - R, y_j \in Y - T\}.$$

对 $x_i \in X - R$，从 $u_i$ 减去 $\varepsilon$；对 $y_j \in T$，把 $\varepsilon$ 加到 $v_j$ 上. 形成一个新的相等子图，重复操作. ■

我们给出了一个用于二部图的算法，但是将中间过程中不断变化的相等子图都画出来是烦琐笨拙的. 因此，我们用矩阵来表述计算过程. 由原始的权值构成矩阵 $A$，其中位置 $i, j$ 的元素是权值 $w_{ij}$. 我们将顶点和标签 $(u, v)$ 与矩阵的行和列关联起来，即将 $X$ 和 $Y$ 分别看作矩阵的行和列. 从 $u_i + v_j$ 减去 $w_{ij}$ 得到相应的**差额矩阵** $c_{ij} = u_i + v_j - w_{ij}$. 相等子图的边对应于差额矩阵中的 0 元素.

**3.2.10 例**（分配问题的求解）　下面的第一个矩阵是权值矩阵，其余矩阵表示一个覆盖及其相应的差额矩阵. 在差额矩阵中，把与 $G_{u,v}$ 的一个最大匹配 $M$ 对应的那些项（矩阵的元素）用下划线标

记，最大匹配 $M$ 的边在相等子图中用粗线表示，这里，仅对前两个差额矩阵画出了相等子图（绘制相等子图不是必需的）. 在差额矩阵中，仅从每行每列中取一个 0 构成一个集合，它即对应于 $G_{u,v}$ 的一个匹配；这样一个集合也称为**部分截断**.

差额矩阵中包含 0 元素的一些行和列构成的集合是**覆盖集**；这也对应于 $G_{u,v}$ 的一个顶点覆盖. 规模小于 $n$ 的覆盖集更接近于问题的解，因为下一个权值覆盖的代价会更小. 我们研究差额矩阵中的 0 元素，找出一个部分截断和一个同样大小的覆盖集. 在较小的矩阵中，通过目测即可完成上述工作.

我们将部分截断对应的 0 元素用下划线标记出来，用 $R$ 和 $T$ 分别标记覆盖集中的行和列. 在每次迭代中，计算未被覆盖的行或列（$X-R$ 对应的行和 $Y-T$ 对应的列）中的最小差额. 这些未被覆盖的位置上均有正的差额（因为相应的边不在相等子图中）. 算法 3.2.9 中定义的 $\varepsilon$ 就是这些差额中的最小值. 我们将不属于 $R$ 的行的标签 $u_i$ 减去 $\varepsilon$，将属于 $T$ 的列的标签 $v_j$ 加上 $\varepsilon$.

在下面的例子中，第一次迭代使用的覆盖集减小了覆盖的代价，但是没有使相等子图中的最大匹配增大. 第二次迭代产生了一个完美匹配. 如果第一次迭代使用最后 3 列作为覆盖集，将使得最大匹配立即增大.

最后一次迭代完成后，0 元素构成的截断确定了一个完美匹配，其总权值等于最后所得覆盖的代价. 该完美匹配对应的边在原始数据中的权值是 5、4、6、8、8，和为 31. 最后所得覆盖的标签 4、5、7、4、6 和 0、0、2、2、1 恰好满足每条边上的覆盖条件，和也是 31. 最优解的值是唯一的，但最优解本身并不唯一. 这个例子有很多最大权值匹配和许多最小代价覆盖，但它们的总权值都是 31.

**3.2.11 定理**    匈牙利算法找到一个最大权值匹配和最小代价覆盖.

**证明**    算法以一个覆盖开始，并且仅当相等子图有一个完美匹配时才停止，这就保证了当前的匹配和覆盖有相同的值. 设 $(u, v)$ 是当前的覆盖且相等子图没有完美匹配. 令 $(u', v')$ 是新赋予顶点的数值. 由于 $\varepsilon$ 是一个非空有限正数集的最小数，故 $\varepsilon > 0$.

首先，我们验证 $(u', v')$ 是一个覆盖. 对 $X-R$ 和 $T$ 中各顶点的标签的改变，使得从 $X-R$ 到 $T$ 或从 $R$ 到 $Y-T$ 的每条边 $x_iy_j$ 均有 $u_i' + v_j' = u_i + v_j$. 如果 $x_i \in R$ 而 $y_j \in T$，则有 $u_i' + v_j' = u_i + v_j + \varepsilon$；因此，边的权值仍然被覆盖. 如果 $x_i \in X-R$ 而 $y_j \in Y-T$，则有 $u_i' + v_j' = u_i + v_j - \varepsilon$，由 $\varepsilon$ 的选择方法知道 $u_i' + v_j'$ 至少是 $w_{ij}$.

算法仅在相等子图有一个完美匹配时才停止，故只需证明算法确实能够停止即可. 假定权值均为有理数. 乘以最小公分母, 得到权值皆为整数的等价问题. 因而我们可以假设当前覆盖中的权值均是整数, 进而任意差额也均为整数; 并且在每次迭代中, 我们均使得覆盖的代价减小一个整数值. 由于覆盖的代价在第一次迭代时开始于某个值, 并以任意一个完美匹配的总权值为下界, 故经过有限次迭代之后必然会得到相等关系.

对于权值为实数值的一般情况参见注记 3.2.12. ∎

**\*3.2.12 注记** 如果权值为实数, 则要使得算法仍然可行, 需要在相等子图中更精心地寻找顶点覆盖. 我们证明算法最多用 $n^2$ 次迭代即会终止. 由于 $M$ 的边保留在新的相等子图中, 因此当前匹配的大小绝不会变小. 由于匹配的大小最多增大 $n$ 次, 故只需证明每连续 $n$ 次迭代必然会使匹配的大小增大 1 次.

如果迭代使用增广路径算法来找出一个最大匹配 $M$, 则在最后一次迭代给出一个顶点覆盖. 这个顶点覆盖可以按照如下方法获得: 从 $X$ 中未被 $M$ 浸润的顶点集 $U$ 开始依次遍历所有 $M$-交错路径; 用 $S$ 和 $T$ 分别表示在上述遍历过程中抵达 $X$ 和 $Y$ 的顶点构成的集合; $R \cup T$ 即为我们要找的顶点覆盖, 其中 $R = X - S$.

将匈牙利算法中的一次迭代应用到顶点覆盖 $R \cup T$ 上, 将保持 $M$ 各边上的等式成立, 同时也使得从 $U$ 出发的所有 $M$-交错路径上各边的相等关系成立. 从 $T$ 到 $R$ 的边将从相等子图中消失, 这无关紧要, 因为它们不出现在从 $U$ 出发的 $M$-交错路径中. 引入一条从 $S$ 到 $Y - T$ 的边将保持 $U$ 不变, 同时有可能产生一条 $M$-增广路径也有可能增加 $T$ 的元素. 由于 $T$ 至多只能增大 $n$ 次, 故经过 $n$ 次迭代后必然会在相等子图中得到一个更大的匹配. ∎

**\*3.2.13 注记** 二部图中的最大匹配问题和顶点覆盖问题是相应加权问题的特殊形式. 给定二部图 $G$, 将 $G$ 中边的权值设为 1, $K_{n,n}$ 中其他边的权值设为 0, 这样即得到一个加权图, 其中匹配的最大权值是 $\alpha'(G)$.

给定整数权值, 则匈牙利算法总保持中间过程的各个加权覆盖有整数标签. 因此在加权覆盖问题中, 可以将所用数值(标签)限定为整数. 在二部图的特殊情况中, 这些整数将总是 0 或 1.

标签为 1 的顶点必须覆盖 $G$ 中各边的权值, 所以它们形成 $G$ 的一个顶点覆盖. 在整数条件的限制下, 最小化标签值之和等价于找出 $G$ 的顶点覆盖中顶点的最小数目. 于是该加权覆盖问题的答案是 $\beta(G)$. ∎

129

**\*3.2.14 应用**(街道清扫问题和运输问题) 街道清扫机在清扫街道的两侧时必须和其他车辆同一个方向行驶. 清扫路线产生了一个有向图, 其中双向通行的街道对应方向相反的两条边, 单行街道对应方向相同的两条边. 我们讨论**街道清扫问题**的简单形式. 在 Tucker-Bodin[1976]基础上, Roberts[1978]详细研究了这一问题.

纽约市为了清扫街道, 每天道路的某一侧是禁止停车的. 每天所有街道能够清扫的这一侧即定义了上述有向图 $H$ 的**清扫子图** $G$. 任意 $e \in E(H)$ 有一个**空车时间** $t(e)$, 即清扫机停下清扫工作到达该街道所花费的时间⊖.

我们要问, 怎样清扫 $G$ 才能使得总的空车时间最小. 这是有向图中中国邮递员问题的一般形式. 如果在 $G$ 的每个顶点上均有入度等于出度, 则不需要空车时间. 否则, 我们要复制 $G$ 的一些边或者从 $H$ 中选择一些边添加进来, 以获得一个包含 $G$ 的欧拉有向图 $G'$.

设 $X$ 是入度大于出度的顶点构成的集合; 对 $x \in X$, 令 $\sigma(x) = d_G^-(x) - d_G^+(x)$. 设 $Y$ 是出度大

---

⊖ 如果清扫机边走边清扫, 则空车时间为 0. ——译者注

于入度的顶点构成的集合；对 $y \in Y$，令 $\partial(y) = d_G^-(y) - d_G^+(y)$．显然有 $\sum\limits_{x \in X} \sigma(x) = \sum\limits_{y \in Y} \partial(y)$．为了由 $G$ 得到 $G'$，必须在 $x \in X$ 处增加 $\sigma(x)$ 条出边，在 $y \in Y$ 处增加 $\partial(y)$ 条入边．由于 $G'$ 要求每个顶点的净出度为 0，因此增加的边形成了从 $X$ 到 $Y$ 的若干条路径．一条 $x$，$y$-路径的代价 $c(x, y)$ 是加权有向图 $H$ 中从 $x$ 到 $y$ 的距离，这些代价可以由 Dijkstra 算法得到．

由此得到**运输问题**．给定 $x \in X$ 的供给 $\sigma(x)$ 和 $y \in Y$ 的需求 $\partial(y)$，从 $x$ 到 $y$ 的单位运输代价是 $c(xy)$，且 $\sum\sigma(x) = \sum\partial(y)$；我们希望用最小的总代价满足所有需求．这一问题的一种形式是由 Kantorovich[1939] 引入的；Hitchcock[1941]（另见 Koopmans[1947]）提出了该问题的上面这种形式（并构造出了一个解）．Ford-Fulkerson[1962，p93-130] 深入地讨论了这个问题．

如果供给和需求都是有理数，则可以运用分配问题来求解．首先，将所有数值增大一个整数倍使得供给和需求都是整数；接下来定义一个 $\sum\sigma(x)$ 行、$\sum\sigma(x)$ 列的矩阵，对每个 $x \in X$ 产生 $\sigma(x)$ 个行，每个 $y \in Y$ 产生 $\partial(y)$ 列．如果 $i$，$j$ 表示 $x$，$y$，则令 $w_{i,j} = M - c(xy)$，其中 $M = \max\limits_{x,y} c(xy)$．现在，一个最大加权匹配产生运输问题的一个最小代价解．运输问题的一般形式在 4.3 节中讨论．　■

**稳定匹配（选学）**

现在，我们不再对匹配的总权值进行优化，而是对优先选择进行优化．给定 $n$ 名男子和 $n$ 名女子，我们希望建立 $n$ 对稳定的婚姻．如果将男子 $x$ 和女子 $a$ 分别婚配给其他人，但是 $x$ 喜欢 $a$ 胜过他当前的配偶；$a$ 喜欢 $x$ 也胜过她目前的配偶，则他们可能会离开目前的配偶，而结合到一起．在这种情况下，称未匹配的对 $(x, a)$ 是一个**不稳定对**．

**3.2.15 定义**　如果一个完美匹配没有不稳定的未匹配对，则称它是一个**稳定匹配**．

**3.2.16 例**　给定男子 $x$、$y$、$z$、$w$ 和女子 $a$、$b$、$c$、$d$，他们各自的偏好如下所示．匹配 $\{xa, yb, zd, wc\}$ 是一个稳定匹配．

$$男子：\{x,y,z,w\} \quad 女子：\{a,b,c,d\}$$

$$x:a>b>c>d \quad a:z>x>y>w$$

$$y:a>c>b>d \quad b:y>w>x>z$$

$$z:c>d>a>b \quad c:w>x>y>z$$

$$w:c>b>a>d \quad d:x>y>z>w$$

　■

Gale 和 Shapley 在他们的论文 "College admissions and the stability of marriage" 中证明一个稳定的匹配总是存在的，并且可以由一个相对简单的算法找到．在这个算法中，男子和女子承担的角色是不对称的；稍后，我们再讨论这种区别的重要性．下面的算法产生例 3.2.16 中的匹配．

**3.2.17 算法**（Gale-Shapley 求婚算法）

**输入**：每名男子和女子各自的偏好序列．

**思想**：使用求婚机制获得一个稳定的匹配．维护一个信息，以记录谁向谁求过婚和谁拒绝过谁的求婚．

**迭代**：每名男子向排在其偏好序列最前面的仍未拒绝过他的女子求婚．如果每名女子只收到一个人的求婚，则停止并采纳所得的匹配．否则，收到多个求婚请求的每名女子拒绝除排在其偏好序列中最靠前的那个求婚者之外的其他所有人．收到求婚请求的每名女子对向其求婚的人中最有吸引力的人说"可能"．

**3.2.18 定理**(Gale-Shapley[1962])    求婚算法产生一个稳定匹配.

**证明**    算法终止(于某个匹配),因为在每次非终止的迭代过程中,所有男子的潜在配偶序列的总长度是递减的.迭代至多进行 $n^2$ 次.

观察到的关键结果:每名男子所做的求婚序列在其偏好序列中是非增序.每名女子向他说了"可能"的男子构成的序列在该女子的偏好序列中是非降序的,直到找到与之婚配的男子为止.上述结论成立,因为每名男子重复地向一名女子求婚直到被拒绝;每名女子向同一名男子说"可能"直到她更喜欢的求婚者到来.

如果所得匹配不稳定,则存在一个不稳定的未匹配对 $(x, a)$,在当前匹配中 $x$ 与 $b$ 配对而 $y$ 与 $a$ 配对.由上面的关键结果可知,在算法中 $x$ 从未向 $a$ 求婚,因为 $a$ 接受了喜欢程度次于 $x$ 的男子.另一方面,关键结果也表明:如果 $x$ 先没有向 $a$ 求婚,则 $x$ 将永远不会向 $b$ 求婚.这与所得匹配的稳定性发生矛盾.∎

求婚算法具有不对称性,我们自然要问,哪个性别的人更满意呢?如果所有男子的第一选择各不相同,则他们将实现其第一愿望,而女子必然嫁给她们的求婚者.如果算法改为让女子求婚,则她们得到的利益至少同由男子求婚时得到的利益相同,此时男子同样也是有苦无法诉.在例 3.2.16 中,让女子求婚,运行算法马上产生一个匹配 $\{xd, yb, za, wc\}$,其中所有女子均与她们第一候选者婚配.事实上,在所有的稳定匹配中,每名男子最满意的是由男子求婚的算法得出的一个匹配,每名女子最满意的是由女子求婚的算法得出的一个匹配(习题 11).由此可见,社会习俗照顾男性.

这一算法还可以用于另一种场合.每年,医学院的研究生提交一个清单,按优先级高低列出他们希望去实习的医院.医院有其自己的偏好;我们把有多个空缺职位的一个医院看成是有相同偏好的多家医院.在 Gale-Shapley 的论文定义和解决这个问题的 10 年前,实习生市场的混乱迫使医院设计和实现一个算法来解决该问题.结果,1952 年创立了一个非营利性的协会,即国家实习生匹配计划,由该协会来统一安排日程和匹配过程.

谁对安排的结果更满意呢?由于算法由医疗单位执行,他们提出计划,从而他们对结果更满意,这一点是不足为奇的.在另一种场合下,区别更加明显.申请工作的学生有各自的偏好,但由用人单位提供给学生"工作机会".NRMP 的这种令人不满意之处导致了 1998 年对系统的更改,更改后的系统叫作学生申请计划.1998 年,系统处理了 35823 名申请者对 22451 个职位的申请.关于此系统的详细信息可以在万维网 nrmp. aamc. org/nrmp/mainguid/ 找到.

或许还有其他稳定匹配不同于两种求婚算法产生的结果.为了找出一个"公平"的稳定匹配,可以让每个人用一些点数来对偏好进行量化.配对 $xa$ 的权值就是 $x$ 给 $a$ 的权值与 $a$ 给 $x$ 的点数之和.匈牙利算法可以找出总权值最大的一个匹配,但这可能不是一个稳定匹配(习题 10).其他一些处理方法请参见 Knuth[1976] 和 Gusfield-Irving[1989],其中对稳定婚配和相关主题进行了探讨.

## 快速二部匹配(选学)

作为这一节的开始,我们给出一个在二部图中寻找最大匹配的算法.它以更合理的次序查找增广路径,从而使得其运行时间得以改善;如果存在较短的增广路径,可以不必处理很多边而找出一个增广路径.从 X 的所有未被浸润的顶点开始同时进行广度优先搜索,我们对边集每进行一次处理就可以找到多条长度相同的路径.Hopcroft 和 Karp[1973] 证明(匹配)越靠后的扩张所使用的增广路径也越长,所以搜索可以分阶段进行,每个阶段找出长度相同的路径.结合上述思想,他们证明只需要很少的阶段即可找出最大匹配,$n$-顶点二部图中最大匹配可以在 $O(n^{2.5})$ 时间内找到.

**3.2.19 注记**　设 $M$ 是一个大小为 $r$ 的匹配，$M^*$ 是一个大小为 $s > r$ 的匹配，则至少存在 $s-r$ 条无公共顶点的 $M$-增广路径．至少可以在 $M \triangle M^*$ 中找到这些路径．■

下面的引理表明，前后相继的最短增广路径的长度序列是非递减的．这里，我们把路径看成是边的集合，集合的势表示边的数目．

**3.2.20 引理**　如果 $P$ 是一条最短的 $M$-增广路径，$P'$ 是 $M \triangle P$-增广路径，则 $|P'| \geqslant |P| + 2|P \cap P'|$（将 $P$ 看成边的集合）．

**证明**　注意 $M \triangle P$ 是一个匹配，它恰好是用 $P$ 对 $M$ 进行增大后得到的．令 $N$ 是用 $P'$ 增大 $M \triangle P$ 后得到的匹配 $(M \triangle P) \triangle P'$．由于 $|N| = |M| + 2$，注记 3.2.19 保证 $M \triangle N$ 有两条无公共顶点的 $M$-增广路径 $P_1$ 和 $P_2$．每一条至少与 $P$ 一样长，因为 $P$ 是最短的 $M$-增广路径．

由于 $M$ 调换 $P$ 的边，再调换 $P'$ 的边之后才得到 $N$，一条边只属于 $M$ 或 $N$ 当且仅当它只属于 $P$ 或 $P'$．从而，$M \triangle N = P \triangle P'$．这即得到 $|P \triangle P'| \geqslant |P_1| + |P_2| \geqslant 2|P|$．故
$$2|P| \leqslant |P \triangle P'| = |P| + |P'| - 2|P \cap P'|.$$
于是有 $|P'| \geqslant |P| + 2|P \cap P'|$．■

**3.2.21 引理**　如果 $P_1, P_2, \cdots$ 是由前后相继的最短增广路径构成的序列，则长度相同的增广路径没有公共顶点．

**证明**　使用反证法．令 $P_k, P_l(l > k)$ 是序列中距离最近的长度相同的有公共顶点的两条路径．由引理 3.2.20 可知，前后相继的最短增广路径的长度是非递减的，于是 $P_k, \cdots, P_l$ 均有相同的长度．由于 $P_l, P_k$ 是距离最近的相同长度的两条相交路径，因此路径 $P_{k+1}, \cdots, P_l$ 一定是两两不相交的．

令 $M'$ 是由 $P_1, P_2, \cdots, P_k$ 增广后得到的匹配．由于 $P_{k+1}, \cdots, P_l$ 是两两不相交的，故 $P_l$ 是一条 $M'$-增广路径．由引理 3.2.20 可知，$|P_l| \geqslant |P_k| + |P_k \cap P_l|$．由于 $|P_l| = |P_k|$，故 $P_l$ 和 $P_k$ 没有公共边．

另一方面，$P_l$ 和 $P_k$ 必有一条公共边．$P_k$ 的任意顶点均通过 $P_k$ 的一条边被 $M'$ 浸润；$M'$-增广路径 $P_l$ 的任意一个已经被 $M'$ 浸润的顶点（比如 $P_k$ 和 $P_l$ 的公共顶点）必然使得浸润该顶点的边属于 $P_l$．

上面的矛盾表明，不存在 $P_k, P_l$ 这样的两条路径．■

**3.2.22 定理**（Hopcroft-Karp[1973]）　在具有 $n$ 个顶点和 $m$ 条边的二部图中，使用广度优先策略的阶段化的最大匹配算法的运行时间是 $O(m\sqrt{n})$．

133

**证明**　由引理 3.2.20—3.2.21 可知，同时从 $X$ 的所有未被浸润的顶点搜索最短增广路径，得到的路径两两间没有公共顶点；之后，所有其他的增广路径有更长的长度．所以在 $O(m)$ 时间内对边集进行一次处理，可以找出具有某种长度的所有增广路径．现在，只需证明至多存在 $2\lfloor \sqrt{n/2} \rfloor + 2$ 个阶段即可．

按长度依次将增广路径排列为 $P_1, P_2, \cdots, P_s$，$s = \alpha'(G) \leqslant n/2$．由于长度相同的增广路径没有公共顶点，因此任意 $P_{i+1}$ 是由 $P_1, \cdots, P_i$ 形成的匹配 $M_i$ 的增广路径．只要能证明下面更一般的命题即可完成整个证明：只要 $P_1, P_2, \cdots, P_s$ 是构造某个最大匹配所需的一系列前后相继的最短增广路径，则这些路径长度的不同取值至多为 $2\lfloor \sqrt{s} \rfloor + 2$ 个．

令 $r = \lfloor s - \sqrt{s} \rfloor$．因为 $|M_r| = r$ 且最大匹配的大小为 $s$，由注记 3.2.19 可知，至少有 $s - r$ 条无公共顶点的 $M_r$-增广路径．这些路径中，最短的一条路径至多用到了 $M_r$ 中的 $\lfloor r/(s-r) \rfloor$ 条边．所以 $|P_{r+1}| \leqslant 2\lfloor r/(s-r) \rfloor + 1$．因为 $\lfloor r/(s-r) \rfloor < \lfloor s/\lceil \sqrt{s} \rceil \rfloor \leqslant \lfloor \sqrt{s} \rfloor$，（除最后的 $\lfloor \sqrt{s} \rfloor$ 条增广路径外）$P_r$ 及其之

前的路径的长度至多为 $2\lfloor\sqrt{s}\rfloor+1$. 由于增广路径的长度为奇数,因此在长度小于等于 $2\lfloor\sqrt{s}\rfloor+1$ 的增广路径中,不同的长度值至多有 $\lfloor\sqrt{s}\rfloor+1$ 个,即使最后的 $\lceil\sqrt{s}\rceil$ 条路径各有不同的长度值,它们也至多提供 $\lfloor\sqrt{s}\rfloor+1$ 个长度值. 于是至多有 $2\lfloor\sqrt{s}\rfloor+2$ 个不同的长度值. ■

Even and Tarjan[1975]扩展了这种方法,在 $O(m\sqrt{n})$ 时间内解决了一个更一般的问题,该问题包含了最大二部匹配问题.

## 习题

3.2.1 (一)在边上使用非负权值,构造一个 4-顶点加权图,使其中权值最大的匹配不是大小最大的匹配.

3.2.2 (一)说明如何用匈牙利算法来检测一个二部图中是否存在完美匹配.

3.2.3 (∗一)用两名女子和两名男子举一个稳定匹配的例子,要求例子中的稳定匹配多于一个.

3.2.4 (∗一)对如下的偏好序列. 以男子求婚的方式和女子求婚的方式分别运行求婚算法,确定稳定匹配.

男子:$\{u,\ v,\ w,\ x,\ y,\ z\}$  女子:$\{a,\ b,\ c,\ d,\ e,\ f\}$

$u:a>b>d>c>f>e$    $a:z>x>y>u>v>w$

$v:a>b>c>f>e>d$    $b:y>z>w>x>v>u$

$w:c>b>d>a>f>e$    $c:v>x>w>y>u>z$

$x:c>a>d>b>e>f$    $d:w>y>u>x>z>v$

$y:c>d>a>b>f>e$    $e:u>v>x>w>y>z$

$z:d>e>f>c>b>a$    $f:u>w>x>v>z>y$

• • • • • • • • •

[134]

3.2.5 对下面给定的矩阵,分别找出总和(或权值)达到最大值的一个截断. 对相应的对偶问题给出一个解,由此证明没有更大的截断. 解释为什么这能证明没有更大的截断.

|   (a)   |   (b)   |   (c)   |
|---------|---------|---------|
| 4 4 4 3 6 | 7 8 9 8 7 | 1 2 3 4 5 |
| 1 1 4 3 4 | 8 7 6 7 6 | 6 7 8 7 2 |
| 1 4 5 3 5 | 9 6 5 4 6 | 1 3 4 4 5 |
| 5 6 4 7 9 | 8 5 7 6 4 | 3 6 2 8 7 |
| 5 3 6 8 3 | 7 6 5 5 5 | 4 1 3 5 4 |

3.2.6 给出如下矩阵的最小权值截断,用对偶来证明给出的解是优化的(提示:利用对问题的变形).

$$\begin{pmatrix} 4 & 5 & 8 & 10 & 11 \\ 7 & 6 & 5 & 7 & 4 \\ 8 & 5 & 12 & 9 & 6 \\ 6 & 6 & 13 & 10 & 7 \\ 4 & 5 & 7 & 9 & 8 \end{pmatrix}$$

3.2.7 公交车驾驶员问题. 有 $n$ 名公交驾驶员;$n$ 条上午路线,其规定的行车时间分别是 $x_1$,…,$x_n$;$n$ 条下午路线,其规定的行车分别是 $y_1$,…,$y_n$. 如果一名司机在上午路线和下午路线中的行车时间总和超过 $t$，则可以获得加班费．目标是为每名司机分配一条上午路线和一条下午路线，使得总加班费最小．证明：对任意司机 $i$，为其分配第 $i$ 长的上午路线和第 $i$ 短的下午路线，将产生一个最优解（提示：不要使用匈牙利算法；考虑矩阵的特殊结构）．(R. B. Potts)

3.2.8　令矩阵 $A$ 中的元素满足 $w_{i,j}=a_i b_j$，其中 $a_1$，$\cdots$，$a_n$ 是与行关联的数，$b_1$，$\cdots$，$b_n$ 是与列关联的数．确定 $A$ 中截断的最大权值．如果 $w_{i,j}=a_i+b_j$，会得到什么结果？（提示：对每种情况，根据 $n=2$ 时的解来猜测解的一般形式）．

3.2.9　(∗)数学系为该系的 $n$ 名学生开设 $k$ 个讨论班，各讨论班均有不同的主题．每名学生参加一个讨论班；第 $i$ 个讨论班可容纳 $k_i$ 名学生且 $\sum k_i=n$．每名学生提交了一个表单，将 $k$ 个讨论班依其偏好程度排序．将学生分配到各讨论班，如果不存在两个学生使得交换他们的讨论班之后各自均找到了更喜欢的讨论班，我们称该分配方案是稳定的．描述怎样用加权二部匹配来找出一个稳定的分配方案．(Isaak)

3.2.10　(∗)设有 $n$ 名男子和 $n$ 名女子，每人为其偏好序列中的第 $i$ 个人打分为 $n-i$．各配偶对的分数是二人各自在对方偏好序列中获得的分数之和．构造一个例子，使其中最大权值匹配均不是稳定匹配．

3.2.11　(∗!)证明：如果男子 $x$ 与女子 $a$ 在某个稳定匹配中被配成一对，则在男子求婚的条件下 Gale-Shapley 求婚算法中 $a$ 不会拒绝 $x$．由此得出结论：在所有的稳定匹配中，任意男子均对这一算法产生的匹配最满意（提示：考虑题设中这类拒绝第一次出现）．

1353.2.12　(∗)在稳定室友问题中，共有 $2n$ 个人，每个人均将其他 $2n-1$ 个人按其偏好排序．在一个完美匹配中，如果没有未匹配在一起的两个人使得他们彼此对对方的偏好程度均高于各自当前的室友，则称该完美匹配是稳定的．证明：下面的偏好序列不存在稳定匹配．(Gale-Shapley[1962])

$$a : b > c > d$$
$$b : c > a > d$$
$$c : a > b > d$$
$$d : a > b > c$$

3.2.13　(∗)在稳定室友问题中，假定每个人均将其偏好序列前面部分的人列为"可接受的"．定义一个可接受图，其顶点是所有的人，边是彼此将对方列为可接受的人的那些人员对．证明：可接受图为 $G$ 的偏好序列集合可产生一个稳定匹配，当且仅当 $G$ 是二部图．(Abeledo-Isaak[1991])

## 3.3　一般图中的匹配

　　讨论图的完美匹配时，必然要考虑生成子图．

　　**3.3.1 定义**　图 $G$ 的因子是 $G$ 的一个生成子图．**$k$-因子**是一个 $k$-正则生成子图．图的**奇分量**是阶为奇数的分量；$H$ 中奇分量的个数记为 $o(H)$．

　　**3.3.2 注记**　1-因子和完美匹配几乎没有区别．准确地讲，区别在于："1-因子"是 $G$ 的 1-正则生成子图而"完美匹配"是这种子图的边集．

　　存在完美匹配的 3-正则图可以分解成一个 1-因子和一个 2-因子．　　■

### Tutte 1-因子定理

Tutte 找到了图有 1-因子的充要条件. 如果 $G$ 有一个 1-因子，考虑集合 $S \subseteq V(G)$，则 $G-S$ 的任意奇分量有一个顶点匹配到该分量外部的某个顶点，这个顶点只能属于 $S$. 由于 $S$ 中的这种顶点必然各不相同，故 $o(G-S) \leqslant |S|$.

$$S$$

偶数　　　　　　偶数

条件"对任意 $S \subseteq V(G)$，$o(G-S) \leqslant |S|$"即是 **Tutte 条件**. Tutte 证明了这个显然的必要条件也是充分的(TONCAS). 现已知有很多证明，如习题 13 和习题 27. 我们给出 Lovász 借助对称差和极端化方法得到的证明.

**3.3.3 定理**(Tutte[1947])　图 $G$ 有一个 1-因子当且仅当 $o(G-S) \leqslant |S|$ 对任意 $S \subseteq V(G)$ 成立.

**证明**(Lovász[1975])　必要性. $G-S$ 的各个奇分量必有顶点匹配到 $S$ 的不同顶点.

充分性. 如果增加一条边将 $G-S$ 的两个分量连接起来，则奇分量的数目不会增加(奇分量和偶分量连在一起变成一个奇分量，奇偶性相同的两个分量连在一起变成一个偶分量). 因此，添加边这个操作将保持 Tutte 条件仍成立：如果 $G'=G+e$ 且 $S \subseteq V(G)$，则 $o(G'-S) \leqslant o(G-S) \leqslant |S|$. 同时，如果 $G'=G+e$ 没有 1-因子，则 $G$ 也没有 1-因子.

所以，除下面的情况外定理均成立：存在一个简单图 $G$ 满足 Tutte 条件，$G$ 没有 1-因子，但在 $G$ 中任意添加一条未出现在 $G$ 中的边之后得到的图却有一个 1-因子. 令 $G$ 就是这样一个图. 证明 $G$ 实际上有一个 1-因子，由此得到矛盾.

令 $U$ 是 $G$ 中度为 $n(G)-1$ 的顶点构成的集合.

情形 1：$G-U$ 由不相交的完全图组成. 这时，$G-U$ 的每个分量的顶点可以随意配对，但奇分量要剩下一个顶点. 因为 $o(G-U) \leqslant |U|$ 且 $U$ 的任意顶点与 $G-U$ 中的所有顶点均相邻，因此可以把奇分量剩下的顶点与 $U$ 中的顶点分别进行配对.

最后剩下的未配对顶点都在 $U$ 中，且 $U$ 是一个团. 为了完成 1-因子的构造，只需要证明 $U$ 中剩下的未配对顶点的个数是偶数，进而只需证明 $n(G)$ 是偶数. 对此，在 Tutte 条件中令 $S=\Phi$，由于阶为奇数的图必有一个阶为奇数的分量，故 $n(G)$ 是偶数.

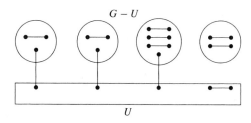

情形 2：$G-U$ 不是若干个互相不相交的团的并. 在这种情况下，$G-U$ 有两个顶点的距离为 2；这两个顶点也就是公共相邻顶点为 $y \notin U$ 的两个不相邻的顶点 $x$，$z$(习题 1.2.23a). 由于 $y \notin U$，故 $G-U$ 有另外一个顶点 $w$ 与 $y$ 不相邻. 由 $G$ 的取法，为 $G$ 添加一条边将产生一个 1-因子；令 $M_1$ 和 $M_2$ 分别是 $G+xz$ 和 $G+yw$ 的 1-因子. 现在，只需证明 $M_1 \triangle M_2 \cup \{xy, yz\}$ 包含一个不涉及 $xz$ 和

137 $yw$ 的 1-因子，因为这样一个 1-因子也是 $G$ 的 1-因子．

令 $F=M_1 \triangle M_2$．由于 $xz \in M_1 - M_2$，$yw \in M_2 - M_1$，故 $xz$ 和 $yw$ 都属于 $F$．由于 $G$ 的每个顶点在 $M_1$ 或 $M_2$ 中的度是 1，所以 $G$ 中任意顶点在 $F$ 中的度是 0 或 2．于是，$F$ 的各个分量是孤立点或偶环(参见引理 3.1.9)．令 $C$ 是 $F$ 中包含边 $xz$ 的环．

如果 $C$ 不包含 $yw$，则所求的 1-因子是 $M_2$ 中属于 $C$ 的边加上 $M_1$ 中所有不属于 $C$ 的边．

如果 $C$ 包含 $yw$ 和 $xz$，如下图所示，为了避免使用边 $yw$ 和 $xz$，我们使用 $yx$ 或 $yz$．对于 $C$ 上从 $y$ 开始沿 $yw$ 行进的部分，使用属于 $M_1$ 的边来避免使用 $yw$．当到达 $\{x, z\}$ 中的一个顶点时，若到达的是 $z$(如下图所画的)，则使用 $yz$；否则，使用 $xy$．对 $C$ 的其余部分，使用属于 $M_2$ 的边．这样即构造了 $C+\{xy, yz\}$ 的一个 1-因子，并且既没有使用 $yw$ 也没有使用 $xz$．将 $M_1$ 或 $M_2$ 中其他不在 $C$ 中的边添加进来，即得到 $G$ 的一个 1-因子． ■

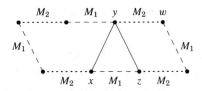

**3.3.4 注记** 与其他的刻画特征的定理一样(如定理 1.2.18 和定理 3.1.11)，无论是否有定理 3.3.3 中所说的性质，由定理本身我们对此将得出一个简短的验证方法．证明 $G$ 有 1-因子的办法是给出一个 1 因子．为了说明 $G$ 没有 1-因子，由定理 3.3.3 可知，只需给出一个子集并说明删除该集合将产生过多的奇分量． ■

**3.3.5 注记** 对于图 $G$ 及任意 $S \subseteq V(G)$，计算顶点数模 2 表明 $|S|+o(G-S)$ 和 $n(G)$ 有相同的奇偶性．而差值 $o(G-S)-|S|$ 和 $n(G)$ 也有相同的奇偶性．由此得出一个结论：如果 $n(G)$ 是偶数且 $G$ 没有 1-因子，则对某个 $S$，$o(G-S)$ 至少比 $|S|$ 大 2． ■

对于非二部图(如奇数环)，在 $\alpha'(G)$ 和 $\beta(G)$ 之间可能有间隙(参见习题 10)．然而，另一个最小化问题产生了一般图中关于 $\alpha'(G)$ 的最小-最大关系．这个最小-最大关系推广了注记 3.3.5．证明过程用到了图变换，其中涉及了一般的图操作．

**3.3.6 定义** 简单图 $G$ 和 $H$ 的**连接**，记为 $G \vee H$，是在 $G+H$ 中添加边 $\{xy: x \in V(G)，y \in V(H)\}$ 之后得到的图．

$$P_4 \vee K_3$$

138

**3.3.7 推论**(Berge-Tutte 公式——Berge[1958]) $G$ 中被一个匹配浸润的顶点的最大数目是 $\min\limits_{S \subseteq V(G)}\{n(G)-d(S)\}$，其中 $d(S)=o(G-S)-|S|$．

**证明** 给定 $S \subseteq V(G)$，至多需要 $|S|$ 条边就能将 $S$ 中的顶点分别匹配到 $G-S$ 的奇分量中的顶点上，所以 $G$ 的任意匹配至少有 $o(G-S)-|S|$ 个未浸润的顶点．我们希望这一界限是可达的．

令 $d=\max\{o(G-S)-|S|: S \subseteq V(G)\}$．令 $S=\varnothing$ 可得 $d \geqslant 0$．令 $G'=G \vee K_d$．由于对每个 $S$，$d(S)$ 和 $n(G)$ 的奇偶性相同，故 $n(G')$ 是偶数．如果 $G'$ 满足 Tutte 条件，则由 $G'$ 的完美匹配可以得到 $G$ 的一个大小符合要求的匹配，因为删除 $d$ 个新添的顶点至多删除了浸润 $G$ 的 $d$ 个顶点的边．

由于 $n(G')$ 是偶数，故条件 $o(G'-S') \leqslant |S'|$ 在 $S'=\varnothing$ 时成立．如果 $S'$ 非空且不包含整个 $K_d$，$G'-S'$ 只有一个分量，$1 \leqslant |S'|$．最后，如果 $K_d \subseteq S'$，令 $S=S'-V(K_d)$；则有 $G'-S'=$

$G-S$，从而有$o(G'-S')=o(G-S)\leqslant|S|+d=|S'|$. 至此，我们证明了$G'$满足 Tutte 条件.

推论 3.3.7 表明，为了简要证明一个最大匹配确实有最大的大小，我们可以给出一个集合 $S$ 并说明删除 $S$ 后将得到适当数量的奇分量.

Tutte 定理的大部分应用均涉及如下过程：证明其他的一些条件蕴涵了 Tutte 条件，进而存在一个 1-因子. 有不少结论比 Tutte 定理早很多年，它们是用其他手段来证明的.

**3.3.8 推论**(Petersen[1891])  没有割边的任意 3-正则图有一个 1-因子.

**证明**  设 $G$ 是一个没有割边的 3-正则图. 我们证明它满足 Tutte 条件. 给定$S\subseteq V(G)$，对介于 $S$ 和 $G-S$ 的奇分量之间的边进行计数. 由于 $G$ 是 3-正则的，故 $S$ 的每个顶点至多与 3 条这样的边关联. 如果 $G-S$ 的任意奇分量 $H$ 至少与 3 条这样的边关联，则 $3o(G-S)\leqslant 3|S|$，进而 $o(G-S)\leqslant|S|$，这正是需要求证的结果.

设 $m$ 是从 $S$ 到 $H$ 的边的条数. $H$ 中所有顶点度之和为 $3n(H)-m$. 由于 $H$ 是一个图，因此其顶点度之和必为偶数. 而 $n(H)$ 是奇数，因此 $m$ 必是奇数. 由于 $G$ 中没有割边，故 $m$ 不等于 1. 于是，正如我们所希望的，$S$ 到 $H$ 的边的条数至少是 3.

这里，很自然地想到使用反证法. 假定 $o(G-S)>|S|$，最后也会导致 $o(G-S)\leqslant|S|$，于是可以直接改写证明. 推论 3.3.8 的结论是最优的；Petersen 图满足假设条件，但是没有两个无公共边的 1-因子(Petersen[1898]).

139

Petersen 还证明了存在 2-因子的一个充分条件. 顶点度均为偶数的连通图是欧拉图(定理 1.2.26)，这种图可以分解成一些无公共边的环(命题 1.2.27). 对于度为偶数的正则图，该图的某个分解中的环可以适当分组并形成一个 2-因子.

**3.3.9 定理**(Petersen[1891])  顶点度为正偶数的任意正则图有一个 2-因子.

**证明**  设 $G$ 是顶点为 $v_1, \cdots, v_n$ 的 $2k$-正则图. $G$ 的每个分量均是欧拉图，进而有一个欧拉回路 $C$. 对每个分量，定义一个二部图 $H$，其顶点为 $u_1, \cdots, u_n$ 和 $w_1, \cdots, w_n$，如果在 $C$ 的某个位置上 $v_i$ 紧接着 $v_j$，则在 $H$ 中置 $u_i \leftrightarrow w_j$. 因为 $C$ 进、出每个顶点 $k$ 次，故 $H$ 是 $k$-正则图(实际上，根据 $C$ 来定向 $G$，所得有向图的分裂即为 $H$，见定义 1.4.20).

因为 $H$ 是一个正则二部图，故 $H$ 有一个 1-因子(推论 3.1.13). $H$ 中与 $w_i$ 关联的边对应于 $C$ 中进入顶点 $v_i$ 的边. $H$ 中与 $u_i$ 关联的边对应于 $C$ 中离开顶点 $v_i$ 的边. 因而，$H$ 的 1-因子转换成 $G$ 中该分量的一个 2-正则生成子图. 对 $G$ 的每个分量进行这样的处理，最后得到一个 2-因子.

**3.3.10 例**(构造一个 2-因子)  考虑 $G=K_5$ 中依次遍历 1231425435 的欧拉回路 $C$. 相应的二部图 $H$ 如右侧所示. 对于 $u, w$-对分别是 12、43、25、31、54 的 1-因子，由它得出的 2-因子是环 $(1, 2, 5, 4, 3)$. 其余的边形成了另一个 1-因子，它对应于 $G$ 中的 2-因子 $(1, 4, 2, 3, 5)$.

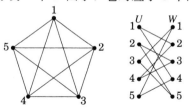

### 图的 $f$-因子(选学)

一个因子是图的一个生成子图. 我们关心特殊类型的因子的存在性. 一个 $k$-因子是一个 $k$-正则因子; 我们已经研究了 1-因子和 2-因子. 我们试图指定每个顶点的度, 以得到某种特定的因子.

**3.3.11 定义**    给定一个函数 $f: V(G) \to \mathbf{N} \cup \{0\}$, 图 $G$ 的一个 $f$-**因子**是一个生成子图 $H$, 其中任意 $v \in V(G)$ 均满足 $d_H(v) = f(v)$, $N$ 是自然数集合.

140

Tutte[1952]证明了图 $G$ 有 $f$-因子的一个充要条件(习题 29). 他后来将这个问题归约为在一个相关的简单图中检查是否存在一个 1-因子. 我们描述这种归约转化; 关于把图问题转化为先前已解决的问题, 这是一个很好的例子.

**3.3.12 例**(一个图变换, Tutte[1954a])    假定 $f(w) \leqslant d(w)$ 对所有的顶点 $w$ 均成立. 否则, $G$ 在 $w$ 处的边太少, 不可能有 $f$-因子. 构造一个图 $H$, 使得它有一个 1-因子当且仅当 $G$ 有一个 $f$-因子. 令 $e(w) = d(w) - f(w)$; 这是顶点 $w$ 处的剩余顶点度, 它是非负的.

为了构造 $H$, 将每个顶点 $v$ 替换为二部团 $K_{d(v), e(v)}$, 其部集 $A(v)$ 和 $B(v)$ 的大小分别是 $d(v)$ 和 $e(v)$. 对每条边 $vw \in E(G)$, 添加一条边将 $A(v)$ 的一个顶点和 $A(w)$ 的一个顶点相连. $A(v)$ 的每个顶点均出现在这样一条边中.

下图给出了一个图 $G$(顶点的标签由函数 $f$ 给出)和相应的简单图 $H$. $H$ 中粗边形成一个 1-因子, 它对应于 $G$ 的一个 $f$-因子. 在这个例子中, $f$-因子不是唯一的.

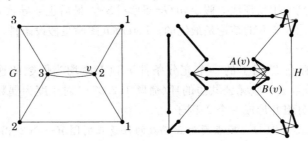

**3.3.13 定理**    图 $G$ 有一个 $f$-因子当且仅当(类似于例 3.3.12 那样)从 $G$ 和 $f$ 构造的图 $H$ 有一个 1-因子.

**证明**    必要性. 如果图 $G$ 有一个 $f$-因子, 则 $H$ 中相应的边留下 $A(v)$ 中 $e(v)$ 个顶点未配对; 把这些顶点随意匹配给 $B(v)$ 的顶点即得到一个 1-因子.

充分性. 从 $H$ 的一个 1-因子中删除 $B(v)$ 以及 $A(v)$ 中与 $B(v)$ 匹配的那些顶点, 剩下 $f(v)$ 个度为 1 的顶点对应顶点 $v$. 这样处理 $G$ 中的每个 $v$, 再把各个 $A(v)$ 中剩下的 $f(v)$ 个顶点合并为一个顶点, 使之与 $v$ 对应, 这样得到 $G$ 的一个子图, 它在任意顶点 $v$ 处的度为 $f(v)$. 因而, 得到的图即为一个 $f$-因子. ∎

(例 3.3.12 中导出的)图 $H$ 的关于 1-因子的 Tutte 条件变成了 $G$ 中的 $f$-因子的充要条件. 这种方法的一个应用是关于 Erdös-Gallai[1960]对简单图的顶点度序列的特征表征的证明(习题 29).

给定一个找出 1-因子的算法, 由定理 3.3.13 给出的对应关系可以得到一个算法来检测 $f$-因子的存在性. 下面, 我们不再局限于找出一个 1-因子(即完美匹配), 而是考虑找出图中的一个最大匹配, 这是一个更一般的问题.

141

### Edmonds 开花算法(选学)

Berge 定理(定理 3.1.10)断言, 图 $G$ 的一个匹配 $M$ 是最大匹配当且仅当 $G$ 没有 $M$-增广路径.

可以通过不断寻找增广路径来找出一个最大匹配．因为匹配的大小至多增大 $n/2$ 次，故如果算法寻找一条增广路径所花费的时间不长，则它就是一个很好的算法．Edmonds[1965a]在其著名的论文"Paths，trees，and flowers"中提出了第一个这样的算法．

在二部图中，可以很快找出所有增广路径（算法 3.2.1），因为每个顶点至多处理一次．始于 $u$ 的一条 $M$-交错路径只能沿一条被 $M$ 浸润的边到达 $u$ 所在部集的顶点 $x$．所以，我们只到达 $x$ 和处理 $x$ 一次．这个特点在有奇环的图中不成立，因为始于某个未被浸润的顶点的 $M$-交错路径既可以沿着被浸润的边达到 $x$，也可以沿着未被浸润的边到达 $x$．

**3.3.14 例** 在下图中，$M$ 用粗线表示，在从 $u$ 开始寻找最短 $M$-增广路径时，由未被浸润的边 $ax$ 达到 $x$．如果不再考虑其他通过被浸润边到达 $x$ 的更长的路径，则将漏掉增广路径 $u$，$v$，$a$，$b$，$c$，$d$，$x$，$y$．

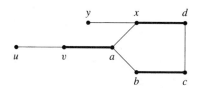

我们描述 Edmonds 对这个难题的解法．从 $u$ 开始寻找 $M$-交错路径时，如果有一条路径由一条未被浸润边抵达 $x$，而另有一条路径由一条已被浸润边到达 $x$，则顶点 $x$ 属于一个奇环．始于 $u$ 的多条交错路径只有在它们的下一条边均未被浸润时才会分叉（例 3.3.14 中的顶点 $a$ 处）；如果它们的下一条边均已被浸润，则它们都只能选择这条被浸润的边．从路径开始出现分叉的顶点开始计算，由未被浸润的边到达 $x$ 的路径的长度是奇数；由已被浸润边到达 $x$ 的路径的长度是偶数，这样两条路径合在一起就构成一个奇数环．

**3.3.15 定义** 设 $M$ 是图 $G$ 中的一个匹配，$u$ 是未被 $M$ 浸润的顶点．始于 $u$ 的两条 $M$-交错路径，如果到达顶点 $x$ 时这两条路径有相反的奇偶性（之前没有出现这种情况），则这两条路径的并称为一朵**花**．花的**柄**是这两条路径起始部分的极大公共子路径（具有非负偶数长度）．花的**花朵**是删除花柄后剩下的奇环．

在例 3.3.14 中，花是除了 $y$ 顶点外的整个图．花柄是路径 $u$，$v$，$a$；花朵是图中的 5-环．对于在搜索过程中用到的结构，我们常用树这样的园艺术语来命名．

142

花朵结构不能阻止我们进行搜索．对于花朵中的每个顶点 $z$，有某一条 $M$-交错 $u$，$z$-路径由一条已被浸润的边到达 $z$；从花柄出发，沿适当方向遍历该花朵即可找到这条路径．于是，从花朵开始，可以沿任意一条未被浸润的边继续搜索，以便到达其他未到过的顶点．例 3.3.14 给出了这样一个扩张，该扩张立即到达了一个未被浸润的顶点，从而得到一条 $M$-增广路径．

花朵的每个顶点均被其路径中的某条边浸润，故匹配中任意被浸润的边均不可能从花朵出发与其他顶点相连（花柄除外）．根据这两个观察结果，可以把整个花朵看成花柄末端已被浸润的边上的一个超级顶点．搜索过程遇到这样的超级顶点时，我们同时从花朵的所有顶点出发，沿着未被浸润的边继续搜索．

为了实现上述搜索过程，当发现一个花朵 $B$ 时，将该花朵的所有边收缩为一个顶点．结果，得到一个已被浸润的顶点 $b$，它与花柄的最后一条（已被浸润的）边关联．与顶点 $b$ 关联的其他边是介于 $B$ 的顶点和 $B$ 之外的顶点之间的那些未被浸润的边．我们以通常的方式处理 $b$，继续搜索．之后可能还会发现包括顶点 $b$ 的另一个花朵；则同样进行收缩．如果在最后的图中找到一条从 $u$ 到达某

个未被浸润的顶点 $x$ 的 $M$-交错路径，则用"反收缩"操作可以恢复得到原始图中的一条到达 $x$ 的 $M$-增广路径.

除了对花朵的处理外，该方法的其他步骤与算法 3.2.1 中查找 $M$-交错路径的步骤相同. 用相应的说法来表示，$T$ 表示当前图中沿着未被浸润的边抵达的顶点构成的集合，$S$ 表示沿着已被浸润的边抵达的顶点构成的集合，收缩过程得到的新顶点属于 $S$.

**3.3.16 例** 下面左侧的图中，设 $M$ 是由粗线标记的匹配. 从未被浸润的顶点 $u$ 开始搜索，寻找一条 $M$-增广路径. 首先，处理与 $u$ 关联的两条未被浸润的边，到达 $a$ 和 $b$. 由于 $a$ 和 $b$ 是已被浸润的顶点，因此可以立刻沿着边 $ac$ 和边 $bd$ 来扩张这两条路径. 现在，$S=\{u, c, d\}$. 接下来，如果我们处理 $c$，则沿着两条未被浸润的边将到达 $c$ 的相邻顶点 $e$ 和 $f$. 由于边 $ef \in M$，于是，我们找到了顶点集为 $\{c, e, f\}$ 的花朵. 收缩花朵得到一个新顶点 $C$，并相应地将 $S$ 更新为 $\{u, C, d\}$，至此得到了右侧的图.

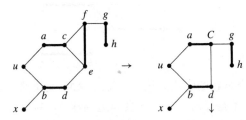

现在，假设开始处理顶点 $C$. 通过两条未被浸润的边到达顶点 $g$ 和 $d$. 由于 $g$ 已经被边 $gh$ 浸润，因此将 $h$ 放入 $S$ 中. 由于 $d$ 已经位于 $S$ 中，故又找到了另一个花朵. 到达 $d$ 的两个路径分别是 $u$，$b$，$d$ 和 $u$，$a$，$C$，$d$. 收缩这个花朵，得到新顶点 $U$ 和下面右侧的图，此时 $S=\{U, h\}$. 再处理 $h$，没有新的变化（如果处理完 $S$ 中的点，均没有到达一个未被浸润的顶点，则不存在始于 $u$ 的 $M$-增广路径）. 最后处理新顶点 $U$，到达未被浸润的顶点 $x$.

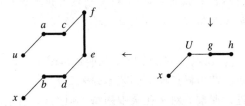

由于已经记录了到达每个顶点所使用的边，因此可以取出一条 $M$-增广 $u$，$x$-路径. 由于从新顶点 $U$ 到达 $x$，我们将 $U$ 还原为 $\{u, a, C, d, b\}$，可以发现实际上是沿 $bx$ 由 $U$ 到达 $x$ 的. 找出花朵 $U$ 中由一条已被浸润的边到达 $b$ 的路径，该路径结束于顶点 $C$，$d$，$b$. 由于 $C$ 是原始图中的一个花朵，故将 $C$ 还原为 $\{c, f, e\}$. 注意，$d$ 是通过未被浸润的边 $ed$ 由 $C$ 到达的. 花朵 $C$ 中沿一条已被浸润的边到达 $e$ 的路径是 $c$，$f$，$e$. 最后 $c$ 是从 $a$ 到达的，$a$ 是从 $u$ 到达的. 于是，我们得到一条完整的 $M$-增广路径：$u$，$a$，$c$，$f$，$e$，$d$，$b$，$x$. ■

下面概述算法的步骤，省略了实现的细节，尤其是对收缩的处理.

**3.3.17 算法**（Edmonds 花朵算法[1965a]—— 概略）

**输入**：图 $G$，$G$ 中的一个匹配 $M$，一个未被 $M$ 浸润的顶点 $u$.

**思想**：查找始于 $u$ 的 $M$-交错路径；对每个顶点记录它是从哪个顶点到达的；一旦发现花朵，则收缩它. 类似于算法 3.2.1，维护顶点集 $T$ 和 $S$，其中 $S$ 包含 $u$ 和由已被浸润的边到达的顶点.

一旦遇到另一个未被浸润的顶点，即得到一条增广路径.

**初始化**：$S=\{u\}$且$T=\varnothing$.

**迭代**：如果$S$中没有未标记的顶点，则停止；此时，不存在始于$u$的增广路径. 否则，取一个未被浸润的顶点$v\in S$，处理顶点$v$，即依次考虑满足$y\notin T$的任意顶点$y\in N(v)$.

如果$y$未被$M$浸润，则从$y$开始回溯(如果有必要，则还原被收缩的花朵)，输出一条$M$-增广$u$，$y$-路径.

如果$y\in S$，则找到一个花朵. 延缓对$v$的处理，收缩花朵，用收缩得到的新顶点代替$S$和$T$中的相应顶点. 从这个新顶点开始在收缩所得的更小的图中继续搜索.

否则，$y$被$M$匹配到某个顶点$w$. 将$y$放入$T$(同时标记它是由$v$到达的)；把$w$放入$S$(同时标记它是由$y$到达的).

处理完$v$所有的相邻顶点后，标记$v$，继续迭代. ■

我们不能像算法3.2.1一样同时处理所有未被浸润的顶点，因为顶点是否属于一个花朵受到对初始的未被浸润的顶点的选择的影响. 然而，如果没有找到始于$u$的$M$-增广路径，则可以从图中删除$u$并在后续搜索最大匹配时忽略它(习题26). 144

**3.3.18 注记** 在Edmonds最初提出的算法中，执行时间是$O(n^4)$. Ahuja-Magnanti-Orlin[1993, p483-494]给出了算法的一种实现，其执行时间为$O(n^3)$的算法；其中实现要求：1)用合适的数据结构来表示花朵和处理收缩；2)仔细分析执行收缩操作的次数，处理各条边需要的时间，以及收缩和还原花朵的时间.

以少于3次方的时间解决最大匹配问题的第一个算法是Even-Kariv[1975]提出的$O(n^{5/2})$算法. 对于含有$n$个顶点和$m$条边的图，目前已知最快的算法是$O(m\cdot n^{1/2})$(对稀疏图，它比$O(n^{5/2})$算法快). 这个算法相当复杂，它是由Micali-Vazirani[1980]提出的，Vazirani[1994]给出了其完整的证明.

我们没有讨论一般图中的加权匹配问题. Edmonds[1965d]给出这样一个算法，Gabow[1975]和Lawler[1976]在$O(n^3)$的时间内实现了该算法. Gabow[1990]和Gabow-Tarjan[1989]给出了更快的算法. ■

**习题**

3.3.1 （一）确定下面的图是否有1-因子.

3.3.2 （一）对下面的图，给出一个最大匹配，利用本节的一个结论简短证明它没有更大的匹配.

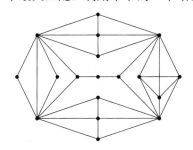

145

3.3.3   (一)对于下面的图,对{0, 1, 2, 3, 4}中的每个 $k$ 值给出一个 $k$-因子.

3.3.4   (一)令 $G$ 是一个 $k$-正则二部图.证明:$G$ 可以分解为若干个 $r$-因子当且仅当 $r$ 整除 $k$.

3.3.5   (一)给定 $G$ 和 $H$,确定 $G \lor H$ 的分量数和最大度,并将它们用 $G$ 和 $H$ 的参数表达出来.

· · · · · · · · · · · · ·

3.3.6   (!)证明:树 $T$ 有一个完美匹配当且仅当 $o(T-v)=1$ 对任意 $v \in V(T)$ 成立.(Chungphaisan)

3.3.7   (!)对任意 $k>1$,构造一个没有 1-因子的 $k$-正则简单图.

3.3.8   证明:如果图 $G$ 可以分解成若干个 1-因子,则 $G$ 没有割点.作一个连通的 3-正则图使得它有一个 1-因子和一个割点.

3.3.9   证明:没有孤立点的任意图 $G$ 有一个大小至少为 $n(G)/(1+\Delta(G))$ 的匹配(提示:对 $e(G)$ 用归纳法).(Weinstein[1963])

3.3.10  (!)对任意图 $G$,证明:$\beta(G) \leqslant 2\alpha'(G)$.对任意 $k \in \mathbf{N}$,构造一个简单图 $G$ 使得 $\alpha'(G)=k$ 且 $\beta(G)=2k$.

3.3.11  设 $T$ 是 $G$ 中一些顶点的集合.证明:$G$ 有一个浸润 $T$ 的匹配当且仅当对所有 $S \subseteq V(G)$,$G-S$ 的含于 $G[T]$ 的奇分量的个数至多是 $|S|$.

3.3.12  (!)König-Egerváry 定理在一般图中的推广.给定图 $G$,令 $S_1, \cdots, S_k$ 和 $T$ 均是 $V(G)$ 的子集,且任意 $S_i$ 的大小是奇数.如果 $G$ 的任意一条边有一个端点在 $T$ 中或者两个端点都位于某个 $S_i$ 中,则称这些集合构成 $G$ 的一个**广义覆盖**.广义覆盖的**权值**是指 $|T| + \sum \lfloor |S_i|/2 \rfloor$.设 $\beta^*(G)$ 是广义覆盖的最小权值.证明:$\alpha'(G)=\beta^*(G)$(提示:运用推论 3.3.7.注:任意覆盖均是一个广义覆盖,故 $\beta^*(G) \leqslant \beta(G)$).

3.3.13  (+)由 Hall 定理得出 Tutte 定理.设 $G$ 是一个图,其中任意 $S \subseteq V(G)$ 均满足 $o(G-S) \leqslant |S|$.设 $T$ 是满足 $o(G-T)=|T|$ 的一个极大顶点集合.

a)证明:$G-T$ 的每个分量都是奇分量.另外得出结论,$T \neq \varnothing$.

b)令 $C$ 是 $G-T$ 的一个分量.证明:删除 $C$ 的任意一个顶点之后,在所得图上 Tutte 条件成立(提示:由于 $C-x$ 的阶为偶数,违反 Tutte 条件必然使得 $o(C-x-S) \geqslant |S|+2$).

c)令 $H$ 是部集分别为 $T$ 和 $\boldsymbol{C}$ 的一个二部图,其中 $\boldsymbol{C}$ 是 $G-T$ 的分支构成的集合.对于 $t \in T$ 和 $C \in \boldsymbol{C}$,置 $tC \in E(H)$ 当且仅当 $N_G(t)$ 包含 $C$ 的一个顶点.证明:对于存在浸润 $\boldsymbol{C}$ 的匹配,$H$ 满足 Hall 条件.

d)利用(a)、(b)、(c)以及 Hall 定理,用归纳法证明 Tutte 1-因子定理.(Anderson[1971],Mader[1973])

3.3.14  (+)对于 $k \in \mathbf{N}$,设 $G$ 是一个简单图,它满足 $\delta(G) \geqslant k$ 和 $n(G) \geqslant 2k$.证明:$\alpha'(G) \geqslant k$(提示:运用推论 3.3.7).(Brandt[1994])

3.3.15  设 $G$ 是至多有两条割边的 3-正则图.证明:$G$ 有一个 1-因子.(Petersen[1891])

3.3.16  (!)设 $G$ 是一个偶数阶的 $k$-正则图,且删除其中任意 $k-2$ 条边之后仍然连通.证明:$G$ 有一个 1-因子.

3.3.17 设 $G$ 同题 3.3.16, 利用注记 3.3.5, 证明: $G$ 的任意一条边均属于某个 1-因子(注: 这一结论加强了习题 3.3.16 中的结论). (Schönberger[1934]讨论了 $k=3$ 的情形, Berge[1973, p162])

3.3.18 (+)对大于 1 的任意奇数 $k$, 构造一个没有 1-因子的 $k$-正则图使得删除其中任意 $k-3$ 条边之后仍然保持连通(注: 这一结果说明习题 3.3.16 是最优的).

3.3.19 (!)设 $G$ 是一个没有割边的 3-正则简单图. 证明: $G$ 可以分解为 $P_4$ 的若干个拷贝(提示: 运用推论 3.3.8).

3.3.20 (!)证明: 一个 3-正则简单图有一个 1-因子当且仅当它可以分解成 $P_4$ 的若干个拷贝.

3.3.21 (+)设 $G$ 是一个 $2m$-正则图, $T$ 是一棵具有 $m$ 条边的树. 证明: 如果 $T$ 的直径小于 $G$ 的围长, 则 $G$ 可以分解成 $T$ 的若干个拷贝(提示: 用定理 3.3.9 来证明一个更强的结果, 即 $G$ 有一个分解使得 $G$ 的任意顶点被用作 $T$ 中每个顶点的象一次). (Häggkvist)

3.3.22 (!)令 $G$ 是一个 $X$, $Y$-二部图. 如果 $n(G)$ 是奇数, 则在 $Y$ 中添加一个顶点, 然后再添加一些边使得 $Y$ 变成一个团, 将这样由 $G$ 得到的图记为 $H$.

a)证明: $G$ 有一个大小为 $|X|$ 的匹配当且仅当 $H$ 有一个 1-因子.

b)证明: 如果 $G$ 满足 Hall 条件($|N(S)| \geqslant |S|$ 对所有 $S \subseteq X$ 成立), 则 $H$ 满足 Tutte 条件 ($o(H-T) \leqslant |T|$ 对所有 $T \subseteq V(H)$ 成立).

c)利用(a)和(b), 由 Tutte 定理证明 Hall 定理.

3.3.23 设 $G$ 是一个偶数阶的无爪形的连通图.

a)令 $T$ 是 $G$ 的由广度优先搜索算法(算法 2.3.8)得到的生成树. $x$, $y$ 是 $T$ 中有公共父亲的两个顶点, 但其公共父亲不是根. 证明: $x$, $y$ 必然相邻.

b)由(a)证明: $G$ 有一个 1-因子(注: 没有(a), 我们可以直接证明下面更强的结果, 即最长路径的最后一条边属于一个 1-因子). (Sumner [1974a], Las Vergnas[1975])

3.3.24 (!)设 $G$ 是阶数 $n$ 为偶数的简单图, 它有一个大小为 $k$ 的集合 $S$ 满足 $o(G-S)>k$. 证明: $G$ 至多有 $\binom{k}{2}+k(n-k)+\binom{n-2k-1}{2}$ 条边, 并且这个界是最优的. 由此, 确定无 1-因子的 $n$-顶点简单图的大小的最大值. (Erdös-Gallai[1961])

3.3.25 在图 $G$ 中, 如果删除任意一个顶点 $v$ 之后得到的图 $G-v$ 有一个 1-因子, 则称 $G$ 是**因子-临界**的. 证明: $G$ 是因子-临界的当且仅当 $n(G)$ 是奇数且 $o(G-S) \leqslant |S|$ 对任意非空集合 $S \subseteq V(G)$ 成立. (Gallai[1963a])

3.3.26 (!)设 $M$ 是图 $G$ 中的一个匹配, $u$ 是一个未被 $M$ 浸润的顶点. 证明: 如果 $G$ 没有始于 $u$ 的 $M$-增广路径, 则 $u$ 在 $G$ 的某个最大匹配中未被浸润.

147

3.3.27 (*)假定算法 3.3.17 是正确的, 下面得出 Tutte 定理(定理 3.3.3)的算法证明.

a)设 $G$ 是没有完美匹配的图, 而 $M$ 是 $G$ 中的一个最大匹配. 设 $S$ 和 $T$ 是从顶点 $u$ 运行算法 3.3.17 得到的集合. 证明: $|T|<|S| \leqslant o(G-T)$.

b)由(a)证明定理 3.3.3.

3.3.28 (*)令 $\mathbf{N}_0 = \mathbf{N} \bigcup \{0\}$. 给定 $f: V(G) \to \mathbf{N}_0$, 如果存在 $w: E(G) \to \mathbf{N}_0$ 使得 $\sum\limits_{uv \in E(G)} w(uv) = f(v)$ 对任意 $v \in V(G)$ 成立, 图 $G$ 称为 $f$-**可解**的.

a)证明：$G$有一个$f$-因子，当且仅当在将$G$的每条边细分两次后得到的图$H$中为每个新顶点指定$f$的值为1之后，$H$是$f$-可解的.

b)给定$G$和$f: V(G) \rightarrow \mathbf{N}_0$，构造一个图$H$（并证明）使得$G$是$f$-可解的当且仅当$H$有一个1-因子. (Tutte[1954a])

3.3.29  (*+)Tutte $f$-因子条件与图解序列. 给定$f: V(G) \rightarrow \mathbf{N}_0$，对$S \subseteq V(G)$，定义$f(S) = \sum_{v \in S} f(v)$. 对于$V(G)$的不相交子集$S, T$，令$q(S, T)$表示$G - S - T$的使得$e(Q, T) + f(V(Q))$是奇数的分量$Q$的个数，其中$e(Q, T)$是从$Q$到$T$的边的条数. Tutte[1952,1954a]证明了$G$有一个$f$-因子当且仅当

$$q(S, T) + f(T) - \sum_{v \in T} d_{G-s}(v) \leqslant f(S)$$

对任意选择的不相交子集$S, T \subset V$成立.

a)**奇偶引理**. 令$\delta(S, T) = f(S) - f(T) + \sum_{v \in T} d_{G-s}(v) - q(S, T)$. 证明：对于不相交集合$S, T \subseteq V(G)$，$\delta(S, T)$与$f(V)$有相同的奇偶性（提示：对$|T|$用归纳法）.

b)假设$G = K_n$，$f(v_i) = d_i$，其中$\sum d_i$是偶数且$d_1 \geqslant \cdots \geqslant d_n$. 利用$f$-因子条件和(a)，证明：$G$有一个$f$-因子当且仅当$\sum_{i=1}^{k} d_i \leqslant (n-1-s)k + \sum_{i=n+1-s}^{n} d_i$对满足$k+s \leqslant n$的任意$k$，$s$成立.

c)利用(b)得出如下结论，满足$d_1 \geqslant \cdots \geqslant d_n$的非负整数$d_1 \cdots, d_n$是一个简单图的所有顶点度当且仅当$\sum d_i$是偶数，并且$\sum_{i=1}^{k} d_i \leqslant k(k-1) + \sum_{i=k+1}^{n} \min\{k, d_i\}$对$1 \leqslant k \leqslant n$成立. (Erdös-Gallai[1960])

# 第4章 连通度和路径

## 4.1 割和连通度

一个完善的通信网络不会轻易瘫痪. 我们希望由所有可能的信息传输线路构成的图(或有向图)能够保持连通, 即使某些结点或边坏了. 如果通信链路非常昂贵, 则我们希望用尽量少的边来达到上述目的. 圈与连通度无关, 因此本章(尤其在考虑与度有关的条件时)假定图和有向图都**没有圈**.

### 连通度

要想使得图不连通, 必须删除多少个顶点呢?

**4.1.1 定义** 图 $G$ 的一个**分离集**或**点割**是一个集合 $S \subseteq V(G)$, 它使得 $G-S$ 连通分量多于一个. $G$ 的**连通度**, 记作 $\kappa(G)$, 是这样一个顶点集合 $S$ 的大小的最小值, 它使得 $G-S$ 不连通或者只有一个顶点. 如果图 $G$ 连通度至少为 $k$, 则称它是 $k$-**连通的**.

非完全图是 $k$-连通的当且仅当每个分离集的大小至少为 $k$. 我们可以将 "$k$-连通" 看成是有关结构的一个条件, 而将 "连通度为 $k$" 看成一个优化问题的解.

**4.1.2 例** ($K_n$ 和 $K_{m,n}$ 的连通度) 因为团没有分离集, 故对其连通度我们要做一个约定. 这同时也解释了定义 4.1.1 中 "或者只有一个顶点" 这个提法. 于是我们有 $\kappa(K_n)=n-1$, 而当 $G$ 不是完全图时 $\kappa(G) \leqslant n(G)-2$. 有了这个约定, 绝大多数关于连通度的一般性结论对完全图也是成立的.

考虑 $K_{m,n}$ 的一个剖分 $X, Y$. 分别在 $X$ 和 $Y$ 中至少有一个顶点的任意诱导子图都是连通的. 因此, $K_{m,n}$ 的任意分离集包含 $X$ 或 $Y$. 由于 $X$ 或 $Y$ 本身也是分离集(或者仅剩下一个顶点), 因此有 $\kappa(K_{m,n})=\min\{m, n\}$. $K_{3,3}$ 的连通度是 3; 它是 1-连通的, 2-连通的, 3-连通的, 但不是 4-连通的. ∎

顶点数大于 2 的图的连通度为 1, 当且仅当它是连通的并且有一个割点. 顶点数大于 1 的图的连通度为 0, 当且仅当它是不连通的. 1-顶点图 $K_1$ 有不一致性问题; 它是连通的, 但为了讨论连通度时的一致性, 我们令 $\kappa(K_1)=0$.

**4.1.3 例** (超方体 $Q_k$) 对于 $k \geqslant 2$, $Q_k$ 中任意一个顶点的相邻顶点构成一个分离集, 因此 $\kappa(Q_k) \leqslant k$. 为证明 $\kappa(Q_k)=k$, 我们来证明每个点割的大小至少为 $k$. 我们对 $k$ 用归纳法.

基本步骤: $k \in \{0, 1\}$. 对于 $k \leqslant 1$, $Q_k$ 是具有 $k+1$ 个顶点的一个完全图, 因而具有连通度 $k$.

归纳步骤: $k \geqslant 2$. 由归纳假设可知, $\kappa(Q_{k-1})=k-1$. 考虑将 $Q_k$ 描述成 $Q_{k-1}$ 的两个拷贝 $Q$、$Q'$ 外加由 $Q$ 和 $Q'$ 的相应顶点间的边构成的匹配(习题 1.3.8). 设 $S$ 是 $Q_k$ 中的一个点割. 如果 $Q-S$ 是连通的且 $Q'-S$ 是连通的, 则 $Q_k-S$ 也是连通的, 除非 $S$ 包含每个匹配点对中的至少一个顶点, 这就要求 $|S| \geqslant 2^{k-1}$, 但是, 当 $k \geqslant 2$ 时 $2^{k-1} \geqslant k$.

因此, 不妨假定 $Q-S$ 是不连通的, 由归纳法假设, 这意味着 $S$ 至少包含 $Q$ 的 $k-1$ 个顶点. 如果 $S$ 不包含 $Q'$ 中的顶点, 则 $Q'-S$ 是连通的并且 $Q-S$ 中的所有顶点在 $Q'-S$ 中都有相邻顶点, 因此 $Q_k-S$ 也是连通的. 于是, $S$ 必然包含 $Q'$ 中的一个顶点. 这就得到 $|S| \geqslant k$, 此即所求.

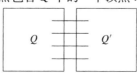

在一个图中，删除某个顶点的所有相邻顶点所得的图是一个不连通图(或只剩一个顶点)，故 $\kappa(G)\leqslant\delta(G)$. 但等号不一定成立；例如 $2K_m$ 有最小度 $m-1$，但连通度却为 0.

由于连通度 $k$ 要求 $\delta(G)\geqslant k$，它也要求图中至少有 $\lceil kn/2\rceil$ 条边. $k$-维方体达到这个界，但也仅在 $n=2^k$ 时达到这个界. 只要 $k<n$，这个界可能是最好的，正如下面的例子所示.

**4.1.4 例**（Harary 图） 给定 $2\leqslant k<n$，将 $n$ 个顶点等间距地排成一个圈. 如果 $k$ 是偶数，则将每个顶点分别与圈的每个方向上距该点最近的 $k/2$ 个顶点置为相邻，由此得到 $H_{k,n}$. 如果 $k$ 是奇数而 $n$ 是偶数，则将每个顶点分别与每个方向上距该点最近的 $(k-1)/2$ 顶点置为相邻，并且使该点和与之相对的顶点也成为相邻，由此得到 $H_{k,n}$. 对每种情况，$H_{k,n}$ 均是 $k$-正则的.

当 $k$ 和 $n$ 都是奇数时，用模 $n$ 得到的整数来给顶点编号，再对满足 $0\leqslant i\leqslant(n-1)/2$ 的每个 $i$ 值，向 $H_{k-1,n}$ 中添加边 $i\leftrightarrow i+(n-1)/2$，由此构造得到 $H_{k,n}$. 下面给出了图 $H_{4,8}$、$H_{5,8}$ 和 $H_{5,9}$.

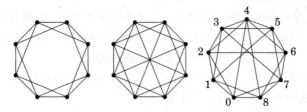

**4.1.5 定理**（Harary[1962a]） $\kappa(H_{k,n})=k$，因此具有 $n$ 个顶点的 $k$-连通图的最小边数是 $\lceil kn/2\rceil$.

**证明** 这里只证明 $k=2r$ 这种偶数的情况，将奇数的情况留为习题 12. 设 $G=H_{k,n}$，由于 $\delta(G)=k$，只需证明 $\kappa(G)\geqslant k$. 对于满足 $|S|<k$ 的集合 $S\subseteq V(G)$，证明 $G-S$ 是连通的. 考虑 $u,v\in V(G)-S$. 在最初的环状的安排中，有一条顺时针方向的 $u,v$ 路径和一条逆时针方向的 $u,v$ 路径；设 $A$、$B$ 分别是这两条路径上内顶点构成的集合.

由于 $|S|<k$，由鸽巢原理可知：在 $\{A,B\}$ 的某个集合中，$S$ 含有的顶点少于 $k/2$ 个. 由于 $G$ 中的任意顶点在一个特定方向上有到达其后 $k/2$ 个顶点的边，删除少于 $k/2$ 个相继的顶点并不能阻断我们沿该方向行进. 因此，我们从 $A$ 和 $B$ 中选取使 $S$ 的顶点数少于 $\dfrac{k}{2}$ 的一个，通过这个集合可能在 $G-S$ 中找到一条 $u,v$ 路径.

Harary 的构造确定了允许一个图是 $k$-连通图的度条件. 习题 22 给出了迫使一个简单图是 $k$-连通图的度条件. 由于连通度依赖于顶点删除，故删除多重边的额外拷贝不会影响连通度. 因此，我们只对简单图论述 $k$-连通度的度条件.

**4.1.6 注记** 要直接证明 $\kappa(G)\geqslant k$，需要给出一个点割 $S$ 并证明 $|S|\geqslant k$ 或者对任意少于 $k$ 个顶点的集合 $S$ 证明 $G-S$ 是连通的. 非直接的证明方法是假定一个顶点数少于 $k$ 的点割并由此得出一个矛盾. 非直接的证明可能较容易获得，但直接的证明可能陈述起来更清晰.

另外要注意，如果 $k<n(G)$ 并且 $G$ 有一个大小小于 $k$ 的点割，则 $G$ 也有大小为 $k-1$ 的点割(先删除割集，继续删除顶点直到 $k-1$ 个顶点被删掉，同时在两个分量中各保留一个顶点).

最后，证明 $\kappa(G)=k$ 也需要给出一个大小为 $k$ 的点割；通常，这是很简单的. ■

**边-连通度**

或许我们的发射机可靠性很高而不会瘫痪，但是通信链路可能会受到噪声干扰或其他干扰. 在这种情况下，我们想让图不会因为删除了某些边而变得不连通.

**4.1.7 定义**    由边构成的**断连通集**是一个集合 $F \subseteq E(G)$，它使得 $G-F$ 的连通分量多于一个．如果一个至少有两个顶点的图的每一个断连通集至少含有 $k$ 条边，则称该图是 $k$-**边连通的**．至少有两个顶点的图 $G$ 的**边-连通度**，记作 $\kappa'(G)$，是断连通集大小的最小值（这与 $k$ 是使 $G$ 为 $k$-边连通图的最大值等价）．

给定 $S, T \subseteq V(G)$，将一个端点在 $S$ 中而另一个端点在 $T$ 中的边构成的集合记作 $[S, T]$．一个**边割**就是形如 $[S, \bar{S}]$ 的边集，其中 $S$ 是 $V(G)$ 的一个非空真子集而 $\bar{S}$ 表示 $V(G)-S$．

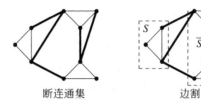

断连通集                                                  边割

**4.1.8 注记**（断连通集与边割）    每个边割均是一个断连通集，因为 $G-[S, \bar{S}]$ 没有从 $S$ 到 $\bar{S}$ 的路径．其逆命题不成立，因为断连通集可能包含额外的边．在上图中，我们用粗边给出了一个断连通集和一个边割；也可以参见习题 13．

然而，（当 $n(G)>1$ 时）边的任意极小断连通集都是边割．如果对某个 $F \subseteq E(G)$ 来说 $G-F$ 的连通分量多于一个，则存在 $G-F$ 的某个分量 $H$，我们已删除了恰好有一个端点在 $H$ 中的所有边．故 $F$ 包含边割 $[V(H), \overline{V(H)}]$，且 $F$ 不是一个极小断连通集，除非 $F=[V(H), \overline{V(H)}]$．■

删除边割 $F$ 中每条边的一个端点也将删除 $F$ 中的一条边，这表明 $\kappa(G) \leqslant \kappa'(G)$．但是在删除过程中必须小心，不要删除 $G-F$ 的某个分量中最后仅存的顶点使得最后留下一个连通子图．

**4.1.9 定理**（Whitney[1932a]）    如果 $G$ 是简单图，则
$$\kappa(G) \leqslant \kappa'(G) \leqslant \delta(G).$$

**证明**    与具有最小度的顶点 $v$ 关联的所有边构成一个边割；因此 $\kappa'(G) \leqslant \delta(G)$．剩下的就是证明 $\kappa(G) \leqslant \kappa'(G)$．

我们已经看到 $\kappa(G) \leqslant n(G)-1$（见例 4.1.2）．考虑最小边割 $[S, \bar{S}]$．如果 $S$ 的每个顶点与 $\bar{S}$ 的每个顶点都邻接，则 $|[S, \bar{S}]|=|S| \, |\bar{S}| \geqslant n(G)-1 \geqslant \kappa(G)$，因此要证的不等式成立．

否则，选取 $x \in S$，$y \in \bar{S}$ 使得 $x \nleftrightarrow y$．令 $T$ 包含 $\bar{S}$ 中的 $x$ 的所有相邻顶点和 $S-\{x\}$ 中的所有在 $\bar{S}$ 中有相邻顶点的顶点．每条 $x, y$-路径都通过 $T$，因此 $T$ 是一个分离集．同时，取出从 $x$ 到 $T \cap \bar{S}$ 的所有边，并且从 $T \cap S$ 的每个顶点取一条到 $\bar{S}$ 的边（下图粗线条所示）即得到 $[S, \bar{S}]$ 中的 $|T|$ 条不同的边．因此 $\kappa'(G)=|[S, \bar{S}]| \geqslant |T| \geqslant \kappa(G)$．

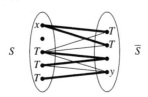

我们已经看到，当 $G$ 是完全图、二部团、超方体或者 Harary 图时，有 $\kappa(G)=\delta(G)$．由定理 4.1.9 可知，对这些图也有 $\kappa'(G)=\delta(G)$．然而，在很多图中，与具有最小度的顶点关联的边的集合不是最小边割．$\kappa'(G)<\delta(G)$ 的情形恰好就是最小边割均不产生孤立顶点的情形．

152

**4.1.10 例**($\kappa<\kappa'<\delta$ 成立的可能性)   在下面的图 $G$ 中，$\kappa(G)=1$，$\kappa'(G)=2$ 且 $\delta(G)=3$. 注意最小边割都不产生孤立顶点.

每个不等式都可能成为等式. 当 $G=K_m+K_m$ 时，有 $\kappa(G)=\kappa'(G)=0$ 但是 $\delta(G)=m-1$. 当 $G$ 由具有唯一公共顶点的两个 $m$-团构成时，$\kappa'(G)=\delta(G)=m-1$ 但是 $\kappa(G)=1$.

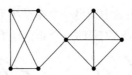

有一些不同的条件可以令这三个参数间的等式成立；比如，当 $G$ 的直径为 2 并且为简单图时，$\kappa'(G)=\delta(G)$（习题 25）. 对于 3-正则图，连通度和边-连通度总相等.

**4.1.11 定理**   如果 $G$ 是 3-正则图，则 $\kappa(G)=\kappa'(G)$.

**证明**   设 $S$ 是一个最小点割（$|S|=\kappa(G)$）. 由于 $\kappa(G)\leqslant\kappa'(G)$ 总成立，因此只需找出一个大小为 $|S|$ 的边割. 令 $H_1$，$H_2$ 是 $G-S$ 的两个分量. 由于 $S$ 是一个最小点割，故任意 $v\in S$ 在 $H_1$ 和 $H_2$ 中各有一个相邻顶点. 既然 $G$ 是 3-正则的，因此 $v$ 不能在 $H_1$ 和 $H_2$ 中都有两个相邻顶点. 对于每个 $v\in S$，删除一条从 $v$ 到 $\{H_1，H_2\}$ 中的一个分量的边，其中 $v$ 在该分量中只有一个相邻顶点.

这 $\kappa(G)$ 条边中断了所有从 $H_1$ 到 $H_2$ 的路径，除非下面的情况发生，即有一条路径通过 $v_1$ 进入 $S$ 并通过 $v_2$ 离开. 这时，我们将 $v_1$ 和 $v_2$ 到 $H_1$ 的边都删除，这样就断开了所有从 $H_1$ 经 $\{v_1，v_2\}$ 到 $H_2$ 的路径.

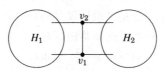

如果 $\kappa'(G)<\delta(G)$，则最小边割不会产生任何孤立顶点. 事实上，只要 $|[S，\overline{S}]|<\delta(G)$，集合 $S$（当然集合 $\overline{S}$ 也是）必然远比一个孤立顶点大. 这个结论源自边割 $[S，\overline{S}]$ 的大小和由 $S$ 诱导的子图的大小之间的一个简单关系.

**4.1.12 命题**   如果 $S$ 是图 $G$ 中一些顶点构成的集合，则
$$|[S，\overline{S}]|=\left[\sum_{v\in S}d(v)\right]-2e(G[S]).$$

**证明**   $G[S]$ 中的每条边在 $\sum_{v\in S}d(v)$ 中计算两次，而 $[S，\overline{S}]$ 中的每条边在这个和中只计算一次. 由于该求和对所有可能的边进行计数，故得到 $\sum_{v\in S}d(v)=|[S，\overline{S}]|+2e(G[S])$.

**4.1.13 推论**   如果 $G$ 是简单图且对 $V(G)$ 的某个非空真子集 $S$ 有 $|[S，\overline{S}]|<\delta(G)$，则 $|S|>\delta(G)$.

**证明**   由命题 4.1.12 有 $\delta(G)>\sum_{v\in S}d(v)-2e(G[S])$. 用 $d(v)\geqslant\delta(G)$ 和 $2e(G[S])<|S|(|S|-1)$ 得到
$$\delta(G)>|S|\delta(G)-|S|(|S|-1).$$
该不等式要求 $|S|>1$，从而合并含有 $\delta(G)$ 的项并消去 $|S|-1$ 得到 $|S|>\delta(G)$.

作为由边构成的一个集合，一个边割可以包含另一个边割. 例如，$K_{1,2}$ 有三个边割，其中一个包含另外两个. 图的极小非空边割有十分有用的结构性质.

**4.1.14 定义** 一个**键**是一个极小非空边割.

这里，"极小"的含义是没有非空真子集也是边割. 我们来表述连通图中键的特征.

**4.1.15 命题** 如果 $G$ 是连通图，则边割 $F$ 是键当且仅当 $G-F$ 恰好有两个分量. |154|

**证明** 令 $F=[S,\overline{S}]$ 是一个边割. 先假定 $G-F$ 恰有两个分量，并令 $F'$ 是 $F$ 的一个真子集. 图 $G-F'$ 包含 $G-F$ 的两个分量并且至少还有一条介于这两个分量之间的边，这条边将两个分量连通起来. 因此 $F$ 是一个最小边割，故而是一个键.

对于逆命题，假设 $G-F$ 有多于两个的连通分量. 由于 $G-F$ 是 $G[S]$ 和 $G[\overline{S}]$ 的不相交的并，因此这二者之一必至少含有两个连通分量. 由对称性，不妨假设 $G[S]$ 含有两个连通分量. 因此，我们可以记 $S=A\cup B$，其中没有边连接 $A$ 和 $B$. 现在边割 $[A,\overline{A}]$ 和 $[B,\overline{B}]$ 是 $F$ 的真子集，故 $F$ 不是一个键.

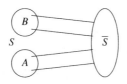

■

## 块

没有割点的连通图不一定是 2-连通的，因为它可能是 $K_1$ 或 $K_2$. 没有割点的连通子图给出了图的一种有用的分解.

**4.1.16 定义** 图 $G$ 的一个**块**是 $G$ 的没有割点的极大连通子图. 如果 $G$ 本身是连通的并且没有割点，则 $G$ 是一个块.

**4.1.17 例**（块） 如果 $H$ 是图 $G$ 的一个块，则 $H$ 作为图不含割点，但 $H$ 可以包含 $G$ 的割点作为顶点. 例如，下面的图有 5 个块：$K_2$ 的 3 个拷贝、1 个 $K_3$ 和 1 个既不是环也不是完全图的子图.

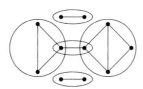

■

**4.1.18 注记**（块的性质） 环的边本身不能成为一个块，因为它含于更大的一个没有割点的子图中. 因此，一条边是一个块当且仅当它是一条割边；树的所有块就是它的所有边. 如果一个块中的顶点多于两个，则它是 2-连通的. 一个无圈图的所有块包含其所有孤立点、所有割边和所有的极大 2-连通子图. |155|

**4.1.19 命题** 图的两个块最多只有一个公共顶点.

**证明** 我们用反证法. 假设块 $B_1$ 和 $B_2$ 至少有两个公共顶点. 证明 $B_1\cup B_2$ 是没有割点的连通子图，这与 $B_1$ 和 $B_2$ 的极大性矛盾.

如果从 $B_i$ 中删除一个顶点，则所得的子图是连通的. 因此，我们保留了 $B_i$ 中剩下的任意顶点到 $V(B_1)\cap V(B_2)$ 中任意顶点的一条路径. 由于这两个块有至少两个公共顶点，因此删除单个顶点后在交中还剩有一个顶点. 我们保留了所有顶点到该顶点的路径，故只删除一个顶点不能使得

$B_1 \cup B_2$ 变成不连通图.

任意一条边都是没有割点的子图, 故而含于某个块中. 可以断言一个图的所有块分解了该图. 图中块的作用有些类似于有向图的强连通分量(定义 1.4.12), 但是强连通分量之间没有公共顶点(习题 1.4.13a). 故图的块分解了边集, 而有向图的强连通分量只是划分了顶点集并且在通常情况下要忽略一些边.

如果 $G$ 的两个块有一个公共顶点, 则该顶点必是 $G$ 的一个割点. 块和割点之间的相互作用关系可以用一种特殊的图来描述.

**\*4.1.20 定义** 图 $G$ 的**块-割点图**是一个二部图 $H$, 其中一个部集由 $G$ 的割点构成而另一个部集中的每个点 $b_i$ 对应于 $G$ 的一个块 $B_i$. 我们包含 $vb_i$ 作为 $H$ 的一条边当且仅当 $v \in b_i$.

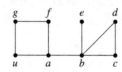

如果 $G$ 是连通的, 则其块-割点图是一棵树(参见习题 34)并且该树的叶子都是 $G$ 的块. 因此, 非单块图至少含有两个块(**叶块**)使得每个块恰有 $G$ 的一个割点.

用搜索图的技术可以找出所有的块. 在**深度优先搜索**(DFS)中, 我们总选择最近到达的还存在未处理的边的顶点继续进行搜索(该过程也称为**回溯**). 相应地, 广度优先搜索(算法 2.3.8)从最早处理过的顶点出发进行搜索. 因此, DFS 和 BFS 之间的区别在于在 DFS 中我们把要搜索的顶点序列维护成一个后进先出的"栈"而不是一个队列.

**\*4.1.21 例**(深度优先搜索) 在下面的图中, 从顶点 $u$ 出发的一个深度优先搜索找到顶点的顺序为 $u, a, b, c, d, e, f, g$. 对 DFS 和 BFS 来说, 找到顶点的顺序都依赖于从搜索顶点出发搜索它的边的次序.

[156]

从顶点 $u$ 出发的广度优先搜索或深度优先搜索都生成一棵以 $u$ 为根的树; 每次搜索某顶点 $x$ 都得到一个新顶点 $v$, 我们加入边 $xv$. 这样逐步得到一棵树, 它是包含顶点 $u$ 的连通分量的生成树. 深度优先搜索的运用依赖于所产生的生成树的一个基本性质.

**\*4.1.22 引理** 如果 $T$ 是从顶点 $u$ 出发进行深度优先搜索时产生的连通图 $G$ 的生成树, 则对于 $G$ 的不含于 $T$ 中的任意一条边, 其端点 $v$, $w$ 可以使得 $v$ 位于 $T$ 中的 $u$, $w$-路径上.

**证明** 令 $vw$ 是 $G$ 的一条边, 并假设深度优先搜索时先搜索到 $v$ 而后搜索到 $w$. 由于 $vw$ 是一条边, 因此不可能在 $w$ 被加入到 $T$ 之前完成对 $v$ 的搜索. 因此 $w$ 出现在对 $v$ 的搜索完成前形成的子树中, 因此从 $u$ 到 $w$ 的路径包含 $v$.

**\*4.1.23 算法**(计算图的块)

**输入**: 连通图 $G$(图的块是该图所有连通分量的块, 每个连通分量的块可以用深度优先搜索获得, 因此假设 $G$ 是连通图).

**思想**: 建立 $G$ 的一棵深度优先搜索树 $T$. 当一些块被识别出来后则删掉 $T$ 的某些部分. 维护一

个顶点 ACTIVE.

**初始化**：取 $x \in V(G)$ 为根；令 $x$ 为 ACTIVE；设 $T = \{x\}$.

**循环**：设 $v$ 表示当前的活动顶点.

1）如果 $v$ 有一条未处理的关联边 $vw$，则

   1A）如果 $w \notin V(T)$，则将 $vw$ 添加到 $T$ 中，将 $vw$ 标记为处理过，令 $w$ 为 ACTIVE.

   1B）如果 $w \in V(T)$，则 $w$ 是 $v$ 的祖先；将 $vw$ 标记为处理过.

2）如果 $v$ 没有未处理的关联边，则

   2A）如果 $v \neq x$ 而 $w$ 是 $v$ 的父亲，则令 $w$ 为 ACTIVE. 如果以 $v$ 为根的当前子树 $T'$ 中没有顶点通过一条处理过的边连接到 $w$ 之前的祖先上，则 $V(T') \bigcup \{w\}$ 是一个块的顶点集合；记录这一信息并从 $T$ 中删除 $V(T')$.

   2B）如果 $v = x$，结束.

**\*4.1.24 例**（找出所有块）　对下面的图，从 $x$ 出发的深度优先搜索按照顺序 $a$, $b$, $c$, $d$, $e$, $f$, $g$, $h$, $i$, $j$ 访问其他顶点. 我们按照顺序 $\{a, b, c, d\}\{e, f, g, h\}\{a, i\}\{x, a, e\}\{x, j\}$ 找出了所有块. 每当找出一个块，即删除该块中除最上面的顶点外的其他顶点. 习题 36 要求给出正确性的证明.

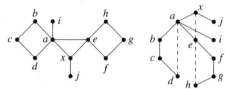

157

## 习题

**4.1.1** （一）对下面的每个命题给出证明或举出反例.

   a）任意连通度为 4 的图是 2-连通的.

   b）任意 3-连通图的连通度为 3.

   c）任意 $k$-连通图均是 $k$-边-连通的.

   d）任意 $k$-边-连通图均是 $k$-连通的.

**4.1.2** （一）为下面的命题举一个反例，然后添加一个假设条件使得它成立并证明所得命题的正确性：如果 $e$ 是图 $G$ 的一条割边，则 $e$ 至少有一个端点是 $G$ 的割点.

**4.1.3** （一）设 $G$ 是含有多于 $k$ 个顶点的图且不是完全图. 证明：如果 $G$ 不是 $k$-连通的，则它有一个大小为 $k-1$ 的分离集.

**4.1.4** （一）证明：图 $G$ 是 $k$-连通的当且仅当 $G \vee K_r$（定义 3.3.6）是 $k+r$ 连通的.

**4.1.5** （一）令 $G$ 是至少含有 3 个顶点的连通图. 修改 $G$，只要 $d_G(x, y) = 2$ 则添加一条端点为 $x$, $y$ 的边，将所得到的图记为 $G'$. 证明：$G'$ 是 2-连通的.

**4.1.6** （一）令 $G$ 是连通图并且其所有块为 $B_1$, $\cdots$, $B_k$. 证明：$G$ 恰有 $\left(\sum_{i=1}^{k} n(B_i)\right) - k + 1$ 个顶点.

**4.1.7** （一）给出一个公式将连通图的生成树的棵数表示成其块的生成树的棵数.

· · · · · · · · · · · · · · · · · ·

**4.1.8** 对下面的每个图 $G$，确定其 $\kappa(G)$、$\kappa'(G)$ 和 $\delta(G)$（提示：对于左侧的图，用命题 4.1.12 来得到边-连通度）.

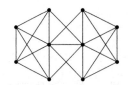 

4.1.9 对于满足 $0<k\leqslant l\leqslant m$ 的任意整数 $k$、$l$、$m$，构造一个简单图 $G$ 使得 $\kappa(G)=k$、$\kappa'(G)=l$ 且 $\delta(G)=m$. (Chartrand-Harary[1968])

4.1.10 (!)找出(并证明)连通度为 1 的最小 3-正则简单图.

158  4.1.11 证明：如果 $G$ 是满足 $\Delta(G)\leqslant 3$ 的简单图，则 $\kappa'(G)=\kappa(G)$.

4.1.12 设 $n$，$k$ 是正整数，其中 $n$ 是偶数而 $k$ 是奇数，并且 $n>k>1$. 令 $G$ 是如下构造的 $k$-正则简单图：在环上放 $n$ 个顶点，让每个顶点与它对面的顶点邻接，并且将它与环的每个方向上距该点最近的 $(k-1)/2$ 个顶点置为邻接. 证明：$\kappa(G)=k$. (Harary[1962a])

4.1.13 在 $K_{m,n}$ 中，设 $S$ 由一个部集的 $a$ 个顶点和另一个部集的 $b$ 个顶点构成.

a)通过计算将 $|[S,\overline{S}]|$ 用 $a$，$b$，$m$，$n$ 表示出来.

b)通过(a)从数字上证明：$\kappa'(K_{m,n})=\min\{m,n\}$.

c)证明：$K_{3,3}$ 中任意由 7 条边构成的集合均是不连通集，但任意由 7 条边构成的集合均不是边割.

4.1.14 (!)设 $G$ 是一个连通图，且对于其中的每条边 $e$ 均存在两个包含 $e$ 的环 $C_1$ 和 $C_2$ 使得二者的唯一公共边是 $e$. 证明：$G$ 是 3-边-连通的. 用这个结论证明 Petersen 图是 3-边-连通的.

4.1.15 利用命题 4.1.12 和定理 4.1.11 证明 Petersen 图是 3-连通的.

4.1.16 利用命题 4.1.12 证明 Petersen 图有一个大小为 $m$ 的边割当且仅当 $3\leqslant m\leqslant 12$(提示：对于 $1\leqslant|S|\leqslant 5$，考虑 $|[S,\overline{S}]|$).

4.1.17 证明：从 Petersen 图中删除大小为 3 的边割将得到一个孤立顶点.

4.1.18 设 $G$ 是三角形无关的简单图，其最小度至少为 3. 证明：如果 $n(G)\leqslant 11$，则 $G$ 是 3-边-连通的. 找出一个具有 12 个顶点的 3-正则二部图使得它不是 3-边-连通的，由此证明上面题设中的不等式是最优的. (Calvin)

4.1.19 证明：如果 $G$ 是简单图且 $\delta(G)\geqslant n(G)-2$，则 $\kappa(G)=\delta(G)$. 对任意 $n\geqslant 4$，构造一个最小度为 $n-3$ 且连通度小于 $n-3$ 的 $n$-顶点简单图，由此证明上面题设中的不等式是最优的.

4.1.20 (!)设 $G$ 是满足 $n/2-1\leqslant\delta(G)\leqslant n-2$ 的简单 $n$-顶点图. 证明：对于满足 $k\leqslant 2\delta(G)+2-n$ 的所有 $k$ 值，$G$ 是 $k$-连通的. 构造一个最小度为 $\delta$ 但对 $k=2\delta+3-n$ 不是 $k$-连通的简单 $n$-顶点图，由此证明题设中关于 $k$ 值的不等式是最优的(注：命题 1.3.15 是 $\delta(G)=(n-1)/2$ 时的特殊情况).

4.1.21 (+)设 $G$ 是满足 $n\geqslant k+l$ 且 $\delta(G)\geqslant\dfrac{n+l(k-2)}{l+1}$ 的简单 $n$-顶点图. 证明：如果 $G-S$ 的连通分量多于 $l$ 个，则 $|S|\geqslant k$. 构造一个恰当的最小度为 $\left\lfloor\dfrac{n+l(k-2)-1}{l+1}\right\rfloor$ 的简单 $n$-顶点图，由此证明 $n\geqslant k+l$ 时有关 $\delta(G)$ 的假设条件是最优的(注：这推广了习题 4.1.20).

4.1.22 (!)$k+1$-连通图的充分条件(Bondy[1969])

a)设 $G$ 是顶点度为 $d_1\leqslant\cdots\leqslant d_n$ 的简单 $n$-顶点图. 证明：如果 $d_j\geqslant j+k$ 对任意 $j\leqslant n-1-$

$d_{n-k}$ 成立，则 $G$ 是 $k+1$-连通的(注：习题 1.3.64 是该命题在 $k=0$ 时的特殊情况).

b)假定 $0 \leqslant j+k \leqslant n$. 构造一个 $n$-顶点图 $G$ 使得 $\kappa(G) \leqslant k$ 且 $G$ 有 $j$ 个顶点的度为 $j+k-1$、$n-j-k$ 个顶点的度为 $n-j-1$ 并有 $k$ 个顶点的度为 $n-1$. 从哪种意义上讲，这证明了 $a$ 是最优的结果？

4.1.23  (!)设 $G$ 是一个偶数阶的 $r$-连通图并且它不含 $K_{1,r+1}$ 作为诱导子图. 证明：$G$ 有一个 1-因子 . (Sumner[1974b])

4.1.24  (!)$\kappa' = \delta$ 的度条件设 $G$ 是简单 $n$-顶点图 . 利用推论 4.1.13 证明下述命题 .

a)如果 $\delta(G) \geqslant \lfloor n/2 \rfloor$，则 $\kappa'(G) = \delta(G)$. 对任意 $n \geqslant 4$，构造一个满足 $\delta(G) = \lfloor n/2 \rfloor - 1$ 且 $\kappa'(G) < \delta(G)$ 的简单 $n$-顶点图 $G$，由此证明上述结论是最优的 .

b)如果 $d(x) + d(y) \geqslant n-1$ 对任意 $x \not\leftrightarrow y$ 成立，则 $\kappa'(G) = \delta(G)$. 对任意 $n \geqslant 4$ 且 $\delta(G) = m \leqslant n/2 - 1$ 构造一个满足 $\kappa'(G) < \delta(G) = m$ 且 $d(x) + d(y) \geqslant n-2$ 对任意 $x \not\leftrightarrow y$ 成立的图 $G$，由此证明上述结果是最优的 .

|159|

4.1.25  (!)直径为 2 时有 $\kappa'(G) = \delta(G)$. 设 $G$ 是一个直径为 2 的简单图，并令 $[S, \overline{S}]$ 是满足 $|S| \leqslant |\overline{S}|$ 的一个最小边割 .

a)证明：$S$ 的每个顶点在 $\overline{S}$ 中均有相邻顶点 .

b)利用(a)和推论 4.1.13 证明：$\kappa'(G) = \delta(G)$. (Plesnik[1975])

4.1.26  (!)设 $F$ 是 $G$ 中的一些边构成的集合 . 证明：$F$ 是一个边割当且仅当 $F$ 含有 $G$ 中任意环的偶数条边 . 比如，如果 $G = C_n$，则任意由偶数条边构成的集合均是边割，但任意由奇数条边构成的集合均不是边割(提示：充分性的证明就是要将 $G-F$ 的连通分量分成两个集合使得 $F$ 中的任意一条边恰好在每个集合中有一个端点).

4.1.27  (!)设 $[S, \overline{S}]$ 是一个边割 . 证明：存在两两间无公共边的一些键使得这些键(作为边集)的并是 $[S, \overline{S}]$(注：如果 $[S, \overline{S}]$ 本身是一个键，则命题是平凡的).

4.1.28  (!)证明：两个边割的对称差是一个边割(提示：画一个图表示两个对称差并用它引导证明).

4.1.29  (!)设 $H$ 是连通图 $G$ 的一个生成子图 . 证明：$H$ 是 $G$ 的一棵生成树当且仅当子图 $G-E(H)$ 不含键并通过增加 $H$ 的任意边构建一个不含键的子图(注：更一般的论述见 8.2 节).

4.1.30  (一)设 $G$ 是一个简单图，其顶点集合为 $\{1, \cdots, 11\}$，$i \not\leftrightarrow j$ 当且仅当 $i$ 和 $j$ 具有大于 1 的公因子 . 找出 $G$ 的所有块 .

4.1.31  **仙人掌图**是每个块均为一条边或者一个环的连通图 . 证明：一个简单 $n$-顶点仙人掌图中边的最大数目是 $\lfloor 3(n-1)/2 \rfloor$(提示：$\lfloor x \rfloor + \lfloor y \rfloor \leqslant \lfloor x+y \rfloor$).

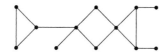

4.1.32  证明：图的每个顶点的度均为偶数当且仅当每个块都是欧拉图 .

4.1.33  证明：连通图是 $k$-边-连通的当且仅当它的每个块均是 $k$-边连通的 .

4.1.34  (*)块-割点图(参见定义 4.1.20). 设图 $G$ 有一个割点，$H$ 是 $G$ 的块-割点图 . (Harary-Prins[1966])

a)证明：$H$ 是一个森林 .

b)证明：$G$ 至少有两个块使得其中每个块恰有 $G$ 的一个割点.

c)证明：有 $k$ 个连通分量的图恰好有 $k + \sum_{v \in V(G)} (b(v) - 1)$ 个块，其中 $b(v)$ 是包含 $v$ 的块数.

d)证明：任意图的割点比它的块少.

4.1.35　设 $H$ 和 $H'$ 是图 $G$ 的两个极大 $k$-连通子图. 证明：这二者最多有 $k-1$ 个公共顶点.（Harary-Kodama[1964]）

4.1.36　（ $*$ ）证明：算法 4.1.23 正确地找出了任意图的所有块.

4.1.37　（ $*$ ）设计一个算法用来计算任意有向图的所有强连通分量，并证明其正确性（提示：模仿算法 4.1.23）.

160

## 4.2　$k$-连通图

如果通信网络的节点之间有多条可供选择的路径，则该网络具有一定的容错性，而且无公共边（或公共顶点）的路径越多容错性越好. 本节要证明这种衡量连通性的度量本质上等同于 $k$-连通. 当 $k=1$ 时，定义本身就阐明了图 $G$ 是 1-连通的当且仅当任意顶点对通过一条路径相连. 对于较大的 $k$ 值，二者间的等价性则不十分明显.

### 2-连通图

我们从描述 2-连通图的特征开始.

**4.2.1 定义**　从 $u$ 到 $v$ 的两条路径**内部不相交**，如果它们没有公共的内顶点.

**4.2.2 定理**（Whitney[1932a]）　至少含有 3 个顶点的图 $G$ 是 2-连通的当且仅当对于任意顶点对 $u, v \in V(G)$ 在 $G$ 中存在内部不相交的 $u, v$-路径.

**证明**　充分性. 如果 $G$ 含有内部不相交的 $u, v$-路径，则删除一个顶点不能将 $u$ 和 $v$ 分离. 由于这个条件对任意顶点对 $u, v$ 均成立，故删除一个顶点不能使得任意顶点与任意其他顶点间不可达. 由此得到 $G$ 是 2-连通的.

必要性. 假定 $G$ 是 2-连通的. 对 $d(u, v)$ 用数学归纳法来证明 $G$ 有内部不相交的 $u, v$-路径.

基本步骤（$d(u, v)=1$）：当 $d(u, v)=1$ 时，图 $G - uv$ 是连通的，因为 $\kappa'(G) \geqslant \kappa(G) \geqslant 2$. $G - uv$ 中的 $u, v$-路径与边 $uv$ 本身构成的 $u, v$-路径内部不相交.

归纳步骤（$d(u, v)>1$）：设 $k = d(u, v)$. 令 $w$ 是某条最短 $u, v$-路径上位于 $v$ 之前的那个顶点，有 $d(u, w) = k-1$. 由归纳假设，$G$ 有内部不相交的 $u, w$-路径 $P$ 和 $Q$. 如果 $v \in V(P) \bigcup V(Q)$，则在环 $P \bigcup Q$ 上可以找到要求的路径. 假设不是这种情况.

由于 $G$ 是 2-连通的，$G - w$ 是连通的进而含有一条 $u, v$-路径 $R$. 如果 $R$ 避开了 $P$ 或 $Q$，则我们完成了证明，但是 $R$ 可能与 $P$ 和 $Q$ 都有公共的内部顶点. 设 $z$ 是 $R$ 上最后一个（$v$ 之前）属于 $P \bigcup Q$ 的顶点. 由对称性，不妨假设 $z \in P$. 我们将 $P$ 的 $u, z$-子路径与 $R$ 的 $z, v$-子路径合并即得到一条与 $Q \bigcup wv$ 内部不相交的 $u, v$-路径.

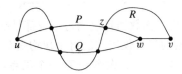

161

**4.2.3 引理**（扩张引理）　设 $G$ 是一个 $k$-连通图，在其中添加一个新顶点 $y$ 并使它在 $G$ 中至少有

$k$ 个相邻顶点，将所得到的图记为 $G'$，则 $G'$ 是 $k$-连通的.

**证明** 证明 $G'$ 的分离集 $S$ 的大小至少为 $k$. 如果 $y\in S$，则 $S-\{y\}$ 分离了 $G$，故而 $|S|\geqslant k+1$. 如果 $y\notin S$ 而 $N(y)\subseteq S$，则 $|S|\geqslant k$. 否则 $N(y)-S$ 位于 $G'-S$ 的某一个连通分量中，于是 $S$ 也分离了 $G$，进而 $|S|\geqslant k$.

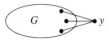

**4.2.4 定理** 对于至少有 3 个顶点的图 $G$，下面的条件是等价的(并且描述了 2-连通图的特征)：
A) $G$ 是连通的并且没有割点.
B) 对任意 $x,y\in V(G)$，存在内部不相交的 $x,y$-路径.
C) 对任意 $x,y\in V(G)$，存在经过 $x,y$ 的环.
D) $\delta(G)>1$ 并且 $G$ 的每一对边均位于一个公共环上.

**证明** 定理 4.2.2 证明了 A⇔B.

对于 B⇔C，注意包含 $x$ 和 $y$ 的那些环对应于内部不相交的 $x$，$y$-路径构成的那些路径对.

对于 D⇒C，条件 $\delta(G)\geqslant 1$ 表明 $x$ 和 $y$ 都不是孤立的；然后将 D 的后面部分应用到与 $x$ 和 $y$ 关联的边上；如果只有一条这样的边，则用这条边和关联到另一个顶点的任意一条边.

为完成证明，假设 $G$ 满足 A 和 C 中这两个相互等价的性质，然后来推导 D. 由于 $G$ 是连通的，故 $\delta(G)\geqslant 1$. 现在考虑两条边 $xy$ 和 $uv$. 在 $G$ 中添加顶点 $w$ 使其邻域为 $\{u,v\}$，再添加顶点 $z$ 使其邻域为 $\{x,y\}$. 由于 $G$ 是 2-连通的，由扩张引理(引理 4.2.3)可知最后得到的图 $G'$ 也是 2-连通的.

因此，条件 C 对 $G'$ 也成立. 故而 $w$ 和 $z$ 位于 $G'$ 的一个环 $C$ 上. 由于 $w$ 和 $z$ 中的每个顶点都具有度 2，因此 $C$ 包含了路径 $u,w,v$ 和 $x,z,y$ 但是不包含边 $uv$ 和 $xy$. 用边 $uv$ 和 $xy$ 分别代替路径 $u,w,v$ 和 $x,z,y$ 即得到 $G$ 中经过 $uv$ 和 $xy$ 的环.

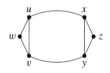

**4.2.5 定义** 在图 $G$ 中，边 $uv$ 的**细分**是用通过一个新顶点 $w$ 的路径 $u,w,v$ 代替边 $uv$ 这个操作.

162

**4.2.6 推论** 如果 $G$ 是 2-连通的，则细分 $G$ 的一条边得到的图 $G'$ 也是 2-连通的.

**证明** 设 $G'$ 是在 $G$ 中添加顶点 $w$ 来细分边 $uv$ 得到的图. 要证明 $G'$ 是 2-连通的，只需为 $G'$ 的任意边 $e$，$f$ 找到通过它们的环(定理 4.2.4D).

由于 $G$ 是 2-连通的，因此 $G$ 的任意两条边都位于某个公共的环上(定理 4.2.4D). 当所给的 $G'$ 的边 $e$，$f$ 位于 $G$ 中，则 $G$ 中通过这两条边的环也在 $G'$ 中，除非这个环用到了边 $uv$，这时我们要修改这个环. 这里"修改这个环"是指"用通过 $w$ 的长为 2 的路径 $u,w,v$ 代替边 $uv$".

当 $e\in E(G)$ 而 $f\in\{uw,wv\}$ 时，修改 $G$ 中过 $e$ 和 $uv$ 的环. 当 $\{e,f\}=\{uw,wv\}$ 时，修改通过 $uv$ 的环即可.

2-连通图这个类具有一个性质，即每个 2-连通图的构造可以表达成一些环和一些路径.

**4.2.7 定义**　图 $G$ 的**耳**是 $G$ 中内部顶点的度均为 2 的极大路径. 图 $G$ 的**耳分解**是满足下面条件的分解 $P_0, \cdots, P_k$: $P_0$ 是一个环而 $i \geqslant 1$ 时 $P_i$ 是 $P_0 \cup \cdots \cup P_i$ 的耳.

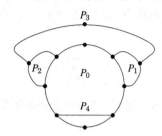

**4.2.8 定理**(Whitney[1932a])　一个图是 2-连通的当且仅当它有耳分解. 而且, 2-连通图的每个环均是某个耳分解的起始环.

**证明**　充分性. 由于环是 2-连通的, 因此只需证明往其中添加耳保持 2-连通. 设 $u, v$ 是要添加到 2-连通图 $G$ 上的耳 $P$ 的端点. 添加一条边不会减小图的连通度, 因此 $G+uv$ 是 2-连通的. 连续进行一系列细分就将 $G+uv$ 转变为 $G \cup P$, 其中 $P$ 是 $G \cup P$ 的耳. 由推论 4.2.6 可知, 每个细分均保持 2-连通.

必要性. 给定 2-连通图 $G$, 我们要从 $G$ 中的一个环 $C$ 出发建立 $G$ 的一个耳分解. 令 $G_0 = C$. 设 $G_i$ 是连续添加 $i$ 个耳后得到的子图. 如果 $G_i \neq G$, 则可以选出 $G-E(G_i)$ 的一条边 $uv$ 和 $E(G_i)$ 的一条边 $xy$. 由于 $G$ 是 2-连通的, 因此 $uv$ 和 $xy$ 位于一个公共的环 $C'$ 中. 设 $P$ 是 $C'$ 中的路径, 它包含 $uv$ 并恰好有 $G_i$ 中的两个顶点, 并且每个顶点恰好位于 $P$ 的一端. 现在, 可以把 $P$ 添加到 $G_i$ 中得到更大的子图 $G_{i+1}$, 其中 $P$ 是它的耳. 只有在包含完 $G$ 的所有边之后, 这个过程才结束.　■

每个 2-连通图都是 2-边-连通的, 但逆命题不成立. 前面讲过, 蝴蝶结图是一个由共享一个顶点的两个三角形形成的图, 它是 2-边-连通的, 但不是 2-连通的. 由于 2-边-连通图包含更多的图, 故对 2-边-连通图的分解也需要更一般的操作, 其证明类似于定理 4.2.8.

**4.2.9 定义**　图 $G$ 的一个**闭耳**是 $G$ 中除一个顶点外其他顶点的度均为 2 的一个环. $G$ 的一个**闭-耳分解**是满足下面条件的分解 $P_0, \cdots, P_k$: $P_0$ 是一个环而 $i \geqslant 1$ 时 $P_i$ 要么是 $P_0 \cup \cdots \cup P_i$ 的(开)耳要么是 $P_0 \cup \cdots \cup P_i$ 的闭耳.

**4.2.10 定理**　一个图是 2-边-连通的当且仅当它有一个闭-耳分解, 而且 2-边-连通图的每个环均是这样的某个分解的起始环.

**证明**　充分性. 割边是不在环上的边(定理 1.2.14), 因此连通图是 2-边-连通的当且仅当任意边都位于某个环上. 最初的环是 2-边-连通的. 如果添加一个闭耳, 则它的所有边构成一个环. 如果添加一个开耳 $P$ 到一个连通图 $G$, 则 $G$ 中连接 $P$ 的端点的一条路径又完成了包含 $P$ 中所有边的一个环. 在每种情况下, 新得到的图仍是连通的. 因此, 添加一个开耳或闭耳保持图是 2-边-连通的.

必要性. 给定一个 2-边-连通图 $G$, 设 $P_0$ 是 $G$ 中的一个环. 考虑 $G$ 的子图 $G_i$ 的闭-耳分解 $P_0, \cdots, P_i$. 如果 $G \neq G_i$, 则可以找出一个耳继续添加. 由于 $G$ 是连通的, 故存在一条边 $uv \in E(G) - E(G_i)$ 且 $u \in V(G_i)$. 由于 $G$ 是 2-边-连通的, 因此 $uv$ 位于某个环 $C$ 中. 沿 $C$ 行进直到回到 $V(G_i)$, 到此为

止所经过的边形成一个环或者路径 $P$. 将 $P$ 添加进来得到 $G$ 的一个更大的子图 $G_{i+1}$，且 $P$ 在其中是一个开耳或闭耳. 只有包含完 $G$ 的所有边后，这个过程才结束. ∎

### 有向图的连通度

关于 $k$-连通图和 $k$-边-连通图的结果同样适用于有向图. 这时，我们采用类似的术语.

**4.2.11 定义**　有向图 $D$ 的一个**分离集**或**点割**是一个集合 $S \subseteq V(D)$，它使得 $D-S$ 不是强连通的. $G$ 的**连通度** $\kappa(D)$ 是如下的顶点集合 $S$ 的大小的最小值：$S$ 使得 $D-S$ 不是强连通的或只有一个顶点. 有向图是 $k$-**连通**的，如果其连通度至少为 $k$. 对于有向图 $D$ 中顶点的集合 $S$，$T$，设 $[S, T]$ 表示尾部在 $S$ 中且头部在 $T$ 中的那些边构成的集合. 一个**边割**是某个集合 $\emptyset \neq S \subset V(D)$ 对应的集合 $[S, \overline{S}]$. 有向图是 $k$-**边连通**的，如果其每个边割至少有 $k$ 条边. 边割大小的最小值称为**边-连通度** $\kappa'(D)$.

[164]

**4.2.12 注记**　因为 $|[S, \overline{S}]|$ 表示离开集合 $S$ 的边的条数，因此可以把边-连通度重新表述为如下定义：图或有向图 $G$ 是 $k$-边连通的当且仅当对顶点的每个非空真子集 $S$ 至少存在 $k$ 条离开 $S$ 的边.

注意 $[S, T]$ 是从 $S$ 到 $T$ 的边构成的集合，其意义依赖于所讨论的是图还是有向图. 在图中，我们认为它由端点分别位于这两个集合中的所有边构成，而在有向图中，我们认为它仅由尾部在 $S$ 中且头部在 $T$ 中的那些边构成. ∎

强连通图类似于 2-边-连通图.

**4.2.13 命题**　添加一个(有向)耳到一个强有向图产生一个更大的强有向图.

**证明**　根据注记 4.2.12，一个有向图是强连通的当且仅当对顶点的每个非空真子集存在一条起始边. 如果添加一个开耳或闭耳 $P$ 到有向图 $D$，则对于满足 $\emptyset \subset S \cap D \subset V(D)$ 的每个集合，$S$ 已有一条从 $S$ 到 $V(D)-S$ 的一条边. 我们只需考虑与 $V(D)$ 不相交的那些集合和包含 $V(D)$ 但不完全包含 $V(P)$ 的那些集合. 对每个这样的集合，存在一条沿 $P$ 离开该集合的边. ∎

在何种条件下，一个道路网络的所有街道只允许单向通行而不存在从某个地点不能到达的地方？换句话说，一个图在什么条件下才具有强定向？下面的图就没有强定向. 对此，那些显然的必要条件也是充分的.

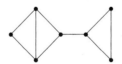

**4.2.14 定理**(Robbins[1939])　一个图有强定向当且仅当它是 2-边-连通的.

**证明**　必要性. 如果一个图是不连通的，则从某些顶点出发在任何定向中均无法到达其他一些顶点. 如果 $G$ 有一条割边 $xy$，它在定向 $D$ 中由 $x$ 指向 $y$，则在 $D$ 中无法从 $y$ 到达 $x$. 因此，$G$ 必须是连通的并且没有割边.

充分性. 如果 $G$ 是 2-边-连通的，则它有一个闭-耳分解. 我们定向一个初始环，得到一个强连通图. 当添加每个新的耳时，我们一致地为它定向，命题 4.2.13 保证了得到的仍然是强连通图. ∎

[165]

Robbins 的这个定理可以推广到所有的 $k$. 如果 $G$ 有一个 $k$-边-连通的定向，则注记 4.2.12 意味着 $G$ 必是 $2k$-边-连通的. Nash-Williams[1960]证明了这个显然的必要条件也是充分的：一个图有 $k$-

边-连通的定向当且仅当它是 $2k$-边-连通的. 当 $G$ 是欧拉图时, 这很简单(习题21), 但是一般的情形则比较困难(参见习题36-38). 该结论的完整论述以及其他的定向定理可以在 Frank[1993]中找到.

### $k$-连通图和 $k$-边连通图

对于图的良好的连通性, 我们已经给出两个度量: 执行顶点删除操作时保持连通度的能力和顶点间可用路径的多重性. 通过扩展惠特尼(Whitney)的定理, 我们来证明这两个概念是相同的. 这对顶点删除和边删除都成立, 同样对有向图和无向图也都成立.

我们首先讨论"局部"问题, 即讨论特定顶点 $x, y$ 之间的路径. 这里的定义对于有向图和无向图均成立.

**4.2.15 定义**　给定 $x, y \in V(G)$, 集合 $S \subseteq V(G) - \{x, y\}$ 是一个 $x, y$-**分离子**或 $x, y$-**割**, 如果 $G-S$ 中没有 $x, y$-路径. 令 $\kappa(x, y)$ 表示 $x, y$-割的大小的最小值. 令 $\lambda(x, y)$ 表示由两两内部不相交的 $x, y$-路径构成的集合的大小的最大值. 对于 $X, Y \subseteq V(G)$, 一条 $X, Y$-**路径**是第一个顶点在 $X$ 中、最后一个顶点在 $Y$ 中, 并且其他顶点均不在 $X \cup Y$ 中的一条路径.

一个 $x, y$-割必然包含每条 $x, y$-路径的一个内部顶点. 没有哪一个顶点能够将两条内部不相交的路径割开. 因此, $\kappa(x, y) \geq \lambda(x, y)$. 因此, 寻找最小割这个问题与寻找路径的最大集合这个问题是对偶问题, 如同第3章中匹配与覆盖之间的对偶性一样.

**4.2.16 例**　在下面的图 $G$ 中, 集合 $S = \{b, c, z, d\}$ 是一个大小为4的 $x, y$-割, 故 $\kappa(x, y) \leq 4$. 正如左侧的图所示, $G$ 有4条两两之间内部互不相交的 $x, y$-路径. 故 $\lambda(x, y) \geq 4$. 由于 $\kappa(x, y) \geq \lambda(x, y)$ 总成立, 因此有 $\kappa(x, y) = \lambda(x, y) = 4$.

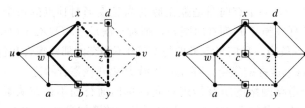

考虑顶点对 $w, z$, 如上面右侧的图所示. $\kappa(w, z) = \lambda(w, z) = 3$, 其中 $\{b, c, x\}$ 是一个最小 $w, z$-割. 图 $G$ 是3-连通的; 对每个顶点对 $u, v \in V(G)$, 均可以找到3条两两之间内部互不相交的 $u, v$-路径.

由内部不相交路径上的相等关系, 可以得到无公共边的路径上类似的相等关系. 尽管上图中有 $\kappa(w, z) = 3$, 但要将所有 $w, z$-路径断开却要用4条边, 并且其中确实存在4条两两间无公共边的 $w, z$-路径.

局部等式 $\kappa(x, y) = \lambda(x, y)$ 总成立, 阐述这个事实的定理我们称为 Menger 定理. 关于连通度的全局性结论和关于边-连通度的类似结果, 以及有向图上相关的结果是由其他人发现的. 所有这些结论都被看成 Menger 定理的不同形式. 迄今为止, 已经发表的 Menger 定理的证明有15种之多, 其中有些证明得到了更强的结论, 也有些证明是不正确的(Menger 最初的论述中的一个缺陷后来由 König 补正了).

**4.2.17 定理**(Menger[1927])　如果 $x, y$ 是图 $G$ 的顶点且 $xy \notin E(G)$, 则 $x, y$-割的大小的最小值等于两两内部互不相交的 $x, y$-路径的最大条数.

**证明**　对于任意由两两内部互不相交的 $x, y$-路径构成的集合, 每个 $x, y$-割必然包含其中每条路径的一个内顶点, 而且这些内顶点各不相同, 故 $\kappa(x, y) \geq \lambda(x, y)$.

为了证明等号成立，我们对 $n(G)$ 用数学归纳法．基本步骤：$n(G)=2$．这时，由 $xy\notin E(G)$ 得到 $\kappa(x,y)=\lambda(x,y)=0$．归纳步骤：$n(G)>2$．令 $k=\kappa_G(x,y)$．我们来构造 $k$ 条两两间内部不相交的 $x,y$-路径．注意，由于 $N(x)$ 和 $N(y)$ 是 $x,y$-割，故任意的最小割都不能真正包含 $N(x)$ 或 $N(y)$．

情形 1：$G$ 有一个不同于 $N(x)$ 和 $N(y)$ 的最小 $x,y$-割 $S$．为了得到所求的 $k$ 条路径，我们将由归纳假设把 $x,S$-路径和 $S,y$-路径合成起来（如下图中的实边所示）．设 $V_1$ 是 $x,S$-路径上的顶点构成的集合，$V_2$ 是 $S,y$-路径上的顶点构成的集合．我们断言 $S=V_1\cap V_2$．由于 $S$ 是一个最小 $x,y$-割，故 $S$ 中的每个点都位于某条 $x,y$-路径上，因此 $S\subseteq V_1\cap V_2$．如果 $v\in(V_1\cap V_2)-S$，则沿某条 $x,S$-路径的 $x,v$-部分和某条 $S,y$-路径的 $v,y$-部分就可以得到一条 $x,y$-路径，而且它避开了 $x,y$-割 $S$．这是不可能的，故 $S=V_1\cap V_2$．同样的论述可以证明，$V_1$ 不包含 $N(y)-S$ 中的点且 $V_2$ 不包含 $N(x)-S$ 中的点．

在 $G[V_1]$ 中，添加顶点 $y'$，再添加 $S$ 与 $y'$ 之间的所有边，将这样形成的图记为 $H_1$；在 $G[V_2]$ 中添加顶点 $x'$，再添加 $x'$ 与 $S$ 之间的所有边，将这样形成的图记为 $H_2$．$G$ 中的每一条 $x,y$-路径均以某条 $x,S$-路径（含于 $H_1$ 中）开始，因此 $H_1$ 中的每个 $x,y'$-割均是 $G$ 中的一个 $x,y$-割．这样，$\kappa_{H_1}(x,y')=k$，类似地有 $\kappa_{H_2}(x',y)=k$．

由于 $V_1$ 不含 $N(y)-S$ 中的顶点且 $V_2$ 不含 $N(x)-S$ 中的顶点，故 $H_1$ 和 $H_2$ 均小于 $G$．因此，由归纳假设得到 $\lambda_{H_1}(x,y')=k=\lambda_{H_2}(x',y)$．由于 $V_1\cap V_2=S$，因此从 $H_1$ 中的 $k$ 条 $x,y'$-路径中删除 $y'$ 并且从 $H_2$ 中的 $k$ 条 $x',y$-路径中删除 $x'$ 即得到 $G$ 中所需的 $x,S$-路径和 $S,y$-路径，它们合起来就形成了 $G$ 中的 $k$ 条两两内部互不相交的 $x,y$-路径．

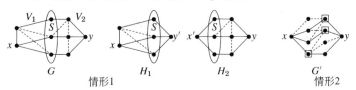

情形1          $H_1$          $H_2$          情形2

情形 2：任意最小 $x,y$-割要么是 $N(x)$ 要么是 $N(y)$．同样，我们仍然构造所需的 $k$ 条路径．在这种情况下，$\{x\}\cup N(x)\cup N(y)\cup\{y\}$ 以外的任意顶点均不在任何一个最小 $x,y$-割中．如果 $G$ 有一个这样的一个顶点 $v$，则 $\kappa_{G-v}(x,y)=k$ 并且在 $G-v$ 中运用归纳假设即可得到 $G$ 中所需的 $x,y$-路径．同样，如果存在顶点 $u\in N(x)\cap N(y)$，则 $u$ 出现在任意 $x,y$-割中且 $\kappa_{G-u}(x,y)=k-1$．现在，在 $G-u$ 上用归纳假设即得到 $k-1$ 条路径，加上路径 $x,u,y$ 即为所需．

最后，可以假定 $N(x)$ 和 $N(y)$ 是 $V(G)-\{x,y\}$ 的划分．设 $G'$ 是部集为 $N(x)$ 和 $N(y)$ 而边集为 $[N(x),N(y)]$ 的二部图．$G$ 中的每一条 $x,y$-路径均要用到从 $N(x)$ 到 $N(y)$ 的某条边，故 $G$ 的所有 $x,y$-割恰好是 $G'$ 的所有的顶点覆盖．于是，$\beta(G')=k$．由 König-Egerváry 定理可知，$G'$ 有一个大小为 $k$ 的匹配．这 $k$ 条边产生 $k$ 条长度为 3 的两两内部不相交的 $x,y$-路径．∎

证明中需要讨论情形 2，因为在 $S=N(x)$ 时由归纳假设无法得到 $S,y$-路径．

定理 4.2.17 的这个论断同样适用于有向图．对于有向图的情形，证明是完全一样的；仅需的改动就是将 $N(x)$ 和 $N(y)$ 全部替换为 $N^+(x)$ 和 $N^-(y)$．

下面，我们对无公共边的路径得出与定理 4.2.17 类似的定理．这要用到一个变换，其中的一个主要操作将在第 7 章中再次用到．在变换后的图上运用定理 4.2.17 即可得到证明．

**4.2.18 定义** 图 $G$ 的**线图** $L(G)$ 是一个图，其全部顶点是 $G$ 的所有边并且当 $e=uv$ 和 $f=vw$ 在 $G$ 中出现时才有 $ef\in E(L(G))$．将这句话中的"图"用"有向图"代替就得到**线有向图**的定义．对于图来说，$e,f$ 共享一个顶点；而对有向图来说，$e$ 的头部必须是 $f$ 的尾部．

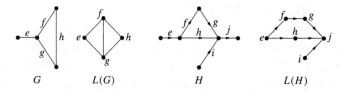

在讨论删除边使得 $x$ 到 $y$ 不连通时，我们采用类似于定义 4.2.15 中的概念：$\lambda'(x,y)$ 是由两两之间无公共边的 $x,y$-路径构成的集合的大小的最大值；$\kappa'(x,y)$ 是使得从 $x$ 无法到达 $y$ 所需删除的最少边数。Elias-Feinstein-Shannon[1956] 和 Ford-Fulkerson[1956]（利用 4.3 节中的方法）证明了 $\lambda'(x,y)=\kappa'(x,y)$ 总成立。我们允许有多重边并允许 $xy\in E(G)$。

**4.2.19 定理**　如果 $x$ 和 $y$ 是图或有向图 $G$ 中的两个不同顶点，则由边构成的 $x,y$-断连通集的大小的最小值等于两两间无公共边的 $x,y$-路径的最大条数。

**证明**　在 $G$ 中添加两个新顶点 $s,t$ 以及两条新边 $sx$ 和 $yt$，修改后得到的图记为 $G'$。该修改过程不改变 $\kappa'(x,y)$ 和 $\lambda'(x,y)$，而且可以认为每条路径均从边 $sx$ 开始并以边 $yt$ 结束。一个边的集合能将 $y$ 从 $x$ 断开当且仅当 $L(G')$ 中相应的顶点构成一个 $sx,yt$-割。类似地，$G$ 中无公共边的 $x,y$-路径变成了 $L(G')$ 中的内部不相交的 $sx,yt$-路径，反之亦然。由于 $x\ne y$，因此在 $L(G')$ 中没有从 $sx$ 到 $yt$ 的边。对 $L(G')$ 用定理 4.2.17 得到：

$$\kappa'_G(x,y)=\kappa_{L(G')}(sx,yt)=\lambda_{L(G')}(sx,yt)=\lambda'_G(x,y).$$

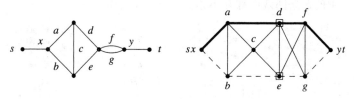

关于 $k$-连通图的全局性结论最先由 Whitney[1932a] 提出，该结论也被普遍地称为 Menger 定理。关于边的全局性结论以及有向图中的全局性结论可以在 Ford-Fulkerson[1956] 算法中找到。

**4.2.20 引理**　删除一条边，连通度最多减小 1。

**证明**　我们只讨论图的情况，类似地可以对有向图的情形进行论述（习题 7）。由于 $G$ 的每个分离集均是 $G-xy$ 的分离集，因此有 $\kappa(G-xy)\le\kappa(G)$。等号成立，除非 $G-xy$ 有一个小于 $\kappa(G)$ 的分离集 $S$ 并且 $S$ 不可能是 $G$ 的分离集。由于 $G-S$ 是连通的，故 $G-xy-S$ 有两个连通分量 $G[X]$ 和 $G[Y]$ 且 $x\in X$ 而 $y\in Y$。在 $G-S$ 中，连接 $X$ 和 $Y$ 的唯一一条边是 $xy$。

如果 $|X|\ge 2$，则 $S\cup\{x\}$ 是 $G$ 的一个分离集且 $\kappa(G)\le\kappa(G-xy)+1$。如果 $|Y|\ge 2$，则上述不等式也成立。剩下的情况是 $|S|=n(G)-2$。由于已经假定 $|S|<\kappa(G)$，$|S|=n(G)-2$ 意味着 $\kappa(G)\ge n(G)-1$，这只有对完全图才成立。因此，$\kappa(G-xy)=n(G)-2=\kappa(G)-1$，这正是我们要证明的。

**4.2.21 定理**　$G$ 的连通度等于使得 $\lambda(x,y)\ge k$ 对任意 $x,y\in V(G)$ 成立的最大 $k$ 值。$G$ 的边-连通度等于使得 $\lambda'(x,y)\ge k$ 对任意 $x,y\in V(G)$ 成立的最大 $k$ 值。这两个论断对图和有向图均成立。

**证明**　由于 $\kappa'(G)=\min\limits_{x,y\in V(G)}\kappa'(x,y)$，由定理 4.2.19 可以立即得到关于边-连通度的论断。

对于连通度，有 $\kappa(x,y)=\lambda(x,y)$ 对任意 $xy\notin E(G)$ 成立，并且 $\kappa(G)$ 是这些值的最小值。于是，只需要证明当 $xy\in E(G)$ 时 $\lambda(x,y)$ 不可能比 $\kappa(G)$ 小。当然，删除边 $xy$ 使得 $\lambda(x,y)$ 减小 1，因为 $xy$ 本身就是一条 $x,y$-路径，并且不可能位于其他的某一条 $x,y$-路径中。据此且由定理

4.2.17 和引理 4.2.20，我们有

$$\lambda_G(x,y) = 1 + \lambda_{G-xy}(x,y) = 1 + \kappa_{G-xy}(x,y) \geqslant 1 + \kappa(G-xy) \geqslant \kappa(G).$$

■ 169

**Menger 定理的应用**

Dirac(狄拉克)将 Menger 定理扩展到其他类型的路径上.

**4.2.22 定义**　给定一个顶点 $x$ 和一个顶点集合 $U$，一个 $x$,$U$-扇是由从 $x$ 到 $U$ 的一些路径构成的集合，其中的任意两条路径只有公共顶点 $x$.

**4.2.23 定理**　（扇引理，Dirac[1960]）一个图是 $k$-连通的当且仅当它至少有 $k+1$ 个顶点并且对于任意 $|U| \geqslant k$ 和 $x$，该图中有一个大小为 $k$ 的 $x$,$U$-扇[⊖].

**证明**　必要性. 给定 $k$-连通图 $G$，在 $G$ 中添加一个与 $U$ 中所有顶点均邻接的顶点 $y$，这样得到的图记为 $G'$. 扩张引理(引理 4.2.3)说明 $G'$ 也是 $k$-连通的，并且由 Menger 定理可以在 $G'$ 中得到 $k$ 条两两内部不相交的 $x$,$y$-路径. 从这些路径中将 $y$ 删掉便产生了 $G$ 中的一个大小为 $k$ 的 $x$,$U$-扇[⊖].

充分性. 假定 $G$ 满足扇条件. 对于 $v \in V(G)$ 和 $U = V(G) - \{v\}$，存在一个大小为 $k$ 的 $x$,$U$-扇，因此 $\delta(G) \geqslant k$. 给定 $w$, $z \in V(G)$，令 $U = N(z)$. 由于 $|U| \geqslant k$，因此有一个大小为 $k$ 的 $w$,$U$-扇，添加连接顶点 $z$ 的边可以扩张该扇中的每一条路径. 这样我们得到了 $k$ 条两两内部不相交的 $w$, $z$-路径，故 $\lambda(w,z) \geqslant k$. 这对于所有 $w$, $z \in V(G)$ 均成立，所以 $G$ 是 $k$-连通的.

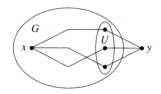

扇引理要宽泛得多. 只要 $X$ 和 $Y$ 是 $k$-连通图 $G$ 的顶点构成的不相交的集合并且在 $X$ 和 $Y$ 的每个顶点上分别指定一个正整数，使得每个集合中的数加起来恰好为 $k$，则存在 $k$ 条两两内部互不相交的 $X$, $Y$-路径使得在每个顶点上恰好有指定数目的路径终止于此(习题 28). 由扇引理也可以得到下面的结果.

**\*4.2.24 定理**(Dirac[1960])　如果 $G$ 是 $k$-连通图(其中 $k \geqslant 2$)，且 $S$ 是 $G$ 中的 $k$ 个顶点构成的集合，则 $G$ 有一个环使得该环的顶点集包含 $S$.

**证明**　对 $k$ 用归纳法. 基本步骤：($k=2$). 由定理 4.2.2(或定理 4.2.21)可知任意两个顶点均通过两条内部不相交的路径连通，这两条路径组成的环恰好包含给定的两个顶点.

归纳步骤：($k>2$). 指定了 $G$ 和 $S$ 后，取 $x \in S$. 由于 $G$ 也是 $k$-1-连通的，因此由归纳假设可知 $S - \{x\}$ 中的所有点均位于某个环 $C$ 上. 先假设 $n(C) = k-1$. 由于 $G$ 是 $k-1$-连通的，因此有一个大小为 $k-1$ 的 $x$, $V(C)$-扇，该扇中与 $C$ 上相继的两个顶点相连的两条路径就扩大了环并使得扩大后的环包含了 $x$.

我们假定 $n(C) \geqslant k$. 由于 $G$ 是 $k$-连通的，故 $G$ 有一个大小为 $k$ 的 $x$, $V(C)$-扇. 我们再次断言，在该扇中存在两条路径使得它们与 $C$ 上包含 $S - \{x\}$ 的部分一起构成一个包含 $S$ 的环. 设 $S - \{x\}$ 中的顶点在 $C$ 上依次是 $v_1 \cdots v_{k-1}$，并设 $V_i$ 是 $V(C)$ 中从 $v_i$ 到 $v_{i+1}$(其中 $v_k = v_1$)但不包含 $v_{i+1}$ 的顶点构成的集合.

170

———————————

⊖　这里对 $x$, $U$ 的选择似乎应当要求 $x \notin U$，参见注释. ——译者注

⊖　如果 $x \in U$ 而 $xy$ 是一条 $x$, $y$-路径，则删除 $y$ 后可能得不到大小为 $k$ 的 $x$, $U$-扇. ——译者注

集合 $V_1$，$\cdots$，$V_{k-1}$ 将 $V(C)$ 划分成 $k-1$ 个互不相交的集合．由于 $x$，$V(C)$-扇中有 $k$ 条路径，根据鸽巢原理，其中必有两条路径落在 $V(C)$ 的上述的某一个子集中．设 $u$，$u'$ 是这两条路径到达 $C$ 时遇到的顶点．用该扇中的 $x$，$u$-路径和 $x$，$u'$-路径替换环 $C$ 的 $u$，$u'$ 部分即得到了一个包含 $x$ 以及 $S-\{x\}$ 的所有顶点的环．

Menger 定理的许多应用都涉及对问题的建模使得所求的对象对应于图或者有向图中的路径，这个过程常用图变换进行论述．比如，给定集族 $\boldsymbol{A}=\{A_1,\cdots,A_m\}$ 且所有集合的并集为 $X$，一个**相异代表系**（SDR）是由不同元素 $x_1,\cdots,x_m$ 构成的集合，$x_i\in A_i$．存在相异代表系的一个充要条件是对所有 $I\subseteq[m]$ 总有 $\left|\bigcup_{i\in I}A_i\right|\geqslant|I|$．由 Hall 定理容易证明这个条件的正确性，这只需用恰当的二部图对 $\boldsymbol{A}$ 建立模型（习题 3.1.19）．事实上，Hall 定理最初的证明就是用相异代表系的语言表述的并且它等价于 Menger 定理（习题 23）．

Ford 和 Fulkerson 考虑一个更难的问题．设 $\boldsymbol{A}=A_1,\cdots,A_m$ 和 $\boldsymbol{B}=B_1,\cdots,B_m$ 是两个集族，我们问，何时存在二者的**公共相异代表系**（CSDR），即一个由 $m$ 个元素构成的集合使得它既是 $\boldsymbol{A}$ 的相异代表系也是 $\boldsymbol{B}$ 的相异代表系．对于这个问题，他们找到了一个充要条件．

**\* 4. 2. 25 定理**（Ford-Fulkerson[1958]）　集族 $\boldsymbol{A}=\{A_1,\cdots,A_m\}$ 和 $\boldsymbol{B}=\{B_1,\cdots,B_m\}$ 有一个公共相异代表系当且仅当

$$\left|\left(\bigcup_{i\in I}A_i\right)\cap\left(\bigcup_{j\in J}B_j\right)\right|\geqslant|I|+|J|-m \qquad \text{对任意集合对 }I,J\subseteq[m]\text{ 成立．}$$

**证明**　我们构建一个有向图 $G$，其顶点包括 $a_1,\cdots,a_m$、$b_1,\cdots,b_m$、这两个集合中的各元素对应的一个顶点以及两个特殊顶点 $s$，$t$；其边为

$$\{sa_i:A_i\in\boldsymbol{A}\} \quad \{a_ix:x\in A_i\}$$
$$\{b_jt:B_j\in\boldsymbol{B}\} \quad \{xb_j:x\in B_j\}$$

每条 $s$，$t$-路径从某个 $A_i$ 与某个 $B_j$ 的交集中选出一个元素．存在公共相异代表系当且仅当存在由 $m$ 条两两内部互不相交的 $s$，$t$-路径构成的集合．由 Menger 定理，只需证明定理中所说的条件等价于不存在大小小于 $m$ 的 $s$，$t$-割．给定一个集合 $R\subseteq V(G)-\{s,t\}$，设 $I=\{a_i\}-R$ 且 $J=\{b_j\}-R$．集合 $R$ 是一个 $s$，$t$-割当且仅当 $\left(\bigcup_{i\in I}A_i\right)\cap\left(\bigcup_{j\in J}B_j\right)\subseteq R$．对于一个 $s$，$t$-割 $R$，于是我们有

$$|R|\geqslant\left|\left(\bigcup_{i\in I}A_i\right)\cap\left(\bigcup_{j\in J}B_j\right)\right|+(m-|I|)+(m-|J|).$$

对于每个 $s$，$t$-割，上式的下界至少为 $m$ 当且仅当定理中所述的条件成立．

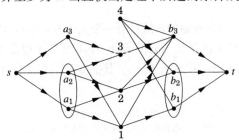

*4.2.26 例(公共相异代表系的有向图)  在上图所示的例子中，所涉及的集合元素是$\{1, 2, 3, 4\}$，$A=\{12, 23, 31\}$，而$B=\{14, 24, 1234\}$. 假定$R\cap\{a_i\}=\{a_1, a_2\}$且$R\cap\{B_j\}=\{b_1, b_2\}$. 在论述中，我们设$I=\{a_3\}$，$J=\{b_3\}$，可以发现$R$是一个$s, t$-割当且仅当它也包含了$\{1, 3\}$，而这恰好就是$(\bigcup_{i\in I}A_i)\cap(\bigcup_{j\in J}B_j)$.  ■

**习题**

4.2.1  (一)对下面的图，确定其$\kappa(u, v)$和$\kappa'(u, v)$(提示：用对偶问题来对最优性进行证明).

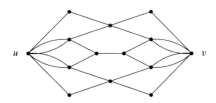

4.2.2  (一)证明：如果$G$是一个2-边-连通的且$G'$是由$G$细分一条边得到的图，则$G'$是2-边-连通的. 由此证明：任意具有一个闭-耳分解的图均是2-边-连通的(注：这是定理4.2.10的充分性的另一个证明).

4.2.3  (一)设$G$是顶点集为$[12]$的一个有向图，其中$i\to j$当且仅当$i$整除$j$. 确定$\kappa(1, 12)$和$\kappa'(1, 12)$.

4.2.4  (一)证明或否定：如果$P$是2-连通图$G$中的一条$u, v$路径，则存在一条$u, v$路径$Q$内部不相交于$P$.

4.2.5  (一)设$G$是一个简单图，$H(G)$是顶点集为$V(G)$的图且$uv\in E(H)$当且仅当$u, v$出现在$G$的同一个环中. 刻画使得$H$是一个团的图$G$的特征.

4.2.6  (一)利用本节中的结果证明：简单图$G$是2-连通的当且仅当$G$可以由$C_3$通过一系列边添加操作和边细分操作得到.

4.2.7  令$xy$是有向图$G$的一条边. 证明：$\kappa(G-xy)\geqslant\kappa(G)-1$.

4.2.8  证明：简单图$G$是2-连通的当且仅当对于每个由不同顶点构成的有序三元组$(x, y, z)$，$G$中均有一条$x, z$-路径通过$y$. (Chein[1968])

4.2.9  证明：至少有4个顶点的图$G$是2-连通的当且仅当对每一对满足$|X|$，$|Y|\geqslant 2$的不相交的顶点子集$X$，$Y$，$G$中存在两条完全不相交的路径$P_1$，$P_2$，使得每条路径在$X$中有一个端点、在$Y$中有一个端点并且内部顶点均不在$X$和$Y$中.

4.2.10  (十)2-连通图的一个**贪心耳分解**是如下得到的耳分解：以最长的环开始并且迭代时每次找出所剩图中最长的耳进行添加. 用贪心耳分解证明：每个2-连通的无爪形的图$G$含有$P_3$的$\lfloor n(G)/3\rfloor$个两两不相交的拷贝. (Kaneko-Kelmans-Nishimura[2000])

4.2.11  (!)对于至少有3个顶点的连通图$G$，证明下列命题等价(可以用Menger定理)：

A)$G$是2-边-连通的.

B)$G$的每条边出现在某个环中.

C)对任意指定的一对边，$G$有一个包含这两条边的闭合迹.

D)对任意指定的一对顶点，$G$有一个包含这两个顶点的闭合迹.

4.2.12  (!)用Menger定理证明：如果$G$是3正则的，则$\kappa(G)=\kappa'(G)$(定理4.1.11).

172

4.2.13   设 $G$ 是一个 2-边-连通图，在 $E(G)$ 上如下定义关系 $R$：$(e, f)\in R$，如果 $e=f$ 或者 $G-e-f$ 不连通．(Lovász[1979, p277])

    a)证明：$(e, f)\in R$ 当且仅当 $e$，$f$ 被包含在相同的一些环中．

    b)证明：$R$ 是 $E(G)$ 上的一个等价关系．

    c)对每个等价类 $F$，证明：$F$ 被包含在某个环中．

    d)对每个等价类 $F$，证明：$G-F$ 没有割边．

4.2.14   (!)一条 $u$，$v$-**项链**是一系列环 $C_1, \cdots, C_k$ 使得 $u\in C_1$，$v\in C_k$ 并且相继的两个环只有一个公共顶点，而不相继的环不相交．在 $d(u, v)$ 上用数学归纳法证明：图 $G$ 是 2-边-连通的当且仅当对所有 $u$，$v\in V(G)$，$G$ 中存在一条 $u$，$v$-项链．

4.2.15   (+)设 $v$ 是 2-连通图 $G$ 的一个顶点．证明：$v$ 有一个相邻顶点 $u$ 使得 $G-u-v$ 是连通的．(Chartrand-Lesniak[1986, p51])

4.2.16   (+)设 $G$ 是一个 2-连通图．证明：如果 $T_1$，$T_2$ 是 $G$ 的两棵生成树，则通过如下一系列操作可以将 $T_1$ 变换成 $T_2$：删除一个叶子顶点，然后再用别的边将它重新连接上去．

4.2.17   找出连通度为 3 并存在被 4 条两两内部不相交的路径连接一对顶点的最小图．

4.2.18   设 $G$ 是一个没有孤立顶点的图．证明：如果 $G$ 没有偶环，则 $G$ 的每个块要么是一条边，要么是一个奇环．

4.2.19   (!)公共环中成员资格．

    a)证明：两条不同的边位于图的同一个块中当且仅当它们属于一个公共的环．

    b)给定 $e$，$f$，$g\in E(G)$，假定 $G$ 有一个环通过 $e$ 和 $f$ 并且有一个环通过 $f$ 和 $g$．证明：$G$ 也有一个环通过 $e$ 和 $g$(注：这个问题表明，对于没有割边的图，"位于一个公共的环中"是一个等价关系，其等价类就是各个块的边集构成的集族)．

4.2.20   通过为超方体 $Q_k$ 的每对顶点 $x$，$y\in V(Q_k)$ 构造 $k$ 条两两内部不相交的 $x$，$y$-路径来证明 $Q_k$ 是 $k$-连通的．

4.2.21   (!)设 $G$ 是一个 $2k$-边-连通图且其中最多有两个顶点具有奇数度．证明：$G$ 有一个 $k$-边-连通的定向．(Nash-Williams[1960])

4.2.22   (!)假定 $\kappa(G)=k$ 且 diam $G=d$．证明：$n(G)\geqslant k(d-1)+2$ 且 $\alpha(G)\geqslant\lceil(1+d)/2\rceil$．对任意 $k\geqslant1$ 和 $d\geqslant2$，构造一个图使其对上面两个不等式中的等号都成立．

4.2.23   (!)利用 Menger 定理(当 $xy\notin E(G)$ 时，$\kappa(x, y)=\lambda(x, y)$)证明 König-Egerváry 定理($G$ 是二部图时，$\alpha'(G)=\beta(G)$)．

4.2.24   (!)设 $G$ 是一个 $k$-连通图，$S$，$T$ 是 $V(G)$ 的两个大小至少为 $k$ 的不相交子集．证明：$G$ 有 $k$ 条两两不相交的 $S$，$T$-路径．

4.2.25   (*)对每个 $k$ 值，构造一个具有 $k+1$ 个顶点的 $k$-连通图并使得这 $k+1$ 个顶点不在一个环上．由此证明 4.2.24 的结果是最优的．

4.2.26   对任意 $k\geqslant2$，证明：一个至少有 $k+1$ 个顶点的图 $G$ 是 $k$-连通的当且仅当只要 $T\subseteq S\subseteq V(G)$ 满足 $|S|=k$ 且 $|T|=2$，则 $G$ 中存在一个包含 $T$ 并避开 $S$-$T$ 的环．(Lick[1973])

4.2.27   图 $G$ 的一个**顶点 $k$-分裂**是由 $G$ 经如下操作得到的图 $H$：将一个顶点 $x\in V(G)$ 替换为两个

邻接顶点 $x_1$，$x_2$ 并使得 $d_H(x_i) \geqslant k$ 且 $N_H(x_1) \bigcup N_H(x_2) = N_G(x) \bigcup \{x_1, x_2\}$.

a)证明：$k$-连通图的任意顶点 $k$-分裂仍是 $k$-连通的.

b)得出以下结论：由"轮形"$W_n = K_1 \vee C_{n-1}$ 经过一系列添加边操作和在度至少为 4 的顶点上进行的顶点 3-分裂操作得到的图是 3-连通的(注：Tutte[1961b]还证明了每个 3-连通图均可以由这种方式得到. 这种性质不易扩展到 $k>3$ 的情况).

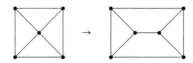

174

4.2.28 (!)设 $X$，$Y$ 是 $k$-连通图 $G$ 的顶点构成的不相交集合. 对 $x \in X$，$y \in Y$，设 $u(x)$ 和 $w(y)$ 都是非负整数并使得 $\sum\limits_{x \in X} u(x) = \sum\limits_{y \in Y} w(y) = k$. 证明：$G$ 有 $k$ 条两两内部不相交的 $X$，$Y$-路径使得其中 $u(x)$ 条起始于 $x$ 而其中 $w(y)$ 条终止于 $y$ 对任意 $x \in X$，$y \in Y$ 成立.

4.2.29 给定图 $G$，将其中的每条边用两条具有相同端点但具有相反方向的边替换，由此得到的有向图记为 $D$(因此，$D$ 是底图为 $G$ 的对称有向图). 假定对所有 $x, y \in V(D)$ 等式 $\kappa'_D(x, y) = \lambda'_D(x, y)$ 和等式 $\kappa_D(x, y) = \lambda_D(x, y)$ 都成立，其中后一个等式只在 $x \not\leftrightarrow y$ 时适用. 由此假设证明 $\kappa'_G(x, y) = \lambda'_G(x, y)$ 和 $\kappa_G(x, y) = \lambda_G(x, y)$，其中后一个等式只针对 $x \not\leftrightarrow y$ 的情况.

4.2.30 (!)证明：将例 1.3.26 中的扩张操作用到 3-连通图上将产生 3-连通图. 由 $K_4$ 经扩张得到 Petersen 图(注：Tutte[1966a]证明了 3-正则图是 3-连通的当且仅当它是由 $K_4$ 经一系列这样的操作得到的).

4.2.31 设 $G$ 是 $k$-连通简单图.

a)设 $C$ 和 $D$ 是 $G$ 中具有最大长度的两个环. 对 $k=2$ 和 $k=3$，证明：$C$ 和 $D$ 至少有 $k$ 个公共顶点.

b)对于 $k \geqslant 2$ 的每个 $k$ 值，构造一个 $k$-连通图使得它有不同的长度最大的环，且这些最大长度环只有 $k$ 个公共顶点(提示：$k=2$ 时 $K_{2,4}$ 即符合要求).

4.2.32 图的连接. 设 $G_1$ 和 $G_2$ 是两个 $k$-连通图，其中 $k \geqslant 2$. 取 $v_1 \in V(G_1)$ 和 $v_2 \in V(G_2)$. 设 $B$ 是部集为 $N_{G_1}(v_1)$ 和 $N_{G_2}(v_2)$ 的二部图，它没有孤立顶点且有一个大小至少为 $k$ 的匹配. 证明：$(G_1 - v_1) \bigcup (G_2 - v_2) \bigcup B$ 是 $k$-连通的.

4.2.33 ($*$)由定理 4.2.25 证明 Hall 定理.

4.2.34 $k$-连通图 $G$ 是**极小 $k$-连通**的，如果对任意 $e \in E(G)$ 图 $G - e$ 不是 $k$-连通的. Halin[1969]证明了：如果 $G$ 是极小 $k$-连通的，则 $\delta(G) = k$. 利用耳分解证明该结论在 $k=2$ 时的情形，得出如下结论：至少有 4 个顶点的极小 2-连通图 $G$ 最多有 $2n(G) - 4$ 条边，等号只在 $K_{2,n-2}$ 上取得. (Dirac[1967])

4.2.35 证明：如果 $G$ 是 2-连通的，则 $G - xy$ 是 2-连通的当且仅当 $x$ 和 $y$ 位于 $G - xy$ 的一个环上. 由此得出如下结论：2-连通图是极小 2-连通的当且仅当其中的每个环都是一个诱导子图. (Dirac[1967]，Plummer[1968])

4.2.36 (!)对于 $S \subseteq V(G)$，令 $d(S) = |[S, \overline{S}]|$. 设 $X$ 和 $Y$ 是 $G$ 的非空真顶点子集. 证明：$d(X \bigcap Y) + d(X \bigcup Y) \leqslant d(X) + d(Y)$(提示：画一个图，考虑各种类型的边对不等式中各项

的作用).

4.2.37 （＋）$k$-边-连通图 $G$ 是**极小 $k$-边-连通**的，如果对于任意 $e \in E(G)$ 图 $G-e$ 不是 $k$-边连通的，证明：如果 $G$ 是极小 $k$-边连通的，则 $\delta(G)=k$（提示：考虑使得 $|[S, \overline{S}]|=k$ 的极小集合 $S$. 如果 $|S| \neq 1$，则对某条边 $e \in E(G[S])$ 用 $G-e$ 得到另一个满足 $|[T, \overline{T}]|=k$ 的集合 $T$，使得 $S$，$T$ 与习题 4.2.36 相矛盾）.（Mader[1971]；也可以参见 Lovász[1979, p285]）

4.2.38 Mader[1978]证明了下面的结论："如果 $z$ 是 $G$ 的一个顶点，它满足 $d_G(z) \notin \{0, 1, 3\}$ 且不与任意割边关联，则 $z$ 有相邻顶点 $x$ 和 $y$ 使得 $\kappa_{G-zx-yz+xy}(u, v)=\kappa_G(u, v)$ 对所有 $u$，$v \in V(G)-\{z\}$ 成立."用 Mader 定理和习题 4.2.37 证明 Nash-Williams 定向定理：任意 $2k$-边-连通图有一个 $k$-边-连通的定向（提示：Lovász[1979, p286-288]给出的 Mader 定理的较弱形式也以同样的方式得到 Nash-Williams 定理.）

175

## 4.3 网络流问题

考虑一个管道网络，其中流体只能沿管道的一个方向流动. 每个管道有一个单位时间容量. 在对此系统进行数学建模时，我们用顶点来表示每个连接点并用（有向）边来表示每根管道，而且边都用相应管道的容量来赋予权值. 假设流不能在管道间的连接点处聚集. 给定网络中的两个地方 $s$ 和 $t$，我们要问"（单位时间内）从 $s$ 到 $t$ 的最大流量是多少？"

这个问题在很多情况下都会出现. 网络可能代表具有一定交通容量的道路，或者计算机网络中具有数据传输容量的链接关系，或者电力网络中的电流. 在它的应用中，既包括工业环境中的应用也包括在组合学的最小-最大定理中的应用. 讨论这个主题的开创性著作是 Ford-Fulkerson[1962]. 最近，Ahuja-Magnanti-Orlin[1993]给出了对网络流问题的全面论述.

**4.3.1 定义** 一个**网络**是一个有向图，它的每条边 $e$ 均具有非负**容量** $c(e)$ 且它还有相互区别的**源点** $s$ 和**接收点** $t$. 顶点也称为**节点**. 一个**流**为每一条边 $e$ 分配一个值 $f(e)$. 我们把离开 $v$ 的所有边上的总流量记为 $f^+(v)$，而进入 $v$ 的所有边上的总流量记为 $f^-(v)$. 一个流是**可行的**，如果它满足每条边上的**容量约束** $0 \leqslant f(e) \leqslant c(e)$ 和每个顶点 $v \notin \{s, t\}$ 处的**守恒约束** $f^+(v)=f^-(v)$.

**最大网络流**

首先考虑最大化进入接收点的净流量这个问题.

**4.3.2 定义** 流 $f$ 的**值** $\mathrm{val}(f)$ 是进入接收点的净流量 $f^-(t)-f^+(t)$. **最大流**是值最大的可行流.

**4.3.3 例** **零流**对每条边赋予流量 0；这是一个可行流. 在下面的网络中，我们给出了一个非零可行流. 各边的容量用黑体数字标出，流量值在括号内给出. 该流分配 $f(sx)=f(vt)=0$ 并为其他每条边 $e$ 分配流量 $f(e)=1$. 这是一个值为 1 的可行流.

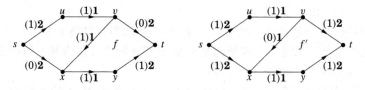

从源点到接收点的一条具有过剩容量的路径允许我们增大流. 在这个例子中，没有路径具有过

剩容量；但是在流 $f'$ 中 $f'(vx)=0$ 而对 $e \neq vx$ 有 $f'(e)=1$，它的流值为 2. 流 $f$ 是"极大的"，因为在它的某些边上增大流量并不能得到其他可行流，但它不是最大流.

我们需要更一般的方法来增大流. 除了可以沿具有过剩容量的边正向前进，还可以沿流量不是 0 的边逆向（与箭头反向）前进. 在该例中，可以从 $s$ 到 $x$ 然后到 $v$ 最后到 $t$，在 $sx$ 和 $vt$ 上的流量分别增大 1 而边 $vx$ 上的流量减小 1，这样就将 $f$ 转变成了 $f'$. ■

**4.3.4 定义**   如果 $f$ 是网络 $N$ 上的一个可行流，一条 $f$-**增广路径**是底图 $G$ 中的一条源点-接收点路径 $P$，它使得对每条边 $e \in E(P)$ 有

a)如果 $P$ 沿 $e$ 正向前进，则 $f(e)<c(e)$.

b)如果 $P$ 沿 $e$ 逆向前进，则 $f(e)>0$.

当 $P$ 在 $e$ 上是正向时，令 $\varepsilon(e)=c(e)-f(e)$；当 $P$ 在 $e$ 上是逆向时，令 $\varepsilon(e)=f(e)$. 路径 $P$ 的**公差**是指 $\min_{e \in E(P)} \varepsilon(e)$.

如例 4.3.3 所示，一条 $f$-增广路径将导致一个具有更大值的流. $f$-增广路径的定义保证了公差一定是正的，它即是流值的增量.

**4.3.5 引理**   如果 $P$ 是公差为 $z$ 的一条 $f$-增广路径，则将 $P$ 正向通过的边的流量改变 $+z$ 而将 $P$ 逆向通过的边的流量改变 $-z$ 之后将产生一个流值为 $val(f')=val(f)+z$ 的可行流 $f'$.

**证明**   公差的定义确保了对每条边有 $0 \leqslant f'(e) \leqslant c(e)$，故容量约束成立. 对于守恒约束，我们只需检查 $P$ 上的顶点，因为其他边上的流量没有发生变化.

$P$ 中与 $P$ 的一个内顶点关联的那些边是如下 4 种情形之一. 在每种情况下，对流出 $v$ 的流量的改变量等于对流入 $v$ 的流量的改变量，因此 $f'^{+}(v)=f'^{-}(v)$.

最后，流入接收点的净流量增加了 $z$.

■

反向边上的那部分流并没有消失而是被重定向了. 实际上，例 4.3.3 的增广将原来的流路径割断成若干段，并将割断后得到的每个部分扩展成一条新的流路径. 我们很快将描述一个用来找出所有增广路径的算法.

同时，在当前的流是一个最大流时，我们希望有一个快速的方法以便及时知道这个结论. 在例 4.3.3 中，位于中心的那条边好像形成了"瓶颈"；因为从该边的左边部分只能有容量为 2 的流传递到该边的右边部分. 这一发现将能够证明：没有更大的流值.

**4.3.6 定义**   在一个网络中，一个**源点/接收点割** $[S,T]$ 是由从**源点集合** $S$ 到**接收点集合** $T$ 的所有边构成的集合，其中 $S$ 和 $T$ 是对节点集合的划分且 $s \in S$，$t \in T$. 割 $[S,T]$ 的**容量**，记为 $cap(S,T)$ 是 $[S,T]$ 中所有边的总容量.

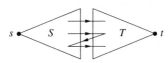

记住，在有向图中，$[S,T]$ 表示头部在 $S$ 中而尾部在 $T$ 中的边构成的集合. 因此，割 $[S,T]$ 的容量不受从 $T$ 到 $S$ 的边的影响.

给定一个割 $[S,T]$，每一条 $s,t$-路径至少要用到 $[S,T]$ 中的一条边，直觉告诉我们：可行流

的值的上界应该是 cap$(S, T)$. 为了对此精确地进行讨论，我们将净流量的概念推广到由节点构成的集合上. 令 $f^+(U)$ 表示离开 $U$ 的所有边上的总流量，而 $f^-(U)$ 表示进入 $U$ 的所有边上的总流量. 这样，从 $U$ 流出的净流量就是 $f^+(U) - f^-(U)$.

**4.3.7 引理**　如果 $U$ 是网络中一些节点构成的一个集合，则从 $U$ 流出的流量是从 $U$ 中各个节点流出的流量的总和. 特别地，如果 $f$ 是一个可行流而 $[S, T]$ 是一个源点/接收点割，则从 $S$ 流出的流量和流入 $T$ 的流量均为 val$(f)$.

**证明**　引理中的论断即为：

$$f^+(U) - f^-(U) = \sum_{v \in U} [f^+(v) - f^-(v)].$$

我们考虑边 $xy$ 上的流量 $f(xy)$ 对等式两端的作用. 如果 $x, y \in U$，则 $f(xy)$ 在左端没有被计算，但是它在右端既贡献了正值（通过 $f^+(x)$）又贡献了负值（通过 $f^-(y)$）. 如果 $x, y \notin U$，则 $f(xy)$ 对等式的两端都无作用. 如果 $xy \in [U, \overline{U}]$，则它对两端的和均贡献一个正值. 如果 $xy \in [\overline{U}, U]$，则它对两端的和均贡献一个负值. 对所有的边求和即得该等式.

当 $[S, T]$ 是一个源点/接收点割并且 $f$ 是一个可行流时，$S$ 中所有节点的净流量的和是 $f^+(s) - f^-(s)$ 而 $T$ 中所有节点的净流量的和是 $f^+(t) - f^-(t)$，后者恰好是 $-$val$(f)$. 因此，通过任何源点/接收点割的净流量都等于从 $s$ 流出的净流量或者流入 $t$ 的净流量. ■

**4.3.8 推论**（弱对偶性）　如果 $f$ 是一个可行流而 $[S, T]$ 是一个源点/接收点割，则 val$(f) \leqslant$ cap$(S, T)$.

**证明**　由引理，$f$ 的值等于从 $S$ 流出的净流量. 于是

$$\text{val}(f) = f^+(S) - f^-(S) \leqslant f^+(S),$$

[178] 因为流入 $S$ 的流量不小于 0. 由于容量限制要求 $f^+(S) \leqslant$ cap$(S, T)$，因此得到 val$(f) \leqslant$ cap$(S, T)$. ■

在源点/接收点割中，具有最小容量的割就产生了流值的最佳上界. 这即定义了**最小割**问题. 网络中，最大流问题和最小割问题是对偶优化问题[○]. 给定值为 $\alpha$ 的流和值为 $\alpha$ 的一个割，推论 4.3.8 中表明对偶性的不等式可以证明这个割就是一个最小割且这个流就是一个最大流.

如果对问题的每个实例均存在解，使得这些解在最小问题和最大问题上具有相同的值（"强对偶"），则对解的最优性总存在简短的证明. 该条件并不是对所有的对偶问题对总成立（回想一下一般图中的匹配与覆盖），但是它对最大流和最小割这一对对偶问题成立.

Ford-Fulkerson 算法旨在寻找用来增大流值的增广路径. 如果找不到这样的路径，则它找到一个割使这个割的值（容量）等于该流的流值；根据推论 4.3.8，割和流都是最优的. 如果不可能有无限增长的序列，则对流值的增量过程作循环将导致最大流值与最小割容量间出现相等关系.

**4.3.9 算法**（Ford-Fulkerson 算法）

**输入**：某网络中的一个可行流 $f$.

**输出**：一条 $f$-增广路径或者容量为 val$(f)$ 的一个割.

**思想**：找出通过具有正公差的路径能够从 $s$ 到达的节点. 找到节点 $t$ 则得到一条增广路径. 在这个过程中，$R$ 是标记为到过的节点构成的集合，而 $S$ 是由 $R$ 中标记为已搜索的节点构成的 $R$ 的

---

○　"对偶问题"的精确定义来自线性规划. 对于我们的目的，对偶问题指的是一个最大值问题和一个最小值问题，使得：只要 $a, b$ 分别是最大值问题和最小值问题的可行解的值，则 $a \leqslant b$. 进一步的讨论请参见 8.1 节. ——译者注

子集.

**初始化**：$R=\{s\}$，$S=\varnothing$.

**迭代**：取 $v\in R-S$.

对于网络中满足 $f(vw)<c(vw)$ 和 $w\notin R$ 的每条出边 $vw$，将 $w$ 加入 $R$.

对于网络中满足 $f(uv)>0$ 和 $u\notin R$ 的每条入边，将 $u$ 加入 $R$.

将加入 $R$ 的每个顶点标记为"到过"并记录它们是由 $v$ 到达的. 在顶点 $v$ 处理完所有的边后，将 $v$ 加入 $S$.

如果接收点 $t$ 已经到过(被放入 $R$)，则追踪到达 $t$ 时的路径并将该路径作为一条 $f$-增广路径返回，然后结束. 如果 $R=S$，则返回割 $[S,\overline{S}]$ 然后结束. 否则，继续迭代.

**4.3.10 例**   下面左侧所示的是例 4.3.3 中的网络. 其中的流是 $f$. 我们运行上面的标记算法. 从 $s$ 开始搜索，通过过剩容量找到节点 $u$ 和 $x$，将它们标记为到过了. 现在我们有 $u,x\in R-S$. 在边 $uv$ 和 $xy$ 上没有过剩容量，故从 $u$ 搜索不能到达任何节点，并且从 $x$ 搜索也不能到达 $y$. 但是在边 $vx$ 上有非 0 流量，于是我们标明从 $x$ 到达了 $v$. 现在 $v$ 是 $R-S$ 的唯一元素，从 $v$ 开始搜索则到达 $t$. 这样，我们已经标明了从 $v$ 到达了 $t$，从 $x$ 到达了 $v$，从 $s$ 到达了 $x$，故我们找到了增广路径 $s$，$x$，$v$，$t$.

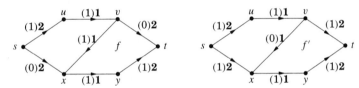

这条路径的公差为 1，因此这次增量操作使得流值增加 1. 在这个新的流上，如右侧所示，除 $f'(vx)=0$ 外，每条边都具有单位流量. 当再次运行标记算法时，我们在边 $su$ 和 $sx$ 上有过程容量因而可以标记 $\{u,x\}$，但从这些节点出发不能再标记其他顶点. 由于 $R=S=\{s,u,x\}$，我们终止了算法. 所得割的容量为 2，这恰好等于 $\mathrm{val}(f')$，这即证明了 $f'$ 就是最大流. ∎

反复运用标记算法使得我们可以解决最大流问题并证明强对偶关系.

**4.3.11 定理**(最大流-最小割定理—Ford-Fulkerson[1956])   在任意网络中，可行流的最大流值等于源点/接收点割的最小容量.

**证明**   在最大流问题中，零流(对所有 $e$，$f(e)=0$)总是一个可行流，我们可以从它开始. 给定一个可行流，我们运行标记算法. 它不断向 $S$ 中添加顶点(每个顶点最多被添加一次)并在到达 $t\in R$ 或 $S=R$ 时结束.

在最直接的情况下，我们有一条 $f$-增广路径并增加了流值. 然后再运行标记算法. 当所有容量均是有理数时，每次增量操作使得流值增加 $1/a$ 的倍数，其中 $a$ 是所有分母的最小公倍数，故经过有限次增量操作必然使得流值达到某个割的容量. 这时，标记算法因满足 $S=R$ 而终止.

如果标记算法在 $S=R$ 的情况下结束，则我们断言 $[S,T]$ 是容量为 $\mathrm{val}(f)$ 的一个源点/接收点割，其中 $T=\overline{S}$ 而 $f$ 是当前的流. 它是一个割，因为 $s\in S$ 而 $t\notin R=S$. 由于将标记算法用到流 $f$ 上时不会将 $T$ 中的顶点引入 $R$ 中，故从 $S$ 到 $T$ 的边中没有边具有过剩容量，并且从 $T$ 到 $S$ 的边中没有边在 $f$ 中具有非 0 流量. 因此 $f^+(S)=\mathrm{cap}(S,T)$ 且 $f^-(S)=0$. 由于从包含源点 $s$ 但不含接收点 $t$ 的任意集合流出的净流量均为 $\mathrm{val}(f)$，这样我们就证明了：

$$\mathrm{val}(f)=f^+(S)-f^-(S)=f^+(S)=\mathrm{cap}(S,T).$$ ∎

定理 4.3.11 的证明要求容量都是有理数；否则，算法 4.2.9 将无休止地得到增广路径！Ford 和 Fulkerson 举出了这样一个仅含 10 个顶点的例子（参见 Papadimitriou-Steiglitz[1982，p126-128]）. Edmonds and Karp[1972]修改了标记算法，修改后的标记算法在 $n$-顶点网络中最多用$(n^3-n)/4$ 次增量操作，并且对任意实数容量都可以正确运行. 这是通过总搜索最短增广路径来实现的，正如在二部图的匹配问题中那样（定理 3.2.22）. 现在，我们已知的还有更快的算法；我们再次引用 Ahuja-Magnanti-Orlin[1993]，其中对此作了全面的论述.

### 整数流

在组合学的应用中，我们一般有整数容量，而且想要的解也必须在每条边上具有整数流量.

**4.3.12 推论**（整性定理） 如果网络中的容量都是整数，则有一个最大流为所有边分配整数流量. 进而，某个最大流可以划分成沿着从源点到接收点的一些路径流动的具有单位流值的流.

**证明** 在 Ford 和 Fulkerson 的标记算法中，找到一条增广路径后，流值的改变量总是一个流量，或者是一个流量与一个容量的差. 当这些值都是整数时，差也是一个整数. 以零流开始，这意味着不可能出现非整数流.

于是算法得到一个在每条边上均具有整数流量的最大流. 在每个内部节点，现在将流入的单位数和流出的单位数匹配起来. 这样就形成了若干条 $s,t$-路径并且还可能形成环. 如果出现了环，则将环上的各边的流量减 1 以便消除环，这不会改变流值. 这样剩下了 $val(f)$ 条 $s,t$-路径，每一条路径对应一个单位流.

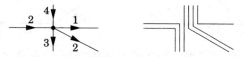

整性定理得到了单位流路径. 在应用中，我们构建网络时这些单位流是有具体意义的.

下面两条注记表明：容量都是整数的网络中的最大流-最小割定理等同于有向图中关于无公共边路径的 Menger 定理.

**4.3.13 注记**（由最大流-最小割定理得到 Menger 定理） 如果 $x,y$ 是有向图 $D$ 中的顶点，则可以将 $D$ 看成源点是 $x$ 而接收点是 $y$ 并且每条边的容量均为 1 的一个网络. 容量 1 保证了从 $x$ 到 $y$ 的那些流单位对应于 $D$ 中两两间无公共边的那些 $x,y$-路径. 于是，值为 $k$ 的一个流得到一个由 $k$ 条这样的路径构成的集合.

类似地，每个源点/接收点割 $S,T$ 定义了一个边集$[S,T]$，删除该边集将使得从 $x$ 无法到达 $y$. 由于每条边的容量都是 1，故该集合的大小就是 $cap(S,T)$.

我们得到的这些路径和这个割可能不是最优的，但是由最大流-最小割定理有

$$\lambda'_D(x,y) \geqslant \max val(f) = \min cap(S,T) \geqslant \kappa'_D(x,y).$$

由于 $\kappa'(x,y) \geqslant \lambda'(x,y)$ 总成立，故等式必成立.

**4.3.14 注记**（由 Menger 定理得到最大流-最小割定理） 为了证明 Menger 定理蕴涵有理数容量这种情况下的最大流-最小割定理，取一个任意的网络并将它变换成一个有向图，然后在这个有向图中运用 Menger 定理. 由于可以对所有容量乘上最小公分母，故我们假定所有容量都是整数.

给定一个具有整数容量的网络 $N$，将其中每一条容量为 $j$ 的边分裂成 $j$ 条具有相同端点的边，这样形成了一个有向图 $D$. 对于 $N$，由对偶性得到 $\max val(f) \leqslant \min cap(S,T)$. 此时，我们希望在 $D$ 上运用 Menger 定理得到反向不等式，故参照注记 4.3.13 我们要计算得到的是：

$$\max \operatorname{val}(f) \geqslant \lambda'_D(s,t) = \kappa'_D(s,t) \geqslant \min \operatorname{cap}(S,T).$$

由 $D$ 中 $\lambda'(s,t)$ 条两两之间无公共边的 $s,t$-路径构成的集合坍缩成 $N$ 中值为 $\lambda'(s,t)$ 的一个流，因为 $D$ 中每条边的份数等于 $N$ 中边的容量．因此 $\max \operatorname{val}(f) \geqslant \lambda'(s,t)$．

现在，设 $F$ 是 $D$ 中 $\kappa'(s,t)$ 条能够将 $t$ 从 $s$ 断开的边构成的集合．如果 $e \in F$，则 $F$ 的最小性意味着 $D-(F-e)$ 有一条通过 $e$ 的 $s,t$-路径 $P$．如果边 $e = uv$ 的另一个备份 $e'$ 不在 $F$ 中，则 $P$ 可以沿 $e'$ 重新确定路线，这样就在 $D-F$ 中找到了一条 $s,t$-路径．因此，对于 $D$ 中的每条重边，$F$ 要么包含其所有备份要么不包含任何一个备份．因而 $\kappa'(s,t)$ 是 $N$ 中能够将 $t$ 从 $s$ 断开的一个边集内所有边的容量和．令 $S$ 是由 $D-F$ 中能够从 $s$ 到达的顶点构成的集合，则有 $\operatorname{cap}(S,T) = \kappa'(s,t)$．最小割至少具有这个容量，故 $\min \operatorname{cap}(S,T) \leqslant \kappa'(s,t)$．这样，我们证得了所有需要的不等式． ■

对于组合学上的应用，Menger 定理可以有比最大流-最小割定理更简单的证明（定理 4.2.25 就是一例）．然而，4.2 节中我们对 Menger 定理的证明却难以用于算法实现．对于大规模计算，网络流和 Ford-Fulkerson 标记算法更适用．事实上，多数计算图或有向图的连通度的算法均使用网络流方法（Stoer-Wagner[1994] 给出了一种不同的方法）．

我们给出组合问题的其他网络模型．比如，Menger 定理关于其他局部性质的描述也可以直接得到．

**4.3.15 注记**（其他变形） 对于 Menger 定理所讨论的每种局部性质，我们将路径问题用具有整数容量的网络流来表述．

为了得到有向图 $D$ 中内部不相交路径这个问题的网络模型，必须阻止两个流单位通过任意节点．这可以用如下方法来实现：将顶点 $v$ 用两个顶点 $v^-$ 和 $v^+$ 代替，并且它们分别继承 $v$ 上的出边和入边；再在 $v^-$ 和 $v^+$ 之间添加一条具有单位容量的边，我们就可以将通过顶点 $v$ 的流量限制为单位流量．将 $D$ 中原有边的容量置为非常大（实际上是无穷大），我们可以保证最小割仅包含 $v^- v^+$ 这种形式的边．

为了得到图 $G$ 中无公共边的路径这个问题的网络模型，必须允许流沿边的任意方向流动．这可以通过将边 $uv$ 用有向边 $uv$ 和 $vu$ 代替来实现．这样，网络在某条边的两个方向都有单位流就等效于这条边根本没有被使用． [182]

在每种情况中，网络中的一个流得到一个路径集合，而一个最小割则得到一个顶点分离集或者边分离集．同注记 4.3.13 一样，对偶性给出了我们在 Menger 定理中所需的等式．为了给出图中内部不相交路径这个问题的网络模型，上述的两种变换都是需要的．习题 5～7 要求给出这些证明的细节．

**4.3.16 应用**（棒球淘汰问题（Schwartz[1966]）） 在赛季内的某个时间，我们可能要关心某球队 $X$ 是否仍有机会获得冠军．换句话说，是否对所剩比赛的胜者进行某种预测，可以使得任意球队的总胜利场数都不多于 $X$？如果是这种情况，则存在一个可行的预测安排使得球队 $X$ 在自己剩下的所有比赛中均获胜，假设这样 $X$ 获胜的总场数为 $W$．我们想知道的是：是否可以对其他比赛的胜者做适当的选择使得没有哪支球队胜利的总场数超过 $W$．为此，我们创建一个网络，其中的流单位分别对应于剩下的比赛．

设 $X_1$，$\cdots$，$X_n$ 是其他所有球队．为这 $n$ 支球队建立相应顶点 $x_1$，$\cdots$，$x_n$，为 $\binom{n}{2}$ 个球队组合建立相应顶点 $y_{i,j}$，另外还有源点 $s$ 和接收点 $t$．从 $s$ 到每个球队顶点引一条边并且从每个组合顶点引一条边到 $t$．在每个组合顶点 $y_{i,j}$ 处，从 $x_i$ 和 $x_j$ 分别引入一条边．

通过对容量的选择来对各种约束建模．边 $y_{i,j}t$ 上的容量是 $a_{i,j}$，这是球队 $X_i$ 和 $X_j$ 之间所剩比赛的场数．假设 $X_i$ 已经赢了 $w_i$ 场比赛，边 $sx_i$ 上的容量就是 $W-w_i$，这样将 $X$ 也纳入了讨论．边 $x_iy_{i,j}$ 和 $x_jy_{i,j}$ 上的容量为 $\infty$（$x_i$ 能够从 $x_j$ 那里获胜的比赛场数已经被边 $y_{i,j}t$ 上的容量约束了）．

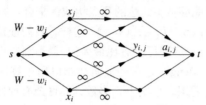

由整性定理可知，有一个最大流可以分裂成一些流单位．每个流单位对应一场比赛，其第一条边指明了胜者而最后一条边指明了参加这场比赛的球队组合．这个网络有一个值为 $\sum_{i,j}a_{i,j}$ 的流，当且仅当所有剩下的比赛进行完后所有球队赢的总场数均不超过 $W$；这也是 $X$ 能否获得冠军的条件．

由最大流-最小割定理，存在具有流值 $\sum a_{i,j}$ 的流当且仅当任意割的容量至少为 $\sum a_{i,j}$．设 $S$，$T$ 是具有有穷容量的一个割并令 $Z=\{i: x_i \in T\}$．由于 $c(x_i, y_{i,j})=\infty$，因此不可能同时有 $x_i \in S$ 和 $y_{i,j} \in T$；因此，只要 $i$ 或 $j$ 不在 $Z$ 中，则 $y_{i,j} \in S$．为了将容量最小化，只要 $\{i, j\} \subseteq Z$ 我们就置 $y_{i,j} \in T$．现在容量 $\mathrm{cap}(S, T)=\sum_{i \in Z}(W-w_i)+\sum_{\{i,j\} \not\subseteq Z}a_{i,j}$．每个割至少具有容量 $\sum a_{i,j}$ 这个条件就变成了：

$$\sum_{i \in Z}(W-w_i) \geqslant \sum_{\{i,j\} \subseteq Z}a_{i,j} \quad \text{对任意 } Z \subseteq [n] \text{ 成立.}$$

注意，这个条件显然是必要的；它是说，为了对被 $Z$ 索引的球队之间的所有比赛的胜者做出安排，我们要求这些球队的总胜利场数必须有足够的回旋余地．我们已经证明了这个显然的必要条件也是充分的（TONCAS）．■

网络流在组合问题上的应用常常需要证明：所求的组合方式存在当且仅当网络中有一个充分大的网络流．然后用最大流-最小割定理得到其存在性的充分必要条件，如同应用 4.3.16 中那样．其他例子包括习题 5~7 的大部分内容，以及习题 13 和定理 4.3.17~4.3.18．

**供应和需求（选学）**

下面，我们考虑更一般的网络模型．我们允许有多个源点和接收点，并在每个源点 $x_i$ 处关联一个**供应量** $\sigma(x_i)$ 而在每个接收点 $y_j$ 处关联一个**需求量** $\partial(y_j)$．除了边上的容量约束和内部顶点处的守恒约束之外，我们还在源点和接收点处增加**传输约束**．

$$f^+(x_i)-f^-(x_i) \leqslant \sigma(x_i) \quad \text{对每个源点 } x_i$$
$$f^-(y_j)-f^+(y_j) \geqslant \partial(y_j) \quad \text{对每个接收点 } y_j$$

如上得到的一个格局是一个传输网络．由于需求量是正值，故零流是不可行的．我们要寻找满足所有约束的可行流．"供/求"这个术语就表明了所有约束，即我们必须在任意源点均不超过其可用供应量的情况下满足所有接收点处的需求．这个模型适用于某公司拥有多个分发中心（源点）和零售点(接收点)的情况.

令 $X$ 和 $Y$ 分别表示源点集合和接收点集合. 令 $\sum\limits_{v\in A}\sigma(v)$ 和 $\sum\limits_{v\in B}\partial(v)$ 分别表示集合 $A\subseteq X$ 的总供应量和集合 $B\subseteq Y$ 的总需求量. 对于边的一个集合 $F$, 令 $c(F)=\sum\limits_{e\in F}c(e)$. 给定一个顶点集合 $T$, 来自其他顶点的流必须满足**净需求** $\partial(Y\cap T)-\sigma(X\cap T)$. 因此, 这是 $c([\overline{T},T])$ 必需的大小. 对每个集合 $T$ 满足这个条件也是存在可行流的充分条件(显然的必要条件也是充分的, 即 TONCAS).

**4.3.17 定理**(Gale[1957])　在源点集为 $X$ 而接收点集为 $Y$ 的传输网络 $N$ 中, 存在可行流当且仅当

$$c([S,T])\geqslant\partial(Y\cap T)-\sigma(X\cap T)$$

对 $N$ 的顶点集的任意划分集合 $S$ 和 $T$ 成立. 184

　　**证明**　我们已经看到了这个条件的必要性. 为了证明其充分性, 我们按下面的方式构造一个新网络 $N'$: 在 $N$ 中添加一个超级源点 $s$ 和一个超级接收点 $t$; 对于每个 $x_i\in X$, 从 $s$ 引一条容量为 $\sigma(x_i)$ 的边到 $x_i$; 对于 $y_j\in Y$, 从 $y_j$ 引一条容量为 $\partial(y_j)$ 的边到 $t$. 传输网络 $N$ 有一个可行流当且仅当 $N'$ 有一个流浸润了每一条到达 $t$ 的边(即一个值为 $\partial(Y)$ 的流).

　　由 Ford-Fulkerson 定理, $N'$ 有一个值为 $\partial(Y)$ 的流当且仅当 $\mathrm{cap}(S\cup s,T\cup t)\geqslant\partial(Y)$ 对 $N$ 的每个划分 $S$, $T$ 成立. $N'$ 中的割 $[S\cup s,T\cup t]$ 包含了 $N$ 中的 $[S,T]$, 还包含从 $s$ 到所有 $x_i$ 的边以及从所有 $y_j$ 到 $t$ 的边. 因此:

$$\mathrm{cap}(S\cup s,T\cup t)=c(S,T)+\sigma(T\cap X)+\partial(S\cap Y).$$

现在, $\mathrm{cap}(S\cup s,T\cup t)\geqslant\partial(Y)$ 当且仅当

$$c(S,T)+\sigma(X\cap T)\geqslant\partial(Y)-\partial(Y\cap S)=\partial(Y\cap T),$$

而这正好是定理中的假设条件. ■

　　对于具体实例, $N'$ 的构造是关键, 因为我们在 $N'$ 上运行 Ford-Fulkerson 算法会产生 $N$ 的一个可行流(只要它存在). 如果(每个单位流的)代价被关联到相应的边上之后, 则还有最小代价流问题, 这推广了定理 3.2.14 中的运输问题. 最小代价流问题的求解算法可以在 Ford-Fulkerson[1962] 和 Ahuja-Magnanti-Orlin[1993] 中找到.

　　我们来讨论 Gale 条件的几个应用. 一对整数序列 $p=(p_1,\cdots,p_m)$ 和 $q=(q_1,\cdots,q_n)$ 是**可二部图解的**(习题 1.4.32)当且仅当有一个简单 $X$, $Y$-二部图使得 $X$ 中的顶点的度分别为 $p_1,\cdots,p_m$ 且 $Y$ 中的顶点的度分别为 $q_1,\cdots,q_n$. 显然 $\sum p_i=\sum q_j$ 这个条件是必要的, 但是它不是充分的. 为了测试 $(p,q)$ 是否可二部图解, 我们构建一个网络使其中的单位流对应于所求图的边. 最终结果在两个方向上均类似于可图解序列的 Erdös-Gallai 条件(习题 3.3.29).

　　**4.3.18 定理**(Gale[1957], Ryser[1957])　如果 $p$, $q$ 是非负整数序列, 且它们满足 $p_1\geqslant\cdots\geqslant p_m$ 和 $q_1\geqslant\cdots\geqslant q_n$ 且 $\sum p_i=\sum q_j$, 则 $p$, $q$ 可二部图解当且仅当 $\sum\limits_{i=1}^{m}\min\{p_i,k\}\geqslant\sum\limits_{j=1}^{k}q_j$ 对 $1\leqslant k\leqslant n$ 成立.

　　**证明**　必要性. 令 $G$ 是实现 $(p,q)$ 的一个简单 $X$, $Y$-二部图. 考虑关联到 $Y$ 中 $k$ 个顶点的所有边. 由于 $G$ 是简单图, 因此每个 $x_i\in X$ 最多关联到这些边中的 $k$ 条, 而且 $x_i$ 也最多关联到这些边中的 $p_i$ 条, 于是, $\sum\limits_{i=1}^{m}\min\{p_i,k\}$ 是关联到 $Y$ 的任意 $k$ 个顶点的所有边的条数的上界, 这个界在度为 $q_1,\cdots,q_k$ 的那些顶点上取得.

**充分性.** 给定 $(p, q)$，构建一个网络 $N$，使其对任意 $i$，$j$ 有一条从 $x_i$ 到 $y_j$ 的容量为 1 的边，并令 $\sigma(x_i)=p_i$ 而 $\partial(y_j)=q_j$. 单位容量使得多重边不会出现，并且 $(p, q)$ 可实现图解当且仅当 $N$ 有一个可行流.

只需证明所给的关于 $p$ 和 $q$ 的条件蕴涵了定理 4.3.17 中的条件. 对于 $S\subseteq V(N)$，令 $I(S)=\{i:\ x_i\in S\}$ 且 $J(S)=\{j:\ y_j\in S\}$. 对于 $V(N)$ 的一个划分 $S$，$T$，我们现在有 $\sigma(X\cap T)=\sum\limits_{i\in I(T)}p_i$ 且 $\partial(Y\cap T)=\sum\limits_{j\in J(T)}q_j$，并且有 $c([S, T])=|I(S)|\cdot|J(T)|$.

令 $k=|J(T)|$，则上面的最后一个量变成了

$$c([S,T]) = |I(S)|k = \sum_{i\in I(S)} k \geqslant \sum_{i\in I(S)} \min\{p_i,k\}.$$

$\sum\limits_{i\in I(T)}p_i\geqslant\sum\limits_{i\in I(T)}\min\{p_i,k\}$ 和 $\sum\limits_{j\in J(T)}q_j\leqslant\sum\limits_{j=1}^{k}q_j$ 也都成立. 结合这些不等式可知 $\sum\limits_{i=1}^{m}\min\{p_i,k\}\geqslant\sum\limits_{j=1}^{k}q_j$ 蕴涵条件 $c([S, T])\geqslant\partial(Y\cap T)-\sigma(X\cap T)$. 由于这对每个划分 $S$，$T$ 都成立，故该网络有一个可行流，它产生所需的二部图. ∎

我们用一个下界来限制每条边上允许通过的流量，这样也可以扩展最大流问题. 容量约束仍然有上界，故我们要求流量 $f(e)$ 满足 $l(e)\leqslant f(e)\leqslant u(e)$. 我们仍然在内部节点处加以守恒约束. 如果存在可行流，则对 Ford-Fulkerson 标记算法稍做修改后就可以找出最大（或最小）可行流（习题 4）. 难点在于找到一个启动算法的初始可行流. 我们先给出一个应用.

**4.3.19 应用**（矩阵的舍入，Bacharach[1966]）　我们或许想将某个数值矩阵中的每个元素舍入到一个整数. 我们还希望各行、各列之和是整数值. 舍入后行或列的和应该是舍入前的和的舍入. 所得的整数矩阵（如果存在的话）是原矩阵的一个**一致舍入**.

我们可以将一致舍入问题表示为一个可行流问题. 为矩阵的各行创建顶点 $x_1$，$\cdots$，$x_n$，也为各列创建顶点 $y_1$，$\cdots$，$y_n$. 添加源点 $s$ 和接收点 $t$. 对所有的 $i$，$j$，添加边 $sx_i$，$x_iy_j$，$y_jt$. 如果矩阵的元素为 $a_{i,j}$，则各行之和分别为 $r_1$，$\cdots$，$r_n$，各列之和分别为 $s_1$，$\cdots$，$s_n$，令

$$l(sx_i)=\lfloor r_i\rfloor \quad l(x_iy_j)=\lfloor a_{i,j}\rfloor \quad l(y_jt)=\lfloor c_j\rfloor$$

$$u(sx_i)=\lceil r_i\rceil \quad u(x_iy_j)=\lceil a_{i,j}\rceil \quad u(y_jt)=\lceil c_j\rceil$$

将它再变换成普通的极大流问题，就可以测试是否存在可行流了. 有了这样两个变换，就可以用网络流来检测一致舍入的存在性.

$$\begin{pmatrix} 6.3 & 7.6 & 4.6 \\ 4.7 & 2.3 & 2.8 \\ 5.5 & 4.5 & 3.5 \end{pmatrix}$$

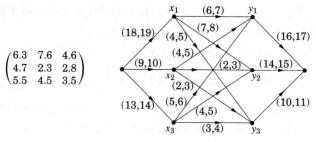

**4.3.20 解**（循环流与具有下界的流）　在边的容量具有上界和下界的最大流问题中，零流不是可行流，故 Ford-Fulkerson 算法无从启动. 我们必须先找到一个可行流，这之后只需对标记算法稍做修改即可以使用（习题 4）.

第一步就是添加一条从接收点到源点的具有无穷大容量的边. 所得网络有一个处处守恒的可行流(称之为**循环流**)当且仅当原来的网络有一个可行流. 在循环流问题中, 没有源点和接收点.

接下来, 将可行循环流问题 $C$ 转换成一个最大流问题 $N$, 这可以通过如下步骤完成: 在所有节点处引入供应量和需求量并添加一个源点和接收点以满足这些供应量和需求量. 给定流量约束 $l(e) \leqslant f(e) \leqslant u(e)$, 在每条边 $e$ 上令 $c(e) = u(e) - l(e)$. 对每个顶点 $v$, 令

$$l^-(v) = \sum_{e \in [V(C)-v, v]} l(e),$$

$$l^+(v) = \sum_{e \in [v, V(C)-v]} l(e),$$

$$b(v) = l^-(v) - l^+(v).$$

由于 $l^+(v)$ 和 $l^-(v)$ 中均含有 $l(uv)$, 故 $\sum b(v) = 0$. 一个可行的循环流 $f$ 必须在每条边上满足流量约束并在每个顶点上满足 $f^+(v) - f^-(v) = 0$. 令 $f'(e) = f(e) - l(e)$, 我们发现 $f$ 是 $C$ 中的可行流当且仅当 $f'$ 在每条边上满足 $0 \leqslant f'(e) \leqslant c(e)$ 且在每个顶点处满足 $f'^+(v) - f'^-(v) = b(v)$.

这就将可行循环流问题转换成了一个具有供应量和需求量的流问题. 如果 $b(v) \geqslant 0$, 则 $v$ 向网络供应流量 $|b(v)|$, 否则 $v$ 对网络有 $|b(v)|$ 的需求量. 为了使得节点处满足守恒约束, 我们添加一个源点 $s$, 从它到每个满足 $b(v) \geqslant 0$ 的顶点引一条容量为 $b(v)$ 的边; 并添加接收点 $t$, 从每个满足 $b(v) < 0$ 的节点到 $t$ 引一条容量为 $-b(v)$ 的边. 这样就完成了对 $N$ 的构造.

令 $\alpha$ 是离开 $s$ 的所有边的总容量; 由于 $\sum b(v) = 0$, 故进入 $t$ 的所有边的总容量也是 $\alpha$. 现在, $C$ 有一个可行循环流 $f$ 当且仅当 $N$ 有一个值为 $\alpha$ 的流(浸润了离开 $s$ 或进入 $t$ 的所有边). ∎

**4.3.21 推论** 在每个节点上都满足守恒约束的网络 $D$ 有一个可行循环流当且仅当

$$\sum_{e \in [S, \bar{S}]} l(e) \leqslant \sum_{e \in [\bar{S}, S]} u(e) \text{ 对任意 } S \subseteq V(D) \text{ 成立.}$$

**证明** 在解 4.3.20 的讨论中, 我们可以在最后一步之前停下来, 并将当前的供/需问题转换成定理 4.3.17 中的模型. 由于 $\sum b(v) = 0$, 故满足所有需求的唯一方法就是用尽所有供应量. 因此, 存在循环流当且仅当如下的供/需问题有解: 对于 $\{v \in V(D): b(v) \geqslant 0\}$ 中的 $v$ 有供应量 $\sigma(v) = b(v)$ 而对于 $\{v \in V(D): b(v) < 0\}$ 中的 $v$ 有需求量 $\partial(v) = -b(v)$.

在该问题有解时, 定理 4.3.17 刻画了它的特征. 将定理 4.3.17 中的条件变回到原问题中流量的上界和下界(习题 22), 这个条件变成了: $\sum_{e \in [S, \bar{S}]} l(e) \leqslant \sum_{e \in [\bar{S}, S]} u(e)$ 对任意 $S \subseteq V(D)$ 成立. ∎

## 习题

4.3.1 (一)在下面的网络中, 列出所有整数值可行流并从中找出具有最大值的流(这说明了对偶方法较穷举法的优越性). 给出一个具有相同值的割, 证明这个流是最大流. 确定源点/接收点割的数目(注: 存在流值为 0 的非零流).

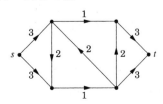

4.3.2 （一）在下面的网络中，找出从 $s$ 到 $t$ 的一个最大流．利用对偶问题证明所给出的结果是最优的，并解释为什么这样可以证明其最优性．

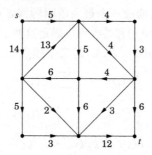

4.3.3 （一）厨房汲水处通过管道网络从两个储水池中取水，管道在单位时间内的容量在下图中给出．找出最大流．利用对偶问题证明所给出的结果是最优的，并解释为什么这样可以证明其最优性．

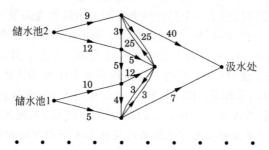

4.3.4 设 $N$ 是一个网络，它在边上有容量并在顶点上满足守恒约束，另外各边的流量均有下界 $l(e)$，即要求 $f(e) \geqslant l(e)$．如果给定一个用于启动算法的可行流，如何修改 Ford-Fulkerson 标记算法以便在这个网络中搜索最大可行流？

4.3.5 （!）利用网络流证明有向图中关于内部不相交路径的 Menger 定理：如果 $xy$ 不是一条边，则 $\kappa(x, y) = \lambda(x, y)$（提示：用注记 4.3.15 中提到的第一个变换）．

4.3.6 （!）利用网络流证明图中关于无公共边的路径的 Menger 定理：$\kappa'(x, y) = \lambda'(x, y)$（提示：用注记 4.3.15 中提到的第二个变换）．

4.3.7 （!）利用网络流证明图中关于非邻接顶点的 Menger 定理：$\kappa(x, y) = \lambda(x, y)$（提示：用注记 4.3.15 中提到的两个变换）．

4.3.8 设 $G$ 是一个有向图，且 $x, y \in V(G)$．假设容量不是定义在每一条边上，而是定义在（除了 $x, y$ 之外的）顶点上．对每个顶点，通过它的总流量有一个上界；对于边上的流量，没有任何限制．阐明如何用通常的网络流理论来获得可行流的最大值，该可行流的最大值是顶点流量被限制的图 $G$ 中从 $x$ 到 $y$ 的可行流的最大值．

4.3.9 用网络流证明：图 $G$ 是连通的当且仅当将 $G$ 的顶点集任意划分成两个非空集合 $S$，$T$ 后，存在一条边使得一个端点在 $S$ 中而另一个端点在 $T$ 中（注：第 1 章对这个结论给出了一个简单直接的证明，故这里是一个"大材小用"的实例）．

4.3.10 （!）用网络流证明 König-Egerváry 定理：如果 $G$ 是一个二部图，则 $\alpha'(G) = \beta(G)$．

4.3.11 证明：二部图的增广路径算法（算法 3.2.1）是 Ford-Fulkerson 标记算法的特例．

4.3.12　令$[S, \overline{S}]$和$[T, \overline{T}]$是网络$N$的一个源点/接收点割.

　　　　a)证明：$\text{cap}(S \cup T, \overline{S \cup T}) + \text{cap}(S \cap T, \overline{S \cap T}) \leqslant \text{cap}([S, \overline{S}]) + \text{cap}([T, \overline{T}])$（提示：画一个图，考虑各种类型的边在不等式两端的作用）.

　　　　b)假设$[S, \overline{S}]$和$[T, \overline{T}]$均是最小割. 由(a)得出如下结论：$[S \cup T, \overline{S \cup T}]$和$[S \cap T, \overline{S \cap T}]$也是最小割. 此外，还需得出如下结论，$S - T$和$T - S$之间的边都没有正值容量.

4.3.13　(!)几个公司派代表开会；第$i$个公司派$m_i$名代表. 会议的组织者负责安排同时进行的各组会议；第$j$组会议可以容纳$n_j$位与会者. 组织者要把与会者全部安排到各组会议中，但是从同一个公司来的代表必须位于不同的会议组中. 各组会议无须满员.

　　　　a)阐明如何用网络流来测试上述的要求能否被满足.

　　　　b)设$p$是公司的个数，而$q$是会议组的个数. 适当编号使得$m_1 \geqslant \cdots \geqslant m_p$并且$n_1 \leqslant \cdots \leqslant n_q$.

　　　　证明：存在一个满足所有约束的代表安排方案当且仅当$k(q - l) + \sum\limits_{j=1}^{l} n_j \geqslant \sum\limits_{i=1}^{k} m_i$对所有满足$0 \leqslant k \leqslant p$和$0 \leqslant l \leqslant q$的$k$, $l$成立.

4.3.14　某大型大学有$k$个系，现在必须任命一个重要的委员会. 委员会中的教授来自各个系. 某些教授在两个或多个系中兼职，但是每个教授最多被指派为某一个系的代表. 在最后选定的代表中，助理教授、副教授和正教授（假设$k$被3整除）的数量必须相同. 如何才能选定这个委员会? （提示：构建一个网络，使得其中流含有的流单位对应于为委员会选出的教授，并且网络中的容量体现各种约束. 解释：如何用这个网络来检测这样一个委员会是否存在，并且如果这样的委员会确实存在如何用这个网络找出这个委员会. ）（Hall[1956]）

189

4.3.15　令$G$是一个加权图. 设生成树的值是其所有边中的最小权值. 令边割$[S, \overline{S}]$的容量 cap 是其所有边中的最大权值. 证明：$G$中生成树的最大值等于$G$中边割的最小容量. （Ahuja-Magnanti-Orlin[1993], p538）

4.3.16　(+)设$x$是竞赛图$T$中具有最大出度的一个顶点. 证明：$T$有一棵以$x$为根的有向生成树使得其中每个顶点到$x$的距离最多为2，并且$x$之外的其他顶点的出度最多为2. （提示：建立一个网络来模拟到达$x$的非后继顶点的那些路径，并证明每个割都有足够大的容量. 注：这个结论加强了命题1.4.30中竞赛图中关于王的结论：任何顶点无须成为其他两个以上顶点的中间顶点. ）（Lu[1996]）

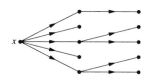

4.3.17　( * 一)用 Gale-Ryser 定理（定理4.3.18）来确定：是否存在一个二部图使得其中一个部集的顶点度分别为(5，4，4，2，1)而另一个部集的顶点度也分别是(5，4，4，2，1).

4.3.18　( * 一)给定序列$r = (r_1, \cdots, r_n)$和$s = (s_1, \cdots, s_n)$. 确定存在如下有向图$D$的一个充要条件：$D$具有顶点$v_1, \cdots, v_n$，其顶点的每个有序对作为边最多只出现一次，并且$d^+(v_i) = r_i$和$d^-(v_i) = s_i$对任意$i$成立.

4.3.19　( * 一)给下面的数值矩阵找出一个一致舍入. 它是否唯一? （矩阵的每个元素必须是0

或1.)

$$\begin{bmatrix} 0.55 & 0.6 & 0.6 \\ 0.55 & 0.65 & 0.7 \\ 0.6 & 0.65 & 0.7 \end{bmatrix}$$

4.3.20 (*)证明：任意 $2 \times 2$ 矩阵能够被一致舍入.

4.3.21 (*)假设某个矩阵的每个元素都严格介于 $1/n$ 和 $1/(n-1)$ 之间. 描述其所有一致舍入.

4.3.22 (*)完成推论 4.3.21 的证明细节，即证明在具有上界和下界的网络中存在循环流的充分必要条件.

4.3.23 (*!)一个 $(k+l)$-正则图 $G$ 是 $(k, l)$-**可定向的**，如果可以对它定向以使得每个入度均为 $k$ 或 $l$.

a)证明：$G$ 是 $(k, l)$-可定向的当且仅当存在 $V(G)$ 的一个划分 $X$，$Y$ 使得对每个 $S \subseteq V(G)$ 有
$$(k-l)(\,|X \cap S| - |Y \cap S|\,) \leqslant |\,[S, \overline{S}]\,|.$$

(提示：利用定理 4.3.17.)

b)得出如下结论：如果 $G$ 是 $(k, l)$-可定向的且 $k > l$，则 $G$ 也是 $(k-1, l+1)$-可定向的.

(Bondy-Murty [1976，p210-211])

# 第5章 图的着色

## 5.1 顶点着色和上界

参议院委员会议日程安排这个例子(例 1.1.11)可以使用图的着色作为模型来避免会议时间冲突. 类似地, 在为某大学安排期末考试时间时, 需要将有学生同时选修的两门课程的考试安排在不同的时间. 把课程看成图中的顶点, 学生同时选修的两门课程有边相连, 考试时间段的总数等于图着色的着色数.

另一个例子是给地图的各个区域着色, 使得有共同边界的区域具有不同的颜色, 第 6 章将讨论这个问题. 下面左侧所示的地图有 5 个区域, 对其着色有 4 种颜色就够了. 下面右侧所示的图是"具有共同边界"这个关系和相应着色的模型. 对顶点给出标号就是我们解决着色问题的背景.

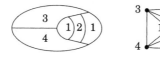

**定义和实例**

图的着色得名于地图的着色问题. 这里, 处理着色问题就是给图中各顶点赋予标号. 当这些标号的数值并不重要时, 我们把它们称为"颜色", 是为了表示它们可以是任意集合中的元素.

**5.1.1 定义** 图 $G$ 的一个 $k$-**着色**是一个标号映射 $f: V(G) \rightarrow S$, 其中 $|S| = k$(通常取 $S = [k]$). $S$ 中的标号称为**颜色**. 具有相同颜色的顶点构成**同色类**. 一个 $k$-着色称为一个**真着色**, 如果图 $G$ 中相邻顶点具有不同的标号. 一个图称为**可 $k$-着色**, 如果它有一个 $k$-真着色. 图 $G$ 的**色数**$\chi(G)$指的是使得图 $G$ 可 $k$-着色的最小整数 $k$.

$\boxed{191}$

**5.1.2 注记** 在图的一个真着色中, 每个同色类都是一个独立子集. 因此, 图 $G$ 可 $k$-着色当且仅当 $V(G)$ 是 $k$ 个独立子集的并. 于是, "可 $k$-着色"和"$k$-部图"具有相同的含义(但是, 这两个术语的使用稍有区别. "$k$-部图"是对图的结构的假设, 而"可 $k$-着色"是一个最优化问题的结果).

带有圈的图不能被着色, 因为我们不能为同一个顶点着上不同的颜色. 因而, **本章讨论的图都是不带圈的**. 此外, 重边无关紧要, 因为边的重数并不影响着色. 因此, 当讨论着色问题时, 我们常常只考虑简单图并用边的端点来表示边. 绝大多数在没有施加简单图这个限制的情况下做出的结论在允许有重边的图中也成立. ∎

**5.1.3 例** 由于一个图是可 2-着色的当且仅当它是一个二部图, 因此 $C_5$ 和 Petersen 图的色数都至少是 3. 下面的两个图都是可 3-着色的, 因此这两个图的色数恰好都是 3.

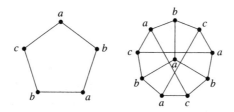

**5.1.4 定义** 图 $G$ 称为 $k$-**色的**，如果 $\chi(G)=k$. 一个 $k$-色图的真 $k$-着色称为**最优着色**. 如果对于图 $G$ 的任意真子图 $H$ 有 $\chi(H)<\chi(G)=k$，则称 $G$ 是**颜色临界的**或者 $k$-**临界的**.

**5.1.5 例** 小整数 $k$ 的 $k$-临界图. 一个图的真着色至少需要两种颜色，当且仅当图具有一条边. 因此，$K_2$ 是唯一的 2-临界图(同样，$K_1$ 是唯一的 1-临界图). 由于图可 2-着色与图是二部图表示一个含义，因此二部图的特征意味着 3-临界图是奇环.

通过计算(每个分量中)顶点 $x$ 到其他顶点的距离可以判断图 $G$ 是否是可 2-着色的. 令 $X=\{u\in V(G):d(u, x)$ 是偶数$\}$，$Y=\{u\in V(G):d(u, x)$ 是奇数$\}$. 图 $G$ 是一个二部图当且仅当 $X$，$Y$ 是图 $G$ 的一个剖分，即 $G[X]$ 和 $G[Y]$ 都是独立集.

目前，对 4-临界图没有较好的特征刻画，也没有较好的办法来考察一个图是否可 3-着色. 附录 B 讨论了图论中有关计算的细节. ■

**5.1.6 定义** 图 $G$ 中两两相邻的顶点构成的集合叫做**团**. 最大团的顶点数称为图 $G$ 的**团数**，记作 $\omega(G)$.

前面我们已经使用 $\alpha(G)$ 来表示图 $G$ 的独立数. 与之类似，这里使用 $\omega(G)$. $\alpha$ 和 $\omega$ 分别是希腊字母表中的第一个字母和最后一个字母，这与把独立集和团视为图"演变"过程的开始和结束是一致的(参见 8.5 节).

**5.1.7 命题** 在任意图 $G$ 中，有 $\chi(G)\geqslant\omega(G)$ 且 $\chi(G)\geqslant\dfrac{n(G)}{\alpha(G)}$.

**证明** 第一个不等式成立是因为每个团中的任意顶点都需要不同的颜色. 第二个不等式成立是因为每个同色类都是一个独立集，而每个独立子集最多含有 $\alpha(G)$ 个顶点. ■

当图 $G$ 是完满图时，命题 5.1.7 中的两个下界都是紧下界.

**5.1.8 例** $\chi(G)$ 可能大于 $\omega(G)$. 设 $r\geqslant2$，令 $G=C_{2r+1}\vee K_s$($C_{2r+1}$ 和 $K_s$ 的连接，参见定义 3.3.6). 由于 $C_{2r+1}$ 中不含三角形，故 $\omega(G)=s+2$.

诱导环的真着色至少需要 3 种颜色. $s$-团的着色需要 $s$ 种颜色. 由于诱导环的任意顶点都与这个 $s$ 团的任意顶点相邻，因此用于诱导环的 3 种颜色不同于 $s$-团的 $s$ 种颜色，于是 $\chi(G)\geqslant s+3$. 因此 $\chi(G)>\omega(G)$.

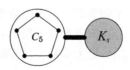

习题 23～30 讨论特殊图族的色数. 此外，我们还关心在图的操作下图的色数如何变化. 对于不相交的并，$\chi(G+H)=\max\{\chi(G), \chi(H)\}$. 对于连接，$\chi(G\vee H)=\chi(G)+\chi(H)$. 下面我们引入另一种用于组合图形的操作.

**5.1.9 定义** 图 $G$ 和图 $H$ 的**笛卡儿积**是一个图，记为 $G\square H$，其顶点集合为 $V(G)\times V(H)$，并规定顶点 $(u, v)$ 和顶点 $(u', v')$ 相邻当且仅当 (1) $u=u'$ 且 $vv'\in E(H)$，或者 (2) $v=v'$ 且 $uu'\in E(G)$.

**5.1.10 例** 笛卡儿积操作是对称的：$G\square H\cong H\square G$. 下图给出了笛卡儿积 $C_3\square C_4$. 笛卡儿积的另一个例子是超方体：$Q_k=Q_{k-1}\square K_2(k\geqslant1)$. $m\times n$ 的**网格**是一个笛卡儿积 $P_m\square P_n$.

一般来讲，分解 $G\square H$ 时，可以对图 $G$ 的每个顶点得到图 $H$ 的多个拷贝，也可以对图 $H$ 的每个顶点得到图 $G$ 的多个拷贝(参见习题 10). 我们使用 $\square$ 而不使用 $\times$ 来表示图的笛卡儿积是为了避免将图的笛卡儿积与其他乘积混淆，我们保留×来表示图的顶点集合的笛卡儿积．符号□最早由 Nešetřil 引入用来表达等式 $K_2 \square K_2 = C_4$．

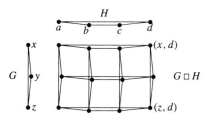

193

**5.1.11 命题**（Vizing［1963］，Aberth［1964］）    $\chi(G \square H) = \max\{\chi(G)，\chi(H)\}$．

**证明**    因为图 $G$ 和图 $H$ 都有多个拷贝作为子图含于图 $G \square H$ 中，故 $\chi(G \square H) \geqslant \max\{\chi(G)，\chi(H)\}$．

令 $k = \max\{\chi(G)，\chi(H)\}$．为了证明上界，我们利用 $G$ 和 $H$ 的最优着色给出 $G \square H$ 的一个真 $k$-着色．设 $g$ 是 $G$ 的真 $\chi(G)$-着色而 $h$ 是 $H$ 的真 $\chi(H)$-着色．令 $f(u，v)$ 是 $g(u) + h(v)$ 模 $k$ 的同余类，这样就定义了 $G \square H$ 的一个着色．因此，$f$ 给 $V(G \square H)$ 中的每个顶点分派的颜色均来自一个 $k$ 元集合．

我们断言 $f$ 是 $G \square H$ 的一个真着色．如果顶点 $(u，v)$ 和顶点 $(u'，v')$ 在 $G \square H$ 中是相邻的，则 $g(u) + h(v)$ 和 $g(u') + h(v')$ 在一个加数上相同，而另一个加数的差介于 1 到 $k$ 之间．由于这两个和的差介于 1 到 $k$ 之间，因此它们在不同的同余类（模 $k$）中．

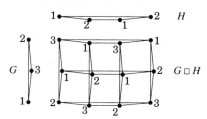

笛卡儿积使得图的色数可以通过计算图的独立数来获得，因为图 $G$ 可 $m$-着色当且仅当笛卡儿积 $G \square K_m$ 有一个大小为 $n(G)$ 的独立子集（参见习题31）.

## 上界

色数的很多上界都来自于着色算法．例如，为每个顶点分别指定不同的颜色即得到 $\chi(G) \leqslant n(G)$．这个上界是最优的，因为 $\chi(K_n) = n$，并且只有 $G$ 是完全图时等号才成立．我们可以改进某个"最优"界，方法是找出另一个至少和它一样好的界．比如，得到 $\chi(G) \leqslant n(G)$ 的过程中并未使用图 $G$ 的任何结构方面的信息；可以按照一定的顺序为图 $G$ 的顶点着色并始终使用"尽量少"的颜色，以便改进这个上界．

### 5.1.12 算法（贪心着色）

与 $V(G)$ 中顶点的一个顺序 $v_1，\cdots，v_n$ 相关的一个**贪心着色**是按照顶点的顺序 $v_1，\cdots，v_n$ 依次为顶点 $v_i$ 分派一个最小颜色标记，要求该标记在排于 $v_i$ 之前与 $v_i$ 相邻的顶点中未被使用．

**5.1.13 命题**   $\chi(G) \leqslant \Delta(G) + 1$.

**证明**   在为某个顶点着色时, 排在它之前与它相邻的顶点最多有 $\Delta(G)$ 个, 因此在贪心着色的过程中必须使用的颜色数目不超过 $\Delta(G) + 1$. 这就用构造性的方法证明了 $\chi(G) \leqslant \Delta(G) + 1$. ■

上界 $\Delta(G) + 1$ 是使用贪心着色算法后能够得到的最坏上界 (虽然这个上界对完全图和奇环是最优的). 精细地安排着色顺序可以进一步改进这个上界. 我们把度较高的顶点排到前面以避免由它们引起的麻烦, 因为这时与度较高的顶点相邻的较靠前顶点不多 (习题 36 给出了一个更好的着色顺序).

**5.1.14 命题** (Welsh-Powell[1967])   如果图 $G$ 的度序列为 $d_1 \geqslant \cdots \geqslant d_n$, 则 $\chi(G) \leqslant 1 + \max_i \min\{d_i, i-1\}$.

**证明**   我们用贪心着色算法按照顶点度非递增的顺序来为每个顶点着色. 当为第 $i$ 个顶点 $v_i$ 着色时, 排在 $v_i$ 之前与 $v_i$ 相邻的顶点最多有 $\min\{d_i, i-1\}$ 个, 因此在这些顶点中使用的颜色数目也是这个值. 于是分派给顶点 $v_i$ 的颜色标记最多是 $1 + \min\{d_i, i-1\}$. 这个结论对每个顶点都成立, 因此在 $i$ 上取最大值即可得到所用颜色数目的上界. ■

命题 5.1.14 给出的上界最多是 $1 + \Delta(G)$, 因此这个上界至少同命题 5.1.13 给出的上界同样好. 对于 5.1.8 中的例子, 这个上界是最优的, 而命题 5.1.13 给出的上界 ($1 + \Delta(G)$) 不是最优的.

命题 5.1.14 使用精心选择的顺序来运行贪心着色算法. 事实上, 任意图 $G$ 都有一个顶点顺序, 按照这个顺序进行贪心着色只需要 $\chi(G)$ 种颜色 (习题 33). 通常, 我们很难找到这样的顶点顺序.

下例介绍了一族图, 这些图的上述顶点顺序可以很容易找到. 该顺序产生的着色使得 $\chi(G) \geqslant \omega(G)$ 中的等号成立.

**5.1.15 例** [⊖] (寄存器分配与区间图)   计算机程序将变量的值存储在内存中. 为了进行算术计算, 数值必须存储在更容易访问的存储单元中, 这样的存储单元称为寄存器. 由于寄存器非常昂贵, 因此必须高效地使用它们. 如果两个变量从不同时使用, 则可以为它们分配同一个寄存器. 对每个变量, 计算它第一次和最后一次被使用的时间, 在这两个时间构成的区间内变量是活跃的.

定义一个图, 其顶点就是这些变量, 两个顶点相邻当且仅当相应的变量在某个公共时间内均是活跃的. 这些变量需要的寄存器的个数就是这个图的色数. 由于变量的活跃时间是一个区间, 由此得到这个图的特殊表示.

图的**区间表示**是为每个顶点分配一个区间使得两个顶点相邻当且仅当相应的区间相交. 具有区间表示的图称为**区间图**.

对于如下区间图的顶点序列 $a, b, c, d, e, f, g, h$, 贪心着色算法为各个顶点分派的颜色分别为 $1, 2, 1, 3, 2, 1, 2, 3$, 这是一个最优着色. 而按照顶点顺序 $a, e, d, \cdots$ 贪心着色算法将使用 4 种颜色.

---

⊖ 在例 5.1.15~命题 5.1.16 中, 不失一般性, 我们可以假设使用的区间都是闭区间, 因为命题的证明过程所使用的就是闭区间. ——译者注

**5.1.16 命题** 如果图 $G$ 是区间图，则 $\chi(G) = \omega(G)$.

**证明** 根据图 $G$ 的区间表示，区间左端点的大小为图 $G$ 的顶点排序. 应用贪心着色算法进行着色. 设顶点 $x$ 的颜色标记是 $k$，且 $k$ 是所有顶点颜色标记的最大值. 由于顶点 $x$ 没有被标记为更小的值，这说明与 $x$ 相应的区间的左端点 $a$ 也属于其他的 $k-1$ 个区间，这些区间已经被标记为颜色 1 到 $k-1$. 因此这些区间均包含点 $a$. 这样得到了一个 $k$-团，它包含 $x$ 和 $x$ 的相邻顶点（已经被标记为颜色 1 到 $k-1$）. 因此 $\omega(G) \geqslant k \geqslant \chi(G)$. 由于 $\chi(G) \geqslant \omega(G)$ 也成立，故这是一个最优着色. ■

**\*5.1.17 注记** 贪心着色算法运行速度非常快. 在某种程度上讲，它是一个"在线"算法，因为即便每一步只看到一个新顶点，它也能在不修改以前的顶点的着色方案的情况下产生图真着色. 对于随机图（参见 8.5 节）的一个随机顶点顺序，贪心着色算法使用的颜色的总数几乎总是所需的最少颜色总数的 2 倍；然而如果给定的顶点顺序很糟，则贪心着色算法对树的着色可能要使用很多颜色（参见习题 34）. ■

我们一开始就用贪心着色来强调色数上界的可构造性. 其他上界可以由 $k$-临界图的性质得到，但并不产生真着色：每个 $k$-着色图都有一个 $k$-临界子图. 然而我们没有好的算法来找出这个子图. 我们用临界子图来推导下一个上界；这个性质也可以用贪心着色来证明（习题 36）.

**5.1.18 引理** 如果图 $H$ 是一个 $k$-临界图，则 $\delta(H) \geqslant k-1$.

**证明** 设 $x$ 是 $H$ 的一个顶点. 由于 $H$ 是 $k$-临界的，故 $H-x$ 是可 $k-1$-着色的. 如果 $d_H(x) < k-1$，则用于对 $H-x$ 着色的 $k-1$ 种颜色不可能都在 $N(x)$ 中使用，这样就可以为顶点 $x$ 指定一个没有在 $N(x)$ 中用过的颜色，这样即得到 $H$ 的一个真的 $k-1$-着色. 这与 $\chi(H) = k$ 矛盾. 于是我们得到 $d_H(x) \geqslant k-1$（对任意 $x \in V(H)$）. ■

**5.1.19 定理**（Szekeres-Wilf[1968]） 对任意图 $G$，$\chi(G) \leqslant 1 + \max\limits_{H \subseteq G} \delta(H)$.

**证明** 令 $k = \chi(G)$，而 $H'$ 是 $G$ 的一个 $k$-临界子图. 由引理 5.1.18 得到 $\chi(G) - 1 = \chi(H') - 1 \leqslant \delta(H') \leqslant \max\limits_{H \subseteq G} \delta(H)$. ■

下面的上界涉及图的定向（也可参见习题 43～45）.

**5.1.20 例** 如果图 $G$ 是二部图且其一个定向是让图中所有的边从图的一个部集指向另一个部集，则 $G$ 的这个定向中没有长度超过 1 的（有向）路径. 由此，下面的定理表明 $\chi(G) \leqslant 2$.

奇环的任意定向必然存在前后相继的两条边具有相同的指向，因此任意定向必有一条长度至少为 2 的路径. 于是，定理断言奇环是 3-色的. ■

**5.1.21 定理**（Gallai-Roy-Vitaver 定理——Gallai[1968]，Roy[1967]，Vitaver[1962]）. 如果 $D$ 是 $G$ 的一个定向，其中最长路径长度 $l(D)$ 达到最大值，则 $\chi(G) \leqslant 1 + l(D)$，而且等号对 $G$ 的某个定向成立. 196

**证明** $D$ 是 $G$ 的一个定向，而 $D'$ 是 $D$ 的一个无环极大有向子图（在下图所示的例子中，$uv$ 是唯一在 $D$ 中而不在 $D'$ 中的边）. 注意 $D'$ 包含 $D$ 的所有顶点. 令 $f(v)$ 等于 1 加上 $D'$ 中以 $v$ 为终点的一条最长路径的长度，这样就为 $V(G)$ 中的每个顶点进行了着色.

设 $P$ 是 $D'$ 中的一条路径且 $u$ 是这条路径的起点. $D'$ 中以 $u$ 为终点的路径不含 $P$ 中的其他顶点，因为 $D'$ 中没有环. 进而，每条以 $u$ 为终点的路径（包括最长的那条）可以沿 $P$ 进行延伸加长. 这意味着 $f$ 沿 $D'$ 中的每条路径都是严格递增的.

着色 $f$ 在对 $V(D')$（即 $V(G)$）进行着色时使用了从 1 到 $1 + l(D')$ 这些颜色. 我们断言 $f$ 是 $G$ 的一个真着色. 对任意 $uv \in E(D)$，在它的两个顶点间存在 $D'$ 中的一条路径（因为 $uv$ 要么是 $D'$ 的一条边，要么将它加入 $D'$ 中就会产生环). 这说明 $f(u) \neq f(v)$，因为 $f$ 沿着 $D'$ 中的路径递增.

为了证明第二个结论，我们来构造一个方向 $D^*$ 使得 $l(D^*) \leqslant \chi(G)-1$. 设 $f$ 是 $G$ 的一个最优着色. 对于 $G$ 中的每条边 $uv$，规定它在 $D^*$ 中的方向是由 $u$ 到 $v$ 当且仅当 $f(u) < f(v)$. 由于 $f$ 是一个真着色，因此上述做法定义了 $G$ 的一个方向. 由于着色 $f$ 中使用的颜色标记沿着 $D^*$ 中的每条路径递增，而且 $f$ 中只用了 $\chi(G)$ 个颜色标记，因此可以得到 $l(D^*) \leqslant \chi(G)-1$.

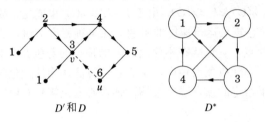

$D'$ 和 $D$                                 $D^*$

## Brooks 定理

上界 $\chi(G) \leqslant \Delta(G)+1$ 中的等号在 $G$ 是完全图和奇环时成立. 通过精心安排顶点的顺序，可以证明只有这两种图使得该不等式中的等号成立. 这意味着无须找到具体的着色方案即可知道某些图的色数，比如，Petersen 图是可 3-着色的. 为了避免不必要的烦琐，我们只对连通图证明这个结论. 这个结论可以推广到所有的图，因为图的色数等于其各个连通分量的色数的最大值. 已有很多方法可以证明这个结论；我们给出由 Lovász[1975] 修改得到的证明.

**5.1.22 定理**(Brooks[1941])    如果 $G$ 是一个连通图，并且 $G$ 既不是完全图也不是奇环，则 $\chi(G) \leqslant \Delta(G)$.

**证明**    设 $G$ 是连通图，并令 $k=\Delta(G)$. 我们可以假定 $k \geqslant 3$，因为当 $k \leqslant 1$ 时 $G$ 是完全图而 $k=2$ 时 $G$ 要么是奇环要么是二部图(此时，界是成立的).

我们的目标是安排顶点的顺序，使得对每个顶点，排在它之前并与之相邻的顶点个数不超过 $k-1$，这样根据贪心着色算法可以得到定理中的上界.

如果 $G$ 不是 $k$-正则的，则可以挑选一个度小于 $k$ 的顶点作为 $v_n$. 由于 $G$ 是连通的，故可以将 $v_n$ 扩充得到 $G$ 的一棵生成树. 从 $v_n$ 遍历这棵树时，每次到达一个顶点，则将该顶点的编号设置为前一个顶点的编号减 1. 在得到的顶点序列 $v_1, \cdots, v_n$ 中，除 $v_n$ 外，每个顶点都有一个与之相邻的顶点位于从它到 $v_n$ 的路径上. 因此，每个顶点最多有 $k-1$ 个编号比其编号小的相邻顶点，这样贪心着色算法最多使用 $k$ 种颜色.

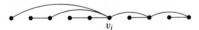

$v_i$

剩下的情况就是 $G$ 是 $k$-正则图. 先假定 $G$ 有一个割点 $x$，$G'$ 是由 $G-x$ 的一个连通分量及该分量到顶点 $x$ 的所有边构成的子图. 在 $G'$ 中，顶点 $x$ 的度小于 $k$，因此前一段的方法可以得到 $G'$ 的一个真 $k$-着色. 所有这样由 $G-x$ 的连通分量构造得到的子图都可以类似地进行着色，然后对各子图中使用的颜色进行适当的置换，使得它们在顶点 $x$ 上的颜色一致.

其次，可以假设 $G$ 是 2-连通的. 在 $G$ 的任意顶点顺序中，最后一个顶点有 $k$ 个与之相邻的顶点排在它前面. 只要着色时为两个与 $v_n$ 相邻的顶点安排相同的颜色，则贪心着色仍然适用.

特别地，假定某个顶点 $v_n$ 有两个相邻的顶点 $v_1, v_2$ 使得 $v_1 \not\leftrightarrow v_2$ 且 $G-\{v_1, v_2\}$ 是连通的. 对于

这种情况，我们用 3，$\cdots$，$n$ 对 $G-\{v_1，v_2\}$ 的生成树中的顶点编号，使得：沿到达根 $v_n$ 的路径，顶点的编号递增．同前面的讨论一样，对于 $v_n$ 之前的每个顶点，最多有 $k-1$ 个编号比其编号小的相邻顶点．贪心着色算法对与 $v_n$ 相邻的顶点进行着色时最多使用 $k-1$ 种颜色，因为 $v_1$，$v_2$ 使用相同的颜色．

于是，我们只需证明对于任意的 $k$-正则 2-连通图 $(k\geqslant 3)$ 上述的三元组 $v_1$，$v_2$，$v_n$ 存在．取顶点 $x$，如果 $\kappa(G-x)\geqslant 2$，则令 $v_1$ 为 $x$ 而 $v_2$ 为到 $x$ 的距离为 2 的一个顶点．这样的 $v_2$ 存在是因为 $G$ 是正则的但不是完全的．再令 $v_n$ 是与 $v_1$、$v_2$ 均相邻的顶点．

如果 $\kappa(G-x)=1$，则令 $v_n=x$．由于 $G$ 没有割点，因此在 $G$ 的每个叶块中均有 $x$ 的相邻顶点．$x$ 在这样的两个块中的相邻顶点是不相邻的．而且 $G-\{x，v_1，v_2\}$ 是连通的，因为在这些块中没有割点．由于 $k\geqslant 3$，因此除了 $v_1$、$v_2$ 之外 $x$ 还有其他相邻的顶点，因此 $G-\{v_1，v_2\}$ 也是连通的．

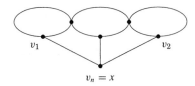

*__5.1.23 注记__  在 $G$ 没有规模较大的团时，上界 $\chi(G)\leqslant\Delta(G)$ 可以进一步改进(习题 50)．Brooks 定理表明完全图和奇环只能是 $k-1$-正则的 $k$-临界图(习题 47)．Gallai[1963] 将这个定理的结论加强了，他证明了 $k$-临界图中由度为 $k-1$ 的顶点诱导得到的子图中，每个块要么是完全图要么是奇环．

Brooks 定理表述了以下事实：只要 $3\leqslant\omega(G)\leqslant\Delta(G)$，则 $\chi(G)\leqslant\Delta(G)$．Borodin and Kostochka [1977] 猜想：当 $\Delta(G)\geqslant 9$ 时，若 $\omega(G)<\Delta(G)$，则 $\chi(G)<\Delta(G)$(一些具体例子表明条件 $\Delta(G)\geqslant 9$ 是必需的)．Reed[1999] 证明了在 $\Delta(G)\geqslant 10^{14}$ 时这个猜想是正确的．

Reed[1998] 曾猜想，图的色数的一个上界是其平凡上界和下界的均值，即 $\chi(G)\leqslant\left\lceil\dfrac{\Delta(G)+1+\omega(G)}{2}\right\rceil$．

由于将研究对象进行划分以满足约束条件是一个非常基本的思想，因此关于图的着色存在很多变形和推广．第 7 章我们考虑对图的边进行着色．关于顶点着色，可以用同色类来诱导子图，而不将它们看成独立子集("广义着色"——习题 49~53)．我们可以限制用于每个顶点的颜色("列表着色"——见 8.4 节)．我们还可以提出一些关于着色的数值问题(习题 54)．这里讨论的问题仅仅是着色问题的冰山一角．

__习题__

5.1.1　(一)计算下图中的团数、独立数和色数．命题 5.1.7 中给出的上界对某个真着色是否是最优的？这个图是否是颜色-临界的？

5.1.2　(一)证明：图的色数等于其所有连通分量色数的最大值．

5.1.3 （一）设 $G_1$，$\cdots$，$G_k$ 是图 $G$ 的所有块，证明：$\chi(G)=\max_i\{\chi(G_i)\}$.

5.1.4 （一）给出一个图 $G$ 使得它有一个顶点 $v$ 满足 $\chi(G-v)<\chi(G)$ 且 $\chi(\overline{G}-v)<\chi(\overline{G})$.

5.1.5 （一）给定图 $G$ 和图 $H$. 证明：$\chi(G+H)=\max\{\chi(G),\chi(H)\}$，$\chi(G\vee H)=\chi(G)+\chi(H)$.

5.1.6 （一）根据例 5.1.8 的结论，假设 $\chi(G)=\omega(G)+1$. 令 $H_1=G$ 且 $H_k=H_{k-1}\vee G$. 证明：$\chi(H_k)=\omega(H_k)+k$.

5.1.7 （一）构造一个图 $G$ 使得 $G$ 既不是完全图也不是奇环，但 $G$ 有一个顶点顺序使得贪心着色算法按此顺序对顶点着色时使用 $\Delta(G)+1$ 种颜色.

5.1.8 （一）证明：$\max\limits_{H\subseteq G}\delta(H)\leqslant\Delta(G)$，由此说明为什么定理 5.1.19 的结果优于命题 5.1.13. 找出所有使得 $\max\limits_{H\subseteq G}\delta(H)=\Delta(G)$ 成立的图.

199

5.1.9 （一）画出图 $K_{1,3}\square P_3$ 并给出它的一个最优着色. 画出图 $C_5\square C_5$ 并给出它的一个真 3-着色使得同色类的大小分别为 9，8，8.

5.1.10 （一）证明：$G\square H$ 可以分解为 $n(G)$ 个 $H$ 的拷贝和 $n(H)$ 个 $G$ 的拷贝.

5.1.11 （一）证明下面的每个图都同构于 $C_3\square C_3$.

5.1.12 （一）证明或否定：任意 $k$-色图有一个真的 $k$-着色使得某个同色类中包含 $\alpha(G)$ 个顶点.

5.1.13 （一）证明或否定：若 $G=F\bigcup H$，则 $\chi(G)\leqslant\chi(F)+\chi(H)$.

5.1.14 （一）证明或否定：对任意图 $G$，有 $\chi(G)\leqslant n(G)-\alpha(G)+1$.

5.1.15 （一）证明或否定：如果 $G$ 是连通图，则 $\chi(G)\leqslant1+a(G)$，其中 $a(G)$ 是图 $G$ 中度的平均值.

5.1.16 （一）利用定理 5.1.21 证明：每个竞赛图均有生成路径. (Rédei[1934])

5.1.17 （一）利用定理 5.1.18 证明：下图中，$\chi(G)\leqslant3$.

5.1.18 （一）确定对 $V(K_n)$ 进行标记需要的颜色数，使得每个由同色类诱导的子图的度不超过 $k$.

5.1.19 （一）找出下面对 Brooks 定理(定理 5.1.22)的证明过程中的错误.

"我们对 $n(G)$ 作归纳. 当 $n(G)=1$ 时结论成立. 在归纳时，假定 $G$ 不是完全图或奇环. 由于 $\kappa(G)\leqslant\delta(G)$，因此图 $G$ 有一个大小最多为 $\Delta(G)$ 的分离集 $S$. 令 $G_1$，$\cdots$，$G_m$ 是 $G-S$ 的所有连通分量，并令 $H_i=G[V(G_i)\bigcup S]$. 由归纳假设，每个 $H_i$ 都是可 $\Delta(G)$-着色的. 将各个 $H_i$ 中使用的颜色进行适当的置换，使得它们在 $S$ 中的顶点上使用的颜色一致. 这样得到了 $G$ 的一个真 $\Delta(G)$-着色."

• • • • • • • • • • • • •

5.1.20 （!）设图 $G$ 中的奇环两两相交，即 $G$ 中的任意两个奇环都有公共顶点，证明 $\chi(G)\leqslant5$.

5.1.21 设图 $G$ 中的每条边最多出现在一个环中. 证明: $G$ 中的每个块要么是一条边, 要么是一个环, 要么是一个孤立点. 利用这个结论证明: $\chi(G) \leqslant 3$.

5.1.22 (!)给定由平面上的一些直线构成的集合, 其中任意三条直线不相交于一点. 由此, 我们构造一个图 $G$, 其顶点集合是这些直线的交点, 两个顶点相邻当且仅当这两个点在某条直线上相继出现. 证明: $\chi(G) \leqslant 3$(提示: 可以使用 Szekeres-Wilf 定理或者对顶点恰当 200 排序后使用贪心着色算法. 注: 如果有三条直线交于一点, 结论可能不成立). (H. Sachs)

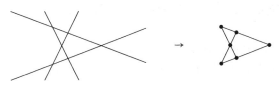

5.1.23 (!)在圆周上放置 $n$ 个点, 其中 $n \geqslant k(k+1)$. $G_{n,k}$ 是将每个点与两个方向上与它最近的 $k$ 个点相连得到的 $2k$-正则图. 例如, $G_{n,1} = C_n$, $C_{7,2}$ 如下图所示. 证明: 当 $k+1$ 能被 $n$ 整除时, $\chi(G_{n,k}) = k+1$; 当 $k+1$ 不能被 $n$ 整除时, $\chi(G_{n,k}) = k+2$. 证明 $k \geqslant 2$ 时有 $\chi(G_{k(k+1)-1,k}) > k+2$, 由此证明上面结论中 $n$ 的下界不能被削弱.

5.1.24 (+)设 $G$ 是任意一个由 360 个顶点按下面的方式组成的 20-正则图. 所有顶点均匀地分布于圆周上. 由度 1 或 2 分离出的顶点是不相邻的; 由度 3、4、5 或 6 分离出的顶点是相邻的. 图的其他信息未知(除了它是 20 正则已知外). 证明: $\chi(G) \leqslant 19$(提示: 绕圆周依次对每个顶点着色). (Pritikin)

5.1.25 (+)令 $G$ 是平面上的**单位-距离图**, $V(G) = \mathbf{R}^2$, 两个顶点相邻当且仅当它们的欧几里得距离是 1(这是一个无穷图). 证明: $4 \leqslant \chi(G) \leqslant 7$(提示: 为了证明上界, 用区域给出一个明确的着色方案, 注意区域的边界). (Hadwiger[1945, 1961], Moser-Moser[1961])

5.1.26 给定有限集合 $S_1, \cdots, S_m$, 令 $U = S_1 \times \cdots \times S_m$. 定义图 $G$, 其顶点集合为 $U$, $u \leftrightarrow v$ 当且仅当 $u$ 和 $v$ 在每个坐标上都不同, 确定 $\chi(G)$.

5.1.27 设 $H$ 是习题 5.1.26 中的图的补图, 确定 $\chi(H)$.

5.1.28 考虑由两个开关控制的交通信号, 每个开关都有 $n$ 种设置. 对这两个开关的每种设置, 交通信号显示其 $n$ 种可能颜色的一种, 只要两个开关的设置都发生了改变, 交通信号就会改变. 证明: 交通信号的颜色是由其中一个开关的设置来决定的. 用某个图的色数说明上述结论. (Greenwell-Lovász[1974])

5.1.29 对于下面的图 $G$, 计算 $\chi(G)$ 并找出一个 $\chi(G)$-临界子图.

201

5.1.30　（＋）设 $S=\binom{[n]}{2}$ 表示 $n$-元集合 $[n]$ 的所有 2-元子集的集族. 定义图 $G_n$，其中 $V(G_n)=S$ 且 $E(G_n)=\{(ij,\ jk)\colon 1\leqslant i<j<k\leqslant n\}$（比如，不相交的对是不相邻的）. 证明：$\chi(G)=\lceil\lg n\rceil$（提示：证明 $G_n$ 是可 $r$ 着色的当且仅当 $[r]$ 至少有 $n$ 个不同的子集. 注：$G_n$ 称作 $K_n$ 的**平移图**）.（归于 A. Hajnal）

5.1.31　（!）证明：图 $G$ 可 $m$-着色当且仅当 $\alpha(G\square K_m)\geqslant n(G)$.（Berge[1973，p379-380]）

5.1.32　（!）证明：图 $G$ 可 $2^k$-着色当且仅当 $G$ 是 $k$ 个二部图的并（提示：这个结论推广了定理 1.2.23）.

5.1.33　（!）证明：任意图 $G$ 有一个顶点顺序使得贪心着色算法按照这个顺序着色时使用 $\chi(G)$ 种颜色.

5.1.34　（!）对任意 $k\in\mathbf{N}$，构造一棵最大度为 $k$ 的树 $T_k$ 及 $V(T_k)$ 的一个顺序 $\sigma$ 使得贪心着色算法按照顺序对 $\sigma$ 着色时使用 $k+1$ 种颜色（提示：用归纳法同时完成图的构造和顶点顺序的确定. 注：这个结果说明贪心着色方案与最优着色方案的性能比可能很糟，达到了 $(\Delta(G)+1)/2$）.（Bean [1976]）

5.1.35　设图 $G$ 中没有同构于 $P_4$ 的子图. 证明：对任意的顶点顺序，贪心着色算法产生 $G$ 的最优着色（提示：假设贪心着色算法按照顺序 $v_1,\cdots,v_n$ 着色需要 $k$ 种颜色，并令 $i$ 是最小整数使得 $G$ 中有一个团在这个着色过程中使用从 $i$ 到 $k$ 中的颜色，证明 $i=1$. 注：不含 $P_4$ 的图也称为**余图**（cograph））.

5.1.36　给定图 $G$ 的一个顶点序 $\sigma=v_1,\cdots,v_n$，令 $G_i=G[\{v_1,\cdots,v_i\}]$ 而 $f(\sigma)=1+\max\limits_i d_{G_i}(v_i)$. 按顺序 $\sigma$ 进行贪心着色可以得到 $\chi(G)\leqslant f(\sigma)$. 定义 $\sigma^*$ 是如下顶点顺序，$v_n$ 是 $G$ 中度最小的顶点，当 $i<n$ 时 $v_i$ 是 $G-\{v_{i+1},\cdots,v_n\}$ 中度最小的顶点. 证明：$f(\sigma^*)=1+\max\limits_{H\subseteq G}\delta(H)$，因而 $\sigma^*$ 使得 $f(\sigma)$ 达到最小值.（Halin[1967]，Matula[1968]，Finck-Sachs[1969]，Lick-White [1970]）

5.1.37　证明：$V(G)$ 可以被划分成 $1+\max\limits_{H\subseteq G}\delta(H)/r$ 个类，使得顶点取自同一个类的任意子图均有一个顶点的度小于 $r$（提示：考虑习题 5.1.36 中给出的顶点顺序 $\sigma^*$. 注：这个结论推广了定理 5.1.19. 对于 $r=2$ 的情况可以参考 Chartrand-Kronk[1969]）.

5.1.38　（!）证明：如果 $\overline{G}$ 是二部图，则 $\chi(G)=\omega(G)$（提示：将结论表示成 $\overline{G}$ 的形式，然后使用二部图的性质）.

5.1.39　（!）证明：任意的 $k$-色图至少有 $\binom{k}{2}$ 条边. 由此证明：如果 $G$ 是 $m$ 个 $m$ 阶完全图的并，则 $\chi(G)\leqslant 1+m\sqrt{m-1}$（注：这个上界几乎是紧的，但是 Erdös-Faber-Lovász 的猜想（参见 Erdös [1981]）断言：如果这些完全图两两之间没有公共边，则 $\chi(G)=m$）.

5.1.40　证明：$\chi(G)\cdot\chi(\overline{G})\geqslant n(G)$. 利用这个结论证明 $\chi(G)+\chi(\overline{G})\geqslant 2\sqrt{n(G)}$，并给出一个构造方

法说明 $\sqrt{n(G)}$ 是整数时上述的两个下界均是可达的. (Nordhaus-Gaddum[1956], Finck[1968])

5.1.41 (!)证明 $\chi(G)+\chi(\overline{G})\leqslant n(G)+1$(提示：对 $n(G)$ 用归纳法). (Nordhaus-Gaddum[1956])

5.1.42 (!)$\chi(G)\geqslant n(G)/\alpha(G)$ 的宽松性. 设 $G$ 是一个 $n$-顶点图，令 $c=(n+1)/\alpha(G)$. 用习题 5.1.41 证明：$\chi(G)\cdot\chi(\overline{G})\leqslant(n+1)^2/4$，并利用这个结论证明 $\chi(G)\leqslant c(n+1)/4$. 对于奇数 $n$ 构造一个图使得 $\chi(G)=c(n+1)/4$. (Nordhaus-Gaddum[1956], Finck[1968])

202

5.1.43 (!)有向图中的路径与色数.

　　a)令 $G=F\cup H$. 证明：$\chi(G)\leqslant\chi(F)\cdot\chi(H)$.

　　b)考虑图 $G$ 的定向 $D$ 和函数 $f:V(G)\to\mathbf{R}$. 由(a)和定理 5.1.21 证明：如果 $\chi(G)\geqslant rs$，则 $D$ 有路径 $u_0\to\cdots\to u_r$ 使得 $f(u_0)\leqslant\cdots\leqslant f(u_r)$ 或者路径 $v_0\to\cdots\to v_s$ 使得 $f(v_0)>\cdots>f(v_s)$.

　　c)由(b)证明任意具有 $rs+1$ 个不同元素的序列都有一个长度为 $r+1$ 的递增子序列或者长度为 $s$ 的递减子序列. (Erdös-Szekeres[1935])

5.1.44 (!) Minty 定理(Minty[1962]). 一个无环图的**无环定向**指的是没有环的定向. 对于 $G$ 的任意无环定向 $D$，令 $r(D)=\max\limits_{C}\lceil a/b\rceil$，其中 $C$ 是 $G$ 中的环，$a$ 和 $b$ 分别是 $C$ 在 $D$ 的正向和反向上的边的条数. 取定 $x\in V(G)$，令 $W$ 表示 $G$ 中从 $x$ 出发的通道. 令 $g(W)=a-b\cdot r(D)$，$a$ 和 $b$ 分别是 $W$ 在 $D$ 的正向和反向上的步数. 对于任意 $y\in V(G)$，$g(y)$ 是所有 $x$, $y$-通道 $W$ 中 $g(W)$ 的最大值(假定 $G$ 是连通的).

　　a)证明：$g(y)$ 是有限的因而是有定义的，利用 $g(y)$ 得到 $G$ 的一个真 $1+r(D)$-着色，这样 $G$ 是可 $1+r(D)$-着色的.

　　b)证明：$\chi(G)=\min\limits_{D\in\mathbf{D}}1+r(D)$，其中 $\mathbf{D}$ 是 $G$ 的所有无环定向构成的集合.

5.1.45 (+)用 Minty 定理(习题 5.1.44)证明定理 5.1.21(提示：证明 $l(D)$ 在某个无环定向上达到最大值).

5.1.46 (+)证明下面三角形无关的 4-正则图是 4-色的(提示：对左侧的图，考虑两个中心顶点；对另一个图考虑最大独立子集. 注：Chvátal[1970]证明了左侧的图是最小的三角形无关的 4-正则 4-色图).

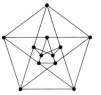

5.1.47 (!)证明 Brooks 定理与下面的命题等价：任意 $k-1$-正则的 $k$-临界图要么是完全图要么是奇环(提示：要从这个命题得到 Brooks 定理，对于给定的 $k$-色图 $G$ 考虑其 $k$-临界子图).

5.1.48 设 $G$ 是一个简单图，它有 $n$ 个顶点和 $m$ 条边，且最大度为 3. 假定 $G$ 的任意连通分量都不是含 4 个顶点的完全图. 证明：$G$ 中包含有 $m-n/3$ 条边的二部子图(提示：运用 Brooks 定理，然后说明如何删掉若干条边使得 $G$ 的真 3-着色转化成 $G$ 的某个大的子图的真 2-着色).

5.1.49 (−)证明：Petersen 图可用 2 种颜色着色使得每个同色类诱导的子图均由孤立边和孤立顶

点构成.

5.1.50 (!)Brooks 定理的改进.

a)给定图 $G$, 令 $k_1$, $\cdots$, $k_t$ 是满足 $\sum k_i \geqslant \Delta(G) - t + 1$ 的非负整数. 证明: $V(G)$ 可以被划分成集合 $V_1$, $\cdots$, $V_t$, 使得对每个 $i$, 由 $V_i$ 诱导的子图 $G_i$ 的度不超过 $k_i$(提示: 证明最小化 $\sum e(G_i)/k_i$ 的划分有所要性质).

b)对于 $4 \leqslant r \leqslant \Delta(G) + 1$, 利用(a)证明: 如果 $G$ 不含 $r$-团, 则 $\chi(G) \leqslant \left\lceil \dfrac{r-1}{r}\left(\Delta(G)+1\right) \right\rceil$.

(Borodin-Kostochka[1977], Catlin[1978], Lawrence[1978])

5.1.51 (!)设 $G$ 是可被 $k$ 着色的图, $P$ 是由 $G$ 的一些顶点构成的集合, 且对任意 $x$, $y \in P$ 有 $d(x, y) \geqslant 4$. 证明对 $P$ 的每个用 $[k+1]$ 中颜色的着色都可以扩张成 $G$ 的一个真 $k+1$-着色. (Albertson[1998])

5.1.52 证明: 任意图 $G$ 均有一个 $\left\lceil \left(\Delta(G)+1\right)/j \right\rceil$-着色使得每个由同色类诱导的子图中没有 $j$-边-连通子图. 对于 $j > 1$, 证明: 如果 $G$ 是一个 $j$-正则 $j$-边-连通图或阶数模 $j$ 余 1 的完全图, 则上面的结论中同色类的个数不能更小(注: 对于 $j=1$, 上述条件将导致通常的真着色). (Matula[1973])

5.1.53 (+)设 $G_{n,k}$ 是习题 5.1.23 中的 $2k$-正则图. 对 $k \leqslant 4$, 确定 $n$ 值, 使得 $G_{n,k}$ 可 2-着色且每个同色类的诱导子图的最大度不超过 $k$. (Weaver-West[1994])

5.1.54 设 $f$ 是 $G$ 的一个着色, 其中使用的颜色用自然数表示. **颜色和**指的是 $\sum\limits_{v \in V(G)} f(v)$. 最小化颜色的和可能使得所使用的颜色数超过 $\chi(G)$. 比如, 在下面的树中, 最好情况下真 2-着色的颜色和为 12, 然而它有一个真 3-着色的着色和为 11. 构造一系列树, 使得用 $k$ 种颜色对第 $k$ 棵树 $T_k$ 着色时恰好使颜色和取得最小值. (Kubicka-Schwenk[1989])

5.1.55 (+)色数以最长奇环的长度加 1 为上界.

a)设 2-连通的非二部图 $G$ 中含有一个偶环 $C$. 证明: 存在 $C$ 上的两个顶点 $x$, $y$ 和一条内部顶点不在 $C$ 上的 $x$, $y$-路径 $P$, 使得: $d_C(x, y) \not\equiv d_P(x, y) \bmod 2$ ⊖.

b)设 $G$ 是一个简单图, $G$ 中不含长度小于 $2k+1$ 的奇环. 证明: 如果 $\delta(G) \geqslant 2k$, 则 $G$ 中有一个长度至少是 $4k$ 的环(提示: 考察极大路径端点的相邻顶点).

c)设 2-连通的非二部图 $G$ 中不含长度大于 $2k-1$ 的奇环. 证明: $\chi(G) \leqslant 2k$. (Erdös- Hajnal[1966])

## 5.2 $k$-色图的结构

我们已经注意到 $\chi(H) \geqslant \omega(H)$ 对所有的 $H$ 均成立. 如果等号对于 $G$ 及其所有诱导子图都成立(比如区间图), 则称 $G$ 是**完美的**. 我们将在 5.3 节和 8.1 节中讨论这种图. 本节主要关注该不等式

---

⊖ 这里, 应该是"不同余"而不是"不相等". ——译者注

是何等不准确. 根据 8.5 节中的精确讨论, $\chi(G)$ 几乎总是远大于 $\omega(G)$. (在顶点集合为 $[n]$ 的所有图中, $\omega(G)$、$\alpha(G)$、$\chi(G)$ 的平均值分别与 $2\lg n$、$2\lg n$ 和 $n/(2\lg n)$ 非常接近. 因而, 一般情况下, $\omega(G)$ 是 $\chi(G)$ 的一个较差的下界, 而 $n/\alpha(G)$ 则是一个较好的下界).

204

## 大色数图

界 $\chi(G) \geqslant \omega(G)$ 既可能是紧的, 也可能是非常宽松的. 人们已经构造出很多有任意大色数的三角形无关图. 这里我们给出这样的一个构造, 其他的构造在习题 12~13 中给出.

**5.2.1 定义** (Mycielski 构造)  由简单图 $G$ 产生包含 $G$ 的一个简单图 $G'$. 从顶点集合为 $\{v_1, \cdots, v_n\}$ 的图 $G$ 开始, 添加顶点 $U = \{u_1, \cdots, u_n\}$ 中的顶点和一个另外的顶点 $w$, 然后添加一些边使得 $u_i$ 与 $N_G(v_i)$ 中的顶点都邻接, 最后令 $N(w) = U$.

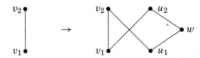

**5.2.2 例**  从 2-色图 $K_2$ 开始, 运用一次 Mycielski 构造即得到 3-色图 $C_5$, 如上图所示. 下面, 我们将该构造运用到 $C_5$ 上, 产生了 4-色 **Grötzsch 图**.

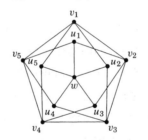

**5.2.3 定理** (Mycielski[1955])  由一个 $k$-色三角形无关图 $G$, Mycielski 构造可得到一个 $k+1$-色三角形无关图 $G'$.

**证明**  设 $V(G) = \{v_1, \cdots, v_n\}$, $G'$ 是由图 $G$ 经过 Mycielski 构造得到的图, $u_1, \cdots, u_n$ 分别是 $v_1, \cdots, v_n$ 对应的顶点, $w$ 是另一个后添加的顶点, 记 $U = \{u_1, \cdots, u_n\}$.

由构造过程知道, $U$ 是 $G'$ 的独立子集. 因此, 包含 $u_i$ 的任意三角形的其他顶点必然属于 $V(G)$ 且与 $v_i$ 邻接, 这样就在 $G$ 中找到了一个三角形, 这不存在. 于是, 我们得到 $G'$ 是三角形无关的.

$G$ 的一个真 $k$-着色 $f$ 可以扩充为 $G'$ 的真 $k+1$-着色, 这只需要令 $f(u_i) = f(v_i)$ 且 $f(w) = k+1$. 因此, $\chi(G') \leqslant \chi(G) + 1$. 要说明等号成立只需证明 $\chi(G) < \chi(G')$. 为此, 我们考虑 $G'$ 的任意真着色, 并可以由它得到 $G$ 的具有更少颜色的真着色.

设 $g$ 是 $G'$ 的一个真 $k$-着色, 通过对颜色重新命名, 可以假定 $g(w) = k$. 这使得 $g$ 在 $U$ 上只能使用 $\{1, \cdots, k-1\}$ 中的颜色. 而在 $V(G)$ 上, $g$ 可以使用这 $k$ 种颜色. 设 $A$ 是 $G$ 中 $g$ 在其上使用颜色 $k$ 的顶点构成的集合. 改变 $A$ 中顶点使用的颜色即可得到 $G$ 的一个真 $k-1$-着色.

205

对于任意 $v_i \in A$, 将 $v_i$ 的颜色改为 $g(u_i)$. 由于 $A$ 中所有顶点在 $g$ 下都使用颜色 $k$, 故 $A$ 中任意两个顶点不相邻. 于是只需对形如 $v_i v'$ ($v_i \in A$, $v' \in V(G) - A$) 的边进行检查. 如果 $v' \leftrightarrow v_i$, 则由构造过程知道 $v' \leftrightarrow u_i$, 因此得到 $g(v') \neq g(u_i)$. 由于我们将 $v_i$ 的颜色改为 $g(u_i)$, 因此边 $v_i v'$ 的两个端点的颜色不会相同. 这样即证明了修改后 $V(G)$ 中顶点的颜色是 $G$ 的真 $k-1$ 着色.

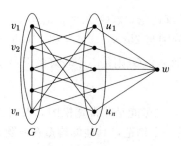

如果图 $G$ 是颜色-临界的，则由 Mycielski 构造得到的图 $G'$ 也是颜色-临界的(习题 9).

**\*5.2.4 注记** 从 $G_2 = K_2$ 开始，逐次使用 Mycielski 构造即产生了一系列图 $G_2$，$G_3$，$G_4$，…. 前三个图分别是 $K_2$，$C_5$ 和 Grötzsch 图，它们是最小的三角形无关 2-色图、3-色图和 4-色图. 然后，图的规模迅速增大：$n(G_k) = 2n(G_{k-1}) + 1$. 由于 $n(G_2) = 2$，故 $n(G_k) = 3 \cdot 2^{k-2} - 1$(指数增长).

设 $f(k)$ 表示三角形无关 $k$-色图的最小顶点数. 利用概率(非构造)方法，Erdös[1959]证明了 $f(k) \leqslant ck^{2+\varepsilon}$，其中 $\varepsilon$ 是一个正常数且 $c$ 依赖于 $\varepsilon$ 但不依赖于 $k$. 利用 Ramsey 数(参见 8.3 节)，现在已经(非构造性地)知道存在常数 $c_1$，$c_2$ 使得 $c_1 k^2 \log k \leqslant f(k) \leqslant c_2 k^2 \log k$. 习题 15 找到了更低的一个二次界.

Blanche Descartes [⊖][1947，1954]构造了一个围长为 6 的颜色-临界图. 利用概率方法，Erdös[1959]证明了色数至少为 $k$ 且围长至少为 $g$ 的图的存在性(定理 8.5.11). 后来，人们还找到了明确的构造方法(Lovász[1968a]、Nešetřil-Rödl[1979]、Lubotzsky-Phillips-Sarnak[1988]、Kriz[1989]).

根据这些构造方法，禁用来自 $G$ 的 $K_r$ 不会产生 $\chi(G)$ 的界. Gyárfás[1975]和 Sumner[1981]曾猜想：禁用某个团或者某个森林作为诱导子图将能够产生 $\chi(G)$ 的界. 习题 11 对森林为 $2K_2$ 时的情况证明了上述结论(也可以参见 Kierstead-Penrice[1990，1994]、Kierstead[1992，1997]，Kierstead-Rödl[1996]).

⌊206⌋

## 极值问题和 Turán 定理

或许极值问题会使我们对 $k$-色图的结构有一定的认识. 比如，哪些图是具有 $n$ 个顶点的最小和最大 $k$-色图？

**5.2.5 命题** 含有 $n$ 个顶点的任意 $k$-色图至少有 $\binom{k}{2}$ 条边. 当图是由完全图外加一些孤立点构成时，则等号成立.

**证明** 图的最优着色使得：对于每对颜色 $i$，$j$，存在图的一条边使得其端点使用的颜色是 $i$，$j$.

否则，颜色 $i$，$j$ 可以合成一种颜色，这样将导致着色时使用更少的颜色. 由于共有 $\binom{k}{2}$ 个颜色对，因此图至少有 $\binom{k}{2}$ 条不同的边.

习题 6 问及具有 $n$ 个顶点的连通 $k$-色图的最小大小是多少.

---

⊖ 这个笔名曾被 W. T/Tutte 和其他三个人用过. ——译者注

最大化问题更有趣(当然，将问题限制在简单图中来讨论才有意义). 给定一个真 $k$-着色, 只需在位于不同的同色类中的不相邻的顶点间添加边即可使得图增大但图的色数不增加. 因此, 我们可以将注意力集中在没有这种顶点对的图中.

**5.2.6 定义** 一个**完全多部图**是一个简单图 $G$, 它满足: 顶点集可以划分为多个集合使得 $u \leftrightarrow v$ 当且仅当 $u$, $v$ 位于该划分的不同集合中. 与此等价的说法是, $\overline{G}$ 的每个连通分量都是完全图. 当 $k \geqslant 2$ 时, 对于部集的大小分别为 $n_1, \cdots, n_k$ 且补图为 $K_{n_1} + \cdots + K_{n_k}$ 的完全 $k$-部图, 我们将它记为 $K_{n_1, \cdots, n_k}$.

我们只在 $k > 1$ 时使用上述概念, 因为 $K_n$ 表示完全图. 完全 $k$-部图是 $k$-色图, 它只有一个真 $k$-着色, 各部集是相应于该着色的同色类. 由于大小为 $t$ 的部集中的每个顶点的度均为 $n(G) - t$, 因此图的边数可以用度和公式来计算(习题 18). 各部集中的顶点在什么样的分布下才会使得 $e(G)$ 达到最大呢?

**5.2.7 例**(Turán 图) **Turán 图** $T_{n,r}$ 是具有 $n$ 个顶点的完全 $r$-部图且其中各部集的大小最多相差 1. 由鸽巢原理(参见附录 A), 有一个部集的大小至少为 $\lceil n/r \rceil$, 而另外还有一个部集的大小至多为 $\lfloor n/r \rfloor$. 因此, 至多相差 1 意味着各个部集的大小均为 $\lceil n/r \rceil$ 或 $\lfloor n/r \rfloor$.

令 $a = \lfloor n/r \rfloor$. 在每个部集中分别放入 $a$ 个顶点后, 还剩下 $b = n - ra$ 个顶点. 因此, $T_{n,r}$ 有 $b$ 个部集的顶点数为 $a+1$, 有 $r-b$ 个部集的顶点数为 $a$. 因而, $T_{n,r}$ 的定义条件决定了这种图只有一个同构类. ■

**5.2.8 引理** 在具有 $n$ 个顶点的 $r$-部简单图(这说明它可 $r$-着色)中, Turán 图是唯一边数最多的图.

**证明** 根据定义 5.2.6 之前的说明, 我们只需考虑完全 $r$-部图. 给定一个完全 $r$-部图, 如果它有一些部集, 其大小的差超过 1, 则将顶点 $v$ 从最大的集合(大小为 $i$)移到最小的集合(大小为 $j$)中. 不涉及顶点 $v$ 的边与修改之前一样; 但是顶点 $v$ 从原集合中获得了 $i-1$ 个相邻顶点, 而从新集合中失去了 $j$ 个相邻顶点. 由于 $i-1 > j$, 因此边数增加了. 因而, 像 $T_{n,r}$ 一样使各部的大小尽量一致即可使得边数达到最大值. ■

前面我们曾在定理 1.3.19 和定理 1.3.23 中使用过这种局部调换的思想. 现在, 我们将找出 $K_n$ 的最大 $r$-部子图.

如果我们有更多的边使得色数至少为 $r+1$, 则情况会发生哪些变化呢? 我们已经看到存在色数为 $r+1$ 的三角形无关图. 然而如果图的边数超过了含有 $n$ 个顶点的可 $r$-着色的图允许的最大边数, 则不仅对该图的着色需要 $r+1$, 而且该图还含有 $K_{r+1}$ 作为子图.

Turán 的重要结果推广了定理 1.3.23, 且被认为是极端图理论的起源.

**5.2.9 定理**(Turán[1941]) 在所有 $r+1$-团无关的 $n$-顶点图中, $T_{n,r}$ 的边最多.

**证明** 与所有可 $r$-着色的图相同, Turán 图不含 $r+1$-团, 因为每个团在各部集中最多只有一个顶点. 如果我们能证明在某个 $r$-部图上取得边数的最大值, 则引理 5.2.8 表明最大值被 $T_{n,r}$ 取得. 因此只需证明: 如果图 $G$ 中没有 $r+1$-团, 则存在顶点集与 $G$ 相同且边数至少与 $G$ 一样多的 $r$-部图 $H$.

为此, 我们对 $r$ 作归纳. 当 $r=1$ 时, $G$ 和 $H$ 都没有边. 对归纳步骤, 我们考虑 $r > 1$. 设 $G$ 是一个 $n$-顶点 $r+1$-团-无关的图, 而 $x \in V(G)$ 是度 $k = \Delta(G)$ 的顶点. 设 $G'$ 是由与 $x$ 邻接的顶点诱导的 $G$ 的子图. 由于 $x$ 与 $G'$ 中的顶点都相邻且 $G$ 中无 $r+1$-团, 因此图 $G'$ 中没有 $r$-团. 因此, 我们可

以对 $G'$ 用归纳假设，这样得到一个顶点集为 $N(x)$ 的 $r-1$-部图 $H'$ 使得 $e(H')\geqslant e(G')$.

在 $H'$ 中，把 $N(x)$ 中的任意顶点与 $S=V(G)-N(x)$ 中的所有点连接起来，这样得到的图记为 $H$. 由于 $S$ 也是一个独立集，故 $H$ 是 $r$ 部图. 我们断言：$e(H)\geqslant e(G)$. 由构造过程可知，$e(H)=e(H')+k(n-k)$. 我们还有 $e(G)\leqslant e(G')+\sum_{v\in S}d_G(v)$，因为和式对于端点在 $V(G')$ 之外的 $G$ 的每条边记数 2 次. 由于 $\Delta(G)=k$，因此对任意 $v\in S$ 有 $d_G(v)\leqslant k$. 又 $|S|=n-k$，故 $\sum_{v\in S}d_G(v)\leqslant k(n-k)$. 正如所期望的那样，我们有

$$e(G)\leqslant e(G')+k(n-k)\leqslant e(H')+k(n-k)=e(H).$$

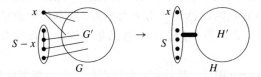

事实上，Turán 图是唯一的极值图（习题 21）. 习题 16~24 是关于 Turán 定理的，包括定理的其他证明、$e(T_{n,r})$ 的值以及定理的应用. 定理 1.3.23 中使用的证明是定理 5.2.9 中归纳步骤的实例.

Turán 定理可在一些极值问题中应用，这时问题的某个条件往往禁用指定阶的团. 下面，我们介绍该定理的一个几何应用，这个内容选自 Bondy-Murty[1976，p113-115].

**$^*$5.2.10 例**（远距离点对）　在一个直径为 1 的圆形城市内，我们想布置 $n$ 辆警车使得远距离警车对的数量最大，远距离警车对指的是距离大于 $d=1/\sqrt{2}$ 的警车对. 如果 6 辆警车均匀地布置在圆周上，那么距离不超过 $d$ 的警车对是在圆周上相邻的警车对：因此共有 9 个警车对满足要求.

然而，在一个边长为 $\sqrt{3}/2$ 的等边三角形的每个顶点附近放置两辆车使得每辆车都距离这个顶点很近，这样有 3 个对不满足要求而有 12 个对满足要求（这不是适于实际应用的最好标准）. 一般情况下，在这个三角形的每个顶点附近布置 $\lceil n/3\rceil$ 或 $\lfloor n/3\rfloor$ 辆车，满足要求的车对相应于 3 部 Turán 图的边. 下面我们证明这个结构是最好的.

**$^*$5.2.11 应用**　给定平面上 $n$ 个点构成的集合且其中任意点对的距离不超过 1，则距离超过 $1/\sqrt{2}$ 的点对的最大数目为 $\lfloor n^2/3\rfloor$.

**证明**　以这些点为顶点做一个图 $G$，两个顶点相邻当且仅当二者间的距离超过 $1/\sqrt{2}$. 由 Turán 定理及例 5.2.10 中的构造知道，只需证明 $G$ 不含 $K_4$.

在任意 4 个点中，有 3 个点构成一个大于等于 90 度的角：如果这 4 个点构成凸四边形，则所有内角的和为 360 度；如果其中一个点位于另外 3 个点构成的三角形的内部，则它与另 3 个点构成的 3 个角之和为 360 度.

假定 $G$ 含有一个 4-顶点团，其顶点分别为 $w$，$x$，$y$，$z$，其中 $\angle xyz \geqslant 90°$．由于 $xy$ 和 $yz$ 的长度超过 $1/\sqrt{2}$，故 $xz$ 的长度比直角边均为 $1/\sqrt{2}$ 的直角三角形的斜边还要长．因此，$xz$ 的长度大于 1，这与题设矛盾．

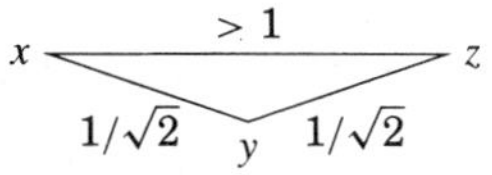

即便没有 Turán 定理这样一个刻画完整结构的结论，对于有 $n$ 个顶点且不含 $K_{r+1}$ 的图，我们也可以直接证明其边数的一个大致的上界（习题 16）．将这个结论中的条件和结论互换，就可以以图的顶点数和边数的形式给出图的色数的一个很好的下界（习题 17）．

**颜色-临界图**

Turán 图解决的问题在某种程度上是下述问题的反问题：是什么影响色数 $k$．它考察的是不会用到 $k$ 中颜色的最大图，而不是考察需要用 $k$ 种颜色的最小图．

每个 $k$-色图都有一个 $k$-临界子图，因为可以在保持色数不变的前提下不断地删除一些边和孤立点，直到继续删除会导致色数减小为止．这样，知道了 $k$-临界图，对于检查一个图是否可 $k-1$-着色是有用的．下面，我们从 $k$-临界图的基本性质入手展开讨论．

**5.2.12 注记** 没有孤立点的图 $G$ 是颜色-临界的当且仅当对于任意 $e \in E(G)$ 有 $\chi(G-e) < \chi(G)$．因此，要证明一个图是颜色-临界的，只需将它与那些从该图中仅删除一条边得到的子图进行比较． ■

**5.2.13 命题** 设 $G$ 是一个 $k$-临界图，则

a) 对于 $v \in V(G)$，存在 $G$ 的一个真 $k$-着色使得 $v$ 上使用的颜色不在其他顶点上使用且其余 $k-1$ 种颜色均在 $N(v)$ 上使用过．

b) $e \in E(G)$，$G-e$ 的任意真 $k-1$-着色在 $e$ 的两个端点上使用相同的颜色．

**证明** a) 给定 $G-v$ 的一个真 $k-1$-着色 $f$，将 $v$ 加入并在 $v$ 上使用颜色 $k$ 即得到 $G$ 的一个真 $k$-着色．其余的 $k-1$ 种颜色必在 $N(v)$ 上使用，否则，将未在 $N(v)$ 中使用的颜色用在 $v$ 上就会得到 $G$ 的一个真 $k-1$-着色．

b) 如果存在 $G-e$ 的真 $k-1$-着色在 $e$ 的两个端点上使用不同的颜色，则将 $e$ 加入即得到 $G$ 的真 $k-1$-着色． ■

在任意图 $G$ 中，命题 5.2.13a 对于满足 $\chi(G-v) < \chi(G) = k$ 的任意顶点 $v \in V(G)$ 都成立；命题 5.2.13b 对于满足 $\chi(G-e) < \chi(G) = k$ 的任意边 $e \in E(G)$ 都成立．

**5.2.14 例** 例 5.1.8 中的图 $C_5 \vee K_s$ 是颜色-临界的．一般情况下，两个颜色-临界的图的连接仍是颜色-临界的．这个结论很容易证明，只需利用注记 5.2.12 和命题 5.2.13 中删除边的情况，被删除的边的两个端点要么全在 $G$ 中，要么全在 $H$ 中，要么两个图中分别有一个端点（习题 3）． ■

在引理 5.1.18 中，我们证明了在颜色-临界图 $G$ 满足 $\delta(G) \geqslant k-1$．用 König-Egerváry 定理可以将这个结论加强为 $\kappa'(G) \geqslant k-1$．

**5.2.15 引理**（Dirac[1953]） 设 $G$ 是一个图，它满足 $\chi(G) > k$，$X$，$Y$ 是 $V(G)$ 的一个划分．如果 $G[X]$ 和 $G[Y]$ 是可 $k$-着色的，则边割 $[X, Y]$ 至少含有 $k$ 条边．

**证明**（Dirac-Sorensen-Toft[1974]，Kainen） 设由 $G[X]$，$G[Y]$ 的真 $k$-着色中的同色类形成的

209
210

$X$，$Y$ 的划分为 $X_1$，$\cdots$，$X_k$ 和 $Y_1$，$\cdots$，$Y_k$. 如果在 $X_i$ 和 $Y_i$ 间不存在边，则 $X_i \bigcup Y_i$ 形成 $G$ 的一个独立子集. 证明：如果 $|[X, Y]| < k$，则可以将 $G[X]$ 和 $G[Y]$ 的同色类成对地组合起来形成 $G$ 的一个真 $k$-着色.

用 $X_1$，$\cdots$，$X_k$ 和 $Y_1$，$\cdots$，$Y_k$ 作为顶点形成二部图 $H$；如果 $G$ 中在集合 $X_i$ 和 $Y_j$ 间没有边，则令 $X_i Y_j \in E(H)$. 如果 $|[X, Y]| < k$，则 $H$ 中边的条数大于 $k(k-1)$. 由于 $K_{k,k}$ 的子图的 $m$ 个顶点最多覆盖 $km$ 条边，故 $H$ 不能用 $k-1$ 个顶点覆盖. 由 König-Egerváry 定理，$H$ 有一个完美匹配 $M$.

在图 $G$ 中，将颜色 $i$ 用于 $X_i$ 中的所有顶点和 $Y_j$ 中的所有顶点，其中 $Y_j$ 是 $M$ 中与 $X_i$ 匹配的顶点. 由于没有边连接 $X_i$ 和 $Y_j$，因此对所有 $i$ 执行该操作即得到 $G$ 的一个真 $k$-着色，这与假设 $\chi(G) > k$ 矛盾. 因此我们得到 $|[X, Y]| \geqslant k$.

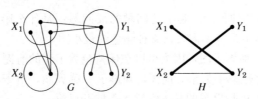

**5.2.16 定理**（Dirac[1953]）　任意 $k$-临界图是一个 $k-1$-边-连通图.

**证明**　设 $G$ 是一个 $k$-临界图，$[X, Y]$ 是其最小边割集. 由于 $G$ 是 $k$-临界的，$G[X]$ 和 $G[Y]$ 可 $k-1$-着色. 用 $k-1$ 作为引理 5.2.15 的参数，则得到 $|[X, Y]| \geqslant k-1$. ∎

尽管 $k$-临界图必是 $k-1$-边-连通的，但它却不一定是 $k-1$ 连通的. 习题 32 给出了构造连通度为 2 的 $k$-临界图的方法. 然而，我们可以对 $k$-临界图中较小的点割的行为进行限制.

**5.2.17 定义**　设 $S$ 是图 $G$ 的一个顶点集合. 由 $S$ 中的顶点和 $G-S$ 的一个连通分量的顶点诱导得到的子图称为一个 $S$-瓣.

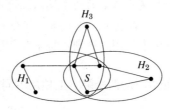

对于任意 $S \subseteq V(G)$，图 $G$ 是所有 $S$-瓣的并. 由此，我们来证明 $k$-临界图中关于点割的一个结论，这个结论对下一个定理非常有用. 习题 33 在 $|S| = 2$ 的情况下加强了这个结果.

**5.2.18 命题**　如果 $G$ 是一个 $k$-临界的，则 $G$ 中不存在由两两邻接的顶点构成的割集. 特别地，如果 $G$ 有一个点割 $S = \{x, y\}$，则 $x \not\leftrightarrow y$ 且 $G$ 有一个 $S$-瓣 $H$ 使得 $\chi(H + xy) = k$.

**证明**　设 $S$ 是 $k$-临界图 $G$ 中的一个割集. 令 $G$ 的所有 $S$-瓣分别为 $H_1$，$\cdots$，$H_t$. 由于每个 $H_i$ 都是 $k$-临界图 $G$ 的真子图，故 $H_i$ 是可 $k-1$-着色的. 如果任意 $H_i$ 有一个 $k-1$-真着色使得 $S$ 中的顶点在这种着色方案下所用的颜色各不相同，我们就可以对各个 $H_i$ 的颜色名做适当置换使得所有 $S$-瓣在 $S$ 的每个点上的颜色一致. 这样这些着色就合并成 $G$ 的 $k-1$-着色，这是不可能的.

因此有一个 $S$-瓣 $H$，它没有着色方案使得 $S$ 中各个顶点的颜色各不相同. 这表明 $S$ 不是一个团. 如果 $S = \{x, y\}$，则 $H$ 的任意真 $k-1$-着色都为 $x$，$y$ 分配相同的颜色，因此 $H + xy$ 不能被

$k-1$ 着色.

## 强制细分

在色数为 $k$ 的图中无须出现 $k$-团,但必须有 $k$-团的某种较弱的形式.

**5.2.19 定义**    一个 $H$-**细分**(或者 $H$ **的细分**)是对 $H$ 进行连续的边细分(定义 4.2.5)之后得到的图.或者说,一个 $H$-细分是将 $H$ 的一些边用两两间内部不相交的路径代替之后得到的图.

$K_4$ 的一个细分

**5.2.20 定理**(Dirac[1952a])    色数至少为 4 的任意图都含有一个 $K_4$-细分.

**证明**    对 $n(G)$ 用归纳法.

基本步骤: $n(G)=4$.图 $G$ 只能是 $K_4$ 自身.

归纳步骤: $n(G)>4$.由于 $\chi(G)\geqslant 4$,可以令 $H$ 是 $G$ 的一个 4-临界子图.由命题 5.2.18 知道 $H$ 没有割点.如果 $\kappa(H)=2$ 且 $S=\{x,y\}$ 是 $H$ 的大小为 2 的割集,则由命题 5.2.18 知道 $x\not\leftrightarrow y$ 且 $H$ 有一个 $S$-瓣 $H'$ 满足 $\chi(H'+xy)\geqslant 4$.由于 $n(H'+xy)=n(H')<n(G)$,因此利用归纳假设可以在 $H'+xy$ 中得到一个 $K_4$-细分.

这个 $K_4$-细分 $F$ 也出现在 $G$ 中,除非 $F$ 包含边 $xy$(见下图).如果确实是这种情况,我们即修改细分 $F$ 得到另一个 $K_4$-细分,修改过程是将边 $xy$ 用通过 $H$ 的另一个 $S$-瓣的 $x,y$-路径来替换.这样的路径是存在的,因为割集 $S$ 的极小性表明 $S$ 中的每个顶点在 $H-S$ 的任意连通分量中均有相邻顶点.

因此,下面可以假定 $H$ 是 3-连通的.选定顶点 $x\in V(H)$.由于 $H-x$ 是 2 连通的,故 $H$ 中有一个环 $C$ 的长度至少为 3(令 $x$ 和 $C$ 分别是上图中的中心顶点和外环).由于 $H$ 是 3-连通的,由扇引理(定理 4.2.23),在 $H$ 中可以得到一个大小为 3 的 $x,V(C)$-扇.扇中的 3 条路径与 $C$ 一起构成 $H$ 中的一个 $K_4$-细分.

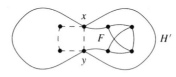

*5.2.21 注记**    1950 年,Hajós 曾猜想:任意 $k$-色图含有 $K_k$ 的一个细分.对于 $k=2$,结论表明每个 2-色图都有一条非平凡的路径.对于 $k=3$,结论表明每个 3-色图都有一个环.定理 5.2.20 证明了 $k=4$ 的情形.对于 $k\in\{5,6\}$,问题仍未解决.

关于 Hajós 猜想,$k\geqslant 7$ 时是不成立的(Catlin[1979]——参见习题 40).Hadwiger[1943]提出了一个较弱的猜想:任意 $k$-色图含有一个子图,该子图通过边收缩可以得到 $K_k$.这个猜想较弱,因为 $K_4$-细分是这种子图的特例.对 $k=4$,哈德维格(Hadwiger)猜想等价于定理 5.2.20.对 $k=5$,该猜想等价于四色定理(第 6 章).对 $k=6$,Seymour and Thomas[1993]用四色定理得到了证明.对 $k\geqslant 7$,问题还未解决.

关于 $k$-临界图的一些结果可以推广到满足 $\delta(G)\geqslant k-1$ 的这类更大的图中. 比如, 任意最小度大于等于 3 的图 $G$ 含有 $K_4$-细分(习题 38), 这个结论加强了定理 5.2.20.

Dirac[1965]和 Jung[1965]证明了充分大的色数使得图 $G$ 中必然出现 $K_k$-细分. Mader 简化了假设并推广了结果, 进而改进了上述结论: 对于任意简单图 $G$, 每个满足 $\delta(G)\geqslant 2^{e(F)}$ 的图 $G$ 都含有 $F$ 的细分. 阈值 $2^{e(F)}$ 比必需的要大, 但能够得到简短的证明.

**5.2.22 引理**(Mader[1967], 参见 Thomassen[1988])　如果 $G$ 是一个最小度至少为 $2k$ 的简单图, 则 $G$ 含有互不相交的子图 $G'$ 和 $H$ 使得: 1)$H$ 是连通的; 2)$\delta(G')\geqslant k$; 3)$G'$ 的每个顶点在 $H$ 中都有相邻的顶点.

**证明**　可以假定 $G$ 是连通的. 设 $G\cdot H'$ 是由图 $G$ 将连通子图 $H'$ 中边收缩并删除额外重复的边之后得到的图. 在 $G\cdot H'$ 中, 顶点集合 $V(H')$ 变成了一个顶点. 考虑 $G$ 的所有满足 $G\cdot H'$ 至少含有 $k(n(G)-n(H')+1)$ 条边的连通子图 $H'$. 由于 $\delta(G)\geqslant 2k$, $G$ 的任意 1-顶点子图就是这样的子图. 因为这样的子图是存在的, 因此可以选取 $H$ 是具有这个性质的一个极大子图.

设 $H$ 之外与 $H$ 的某个顶点相邻的顶点构成集合 $S$, 并令 $G'=G[S]$. 我们只需证明 $\delta(G')\geqslant k$. 任意 $x\in V(G')$ 有一个相邻顶点 $y\in V(H)$. 在 $G\cdot(H\cup xy)$ 中, 原来 $G'$ 中与 $x$ 关联的边在 $G\cdot H$ 中都蜕变成了连接 $V(G')$ 和 $H$ 的边并且边 $xy$ 也收缩了. 因此, $e(G\cdot H)-e(G\cdot(H\cup xy))=d_G(x)+1$. 由 $H$ 的选择方法知道这个差值大于 $k$, 因而 $\delta(G')\geqslant k$. ■

**5.2.23 定理**(Mader[1967], 参见 Thomassen[1988])　如果 $F$ 和 $G$ 是简单图且满足 $e(F)=m$ 和 $\delta(F)\geqslant 1$, 则 $\delta(G)\geqslant 2^m$ 意味着 $G$ 含有 $F$ 的细分.

**证明**　我们在 $m$ 上作归纳. 当 $m\leqslant 1$ 时断言是平凡的. 考虑 $m\geqslant 2$ 的情况. 由引理 5.2.22 知道, 我们可以在 $G$ 中选取互不相交的子图 $H$ 和 $G'$ 使得: $H$ 是连通的, $\delta(G')\geqslant 2^{m-1}$ 且 $G'$ 的每个顶点在 $H$ 中都有相邻的顶点.

如果 $F$ 有一条边 $e=xy$ 使得 $\delta(F-e)\geqslant 1$, 则归纳假设在 $G'$ 中得到 $F-e$ 的一个细分 $J$; $J$ 中有两个顶点分别表示 $x$ 和 $y$, 这两个顶点间有一条 $H$ 的路径, 将该路径添加到 $J$ 中即得到 $F$ 的一个细分.

如果对任意 $e\in E(F)$ 均有 $\delta(F-e)=0$, 则 $F$ 的每条边都与某个叶子关联. 现在 $F$ 是由一些星形构成的森林, 由命题 2.1.8 知道, 条件 $\delta(G)\geqslant 2^m\geqslant 2m$ 使得我们在 $G$ 中大小不超过 $2m-1$ 的森林内可以找到 $F$ 本身. ■

***5.2.24 注记**　$F$ 是完全图时的情况特别有趣. 会使得下述命题成立的最小 $d$ 值为 $f(k)$: 顶点度至少为 $d$ 的图必含有 $K_k$ 细分. 由定理 5.2.23 得到 $f(k)\leqslant 2^{\binom{k}{2}}$. Komlós-Szemerédi[1996]和 Bollobás-Thomason[1998]证明了 $f(k)\leqslant ck^2$ 对某个常数 $c$ 成立(后者证明了 $c\leqslant 256$). 由于当 $m=k(k+1)/2$ 时, $K_{m,m-1}$ 没有 $K_{2k}$ 细分(习题 41), 故可以得到 $f(k)>k^2/8$.

习题 38 得到 $f(4)=3$. 另外我们可以得到 $f(5)=6$. 由二十面体(习题 7.3.8)得到 $f(5)\geqslant 6$, 因为该图是 5-正则的且不含 $K_5$ 细分. 另一方面, Mader[1998]证明了 Dirac[1964]猜想: 任意边数至少为 $3n-5$ 的 $n$-顶点图含有 $K_5$ 细分. 由度和公式, $\delta(G)\geqslant 6$ 使得边数至少为 $3n$; 因此, $f(5)\leqslant 6$.

最后, 我们注意到 Scott[1997]对任意树 $T$ 和任意整数 $k$ 证明了 Gyárfas-Sumner 猜想(注记 5.2.4)的细分版: 如果 $G$ 中没有 $k$-团但 $\chi(G)$ 足够大, 则 $G$ 有一个诱导子图是 $T$ 的细分. ■

## 习题

5.2.1　(一)设 $G$ 是一个图，它使得 $\chi(G-x-y)=\chi(G)-2$ 对所有由不同顶点构成的对 $x$，$y$ 都成立．证明：$G$ 是一个完全图(注：Lovász 曾猜想：如果条件仅限于相邻顶点，结论也成立). ⌐214⌐

5.2.2　(一)证明：一个图是完全多部图当且仅当该图没有只含一条边的 3-顶点诱导子图．

5.2.3　(一)下面的每个条件意味着没有包含 $k+1$ 个顶点的 $k$-临界图：

　　a)设 $x$ 和 $y$ 是 $k$-临界图 $G$ 的顶点．证明：$N(x)\subseteq N(y)$ 不成立．由此得出结论，不存在具有 $k+1$ 个顶点的 $k$-临界图．

　　b)证明：$\chi(G\vee H)=\chi(G)+\chi(H)$，并且 $G\vee H$ 是颜色-临界的当且仅当 $G$ 和 $H$ 都是颜色-临界的．由此得出结论，$C_5\vee K_{k-3}$ 有 $k+2$ 个顶点且是颜色-临界的．

5.2.4　对于 $n\in\mathbf{N}$，$G$ 是一个图，其顶点集合为 $\{v_0,\cdots,v_{3n}\}$，$v_i\leftrightarrow v_j$ 当且仅当 $|i-j|\leqslant 2$ 且 $i+j$ 不能被 6 整除．

　　a)确定 $G$ 的所有块；

　　b)证明：在 $G$ 中添加边 $v_0v_{3n}$ 后得到一个 4-临界图．

5.2.5　(一)在 Grötzsch 图(例 5.2.2)中找出 $K_4$ 的一个细分．

・　・　・　・　・　・　・　・　・　・　・　・

5.2.6　确定色数为 $k$ 的连通 $n$-顶点图的最小边数(提示：考虑 $k$-临界图)(Eršov-Kožuhin [1962]——对具有更高连通性的图，参见 Bhasker-Samad-West[1994]).

5.2.7　(!)给定 $k$-色图的一个最优着色．证明：对于每种颜色 $i$，存在一个顶点被染上颜色 $i$ 且该顶点有一些相邻顶点分别被染上其他 $k-1$ 种颜色．

5.2.8　利用颜色-临界图的性质重新证明命题 5.1.14：$\chi(G)\leqslant 1+\max_i\min\{d_i,i-1\}$，其中的 $d_1\geqslant\cdots\geqslant d_n$ 是图 $G$ 各个顶点的度．

5.2.9　(!)证明：如果 $G$ 是一个非平凡的颜色-临界图，则用 Mycielski 构造由它产生的图 $G'$ 也是颜色-临界的．

5.2.10　给定顶点为 $v_1,\cdots,v_n$ 的图 $G$，令 $G'$ 是由 $G$ 使用 Mycielski 构造得到的图．设 $H$ 是 $G$ 的子图．令 $G''$ 是由 $G'$ 添加边集 $\{u_iu_j:v_iv_j\in E(H)\}$ 得到的图．证明：$\chi(G'')=\chi(G)+1$ 且 $\omega(G'')=\max\{\omega(G),\omega(H)+1\}$. (Pritikin)

5.2.11　(!)证明：如果 $G$ 没有诱导子图 $2K_2$，则 $\chi(G)\leqslant\binom{\omega(G)+1}{2}$ (提示：利用最大团来定义 $\binom{\omega(G)}{2}+\omega(G)$ 个覆盖所有顶点的独立子集．注：这是 Gyárfás-Sumner 猜想的特殊情形——注记 5.2.4). (Wagon[1980])

5.2.12　(!)令 $G_1=K_1$．对 $k>1$，如下构造 $G_k$：先做不相交并 $G_1+\cdots+G_{k-1}$，再添加一个大小为 $\prod_{i=1}^{k-1}n(G_i)$ 的独立子集 $T$；对 $V(G_1)\times\cdots\times V(G_{k-1})$ 中的任意元素 $(v_1,\cdots,v_{k-1})$，让 $T$ 中的某一个顶点与 $\{v_1,\cdots,v_{k-1}\}$ 都相邻(在下面 $G_4$ 的略图中，我们只对 $T$ 的两个顶点给出了其相邻顶点).

　　a)证明：$\omega(G_k)=2$ 且 $\chi(G_k)=k$. (Zykov[1949])

　　b)证明：$G_k$ 是 $k$-临界的. (Schäuble[1969])

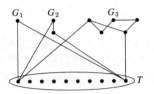

5.2.13　（+）设 $G$ 是一个围长为 6 且阶为 $n$ 的 $k$-色图. 如下构造 $G'$：令 $T$ 是由 $kn$ 个新顶点构成的独立子集；取 $G$ 的 $\binom{kn}{n}$ 份两两互不相交的拷贝，每个拷贝对应 $n$ 元子集 $S \subset T$ 的一个取法；在 $G$ 的每个拷贝与相应的 $n$-元集 $S$ 间添加一个匹配. 证明：所得图的色数为 $k+1$ 且围长为 6（注：由于 $C_6$ 是 2-色图且其围长为 6，这样构造的图是存在的）.（Blanche Descartes[1947，1954]）

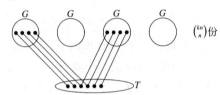

5.2.14　色数与环长.

　　　　a)设 $v$ 是图 $G$ 的一个顶点，在 $G$ 的所有生成树中，$T$ 是使得 $\sum_{u \in V(G)} d_T(u, v)$ 达到最小值的一棵生成树. 证明：$G$ 的任意边均连接 $T$ 中起始于 $v$ 的一条路径中的两个顶点.

　　　　b)证明：如果 $\chi(G) > k (k \geqslant 2)$，则 $G$ 有一个环其长度比 $k$ 的某个整数倍大 1（提示：用(a)中的树 $T$ 来定义 $G$ 的一个 $k$-着色）.（Tuza）

5.2.15　(!)证明：三角形无关的任意 $n$-顶点图的色数最多为 $2\sqrt{n}$（注：因此任意 $k$-色三角形无关图中最多有 $k^2/4$ 个顶点）.

5.2.16　(!)证明：$r+1$-团无关的任意 $n$-顶点简单图至多有 $(1-1/r)n^2/2$ 条边（提示：可以用 Turán 定理证明这个结论；如果不使用 Turán 定理的话，也可以对 $r$ 作归纳）.

5.2.17　(!)设 $G$ 是一个有 $m$ 条边的 $n$-顶点简单图.

　　　　a)证明：$\omega(G) \geqslant \lceil n^2/(n^2-2m) \rceil$（提示：利用习题 5.2.16. 注：也可以得到 $\chi(G) \geqslant \lceil n^2/(n^2-2m) \rceil$）.（Myers-Liu[1972]）

　　　　b)证明：$\alpha(G) \geqslant \lceil n/(d+1) \rceil$，其中 $d$ 是 $G$ 中所有顶点度的平均值（提示：利用(a)）.（Erdös-Gallai[1961]）

5.2.18　Turán 图 $T_{n,r}$ 是一个完全 $r$-部图，它有 $b$ 个部集的大小为 $a+1$ 且其余 $r-b$ 个部集的大小为 $a$，其中 $a = \lfloor n/r \rfloor$，$b = n - ra$.

　　　　a)证明：$e(T_{n,r}) = (1-1/r)n^2/2 - b(r-b)/(2r)$.

　　　　b)由于 $e(G)$ 必须是整数，所以 $a$ 蕴涵 $e(T_{n,r}) \leqslant \lfloor (1-1/r)n^2/2 \rfloor$. 确定什么时候等号严格成立.

5.2.19　（+）令 $a = \lfloor n/r \rfloor$. 直接比较 Turán 图 $T_{n,r}$ 和 $\overline{K_a} + K_{n-a}$，以证明 $e(T_{n,r}) = \binom{n-a}{2} + (r-1)\binom{a+1}{2}$.

5.2.20 给定正整数 $n$ 和 $k$，令 $q=\lfloor n/k \rfloor$，$r=n-qk$，$s=\lfloor n/(k+1) \rfloor$，而 $t=n-s(k+1)$. 证明：$\binom{q}{2}k+rq \geq \binom{s}{2}(k+1)+ts$（提示：考虑 Turán 图的补图）.（Richter[1993]）

5.2.21 证明：在所有 $r+1$-团无关的 $n$-顶点简单图中，Turán 图 $T_{n,r}$ 是唯一的边数达到最大值的图（提示：更仔细地检查定理 5.2.9 的证明过程）.

5.2.22 (∗)在直径为 4 英里[一] 的圆盘状城市中布置 18 个便携式电话基站. 每个基站可以与其他位于 3 英里半径范围内的基站传送信息. 证明：无论将这些基站在城市中如何布置，至少有两个基站可以向另 5 个基站传送信息（根据 Bondy-Murty[1976，p115]改编）.

5.2.23 (!) Turán 本人对 Turán 定理的证明，包括对唯一性的证明.（Turán[1941]）

a)证明：不含 $r+1$-团的极大简单图必含有 $r$-团.

b)证明：$e(T_{n,r})=\binom{r}{2}+(n-r)(r-1)+e(T_{n-r,r})$.

c)利用(a)和(b)，对 $n$ 作数学归纳来证明 Turán 定理，包括达到上界的图的特性.

5.2.24 (+)令 $t_r(n)=e(T_{n,r})$. 设 $G$ 是有 $n$ 个顶点和 $t_r(n)-k$ 条边并至少含有一个 $r+1$-团的图，其中 $k \geq 0$. 证明：$G$ 至少含有 $f_r(n)+1-k$ 个阶为 $r+1$ 的团，其中 $f_r(n)=n-\lceil n/r \rceil-r$（提示：证明恰有一个 $r+1$-团的图至多有 $t_r(n)-f_r(n)$ 条边）.（Erdös[1964]，Moon[1965c]）

5.2.25 $K_{2,m}$ 中 Turán 定理的类似结果.

a)证明：如果 $G$ 是简单 $n$-顶点图且 $\displaystyle\sum_{v \in V(G)}\binom{d(v)}{2}>(m-1)\binom{n}{2}$，则 $G$ 包含 $K_{2,m}$（提示：将 $K_{2,m}$ 看成有 $m$ 个公共相邻顶点的两个顶点）.

b)证明：$\displaystyle\sum_{v \in V(G)}\binom{d(v)}{2} \geq e(2e/n-1)$，其中 $G$ 有 $e$ 条边.

c)由(a)和(b)，证明：边数多于 $\frac{1}{2}(m-1)^{1/2}n^{3/2}+n/4$ 的图含有 $K_{2,m}$.

d)应用：给定平面上的 $n$ 个点，证明距离恰好为 1 的点对最多不超过 $\frac{1}{\sqrt{2}}n^{3/2}+n/4$ 对.

（Bondy-Murty[1976，p111-112]）

5.2.26 对 $n \geq 4$，证明：边数多于 $\frac{1}{2}n\sqrt{n-1}$ 的 $n$-顶点图的围长最多为 4（提示：用习题 5.2.25 中的方法）.

5.2.27 (+)对于 $n \geq 6$，证明：在不存在两个无公共边的环的 $n$-顶点简单图中，边数的最大值为 $n+3$.（Pósa）

5.2.28 (+)对于 $n \geq 6$，证明：在不存在两个无公共顶点的环的 $n$-顶点简单图中，边数的最大值为 $3n-6$.（Pósa）

5.2.29 (!)设 $G$ 是一个无爪形（即不含 $K_{1,3}$）图.

a)证明：对于 $G$ 的真着色，其任意两个同色类的并集所诱导的子图必然由若干条路径和若干个偶环构成.

b)证明：如果 $G$ 有一个真着色恰好使用了 $k$ 种颜色，则 $G$ 有一个真 $k$-着色使得同色类的大小最多差 1.（Niessen-Kind[2000]）

---

一    1 英里=1 609.344 米. ——编辑注

5.2.30　（＋）证明：如果 $G$ 有一个真着色 $g$ 使得每个同色类至少含有两个顶点，则 $G$ 有一个最优着色 $f$ 使得每个同色类至少含有两个顶点（提示：如果 $f$ 有某个同色类只含一个顶点，则用 $g$ 在 $f$ 中作替换．证明过程可由算法给出也可对 $\chi(G)$ 作归纳）．（Gallai[1963c]）

5.2.31　设 $G$ 是一个连通的 $k$-色图，但 $G$ 既不是完全图也不是长度模 6 余 3 的环．证明：$G$ 的任意真 $k$-着色存在两个同色顶点有公共的相邻顶点．（Tomescu）

5.2.32　（！）Hajós 构造（Hajós[1961]）．

　　　　a)对于 $k\geqslant3$，设 $G$ 和 $H$ 是 $k$-临界图，它们有一个公共顶点 $v$ 且 $vu\in E(G)$，$vw\in E(H)$．
　　　　　证明：图 $(G-vu)\bigcup(H-vw)\bigcup uw$ 也是 $k$-临界的．
　　　　b)对任意 $k\geqslant3$，利用(a)构造一个非 $K_k$ 的 $k$-临界图．
　　　　c)对任意 $n\geqslant4$ 但 $n=5$ 除外，构造有 $n$ 个顶点的 4-临界图．

217

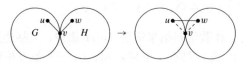

5.2.33　设 $G$ 是 $k$-临界图，它有一个分离集 $S=\{x,\ y\}$．由命题 5.2.18 知道 $x\nleftrightarrow y$．证明：$G$ 恰有两个 $S$-瓣，它们可以适当命名为 $G_1$ 和 $G_2$，使得 $G_1+xy$ 是 $k$-临界的而 $G_2\cdot xy$ 也是 $k$-临界的（这里 $G_2\cdot xy$ 表示将 $xy$ 加入 $G_2$ 并收缩该边之后得到的图）．

5.2.34　（！）设 $G$ 是 4-临界图，它有一个大小为 4 的分离集 $S$．证明：$G[S]$ 最多有 4 条边．（Pritikin）

5.2.35　（＋）$k$-临界图是 $k-1$-边-连通图的另一个证明．

　　　　a)设 $G$ 是一个 $k$-临界图，$k\geqslant3$．证明：对任意 $e,\ f\in E(G)$，存在 $G$ 的一个 $k-1$-临界子图包含 $e$ 但不含 $f$．（Toft[1974]）
　　　　b)利用(a)，对 $k$ 用归纳法，证明狄拉克定理，即任意 $k$-临界图是 $k-1$-边-连通的（Toft[1974]）．

5.2.36　（＋）证明：如果 $G$ 是一个 $k$-临界图且 $G$ 的每个 $k-1$-临界子图都同构于 $K_{k-1}$，则 $G=K_k$（如果 $k\geqslant4$）（提示：利用 Toft 临界图引理——习题 5.2.35a）．（Stiebitz[1985]）

5.2.37　如果简单图 $G$ 中 $\chi(G-v)<\chi(G)$ 对任意 $v\in V(G)$ 成立，则称 $G$ 是**顶点-颜色-临界的**．

　　　　a)证明：任意颜色-临界图是顶点-颜色-临界的．
　　　　b)证明：每个 3-色顶点-颜色-临界图是颜色-临界的．
　　　　c)证明：下面的图是顶点-颜色-临界的但不是颜色-临界的（注：该图不是 Grötzsch 图）．

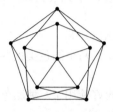

5.2.38　（！）证明：最小度至少为 3 的任意简单图含有一个 $K_4$-细分（提示：证明更强的结果——至多只有一个顶点的度小于 3 的任意非平凡简单图含有一个 $K_4$-细分．定理 5.2.20 已经证明了任意 3-连通图含有 $K_4$-细分）．（Dirac[1952a]）

5.2.39　(!)已知 $\delta(G)\geqslant 3$ 使得 $K_4^-$ 细分必然在 $G$ 中出现，证明：无 $K_4^-$ 细分的 $n$-顶点简单图 $(n\geqslant 2)$ 的边数的最大值为 $2n-3$.

5.2.40　在下图中，粗边表示圆圈中的每个顶点与另一个圆圈中的每个顶点都相邻．证明：$\chi(G)=$ 7 但是 $G$ 中不含 $K_7^-$ 细分．证明：$\chi(H)=8$ 但是 $H$ 不含 $K_8^-$ 细分．(Catlin[1979])

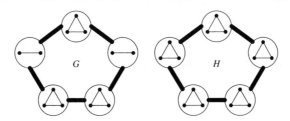

218

5.2.41　设 $m=k(k+1)/2$，证明：$K_{m,m-1}$ 没有 $K_{2k}^-$ 细分．

5.2.42　(+)设 $F$ 是有 $m$ 条边的森林，$G$ 是满足 $\delta(G)\geqslant m$ 和 $n(G)\geqslant n(F)$ 的一个简单图．证明：$G$ 含有 $F$ 作为子图(提示：从 $F$ 的每个非平凡连通分量中删除一个叶子得到 $F'$．设 $R$ 是由被删除的那些顶点的相邻顶点构成的集合．将 $R$ 映射到某个 $m$-元集合 $X\subseteq V(G)$ 使得 $e(G[X])$ 最小，将 $X$ 扩充成 $F'$ 的一个拷贝．用 Hall 定理证明 $X$ 可以匹配到剩余的顶点中，进而得到 $F$ 的一个拷贝).(Brandt[1994])

5.2.43　(+)设 $G$ 是一个 $k$-色图．由引理 5.1.18 和命题 2.1.8 知道 $G$ 含有任意 $k$-顶点树作为子图．这个结论可以加强到带标记的情况并得到类似的结论：如果 $f$ 是 $G$ 的真 $k$-着色而 $T$ 是顶点集合为 $\{w_1, \cdots, w_k\}$ 的一棵树，则存在保-邻接映射 $\phi: V(T)\rightarrow V(G)$ 使得 $f(\phi(w_i))=i$ 对所有 $i$ 均成立．(Gyárfás-Szemerédi-Tuza[1980]，Sumner[1981])

5.2.44　(+)设 $G$ 是围长至少为 5 的一个 $k$-色图．证明：$G$ 含有任意 $k$-顶点树作为诱导子图． (Gyárfás-Szemerédi-Tuza[1980])

## 5.3　计数方面的问题

有时，我们可以通过考查更一般的情况来了解一个复杂问题．目前，没有一个好的算法来测试真 $k$-着色是否存在(参见附录 B)，但是我们仍然可以研究真 $k$-着色的个数(这里选定 $k$ 种特定的颜色)．色数 $\chi(G)$ 是使得该计数为正值的最小 $k$ 值；已知该计数在所有 $k$ 上的值，即可知道色数是多少．Birkhoff[1912]引入了这个计数问题作为攻克四色问题的一种可能的途径(6.3 节)．

本节将讨论计数函数的性质、易计算的类以及相关的主题．

### 真着色的计数

我们的着手点是将计数问题定义为 $k$ 的函数．

**5.3.1 定义**　给定 $k\in\mathbf{N}$ 和图 $G$，$\chi(G;k)$ 的值是真着色 $f: V(G)\rightarrow[k]$ 的个数．可用颜色的集合是 $[k]=\{1, \cdots, k\}$；这 $k$ 种颜色在着色 $f$ 中不一定都使用；改变被使用的颜色的名称将得到另一个着色．

**5.3.2 例**　$\chi(\overline{K_n};k)=k^n$，$\chi(K_n;k)=k(k-1)\cdots(k-n+1)$．

在对 $\overline{K_n}$ 的顶点进行着色时，可以在每个顶点上使用 $k$ 种颜色中的任意一种，无须考虑已经在其他顶点上使用了哪些颜色．从顶点集合到 $[k]$ 的 $k^n$ 个映射中的任意一个都是一个真着色，因而

$\chi(\overline{K_n}; k)=k^n$.

在对 $K_n$ 的顶点进行着色时,第 $i$ 个顶点之前的顶点已经选定的颜色不能用到第 $i$ 顶点上.不管之前的颜色如何选择,对第 $i$ 个顶点的着色剩下 $k-i+1$ 种颜色可选,因而 $\chi(K_n; k)=k(k-1)\cdots$ $(k-n+1)$.我们也可以先选出 $n$ 种不同的颜色,共有 $\binom{k}{n}$ 种取法;然后用选定的颜色对顶点进行着色,共有 $n!$ 种着色方法;将两个数相乘即得到该计数为 $\binom{k}{n}n!$.例如 $\chi(K_3; 3)=6$,而 $\chi(K_3; 4)=24$.

当 $k<n$ 时,上述乘积的值为 $0$.这是有一定意义的,因为在 $k<n$ 时 $K_n$ 没有真 $k$-着色.

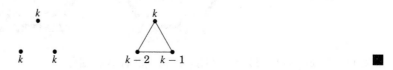

**5.3.3 命题**　如果 $T$ 是有 $n$ 个顶点的树,则 $\chi(T; k)=k(k-1)^{n-1}$.

**证明**　选定 $T$ 的一个顶点 $v$ 作为树根.我们有 $k$ 种方式对 $v$ 着色.当逐步生成这棵树时,可以将真着色扩充到新顶点上;在每一步,只有其父结点使用的颜色不能使用,因此每个新顶点有 $k-1$ 种颜色可以选用.而且,删除一个叶结点即可看到每个真 $k$-着色都可以用这种方式递归地产生.因此 $\chi(T; k)=k(k-1)^{n-1}$.

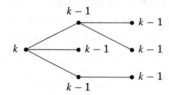

对着色方案进行计数的另一种方法要注意到 $G$ 的任意真着色的所有同色类将 $V(G)$ 划分成一些独立子集.根据这个划分将着色方案分类,将导致 $\chi(G; k)$ 可表达成 $k$ 的 $n(G)$ 次多项式.注意,对例 5.3.2 和命题 5.3.3,这个性质也成立.由于每个图都具有这个性质,因此 $\chi(G; k)$ 作为 $k$ 的函数被称为 $G$ 的**着色多项式**.

**5.3.4 命题**　令 $x_{(r)}=x(x-1)\cdots(x-r+1)$.如果 $p_r(G)$ 表示将 $V(G)$ 划分为 $r$ 个非空独立子集的划分个数,则 $\chi(G; k)=\sum_{r=1}^{n(G)} p_r(G)k_{(r)}$,这是 $k$ 的一个 $n(G)$ 次多项式.

**证明**　如果在某个真着色中实际使用了 $r$ 种颜色,则同色类恰好将 $V(G)$ 划分为 $r$ 个独立子集,这样的划分恰好有 $p_r(G)$ 个.如果有 $k$ 种颜色可选用,则恰好存在 $k_{(r)}$ 种方法来选取颜色用到各个同色类上.所有的真着色都可以通过这种方法得到,因而 $\chi(G; k)$ 的计算式是成立的.

由于 $k_{(r)}$ 是 $k$ 的多项式,且对任意 $r$,$p_r(G)$ 是常数.这样,该公式表明 $\chi(G; k)$ 是 $k$ 的多项式函数.如果 $G$ 有 $n$ 个顶点,则有唯一的方式将 $G$ 划分成 $n$ 个独立子集,不存在使用更多集合的划分,因此由该划分得到项 $k^n$.

**5.3.5 例**　全部使用大小为 1 的独立子集,我们总有 $p_n(G)=1$.当然也有 $p_1(G)=0$,除非 $G$ 没有边,因为只有 $\overline{K_n}$ 才会使得整个顶点集是一个独立子集.

考虑 $G=C_4$.只有唯一一个划分(将 $G$ 的顶点集)划分成两个独立子集,相对的顶点必在一个独立子集中．当 $r=3$ 时，可以将两个相对的顶点放在一起而剩下的两个顶点自己构成集合，有两种方法可以完成这种划分．因此，$p_2=1$，$p_3=2$，$p_4=1$．

$$\chi(C_4;k)=1\cdot k(k-1)+2\cdot k(k-1)(k-2)+1\cdot k(k-1)(k-2)(k-3)$$
$$=k(k-1)(k^2-3k+3).$$

用这种方法计算着色多项式一般来讲不可行．因为划分太多，无法全部考虑．存在类似于命题 2.2.8 中对生成树进行计数那样的递归计算方法．$G\cdot e$ 再次用来表示收缩 $G$ 中边 $e$ 之后得到的图（定义 2.2.7）．由于真着色的个数不受多重边的影响，**因此可以将收缩过程中出现的边的重复去掉**，只保留其中一个以形成简单图．

**5.3.6 定理**（着色递归）　如果 $G$ 是简单图且 $e\in E(G)$，则 $\chi(G;k)=\chi(G-e;k)-\chi(G\cdot e;k)$．

**证明**　$G$ 的任意真 $k$-着色也是 $G-e$ 的一个真 $k$-着色．$G-e$ 的一个真 $k$-着色是 $G$ 的真 $k$-着色当且仅当该着色给 $e$ 的端点 $u$，$v$ 分配不同的颜色．因而我们可以用 $\chi(G-e;k)$ 减去 $G-e$ 的着色中给 $e$ 的端点 $u$，$v$ 分配相同颜色的方案个数来完成对 $G$ 的真 $k$-着色的计数．

在 $G-e$ 的着色方案中，$u$，$v$ 被分配给相同颜色的着色方案直接与 $G\cdot e$ 的真 $k$-着色对应，其中收缩形成的顶点上的着色就是 $u$ 和 $v$ 的公共颜色．这样的着色方案对 $G\cdot e$ 的每条边进行了真着色当且仅当它对 $G$ 的除 $e$ 外的边进行了真着色．

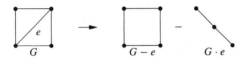

**5.3.7 例**　$C_4$ 的真 $k$-着色．删除 $C_4$ 的一条边得到 $P_4$，而收缩 $C_4$ 的一条边则得到 $K_3$．由于 $P_4$ 是一棵树而 $K_3$ 是一个完全图，因此我们有 $\chi(P_4;k)=k(k-1)^3$ 且 $\chi(K_3;k)=k(k-1)(k-2)$．利用着色递归，我们得到：

$$\chi(C_4;k)=\chi(P_4;k)-\chi(K_3;k)=k(k-1)(k^2-3k+3)$$

因为 $G-e$ 和 $G\cdot e$ 的边的条数都比 $G$ 少，因此可以逐步地使用着色递归来计算 $\chi(G;k)$．我们需要将没有边的图作为初始条件，对它们我们已经计算过了：$\chi(\overline{K_n};k)=k^n$．

221

**5.3.8 定理**（Whitney[1933c]）　简单图 $G$ 的着色多项式 $\chi(G;k)$ 的次数为 $n(G)$，其系数是正负交替出现的整数且以 $1$ 开始，$-e(G)$，$\cdots$．

**证明**　我们对 $e(G)$ 作归纳．当 $e(G)=0$ 时断言是平凡的，这时 $\chi(\overline{K_n};k)=k^n$．在归纳步骤中，设 $G$ 是满足 $e(G)\geqslant 1$ 的 $n$-顶点图．$G-e$ 和 $G\cdot e$ 的边数都小于 $G$ 的边数，并且 $G\cdot e$ 有 $n-1$ 个顶点．由归纳假设，存在非负整数 $\{a_i\}$ 和 $\{b_i\}$ 使得 $\chi(G-e;k)=\sum_{i=0}^{n}(-1)^i a_i k^{n-i}$ 且 $\chi(G\cdot e;k)=\sum_{i=0}^{n-1}(-1)^i b_i k^{n-1-i}$．由着色递归，

$$
\begin{aligned}
\chi(G-e;k):\quad & k^n-[e(G)-1]k^{n-1}+a_2 k^{n-2}-\cdots+(-1)^i a_i k^{n-i}\cdots \\
-\chi(G\cdot e;k):\quad & -(k^{n-1}-b_1 k^{n-2}+\cdots+(-1)^{i-1}b_{i-1}k^{n-i}\cdots) \\
\hline
=\chi(G;k):\quad & k^n-e(G)k^{n-1}+(a_2+b_1)k^{n-2}-\cdots+(-1)^i(a_i+b_{i-1})k^{n-i}\cdots
\end{aligned}
$$

因此，$\chi(G;k)$ 是一个多项式，其第一个系数 $a_0=1$ 而第二个系数 $-(a_1+b_0)=-e(G)$，而且其系数的符号是正负交替的．

**5.3.9 例**    如果(向某个图)添加一条边后新得到的图的着色多项式比较容易计算,则可以用其他方式运用着色递归来计算着色多项式. 对于 $\chi(G;k)=\chi(G-e;k)-\chi(G\cdot e;k)$,可以将它改写成 $\chi(G-e;k)=\chi(G;k)+\chi(G\cdot e;k)$. 因此,可以用 $\chi(G;k)$ 来计算 $\chi(G-e;k)$.

比如,如果要计算 $\chi(K_n-e;k)$,则在这个公式中令 $G$ 为 $K_n$,得到

$$\chi(K_n-e;k)=\chi(K_n;k)+\chi(K_{n-1};k)=(k-n+2)^2\prod_{i=0}^{n-3}(k-i).$$

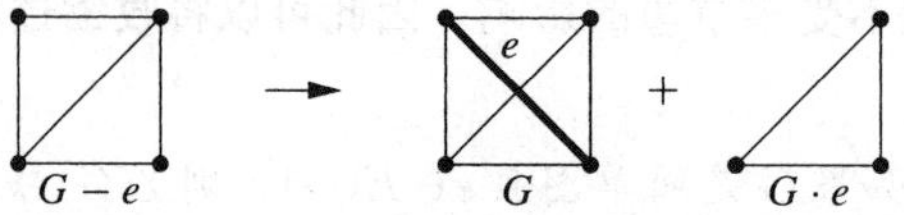

我们用一个明确的公式来结束对 $\chi(G;k)$ 的一般性讨论. 该公式含有的项数是指数级的,因此它的主要用途是理论上的用途. 如果我们不断地使用着色递归直到删除了图中的所有边,该公式就变成了上述过程中出现的所有项之和.

**5.3.10 定理**(Whitney[1932c])    令 $c(G)$ 表示图 $G$ 中连通分量的个数. 给定 $G$ 的边集合 $S\subseteq E(G)$,令 $G(S)$ 表示 $G$ 的边集为 $S$ 的生成子图. 则 $G$ 的真 $k$-着色的个数 $\chi(G;k)$ 由下式给出:

$$\chi(G;k)=\sum_{S\subseteq E(G)}(-1)^{|S|}k^{c(G(S))}.$$

**证明**    在应用着色递归的过程中,边的收缩会产生重边,我们已经注意到删除这些重复的边不会影响 $\chi(G;k)$. 我们断言删除这些额外的重复边不会对我们给出的公式造成影响.

设 $e$ 和 $e'$ 是 $G$ 中具有相同端点的两条边. 如果 $e'\in S$ 而 $e\notin S$,我们有 $c(G(S\cup\{e\}))=c(G(S))$,因为 $e$ 的两个端点均在 $G(S)$ 的同一个连通分量中. 然而 $|S\cup\{e\}|=|S|+1$. 因此和式中关于 $S$ 的项与关于 $S\cup\{e\}$ 的项抵消了. 因而,对包含边 $e'$ 的所有边集,忽略这些集合对应的项不会改变和. 这表明在图中保留或者删除边 $e'$ 都不会改变公式的正确性.

在计算着色递归时,如果不丢弃多重边或环,相反在收缩或删除操作时保留所有边,我们也将得到正确结果. 现在,反复递归直到删除了所有边,将得到 $2^{e(G)}$ 个项,每个项依次对应一次边的删除或收缩操作.

当所有边都被删除或收缩后,剩下的图由一些孤立点构成. 令 $S$ 是被收缩掉的边构成的集合. 剩下的顶点对应于 $G(S)$ 的连通分量;每个这样的连通分量在 $S$ 的边被收缩而其他边被删除之后变成了一个顶点. 这最后的 $c(G(S))$ 个孤立点产生了一个项,它表示了 $k^{c(G(S))}$ 个着色方案. 而且每收缩一条边,该项的符号就会发生一次改变,故该项是正的当且仅当 $|S|$ 是偶数.

因此,如果被收缩的边的集合是 $S$,则得到的项是 $(-1)^{|S|}k^{c(G(S))}$,这就说明了和式中的每一项.    ■

**5.3.11 例**    一个着色多项式. 如果 $G$ 是有 $n$ 个顶点的简单图,则含有 0、1 或 2 条边的任意生成子图分别有 $n$,$n-1$ 或 $n-2$ 个连通分量. 当 $|S|=3$ 时,连通分量的个数为 $n-2$ 当且仅当这三条边构成三角形;否则连通分量的个数为 $n-3$.

比如,如果 $G$ 是风筝图(4 个顶点,5 条边),有 10 个由 3 条边构成的集合,其中有两个集合使得 $G(S)$ 是由一个三角形外加一个孤立点构成. 另外 8 个集合是由 3 条边构成的集合,所得到的生成图只有一个连通分量. 这两种类型的集合在计数时都是负的,因为 $|S|=3$. 所有有 4 或 5 条边的生成图都只有一个连通分量. 因此由定理 5.3.10 得到:

$$\chi(G;k) = k^4 - 5k^3 + 10k^2 - (2k^2 + 8k^1) + 5k - k = k^4 - 5k^3 + 8k^2 - 4k.$$

这个结果与直接对着色方案计数的结果或者用 $\chi(G;k) = \chi(C_4;k) - \chi(P_3;k)$ 计算的结果 $\chi(G; k) = k(k-1)(k-2)(k-2)$ 一致.

Whitney 用初等计数理论中的容斥原理证明了定理 5.3.10. 在众多的 $k$-着色方案中，真着色指的是对任意边的两个端点不分配相同颜色的着色方案. 令 $A_i$ 是为边 $e_i$ 的两个端点分配相同颜色的 $k$-着色方案构成的集合，我们想要计数的方案是不在 $A_1, \cdots, A_m$ 的任意一个中的着色方案（参见习题 17）.

### 弦图

着色方案的计数对于树和完全图（以及风筝图）是很容易的，这些图均可以由 $K_1$ 通过如下方式得到：不断添加新顶点，并且使得每次添加的新顶点与某个团的所有顶点邻接. 这种图的着色多项式是线性因子的乘积.

**5.3.12 定义**    如果 $G$ 中的一个顶点的邻域是团，则称该顶点是**单纯的**. **单纯删除顺序**是顶点删除的一个顺序 $v_n, \cdots, v_1$，使得任意顶点 $v_i$ 是当前剩下的由 $\{v_1, \cdots, v_i\}$ 诱导的图的单纯顶点（这种顺序也称为**完美删除顺序**）.

**5.3.13 例**    由单纯删除顺序得到着色多项式. 对于一棵树，它的一个单纯消除顺序就是不断删除树中的叶子. 我们已经知道，对于 $n$-顶点树有 $\chi(G; k) = k(k-1)^{n-1}$.

如果 $v_n, \cdots, v_1$ 是 $G$ 的一个单纯删除顺序，则初等组合学中的乘法原理（附录 A）使得我们可以对 $G$ 的真 $k$-着色方案进行计数. 如果我们已经对 $v_1, \cdots, v_{i-1}$ 进行了着色，则在添加 $v_i$ 时有 $k - d(i)$ 种方法对它进行着色，其中 $d(i) = |N(v_i) \cap \{v_1, \cdots, v_{i-1}\}|$. 因子 $k - d(i)$ 独立于之前颜色的选择，因为 $v_i$ 的已被着色的相邻顶点构成了一个大小为 $d(i)$ 的团，因而这些顶点已经被着上不同的颜色.

逐步删除单纯删除顺序的第一个单纯顶点，进而知道 $G$ 的每个真 $k$-着色都可以用上述方式得到. 于是我们将着色多项式表达为线性因子的乘积.

下面的图中，$v_6, \cdots, v_1$ 是一个单纯删除顺序. 当按照顺序 $v_1, \cdots, v_6$ 生成该图时，$d(1), \cdots, d(6)$ 分别是 $0, 1, 1, 2, 3, 2$，于是着色多项式为 $k(k-1)(k-1)(k-2)(k-3)(k-2)$.

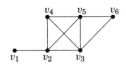

**5.3.14 注记**    注意，有些图没有单纯删除顺序，但其着色多项式也可以表达成形如 $k - r_i$（其中 $r_i$ 是非负整数）的线性因子的乘积. 这一点很重要. 对此，习题 19 给出了一个例子. 因此，存在单纯删除顺序是着色多项式有这种良好的因式分解性质的充分但不必要的条件.

树、完全图、近-完全图（$K_n - e$）以及区间图（习题 28）都有单纯删除顺序. 当 $n \geqslant 4$ 时，$C_n$ 没有单纯删除顺序，因为环中不存在单纯顶点来启动这种删除. 存在单纯删除顺序的充要条件是图中没有这样的环作为诱导子图.

**5.3.15 定义**　环 $C$ 的一个**弦**是端点在 $C$ 上但其自身不在 $C$ 中的一条边. $G$ 的一个**无弦环**是 $G$ 的一个长度至少为 4 的没有弦的环(即这个环是一个诱导子图). 如果 $G$ 是没有无弦环的简单图,则称之为**弦图**.

使用"弦"这个名词是出于几何方面的原因. 如果在某个圆周上依次画出环的各个顶点而把它的弦画成直线段,则图的弦就是圆周的弦.

很容易证明,存在单纯删除顺序的图不可能含有无弦环. 因此,对这些图的特征刻画又是一个 TONCAS 定理. 我们将充分性证明的主要部分分离出来作为引理,该引理本身也很有用(也可以参见 Laskar-Shier[1983]).

**5.3.16 引理** (Voloshin[1982],Farber-Jamison[1986])　对连通弦图 $G$ 的每个顶点 $x$,在 $G$ 的离 $x$ 最远的顶点中必有 $G$ 的一个单纯顶点.

**证明**　在 $n(G)$ 上用归纳法. 基本步骤($n(G)=1$):$K_1$ 中的顶点本身就是单纯顶点.

归纳步骤($n(G) \geqslant 2$):如果 $x$ 与其他所有顶点邻接,则我们在弦图 $G-x$ 上使用归纳假设. $G-x$ 的每个单纯顶点 $y$ 在 $G$ 中也是单纯的,因为 $x$ 与 $N(y) \bigcup \{y\}$ 中的所有顶点相邻.

否则,令 $T$ 是 $G$ 中距离 $x$ 最远的顶点构成的集合而 $H$ 是 $G[T]$ 的一个连通分量. 令 $S$ 是 $G-T$ 中有相邻顶点位于 $V(H)$ 的顶点构成的集合,$Q$ 是 $G-S$ 中包含 $x$ 的连通分量.

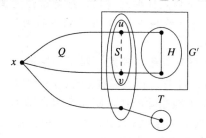

我们断言,$S$ 是一个团. $S$ 的每个顶点在 $V(H)$ 中都有相邻顶点并且在 $Q$ 中也有相邻顶点. 对于不同的顶点 $u,v \in S$,通过 $H$ 的最短 $u,v$-路径和通过 $Q$ 的最短 $u,v$-路径的并是一个长度至少为 4 的环. 由于不存在从 $V(H)$ 到 $V(Q)$ 的边,因此这个环除了 $uv$ 外没有弦. 由于 $G$ 没有无弦环,故 $u \leftrightarrow v$. 由于 $u,v \in S$ 是任选的,故 $S$ 是一个团.

现在,令 $G'=G[S \bigcup V(H)]$,它去掉了顶点 $x$,因而它比图 $G$ 小. 我们对 $G'$ 和顶点 $u \in S$ 用归纳假设. 由于 $S$ 是团,$S-\{u\} \subseteq N(u)$. 无论 $G'$ 是否是团,它在 $V(H)$ 中都有一个单纯顶点 $z$. 由于 $N_G(z) \subseteq V(G')$,因此顶点 $z$ 在 $G$ 中也是单纯顶点,正如我们所希望的,顶点 $z$ 距离顶点 $x$ 最远. ■

**5.3.17 定理**(Dirac[1961])　简单图有单纯删除顺序当且仅当它是一个弦图.

**证明**　必要性. 设 $G$ 是一个有单纯删除顺序的简单图. 令 $C$ 表示 $G$ 中长度至少为 4 的一个环. 当根据该单纯删除顺序删除 $C$ 中的第一个顶点时,假设这个顶点为 $v$,$v$ 的其他相邻顶点构成一个团. 这个团中包含了 $v$ 在 $C$ 中的相邻顶点,连接它们的边就是 $C$ 的弦. 因此,$G$ 没有无弦环.

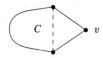

充分性. 根据引理 5.3.16,每个弦图都有一个单纯顶点. 对 $n(G)$ 作归纳即可得到 $G$ 的一个单纯删除顺序,因为弦图的任意诱导子图仍然是弦图. ■

弦图的其他性质见习题20～27.

**完美图点滴**

在命题5.1.16中，我们证明了当$G$是区间图时有$\chi(G)=\omega(G)$. 而且，区间图的任意诱导子图仍然是区间图，因为我们在$G$的区间表示中删除表示顶点$v$的区间就得到$G-v$的区间表示. 因此，$\chi(H)=\omega(H)$对区间图的任意诱导子图$H$均成立.

**5.3.18 定义**   图$G$称为**完美的**，如果$\chi(H)=\omega(H)$对任意诱导子图$H\subseteq G$成立. 与此等价的说法是，$\chi(G[A])=\omega(G[A])$对任意$A\subseteq V(G)$成立.

图$G$的**团覆盖数**$\theta(G)$是覆盖$V(G)$所需的团的个数的最小值；注意$\theta(G)=\chi(\overline{G})$.

由于团和独立子集在求补操作中互换角色，因此对$\overline{G}$的完美性描述变成了"$\alpha(H)=\theta(H)$对$G$的任意诱导子图$H$成立". Lovász[1972a，1972b]证明了**完美图定理**(PGT)：$G$是完美的当且仅当它的补图是完美的. 我们将在定理8.1.6中证明这个结论，这里只给出完美图的一些例子.

**5.3.19 定义**   如果图族$G$中的每个图的任意诱导子图仍然是$G$中的图，则称$G$是**遗传的**.

**5.3.20 注记**   为了证明遗传图族$G$中的每个图都是完美的，只需证明对任意$G\in G$有$\chi(G)=\omega(G)$，因为这样已经包含了对$G$的任意诱导子图证明上述等式成立.                              ■   226

**5.3.21 例**(二部图及其线图)   二部图构成一个遗传图族，而且$\chi(G)=\omega(G)$对于任意二部图成立，因此二部图都是完美的. 当$H$是二部图时，习题5.1.38讨论了$\overline{H}$的完美性而且可以由$\alpha(H)=\beta'(H)$(推论3.1.24)得出证明. 对二部图，$\alpha(G)=\theta(G)=\beta'(G)$这一非平凡的结论立刻就可以由PGT的平凡推论$\chi(G)=\omega(G)$得到.

我们在定义4.2.18中简要地介绍了线图，并用它来证明了Menger定理关于边的结论. 回想一下，线图$L(G)$对$G$的每条边都有一个顶点，且$e$，$f\in V(L(G))$在$L(G)$中是邻接的当且仅当这两条边在$G$中有一个公共端点. 所有二部图的线图构成一个遗传图族，因为在线图中删除一个顶点相当于在原图中删除相应的边.

因此，当$G$是二部图时，证明$\alpha(L(G))=\theta(L(G))$这一结论将说明线图的补图是完美的(当$G$是二部图时)$L(G)$的一个团由$G$中的具有某个公共端点的边构成. 因此，用团来覆盖$L(G)$的顶点相当于从$G$中选取一些顶点来构成一个顶点覆盖. $L(G)$中的独立子集是$G$的匹配. 因此，对二部图的线图，其补图的完美性可以由关于匹配的König-Egerváry定理($\alpha'(G)=\beta(G)$)和二部图的顶点覆盖的相关结论得到.

据此，PGT得到$\chi(L(G))=\omega(L(G))$. $L(G)$的真着色将$E(G)$划分成匹配并且$\omega(L(G))=\Delta(G)$(对于二部图). 因此，$\chi(L(G))=\omega(L(G))$意味着，二部图$G$的边可被划分成$\Delta(G)$个匹配. 在定理7.1.7中，我们将直接证明König[1916]的这个附带的结果.                                                              ■

由于任意的区间图都是弦图(习题28)，故所有的弦图都是完美的这个结论加强了命题5.1.16. 我们在8.1节中讨论区间图和弦图的其他特征.

**5.3.22 定理**(Berge[1960])   弦图都是完美的.

**证明**   删除顶点不能产生无弦环，因此该图族是遗传的. 由注记5.3.20可知，我们只需证明当$G$是弦图时有$\chi(G)=\omega(G)$.

在定理5.3.17中，我们证明了$G$有一个单纯删除顺序；设$v_1$，…，$v_n$是某个单纯删除顺序的逆序；对每个 $i$，顶点 $v_i$ 在 $\{v_1, \cdots, v_{i-1}\}$ 中的相邻点构成一个团．

我们在这个顶点顺序上使用贪心着色算法．如果顶点 $v_i$ 获得的颜色为 $k$，则颜色 $1, \cdots, k-1$ 在 $v_i$ 的排在它之前的相邻顶点中已经出现．由于这些点构成一个团，加上顶点 $v_i$，可以得到一个大小为 $k$ 的团．于是我们找到一个团，其大小等于着色使用的颜色数． ■

定理 5.3.22 的证明过程表明，与单纯删除顺序的逆序相关的贪心着色产生最优着色．这个结论推广了命题 5.1.16 关于区间图的结论．

我们再给出更基本的完美图族；它包含了所有二部图．

227

**\*5.3.23 定义**   图 $G$ 的一个**传递性定向**是 $G$ 的一个定向 $D$，它使得：只要 $xy$ 和 $yz$ 是定向 $D$ 上的边，则 $G$ 中有边 $xz$ 在 $D$ 中由 $x$ 指向 $z$．如果简单图 $G$ 有一个传递性定向，则称之为**可比图**．

**\*5.3.24 例**   如果 $G$ 是一个 $X$，$Y$-二部图，则让每一条边由 $X$ 指向 $Y$ 就得到一个传递性定向．因此，任意二部图都是可比图．传递性定向源于序关系；$x{\rightarrow}y$ 的意思可能是"$x$ 包含 $y$"，这显然是一个传递关系． ■

**\*5.3.25 命题**（Berge[1960]）   可比图都是完美的．

**证明**   传递性有向图的任意诱导子图也是传递性的，故可比图图族是遗传的．因此，我们只需证明任意可比图是 $\omega(G)$-可着色的．

设 $F$ 是 $G$ 的一个传递性定向．注意，$F$ 中没有环．由定理 5.1.21 的证明可知，着色时为任意顶点 $v$ 分配的颜色是 $F$ 上终结于 $v$ 的最长路径中的顶点个数且这个着色方案是最优的．由传递性，$F$ 上一条路径中的顶点构成 $G$ 中的一个团．因此，我们有 $\chi(G) \leqslant \omega(G)$． ■

## 无环定向的计数（选学）

令人吃惊的是，$\chi(G; k)$ 在 $k$ 是负数时也有意义．图的**无环定向**是没有环的定向．在 $\chi(G; k)$ 中，令 $k = -1$ 即可对 $G$ 的无环定向进行计数．

**5.3.26 例**   因为 $C_4$ 有 4 条边，故它有 16 个定向．在这些方向中，有 14 个定向是无环的．例 5.3.7 中，我们证明了 $\chi(C_4; k) = k(k-1)(k^2-3k+3)$．计算在 $k = -1$ 处的值，这个值等于 $(-1)(-2)(7) = 14$． ■

**5.3.27 定理**（Stanley[1973]）   $\chi(G; k)$ 在 $k = -1$ 处的值是 $(-1)^{n(G)}$ 乘以 $G$ 的无环定向的个数．

**证明**   我们在 $e(G)$ 上用归纳法．令 $a(G)$ 表示 $G$ 的无环定向的个数．如果 $G$ 中没有边，则 $a(G) = 1$ 且 $\chi(G; -1) = (-1)^{n(G)}$，因此结论成立．下面证明 $a(G) = a(G-e) + a(G \cdot e)$ 对于 $e \in E(G)$ 成立．如果证明成立，则可以用 $a$ 的递归式、$a(G)$ 的归纳假设（以 $\chi(G; k)$ 表达出来）以及着色递归计算得到：

$$a(G) = (-1)^{n(G)} \chi(G-e; -1) + (-1)^{n(G)-1} \chi(G \cdot e; -1) = (-1)^{n(G)} \chi(G; -1).$$

现在，我们来证明 $a$ 的递归式．$G$ 的每个无环定向均包含 $G-e$ 的一个无环定向．每个 $G-e$ 的无环定向 $D$ 均可以扩张成 0，1 或 2 个 $G$ 的无环定向，这只需要对边 $e = uv$ 进行定向．如果 $D$ 中没有 $u, v$ 路径，则可以选择 $v{\rightarrow}u$．如果 $D$ 中没有 $v, u$ 路径，则可以选择 $u{\rightarrow}v$．因为 $D$ 是无环定向，

228 因此 $D$ 中不能同时有 $u, v$ 路径和 $v, u$ 路径，故上述的两个选择不可能都不出现．

因此，$G-e$ 的每个定向 $D$ 至少可以有一种方式进行扩张，进而 $a(G)$ 等于 $a(G-e)$ 加上可以用两种方式进行扩张的定向数．在用两种方式都可以进行扩张的 $G-e$ 的无环定向中，既没有 $u, v$ 路

径也没有 $v$，$u$-路径．因为 $G-e$ 的 $u$，$v$-路径或 $v$，$u$-路径在 $G \cdot e$ 中变成了环，这种定向恰好有 $a(G \cdot e)$ 个． ■

对一般的负整数 $k$，$\chi(G；k)$ 的意义(习题 32)是"组合互易"现象的一个实例(Stanley[1974])．

**习题**

记住，记号 $\chi(G；k)$ 既可以看成多项式也可以看成图 $G$ 的真 $k$-着色的个数．

5.3.1　(一)计算下面各个图的着色多项式．

5.3.2　(一)利用着色递归，得出任意 $n$-顶点树的着色多项式．

5.3.3　(一)证明：$k^4-4k^3+3k^2$ 不是着色多项式．

5.3.4　a)证明：$\chi(C_n；k)=(k-1)^n+(-1)^n(k-1)$．

　　　　b)如果 $H=G \vee K_1$，证明：$\chi(H；k)=k\chi(G；k-1)$．利用该结论和(a)，找出轮形 $C_n \vee K_1$ 的着色多项式．

5.3.5　对于 $n \geqslant 1$，令 $G_n=P_n \square K_2$；它是一个有 $2n$ 个顶点和 $3n-2$ 条边的图，如下所示．证明：$\chi(G_n；k)=(k^2-3k+3)^{n-1}k(k-1)$．

5.3.6　(!)设 $G$ 是有 $n$ 个顶点的简单图．利用命题 5.3.4 给出一个非归纳证明：$\chi(G；k)$ 中 $k^{n-1}$ 的系数是 $-e(G)$．

5.3.7　证明：$n$ 顶点图的着色多项式没有大于 $n-1$ 的实根(提示：利用命题 5.3.4)．

5.3.8　(!)证明：如果 $k \geqslant 3$ 且 $G$ 不是树，则连通图 $G$ 的真 $k$-着色的个数少于 $k(k-1)^{n-1}$．$k=2$ 是什么情况呢？

5.3.9　(!)证明：$\chi(G；x+y)=\sum_{U \subseteq V(G)} \chi(G[U]；x)\chi(G[\overline{U}]；y)$(提示：由于等式的两端都是多项式，只需证明等式在 $x$，$y$ 都是正整数时成立即可．为此只要用不同方式对 $x+y$-着色进行计数)．

229

5.3.10　设 $G$ 是一个连通图且 $\chi(G；k)=\sum_{i=0}^{n-1}(-1)^i a_i k^{n-i}$．对于 $1 \leqslant i \leqslant n$，证明：$a_i \geqslant \binom{n-1}{i}$(提示：利用着色递归)．

5.3.11　(!)证明：除非 $G$ 中没有边，否则 $\chi(G；k)$ 的系数之和等于 0．(提示：当函数是多项式时，如何获得它的系数和？)

5.3.12　(+)$\chi(G；k)$ 的系数．

　　　　a)证明：在图 $G$ 的着色多项式中，最后一个非 0 项的指数是 $G$ 的连通分量的个数．

　　　　b)由(a)证明：如果 $p(k)=k^n-ak^{n-1}+\cdots \pm ck^r$ 且 $a>\binom{n-r+1}{2}$，则 $p$ 不是着色多项式(比

如，该结论即刻表明习题 5.3.3 中的多项式不是着色多项式).

5.3.13 设 $G$ 和 $H$ 是图，它们可能有重叠部分.

a)证明：如果 $G \cap H$ 是完全图，则 $\chi(G \cup H; k) = \dfrac{\chi(G; k)\chi(H; k)}{\chi(G \cap H; k)}$.

b)考虑并为一个环的两条路径，说明上述公式在 $G \cap H$ 不是完全图时可能不成立.

c)由(a)得出如下结论：图的色数是该图中块的色数的最大值.

5.3.14 (!)设 $P$ 是 Petersen 图. 由 Brooks 定理知道 Petersen 图是可 3-着色的，因而由鸽巢原理知道它有一个大小为 4 的独立子集 $S$.

a)证明：$P - S = 3K_2$.

b)利用(a)和对称性，计算将 $P$ 划分为 3 个独立子集的顶点划分的个数.

c)一般情况下，将图划分为最少独立子集的划分个数如何可以从 $G$ 的着色多项式中得到？

5.3.15 证明：色数是 $k$ 的图最多有 $k^{n-k}$ 个顶点划分将该图划分为 $k$ 个独立子集，等号只对 $K_k + (n-k)K_1$（由一个 $k$-团加上 $n-k$ 个孤立点）成立（提示：对 $n$ 用归纳法，考察对单个顶点的删除操作）.（Tomescu[1971]）

5.3.16 设 $G$ 是有 $n$ 个顶点和 $m$ 条边的简单图. 证明：$G$ 中最多含有 $\dfrac{1}{3}\binom{m}{2}$ 个三角形. 由此得出结论：$\chi(G; k)$ 中 $k^{n-2}$ 的系数为正，除非 $G$ 最多只有一条边（提示：用定理 5.3.10）.

5.3.17 ($*$)由容斥原理直接证明定理 5.3.10.

5.3.18 (!)考虑下面各个图的着色多项式.

a)不计算这两个多项式，用简短的过程证明这两个多项式相等.

b)将这个着色多项式表达成两个弦图的着色多项式之和，据此简要地用一行写出它的计算过程.

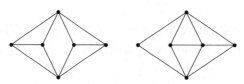

5.3.19 (一)设 $G$ 是将 $K_6$ 的一条边细分得到的图. 用着色递归计算 $\chi(G; k)$ 并将它表达成线性因子（形如 $k - c_i$ 的因子）的乘积. 证明：$G$ 不是弦图.（Read[1975]，Dmitriev[1980]）

5.3.20 设 $G$ 是一个弦图. 用 $G$ 的一个单纯删除顺序证明下列结论：

a)$G$ 最多有 $n$ 个极大团，等号成立当且仅当 $G$ 没有边.（Fulkerson-Gross[1965]）

b)$G$ 的不含 $G$ 的单纯顶点的极大团是一个分离集.

5.3.21 图 $G$ 的 **Szekeres-Wilf 数**指的是 $1 + \max\limits_{H \subseteq G} \delta(H)$. 证明：$G$ 是弦图当且仅当在它的任意诱导子图中 Szekeres-Wilf 数等于团数.（Voloshin[1982]）

5.3.22 设 $k_r(G)$ 表示连通弦图 $G$ 中 $r$-团的个数，证明：$\sum\limits_{r \geqslant 1} (-1)^{r-1} k_r(G) = 1$（提示：在 $n(G)$ 上用归纳法. 注意，二项式公式（附录 A）表明，当 $m \in \mathbf{N}$ 时有 $\sum\limits_{j \geqslant 0} (-1)^j \binom{m}{j} = 0$.

5.3.23 设 $S$ 是弦图 $G$ 的某个长度至少为 4 的环的顶点集. 证明：$G$ 有一个环，其顶点集由 $S$ 中去掉一个顶点后剩余的其他顶点构成(注:当 $G$ 有一个生成环且 $S \subset V(G)$ 时,Hendry 曾猜想:$G$ 有一个环,其顶点集由 $S$ 外加一个顶点构成).(Hendry[1990])

5.3.24 设 $e$ 是弦图中的环 $C$ 的一条边,证明:$e$ 与 $C$ 中的另一个顶点构成一个三角形.

5.3.25 设 $Q$ 是弦图 $G$ 的一个极大团.证明:如果 $G-Q$ 是连通的,则 $Q$ 中含有一个单纯顶点.(Voloshin-Gorgos[1982])

5.3.26 习题 5.3.13 建立了公式:$\chi(G \cup H; k) = \dfrac{\chi(G; k)\chi(H; k)}{\chi(G \cap H; k)}$,其中 $G \cap H$ 是完全图.

a)证明:如果 $G \cup H$ 是弦图,则不管 $G \cap H$ 是否是完全图,公式均成立.

b)证明:如果 $x$ 是弦图 $G$ 的一个顶点,则

$$\chi(G; k) = \chi(G-x; k)k\frac{\chi(G[N(x)]; k-1)}{\chi(G[N(x)]; k)}$$

(注:(b)使得弦图的着色多项式可以用任意的顶点删除顺序来计算.比如,删除 $P_5$ 的中心点得到 $\chi(P_5; k) = [k(k-1)]^2 \dfrac{(k-1)^2}{k^2} = k(k-1)^4$.(Voloshin[1982])

5.3.27 图 $G$ 的一个**极小顶点分离子**是一个集合 $S \subseteq V(G)$,它对某对顶点 $x, y$ 在下述性质上是极小的:删除 $S$ 就使得 $x, y$ 分离.任意极小分离集都是极小顶点分离子.下图的顶点 $u, v$ 说明上述命题的逆命题不成立.

a)证明:如果图 $G$ 中的任意极小顶点分离子是一个团,则该性质对 $G$ 的任意诱导子图也成立.

b)证明:$G$ 是弦图当且仅当其任意极小顶点分离子是团.(Dirac[1961])

5.3.28 (!)设 $G$ 是区间图.证明:$G$ 是弦图而 $\overline{G}$ 是可比图. 231

5.3.29 找出满足 $\chi(G) = \omega(G)$ 的最小非完美图.

5.3.30 图 $G$ 的某无环定向的一条边是**非独立的**,如果改变该边的方向将产生环.

a)证明:连通 $n$-顶点图的任意无环定向至少有 $n-1$ 条独立边.

b)证明:如果 $\chi(G)$ 小于 $G$ 的围长,则 $G$ 有一个定向不含非独立边(提示:用证明定理 5.1.21 时使用的技术).

5.3.31 (*)$G$ 中的无环定向数 $a(G)$ 满足递归式 $a(G) = a(G-e) + a(G \cdot e)$(定理 5.3.27).$G$ 的生成树的个数似乎满足同一个递归式.$G$ 的无环定向的个数是否总等于 $G$ 的生成树的个数?为什么?

5.3.32 (*)设 $D$ 是图 $G$ 的一个无环定向,$f$ 是 $G$ 的一个着色并且颜色集为 $[k]$.我们称 $(D, f)$ 是**相容对**,如果 $D$ 中 $u \rightarrow v$ 蕴涵 $f(u) \leqslant f(v)$.令 $\eta(G; k)$ 是相容对的数量.证明:$\eta(G; k) = (-1)^{n(G)}\chi(G; k)$.(Stanley[1973]) 232

# 第6章 可平面图

## 6.1 嵌入和欧拉公式

一种普遍的观点是拓扑图论是对图的布局的研究. 它源于著名的四色问题: 能否用四种颜色对球面上的任意地图进行着色, 使得具有非平凡公共边界的区域有不同的颜色? 后来, 硅片上电路的布局问题推动了拓扑图论的发展; 由于电路中线的交叉会引起一些问题, 故我们要问哪些电路具有无交叉线的布局.

### 平面作图

下面的智力游戏早在 Dudeney[1917]的书中就出现了.

**6.1.1 例(气-水-电)** 三个冤家 $A$、$B$、$C$ 生活在森林中, 他们各自住在自己的房子里. 现在我们要在森林中开辟一些路使得每人都有路通向各种生活资源, 这些资源传统上就是指气、水、电. 为了避免冲突, 我们不想让任何两条路交叉. 能有办法做到这一点吗? 这也就是问: 能否将 $K_{3,3}$ 画在平面上而不会出现交叉边; 我们将用两种方法证明这是不可行的.

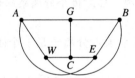

关于图的平面作图的所有论证都基于如下事实: 平面上的任何闭合曲线将平面分为两个区域(内部和外部). 在初等图论中, 我们认为这是一个直观事实, 然而在拓扑学上给出完整的证明是非常难的. 在讨论图论的精确论证方法之前, 首先非正式地说明如何用上述结论来证明平面作图的不可能性.

**6.1.2 命题** 不能作出没有交叉边的 $K_5$ 和 $K_{3,3}$.

**证明** 考虑 $K_5$ 或者 $K_{3,3}$ 的一个平面作图. 设 $C$ 是一个生成环. 如果将它画出来且没有交叉边, 则 $C$ 只能是一个闭合曲线. $C$ 的弦只能画在该曲线的内部或者外部. 如果 $C$ 的两条弦的顶点沿 $C$ 交错地出现, 则会引起冲突. 如果两条弦出现冲突, 则只能将一条弦画在 $C$ 的内部而将另一条画在 $C$ 的外部.

$K_{3,3}$ 中的 6-环有 3 条两两冲突的弦. 我们只能至多将其中一条画在该环的内部而另一条画在该环的外部, 因此不可能完成平面嵌入. 如果 $C$ 是 $K_5$ 的一个 5-环, 则至多有两条弦画在外部或者内部. 因为共有 5 条弦, 故也不可能完成平面嵌入. 因此, 二者中任意一个都不是可平面的.

我们需要"作图"的精确概念. 我们用曲线来画边. 只使用由直线段形成的曲线避免了拓扑学上的困难. 这样的曲线可以逼近任意曲线且目测无法分辨其差别.

**6.1.3 定义** 一条**曲线**是 $[0,1]$ 到 $\mathbf{R}^2$ 的一个连续映射的象.一条**多边形曲线**是由有限条直线段组成的曲线;如果它起始于 $u$ 终止于 $v$,则称它是一条多边形 $u$, $v$-**曲线**.

图 $G$ 的一个**作图**是定义于 $V(G)\bigcup E(G)$ 上的函数 $f$,它对每个顶点 $v$ 给定平面上的一点 $f(v)$,对以 $u$, $v$ 为端点的边给定一条多边形 $f(u)$, $f(v)$-曲线.顶点的象各不相同. $f(e)\bigcap f(e')$ 中的不是公共端点的点称为**交叉点**.

一般来说,图 $G$ 和其特定平面作图使用相同的名字,用 $G$ 的顶点和边来指称 $G$ 的作图中的顶点和曲线.由于作图中的顶点和曲线的关系与图中顶点和边的关联关系相同,故作图可以看成包含在 $G$ 的同构类中的成员.

通过稍稍挪动边的位置,可以保证任意三条边不在内部交于一点,还可以保证各边中除其端点外不含其他顶点,也能保证任意两条边不相切.如果某两条边交叉的次数大于 $1$,则可以用下图所示的方法减少边的交叉次数.因此,我们可以要求边与边之间最多交叉 $1$ 次.我们只考虑具有上述性质的作图.

234

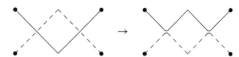

**6.1.4 定义** 如果一个图存在没有交叉的作图,则称该图是**可平面的**.这种作图称为 $G$ 的**平面嵌入**.一个**平面图**是可平面图的一个特定平面嵌入.

如果曲线的第一个点和最后一个点相同,则称该曲线是**封闭的**.如果曲线中除第一个点可能等于最后一个点之外没有其他重复点,则称曲线是**简单的**.

图的一个平面嵌入将平面分成多个碎片,这些碎片是我们研究的基本对象.

**6.1.5 定义** 平面上的一个**开集**是一个集合 $U\subseteq\mathbf{R}^2$,对于任意 $p\in U$,到 $p$ 的距离小于某个小距离的所有点都属于 $U$.一个**区域**是一个开集 $U$,对于任意 $u$, $v\in U$, $U$ 含有一条多边形 $u$, $v$-曲线.平面图的**面**是不包含嵌入过程中用到的点的平面极大区域.

每个有限平面图 $G$ 仅有一个无界的面(也称作**外部面**).面两两互不相交.平面上不在 $G$ 的任意边上的两点 $p$, $q\in\mathbf{R}^2$ 在同一个面内当且仅当存在一条多边形 $p$, $q$-曲线与任意边不交叉.

在平面图中,每个环在被嵌入时形成一个简单闭合曲线.有些面位于该曲线的内部,有些面则位于它的外部.这个结论再次依赖于以下事实:简单闭合曲线将平面分割成两个区域.正如前面所讲过的,对多边形曲线证明这个事实并不太难.对这种情况,我们在一定程度上给出详细证明,借此说明如何判断点在曲线的内部或者外部.该证明出现在 Tverberg[1980]中.

**\*6.1.6 定理**(受限的约当曲线定理) 由有限条直线段组成的简单闭合多边形曲线 $C$ 恰好将平面分割成两个面,每个面都以 $C$ 为边界.

**证明** 由于直线段是有限的,因此不相交的直线段不可能闭合.因此我们穿越 $C$ 就可以离开一个面.当我们沿 $C$ 行进时,右侧附近的点在一个面内,对于左侧的情况也是类似的(对"左侧"和"右侧",存在严格的代数定义).如果 $x\notin C$ 而 $y\in C$,则线段 $xy$ 与 $C$ 在某点第一次相交并从左侧或右侧达到 $C$.因此,不在 $C$ 上的任意点与前面我们描述的两个集合之一一起位于同一个面中.

为了证明左侧和右侧的点位于不同的面中,我们考察平面中的射线.从点 $p$ 出发的射线是"坏"的,如果该射线含有 $C$ 的直线段的端点.由于 $C$ 的直线段条数有限,故从 $p$ 出发的射线只有有限条是坏的.

235

由于 $C$ 的直线段条数有限，故从 $p$ 发出的每条好射线只穿越 $C$ 有限次．让方向变化，则射线穿越 $C$ 的次数只在坏方向处发生变化；在经过这种方向之前和之后，穿越 $C$ 的次数的奇偶性是一样的．如果从 $p$ 出发的好射线穿越 $C$ 偶数次，则称 $p$ 为偶点；否则称 $p$ 为奇点．

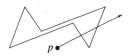

给定 $C$ 的同一个面中的两点 $x$ 和 $y$，令 $P$ 是一条避开 $C$ 的多边形 $x$，$y$-曲线．由于 $C$ 中直线段条数有限，因此可以对落在 $P$ 上的那些线段的端点进行适当的调整使得包含 $P$ 的线段的射线对这些端点是好的．$P$ 的每条线段必属于始于该线段的一个端点并包含另一个端点的射线；这两个端点在同一个方向上都有好射线．由于（$P$ 中的）线段与 $C$ 不相交，因此这两个点有相同的奇偶性．因此，同一个面的两个点有相同的奇偶性．

因为与 $C$ 恰相交一次的线段的两个端点有相反的奇偶性，因此必存在两个不同的面．偶点和奇点分别构成外部面和内部面．                                                                     ■

## 对偶图

平面或球面上的地图可以看成平面图，其中面对应于地域，顶点对应于边界的交点位置，边对应于顶点之间的那部分边界．我们允许圈和多重边存在，这是最一般的情况．由任意平面图 $G$，可以得到一个与之相关的平面图，该图称为 $G$ 的"对偶"．

**6.1.7 定义**  平面图 $G$ 的**对偶图** $G^*$ 是一个平面图，其顶点对应于 $G$ 的面．$G^*$ 的边与 $G$ 的边有如下对应：如果 $e$ 是 $G$ 的一条边且面 $X$ 在其一侧而面 $Y$ 在其另一侧，则边 $e^* \in E(G^*)$ 的两个端点 $x$，$y$ 对应于 $G$ 中的面 $X$，$Y$．平面中与 $x \in V(G^*)$ 关联的所有边的次序是 $G$ 中构成面 $X$ 边界的那些边绕边界行进时得到的次序．

**6.1.8 例**  $K_4$ 的每个平面嵌入有 4 个面，这些面在边界上两两共有一条边．因此该对偶图是 $K_4$ 的另一个拷贝．

立方体 $Q_3$ 的每个平面嵌入有 8 个顶点、12 条边和 6 个面．相对的面没有公共边界；其对偶是 $K_{2,2,2}$ 的一个平面嵌入，它有 6 个顶点、12 条边和 8 个面．

注意，对偶可能引入圈和多重边．例如，令 $G$ 是爪形图，下面的粗边将它画成了平面图，其对偶图 $G^*$ 由细实边画成．由于 $G$ 有 4 个顶点、4 条边和 2 个面，故 $G^*$ 有 4 个面、4 条边和两个顶点．

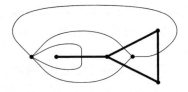

**6.1.9 注记**  1)例 6.1.8 表明，一个简单平面图可能在其对偶中有圈和多重边．$G$ 的一条割边在其对偶中变成一个圈，因为该边两侧的面是一样的．如果 $G$ 的不同面在边界上有多于一条的公共边，则其对偶中将出现多重边．

2)有些论证过程需要对对偶进行更仔细的几何描述．对 $G$ 的每个面 $X$，我们将它的对偶点 $x$ 置于 $X$ 内部，因此 $G$ 的每个面含有 $G^*$ 的一个顶点．对 $X$ 边界上的每条边 $e$，我们从 $x$ 引一条曲线到 $e$ 上的一点，这些曲线不交叉．每条曲线与从 $e$ 的另一侧引到 $e$ 上同一点的曲线汇合并构成 $G^*$ 的一条边，这就是 $e$ 的对偶边. 没有其他边进入 $X$. 因而 $G^*$ 是平面图，且在这个布局中 $G^*$ 的每条边恰好与 $G$ 的一条边交叉.

这种论证可以用来证明：$(G^*)^*$ 同构于 $G$ 当且仅当 $G$ 是连通的(习题18). 数学家通常用"对偶"这个词来表述在一个对象上连续两次使用某种操作后又得到原对象这种情况. ■

**6.1.10 例** 可平面图的两个嵌入可能有不同构的对偶. 如下所示的每个嵌入有 3 个面，故各自的对偶都有 3 个顶点. 对于右侧的嵌入，与外部面对应的顶点的度为 4. 在左侧的嵌入中，没有对偶顶点的度为 4. 因此，这两个对偶图是不同构的.

这种情况不会发生在 3-连通图中. 每个 3-连通可平面图本质上只有一个嵌入(参见习题 8.2.45).

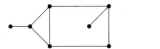 

如果平面图是连通的，则每个面的边界均是闭合通道. 如果平面图不是连通的，则存在一些面使得其边界由多个闭合的通道构成.

**6.1.11 定义** 平面图 $G$ 的某个面的**长度**是围成该面的(所有)闭合通道的总长.

**6.1.12 例** 每条割边只属于一个面的边界，在计算该面的长度时这样的边要被计算两次. 在例 6.1.10 中，每个图有 3 个面. 左侧的嵌入中，各个面的长度分别为 3、6、7；右侧的嵌入中，各个面的长度分别为 3、4、9. 每种情况下，各个面的长度的和为 16，是边数的两倍. ■

**6.1.13 命题** 如果 $l(F_i)$ 表示平面图 $G$ 中面 $F_i$ 的长度，则 $2e(G) = \sum l(F_i)$.

**证明** 面的长度是其对偶顶点的度. 又有 $e(G) = e(G^*)$，于是 $2e(G) = \sum l(F_i)$ 相当于 $G^*$ 的度和公式 $2e(G^*) = \sum d_{G^*}(x)$(两个公式都将每条边计算两次). ■

命题 6.1.13 表明，对于连通平面图的论述可以变成关于其对偶图的论述，这只需我们将面和点的角色互换. 与某个顶点关联的边变成了围成相应面的边，反之亦然. 因此，面的长度和顶点的度也就互换了.

我们也可以用 $G$ 的形式来表述 $G^*$ 的着色. $G^*$ 的边表示了 $G$ 中面与面之间共有的边界. 因此，$G^*$ 的色数等于对 $G$ 的面进行真着色所需的颜色数. 由于连通图的对偶的对偶是原图，这表明：用 4 种颜色足以对任意可平面图的所有区域进行真着色当且仅当任意可平面图的色数最多为 4.

约当曲线定理说的是简单闭合曲线分割它的内部和外部. 在平面图中，曲线和分割之间的对偶性变成了环和键之间的对偶性.

**6.1.14 定理** 平面图 $G$ 中的一些边在 $G$ 中构成环当且仅当相应的对偶边在 $G^*$ 中构成键.

**证明** 考虑 $D \subseteq E(G)$. 如果 $D$ 在 $G$ 中不包含环，则 $D$ 不会围住任何区域；那么从任何区域出发且不与 $D$ 的任何边交叉仍然可以达到 $G$ 的无界区域. 因此，$G^* - D^*$ 是连通的且 $D^*$ 中不含边割.

如果 $D$ 是 $G$ 中某个环的边集，则相应的边集 $D^* \subseteq E(G^*)$ 包含连接 $D$ 内的面和 $D$ 外的面的所有边(约当曲线定理保证至少有一条这样的边). 于是 $D^*$ 包含了一个边割.

如果 $D$ 含有一个或多个环，则 $D^*$ 包含一个或多个边割.

于是，$D^*$ 是一个极小边割当且仅当 $D$ 是一个环.

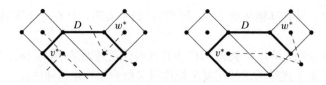

238

下面的注记得出了定理 6.1.14 的一个归纳证明 (习题 19).

**6.1.15 注记**　删除 $G$ 的一条不是割边的边, 对 $G^*$ 的影响是: 在 $G^*$ 中收缩一条边; 这时, $G$ 的两个面合并成一个面. 收缩 $G$ 的一条不是圈的边, 对 $G^*$ 的影响是: 删除 $G^*$ 的一条边. 设 $G$ 是下面中间那个由实线构成的图, 我们在左侧给出了 $G-e$ 并在右侧给出了 $G \cdot e$.

注意, 为了保持这种对偶性, 我们保留了平面图中由边收缩引入的重边和环.

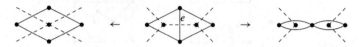

面的边界使我们可以表征二部可平面图的特征. 该特征也可以用归纳法来证明 (习题 20).

**6.1.16 定理**　平面图 $G$ 的下列性质等价:

A) $G$ 是二部图.

B) 任意面的长度是偶数.

C) 对偶图是欧拉图.

**证明**　A$\Rightarrow$B. 面的边界由若干个闭合通道构成. 任意奇闭合通道含有奇环. 因此, 二部平面图中面的长度都是偶数.

B$\Rightarrow$A. 设 $C$ 是 $G$ 的一个环. 由于 $G$ 中无交叉, 故 $C$ 可以被布局为一个简单闭合曲线. 令 $F$ 是 $C$ 围起来的区域. $G$ 的每个区域要么完全含于 $F$ 内, 要么完全在 $F$ 之外. 如果对 $F$ 内部的面的长度求和, 我们将得到一个偶数, 因为每个面的长度都是偶数. 该求和对 $C$ 中的每条边计数一次; 它对 $F$ 内部的每条边计数两次, 因为每条这样的边都属于 $F$ 内的两个面. 因此, $C$ 的长度的奇偶性与整个和的奇偶性相同, 是偶数.

B$\Leftrightarrow$C. 对偶图 $G^*$ 是连通的, 而且其中顶点的度就是 $G$ 的面的长度.

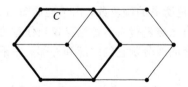

我们要考虑的很多关于一般可平面图的问题对于可平面图的特殊类很容易得到答案.

**6.1.17 定义**　如果一个图有一个嵌入使得所有顶点落在无界面的边界上, 则称该图是**外可平面的**. **外平面图**就是外可平面图的这样一个嵌入.

239

例 6.1.10 中的图是外可平面的, 为了表明这一点需要另外选用一个嵌入.

**6.1.18 命题**　2-连通外可平面图的外部面的边界是一个生成环.

**证明**　该边界包含了所有顶点. 如果它不是一个环, 它将不止一次地通过某个顶点. 这样的顶点是一个割点.

**6.1.19 命题**　$K_4$ 和 $K_{2,3}$ 是可平面的, 但不是外可平面的.

**证明**　下面的图表明 $K_4$ 和 $K_{2,3}$ 是可平面的.

为证明它们都不是外可平面的，要注意到它们都是 2-连通的．因此，一个外可平面嵌入需要一个生成环．在 $K_{2,3}$ 中不存在生成环，因为这将在二部图中得到长度为 5 的环．

$K_4$ 中有生成环，但是其余的两条边的端点沿该环交替出现，因此这两条弦冲突而不能同时画在生成环的内部．将一条弦画在生成环外会使得某个顶点脱离外部面．

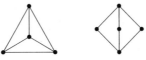

**6.1.20 命题**　任意简单外可平面图有一个度最多为 2 的顶点．

**证明**　只需证明结论关于连通图成立．我们对 $n(G)$ 用归纳法．当 $n(G) \leqslant 3$ 时，每个顶点的度最多为 2. 对 $n(G) \geqslant 4$，我们证明更强的结论：$G$ 中存在度最多为 2 的两个互不关联的顶点．

**基本步骤**：$n(G) = 4$. 注意，$K_4$ 不是外可平面的．故 $G$ 中有互不关联的顶点，而且这样两个互不关联的顶点的度最多是 2.

**归纳步骤**：$n(G) > 4$. 如果 $G$ 有一个割点 $x$，则 $G$ 的每个 $\{x\}$-瓣都有除 $x$ 外的一个度最多为 2 顶点，这些点在 $G$ 中是互不关联的．

如果 $G$ 是 2-连通的，则外部面的边界是一个环 $C$. 如果 $C$ 没有弦，则 $G$ 是 2-正则的．如果 $xy$ 是 $C$ 的一条弦，则 $C$ 上的两条 $x$，$y$-路径中的顶点集合都诱导出外可平面子图 $H$，$H'$. 由归纳假设可知，这两个子图包含了不在 $\{x, y\}$ 中的度最多为 2 的顶点 $z$，$z'$（包含 $H$ 或 $H'$ 是 $K_3$ 的情况）．由于没有弦画在 $C$ 之外也没有弦与 $xy$ 交叉，故 $z \nleftrightarrow z'$. $z$，$z'$ 即是所求的顶点．

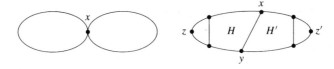

240

## 欧拉公式

欧拉公式 $(n - e + f = 2)$ 是可平面图中对顶点、边和面进行计数的基本工具．

**6.1.21 定理**（Euler[1758]）　如果连通的平面图 $G$ 恰好有 $n$ 个顶点、$e$ 条边和 $f$ 个面，则 $n - e + f = 2$.

**证明**　对 $n$ 用归纳法．基本步骤 $(n = 1)$：$G$ 是由一些圈形成的"花束"，每个圈在嵌入中形成一个闭合曲线．如果 $e = 0$，则 $f = 1$，这时公式成立．每增加一条边，它将其所通过的面分割成两个面（约当曲线定理 (Jordan Curve Theorem)），这恰好使得边数和面数都增加 1. 于是当 $n = 1$ 时，对任意边数公式均成立．

归纳步骤 $(n > 1)$：由于 $G$ 是连通的，因此可以找到一条不是圈的边．如果我们将这样一条边收缩，将得到一个有 $n'$ 个顶点、$e'$ 条边和 $f'$ 个面的平面图．收缩操作不会改变面的个数（我们只是将面的边界缩短了），但是它的顶点个数和边的条数减 1，故 $n' = n - 1$，$e' = e - 1$，$f' = f$. 由归纳假设，我们得到

$$n - e + f = n' + 1 - (e' + 1) + f' = n' - e' + f' = 2.$$

**6.1.22 注记** 1)由欧拉公式,连通图的所有可平面嵌入有相同的面数.尽管其对偶图依赖于所选嵌入,对偶图中的顶点数不依赖于选取的嵌入.

2)正如所说的那样,欧拉公式对非连通图是不成立的.如果平面图 $G$ 有 $k$ 个连通分支,则可以添加 $k-1$ 条边使得平面图变成一个连通图而不影响面的个数.因此,将欧拉公式推广到有 $k$ 个连通分支的情况就变成了 $n-e+f=k+1$(比如,考虑有 $n$ 个顶点而且没有边的图就是这样). ■

欧拉公式有很多应用,尤其对于简单平面图,这时所有面的长度至少为 3.

**6.1.23 定理** 如果 $G$ 是至少有 3 个顶点的简单平面图,则 $e(G)\leqslant 3n(G)-6$. 如果 $G$ 是三角形无关的,则 $e(G)\leqslant 2n(G)-4$.

**证明** 只需考虑连通图的情况,否则可以添加一些边将其变为连通图.如果将 $f$ 从欧拉公式消除,就能将 $n(G)$ 和 $e(G)$ 关联起来.

命题 6.1.13 给出了 $e$ 和 $f$ 之间的一个不等关系.(如果 $n(G)\geqslant 3$)简单平面图的每个面的边界至少包含 3 条边.如果所有面的长度放在一起构成集合 $\{f_i\}$,则得到 $2e=\sum f_i\geqslant 3f$. 代入公式 $n-e+f=2$ 得到 $e\leqslant 3n-6$.

[241] 如果 $G$ 中无三角,则面的长度至少为 4. 这时 $2e=\sum f_i\geqslant 4f$,于是我们得到 $e\leqslant 2n-4$. ■

**6.1.24 例** $K_5$ 和 $K_{3,3}$ 的不可平面性立即可以从定理 6.1.23 得出.因为对于 $K_5$,有 $e=10>9=3n-6$;又由于 $K_{3,3}$ 中没有三角形,并且 $e=9>8=2n-4$. 这两个图中的边太多,使得它们不是可平面的. ■

**6.1.25 定义** **极大可平面图**是一个简单可平面图且它不是其他可平面图的生成子图.**三角剖分**是每个面的边界均为 3-环的简单平面图.

**6.1.26 命题** 对于简单 $n$-顶点平面图,其中 $n\geqslant 3$,下列命题等价:

A)$G$ 有 $3n-6$ 条边.

B)$G$ 是一个三角剖分.

C)$G$ 是一个极大平面图.

**证明** A⇔B. 对于简单 $n$-顶点平面图,定理 6.1.23 的证明过程说明:它恰有 $3n-6$ 条边等价于 $2e=3f$,该条件成立当且仅当每个面(的边界)均是 3-环.

B⇔C. 存在比 3-环长的面当且仅当有办法在该作图中添加一条边并得到更大的简单平面图. ■

**6.1.27 注记** 一个图可以嵌入平面当且仅当它可以嵌入球面.给定某球面上的一个嵌入,我们在其中一个面内给这个球挖一个小孔,进而可以将该嵌入投影到与开孔点对面的那个点相切的平面上.这样得到一个平面嵌入,其中被开孔的那个面经过映射变成了平面上的无界面.上述过程是可逆的. ■

**6.1.28 应用**(正多面体) 非正式地,我们将正多面体看成一个物体,其边界由长度相等的正多边形构成,且交于每个顶点的面的个数也是相等的.如果让正多面体膨胀使得它(的棱)正好位于球面上,则根据注记 6.1.27 我们得到一个平面作图.于是得到一个各面长度相等的正则平面图.进而其对偶图也是一个正则图.

令 $G$ 是一个有 $n$ 个顶点、$e$ 条边和 $f$ 个面的平面图.假设 $G$ 是度为 $k$ 的正则图且所有的面的长度为 $l$. 由 $G$ 和 $G^*$ 的度和公式得到 $kn=2e=lf$. 通过代换欧拉公式中的 $n$ 和 $f$,我们有

$$e\left(\frac{2}{k}-1+\frac{2}{l}\right)=2.$$

由于 $e$ 和 2 都是正数,故另一个因子也是正数,这样 $\frac{2}{k}+\frac{2}{l}>1$,即 $2k+2l>kl$. 这个不等式等价于 $(k-2)(l-2)<4$.

由于 2-正则图的对偶不是简单图,我们要求 $k,l\geqslant 3$. 现在 $(k-2)(l-2)<4$ 又要求 $k,l\leqslant 5$.

满足这两个要求的$(k, l)$对只有$(3, 3)$、$(3, 4)$、$(3, 5)$、$(4, 3)$和$(5, 3)$.

一旦指定了$k$和$l$，从任意面开始只有一种方法来摆放平面图. ■ 242

| $k$ | $l$ | $(k-2)(l-2)$ | $e$ | $n$ | $f$ | 名称 |
|---|---|---|---|---|---|---|
| 3 | 3 | 1 | 6 | 4 | 4 | 四面体 |
| 3 | 4 | 2 | 12 | 8 | 6 | 立方体 |
| 4 | 3 | 2 | 12 | 6 | 8 | 八面体 |
| 3 | 5 | 3 | 30 | 20 | 12 | 十二面体 |
| 5 | 3 | 3 | 30 | 12 | 20 | 二十面体 |

**习题**

6.1.1 （一）证明或否证：

a)可平面图的任意子图也是可平面的.

b)非可平面图的任意子图也不是可平面的.

6.1.2 （一）证明：由$K_5$或$K_{3,3}$删除一条边之后形成的图是可平面的.

6.1.3 （一）找出使得$K_{r,s}$是可平面图的所有$r, s$.

6.1.4 （一）在下面图的可平面对偶中，确定同构类的个数.

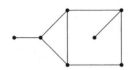

6.1.5 （一）证明或否证：平面图有割点当且仅当它的对偶图有割点.

6.1.6 （一）证明：平面图是2-连通的当且仅当对每个面，绕其一周的通道是一个环.

6.1.7 （一）一个**极大外可平面图**是一个简单外可平面图，且它不是更大的外可平面图的生成子图. 设$G$是至少含有3个顶点的极大外可平面图. 证明：$G$是2-连通的.

6.1.8 （一）证明：任意简单可平面图含有一个度至多为5的顶点.

6.1.9 （一）用定理6.1.23证明：顶点数少于12的任意简单可平面图有一个顶点的度至多为4.

6.1.10 （一）证明或否证：不存在最小度至少为4的简单二部可平面图.

6.1.11 （一）设$G$是一个极大可平面图. 证明：$G^*$是2-边-连通的且是3-正则的.

6.1.12 （一）将5个正多面体画成平面图. 证明：八面体是立方体的对偶而二十面体是十二面体的对偶.

• • • • • • • • • • • • • • • •  243

6.1.13 找出下图的一个平面嵌入.

6.1.14   证明或否证：对任意 $n \in \mathbf{N}$，存在顶点个数多于 $n$ 的简单连通 4-正则可平面图．

6.1.15   构造一个有 12 个顶点的 3-正则可平面图使其直径为 3（注：T. Barcume 已经证明不存在顶点个数多于 12 的这种图）．

6.1.16   在平面上连续作图，每条线段均不要重复且最后终止于落笔点（这样的图可以看成欧拉图），设 $F$ 就是这样画出的一个图．证明：画 $F$ 时可以使得笔尖不与已经画好的部分交叉．比如，下面的图有两个画法，其中一个与自身相交另一个则不与自身相交．

6.1.17   证明或否证：如果 $G$ 是最小度为 3 的 2-连通简单平面图，则对偶 $G^*$ 是简单图．

6.1.18   给定一个平面图 $G$，画出它的对偶图 $G^*$ 使得每条对偶边都与它在 $G$ 中的对应边相交且不与其他边相交．证明下面的结论．
a) $G^*$ 是连通的．
b) 如果 $G$ 是连通的，则 $G^*$ 的每个面中恰好有 $G$ 的一个顶点．
c) $(G^*)^* = G$ 当且仅当 $G$ 是连通的．

6.1.19   设 $G$ 是一个平面图．对 $e(G)$ 用归纳法证明定理 6.1.14：集合 $D \subseteq E(G)$ 是 $G$ 中的环当且仅当 $D^* \subseteq E(G^*)$ 是 $G^*$ 中的键（提示：收缩 $D$ 的一条边并使用注记 6.1.15）．

6.1.20   对面的个数用归纳法，证明：平面图 $G$ 是二部图当且仅当每个面的长度是偶数．

6.1.21   (!)证明：连通平面图 $G$ 的一个边的集合构成 $G$ 的一棵生成树当且仅当其余边的对偶形成 $G^*$ 的一棵生成树．

6.1.22   平面图 $G$ 的**弱对偶**是将对偶 $G^*$ 中原无界面的对偶顶点删除之后得到的图．证明：外平面图的弱对偶是一个森林．

6.1.23   (!)有向平面图．设 $G$ 是一个平面图，$D$ 是 $G$ 的一个定向．**对偶** $D^*$ 是 $G^*$ 的一个定向，它使得：如果从 $D$ 的一条边的尾部走到头部，则 $D^*$ 中相应的对偶边从右到左与该边交叉．例如，如果下面实边是 $D$ 中的边，则虚边是 $D^*$ 中的边．

证明：如果 $D$ 是强连通的，则 $D^*$ 没有环并且 $\delta^-(D^*) = \delta^+(D^*) = 0$．由此得出结论：如果 $D$ 是强连通的，则 $D$ 有一个面其边沿顺时针方向构成环并且有另一个面其边沿逆时针方向构成环．

6.1.24   (!)欧拉定理的另一个证明．
a) 利用多边形曲线（而不是用欧拉公式），对 $n(G)$ 作归纳证明：树的任意平面嵌入只有一个面．
b) 对环的个数作归纳，证明欧拉公式．

6.1.25   (!)证明：任意与其对偶同构的 $n$-顶点平面图有 $2n-2$ 条边．对任意 $n \geqslant 4$，构造一个与其对偶同构的 $n$-顶点简单平面图．

6.1.26   对 $n \geqslant 2$，确定 $n$-顶点简单外平面图中的最大边数，对此给出三个证明．
a) 对 $n$ 用归纳法．
b) 用欧拉公式．

c)在无界面中添加一个顶点然后用定理 6.1.23.

6.1.27 设 $G$ 是一个连通 3-正则平面图并且其任意顶点位于一个长度为 4 的面、一个长度为 6 的面和一个长度为 8 的面上.

a)用 $n(G)$ 的形式给出各种长度的面的个数.

b)用欧拉定理和(a)给出 $G$ 中面的个数.

6.1.28 设 $C$ 是平面上某凸区域的边界形成的闭合曲线. 设 $C$ 中画有 $m$ 条弦并满足:任意 3 条弦没有公共点而任意两条弦没有公共端点. 令 $p$ 是交叉弦的对数. 用 $m$ 和 $p$ 描述 $C$ 内形成的线段数和区域数.(Alexanderson-Wetzel[1977])

6.1.29 证明:至少有 11 个顶点的简单可平面图的补图不是可平面的. 构造一个有 8 个顶点的自补简单可平面图.

6.1.30 (!)设 $G$ 是一个围长为 $k$ 的 $n$-顶点简单可平面图. 证明:$G$ 最多有 $(n-2)\dfrac{k}{k-2}$ 条边. 由该结论证明 Petersen 图不是可平面的.

6.1.31 设 $G$ 是顶点为 $v_1,\cdots,v_n$ 而边为 $\{v_iv_j:|i-j|\leqslant 3\}$ 的简单图. 证明:$G$ 是一个极大可平面图.

6.1.32 设 $G$ 是一个极大平面图. 证明:如果 $S$ 是 $G^*$ 的 3 元分离集,则 $G^*-S$ 有两个连通分支.(Chappell)

6.1.33 (一)设 $G$ 是一个三角剖分,而 $n_i$ 是 $G$ 中度为 $i$ 的顶点的个数. 证明:$\sum(6-i)n_i=12$.

6.1.34 构造一个由最小度为 5 的简单可平面图构成的无穷图族,使得其中每个图恰好有 12 个度为 5 的顶点(提示:修改十二面体).

6.1.35 (!)证明:至少有 4 个顶点的任意简单可平面图至少有 4 个顶点的度小于 6. 对满足 $n\geqslant 8$ 的任意 $n$,构造一个恰好有 4 个顶点的度小于 6 的 $n$-顶点简单可平面图 $G$.(Grünbaum-Motzkin[1963])

6.1.36 对于 $n\geqslant 3$,设 $S$ 是平面上 $n$ 个点构成的集合并使得任意 $x,y\in S$,$x,y$ 之间的平面距离至少为 1. 证明:$S$ 中最多有 $3n-6$ 个点对 $u,v$ 使得 $u,v$ 间的距离恰好为 1.

6.1.37 给定整数 $k\geqslant 2$,$l\geqslant 1$,且 $kl$ 是偶数,构造一个恰好有 $k$ 个长度为 $l$ 的面的可平面图.

245

## 6.2 可平面图的特征

到底什么样的图可以嵌入到平面上呢? 我们已经证明了 $K_5$ 和 $K_{3,3}$ 不能嵌入到平面. 事实上,它们都是临界图并由此得到了可平面图的特征刻画,这就是著名的 Kuratowski 定理. Kasimir Kuratowski 曾经问 Frank Harary 关于 $K_5$ 和 $K_{3,3}$ 这两个符号的来历. Harary 回答说:"$K_5$ 中的 $K$ 表示 Kasimir,而 $K_{3,3}$ 中的 $K$ 代表 Kuratowski!".

回忆一下,一个图的细分是将该图中的一些边用两两在内部不相交的路径代替之后得到的图(定义 5.2.19).

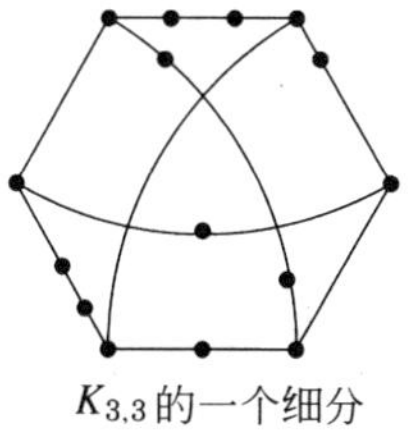

$K_{3,3}$ 的一个细分

**6.2.1 命题**  如果图 $G$ 中存在子图是 $K_5$ 或 $K_{3,3}$ 的细分, 则 $G$ 是不可平面的.

**证明**  可平面图的任意子图仍然是可平面的, 因此只需证明 $K_5$ 或 $K_{3,3}$ 的细分是不可平面的. 细分边不影响可平面性. $G$ 的细分的一个平面嵌入中的曲线可以用来得到 $G$ 的一个平面嵌入, 反之亦然.                                                                            ∎

由命题 6.2.1 知道, 避开 $K_5$ 或 $K_{3,3}$ 的细分是成为可平面图的必要条件. Kuratowski 证明了这个 TONCAS(简单的必要条件也是充分的):

**6.2.2 定理**(Kuratowski[1930])  一个图是可平面的当且仅当它不包含 $K_5$ 或 $K_{3,3}$ 的细分.  ∎

Kuratowski 定理是本节前半部分我们要解决的问题, 之后我们将对可平面图的其他特征作一些评注.

如果 $G$ 是可平面的, 我们可能还要去为它寻找具有其他特性的平面嵌入. Wagner[1936], Fáry [1948]和 Stein[1951]证明了: 任意有限简单可平面图均存在一个平面嵌入使得其中的所有边均是直线段. 这就是著名的 **Fáry 定理**(习题 6). 对于 3-连通可平面图, 我们将证明更强的结果, 即这种图有一个平面嵌入使得所有的面均是多边形.

### Kuratowski 定理的预备知识

首先, 我们介绍一些在证明不可平面性时用到的子图的简称.

**6.2.3 定义**  图 $G$ 的一个子图被称作 $G$ 的一个 **Kuratowski 子图**, 如果该子图是 $K_5$ 或者 $K_{3,3}$ 的细分. **极小不可平面图**是一个不可平面图, 它的任意子图均是可平面的.

我们将证明, 没有 Kuratowski 子图的极小不可平面图必是 3-连通的. 于是, 一旦证明了任意没有 Kuratowski 子图的 3-连通图是可平面的也就完成了 Kuratowski 定理的证明.

**6.2.4 引理**  如果 $F$ 是 $G$ 的某个平面嵌入的一个面的边集, 则存在 $G$ 一个平面嵌入使得其无界面的边恰好构成 $F$.

**证明**  将这个平面嵌入投影到球面上, 这使得各个区域的边的集合保持不变并且所有区域变成了有界区域; 然后再从 $F$ 所围的面内(开孔)将它投影回平面内.                          ∎

**6.2.5 引理**  任意极小不可平面图是 2-连通的.

**证明**  令 $G$ 是一个极小不可平面图. 如果 $G$ 是不连通的, 则可以将它的一个连通分量嵌入到其余分量的平面嵌入的某个面中.

如果 $G$ 有一个割点 $v$, 则令 $G_1, \cdots, G_k$ 是 $G$ 的所有 $\{v\}$-瓣. 由 $G$ 的极小性可知, 每个 $G_i$ 都是可平面的. 由引理 6.2.4 知道, 可以将 $G_i$ 嵌入平面并且使得 $v$ 位于外部面中. 我们将每个这样的平面嵌入压缩, 使得它位于顶点为 $v$ 且度数小于 $360/k$ 的角内. 这样, 我们已将各个瓣的平面嵌入在 $v$ 点结合在一起得到了 $G$ 的一个平面嵌入.                                              ∎

**6.2.6 引理**  设 $S=\{x, y\}$ 是 $G$ 的二元分离集. 如果 $G$ 是不可平面的, 则将边 $xy$ 添加到某个 $S$-瓣中可以得到一个不可平面图.

**证明**  令 $G_1, \cdots, G_k$ 是 $G$ 的所有 $S$-瓣, 并假设 $H_i=G_i \cup xy$. 如果 $H_i$ 是可平面的, 则由引理 6.2.4 知道它有一个平面嵌入使得 $xy$ 位于外部面的边界上. 对于 $i>1$, 这样做将允许我们将 $H_i$ 粘到 $\bigcup\limits_{j=1}^{i-1} H_j$ 的平面嵌入上, 这只需将 $H_i$ 嵌入到($\bigcup\limits_{j=1}^{i-1} H_j$ 的平面嵌入的)一个边界上有 $xy$ 这条边的面之内. 然后, 如果 $xy$ 这条边不在 $G$ 中, 则将它删除. 这样就得到 $G$ 的一个平面嵌入.            ∎

下一个引理使得我们在证明 Kuratowski 定理时只需将注意力限制在 3-连通图上. 这种假设的

图不存在；但如果存在，它就是 3-连通图.

**6.2.7 引理** 如果 $G$ 是不含 Kuratowski 子图的所有不可平面图中边数最少的图，则 $G$ 是 3-连通的.

**证明** 删除 $G$ 的一条边不会在 $G$ 中产生新的 Kuratowski 子图. 因此，假设条件保证了删除一条边将产生一个可平面图，因此 $G$ 是一个极小不可平面图. 由引理 6.2.5 知道 $G$ 是 2-连通的.

假设 $G$ 有一个二元分离集 $S = \{x, y\}$. 由于 $G$ 是不可平面的，故 $xy$ 与某个 $S$-瓣的并是不可平面的(引理 6.2.6). 设 $H$ 是这样得到的一个图. 由于 $H$ 的边数比 $G$ 的边数少，由 $G$ 的极小性得到 $H$ 中必有一个 Kuratowski 子图 $F$. 除了 $xy$ 可能不在 $G$ 中外，$F$ 中的所有边均在 $G$ 中出现.

由于 $S$ 是 $G$ 的一个极小顶点割集，$x$ 和 $y$ 在每个 $S$-瓣中均有相邻顶点. 因此可以将 $F$ 中 $xy$ 这条边替换成通过其他 $S$-瓣的一条 $x, y$-路径，这样就得到 $G$ 的一个 Kuratowski 子图. 这与 $G$ 中没有 Kuratowski 子图矛盾. 因此，$G$ 没有二元分离集.

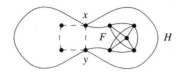

### 凸嵌入

要完成 Kuratowski 定理的证明，只需证明不含 Kuratowski 子图的 3-连通图是可平面的. 我们将使用归纳法. 证明更强的一个结论将有助于归纳步骤的证明更加方便.

**6.2.8 定义** 图的一个**凸嵌入**是该图的各面边界都是凸多边形的一个平面嵌入.

Tutte[1960，1963]证明了任意 3-连通可平面图存在凸嵌入. 这是用连通性进行刻画时可能得到的最好结果，因为当 $n \geq 4$ 时，2-连通可平面图 $K_{2,n}$ 没有凸嵌入. 我们采用 Thomassen 的方法来证明 Kuratowski 定理，即证明 Tutte 的这个更强的关于不含 Kuratowski 子图的 3-连通图的结果(Tutte 的结论的另一个证明是基于耳分解的——Kelmans[2000]).

我们通过对 $n(G)$ 作归纳来证明 Tutte 的这个定理. 用归纳法证明条件命题的模式(注记1.3.25)使得我们明确了需要哪些引理. 我们的假设条件是"3-连通的"和"没有 Kuratowski 子图"，结论是"凸嵌入". 对于满足这两个条件的图 $G$，为了运用归纳假设，必须找出同时满足这两个条件的较小的子图 $G'$.

第一个引理允许我们通过收缩 $G$ 中的某条边来得到一个较小的 3-连通图 $G'$. 第二个引理证明了 $G'$ 也满足没有 Kuratowski 子图这个假设条件. 然后，通过 $G'$ 的一个凸嵌入得到 $G$ 的一个凸嵌入，这样整个证明就完成了.

**6.2.9 引理** (Thomassen[1980]) 至少有 5 个顶点的任意 3-连通图存在一条边 $e$ 使得 $G \cdot e$ 是 3-连通的.

**证明** 我们用反证法和极端化方法. 考虑端点为 $x, y$ 的边 $e$. 如果 $G \cdot e$ 不是 3-连通的，则它存在一个二元分离集 $S$. 由于 $G$ 是 3-连通的，$S$ 必然包含收缩 $e$ 时得到的顶点. 设 $z$ 表示 $S$ 中的另一个顶点并将它称作邻接顶点对 $x, y$ 的配偶. 注意 $\{x, y, z\}$ 是 $G$ 的三元分离集.

假设 $G$ 中没有边使得它收缩得到的图是 3-连通图. 故每个邻接顶点对都有一个配偶. 在 $G$ 的所有边中，选择 $e = xy$ 和其配偶 $z$ 使得由此产生的非连通图 $G - \{x, y, z\}$ 的某个连通分支 $H$ 的阶达到最大值. 设 $G - \{x, y, z\}$ 的另一个连通分支为 $H'$ (参见下图). 由于 $\{x, y, z\}$ 是极小分离集，

因此 $x$，$y$，$z$ 中的每个顶点在 $H$ 和 $H'$ 中均有相邻顶点．设 $u$ 是 $z$ 在 $H'$ 中的相邻顶点，而 $v$ 是 $u$，$z$ 的配偶．

由"配偶"的定义可知，$G-\{z, u, v\}$ 是不连通的．但是，由 $V(H)\bigcup\{x, y\}$ 诱导的 $G$ 的子图是连通的．如果 $v$ 在该子图中出现，则删除它不会使得这个子图变成不连通的；因为如果这样的话，$G-\{z, v\}$ 将是不连通的．于是，$G_{V(H)\bigcup\{x, y\}}-v$ 将含于 $G-\{z, u, v\}$ 的某个连通分支中且其中的顶点数比 $H$ 多，这与 $x$，$y$，$z$ 的选取矛盾．

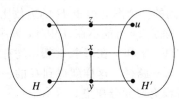

下面我们证明，边收缩这个操作会使得不出现 Kuratowski 子图这个性质得以保持．我们引入一个方便的术语：$H$ 的细分 $H'$ 中的**分叉点**是指 $H'$ 中那些度至少为 3 的顶点．

**6.2.10 引理**　如果 $G$ 中没有 Kuratowski 子图，则 $G \cdot e$ 中也没有 Kuratowski 子图．

**证明**　我们证明它的逆否命题：如果 $G \cdot e$ 含有 Kuratowski 子图，则 $G$ 中也含有．设 $z$ 是 $G \cdot e$ 中收缩 $e=xy$ 时得到的顶点．如果 $z$ 不在 $H$[注] 中，则 $H$ 本身就是 $G$ 的一个 Kuratowski 子图．如果 $z\in V(H)$ 但 $z$ 不是 $H$ 的分叉点，则将 $H$ 中的 $z$ 点用 $x$ 或 $y$ 或边 $xy$ 替换就得到 $G$ 的一个 Kuratowski 子图．

[249] 　类似地，如果 $z$ 是 $H$ 的一个分叉点且 $H$ 中与 $z$ 关联的边最多只有一条在 $G$ 中与 $x$ 关联，则将 $z$ 扩张成 $xy$ 就延长了相应的那条路径，且 $y$ 就变成了 $G$ 中的这个 Kuratowski 子图的分叉点．

对于其他情况（如下所示），$H$ 是 $K_5$ 的一个细分且 $z$ 是一个分叉点，而且 $H$ 中与 $z$ 关联的 4 条边对应到 $G$ 中是两条与 $x$ 关联的边和 2 条与 $y$ 关联的边．在这种情况下，设 $u_1$，$u_2$ 是 $H$ 中的如下两个分叉点，它们恰好分别是 $G$ 中通过与 $x$ 关联的边离开 $z$ 的那些路径的另一个端点；$v_1$，$v_2$ 是 $H$ 中的如下两个分叉点，它们正好分别是 $G$ 中通过与 $y$ 关联的边离开 $z$ 的那些路径的另一个端点．删除 $H$ 中的 $u_1$，$u_2$-路径（边 $u_1 u_2$）和 $v_1$，$v_2$-路径（边 $v_1 v_2$），即在 $G$ 中得到了 $K_{3,3}$ 的一个细分，其中 $y$，$u_1$，$u_2$ 是一个部中的分叉点而 $x$，$v_1$，$v_2$ 是另一个部中的分叉点．

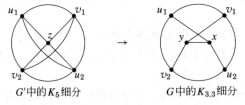

$G'$ 中的 $K_5$ 细分　　　　　　　$G$ 中的 $K_{3,3}$ 细分

现在我们可以来证明 Tutte 定理了．

**6.2.11 定理**（Tutte[1960，1963]）　如果 $G$ 是一个不含 $K_5$ 或 $K_{3,3}$ 的细分的 3-连通图，则存在 $G$ 的平面凸嵌入使得任意三个顶点不在一条直线上．

**证明**（Thomassen[1980，1981]）　我们对 $n(G)$ 用归纳法．

**基本步骤**：$n(G)\leqslant 4$. 顶点数不超过 4 的 3-连通图是 $K_4$，它有这种平面嵌入．

---

归纳步骤：$n(G) \geqslant 5$. 设 $e$ 是使得 $G \cdot e$ 是 3-连通图的一条边，由引理 6.2.9 可知这条边是存在的. 设 $z$ 是收缩 $e$ 时得到的顶点. 由引理 6.2.10 知道 $G \cdot e$ 中没有 Kuratowski 子图. 由归纳假设，得到 $H = G \cdot e$ 的一个平面凸嵌入使得其中没有三点共线.

在该嵌入中，删除与 $z$ 关联的所有边后得到的子图中有一个面（可能是无界面）包含了顶点 $z$. 由于 $H-z$ 是 2-连通的，因此这个面的边界是一个环 $C$. $z$ 的所有相邻顶点都在 $C$ 上；这些顶点在 $G$ 中可能是 $x$ 或 $y$ 或者上述二者的相邻顶点. 其中 $x$，$y$ 是 $e$ 原来的端点.

$H$ 的凸嵌入中包含了连接 $z$ 及其相邻顶点的直线段. 设 $x_1$，$\cdots$，$x_k$ 是按 $C$ 上的顶点顺序给出的 $x$ 的所有相邻顶点. 如果 $y$ 的所有相邻顶点在 $C$ 上位于某顶点 $x_i$ 和 $x_{i+1}$ 之间，则将 $x$ 放在 $z$ 在 $H$ 中的位置而将 $y$ 放在由 $x x_i$ 和 $x x_{i+1}$ 构成的楔形区域中靠近 $z$ 的位置，这样即得到 $G$ 的一个凸嵌入，如下面情形 0 所示.

如果不是这种情况，则：或者 1)$y$ 与 $x$ 有 3 个共同的相邻顶点；或者 2)$y$ 有相邻顶点 $u$, $v$，它们与 $x$ 的相邻顶点 $x_i$，$x_{i+1}$ 在 $C$ 上交替出现. 在情形 1 中，$C$、$xy$ 和从 $\{x, y\}$ 到 $\{u, v, x\}$ 的边一起构成 $K_5$ 的一个细分. 在情形 2 中，$C$、$xy$ 和路径 $uyv$，$x_i x x_{i+1}$ 一起构成 $K_{3,3}$ 的一个细分. 因为我们仅考虑没有 Kuratowski 子图的图，事实上必然是情形 0 出现.    ⎯250⎯

情形0          情形1          情形2    ■

将引理 6.2.7 和定理 6.2.11 放在一起就证明了 Kuratowski 定理（定理 6.2.2）. Fáry 定理可以单独得到，即如果某图有平面嵌入，则它也有直线平面嵌入（习题 6）.

在计算机科学的应用中，更符合我们需求的是直线平面嵌入并且还要求顶点都定位在相对较小的网格的整数点上. Schnyder[1990]证明了任意 $n$-顶点可平面图均存在一个直线平面嵌入将顶点定位在网格 $[n-1] \times [n-1]$ 的整数点上.

可平面图的许多其他性质也已经得到证明，其中的一些性质留作习题. 我们另外还给出两个性质.

**\*6.2.12 定义**    如果由图 $G$ 收缩多条边之后可以得到图 $H$ 的一个拷贝，则称 $H$ 是 $G$ 的一个**子式**.

例如，$K_5$ 是 Petersen 图的子式，尽管 Petersen 图中并不含 $K_5$ 的细分.

**\*6.2.13 注记**    删除和收缩可以按任意的顺序来进行，只要我们搞清边的来龙去脉. 因此，$G$ 的子式也可以表述成"$G$ 的子图的收缩".

如果 $G$ 中含有 $H$ 的细分，将该细分设为 $H'$，则 $H$ 也是 $G$ 的一个子式；这可以如下得到：先删除 $G$ 中不在 $H'$ 中的边，然后收缩那些与度为 2 的顶点关联的边. 如果 $H$ 的最大度不超过 3，则 $H$ 是 $G$ 的一个子式当且仅当 $G$ 含有 $H$ 的一个细分（习题 11）.

Wagner[1937]证明了 $G$ 是可平面的当且仅当 $K_5$ 和 $K_{3,3}$ 都不是 $G$ 的子式.    ■

**\*6.2.14 注记**    有些特征刻画与实际的嵌入之间的关系更为密切. 例如，将 3-连通图画在平面上后，将一个面的边界环的顶点删除后将留下一个连通子图.

我们称图的一个环是**非分离的**，如果该环的顶点集不是分离集. Kelmans[1980，1981b]证明了 3-连通图的一个细分是可平面的当且仅当每条边恰好位于两个非分离环中. Kelmans[1993]对相关

251 的材料进行了综述.

## 可平面性测试(选学)

Dirac 和 Schuster[1954]给出了 Kuratowski 定理的第一个简短的证明. 该证明使用了图的一些特殊子图, 它出现于下列文献中: Harary[1969, 109-112]、Bondy-Murty[1976, p153-156]和Chartrand-Lesniak[1986, p96-98].

**6.2.15 定义** 如果 $H$ 是 $G$ 的子图, 一个 **$H$-碎片** 指的是:

1)端点均在 $H$ 中但自身不在 $H$ 中的一条边.

2)$G-V(H)$ 的一个连通分量以及连接该连通分量和 $H$ 的那些边(包含连接处的顶点).

所有 $H$-碎片与 $H$ 一起构成 $G$ 的一个分解. 为了从 $H$ 的一个平面嵌入得到 $G$ 的一个平面嵌入, 这些 $H$-碎片是必须要添加的"片断". "$H$-桥"这个术语曾用来表示这个概念, 而我们采用"$H$-碎片"是为了避免与其他"桥"概念混淆.

$H$-碎片与 $V(H)$-瓣是不同的, 因为 $H$-碎片忽略了 $H$ 中的边. $H$-碎片也可以是连接 $H$ 中的顶点但本身不在 $H$ 中的边, 因为 $H$ 不必是诱导子图.

对于 Kuratowski 定理中 3-连通这种情况, Dirac 和 Schuster 考虑了不含 Kuratowski 子图的极小不可平面 3-连通图 $G$. 删除一条边 $e$ 得到一个可平面 2-连通图. 在选定一个通过 $e$ 的两个端点的环 $C$ 后, 可以在平面嵌入中添加 $e$, 除非有一个 $C$-碎片被嵌入到 $C$ 的内部而另有一个 $C$-碎片被嵌入到 $C$ 的外部, 这时对边 $e$ 的嵌入会引发矛盾. 正如定理 6.2.11 的证明过程, 这将产生 $G$ 的一个 Kuratowski 子图. Tutte 用产生相互冲突的 $C$-碎片这个思想得到了可平面图的另一个特征.

**6.2.16 定义** 设 $C$ 是图 $G$ 中的一个环. 两个 $C$-碎片 $A$, $B$ **冲突**, 如果二者在与 $C$ 的连接处有 3 个公共顶点, 或者如果按照 $C$ 中的顶点顺序存在 4 个顶点 $v_1$, $v_2$, $v_3$, $v_4$ 使得 $A$ 通过 $v_1$, $v_3$ 与 $C$ 连接而 $B$ 通过 $v_2$, $v_4$ 与 $C$ 连接. $C$ 的 **冲突图** 是如下定义的图, 顶点集合是 $G$ 中的所有 $C$-碎片, 并且冲突的 $C$-碎片是相互邻接的.

Tutte[1958]证明了 $G$ 是可平面的当且仅当 $G$ 中任意环 $C$ 的冲突图是二部图(习题 13). 在第一次证明 $K_5$ 和 $K_{3,3}$ 是不可平面图的时候(命题 6.1.2), 我们使用了这种思想, $K_{3,3}$ 的生成环的冲突图是 $C_3$ 而 $K_5$ 的生成环的冲突图是 $C_5$.

不可平面的 3-连通图有特殊类型的 Kuratowski 子图. Kelmans[1981b]曾猜想这可能会扩展 Kuratowski 定理, 即: 至少含有 6 个顶点的 3-连通不可平面图存在一个环使得该环中有三条两两相交的弦, 该猜想分别独立地由 Kelmans[1983, 1984b]和 Thomassen[1984]给出了证明.

可平面性的特征刻画引导我们去寻找快速算法来测试可平面性. Hopcroft-Tarjan[1974]和Booth-Luecker[1976]给出了几个复杂的线性时间算法(Boyer-Myrvold[1999]给出了一个相对简单的

252 算法. Gould[1988, p177-185]讨论了 Hopcroft-Tarjan 算法的那些思想). 更早的相对更简单的一个算法不是线性时间的, 但仍是多项式时间的. 这个算法是由 Demoucron, Malgrange, and Pertuiset[1964]发明的, 其中用到了 $H$-碎片.

这个算法的思想是: 如果 $H$ 的一个平面嵌入可以扩张成 $G$ 的一个平面嵌入, 则在该扩张中 $G$ 的每个 $H$-碎片必出现在 $H$ 的一个面中. 如果 $G$ 是可平面的, 则逐步建立越来越大的 $G$ 的子图 $H$ 使得它们均可以扩张成 $G$ 的平面嵌入. 我们试图用一些小策略来扩大 $H$ 并希望这些策略不要引起麻烦.

为了扩大 $H$, 选取一个可以容纳某个 $H$-碎片 $B$ 的面 $F$; $F$ 的边界必须包含 $B$ 与 $H$ 的连接处的所有顶点. 尽管我们不知道将 $B$ 嵌入 $F$ 的最佳办法，但对于 $B$ 中介于连接处的顶点之间的一条路径只有唯一的办法将它添加进来使得它穿过 $F$，因此我们就添加这样的一条路径. 对于 $B$ 和 $F$ 的选择，下面将详细说明. 与我们提到的其他算法一样，只要 $G$ 是可平面的，该算法将产生一个平面嵌入.

**6.2.17 算法**(可平面性的测试)

**输入**：一个 2-连通图(因为 $G$ 是可平面的当且仅当 $G$ 的每个块是可平面的，而算法 4.1.23 计算得到所有块，故我们可以假设 $G$ 是至少含有 3 个顶点的一个块).

**思想**：不断地从当前的碎片中选出路径进行添加，并维护已被嵌入的子图的各个面的边界顶点构成的集合.

**初始化**：设 $G_0$ 是 $G$ 中任意的一个环，将它嵌入到平面上，由 $G_0$ 的顶点组成它的两个面的边界.

**迭代**：假设已经确定了 $G_i$，如下确定 $G_{i+1}$.

1. 找出输入块 $G$ 的所有 $G_i$-碎片.

2. 对每个 $G_i$-碎片 $B$，找出 $G_i$ 中包含($G_i$ 与 $B$ 的)连接处的所有顶点的所有面，这些面构成的集合记为 $F(B)$.

3. 如果 $F(B)$对某个 $B$ 是空集，返回不可平面. 如果 $|F(B)|=1$ 对某个 $B$ 成立，则选中这个 $B$；否则，任选一个 $B$.

4. 对于所选的 $B$，取介于(与 $G_i$ 的)连接处的两个顶点之间的一条路径 $P$. 穿过 $F(B)$中的一个面将 $P$ 嵌入. 这样得到的图记为 $G_{i+1}$，同时更新各个面的边界.

5. 如果 $G_{i+1}=G$，返回可平面. 否则将 $i$ 加 1 后回到第 1 步.

**6.2.18 例**　考虑下面的两个图(摘自 Bondy-Murty[1976，p165-166]). 算法 6.2.17 产生左边这个图的一个平面嵌入. 对于右边这个图，算法终止于第 3 步，该图中的环 12348765 有 3 条两两交叉的弦：14，27，36.

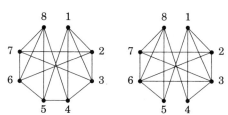

**6.2.19 定理**(Demoucron-Malgrange-Pertuiset[1964])　　如果 $G$ 是可平面的，则算法 6.2.17 产生 $G$ 的一个平面嵌入.

**证明**　可以假设 $G$ 是 2-连通的. 环在 $G$ 的任意平面嵌入中均以简单闭合曲线的形式出现. 由于可以对平面作反射操作，因此可平面图 $G$ 的一个环的任意嵌入都可以扩张成 $G$ 的一个平面嵌入.

因而，如果 $G$ 是可平面的，则 $G_0$ 可以扩张成 $G$ 的一个平面嵌入. 只需证明：如果平面图 $G_i$ 可以扩张成 $G$ 的一个平面嵌入，且算法从 $G_i$ 构造得到 $G_{i+1}$，那么 $G_{i+1}$ 也可以扩张成 $G$ 的一个平面嵌入. 注意，每个 $G_i$-碎片在连接处至少有两个顶点，因为 $G$ 是 2-连通的.

如果某个 $G_i$-碎片 $B$ 使得 $|F(B)|=1$，则在将 $G_i$ 扩张成 $G$ 的一个平面嵌入时只有一面可以包含路径 $P$. 算法将 $P$ 放在这个面中得到了 $G_{i+1}$，因此这种情况下 $G_{i+1}$ 可被扩充成 $G$ 的平面嵌入.

问题只会出现在以下情况中：$|F(B)|>1$ 对所有 $B$ 都成立并且在将所选碎片的路径 $P$ 进行

嵌入时错选了面. 我们假定: 1)将 $P$ 嵌入到了面 $f \in F(B)$ 中; 2)$G_i$ 可以扩张成 $G$ 的平面嵌入 $\hat{G}$, 但是在 $\hat{G}$ 中 $P$ 位于面 $f' \in F(B)$ 中. 我们修改 $\hat{G}$ 并证明 $G_i$ 可以被扩张成 $G$ 的另一个平面嵌入 $G'$ 并且在 $G'$ 中 $P$ 位于 $f$ 内. 这就说明我们的选择不会引起问题, 进而所构造的 $G_{i+1}$ 可以被扩张成 $G$ 的一个平面嵌入.

设同在 $f$ 和 $f'$ 的边界上的顶点构成集合 $C$, 其中包含了 $B$ 的连接处的所有顶点. 我们按如下方式绘制 $G'$: 在 $\hat{G}$ 中的面 $f$ 和 $f'$ 内找出连接处的顶点含于 $C$ 的所有 $G_i$-碎片, 绘制 $G'$ 时将这些 $G_i$-碎片在 $f$ 和 $f'$ 内的位置相互调换. 这个过程用下面左侧的图来表示, 其中 $G$ 中不在 $G_i$ 内的边用虚线表示.

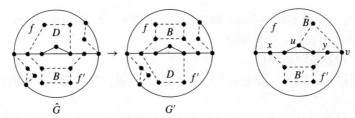

这种修改调换了 $B$ 的位置并产生了所需的平面嵌入 $G'$, 除非某个未调换的 $G_i$-碎片 $\hat{B}$ 与某个调换后的碎片发生冲突. 由于调换对 $f$ 和 $f'$ 是对称的, 并且我们只调换了这两个面的内部的碎片, 故可以假定在 $\hat{G}$ 中 $\hat{B}$ 位于 $f$ 内. "冲突"意味着 $\hat{G}$ 在 $f'$ 中存在某个碎片 $B'$, 我们在试图将 $B'$ 挪到 $f$ 中时会使得 $\hat{B}$ 与 $B'$ 在 $f$ 的冲突图中是邻接的.

设 $\hat{A}$ 和 $A'$ 分别是 $\hat{B}$, $B'$ 与 $f$ 的边界的连接顶点构成的集合. 由于 $\hat{B}$ 和 $B'$ 冲突, 故 $\hat{A}$ 和 $A'$ 有 3 个公共顶点或者有 4 个顶点交替出现在 $f$ 的边界上. 因为 $A' \subseteq C$ 但 $\hat{A} \not\subseteq C$, 故第一种情况成立也意味着第二种情况成立. 设 $x, u, y, v$ 是交替出现的 4 点, 其中 $x, y \in A' \subseteq C$ 而 $u, v \in \hat{A}$. 可以假定 $u \notin C$, 如上面右侧的图所示. 如果不存在这样的交替顶点, 则 $\hat{B}$ 与 $B'$ 不冲突并且 $\hat{B}$ 也可以挪到 $f'$ 中.

由于 $u \notin C$ 并且在 $f$ 的边界上 $y$ 介于 $u$ 和 $v$ 之间, 没有其他面可以同时包含 $u$ 和 $v$. 于是 $\hat{B}$ 的连接处的顶点就不是至少含于两个面中, 这与 $\big| F(\hat{B}) \big| > 1$ 矛盾. ■

254

可以从检查 $G$ 是否最多含有 $3n-6$ 条边开始, 正确维护各个面的边界顶点链表, 并利用线性搜索来完成其他操作. 因此该算法的运行时间是二次的. 由 Klotz[1989]给出的 Kuratowski 定理的证明也给出了一个测试可平面性的二次时间算法; 对于 $G$ 不是平面图的情况, 该算法还找出了一个 Kuratowski 子图.

### 习题

6.2.1 (一)证明: 三维立方体 $Q_3$ 的补图是不可平面的.

6.2.2 (一)用三种方法证明 Petersen 图是不可平面的.

    a)用 Kuratowski 定理.

    b)用欧拉公式以及 Petersen 图的围长为 5 这个事实.

    c)用 Demoucron-Malgrange-Pertuiset 的可平面性测试算法.

6.2.3 、(一)找出下图的一个平面凸嵌入.

6.2.4 (一)对下面的各个图,证明它是不可平面的或者给出它的一个凸嵌入.

 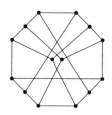

6.2.5 确定从 Petersen 图得到可平面图必须删除的最少边数.

6.2.6 (!)Fáry 定理. 设 $R$ 是最多有 5 条边的简单多边形围成的一个平面区域(**简单多边形**指的是由互不交叉的直线段围成的多边形). 证明:$R$ 中存在一点 $x$ 使得它可以"看见"$R$ 的所有点,即从 $x$ 到 $R$ 中任意一点的直线段不与 $R$ 的边界交叉. 利用这个结论,用归纳法证明:任意简单可平面图都有直线嵌入.

6.2.7 (!)由 Kuratowski 定理证明:$G$ 是外可平面的当且仅当它没有子图是 $K_4$ 或者 $K_{2,3}$ 的细分.(提示:为了用 Kuratowski 定理,需要对 $G$ 作适当修改. 这比机械地模仿 Kuratowski 定理的证明过程要简单得多.)

6.2.8 (!)证明:至少有 6 个顶点并含有 $K_5$ 的细分的 3-连通图必然也含有 $K_{3,3}$ 的细分.(Wagner[1937])

6.2.9 (+)对 $n \geqslant 5$,证明:不包含两个互不相交的环的简单可平面 $n$-顶点图的最大边数是 $2n-1$.(注:将它与习题 5.2.28 比较).(Markus[1999])

6.2.10 (!)设 $f(n)$ 表示不含 $K_{3,3}$-细分的简单 $n$-顶点图的最大边数.

a)如果 $n-2$ 可以被 3 整除,则构造一个图来说明 $f(n) \geqslant 3n-5$.

b)证明:如果 $n-2$ 可以被 3 整除,则 $f(n)=3n-5$;否则 $f(n)=3n-6$(提示:对 $n$ 用归纳法,对 3-连通的情况用习题 6.2.8).(Thomassen[1984])

(注:Mader[1998]证明了更难的一个结果,即,$3n-6$ 是不含 $K_5$-细分的简单 $n$-顶点图的最大边数).

6.2.11 (!)设 $H$ 是最大度至多为 3 的一个图. 证明:图 $G$ 包含 $H$ 的一个细分当且仅当 $G$ 包含一个子图使得由该子图收缩可以得到 $H$.

6.2.12 (!)Wagner[1937]证明了下列条件是 $G$ 是可平面的充要条件:$K_5$ 和 $K_{3,3}$ 都不能通过删除和收缩 $G$ 的一些边得到.

a)删除和收缩一些边保持可平面性. 由此得到 Wagner 的条件是必要的.

255

b)由 Kuratowski 定理证明 Wagner 的条件是充分的.

6.2.13　证明：$G$ 是可平面的当且仅当对 $G$ 中的每个环 $C$，$C$ 的冲突图是二部图(Tutte[1958]).

6.2.14　设 $x$ 和 $y$ 是可平面图 $G$ 的顶点. 证明：$G$ 有一个平面嵌入使得 $x$ 和 $y$ 在同一个面内，除非 $G-x-y$ 有一个环 $C$ 使得 $x$ 和 $y$ 位于 $G$ 的冲突 $C$-碎片中(提示：利用 Kuratowski 定理. 注：Tutte 证明这个结论时没有使用 Kuratowski 定理并用它来证明了 Kuratowski 定理).

6.2.15　设 $G$ 是一个 3-连通简单平面图，它含有一个环 $C$. 证明：$C$ 在 $G$ 中是某个面的边界当且仅当 $G$ 恰有一个 $C$-碎片.（注：Tutte[1963]证明了这个结果并用它得到了 Whitney[1933b]的如下结论：3-连通图实质上只有一个平面嵌入. 也可以参见 Kelmans[1981a].）

6.2.16　(＋)设 $G$ 是有 $n$ 个顶点的外可平面图，并设 $P$ 是平面上 $n$ 个点构成的集合且其中任意三点不在一条直线上. $P$ 的极点诱导得到一个凸多边形使得 $P$ 的其他点都位于这个凸多边形内.

　　a)设 $p_1$，$p_2$ 是 $P$ 的两个相继的极点. 证明：存在一点 $p\in P-\{p_1，p_2\}$ 使得：1)$P$ 中没有点在 $p_1p_2p$ 内；2)通过 $p$ 的某条直线 $l$ 将 $p_1$ 和 $p_2$ 分离开且 $l$ 只在点 $p$ 处遇到 $P$ 中的点，而 $P$ 中恰好有 $i-2$ 个点位于 $l$ 的含有 $p_2$ 的一侧.

　　b)证明：$G$ 有一个直线嵌入使得 $G$ 的顶点映射到 $P$ 上(提示：由(a)证明更强的结论：如果 $v_1$，$v_2$ 是极大外可平面图 $G$ 的无界面上的两个相继的顶点而 $p_1$，$p_2$ 是 $P$ 的凸包上的两个相继的顶点，则 $G$ 可以直线嵌入到 $P$ 上使得 $f(v_1)=p_1$，$f(v_2)=p_2$). (Gritzmann-Mohar-Pach-Pollack[1989])

256

## 6.3　可平面性的参数

我们对一般的图已经研究过的每个性质和参数都可以在可平面图中继续研究. 按照传统，我们最关心的问题是可平面图的最大色数. 我们也要研究一些参数以便衡量一个图距离可平面图到底有多远.

**可平面图的着色**

因为每个简单 $n$-顶点可平面图最多有 $3n-6$ 条边，这样的图有一个度最多为 5 的顶点. 由此可以归纳证明：可平面图都是可 6-着色的(参见习题 2). Heawood 改进了这个界.

**6.3.1 定理**(五色定理——Heawood[1890])　任意可平面图是可 5-着色的.

**证明**　我们在 $n(G)$ 上用归纳法.

基本步骤：$n(G)\leqslant 5$. 所有这种图都是可 5-着色的.

归纳步骤：$n(G)>5$. 由边数的上界(定理 6.1.23)可知，图 $G$ 中存在一个度最多为 5 顶点 $v$. 由归纳假设，$G-v$ 是可 5-着色的. 设 $f：V(G-v)\rightarrow[5]$ 是 $G-v$ 的一个真 5-着色. 如果 $G$ 不是可 5-着色的，则 $f$ 将每种颜色分配给 $v$ 的某个相邻顶点，因此 $d(v)=5$. 设 $v_1$，$v_2$，$v_3$，$v_4$，$v_5$ 是 $v$ 的相邻顶点绕 $v$ 按顺时针方向形成的点列，对颜色重新命名使得 $f(v_i)=i$.

令 $G_{i,j}$ 表示由被着以颜色 $i$ 和 $j$ 的所有顶点诱导得到的 $G-v$ 的子图. 在 $G_{i,j}$ 的任意连通分量上将这两种颜色互换，则得到 $G-v$ 的另一个真 5-着色. 如果 $G_{i,j}$ 中包含 $v_i$ 的连通分量不包含顶点 $v_j$，则可以在该连通分量中将两种颜色互换，这样就使得颜色 $i$ 不在 $N(v)$ 中使用. 现在将颜色 $i$ 分配给顶点 $v$ 就得到 $G$ 的一个真 5-着色. 因此 $G$ 是可 5-着色的，除非对于任意的 $i$，$j$，$G_{i,j}$ 中包含 $v_i$ 的连通分量也包含顶点 $v_j$. 设 $P_{i,j}$ 是 $G_{i,j}$ 中从 $v_i$ 到 $v_j$ 的一条路径，如下所示，其中 $(i，j)=(1，3)$.

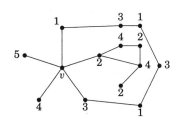

考虑由 $P_{1,3}$ 和 $v$ 一起构成的环 $C$，它将 $v_2$ 和 $v_4$ 分离开．由约当曲线定理知道路径 $P_{2,4}$ 必然与 $C$ [257]
交叉．由于 $G$ 是可平面的，因此这两条路径只能在它们的公共顶点交叉．但是路径 $P_{1,3}$ 上的顶点都
具有颜色 1 或 3 而路径 $P_{2,4}$ 上的顶点都具有颜色 2 或 4，因此这两条路径没有公共顶点．

由这个矛盾知道，$G$ 是可 5-着色的．                                                                          ∎

任意可平面图是可 5-着色的，但是否需要 5 种颜色呢？关于这个问题的历史在以下文献中有讨
论：Aigner[1984，1987]、Ore[1967a]、Saaty -Kainen[1977，1986]、Appel -Haken[1989] 以及
Fritsch-Fritsch[1998]．据目前的情况来看，最早提出四色问题是在 1852 年 8 月 23 日 Augustus de
Morgan 写给 William Hamilton 的一封信中．这个问题是 de Morgan 的学生 Frederick Guthrie 提出
的，后来他又将这个问题归功于他哥哥 Francis Guthrie．那时，这个问题是以地图着色的形式描
述的．

问题陈述的简单性和几何上的微妙性导致了很多错误的证明；其中有些证明发表后其错误多年
未被发现．禁止出现两两相互邻接的 5 个面，这个条件不是命题成立的充分条件，因为 5-色图中不
包括 $K_5$（比如，回想一下 Mycielski 构造）．

1878 年，Cayley 向伦敦数学界公布了这个问题；Kempe[1879] 发表了一个"证明"．1890 年，
Heawood 发表文章驳斥了这个证明．但不管怎样，Kempe 的交错路径的思想还是被 Heawood 在证
明五色定理的过程中采用了，并且该思想最终导致了 Appel 和 Haken[1976，1977，1986]（与 Koch
一起工作）对四色定理的证明．两种颜色交替出现的一条路径称为 **Kempe 链**．

在用归纳法证明五色定理的过程中，我们曾说过：极小反例中包含一个度最多为 5 的顶点并且
有这种顶点的可平面图不可能成为极小反例．这就暗示了证明四色问题的一个方法，即我们去寻找
一个无法回避的图的集合，但（我们证明）这个图集根本不可能存在．我们只需考虑三角剖分，因为
任意简单可平面图都含于一个三角剖分中．

**6.3.2 定义**　可平面三角剖分的一个**构形**指的是该图一个分离环 $C$ 连同该图位于 $C$ 内的部分．
对于四色问题，构形的一个集合是**不可避免的**，如果一个极小反例必然包含集合中的一个构形．一
个构形是**可约的**，如果包含它的可平面图不可能是一个极小反例．

**6.3.3 例**　一个不可避免集．我们已经在注记中指出：任意简单可平面图均满足 $\delta(G) \leqslant 5$．在
一个三角剖分中，每个顶点的度至少为 3．因此，由下面三个构形构成的集合是不可避免的．

由环到其内部顶点间的边画成虚线，因为只要说明与环邻接的顶点的度然后将环删除，（三角剖
分的）一个构形就完全确定了（习题 7）．因此，这三个构形可以分别记为"·3""·4"和"·5"．           ∎ [258]

当我们说一个构形不能出现在一个极小反例中时，是指如果它出现在一个三角剖分 $G$ 中，则该

构形可以被替换并得到一个具有更少顶点的三角剖分 $G'$ 使得 $G'$ 的任意 4-着色均可以被修改为 $G$ 的一个 4-着色.

**6.3.4 注记**(Kempe 的证明)  让我们试着利用不可避免集 $\{\cdot 3, \cdot 4, \cdot 5\}$, 通过归纳法来证明四色定理. 该方法类似于定理 6.3.1. 我们可以扩张 $G-v$ 的一个 4-着色来完成 $G$ 的一个 4-着色, 除非所有的四种颜色均出现在 $N(v)$ 中. 因此 "$\cdot 3$" 是可约的. 如果 $d(v)=4$, 则像定理 6.3.1 中一样用 Kempe-链进行论证同样有效, 因此 "$\cdot 4$" 也是可约的.

现在考察 "$\cdot 5$". 当 $d(v)=5$ 时, 三角剖分这个限制意味着在 $G-v$ 的真 4-着色中, $N(v)$ 中重复使用的颜色必然出现在 $v$ 的两个不相继的相邻顶点上. 再设 $v_1$, $v_2$, $v_3$, $v_4$, $v_5$ 是 $v$ 的相邻顶点按顺时针方向形成的点列. 在 $G-v$ 的 4-着色 $f$ 中, 根据对称性可以假设 $f(v_5)=2$ 且 $f(v_i)=i$ 对 $1 \leqslant i \leqslant 4$ 成立.

同定理 6.3.1 一样定义 $G_{i,j}$ 和 $P_{i,j}$. 我们可以从 $N(v)$ 中消除颜色 1, 除非从顶点 $v_1$ 到 $v_3$ 和 $v_4$ 分别存在链 $P_{1,3}$ 和 $P_{1,4}$, 如下面左侧的图所示. 在 $P_{1,3}$ 中添加顶点 $v$ 得到一个环, 它将 $G_{2,4}$ 中包含顶点 $v_2$ 的连通分量 $H$ 从 $v_4$ 和 $v_5$ 之间分离开; 同样在 $P_{1,4}$ 中添加顶点 $v$ 得到一个环, 它将 $G_{2,3}$ 中包含顶点 $v_5$ 的连通分量 $H'$ 从 $v_2$ 和 $v_3$ 之间分离开. 我们将 $H$ 中的颜色 2 和 4 互换, 同时将 $H'$ 中的颜色 2 和 3 互换即将颜色 2 从 $N(v)$ 中消除了. 这就是 Kempe 的证明的最终版本.

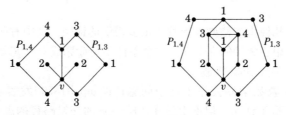

问题在于 $P_{1,3}$ 和 $P_{1,4}$ 可能相互纠缠在一起, 并在颜色为 1 的一个顶点上相交, 如上面右侧的图所示. 我们可以调换 $H$ 或 $H'$ 中的颜色, 但是同时对二者进行调换会产生一对颜色为 2 的相邻顶点. ■

由于这样一个困难, 我们未能证明 "$\cdot 5$" 是可约的. 这样必须考虑更大的构形. Heesch[1969] 发表了一个想法: 想办法寻找具有最小环的构形而不是具有最少内部顶点的构形. 不难证明, 环的大小为 3 或 4 的构形都是可约的(习题 9). 这等价于证明, 任意极小 5-色三角剖分没有长度不超过 4 的分离环.

**\*6.3.5 例**  Birkhoff[1913] 将这个想法推进了一大步. 他证明了: 环的大小为 5 且环内的顶点不止一个的任意构形是可约的. 他还证明了下面这个环的大小为 6 的构形是可约的, 该构形被称为
**伯克霍夫**(Birkhoff)**菱形**.

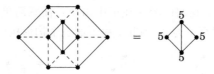

为证明 Birkhoff 菱形是可约的, 他用了一整页篇幅进行详细的分析. 方法之一是试图证明环的真 4-着色可以扩张到内部. 尽管有些情况可以合并, 有些情况确实可以扩张, 但是在有些情况下必须用 Kempe 链证明着色方案经过修改可以变成扩张得到的着色方案. ■

这是我们的第一个非平凡的例子, 对它进行的错综复杂的分析表明我们对这个问题的论证才刚

刚开始. 剩下的内容是庞大的细节. 从 1913 年到 1950 年, 其他的一些构形先后被发现, 这些构形足以证明至多有 36 个顶点的可平面图是可 4-着色的. 这是一个缓慢的进展. 在 20 世纪 60 年代, Heesch 将注意力集中在环的大小上, 给出了找出可约构形的启发式规则, 并提出了一系列生成不可避免集的方法.

(四色定理的)第一个证明使用了环大小高达 14 的构形. 一个大小为 13 的环有 66 430 种不同的 4-着色. 可约性要求证明其中的每种着色方案都可以得到整个图的一个着色方案. 这就需要 Kempe 链论证方法和构形的局部坍塌技术. 由此可见, 可约性的证明不是一件容易的事.

Appel 和 Haken 两人与 Koch 一起工作, 将 Heesch 及其他人的启发式规则进行了改进, 以便用计算机来搜索"有希望"的构形. 1976 年, 他们在三台计算机上花费 1 000 个机时找到了一个不可避免集, 它由 1 936 个可约构形组成, 并且每个构形的环大小都不超过 14.

**6.3.6 定理**(四色定理－Appel-Haken-Koch[1977])  任意可平面图是可 4-着色的.  ■

到 1983 年, 更精细的工作得到了一个由 1 258 个可约构形组成的不可避免集. Robertson, Sanders, Seymour, and Thomas[1996]用同样的方法再现了这个证明. 他们将以前用来得到不可避免集的启发式规则减少到 32 条. 他们的简化工作得到了一个由 633 个可约构形组成的不可避免集. 他们在因特网上公布了程序代码; 到 1997 年, 四色定理的证明在一台桌面工作站上花大约 3 小时就可以得到.

**\*6.3.7 注记**(卸载)  为了生成新的不可避免集, 我们将原构形中度为 5 的顶点用一个包含度为 5 的顶点的较大的构形来替换; 这可以看成是对复杂情况更详细的分析.

在三角剖分中, 有 $\sum d(v) = 2e(G) = 6n - 12$. 我们可以将该式改写成 $12 = \sum(6 - d(v))$, 并将 $6 - d(v)$ 看成顶点 $v$ 上的**负载**. 因为 12 是正的, 故某些顶点(度为 5 的顶点)上的负载必是正的. 用于替换这些坏顶点的规则要将这些负载转移到其他地方, 因此这些规则被称为**卸载规则**. 由于正的负载必然在某些地方被保留下来, 我们就得到了新的不可避免集. 下面的命题描述了由最简单的卸载规则造成的影响.  ■

| 260 |

**\*6.3.8 命题**  最小度为 5 的任意可平面三角剖分必然包含下面这个集合中的一个构形.

$$5 \longmapsto 5 \qquad 5 \longmapsto 6$$

**证明**  $6 - d(v)$ 定义了各个顶点的负载. 据此, 第一个卸载规则从(度为 5 的)负载为正的顶点上取出负载并将这个负载均匀地分配给这个顶点的相邻顶点.

现在负载为正且度为 5 或 6 的一个顶点必有一个度为 5 的相邻顶点; 负载为正且度为 7 的顶点必然有至少 6 个度为 5 的相邻顶点. 由于 $G$ 是一个三角剖分, 这要求度为 5 的顶点相互邻接. 根据这个规则, 度大于等于 8 的顶点不可能有正的负载.

整个图的负载仍然保持为 12, 故某个顶点 $v$ 必然有正的负载. 无论 $d(v)$ 是哪种情况, 命题要求的一个构形必然会出现.  ■

现在, 卸载方法正用来攻克其他问题, 其中有些问题要借助计算机来进行分析.

四色定理的证明曾受到过不容忽视的质疑. 有些人从根本上反对使用计算机, 还有些人抱怨证明过程太长, 以致无法验证. 另外还有些人担心计算机会出错. 人们已经在最初的算法中发现了几个错误, 但这些错误都已经修正了(Appel-Haken[1986]). 采用手工检查计算过程的人认识到, 在数学证明中犯错误的概率要远远高于在算法正确性得到证明的情况下计算机犯错误的概率.

## 交叉数

本节其余部分考察了度量一个图距离可平面性的大小的一些参数. 一个自然而然的参数就是构成一个图所需的平面图的个数. 习题 16～20 考察了这个参数.

**6.3.9 定义**　一个图的**厚度**是将该图分解成可平面图时得到的平面图的最少个数.

**6.3.10 命题**　一个具有 $n$ 个顶点和 $m$ 条边的简单图 $G$ 的厚度最多为 $m/(3n-6)$. 如果 $G$ 是三角形无关的, 则它的厚度最多为 $m/(2n-4)$.

**证明**　由定理 6.1.23 可知, 分母是任意可平面子图的大小的最大值. 由鸽巢原理即得到命题中的不等关系. ■

有时, 我们必须将一个图画在平面上, 即使它不是一个可平面图. 比如, 布局在芯片上的电路就对应一个图的平面作图. 由于线路交叉会降低性能并引起潜在的问题, 因此必须最小化交叉次数. 本节其余部分将讨论这个参数.

**6.3.11 定义**　图 $G$ 的**交叉数** $\nu(G)$ 是将 $G$ 画在平面上时交叉次数的最小值.

**6.3.12 例**　$\nu(K_6)=3$ 且 $\nu(K_{3,2,2})=2$. 对于一些较小的图, 可以通过考察它的极大可平面子图来确定其交叉数. 考虑 $G$ 的一个平面作图. 如果 $H$ 是这个作图的一个极大平面子图, 则任意不在 $H$ 内的边必然与 $H$ 中的某条边交叉. 故这个作图至少有 $e(G)-e(H)$ 次交叉. 如果 $G$ 有 $n$ 个顶点, 则 $e(H)\leqslant 3n-6$. 如果 $G$ 是三角形无关的, 则 $e(H)\leqslant 2n-4$.

由于 $K_6$ 有 15 条边, 可平面 6-顶点图最多有 12 条边, 因此 $\nu(K_6)\geqslant 3$. 下面左侧的作图表明等号成立.

由于 $K_{3,2,2}$ 有 16 条边, 而具有 7 个顶点的可平面图最多有 15 条边, 故 $\nu(K_{3,2,2})\geqslant 1$. 我们找到的最好的作图有两次交叉, 如下面右侧图所示. 为了改进下界, 我们注意到 $K_{3,2,2}$ 包含了 $K_{3,4}$. 由于 $K_{3,4}$ 是三角形无关的, 它的可平面子图最多含有 $2\cdot 7-4=10$ 条边, 因此 $\nu(K_{3,4})\geqslant 2$. $K_{3,2,2}$ 的任意作图都包含 $K_{3,4}$ 的作图, 故 $\nu(K_{3,2,2})\geqslant\nu(K_{3,4})\geqslant 2$.

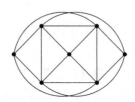

**6.3.13 命题**　设 $G$ 是一个有 $m$ 条边的 $n$-顶点图. 如果 $k$ 是 $G$ 的可平面子图中边数的最大值, 则 $\nu(G)\geqslant m-k$, 进而 $\nu(G)\geqslant\dfrac{m^2}{2k}-\dfrac{m}{2}$.

**证明**　给定 $G$ 的一个平面作图. 在该作图中, 设 $H$ 是边互不交叉的 $G$ 的极大子图. 任意不在 $H$ 中的边至少与 $H$ 的一条边交叉, 否则这条边就可以添加到 $H$ 中. 由于 $H$ 至多有 $k$ 条边, 因此在 $H$ 的边和 $G-E(H)$ 中的边之间至少得到 $m-k$ 次交叉.

丢掉 $E(H)$ 中的边之后, 至少还剩下 $m-k$ 条边. 由同样的论述得到: 在剩下的这个图的平面作图中至少有 $(m-k)-k$ 次交叉. 重复上述论述, 得到至少 $\sum\limits_{i=1}^{t}(m-ik)$ 次交叉, 其中 $t=\lfloor m/k\rfloor$. 和式的值为 $mt-kt(t+1)/2$.

现在, 我们记 $m=tk+r$, 其中 $0\leqslant r\leqslant k-1$. 在和式的值中令 $t=(m-r)/k$, 然后化简得到

$$\nu(G) \geqslant \frac{m^2}{2k} - \frac{m}{2} + \frac{r(k-r)}{2k}.$$

如果 $G$ 的边很少，则命题 6.3.13 中的界 $m-k$ 是很有用的：简单图 $G$ 的交叉数至少为 $e(G) - 3n + 6$，并且当 $G$ 是二部图时交叉数至少为 $e(G) - 2n + 4$. 如果 $G$ 较大，对论述过程重复就可以改进下界，但是对于边比较密集的图来讲这个下界是很弱的.

例如，考察 $K_n$. 由于没有精确的答案，我们希望至少能确定 $\nu(K_n)$ 的表达式中的第一项. 为了表明 $n$ 的 $k$ 次多项式的第一项是 $an^k$，我们常将该多项式写成 $an^k + O(n^{k-1})$. 这与定义 3.2.3 中定义的"大 $O$"是一致的.

由命题 6.1.13 得到 $\nu(K_n) \geqslant \frac{1}{24}n^3 + O(n^2)$，但实际上，$\nu(K_n)$ 以 4 次多项式的形式将增长. 同时，交叉数也不可能超过 $\binom{n}{4}$，因为我们可以将顶点放在圆周上然后用弦来表示边. 对于 $K_n$，每 4 个顶点恰好得到一次交叉. 实际上，这是对 $K_n$ 的最差的直线作图，因为在任意直线作图中，每 4 个顶点最多产生一个交叉；这取决于是否有一个顶点位于其他 3 个顶点构成的三角形内. 用更好的作图能节省多少次交叉呢？

**6.3.14 定理**（R. Guy[1972]） $\frac{1}{80}n^4 + O(n^3) \leqslant \nu(K_n) \leqslant \frac{1}{64}n^4 + O(n^3)$.

**证明** 对交叉数进行计数得到一个递归下界. $K_n$ 的一个具有最少交叉的作图包含了 $K_{n-1}$ 的 $n$ 个作图，其中每个作图都是从 $K_n$ 中删除一个顶点后得到的. 每个子作图至少有 $\nu(K_{n-1})$ 次交叉. 总的计数至少为 $n\nu(K_{n-1})$，但是，在 $K_n$ 的这个作图中，每个交叉被计算了 $n-4$ 次. 我们得到 $(n-4)\nu(K_n) \geqslant n\nu(K_{n-1})$.

根据这个不等式，我们在 $n$ 上用归纳法证明：当 $n \geqslant 5$ 时有 $\nu(K_n) \geqslant \frac{1}{5}\binom{n}{4}$. 基本步骤：$n=5$. $K_5$ 的交叉数为 1. 归纳步骤：$n>5$. 由归纳假设，我们有：

$$\nu(K_n) \geqslant \frac{n}{n-4}\nu(K_{n-1}) \geqslant \frac{n}{n-4}\frac{1}{5}\frac{(n-1)(n-2)(n-3)(n-4)}{24} = \frac{1}{5}\binom{n}{4}.$$

下界中四次项的分母可以由 120 改进为 80，只要考虑 $K_n$ 中包含了 $K_{6,n-6}$ 的拷贝，其中 $K_{6,n-6}$ 的交叉数为 $6\left\lfloor\frac{n-6}{2}\right\rfloor\left\lfloor\frac{n-7}{2}\right\rfloor$（习题 26b）.

一个更好的作图将上界从 $\binom{n}{4}$ 降低到 $\frac{1}{64}n^4 + O(n^3)$. 考虑 $n=2k$ 的情况. 将 $K_n$ 画在平面上等价于将它画在球面上或者罐的表面上. 放 $k$ 个顶点在罐的上边缘上，再放 $k$ 个顶点在罐的下边缘上，分别在顶面和底面上画弦来表示这两个 $k$-团的边.

顶面到底面的这些边被归入 $k$ 个自然类中. "类号"是顶面端点和底面端点之间在圆周上的距离值，这些值是从 $\left\lceil\frac{-k+1}{2}\right\rceil$ 到 $\left\lceil\frac{k-1}{2}\right\rceil$ 这个范围内的数. 画这些边时，我们穿过罐的侧面从顶面到达底面的过程中要使得弯曲程度尽可能小，这样同一个类中的边不交叉. 现在，我们分别拧动罐 $k$ 次使得这些类的位移量依次为 1 到 $k$. 这个操作使得计数更容易却不会改变发生交叉的边对.

在罐的侧面发生交叉涉及顶面的两个顶点和底面的两个顶点. 对于顶面的顶点 $x$，$y$ 和底面的

顶点 $z$，$w$，其中 $xz$ 较 $xw$ 具有更小的正位移．对于 $x$，$y$，$z$，$w$ 我们有一个交叉当且仅当到 $y$，$z$，$w$ 的位移量是互不相同正数且依次递增（比如，这个条件对示例图中的 $x$，$y$，$z$，$w$ 成立，但是对 $x$，$y$，$z$，$a$ 则不成立；边 $ya$ 绕罐弯曲一周）．因此在扭曲的罐的侧面上存在 $k\binom{k}{3}$ 次交叉，这样

$$\nu(K_n) \leqslant 2\binom{k}{4} + k\binom{k}{3} = \frac{1}{64}n^4 + O(n^3).$$

**6.3.15 例**  $\nu(K_{m,n})$ 最直观的作图是将一个部集放在某沟渠的一侧，另一个部集放在沟渠的另一侧，将所有的边直接穿过沟渠．这种作图有 $\binom{n}{2}\binom{m}{2}$ 次交叉，但是很容易将它削减掉一个因子 4．将 $K_{m,n}$ 的所有顶点沿两条相互垂直的轴摆放．将 $\lceil n/2 \rceil$ 个顶点置于 $y$-轴的正半轴上，将 $\lfloor n/2 \rfloor$ 个顶点置于 $y$-轴的负半轴上．类似地，将 $m$ 个顶点分开后分别置于 $x$-轴的正半轴和 $x$-轴的负半轴上．当连接 $x$-轴上的顶点和 $y$-轴上的顶点时产生了 4 类交叉，将这 4 类交叉加在一起得到 $\nu(K_{m,n}) \leqslant \left\lfloor \dfrac{m}{2} \right\rfloor \left\lfloor \dfrac{m-1}{2} \right\rfloor \left\lfloor \dfrac{n}{2} \right\rfloor \left\lfloor \dfrac{n-1}{2} \right\rfloor$（Zarankiewicz[1954]）．

现在这个界被猜测是最优的（Guy[1969]讲述了它的历史）．Kleitman[1970] 对 $\min\{n, m\} \leqslant 6$ 的情况证明了这个结论．借助于计算机搜索，Woodall[1993]扩展了他的结果，得到最小的未知情况是 $K_{7,11}$ 和 $K_{9,9}$．根据 Kleitman 的结果，Guy[1970]证明了 $\nu(K_{m,n}) \geqslant \dfrac{m(m-1)}{5} \left\lfloor \dfrac{n}{2} \right\rfloor \left\lfloor \dfrac{n-1}{2} \right\rfloor$，这个界距离上界不远（习题 26）．

交叉数的另一个一般下界有一个显著的几何应用，Erdös-Guy[1973]中对该上界提出了猜想．我们的证明是基于归纳法的，即推广定理 6.3.14 中对下界的论证．习题 8.5.11 中有一个好的概率证明，此外 Pach-Tóth[1997]中还有一个更强的结果．

**\*6.3.16 定理**（Ajtai-Chvátal-Newborn-Szemerédi[1982]，Leighton[1983]）  设 $G$ 是简单图．如果 $e(G) \geqslant 4n(G)$，则 $\nu(G) \geqslant \dfrac{1}{64}e(G)^3/n(G)^2$．

**证明**  令 $m = e(G)$ 而 $n = n(G)$，在 $n$ 上用归纳法．

**基本步骤**：$m \leqslant 5n$（这包含了顶点个数不超过 11 的所有简单图）．注意，如果 $4 \leqslant \alpha \leqslant 5$ 则 $(\alpha - 3) \geqslant \dfrac{1}{64}\alpha^3$．假设 $m = \alpha n$，$4 \leqslant \alpha \leqslant 5$．我们得到 $\nu(G) \geqslant m - 3n \geqslant \dfrac{1}{64}m^3/n^2$，这正是所需的结果．

**归纳步骤**：$n > 11$．给定 $G$ 的一个最优作图，其中每个交叉在删除单个顶点得到的图中出现了 $n - 4$ 次．由归纳假设，有 $\nu(G-v) \geqslant \dfrac{1}{64}\dfrac{(m-d(v))^3}{(n-1)^2}$，因此：$(n-4)\nu(G) \geqslant \sum\limits_{v \in V(G)} \dfrac{1}{64}\dfrac{(m-d(v))^3}{(n-1)^2}$．

由凸性可知，这个下界不小于将所有顶点的度替换成平均度后的结果．即 $\sum(m-d(v))^3 \geqslant n(m-2m/n)^3$．我们还有 $(n-1)^2(n-4) \leqslant (n-2)^3$．因此

$$\nu(G) \geqslant \frac{1}{64} n \frac{(n-2)^3 m^3}{n^3(n-1)^2(n-4)} \geqslant \frac{1}{64} \frac{m^3}{n^2}. \blacksquare$$

264

**\*6.3.17 例**（下界的取得）　定理 6.3.16 中数量的阶是最优的. 考虑 $G = \frac{n^2}{2m} K_{2m/n}$，其中 $2m$ 是 $n$ 的倍数. 顶点的总数为 $n$，边的总数逼近于 $\frac{n^2}{2m} \frac{1}{2} \left(\frac{2m}{n}\right)^2 = m$. 由于 $\nu(K_r) \leqslant \frac{1}{64} r^4$，我们有 $\nu(G) \leqslant \frac{n^2}{2m} \frac{1}{64} \left(\frac{2m}{n}\right)^4 = \frac{1}{8} \frac{m^3}{n^2}$，因此 $\nu(G)$ 位于定理 6.3.16 所给下界的一个常数倍范围内. $\blacksquare$

应用定理 6.3.16 来解决组合几何中的一个问题. Erdös[1946] 问：在平面上的 $n$ 个点构成的集合中能出现多少个单位距离？如果这些点都出现在单位网格中，则单位距离图是两条路径的笛卡儿积，这大约得到 $(n-O\sqrt{n})$ 条边. 在细化后的网格中距离原点适当距离的范围内选取所有点，Erdös 得到了大约 $n^{1+c/\log\log n}$ 个单位距离. 这个数的增长速度是超线性的，但是比 $n^{1+\varepsilon}$（$\varepsilon$ 是任意正数）慢.

Erdös 还证明了一个上界 $O(n^{3/2})$. 因为半径为 1 的两个圆最多交于两点，故单位距离图不能包含 $K_{2,3}$. 因此，每对顶点最多有两个公共的相邻顶点. 由于每个顶点 $v$ 是其邻域中的 $\binom{d(v)}{2}$ 对顶点的公共相邻顶点，故 $\sum \binom{d(v)}{2} \leqslant 2\binom{n}{2}$. 由于 $2e(G)/n$ 是平均顶点度，则由凸性得到 $\sum \binom{d(v)}{2} \geqslant n\binom{2e(G)/n}{2}$. 这两个不等式放在一起即得到我们需要的界（习题 5.2.25 考虑了禁止出现二部团时一般的最大化边数这个问题）.

Spencer-Szemerédi-Trotter[1984] 用数论方法论述了一些线与某点集内的点之间的关联关系，将这个上界改进到 $O(n^{4/3})$. Székely 运用定理 6.3.16 对这个界给出了一个简短的图论证明.

**\*6.3.18 定理**（Spencer-Szemerédi-Trotter[1984]）　在平面上 $n$ 个点构成的集合中至多存在 $4n^{4/3}$ 对距离为 1 的点.

**证明**（Székely[1997]）　在保持距离为 1 的点对数不变的情况下移动一些点或者一些点对，可以保证每个点都含于距离为 1 的一个点对中，且不存在如下的两个点：彼此仅到对方的距离为 1. 如果现在有一个点都只含于一个单位距离点对中，则可以将它绕其配偶点旋转直到其到另一个点的距离也为 1. 这样就将问题转化成如下情况：对任意点都位于至少两个距离为 1 的点对中.

设 $P$ 是一个最优的 $n$-点结构，其中有 $q$ 个单位距离点对. 由 $P$ 得到一个图 $G$，不是用单位距离点对作为边，而是绕每个点画一个单位圆. 如果 $P$ 中的一个点到 $P$ 中的其他 $k$ 个点的距离为 1，则这 $k$ 个点就将相应的圆划分成了 $k$ 段弧. 共得到 $2q$ 段弧. 这些弧即是无圈图 $G$ 的所有边.

由于两点可能同时位于两个（但不会是 3 个）单位圆上，故 $G$ 可能有二重边但没有更高的重数. 我们将重复的一条边删除即得到一个至少有 $q$ 条边的简单图 $G'$. 可以假定 $q \geqslant 4n$，否则定理要求的界已经成立了.

由于这些弧位于 $n$ 个单位圆上，因此它们不会产生太多的交叉，每对圆最多交叉两次. 因此，我们画出的 $G'$ 最多有 $2\binom{n}{2}$ 次交叉. 由定理 6.3.16，$G'$ 至少有 $\frac{1}{64} q^3/n^2$ 次交叉. 这两个不等式放一起即得到 $q \leqslant 4n^{4/3}$. $\blacksquare$

265

### 具有更高亏格的表面(选学)

我们不再考虑在平面内最小化交叉次数,而是改变使用的表面来避免交叉.这类似于修建天桥和苜蓿叶式的立交桥而不是建立交通信号灯.地球的表面是球面,在讨论中更方便的做法是考虑在球面上的作图而不是在平面上的作图.正如注记 6.1.27 所述,这两种方法是等价的.

为避免在表面上产生边界,我们通过在球面上挖两个孔然后用一个管连接这两个孔来添加一个天桥.拉伸这个管并压缩球面,我们就得到一个形如油炸圈饼的表面.

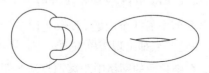

**6.3.19 定义** **手柄**是连接一个表面上的两个孔的管.**环面**是在球面上添加一个手柄得到的表面.

从拓扑学的角度看,环面与带有一个手柄的球面是一样的,即其中一个表面可以经过连续形变得到另一个表面[⊖].

一个较大的图可能有很多交叉,因而需要更多的手柄.对任意的图,添加足够多的手柄再将图画在球面上即可消除所有的交叉,最后得到一个嵌入.当添加一定数量的手柄时,我们并不关心具体如何添加,因为拓扑学的一个基本结果告诉我们:对于在球面上添加相同数量的手柄得到的两个表面,可以从其中一个经过连续形变得到另一个.

**6.3.20 定义** 在球面上添加一些手柄得到了新的表面,其**亏格**是所添加的手柄的个数.我们将亏格为 $\gamma$ 的表面记为 $S_\gamma$. 图 $G$ 的**亏格**是使得 $G$ 能够嵌入到 $S_\gamma$ 上的最小 $\gamma$ 值.能够嵌入到亏格为 0、1、2 的表面上的图分别称为**可平面图**、**环面图**和**双环面图**(具有两个手柄的面称为**双环面**).

可平面图的理论以某种方式可以扩展到可嵌入更高亏格表面的图上.为了对这些内容有所了解,我们仅对此作简略的讨论.在具有大亏格的表面上绘制大图是很难的,即使是在**纽结**$(S_3)$上.从局部上看,表面就像一张平铺的纸.为了画图,我们想将整个表面放平,为此我们必须对表面进行切割.如果我们记住切割得到的边应该如何放回去重构整个表面,就可以用一些纸片来描述表面.首先,考虑环面.

**6.3.21 例** 环面的组合分解.

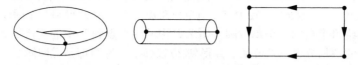

将封闭的管进行一次切割,得到一个圆柱;然后沿圆柱体的长度方向将它切开,将它展开成一个长方形.将长方形的各边做上标记,以表明如何将它粘回去.做上同样标记的两侧是"重叠的".

记住重叠的地方是很重要的,因为在表面上的一个嵌入可能要与这样一个切割交叉.当一条边到达长方形的一条边界时,这条边实际上到达了假想的这个切割的一个侧面.如果这条边与切割交叉,那么实际上它在另一条重合的边界的相应点上合并.长方形的四个"角"对应表面上两次切割都通过的那一个点.

---

⊖ 有一个笑话就源于此,这个笑话是说拓扑学家就是分不清油炸圈饼和咖啡杯的区别的人.

上述思想正确得到了$K_5$、$K_{3,3}$和$K_7$的环面嵌入.

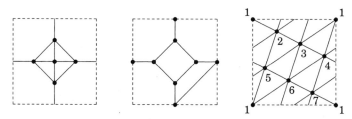

对于具有更高的亏格的表面,切割时具有一定的灵活性,但是为了将表面放平必须对每个手柄进行两次切割. 通常,我们将手柄表示成表面的一些"瓣",这样就使得这种分割在插孔的地方有一个公共点.

**6.3.22 例**(双环面的平铺) 下面的图是双环面的多边形表示. 对它进行切割等价于在某个点处添加一些圈直到形成一束圈的1-面嵌入. 一般来讲,为了将$S_\gamma$平铺,需要通过某个点进行$2\gamma$次切割.

记录每次切割时产生的边界会得到$S_\gamma$的$4\gamma$-边形表示,沿顺时针方向访问这个多边形的边界相当于依次访问每次切割产生边界. 我们也可以使用逆这个概念来记录一次切割,这是指按相反的方向访问这次切割产生的边界.

由于我们沿着单个面的边界在行进,因此位于我们左侧的东西总是在墙上,每条边都要沿着它行进一次然后再沿它返回. 对于这里的例子,访问的结果是$\alpha_1\beta_1\alpha_1^{-1}\beta_1^{-1}\alpha_2\beta_2\alpha_2^{-1}\beta_2^{-1}$.

任意表面$S_\gamma$可以平铺成$\alpha_1\beta_1\alpha_1^{-1}\beta_1^{-1}\cdots\alpha_\gamma\beta_\gamma\alpha_\gamma^{-1}\beta_\gamma^{-1}$的形式. 其他形式的平铺结果是由其他切割方法得来的——即对$2\gamma$个圈构成的球束进行不同的嵌入. 比如,双环面也可以表示成边界为$\alpha\beta\gamma\delta\alpha^{-1}\beta^{-1}\gamma^{-1}\delta^{-1}$的一个八边形.

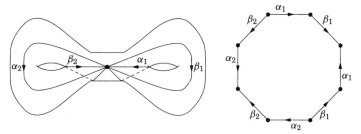

**6.3.23 注记**($S_\gamma$上的欧拉公式) 一个**2-胞腔**指的是这样一个区域,其中任意一条闭合曲线都可以经过连续形变收缩成一个点. 一个**2-胞腔嵌入**是每个区域都是2-胞腔的嵌入. 对连通图在$S_\gamma$上的2-胞腔嵌入,欧拉公式可以推广成:

$$n-e+f=2-2\gamma.$$

比如,$K_7$在环面($\gamma=1$)上的嵌入有7顶点、21条边、14个面,而且$7-21+14=0$. 对$S_\gamma$的欧拉公式的证明类似于平面上的情况,但是需要对1-顶点图这个基本步骤格外小心. 它需要证明将表面平铺(这就是含有一个顶点和一个面的图的一个2-胞腔嵌入)需要$2\gamma$次切割.

**6.3.24 引理** 嵌入到$S_\gamma$上的任意简单平面图最多有$3(n-2+2\gamma)$条边.

**证明** 习题35.

注意,$K_7$在环面($\gamma=1$)上的嵌入满足引理6.3.24并使得等号成立,因为$K_7$的环面嵌入的每个面都是 3-边形. 于是 $K_7$ 是一个极大环面图. 改写 $e \leqslant 3(n-2+2\gamma)$ 可以得到需要添加的手柄数的下界, 这些手柄的添加使得 $G$ 可以嵌入到所得表面上; 因此 $\gamma(G) \geqslant 1+(e-3n)/6$.

由引理 6.3.24 得到 $S_\gamma$ 上类似于四色定理的结论.

**6.3.25 定理**(Heawood 公式——Heawood[1890])  如果 $G$ 可以嵌入到 $S_\gamma(\gamma>0)$ 上, 则 $\chi(G) \leqslant \lfloor(7+\sqrt{1+48\gamma})/2\rfloor$.

**证明**  令 $c=(7+\sqrt{1+48\gamma})/2$. 只要证明了能够嵌入到 $S_\gamma$ 上的任意简单图有一个顶点的度至多为 $c-1$, 就可以通过对 $n(G)$ 用归纳法得出 $\chi(G)$ 的这个界. 由于 $\chi(G) \leqslant c$ 对顶点数最多为 $c$ 的任意图均成立, 故只需考虑 $n(G)>c$ 的情况.

我们用引理 6.3.24 证明平均度(当然也是最小度)最多为 $c-1$. 下面的第二个不等关系可以马上从 $\gamma>0$ 和 $n>c$ 得到. 由于 $c$ 满足 $c^2-7c+(12-12\gamma)=0$, 因此有 $c-1=6-(12-12\gamma)/c$, 故平均度满足上界要求.

$$\frac{2e}{n} \leqslant \frac{6(n-2+2\gamma)}{n} \leqslant 6-\frac{12-12\gamma}{c} = c-1. \quad \blacksquare$$

当 $\gamma=0$ 时, 这里给出的这个关键不等式不成立, 因此对可平面图来讲这里的论述是无效的, 尽管 $\gamma=0$ 时公式简化为 $\chi(G) \leqslant 4$. 证明 Heawood 的界是最优的涉及将 $K_n$ 嵌入到 $S_\gamma$ 上, 其中 $\gamma=\lceil(n-3)(n-4)/12\rceil$. 根据 $n$ 模 12 的余数类, 证明过程可以分成多种情况来讨论($K_7$ 是简单情况的第一个实例). 这个证明是由 Ringel-Youngs[1968]完成的, 最后形成了 *Map Color Theorem* 这本书(Ringel[1974]).

考虑了 $S_\gamma$ 上的着色问题之后, 我们自然就要问到底哪些图可以嵌入到 $S_\gamma$ 上. 在可平面图的众多特征刻画中, 最重要的是 Kuratowski 定理(定理 6.2.2)和 Wagner 定理(习题 6.2.12). 在任意表面上, 可嵌入性在删除或者收缩一条边后均得以保持. 因此, 对于可嵌入性, 每个表面都有一系列的"子式 -极小"反例. Wagner 定理是说平面上这种反例序列是 $\{K_{3,3}, K_5\}$, 任意不可平面图都以其中之一作为子式.

对于环面, 已知的被禁止的极小子式有 800 多个. 对任意表面, 这个序列是有限的, 这个结论可以从下面这个更一般的论述中得出(Kuratowski 定理中的细分关系使得这个序列是无穷的).

**6.3.26 定理**(图子式定理——Robertson-Seymour[1985])  由图构成的任意一个无穷序列中, 必有某个图是另一个图的子式.  $\blacksquare$

这可能是图论中已知的最难的定理. 完整的证明(没有借助计算机)超过了 500 页, 它分布于 20 多篇论文中, 这一系列的论文中有一些是在 2000 年以后发表的. 该定理衍生出很多关于图的结构和计算复杂性的结果. 该定理的证明过程涉及的技术开辟了图论的一些新领域. 这些技术的某些方面以及它们与图子式定理的证明之间的关系将在 Diestel[1997]所著教材的最后一章中给出.

**习题**

6.3.1  (一)给出一个多项式时间算法, 它以任意可平面图为输入, 并产生该图的一个真 5-着色.

6.3.2  (一)如果图 $G$ 的任意子图有一个度至多为 $k$ 的顶点, 则称 $G$ 是 $k$-**退化的**. 证明: 任意 $k$-退化图是可 $k+1$-着色的.

6.3.3  (一)用四色定理证明任意外可平面图是可 3-着色的.

6.3.4  (一)确定 $K_{2,2,2,2}$、$K_{4,4}$ 和 Petersen 图的交叉数.

6.3.5 使用四色定理，证明：任意可平面图可以分解成两个二部图．(Hedetniemi[1969]，Mabry[1995])

6.3.6 不使用四色定理，证明：顶点数不超过 12 的任意可平面图是可 4-着色的．由此证明：边数不超过 32 的任意可平面图是可 4-着色的．

6.3.7 (!)设 $H$ 是一个可平面三角剖分中的一个构形(定义 6.3.2)．设 2-连通图 $H'$ 是如下得到的图：对环上的顶点的相邻顶点，用度对它们作标记；然后删除环上的顶点．证明：$H$ 可以从 $H'$ 重新得到．

6.3.8 在一个可平面三角剖分中构造一个环大小为 5 的构形，使得每个内部顶点的度至少为 5 且内部顶点不止一个．

6.3.9 （＋）证明：环的大小不超过 4 的任意可平面构形是可约的(提示：环是一个分离环．证明：如果有更小的三角剖分是可 4-着色的，则 $G$ 的所有 $C$-瓣有着色方案且可以使得这些着色方案在 $C$ 上的着色是一致的)．(Birkhoff[1913])

6.3.10 Grötzsch 定理[1959](参见 Steinberg[1993]，Thomassen[1994a])说的是：三角形无关的任意可平面图 $G$ 是可 3-着色的．因此 $\alpha(G) \geqslant n(G)/3$. Steinberg-Tovey[1993]证明了 $\alpha(G) > n(G)/3$ 总成立．考察由 $G_k$ 构成的图族来证明上述界是最优的，$G_k$ 定义如下：$G_1$ 是 5-环，其顶点依次是 $a$, $x_0$, $x_1$, $y_1$, $z_1$. 对 $k>1$，$G_k$ 是在 $G_{k-1}$ 中添加三个顶点 $x_k$, $y_k$, $z_k$ 和五条边 $x_{k-1}x_k$, $x_ky_k$, $y_kz_k$, $z_ky_{k-1}$, $z_kx_{k-2}$ 得到的图．$G_3$ 如下面左侧的图所示．(Fraughnaugh[1985])

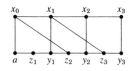 

6.3.11 如下定义可平面图的一个序列．令 $G_1$ 是 $C_4$. 对 $n>1$，在 $G_{n-1}$ 的基础上添加一个 4-环将 $G_{n-1}$ 围起来，并令新添加的这个环的每个顶点与之前的外部面的两个相继的顶点分别邻接，这样构造得到的图就是 $G_n$. $G_3$ 如上面右侧的图所示．证明：如果 $n$ 是偶数，则 $G_n$ 的任意真 4-着色将每种颜色恰好用在 $n$ 个顶点上．(Albertson)

6.3.12 (!)不使用四色定理，证明：任意外可平面图是可 3-着色的．由这个结论证明艺术室定理：如果把一个艺术室设计成一个有 $n$ 条边的简单多边形，则我们有可能在艺术室中设置 $\lfloor n/3 \rfloor$ 个保安使得艺术室内部的任意一点都处于某个保安的监视之下．构造一个确实需要 $\lfloor n/3 \rfloor$ 个保安的艺术室．(Chvátal[1975]，Fisk [1978])

270

6.3.13 一个有墙的艺术室是一个多边形外加一些弦构成，这些弦称作"墙"，它们将某些顶点连接起来．每个位于内部的墙都有一个微小的开口，这些开口称作"门口"．站在门口的保安可以看见这两个相邻房间里的任何东西，但是没站在门口的保安则不能透过墙看到另一侧的东西. 确定最小数 $t$, 使得对于含有 $n$ 个顶点的任意有墙艺术室, 有可能设置 $t$ 个保安使得艺术室内部的任意一点都处于某个保安的监视之下. (Hutchinson[1995], Kündgen[1999])

6.3.14 (＋)证明: 一个极大可平面图是可 3-着色的当且仅当它是欧拉图(提示: 对充分性, 在 $n(G)$ 上用归纳法. 选择适当的一对相邻顶点或者三个相互邻接的顶点, 然后用适当的边进行替换). (Heawood[1898])

6.3.15 (!)证明: 简单外可平面图的顶点可以划分成两个集合, 使得每个集合的诱导子图都是若干条路径的不相交并(提示: 以到某固定顶点的距离的奇偶性来定义划分). (Mihók[1983], Akiyama-Era-Gervacio-Watanabe[1989], Goddard[1991])

6.3.16 (－)证明: 4-维立方体 $Q_4$ 是不可平面的. 将它分解成两个同构的平面图, 因此 $Q_4$ 的厚度为 2.

6.3.17 证明: $K_n$ 的厚度至少为 $\left\lceil \frac{n+2}{6} \right\rceil$. 通过找到一个有 8 个顶点的自补可平面图来证明: 在上述结论中, 等号对 $K_8$ 成立(注: 除 $K_9$ 和 $K_{10}$ 的厚度为 3 之外, 厚度都等于 $\left\lceil \frac{n+2}{6} \right\rceil$. 对于 $n > 10$ 时厚度的上界, Beineke-Harary[1965]给出了 $n \not\equiv 4 \bmod 6$ 的情况, 而 Alekseev-Gončakov[1976]给出了 $n \equiv 4 \bmod 6$ 的情况).

6.3.18 将 $K_9$ 分解成两两同构的三个可平面图.

6.3.19 证明: 如果 $G$ 的厚度为 2, 则 $\chi(G) \leqslant 12$. 利用下面的两个图证明: 当 $G$ 的厚度为 2 时, $\chi(G)$ 可以达到 9. (T. Sulanke)

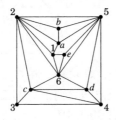 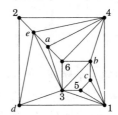

6.3.20 (!)对于偶数 $r$ 和比 $(r-2)^2/2$ 大的 $s$, 证明: $K_{r,s}$ 的厚度为 $r/2$. (Beineke-Harary-Moon[1964])

6.3.21 确定 $\nu(K_{1,2,2,2})$ 并用它计算 $\nu(K_{2,2,2,2})$.

6.3.22 证明: $K_{3,2,2}$ 没有具有 15 条边的可平面子图. 用它给出 $\nu(K_{3,2,2}) \geqslant 2$ 的另一个证明.

6.3.23 设 $M_n$ 是由 $C_n$ 按照如下方式构造得到的图: 在 $C_n$ 中添加连接相对顶点($n$ 是偶数时)或者近似相对顶点($n$ 是奇数时)的边. 如果 $n$ 是偶数, 图 $M_n$ 是 3-正则的; 如果 $n$ 是奇数, $M_n$ 是 4-正则的. 确定 $\nu(M_n)$. (Guy-Harary[1967])

6.3.24 图 $P_n^k$ 的顶点集为 $[n]$, 边集为 $\{ij: 0 < |i-j| \leqslant k\}$. 证明: $P_n^3$ 是一个极大可平面图. 利用 $P_n^3$ 的一个平面嵌入, 证明: $\nu(P_n^4) = n-4$. (Harary-Kainen[1993])

6.3.25 (＋)对任意正整数 $k$, 构造一个可以嵌入到环面上的图使得它嵌入平面时至少有 $k$ 次交叉(提示: 仅需一个很容易被描述清楚的环面图族; 用命题 6.3.13).

6.3.26 (!)利用 Kleitman 公式, 即 $\nu(K_{6,n}) = 6 \left\lfloor \frac{n}{2} \right\rfloor \left\lfloor \frac{n-1}{2} \right\rfloor$, 用计数方法给出下面的下界.

a) $\nu(K_{m,n}) \geqslant m \frac{m-1}{5} \left\lfloor \frac{n}{2} \right\rfloor \left\lfloor \frac{n-1}{2} \right\rfloor$. (Guy[1970]) b)$\nu(K_p) \geqslant \frac{1}{80}p^4 + O(p^3)$.

6.3.27 (!)当前，人们猜想 $\nu(K_{m,n}) = \left\lfloor \frac{m}{2} \right\rfloor \left\lfloor \frac{m-1}{2} \right\rfloor \left\lfloor \frac{n}{2} \right\rfloor \left\lfloor \frac{n-1}{2} \right\rfloor$. 假设这个猜想对 $K_{m,n}$ 成立且 $m$ 是奇数. 证明这个猜想对 $K_{m+1,n}$ 也成立. (Kleitman[1970])

6.3.28 (!)假设 $m$ 和 $n$ 是奇数. 证明：对 $K_{m,n}$ 的任意作图，相互交叉的边的对数的奇偶性是相同的(我们只考虑每对边最多交叉一次的作图，并且有公共端点的边不算交叉). 据此得出结论：如果 $m-3$ 和 $n-3$ 能被 4 整除，则 $\nu(K_{m,n})$ 是奇数；否则是偶数.

6.3.29 假设 $n$ 是奇数. 证明：对于 $K_n$ 的任意作图，相互交叉的边的对数的奇偶性是相同的. 据此得出结论：如果 $n$ 模 8 的余数是 1 或 3，则 $\nu(K_n)$ 是偶数；如果 $n$ 模 8 的余数是 5 或 7，则 $\nu(K_n)$ 是奇数.

6.3.30 (!)现在已知当 $m \leqslant \min\{5, n\}$ 时有 $\nu(C_m \square C_n) = (m-2)n$. $\nu(K_4 \square C_n) = 3n$ 也是已知的.

a)找出一个平面作图来建立上述两个结论的上界.

b)证明：$\nu(C_3 \square C_3) \geqslant 2$. (提示：找出 $K_{3,3}$ 的三个细分使得它们一起恰好将每条边使用两次).

6.3.31 令 $f(n) = \nu(K_{n,n,n})$.

a)证明：$3\nu(K_{n,n}) \leqslant f(n) \leqslant 3\binom{n}{2}^2$.

b)证明：$\nu(K_{3,2,2}) = 2$ 且 $\nu(K_{3,3,1}) = 3$. 证明：$5 \leqslant \nu(K_{3,3,2}) \leqslant 7$ 且 $9 \leqslant \nu(K_{3,3,3}) \leqslant 15$.

c)习题 6.3.26(a)证明了(a)中的下界至少为 $(3/20)n^4 + O(n^3)$. 用递归方法证明 $f(n) \geqslant n^3(n-1)/6$ 来改进这个下界.

d)(a)中的上界是 $\frac{3}{4}n^4 + O(n^3)$，将它改进到 $f(n) \leqslant \frac{9}{16}n^4 + O(n^3)$. (提示：有一种构造法将该图嵌入到四面体上，推广它得到 $K_{l,m,n}$ 的一个构造法；另外再用 $K_n$ 的一种构造法，推广它得到 $K_{n,\cdots,n}$ 的一个构造法.)

6.3.32 (*)将某个 3-正则非二部简单图嵌入到环面上使得每个面都具有偶数长度.

6.3.33 (*)假设 $n$ 大于等于 9 且它不是素数也不是某个素数的 2 倍. 构造一个有 $n$ 个顶点的 6-正则环面图.

6.3.34 (*)图在表面上的嵌入是**正则**的，如果该嵌入的所有面具有相同的长度. 构造 $K_{4,4}$、$K_{3,6}$ 和 $K_{3,3}$ 在环面上的一个正则嵌入.

6.3.35 (*)对亏格 $\gamma$，证明欧拉公式：对于图在 $S_\gamma$ 上的一个 2-胞腔嵌入，其顶点数、边数和面数满足 $n-e+f = 2-2\gamma$. 据此得出结论：可嵌入到 $S_\gamma$ 上的 $n$-顶点简单图最多有 $3(n-2+2\gamma)$ 条边.

6.3.36 (*)用 $S_\gamma$ 上的欧拉公式，证明：$\gamma(K_{3,3,n}) \geqslant n-2$，并确定 $n \leqslant 3$ 时 $\gamma(K_{3,3,n})$ 的确切值.

6.3.37 (*)对任意正整数 $k$，用高亏格表面上的欧拉公式证明：存在可平面图 $G$ 使得 $\gamma(G \square K_2) \geqslant k$.

# 第7章 边 和 环

## 7.1 线图和边着色

我们已经讨论了关于顶点的许多问题，其实对于边有许多相似的问题．独立集包含不邻接的顶点；匹配包含"不相邻的"边．顶点着色将所有顶点划分成一些独立集．于是也可以将所有边划分成一些匹配．这两对问题通过线图（定义 4.2.18）可以关联在一起．这里我们重复线图的定义，以强调重新回到对含有多重边的图的讨论中来．我们用"线图"和 $L(G)$ 而不是用"边图"，这是因为 $E(G)$ 已经用来表示边集了．

**7.1.1 定义** $G$ 的线图，记为 $L(G)$，是一个简单图，它的顶点是 $G$ 的所有边并且 $ef \in E(L(G))$ 只要 $e$ 和 $f$ 在 $G$ 中有一个公共顶点．

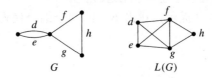

图 $G$ 中一些关于边的问题可以表述成 $L(G)$ 中关于顶点的问题．当扩展到所有简单图后，顶点的问题可能更困难．但如果我们解决了顶点问题，则可以将顶点的结果应用到 $L(G)$ 上来解决原来 $G$ 中的关于边的问题．

在第 1 章中，我们研究了欧拉回路．$G$ 中的一条欧拉回路产生线图 $L(G)$ 中的一个生成环（习题 7.2.10 表明其逆命题不成立）．在 7.2 节中我们将讨论一般图的生成环．正如附录 B 中所讨论的，这个问题在计算上是非常困难的．

在第 3 章中，我们研究了匹配．$G$ 中的一个匹配变成了 $L(G)$ 中的一个独立集．因此 $\alpha'(G) = \alpha(L(G))$，而在图中研究 $\alpha'$ 就相当于在线图中研究 $\alpha$．在一般的图中计算 $\alpha$ 往往比在线图中计算 $\alpha$ 要困难．3.1 节对二部图考察了这个问题，我们在附录 B 中考察了这个问题的一般情况．

在第 4 章中，我们研究了连通性．Menger 定理对所有图给出了连通性与内部不相交路径之间的最小-最大关系．将这个定理应用到线图上，可以对所有图证明边-连通性与边不相交的路径之间类似的最小-最大关系．

在第 5 章中，我们研究了顶点着色．对边进行着色使得同色类是一些匹配等同于线图中的真顶点着色．因此，边着色是顶点着色的特例，因此可能比较简单．我们将在本节中讨论边着色．用线图的顶点着色的形式表达出来，我们的主要结果是一个能在常数时间内计算出 $\chi(H)$ 的算法，其中要求 $H$ 是简单图的线图．

线图这个概念揭示了本章要讨论的边着色和生成环这两个问题．我们先来分别讨论它们．7.3 节将讨论二者间的相互联系以及它们与可平面图之间的联系．

在应用线图的算法时，需要知道 $G$ 是否是一个线图．我们有一些很好的算法来对此进行测试．这些算法都利用线图的特征．关于这些特征，我们推迟到本节的最后讨论．

### 边着色

在例 1.1.11 中，我们给出了一个顶点着色的例子，其中要求安排参议院各委员会会议的日程．

当要安排日程的对象是成对的基本元素时就出现边着色的问题.

**7.1.2 例**($K_{2n}$的边着色)   对于有 $2n$ 个队的体育联合会,我们打算安排比赛日程,要求每两个队之间有一场比赛,但是每个队每周最多只有一场比赛.由于每个队要与其余 $2n-1$ 个队进行比赛,因此整个赛季至少要持续 $2n-1$ 周.每周要进行的比赛构成一个匹配.我们要想将整个赛季安排在 $2n-1$ 周内当且仅当可以将 $E(K_{2n})$ 划分成 $2n-1$ 个匹配.由于 $K_{2n}$ 是 $2n-1$-正则的,因此划分中的匹配都是完美匹配.

下图是对这个问题的解的描述.将一个顶点放在中间,将其他 $2n-1$ 个顶点放在其周围形成一圈,并将这些顶点看成是模 $2n-1$ 的同余类.根据定理 2.2.16,如果两个同余类前后相继,则这两个同余类的差是 1;如果二者之间还有一个同余类,则差为 2,等等.因此,差可以达到 $n-1$.差为 $i$ 的边共有 $2n-1$ 条,$1 \leqslant i \leqslant n-1$.

274

任意匹配包含每个差值类中的一条边,外加一条与中心点相关联的边.我们用粗(黑)边给出了这样一个匹配.旋转画面(得到了细实线构成的匹配)又得到 $n$ 条新的边,它们也包含每个差值类中的一条边和一条与中心点关联的边.$2n-1$ 次旋转操作即得出所求的匹配,因为这些匹配所含的各个差值类中的边互不相同并且所含的关联到中心点的边也不同.  ■

**7.1.3 定义**   $G$ 的一个 **$k$-边着色**是一个标号映射 $f: E(G) \to S$,其中 $|S|=k$(通常,我们设 $S=[k]$).这些标号称为**颜色**.具有同一颜色的边构成**同色类**.一个 $k$-边着色是**真**的,如果相互关联的边具有不同的标号,即每个同色类是一个匹配.一个图是**可 $k$-边着色**的,如果它有一个真 $k$-边着色.无圈图 $G$ 的**边-色数** $\chi'(G)$ 是使得 $G$ 是可 $k$-边着色的最小 $k$ 值.

**色指数**是 $\chi'(G)$ 的另一个名字.因为有公共顶点的边需要不同的颜色,故 $\chi'(G) \geqslant \Delta(G)$.Vizing[1964]和 Gupta[1966]独立地证明了:如果 $G$ 是简单图,则 $\Delta(G)+1$ 种颜色就足够了.这是本小节的主要目标.$L(G)$ 中的一个团是由 $G$ 中两两相交的一些边构成的集合.如果 $G$ 是简单图,这样一些边在 $G$ 中构成一个星形或三角形(习题 9).简单图的线图构成遗传类,关于这个遗传类,Vizing 定理即为 $\chi(H) \leqslant \omega(H)+1$;因此线图"几乎"是完美的.

与第 5 章中讨论的 $\chi(G)$ 相比,重边对 $\chi'(G)$ 的影响是很大的.一个带圈的图没有真的边着色."无圈"排除了圈但是仍然允许有重边.

**7.1.4 定义**   在具有重边的图 $G$ 中,如果 $G$ 中存在 $m$ 条以 $x$ 和 $y$ 为端点的边,则我们称顶点对 $x,y$ 是**重数**为 $m$ 的边.我们用 $\mu(xy)$ 来表示这个顶点对的重数,并用 $\mu(G)$ 来表示 $G$ 中边的重数的最大值.

**7.1.5 例**("胖三角形")   对于带有重边的无圈图,$\chi'(G)$ 可能超过 $\Delta(G)+1$.Shannon[1949]证明了 $\chi'(G)$ 的最大值仅用 $\Delta(G)$ 表达出来是 $3\Delta(G)/2$(参见定理 7.1.13).Vizing 和 Gupta 证明了 $\chi'(G) \leqslant \Delta(G)+\mu(G)$,其中 $\mu(G)$ 是最大边重数.下面这个图达到这两个界;这些边两两相交,因此在着色时需要用不同的颜色;故 $\chi'(G)=3\Delta(G)/2=\Delta(G)+\mu(G)$.

**7.1.6 注记**   我们已经注意到 $\chi'(G) \geqslant \Delta(G)$. 上界 $\chi'(G) \leqslant 2\Delta(G) - 1$ 也很容易得到. 按照某种
顺序对边依次着色, 总为当前的边分配具有最小标号的颜色使得该颜色不同于已经出现在与当前边
邻接的边上的颜色. 由于任意边的邻接边不可能多于 $2(\Delta(G) - 1)$ 条, 故所用颜色不超过 $2\Delta(G) - 1$ 种.
这个过程刚好就是对 $L(G)$ 的顶点进行贪心着色.

$$\chi'(G) = \chi(L(G)) \leqslant \Delta(L(G)) + 1 \leqslant 2\Delta(G) - 1.$$

对于二部图, 第 3 章的结果改进了注记 7.1.6 中的上界; 而且, 即便允许有重边, 二部图也可
以取到平凡下界. 另外, 还有一个好算法来产生二部图 $G$ 的真 $\Delta(G)$-边着色.

**7.1.7 定理**(König[1916])   如果 $G$ 是二部图, 则 $\chi'(G) = \Delta(G)$.

**证明**   推论 3.1.13 表明, 任意正则二部图 $H$ 有一个 1-因子. 在 $\Delta(H)$ 上用归纳法即可得到一
个真 $\Delta(H)$-边着色. 于是, 只需证明: 对最大度为 $k$ 的任意二部图 $G$, 必然存在一个 $k$-正则二部图
$H$ 包含 $G$.

为构造这样一个二部图, 首先在 $G$ 的较小的部集中添加一些顶点, 如果必要, 可以使得两个部
集的大小相等. 如果所得的图 $G'$ 不是正则的, 则每个部集中均有度小于 $k$ 的顶点. 以这样两个顶点
作为端点, 添加一条边. 这样继续添加边, 直到图变成 $k$-正则的, 最后得到的图就是 $H$.

对于正则图 $G$, 用 $\Delta(G)$ 种颜色进行真边着色相当于将图分解成 1-因子.

**7.1.8 定义**   将正则图 $G$ 分解成若干个 1-因子的分解称作 $G$ 的一个 **1-因子分解**. 有 1-因子分
解的图是可 1-因子分解的.

奇环不是可 1-因子分解的, $\chi'(C_{2m+1}) = 3 > \Delta(C_{2m+1})$. Petersen 图也需要一种额外的颜色, 但仅
需一种额外的颜色.

**7.1.9 例**(Petersen 图是 4-边色的, Petersen[1898])   Petersen 图是 3-正则的, 可 3-边着色性
需要一个 1-因子分解. 删除一个完美匹配后剩下的是一个 2-因子, 其所有连通分量都是环. 仅当
所有的环都是偶环时; 1-因子分解才可以完成.

为证明结论, 只需证明 Petersen 图的每个 2-因子都同构于 $2C_5$. 如下所示, 考察由两个 5-环及
这二者间一个匹配(那些**横跨边**)构成的作图. 我们根据 2-因子用到的横跨边的条数来分情况讨论.

(Petersen 图中)每个环用到了偶数条横跨边, 故任意 2-因子 $H$ 含有偶数条横跨边(假设为 $m$ 条).
如果 $m = 0$(左图), 则 $H = 2C_5$.

如果 $m = 2$(中间的图), 则这两条横跨边的端点要么在内环上不相邻要么在外环上不相邻. 对

于这两条边的端点在其上不相邻的环, 其余三个顶点使得该环的 5 条边均位于 $H$ 中, 这与 $H$ 是 2-因子相矛盾.

如果 $m=4$(右图). 由于那些没有用到的横跨边, 这两个环上的某些边必然落在 $H$ 中, 这些边形成一个 $2P_5$, 由这个 $2P_5$ 得到的 2-因子必然是 $2C_5$.

注意, 由于 $C_5$ 是可 3-边着色的, 故 Petersen 图是可 4-边着色的. ∎

现在, 我们来考察所有的简单图. 我们用 $\Delta(G)+1$ 种颜色建立一个真 $\Delta(G)+1$-边着色, 具体做法是: 逐条边进行着色, 直到得到 $G$ 的一个真 $\Delta(G)+1$-边着色. 这个算法运行起来非常快.

**7.1.10 定理**(Vizing[1964, 1965], Gupta[1966]) 如果 $G$ 是简单图, 则 $\chi'(G) \leqslant \Delta(G)+1$.

**证明** 设 $f$ 是 $G$ 的子图 $G'$ 的一个真 $\Delta(G)+1$-边着色, 如果 $G' \neq G$, 则有一条边 $uv$ 没有被 $f$ 着色. 对某些边用可行的方式重新着色后, 可以对该着色方案进行扩充使得它包含边 $uv$, 将这个过程称为*扩增*. 经过 $e(G)$ 次扩增之后, 得到 $G$ 的一个真 $\Delta(G)+1$-边着色.

由于颜色的种数超过了 $\Delta(G)$, 因此每个顶点都有一种颜色未出现在与该顶点关联的边上. 设 $a_0$ 是未在顶点 $u$ 处出现的颜色. 我们生成 $u$ 的一系列相邻顶点和相应的一系列颜色, 假设这一系列顶点以 $v_0 = v$ 开始.

设 $a_1$ 是未在顶点 $v_0$ 处出现的颜色. 假定 $a_1$ 在 $u$ 处出现在某条边 $uv_1$ 上, 否则可以在 $uv_0$ 上使用颜色 $a_1$.

设 $a_2$ 是未在顶点 $v_1$ 处出现的颜色. 假定 $a_2$ 在 $u$ 处出现在某条边 $uv_2$ 上, 否则在 $uv_1$ 上用 $a_2$ 代替 $a_1$, 这样将 $a_1$ 用在 $uv_0$ 上就可以扩增这个着色方案.

用颜色 $a_{i-1}$ 选择好 $uv_{i-1}$ 之后, 设 $a_i$ 是在 $v_{i-1}$ 处未使用的颜色. 如果 $a_i$ 在 $u$ 处未使用, 则我们在 $uv_{i-1}$ 上使用颜色 $a_i$ 并将颜色 $a_j$ 从 $uv_j$ 上移动到 $uv_{j-1}$ 上($1 \leqslant j \leqslant i-1$), 这样就完成了扩增. 我们将这个过程称作始于 $i$ 的*下移*. 如果 $a_i$ 在 $u$ 处出现(在某条边 $uv_i$ 上), 则过程继续.

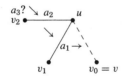

由于只有 $\Delta(G)+1$ 种颜色可供选择, 故我们选择的颜色最终会重复(或者通过下移完成了扩增). 设 $l$ 是满足下列条件的最小值: 它使得未在 $v_l$ 处出现的颜色位于序列 $a_1, \cdots, a_l$ 中, 设相应的颜色为 $a_k$. 现在, 我们不再对该序列继续进行扩展, 而是利用这个重复出现的颜色从几种方式中选取一种来完成扩增.

在 $v_l$ 处未出现的颜色 $a_k$ 也未出现在 $v_{k-1}$ 处, 但它出现在 $uv_k$ 上. 如果 $a_0$ 不出现在 $v_l$ 处, 则从 $v_l$ 开始下移并将 $a_0$ 用到 $uv_l$ 处, 这样就完成了扩增. 因此我们可以假定 $a_0$ 在 $v_l$ 处出现.

取 $v_l$ 处颜色为 $a_0$ 的边, 以此开始, 交错地通过颜色为 $a_0$ 和 $a_k$ 的边, 可以得到一条极大路径 $P$. 我们断言, 只存在一条这样的路径, 因为在每个顶点处最多只有一条具有特定颜色的边与之关联(忽略还未被着色的那些边). 为了完成扩增, 我们在 $P$ 上调换颜色 $a_0$ 和 $a_k$, 并根据 $P$ 去往何处来选择 $u$ 的一个适当的相邻顶点进行下移.

如果 $P$ 到达 $v_k$, 则它到达 $v_k$ 时通过的那条边的颜色为 $a_0$, 然后沿颜色为 $a_k$ 的边 $v_k u$ 到达 $u$, 并终止于 $u$, 因为在 $u$ 处未出现颜色 $a_0$. 在这种情况下, 我们从 $v_k$ 开始下移并调换 $P$ 上的颜色(如左图所示).

如果 $P$ 到达 $v_{k-1}$，则到达 $v_{k-1}$ 时通过的边的颜色为 $a_0$，并终止于此，因为颜色 $a_k$ 不在 $v_{k-1}$ 处出现. 在这种情况下，我们从 $v_{k-1}$ 开始下移并将颜色 $a_0$ 分配给 $uv_{k-1}$，然后调换 $P$ 上的颜色（如中间的图所示）.

如果 $P$ 不到达 $v_k$ 和 $v_{k-1}$，则它终止于 $\{u,\ v_l,\ v_k,\ v_{k-1}\}$ 之外的某个顶点. 在这种情况下，我们从 $v_l$ 开始下移并将颜色 $a_0$ 分配给 $uv_l$，然后调换 $P$ 上的颜色（如右图所示）.

对每种情况，这种修改都得到了 $G'+uv$ 的一个真 $\Delta(G)+1$-边着色，故我们完成了所求的扩增.

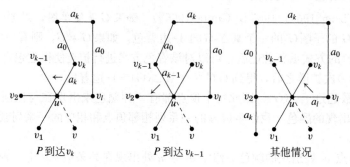

P 到达 $v_k$            P 到达 $v_{k-1}$            其他情况

对于简单图，现在对于 $\chi'$ 只有两种情况可能发生.

**7.1.11 定义**　如果简单图 $G$ 满足 $\chi'(G)=\Delta(G)$，则称它是**第一类**；如果 $\chi'(G)=\Delta(G)+1$，则称它是**第二类**.

一般来说，确定一个图是第一类还是第二类是很困难的（Holyer[1981]；参见附录 B）. 因此，我们寻求能够否定或肯定可 $\Delta(G)$-边着色性的一些条件，例如习题 24～27.

\*** 7.1.12 注记**　对于第一类图，存在一个显然的必要条件，并且人们现在猜想该条件在 $\Delta(G)>\frac{3}{10}n(G)$ 时也是充分的. 在习题 27(a) 中可以看到：如果 $G$ 的具有奇数条边的子图含有过多的边，则它将成为可 $\Delta(G)$-边着色的障碍. 简单图 $G$ 的一个子图 $H$ 是**超溢子图**，如果 $n(H)$ 是奇数并且 $2e(H)/(n(H)-1)>\Delta(G)$.

**超溢猜想**（Chetwynd-Hilton[1986]——也可以参见 Hilton[1989]）是说：如果 $\Delta(G)>n(G)/3$，则简单图 $G$ 是第一类当且仅当 $G$ 没有超溢子图. 从 Petersen 图删除一个顶点后得到的图表明，在 $\Delta(G)=n(G)/3$ 时该条件不是充分条件（习题 28）.

超溢猜想蕴涵了 **1-因子分解猜想**：如果 $r\geqslant m$（或者 $r\geqslant m-1$，如果 $m$ 是偶数），则阶为 $2m$ 的任意 $r$-正则简单图都是第一类. 该条件也是最优的（习题 29）.

只要 $\Delta(G)$ 充分大，这两个猜想的结论都成立（Chetwynd-Hilton[1989]，Niessen-Volkmann[1990]，Perkovic-Reed[1997]，Plantholt[2001]）.

如果 $G$ 有重边，则 $\chi'(G)\leqslant\lfloor 3\Delta(G)/2\rfloor$（Shannon[1949]）且 $\chi'(G)\leqslant\Delta(G)+\mu(G)$（Vizing[1964，1965]，Gupta[1966]）. 这些结论是从下面 Andersen[1977] 和 Goldberg[1977，1984] 的结果得出的（习题 35）：

$$\chi'(G)\leqslant\max\left\{\Delta(G),\max_P\left[\frac{1}{2}\left(d(x)+\mu(xy)+\mu(yz)+d(z)\right)\right]\right\}$$

其中 $\boldsymbol{P}=\{x,\ y,\ z\in V(G)\colon y\in N(x)\bigcap N(z)\}$. 这个界的证明使用了定理 7.1.10 中的方法和计数方

法．为了演示计数方法的使用，我们用 Vizing 和 Gupta 的结果来证明 Shannon 定理．

**\*7.1.13 定理**（Shannon[1949]） 如果 $G$ 是一个图，则 $\chi'(G) \leqslant \frac{3}{2}\Delta(G)$．

**证明** 设 $k = \chi'(G)$ 并假定 $k \geqslant (3/2)\Delta(G)$．设 $G'$ 是 $G$ 中满足 $\chi'(G') = k$ 的极小子图．由于 $k \leqslant \Delta(G') + \mu(G')$（Vizing-Gupta），因此可以得到 $\mu(G') \geqslant \Delta(G)/2$．设 $e$ 是重数为 $\mu(G')$ 的一条边，将其端点记为 $x$，$y$．

设 $f$ 是 $G' - e$ 的一个真 $k-1$-边着色．在 $G' - e$ 中，$x$ 和 $y$ 的度都至少为 $\Delta(G) - 1$，故在着色方案 $f$ 下至少有 $(k-1) - (\Delta(G) - 1)$ 种颜色未在 $x$ 处出现，在 $y$ 处类似．因为 $G'$ 不是可 $k-1$-边着色的，所以没有在这两处都不出现的颜色．将用在端点为 $x$，$y$ 的边上的 $\mu(G') - 1$ 种颜色加在一起即可得到

$$2(k - \Delta(G)) + (\Delta(G)/2) - 1 \leqslant 2(k - \Delta(G)) + \mu(G') - 1 \leqslant k - 1,$$

因此，$k \leqslant (3/2)\Delta(G)$． ∎

最后，给出一个一般的猜想，它类似于超溢猜想．

**\*7.1.14 猜想**（Goldberg[1973，1984]，Seymour[1979a]） 如果 $\chi'(G) \geqslant \Delta(G) + 2$，则 $\chi'(G) = \max\limits_{H \subseteq G} \left\lceil \dfrac{e(H)}{\lfloor n(H)/2 \rfloor} \right\rceil$．

**线图的特征（选学）**

由线图的特征可以得到一些好的算法，用来测试一个图是否是线图；而且，假如 $G$ 确实是线图，我们还可以找到 $H$ 使得 $L(H) = G$．

**7.1.15 例** 为了说明我们的一些想法，我们证明下面最右侧的图不是某个简单图的线图．风筝图 $G$（有一条公共边的两个三角形）是掌图 $H$（一个爪外加一条边）的线图．经过仔细分析，我们发现唯有 $H$ 的线图是 $G$，并且对应 $G$ 中度为 $2$ 的顶点的边必然是用虚线表示的那两条边． |279|

最右侧的图在 $G$ 中添加了一个顶点，并使得该顶点只与 $G$ 中度为 $2$ 的顶点相邻．这样的图不是线图，因为无法在 $H$ 中添加一条边使得它与虚线边都有公共端点，但与实线边都没有公共端点．

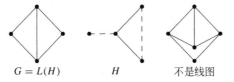

$G = L(H)$ $\qquad$ $H$ $\qquad$ 不是线图 ∎

我们第一个特征刻画就是将线图的绘制过程形式化．如果 $G = L(H)$ 而 $H$ 是简单图，则满足 $d(v) \geqslant 2$ 的任意 $v \in V(H)$ 产生 $G$ 中的一个团 $Q(v)$，团中的顶点对应于 $H$ 中与 $v$ 关联的边．这些团构成对 $E(G)$ 的一个划分，而且每个顶点 $e \in V(G)$ 属于两个团，这两个团刚好是由 $e \in E(H)$ 的两个端点产生的．

比如，如果 $G$ 是风筝图，则可以将 $E(G)$ 划分成三个团（一个三角形和两条边）．每个顶点最多被覆盖两次．这三个团对应于掌图中度至少为 $2$ 的三个顶点．上面右侧的图没有这样一个划分．

**7.1.16 定理**（Krausz[1943]） 对于简单图 $G$，$L(H) = G$ 有解当且仅当 $G$ 可以分解成完全子图，使得 $G$ 的每个顶点最多出现在该分解所得的两个完全子图中．

**证明** 上面的讨论已经得到该条件的必要性．注意，如果 $G = L(H)$，则 $G$ 中仅属于所定义的一个团的那些顶点是 $H$ 中关联到叶顶点的边对应的顶点．

为了证明充分性，设 $S_1$，$\cdots$，$S_k$ 分别是这些完全子图的顶点集．我们构造 $H$ 使它满足 $G=L(H)$．$G$ 的孤立点变成了 $H$ 的孤立边．因此，假定 $\delta(G)\geqslant 1$．设 $v_1$，$\cdots$，$v_l$ 是 $G$ 中仅属于 $S_1$，$\cdots$，$S_k$ 之一的所有顶点（如果有的话）．为序列 $A=S_1$，$\cdots$，$S_k$，$\{v_1\}$，$\cdots$，$\{v_l\}$ 内的每个集合在 $H$ 中分配一个顶点，并且 $H$ 中的两个顶点相邻仅当相应的两个集合相交．

$G$ 中的每个顶点恰好在 $A$ 中的两个集合中出现，且没有两个顶点出现在相同的两个集合中．因此 $H$ 是简单图且 $G$ 中的每个顶点对应 $H$ 中的一条边．如果顶点在 $G$ 中相邻，则它们一起出现在某个 $S_i$ 中，这时 $H$ 中相应的边共享由 $S_i$ 确定的顶点．因此，$G=L(H)$． ■

Krausz 给出的特征刻画不能直接得到测试线图的一个高效算法，因为可能的分解数量太多无法全部测试．下一个特征刻画只测试固定大小的子结构，因此得到一个好算法．根据下面的定义，可以判断 $G$ 中的三角形是奇的还是偶的．

280

$T$ 是**奇的**，如果对某个 $v\in V(G)$，$|N(v)\bigcap V(T)|$ 是奇数．

$T$ 是**偶的**，如果对任意 $v\in V(G)$，$|N(v)\bigcap V(T)|$ 是偶数．

诱导得到的风筝图称为**双三角**，它由共享一条边的两个三角形构成且不位于共享边上的两个顶点是不相邻的．

**7.1.17 定理**（van Rooij 和 Wilf[1965]）  对于简单图 $G$，$L(H)=G$ 有解当且仅当 $G$ 是无爪形的，并且 $G$ 的任意双三角不包含两个奇三角．

**证明**  必要性．设 $G=L(H)$．设 $e$ 是 $G$ 中的顶点，其相邻顶点为 $x$，$y$，$z$；于是，$e$ 在 $H$ 中对应的边 $e$ 与边 $x$，$y$，$z$ 都关联．由于 $e$ 在 $H$ 中只有两个端点，因此 $x$，$y$，$z$ 中必有两条边在其中一个端点处关联到 $e$，于是这两条边在 $G$ 中是相邻的．这样，爪形不可能成为 $G$ 的诱导子图．

对于另一个条件，我们在例 7.1.15 中看到：$G$ 中双三角的顶点必须对应于 $H$ 中掌形的边．特别地，$G$ 的这两个三角形中有一个三角形的顶点对应于 $H$ 中的一个三角形的边．这个三角形一定是偶的，因为 $H$ 中只与三角形的一个顶点关联的任意边都恰好与三角形的两条边共享一个顶点．因此，在 $G$ 的任意双三角形中，至少有一个三角是偶的．

**充分性**．设 $G$ 满足定理给定的条件．可以假定 $G$ 是连通的，否则，我们将下面的构造应用到每个连通分量上即可．下面的这种情况很特殊：$G$ 是无爪形的并且某个双三角的两个三角形都是偶的．只存在三个这样的图（习题 38）．这里，我们只考虑一般的情况，即 $G$ 的任意双三角恰好有一个奇三角形．

根据定理 7.1.16，只需将 $G$ 分解成完全子图并使得任意顶点只在其中两个完全子图中出现．令 $S_1$，$\cdots$，$S_k$ 是 $G$ 中所有非偶三角形极大完全子图；令 $T_1$，$\cdots$，$T_l$ 是属于某个偶三角形但不属于任何奇三角形的所有边．我们断言，这些完全子图和边一起构成了所求的分解 $B$．

每条边都在某个极大完全子图中出现；但是，在顶点个数大于 3 的完全子图中，每个三角形都是奇三角形．因此序列中的每个 $T_j$ 不含于任意 $S_i$ 中；并且 $S_i$ 和 $S_{i'}$ 没有公共边，因为 $G$ 没有双三角使得它的两个三角形都是奇三角．因此，$B$ 中的子图两两之间没有公共边．

如果 $e\in E(G)$，则 $e$ 在某个 $S_i$ 中，除非包含 $e$ 的唯一极大团是一个偶三角形．在这种情况下，$e$ 是某个 $T_j$，因为不允许有双三角使得它的两个三角形都是奇三角形．因此 $B$ 是边集的一个划分．

还需要证明，任意 $v \in G$ 最多只在其中的两个子图中出现．假设 $v$ 属于 $A$，$B$，$C \in \boldsymbol{B}$，$A$，$B$，$C$ 无公共边意味着 $v$ 有三个相邻顶点 $x$，$y$，$z$，且其中每个顶点只属于 $\{A, B, C\}$ 之一．由于 $G$ 没有诱导爪形，因此可以假定 $x \leftrightarrow y$．由于 $A$，$B$，$C$ 没有公共边，故三角形 $vxy$ 不可能是 $\boldsymbol{B}$ 的成员．因此它必是一个偶三角形．因此，$z$ 必然另外还有唯一一条边连到 $vxy$ 上，假定 $z \leftrightarrow x$ 且 $z \not\leftrightarrow y$．但是，现在由类似的讨论知道 $zvx$ 也是一个偶三角形．这样我们有一个双三角，它的两个三角形都是偶三角形． ■

定理 7.1.17 与下面这些用禁用子图刻画的特征很接近．

**7.1.18 定理**（Beineke[1968]） 简单图 $G$ 是某个简单图的线图当且仅当 $G$ 不含下面 9 个线图中的任意一个作为诱导子图．

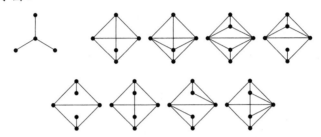

**证明** 由定理 7.1.17，只需证明：在所列的图中，除了爪形以外的其他八个图是所含双三角的两个三角形都是奇三角形的所有顶点-极小无爪形图．每个这样的图都有一个双三角和另外的一个或两个顶点，这些顶点在两个三角形上有一个或三个相邻顶点因而使得两个三角形都是奇三角形．这个列表的完备性的详细证明是习题 40 要求的内容． ■

7.1.17 和 7.1.18 这两个定理中所表述的特征产生了测试 $G$ 是否为线图的一些算法，这些算法的运行时间是 $n(G)$ 的多项式．事实上，存在一个线性时间算法（Lehot[1974]），它在 $G$ 是线图时产生一个图 $H$ 使得 $L(H) = G$；如果 $G$ 没有连通分量是三角形，则图 $H$ 是唯一的（习题 39）．

## 习题

7.1.1 （一）对下面的每个图，计算 $\chi'(G)$ 并画出 $L(G)$．

7.1.2 （一）给出一个明确的边着色方案来证明 $\chi'(Q_k) = \Delta(Q_k)$．

7.1.3 （一）确定 $C_n \square K_2$ 的边色数．

7.1.4 （一）找出 $\chi'(G)$ 一个不等式使之能表达成 $e(G)$ 和 $\alpha'(G)$ 的形式．

7.1.5 （一）证明：Petersen 图是 $L(K_5)$ 的补图．

7.1.6 （一）在 Petersen 图的补图中，确定三角形的个数．

7.1.7 （一）确定 $\overline{P_5}$ 是否为一个线图．如果是，找出 $H$ 使得 $L(H) = \overline{P_5}$．

7.1.8 （一）证明：$L(K_{m,n}) \cong K_m \square K_n$．

• • • • • • • • • • • • • • •

7.1.9 设 $G$ 是简单图．证明：$L(G)$ 的一些顶点构成一个团当且仅当 $G$ 中对应的边有一个公共端点或形成一个三角形(注：因此，$\omega(L(G))=\Delta(G)$，除非 $\Delta(G)=2$ 且 $G$ 的一个连通分量是三角形).

**7.1.10** 设 $G$ 是没有孤立顶点的简单图. 证明：如果 $L(G)$ 是连通正则的，则要么 $G$ 是正则的要么 $G$ 是同一部集中的顶点具有相同度的二部图. (Ray-Chaudhuri[1967])

**7.1.11** (!)设 $G$ 是简单图.

a)证明：$L(G)$ 中的边数是 $\displaystyle\sum_{v\in V(G)}\binom{d(v)}{2}$.

b)证明：$G$ 同构于 $L(G)$ 当且仅当 $G$ 是 2-正则的.

**7.1.12** 设 $G$ 是连通的简单图. 由习题 7.1.11 中的(a)确定 $e(L(G))<e(G)$ 何时成立.

**7.1.13** (+)证明：习题 7.1.1 中左侧的图是唯一满足 $L(G)\cong\overline{G}$ 的简单图[⊖]. (Albertson)

**7.1.14** (!)设 $G$ 是一个 $k$-边连通简单图. 证明：$L(G)$ 是 $k$-连通的并且是 $2k-2$-边连通的(提示：对于 $L(G)$ 的最小边割 $[S,\overline{S}]$，描述它在 $G$ 中对应什么，并用 $G$ 的顶点对其中的边进行计数).

**7.1.15** (!)利用 Tutte 1-因子定理，证明：阶为偶数的任意连通线图都有完美匹配. 据此得出结论，大小为偶数的简单连通图的边可以划分成若干条长度为 2 的路径(注：习题 3.2.22 表明，任意无爪形的连通图均有完美匹配；但是该结果更强同时也比这里的结论更难). (Chartrand-Polimeni-Stewart[1973])

**7.1.16** (∗)设 $G$ 是简单图. 证明：$\gamma(L(G))\geqslant\gamma(G)$，其中 $\gamma(G)$ 表示 $G$ 的亏格(定义 6.3.20). (D. Greenwell)

**7.1.17** 计算下面这个图的真 6-边着色的方案数.

**7.1.18** (!)给出一个明确的边着色来证明 $\chi'(K_{r,s})=\Delta(K_{r,s})$.

283 **7.1.19** (!)证明：对于任意简单二部图 $G$，存在一个包含 $G$ 的 $\Delta(G)$-正则简单二部图 $H$.

**7.1.20** (!)设 $D$ 是一个有向图(可以含圈)，并且对所有 $v\in V(D)$ 均有 $d^+(v)\leqslant d$ 和 $d^-(v)\leqslant d$. 证明：$E(D)$ 中的边可以用 $d$ 种颜色进行着色，使得进入一个顶点的边具有不同的颜色，并且从一个顶点出去的边也有不同的颜色(提示：将有向图转换成可以应用已知结论的另一个对象).

**7.1.21** 定理 7.1.17 的算法证明. 设 $G$ 是最大度为 $k$ 的一个二部图. 令 $f$ 是 $G$ 的子图 $H$ 的一个真 $k$-边着色. 设 $uv$ 是不在 $H$ 中的一条边. 找出一条路径使得两种颜色在其上交替出现，由此证明：$f$ 经改动后可以扩张到 $H+uv$ 上. 得出结论，$\chi'(G)=\Delta(G)$.

**7.1.22** 在一个适当的图上使用 Brooks 定理，证明：如果 $G$ 是满足 $\Delta(G)=3$ 的简单图，则 $G$ 是可 4-边着色的(注：这个结果是 Vizing 定理的特殊情况；不要用 Vizing 定理来证明该结论).

**7.1.23** (+)设 $K(p,q)$ 是每个部集均有 $q$ 个顶点的 $p$-部图. 设 $G[H]$ 表示合成操作，即，将 $G$ 中

---

⊖ $C_5$ 是满足要求的另一个图. ——译者注

的每个顶点扩张成 $H$ 的一个拷贝. 注意, 当 $d$ 整除 $q$ 时, $K(p, q) = K(p, d)[\overline{K}_{q/d}]$.

　　a)证明: 如果 $G$ 可以分解成 $F$ 的若干个拷贝, 则 $G[\overline{K}_m]$ 可以分解成 $F[\overline{K}_m]$ 的若干个拷贝.
　　另证明: "$G$ 可以分解成 $F$ 的生成拷贝" 这个关系是传递的.

　　b)偶数阶的团可以分解成一些 1-因子. 奇数阶的团可以分解成一些生成环. 由这两个结论和(a), 证明: 如果 $pq$ 是偶数, 则 $K(p, q)$ 可以分解成一些 1-因子. (Hartman[1997])

7.1.24　(!)设 $G$ 和 $H$ 是非平凡简单图. 由 Vizing 定理证明: $\chi'(H) = \Delta(H)$ 蕴涵 $\chi'(G\square H) = \Delta(G\square H)$.

7.1.25　简单图的笛卡儿积的 Kotzig 定理.

　　a)利用 Vizing 定理, 证明: $\chi'(G\square K_2) = \Delta(G\square K_2)$.

　　b)设 $G_1$, $G_2$ 是两个无公共边的图, 它们的顶点集均为 $V$; $H_1$、$H_2$ 是两个无公共边的图, 它们的顶点集均为 $W$. 证明: $(G_1\cup G_2)\square(H_1\cup H_2) = (G_1\square H_2)\cup(G_2\square H_1)$.

　　c)利用(a)和(b), 证明: 如果 $G$ 和 $H$ 都有 1-因子, 则 $\chi'(G\square H) = \Delta(G\square H)$ (注: 由此得到一个结果, 即 Petersen 图和它自身的积是第一类, 这个结论不能由习题 7.1.24 得到. 在本题中, 每个因子都不必是第一类; 而在习题 7.1.24 中, $G$ 不必有 1-因子). (Kotzig[1979], J. George[1991])

7.1.26　(!)设 $G$ 是有割点的正则图, 证明: $\chi'(G) > \Delta(G)$.

7.1.27　$\chi'(G) > \Delta(G)$ 的密度条件.

　　a)证明: 如果 $n(G) = 2m+1$ 且 $e(G) > m \cdot \Delta(G)$, 则 $\chi'(G) > \Delta(G)$.

　　b)证明: 如果 $G$ 是从具有 $2m+1$ 个顶点的 $k$-正则图中删除少于 $k/2$ 条边之后得到的图, 则 $\chi'(G) > \Delta(G)$.

　　c)证明: 如果 $G$ 是由具有 $2m$ 个顶点且度至少为 2 的正则图细分某条边之后得到的图, 则 $\chi'(G) > \Delta(G)$.

7.1.28　(＊一)证明: Petersen 图没有超溢子图.

7.1.29　从 $2K_m$ 的每个连通分量中删除一条边, 然后在两个连通分量之间添加两条边以保持原有的正则性, 将这样得到的 $m-1$ 正则连通图记为 $G$. 证明: 如果 $m$ 是大于 3 的奇数, 则 $G$ 不是可 1-因子分解的. (注: 这说明 1-因子分解猜想(注记 7.1.12)是最优的).

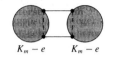

$K_m - e$　　　$K_m - e$

284

7.1.30　(＊!)超溢猜想 ⇒ 1-因子分解猜想(注记 7.1.12).

　　a)证明: 在偶数阶的正则图中, 一个诱导子图是超溢的当且仅当由其余顶点诱导的子图是超溢的.

　　b)设 $G$ 是具有超溢子图的 $2m$ 阶 $k$-正则简单图, 证明: 如果 $m$ 是奇数, 则 $k < m$; 如果 $m$ 是偶数, 则 $k < m-1$.

7.1.31　给定图 $G$ 的一个边着色, 设 $c(v)$ 表示在与 $v$ 关联的边上出现的不同颜色的种数. 在 $G$ 的所有 $k$-边着色中, 使得 $\sum_{v \in V(G)} c(v)$ 达到最大值的着色是**最优的**.

a)证明：如果连通分量都部不是奇环，则 $G$ 有一个 2-边着色使得这两种颜色都在每个度大于等于 2 的顶点处出现（提示：应用欧拉回路）.

b)设 $f$ 是 $G$ 的一个最优 $k$-边着色，其中颜色 $a$ 在 $u \in V(G)$ 处至少出现两次而颜色 $b$ 在 $u$ 处不出现. 设 $H$ 是 $G$ 中由着上颜色 $a$ 或 $b$ 的边组成的子图. 证明：$H$ 中包含 $u$ 的连通分量是一个奇环.

c)设 $G$ 是二部图. 由(b)得出结论，$G$ 是可 $\Delta(G)$-边着色的（注：由此也可以得到 Vizing 定理的一个证明）.（Fournier[1973]）

7.1.32 设 $G$ 是一个最小度为 $k$ 的二部图. 证明：$G$ 有一个 $k$-边着色使得在任意顶点 $v$ 处每种颜色出现 $\lceil d(v)/k \rceil$ 或 $\lfloor d(v)/k \rfloor$ 次（使用图转换）.（Gupta[1966]）

7.1.33 由 Vizing 定理证明：最大度为 $\Delta$ 的任意简单图有一个"公平的"的 $\Delta+1$-边着色，即每种颜色都使用了 $\lceil e(G)/(\Delta+1) \rceil$ 或 $\lfloor e(G)/(\Delta+1) \rfloor$ 次的真边着色.（de Werra[1971]，McDiarmid[1972]）

7.1.34 由 Petersen 定理（任意 $2k$-正则图有一个 2-因子——定理 3.3.9）证明：如果 $G$ 是无圈图，则 $\chi'(G) \leqslant 3 \lceil \Delta(G)/2 \rceil$.

7.1.35 （—）$\chi'(G)$ 的界. 令 $\boldsymbol{P}=\{x, y, z \in V(G): y \in N(x) \cap N(z)\}$. 证明：下面的最后一个界（Andersen[1977]，Goldberg[1977，1984]）蕴涵了前面几个界.

$$\chi'(G) \leqslant \lfloor 3\Delta(G)/2 \rfloor;（\text{Shannon}[1949]）$$

$$\chi'(G) \leqslant \Delta(G) + \mu(G);（\text{Vizing}[1964,1965],\text{Gupta}[1966]）$$

$$\chi'(G) \leqslant \max\left\{\Delta(G), \max_{P} \left\lfloor \frac{1}{2}(d(x)+d(y)+d(z)) \right\rfloor\right\};（\text{Ore}[1967a]）$$

$$\chi'(G) \leqslant \max\left\{\Delta(G), \max_{P} \left\lfloor \frac{1}{2}(d(x)+\mu(xy)+\mu(yz)+d(z)) \right\rfloor\right\}.$$

7.1.36 （+）对 $n \neq 8$，证明 $L(K_n)$ 是唯一满足下列的条件的图：它是 $\binom{n}{2}$ 阶的 $2n-4$-正则简单图且图中不相邻的顶点有 4 个公共的相邻顶点而相邻的顶点有 $n-2$ 个公共的相邻顶点（注：当 $n=8$ 时，另外还有三个图满足这些条件）.（Chang [1959]，Hoffman[1960]）

7.1.37 （+）对于不同时等于 4 的整数 $m$, $n$，证明 $L(K_{m,n})$ 是唯一满足下列条件的图：它是 $mn$ 阶的 $n+m-2$-正则简单图，且图中不相邻的顶点有两个公共的相邻顶点，且存在 $n\binom{m}{2}$ 对相邻的顶点有 $m-2$ 个公共的相邻顶点，且存在 $m\binom{n}{2}$ 对相邻的顶点有 $n-2$ 个公共的相邻顶点（注：当 $m=n=4$ 时，另外还有一个图满足条件——Shrikande[1959]）.（Moon[1963]，Hoffman[1964]）

7.1.38 （＊）设 $G$ 是一个无爪形的连通简单图且它有一个双三角 $H$ 使得其中的每个三角形都是偶三角形. 证明：$G$ 是下面三个图中的一个，并得到结论：$G$ 是线图（注：这就完成了定理 7.1.17 的证明）.

7.1.39 （＊）简单图 $H$ 的一个 **Krausz 分解**是将 $E(H)$ 划分成一些团使得 $H$ 的每个顶点最多在其中两个团中出现.

    a）证明：对连通简单图 $H$，$H$ 的具有一个公共团的两个 Krausz 分解是相同的.

    b）在习题 7.1.38 中的图中，分别找出互不相同的 Krausz 分解.

    c）证明：除 $K_3$ 外，没有其他连通简单图有不同的 Krausz 分解（利用习题 7.1.38 和定理 7.1.17 的证明）.

    d）得出结论：$K_{1,3}$ 和 $K_3$ 的线图是同构的，并且它们是唯一一对具有同构线图的互不同构的连通简单图.（Whitney[1932a]）

7.1.40 （＊）通过证明下面的结论来完成定理 7.1.18 的证明：无诱导爪形的简单图有一个双三角使得其中两个三角形都是奇三角形当且仅当该图含有定理中列出的其他 8 个图之一作为诱导子图.

## 7.2 哈密顿环

    哈密顿环是首先由 Kirkman[1856]研究的，并得名于 William Hamilton 先生. 哈密顿发明了十二面体图上的一个游戏，游戏由一个游戏者指定图中的一条 5-顶点路径，而另一个游戏者必须将它扩张成一个生成环. 这个游戏以"旅行者的十二面体"为名称在市场上销售，木质的那一款用 20 个重要的城市来命名顶点.

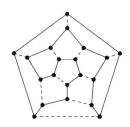

    **7.2.1 定义** **哈密顿图**是有生成环的图，生成环也称为**哈密顿环**.

    20 世纪 70 年代以前，对哈密顿环的研究兴趣一直集中于它们与四色问题的关系上（7.3 节）. 后来，对它们的研究受到了实际应用和复杂性方面问题（附录 B）的推动.

    到目前为止，哈密顿图还没有比较容易测试的特征. 我们要研究哈密顿图的充分必要条件. 是否有圈和重边都没有关系. 一个图是哈密顿图当且仅当将图中的非圈边保留一个备份之后得到的简单图也是哈密顿图. 于是，**本节我们将注意力限制在简单图上**. 当讨论到与顶点度相关的条件时，这是很有关系的.

    关于哈密顿环更多的资料请参考 Chvátal[1985a].

286

**必要条件**

    任意哈密顿图都是 2-连通的，因为删除一个顶点后剩下的子图有一条生成路径. 二部图给我们提示了加强这个必要条件的一种方法.

    **7.2.2 例**（二部图）　二部图的一个生成环交替地访问每个部集，因此二部图中可能不存在这样的环，除非它的两个部集大小相等. 因此，仅当 $m=n$ 时 $K_{m,n}$ 是哈密顿图. 即也可以认为哈密顿环在每次访问一个部集后将回到另一个部集的不同顶点. ∎

    **7.2.3 命题**　如果图 $G$ 有一个哈密顿环，则对任意非空子集 $S \subset V(G)$，图 $G-S$ 至多有 $|S|$ 个连通分量.

    **证明**　哈密顿环离开 $G-S$ 的一个连通分量后，它只能到 $S$ 中去，而且从不同连通分量到达 $S$

时肯定使用 $S$ 中的不同的顶点．因此，$S$ 中的顶点数至少与 $G-S$ 中的连通分量一样多．

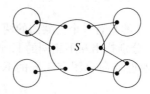

**7.2.4 定义**　$c(H)$ 是图 $H$ 中连通分量的个数．

因此，上面的必要条件是：$c(G-S) \leqslant |S|$ 对任意 $\varnothing \neq S \subseteq V$ 成立．这个条件确保了 $G$ 是 2-连通的(删除 $G$ 的一个顶点后至多剩下一个连通分量)，但是它并不能确保存在哈密顿环．

**7.2.5 例**　下面左侧的图是一个二部图，其两个部集大小相等．但是它不满足命题 7.2.3 中的必要条件，因此它不是哈密顿图．

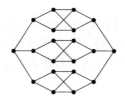 

右侧的图表明该必要条件不是充分条件．这个图满足必要条件但没有生成环．要构成生成环，必须使用关联到度为 2 的顶点上的所有边，但是在这个图中，这一点使得该图的哈密顿环需要 3 次通过中间的顶点．

Petersen 图是另一个满足必要条件的非哈密顿图．我们在例 7.1.9 中证明了 $2C_5$ 是 Petersen 图的唯一 2-因子，故它没有生成环．

**\*7.2.6 注记**　加强一个必要条件可能会产生一个充分条件．也许对每个割集 $S$ 要求 $|S| \geqslant 2c(G-S)$ 会确保存在生成环．如果图 $G$ 中 $|S| \geqslant tc(G-S)$ 对任意割集 $S \subset V$ 成立，则称 $G$ 是 $t$-**坚韧**的．$G$ 的**坚韧度**是使得 $G$ 是 $t$-坚韧图的最大 $t$ 值．例如 Petersen 图的坚韧度是 4/3(习题 23)．

由命题 7.2.3，哈密顿图的生成环要求图的坚韧度至少为 1．Chvátal[1973]曾猜想：充分大的坚韧度是充分的．任何比 1 大的坚韧度都是不必要的，因为 $C_n$ 本身是 1-坚韧的．在很长一段时间里，人们曾认为：坚韧度 2 是充分的．Enomoto-Jackson-Katerinis-Saito[1985]对任意 $\varepsilon > 0$ 构造了一个坚韧度为 $2-\varepsilon$ 的非哈密顿图．最后，Bauer-Broersma-Veldman[2000]构造了一些坚韧度逼近 9/4 的非哈密顿图．Chvátal 关于某个坚韧度是充分的这个猜想仍在讨论中．

## 充分条件

使得 $n$-顶点图成为哈密顿图所需的边数是很大的(习题 26～27)．如果有一些条件能够确保将图中的边"分散"开，则减少边数也能确保存在哈密顿环．最简单的这样一个条件是最小度的下界：$\delta(G) \geqslant n(G)/2$ 是充分的．首先要注意的是更小的最小度不充分．

**7.2.7 例**　阶分别为 $\lceil (n+1)/2 \rceil$ 和 $\lfloor (n+1)/2 \rfloor$ 的有一个公共顶点的两个团有最小度 $\lfloor (n-1)/2 \rfloor$，但不是哈密顿图(甚至不是 2-连通的)．

对于阶为奇数的情况，具有同一个最小度的另一个非哈密顿图是部集大小分别为 $(n-1)/2$ 和 $(n+1)/2$ 的二部团．

通过证明 $\delta(G) \geqslant n(G)/2$ 使得图中必出现生成环，可以证明具有 $n$ 个顶点的非哈密顿图中最小度的最大值是$\lfloor (n-1)/2 \rfloor$.

**7.2.8 定理**（Dirac[1952b]）  如果 $G$ 是至少有三个顶点的简单图且 $\delta(G) \geqslant n(G)/2$，则 $G$ 是哈密顿图.

**证明**  顶点个数至少为 3 这个条件是必需的，因为 $K_2$ 不是哈密顿图却满足 $\delta(K_2) = n(K_2)/2$.  [288]

证明过程使用反证法和极端化方法. 如果有一个非哈密顿图满足假设条件，则添加一些边不会减小最小度. 因此，可以用最小度至少为 $n/2$ 的"极大"非哈密顿图，极大是指添加一条边将任意不相邻的顶点连起来就会产生一个生成环.

如果 $G$ 中 $u \not\leftrightarrow v$，则 $G$ 的极大性表明 $G$ 有一条从 $u = v_1$ 到 $v = v_n$ 的生成路径 $v_1, \cdots, v_n$，因为 $G+uv$ 的每个生成环都包含新添加的边 $uv$. 为了完成证明，只需对这样的一个环做一个小的改动，使得它不使用边 $uv$，这样我们在 $G$ 中找出了一个生成环.

在这条路径上，如果在 $u$ 的某个相邻顶点后面直接跟了一个 $v$ 的相邻顶点，比如 $u \leftrightarrow v_{i+1}$ 且 $v \leftrightarrow v_i$，则 $(u, v_{i+1}, v_{i+2}, \cdots, v, v_i, v_{i-1}, \cdots, v_2)$ 是一个生成环.

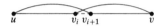

为了证明这样一个环确实存在，定义 $S = \{i: u \leftrightarrow v_{i+1}\}$ 和 $T = \{i: v \leftrightarrow v_i\}$，我们证明 $S$ 和 $T$ 中有一个公共元素. 将两个集合的大小作和得

$$|S \cup T| + |S \cap T| = |S| + |T| = d(u) + d(v) \geqslant n.$$

$S$ 和 $T$ 中都不包含标号 $n$，故 $|S \cup T| < n$，因而 $|S \cap T| \geqslant 1$. 于是，我们在 $G$ 中找出了一个生成环，这得到了一个矛盾. 因此，不存在满足条件的（极大）非哈密顿图.  ■

Ore 注意到：上述证明过程只将 $\delta(G) \geqslant n(G)/2$ 用来证明 $d(u) + d(v) \geqslant n$. 因此我们可以将最小度为 $n/2$ 这个条件弱化成：只要 $u \not\leftrightarrow v$ 则 $d(u) + d(v) \geqslant n$. 我们也无须 $G$ 是极大非哈密顿图，只要 $G+uv$ 是哈密顿图故而可以找到一条生成 $u, v$ 路径即可.

**7.2.9 引理**（Ore[1960]）  设 $G$ 是简单图，如果 $u, v$ 是 $G$ 的不相邻的两个顶点且满足 $d(u) + d(v) \geqslant n(G)$，则 $G$ 是哈密顿图当且仅当 $G+uv$ 是哈密顿图.

**证明**  必要性是平凡的，另一个方向的证明与定理 7.2.8 中的证明相同.  ■

Bondy and Chvátal[1976] 将 Ore 论述的实质用更一般的形式表达出来，产生了存在长度为 $l$ 的环和其他子图的充分条件. 这里只讨论在生成环上的应用. 用引理 7.2.9 来添加一些边，可以通过测试更大的图是否为哈密顿图来测试一个图是否为哈密顿图.

**7.2.10 定义**  对于图 $G$，在 $G$ 中递归地添加一些边来连接度之和至少为 $n(G)$ 的不相邻的顶点对，直到没有这样的顶点对为止，这样，我们得到一个顶点集为 $V(G)$ 的图，称它是 $G$ 的**(哈密顿)闭包**，记为 $C(G)$.  [289]

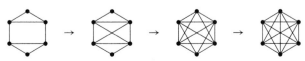

上面的第一个图有度为 2 的顶点，但其闭包是 $K_6$. Ore 引理得到了如下定理.

**7.2.11 定理**(Bondy-Chvátal[1976]) 一个简单 $n$-顶点图是哈密顿图当且仅当其闭包是哈密顿图. ■

幸运的是，在添加边的过程中，如果同时有多个符合要求的顶点对，则闭包并不依赖于这些边的添加顺序.

**7.2.12 引理** $G$ 的闭包是良定义的.

**证明** 设 $e_1$，$\cdots$，$e_r$ 和 $f_1$，$\cdots$，$f_s$ 是在形成 $C(G)$ 的过程中所添加的边的两个序列，第一个序列产生 $G_1$ 而第二个产生 $G_2$. 在每个序列中，如果顶点 $u$ 和 $v$ 的度之和至少为 $n(G)$，则边 $uv$ 肯定在序列结束前被添加.

因此，$f_1$ 必属于 $G_1$，因为它是一开始就可以添加到 $G$ 的边. 类似地，如果 $f_1$，$\cdots$，$f_{i-1} \in E(G_1)$，则 $f_i$ 就变成了可以添加到 $G_1$ 的边因而属于 $G_1$. 因此，任意一个序列都不包含被另一个序列略掉的边，于是有 $G_1 \subseteq G_2$ 且 $G_2 \subseteq G_1$. ■

现在，我们有了一个充要条件来测试一个简单图是否有哈密顿环. 但它却没多大用处，因为它要求去测试另一个图中是否有哈密顿环！但无论怎样，它给我们提供了证明充分条件的方法：使得 $C(G)$ 必包含哈密顿环的条件必然也使得 $G$ 包含哈密顿环.

例如，这样的条件可能蕴含 $C(G)=K_n$. Chvátal 用这种方法来证明确保出现哈密顿环的最可能的度序列条件. 如果某些顶点的度足够大，则其他顶点的度可以比较小.

**7.2.13 定理**(Chvátal[1972]) 设 $G$ 是一个简单图，其顶点的度分别为 $d_1 \leqslant \cdots \leqslant d_n$，其中 $n \geqslant 3$. 如果 $i < n/2$ 蕴涵 $d_i > i$ 或 $d_{n-i} \geqslant n-i$(**Chvátal 条件**)，则 $G$ 是哈密顿图.

**证明** 添加边形成闭包的过程不会减少度序列中每个元素的值，而且 $G$ 是哈密顿图当且仅当 $C(G)$ 是哈密顿图，因此只需考虑 $G=C(G)$ 的情况，这时我们称 $G$ 是闭的. 这时，我们证明 Chvátal 条件蕴涵 $G=K_n$.

我们证明其逆否命题：如果 $G$ 是闭的 $n$-顶点图但不是完全图，则构造一个小于 $n/2$ 的 $i$ 值使得它违背 Chvátal 条件. 违背该条件是指至少有 $i$ 个顶点的度不超过 $i$，并且至少有 $n-i$ 个顶点的度小于 $n-i$.

由于 $G \neq K_n$，我们从不相邻的顶点对中选出度之和最大的一对. 由于 $G$ 是闭的，$u \nleftrightarrow v$ 意味着 $d(u)+d(v) < n$. 我们适当调整标号使得 $d(u) \leqslant d(v)$. 由于 $d(u)+d(v) < n$，因此有 $d(u) < n/2$. 令 $i=d(u)$.

我们需要找出度最多为 $i$ 的 $i$ 个顶点. 因为我们挑选了一对度之和最大的不相邻顶点，因此 $V-\{v\}$ 中与 $v$ 不相邻的每个顶点的度最多为 $d(u)$，而 $d(u)$ 等于 $i$. 这种顶点一共有 $n-1-d(v)$ 个，而由 $d(u)+d(v) \leqslant n-1$ 得到 $n-1-d(v) \geqslant i$.

我们还需要 $n-i$ 个度小于 $n-i$ 的顶点. $V-\{u\}$ 中与 $u$ 不相邻的每个顶点的度最多为 $d(v)$，而我们有 $d(v) < n-d(u)=n-i$. 这种顶点一共有 $n-1-d(u)$ 个. 由于 $d(u) \leqslant d(v)$，因此可以将 $u$ 本身也加入度最多为 $d(v)$ 的顶点构成的集合中. 这样就得到了 $n-i$ 个度小于 $n-i$ 的顶点.

我们已经对这个特殊选取的 $i$ 证明了 $d_i \leqslant i$ 或 $d_{n-i} < n-i$，这与假设矛盾.

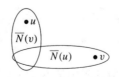

■

**7.2.14 例**（具有"大"顶点度的非哈密顿图） 定理 7.2.13 对必含哈密顿环的简单图的度序列的特征进行了刻画. 如果度序列在 $i$ 处违背 Chvátal 条件, 则 $d_1, \cdots, d_n$ 中各项能取到的最大值是:

$$d_j = i \quad 对 j \leqslant i$$
$$d_j = n - i - 1 \quad 对 i+1 \leqslant j \leqslant n-i$$
$$d_j = n - 1 \quad 对 j > n-i$$

设 $G$ 是取得上述度序列的一个简单图(如果存在的话). 度为 $n-1$ 的 $i$ 个顶点与其他顶点都相邻 (下图中中间的那个团). 这也使得度为 $i$ 的那 $i$ 个顶点已经有了 $i$ 个相邻顶点, 因此这 $i$ 个度为 $i$ 的顶点构成一个独立集, 并且它们没有其他相邻顶点. 对于其余的 $n-2i$ 个顶点, 由于它们的度为 $n-i-1$, 因此它们必然与除自身和独立集外的每个顶点相邻. 因此这些顶点构成一个团. 唯一可能的实现是 $(\overline{K_i} + K_{n-2i}) \vee K_i$, 如下图所示.

这个图不是哈密顿图, 因为删除度为 $n-1$ 的 $i$ 个顶点之后剩下一个有 $i+1$ 个连通分量的图. 如果简单图 $H$ 是非哈密顿图且它的度序列为 $d_1' \leqslant \cdots \leqslant d_n'$, 则 Chvátal 的结果表明: 对于某个 $i$, 度序列为 $d_1 \leqslant \cdots \leqslant d_n$ 的图 $(\overline{K_i} + K_{n-2i}) \vee K_i$ 使得 $d_j \geqslant d_j'$ 对所有 $j$ 成立.

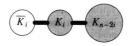

291

**7.2.15 定义** **哈密顿路径**指的是生成路径.

具有生成环的任意图也有生成路径, 但 $P_n$ 表明逆命题不成立. 我们可以像上面一样进行论述来证明存在哈密顿路径的充分条件, 但更简单的做法是利用前面的结果来进行讨论, 我们可以借用关于环的一个定理来证明一个新的定理. 为此, 我们用一个标准转换.

**7.2.16 注记** 一个图有生成路径当且仅当图 $G \vee K_1$ 有生成环.

注记 7.1.16 可以在几个习题中应用. 这里我们用它来推导生成路径的一个结果, 该结果类似于生成环的 Chvátal 条件.

**7.2.17 定理** 设 $G$ 是一个简单图, 其顶点的度分别为 $d_1 \leqslant \cdots \leqslant d_n$. 如果 $i < (n+1)/2$ 蕴涵 $d_i \geqslant i$ 或 $d_{n+1-i} \geqslant n-i$, 则 $G$ 有生成路径.

**证明** 令 $G' = G \vee K_1$. 设 $n' = n+1$, 并设 $G'$ 的度序列为 $d_1', \cdots, d_{n'}'$. 由于将 $G \vee K_1$ 的生成环中的那个后添加的顶点删除即得到 $G$ 的一条生成路径, 故只需证明 $G'$ 满足存在哈密顿环的 Chvátal 充分条件.

由于新添加的顶点与 $V(G)$ 中的所有顶点相邻, 因此有 $d_{n'}' = n$ 并且当 $j < n'$ 时有 $d_j' = d_j + 1$. 对于 $i < n'/2 = (n+1)/2$, 由 $G$ 上的假设得到:

$$d_i' = d_i + 1 \geqslant i+1 > i \quad 或 \quad d_{n'-i}' = d_{n+1-i} + 1 \geqslant n-i+1 = n'-i.$$

这恰好是 Chvátal 充分条件, 因此 $G'$ 有一个生成环, 从其中删除后添加的顶点即得到 $G$ 的一条生成路径.

$^*$**7.2.18 注记** 如果有正则性或者坚韧度的条件, 就可以弱化对度的要求. 各个顶点的度至少为 $n(G)/3$ 的任意正则简单图都是哈密顿图(Jackson[1980]). 除了 Petersen 图外, 这个界可以降低为 $(n(G)-1)/3$(Zhu-Liu-Yu[1985], 对部分内容做简化后的结果请参阅 Bondy-Kouider[1988]; 也可以参见习题 13).

在连通性很高时，有可能可以进一步降低度的条件. Tutte[1971]曾猜想：任意 3-连通 3-正则二部图是哈密顿图. Horton[1982]找到了一个具有 96 个顶点的反例，已知的最小反例有 50 个顶点(Georges[1989]). 但是，如果这种条件更强一些，就可以是充分条件.

关于哈密顿环，我们给出的最后一个充分条件涉及连通性和独立性，但不涉及度. 其证明过程得到了一个好算法，该算法要么构造出一个哈密顿环，要么说明没有满足假设条件.

**7.2.19 定理**(Chvátal-Erdös[1972])    如果 $\kappa(G) \geqslant \alpha(G)$，则 $G$ 有哈密顿环(除非 $G=K_2$).

**证明**    条件 $G \neq K_2$ 要求 $\kappa(G) > 1$. 假设 $\kappa(G) \geqslant \alpha(G)$. 设 $k=\kappa(G)$ 而 $C$ 是 $G$ 中最长的环. 由于 $\delta(G) \geqslant \kappa(G)$ 并满足 $\delta(G) \geqslant 2$ 的任意图有一个长度至少为 $\delta(G)+1$ 的环(命题 1.2.28)，故 $C$ 至少有 $k+1$ 个顶点.

设 $H$ 是 $G-V(C)$ 的一个连通分量. $C$ 中的至少 $k$ 个顶点有到 $H$ 的边. 否则将 $C$ 中到 $H$ 有边的顶点删除即可得到与 $\kappa(G)=k$ 的矛盾. 令 $u_1, \cdots, u_k$ 是 $C$ 中到 $H$ 上有边的顶点按照顺时针方向形成的点列.

对 $i=1, \cdots, k$，令 $a_i$ 是 $C$ 上紧跟在 $u_i$ 后面的顶点. 如果这些顶点中有任何两点是相邻的，则设 $a_i \leftrightarrow a_j$，那么用 $a_i a_j$ 可以构造一个更长的环，这个更长的环包含 $C$ 中从 $a_i$ 到 $u_j$ 的部分和从 $a_j$ 到 $u_i$ 的部分，以及一条通过 $H$ 的 $u_i$, $u_j$-路径(见示意图).

如果 $a_i$ 在 $H$ 中有相邻顶点，则可以在 $C$ 上的 $u_i$ 和 $a_i$ 之间绕道到 $H$ 上，于是可以得出结论：没有哪个 $a_i$ 在 $H$ 中有相邻顶点. 因此 $\{a_1, \cdots, a_k\}$ 加上 $H$ 中的一个顶点构成大小为 $k+1$ 的一个独立集. 这个矛盾说明 $G$ 有哈密顿环.

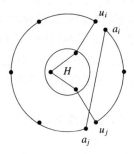

**\*7.2.20 注记**    大多数关于哈密顿环的充分条件都可以推广成关于长环的条件. 图的**周长**是该图中最长环的长度. 对于生成环的一个充分条件，其稍弱的形式可能会迫使长环的出现. Dirac[1952b]证明了第一个这样的结果：对于最小度为 $k$ 的 2-连通图，其周长至少为 $\min\{n, 2k\}$. 命题 1.2.28 只确保了一个长度至少为 $k+1$ 的环. 大多数关于长环的结果远远难于相应的关于哈密顿环的充分条件(参见引理 8.4.36——定理 8.4.37).

**有向图中的环(选学)**

有向图中环的理论类似于图中环的理论. 对于有向图 $G$，令 $\delta^-(G) = \min d^-(v)$ 且 $\delta^+(G) = \min d^+(v)$. 第 1 章中用极大路径进行论述的那部分内容保证了存在长度为 $k$ 的路径和长度为 $k+1$ 的环，其中 $k=\max\{\delta^-(G), \delta^+(G)\}$.

每个完全图都是哈密顿图，完全图的方向则更复杂一些. 对于有向图中的生成环，2-连通的必要条件变成了强连通的必要条件. 对竞赛图，这个必要条件也是充分的(习题 45).

对于任意有向图，我们证明类似于 Dirac 定理(定理 7.2.8)的一个结果. 实际上，它可以将 Dirac 定理作为特例得到(习题 49). Meyniel[1973]通过减弱假设条件从根本上加强了这个定理(定理 8.4.42).

**7.2.21 定义**　如果有向图没有圈且对每个有序顶点对只有一个拷贝是边，则称它是**严格**的.

**7.2.22 定理**(Ghouilà-Houri[1960])　　设 $D$ 是一个严格有向图且 $\min\{\delta^+(D), \delta^-(D)\} \geqslant n(D)/2$，则 $D$ 是哈密顿图.

**证明**　我们再次用反证法和极端化方法. 在一个 $n$-顶点反例 $D$ 中，设 $C$ 是最长的环，其长度为 $l$. 正如我们已经提到的，$l > \max\{\delta^+, \delta^-\} \geqslant n/2$. 设 $P$ 是 $D - V(C)$ 中的最长路径，它起始于 $u$ 而终止于 $w$，其长度为 $m \geqslant 0$. 现在，$l > n/2$ 和 $n \geqslant l + m + 1$ 表明 $m < n/2$.

令 $S$ 是 $u$ 在 $C$ 上的前驱构成的集合，而 $T$ 是 $w$ 在 $C$ 上的后继构成的集合. 由 $P$ 的极大性可知，$u$ 的任意前驱和 $w$ 的任意后继都位于 $V(C) \bigcup V(P)$ 中. 因此，$S$ 和 $T$ 的大小都至少为 $\min\{\delta^+, \delta^-\} - m$，而这个数至少 $\geqslant n/2 - m$，故而是正的. 因此，$S$ 和 $T$ 非空.

$C$ 的极大性保证了：顶点 $u' \in S$ 沿 $C$ 到顶点 $w' \in T$ 的距离必超过 $m+1$，否则沿 $P$ 而不沿 $C$ 从 $u'$ 到 $w'$ 得到一个更长的环. 因此可以假定：在 $C$ 上，$S$ 中的每个顶点后面跟了多于 $m$ 个不在 $T$ 中的顶点.

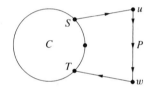

如果 $S$ 中沿 $C$ 的两个相继顶点的距离的最大值始终为 $m+1$，则没有合适的位置来放置 $T$ 中的顶点. 由于 $S$ 和 $T$ 都非空，因此可以假定 $S$ 中有一个顶点沿 $C$ 后面紧跟了至少 $m+1$ 个不在 $S$ 中的点，这些点也不是 $T$ 中的点，这种情况就像 $S$ 中所有其他顶点沿 $C$ 的直接后继不能取自 $T$ 一样.

因此，$C$ 中至少有 $|S| - 1 + m + 1 \geqslant n/2$ 个顶点不在 $T$ 中. 加上 $T$ 中的顶点，得到 $|V(C)| \geqslant n - m$，这与 $l \leqslant n - m - 1$ 矛盾. 该矛盾说明 $C$ 必有生成环. ■

**习题**

7.2.1　(一)对哪些 $r$ 值 $K_{r,r}$ 是哈密顿图?

7.2.2　(一)Grötzsch 图(例 5.2.2)是哈密顿图吗?

7.2.3　(一)对 $n > 1$，证明：$K_{n,n}$ 有 $(n-1)! \ n! \ /2$ 个哈密顿环.

7.2.4　(一)证明：$G$ 有哈密顿路径，仅当任意 $S \subseteq V(G)$ 满足：$G - S$ 的连通分量个数不超过 $|S| + 1$.

294

• • • • • • • • • • •

7.2.5　证明：十二面体中的任意 5-顶点路径位于某个哈密顿环中.

7.2.6　(!)设 $G$ 是哈密顿二部图，而 $x, y \in V(G)$. 证明：$G - x - y$ 有完美匹配当且仅当 $x$，$y$ 分别位于 $G$ 的二部剖分的两个集合中. 据此，证明：删除 $8 \times 8$ 国际象棋棋盘上的两个基本方格后剩下的棋盘可以划分成 1 乘 2 的矩形当且仅当被删除的两个方格具有相反的颜色.

7.2.7　一只老鼠想吃掉 $3 \times 3 \times 3$ 立方体干酪，为此它必须吃掉所有 $1 \times 1 \times 1$ 的单元. 如果它从立方体的一个角开始并且每次从某个单元移动到与之相邻的一个单元(与当前单元有一个面积为 1 的公共面)，它能完成目标并且最后吃掉中心的那个单元吗? 给出一个方法或者证明不可能(忽略重力).

7.2.8　(!)在国际象棋棋盘中，**马**从一个方格移动到另一个方格时，所到达的方格与出发的方格必须在一个坐标上相差 1，而在另一个坐标上相差 2，如下所示．证明：在任意 $4\times n$ 的棋盘中不存在**巡回马道**(马访问每个方格一次并回到出发点时得到的一个路线)．(提示：在相应的图中找一个恰当的顶点集合使之违背必要条件)．

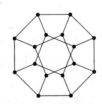

7.2.9　构造由哈密顿图构成的一个无穷集族使得其中的每个哈密顿图满足命题 7.2.3 这个必要条件．

7.2.10　(!)哈密顿图与欧拉图．
　　　a)找出一个 2-连通非欧拉图使其线图是哈密顿图．
　　　b)证明：$L(G)$ 是哈密顿图当且仅当 $G$ 有一个闭合迹使得该迹包含每条边的至少一个端点．
　　　(Harary 和 Nash-Williams[1965])

7.2.11　构造一个 3-正则 3-连通图使其线图不是哈密顿图(提示：将 Petersen 图中的每个顶点用恰当的图替换，然后利用习题 7.2.10)．

7.2.12　确定下面的图是否为哈密顿图．

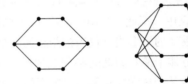

7.2.13　设 $G$ 是 Petersen 图经如下方式得到的 3-正则图：将某一个顶点用三角形替换，将三角形的顶点与该顶点删除之前的相邻顶点一一匹配．证明：$G$ 不是哈密顿图(注：除了这个图和 Petersen 图外，顶点个数最多为 $3k+3$ 的 2-正则 $k$-连通图是哈密顿图)．(Hilbig[1986])

7.2.14　如果图 $G$ 的所有真 $k$-边着色诱导出相同的边划分，则称 $G$ 是**唯一 $k$-边着色**的．证明：任意唯一 3-边着色 3-正则图是哈密顿图．(Greenwell-Kronk[1973])

7.2.15　沿圆圈放 $n$ 个顶点．令 $G_n$ 是将每个顶点与每个方向上距离它最近的两个顶点相连后得到的 4-正则图．如果 $n\geqslant5$，证明：$G_n$ 是两个哈密顿环的并．

7.2.16　对于 $k\geqslant3$，令 $G_k$ 是由 $K_{k,k-2}$ 的两个互不相交的拷贝经如下方式得到的图：在两个大小为 $k$ 的"部集"之间添加一个匹配．确定使得 $G_k$ 是哈密顿图的所有 $k$ 值．

7.2.17　(!)证明：两个哈密顿图的笛卡儿积是哈密顿图．据此，得出如下结论：$k$-维方体($k\geqslant2$) $Q_k$ 是哈密顿图．

7.2.18　证明：具有哈密顿路径的两个图的笛卡儿积没有哈密顿环当且仅当两个图均是二部图且均具有奇数阶，这时，笛卡儿积有一条哈密顿路径.

7.2.19　(＋)对每个奇自然数 $k$，构造一个非哈密顿图的 $k$-1-连通 $k$-正则简单二部图.

7.2.20　(!)简单图 $G$ 的 $k$ 次幂 $G^k$ 是顶点集合为 $V(G)$ 而边集为 $\{uv: d_G(u, v) \leqslant k\}$ 的简单图.

　　　　a)假设 $G$ 至少有 3 个非平凡连通分量，$x$ 在每个分量中恰好有一个相邻顶点. 证明：$G^2$ 不是哈密顿图(提示：考虑例 7.2.5 的第二个图).

　　　　b)证明：每个(至少有 3 个顶点的)连通图的立方是哈密顿图(提示：将命题归约到树这种特殊情况，然后证明这种特殊情况的较强形式：如果 $xy$ 不是树 $T$ 的一条边，则 $T^3$ 有一个使用 $xy$ 的哈密顿环. 注：Fleischner[1974]证明了任意 2-连通图的平方是哈密顿图).

7.2.21　令 $n = k(2l+1)$. 构造一个有 $n$ 个顶点且最小度为 $\dfrac{n}{2} \dfrac{k-1}{k} \dfrac{2l}{2l+1}$ 的非哈密顿完全 $k$-部图.

　　　　(Snevily)

7.2.22　设 $G(k, t)$ 是由如下连通 $k$-部图构成的集合：每个部集大小均为 $t$，并且由两个部集分别诱导的每个子图均是一个匹配. 对 $k \geqslant 4$ 和 $t \geqslant 4$，构造一个位于 $G(k, t)$ 中的非哈密顿图的图.（提示：在 $G(4, 4)$ 中有一个图，它有一个 3 元集，删除这个集合将留下 4 个连通分量. 将这个例子一般化. 注：$G(3, t) = \{C_{3t}\}$ 并且 $G(k, 3)$ 中的每一个图均是哈密顿图)(Ayel[1982]).    [296]

7.2.23　(＊)证明：Petersen 图的坚韧度是 4/3.

7.2.24　(＊)令 $t(G)$ 表示 $G$ 的坚韧度.

　　　　a)证明：$t(G) \leqslant \kappa(G)/2$. (Chvátal[1973])

　　　　b)证明：a 中的等式对无爪形的图成立(提示：考虑集合 $S$ 使得 $|S| = t(G) \cdot c(G-S)$).
　　　　(Matthews-Sumner[1984])

7.2.25　(!)设 $G$ 是一个简单图，它不是一个森林且其围长至少为 5. 证明：$\bar{G}$ 是一个哈密顿图(提示：用 Ore 条件). (N. Graham)

7.2.26　(!)证明：如果 $G$ 不满足 Chvátal 条件，则 $\bar{G}$ 至少有 $n-2(n \geqslant 2)$ 条边. 由此得出结论：简单非-哈密顿图的最大边数为 $\dbinom{n-1}{2} + 1$. (Ore[1961]，Bondy[1972b])

7.2.27　在 $n(n \geqslant 2)$ 上用归纳法直接证明：简单非哈密顿 $n$-顶点图的最大边数为 $\dbinom{n-1}{2} + 1$.

7.2.28　边数界的推广.

　　　　a)令 $f(i) = 2i^2 - i + (n-i)(n-i-1)$ 并假定 $n \geqslant 6k$. 证明：在区间 $k \leqslant i \leqslant n/2$ 内，$f(i)$ 的最大值是 $f(k)$.

　　　　b)设 $G$ 是最小度为 $k$ 的一个简单图. 利用(a)和 Chvátal 条件证明：如果 $G$ 至少有 $6k$ 个顶点且它的边多于 $\dbinom{n(G)-k}{2} + k^2$ 条，则 $G$ 是哈密顿图. (Erdös[1962])

7.2.29　(!)设 $G$ 是顶点度为 $d_1, \cdots, d_n$ 的一个简单图，对顶点适当编号使得 $d_1 \leqslant \cdots \leqslant d_n$. 令 $d_1', \cdots, d_n'$ 是 $\bar{G}$ 中的顶点度. 证明：如果 $i \leqslant n/2$ 时有 $d_i \geqslant d_i'$，则 $G$ 有一条哈密顿路径. 由此得出结论：任意同构于其补图的简单图有一条哈密顿路径. (Clapham[1974])

7.2.30　由定理 7.2.13(Chvátal 条件的充分性)得到引理 7.2.9(Ore 条件的充分性)．(Bondy[1978])

7.2.31　(!)证明或否证：如果 $G$ 是至少有 3 个顶点的简单图且 $G$ 至少有 $\alpha(G)$ 个顶点的度为 $n(G)-1$，则 $G$ 是哈密顿图．

7.2.32　(+)设 $G$ 是一个 $X$，$Y$-二部图，它满足 $|X|=|Y|=n/2>1$．设 $G$ 的顶点的度为 $d_1\leqslant\cdots\leqslant d_n$．$G'$ 是 $G$ 中满足 $G'[Y]=K_{n/2}$ 的最小子图．

　　a)证明：$G$ 是哈密顿图当且仅当 $G'$ 是哈密顿图．描述 $G$ 和 $G'$ 的度序列之间的关系．

　　b)假设只要 $k\leqslant n/4$ 就有 $d_k>k$ 或 $d_{n/2}>n/2-k$．证明：$G$ 是哈密顿图(提示：假设对某个 $i<n/2$，$G'$ 的度序列不满足 Chvátal 条件，然后得出矛盾)．(Chvátal[1972])

7.2.33　(!)一个图是**哈密顿-连通的**，如果每一对顶点 $u$，$v$ 之间存在一条从 $u$ 到 $v$ 的哈密顿路径．证明：如果简单图 $G$ 满足 $e(G)\geqslant\binom{n(G)-1}{2}+2$，则 $G$ 是哈密顿图；如果简单图 $G$ 满足 $e(G)\geqslant\binom{n(G)-1}{2}+3$，则 $G$ 是哈密顿-连通的(同时证明这两个结论将得到相对简单的证明)．(Ore[1963])

7.2.34　哈密顿-连通性的必要条件．(Moon[1965a])

　　a)至少有 4 个顶点的哈密顿-连通图至少有 $\lceil 3n(G)/2\rceil$ 条边．

　　b)如下证明 a 中界的最优性：证明 $m$ 为奇数时 $C_m\square K_2$ 是哈密顿-连通图．

7.2.35　(!)哈密顿-连通性的充分条件．(Ore[1963])

297

　　a)证明：如果在简单图 $G$ 中 $x\not\leftrightarrow y$ 蕴涵 $d(x)+d(y)>n(G)$，则 $G$ 是哈密顿-连通的(提示：对于某些恰当的与 $G$ 相关的图，通过考虑它们的闭包来证明它们是哈密顿图)．

　　b)如下证明 a 中界的最优性：对每个大于 2 的偶数 $n$，构造一个最小度为 $n/2$ 的简单 $n$-顶点图使得它不是哈密顿-连通的．

7.2.36　简单 $n$-顶点图的 **Las Vergnas 条件**是：存在顶点的排序 $v_1$，$\cdots$，$v_n$ 使得没有不相邻顶点 $v_i$，$v_j$ 满足 $i<j$，$d(v_i)\leqslant i$，$d(v_j)<j$，$d(v_i)+d(v_j)<n$ 以及 $i+j\geqslant n$．Las Vergnas[1971]证明了这个条件是存在生成环的充分条件．

　　a)证明：Chvátal 条件(定理 7.2.13)蕴涵了 Las Vergnas 条件．这表明 Las Vergnas 条件加强了 Chvátal 定理．

　　b)证明：下面的每个图都不满足 Chvátal 条件但是存在哈密顿图是它的闭包．证明：较小的图满足 Las Vergnas 条件但是较大的图不满足．

7.2.37　对于 $\varnothing\neq S\subset V(G)$，令 $t(S)=|\overline{S}\cap N(S)|/|\overline{S}|$．令 $\theta(G)=\min t(S)$．Lu[1994]证明了：如果 $n(G)\cdot\theta(G)\geqslant\alpha(G)$，则 $G$ 是哈密顿图．证明：$\kappa(G)\geqslant\alpha(G)$ 蕴涵了 $n(G)\cdot\theta(G)\geqslant\alpha(G)$ (注：这说明 Lu 定理蕴涵了 Chvátal-Erdös 定理因而是一个较强的结果)．

7.2.38　(!)**长路径与环**．设 $G$ 是一个连通简单图，它满足 $\delta(G)=k\geqslant 2$ 和 $n(G)>2k$．

　　a)设 $P$ 是 $G$ 中的一条极大路径(不是较长路径的子图)．如果 $n(P)\leqslant 2k$，证明：诱导子图 $G[V(P)]$ 有一个生成环(该环中，顶点的顺序不必与 $P$ 中顶点的顺序一致)．

　b)利用(a)，证明：$G$ 有一条路径至少包含了 $2k+1$ 个顶点．给出一个奇数整数 $n$ 的例子说明 $G$ 无须有一个环使得其中包含的顶点多于 $k+1$ 个．

7.2.39　证明：如果简单图 $G$ 有度序列 $d_1 \leqslant \cdots \leqslant d_n$ 且 $d_1+d_2<n$，则 $G$ 有一条路径长度至少为 $d_1+d_2+1$，除非 $G$ 是 $n-(d_1+1)$ 个孤立顶点与一个 $d_1+1$-顶点图的连接或者 $G=pK_{d_1} \vee K_1$ 对某个 $p \geqslant 3$ 成立．(Ore[1967b])

7.2.40　(!)Dirac[1952b]证明了，每个 2-连通简单图 $G$ 有一个环的长度至少为 $\min\{n(G), 2\delta(G)\}$．由这个结论证明：任意具有 $4k+1$ 个顶点的 $2k$-正则图是哈密顿图．(Nash-Williams)

7.2.41　Scott 曾猜想：$k$-连通图中的任意两个最长环至少有 $k$ 个公共顶点．下述方法对较小的 $k$ 证明上述结论是正确的．

　a)假设 $G$ 是具有 $n$ 个顶点的 4-正则图，它是两个环的并(可能会出现多重边)．设 $G'$ 是由 $G$ 经如下方法得到的具有 $n+2$ 个顶点的图：细分 $G$ 的两条边，然后在这两个新顶点之间添加一条二重边．证明：$n \leqslant 5$ 时，$G'$ 也是两个生成环的并．

　b)利用(a)得出结论：$k \leqslant 6$ 时，$k$-连通图的任意两个最长环至少有 $k$ 个公共顶点．(Smith, Burr)

7.2.42　(+)设 $G$ 是一个欧拉图．令 $V'$ 是 $G$ 中的所有欧拉回路构成的集合，将一个回路与其逆转看成是相同的．令 $G'$ 是顶点集合为 $V'$ 的图，其中两个回路邻接当且仅当将其中一个回路的某个真闭子回路中的所有边的顺序逆转后可以得到另一个回路．证明：如果 $\Delta(G) \leqslant 4$，则 $G'$ 是哈密顿图(提示：对度为 4 的顶点的个数用数学归纳法，证明：存在一个哈密顿环通过 $G'$ 的每一条边．注：在 $\Delta(G)$ 上没有限制时结论也成立)．(Xia[1982]，Zhang-Guo [1986]) 298

7.2.43　证明习题 7.2.42 中的欧拉回路图 $G'$ 是正则的，并得出其顶点度的公式．当 $n(G)=2$ 时，比较 $\delta(G')$ 和 $n(G')$ 以证明：前面所述的问题不能利用关于具有具体度的正则图的哈密顿性的一般结论来解决．

7.2.44　证明：任意竞赛图有一条哈密顿路径(一条生成有向路径)(提示：用极端化方法)．(Rédei [1934])

7.2.45　令 $T$ 是一个强竞赛图．对任意 $u \in V(T)$ 和满足 $3 \leqslant k \leqslant n$ 的每个 $k$，证明：$u$ 属于 $T$ 中某个长度为 $k$ 的环(提示：对 $k$ 用归纳法)．(Moon[1966])

7.2.46　令 $G$ 是一个 7-顶点竞赛图，其中每个顶点的度均为 3．由习题 7.2.45 证明：$G$ 没有无公共顶点的两个环．

7.2.47　(+)证明：除了三个顶点上的环状竞赛图和如下 5 个顶点上的竞赛图 $T_5$ 之外，任意竞赛图有一条哈密顿路径不含于任意哈密顿环中(提示：归纳法就好使，但证明 6 个顶点的情况时要特别小心．在所有的情况中，找出所需的格局或证明 $G=T_5$)．(Grünbaum，摘自 Harary[1969，p211])

7.2.48  （∗）证明有向图中关于严格性的条件不能减弱到允许含圈，由此说明定理 7.2.22 是最优的．特别地，对每个偶数 $n$ 构造一个 $n$-顶点有向图 $D$，使得即使每个有序顶点对最多对应一条边且 $\min\{\delta^-(D),\ \delta^+(D)\}\geqslant n/2$，$D$ 也不是一个哈密顿图．

7.2.49  （∗）由定理 7.2.22（有向图中 Ghouilà-Houri 条件的充分性）得到定理 7.2.8（图中 Dirac 条件的充分性）（提示：将一个简单图 $G$ 转换成一个严格有向图只需将每条边替换为方向相反的一对边）．

## 7.3  可平面性、着色和环

我们回过头来讨论四色问题，探讨它与边着色问题和哈密顿环问题的历史渊源．然后，我们考虑推广问题的各种方法．

**Tait 定理**

1878 年，Tait 证明了一个定理，该定理将平面图中的面着色和边着色联系起来．他用这个定理来处理四色定理．这激发了对边着色的研究兴趣．我们先确切地定义面着色．

**7.3.1 定义**    2-边连通平面图的一个**真面着色**是为其各个面分配颜色使得在边界上具有公共边的面有不同的颜色．

通常，我们将面着色看成其对偶图的着色．由于这个原因，我们将局限于讨论 2-边连通图的面着色．如果一个平面图有割边，则其对偶图含有圈．我们认为含有圈的图没有真着色．在含有割边的平面图中，其中一个面与其自身有公共边界因而是不可着色的．

由于添加边不会使得通常的着色变得更容易．为了证明四色定理，只需证明所有三角剖分均是 4-可着色的，即证明所有三角剖分的对偶都是 4-面可着色的．平面三角剖分 $G$ 的对偶 $G^*$ 是一个 3-正则 2-边连通平面图（习题 6.1.11）．对于这些图，Tait 证明了：真 4-面着色等价于真 3-边着色．

**7.3.2 定理**（Tait[1878]）    一个 2-边连通 3-正则平面图是 3-边可着色的当且仅当它是 4-面可着色的．

**证明**    令 $G$ 是这样一个图．先假设 $G$ 是 4-面可着色的；我们来得到它的一个 3-边着色．设 4 种颜色用有序二元有序对来表示：$c_0=00$，$c_1=01$，$c_2=10$，$c_3=11$．对 $E(G)$ 着色时，为介于颜色分别为 $c_i$ 和 $c_j$ 的两个面之间的边分配的颜色通过以下方式获得：将 $c_i$ 和 $c_j$ 按位相加并对 2 取模（例如，$c_2+c_3=c_1$）．我们证明这是一个真 3-边着色．

因为 $G$ 是 2-边连通的，因此每条边均位于两个面的边界上．因此，00 决不会作为和出现．我们来检验：在同一顶点处的所有边获得了不同的颜色．在顶点 $v$ 处，以该顶点的三条关联边为边界的面具有不同的颜色 $\{c_i,\ c_j,\ c_k\}$．如果着色 00 不在这个集合中，则其中任意两种颜色之和就是第三种颜色，因此 $\{c_i,\ c_k\}$ 也就是这些边上的颜色构成的集合．如果 $c_k=00$，则 $c_i$ 和 $c_j$ 出现在其中两条边上，并且另一条边得到的颜色即为 $c_i+c_j$，这恰好是不在 $\{c_i,\ c_j,\ c_k\}$ 中的那种颜色．

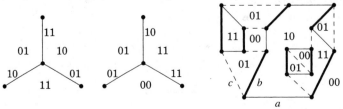

对于逆命题，假设 $G$ 有一个真 3-边着色，用到的颜色为 $a$，$b$，$c$（用黑体线、实线和虚线表示）. 令 $E_a$，$E_b$，$E_c$ 是分别具有这三种颜色的边构成的集合. 我们构造一个 4-面着色，其中使用的颜色就是前面定义的颜色. 由于 $G$ 是 3-正则的，每种颜色均在每个顶点处出现且 $E_a$，$E_b$，$E_c$ 中任意二者的并是 2-正则的，它是若干个不相交环的并. 这个子图的每个面是原来那个图的一些面的并. 令 $H_1 = E_a \bigcup E_b$ 而 $H_2 = E_b \bigcup E_c$. 对于 $G$ 中的每个面，为它指定一种颜色，颜色的第 $i$（$i \in \{0, 1\}$）个坐标是 $H_i$ 中包含该面的环个数的奇偶性（0 表示偶数，1 表示奇数）.

我们断言，这是一个真 4-面着色，如上图所示. 只有一条公共边 $e$ 的两个面 $F$，$F'$ 是互不相同的，因为 $G$ 是 2-边连通的. 边 $e$ 属于 $H_1$，$H_2$ 这二者之一（或二者，如果 $e$ 的颜色为 $b$）的某个环 $C$ 中. 由约当曲线定理，$F$ 和 $F'$ 中有一个在 $C$ 的内部而另一个在 $C$ 的外部. $H_1$ 和 $H_2$ 中的所有其他环不会将 $F$ 和 $F'$ 分离开，它们将二者留在同侧. 因此，如果 $e$ 有颜色 $a$、$c$ 或 $b$，则 $H_1$、$H_2$ 或者这两者中包含 $F$ 和 $F'$ 的环个数的奇偶性是各不相同的. 故在我们构造的面着色中，$F$ 和 $F'$ 获得了不同的颜色. ■

由于这个定理，3-正则图的真 3-边着色被称作 **Tait 着色**. 证明任意 2-边连通 3-正则图是可 3-边着色的，即归约成证明任意 3-连通 3-正则可平面图是可 3-边着色的.

**\*7.3.3 引理** 如果 $G$ 是边连通度为 2 的 3-正则图，则 $G$ 存在子图 $G_1$，$G_2$、顶点 $u_1$，$v_1 \in V(G_1)$ 以及 $u_2$，$v_2 \in V(G_2)$ 使得 $u_1 \nleftrightarrow v_1$、$u_2 \nleftrightarrow v_2$，并且 $G$ 由 $G_1$，$G_2$ 和一个具有一定长度的梯子构成，其中梯子在 $u_1$，$v_1$，$u_2$，$v_2$ 处将 $G_1$ 和 $G_2$ 连接起来，如下图所示.

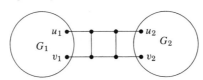

**证明** 如果 $G$ 有一个大小为 2 的边割而它的两条边是关联的，则关联到这两条边的公共端点上的第 3 条边是一条割边，这与 $\kappa' = 2$ 矛盾. 因此，可以假设最小边割 $xy$，$uv^{\ominus}$ 的 4 个端点各不相同. 如果 $x \nleftrightarrow y$ 且 $u \nleftrightarrow v$，则这即是我们所求的 4 个顶点而梯子只含有这两条边.

如果 $x \leftrightarrow y$，则扩展梯子（当 $u \leftrightarrow v$ 时，可以进行类似的讨论）. 设 $w$ 是 $x$ 的第 3 个相邻顶点而 $z$ 是 $y$ 的第 3 个相邻顶点. 如果 $w = z$，则关联到这个顶点的第 3 条边是割边. 故 $w \neq z$ 且梯子是存在的. 如果 $w \nleftrightarrow z$，则我们完成了这个方向的扩展；否则，继续这个过程直到找到一对不相邻的顶点作为梯子的头. ■

**\*7.3.4 定理** 所有 2-边连通 3-正则简单可平面图是可 3-边着色的当且仅当所有 3-连通 3-正则简单可平面图是可 3-边着色的.

301

**证明** 定理中提到的第二类图含于第一类图中. 因此只需证明：较小的这类图的可 3-边着色性蕴涵了较大的那类图的可 3-边着色性. 我们对 $n(G)$ 用数学归纳法.

基本步骤（$n(G) = 4$）：顶点个数最多为 4 的唯一一个 2-边连通 3-正则简单可平面图就是 $K_4$，它是可 3-边着色的.

归纳步骤（$n(G) > 4$）：由于当 $G$ 是 3-正则图时有 $\kappa(G) = \kappa'(G)$（定理 4.1.11），因此可以局限于讨论边-连通度为 2 的 3-正则图. 引理 7.3.3 给出了一个分解将 $G$ 变成 $G_1$，$G_2$ 和连接二者的一个梯

---

⊖ 这里应该改为 $xu$，$yv$，否则证明过程的符号将发生混乱. ——译者注

子. 梯子的长度是从 $G_1$ 到 $G_2$ 的距离.

$G_1+u_1v_1$ 和 $G_2+u_2v_2$ 都是 2-边连通的和 3-正则的. 由归纳假设可知, 它们都是可 3-边着色的. 令 $f_i$ 是 $G_i+u_iv_i$ 的真 3-边着色. 适当调整颜色标号使得 $f_1(u_1v_1)=1$ 且 $f_2(u_2v_2)$ 从 $\{1, 2\}$ 中选取并与梯子的长度具有相同的奇偶性.

回到 $G$ 中, 按 $f_i$ 为 $G_i$ 着色. 从 $G_i$ 中梯子的头开始, 将梯子的所有横档着色为 3; 对构成梯子两侧的那两条路径, 交替地用 1 和 2 进行着色. 在 $u_i$ 和 $v_i$ 处, 梯子上的那些边现在有了颜色 $f_i(u_iv_i)$. 这样即组装得到了 $G$ 的一个真 3-边着色. ∎

这样, 四色定理就归约为寻找 3-边连通 3-正则可平面图的 Tait 着色. 对 Tait 着色存在性的论断就是 **Tait 猜想**, 它与四色定理等价.

## Grinberg 定理

任意哈密顿 3-正则图均有 Tait 着色(习题 1). Tait 相信这即完成了四色定理的证明, 因为他假定任意 3-连通 3-正则可平面图均是哈密顿图. 尽管证明过程中的错误早就被发现了, 但直到 1946 年才找到一个明确的反例. 后来, Grinberg[1968] 找到了一个必要条件, 由此产生了很多 3-正则 3-连通非哈密顿可平面图, 其中包含了习题 16 中的 Grinberg 图.

**7.3.5 定理**(Grinberg[1968])    如果 $G$ 是无环图, 并且它有一个哈密顿环 $C$ 且 $G$ 在 $C$ 内有 $f_i'$ 个长度为 $i$ 的面, 而 $G$ 在 $C$ 外部有 $f_i''$ 个长度为 $i$ 的面, 则 $\sum_i (i-2)(f_i'-f_i'')=0$.

**证明**    我们分别考虑位于 $C$ 内部和外部的面. 我们想证明 $\sum_i (i-2)f_i' = \sum_i (i-2)f_i''$. 对一端进行改动不会影响另一端之和. 而且, 可以调换内部和外部, 这只需将嵌入映射到球面上然后在 $C$ 的内部进行开孔.

因此, 我们只需证明 $\sum_i (i-2)f_i'$ 是一个常数. 当环内部没有边时, 这个和是 $n-2$. 以此开始, 我们对 $C$ 内部的边数用归纳法, 证明这个和始终为 $n-2$.

假设当环的内部有 $k$ 条边时 $\sum_i (i-2)f_i'=n-2$. 在这样的图中添加一条边, 可以得到任何在 $C$ 内部有 $k+1$ 条边的图. 所加的边将某个长度为 $r$ 的面分割成长度为 $s$ 和 $t$ 的两个面. 我们有 $s+t=r+2$, 因为这条新的边对每个新的面都有作用而原来面中的每一条边只对某一个新的面有作用.

其他地方不会影响和的改变. 由于 $(s-2)+(t-2)=r-2$, 因此这些面仍然保持和不变. 由归纳假设可知, 和是 $n-2$. ∎

作为必要条件, Grinberg 条件可以用来证明图不是哈密顿图. 论述过程常常可以通过模算术进行简化. 模 $k$ 不同余的两个数是不相等的.

我们将它应用到第一个被发现的非哈密顿 3-连通 3-正则可平面图上(Tutte[1946]). Tutte 采用了一种非常特别的论述来证明这个图不是哈密顿图. 很多年以来, 它是唯一被发现的反例(关于现在已知的最小例子, 参见习题 17).

**7.3.6 例**(Grinberg 条件与 Tutte 图)    Tutte 图如下面左侧的图所示. 令 $H$ 表示删除中间的顶点和 3 条最长的边之后得到的任意一个连通分量. 由于每个哈密顿环必须访问 $G$ 中间的那个顶点, 因此它必然沿某条哈密顿路径由另外的两个入口遍历某个 $H$, 我们将这两个入口称为 $x$ 和 $y$.

因此, 我们研究的图是这样一个图: 它有哈密顿环当且仅当 $H$ 有一个哈密顿 $x, y$-路径. 通过一个新顶点, 添加一个长度为 2 的 $x, y$-路径即得到这样一个图 $H'$(如下面右侧所示).

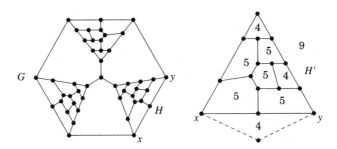

平面图 $H'$ 有 5 个 5-面，3 个 4-面和 1 个 9-面．Grinberg 条件变成了 $2a_4+3a_5+7a_9=0$，其中 $a_i=f'_i-f''_i$．由于无界面始终在环的外部，因此等式两端模 3 得到 $2a_4\equiv 7 \bmod 3$．由于 $f'_4+f''_4=3$，因此 $a_4$ 可能的取值为 $+3$，$+1$，$-1$，$-3$．满足 $2a_4\equiv 7 \bmod 3$ 的唯一选择是 $a_4=-1$，这要求有两个 4-面位于哈密顿环的外部．但是，含有度为 2 的顶点的两个 4-面不能位于该环的外部，因为关联到度为 2 的顶点上的那两条边将这个面与外部面隔开．

对于每个度为 2 的顶点，如果我们细分关联到其上的一条边，则可以更快地得出矛盾．这并不改变生成环的存在性．所得的图有 7 个 5-面，1 个 4-面和 1 个 11-面．所需要的等式变成了 $2\cdot(\pm 1)=9-3a_5$，它没有解，因为其左边不是 3 的倍数． ■

我们还没有提供一个系统的方法来证明整数变量方程不存在解．我们的论述过程中用到了整除性，这仅仅是避免穷举所有可能情况的一个小技巧，但这种小技巧往往起到很大作用．

较高的连通度使得生成环难免会出现．Tutte[1956]（由 Thomassen[1983]进行了扩展）证明了任意 4-连通可平面图是哈密顿图．Barnette[1969]曾猜想：任意可平面 3-连通 3-正则二部图是哈密顿图．

**鲨鱼图（选学）**

另一个研究四色问题的方法是研究哪些 3-正则图是可 3-边着色的．在集中讨论 3-正则图和无割边的图时，用简单的形容词来表述这些性质是很方便的．

**7.3.7 定义** **无桥图**是没有割边的图．**立方图**是度为 3 的正则图．

**7.3.8 猜想**（3-边着色猜想——Tutte[1967]） 任意无桥立方非 3-边可着色图均含有 Petersen 图的细分．

猜想 7.3.8 已经被证明了！同四色定理一样，借助于计算机，其证明使用了异常复杂的方法．由 Robertson，Sanders，Seymour，and Thomas[2001]撰写的 5 篇论文中对此进行了证明．

由于 Petersen 图的任意细分都是不可平面的，因此猜想 7.3.8 蕴涵了 Tutte 猜想和四色定理．讨论这个猜想的一个很自然的方法是推导出最小反例必须具备的性质，这类似于讨论四色定理可规约性时的想法．用这样的话来讲，定理 7.3.4 是说最小反例必须是 3-边连通的．在下一个引理中，我们将确切描述这个论断并得出其他几个性质．

**7.3.9 定义** **平凡割边**是一条割边，删除它后将孤立某一个顶点．其他边割是**非平凡的**．

**7.3.10 引理** 如果一个不可 3-边着色的立方图 $G$ 具有连通度 2，或者小于 4 的围长，或者一个非平凡 3-边割，则 $G$ 包含了一个更小的不可 3-边着色立方图的一个细分．

**证明** 首先假设 $G$ 有一个大小为 2 的边割．同引理 7.3.3 中的讨论一样，边割里的这些边没有共同顶点．删除这个割边，然后在每个块中添加一条边，这样将产生立方图 $G_1+u_1v_1$ 和 $G_2+u_2v_2$．

303

304

同定理 7.3.4 一样进行论述,二者中至少有一个是不可 3-边着色的. 由于所添加的边可以用通过另一个块的路径来代替, 故 $G$ 包含了一个更小的不可 3-边着色图的一个细分.

接下来, 假设 $G$ 含有一个三角形. 设 $G'$ 是由 $G$ 将该三角形收缩为一点后得到的图. $G'$ 的一个真 3-边着色可以如下扩展成 $G$ 的一个真 3-边着色. 于是, $G$ 包含了 $G'$ 的细分, 这个细分也就是删除三角形的一条边之后得到的那个子图.

假设 $G$ 含有一个 4-环但不包含三角形. 令 $G'$ 是由 $G$ 经如下操作得到的图:删除环中两条相对的边, 然后将长度为 3 的两条路径分别用一条边代替. 由于 $G$ 没有三角形, 因此这两条新边都不是圈. 按照图示的两种情况, $G'$ 的一个真 3-边着色产生 $G$ 的一个真 3-边着色. $G$ 包含了 $G'$ 的细分, 故 $G'$ 就是所求的那个更小的图.

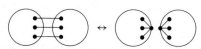

最后, 假设 $G$ 有一个非平凡的 3-边割 $[S, \overline{S}]$. 由于我们可以假定 $G$ 是 3-边连通的, 因此这个割中的 3 条边是两两互不关联的. 将 $G[S]$ 或 $G[\overline{S}]$ 收缩为一个顶点之后所得的图 $H_1$ 和 $H_2$ 也是 3-正则的. 如果这两个图都是可 3-边着色的, 则可以对颜色重新命名使得它们在割中的三条边上一致, 这得到了 $G$ 的一个真 3-边着色. 因此, 这两个图中至少有一个不可 3-边着色.

剩下只需证明 $G$ 包含了 $H_1$ 和 $H_2$ 的一个细分. 设 $a$, $b$, $c$ 是割中的边在 $\overline{S}$ 中的端点. 由于 $G$ 是 3-边连通的, 因此这个割是一个键且 $G[\overline{S}]$ 是连通的 (命题 4.1.15). 因此, $G[\overline{S}]$ 含有一条 $a$, $b$-路径 $P$ 和一条从 $c$ 到 $P$ 的路径. 将这两条路径和割中的边添加到 $G[S]$ 中即得到 $H_1$ 的一个细分 (类似地, 可以对 $H_2$ 进行讨论).

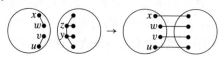

**7.3.11 定义** 一个**鲨鱼图**是一个不可 3-着色的 2-边连通 3-正则图, 并且要求其围长至少为 5 而且没有非平凡 3-边割. 一个**素鲨鱼图**是不含较小鲨鱼图的细分的鲨鱼图.

由此, 我们已经将 Tutte 的 3-边着色猜想归约成了如下论断:Petersen 图是唯一的素鲨鱼图. 我们再次注意:这个猜想已经被证明了 (Robertson-Sanders-Seymour-Thomas [2001]).

自 1898 年 Petersen 图产生后, 直到 1975 年人们只找到另外 3 个鲨鱼图:含有 18 个顶点的 Blanuša[1946] 鲨鱼图, 含有 210 个顶点的 Descartes[1948] 鲨鱼图和含有 50 个顶点的 Szekeres [1973] 鲨鱼图. 这促使 Martin Gardner[1976] 创造 "鲨鱼图" 这个词, 出自 Lewis Carroll 在 *The Hunting of the Snark* 一书中表述这种生物的稀少之意.

Isaacs[1975] 证明了早先发现的鲨鱼图均可以借助一个操作由 Pertersen 图得到, 并且这个操作可以产生无穷多的鲨鱼图.

**7.3.12 定义** 立方图 $G$ 和 $H$ 的**点积**是由 $G + H$ 经如下方法得到的立方图:从 $G$ 中删除无公共端点的边 $uv$ 和 $wx$, 从 $H$ 中删除邻接顶点 $y$ 和 $z$, 添加从 $u$ 和 $v$ 到 $N_H(y) - \{z\}$ 的所有边以及从 $w$ 和 $x$ 到 $N_H(z) - \{y\}$ 的所有边.

两个鲨鱼图的点积仍然是鲨鱼图(习题 23). 将该操作应用到 Petersen 图的两个拷贝上生成下面的 Blanuša 鲨鱼图. 这个图有一个非平凡 4-边割. Kochol[1996]引入了一个更一般的操作, 它将产生具有更大围长和更高连通性的鲨鱼图.

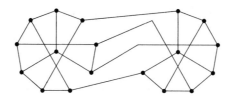

**7.3.13 例**(花鲨图)   Isaacs 还明确地给出了一个无穷的鲨鱼图族(习题 21), 它不通过点积产生. 当奇数 $k \geq 5$ 时, 这些鲨鱼图有 $4k$ 个顶点, 这个图族也被 Grinberg 独立发现.

从 3 个不相交的 $k$-环开始. 设 $\{x_i\}$, $\{y_i\}$, $\{z_i\}$ 是这 3 个环的顶点集, 沿环依次编号. 对每个 $i$, 添加一个顶点 $w_i$ 使得 $N(w_i) = \{x_i, y_i, z_i\}$. 所得图 $G_k$ 是可 3-边着色的. 令 $H_k$ 是将边 $x_k x_1$ 和 $y_k y_1$ 用 $x_k y_1$ 和 $y_k x_1$ 替换之后得到的图. 如果 $k$ 是奇数且 $k \geq 5$, 则 $H_k$ 是一个鲨鱼图. 如果 $k$ 是偶数, 则 $H_k$ 是可 3-边着色的. 在画 $H_k$ 时, 将 $\{z_i\}$ 画成位于中心的那个环, 这种作图法使得 $H_k$ 形象地取得了"花鲨"这个名称.

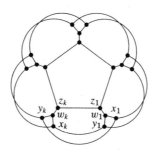

306

**流和环覆盖(选学)**

Tait 定理(定理 7.3.2)讲述了平面三角剖分的可 3-边着色性和可 4-面着色性的等价性. 要将这个结论扩展到可平面图上, 需要一个对所有图均有意义并且在平面图上等价于 4-面着色的一个概念. 关于这一主题(及鲨鱼图)的其他信息包含在 Zhang[1997]的专著中.

**7.3.14 定义**   图 $G$ 上的一个**流**是一个对 $(D, f)$ 使得:

1) $D$ 是 $G$ 的一个定向.

2) $f$ 是 $E(G)$ 上的一个权函数.

3) 每个 $v \in V(G)$ 满足 $\displaystyle\sum_{w \in N_D^+(v)} f(vw) = \sum_{u \in N_D^-(v)} f(uv)$.

一个 $k$-**流**是一个整值流, 其中 $|f(e)| \leq k-1$ 对所有 $e \in E(G)$ 成立. 一个流是**无处为零**的或**正**的, 如果对所有 $e \in E(G)$ 分别有 $f(e)$ 是非零的或者是正的.

这里使用的"流"在一定程度上不同于第 4 章中的用法. 在这两个地方, "流"都表明了强加在顶点处的守恒约束. 流值的界 $k-1$ 相当于容量这个概念.

我们可以对定向进行调整使得所有的权值都是正的.

**7.3.15 命题**   对于每个图 $G$, 下列命题等价:

A) $G$ 有一个正 $k$-流.

B)$G$ 有一个无处为零的 $k$-流.

C)对 $G$ 的每个定向, $G$ 有一个无处为零的 $k$-流.

**证明**  同时改变边的方向和其权值的符号不会影响守恒约束. ■

因此, 无处为零的 $k$-流的存在性不依赖于定向的选择. 我们也可以将流进行线性组合.

**7.3.16 命题**   如果 $(D, f_1), \cdots, (D, f_r)$ 是 $G$ 上的流, 且 $g = \sum_{i=1}^{r} \alpha_i f_i$, 则 $(D, g)$ 是 $G$ 上的一个流.

**证明**  对每个 $v \in V(G)$, 在 $f_i$ 下从 $v$ 流出的净流量为 0, 因此在 $g$ 下也是 0. ■

**7.3.17 命题**   对 $G$ 上的一个流, 流出任何集合 $S \subseteq V(G)$ 的净流量是 0. 因此, 具有无处为零的流的图没有割边.

**证明**  我们对流出 $S$ 所有顶点的净流量作和. 离开 $S$ 的边贡献一个正权值, 进入 $S$ 的边贡献负权值, 并且 $S$ 内部的边在尾部贡献正值而在头部贡献负值. 因此, 流出 $S$ 的净流量是流出 $S$ 的每个顶点的净流量之和, 这个和为 0.

这意味着通过任何边割的净流量是 0, 故边割不能仅由具有非零权值的单条边构成. ■

于是, 我们仅局限于讨论没有割边的图(无桥图). 将这里的流与 4.3 节中的循环流区别开来的是: 这里, 我们禁止用 0 作权值. 无处为零的流使得我们可以扩展 Tait 定理. 我们首先将欧拉图用无处为零的流表述出来; 连通与否不再是重要的.

**7.3.18 定义**   如果一个图的每个顶点具有偶数度, 则称它是**偶图**.

**7.3.19 命题**   一个图有无处为零的 2-流当且仅当它是一个偶图.

**证明**  给定一个无处为零的 2-流. 由于它为每一条边指定权值 1, 因此该定向在每个顶点处含有的进入该顶点的边必然同离开该顶点的边一样多. 于是, 每个顶点的度都是偶数.

反之, 如果每个顶点的度都是偶数, 则每个连通分量都有一个欧拉回路. 沿回路为每条边定向并为每一条边指定权值 1, 这样就得到一个正 2-流. ■

理解无处为零的 3-流要困难得多, 即便对 3-正则图也是如此.

**7.3.20 命题**(Tutte[1949])   立方图有一个无处为零的 3-流当且仅当它是二部图.

**证明**  设 $G$ 是一个立方 $X, Y$-二部图. 每个正则二部图均有一个 1-因子. 将 1-因子中的边定向为从 $X$ 指向 $Y$, 并为它们分配权值 2. 将其他所有边定向为从 $Y$ 指向 $X$, 并为它们分配权值 1. 进、出每个顶点的流量都是 2, 故这是一个无处为零的 3-流.

反之, 设 $G$ 是一个有无处为零的 3-流的立方图. 由命题 7.3.15 可以假定每条边上的流量是 1 或 2. 由于净流量为 0, 故在每个顶点处必有一条流量为 2 的边和两条流量为 1 的边. 因此, 流量为 2 的所有边构成一个匹配. 设 $X$ 是这些边的尾部集合而 $Y$ 是这些边的头部集合. 由于每个顶点处的净流量是 0, 因此每条流量为 2 的边从 $X$ 指向 $Y$, 而每条流量为 1 的边从 $Y$ 指向 $X$. 因此, $X, Y$ 是 $G$ 的一个二部剖分. ■

**7.3.21 例**   由于 Petersen 图是立方图但不是二部图, 因此它没有无处为零的 3-流. 我们将看到: 它也没有无处为零的 4-流. 下图给出了 3-正则简单图 $C_3 \square K_2$ 中的一个无处为零的 4-流.

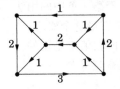

为了理解流与着色之间的对偶性, 我们用无处为零的流来刻画平面图的特征.

**7.3.22 定理**(Tutte[1954b]) 一个平面无桥图是可 $k$-面着色的当且仅当它有一个无处为零的 $k$-流.

**证明**(Younger[1983], 后由 Seymour 进行了完善) 令 $f$ 是平面图 $G$ 上的一个流. 我们如下定义面集合上的一个函数 $g$: $g(F)$ 是从面 $F$ 到达无界面的过程中积累的净流量. 每当跨越一条边 $e$ 时, 如果 $e$ 指向我们的右侧, 则累加 $+f(e)$; 如果 $e$ 指向我们的左侧, 则累加 $-f(e)$. 为外部面指定的值是 0.

函数 $g$ 是有定义的或良定义的, 即 $g(F)$ 不依赖于我们通往外部面的路径. 如下面左侧的图所示, 可以将通往外部面一条路径转换成另一条路径, 这只需要在某顶点 $v$ 处不断变换方向. 这种改变增加或减少我们在该处的积累, 积累变化的大小恰好是流出 $v$ 的净流量, 而这恰好是 0. 对于公共边为 $e$ 的两个面, 其上的值之间的差是 $\pm f(e)$, 故 $g$ 是真的当且仅当 $f$ 是无处为零的流.

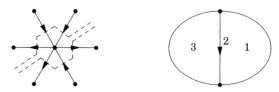

反之, 从一个面着色 $g$ 开始, 将上述过程逆转就得到一个流(如上右侧所示). 从面 $F$ 透过边 $e$ 观察面 $F'$, 如果 $e$ 指向我们的右侧, 则令 $f(e)=g(F)-g(F')$; 如果 $e$ 指向我们的左侧, 则令 $f(e)=g(F')-g(F)$. 将关联到顶点 $v$ 的所有边上的这种值相加就可以证明 $f$ 是一个流; 它是无处为零的当且仅当 $g$ 是真面着色.

因此, 流对应于面着色, 而且面着色是真的当且仅当流是无处为零的. 如果流是无处为零的 $k$-流, 则将着色用到的标记归约到同余类 $\{0, \cdots, k-1\}$ 中即得到一个真 $k$-着色. 反之, 使用这些颜色的真 $k$-面着色得到一个无处为零的 $k$-流. ∎

只要标记取自任意的阿贝尔群, 定理 7.3.22 中的面着色与流量之间的对应关系就始终成立. 如果用二元有序对在加法下构成的群($(0, 0)$是单位元), 该论述过程证明的论断恰好就是 Tait 定理本身.

由于我们可以在所有的图上研究流, 因此可以将流问题看成顶点着色在一般意义下的对偶概念. "无处为零"是"真"的对等体. 由于每个无处为零的 $k$-流也是无处为零的 $k+1$-流, 一个自然的问题就是最小化 $k$ 使得 $G$ 有一个无处为零的 $k$-流. 这个最小值是 $G$ 的**流数**, 它对等于"色数". 既然在 $G$ 有真 $k$-着色时我们称"$G$ 是可 $k$-着色的", 对等过来就用"$G$ 是**可 $k$-流的**"来代替"$G$ 有一个无处为零的 $k$-流". 这种说法还不是大家都采用的说法, 故我们很少用它.

Tait 定理和定理 7.3.22 表明: 一个立方无桥可平面图是可 3-边着色的当且仅当它有一个无处为零的 4-流. 我们希望去掉可平面性的条件以便扩展这个对应命题. 关于奇偶性的一个简单事实是很有用的.

**7.2.23 引理** 在一个无处为零的 $k$-流中, 每个顶点关联到偶数条具有奇数权值的边上.

**证明** 由于在每个顶点处, 所有入边上的总权值等于所有出边上的总权值, 因此所有权值的和是偶数. ∎

**7.3.24 定理** 设 $G$ 是立方图. 如果 $G$ 有一个无处为零的 4-流, 则 $G$ 是可 3-边着色的.

**证明**　由命题 7.3.15，我们可以假定 $G$ 有一个正 4-流 $(D, f)$，因此对每一条边 $e$ 有 $f(e) \in \{1, 2, 3\}$. 由引理 7.3.23，每个顶点恰好关联到一条权值为 2 的边上. 于是，权值为 2 的所有边构成 $G$ 中的一个 1-因子. 删除它们，剩下的图是一些不相交环的并. 为完成 1-因子分解（同时得到一个真 3-边着色），只需证明这些环中的每一个都具有偶数长度.

令 $C$ 是其中一个环. 关联到 $C$ 的顶点的权值为 2 的那些边要么是弦，要么连接 $V(C)$ 和 $\overline{V(C)}$. 这些弦用到的顶点构成 $V(C)$ 的大小是偶数的子集. 因此，只需证明介于 $V(C)$ 和 $\overline{V(C)}$ 之间的边有偶数条. 所有这些边都具有权值 2. 由于流出 $V(C)$ 的净流量必须是 0 且介于 $V(C)$ 和 $\overline{V(C)}$ 之间的所有边都具有流量 2，因此离开 $V(C)$ 的边的条数必然等于进入 $V(C)$ 的边的条数.

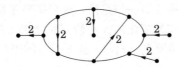

由于 Petersen 图不是可 3-边着色的. 定理 7.3.24 表明它是不可 4-流的. 无处为零的 $k$-流的存在性在细分操作下保持不变：当无处为零的 $k$-流中具有权值 $j$ 的边 $e$ 被细分，将这条边用长度为 2 的路径替换，并为该路径上的边指定相同方向和权值 $j$，这样即在新图中得到了一个无处为零的 $k$-流. 因此，Petersen 图的细分也没有无处为零的 4-流.

定理 7.3.24 的逆命题也是成立的但是没有意义，因为我们不大可能将同色类看成具有某权值的边构成的集合，并对图进行定向以便将这个着色变成一个 4-流. 在例 7.3.21 的图 $C_3 \square K_2$ 中，实质上只有一个真 3-边着色. 当同色类被标记为 1, 2, 3 时，不可能得到一个 4-流. 在例 7.3.21 的正 4-流中，权值为 1 的所有边不构成一个匹配.

尽管如此，下面的定理保证了立方图中存在无处为零的 4-流. 这一特征刻画更具有一般性，它不要求正则性这个条件.

**[310]**　**7.3.25 定理**　一个图有无处为零的 4-流当且仅当它是两个偶图的并.

**证明**　设 $G_1$, $G_2$ 是偶图且 $G = G_1 \cup G_2$. 令 $D$ 是 $G$ 的一个定向，它限制在 $G_i$ 上是 $D_i$. 由命题 7.3.19 和命题 7.3.15 可知，$G_i$ 有一个无处为零的 2-流 $(D_i, f_i)$. 通过对任意 $e \in E(G) - E(G_i)$ 置 $f_i(e) = 0$ 来将 $f_i$ 扩张到 $G$ 上. 令 $f = f_1 + 2f_2$. 这个权函数在 $E(G_1)$ 上取奇数而在 $E(G) - E(G_1)$ 上取 $\pm 2$，故它是无处为零的，其大小最多为 3. 由命题 7.3.16 知道它是一个流，因此它是一个无处为零的 4-流.

反之，设 $(D, f)$ 是 $G$ 上的一个无处为零的 4-流. 令 $E_1 = \{e \in E(G) : f(e) \text{ 是奇数}\}$. 由引理 7.3.23，$E_1$ 构成 $G$ 的一个偶子图. 因此，在 $E_1$ 上有一个无处为零的 2-流 $(D_1, f_1)$，其中 $D$ 与 $D_1$ 是一致的. 对任意 $e \in E(G) - E_1$，令 $f_1(e) = 0$ 即可将 $f_1$ 扩张到 $E(G)$. 现在，$(D, f_1)$ 是 $G$ 上的一个 2-流.

在 $E(G)$ 上定义 $f_2 = (f - f_1)/2$. 由命题 7.3.16 可知 $(D, f_2)$ 是 $G$ 上的一个流. 这是一个整值流，因为 $f(e) - f_1(e)$ 始终为偶数. 由引理 7.3.23，集合 $E_2 = \{e \in E(G) : f_2(e) \text{ 是奇数}\}$ 构成 $G$ 的一个偶子图. 对于 $e \in E(G) - E_1$，有 $f(e) = \pm 2$ 且 $f_1(e) = 0$，由此得到 $f_2(e) = \pm 1$，故 $E(G) - E_1 \subseteq E_2$. 现在，$G$ 是两个偶图的并.

**7.3.26 推论**　如果 $G$ 是立方图，则 $G$ 是可 3-边着色的当且仅当 $G$ 有一个无处为零的 4-流.

**证明**　任意可 3-边着色立方图是两个偶子图的并：颜色为 1 和 2 的边，以及颜色为 1 和 3 的边.

根据定理 7.3.22，推论 7.3.26 推广了 Tait 定理．

我们已经看到，Petersen 图的细分不是可 4-流的．在无桥图中，Tait 曾猜想：除了这种图之外都可以得到 4-流．

**7.3.27 猜想**（Tutte 4-流猜想——Tutte[1966b]） 不含 Petersen 图的细分的无桥图是可 4-流的． ■

由于包含了 Petersen 图的细分的任意图是不可平面的，因此 Tutte 4-流猜想蕴涵了四色定理．由于在立方图上，无处为零的 4-流等价于 3-边着色，因此 Tutte 4-流猜想也蕴涵了 3-边着色猜想（已经被证明了）．研究者们希望找到 Tutte 4-流猜想的一个优美证明以获得四色定理的一个较短的证明．

本小节最后讨论其他几个相关的猜想．任意无处为零的 $k$-流也是无处为零的 $k+1$-流．因此，无处为零的 3-流这个条件和无处为零的 5-流这个条件分别要比无处为零的 4-流这个条件的限制强和弱．有关 Tutte 3-流猜想的陈述出现在 Steinberg[1976] 和 Bondy-Murty[1976，未解问题 48] 中．

**7.3.28 猜想**（Tutte 3-流猜想） 任意 4-边-连通图均有无处为零的 3-流． ■

**7.3.29 猜想**（Tutte 5-流猜想） 任意无桥图有无处为零的 5-流． ■ |311|

Kilpatrick[1975] 和 Jaeger[1979] 证明了任意无桥图是可 8-流的．Seymour[1981] 证明了这种图是可 6-流的．我们勾勒一下 8-流定理的思想，细节留作习题．

两个结论的证明都归约到 3-边连通的情形，即证明：没有无处为零的 $k$-流的最小无桥图是简单的、2-连通的和 3-边连通的（习题 26）．其后的主要步骤是将 3-边连通图表示成一些子图的并，使得这些子图上有性质良好的流．然后，就可以使用定理 7.3.25 的推广形式了：如果 $G_1$ 有无处为零的 $k_1$-流，且 $G_2$ 有无处为零的 $k_2$-流，则 $G_1 \cup G_2$ 有无处为零的 $k_1 k_2$-流（习题 24）（逆命题也成立，但是证明过程不需要）．

对于 8-流定理，只需证明：3-边连通图可以表示成 3 个偶子图的并．首先，对 $G$ 中的每条边另外添加一个拷贝得到一个 6-边连通图 $G'$．然后，由 Nash-Williams 的树-组装定理（推论 8.2.59），在 $G'$ 中得到三棵两两之间无公共边的生成树．它们对应了 $G$ 的 3 棵生成树．由于它们在 $G'$ 中是作为无公共边的树被得到的，因此，$G$ 的每一条边最多出现于其中两棵树．

在 $G$ 的一棵生成树中，可以找到 $G$ 的一个**奇偶子图**，即 $G$ 的一个生成子图 $H$ 使得 $d_H(v) \equiv d_G(v) \bmod 2$ 对所有 $v \in V(G)$ 成立（习题 25）．奇偶子图的边集在 $E(G)$ 中的补是 $G$ 的一个偶子图．由于我们的 3 棵生成树没有公共边，因此它们的奇偶子图的补将 $G$ 表示成了 3 个偶子图的并．由命题 7.3.19，每个偶子图有一个无处为零的 2-流，因而 $G$ 有一个无处为零的 8-流．

Seymour[1981] 中的方法是类似的；任务就是将 3-边连通图表示成一个偶图和一个可 3-流子图的并．这用到了一些更复杂的概念，其中包括 Tutte[1949] 最初引入的"模"流这个概念．Seymour 的证明后来由 Younger[1983] 和 Jaeger[1988] 进行了完善．我们建议读者到 Zhang[1997] 中查阅这两个证明．

Celmins[1984] 证明了：如果 5-流猜想不成立，则最小反例的围长至少为 7 且它没有由 4 条边构成的非平凡边割．

我们再给出一个猜想并描述它与前面的各主题之间的关系．在 2-边连通平面图中，所有面的边界都是环．每条边位于两个面的边界中，故所有面环一起恰好两次覆盖每一条边．我们自然要问，在不可平面图中是否可以得到这样的覆盖．

**7.3.30 定义** 图 $G$ 的**覆盖**是一系列子图使得它们的并是 $G$．一个**双覆盖**是一个覆盖使得每一条边恰好出现在两个子图中. 一个**环双覆盖**(CDC)是由环构成的双覆盖.

312
**7.3.31 例**    如下所示, 图中的 5-环的 5 个旋转与外层的 5-环一起构成了 Petersen 图的一个环双覆盖. 用其他长度的环也可以得到 Pertersen 图的环双覆盖(习题 36).

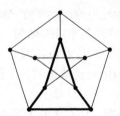

由于割边不出现在任何环中, 因此只有无桥图才有环双覆盖.

**7.3.32 猜想**(环双覆盖猜想——Szekeres[1973], Seymour[1979b])    任意无桥图均有环双覆盖.

读者可能认为, 利用在带手柄的曲面上的嵌入可以马上得到环双覆盖猜想, 但是这种嵌入可能有一些面的边界两次通过同一条边. **强嵌入猜想**断言, 任意 2-连通图(在某种曲面上)有一个嵌入使得其中每个面边界均是一个环. 把它应用到 2-边-连通图的每个块上将得到环双覆盖猜想.

在对环双覆盖的讨论中, 我们警告读者, 可能要遇到术语的混淆. 在整本书中, 我们用到的环的定义在讨论连通度、围长、周长和可平面性中都是通用的. 按这种说法, 回路是封闭的迹(忽略起点后)的等价类, 而偶图是所有顶点的度均为偶数的图. 一条回路遍历一个连通偶图.

讨论环覆盖的文献一般将这个术语倒过来使用, 用"回路"表示我们所谓的环并用"环"来表示我们所谓的偶图. 由于"偶图"这个词强烈地反映了它的定义, 我们希望我们的用法更清晰.

在别的地方也出现了其他用法. 在拟阵中(8.2 节), 回路是最小独立子集; 而在图的环拟阵中, 回路则是指环的边集. 一个图的环空间是一个向量空间(其标量为{0, 1}), 其中的坐标用边来索引而向量对应于偶子图.

最初的环双覆盖猜想表述为: 任意无桥图有由偶子图构成的双覆盖. 这种说法等价于我们的表述, 因为任意偶子图是无公共边的若干个环的并.

因此, 我们可以用少量的偶子图来寻找双覆盖. 环双覆盖中的环是偶子图; 如果这些环两两间无公共边, 则它们即可组合在一起构成一个简单偶子图. 这可以将整值流与环双覆盖联系起来了.

313
**7.3.33 命题**    一个图有无处为零的 4-流当且仅当它有一个环双覆盖可以构成 3 个偶子图.

**证明**    定理 7.3.25 表明, 一个图有无处为零的 4-流当且仅当它是两个偶子图 $E_1$, $E_2$ 的并. 令 $E_3 = E_1 \triangle E_2$. 对每个顶点 $v$, 它在 $E_3$ 中的度等于它在 $E_1$ 中的度与它在 $E_2$ 中的度之和减去 $E_1$ 和 $E_2$ 在 $v$ 处的公共关联边的条数的 2 倍, 因此这个度是偶数. 于是 $E_3$ 是一个偶子图且恰好由只在 $\{E_1, E_2\}$ 之一中出现边构成. 将 $E_1$, $E_2$, $E_3$ 分解成环就得到 $G$ 的一个环双覆盖.

反之, 如果一个环双覆盖形成 3 个偶子图, 则丢掉其中一个即将图表示成了两个偶子图的并, 因此存在一个无处为零的 4-流.

令 $P$ 表示由不包含 Petersen 图的细分的图构成的图族. 根据命题 7.3.33, Tutte 4-流猜想意味着 $P$ 中的每个图都有环双覆盖. Alspach-Goddyn-Zhang[1994]证明了一个深入的结果, 由它可以得到 $P$ 中那些图的环双覆盖(他们证明了, 一个更强的覆盖性质在 $G$ 上成立当且仅当 $G \in P$). 根据命题 7.3.33，这是解决 Tutte 4-流猜想时的部分结果.

环双覆盖猜想也与鲨鱼图相关. Goddyn[1985]证明了：如果环双覆盖猜想不成立，则最小反例是围长至少为 8 的鲨鱼图.

**习题**

7.3.1  （一）证明：任意哈密顿 3-正则图有 Tait 着色.

7.3.2  （一）对于具有下列性质的 3-正则简单图，分别给出实例.

a)可平面的但不是可 3-边着色的.

b)2-连通的但不是可 3-边着色的.

c)连通度为 2 的可平面图，但不是哈密顿图.

• • • • • • • • • • • • •

7.3.3  证明：除 $K_4$ 外，任意极大平面图是可 3-面着色的.

7.3.4  不用四色定理，证明：任意哈密顿平面图是可 4-面着色的（没有任何关于顶点度的假设）.

7.3.5  证明：2-边连通平面图是可 2-面着色的当且仅当它是欧拉图.

7.3.6  利用 Tait 定理（定理 7.3.2）证明：对于下面的图 $G$，$\chi'(G)=3$.

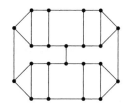

314

7.3.7  (!)设 $G$ 是一个平面三角剖分.

a)证明：对偶 $G^*$ 有一个 2-因子.

b)由 a 证明：$G$ 的顶点可 2-着色并使得每个面都含有两种颜色的顶点（提示：用证明定理 7.3.2 时使用的思想）.(Buršteĭn[1974]，Penaud[1975])

7.3.8  （+）曾有人猜想：任意可平面三角剖分的边-色数为 $\Delta(G)$. 当 $\Delta(G)$ 足够大时，这个猜想已经证明. 对二十面体（如下所示）证明：$\chi'(G)=\Delta(G)$.

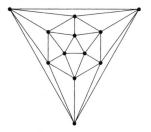

7.3.9  证明：二十面体的真 4-着色恰好使用每种颜色 3 次.

7.3.10  Whitney[1931]证明了：任意 4-连通可平面三角剖分均是哈密顿图. 用这个结论将四色问题归约到下面的问题：任意可平面哈密顿图均是可 4-着色的.

7.3.11  找出一个 5-连通可平面图. 是否存在 6-连通可平面图？

7.3.12  设 $G$ 是平面三角剖分. 证明：$G$ 的顶点可以划分成两个集合而且由它们可以诱导出森林当

且仅当 $G^*$ 是哈密顿图.(Stein[1970])

7.3.13  (!)对下面的每个可平面图,给出一个哈密顿环或者用可平面性(Grinberg 条件)证明它不
是哈密顿图.

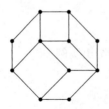 

7.3.14  设 $G$ 是下面的图.证明:$G$ 没有哈密顿环.解释为什么不能直接用 Grinberg 定理证明这个
结论.

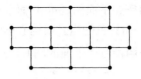

315

7.3.15  (!)用欧拉公式证明 Grinberg 定理.

7.3.16  (!)利用 Grinberg 条件证明下面的 Grinberg 图不是哈密顿图.

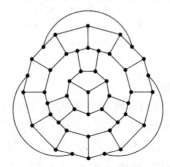

7.3.17  (!)现在已知,不是哈密顿图的最小 3-正则 3-连通图有 38 个顶点,如下图所示.证明:
这个图不是哈密顿图.(Lederberg[1966],Bosák[1966],Barnette)

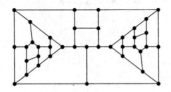

7.3.18  设 $G$ 是网格图 $P_m \square P_n$.令 $Q$ 是从左上角顶点到右下角顶点的一条哈密顿路径,如图中的
粗体边所示.注意,$Q$ 将网格划分成了一些区域,其中有的向左开口,有的向下开口,有
的向上开口,而有的向右开口.证明:上 -右区域($B$)的总数等于下 -左区域($A$)的总数.
(Fisher-Collins-Krompart[1994])

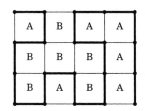

7.3.19　(!)**广义 Petersen 图** $P(n, k)$ 的顶点为 $\{u_1, \cdots, u_n\}$ 和 $\{v_1, \cdots, v_n\}$，边为 $\{u_i u_{i+1}\}$、$\{u_i v_i\}$ 以及 $\{v_i v_{i+k}\}$，其中的加法对 $n$ 取模．Petersen 图本身是 $P(5, 2)$．

a)证明：如果 $k \equiv 1 \bmod 3$ 且 $k \geqslant 4$，则由 $k$ 个相继对 $\{u_i, v_i\}$ 诱导的子图 $P(n, 2)$ 有一个生成环． 316

b)由(a)证明：如果 $n \geqslant 6$，则 $\chi'(P(n, 2)) = 3$．

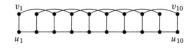

7.3.20　(一)设 $G$ 是一个 3-正则图．证明：如果 $G$ 是两个环的并，则 $G$ 是可 3-边着色的．

7.3.21　(+)"**花鲨图**"．令 $G_k$ 和 $H_k$ 如例 7.3.13 那样构造．

a)证明：$G_k$ 是可 3-边着色的．

b)证明：当 $k$ 是奇数时，$H_k$ 不是可 3-边着色的．(Isaacs[1975])

7.3.22　证明：$K_k \square C_t$ 中不会孤立任意顶点的每个边割至少有 $2k$ 条边．

7.3.23　(＊)证明：将点积操作(定义 7.3.12)应用到两个鲨鱼图上将得到另一个鲨鱼图．(Isaacs[1975])

7.3.24　(＊!)设 $G_1$ 和 $G_2$ 是图．证明：如果 $G_1$ 有无处为零的 $k_1$-流，且 $G_2$ 有无处为零的 $k_2$-流，则 $G_1 \cup G_2$ 有无处为零的 $k_1 k_2$-流．

7.3.25　(!)$G$ 的一个**奇偶子图**是它的一个子图 $H$，该子图使得 $d_H(v) \equiv d_G(v) \bmod 2$ 对所有 $v \in V(G)$ 成立．证明：连通图 $G$ 的任意生成树含有 $G$ 的一个奇偶子图．(Itai-Rodeh[1978])

7.3.26　(＊)对 $k \geqslant 3$，证明：没有无处为零的 $k$-流的最小非平凡 2-边连通图必是简单的、2-连通的和 3-边连通的(提示：先排除圈和度为 2 的顶点，然后考虑所有块．然后排除多重边，最后排除大小为 2 的边割．在每种情况下，将 $G$ 同由它删除或收缩一些边之后得到的图作比较)．

7.3.27　(＊)证明：任意哈密顿图均有一个无处为零的 4-流．

7.3.28　(＊)证明：具有哈密顿路径的任意无桥图都有无处为零的 5-流．(Jaeger[1978])

7.3.29　(＊)现在，$K_6$ 被嵌入到环面上，而 $G$ 是其对偶图．找出 $G$ 上的一个无处为零的 5-流．

7.3.30　(＊)证明：图 $G$ 是 $r$ 个偶子图的并当且仅当 $G$ 有一个无处为零的 $2^r$-流．(Matthews[1978])

7.3.31　(＊)设图 $G$ 有一个环双覆盖组成 $2^r$ 个偶子图．证明：$G$ 有一个无处为零的 $2^r$-流．(Jaeger[1988])

7.3.32　(＊!)图 $G$ 的一个**模 3-定向**是它的一个定向 $D$ 使得 $d_D^+(v) \equiv d_D^-(v)$ 对所有 $v \in V(G)$ 成立．证明：无桥图有一个无处为零的 3-流当且仅当它有一个模 3-定向．(Steinberg-Younger[1989])

7.3.33　(＊)无处为零的 $k$-流的特征．设 $G$ 是一个无桥图．令 $D$ 是 $G$ 的一个定向而 $a, b$ 是两个正

整数．证明下列论断是等价的．(Hoffman[1958])

a)对顶点的每个非空真子集 $S$ 有 $\dfrac{a}{b} \leqslant \dfrac{|[S,\overline{S}]|}{|[\overline{S},S]|} \leqslant \dfrac{b}{a}$.

b)$G$ 有一个权值取自区间$[a,b]$的整值流．

c)$G$ 有一个权值取自区间$[a,b]$的实值流．

7.3.34 ( * )找出图 $C_m \vee K_1$、$C_m \vee 2K_1$ 和 $C_m \vee K_2$ 的环双覆盖．

7.3.35 ( * )为具有 6 个顶点的每个 3-正则简单图找出具有最少环的环双覆盖．

7.3.36 ( * 一)设 $G$ 是 Petersen 图．找出 $G$ 的一个环双覆盖使得该覆盖的元素不全是 5-环．找出 $G$ 的由 1-因子构成的双覆盖(考虑 $G$ 的外层为一个 9-环的作图．注：Fulkerson[1971]曾猜想，任意无桥立方图有由 6 个完美匹配构成的双覆盖)．

7.3.37 ( * )证明：Petersen 图中的任意两个 6-环必至少有两条公共边．得出如下结论：Petersen 图没有由 5 个 6-环构成的环双覆盖．由这个结论和习题 7.3.20 得出结论：Petersen 图没有由偶环构成的环双覆盖．(C. Q. Zhang)

7.3.38 ( * !)一个环双覆盖是**可定向的**，如果它的环可以定向为有向环，使得对每一条边，包含该边的两个环以相反方向通过它．一个有向图是**偶的**，如果 $d^-(v)=d^+(v)$ 对每个顶点 $v$ 成立．

a)假定 $G$ 有一个非负 $k$-流$(D,f)$．证明：$f$ 可以表示成 $\sum\limits_{i=1}^{k-1} f_i$，其中$(D,f_i)$ 是 $G$ 上的非负 2-流(提示：对 $k$ 用归纳法)．(Little-Tutte-Younger[1988])

b)证明：图 $G$ 有一个正 $k$-流$(D,f)$当且仅当 $D$ 是 $k-1$ 个偶有向图的且 $D$ 中的每条边恰好在其中 $f(e)$ 个中出现．(Little-Tutte-Younger[1988])

c)证明：$G$ 有一个无处为零的 3-流当且仅当它有可定向的环双覆盖构成 3 个偶子图．(Tutte[1949])

7.3.39 ( * )设图 $G$ 有一个环双覆盖构成四个偶子图．证明：$G$ 也有一个环双覆盖可以构成三个偶子图(提示：利用对称差)．

7.3.40 ( * )在 Petersen 图中，证明：中国邮递员问题的解具有总长度 20，而覆盖 Petersen 图的环的最小总长度为 21.

7.3.41 ( * )设 $M$ 是 Petersen 图中的一个完美匹配．证明：Petersen 图中没有一系列环能够覆盖 $M$ 中的每条边恰好两次并覆盖其他的每一条边恰好一次．(Itai-Rodeh[1978]，Seymour[1979b])

7.3.42 ( * )设 $G$ 是一个图，其中的一条最短覆盖通道(即中国邮递员问题的一个最优解)可以分解成一些环．证明：$G$ 有一个总长度最多为 $e(G)+n(G)-1$ 的环覆盖．确定 $K_{3,t}$ 的环覆盖的最小长度，并用边数和顶点数表示这个值．

# 第8章 其他主题(选学)

本章我们将讨论更高深或更复杂的题材. 每一节概述一个主题. 这些主题都可用一章(或者一本书)来讨论. 后面几节涉及非常难的题材.

## 8.1 完美图

我们已经讨论了色数的下界 $\chi(G) \geqslant \omega(G)$，它是说任意团中的顶点都需要不同的颜色. 在 5.3 节中，我们讨论了一类图，其中每个图的任意诱导子图均取到了上述不等式的等号.

**8.1.1 定义** 如果图 $G$ 的任意诱导子图均满足 $\chi(H) = \omega(H)$，则称 $G$ 是**完美的**.

在讨论完美图时，我们一般用**稳定集**来指独立集. 同以前一样，**团**是由两两相邻的顶点构成的集合. 同样，**最大**表示大小达到最大值.

由于在本节中我们集中讨论顶点着色，因此将讨论的范围限制在简单图内. 求补操作将团转化成稳定集，所以 $\omega(\overline{H}) = \alpha(H)$. 真着色 $\overline{H}$ 就是将 $V(H)$ 表达成 $H$ 中若干个团的并集，$H$ 中这样的团构成的集合就是 $H$ 的一个**团覆盖**. 对于每一个图，有 4 个有用的最优化参数.

| | | |
|---|---|---|
| **独立数** | $\alpha(G)$ | 稳定集中的最大顶点数 |
| **团数** | $\omega(G)$ | 团中的最大顶点数 |
| **色数** | $\chi(G)$ | 最小着色数 |
| **团覆盖数** | $\theta(G)$ | 最小团覆盖数 |

Berge 定义了两类完美性：

如果 $\chi(G[A]) = \omega(G[A])$ 对所有 $A \subseteq V(G)$ 成立，则称 $G$ 是 $\gamma$-**完美的**.

如果 $\theta(G[A]) = \alpha(G[A])$ 对所有 $A \subseteq V(G)$ 成立，则称 $G$ 是 $\alpha$-**完美的**.

我们对完美的定义与对 $\gamma$-完美的定义相同(Berge 用 $\gamma(G)$ 来表示色数). 由于 $\overline{G}[A]$ 是 $G[A]$ 的补集，$\alpha$-完美的定义可以用 $\overline{G}$ 表达成：$\chi(\overline{G}[A]) = \omega(\overline{G}[A])$ 对所有 $A \subseteq V(G)$ 成立. 这样，"$G$ 是 $\alpha$-完美的"同"$\overline{G}$ 是 $\gamma$-完美的"是同一个含义.

现在，我们仅用完美性的一个定义，因为 Lovász[1972a]证明了"$G$ 是 $\gamma$-完美的当且仅当 $G$ 是 $\alpha$-完美的". 用我们对完美性的原始定义，上面的说法可以表述为"$G$ 是完美的当且仅当 $\overline{G}$ 是完美的". 这就是**完美图定理**(PGT).

由于一个团和一个稳定集最多有一个公共顶点，故 $\chi(G) \geqslant \omega(G)$ 和 $\theta(G[A]) \geqslant \alpha(G[A])$ 总成立. 关于某类图的完美性的命题是一个整数的最小-最大关系. 在例 5.3.21 中，我们在二部图中发现了一些类似的最小-最大关系，这些二部图，它们的线图以及这类图的补图均是完美的.

如果 $k \geqslant 2$，则 $\chi(C_{2k+1}) > \omega(C_{2k+1})$ 并且 $\chi(\overline{C}_{2k+1}) > \omega(\overline{C}_{2k+1})$(习题 1). 因此，奇环及其补图(除 $C_3$ 和 $\overline{C}_3$ 之外)都不是完美的.

**8.1.2 猜想**(强完美图猜想(SPGC)——Berge[1960]) 图 $G$ 是完美的当且仅当 $G$ 和 $\overline{G}$ 均没有诱导子图是长度最少为 5 的奇环. ∎

SPGC 仍是一个没有解决的问题. 由于猜想中的条件是自补的，因此 SPGC 蕴涵了 PGT.

在 5.3 节中，我们已经给出了几类经典的完美图，我们现在的目的是证明完美图定理. 接下来，我们将研究最小非完全图的性质和完全图类. 作为补充读物，Golumbic[1980]全面地介绍了这一专题. Berge-Chvátal[1984]搜集并更新了许多经典的论文.

## 完美图定理

1960 年，Berge 曾猜想 $\gamma$-完美和 $\alpha$-完美是等价的（参见 Berge[1961]）. Lovász[1972a]在 22 岁时对这个重要而著名的定理给出了证明，这震惊了整个组合数学界. Fulkerson 也研究了这个定理，他将定理归约为一个命题，他认为这个命题太强了故而不可能成立. 当 Berge 告诉他 Lovász 已经证明了这个猜想时，他仅用了几个小时就证明了剩下的引理（引理 8.1.4）. 这就说明，如果已知定理的真实性，则对其证明就变得容易了（Fulkerson[1971]）.

我们将利用一种对图的操作来证明完美图定理，该操作在不影响图的完美性的情况下可以将图扩大.

**8.1.3 定义** 在图 $G$ 中添加一个顶点 $x'$，使得 $N(x')=N(x)$，这样新得到一个图，这种操作称为对 $G$ 中顶点 $x$ 的**顶点复制**，我们将顶点复制得到的图记为 $G \circ x$. 给定非负整数向量 $h=(h_1, \cdots, h_n)$，可以构造一个图 $H=G \circ h$，$H$ 的顶点集包含了每个 $x_i \in V(G)$ 的 $h_i$ 个拷贝，$x_i$ 和 $x_j$ 的拷贝在 $H$ 中邻接当且仅当 $x_i \leftrightarrow x_j$ 在 $G$ 中成立，将这种操作称为 $G$ 的**顶点多重复制**.

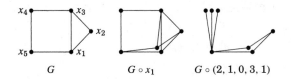

$$G \qquad\qquad G \circ x_1 \qquad\qquad G \circ (2,1,0,3,1)$$

**8.1.4 引理** 顶点多重复制保持 $\gamma$-完美性和 $\alpha$-完美性.

**证明** 首先，我们注意到 $G \circ h$ 可以由 $G$ 的一个诱导子图通过连续的顶点复制得到. 如果每个 $h_i$ 均是 0 或 1，则 $G \circ h=G[A]$，其中 $A=\{i: h_i>0\}$. 否则，从 $G[A]$ 开始进行顶点复制，直到对每个 $x_i$ 有 $h_i$ 个拷贝. 每个顶点复制操作保持如下性质：$x_i$ 和 $x_j$ 的拷贝是邻接的当且仅当 $x_ix_j \in E(G)$ 在 $G$ 中成立. 所以，最终得到的图是 $G \circ h$.

如果 $G$ 是 $\alpha$-完美的而 $G \circ h$ 不是，则从 $G[A]$ 创建 $G \circ h$ 的过程中有某些顶点复制操作会将 $\alpha$-完美图变成非 $\alpha$-完美图. 于是，只需证明顶点复制可以保持 $\alpha$-完美性. 对 $\gamma$-完美性也可以进行同样的归约. 由于 $G \circ x$ 的每个真诱导子图是 $G$ 的一个诱导子图或者是对 $G$ 的一个诱导子图的顶点复制，因此我们将论断进一步归约成证明：如果 $G$ 是 $\gamma$-完美的，则 $\chi(G \circ x)=\omega(G \circ x)$；如果 $G$ 是 $\alpha$-完美的，则 $\alpha(G \circ x)=\theta(G \circ x)$.

如果 $G$ 是 $\gamma$-完美的，在 $x'$ 和 $x$ 上用相同的颜色即可将 $G$ 的一个真着色扩展成 $G \circ x$ 的真着色. 任何团不可能同时包含 $x$ 和 $x'$，所以 $\omega(G \circ x)=\omega(G)$. 从而，$\chi(G \circ x)=\chi(G)=\omega(G)=\omega(G \circ x)$.

如果 $G$ 是 $\alpha$-完美的，我们考虑两种情况. 如果 $x$ 属于 $G$ 的某个最大稳定集，则将 $x'$ 添加到该稳定集中将使得 $\alpha(G \circ x)=\alpha(G)+1$. 由于 $\theta(G)=\alpha(G)$，故将 $x'$ 作为 1-顶点团添加到由覆盖 $G$ 的 $\theta(G)$ 个团构成的集合中就得到 $G \circ x$ 的一个大小为 $\alpha(G)+1$ 的团覆盖.

如果 $x$ 不属于 $G$ 的任意一个最大稳定集，则 $\alpha(G \circ x)=\alpha(G)$. 在 $G$ 的最小团覆盖中，令 $Q$ 是包含 $x$ 的团. 由于 $\theta(G)=\alpha(G)$，因此 $Q$ 与 $G$ 的任意一个最大稳定集相交. 由于 $x$ 不属于任意最大稳定集，故 $Q'=Q-x$ 也与任意一个最大稳定集相交. 这就得到 $\alpha(G-Q')=\alpha(G)-1$. 对 $G-Q'$ 的诱导子图应用 $G$ 的 $\alpha$-完美性，得到 $\theta(G-Q')=\alpha(G-Q')$. 把 $Q' \cup \{x'\}$ 添加到由覆盖 $G-Q'$ 的 $\alpha(G)-1$

个团构成的集合中就得到覆盖 $G \circ x$ 的 $\alpha(G)$ 个团.

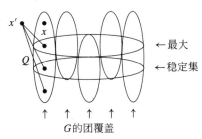

$G$ 的团覆盖

321

**8.1.5 定理**   在最小的非完美图中,任意一个稳定集不可能与每个最大团都相交.

**证明**   如果 $G$ 中的一个稳定集 $S$ 与任意 $\omega(G)$-团均相交,则由 $G-S$ 的完美性得到 $\chi(G-S)=\omega(G-S)=\omega(G)-1$,而且 $S$ 完成了 $G$ 的一个真 $\omega(G)$-着色. 这样,$G$ 就是完美的. ■

**8.1.6 定理**(完美图定理(PGT)——Lovász[1972a,1972b])   一个图是完美的当且仅当它的补图是完美的.

**证明**   只需证明 $G$ 的 $\alpha$-完美性蕴涵了 $G$ 的 $\gamma$-完美性;将此应用到 $\overline{G}$ 即得到对充分性的证明. 如果上述结论不成立,则考虑一个 $\alpha$-完美但不是 $\gamma$-完美的最小图 $G$. 根据引理 8.1.5,可以假设 $G$ 中的每个最大稳定集 $S$ 与某个最大团 $Q(S)$ 不相交.

我们构造 $G$ 的一个特殊的顶点多重复制 . $\mathbf{S}=\{S_i\}$ 是 $G$ 的所有最大稳定集构成的集合. 对每个顶点加权,权值的大小是该顶点在 $\{Q(S_i)\}$ 中出现的频率;设 $h_j$ 是满足 $x_j \in Q(S_i)$ 的稳定集 $S_i \in \mathbf{S}$ 的个数. 根据引理 8.1.4,$H=G \circ h$ 是 $\alpha$-完美的,即 $\alpha(H)=\theta(H)$. 我们用计数方法分别得到 $\alpha(H)$ 和 $\theta(H)$,由此得出一个矛盾.

将 $\{Q(S_i)\}$ 和 $V(G)$ 之间的关联关系表示成一个 0,1-矩阵,用 $A$ 来表示这个矩阵. 于是,$a_{i,j}=1$ 当且仅当 $x_j \in Q(S_i)$. 根据构造,$h_j$ 是 $A$ 的第 $j$ 列中 1 的个数,$n(H)$ 是 $A$ 中所有 1 的个数. 由于每行都有 $\omega(G)$ 个 1,故 $n(H)=\omega(G)|\mathbf{S}|$. 由于顶点复制不能使团扩大,故 $\omega(H)=\omega(G)$. 所以,$\theta(H) \geqslant n(H)/\omega(H)=|\mathbf{S}|$.

我们证明 $\alpha(H)<|\mathbf{S}|$,从而得出矛盾. $H$ 中的每个稳定集包含 $G$ 中某个稳定集的所有顶点的所有拷贝. 所以 $\alpha(H)=\max_{T \in \mathbf{S}} \sum_{i:x_i \in T} h_i$. 这个和计算了 $A$ 中由 $T$ 索引的列上的 1 的个数. 如果我们利用行来计算这些 1,便能得到 $\alpha(H)=\max_{T \in \mathbf{S}} \sum_{S \in \mathbf{S}} |T \bigcap Q(S)|$. 由于 $T$ 是一个稳定集,它最多有一个顶点位于每个选定的 $Q(S)$ 中. 而且,$T$ 和 $Q(T)$ 是不相交的. 由于 $|T \bigcap Q(S)| \leqslant 1$ 对于所有的 $S \in \mathbf{S}$ 成立,并且 $|T \bigcap Q(T)|=0$,故我们得到 $\alpha(H) \leqslant |\mathbf{S}|-1$.

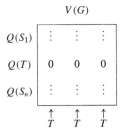

■

*8.1.7 注记*(线性优化与对偶性)   将 $\alpha$ 和 $\theta$ 表示为整数优化问题就会出现团-顶点关联矩阵.

一个线性(最大化)规划可以写成"对于非负的向量 $x$,在满足 $Ax \leqslant b$ 的条件下求 $c \cdot x$ 的最大值",其中 $A$ 是一个矩阵,$b$、$c$ 是向量,$Ax \leqslant b$ 的每一行是关于变量向量 $x$ 的一个约束 $a_i \cdot x \leqslant b_i$. 满足所有约束的向量 $x$ 称为一个**可行解**.

整数线性规划问题还要求每个 $x_j$ 均是整数. 设 $A$ 是团与 $G$ 的顶点之间的关联矩阵,当 $v_j \in Q_i$ 时,$a_{i,j} = 1$. 根据定义,$\alpha(G)$ 是"要求变量均是非负整数,在 $Ax \leqslant l_m$ 的条件下求 $l_n \cdot x$ 的最大值"这个问题的解. 在这个解中,$x_j$ 是 1 还是 0 取决于 $v_j$ 是否在最大稳定集中;其中的约束要求我们不能选择相互关联的顶点. 同样,如果 $B$ 是最大稳定集与顶点的关联矩阵,则 $\omega(G)$ 是"要求变量均是非负整数,并在 $Bx \leqslant l_p$ 的条件下求 $l_n \cdot x$ 的最大值"的解.

任意最大化规划有一个相应的最小化规划. 如果最大化规划是"在 $Ax \leqslant l_m$ 的条件下求 $l_n \cdot x$ 的最大值",则其对偶是"在 $y^T A \geqslant c$ 的条件下求 $y \cdot b$ 的最小值". 这个线性规划对原规划问题的每个约束和变量 $x_j$ 的每个约束均有一个变量 $y_i$,并将 $c$、max、$\leqslant$ 分别替换成 $b$、min、$\geqslant$. 如果以这种方式来阐述,则上述两个规划中的变量都必须是非负的. $\omega$ 要求找出覆盖全部顶点所需稳定集的最小个数,$\alpha$ 要求找出覆盖全部顶点所需团的最小个数,这两个问题的对偶分别刻画了 $\chi(G)$ 和 $\theta(G)$.

利用变量的非负性,由所有约束得到:

$$c \cdot x \leqslant y^T A x \leqslant y \cdot b$$

论断"$c \cdot x \leqslant y \cdot b$"对可行解 $x$、$y$ 而言是**弱对偶**. 线性规划的(强)**对偶定理**是说"如果不要求整数解,则可行解的对偶规划有取值相同的最优解".

论断 $\chi \geqslant \omega$ 和 $\theta \geqslant \alpha$ 属于线性规划中对偶问题的弱对偶形式. 利用该问题只有整数解可以保证弱对偶就是强对偶,这在组合学上称为最小-最大关系. 我们已经叙述了很多这样的关系,还应该注意到这种关系可以保证我们对解的最优性给出快速证明. 此外,这种关系还可以帮助我们寻找给出最优解的快速算法,这也是我们研究完美图族的动机之一. ■

**8.1.8 例**(非完美图的函数分解)  对于 5-环,$\omega$、$\chi$、$\alpha$、$\theta$ 这几个参数的线性规划的最优解均为 5/2. 它有 5 个极大团和 5 个极大稳定集,其中每一个的大小都是 2. 在团或稳定集中,对任意 $x_j$ 令 $x_j = 1/2$,这样就为每个团和每个稳定集都赋予权值 1,故而满足任意一个最大化问题的所有约束. 在对偶规划问题中,对任意 $y_i$ 令 $y_i = 1/2$,这样就覆盖了所有顶点并且每个顶点的总权值均为 1,进而所有约束也得到了满足. 这些规划问题均没有整数最优解,故这些整数规划有"对偶陷阱":$\chi = 3 > 2 = \omega$ 和 $\theta = 3 > 2 = \omega$. ■

**弦图的再研究**

同树一样,更一般的弦图类有很多特征刻画. 在弦图的定义中,不包含无弦环这种定义本身就是一种特征刻画,它**不允许某种子结构出现**. 限制有限子结构(比如诱导子图)序列的出现往往可以得到一个有效算法来测试成员资格;但是对于弦图而言,这种需要限制的子结构序列是无限的,故而需要其他的方法来测试线图的成员资格.

弦图均可以由如下方法构造得到:由单个顶点开始,不断添加新顶点使其与某个团内的所有顶点均邻接. 这种构造顺序恰好是单纯顶点删除顺序的逆序. 我们注意到,在这样一个构造顺序下进行贪心着色恰好得到一个最优着色. 许多完美图类均有这种**构造过程**,该过程构造相应完美图类中的所有图并且不产生其他图. 一个构造过程或者一种**分解过程的逆过程**可能会得到在该图类中确定成员资格的快速算法.

下面我们考虑其他类型的特征刻画.

**8.1.9 定义**　图 $G$ 的**交表示**是一个集族 $\{S_v: v\in V(G)\}$ 使得 $u\leftrightarrow v$ 当且仅当 $S_u\bigcap S_v\neq\varnothing$. 如果 $\{S_v\}$ 是 $G$ 的一个交表示,则称 $G$ 是 $\{S_v\}$ 的**交图**.

区间图是有交表示的图,其交表示集族中的每一个集合是实数轴上的一个区间. 线图也是一类交图;其交表示集族中的集合由自然数对构成,这些自然数对对应图 $H$ 的边使得 $G=L(H)$. 弦图的相交特性是由 Walter[1972、1978],Gavril[1974]和 Buneman[1974]独立发现的.

**8.1.10 引理**　如果 $T_1,\cdots,T_k$ 是树 $T$ 中两两相交的子树,则有一个顶点属于所有 $T_1,\cdots,T_k$.

**证明**(Lehel)　我们选择反证法. 如果任意顶点 $v$ 不出现在 $T_1,\cdots,T_k$ 中某棵树 $T(v)$ 内,则我们对 $v$ 与 $T(v)$ 之间的唯一路径上离开 $v$ 的那条边进行标记. 如果 $T$ 有 $n$ 个顶点,我们就会得到 $n$ 个标记,从而必然有某个边 $uw$ 被标记了 2 次. 现在,$T(u)$ 和 $T(w)$ 没有公共顶点. ∎

**8.1.11 定理**　一个图是弦图当且仅当它有由一棵树的一些子树构成的交表示(即**子树表示**).

**证明**　我们证明定理所述的条件等同于断言存在单纯删除顺序. 我们选择归纳法,以 $K_1$ 开始.

设 $v_1,\cdots,v_n$ 是 $G$ 的一个单纯删除顺序. 由于 $v_2,\cdots,v_n$ 是 $G-v_1$ 的单纯删除顺序,由归纳假设知道,存在一棵树 $T$ 使得它的一些子树构成 $G-v_1$ 的子树表示. 由于 $v_1$ 在 $G$ 中是单纯的,集合 $S=N_G(v_1)$ 诱导得到 $G-v_1$ 的一个团. 故为 $S$ 中的这些顶点指定的那些 $T$ 的子树是两两相交的.

由引理 8.1.10,这些子树有一个公共顶点 $x$. 我们添加一个叶子 $y$ 使之与 $x$ 相邻,这样就把 $T$ 扩张成 $T'$;同时,我们还将边 $xy$ 添加到表示 $S$ 中顶点的那些子树中. 我们用仅含顶点 $y$ 的子树来表示 $v_1$. 这样就在 $T'$ 中完成了 $G$ 的一个子树表示.

反之,设 $T$ 是对 $G$ 进行子树表示时用到的最小的一棵树,并假设其中 $v\in V(G)$ 是由 $T(v)\in T$ 来表示的. 如果 $xy\in E(T)$,则 $G$ 必须有一个顶点 $u$ 使得 $T(u)$ 包含 $x$ 而不包含 $y$;否则,将 $xy$ 收缩到 $y$ 之后将在一棵比 $T$ 更小的树中得到 $G$ 的另一个子树表示.

令 $x$ 是 $T$ 的一个叶子,$u$ 是 $G$ 中满足如下条件的一个顶点:$T(u)$ 包含 $x$ 但不包含 $x$ 的相邻顶点. $G$ 中 $u$ 的相邻顶点对应的子树必然包含 $x$ 并且它们是两两相交的. 于是 $u$ 在 $G$ 中是单纯的. 删除 $T(u)$ 即得到 $G-u$ 的子树表示. 根据归纳假设,我们得到 $G-u$ 的一个单纯删除顺序,进而将 $u$ 添加进来即得到 $G$ 的一个单纯删除顺序. ∎

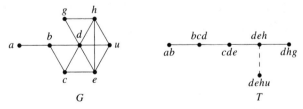

$$G \qquad\qquad T$$

因为弦图类是遗传的,故一个单纯删除顺序可以从任意单纯顶点开始. 因此,如果用穷举法来寻找单纯删除顺序,则必须检查各个顶点的邻域,直到找出一个单纯顶点并删除该顶点,然后重复.

Rose-Tarjan-Lueker[1976]找到了一个快速算法,Tarjan[1976]对这个方法进行了简化. 该算法的思想如下,因为离给定顶点最远的顶点中始终存在一个单纯顶点(定理 5.3.17 证明),单纯删除顺序可以以任意顶点结束. 这样,我们从任意顶点开始,列出它附近的顶点. 结果是单纯构造顺序(单纯删除顺序的逆序)当且仅当这个图是弦图. 该算法及其一些应用发表于 Tarjan-Yannakakis[1984]中;这里,我们采用 Golumbic[1984]中的论述方法.

**8.1.12 算法**　　最大基数搜索（MCS）.

**输入**：图 $G$.

**输出**：一个顶点-数字双射 $f: V(G) \rightarrow \{1, \cdots, n(G)\}$.

**思想**：对任意未编号的顶点 $v$，维护一个标签 $l(v)$ 以表示该顶点在已编号的顶点中的度. 位于单纯删除顺序尾部的顶点是在最后一个顶点周围的顶点，所以在单纯构造顺序中，标签大的顶点应当先被添加进去.

**初始化**：将所有顶点标记为 0，令 $i=1$.

**迭代**：任意选择一个标签值最大的未编号的顶点. 将它编号为 $i$ 并将其相邻顶点的标签加 1. 将 $i$ 加 1，继续迭代. ◼

**8.1.13 例**　　在 MCS 给出的顺序中，第一个顶点是任选的. 如果将 MCS 应用到上面的图 $G$ 中说明定理 8.1.11 中可以先取 $f(c)=1$，故 $l(b)=l(d)=l(e)=1$. 接下来，我们取 $f(e)=2$ 并更新 $l(d)=2$，$l(h)=l(u)=1$. 现在，$d$ 是标签值为 2 的唯一顶点，故 $f(d)=3$. 我们更新 $l(b)=l(h)=l(u)=2, l(g)=1$，$l(a)=0$. 继续这个过程，可以生成 $c, e, d, b, h, u, g, a$，如果将该顺序用 $f$ 的形式表达出来将是一个递增顺序. 这是一个单纯构造顺序，$a, g, u, h, b, d, e, c$ 是一个单纯删除顺序. ◼

325

**8.1.14 定理**（Tarjan[1976]）　　简单图 $G$ 是弦图当且仅当由最大基数搜索算法生成的编号之后的顶点 $v_1, \cdots, v_n$ 是 $G$ 的一个单纯构造顺序.

**证明**　　如果 MCS 生成了一个单纯构造顺序，则 $G$ 是一个弦图. 反之，假设 $G$ 是一个弦图，$f: V(G) \rightarrow [n]$ 是 MCS 生成的映射. $f$ 的一个桥是一条长度至少为 2 的无弦路径并且该路径中最小的两个编号值恰出现在路径的两个端点上. 我们先证明 $f$ 没有桥. 否则，设 $P=u, v_1, \cdots, v_k, w$ 是使得 $\max\{f(u), f(w)\}$ 达到最小值的桥. 由对称性假设 $f(u) > f(w)$（在下面的图示中，$f$ 值用作纵坐标以标识各个顶点的位置）.

因为 $v_k$ 在获得其编号之前，$u$ 已经获得编号 $f(u)$ 并且在 $u$ 获得编号的时候 $w$ 也已经获得了编号，故存在一个顶点 $x \in N(u) - N(v_k)$ 满足 $f(x) < f(u)$. 设 $v_0 = u$，并令 $r = \max\{j: x \leftrightarrow v_j\}$. 路径 $P' = x, v_r, \cdots, v_k, w$ 是无弦路径，因为令 $x \leftrightarrow u'$ 即可得到一个无弦环. 由于 $f(x)$、$f(w)$ 均比 $f(u)$ 小，$P'$ 同 $P$ 的选择相矛盾，所以 $f$ 没有桥.

根据上述论断，可以在 $n(G)$ 上用归纳法来完成证明. 这只需证明 $v_n$ 是单纯的，因为 MCS 应用在 $G-v_n$ 上将生成相同的编号 $v_1, \cdots, v_{n-1}$，最后就只剩下 $v_n$ 了. 如果 $v_n$ 不是单纯的，则 $v_n$ 有互不相邻的相邻顶点 $u, w$ 使得 $u, v_n, w$ 是 $f$ 的一个桥.

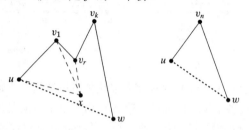

如果对 MCS 算法进行精细地实现，则其运行时间可以达到 $O(n(G)+e(G))$. 对于任意 $j$，我们维护一个双向链表来存储标签为 $j$ 的顶点. 对每一个顶点，要存储它的标签、指向其相邻顶点的指针和指向它在链表中的位置的指针. 在为顶点 $v$ 编号之后，在 $O(1+d(v))$ 时间内，可以完成如下工作：从链表中删除 $v$、将其相邻顶点的标签值加 1、将其相邻顶点移到标签值稍大的链表中. 为

了完成对弦图的测试，我们还必须检查 MCS 产生的顺序是否是单纯构造顺序（习题 10）. 从单纯删除顺序或者单纯构造顺序很快可以得出优化着色、团、稳定集以及团覆盖（习题 9）.

由 Rose、Tarjan 和 Leuker 修改后的算法称为字典序广度优先算法（LBFS）. LBFS 的很多应用同定理 5.3.17 的证明密切相关，这些应用涉及对图的性质的测试和对图的一些参数的计算. Corneil-Olariu-Stewart[2001]很好地介绍了这一主题.

326

给定一个单纯删除顺序，定理 8.1.14 ⊖ 计算出一个子树表示. 如果所有的极大团是已知的，则 Kruskal 算法（定理 2.3.3）可以在不知道单纯删除顺序的情况下用来计算子树表示.

**8.1.15 定义**　树 $T$ 是 $G$ 的一棵**团树**，如果在 $V(T)$ 和 $G$ 的所有极大团之间存在双射满足：对任意 $v \in V(G)$，包含 $v$ 的团诱导出 $T$ 的一棵子树.

**8.1.16 引理**　在使得 $G$ 在其上有子树表示的树中，阶数达到最小值的树均是 $G$ 的团树.

**证明**　设 $G$ 在树 $T$ 上有一个子树表示，且 $T$ 的阶数达到最小值. 由引理 8.1.10 可知，$G$ 的极大团 $Q$ 中的所有顶点（对应的子树）在 $T$ 上有公共顶点 $q$. 如果 $G$ 中映射到 $q' \in V(T)$ 的顶点构成 $Q$ 的一个子团 $Q'$，则这些顶点对应的子树均包含 $T$ 中的整条 $q'$, $q$-路径. 这样，$T$ 上第一条位于该路径内的边可以被收缩而不影响交图，这即得到一棵更小的树使得 $G$ 在其上有子树表示.　∎

有限集族 $A$ 的**加权交图**是一个带权的团，其顶点是 $A$ 的元素且边 $AA'$ 的权值为 $|A \cap A'|$.

**8.1.17 定理**（Acharya-Las Vergnas [1982]）　设 $M(G)$ 是简单图 $G$ 的极大团集合 $\{Q_i\}$ 的加权交图. 如果 $T$ 是 $M(G)$ 的最小生成树，则 $w(T) \leqslant \sum n(Q_i) - n(G)$，等式成立当且仅当 $T$ 是团树.

**证明**（McKee[1993]）　设 $T$ 是 $M(G)$ 的一棵生成树. $T_v$ 是由 $\{Q_i : v \in Q_i\}$ 诱导得到的 $T$ 的子树. 在计算 $T$ 的权值时，每一个顶点 $v \in V(G)$ 在 $T_v$ 的每条边上被计算一次；因此 $w(T) = \sum_{v \in V(G)} e(T_v)$. 任意 $T_v$ 均是森林，所以 $e(T_v) \leqslant n(T_v) - 1$，等号成立当且仅当 $T_v$ 是树. $n(T_v)$ 为任意包含 $v$ 的团的大小贡献了 1. 将各顶点对应的不等式相加得到 $w(T) \leqslant \sum n(Q_i) - n(G)$. 等号成立当且仅当每个 $T_v$ 均是树，这个条件为真当且仅当 $T$ 是团树.

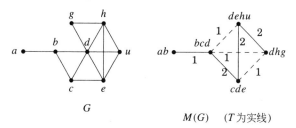

$$w(T) = 7 = 15 - 8 = \sum n(Q_i) - n(G)$$

327

根据定理 8.1.17，我们可以找到 $M(G)$ 中生成树的最大权值，由此检验 $G$ 是否为弦图. 进一步讲，如果 $G$ 是弦图，则其所有团树必然均是 $M(G)$ 的具有最大权值的生成树（Bernstein-Goodman[1981]，Shibata[1988]；相关资料参见 McKee[1993]）.

**其他类型的完美图**

区间图是由直线上若干个区间构成的集合的交图. 在命题 5.1.16 中，我们直接证明了区间图是完美的；这一点也可以由区间图类是弦图类的子类得到（习题 26）. 区间图是在解决并发性受限的

⊖　应该是定理 8.1.11.——译者注

线性调度问题时提出的(回忆例 5.1.15).

**8.1.18 例**(区间图的经典应用)

DNA 链的分析. 区间图曾被用于 DNA 的研究. Benzer[1959]研究了高等生物的 DNA 链的线性化问题. 每一个基因被编码成一个区间, 除非相关区间除包含若干相关的片断(这种片断称为"外显子")之外还包含了一些不相关的垃圾片断(这种片断称为"内显子"). 在"基因突变源自相邻片断间的交错"这种假设下, 通过研究微生物性状的改变可以确定: 这些性状各自的决定性氨基酸集合是否相交. 这样就建立了一个图, 其中性状作为顶点, "性状的同时变化"作为边. 在线性性和邻接性的假设下, 这个图是一个区间图, 这有助于在 DNA 序列上定位基因.

交通灯的计时. 给定某道路交汇处的交通流, 交通工程师(或者负有同样职责的人)可以确定哪些流对可以同时流动. 给定转盘上的一个"全停"时刻, 这些绿灯区间的交图必然是一个区间图, 其边集是由允许同时流动的流对构成的集合的一个子集. 这种研究可以用来优化一些度量(比如平均等待时间)(参见 Roberts[1978]).

考古排序. 给定一些在某次考古发掘中发现的陶器样品, 我们想确定一个时间表以表明在什么时代有什么样风格. 假设每种风格在一个时间段之内使用, 那么出现在同一个山洞里的两种风格则被看作是同时使用的. 如果这个图是一个区间图, 则该图的区间表示很可能就是一个时间表. 否则, 就说明信息仍不完整, 而所求的区间图还需要其他一些边. ∎

我们给出区间图的两个特性. 在定理 8.1.20 中, 性质 B 源自 Gilmore 和 Hoffman[1964], 性质 C 源自 Fulkerson 和 Gross[1965].

[328] **8.1.19 定义**    如果 0,1-矩阵的行可以适当进行交换, 使得每列中的 1 均连续出现, 则称该矩阵(对于列)有**连续 1 性质**. $G$ 的**团-顶点关联矩阵**是行由极大团索引, 列由 $V(G)$ 索引的关联矩阵.

**8.1.20 定理**    下列等价条件刻画了区间图的特征:

A)$G$ 有一个区间表示.

B)$G$ 是一个弦图, 并且 $\overline{G}$ 是相容图.

C)团-顶点关联矩阵有连续 1 性质.

**证明**    我们把 A⇒B 和 A⇔C 留作习题 26～27; 在这里, 只证明 B⇒C. 设 $G$ 是弦图而且 $\overline{G}$ 有一个传递方向 $F$. 利用 $F$ 以及 $G$ 中没有无弦环这个特征, 我们确定 $G$ 中所有极大团的一个顺序, 并用这个顺序来说明团-顶点关联矩阵 $M$ 的连续 1 性质.

令 $Q_i$ 和 $Q_j$ 是 $G$ 中的极大团. 由极大性, 每个团的任意顶点均有一个与之不相邻的顶点位于另一个团内. 假设在 $F$ 中, $\overline{G}$ 有某条边从 $Q_i$ 指向 $Q_j$, 则 $\overline{G}$ 另有某条边从 $Q_j$ 指向 $Q_i$. 如果这两条边有一个公共顶点, 则 $F$ 的传递性将强制某个团的一条边位于 $\overline{G}$ 中. 所以, 此时的情况必如下面左侧的图所示, $F$ 中的边(虚线)有 4 个不同的顶点. 如果这 4 个顶点中的另外两个顶点对也构成 $G$ 的边, 则 $G$ 有一个诱导图 $C_4$. 所以两条位于对角线上的边至少有一条位于 $\overline{G}$ 中, 但这条边在 $F$ 中无论怎样定向均与 $F$ 的传递性矛盾. 我们断言, $\overline{G}$ 中介于顶点集 $Q_i$ 和 $Q_j$ 之间的所有边在 $F$ 中均指向同一个方向.

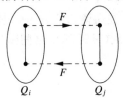

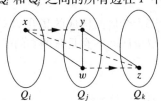

现在，可以定义一个竞赛图 $T$，使得其顶点对应于 $G$ 中的极大团。如果 $F$ 中介于 $Q_i$ 和 $Q_j$ 之间的所有边均从 $Q_i$ 指向 $Q_j$，则我们在 $T$ 中添加 $Q_i \to Q_j$。由前一段的论述知道，$T$ 是一个完全图的一个定向。我们断言 $T$ 是传递的。为了证明这一点，我们需要证明：$Q_i \to Q_j$ 和 $Q_j \to Q_k$ 蕴涵 $Q_i \to Q_k$。假设 $x \in Q_i$，$y$、$w \in Q_j$ 和 $z \in Q_k$ 在 $F$ 中满足 $x \to y$ 和 $w \to z$。如果 $y = w$，则由 $F$ 的传递性即可得到 $x \to z$。否则，如上页右侧的图所示，我们考虑顶点对 $xz$。在 $G$ 中，$x$ 与 $z$ 相邻将导致 $G$ 中包含 $C_4$，故 $x \not\leftrightarrow z$。因此，这条边 $xz$ 出现在 $F$ 中，而且为了不违背传递性，它的方向必须是 $x \to z$。于是，我们得到结论：$Q_i \to Q_k$ 在 $T$ 中成立。

一个传递的竞赛图指明了所有顶点的唯一线性顺序，使得任意边的方向与这个顶点顺序一致，利用传递竞赛图 $T$，将 $M$ 的行排序成 $Q_1 \to \cdots \to Q_m$。假设在这个顺序下，有某个列中的 1 未连续出现，则我们可以找到 $Q_i$、$Q_j$、$Q_k$，使得 $i < j < k$，$x \in Q_i$，$Q_k$、$x \notin Q_j$。由于 $x \notin Q_j$，团 $Q_j$ 必有一个顶点 $y$ 不与 $x$ 相邻，否则 $Q_j$ 可以吸收 $x$ 从而 $Q_j$ 就不是极大团了。现在，$x \in Q_i$ 说明 $x \to y$ 在 $F$ 中，而 $x \in Q_k$ 则说明 $y \to x$ 也在 $F$ 中，但二者不可能同时成立。∎  329

区间图构成完美图的较小子类。下面，我们讨论一个更大的图类，它保持了弦图和相容图的某些优美性质。

**8.1.21 定义**  完美图的分类（有关奇环的条件只应用到长度至少为 5 环上）。

**$o$-三角剖分**：任意奇环均有一对不相交的弦。

**奇偶图**：任意奇环均有一对相交的弦。

**Meyniel 图**：任意奇环至少有 2 条弦。

**弱弦图**：$G$ 或 $\overline{G}$ 中没有长度至少为 5 的诱导环。

**强完美图**：任意诱导子图均有一个稳定集使得该诱导子图的所有极大团有顶点含于其中。

Gallai[1962]证明了 $o$-三角剖分是完美的。每个弦图均为 $o$-三角剖分（习题 34）和弱弦图（习题 40）。所有的 $o$-三角剖分和所有的奇偶图均是 Meyniel 图。Meyniel 图是完美的（Meyniel[1976]，Lovász[1983]）和强完美的（Ravindra[1982]）。

Olaru[1969]和 Sachs[1970]证明了奇偶图是完美的，奇偶图这个名字来源于后来由 Burlet 和 Uhry[1982]证明的一个性质：$G$ 是一个奇偶图当且仅当对于任意顶点对 $x$，$y \in V(G)$，所有无弦 $x$，$y$-路径都具有奇数长度或者均有偶数长度。（习题 36）

**8.1.22 例**  下面的图展示了这些类别之间的不同之处。这里 **$T$**，**$C$**，**$O$**，**$P$**，**$M$**，**$W$** 分别表示弦图（可三角剖分的）、相容图、$o$-三角剖分图、奇偶图、Meyniel 图和弱弦图。

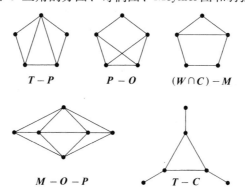

$T - P$        $P - O$        $(W \cap C) - M$

$M - O - P$              $T - C$

330

强完美图是由 Berge 和 Duchet[1984]引入的．将定义中的"极大"修改成"最大"就得到一个较弱的形式，这种形式与 $\gamma$-完美是等价的．用归纳方法构造 $\omega(G)$-着色时，含有来自各个最大团的顶点的稳定集可以用作第一个同色类(其颜色编号最小)．于是强完美图也是完美的．

强完美图构成的类并不包含全部弱弦图(习题40)，但是它包含所有的弦图和所有相容图．(在推论 5.3.25 中我们注意到，如果 $G$ 有一个传递的定向，任意诱导子图继承得到一个传递的定向，且该定向中入度为 0 的顶点构成一个稳定集，使得所有极大团均有顶点含于其中)．

下一个完美图类真包含于强完美图类中(习题 37~38)，该类仍然包含所有的弦图和相容图，但是不包含所有的 Meyniel 图(习题 39)．这个图类是 Chvátal[1984]引入的，它在完美图理论中扮演着重要的角色．

**8.1.23 定义**　图的**完美序**是所有顶点的一个顺序，它使得任意诱导子图从该顶点顺序中继承得到的顶点顺序应用到贪心着色算法中后将由此产生这个诱导子图的最优着色．一个**完美有序图**是有一个完美序的图．

在 $G$ 的一个定向中，一个**阻碍**是一条诱导 4-顶点路径 $a$，$b$，$c$，$d$ 使得其中第一条和最后一条边的定向指向叶子．$G$ 与顶点顺序 $L$ 相关的定向总是从 $L$ 中靠后的顶点指向靠前的顶点：如果 $u<v$ 则 $u \leftarrow v$. 如果与一个顶点顺序相关的定向没有障碍，则称该顶点顺序**无障碍**．

与完美序相关的定向是无障碍的，因为在每一个障碍上贪心着色都会用三种颜色而不是两种．Chvátal 证明了：一个图是完美有序的当且仅当它有一个无障碍的顺序．这一特征刻画表明，完美有序图是完美的并且弦图和相容图均是完美有序的．

**8.1.24 例**(弦图和相容图是完美有序的)　弦图与单纯构造顺序相关的定向没有形如 $u \leftarrow v \rightarrow w$ 的诱导子图．相容图的传递定向没有形如 $u \rightarrow v \rightarrow w$ 的诱导子图．

每个有障碍的定向同时具有形如 $u \leftarrow v \rightarrow w$ 的诱导子图和形如 $u \rightarrow v \rightarrow w$ 的诱导子图．所以，如果 $G$ 是相容图或弦图，则 $G$ 有无障碍的顶点顺序．根据 Chvátal 的特征刻画，这样的图是完美有序的． ■

**8.1.25 引理**(Chvátal[1984])　设 $G$ 有一个团 $Q$ 和一个稳定集 $S$，二者不相交．假设任意 $w \in Q$ 与某个 $p(w) \in S$ 相邻．如果 $L$ 是 $G$ 的一个无障碍顶点顺序并使得 $p(w) < w$ 对所有 $w \in Q$ 成立，则有某个 $p(w) \in S$ 与 $Q$ 中所有顶点相邻．

**证明**　我们对 $n(G)$ 运用归纳法．基本步骤 $n(G)=1$ 的情况是不证自明的．考虑 $n(G)>1$ 的情况，对任意 $w \in Q$，利用团 $Q-w$ 和稳定集 $\{p(u)：u \in Q-w\}$，图 $G-w$ 满足引理的假设条件．根据归纳假设，有一个顶点 $w^* \in Q-w$ 满足 $p(w^*) \leftrightarrow Q-w$. 这样，我们可以找出一个顶点 $w \in Q$ 使得 $p(w^*) \leftrightarrow Q$ 成立，除非 $p(w^*) \not\leftrightarrow w$ 对所有 $w \in Q$ 成立．这时，上述过程为任意 $w$ 分配了唯一一个 $w^*$，因为 $p(w^*)$ 只与 $Q$ 中的 $w$ 不相邻．将 $w$ 映射到 $w^*$，这就定义了 $Q$ 上的一个置换．由于 $p(w) \leftrightarrow w$，故这个置换没有不动点．

我们在与 $L$ 相关的定向上来寻找障碍．设 $v$ 是 $Q$ 中在 $L$ 上位置最靠前的顶点．设 $b$，$c \in Q$ 是满足 $b^*=v$ 和 $c^*=b(c=v$ 有可能成立)的两个顶点，令 $a=p(b)$ 且 $d=p(v)$. 由于 $p(w^*) \not\leftrightarrow w$，因此有 $a \not\leftrightarrow c$ 和 $d \not\leftrightarrow b$，这就说明在稳定集合 $S$ 中必有 $a \neq d$，同时得出与 $L$ 相关的定向(如下图所示)．

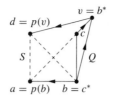

因为 $d=p(b^*)$，$Q$ 中与 $d$ 不相邻的顶点仅有 $b$；所以 $c \leftrightarrow d$. 由于在 $L$ 中有 $d=p(v)<v\leqslant c$，故而有 $d \leftarrow c$. 现在，$a$, $b$, $c$, $d$ 诱导了一个障碍，这就与关于 $L$ 的假设相矛盾. 所以，$p(w^*)\leftrightarrow w$ 对某个 $w$ 是成立的，而 $p(w^*)$ 就是所求的位于 $S$ 中的顶点. ∎

**8.1.26 定理**(Chvátal[1984])　简单图 $G$ 的一个顶点顺序是完美序当且仅当它是无障碍的，并且具有这种顺序的任意一个图均是完美的.

**证明**　我们已经看到了这个条件的必要性. 由于由具有无障碍顺序的图构成的图类满足遗传性(诱导子图继承得来的顶点顺序也是无障碍的)，因此只需证明：$G$ 与无障碍顶点顺序 $L$ 相关的贪心着色是最优的. 设 $k$ 是与 $L$ 相关的贪心着色使用的颜色数. 为了证明着色的最优性，我们证明 $G$ 有一个 $k$-团，这也就归纳地证明了完美性.

设 $f:V(G)\to[k]$ 是最后得到的着色方案. 令 $i$ 是满足如下条件的最小整数：$G$ 有一个团 $w_{i+1}$, …, $w_k$ 使得 $f(w_j)=j$ 对 $i<j\leqslant k$ 均成立. 由于 $f$ 在某个顶点上用到了颜色 $k$，故 $i$ 是有定义的. 如果 $i=0$，则 $G$ 是 $k$-团.

如果 $i>0$，则对任意 $w_j$ 均存在一个顶点 $p(w_j)$，使得 $p(w_j)<w_j$ 在 $L$ 中成立且 $f(p(w_j))=i$；否则贪心着色可以在 $w_j$ 上用编号较小的颜色. 令 $S=\{p(w_{i+1}), …, p(w_k)\}$. 由于 $S$ 中所有顶点均有相同的颜色，$S$ 是一个稳定集，因此引理 8.1.25 中的条件得到满足，从而 $S$ 中的某个顶点可以加入到团中成为 $w_i$，这就与 $i$ 最小相矛盾. ∎ 332

下面，我们考虑另外一种生成完美图的方法. 一个保持完美性的操作可以扩大完美图类. 顶点多重复制就是这样的一个操作，它将每一个顶点扩张为一个独立集，因而我们推广这个操作. 如果 $V(G)=\{v_1, …, v_n\}$，而 $H_1$, …, $H_n$ 是两两之间没有公共顶点的路径，则**复合** $G[H_1, …, H_n]$ 指的是由 $H_1+…+H_n$ 外加集合 $\{xy: x\in V(H_i), y\in V(H_j), v_iv_j\in E(G)\}$ 构成的图. $G[\overline{K}_{h_1}, …, \overline{K}_{h_n}]$ 这种特别情况即是 $G\circ h$. 在下面的例子中，$H_1=2K_1$，$H_2=K_2+K_1$，$H_3=P_3$，$H_4=K_2$，$G=K_{1,3}$ 并且 $G$ 以 $v_1$ 为中心.

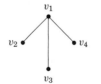

Lovász 证明了复合操作保持完美性. 这一结论是 Chvátal 的星形-割集引理的一个推论.

**8.1.27 定义**　如果图 $G$ 的割集 $S$ 有一个顶点 $x$ 与 $S-\{x\}$ 中的所有顶点均相邻，则称 $S$ 是 $G$ 的一个**星形-割集**. 如果一个图本身不是完美图但它的任意诱导真子图均是完美图，则称之为**极小非完美图**.

**8.1.28 引理**(星形-割集引理的引理)　如果 $G$ 中没有稳定集与每个最大团都相交，并且 $G$ 的任意诱导真子图都是可 $\omega(G)$-着色的，则 $G$ 没有星形-割集.

**证明**  假设 $G$ 有一个星形-割集 $C$，其中 $w$ 与 $C-\{w\}$ 中所有顶点均相邻. 由于 $G-C$ 是不连通的，我们可以将 $V(G-C)$ 划分为两个集合 $V_1$、$V_2$ 使得二者之间不存在边. 令 $G_i=G[V_i\cup C]$，而 $f_i$ 是 $G_i$ 的一个 $\omega(G)$-真着色. 令 $S_i$ 是 $G_i$ 中在 $f_i$ 下与 $w$ 同色的顶点构成的集合；它包括 $w$ 但不包含 $C$ 中的其他顶点. 由于 $V_1$ 和 $V_2$ 之间没有边，故 $S=S_1\cup S_2$ 是一个稳定集.

如果 $Q$ 是 $G-S$ 中的一个团，则 $Q$ 含 $G_1-S_1$ 或 $G_2-S_2$ 中. 由于 $f_i$ 给出了 $G_i-S_i$ 的一个 $\omega(G)-1$-着色，因此 $|Q|\leqslant\omega(G)-1$. 由于上述结论对 $G-S$ 中的每个团 $Q$ 均有效，所以稳定集 $S$ 含有来自 $G$ 中任意 $\omega(G)$-团的顶点，这与引理的假设相矛盾.

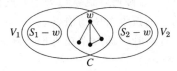

333 **8.1.29 定理**（星形-割集引理，Chvátal[1985b]）  极小非完美图没有星形-割集.

**证明**  如果 $G$ 是一个极小非完美图，则 $\chi(G)>\omega(G)$ 且删除任何稳定集 $S$ 都会得到一个完美图，所以我们有：

$$1+\omega(G)\leqslant\chi(G)\leqslant1+\chi(G-S)=1+\omega(G-S)\leqslant1+\omega(G)$$

于是得到 $\omega(G-S)=\omega(G)$，这说明没有稳定集与每个最大团都相交. 并且，由于 $G$ 是极小非完美图，任意诱导真子图 $G'$ 必满足 $\chi(G')=\omega(G')\leqslant\omega(G)$，这使得它有 $\omega(G)$-真着色. 现在，引理 8.1.28 表明 $G$ 没有星形-割集.

替换引理推广了引理 8.1.4.

**8.1.30 推论**（替换引理——Lovász[1972b]）  在若干个完美图上任意进行复合操作，得到的图仍是完美图.

**证明**  复合操作的结果可以用一系列替换操作来得到，每次替换操作将 $G_1$ 的一个顶点 $v$ 替换为图 $G_2$ 并添加从 $V(G_2)$ 到 $U=N_{G_1}(v)$ 的所有边，这样形成一个新的图 $G$. 因此，只需证明替换操作保持完美性. 如果替换操作得到的图 $G$ 不是完美的，则它有一个诱导子图 $F$ 是极小非完美图. 这种子图不可能含于 $G_1$ 或 $G_2$ 中，这使得它至少包含了 $G_2$ 的两个顶点和 $G_1$ 的一个顶点.

如果 $F$ 不包含 $G_1$ 中位于 $U$ 之外的顶点，则 $F=F[U]\vee(F\cap G_2)$. 连接操作保持完美性，因为 $\chi(H\vee H')=\chi(H)+\chi(H')$ 和 $\omega(H\vee H')=\omega(H)+\omega(H')$ 对于任意 $H$、$H'$ 均成立. 因此，我们可以假设 $F$ 包含 $G_1$ 中位于 $U$ 内的一个顶点. 此时，$V(F)\cap U$ 以及 $G_2$ 中位于 $F$ 内的一个顶点就构成 $F$ 的一个星形-割集. 所以，用 $G_2$ 替代 $v$ 没有引入最小完美图 $F$.

星形-割集引理还可以得出弱弦图的完美性. Hayward[1985]证明了，如果 $G$ 是一个弦图但 $G$ 本身既不是一个团也不是一个稳定集，则 $G$ 或 $\overline{G}$ 有一个星形-割集. 根据星形-割集引理和完美图定理，上述结论说明任意弱弦图均不是极小非完美图. 由于弱弦图类具有遗传性，因此我们立刻得到：任意弱弦图均是完美图.

## 非完美图

***p*-临界图**指的是极小非完美图. 强完美图猜想（SPGC）是说，只有（长度最少是 5 的）奇环以及它们的补图是 $p$-临界图. 研究了 $p$-临界图的很多性质之后，我们可以证明：只有奇环和它们的补图才能满足这些性质；由此能证明 SPGC. 从观察到的 $p$-临界图的简单特性开始，其中一些特性在前面讨论星形-割集时已经使用过.（这种表述方式最初是根据 Shmoys[1981]建立起来的.）

334 **8.1.31 引理**  如果 $G$ 是 $p$-临界的，则 $G$ 是连通的、$\overline{G}$ 是 $p$-临界的、$\omega(G)\geqslant2$ 并且 $\alpha(G)\geqslant2$. 而

且，$\chi(G-x)=\omega(G)$ 和 $\theta(G-x)=\alpha(G)$ 对任意 $x\in V(G)$ 均成立．

**证明**　$G$ 是完美的当且仅当 $G$ 的每个分量是完美的，并且 $G$ 是完美的当且仅当 $\overline{G}$ 是完美的．团和它们的补图均是完美的．最后，我们观察到在定理 8.1.29 的证明中，从 $p$-临界图中删除一个稳定集并不能减少团数．由于 $G-x$ 是完美的，所以有 $\chi(G-x)=\omega(G-x)=\omega(G)$．条件 $\theta(G-x)=\alpha(G)$ 使得同样的论断在 $\overline{G}$ 上也成立． ∎

$p$-临界图还有更多更微妙的性质，这些性质是 Lovász 扩展 PGT 得到的．

**8.1.32 定理**(Lovász[1972b])　图 $G$ 是完美的当且仅当 $\omega(G[A])\alpha(G[A])\geqslant|A|$ 对任意 $A\subseteq V(G)$ 成立．

性质"$\omega(G[A])\alpha(G[A])\geqslant|A|$ 对任意 $A\subseteq V(G)$ 成立"是 Fulkerson 提出的，我们称之为 **$\beta$-完美**．它蕴涵于 $\alpha$-完美和 $\gamma$-完美中，如果我们可以用 $\omega(G)$ 个稳定集来完成对 $G$ 的着色，则某个稳定集至少有 $n(G)/\omega(G)$ 个顶点．在证明上述结论的逆命题时，需要用到计数这种论证方法，计数过程类似于证明 PGT 时给出的过程，但更加精细．定理 8.1.32 可以立刻得到 PGT．

**8.1.33 定理**　如果 $G$ 是 $p$ 临界的，则 $n(G)=\alpha(G)\omega(G)+1$．而且，对任意 $x\in V(G)$，$G-x$ 可以划分成 $\omega(G)$ 个大小为 $\alpha(G)$ 的稳定集，也可以划分成 $\alpha(G)$ 个大小为 $\omega(G)$ 的团．

**证明**　如果 $G$ 是 $p$-临界的，则 $\beta$-完美的条件只可能对整个顶点集 $A=V(G)$ 失效．因此，对任意 $x\in V(G)$，我们有：
$$n(G)-1\leqslant\alpha(G-x)\omega(G-x)=\alpha(G)\omega(G)\leqslant n(G)-1$$
于是 $n(G)=\alpha(G)\omega(G)+1$．由于 $\chi(G-x)=\omega(G-x)=\omega(G)$，我们可以用 $\omega(G)$ 个稳定集来覆盖 $G-x$．这些稳定集的大小最多为 $\alpha(G)$，故它们将 $G-x$ 的 $\alpha(G)\omega(G)$ 个顶点划分为 $\omega(G)$ 个大小为 $\alpha(G)$ 的稳定集．同样，由于 $\theta(G-x)=\alpha(G-x)=\alpha(G)$，我们可以将 $V(G-x)$ 划分为 $\alpha(G)$ 个大小为 $\omega(G)$ 的团． ∎

将 $p$-临界图类扩大使之包含满足定理 8.1.33 所述性质的其他一些图，这将有助于研究 $p$-临界图的性质．扩大以后的图类在结构方面的性质，在对特殊图类证明 SPGC 时，是很有用的．Padberg[1974] 开始对于这类图进行研究．为了扩大 $p$-临界图类，人们提出了好几个定义，但后来发现这些定义是对同一类图的不同的特征刻画．这里，我们使用的定义是由 Bland-Huang-Trotter[1979] 提出的．

**8.1.34 定义**　对于整数 $a, w\geqslant 2$，称图 $G$ 是 $a, w$-**可分的**，如果它有 $aw+1$ 个顶点并且对任意 $x\in V(G)$ 下面的条件均成立：子图 $G-x$ 既可以划分成 $a$ 个大小为 $w$ 的团，也可以划分成 $w$ 个大小为 $a$ 的稳定集．

$\boxed{335}$

**8.1.35 定理**(Buckingham-Golumbic[1983])　阶为 $aw+1$ 的图 $G$ 是 $a, w$-可分的当且仅当 $\chi(G-x)=w$ 和 $\theta(G-x)=a$ 对任意 $x\in V(G)$ 成立．并且，如果这种图还满足 $\omega(G)=w$ 和 $\alpha(G)=a$，则上述条件中的等式可以替换为不等式 $\chi(G-x)\leqslant w$ 和 $\theta(G-x)\leqslant a$．

**证明**　设 $G$ 是可分的．由于 $G-x$ 是可 $w$ 着色的并且确有一个 $w$ 团，故 $\chi(G-x)=w=\omega(G-x)$．由于 $a\geqslant 2$，因而 $G$ 不是完全图．在 $G$ 中删除某最大团 $Q$ 之外的顶点 $x$，就能得到 $\omega(G)=\omega(G-x)=w$．在 $\overline{G}$ 中进行同样的论述可以得出关于 $a$ 等式．

反之，假设 $\chi(G-x)\leqslant w$ 和 $\theta(G-x)\leqslant a$ 对 $V(G)$ 中的任意 $x$ 均成立．则后一个不等式得到 $\alpha(H)\leqslant a$．因此，$G-x$ 的最优着色最多使用了 $w$ 个大小不超过 $a$ 的稳定集．由于 $n(G-x)=aw$，这样一个着色将 $V(G-x)$ 划分为 $w$ 个大小为 $a$ 的稳定集．同样，$G-x$ 的由 $a$ 个团构成的覆盖可以得出我们需要的团划分． ∎

根据定理 8.1.33 和定理 8.1.35，每个 $p$-临界图均是可分的，而每个可分的图均是不完美的．而且，$G$ 是 $a$，$w$-可分的当且仅当 $\overline{G}$ 是 $a$，$w$-可分的．

**8.1.36 例**（环的幂）　放 $n$ 个顶点在圆周上，让每个顶点与每个方向上离它最近的 $d$ 个顶点相邻，这样则得到图 $C_n^d$．如果 $d=1$，则 $C_n^1 = C_n$．我们依次将顶点看成模 $n$ 之后的整数．$C_{10}^2$ 如下面左侧的图所示，它既不是完美的也不是 $p$-临界的（因为顶点 0，2，4，6，8 诱导得出 $C_5$），但 $C_{10}^2$ 是 3，3-可分的．删除顶点 $i$ 之后，剩下的 9 个顶点可以唯一地划分成 3 个三角形 $\{(i+1, i+2, i+3)$、$(i+4, i+5, i+6)$、$(i+7, i+8, i+9)\}$，也可以唯一地划分成三个稳定集 $\{(i+1, i+4, i+7)$、$(i+2, i+5, i+8)$、$(i+3, i+6, i+9)\}$．

$C_{aw+1}^{w-1}$ 总是 $a$，$w$-可分的．$G-x$ 中的任意 $w$ 个连续的顶点构成了一个团；从任意顶点出发每隔 $w-1$ 个顶点取一个顶点，这样得到的 $a$ 个顶点构成一个稳定集．证明 $C_{aw+1}^{w-1}$ 是 $p$-临界的当且仅当 $w=2$ 或 $a=2$，这样就将 SPGC 归约为证明：$G$ 是 $p$ 严格的当且仅当 $G = C_{a(G)\omega(G)+1}^{\omega(G)-1}$．

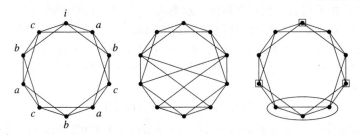

**8.1.37 例**（其他可分图）　将一些不太重要的边添加到 $C_{aw+1}^{w-1}$ 中即可得到另一些可分图．在 $C_{10}^2$ 中，在不引起最大团和最大稳定集发生变化的情况下，我们任意添加一条对角线，得到的图仍然是可分的．我们将要看到：如果所有可分图均可以通过在环的幂中添加这种不太重要的边来得到，则 SPGC 成立．

然而，还存在其他类型的可分图，如上面中间的图（Chvátal-Graham-Perold-Whitesides[1979]，Huang[1976]）．在这个图中，每条边均属于某个最大团，但是它比 $C_{10}^2$ 多 2 条边．这个图的划分方式均不同于 $C_{10}^2$ 的任意划分方式（习题 42）．

**8.1.38 例**（$C_{aw+1}^{w-1}$ 的深层性质）　图 $C_{aw+1}^{w-1}$ 恰有 $n$ 个最大团，每个最大团均包含环上的 $w$ 个相继的顶点．每个顶点均位于 $w$ 个相继的 $w$-团中．这个图恰好有 $n$ 个最大稳定集，其中有 $a-1$ 对前后相继的顶点使得这两点之间的距离为 $w$，而另有一对前后相继的顶点使得它们之间的距离为 $w+1$．在包含 $x$ 的最大稳定集中，存在 $a$ 个位置可以用来对应上面间距较大的那一对顶点；所以，顶点 $x$ 位于 $a$ 个最大稳定集中．

最后，要使一个 $w$-团不包含某个稳定集中的任何顶点，则这个团必须整个位于间距为 $w+1$ 的那一对顶点之间（例如 8.1.37 中右侧的图所示）．这样，在所有最大稳定集和所有最大团之间存在一种配对关系 $\{(Q_i, S_i)\}$ 使得 $Q_i \bigcap S_j = \varnothing$ 当且仅当 $i=j$．

这些"深层性质"构成了下面的特征刻画．这些论述是 Padberg[1974] 提出来的，他用这些论述过程来刻画完美图的多面体特性．这里，组合学方面的结论均可以由线性代数中矩阵的性质得到．可分图的其他特征刻画出现在下列文献中：Bland-Huang-Trotter[1979]，Golumbic[1980，p58-62]，Tucker[1977]，Chvátal-Graham-Perold-Whitesides[1979] 和 Buckingham[1980]．

**8.1.39 定理**　阶为 $n=aw+1$ 的图 $G$ 是 $a$，$w$-可分的当且仅当下面的两个条件都成立：

1)$\alpha(G)=a$，$\omega(G)=w$，$G$ 的每一个顶点均恰好属于 $w$ 个大小为 $w$ 的团和 $a$ 个大小为 $a$ 的稳定集.

2)$G$ 恰有 $n$ 个最大团 $\{Q_i\}$ 和 $n$ 个最大稳定集 $\{S_j\}$，且 $Q_i\cap S_j=\varnothing$ 当且仅当 $i=j$($Q_i$ 和 $S_i$ 互为配偶).

**证明** 必要性. 我们已经证明了 $\chi(G-x)=w=\omega(G)$ 和 $\theta(G-x)=a=\alpha(G)$ 对任意 $x\in V(G)$ 成立. 取一个大小为 $w$ 的团 $Q$. 对任意 $x\in Q$，有一个方案将 $G-x$ 划分为 $a$ 个大小为 $w$ 的团. 将 $Q$ 和这 $w$ 个划分方案的结果放在一起，即得到由 $n=aw+1$ 个最大团构成的序列 $Q_1,\cdots,Q_n$. $Q$ 之外的每个顶点出现在每个划分的一个团中. $Q$ 中的每个顶点出现在 $Q$ 中，此外它还在 $w-1$ 个划分中各出现一次. 因此，每个顶点恰好出现在该序列中的 $w$ 个团中.

对于每个 $Q_i$，我们得到一个不与 $Q_i$ 相交的最大独立集. 取 $x\in Q_i$，完成对 $V(G-x)$ 的划分的 $w$ 个最大稳定集仅在 $x$ 之外的 $w-1$ 个顶点处与团 $Q_i$ 相交. 因此，这些稳定集之一不与 $Q_i$ 相交，将这个稳定集记为 $S_i$. 我们将证明，这两个集合序列包含所有团和所有稳定集，并具有我们期望的相交特性.

设 $A$ 是关联矩阵，其中如果 $x_j\in Q_i$ 则 $a_{i,j}=1$；否则 $a_{i,j}=0$. 令 $B$ 是一个矩阵，其中如果 $x_j\in S_i$ 则 $b_{i,j}=1$；否则 $b_{i,j}=0$. $AB^\mathrm{T}$ 中 $ij$ 位置上的值是 $A$ 的第 $i$ 行与 $B$ 的第 $j$ 行的点乘积，这个值就等于 $|Q_i\cap S_j|$. 通过证明 $AB^\mathrm{T}=J-I$(其中 $J$ 是所有元素均是 1 的矩阵)，我们得到 $Q_i\cap S_j\neq\varnothing$ 当且仅当 $i\neq j$. 由于 $J-I$ 是非奇异的，这说明 $A$ 和 $B$ 均是非奇异的. 非奇异矩阵的各行互不相同，因此，$Q_1,\cdots,Q_n$ 和 $S_1,\cdots,S_n$ 将是互不相同的.

由集合序列的构造过程知道，$|Q_i\cap S_i|=0$. 由于团和稳定集的交最多只有一个元素. 为证明 $AB^\mathrm{T}=J-I$，我们仅需证明 $AB^\mathrm{T}$ 的每一列之和均为 $n-1$. 在矩阵上左乘行向量 $\mathbf{1}_n^\mathrm{T}$ 就可以得到这些和. 根据构造过程，$A$ 的每个列有 $w$ 个 1(因为每个顶点出现在序列中的 $w$ 个团中)而 $B$ 每个行有 $a$ 个 1(因为每个稳定集有 $a$ 个顶点). 因此

$$\mathbf{1}_n^\mathrm{T}(AB^\mathrm{T})=(\mathbf{1}_n^\mathrm{T}A)B^\mathrm{T}=w\mathbf{1}_n^\mathrm{T}B^\mathrm{T}=wa\mathbf{1}_n^\mathrm{T}=(n-1)\mathbf{1}_n^\mathrm{T}.$$

为了证明 $G$ 没有其他的最大团，我们令 $q$ 为一个最大团 $Q$ 的关联向量，现在我们证明 $q$ 必然是 $A$ 的一个列. 由于 $A$ 是非奇异的，它的列张成 $\mathbf{R}^n$，并且可以将 $q$ 写成线性组合 $q=tA$. 为了求出 $t$，我们需要 $A^{-1}$. 由于 $A$ 中各行之和均为 $w$，即得出 $A(\omega^{-1}J-B^\mathrm{T})=\omega^{-1}\omega J-(J-I)=I$，因此 $A^{-1}=\omega^{-1}J-B^\mathrm{T}$，于是

$$t=qA^{-1}=q(\omega^{-1}J-B^\mathrm{T})=\omega^{-1}qJ-qB^\mathrm{T}=\omega^{-1}\omega\mathbf{1}_n^\mathrm{T}-qB^\mathrm{T}.$$

$B^\mathrm{T}$ 的第 $i$ 列是 $S_i$ 的关联向量，因此 $qB^\mathrm{T}$ 中第 $i$ 个坐标与 $|Q\cap S_i|$ 相等，它要么是 0 要么是 1. 因此，$t$ 是一个 0，1-向量，进而 $q$ 是 $A$ 中某些行之和. 由于 $q$ 中各元素之和是 $w$，因此在计算 $q$ 这个和向量时只用到了 $A$ 中的一行. 于是，$q$ 就是 $A$ 的一个行且 $Q_1,\cdots,Q_n$ 是仅有的最大团.

将同样的论证过程应用到 $\overline{G}$ 中可知，$G$ 恰有 $n$ 个最大稳定集，每个顶点出现在其中 $a$ 个最大稳定集里.

**充分性**. 根据定理 8.1.35，只需证明 $\chi(G-x)\leqslant w$ 和 $\theta(G-x)\leqslant a$ 对任意 $x\in V(G)$ 成立. 给定由条件(2)保证的团和稳定集，同上面一样定义关联矩阵 $A$、$B$. 由条件(1)知道，$B$ 的每个列有 $a$ 个 1，因此 $JB=aJ=BJ$. 条件(2)中的相交特性表明 $AB^\mathrm{T}=J-I$，因而它是一个非奇异矩阵；所以 $B$ 是非奇异的，并且

$$A^\mathrm{T}B=B^{-1}BA^\mathrm{T}B=B^{-1}(J-I)B=B^{-1}BJ-I=J-I.$$

乘积 $A^TB=J-I$ 中，与 $x \in V(G)$ 相对应的行表明 $V(G-x)$ 可以用包含 $x$ 的 $w$ 个最大团的配偶来覆盖（如下图所示），因此 $\chi(G-x) \leqslant w$. 同样，与 $x$ 对应的列表明 $V(G-x)$ 可以用包含 $x$ 的 $a$ 个最大稳定集的配偶来覆盖，因此 $\theta(G-x) \leqslant a$.

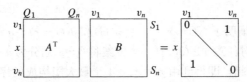

**8.1.40 推论**　如果 $G$ 是 $a$，$w$-可分的且 $w=2$，则 $G=C_{2a+1}$；如果 $a=2$，则 $G=\overline{C}_{2w+1}$. 因此，SPGC 归约为证明 $p$-临界图必满足 $\omega=2$ 或者 $\alpha=2$.

**证明**　如果 $\omega=2$，则每个顶点恰属于两个大小为 2 的团中，所以 $G$ 是 2-正则的. 进而，$G$ 是连通图并且阶为奇数 $(2\alpha+1)$. 所以，$G$ 是一个奇环. 对于 $a=2$，考虑 $\overline{G}$.

自此，我们可以在可分图中不加区别地使用 $w$，$\omega(G)$，$\omega$，同时也不加区别地使用 $a$，$\alpha(G)$，$\alpha$.

**8.1.41 定理**（Tucker[1977]）　设 $x$ 是可分图 $G$ 的一个顶点. 子图 $G-x$ 有唯一一个最小的着色，将它记为 $X(G-x)$，它恰好由包含 $x$ 的最大团的配偶构成. 同样，$G-x$ 有唯一一个最小的团覆盖（记为 $\Theta(G-x)$），它恰好由包含 $x$ 的最大稳定集的配偶构成.

**证明**　由于 $G$ 是 $a$，$w$-可分的，$G-x$ 是可 $w$-着色的，着色方案只需用 $w$ 个大小为 $a$ 的稳定集即可. 包含 $x$ 的任意 $w$-团不包含某个同色类中的顶点，因为这种团只有 $w-1$ 个顶点位于 $G-x$ 中. 因此，包含 $x$ 的所有 $w$-团均以其配偶作为该着色方案中的一个同色类. 由于恰好有 $w$ 个这样的同色类，所以着色方案是唯一的. 对补图进行讨论，可以得到定理的其他结论.

**8.1.42 定理**（Buckingham-Golumbic[1983]）　如果 $x$ 是 $\alpha$，$w$-可分图 $G$ 的一个顶点，则 $2\omega-2 \leqslant d(x) \leqslant n-2\alpha+1$.

**证明**　取一个顶点 $v \nleftrightarrow x$（见下图）. 令 $S$ 是 $X(G-v)$ 中包含 $x$ 的稳定集，$S'$ 是 $X(G-v)$ 的另一个稳定集，取 $z \in N(x) \cap S'$. 在 $\Theta(G-z)$ 中，有某个团 $Q$ 包含 $x$. 由于 $v \nleftrightarrow x$，$Q$ 有一个顶点位于 $X(G-v)$ 的每个稳定集中（包括 $S'$）. 由于 $Q \in \Theta(G-z)$ 表明 $z \notin Q$，这使得 $x$ 在 $S'$ 中还有另一个相邻顶点. 这样，$x$ 在 $X(G-v)$ 的 $w-1$ 个任意一个稳定集中均至少有 2 个相邻顶点，因此得到 $d(x) \geqslant 2w-2$. 在 $\overline{G}$ 中进行同样的讨论即可得到 $n-1-d(x)=|N_{\overline{G}}(x)| \geqslant 2\alpha-2$.

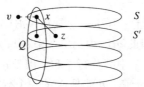

$\alpha$，$w$-可分图上关于顶点度的这些界是最优的，因为等号在环的幂上成立.

**8.1.43 定义**　在一个图中，如果删除一条边将使得独立数增加，则称该边是**临界的**. 对于一对不相邻的顶点，如果添加一条边把它们连接起来将会使得独立数增加，则称这一对顶点是**准-临界的**.

一些作者在他们的工作中含蓄地刻画了可分图中临界边的性质.

**8.1.44 定理**　对于可分图中的边 $xy$，下面的命题等价：

A)$xy$ 是临界边.

B)$S \cup \{x\} \in X(G-y)$.

C)$xy$ 属于 $\omega-1$ 个最大团.

**证明**   B⇒A. $S \cup \{x, y\}$ 是 $G-xy$ 中大小为 $\alpha+1$ 的稳定集.

A⇒C. 如果 $xy$ 是临界的,则有一个集合 $S$ 使得 $S \cup \{x\}$ 和 $S \cup \{y\}$ 均是 $G$ 中的最大稳定集.因此,包含 $x$ 但不包含 $y$ 的任意最大团均不与 $S \cup \{y\}$ 相交.由于有 $\omega$ 个包含 $x$ 的最大团,而与 $S \cup \{y\}$ 不相交的最大团却只有一个,其余的 $\omega-1$ 个包含 $x$ 的最大团必然也包含 $y$.

C⇒B. 在 $G-x$ 唯一的着色方案中,稳定集就是包含 $x$ 的那些团的配偶.由于 $xy$ 属于 $\omega-1$ 个最大团.这 $\omega-1$ 个团的配偶同时属于 $X(G-x)$ 和 $X(G-y)$.这使得图中仅剩下了 $a+1$ 个顶点,其中包含顶点 $x$、$y$ 和稳定集 $S$,并且 $S \cup \{y\} \in X(G-x)$ 和 $S \cup \{x\} \in X(G-y)$. ■

**8.1.45 推论**   设 $G$ 是一个可分图.如果边 $xy$ 不出现在任何最大团中,则 $G-xy$ 可分的.如果 $x$、$y$ 是未出现在任何最大稳定集中的不相邻顶点,则 $G+xy$ 是可分的.

**证明**   根据互补性,我们只需证明第一个命题.如果我们删掉未出现在任何最大团中的一条边,则由定理 8.1.44 得出它不是临界边,故我们有 $\omega(G-xy)=\omega(G)$ 和 $\alpha(G-xy)=\alpha(G)$.因为我们并没有破坏任何一个最大团也没有产生更大的稳定集,所以我们可以利用最优着色和 $G-u$ 的团划分来得出结论:$\chi(G-xy-u) \leqslant \omega$ 并且 $\theta(G-xy-u) \leqslant \alpha$.因此,由定理 8.1.35 可知,$G-xy$ 是可分的. ■

例 8.1.37 中的讨论表明,没有出现在任何最大团中的边是没有任何意义的"垃圾".引理 8.1.45 确保了"垃圾就是垃圾",环的幂这种可分图没有垃圾.

**强完美图猜想**

我们证明了可分图的一些性质,这是在"自顶向下"地处理 SPGC;这种方法试图找出足够的性质以使得 $p$-临界图只包含所有奇环和它们的补图,而将其他图均排除在 $p$-临界图之外.而"自底向上"的处理办法是证明 SPGC 在越来越大的图类中成立,直到这个越来越大的图类包含所有的图为止.

**8.1.46 定义**   $G$ 的一个**奇洞**和**奇反洞**分别是指 $G$ 的诱导子图 $C_{2k+1}$ 和 $\overline{C}_{2k+1}$(对于某个 $k \geqslant 2$).没有奇洞或者奇反洞的图是一个 **Berge 图**.

340

证明某个图类 $G$ 满足 SPGC 的一种方法是证明 $G$ 中的任意 Berge 图均是完美的.如果奇环及其补图是遗传图类 $G$ 中仅有的 $p$-临界图,则 $G$ 满足 SPGC.

SPGC 在下列几类图中均成立:可平面图(Tucker[1973])、环面图(Grinstead[1981])、满足 $\Delta(G) \leqslant 6$ 的图(Grinstead[1978])或满足 $\omega(G) \leqslant 3$ 的图(Tucker[1977]),以及各种通过禁止某些较小诱导子图来定义的图类(Meyniel[1976],Tucker[1977],Parthasarathy -Ravindra[1976,1979],Chvátal-Sbihi[1988],Olariu[1989],Sun[1991]).我们考虑三个图类.

**8.1.47 定义**   **圆弧图**是某个圆的一个圆弧集合对应的交图.一个**环图**是某个圆的一个弦集合对应的交图.**无爪图**(参见定义 1.3.22)是一个不以 $K_{1,3}$ 为诱导子图的图.

每个环既是环图也是圆弧图,但是二者中任何一个类均不包含另外一个类(习题 47).

在图类 $G$ 中证明 SPGC 的一种方法是证明 $G$ 中的任意可分图均属于另外一个图类 $H$,而在 $H$ 中 SPGC 是成立的.在这种证明方法中,我们常用 $\{C_n^d\}$ 类来扮演 $H$ 这个角色.

**8.1.48 定理**(Chvátal[1976])   SPGC 在环的幂中是成立的.特别地,图 $C_{aw+1}^{w-1}$ 是 $p$-临界的当且仅当 $w=2$ 或 $a=2$,这时 $C_{aw+1}^{w-1}$ 是一个奇洞或者是一个反洞.

**证明** 只需考虑可分图 $G=C_{aw+1}^{w-1}$. 当 $a=2$ 或 $w=2$ 时，它是 $p$-临界的，故可以假设 $a$, $w>2$. 设 $\{v_0, \cdots, v_{aw}\}$ 是所有顶点，并令 $S=\{v_{iw+1}, v_{(i+1)w}: 0\leqslant i\leqslant a-1\}$. 子图 $G[S]$ 是一个环，因为 $S$ 中前后相继的两个顶点的下标值相差 1 或 $w-1$（除了 $v_{aw}$ 和 $v_1$ 相差 2），不是前后相继的两个顶点的下标值最少相差 $w$. 为了找出诱导真子图 $C_{2a-1}$，我们在 $S$ 中用 $\{v_{(a-1)w+2}, v_0, v_{w-1}\}$ 代替 $\{v_{(a-1)w+1}, v_{aw}, v_1, v_w\}$. 我们断言，$G$ 不是 $p$-临界的. ■

**8.1.49 定理**（Tucker[1975]） SPGC 在圆弧图中是成立的.

**证明** 回忆一下，$N[v]$ 表示 $v$ 的闭邻域 $N(v)\bigcup\{v\}$（定义 3.1.29）. 如果 $G$ 是可分的而 $x$, $y$ 是其中两个不同的顶点，我们断言 $N[x]\nsubseteq N[y]$. 考虑 $\Theta(G-y)$ 中包含 $x$ 的团 $Q$；我们有 $Q\subseteq N[x]$. 如果 $N[y]$ 包含 $N[x]$，则 $Q\bigcup\{y\}$ 是大小为 $\omega(G)+1$ 的团.

现在，如果 $G$ 是可分的圆弧图，则只需证明 $G=C_n^{\omega(G)-1}$，因为 SPGC 对环的幂成立（定理 8.1.48）. 考虑该图的圆弧表示，假设这种表示方法将 $x\in V$ 表示为圆弧 $A_x$. 由于 $N[y]$ 不包含 $N[x]$，所以圆弧 $A_x$ 不会位于该表示中的另一段圆弧 $A_y$ 内. 如果任意一条圆弧均不包含另一条圆弧，则与 $A_x$ 相交的任意一条圆弧至少包含了 $A_x$ 的一个端点. 由于包含某点的所有圆弧对应的顶点诱导出一个团，因而包含 $A_x$ 的每个端点的圆弧至多还有 $\omega-1$ 条；因为定理 8.1.42 要求 $\delta(G)\geqslant 2\omega-2$，因此等号成立并且其他任意一条圆弧不可能同时包含 $A_x$ 的两个端点）.

341

任意给定圆上的一个点 $p$，令 $v_i$ 表示从 $p$ 开始沿圆的顺时针方向移动遇到的第 $i$ 条圆弧对应的顶点. 由于每条圆弧在其任意一个端点上恰好与另外 $\omega-1$ 条圆弧相交，故每个 $v_i$ 均与 $v_{i+1}, \cdots, v_{i+w-1}$（加法对 $n$ 取模）相邻. 所以，$G=C_n^{w-1}$. ■

SPGC 在无爪图中是成立的，但是这个结论的原始证明却异常复杂（Parthasarathy-Ravindra[1976]）. 对 $p$-临界图进行深入研究既可以简化这个证明也可以简化下一个定理的证明；这里，我们采用此方法.

**8.1.50 定理**（Giles-Trotter-Tucker[1984]） 如果可分图 $G$ 中有一个环是由一些临界边构成的，则删除不属于任意最大团的所有边之后得到的子图 $G'$ 是 $C_n^{w-1}$.

**证明**（Hartman[1995]） 假设 $G$ 是 $a$, $w$-可分的. 删除边不会影响任何稳定集的稳定性，删除不在任何最大团中的边也不会破坏任何最大团. 所以由 $G-x$ 的着色方案和团覆盖可以得到 $\chi(G'-x)\leqslant w$ 和 $\theta(G'-x)\leqslant a$（无论 $\alpha(G')>\alpha(G)$ 是否成立）. 根据定理 8.1.35，$G'$ 也是 $a$, $w$-可分图. 同时，对不同的 $x$ 讨论 $G'-x$ 的团覆盖，可以看到 $G'$ 是连通的.

下面，我们证明：如果 $G$ 有一条 $u$, $v$ 路径是由 $k$ 条临界边构成的，则 $u$ 和 $v$ 至少属于 $w-k$ 个公共的最大团. 我们在 $k$ 上用归纳法，定理 8.1.44 表明了基本步骤. 对 $k>1$ 的情况，如果 $y$ 是这样一条路径上位于 $v$ 之前的那个顶点，则归纳假设将 $u$ 和 $y$ 放到了 $w-k+1$ 个公共的最大团中. 由于 $y$ 恰属于 $\omega$ 个最大团（定理 8.1.39）且其中的 $\omega-1$ 个包含了 $v$（定理 8.1.44），同时包含 $u$ 和 $y$ 的这 $\omega-k+1$ 个最大团中最多只有一个不包含 $v$.

设 $C$ 是 $G$ 中由若干条临界边构成的一个环. 临界边均属于某些最大团，所以 $C$ 留在 $G'$ 中. 如前面所证，$G'$ 中构成一条路径的 $\omega$ 个顶点将诱导出 $G'$ 的一个最大团. 如果 $C$ 的长度超过了 $\omega$，这就得到了包含 $C$ 上给定顶点 $x$ 的 $\omega$ 个前后相继的最大团. 由定理 8.1.39 可知，这就是 $G$ 中包含 $x$ 的所有最大团，因而它们包含了 $G'$ 中与 $x$ 关联的所有边. 因此，$C$ 是 $G'$ 的一个连通分量，但 $G'$ 是连通的，故 $C$ 包含了 $G'$ 的所有顶点. 这说明 $G'$ 就是 $C_n^{w-1}$.

如果 $C$ 的长度最多是 $\omega$，则 $V(C)$ 本身就是一个团. 如果 $x\in V(C)$，则 $C-x$ 的顶点分别位于着

色 $X(G-x)$(其定义在定理 8.1.39 中)的不同稳定集中. 令 $x_0$,$\cdots$,$x_k$ 是将 $C$ 的顶点依次列出来得到的序列. 令 $S_1$,$\cdots$,$S_k$ 是 $G-V(C)$ 中的稳定集,它们满足 $S_i\cup\{x_i\}\in X(G-x_0)$. 因为 $x_ix_{i+1}$ 是一条临界边,$x_i$ 和 $x_{i+1}$ 属于 $\omega-1$ 个公共的最大团中(定理 8.1.44);进而由定理 8.1.41 可知,着色 $X(G-x_i)$ 和 $X(G-x_{i+1})$ 有 $\omega-1$ 个公共的稳定集,其余稳定集的区别仅仅在于是包含 $x_i$ 还是包含 $x_{i+1}$. 因此,$X(G-x_1)$ 包含 $S_i\cup\{x_i\}$ 对 $i\geqslant2$ 成立,并且它还包含 $S_1\cup\{x_0\}$.

沿着 $C$ 上的边继续行进并不断进行上面这种替换,我们发现:$X(G-x_k)$ 包含 $S_i\cup\{x_{i-1}\}$ 对 $1\leqslant i\leqslant k$ 均成立. 再行进一步回到 $x_0$,我们发现:$X(G-x_0)$ 包含 $S_i\cup\{x_{i-1}\}$ 对 $2\leqslant i\leqslant k$ 均成立并且它还包含 $S_1\cup\{x_k\}$. 由于 $k\geqslant2$ 且 $\alpha\geqslant2$,这些集合与 $X(G-x_0)$ 中最初包含的集合不同. 由于 $X(G-x_0)$ 的着色方案是唯一的,因此这即得到一个矛盾,因而 $n(C)<\omega$ 这种情况根本不会出现. ■

342

**8.1.51 定理**(Chvátal[1976])  如果 $G$ 是 $p$-临界图并且删除 $G$ 中不属于任何最大团的边之后得到的生成子图 $G'$ 是环的幂 $C_n^d$,则 $G$ 是一个奇洞或者是一个奇反洞(进而 $G=G'$).

**证明**  $p$-临界图均是可分的. $G$ 中的稳定集和最大团也是 $G'$ 中的稳定集和团. 由定理 8.1.35,我们再次知道:$G'$ 是可分的且 $\alpha(G')=\alpha(G)=a$ 和 $\omega(G')=\omega(G)=w$ 均成立. 因此,$G'=C_{aw+1}^{w-1}$. 我们对顶点适当编号可以使得 $G'$(和 $G$)的最大团包含 $w$ 个前后相继的顶点(这里,前后相继要以循环顺序来理解),而最大稳定集均形如 $\{v_{i+jw}:1\leqslant j\leqslant a\}$(顶点的编号均要对 $aw+1$ 取模). 特别地,由 $w$ 的一个倍数分离出来的顶点 $v_0$,$\cdots$,$v_{aw}$ 在 $G'$ 和 $G$ 中均是互不相邻的.

如果 $G'=G$,则定理 8.1.48 表明 $G$ 是一个奇洞或者是一个奇反洞. 如果 $G'\neq G$,则 $a$,$w>2$,否则删除一条边将会使最大稳定集的数量增大,或者会使最大团的数量减小.

对于 $a$,$w\geqslant3$,我们给出 $G$ 的一个非完美的诱导真子图 $H$($G'$ 中由定理 8.1.48 得出的诱导奇环可能在 $G$ 中存在弦). 令 $S=\{v_{aw},v_1,v_w,v_{w+2}\}\cup\{v_{iw+1}:2\leqslant i\leqslant a-1\}$,并令 $T=\{v_{(a-1)w+1},v_{aw},v_1,v_w\}\cup\{v_{w+i}:2\leqslant i\leqslant w-1\}$. 集合 $S$ 和 $T$ 的大小分别为 $a+2$ 和 $w+2$ 并且在 $a$,$w\geqslant3$ 时这两个集合恰有 5 个公共顶点 $\{v_{(a-1)w+1},v_{aw},v_1,v_w,v_{w+2}\}$. 进而,$S$ 与 $G'$(因而也与 $G$)的任意最大团相交,而 $T$ 与 $G'$(因而也与 $G$)的任意最大稳定集相交(习题49). 令 $H=G-(S\cup T)$,这就得到 $\alpha(H)=a-1$ 和 $\omega(H)=w-1$. 现在,非完美性可以由下式得出:

$$n(H)\geqslant n(G)-(a+w+4-5)>(a-1)(w-1).$$  ■

**8.1.52 推论**(Giles-Trotter-Tucker[1984])  如果 $G$ 是 $p$-临界图并且对于每个 $v\in V(G)$,则最小着色 $X(G-v)$(至少)有两个集合,其中每一个集合恰好包含 $v$ 的一个相邻顶点,则 $G$ 是一个奇洞或者是一个奇反洞.

**证明**  如果 $X(G-v)$ 中的某个集合恰有 $v$ 的一个相邻顶点 $u$,则边 $uv$ 是临界的. 所以,假设条件表明:由所有临界边构成的子图的最小度为 2,从而包含了一个环. 由定理 8.1.50 可知,将不属于任何最大团的边删除之后得到的子图 $G'$ 是 $C_n^{w-1}$. 由定理 8.1.51 可知,$G$ 是一个奇洞或者是一个奇反洞. ■

**8.1.53 推论**(Parthasarathy-Ravindra[1976])  SPGC 在 $K_{1,3}$-无关的图中是成立的.

**证明**(Giles-Trotter-Tucker[1984])  设 $G$ 是 $K_{1,3}$-无关的一个 $p$-临界图. 对于任意 $v\in V(G)$,$N(v)$ 诱导得到一个完美子图使其没有大小为 3 的稳定集. 这意味着 $N(v)$ 可以由两个团覆盖,进而说明 $d(v)\leqslant2\omega(G)-2$. 在 $X(G-v)$ 的 $\omega(G)$ 个稳定集中,任何一个均包含 $v$ 的一个相邻顶点,否则将 $v$ 添加进去将得到一个更大的稳定集. 由于 $d(v)\leqslant2\omega(G)-2$,这些集合中至少有两个恰好包含 $v$ 的一个相邻顶点. 因此,$G$ 满足引理 8.1.52 的假设条件,于是 $G$ 是一个奇洞或者是一个奇反洞. ■

343

引理 8.1.53 还可以得出：SPGC 在环图中是成立的(习题 50). SPGC 是否在一般的图中也成立仍然在讨论中，但是有一个介于 SPGC 和 PCT 之间的结论是已知的(这个结论可以立刻由 SPGC 导出，并且立刻导出 PGT). Chvátal 曾猜想：如果 $G$ 和 $H$ 有同样的顶点集并且诱导出 $P_4$ 的所有顶点四元组均相同，则 $G$ 是完美的当且仅当 $H$ 是完美的. Reed[1987] 证明了上述猜想，人们将它称为"半 -强完美图定理".

## 习题

8.1.1   (一)在奇环 $C_{2k+1}$ 的补图中计算 $\chi(G)$ 和 $\omega(G)$.

8.1.2   (一)找出满足 $\chi(G)=\omega(G)$ 的最小非完全图 $G$.

8.1.3   (!)$P_4$-无关的图也称作**余图**，它表示"补图可约". 一个图是**补图可约的**，如果不断地对它的各个连通分量取补可以将它归约为一个空图.

   a)证明：图 $G$ 是 $P_4$-无关的当且仅当它是补图可约的.

   b)利用(a)和完美图定理证明：任意 $P_4$-无关的图均是完美的. (Seinsche[1974])

8.1.4   **团鉴定法**. 假设 $G=G_1 \bigcup G_2$，其中 $G_1 \bigcap G_2$ 是一个团并且 $G_1$ 和 $G_2$ 均是完美的. 不使用星形-割集引理，证明：$G$ 是完美的.

8.1.5   找出一个有星形-割集的非完美图 $G$，使得 $G$ 中所有 $C$-瓣均是完美图(注：这样的话，所有星形-割集的完美性并不能保证图的完美性，尽管任意 $p$-临界图都没有星形-割集).

8.1.6   令 $G$ 是若干个完全图的笛卡儿积，证明 $\alpha(G)=\theta(G)$. 证明 $K_2 \square K_2 \square K_3$ 不是完美图.

8.1.7   证明：$C_5 \vee K_1$ 是唯一一个具有 6 个顶点的颜色-临界 4-色图.

8.1.8   (+)证明：$G$ 是一个奇环当且仅当 $\alpha(G)=(n(G)-1)/2$ 和 $\alpha(G-u-v)=\alpha(G)$ 对于任意 $u$，$v \in V(G)$ 成立. (Melnikov-Vizing[1971]，Greenwell[1978])

8.1.9   令 $v_1$，$\cdots$，$v_n$ 是图 $G$ 的一个单纯删除顺序，并令 $Q(v_i)=\{v_j \in N(v_i)\colon j>i\}$. 注意，根据单纯删除顺序将 $v_i$ 删除时，$v_i$ 的相邻顶点构成的团恰好是 $Q(v_i)$. 令 $S=\{y_1$，$\cdots$，$y_k\}$ 是根据贪心策略从序列 $v_1$，$\cdots$，$v_n$ 中选取的稳定集；也就是说，$y_1=v_1$，然后在序列中删除 $N(y_1)$；重复上述过程，每一步都将剩下的标号最小的顶点 $x$ 添加到稳定集中并删除 $Q(x)$ 中的其他顶点.

   a)证明:将贪心着色算法应用到单纯构造顺序 $v_n, \cdots, v_1$ 上将得到一个最优着色且 $\omega(G)=1+\max \sum_{x \in V(G)} |Q(x)|$. (Fulkerson-Gross[1965])

   b)证明：$S$ 是一个最大稳定集，并且集合 $\{y_i\} \bigcup Q(y_i)$ 构成一个最小团覆盖. (Gavril[1972])

8.1.10   在 MCS 算法中添加一个测试步骤以检验最后得到的顶点顺序是不是单纯删除顺序. (Tarjan-Yannakakis[1984])

344 8.1.11   不使用单纯删除顺序，直接证明：树的一族子树对应的交图没有无弦环.

8.1.12   (一)证明：每个图均是某个图的一族子树对应的交图.

8.1.13   证明：任意弦图均可以找到一棵最大度为 3 的树，使得该弦图可以表示成这棵树的一些子树的交图.

8.1.14   令 $Q$ 是连通弦图 $G$ 的一个最大团. 对任意 $x \in V(G)$，证明 $Q$ 有两个点，它们到 $x$ 的距离是不同的. (Voloshin[1982])

8.1.15   图的子树的交图. 图的一个**孪生定向**是一个定向，其中有公共后继的顶点均是相邻的.

a)(一)证明：一个图是弦图当且仅当它有一个孪生定向.

b)(一)找出一个没有孪生定向的图.

c)图的一个子树族是有根的,如果所有的子树均可以指定一个根顶点使得两棵子树相交当
且仅当两个根顶点中至少有一个顶点同时属于这两个子树.证明:$G$ 有孪生定向当且仅
当 $G$ 是某个图的一个有根子树族的交图.(Gavril-Urrutia[1994])

8.1.16 (!)证明：简单图 $G$ 是一个森林当且仅当由 $G$ 中两两相交的路径构成的任意集族均有一个
公共顶点(提示：对于充分性,对集族中的路径数作归纳).

8.1.17 (!)用禁用子图刻画分裂图的子图的特征.如果一个图的所有顶点可以划分成一个团和一
个稳定集,则称该图是一个**分裂图**.

a)证明：如果 $G$ 是一个分裂图,则 $G$ 和 $\bar{G}$ 均是弦图.由此得出如下结果：如果 $G$ 和 $\bar{G}$ 都
是弦图,则 $G$ 没有诱导子图位于 $\{C_4, 2K_2, C_5\}$ 中.

b)证明：如果图 $G$ 没有位于 $\{C_4, 2K_2, C_5\}$ 中的诱导子图,则 $G$ 是分裂图.(提示：在大小
达到最大值的团中,令 $Q$ 是使得 $G-Q$ 的边数达到最小值的一个团.利用对 $Q$ 的选择方
法和禁用图条件,证明：$G-Q$ 是一个稳定集).(Hammer-Simeone[1981])

8.1.18 令 $d_1 \geqslant \cdots \geqslant d_n$ 是简单图 $G$ 的度序列,$m$ 是满足 $d_k \geqslant k-1$ 的最大 $k$ 值.证明:$G$ 是分裂图当
且仅当 $\sum_{i=1}^{m} d_i = m(m-1) + \sum_{i=m+1}^{n} d_i$(注:同习题 3.3.28 比较).(Hammer-Simeone[1981])

8.1.19 (一)确定哪些树是分裂图,构造有相同度序列的两个不同构的分裂图.

8.1.20 在 $k$-团中进行 0 次或多次如下操作之后得到的图称为 $k$-**树**：每次添加一个新顶点使得新添
加的顶点与原图中的一个 $k$-团邻接.证明：$G$ 是一个 $k$-树当且仅当 $G$ 满足下面的条件：
1)$G$ 是连通的.
2)$G$ 有 $k$-团但没有 $k+2$-团.
3)$G$ 的任意极小分离子均是一个 $k$-团.

8.1.21 设 $G$ 是一个 $n$-顶点弦图,且其中不存在阶为 $k+2$ 的团.证明：$e(G) \leqslant kn - \binom{k+1}{2}$,且等
号成立当且仅当 $G$ 是 $k$-树.

8.1.22 (+)以如下方式推广定理 2.2.3(Cayley 公式),即证明：顶点集为 $[n]$ 的 $k$-树有 $\binom{n}{k}$
$[k(n-k)+1]^{n-k-2}$ 个(提示：将有根树的 Prüfer 编码推广,使之生成一个有 $n-1$ 个元素的
序列但不删除根.在 $k$-树中,恰属于一个 $k+1$-团的顶点是叶子.一个 $k$-树可以用任何 $k$-
团作为根来得到.在有固定根的 $k$-树中,我们生成的序列有若干 0 符号和一些序对 $ij$,其
中 $i$ 取自某个 $k$ 元集而 $j$ 取自某个 $n-k$ 元集合).(Greene-Iba[1975];其他证明方法出现
在 Beineke-Pippert[1969],Moon[1969]中)

345

8.1.23 假设 $G$ 是满足 $\omega(G)=r$ 的一个弦图.证明：$G$ 最多有 $\binom{r}{j} + \binom{r-1}{j-1}(n-r)$ 个大小为 $j$ 的团,
等号(对所有 $j$ 同时)成立当且仅当 $G$ 是一个 $r-1$-树.

8.1.24 实数轴的 Helly 性质.设 $I_1, \cdots, I_k$ 是两两相交的实区间.证明：$I_1, \cdots, I_k$ 有公共点.

8.1.25 直接证明：一棵树是一个区间图当且仅当它是毛虫形(即一棵树,其中有一条路径包含了
所有边的至少一个端点).

8.1.26 (!)设 $G$ 是区间图. 证明: $\overline{G}$ 是相容图且 $G$ 是弦图(提示: 构造一个单纯删除顺序).

8.1.27 证明: 图 $G$ 有一个区间表示当且仅当 $G$ 的团-顶点关联矩阵具有连续 1 性质.

8.1.28 证明: $G$ 是区间图当且仅当 $G$ 的顶点可以排序为 $v_1, \cdots, v_n$ 使得 $v_i \leftrightarrow v_k$ 蕴涵 $v_j \leftrightarrow v_k$ 对任意 $i < j < k$ 均成立.

8.1.29 图中的一个**星状三元组**是由顶点构成的一个三元组 $x$、$y$、$z$, 其中任意两个顶点之间均有一条路径避开了第三个顶点的邻域. 证明: 线图中不会出现星状三元组(注: 线图恰好是没有星状三元组的弦图). (Lekkerkerker-Boland[1962])

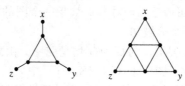

8.1.30 一天, 有 6 位教授到图书馆阅览; 恰好在这一天, 一本珍贵的书被盗了. 这 6 人中每个人进入图书馆一次, 待了一段时间, 然后离开. 只要他们中的两人同时在图书馆中, 则其中至少有一人看见了另外一人. 侦探审问这些教授, 搜集到了下面的证词:

| 教授 | 声明看见的人 |
|---|---|
| Abe | Burt, Eddie |
| Burt | Abe, Ida |
| Charlotte | Desmond, Ida |
| Desmond | Abe, Ida |
| Eddie | Burt, Charlotte |
| Ida | Charlotte, Eddie |

在这种情况下, "说谎"仅仅提供了额外的假信息却不删除真实信息本身. 假设犯人会尽量通过撒谎去陷害其他嫌疑人. 如果只有一位教授撒了谎, 他是谁呢? (Golumbic[1980, p20])

8.1.31 (+)证明: $G$ 是一个单位区间图(可以用同样长度的区间来表示)当且仅当 $A(G)+I$ 有连续 1 性质. (Roberts[1968])

8.1.32 (+)证明: $G$ 是真区间图(可以用区间给出一个表示使得没有一个区间真包含另一个区间)当且仅当 $G$ 的团-顶点相关矩阵的行和列均有连续 1 性质. (Fishburn[1985])

8.1.33 (−)证明: 任意 $P_4$-无关的图是 Meyniel 图.

8.1.34 (!)证明: 任意弦图均是 $o$-三角剖分.

8.1.35 在没有长度大于等于 5 的诱导奇环的一个图中, $C$ 是一个奇环. 证明: $V(C)$ 有三个两两相邻的顶点使得 $C$ 中连接它们的路径都具有奇数长度.

8.1.36 (+)证明下面的条件等价:

A) 长度至少为 5 的任意奇环有一对相交的弦.

B) 对任意顶点对 $x, y \in V(G)$, 所有无弦 $x, y$-路径要么全具有奇数长度, 要么全具有偶数长度.

(提示: 对于 A⇒B, 在长度的奇偶性相反的 $x, y$-路径对中, 考虑长度之和最小的一对路径 $P_1, P_2$.) (Burlet-Uhry[1984])

8.1.37  证明:任意完美有序图是强完美的(提示:利用引理 8.1.25).(Chvátal[1984])

8.1.38  (!)证明:下面的图是强完美的但不是完美有序的.

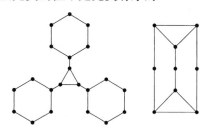

8.1.39  (—)证明:上面左侧的图是 Meyniel 图但不是完美有序图.证明:图 $\overline{P}_5$ 是完美有序图但不是 Meyniel 图.

8.1.40  (!)**弱弦图**.

a)证明:任意弦图均是弱弦图.

b)证明:下图是弱弦图但并非强完美图.

8.1.41  (—)$G$ 的**偏斜划分**是把 $V(G)$ 划分成两个非空集合 $X$,$Y$,使得 $G[X]$ 不连通且 $\overline{G}[Y]$ 也不连通.Chvátal[1985b]曾猜想:任意最小非完美图都没有偏斜划分.证明这个猜想蕴涵了星形-割集引理并且蕴涵在 SPGC 中.

8.1.42  证明:例 8.1.37 中的 10-顶点图是 3,3-可分的.(Chvátal-Graham-Perold-Whitesides[1979])

8.1.43  (—)令 $x$ 和 $v$ 是可分图 $G$ 的顶点.证明:如果 $x \nleftrightarrow v$,则包含 $x$ 的任意最大团均由如下方式构成:先对包含 $v$ 的所有团求配偶,这些配偶均是稳定集,再从这些稳定集中各取一个顶点.当 $x \leftrightarrow v$ 时,给出上述命题的补命题.(Buckingham-Golumbic[1983])  [347]

8.1.44  (+)证明:任意 $p$-临界图均没有**反孪生顶点对**(反孪生顶点对指的是一对顶点,这两个顶点之外的其他顶点均恰好与这两个顶点之一相邻)(提示:给定一个有反孪生顶点对 $\{x, y\}$ 的 $p$-临界图 $G$,令 $S$ 为 $G-x$ 的唯一最优着色中包含 $y$ 的稳定集.子图 $G-x-S$ 是可 $\omega-1$-着色的,在其顶点中找出一个位于 $N(x)$ 中的 $\omega-1$-团使得这个团不包含 $N(y)$ 中的顶点.类似地,在 $N(y)$ 中找出一个稳定集使得它不包含 $N(x)$ 中的顶点.现在,构造一个诱导 5-环)(注意:例 8.1.37 中的可分图有反孪生顶点对).(Olariu[1988])

8.1.45  如果任意一条无弦 $x$,$y$-路径的长度(边的条数)均为偶数,则称顶点 $x$,$y$ 构成一个**偶对**.**孪生顶点对**(具有相同邻域的一对非相邻顶点)是一种特殊情况.

a)假设 $S_1$,$S_2$ 是可分图 $G$ 的最大稳定集.证明:$G$ 中由 $S_1$ 和 $S_2$ 的对称差诱导的子图是连通的.(Bland-Huang-Trotter[1979])

b)利用 a,证明:任意 $p$-临界图没有偶对(注:因此任意 $p$-临界图没有孪生顶点对,这就再次证明了顶点复制保持完美性).(Meyniel[1987],Bertschi-Reed[1988])

8.1.46  设 $G$ 为可分图,令 $S_1$,$S_2$ 是 $G-x$ 的最优着色中的稳定集.利用前一个问题中的 a,证明:$G$ 中由 $S_1 \cup S_2 \cup \{x\}$ 诱导的子图是 2 连通的.(Buckingham-Golumbic[1983])

8.1.47  证明：下面有一个图是环图但不是圆弧图，而另一个图是圆弧图但不是环图．

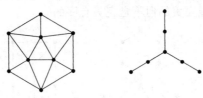

8.1.48  (!)在 $K_{1,3}$ 中添加一条边得到的仍是一个 4-顶点图，将它记为 $K_{1,3}+e$．用 Meyniel 图的完美性证明：$K_{1,3}+e$-无关的图满足 SPGC．(Meyniel[1976])

8.1.49  设 $G=C_{aw+1}^{w-1}$，$S=\{v_{aw},\ v_1,\ v_w,\ v_{w+2}\}\bigcup\{v_{iw+1}:2\leqslant i\leqslant a-1\}$，$T=\{v_{(a-1)w+1},\ v_{aw},\ v_1,\ v_w\}\bigcup\{v_{w+i}:2\leqslant i\leqslant w-1\}$．证明：$S$ 与 $G$ 的任意最大团相交而 $T$ 与 $G$ 的任意最大稳定集相交(Chvátal[1976])．

8.1.50  (!)环图的 SPGC．(Buckingham-Golumbic[1983])

　　a)利用引理 8.1.28，证明：如果 $x$ 是可分图 $G$ 的顶点，则 $G-N[x]$ 是连通的，其中 $N[x]=N(x)\bigcup\{x\}$．

　　b)利用(a)证明：可分环图是 $K_{1,3}$-无关的．

　　c)由(b)和推论 8.1.53 得出结论：SPGC 对环图成立．

## 8.2  拟阵

　　图论中的很多结果在拟阵理论中得到了扩展或简化．这些结果包括最小生成树的贪心算法，二部图中最大匹配和最小覆盖之间的强对偶关系以及平面图与其对偶之间的几何对偶关系．

　　拟阵出现于很多内容中，但其丰富的组合结构性质却是很特殊的情况．如果图论中的结果被推广到拟阵中，则它往往也可以在其他特殊情况中得到解释．关于图的几个较难的定理均可以利用拟阵找到简单的证明．

　　Whitney[1935]引入拟阵来研究图的平面性和代数性质，MacLane[1936]用它来研究几何格，van der Waerden[1937]用它来研究向量空间的独立性．拟阵的绝大部分研究都集中在这几个方面．这里，我们重点研究拟阵在图中的应用．

**遗传系统和示例**

　　在数学中，我们经常研究避免产生冲突的集合；通常我们称这种性质为"独立性"．这个概念的内涵是独立集的子集仍是独立的，且空集也是独立的．

　　**8.2.1 例**(由边构成的无环集)  设 $E$ 是 $G$ 的边集，令 $X\subseteq E$ 是"独立的"，如果它不包含环．每个独立集的任意子集仍是独立的，且空集也是独立的．环均是极小的非独立集．

　　考虑风筝形 $K_4-e$，它有 5 条边．由于这个图的生成树有 3 条边，边数大于 3 的任意集合均不是独立的．同时，由其中三角形构成的集合也不是独立的．这样，在 $E$ 的所有子集中，有 8 个非独立集和 24 个独立集，其中有 3 个极小非独立集(即环)和 8 个极大独立集(即生成树)．■

　　**8.2.2 定义**  一个**遗传族**或者一个**理想**是由若干个集合构成一个集族 $F$，且 $F$ 中任意集合的子集也属于 $F$．$E$ 上的一个**遗传系统** $M$ 包含由 $E$ 的若干个子集构成的非空理想 $I_M$ 和构造该理想的各种方法，这些构造方法称为 $M$ 的要素．

　　$I_M$ 的元素称为 $M$ 的**独立集**．$E$ 的其他子集都是**非独立的**(这些子集构成集族 $D_M$)．**基**指的是极大独立集，**回路**指的是极小非独立集；$B_M$ 和 $C_M$ 分别表示 $E$ 的这两个子集族.

$E$ 的子集的**秩**指的是其中独立集大小的最大值. **秩函数** $r_M$ 定义为 $r(X)=\max\{|Y|: Y\subseteq X,$ $Y\in \boldsymbol{I}\}$.

**8.2.3 例**（遗传系统） 将超立方体 $Q_n$ 的每个顶点 $a=\{a_1, \cdots, a_n\}$ 用 $X_a=\{i: a_i=1\}$ 做标记. 将 $Q_n$ 画在平面上使得各个顶点的纵坐标按其标签集的大小有序.

下图显示了遗传系统中独立集、基、回路和非独立集之间的关系. 基是集族 $\boldsymbol{I}$ 中的极大元素，回路是不属于 $\boldsymbol{I}$ 的极小元素. 在任意遗传系统中，$\varnothing$ 属于 $\boldsymbol{I}$. 如果每个集合均是独立的，则不存在回路，但必然至少存在一个基.

在右侧给出的例子中，独立集是由图中的 3 条边构成的无环边集. 仅有的非独立集是 $\{1, 2\}$ 和 $\{1, 2, 3\}$，仅有的回路是 $\{1, 2\}$，基是 $\{1, 3\}$ 和 $\{2, 3\}$. 独立集的秩指的是它的大小. 对于非独立集，我们有 $r(\{1, 2\})=1$ 和 $r(\{1, 2, 3\})=2$.

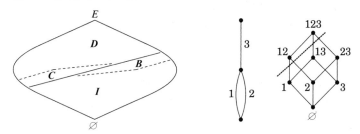

**8.2.4 注记**（遗传系统的要素） 遗传系统 $M$ 由 $\boldsymbol{I}_M$，$\boldsymbol{B}_M$，$\boldsymbol{C}_M$，$r_M$ 等因素中的任何一个确定，因为每个要素均确定了其他要素. 我们已经用 $\boldsymbol{I}_M$ 表述了 $\boldsymbol{B}_M$，$\boldsymbol{C}_M$，$r_M$. 反之，如果我们已知 $\boldsymbol{B}_M$，则 $\boldsymbol{I}_M$ 由含于 $\boldsymbol{B}_M$ 的各个元素中集合构成；如果已知 $\boldsymbol{C}_M$，则 $\boldsymbol{I}_M$ 由不包含 $\boldsymbol{C}_M$ 中任何元素的集合构成；如果已知 $r_M$，则 $\boldsymbol{I}_M=\{X\subseteq E: r_M(X)=|X|\}$. ■

遗传系统过于宽泛，它没有很好的性质. 我们将注意力集中在有另一个性质的遗传系统上，这就是我们所谓的拟阵. 我们可以将 $\boldsymbol{I}_M$ 上的任何一个约束翻译为遗传系统中其他要素上的约束. 由于遗传系统可以由很多要素来定义，故我们对拟阵有很多等价的定义. 有很多例子表明了定义拟阵的不同动机，我们在这里描述拟阵的几个性质，它们从不同角度刻画了拟阵. 然后，我们将证明这些特征刻画是等价的，下面从图中的一些基本例子开始.

**8.2.5 定义** 图 $G$ 的一个**环拟阵** $M(G)$ 是 $E(G)$ 上的一个遗传系统，其回路是 $G$ 中的环. 一个遗传系统，如果它是某个图 $G$ 的环拟阵 $M(G)$，则称之为**可图解拟阵**.

**8.2.6 例**（环拟阵的基） 环拟阵 $M(G)$ 的基是 $G$ 中极大森林的边集. 任意极大森林包含每个连通分量的一棵最小生成树，因此所有极大森林有相同的边数. 考虑满足 $e\in B_1-B_2$ 的基 $B_1$，$B_2\in \boldsymbol{B}$. 从 $B_1$ 中删除 $e$ 将使得 $B_1$ 的某个连通分量不连通；由于 $B_2$ 包含了 $G$ 中相应连通分量的生成树，某条边 $f\in B_2-B_1$ 可以添加到 $B_1-e$ 中，使得该连通分量重新称为连通的.

对于遗传系统 $M$，**基可交换性**指的是：如果 $B_1$，$B_2\in \boldsymbol{B}_M$，则对任意 $e\in B_1-B_2$ 均存在 $f\in B_2-B_1$ 使得 $B_1-e+f\in \boldsymbol{B}_M$. 拟阵就是满足基可交换性的遗传系统. ■

**8.2.7 注记** 在讨论拟阵的时候，我们经常要在一个集合中将某个元素包含进来或者将某个元素删除. 为对称和简单起见，我们用符号 ＋ 和 － 分别表示 ∪ 和 －，并在书写单元素集合时将括号省略掉. ■

**8.2.8 例**(环拟阵的秩函数)  设 $G$ 是一个 $n$-顶点图. 对于 $X\subseteq E(G)$,令 $G_X$ 表示边集为 $X$ 的 $G$ 的生成子图. 在 $M(G)$ 中,$X$ 的一个独立子集是 $G_X$ 中一个森林的边集. 如果 $G_X$ 有 $k$ 个连通分量,则其边数的最大值为 $n-k$. 因此,$r(X)=n-k$. 在下图中,我们给出 $X$(粗体边和实线边)中的一个森林 $Y$(粗体边).

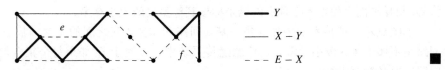

如果 $r(X+e)=r(X)$ 对某 $e\in E-X$ 成立,则 $e$ 的顶点位于 $G_X$ 的一个连通分量中;添加 $e$ 不会合并任意两个连通分量. 如果我们增加两条这样的边,则仍不能合并任何连通分量. 因此,$r(X)=r(X+e)=r(X+f)$ 蕴涵 $r(X)=r(X+e+f)$.

对 $E$ 上的一个遗传系统 $M$,**(弱)吸收性**是指:如果 $X\subseteq E$ 且 $e$,$f\in E$,则 $r(X)=r(X+e)=r(X+f)$ 蕴涵 $r(X+e+f)=r(X)$. 拟阵是满足吸收性的遗传系统(这个名字是由 A. Kézdy 引入的).

图可能有圈和重边. 在环拟阵中,圈和重边导致了大小为 1 和 2 的回路,我们在遗传系统中广泛使用这些术语.

**8.2.9 定义**  在遗传系统中,**圈**指的是一个元素,它形成大小为 1 的回路. **并行元素**指的是两个不同的元素,它们构成一个大小为 2 的回路. 如果一个遗传系统没有圈和并行元素,则称它是**简单的**.

**8.2.10 定义**  向量空间中,向量集合 $E$ 的**向量拟阵**是一个遗传系统,其独立集是 $E$ 中线性无关的向量集. 可以用上述方法表达的拟阵称为**线性拟阵**(或者**可表达拟阵**). 矩阵 $A$ 的**列拟阵** $M(A)$ 是定义在其所有列上的向量矩阵.

351

**8.2.11 例**(向量拟阵的回路)  集合 $E$ 可以有重复的向量,这些重复的向量将成为拟阵中的并行元素. 回路是满足 $\sum c_i x_i=0$(其中,系数不全为 0)的极小集合 $\{x_1,\cdots,x_k\}\subseteq E$,极小性要求 $c_i\neq 0$ 对所有 $c_i$ 成立.

令 $C_1$,$C_2$ 是包含 $x$ 的两个不同回路. 利用 $C_1$ 和 $C_2$ 中顶点的线性依赖关系,可以把 $x$ 分别写作 $C_1-x$ 中顶点的线性组合和 $C_2-x$ 中顶点的线性组合. 把这两个表达式用等号连接起来,可以看到 $C_1\cup C_2-x$ 的非独立性. 因此,$C_1\cup C_2-x$ 中含有回路.

对于 $E$ 上的遗传系统 $M$,**(弱)消除性质**指的是:只要 $C_1$,$C_2$ 是两个不同的回路并且 $x\in C_1\cap C_2$,则必有 $\boldsymbol{C}_M$ 的另一个成员含于 $C_1\cup C_2-x$ 中. 拟阵是满足弱消除性的遗传系统.

对于下面的矩阵,其列拟阵也是环拟阵 $M(K_4-e)$.

$$\begin{bmatrix} 0 & 0 & 0 & 1 & 1 \\ 0 & 1 & 1 & 0 & 1 \\ 1 & 1 & 0 & 0 & 0 \end{bmatrix}$$

**8.2.12 定义**  由并集为 $E$ 的集合 $A_1$,$\cdots$,$A_m$ 诱导的**横截拟阵**是 $E$ 上的一个传递系统,其独立集是 $\{A_1,\cdots,A_m\}$ 的子集的相异代表系. 等价的说法是,令 $G$ 是一个 $E$,$[m]$-二部图,其中 $e\leftrightarrow i$ 当且仅当 $e\in A_i$,独立集是被 $G$ 的匹配浸润的 $E$ 的子集.

**8.2.13 例**(横截拟阵的独立集)  如果 $M$,$M'$ 是 $G$ 中的匹配且 $|M'|>|M|$,则对称差 $M\triangle M'$ 包含一条 $M$-增广路径 $P$(定理 3.1.10). 用 $M'\cap P$ 取代 $M\cap P$ 即得到一个大小为 $|M|+1$ 的匹配,它既浸润了 $M$ 中所有的顶点又浸润了 $P$ 的端点.

在 $A_1$，$\cdots$，$A_m$ 生成的横截拟阵中，考虑独立集 $I_1$，$I_2$. 在相应的二部图中，令 $M_1$，$M_2$ 分别为浸润 $I_1$，$I_2$ 的匹配（如下面左侧的图所示，$M_1$ 用实线表示，$M_2$ 用虚线表示）. 如果 $|I_2| > |I_1|$，则在 $M_1$ 中添加一条位于 $M_2 \triangle M_1$ 的 $M_1$-增广路径之后得到另一个匹配，该匹配除浸润了 $I_1$ 之外还浸润了一个元素 $e \in I_2 - I_1$；这即"扩充"了 $I_1$ ⊖.

对于 $E$ 上的一个遗传系统，**扩展性**指的是：对于满足 $|I_2| > |I_1|$ 的不同 $I_1$，$I_2 \in \mathbf{I}$，存在 $e \in I_2 - I_1$ 使得 $I_1 \bigcup \{e\} \in \mathbf{I}$. 从而拟阵是满足扩展性的遗传系统.

下面右侧的图给出了集族 $\mathbf{A} = \{\{1, 2\}, \{2, 3, 4\}, \{4, 5\}\}$ 的横截拟阵，这是以二部图的形式给出的，同时再次说明它也是 $M(K_4 - e)$.

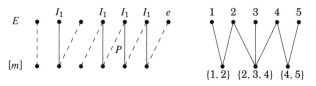

352

"横截拟阵"这个名字源于相异代表系中对"横截"这个词的使用. $\{A_1$，$\cdots$，$A_m\}$ 的一个子集的相异代表系是整个集族的一个**部分横截**. 对于 $\bigcup A_i$ 上横截拟阵，其独立集是 $\{A_1$，$\cdots$，$A_m\}$ 的部分横截. 这些部分横截构成拟阵，这一点被 Edmonds，Fulkerson[1965] 和 Mirsky，Perfect[1967] 独立发现，后者把结果扩展到无穷集合上.

任意拟阵必然满足拟阵的所有性质. 一旦我们证明出上面定义的性质在遗传系统中是等价的，则我们只需验证其中一个就可以使用所有的性质. 我们首先验证这些性质在环拟阵中均成立.

**8.2.14 例**（环拟阵的扩展性）    考虑 $I_1$，$I_2 \in \mathbf{I}_{M(G)}$. 同例 8.2.8 一样，$G_{I_1}$ 的生成子图中有 $k = n - |I_1|$ 个连通分量，而它的最大森林有 $n - k = |I_1|$ 条边. 因此，森林 $I_2$ 有某条边使得其端点位于 $G_{I_1}$ 的两个连通分量中. 这条边可以添加到 $I_1$ 中形成一个更大的独立集. 故扩展性成立.

**8.2.15 例**（环拟阵的弱消除性）    $M(G)$ 的回路是 $G$ 中环的边集. 环的每个顶点均有偶数度. 如果 $C_1$，$C_2 \in \mathbf{C}$，则对称差 $C_1 \triangle C_2$ 也在每个顶点上有偶数度. 如果 $C_1 \neq C_2$，这即表明 $C_1 \triangle C_2$ 包含了一个环（见命题 1.2.27）. 这一结论比弱消除性还强，因为 $C_1 \triangle C_2 \subseteq C_1 \bigcup C_2 - x$. 在下图中，$C_1$ 和 $C_2$ 是面的边界，它们共享虚线边，且长度均为 9；$C_1 \triangle C_2$ 是两个不相交环的并.

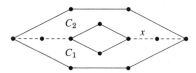

对于横截拟阵，基的交换性类似于扩展性；习题 9 考虑弱消除性. 对于线性拟阵，直接校验扩展性或基的交换性要用到一个代数结论：$k$ 个线性无关的向量不能同时用一个较小的向量集来线性表示. 作为非直接的方法，可以利用定理 8.2.20. 由于弱消除性对向量独立集成立，因此线性代数中很多定理均可以由定理 8.2.20 得到.

**8.2.16 注记**（对符号的约定）    对于 $E$ 的子集族用黑体字 $\mathbf{I}$，$\mathbf{B}$，$\mathbf{C}$ 表示，这样可以用 $I \in \mathbf{I}$，$B \in \mathbf{B}$，$C \in \mathbf{C}$ 来表示集族中的元素. 罗马字母 I、B、C、R 表示定义拟阵的性质. 我们用 $e$，$f$，$x$，$y$ 表示 $E$ 中的元素，用 $X$，$Y$，$F$ 表示 $E$ 的子集.

---

⊖  应该是扩充了 $I_1$. ——译者注

任意遗传集族是某个遗传系统的一个独立集族. 集族 **B** 可以作为一个遗传系统的基集当且仅当 **B** 是非空的且 **B** 中没有元素包含另一个元素. 集族 **C** 可以作为一个遗传系统的回路集当且仅当 **C** 是非空的且 **C** 中没有元素包含另一个元素.

秩函数的特征刻画要复杂一些. 这包含两个性质(下面的 r1, r2),这两个性质是我们所需要的;还有一个附加的技术性条件,即 $I_M = \{X \subseteq E: r(X) = |X|\}$,这个条件确保 $r$ 必然是某个遗传系统 $M$ 的秩函数.

**8.2.17 引理**   关于 $E$ 上遗传系统的秩函数 $r$:

(r1)$r(\varnothing) = 0$.

(r2)只要 $X \subseteq E$ 且 $e \in E$,则 $r(X) \leqslant r(X+e) \leqslant r(X)+1$.

**证明**   由定义 $r(X) = \max\{|Y|: Y \subseteq X, Y \in I\}$,我们有 $r(\varnothing) = 0$. 因为 $X+e$ 包含了 $X$ 的任意独立子集,所以 $r(X+e) \geqslant r(X)$. 因为 $X+e$ 中不含于 $X$ 的独立子集必然由 $e$ 外加 $X$ 的一个独立子集构成,因此得出 $r(X+e) \leqslant r(X)+1$. ■

## 拟阵的性质

在前面的注记中我们提到,遗传系统中有很多等价条件均可以产生拟阵. 为了验证一个遗传系统是否为拟阵,只需验证其中任意一个等价条件;然后,便可以对这些等价条件不加证明地使用. 我们对树的性质曾经给出了若干个等价刻画,当时也产生了相同的效果.

把一条边添加到一个森林中最多新产生一个环. 一般情况下,将一个元素添加到拟阵的一个独立集中最多新产生一个回路. 我们对于最小生成树贪心算法的证明(定理 2.3.3)仅仅用到了图的这种性质. 这种"诱导回路"性质也是对拟阵的一种特征刻画,这同贪心算法本身的有效性一样,因而"诱导回路"和贪心算法都将作为拟阵的性质给出.

给定了拟阵元素的权值,**贪心算法**是如下的循环过程:找出一个具有最大非负权值的元素,将它加入已经选出的独立集之后便会得到一个更大的独立集,然后再将它加入已经选出的独立集中. Rado[1957]证明了拟阵恰好是这样一个遗传系统,其中不论如何分配权值,贪心算法最终得到一个最大总权值的独立集.

**8.2.18 定义**   $E$ 上的一个遗传系统 $M$ 是一个**拟阵**,如果它满足下列条件之一,其中 $I$, $B$, $C$ 和 $r$ 分别表示 $M$ 的独立集、基、回路和秩函数.

I:**扩展性**——如果 $I_1$, $I_2 \in I$ 且 $|I_2| > |I_1|$,则存在 $e \in I_2 - I_1$ 使得 $I_1 + e \in I$.

U:**一致性**——对任意 $X \subseteq E$,属于 $I$ 的 $X$ 的极大子集均有相同的大小.

B:**基交换性**——如果 $B_1$, $B_2 \in B$,则对任意 $e \in B_1 - B_2$ 均存在 $f \in B_2 - B_1$ 使得 $B_1 - e + f \in B$.

R:**子模块性**——只要 $X$, $Y \subseteq E$,则 $r(X \cap Y) + r(X \cup Y) \leqslant r(X) + r(Y)$.

A:**弱吸收性**——只要 $X \subseteq E$ 且 $e$, $f \in E$,则 $r(X) = r(X+e) = r(X+f)$ 蕴涵 $r(X+e+f) = r(X)$.

A′:**强吸收性**——如果 $X$, $Y \subseteq E$ 且 $r(X+e) = r(X)$ 对任意 $e \in Y$ 成立,则 $r(X \cup Y) = r(X)$.

C:**弱消除性**——对不同的回路 $C_1$, $C_2 \in C$ 和 $x \in C_1 \cap C_2$,另有 $C$ 的一个成员含于 $(C_1 \cup C_2) - x$ 中.

J:**诱导回路**——如果 $I \in I$,则 $I + e$ 至多包含一个回路.

G:**贪心算法**——对于 $E$ 上的任意非负权函数,贪心算法选出一个总权重最大的独立集.

基交换性表明所有的基均有同样的大小:如果 $B_1$, $B_2 \in B$ 且 $|B_1| < |B_2|$,则可以不断用 $B_2 - B_1$ 的元素替换 $B_1 - B_2$ 的元素,由此得到含于 $B_2$ 的一个大小为 $|B_1|$ 的基,但没有一个基包含在另

一个基之中.

　　**\*8.2.19 注记**　在向量拟阵中，集合 $X$ 的秩是由 $X$ 张成的空间的维数. 子模块性与空间的维数公式相关：$\dim U \cap V + \dim W = \dim U + \dim V$，其中 $W$ 是由 $U \cup V$ 张成的空间. 如果 $X$ 和 $Y$ 是 $U$ 和 $V$ 的生成集，则由 $X \cap Y$ 张成的空间的维数可能比 $\dim U \cap V$ 小. 然而，下面证明 $U \Rightarrow R$，这表明 $\dim U \cap V + \dim W \leqslant \dim U + \dim V$ 在向量空间中是成立的. 习题 10 直接得到环拟阵的子模块性. ■

　　以上各种性质(均要求遗传系统这个条件)都可以用作拟阵的定义条件. 例如，$I$(Welsh[1976]，Schrijver[待发表])，$U$(Edmonds[1965b，c]，Bixby[1981])，Nemhauser-Wolsey[1988])，$A$(Whitney[1935]），$C$(Tutte[1970])，$G$(Papadimitriou-Steiglitz[1982])和其他一些条件(van der Waerden[1937]，Rota[1964]，Crapo-Rota[1970]，Aigner[1979])均曾用来定义拟阵. ■

　　很多作者将遗传系统的基本性质也当成是对拟阵的某些方面的特征刻画. 这可能迫使我们在证明拟阵的特性之前不得不转而去证明一些与拟阵无关的结果. 因此，我们从遗传系统开始，这将有助于得到更加简明的证明过程. 假设遗传系统的所有性质始终成立，因此可以随时运用.

　　**8.2.20 定理**　对于遗传系统 $M$，定义 8.2.18 中定义拟阵的各种条件是相互等价的.

　　**证明**　$U \Rightarrow B$. 在 $X = E$ 上运用一致性，所有的基均有相同的大小. 再将一致性运用到集合 $(B_1 - e) \cup B_2$ 上，这就找到 $B_2$ 中的一个元素来将独立集 $B_1 - e$ 扩展为大小为 $|B_2|$ 的独立集.

　　$B \Rightarrow I$. 给定独立集 $I_1$，$I_2 \in \boldsymbol{I}$ 且 $|I_2| > |I_1|$，选择 $B_1$，$B_2 \in \boldsymbol{B}$ 使得 $I_1 \subseteq B_1$，$I_2 \subseteq B_2$. 利用基交换性，用 $B_2$ 的元素将 $B_1 - I_1$ 中位于 $B_2$ 之外的元素替换掉. 因此，可以假设 $B_1 - I_1 \subseteq B_2$. 如果 $B_1 - I_1 \subseteq B_2 - I_2$，则 $|B_1| < |B_2|$；根据基交换性，这是不允许的. 因此，$I_2$ 有一个元素位于 $B_1 - I_1$ 中；进而，用这个元素即可完成对 $I_1$ 的扩展.

　　$I \Rightarrow A$. 假设 $r(X) = r(X + e) = r(X + f)$. 如果 $r(X + e + f) > r(X)$，则令 $I_1$、$I_2$ 分别是 $X$ 和 $X + e + f$ 的最大独立子集. 由于 $|I_2| > |I_1|$，可以从 $I_2$ 找出一个元素来扩展 $I_1$. 由于 $I_1$ 是 $X$ 的一个最大独立子集，所以扩展过程只能添加 $e$ 或 $f$，这与 $r(X) = r(X + e) = r(X + f)$ 这个假设相矛盾.

　　$A \Rightarrow A'$. 对 $|Y - X|$ 用归纳法. 当 $|Y - X| = 1$ 时，结论是平凡的. 当 $|Y - X| > 1$ 时，选择 $e$，$f \in Y - X$，令 $Y' = Y - e - f$. 对 $Y$ 的真子集应用归纳假设得到 $r(X) = r(X \cup Y') = r(X \cup Y' + e) = r(X \cup Y' + f)$. 现在，由弱吸收性得到 $r(X) = r(X \cup Y)$.

　　$A' \Rightarrow U$. 如果 $Y$ 是 $X$ 的一个极大独立子集，则 $r(Y + e) = r(Y)$ 对任意 $e \in X - Y$ 均成立. 根据强吸收性 $r(X) = r(Y) = |Y|$. 因此，所有这种 $Y$ 都具有相同的大小.

　　$U \Rightarrow R$. 给定 $X$，$Y \subseteq E$，取 $X \cap Y$ 中的一个最大独立子集 $I_1$. 由一致性，$I_1$ 可以扩充为 $X \cup Y$ 的一个最大独立子集，记为 $I_2$. 考虑 $I_2 \cap X$ 和 $I_2 \cap Y$；它们分别是 $X$ 和 $Y$ 的独立子集，而每个都包含 $I_1$. 因此：

$$r(X \cap Y) + r(X \cup Y) = |I_1| + |I_2| = |I_2 \cap X| + |I_2 \cap Y| \leqslant r(X) + r(Y).$$

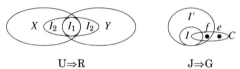

$$U \Rightarrow R \qquad\qquad\qquad J \Rightarrow G$$

　　$R \Rightarrow C$. 考虑不同的回路 $C_1$，$C_2 \in \boldsymbol{C}$，设 $x \in C_1 \cap C_2$. 有 $r(C_1) = |C_1| - 1$，$r(C_2) = |C_2| - 1$

右侧页边：355

且 $r(C_1 \cap C_2) = |C_1 \cap C_2|$，因为回路的任意真子集均是独立的. 如果 $(C_1 \cup C_2) - x$ 不包含回路，则 $r((C_1 \cup C_2) - x) = |C_1 \cup C_2| - 1$；因此，$r(C_1 \cup C_2) \geqslant |C_1 \cup C_2| - 1$. 对 $C_1$ 和 $C_2$ 应用子模块性质得出矛盾：

$$|C_1 \cap C_2| + |C_1 \cup C_2| - 1 \leqslant |C_1| + |C_2| - 2.$$

C⇒J. 如果对某个 $I \in \boldsymbol{I}$，$I + e$ 包含 $C_1$，$C_2 \in \boldsymbol{C}$，则 $C_1$，$C_2$ 都包含 $e$. 因而，弱消除性断言 $(C_1 \cup C_2) - e$ 中有一个回路. 另一方面，由于 $(C_1 \cup C_2) - e$ 包含在 $I$ 中，所以它是独立的.

J⇒G. 对于权函数 $w$，令 $I$ 为贪心算法的输出. 在总权值最大的那些独立集中，令 $I^*$ 为与 $I$ 的交集最大的一个集合. 在 $I \subset I^*$ 的情况下，算法不会结束. 如果 $I \neq I^*$，则令 $e$ 是算法选出的第一个位于 $I - I^*$ 中的元素. 根据 $I^*$ 的选择，$I^* + e$ 是非独立的，因此它有唯一的回路 $C$. 由于 $C \nsubseteq I$，可以取 $f \in C - I$. 由于 $I^* + e$ 没有其他的回路，所以 $I^* + e - f \in \boldsymbol{I}$，$I^*$ 的最优性表明 $w(f) \geqslant w(e)$. 由于 $f$ 和 $I$ 中在 $e$ 被选出之前的元素都位于 $I^*$ 中，因而 $f$ 不能与这些元素一起构成一个回路. 这样，在算法选中 $e$ 时，$f$ 也是可供选择的元素，这说明 $w(f) \leqslant w(e)$. 现在，$w(f) = w(e)$ 且 $w(I^* + e - f) = w(I^*)$，根据 $|I^* + e - f \cap I| > |I^* \cap I|$，这与 $I^*$ 的选择矛盾. 由此，$I^* = I$.

G⇒I. 给定 $I_1$，$I_2 \in \boldsymbol{I}$，其中 $k = |I_1| < |I_2|$. 我们设计一个权函数，使得贪心算法在这个权函数中得出我们想要的扩展. 对于 $e \in I_1$，令 $w(e) = k + 2$；对于 $e \in I_2 - I_1$，令 $w(e) = k + 1$；对于 $e \notin I_1 \cup I_2$，令 $w(e) = 0$. 现在，$w(I_2) \geqslant (k+1)^2 > k(k+2) = w(I_1)$，故 $I_1$ 不是总权值最大的独立集. 然而，贪心算法在选择 $I_2 - I_1$ 中的任何元素之前必然已经选出了 $I_1$ 中的所有元素. 因为贪心算法找到了总权值最大的独立集，它在吸收 $I_1$ 之后仍继续添加元素 $e \in I_2 - I_1$，从而 $I_1 + e \in \boldsymbol{I}$. ■

在证明某遗传系统是一个拟阵时，最常用的性质就是扩展性.

**8.2.21 例** $|E| = n$ 时，秩为 $k$ 的**均匀拟阵**定义为 $\boldsymbol{I} = \{X \subseteq E : |X| \leqslant k\}$，记作 $U_{k,n}$. 这样，马上可以知道均匀拟阵满足基交换性和扩展性. **自由拟阵**是秩为 $|E|$ 的均匀拟阵. 均匀拟阵用来构造更有趣的拟阵，并用它来刻画拟阵的分类. 均匀拟阵都不是可图解的，可图解的拟阵也都不是均匀的（习题 6）. 所以 $M(K_4 - e)$ 和 $M(K_4)$ 都不是均匀拟阵.

在 $\boldsymbol{Z}_2$ 和 $\boldsymbol{Z}_3$ 上可表达的线性拟阵分别称为**二元拟阵**和**三元拟阵**. 每个可图解拟阵都是二元拟阵（习题 43）；$U_{2,4}$ 是三元拟阵（习题 44）但不是二元的（因而不是可图解的）. ■

**8.2.22 例** $E$ 上由 $E$ 的一个划分诱导的**划分拟阵**定义为 $\boldsymbol{I} = \{X \subseteq E : |X \cap E_i| \leqslant 1 \text{ 对所有 } i \text{ 成立}\}$，其中 $E_1, \cdots, E_k$ 是该划分形成的所有块. 由于 $\varnothing \in \boldsymbol{I}$ 且只有 $X$ 的元素位于不同的块时才有 $X \in \boldsymbol{I}$，所以 $\boldsymbol{I}$ 是一个遗传集族. 给定 $I_1$，$I_2 \in \boldsymbol{I}$ 且 $|I_2| > |I_1|$，与 $I_2$ 相交的块必然多于与 $I_1$ 相交的块；从仅与 $I_2$ 相交的某个块中取一个元素即可完成对 $I_1$ 的扩展. 另一种方法是，$r(X)$ 是有元素位于 $X$ 中的块的个数，这满足吸收性（注意：$M(K_4 - e)$ 不是一个划分拟阵）.

给定一个 $U$，$V$-二部图 $G$，与 $U = u_1, \cdots, u_k$ 的关联关系定义 $E(G)$ 上的一个划分拟阵（它不同于 $U$ 上由 $G$ 诱导的横截拟阵）. 块是 $E_i = \{e \in E(G) : u_i \in e\}$. 集合 $X \subseteq E(G)$ 是 $G$ 中的一个匹配当且仅当 $X$ 在由 $U$ 诱导的划分拟阵和由 $V$ 诱导的划分拟阵中均是独立集. 这是我们后面讨论拟阵的交的动机.

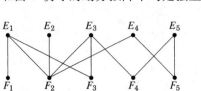

如果 $G$ 有一个奇环, 而 $G$ 没有顶点集使得该集合的关联关系可以完成对 $E(G)$ 的划分. 然而, 在有向图中, 每条边都有头部和尾部, 利用头部顶点集和尾部顶点集诱导的边集划分, 可以分别定义**头划分拟阵**和**尾划分拟阵**(如: 例 8.2.3 中的拟阵是下图中边集 $E$ 上的划分拟阵, 相应的划分是由 $U$ 诱导的. 具体地讲, 它是第一个有向图的头划分拟阵, 同时也是第二个有向图的尾划分拟阵).

[357]

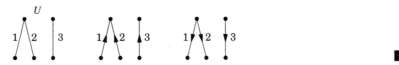

## 生成函数

下面再介绍遗传系统的几个要素, 拟阵的性质涉及这些要素. 利用这些要素来说明拟阵的对偶性, 由此利用拟阵得出可平面图的一个特征刻画.

在线性代数中, 若干个向量可以"生成"一个向量子空间, 这一代数概念可以扩展到遗传系统中. 我们可以在环拟阵中看到这个概念大意: 一个集合生成其自身以及同该集合的某子集一起可以形成一个回路的那些元素.

**8.2.23 定义** 遗传系统 $M$ 的**生成函数**是定义在 $E$ 的子集族上的函数 $\sigma_M$, 其定义为 $\sigma_M(X) = X \cup \{e \in E: $ 对于某个 $Y \subseteq X$, $Y + e \in C_M\}$. 如果 $e \in \sigma(X)$, 则称 $X$ **生成** $e$.

在遗传系统中, $X$ 是非独立集当且仅当它包含了回路, 根据定义 8.2.23, 上述结论成立当且仅当 $e \in \sigma(X - e)$ 对某个 $e \in X$ 成立. 因此, 根据 $\mathbf{I} = \{X \subseteq E: (e \in X) \Rightarrow (e \notin \sigma(X - e))\}$, 我们可以由生成函数找出所有独立集. 在研究拟阵时要用到的关于生成函数的性质如下(s1, s2, s3)(此外, 在刻画遗传系统的生成函数时, 我们还需要一个附加的技术性条件). 首先, 我们通过图示说明性质(s3).

**8.2.24 例** 在环拟阵 $M(G)$ 中, $e \notin \sigma(X)$ 的含义是 $X$ 在 $e$ 的端点间没有路径. 如果还有 $e \in \sigma(X + f)$ 成立, 则添加 $f$ 得到这样一条路径. 这条路径与 $e$ 一起形成一个环, 因此 $f \in \sigma(X + e)$ 也成立. 在下图中, $X$ 由 4 条黑体边构成.

**8.2.25 命题** 如果 $\sigma$ 是 $E$ 上一个遗传系统的生成函数且 $X, Y \subseteq E$, 则下列性质成立:

s1)$X \subseteq \sigma(X)$($\sigma$ 是**自生成的**).

s2)$Y \subseteq X$ 蕴涵 $\sigma(Y) \subseteq \sigma(X)$($\sigma$ 是**保序的**).

s3)$e \notin \sigma(X)$ 和 $e \in \sigma(X + f)$ 蕴涵 $f \in \sigma(X + e)$(**Steinitz 交换性**).

[358]

**证明** 定义 8.2.23 表明 $\sigma$ 是自生成的和保序的. 如果 $e \in \sigma(X + f)$, 则 $e$ 属于 $X + f + e$ 中的一个回路 $C$. 如果 $e \notin \sigma(X)$ 也成立, 则 $f \in C$. 由这个回路得到 $f \in \sigma(X + e)$. 因此, $\sigma$ 满足 Steinitz 交换性. ∎

生成函数的性质使我们可以简明地证明消除性的一种强化形式. 弱消除性是说: 如果 $e \in C_1 \cap C_2$, 则 $(C_1 \cup C_2) - e$ 含有一个回路. 环拟阵的消除性要强得多: $C_1 \triangle C_2$ 是若干个无公共边的环的并, 因为 $C_1 - C_2$ 中的每个顶点的度均为偶数. 在一般的拟阵中, 我们立刻可以得出如下性质: 如果 $e \in C_1 \cap C_2$, 则对称差中的所有元素均属于 $(C_1 \cup C_2) - e$(下面的性质 $C'$).

在遗传系统中, 我们需要一些性质将"秩"与"生成"关联起来. 这个关联关系的逆命题也成立,这正就是我们下面要刻画的拟阵性质.

**\*8.2.26 引理** 在遗传系统中, $[r(X+e)=r(X)]\Rightarrow e\in\sigma(X)$.

**证明** 令 $Y$ 是 $X$ 的最大独立子集. 由于 $|Y|=r(X)=r(X+e)$, 故 $Y$ 也是 $X+e$ 的最大独立子集. 因此, $e$ 与含于 $Y$ 内的某个 $X$ 的子集一起构成了一个回路, 进而 $e\in\sigma(X)$. ■

**\*8.2.27 定理** 如果 $M$ 是一个遗传系统, 则下面的每个条件均是 $M$ 成为拟阵的充要条件.

P: **结合性**——对任意 $X\subseteq E$, $r(\sigma(X))=r(X)$.

S: **幂等性**——对任意 $X\subseteq E$, $\sigma^2(X)=\sigma(X)$.

T: **依赖传递性**——如果 $e\in\sigma(X)$ 且 $X\subseteq\sigma(Y)$, 则 $e\in\sigma(Y)$.

C': **强消除性**——只要 $C_1$, $C_2\in\boldsymbol{C}$, $e\in C_1\cap C_2$, $f\in C_1\triangle C_2$, 则存在 $C\in\boldsymbol{C}$ 满足 $f\in C\subseteq(C_1\cup C_2)-e$.

**证明** U⇒P. $\sigma(X)-X$ 的任意元素与 $X$ 的某个子集一起形成一个回路, 当然也可以由介于 $X$ 和 $\sigma(X)$ 之间任意集合的生成. 这样, 只需证明 $r(Y+e)=r(Y)$ 在 $e\in\sigma(Y)$ 时成立. 令 $Z$ 为 $Y$ 的子集, 它满足 $Z+e\in\boldsymbol{C}$. 将 $Z$ 扩展成 $Y+e$ 的极大独立子集 $I$. 由一致性得知, $|I|=r(Y+e)$. 由于 $Z+e\in\boldsymbol{C}$, 所以 $e\notin I$. 这样, $I\subseteq Y$, 进而我们得出 $r(Y)\geqslant|I|=r(Y+e)$ (这里, 也可以用吸收性来代替一致性).

P⇒S. 因为 $\sigma$ 是自生成的, 故 $\sigma^2(X)\supseteq\sigma(X)$; 这样, 仅需证明 $e\in\sigma^2(X)$ 蕴涵 $e\in\sigma(X)$. 根据结合性, $r(\sigma(X)+e)=r(\sigma(X))$ 且 $r(\sigma(X))=r(X)$. 由于 $X\subseteq\sigma(X)$, 由 $r$ 的单调性得到 $r(X)\leqslant r(X+e)\leqslant r(\sigma(X)+e)=r(X)$. 因此, 等号全部成立, 进而由引理 8.2.26 得出 $e\in\sigma(X)$.

S⇒T. 如果 $X\subseteq\sigma(Y)$, 则保序性和幂等性得出 $\sigma(X)\subseteq\sigma^2(Y)=\sigma(Y)$.

T⇒C'. 给定不同的 $C_1$, $C_2\in\boldsymbol{C}$, 其中 $e\in C_1\cap C_2$ 且 $f\in C_1-C_2$, 需要证明 $f\in\sigma(Y)$, 其中 $Y=(C_1\cup C_2)-e-f$. 现在, 我们有 $f\in\sigma(X)$, 其中 $X=C_1-f$. 根据性质 T, 只需证明 $X\subseteq\sigma(Y)$. 由于 $X-e\subseteq Y\subseteq\sigma(Y)$, 因此只需证明 $e\in\sigma(Y)$. 由于 $\sigma$ 具有保序性, 所以得出 $e\in\sigma(C_2-e)\subseteq\sigma(Y)$.

359

C'⇒C. C 弱于 C'. ■

同诱导回路 (J) 的唯一性一样, 结合性 (P) 将遗传系统的两个因素关联起来. 这些都是拟阵的著名性质; 如果借助遗传系统来阐述拟阵, 则它们是对拟阵的特征刻画. $C$ 与 $C'$ 的等价关系首先被 Lehman[1964] 证明.

幂等性在可图解拟阵和线性拟阵中成立是很自然的事情. 向量集合的生成子空间在其生成子空间中不再包含其他向量; 类似地, 可添加到某边集的生成集合中的任何一条边都能将两个分量连接起来, 所有这些均说明了遗传系统中相互关联的各个要素.

**8.2.28 定义** 对 $E$ 上的遗传系统, 其**生成集合**是满足 $X\subseteq E$ 和 $\sigma(X)=E$ 的集合 $X$. **闭集**是满足 $X\subseteq E$ 和 $\sigma(X)=X$ 的集合 (也称作**平面**或**子空间**). **超平面**指的是 $E$ 中的极大真闭子集.

**\*8.2.29 注记** 拟阵的生成函数也称为**闭包函数**. 闭包操作是从某集合的子集族到其自身的一个函数, 该函数满足自生成性、保序性、幂等性. **闭包操作是拟阵的生成函数当且仅当它满足 Steinitz 交换性**.

在任意遗传系统中, 生成函数满足 Steinitz 交换性. 因此, 将拟阵看作带有附加性质的遗传系统并不适于研究闭包操作. 遗传系统 $M$ 的生成函数是闭包操作当且仅当 $M$ 是拟阵. 在文献 MacLane[1936], Rota[1964] 和 Aigner[1979] 中, 拟阵是从格理论延伸得到的.

对于拟阵的各个要素间的关系, 我们并没有作全面的讨论. Brylawski[1986] 给出了一个矩阵对

拟阵的十几个要素之间的转换进行了描述，他把这些转换关系叫作**隐射**. ∎

### 拟阵的对偶性

拟阵的对偶推广了可平面图中对偶这个概念. 任意连通平面图 $G$ 有一个自然的对偶图 $G^*$，它满足 $(G^*)^* = G$. 对偶图如下得到：$G^*$ 的一个顶点对应于 $G$ 的一个面，$G$ 的每条边在 $G^*$ 中有一条对偶边 $e^*$ 使得 $e^*$ 的端点对应于位于 $e$ 两侧的两个面.

平面图中的一个边集构成了 $G$ 的一棵生成树当且仅当其余边的对偶构成了 $G^*$ 的一棵生成树(习题 6.1.21). 因此，环拟阵 $M(G^*)$ 的基是 $M(G)$ 的基的补. 我们定义拟阵和遗传系统的对偶使得可平面图的对偶的性质得以推广.

**8.2.30 定义**　对于 $E$ 上的遗传系统 $M$，其**对偶**是一个遗传系统 $M^*$，它的基是 $M$ 的基的补集. $M^*$ 中 $\boldsymbol{B}^*(\boldsymbol{B}_M^*)$，$\boldsymbol{C}^*$，$\boldsymbol{I}^*$，$r^*$，$\sigma^*$ 这些要素分别是 $M$ 的**余基**、**余回路**等.

$M$ 的**超基** $S$ 是包含某个基的任何集合. **亚基** $H$ 是不包含任何基的任何极大子集. 我们把 $E-X$ 写成 $\overline{X}$：

360

**8.2.31 引理**　如果 $M$ 是一个遗传系统，则

a) $\boldsymbol{B}^* = \{\overline{B}: B \in \boldsymbol{B}\}$，$(M^*)^* = M$.

b) $\boldsymbol{I}^* = \{\overline{S}: S \in \boldsymbol{S}\}$，$\boldsymbol{S}^* = \{\overline{I}: I \in \boldsymbol{I}\}$.

c) $\boldsymbol{C}^* = \{\overline{H}: H \in \boldsymbol{H}\}$，$\boldsymbol{H}^* = \{\overline{C}: C \in \boldsymbol{C}\}$.

**证明**　关于 $\boldsymbol{B}^*$ 的结论就是 $M$ 的定义，由此立刻得到 $(M^*)^* = M$ 和 (b) 中的两个结论. 同时，$X$ 是 $E$ 中不包含任何基的极大(真)子集($M$ 的亚基)当且仅当 $\overline{X}$ 是不包含在任何余基之内的极小非空子集(它是 $M^*$ 的一个回路). 类似地，$M^*$ 的亚基是 $M$ 的回路的补集. ∎

我们选择"超基"和"亚基"这两个术语，它们分别与"生成"和"超平面"对应. 因为在拟阵中，生成集合和超基是一样的而超平面和亚基也是一样的.

**8.2.32 引理**　如果 $M$ 是一个拟阵，则超基是生成集合，亚基是超平面.

**证明**　一个集合 $X$ 是生成的当且仅当 $\sigma(X) = E$. 由结合性得知，这等价于 $r(X) = r(E)$. 另外，由一致性得知，这又等价于 $X$ 包含了一个基. 关于超平面，见习题 32. ∎

考虑 $B_1$，$B_2 \subseteq E$. 如果 $B_1$ 和 $B_2$ 互不包含，则 $\overline{B}_1$，$\overline{B}_2$ 也互不包含. 因此，遗传系统的对偶仍是一个遗传系统. 当证明拟阵的对偶是拟阵时，对偶的概念是很有用的. 这个结论容易由基交换性的对偶版本得到.

**8.2.33 引理**　如果 $M$ 是一个拟阵且 $B_1$，$B_2 \in \boldsymbol{B}$，则对任意 $e \in B_1 - B_2$ 均存在 $f \in B_2$ 使得 $B_2 + e - f$ 是一个基.

**证明**　由于 $B_2$ 是一个基，因此 $B_2 + e$ 恰好有一个回路 $C$. 因为 $B_1$ 是独立的，故 $C$ 必然还包含一个元素 $f \in B_2 - B_1$. 现在，$B_2 + e - f$ 不包含回路且大小为 $r(E)$. ∎

**8.2.34 定理**(Whitney[1935])　对于 $E$ 上拟阵 $M$，其对偶是秩函数为 $r^*(X) = |X| - (r(E) - r(\overline{X}))$ 的拟阵.

**证明**　我们已经看到，$M^*$ 是一个遗传系统；现在，我们证明 $M^*$ 满足基交换性. 如果 $\overline{B}_1$，$\overline{B}_2 \in \boldsymbol{B}^*$，且 $e \in \overline{B}_1 - \overline{B}_2$，则 $B_1$，$B_2 \in \boldsymbol{B}$ 且 $e \in B_2 - B_1$. 由引理 8.2.33 得知，存在 $f \in B_1 - B_2$ 使得 $B_1 + e - f \in \boldsymbol{B}$. 现在，$\overline{B}_1 - e + f \in \boldsymbol{B}^*$ 表明基交换性成立.

为计算 $r^*(X)$，令 $Y$ 为 $X$ 的极大余独立子集，故 $r^*(X) = r^*(Y) = |Y|$. 根据引理 8.2.31，$\overline{Y}$ 是 $\overline{X}$ 中含有 $M$ 的一个基的极小超集. 由于 $\overline{Y}$ 是将 $\overline{X}$ 的某个极大独立子集扩展成一个基之后得到

的，所以有 $|\overline{Y}|-|\overline{X}|=r(E)-r(\overline{X})$. 由 $|\overline{Y}|-|\overline{X}|=|X|-|Y|$ 得到了要证明的公式：

$$r^*(X)=|Y|=|X|-(|\overline{Y}|-|\overline{X}|)=|X|-(r(E)-r(\overline{X})).$$

∎

我们可以利用对偶重述拟阵的任何性质. 习题 33～34 要求用这种方法刻画超平面和闭集的特征. 还有很多较难的结论涉及拟阵和它的对偶之间的关系.

**8.2.35 命题**（对偶扩展性） 令 $M$ 是一个拟阵. 如果 $X\in I$ 和 $X'\in I^*$ 不相交，则存在不相交的 $B\in \boldsymbol{B}$ 和 $B'\in \boldsymbol{B}^*$ 使得 $X\subseteq B$ 和 $X'\subseteq B'$.

**证明** 由于 $X'$ 在 $M$ 中是余独立集的，故 $\overline{X'}$ 是 $M$ 的生成集合. 因此，$\overline{X'}$ 的任意极大独立子集均是一个基，我们将 $X\subseteq\overline{X'}$ 扩展成一个含于 $\overline{X'}$ 的基 $B$. 余基 $B'=\overline{B}$ 包含 $X'$. ∎

我们将利用环拟阵来刻画可平面图的特征. 下一个结论使我们能够描述环拟阵的余回路.

**8.2.36 命题** 拟阵的余回路是与所有基均相交的极小集合. 基是与所有余回路均相交的极小集合.

**证明** 余回路是不含于任何余基中的极小集合. 因为余基是基的补集，一个集合不含于任何余基中当且仅当它与每一个基均相交. 同样，余基是不包含任何余回路的极大集合，故余基的补集是与任意余回路都相交的极小集合. ∎

**8.2.37 推论** 环拟阵 $M(G)$ 的余回路是 $G$ 的键.

**证明** 由命题 8.2.36 得知，余回路是与每个极大森林都相交的极小集合. 因此，它们是删除之后会引起连通分量数增加的极小集合；即它们是键. ∎

**8.2.38 定义** 图 $G$ 的**键拟阵**或者**余环拟阵**是一个遗传系统，其回路恰好是 $G$ 的键.

根据推论 8.2.37，$G$ 的键拟阵是环拟阵 $M(G)$ 的对偶. 现在，将弱消除性应用到键上. 由于沿环行进必然会返回到出发的那个顶点，它与某个键的交集不可能恰好一条边. 将这个结果推广到拟阵上，得到对余回路的另一个特征刻画.

**8.2.39 定理** 对于 $E$ 上的一个拟阵 $M$，其余回路就是满足如下条件的所有极小非空集合 $C^*\subseteq E$：$|C^*\cap C|\neq 1$ 对任意 $C\in \boldsymbol{C}$ 成立.

**证明** 为证明每个余回路均有这个特征，假设 $C\in \boldsymbol{C}$，$C^*\in \boldsymbol{C}^*$，$C^*\cap C=e$. 则 $C-e\in \boldsymbol{I}$，$C^*-e\in \boldsymbol{I}^*$，且对偶扩展性得到 $B\in \boldsymbol{B}$，$\overline{B}\in \boldsymbol{B}^*$ 使得 $C-e\subseteq B$，$C^*-e\subseteq\overline{B}$. 由于 $e$ 必然出现于 $B$ 或 $\overline{B}$ 中，所以得到 $C\in \boldsymbol{I}$ 或 $C^*\in \boldsymbol{I}^*$.

对于逆命题，我们证明 $\boldsymbol{I}^*$ 中的任意非空集合与某个 $C\in \boldsymbol{C}$ 的交集仅含一个元素. 由于余回路不满足上述性质，故不满足上述性质的任意极小集合均是一个余回路. 取 $X^*\in \boldsymbol{I}^*$. 令 $B^*$ 是包含 $X^*$ 的余基，令 $B=\overline{B^*}$. 对任意 $e\in X^*$，$B+e$ 包含一个回路 $C$ 且 $X^*\cap C=\{e\}$. ∎

## 拟阵的子式和可平面图

在一个图中不断删除和/或收缩边，我们可以得到更小的图. 得到的图称为 $G$ 的**子式**. 经 Wagner[1937]证明，$G$ 是可平面图当且仅当它不以 $K_5$ 或 $K_{3,3}$ 为子式（习题 6.2.12）. Hadwiger [1943]曾猜想：如果 $G$ 没有同构于 $K_{k+1}$ 的子式，则 $G$ 是可 $k$-着色的. 一个简单图是一个森林当且仅当它没有子式 $C_3$.

为了将这些操作推广到拟阵，我们需要知道删除和收缩对环拟阵造成什么样的影响. $E(G-e)$ 的无环子集恰好是从 $E(G)$ 的无环子集中删除 $e$ 之后的集合. 如果 $e$ 不是一个环，$E(G\cdot e)$ 的无环子集是 $E(G)-e$ 的子集且它与 $e$ 的并在 $G$ 中是无环的. 收缩的对偶描述比较简单：$G\cdot e$ 的生成集合是如下集合：它们与 $e$ 的并是 $G$ 的生成集合（如果一个集合包含了每个连通分量的一棵生成树，则称该集合是生成的).

我们还希望对这些概念以自然的方式进行扩展.这比较有难度,因为讨论图的子式时往往强调被删除的边,而讨论拟阵的子式时往往强调剩下来的元素.于是,我们采用中庸之道,对拟阵中剩下来的元素集采用拟阵的概念,而用扩展后的图概念来描述由删除或者收缩一个元素之后得到的拟阵.

**8.2.40 定义**  对于 $E$ 上的一个遗传系统 $M$, $M$ 在 $F\subseteq E$ 上的**限制**是由 $I_{M|F}=\{X\subseteq F: X\in I_M\}$ 定义的遗传系统,记作 $M|F$,它是**删除** $\overline{F}$ 之后得到的. $M$ 在 $F\subseteq E$ 上的**收缩**是由 $S_{M.F}=\{X\subseteq F: X\cup\overline{F}\in S_M\}$ 定义的遗传系统,记作 $M.F$,它是**收缩** $\overline{F}$ 之后得到的.如果 $F=E-e$,则记 $M-e=M|F$, $M\cdot e=M.F$. $M$ 的**子式**是由 $M$ 通过删除和收缩操作得到的遗传系统.

定义表明 $M|F$ 和 $M.F$ 都是遗传系统.限制操作和收缩操作满足交换性(习题41).也可以通过超基来定义收缩操作,这样可以得到这两个操作之间的自然对偶关系.

**8.2.41 命题**  对于遗传系统,限制和收缩是对偶操作: $(M.F)^*=(M^*|F)$ 且 $(M|F)^*=(M^*.F)$.

**证明**
$$I_{(M.F)^*}=\{X\subseteq F: F-X\in S_{M.F}\}=\{X\subseteq F: (F-X)\cup\overline{F}\in S_M\}$$
$$=\{X\subseteq F: \overline{X}\in S_M\}=\{X\subseteq F: X\in I_{M^*}\}=I_{M^*|F}.$$

对于第二个结论,将第一个结论应用于 $M^*$ 上再取对偶.  ■

删除操作和收缩操作之间的对偶关系在平面图中是非常直观的.在平面图 $G$ 中删除一条边 $e$,就收缩了 $G^*$ 中相应的对偶边;收缩 $e$ 就删除对偶图中相应的边.

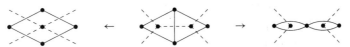

363

**8.2.42 推论**  在图 $G$ 中删除或收缩一个边 $e$,环拟阵和键拟阵的行为如下:
$$M(G-e)=M(G)-e \qquad M^*(G-e)=M^*(G)\cdot e$$
$$M(G\cdot e)=M(G)\cdot e \qquad M^*(G\cdot e)=M^*(G)-e$$

**证明**  由拟阵中删除操作和收缩操作的定义,第一列描述了环拟阵的行为.由此并利用引理8.2.41,有如下计算:
$$M^*(G-e)=[M(G-e)]^*=[M(G)-e]^*=M^*(G)\cdot e,$$
$$M^*(G\cdot e)=[M(G\cdot e)]^*=[M(G)\cdot e]^*=M^*(G)-e.$$  ■

正如所期望的,拟阵的限制和收缩仍是拟阵.

**8.2.43 定理**  给定 $F\subseteq E$ 和 $E$ 上的一个拟阵 $M$, $M|F$ 和 $M.F$ 都是 $F$ 上的拟阵.表示成 $r_M$ 的形式,它们的秩函数分别是 $r_{M|F}(X)=r_M(X)$ 和 $r_{M.F}(X)=r_M(X\cup\overline{F})-r_M(\overline{F})$.

**证明**  将 $M$ 的扩展性应用到 $I_{M|F}$ 上,这样, $M|F$ 满足扩展性,进而它是一个拟阵.由对偶性得知, $M.F=(M^*|F)^*$ 也是一个拟阵. $M|F$ 的秩函数可以根据 $I_{M|F}$ 的定义得到.由此,再将定理8.2.34应用到 $(M^*|F)^*$ 上,得到 $M.F$ 的秩函数(习题42).  ■

$r_{M.F}$ 的公式得到独立集的一种描述: $X\in I_{M.F}$ 当且仅当将 $X$ 添加到 $\overline{F}$ 中使得秩增大了 $|X|$.

平面图的一个边集形成一个环当且仅当它们的对偶边在 $G^*$ 中形成一个键(定理6.1.14).利用边和对偶边之间自然的双射,这一点告诉我们:平面图 $G$ 的环拟阵是(同构于) $G^*$ 的键拟阵.由推论8.2.37得知,图 $H$ 的键拟阵是 $[M(H)]^*$.把这个结论应用到 $G$ 和 $G^*$ 上,我们得到, $G$ 的键拟阵是(同构于)$G^*$ 的环拟阵. 于是, 可平面图 $G$ 的键拟阵是可图解的. 利用 Kuratowski 定理, 我们将要证明: 上述性质刻画了可平面性.

Whitney[1933a]通过定义对偶的非几何概念取得了上述结果. 我们对他的定义稍微进行修改, 称 $H$ 是 $G$ 的**抽象对偶**, 如果存在一个双射 $\phi: E(G) \to E(H)$ 使得 $X \subseteq E(G)$ 是 $G$ 的键当且仅当 $\phi(X)$ 是 $H$ 中某个环的边集. 根据这个定义, $G$ 有一个抽象对偶这种说法等同于 $G$ 的键拟阵是可图解的这种说法; 双射 $\phi$ 给出了 $M^*(G)$ 和 $M(H)$ 之间的同构映射.

**8.2.44 定理**(Whitney[1933a])   图 $G$ 是可平面图当且仅当其键拟阵是可图解的.

**证明**   我们首先证明, 抽象对偶的存在性在边的删除操作和收缩操作之下保持不变. 假设 $G$ 有一个抽象对偶 $H$, 则 $M(H) \cong M^*(G)$. 令 $e'$ 是 $H$ 中经同构映射与 $e$ 对应的边. 为证明 $H \cdot e'$ 是 $G - e$ 的抽象对偶且 $H - e'$ 是 $G \cdot e$ 的抽象对偶, 我们运用推论 8.2.42 来计算:

$$M^*(G - e) = M^*(G) \cdot e \cong M(H) \cdot e' = M(H \cdot e') \text{ 且}$$
$$M^*(G \cdot e) = M^*(G) - e \cong M(H) - e' = M(H - e').$$

前面, 我们已经说明了可平面图有抽象对偶. 根据 Kuratowski 定理, 一个非可平面图包含了 $K_5$ 或者 $K_{3,3}$ 的一个细分. 因此, $K_5$ 或 $K_{3,3}$ 是这种图的子式. 由于抽象对偶的存在性在删除操作和收缩操作之下保持不变, 因此证明了 $K_5$ 和 $K_{3,3}$ 没有抽象对偶即表明任意非可平面图没有抽象对偶.

如果 $H$ 是 $G$ 的抽象对偶, 则 $G$ 也是 $H$ 的抽象对偶; 因为 $M^*(G) \cong M(H)$ 当且仅当 $M(G) \cong M^*(H)$. 如果 $G$ 的围长是 $g$, 则 $H$ 中键的长度至少为 $g$, 故 $\delta(H) \geqslant g$. 而且, 由 $e(H) = e(G)$ 和度-和公式得到 $n(H) \leqslant \lfloor 2e(H)/\delta(H) \rfloor \leqslant \lfloor 2e(G)/g \rfloor$.

令 $H$ 是 $K_5$ 的抽象对偶. 由于 $K_5$ 的围长是 3, 故 $n(H) \leqslant \lfloor 20/3 \rfloor = 6$. 由于 $K_5$ 的所有键都有 4 条或者 6 条边, $H$ 的所有环也都有 4 条或者 6 条边, 因而 $H$ 是一个简单二部图. 然而, 顶点数不超过 6 的任意简单二部图不可能有 10 条边.

令 $H$ 为 $K_{3,3}$ 的抽象对偶. 由于 $K_{3,3}$ 的围长是 4, 故 $n(H) \leqslant \lfloor 18/4 \rfloor = 4$. 由于 $K_{3,3}$ 的所有键至少有 3 条边, $H$ 的所有环也至少有 3 条边, 因而 $H$ 是简单图. 然而, 顶点数不超过 4 的任意简单图不可能有 9 条边. ∎

平面图的键拟阵都是可图解的, 这一论断表明: 平面图的任意"几何"对偶均是一个抽象对偶. 我们已经看到, 几何对偶不一定唯一. 然而, $G$ 的对偶图的环拟阵必然是 $M^*(G)$; 因此, $G$ 的所有几何对偶均有同样的环拟阵. Whitney[1933b]确定了什么样的图才具有相同的环拟阵(参见习题 45, 也可参见 Kelmans[1980, 1987, 1988]).

子式有很多应用. 它们将很快帮助我们证明拟阵相交定理. 通过禁止某些子结构, 子式还被用来刻画拟阵的分类; 比如, 一个拟阵是二元的当且仅当它不以 $U_{2,4}$ 为子式. 搭桥游戏(定理 2.1.17)可以推广到拟阵中, 这时, 子式还可以用来生成制胜策略.

**\*8.2.45 定义**   给定 $e \in E$ 和 $E$ 上的一个拟阵 $M$, **Shannon 开关游戏** $(M, e)$ 有两个游戏者参与, 一个叫作开拓者, 另一个叫作终结者. 终结者删除 $E - e$ 的元素, 开拓者抓取 $E - e$ 的元素, 每人每步采取一个动作. 开拓者的目的是抓取一个集合使它生成 $e$, 终结者的目的是阻止开拓者. 游戏由终结者先开始.

添加一个元素 $e'$ 使得 $\{e, e'\}$ 构成回路, 这样我们可以假设游戏是由开拓者先开始. 游戏开始后, 终结者必须马上删除 $e'$ 以避免游戏开局就输掉. 令 $M$ 为定理 2.1.17 中以 $e$ 为"辅助边"而 $e'$ 为另一条辅助边的图的环拟阵，这样 Shannon 开关游戏变成了搭桥游戏．这时，开拓者的生成树策略可以由下面制胜策略的充分条件得到．这个条件也是必要的，但是证明它需要用到拟阵并定理（定理 8.2.55）．

**\*8.2.46 定理**（Lehman[1964]）　在 Shannon 开关游戏 $(M, e)$ 中，如果存在 $E-e$ 的不相交子集 $X_1$，$X_2$ 满足 $e \in \sigma(X_1) = \sigma(X_2)$，则开拓者有制胜策略．

**证明**　我们用 $X_1$，$X_2$ 来生成一个制胜策略．令 $X = \sigma(X_1) = \sigma(X_2)$．因为开拓者可以忽略 $X$ 以外的删除而使得游戏在 $M \mid (X+e)$ 中进行，因此可以假设 $X_1$，$X_2$ 是不相交的基．如果终结者删除 $g$ 而开拓者抓取 $f$，则 $g$ 在以后的游戏中不再可用而 $f$ 也不能再被删除；因而这两个操作的结果是对拟阵的删除和收缩．令 $M' = (M-g) \cdot f$，有 $e \in \sigma_{M'}(X)$ 当且仅当 $g \notin X$ 且 $e \in \sigma_M(X+f)$．如果 $e$ 是 $M'$ 中的一个圈，则开拓者获胜；这一条件等价于 $e \in \sigma_M(F)$，其中 $F$ 是由开拓者已经抓取得到的集合．

如果 $|E| = 1$，则 $e$ 是一个圈从而开拓者获胜．我们对 $|E|$ 用归纳法．只需在终结者删除 $g$ 之后为开拓者提供一个应对策略 $f$ 使得 $M' = (M-g) \cdot f$ 有两个不相交的基．如果终结者删除的 $g$ 不在 $X_1$ 或 $X_2$ 中，则开拓者取任意的 $f$，这样集合 $X_1 - g - f$ 和 $X_2 - g - f$ 不相交并且生成了 $M'$．因此，可以假设 $g \in X_1$．由基交换性得到 $f \in X_2$，使得 $X' = X_1 - g + f \in \mathbf{B}$．现在，$X' - f$ 和 $X_2 - f$ 在游戏 $(M', e)$ 中不相交，并且均不包含 $e$．■

## 拟阵的交

在 Edmonds 证明拟阵交定理和拟阵并定理之后，拟阵理论取得了突飞猛进的发展．这为许多著名的最小-最大关系给出了的统一的表达形式，这些最小-最大关系都是这种统一表达形式的推论，其中一些最小-最大关系在前面的章节中已经得到了证明．拟阵交定理是组合论中最优美的定理之一，它对很多重要的定理给出了简单统一的证明．

拟阵交定理是两个拟阵的公共独立集上的一个最小-最大关系，其中这两个拟阵定义于同一个集合之上．可以把两个拟阵的交看成一个遗传系统，但不是拟阵．对定义于同一个集合 $E$ 上的多个拟阵，我们使用下标来区分相应的要素．比如，用 $\mathbf{B}_i$ 表示 $M_i$ 的基等等．我们仍用 $\overline{X}$ 表示 $X$ 在基本集合 $E$ 中补集．

**8.2.47 定义**　给定 $E$ 上的遗传系统 $M_1$，$M_2$，$M_1$ 与 $M_2$ 的**交**是独立集族为 $\{X \subseteq E: X \in \mathbf{I}_1 \cap \mathbf{I}_2\}$ 的遗传系统．

比如，对于定义在二部图 $G$ 的边集上的两个自然划分拟阵，它们的交以 $G$ 的匹配作为独立集．这些匹配通常不会是某个拟阵的独立集（见习题 1~2）；因此，贪心算法不能够解决最大-加权匹配问题．

前面讲过，**圈**指的是一个元素，它可以构成一个秩为 0 的非空集合．

**8.2.48 定理**（拟阵交定理，Edmonds[1970]）　对于 $E$ 上的拟阵 $M_1$，$M_2$，最大公共独立集的大小满足

$$\max\{|I| : I \in \mathbf{I}_1 \cap \mathbf{I}_2\} = \min_{X \subseteq E}\{r_1(X) + r_2(\overline{X})\}.$$

**证明**（Seymour[1976]）　对于弱对偶，考虑任意 $I \in \mathbf{I}_1 \cap \mathbf{I}_2$ 和 $X \subseteq E$．集合 $I \cap X$ 和 $I \cap \overline{X}$ 也是公共独立集，$|I| = |I \cap X| + |I \cap \overline{X}| \leqslant r_1(X) + r_2(\overline{X})$．

为了证明等号成立，我们对 $|E|$ 用归纳法．当 $|E| = 0$ 时，两端都是 0．如果 $E$ 的任意元素在 $M_1$ 或 $M_2$ 中都是一个圈，则 $\max|I| = 0 = r_1(X) + r_2(\overline{X})$，其中 $X$ 由 $M_1$ 中的所有圈构成．因

此，我们假设 $|E|>0$ 且某个 $e\in E$ 在两个拟阵中都不是圈. 令 $F=E-e$, 考虑拟阵 $M_1\,|\,F$, $M_2\,|\,F$, $M_1.\,F$ 和 $M_2.\,F$.

令 $k=\min\limits_{X\subseteq E}\{r_1(X)+r_2(\overline{X})\}$; 我们在 $M_1$ 和 $M_2$ 中找出一个公共的独立 $k$-集. 如果这样的集合不存在, 则 $M_1\,|\,F$ 和 $M_2\,|\,F$ 没有公共的独立 $k$-集且 $M_1.\,F$ 和 $M_2.\,F$ 没有公共的独立 $k-1$-集. 由归纳假设和秩公式 (定理 8.2.43) 得到:

$$对于某个 X\subseteq F, r_1(X)+r_2(F-X)\leqslant k-1$$
$$对于某个 Y\subseteq F, r_1(Y+e)-1+r_2(F-Y+e)-1\leqslant k-2$$

我们利用 $(F-Y)+e=\overline{Y}$ 和 $F-X=\overline{X+e}$, 将两个不等式相加, 有

$$r_1(X)+r_2(\overline{X+e})+r_1(Y+e)+r_2(\overline{Y})\leqslant 2k-1.$$

现在, 我们把 $r_1$ 的子模块性应用到 $X$ 和 $Y+e$ 上, 同时把 $r_2$ 的子模块性应用到 $\overline{Y}$ 和 $\overline{X+e}$ 上. 为清晰起见, 令 $U=X+e$, $V=Y+e$, 将它代入前面的不等式得到:

$$r_1(X\cup V)+r_1(X\cap V)+r_2(\overline{Y}\cup\overline{U})+r_2(\overline{Y}\cap\overline{U})\leqslant 2k-1.$$

由于 $\overline{Y}\cap\overline{U}=\overline{X\cup V}$ 且 $\overline{Y}\cup\overline{U}=\overline{X\cap V}$, 左端是 $r_1(Z)+r_2(\overline{Z})$ 的两个实例之和, 由于 $k\leqslant r_1(Z)+r_2(\overline{Z})$ 对所有 $Z\subseteq E$ 成立, 从而得到 $2k\leqslant 2k-1$. 因此, $M_1$ 和 $M_2$ 确有公共的独立 $k$-集.

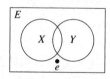

此结果有助于我们限制最小化的范围.

**8.2.49 推论** 对 $E$ 上拟阵 $M_1$, $M_2$, 它们的公共独立集大小的最大值是 $r_1(X_1)+r_2(X_2)$ 在满足如下条件的所有 $X_1$, $X_2$ 上取得的最小值, 其中 $X_1\cup X_2=E$ 并且每个 $X_i$ 在 $M_i$ 中是闭集.

**证明** 结合性蕴涵了 $r_i(\sigma_i(X))=r_i(X)$.

前面, 我们已经用其他方法证明了拟阵相交定理的一些特殊情况. 我们用不同的方法证明了 König-Egerváry 定理, 并根据 Menger 定理在定理 4.2.25 中证明了公共相异代表系的 Ford-Fulkerson 性质. 只要有定义于同一集合上的两个拟阵, 则由拟阵交定理可知, 对于公共独立集的最大大小必然有一个最小-最大关系; 同时该定理还告诉我们最终结果是什么并提供了证明方法.

**8.2.50 推论** (König[1931], Egerváry[1931]) 在二部图中, 最大匹配和最小顶点覆盖具有相同大小.

**证明** 设 $G$ 的部集为 $U_1$, $U_2$, 由它们在 $E(G)$ 上诱导得出的划分拟阵为 $M_1$ 和 $M_2$, 且匹配是公共独立集. 对于 $X_1$, $X_2\subseteq E$, 秩 $r_i(X_i)$ 计算了 $U_i$ 中关联到 $X_i$ 内的边的顶点个数. 因此, 如果 $X_1\cup X_2=E$, 则用 $U_i$ 中的顶点来覆盖 $X_i$ 即得到 $G$ 的一个大小为 $r_1(X_1)+r_2(X_2)$ 的顶点覆盖. 反之, 如果 $T_1\cup T_2$ 是满足 $T_i\subseteq U_i$ 的一个顶点覆盖; 令 $X_i$ 是关联到 $T_i$ 的所有边构成的集合; 则得到 $X_1\cup X_2=E$ 和 $r_1(X_1)+r_2(X_2)=|T_1|+|T_2|$, 并且 $X_i$ 在 $M_i$ 中是闭集. 由此得出结论:

$$\alpha'(G)=\max\{|I|:I\in \mathbf{I}_1\cap\mathbf{I}_2\}=\min\{r_1(X_1)+r_2(X_2)\}=\beta(G).$$

下一个推论用到了横截拟阵的秩函数.

**8.2.51 例** (横截拟阵, 参见例 8.2.13) 假设 $A_1\cup\cdots\cup A_m=E$, 令 $G$ 是对应的关联图, 其部集为 $E$ 和 $[m]$. 考虑 $X\subseteq E$. 如果 $|N(Y)|<|Y|$ 对某个 $Y\subseteq X$ 成立, 则 $Y$ 内至少有 $|Y|-|N(Y)|$ 个未被浸润的元素, 这些元素同时也在 $X$ 中. 对 $X$ 应用 Hall 条件, 得到 $r(X)=\min\{|X|-(|Y|-$

$|N(Y)|$):$Y\subseteq X$}(习题51).

我们还可以得到 $r(X)$ 另一个表达式(参见 Ore[1955]). 令 $A(J)=\bigcup_{i\in J}A_i$；放到图中来看，$A(J)=N(J)$. 对 $[m]$ 用 Hall 条件而不是对 $E$ 应用 Hall 条件，可以将匹配大小的最大值写成 $r(M)=\min\{m-(|J|-|A(J)|):J\subseteq[m]\}$. 为了确定 $X\subseteq E$ 中能够被匹配的元素的最大个数，我们丢弃 $E-X$ 中的元素，从而得到 $r(X)=\min_{J\subseteq[m]}\{|A(J)\bigcap X|-|J|+m\}$.

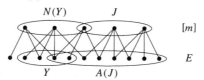

$r(X)$ 的第一个公式用到了 $E$ 的子集的邻域；第二个公式用到了 $[m]$ 的子集的邻域. 习题53 直接证明(不依赖于二部匹配的有关结果)了第二个公式是某个拟阵的秩函数. 关于横截的进一步的材料请参阅 Mirsky[1971] 和 Lovász-Plummer[1986]. ∎ [368]

**8.2.52 推论**(Ford-Fulkerson[1958]) 集族 $\boldsymbol{A}=\{A_1,\cdots,A_m\}$ 和 $\boldsymbol{B}=\{B_1,\cdots,B_m\}$ 有一个公共相异代表系(CSDR)当且仅当对任意 $I,J\subseteq[m]$ 均有

$$\left|\left(\bigcup_{i\in I}A_i\right)\bigcap\left(\bigcup_{j\in J}B_j\right)\right|\geqslant|I|+|J|-m.$$

**证明** 一个公共的部分相异代表系是由 $\boldsymbol{A}$ 和 $\boldsymbol{B}$ 在 $E$ 上诱导出的两个横截拟阵 $M_1$，$M_2$ 中的一个公共独立集. 为确定何时才有一个完整的公共相异代表系，仅需将条件 $r_1(X)+r_2(\overline{X})\geqslant m$ 恰当地重新表述为集族中的条件.

从例 8.2.51 的秩公式得到：

$$r_1(X)+r_2(\overline{X})=\min_{I\subseteq[m]}\{|A(I)\bigcap X|-|I|+m\}+\min_{J\subseteq[m]}\{|B(J)\bigcap\overline{X}|-|J|+m\}.$$

因此，$r_1(X)+r_2(\overline{X})\geqslant m$ 对所有 $X$ 成立，当且仅当：

$$|A(I)\bigcap X|+|B(J)\bigcap\overline{X}|\geqslant|I|+|J|-m \text{ 对所有 } X\subseteq E \text{ 和 } I,J\subseteq[m] \text{ 成立}$$

给定 $I,J$，考虑 $E$ 中的一个元素对上述不等式左端的贡献. $A(I)\bigcap B(J)$ 中的任意元素被计数一次，不管它属于 $X$ 还是属于 $\overline{X}$. $A(I)-B(J)$ 中的元素被计数当且仅当它属于 $X$，而 $B(J)-A(I)$ 中的元素被计数当且仅当它属于 $\overline{X}$. 因此，当 $A(I)-B(J)\subseteq\overline{X}$ 和 $B(J)-A(I)\subseteq X$ 都成立时，左端在 $I,J$ 上被最小化. 这时，左端的值等于 $|A(I)\bigcap B(J)|$，由此即得 Ford-Fulkerson 条件. ∎

在讨论最大二部匹配时，我们曾采用了增广路径方法，这种方法经推广后可以用来讨论拟阵的交. 此算法输出最大公共独立集 $I$ 和满足 $r_1(X)+r_2(\overline{X})=|I|$ 的一个集合 $X$(参见 Lawler[1976]，Edmonds[1979]，Faigle[1987]).

## 拟阵的并

两个拟阵的交很少是拟阵，但通常情况下，两个拟阵的并总得到一个拟阵. 将这一结论和一个关于秩函数的最小-最大关系结合在一起，就构成了拟阵并定理. 拟阵交定理和拟阵并定理是等价的，它们可以互相推导. Welsh[1976] 首先证明了拟阵并定理；这里，我们从拟阵交定理推导出拟阵并定理.

**8.2.53 定义** 对于 $E$ 上遗传系统 $M_1,\cdots,M_k$，它们的**并** $M_1\bigcup\cdots\bigcup M_k$ 是由 $\boldsymbol{I}_M=\{I_1\bigcup\cdots\bigcup I_k:I_i\in\boldsymbol{I}_i\}$ 在 $E$ 上诱导得到的遗传系统 $M$. 对于分别定义于不相交集合 $E_1,\cdots,E_k$ 上的遗传系统 $M_1\oplus\cdots\oplus M_k$，它们的**直和**是集合 $E_1\bigcup\cdots\bigcup E_k$ 上由 $\boldsymbol{I}_M=\{I_1\bigcup\cdots\bigcup I_k:I_i\in\boldsymbol{I}_i\}$ 定义的遗传系统 $M$. [369]

$E_1$，$\cdots$，$E_k$ 上拟阵的直和 $M_1 \oplus \cdots \oplus M_k$ 可以表达为 $E' = E_1 \bigcup \cdots \bigcup E_k$ 上的拟阵 $M'_1$，$\cdots$，$M'_k$ 的并，其中 $M'_i$ 是 $M_i$ 的一个拷贝并将 $E' - E_i$ 中的元素作为圈添加到其中．如果任意 $M_i$ 都是一个均匀拟阵，则它们的直和是一个**广义划分拟阵**，其中 $E_1$，$\cdots$，$E_k$ 划分了 $E$ 并且可以找到正整数 $r_1$，$\cdots$，$r_k$ 使得：如果 $|X \bigcap E_i| \leqslant r_i$，则 $X \in \boldsymbol{I}$．如果令所有 $r_i = 1$，则广义划分拟阵就变成了前面定义的划分拟阵．

**8.2.54 命题**  给定不相交集合 $E_1$，$\cdots$，$E_k$ 上的拟阵 $M_1$，$\cdots$，$M_k$，直和 $M_1 \oplus \cdots \oplus M_k$ 是一个拟阵．

**证明**  由于 $E_1$，$\cdots$，$E_k$ 两两不相交，任意 $I \in \boldsymbol{I}$ 与每个 $E_i$ 的交均是 $M_i$ 中的独立集．如果 $I_1$，$I_2 \in \boldsymbol{I}$ 并满足 $|I_2| > |I_1|$，则必有某个 $i$ 使得 $|I_2 \bigcap E_i| > |I_1 \bigcap E_i|$．由于这两个集合均是 $M_i$ 中的独立集，因此可以从 $I_2 \bigcap E_i$ 中挑选一个元素来扩展 $I_1 \bigcap E_i$，进而 $I_1$ 也可以被 $I_2$ 中的一个元素扩展．因此，$M_1 \oplus \cdots \oplus M_k$ 满足扩展性． ∎

利用直和，我们证明拟阵的并总是拟阵，同时计算秩函数．

**8.2.55 定理**（拟阵并定理——Edmonds-Fulkerson[1965]，Nash-Williams[1966]）  如果 $M_1$，$\cdots$，$M_k$ 是 $E$ 上秩函数为 $r_1$，$\cdots$，$r_k$ 的拟阵，则它们的并 $M = M_1 \bigcup \cdots \bigcup M_k$ 是秩函数为 $r(X) = \min_{Y \subseteq X}(|X - Y| + \sum r_i(Y))$ 的拟阵．

**证明**（选自 Schrijver[待发表]）  证明秩函数的公式之后，我们将通过验证 $M$ 的子模块性来证明它是一个拟阵．首先将计算秩函数归约为计算 $r(E)$．将遗传系统限制在集合 $X$ 上，从而有 $\boldsymbol{I}_{M|X} = \{Y \subseteq X : Y \in \boldsymbol{I}_M\}$ 并且对于 $Y \subseteq X$ 我们有 $r_{M|X}(Y) = r_M(Y)$．因此，$M|X = \bigcup_i (M_i|X)$，将整个并的秩公式应用到 $M|X$ 上即得到 $r_M(X)$．

考虑 $k \times |E|$ 的网格 $E'$，其中第 $j$ 列 $E_j$ 由元素 $e_j \in E$ 的 $k$ 个拷贝构成．我们在 $E'$ 上定义两个拟阵 $N_1$，$N_2$ 使得 $N_1$ 和 $N_2$ 的公共独立集的最大大小等于 $M$ 中独立集的最大大小．然后对 $N_1$ 和 $N_2$ 应用拟阵交定理来计算 $r_M(E)$．取 $E'$ 中第 $i$ 行的所有元素构成集合 $E^i$，在 $E^i$ 上定义 $M_i$ 的一个拷贝，将这个拟阵记为 $M'_i$．令 $N_1$ 为拟阵 $M'_1 \oplus \cdots \oplus M'_k$ 的直和，令 $N_2$ 为 $E'$ 上由列划分 $\{E_j\}$ 诱导得到的划分拟阵．

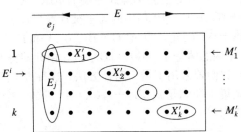

任意集合 $X \in \boldsymbol{I}_M$ 均可以分解为子集 $X_i \in \boldsymbol{I}_i$ 的不相交并，因为 $\boldsymbol{I}_i$ 是遗传集族．给定 $X \in \boldsymbol{I}_M$ 的一个分解 $\{X_i\}$，令 $X'_i$ 是 $X_i$ 在 $E^i$ 中的拷贝．由于 $\{X_i\}$ 两两互不相交，故 $\bigcup X'_i$ 在 $N_2$ 中是独立的，并且由 $X_i \in \boldsymbol{I}_i$ 知道 $\bigcup X'_i$ 在 $N_1$ 中也是独立的．给定 $X \in \boldsymbol{I}_M$，我们已经在 $\boldsymbol{I}_{N_1} \bigcap \boldsymbol{I}_{N_2}$ 中构造了一个大小为 $|X|$ 的独立集 $\bigcup X'_i$．反之，任意 $X' \in \boldsymbol{I}_{N_1} \bigcap \boldsymbol{I}_{N_2}$ 对应了 $\boldsymbol{I}_M$ 中一个大小为 $|X'|$ 的集合的一个分解，这只需将集合 $X' \bigcap E^i$ 对应回 $E$ 即可，因为 $N_2$ 中不允许同一个元素的多重拷贝存在．

因此，$r(E) = \max\{|I| : I \in \boldsymbol{I}_{N_1} \bigcap \boldsymbol{I}_{N_2}\}$．为了计算它，令 $N_1$，$N_2$ 的秩函数分别为 $q_1$，$q_2$，并令 $r'_i$ 为（$E^i$ 中 $M_i$ 的拷贝）$M'_i$ 的秩函数．我们有 $q_1(X') = \sum r'_i(X' \bigcap E^i)$，而 $q_2(X')$ 是 $E$ 中有拷贝位

于 $X'$ 内的元素的个数. 由拟阵交定理得到 $r(E) = \min\limits_{X' \subseteq E'} \{q_1(X') + q_2(E' - X')\}$.

根据推论 8.2.49,上述最小值在某个集合 $X'$ 取到,并且这个集合使得 $E' - X'$ 在 $N_2$ 中是闭集. 划分拟阵 $N_2$ 中的闭集要么包含某个元素的所有拷贝,要么不包含该元素的任何拷贝——闭集是 $E'$ 中若干个完整列的并. 给定 $X'$,其中 $E' - X'$ 在 $N_2$ 内是闭集;令 $Y \subseteq E$,其中 $Y$ 内所有元素的所有拷贝恰构成 $X'$;于是,$q_2(E' - X') = |E - Y|$,并且 $X'$ 包含了 $Y$ 中所有元素的所有拷贝. 所以,$q_1(X') = \sum r_i'(X' \cap E^i) = \sum r_i(Y)$. 从而我们得到结论 $r(E) = \min\limits_{Y \subseteq E} \{|E - Y| + \sum r_i(Y)\}$.

为证明 $M$ 是一个拟阵,我们验证 $r$ 满足子模块性. 给定 $X, Y \subseteq E$,$r$ 的计算公式得到 $U \subseteq X$ 和 $V \subseteq Y$ 使得

$$r(X) = |X - U| + \sum r_i(U); \qquad r(Y) = |Y - V| + \sum r_i(V).$$

由于 $U \cap V \subseteq X \cap Y$ 且 $U \cup V \subseteq X \cup Y$,我们还有

$$r(X \cap Y) \leqslant |(X \cap Y) - (U \cap V)| + \sum r_i(U \cap V);$$

$$r(X \cup Y) \leqslant |(X \cup Y) - (U \cup V)| + \sum r_i(U \cup V).$$

对 $r_i$ 应用各自的子模块性,结合下图,由上述不等式得到 $r(X \cap Y) + r(X \cup Y) \leqslant r(X) + r(Y)$.

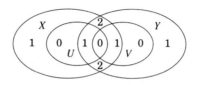

$$|(X \cap Y) - (U \cap V)| + |(X \cup Y) - (U \cup V)| = |X - U| + |Y - V| \qquad \blacksquare$$

应用拟阵交定理<sup>⊖</sup>时,我们要求 $N_1$ 是一个拟阵,这又要求 $\{M_i\}$ 均是拟阵. 因此,这个秩公式并不是对任意遗传系统的并都有效.

由拟阵并定理可以得到背包问题和覆盖问题中最小-最大关系的简短证明. 在下面的每个公式中,优化子集均是闭集,因为将 $X$ 替换为 $\sigma(X)$ 之后会使分子增大但不改变分母. 最初,对这些关于图的推论的证明均特别困难.

[371]

**8.2.56 推论**(拟阵覆盖定理——Edmonds[1965b]) 在 $E$ 上的无环拟阵 $M$ 中,并为 $E$ 的独立集的最小个数为 $\max\limits_{X \subseteq E} \left\lceil \dfrac{|X|}{r(X)} \right\rceil$.

**证明** 令 $M_1, \cdots, M_k$ 为 $E$ 上 $M$ 的拷贝. 集合 $E$ 是 $M$ 中 $k$ 个独立集的并集当且仅当 $E$ 是 $M' = M_1 \cup \cdots \cup M_k$ 的独立集. 根据拟阵并定理,$r'(E) \geqslant |E|$ 等价于 $|E| - |Y| + \sum r_i(Y) \geqslant |E|$ 对任意 $Y \subseteq E$ 成立. 由于 $r_i(Y) = r(Y)$ 对所有 $i$ 均成立,从而得到结论:$E$ 是 $k$ 个独立集的并当且仅当 $kr(Y) \geqslant |Y|$ 对所有 $Y \subseteq E$ 成立. $\blacksquare$

**8.2.57 推论**(Nash-Williams[1964]) 覆盖图 $G$ 的所有边所需森林的最小个数(图的**荫度**)是 $\max\limits_{H \subseteq G} \left\lceil \dfrac{e(H)}{n(H) - 1} \right\rceil$.

**证明**(Edmonds[1965b]) 对 $M(G)$ 应用推论 8.2.56,立即得到上述结论. 最佳下界在连通诱导子图 $H$(对应于 $M(G)$ 的闭集)上取得. $\blacksquare$

---

⊖ 应该是"拟阵并定理". ——译者注

**8.2.58 推论**(拟阵填充定理——Edmonds[1965c]) 给定 $E$ 上的一个拟阵 $M$，两两互不相交的基的最大个数等于 $\min\limits_{X:r(X)<r(E)}\left\lfloor\dfrac{|E|-|X|}{r(E)-r(X)}\right\rfloor$.

**证明** 集合 $E$ 包含 $k$ 个两两不相交的基当且仅当 $E$ 上 $M$ 的 $k$ 个拷贝 $M_1,\cdots,M_k$ 的并 $M'$ 满足 $r'(E)\geqslant kr(E)$. 根据拟阵并定理，要求 $|E|-|Y|+\sum r_i(Y)\geqslant kr(E)$ 对所有 $Y\subseteq E$ 成立. 由于 $r_i(Y)=r(Y)$ 对所有 $i$ 成立，因此得到：存在 $k$ 个两两不相交的基当且仅当 $|E|-|Y|\geqslant k(r(e)-r(Y))$ 对任意 $Y\subseteq E$ 成立. ■

**8.2.59 推论**(Nash-Williams[1961]，Tutte[1961a]) 图 $G$ 有 $k$ 棵两两间无公共边的生成树当且仅当对于任意顶点划分 $P$，至少存在 $k(|P|-1)$ 条边使得它们的端点位于 $P$ 的不同集合中.

**证明**(Edmonds[1965c]) 我们可以假设 $G$ 是连通的. 对 $M(G)$ 应用推论 8.2.58，必须确定何时 $|E|-|X|\geqslant k(r(E)-r(X))$ 对任意闭集 $X$ 成立. 闭集对应于 $V(G)$ 的一种顶点划分，由这种划分中各个集合诱导的子图均是连通的. 对于每一个这样的划分 $V_1,\cdots,V_p$，相应的闭集 $X$ 是 $\bigcup E(G[V_i])$，它的秩为 $n-p$. 由于 $|E|-|X|$ 计算了介于该划分中集合与集合之间的边的条数并且 $r(E)-r(X)\geqslant p-1$，因此图 $G$ 有 $k$ 棵两两间无公共边的生成树当且仅当条件成立. ■

**习题**

8.2.1 (—)找出一系列顶点-加权图，使得其中稳定集的最大权值与用贪心算法找到的稳定集的权值的比是任意大的. 由此说明一个图的稳定集不一定是某个拟阵的独立集.

8.2.2 (—)刻画下面这种图的特征，其稳定集构成定义于顶点集上的一个拟阵的独立集.

8.2.3 (—)证明：任意划分拟阵均是一个横截拟阵.

8.2.4 修改贪心算法来得到一个算法，以找出(并证明)各个元素的权值均为任意实数(不一定非负)的拟阵中的最大权值独立集.

8.2.5 刻画下面这种图的特征，其所有匹配构成定义于边集上的一个拟阵的独立集族.

8.2.6 (!)确定哪些均匀拟阵是可图解的. 刻画环拟阵是均匀拟阵的这种图的特征.

8.2.7 (!)确定哪些划分拟阵是可图解的. 刻画环拟阵是划分拟阵的这种图的特征.

8.2.8 仅用线性相关性证明：向量拟阵满足诱导回路性质，即在线性无关的向量集合中添加一个元素最多产生一个极小线性相关集合.

8.2.9 将划分拟阵 $M$ 中的回路表达成相应二部图 $G$ 的形式. 只使用二部图的性质，证明：$M$ 满足弱消除性.

8.2.10 令 $M(G)$ 是图 $G$ 的环拟阵；令 $k(X)$ 是边集为 $X$ 的生成子图 $G_X$ 中连通分量的个数；所以，$r(X)=n-k(X)$. 令 $U$ 和 $V$ 分别为 $G_X$ 和 $G_Y$ 中连通分量构成的集合. 令 $H$ 是一个 $U$，$V$-二部图，其中 $u\leftrightarrow v$ 仅当 $u,v$ 对应的连通分量相交.

    a)用 $k(X)$，$k(Y)$ 和 $k(X\cup Y)$ 这几个数量将 $H$ 中顶点数和连通分量数表达出来；证明：$k(X\cap Y)\geqslant e(H)$.

    b)不用拟阵的其他性质，根据(a)证明 $M(G)$ 的子模块性. (Aigner[1979])

8.2.11 利用 König-Egerváry 定理，直接证明横截拟阵的阶函数满足子模块性.

8.2.12 令 $D$ 是一个有向图，其中有源点 $s$ 和接收点 $t$ 且 $s,t$ 是不同的. 令 $E=V(D)-\{s,t\}$. 对于 $X\subseteq E$，令 $r(X)$ 是从 $s\cup X$ 到 $\overline{X}\cup t$ 的边的条数. 证明：$r$ 满足子模块性.

8.2.13 (—)对于遗传系统中的任意元素 $x$，证明下面等价的性质刻画了圈的特征.

a)$r(x)=0$.

b)$x\in\sigma(\varnothing)$.

c)$x$ 是一个回路.

d)$x$ 不属于任何基.

e)包含 $x$ 的任意集合都不是独立的.

f)$x$ 属于任意 $X\subseteq E$ 的生成子空间.

8.2.14 (一)证明下列刻画并行元素特征的命题等价,假设 $x\neq y$ 并且均不是圈.

a)$r(x,y)=1$.

b)$\{x,y\}\in\mathbf{C}$.

c)$x\in\sigma(y)$,$y\in\sigma(x)$,$r(x)=r(y)=1$.

并且证明:如果 $x$,$y$ 是并行元素且 $x\in\sigma(X)$,则 $y\in\sigma(X)$.

8.2.15 (一)在 $E$ 上的一个拟阵中,假设 $r(X)=r(X\cap Y)$ 对某 $X$,$Y\subseteq E$ 成立.证明:$r(X\cup Y)=r(Y)$.逆命题成立吗?

8.2.16 设 $M$ 为 $E$ 上的一个具有非负权值的遗传系统,直接证明:如果 $M$ 满足(引理 6.2.33 中论述的)基交换性(B),则贪心算法总是生成最大权值的基.

8.2.17 另一套拟阵公理.令 $M$ 是一个遗传系统.在 $M$ 中直接证明下面的蕴涵关系.

a)(一)子模块性(R)蕴涵着弱吸收性(A).

b)强吸收性(A′)蕴涵子模块性(R)(不使用一致性).(提示:对 $|X\triangle Y|$ 用归纳法.)

c)基交换性(B)蕴涵诱导回路的唯一性(J).

d)(一)诱导回路的唯一性(J)蕴涵弱消除性(C).

e)诱导回路的唯一性(J)蕴涵扩展性(I).(提示:利用 J,通过对 $|I_1-I_2|$ 用归纳法得出扩展性.)

8.2.18 证明:遗传系统是拟阵当且仅当它满足"极端弱"的扩展性:如果 $I_1$,$I_2\in\mathbf{I}$ 且满足 $|I_2|>|I_1|$ 和 $|I_1-I_2|=1$,则 $I_1+e\in\mathbf{I}$ 对某个 $e\in I_2-I_1$ 成立.(Chappell[1994a])

8.2.19 (一)设 $M$ 是 $E$ 上的一个拟阵,并固定 $A\subseteq E$.从 $\mathbf{I}$ 中删除与 $A$ 相交的集合得到 $\mathbf{I}'$.证明:$\mathbf{I}'$ 是 $E$ 上某个拟阵的独立集族.

8.2.20 对 $E$ 上的一个拟阵,假设 $e\notin B\in\mathbf{B}$.令 $C(e,B)$ 是 $B+e$ 中的唯一回路.

a)对于 $e\notin B$,证明:$B-f+e$ 是一个基当且仅当 $f$ 属于 $C(e,B)$.

b)对于 $e\in C\in\mathbf{C}$,证明:$C=C(e,B)$ 对某个基 $B$ 成立.

8.2.21 (一)令 $B_1$,$B_2$ 是拟阵的基,且 $|B_1\triangle B_2|=2$.证明:存在唯一的回路 $C$ 使得 $B_1\triangle B_2\subseteq C\subseteq B_1\cup B_2$.

8.2.22 (一)令 $B_1$,$B_2$ 是拟阵 $M$ 的基.给定 $X_1\subseteq B_1$,证明:存在 $X_2\subseteq B_2$ 使得 $(B_1-X_1)\cup X_2$ 和 $(B_2-X_2)\cup X_1$ 都是 $M$ 的基.(Greene[1973])

8.2.23 (!)令 $B_1$,$B_2$ 是拟阵 $M$ 中的两个不同的基.

a)设 $G$ 是一个 $B_1$,$B_2$-二部图,其中 $e\in B_1$ 与 $f\in B_2$ 相邻仅当 $B_2+e-f\in\mathbf{B}$.证明:$G$ 有一个完美匹配.

b)由(a)得出结论,存在一个双射 $\pi:B_1\to B_2$ 使得集合 $B_2-\pi(e)+e$ 是 $M$ 的一个基对任意 $e\in B_1$ 均成立.

373

8.2.24　(!)令 $B_1$，$B_2$ 为拟阵 $M$ 的两个不同的拟阵.

　　　　a)证明：对任意 $e \in B_1$ 均存在 $f \in B_2$ 使得 $B_1 - e + f$ 和 $B_2 - f + e$ 是基(提示：利用结合性. 注意：这推广了习题 2.1.34).

　　　　b)利用环拟阵 $M(K_4)$，证明：可能没有双射 $\pi : B_1 \to B_2$ 使得 $e$ 和 $f = \pi(e)$ 对所有 $e \in B_1$ 满足(a).

8.2.25　(一)对于 $E$ 上一个拟阵 $M$，其中 $|E| - r(E)$ 个回路构成的集合形成一个**回路基本集**，如果可以将元素排序为 $e_1, \cdots, e_n$ 使得 $C_i$ 包含 $e_{r(E)+i}$ 但不包含下标更大的元素. 证明：任意拟阵均有一个回路基本集. (Whitney[1935])

8.2.26　(一)给定 $k$ 个不同的回路 $\{C_i\}$，其中任意回路均不含于其他回路的并中. 再给定一个满足 $|X| < k$ 的集合 $X$. 证明：$\bigcup_{i=1}^{k} C_i - X$ 包含一个回路. (Welsh[1976])

8.2.27　(+)对于遗传系统，$|C_1 \cup C_2|$ 用归纳法直接证明：弱消除性蕴涵了强消除性. (Lehman[1964])

8.2.28　(!)加权独立集的最小-最大关系. 令 $M$ 为 $E$ 上的一个拟阵，其中任意 $e \in E$ 均有非负整数权值 $w(e)$. 令 $A$ 是由下面这种链 $X_1 \subseteq X_2 \subseteq \cdots$ 构成的集合：任意 $e \in E$ 至少在该链中的 $w(e)$ 个集合内出现(集合可以在链中重复). 用贪心算法证明

374

$$\max_{I \in \mathbf{I}} \sum_{e \in I} w(e) = \min_{\langle X_i \rangle \in \mathbf{A}} \sum_i r(X_i).$$

8.2.29　(一)令 $r$ 和 $\sigma$ 分别是拟阵的阶函数和生成函数. 证明：$r(X) = \min\{|Y| : Y \subseteq X, \sigma(Y) = \sigma(X)\}$.

8.2.30　证明：阶为 $r$ 的一个拟阵至少有 $2^r$ 个闭集. (Lazarson[1957])

8.2.31　证明：一个拟阵是简单的当且仅当：1)任意元素均不会在每个超平面中出现；2)对任意两个不同的元素，存在某个超平面恰包含其中一个元素. 证明：这两个条件也是一族集合成为某个简单拟阵的超平面集合的充分条件.

8.2.32　证明：在一个拟阵中，一个集合是亚基当且仅当它是一个超平面.

8.2.33　利用弱消除性来刻画何时一个集族才可能成为某个拟阵的超平面族.

8.2.34　证明：拟阵的闭集均是若干个余回路的并集的补集.

8.2.35　设 $X$ 是拟阵 $M$ 中的一个闭集.

　　　　a)令 $Y$ 是含于 $X$ 中的闭集，且 $r(Y) = r(X) - 1$. 证明：$M$ 有一个超平面 $H$ 使得 $Y = X \cap H$ (提示：给定 $Y$ 的一个极大独立子集 $Z$，用 $e \in X$ 将它扩展为一个基 $B$，并令 $H = \sigma(B - e)$).

　　　　b)证明：$X$ 是 $r(M) - r(X)$ 个不同的超平面的交.

8.2.36　在拟阵中，证明闭集的下列性质.

　　　　a)两个闭集的交是闭集.

　　　　b)一个集合的生成子空间是包含该集合的所有闭集的交(注：因此，$\sigma(X)$ 是包含 $X$ 的唯一一个极小闭集).

　　　　c)两个闭集的并不一定是闭集.

8.2.37　证明：$M \cdot X$ 没有圈当且仅当 $\bar{X}$ 是闭集.

8.2.38　(!)拟阵中的基和余回路.

　　　　a)证明：如果 $e$ 属于拟阵 $M$ 的基 $B$，则 $M$ 中恰有一个不与 $B - e$ 相交的余回路并且它包含

了 e.

b)利用(a)证明：如果 C 是拟阵 M 的一个回路，且 x，y 是 C 的两个不同的元素，则有一个余回路 $C^* \in \boldsymbol{C}^*$ 使得 $C^* \bigcap C = \{x, y\}$. (Minty[1966])

c)解释：为什么(b)对于环拟阵是平凡的.

8.2.39 (—)证明：简单拟阵(没有圈和并行元素)的对偶不一定是简单的. 确定一个集合在拟阵中能否既是回路又是余回路.

8.2.40 (!)利用拟阵对偶的对偶性证明连通平面图的欧拉公式.

8.2.41 证明：在拟阵中先进行限制操作再进行收缩操作得到的子式也可以通过先进行收缩操作再进行限制操作得到. 特别地，如果 M 是 E 上的一个拟阵，且 $Y \subseteq X \subseteq E$，证明：$(M | X) . Y = (M. \overline{X-Y}) | Y$ 和 $(M. X) | Y = (M | \overline{X-Y}) . Y$.

8.2.42 (!)利用对偶性和拟阵的限制操作，证明：$r_{M.F}(X) = r_M(X \bigcup \overline{F}) - r_M(\overline{F})$. 并且，直接导出上述公式，这只需证明：X 在 M. F 中是独立的当且仅当将 X 添加到 $\overline{F}$ 中会使得阶增大 $|X|$.

8.2.43 证明：环拟阵 M(G) 是 G 的顶点-边关联矩阵 $\boldsymbol{Z}_2$ 上的列拟阵.(因此，任意可图解拟阵均是二元拟阵).

8.2.44 Tutte[1958]证明了一个拟阵是二元的当且仅当它没有 $U_{2,4}$-子式.

a)证明：矩阵 $\begin{pmatrix} 1 & 0 & 1 & 1 \\ 0 & 1 & 1 & 2 \end{pmatrix}$ 在 $\boldsymbol{Z}_3$ 上表示了 $U_{2,4}$.

b)证明：$U_{2,4}$ 在 $\boldsymbol{Z}_2$ 上无法表示.

375

8.2.45 证明下列三个操作保持了 G 的环拟阵.

a)将 G 分解成为块 $B_1, \cdots, B_k$，再将这些块重新组装成块为 $B_1, \cdots, B_k$ 的另一个图 $G'$.

b)在 G 的具有 2-顶点割集$\{x, y\}$的块 B 中，将 $B - \{x, y\}$ 的一个连通分量中 x 和 y 的相邻顶点互换.

c)添加或者删除孤立顶点.

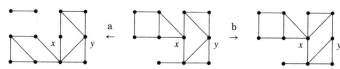

(注：Whitney 的 2-同构定理[1933b]指出：G 和 H 有相同的环拟阵当且仅当存在上述这几种操作的一个序列将 G 转换成 H. 因此，任意 3 连通可平面图只有一个对偶，这说明本质上它只有一个平面嵌入. 也可以参见 Kelmans[1980].)

8.2.46 构造一个没有孤立点的图使得它的抽象对偶不是这个图的几何对偶(提示：考虑习题 8.2.45 中的操作).(Woodall 在 Welsh[1976]一书中出现于 p91-92)

8.2.47 **拟阵基图**是与一个拟阵对应的一个图，其中拟阵的每个基对应图中的一个顶点，两个基相邻仅当这两个基的对称差的大小为 2. 证明：任意拟阵基图有一个生成环；并在可图解拟阵和均匀拟阵中解释这个结论(提示：使用收缩操作和限制操作进行归纳，可以从任何一条边开始均得出生成环).(Holzmann-Harary[1972]，Kung[1986, p72])

8.2.48 利用线性规划的弱对偶性来证明拟阵交的弱对偶性：$|I| \leqslant r_1(X) + r_2(\overline{X})$ 对任意 $I \in \boldsymbol{I}_1 \bigcap \boldsymbol{I}_2$ 和 $X \subseteq E$ 均成立.(提示：考虑在注记 8.1.7 中对线性规划对偶对的讨论.)

8.2.49 设 $M_1$，$M_2$ 是 $E$ 上的两个拟阵.

a)证明：在 $M_1$ 和 $M_2$ 中均是生成集合的 $E$ 的子集的最小顶点数是 $\max\limits_{X\subseteq E}(r_1(E)-r_1(X)+r_2(E)-r_2(\overline{X}))$.

b)利用(a)证明：在没有孤立顶点的二部图中，覆盖所有顶点所需的最小边数等于在其中没有边的最大顶点数.（König 的"其他"定理）

c)由(a)证明：公共独立集的最大顶点数加上公共生成集合的最小顶点数等于 $r_1(E)+r_2(E)$.特别地，得出二部图的 Gallai 定理：在没有孤立顶点的二部图中，最大匹配的大小加上覆盖顶点所需的最小边数等于顶点数.

8.2.50 利用拟阵交定理证明：在 $G$ 的任意无环定向中，最多用 $\alpha(G)$ 条两两不相交的路径就可以覆盖所有顶点（注：这是定理 8.4.33 在无环有向图中的特殊情况）.（Chappell[1994b]）

8.2.51 （一）令 $M$ 是由集合 $A_1$，$\cdots$，$A_m$ 在 $E=\bigcup A_i$ 上诱导得出的横截拟阵.利用二部图中关于匹配的 Hall 定理得出阶函数 $r(X)=\min\limits_{Y\subseteq X}\{|X|-(|Y|-|N(Y)|)\}$.

8.2.52 令 $G$ 是没有孤立顶点的 $E$，$[m]$-二部图.对于 $X\subseteq E$，令 $r(X)=\min\{|N(J)\bigcap X|-|J|+m$：$J\subseteq[m]\}$.证明下列条件对 $X$ 等价.

A)Hall 条件成立（$|N(S)|\geqslant|S|$ 对任意 $S\subseteq X$ 成立）.

B)$r(X)\geqslant|X|$.

C)$X$ 被 $G$ 中的某个匹配浸润.

（提示：证明 B$\Rightarrow$C 要用到一些路径，这种路径起始于未被特定匹配浸润的顶点，并且在该匹配的边和不在该匹配中的边之间交错）.

8.2.53 (!)令 $G$ 是没有孤立顶点的 $E$，$[m]$-二部图.对于 $X\subseteq E$ 和 $J\subseteq[m]$，令 $g(X,J)=|N(J)\bigcap X|-|J|$，令 $r(X)=\min\{g(X,J)+m$：$J\subseteq[m]\}$.如果 $r(X)=g(X,J)+m$，则我们称 $J$ 是 $X$-最优的.

a)证明：$r(\varnothing)=0$，且 $r(X)\leqslant r(X+e)\leqslant r(X)+1$.

b)证明：$r$ 满足弱吸收性.

8.2.54 证明：横截拟阵的并和限制都是横截拟阵，但是横截拟阵的收缩和对偶却不一定是横截拟阵.

8.2.55 群联拟阵.令 $D$ 是一个有向图，$F$，$E$ 是 $V(D)$ 的子集.$E$ 上由 $D$，$F$ 诱导得出的**群联拟阵**是由 $\boldsymbol{I}=\{X\subseteq E$：存在 $|X|$ 条从 $F$ 到 $X$ 的两两不相交的路径$\}$ 定义的传递系统；等价地说，$r(X)$ 是两两互不相交的 $F$，$X$-路径的最大条数.

a)验证：每个横截拟阵均是群联拟阵.

b)（+）证明：任意群联拟阵均是拟阵（提示：使用 Menger 定理验证子模块性，也可以验证扩展性，但证明过程要长一些）.（Mason[1972]）

8.2.56 严格群联拟阵.令 $D$ 为有向图，$F$，$E$ 是 $D$ 的顶点集的子集，$M$ 是 $E$ 上由 $D$，$F$ 诱导得出的群联拟阵（习题 8.2.55）.如果 $E$ 包含了 $D$ 的所有顶点，则称这个群联拟阵是**严格群联拟阵**.证明：拟阵是严格群联拟阵当且仅当它是横截拟阵（提示：利用把 $n$-顶点有向图对应为 $2n$-顶点二部图的那个自然对应关系）.（Ingleton-Piff[1973]）

8.2.57 （一）由于两个拟阵的并仍是拟阵，故应该有一个对偶操作得到该拟阵的对偶.给定生成集族为 $\boldsymbol{S}_1$，$\boldsymbol{S}_2$ 的两个拟阵 $M_1$，$M_2$，令 $M_1\wedge M_2$ 为生成集族是 $\{X_1\bigcap X_2$：$X_1\in\boldsymbol{S}_1$，$X_2\in\boldsymbol{S}_2\}$

的遗传系统. 证明：$M_1 \wedge M_2$ 是拟阵 $(M_1^* \bigcup M_2^*)^*$.

8.2.58 **广义横截拟阵**.

  a)设 $M$ 是 $E$ 上的一个拟阵，$A=\{A_1, \cdots, A_m\}$ 是 $E$ 上的一个集族. 令 $M'$ 为 $[m]$ 上的一个遗传系统，其独立集是横截属于 $I_M$ 的 $A$ 的子集. 证明：$M'$ 是阶函数为 $r'(X)=\min\limits_{Y\subseteq X}\{|X-Y|+r(A(Y))\}$ 的拟阵.

  b)设 $E$，$F$ 有穷集合，$f$ 是从 $E$ 到 $F$ 的函数. 对于 $X\subseteq E$，令 $f(X)$ 是 $X$ 的象集. 令 $M$ 是 $E$ 上的一个拟阵，$M'$ 是 $F$ 上由 $I_{M'}=\{f(X): X\in I_M\}$ 定义的遗传系统. 证明：$M'$ 是拟阵. 另外，证明：如果 $f$ 是满射，则 $r'(X)=\min\limits_{Y\subseteq X}\{|X-Y|+r(f^{-1}(Y))\}$.

8.2.59 用拟阵直和和习题 8.2.58 来证明拟阵并定理.

8.2.60 (!)证明：$E$ 上的拟阵 $M_1$ 和 $M_2$ 中的公共独立集的最大顶点数为 $r_{M_1\bigcup M_2^*}(E)-r_{M_2^*}(E)$. 由此，将拟阵并定理应用到 $M_1\bigcup M_2^*$ 上来证明拟阵交定理(注：这样，这两个定理是等价的).

8.2.61 令 $G$ 是一个 $n$-顶点加权图，$E_1, \cdots, E_{n-1}$ 将 $E(G)$ 划分成 $n-1$ 个集合. 是否存在多项式时间算法来计算在任意子集 $E_i$ 中恰好有一条边的最小权值生成树？

377

8.2.62 (!)利用有 $k$ 棵两两间无公共边的生成树的图的特征(推论 8.2.59)，证明：任意 $2k$-边-连通图有 $k$ 棵两两间无公共边的生成树. 对每个 $k$，给出一个没有 $k+1$ 棵两两间无公共边的生成树的 $2k$-边连通图.(Nash-Williams[1961])

8.2.63 给定 $E$ 上的拟阵 $M_1, \cdots, M_k$，**拟阵划分问题**是确定输入集合 $X\subseteq E$ 是否可以划分成集合 $I_1, \cdots, I_k$ 使得 $I_i\in I_i$.

  a)利用拟阵并定理证明：$X$ 是可划分的当且仅当 $|X-Y|+\sum r_i(Y)\geqslant|X|$ 对任意 $Y\subseteq X$ 成立,并证明所有极大可划分集均是最大可划分集.

  b)令 $M'$ 为 $E$ 上拟阵 $M$ 的 $k$ 个拷贝的并，$X$ 是一个最大可划分集. 证明：存在不相交的集合 $F_1, \cdots, F_k\subseteq X$ 使得 $\{F_i\}\subseteq I$ 且 $\overline{X}\subseteq\sigma(F_1)=\cdots=\sigma(F_k)$.

## 8.3 Ramsey 理论

  "Ramsey 理论"是对大结构进行划分的研究. 典型的研究结果是表明某种特殊的子结构必然会出现在划分的某个类之中. Matzkin 将这种现象表述为"完全无序是不可能的!". 我们考虑的对象仅仅是集合和数字，所使用的技术基本上就是归纳法.

  Ramsey 理论推广了鸽巢原理，后者本身是研究集合的划分. 本小节，我们要学习鸽巢原理，并证明 Ramsey 理论，然后集中讨论图中的 Ramsey 类型问题；最后，我们讨论关于三角剖分标记的 Sperner 引理，同 Ramsey 定理一样，该引理也确保了特定子结构的必然出现.

### 鸽巢原理的再研究

  鸽巢原理(引理 A.57)指出，如果 $m$ 个对象被划分成 $n$ 个类，则某个类至少有 $\lceil m/n\rceil$ 个对象(另有一个类至多有 $\lfloor m/n\rfloor$ 个对象). 这是下面这个命题的离散化说法：任意数集包含一个至少与平均数一样大的数(另外还包含一个至少与平均数一样小的数). 尽管涉及的概念非常简单，但其应用却博大精深. 难点在于如何定义一个划分问题并将它与目标应用关联起来. 为此，我们给出 4 个例子对此进行说明.

**8.3.1 命题**  在6个人中，要么能找到3个相互认识的人要么能找到3个相互不认识的人.

**证明**（习题 1.1.29）  用图论的话讲，就是要求我们证明：对具有 6 个顶点的任意简单图 $G$，要么 $G$ 中存在一个三角形要么 $\overline{G}$ 中存在一个三角形. 任意顶点 $x$ 在 $G$ 中的度与它在 $\overline{G}$ 中的度之和为 5，故鸽巢原理表明了这两个度之一至少是 3.

由对称性，可以假设 $d_G(x) \geqslant 3$. 如果 $x$ 有两个相邻顶点是邻接的，则这两个顶点与 $x$ 一起构成一个含于 $G$ 内的三角形；否则，$x$ 的三个相邻顶点在 $\overline{G}$ 中构成三角形.

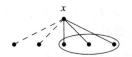

**8.3.2 定理**（Graham-Entringer-Székely[1994]）  如果 $T$ 是 $k$ 维立方体 $Q_k$ 的一棵生成树，则 $Q_k$ 中存在一条位于 $T$ 之外的边使得将它添加到 $T$ 中将会形成一个长度至少是 $2k$ 的环.

**证明**  对于 $Q_k$ 的每个顶点 $v$（由一个二进制 $k$ 元组来表示），存在一个补顶点 $v'$，其 $k$ 元组的每个分量均不同于 $v$ 的 $k$ 元组的相应分量. 在 $T$ 中，存在唯一一条 $v$，$v'$-路径；将其第一条边定向使得它指向 $v'$. 由于 $n(Q_k) = e(T)+1$，根据鸽巢原理，对每个顶点完成上述操作将会使得某条边被定向两次.

由于边 $uv$ 有两个方向，一个指向 $u$ 另一个指向 $v$，因此我们知道在 $T$ 中 $v$ 位于 $u$，$u'$-路径上且 $u$ 位于 $v$，$v'$-路径上. 因此，在 $T$ 中 $u$，$v'$-路径和 $v$，$u'$-路径没有公共顶点；并且因为 $Q_k$ 中顶点与其补顶点之间的距离是 $k$，因此这两条路径的长度均至少是 $k-1$. 最后，在 $Q_k$ 中 $u \leftrightarrow v$ 蕴涵了 $u' \leftrightarrow v'$，将这条边添加到 $T$ 中就可以得到一个长度至少为 $2k$ 的环.

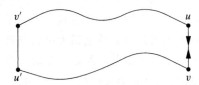

定理 8.3.2 表明，$Q_k$ 的任意最小生成树的直径至少是 $2k-1$（Graham-Harary[1992]）.

**8.3.3 定理**（Erdös-Szekeres[1935]）  每一个有多于 $n^2$ 个不同数字的序列都有一个长度大于 $n$ 的单调子序列.

**证明**  令 $a = a_1$，$\cdots$，$a_{n^2+1}$ 是这个序列. 给每个位置 $k$ 分配一个标记 $(x_k, y_k)$，其中 $x_k$ 是结束于 $a_k$ 的最长递增子序列的长度，$y_k$ 是结束于 $a_k$ 的最长递减子序列的长度. 如果 $a$ 没有长度为 $n+1$ 的子序列，则 $x_k$ 和 $y_k$ 不会超过 $n$，从而只有 $n^2$ 个可能的标记.

由于已知序列的长度为 $n^2+1$，现在，由鸽巢原理可知：必然有两个标记是相同的. 如果 $a$ 的元素各不相同，则这是不可能的. 如果 $i<j$ 且 $a_i<a_j$，则可以把 $a_j$ 追加到以 $a_i$ 结尾的最长递增子序列中. 如果 $i<j$ 且 $a_i>a_j$，则可以把 $a_j$ 追加到以 $a_i$ 结尾的最长递减子序列中（定理的推广参见习题 5.1.43）.

| $a$: | 7 | 4 | 1 | 8 | 5 | 2 | 9 | 6 | 3 | 10 |
|---|---|---|---|---|---|---|---|---|---|---|
| $x,y$: | 1,1 | 1,2 | 1,3 | 2,1 | 2,2 | 2,3 | 3,1 | 3,2 | 3,3 | 4,1 |

**8.3.4 定理**（Graham-Kleitman[1973]）  用不同整数来随意标记 $E(K_n)$ 中的边，则存在一条长度至少为 $n-1$ 的迹并且沿这条迹行进时各边的标记是严格递增的.

**证明** 我们给每个顶点分配一个权值,这个权值等于以该顶点为终点的最长递增迹的长度.如果能够证明这 $n$ 个权值之和至少为 $n(n-1)$,则由鸽巢原理即可得到一个有足够大权值的顶点.问题在于如何计算这些权值以及这些权值之和.

我们从平凡图开始,依次将所有边添加进来,最后得到 $K_n$;在每个步骤中,更新各个顶点的权值以及所有权值之和.所有顶点的权值在开始时都是 0.如果下一条边连接了两个权值均为 $i$ 的顶点,则这两个顶点的权值都将变成 $i+1$.如果下一条边连接了权值分别为 $i$ 和 $j$ 的顶点且 $i<j$,则这两个顶点的权值将变成 $j+1$ 和 $j$.

无论哪种情况,每一次都新添加一条边,顶点权值之和至少增加 2.因此,当构造结束时,顶点权值之和至少是 $n(n-1)$. ■

最后,我们注意到:各个类的限额可以是不同的.

**8.3.5 定理** 如果 $\sum p_i - k+1$ 个对象被划分到限额分别为 $\{p_i\}$ 的 $k$ 个类中,则必有某个类达到了其限额.

**证明** 否则,其 $k$ 个类至多容纳了 $\sum(p_i-1)$ 个对象. ■

## Ramsey 定理

当把一些对象划分到若干个类中时,鸽巢原理确保某个类有许多对象.Ramsey[1930]的著名定理是一个类似的结论,但这个定理考虑的是将一些对象的所有 $r$-元子集划分到若干个类中.粗略地讲,Ramsey 定理是说:对于足够大的集合 $S$,只要能将 $S$ 的所有 $r$-元子集划分到 $k$ 个类中,则总能找到 $S$ 的一个 $p$-元子集使得其所有 $r$-元子集全部位于同一个类中.

划分是将一个集合分割成它的若干个子集;现在,我们要划分的集合由另一个集合的一些子集构成;因此,为了清楚起见,我们利用"着色"这种说法而不再称为"划分".前面讲过,一个集合的 **$k$-着色** 是将它划分成 $k$ 个同色类的过程.一个同色类或者这个类的标记就是一种**颜色**.一般情况下我们用 $[k]$ 作为颜色集,这时,$X$ 的 $k$-着色可以看作一个函数 $f: X \to [k]$.

**8.3.6 定义** 令 $\binom{S}{r}$ 表示集合 $S$ 的所有 $r$-元子集($r$-集)构成的集合.集合 $T \subseteq S$ 在 $\binom{S}{r}$ 的一个着色中是**同源的**,如果 $T$ 的所有 $r$-集均有同样的颜色.并且如果这种颜色是 $i$,则称 $T$ 是 $i$-**同源的**.

令 $r$ 和 $p_1, \cdots, p_k$ 是正整数.如果存在整数 $N$ 使得 $\binom{[N]}{r}$ 的任意 $k$-着色均对某个 $i$ 值存在一个大小为 $p_i$ 的 $i$-同源集,则这种整数的最小值称为 Ramsey 数 $R(p_1, \cdots, p_k; r)$.

380

Ramsey 定理断言,这种整数对于任意 $r$ 和 $p_1, \cdots, p_k$ 均存在(后面的 $k$ 个值称为**阈值**或者**限额**).如果所有的限额都等于 $p$,则这个定理表明:对于一个足够大集合,对其所有 $r$-集的任意 $k$-着色均存在一个 $p$-集使得其所有 $r$-集被着以相同颜色.对于 Ramsey 定理以及其他划分定理的全面研究,请参见 Graham-Rothschild-Spencer[1980,1990].

在证明这个定理之前,我们考虑 $r=k=2$,这种情况容易用图的边-着色理论来描述.这种情况的证明过程与整个定理的证明过程具有同样的结构.

当 $r=2$ 时,$\binom{S}{r}$ 的一个 $k$-划分就是对顶点集为 $S$ 的完全图进行 $k$-边-着色(并非真边-着色).当 $k=2$ 时,在 Ramsey 理论中由来已久的传统是,颜色 1 表示"红色"而颜色 2 表示"蓝色".

根据命题 8.3.1,$R(3, 3; 2) \leqslant 6$,我们对这个结论的证明过程进行扩展并由此证明:

$$R(p_1,p_2;2) \leqslant R(p_1-1,p_2;2)+R(p_1,p_2-1;2)$$

假设 $R(p_1-1,p_2;2)$ 和 $R(p_1,p_2-1;2)$ 都存在，令 $N$ 为它们的和．证明 $R(p_1,p_2;2)$ 的上述上界即证明：$N$-顶点完全图的边的任意红/蓝-着色均有顶点集的一个 $p_1$-集，使得其中所有的边都是红色，或者有一个 $p_2$-集使得其中所有的边都是蓝色．

考虑 $K_N$ 的一个红/蓝-着色，并且选定顶点 $x$．令 $s=R(p_1-1,p_2;2)$，$t=R(p_1,p_2-1;2)$；除了 $x$ 之外还有 $s+t-1$ 个顶点．定理 8.3.5 指出，顶点 $x$ 至少与 $s$ 条红边关联或者至少与 $t$ 条蓝边关联．

根据对称性，可以假设 $x$ 至少与 $s$ 条红边关联．沿这些边可以找到 $x$ 的 $s$ 个相邻顶点，根据 $s$ 的定义，由这些相邻顶点诱导的完全子图有一个蓝色的 $p_2$-团或者有一个红色的 $p_1-1$-团．后者加上 $x$ 可以构成一个红色的 $p_1$-团．无论哪种情况，我们对某个 $i$ 值得到了一个大小为 $p_i$ 的 $i$-同源集．我们将在后面再进一步讨论 $R(p_1,p_2;2)$ 的这个上界．

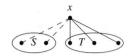

$$|S| \geqslant R(p_1,p_2-1;2) \qquad \text{或者} \qquad |T| \geqslant R(p_1-1,p_2;2)$$

**8.3.7 定理**（Ramsey[1930]） 给定整数 $r$ 和 $p_1,\cdots,p_k$，存在一个整数 $N$ 使得 $\left(\begin{bmatrix}N\\r\end{bmatrix}\right)$ 的任意 $k$-着色将在某个 $i$ 值上有一个大小为 $p_i$ 的 $i$-同源集．

**证明** 这个证明是一个双重归纳．我们对 $r$ 用归纳法，但是对归纳步骤的证明本身又对 $\sum p_i$ 进行归纳．

基本步骤：$r=1$．根据定理 8.3.5，$R(p_1,\cdots,p_k;1)$ 存在．

归纳步骤：$r>1$．假设定理中的论断对一个集合的所有 $r-1$-子集的 $k$-着色成立，不论阈值分别是多少．我们对限额之和 $\sum p_i$ 用归纳法，来证明同样的论断对于一个集合的所有 $r$-子集的 $k$-着色也成立．

基本步骤：某个限额 $p_i$ 比 $r$ 小．这时，含有 $p_i$ 个对象的集合不包含 $r$-集，因此它的 $r$-集都有颜色 $i$．因此，当 $\min\{p_1,\cdots,p_k\}<r$ 时，$R(p_1,\cdots,p_k;r)=\min\{p_1,\cdots,p_k\}$．

为清楚起见，我们仅对 $k=2$ 的情况叙述归纳步骤；对于一般的 $k$，论证过程是相同的（习题 17）．将 $(p_1,p_2)$ 写作 $(p,q)$．令

$$p'=R(p-1,q;r), \quad q'=R(p,q-1;r), \quad N=1+R(p',q';r-1),$$

根据内层归纳的归纳假设，$p'$ 和 $q'$ 存在；根据外层归纳的归纳假设，$N$ 也存在．注意 $p'$ 和 $q'$ 可能会非常大，这正是我们需要使用双重归纳的原因．

令 $S$ 是一个有 $N$ 个元素的集合，取定 $x\in S$．考虑 $\left(\begin{matrix}S\\r\end{matrix}\right)$ 的一个 2-着色 $f$．利用颜色（红、蓝），我们需要证明：$f$ 有一个红同源 $p$-集或者有一个蓝同源 $q$-集．

利用 $f$ 诱导得出 $S'=S-x$ 的所有 $r-1$-集的一个 2-着色 $f'$．这正是选择 $|S'|$ 作为 $r-1$-集的 Ramsey 数的原因．对于 $S'$ 的任意 $r-1$-集，如果它与 $x$ 的并集在 $f$ 下具有颜色 $i$，则将颜色 $i$ 分配给这个集合，这样就定义了 $S'$ 的所有 $r-1$-集的一个着色方案 $f'$．由于 $|S'|=R(p',q';r-1)$，因此由归纳假设可知：在 $f'$ 下（当 $r=2$ 的时候，这个步骤是鸽巢原理的本质）某个颜色达到了它的

限额（$p'$ 或者 $q'$）.根据对称性,可以假设红色达到了其限额.令 $T$ 是 $S'$ 的一个 $p'$-元子集,并且其所有 $r-1$-子集在 $f'$ 下都是红色的.

我们回到原始着色 $f$ 对 $T$ 的 $r$-集的着色上.由于 $|T|=p'=R(p-1, q; r)$,在 $f$ 下有一个红同源 $p-1$-集或者有一个蓝同源 $q$-集.如果存在一个蓝同源 $q$-集,即完成了证明.如果有一个红同源 $p-1$-集 $P$,则考虑 $P\cup\{x\}$.根据 $T$ 的定义,$P$ 的 $r-1$-集在 $f'$ 都是红色的,这意味着它们与 $x$ 的并集在 $f$ 下都是红色的.因此,$P\cup\{x\}$ 在 $f$ 下是一个红同源的 $p$-集.

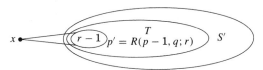

与鸽巢原理相同,Ramsey 定理也有巧妙的应用.Ramsey 定理能够对存在性给出优美的证明,但是给出的界却太大了.

**8.3.8 定理**（Erdös-Szekeres[1935]） 给定一个整数 $m$,存在一个（最小）整数 $N(m)$ 使得由平面上任意三点均不共线的至少 $N(m)$ 个点构成的任意集合均包含一个 $m$-子集能构成一个凸 $m$-边形.

**证明** 我们需要两个事实.1)在平面上任意 5 个点中,有 4 个点确定了一个凸四边形(如果没有 3 点共线).构造这 5 个点的凸包.如果它是一个五角形或者是一个四边形,则立即得证结论.如果它是一个三角形,则其余两个点在这个三角形之内;根据鸽巢原理(!),三角形有两个顶点位于通过这两个内部点的直线的同一侧;如下图所示,这两个顶点与内部的两个点一起构成了一个凸四边形. [382]

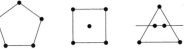

在一个凸 $m$-边形中,任意 4 个角确定一个凸四边形.我们需要逆命题:2)如果平面上 $m$ 个点的任意 4-子集构成一个凸四边形,则这 $m$ 个点构成一个凸多边形.如果结论不成立,则这 $m$ 个点的凸包仅包含 $t$ 个点且 $t<m$,其余点位于 $t$-边形之内.如果对 $t$-边形进行三角剖分,如上面右侧的图所示,则有一个内点会出现在其中一个三角形之内,这就找到了一个不能确定凸四边形的 4-集.

为了证明这个定理,令 $N=R(m, 5; 4)$.给定平面上任意三点不共线的 $N$ 个点,根据凸性对任意 4-集进行着色:如果该子集确定了一个凸四边形,则用红色对它着色;否则,用蓝色对它着色.根据事实 1,没有 5 个点使得其中的 4-子集都是蓝色的.由 Ramsey 定理表明,存在 $m$ 个点使得其中的 4-子集都是红色的.根据事实 2,这 $m$ 个点构成了一个凸 $m$-边形.因此,$N(m)$ 存在,但它最大不超过是 $R(m, 5; 4)$.

界限 $R(m, 5; 4)$ 是非常宽松的.它对于 $m=4$ 是精确的,其实(1)表明 $N(4)=5=R(4, 5; 4)$.相比之下,$N(5)=9$(习题 10),但是 $R(5, 5; 4)$ 就显得太大了.Erdös 和 Szekeres 曾猜想 $N(m)=2^{m-2}+1$,并证明了 $2^{m-2}\leqslant N(m)\leqslant\binom{2m-4}{m-2}+1$.

另一个应用考虑对存储于表格中的一些数据的搜索策略.对于集合 $U$,一个大小为 $n$ 的子集将根据某些存储 $n$-集的规则存储在大小为 $n$ 的表格中.Yao[1981]通过 Ramsey 定理证明了:当 $U$ 很大时,使得最坏情况下搜索步骤数最小的策略(要测试 $U$ 中某个元素是否在表中)是将选定的集合排好序之后再存储到表格中，并利用二分查找来测试 $U$ 中的元素是否在表中．（对于较小的 $U$，这个策略不是最好的！）由 Ramsey 定理获得的"大"值很可能比实际需要的值大得多．

## Ramsey 数

Ramsey 定理定义了 Ramsey 数 $R(p_1, \cdots, p_k; r)$. 到目前为止，还不知道确切的计算公式，人们仅仅算出了很少的 Ramsey 数．为证明 $R(p_1, \cdots, p_k; r) = N$，我们必须给出 $N-1$ 个点的所有 $r$-集的一个 $k$-着色，使得任意限额均未被达到（或者证明这种着色方案的存在性而不用具体构造出来），还必须证明在 $N$ 个点的情况下任意着色方案均达到了某个限额．

原则上，我们可以使用计算机连续地对 $n$ 检验 $\left( \dbinom{[n]}{r} \right)$ 的所有的 $k$-着色，直到发现第一个 $N$ 使得它的任意着色均在某个 $i$ 值上达到了限额 $p_i$. 即使对 2-色 Ramsey 数，$2^{\binom{n}{2}}$ 很快地变得很大以至于无法计算．Erdös 开玩笑说：如果一个外星人威胁将要毁灭我们，除非我们告诉他 $R(5, 5)$ 的精确值，那么我们将不得不用世界上所有的计算机来穷举搜寻结果．如果要求我们计算 $R(6, 6)$，那么他的建议将使得我们奋力毁灭外星人．

当 $r = 2$ 时，则把符号 $R(p_1, \cdots, p_k; r)$ 缩写成 $R(p_1, \cdots, p_k)$ 的形式．当 $p = p_1 = \cdots = p_k$，则把它缩写成 $R_k(p; r)$. 对于 $r > 2$，除 $R(4, 4; 3) = 13$（McKay-Radziszowski[1991]）之外，对其知之甚少．甚至对 $r = 2$ 的情况，当 $k > 2$ 时也仅仅精确地知道一个 Ramsey 数，即 $R(3, 3; 3) = 17$. 下表包含了已知的 $R(p, q)$ 和到 2000 年 7 月为止几个其他值的上界和下界．这些界限中的一部分同本书的前一版相比已经有了一些细微的变化．现在的界限由 Radziszowski[1995] 维护，他定期进行更新．

|   | 3 | 4 | 5 | 6 | 7 | 8 | 9 |
|---|---|---|---|---|---|---|---|
| 3 | 6 | 9 | 14 | 18 | 23 | 28 | 36 |
| 4 |   | 18 | 25 | 35/41 | 49/61 | 55/84 | 69/115 |
| 5 |   |   | 43/49 | 58/87 | 80/143 | 95/216 | 121/316 |
| 6 |   |   |   | 102/165 | 109/298 | 122/495 | 153/780 |

最近有对 $R(3, 9)$（Grinstead-Roberts[1982]），$R(3, 8)$（McKay-Zhang[1992]）和 $R(4, 5)$（McKay-Radziszowski[1995]）的计算；其他的数据就显得陈旧多了（主要贡献是由 Greenwood-Gleason[1955]，Kalbfleisch[1967] 和 Graver-Yackel[1968] 给出的）．

我们仅证明了这些结论中的前两项（$R(3, 5)$ 见习题 16）．当 $r = k = 2$ 时，为了简化术语，我们采用"外"和"里"这两种颜色．这时，Ramsey 定理变成了："存在一个最小整数 $R(p, q)$ 使得顶点数为 $R(p, q)$ 的任意图均有一个大小为 $p$ 的团或者有一个大小为 $q$ 的独立集."

**8.3.9 例** $R(3, 3) = 6$. 前面已证明了 $R(3, 3) \leqslant 6$. 由于 5-环没有三角形和独立 3-集，故 $R(3, 3) \geqslant 6$. ■

**8.3.10 例** $R(3, 4) = 9$. 在下面的图中没有 $K_3$ 和 $\overline{K}_4$，因为在 8-环上的 4 个独立顶点将包含环上两两相对的顶点．因此，$R(3, 4) \geqslant 9$.

给定图 $G$ 的一个顶点 $x$，可以将 $x$ 添加到两个相邻顶点中以形成一个三角形，或者将 $x$ 添加到不包含其相邻顶点的独立 3-集中而构成一个独立 4-集. 由于 $R(2,4)=4$、$R(3,3)=6$，我们可以得出结论：如果 $x$ 有 4 个相邻顶点或者有 6 个不相邻的顶点，则 $G$ 有一个三角形或者有一个独立 4-集. 为了避免同时出现上面两种情况，$x$ 至多有三个相邻顶点和至多 5 个不相邻的顶点. 于是，$n(G) \leqslant 9$. 如果上述条件真的在 9-顶点图中成立，则每个顶点将恰好有 3 个相邻顶点. 由于度-和公式不允许阶为 9 的 3-正则图存在，于是我们得到 $R(3,4)=9$. ■

**8.3.11 定理**    $R(p,q) \leqslant R(p-1,q)+R(p,q-1)$. 如果右端的两个加数均是偶数，则不等号是严格的.

**证明**    任给一个图，如果一个顶点有 $R(p-1,q)$ 个相邻顶点或者有 $R(p,q-1)$ 个不相邻的顶点，则这个图有一个 $p$-团或者有一个独立 $q$-集. 如果图中共有 $R(p-1,q)+R(p,q-1)$ 个顶点，则由鸽巢原理知道上述这两种情况之一必然成立. 界限中的等号需要一个具有 $R(p-1,q)+R(p,q-1)-1$ 个顶点的正则图. 如果两个加数都是偶数，则需要顶点数为奇数且任意顶点度也是奇数的一个正则图，这是不可能的. ■

因为 $R(p,2)=R(2,p)=p$，所以定理 8.3.11 表明 $R(p,q) \leqslant \binom{p+q-2}{p-1}$（习题 15）. 缺少准确答案导致了对渐近值的研究. 对于固定的 $q$ 和足够大的 $p$，$R(p,q) \leqslant cp^{q-1} \log \log p / \log p$（Graver-Yackel[1968]，Chung-Grinstead[1983]）. 对于 $q=3$，人们已经知道，结果介于下面的常数因子范围内：

$$c'p^2/\log p \leqslant R(p,3) \leqslant cp^2/\log p.$$

上界是由 Ajtai-Komlós-Szemerédi[1980] 得到的，下界是由 Kim[1995] 得到的. 得出这两个界的方法均使用了概率方法（8.5 节）.

限额相等时，Ramsey 数叫作**对角 Ramsey 数**. $R(p,p)$ 的上界 $\binom{2p-2}{p-1}$ 的渐近值是 $c4^p/\sqrt{p}$. 习题 14 以构造性的方法给出了一个下界，它是 $p$ 的多项式. 到目前为止，已知的最好的构造性下界比 $p$ 的任意多项式增长得快，但是比 $p$ 的任意指数式增长得慢（Frankl-Wilson[1981]，习题 29）.

用计数的方法可以证明一个指数下界，即

$$\sqrt{2} \leqslant \lim \inf R(p,p)^{1/p} \leqslant \lim \sup R(p,p)^{1/p} \leqslant 4.$$

对极限的确定（以及该极限是否存在）是 Ramsey 数这个领域中最重要的开放问题.

**8.3.12 定理**（Erdös[1947]）    $R(p,p) > (e\sqrt{2})^{-1} p2^{p/2}(1+o(1))$.

**证明**    考虑顶点集为 $[n]$ 的图. 每一个可能的 $p$-团出现在 $2^{\binom{n}{2}}$ 个图中的 $2^{\binom{n}{2}-\binom{p}{2}}$ 个图之内. 类似地，每个 $p$-集在这些图的 $2^{\binom{n}{2}-\binom{p}{2}}$ 个图中以独立集的形式出现. 对每个可能的 $p$-团和每个可能的独立 $p$-集将上面的数量减去，就得到没有 $p$-团或者没有独立 $p$-集的这种图的数量的一个下界.

由于有 $\binom{n}{p}$ 种方法来选择 $p$ 个顶点，因此不等式 $2\binom{n}{p}2^{-\binom{p}{2}}<1$ 得到 $R(p,p)>n$. 只要 $n<2^{p/2}$，粗糙近似一下便可以得到 $\binom{n}{p}2^{1-\binom{p}{2}}<1$. 更加精细的近似（利用 Stirling 公式来对阶乘进行近似）可以得出定理中给出的下界. ■

**关于图的 Ramsey 理论**

当 $r=2$ 时，Ramsey 定理指出：对于足够大的完全图的所有边进行 $k$-着色会迫使出现一个单色完全子图. 一个单色 $p$-团包含任意 $p$-顶点图的一个单色拷贝. 或许，我们对较小的图进行着色也会迫使某些更小的图的单色拷贝出现. 比如，对 $K_3$ 的所有边进行 2-着色总会产生一条单色 $P_3$，尽管需要 6 个点才能迫使单色三角形的出现. 这就提出了很多 Ramsey 数问题，其中有一些问题比团的问题要容易一些.

**8.3.13 定义**  给定简单图 $G_1, \cdots, G_k$，**(图)Ramsey 数** $R(G_1, \cdots, G_k)$ 是满足如下条件的最小 $n$ 值：$E(K_n)$ 的任意 $k$-着色均包含某个 $G_i$ 的一个颜色为 $i$ 的拷贝. 如果 $G_i=G$ 对所有 $i$ 成立，则我们把 $R(G_1, \cdots, G_k)$ 记为 $R_k(G)$.

Burr[1983]对于所有 113 个最多有 6 条边并且没有孤立点的图 $G$ 确定了 $R(G, G)$，称之为 "$G$ 的Ramsey 数". 在某些情况下，$R(G_1, G_2)$ 有精确的公式. 我们采用的两种颜色仍然是红色和蓝色.

**8.3.14 定理**(Chvátal[1977])  如果 $T$ 是一棵 $m$-顶点树，则 $R(T, K_n)=(m-1)(n-1)+1$.

**证明**  先证明下界，将 $K_{(m-1)(n-1)}$ 中的 $(n-1)K_{m-1}$ 用红色进行着色；由于每棵 $m$-顶点树最多只有 $m-1$ 条边是红色的，故不会出现红色的 $m$-顶点树. 所有蓝色边构成一个 $n-1$-部图，这个图也不可能包含 $K_n$.

对于上界的证明，可以对任意参数用归纳法，并集中研究一个顶点的相邻顶点. 我们给出的证明是对 $n$ 运用归纳法，利用第 2 章中对 $m$ 用归纳法证得的树的一个性质. 基本步骤：$n=1$. 无须任何边即可包含 $K_1$.

给定 $E(K_{(m-1)(n-1)+1})$ 的一个 2-着色，考虑顶点 $x$. 如果 $x$ 沿着蓝边可以找到多于 $(m-1)(n-2)$ 个相邻顶点，则由归纳假设可知：由这些相邻顶点诱导的子图中有一棵红色的 $T$ 或者一个蓝色的 $K_{n-1}$. 这样，(将 $x$ 包含进来)在整个着色中就找到一棵红色的 $T$ 或一个蓝色的 $K_n$.

否则，任意顶点最多与 $(m-1)(n-2)$ 条蓝边关联，同时至少与 $m-1$ 条红边关联. 这就找到了一棵红色的 $T$，因为在最小度至少为 $m-1$ 的图中包含了 $T$(命题 2.1.8).

只要 $G$ 的最大连通分量含有 $m$ 个顶点且 $\chi(H)=n$，则定理 8.3.14 中构造方法表明 $R(G, H) \geqslant (m-1)(n-1)+1$(Chvátal-Harary[1972]). Burr and Erdös[1983]曾猜想：如果 $H$ 是完全图且 $m$ 与 $\chi(H)$ 和 $\max\limits_{F \subseteq G} \dfrac{e(F)}{n(F)}$ 相比足够大，则上述结论中的等号成立. 尽管在 $G$ 中有许多度为 2 的顶点时(Burr[1981])以及其他一些情况下，上述结论成立；Brandt[2001]证明了对任意非二部图 $H$(如 $K_n$)和任意 $h \in \mathbf{R}$，存在一个阈值 $d_0$ 使得 $R(G, H)>hn(G)$ 几乎对满足 $d>d_0$ 的任意 $d$-正则图 $G$ 均成立.

在证明定理 8.3.14 中的上界时，$H$ 的同色类由单个顶点构成，这一点是至关重要的. 如果这一点不成立，则下界就变得很弱. 比如，当 $G=H=mK_3$ 时，Chvátal-Harary 的结论指出 $R(G, H) \geqslant (3-1)(3-1)+1=5$，但是正确的结果是 $5m$. 这里，相对于输入的对称性，证明下界所用的着色方案很不对称.

**8.3.15 定理**(Burr-Erdös-Spencer[1975])  对于 $m \geqslant 3$，$R(mK_3, mK_3)=5m$.

**证明** 如下所示,令红图为 $K_{3m-1} + K_{1,2m-1}$. 在该图中,任意三角形均使用了这个 $3m-1$-团中的三个顶点,但是这个团中没有足够的顶点来得到 $m$ 个不相交的三角形. 由蓝色边构成的补图是 $(K_{2m-1} + K_1) \vee \overline{K}_{3m-1}$. 任意一个蓝色三角形至少有 2 个顶点位于 $K_{2m-1}$ 的拷贝中,所以不可能有 $m$ 个不相交的蓝色三角形.

为证明上界,我们对 $m$ 用归纳法. 基本步骤: $m=2$. 这需要对各种情况进行分析,如果细心进行表述,这个过程将比较简短(习题 26).

归纳步骤: $m \geqslant 3$. 因为 $5m > R(3,3) = 6$,我们知道,任意 2-着色均含有一个单色三角形. 一旦找出一个单色三角形,我们就删除其所有顶点;只要还至少剩下 6 个顶点,就可以继续寻找单色三角形. 由于在 $m \geqslant 3$ 时有 $5m - 3m \geqslant 6$,因此可以找到 $m$ 个互不相交的单色三角形. 如果这些三角形都具有同一种颜色,即可完成整个证明.

否则,每种颜色至少有一个三角形. 令 $abc$ 是一个红色三角形,$def$ 是一个不与 $abc$ 相交的蓝色三角形. 在这两个三角形之间有 9 条边,根据对称性,可以假设其中至少有 5 条边是红色的,这 5 条边中的某两条必然在 $def$ 中有相同的端点.

现在,我们找到了一个红三角和一个蓝三角,而且它们有一个公共顶点;因此这两个三角形共有 5 个顶点. 由于 $m > 2$,根据归纳假设,对其余 $5m - 5$ 个点诱导的子图进行着色将得到同色的 $(m-1)K_3$. 从这 5 个特殊的顶点中找出恰当的三角形添加到上述 $(m-1)K_3$ 即得到同色的 $mK_3$. ∎

如果读者担心在定理 8.3.15 中省略基本步骤可能引起麻烦,可以考虑 $K_{11}$ 的着色,避免 $2K_3$ 必然出现一个蝴蝶结(有一个公共顶点的两个单色三角形). 但是我们发现在剩下的 6 个顶点中还有一个单色三角形. 这就证明了 $R(mK_3, mK_3) \leqslant 5m + 1$. 相关结果在习题 27-28 中给出.

我们再提一个值得注意的结论. 一个任意图的 Ramsey 数可能是顶点数的指数,比如对于 $K_n$. Chvátal, Rödl, Szemerédi 和 Trotter[1983] 证明了,对于最大度为 $d$ 的这类图,Ramsey 数以顶点数的形式最多是线性增长!换句话说,$R(G, G) \leqslant cn(G)$,其中 $d$ 是常数且它仅依赖于 $d$;当然,这个常数会随着 $d$ 快速增长,但是它并不依赖于 $n(G)$. 证明用到了 Szemerédi 正则性引理[1978],该引理本身难度很大并且还有很多应用.

**Sperner 引理和带宽**

尽管一般认为 Sperner 引理不是 Ramsey 理论的一部分,但在这节中还是包含了这个内容,因为 Sperner 引理有点 Ramsey 理论的味道:对于三角剖分的任意标记,只要它满足一定的边界条件,则它就包含一个具有特别标记的块(从每个类中取一个元素). 同 Ramsey 定理一样,Sperner 引理只使用了非常简单的思想,却有深奥的应用. Ramsey 定理依赖于鸽巢原理和归纳法,而 Sperner 引理仅涉及奇偶原理(和归纳法在高维空间的推广).

**8.3.16 定义** 一个大三角形 $T$ 的**单纯细分**是将 $T$ 剖分成较小的三角形**单元**,使得任意两个单元的交变成一条公共边或者是一个角. 我们把若干个单元的角叫作**节点**. 对于 $T$ 的单纯剖分,其**真标记**是用 $\{0, 1, 2\}$ 中的元素来标记其中的每个节点,并且对 $i \in \{0, 1, 2\}$ 要避免将标记 $i$ 分配给 $T$ 的第 $i$ 条边. 如果三个标签全部出现在一个单元顶点上,则称该单元为一个**完全标记单元**.

在真标记中,每个标签出现在 $T$ 的一个角上,并且标签 $i$ 不出现连接 $T$ 中未被标记为 $i$ 的顶点的边上. 下图给出了一个单纯剖分和一个图, 这个图是后面证明该剖分有一个完全标记单元时得到的.

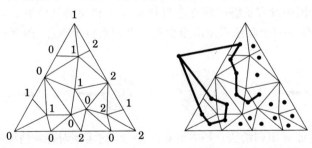

**8.3.17 定理**(Sperner 引理[1928])  任意被真标记的单纯剖分均有一个完全标记单元.

**证明**  证明如下更强的结论: 存在奇数个完全标记单元. 寻找这种单元时, 从 $T$ 的外部开始, 跨过一条被标记为 0 和 1 的边进入 $T$ 的一个单元. 对于到达的单元, 如果其第 3 个标记是 2, 则我们找到了一个完全标记单元, 结束; 如果不是, 则第 3 个标记是 0 或 1, 于是这个单元还有另一条 0, 1-边. 跨过它, 进入一个新的单元, 可以继续寻找具有第三个标记的单元.

这表明, 将可能的步骤编码即可定义一个图 $G$. 我们为每个单元引入一个顶点, 并为外部区域引入一个顶点. $G$ 的两个顶点相邻仅当相应区域有一条公共边的端点分别被标记为 0 和 1. 上面右侧的图是由左侧的真标记产生的.

完全标记单元变成 $G$ 中度为 1 的顶点; 标记过程中没有用到 0 或 1 的单元就变成了度为 0 的顶点; 其余单元标记为 0, 0, 1 或者 0, 1, 1, 这些单元变成了度为 2 的顶点. 因此, 要找的单元变成了 $G$ 中度为 1 的顶点, 同时也只有这些单元才对应于 $G$ 中度为奇数的顶点. 因此, 我们已经将原问题转换成证明 $G$ 有这样一个度为 1 的顶点.

与外部区域对应的顶点 $v$ 也有奇数度. 如果从 0 角出发, 沿着 $T$ 中没有标签 2 的边行进到 1 角, 每次从 0 转换到 1 或者从 1 转换成 0, 我们均会在 $G$ 中引入一条关联于顶点 $v$ 的边. 由于我们从 0 开始并结束于 1, 因此上述转换进行了奇数次. 因此, $v$ 有奇数度. 由于每个图中度为奇数的顶点共有偶数个, 所以除了 $v$ 之外, 具有奇数度的顶点还有奇数个. 所以, 有奇数个完全标记的单元. ∎

**8.3.18 应用**(Brouwer 不动点定理)  (二维)Brouwer 定理可以解释成: 将三角形区域 $T$ 映射到其自身的一个连续映射必然有一个不动点. 假定 $T$ 的角分别是顶点(向量)$v_0$, $v_1$, $v_2$. 正如可以将线段上的任意点唯一地表达成其端点的加权平均一样, 也可以将任意 $v \in T$ 唯一地表达成角的加权平均: $v = a_0 v_0 + a_1 v_1 + a_2 v_2$, 其中 $\sum a_i = 1$ 且任意 $a_i \geqslant 0$(习题 37). 我们可以用系数向量 $a = (a_0, a_1, a_2)$ 来指定顶点 $v$.

由映射 $f$ 可以定义集合 $S_0$, $S_1$, $S_2$: 如果 $a_i' \leqslant a_i$, 则将 $a$ 放入集合 $S_i$, 其中 $f(a) = a'$. 由于任意顶点的三个系数之和均是 1, $T$ 中每个点属于某个 $S_i$, 一个点同时属于三个集合当且仅当它是一个 $f$ 的不动点. 我们想证明这三个集合确有公共点.

给定 $T$ 的一个单纯剖分, 对任意节点 $a$ 选择一个标签 $i$ 使得 $a \in S_i$. 对于 $T$ 中位于 $v_i$ 对面的那条边, 其上的点的第 $i$ 个坐标都是 0; 这些点经 $f$ 映射后, 第 $i$ 个坐标不可能减小; 所以, 对于这条边上任意顶点可以选择异于 $i$ 的任何标签. 最后得到的标记是一个真标记, 由 Sperner 引理得到了一个完全标记单元. 重复上述过程, 继续用较小的单元进行三角剖分, 这样即得到一系列较小的完全标记三角形. 令其中第 $j$ 个三角形的角分别为 $x_j$, $y_j$, $z_j$, 它们的标记分别是 0, 1, 2. 在每个

$S_i$ 中，我们得到一个无穷点列.

剩下的细节是拓扑上的，这里仅给出各个步骤的一个概要. 由于 $f$ 是连续的，因此每个 $S_i$ 都是有界闭集. 有界闭集内的任意无限点列均有一个收敛子序列. 因此，$\{x_1, x_2, \cdots\}$ 有一个收敛的子序列；令 $x_{i_k}$ 是这个收敛子列的第 $k$ 个元素. 由于 $x_{i_k}$ 到 $y_{i_k}$ 和 $z_{i_k}$ 的距离都趋近于 0，故这些子序列将收敛于同一点. 由于 $S_0$，$S_1$，$S_2$ 是有界闭集，因此极限点属于所有这三个集合，进而它是 $f$ 的不动点.  ■

我们还可以用 Sperner 引理来求解"三角网格"上的一个问题.

**8.3.19 定义**　如果将 $G$ 的顶点用不同的整数来编号，则**膨胀度**是分配给相邻顶点的两个整数间的最大差值. 图 $G$ 的**带宽** $B(G)$ 是 $G$ 的编号方案中的最小膨胀度.

如果用于编号的整数之间没有间隙，则膨胀度总能被最小化；但是，允许间隙存在将带来很多方便（习题 42）. "带宽"这个名字源自矩阵理论；最优编号方案给出了邻接矩阵的行和列的一个排列使得 1 仅出现在主对角线附近的一个带状区域中；按这种顺序来摆放矩阵可以加速计算逆矩阵的过程. 另外一个动机是，当所有顶点必须以线性顺序来处理时，可以最小化处理相邻顶点时的延迟. 计算带宽是一个 NP 难问题，即使对最大度为 3 的树也是如此（Garey-Graham-Johnson-Knuth [1978]）.

我们给出两个重要的有关带宽的下限.

**8.3.20 引理**　$B(G) \geqslant \max\limits_{H \subseteq G} \dfrac{n(H)-1}{\operatorname{diam} H}.$

**证明**　$G$ 的任意编号方案包含对 $G$ 每个子图的一个编号方案. 在任意子图 $H$ 中，使用了 2 个差至少是 $n(H)-1$ 的整数. 在用这两个数为编号的那两个顶点之间的路径上，根据鸽巢原理，有某条边的膨胀度至少是 $n(H)-1$ 除以这两个顶点之间的距离.  ■

**8.3.21 引理**（Harper[1966]）　$B(G) \geqslant \max\limits_{k} \min\{|\partial S| : |S| = k\}$，其中 $\partial S$ 表示由 $S \subseteq V(G)$ 中至少有一个相邻顶点位于 $S$ 之外的顶点构成的子集.

**证明**　对任意 $k$ 值，含有 $k$ 个顶点的某个集合 $S$ 必然恰好包含 $G$ 的最优编号的前 $k$ 个顶点. $G$ 的带宽最少是 $|\partial S|$，因为 $\partial S$ 中标签最小的顶点有一条膨胀度最少是 $|\partial S|$ 的边关联到 $S$ 之外的一个相邻顶点上.  ■

Chung[1988] 把第一个界限命名为**局部密度**界. 对于 Harper 界限的计算经常比较困难. 对于立方体 $Q_k$，这个值是 $\sum\limits_{i=0}^{n-1} \binom{i}{\lfloor i/2 \rfloor}$. 对于网格 $P_m \square P_n$，Harper 下界的值是 $\min\{m, n\}$，这个界是可达的（习题 43）.

**8.3.22 例**（三角网格）　三角网格 $T_l$ 的构成如下：顶点 $(i, j, k)$，其中 $i$，$j$，$k$ 是和为 $l$ 的非负整数，两个顶点相邻当且仅当相应坐标的绝对差之和为 2. 下面，我们给出 $T_4$，按行依次对顶点进行编号将产生 $B(T_l)$ 的一个上界 $l+1$. 这个界是最优的，但是局部密度界约为 $l/2$，Harper 界大约是 $l/\sqrt{2}$. Sperner 引理可以用来证明 $l+1$ 是最优的.

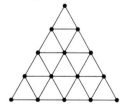

■

设 $G$ 是由三角形的单纯剖分构成的图. $G$ 的外边界是一个环，该环围成的区域是一些三角形，并且环被大三角形的角划分成 3 条路径. 如果一个顶点集合诱导的子图同时包含了三条边界路径中的顶点，则称该顶点集合为一个**连接子**.

**8.3.23 引理**（Hochberg-McDiarmid-Saks[1995]）  令 $T$ 是一个单纯剖分，其中每个顶点都被着上红色或者蓝色. 令 $R$, $B$ 分别是由所有红色顶点诱导的子图和由所有蓝色顶点诱导的子图. 对于任意的这种着色，$R$, $B$ 中恰好有一个包含了连接子.

**证明**  对于任意顶点 $v$，考虑从 $v$ 出发经过与 $v$ 同色的顶点可以到达的顶点. 如果 $T$ 的三条边并非都不可达，则从不可达的边中选择（边的）最小编号来标记 $v$；对于（$T$ 的）第 $i$ 条边之上的顶点，不会使用标签 $i$. 如果没有连接子，则每个节点均有一个标签，这样即得到 $T$ 的真标记.

根据 Sperner 引理，有一个完全标记单元. 由于该单元有三个角而我们只使用了两种颜色 $R$, $B$，故其中两个角必有相同颜色. 由于这两个顶点是相邻的，故从它们出发能够到达的与它们同色的顶点是一样的. 因此，从它们出发不可达的最小边不可能不同. 这个矛盾表明，我们不可能构造出前面指出的真标记. 因此，存在一个点，从它出发可以到达 $T$ 的每条边.

如果每种颜色都有一个连接子，则它将把其余的顶点划分成一些集合，使得从每个集合出发至少有一条（$T$ 的）边是不可达的. 因此，不可能两种颜色都有连接子.  ■

**8.3.24 定理**（Hochberg-McDiarmid-Saks[1995]）  用三条路径围成环 $C$，再将环 $C$ 围成的区域剖分成三角形，这样就得到图 $G$. 计算 $G$ 中任意顶点 $v \in V(G)$ 到这三条路径的距离之和，如果 $k$ 是上述和的最小值，则 $B(G) \geqslant k+1$.

[391]

**证明**  令 $f$ 是 $G$ 的一个编号. 令 $t$ 是满足如下条件的最大 $t$ 值：由标记为 $1, \cdots, t$ 的顶点诱导的子图没有连通分量与三条路径都相交. 令 $R$ 为这些顶点构成的集合，$S$ 是 $R$ 之外有相邻顶点位于 $R$ 中的顶点构成的集合，$T$ 是其余的顶点.

根据构造，满足 $f(v) = t+1$ 的顶点 $v$ 属于 $S$. 由于 $R \cup \{v\}$ 包含连接子，$R \cup S$ 包含一个连接子，而 $T$ 没有连接子. 由于 $R$ 与 $T$ 之间没有边且 $R$ 不包含连接子，所以 $R \cup T$ 不包含连接子. 现在，引理 8.3.23 表明 $S$ 包含一个连接子. 对于编号的最后一部分 $S \cup T$，集合 $S$ 等于 $\partial(S \cup T)$. 因此，在从 $S$ 到 $R$ 的某条边上，其端点的编号之差至少为 $|S|$.

连接子包含了从它的每个顶点分别通往三条边界路径的通道. 根据假设，从任何顶点出发，这 3 条通道的长度之和至少是 $k$. $S$ 中存在一个顶点，使得 $S$ 中的这样三条通道互不相交. 因此，$|S| \geqslant k+1$.

**8.3.25 推论**  三角网格 $T_l$ 的带宽为 $l+1$.

**证明**  对 $T_l$ 中的每个顶点 $(i, j, k)$，它到三条边的距离分别是 $i$, $j$, $k$；所以，这些距离之和为 $l$. 根据定理 8.3.24，带宽至少是 $l+1$；在前面我们已经看到这个界是可以取到的.  ■

**习题**

8.3.1  （一）两个同心圆，每个均被分成大小相等的 20 个扇区. 对于每个圆，有 10 个扇区被染成红色，另 10 个扇区被染成蓝色. 证明：可以适当旋转两个圆将扇区对齐，使得内圆和外圆至少有 10 个对应的扇区有相同的颜色.

8.3.2  对于 $n \in \mathbf{N}$，令 $S$ 是 $\{1, \cdots, 2n\}$ 中的 $n+1$ 个元素构成的集合. 证明：$S$ 有两个元素使得它

们的最大公因子大于1,同时有两个元素使得其中一个整除另一个. 对于每个结论,给出一个大小为 $n$ 的子集使得结论在其中不成立;因此,这两个结论均是最优的.

8.3.3 使用部分和方法与鸽巢原理证明下列结论.

a)$n$ 个整数构成的任意集合均包含一个非空子集使得其元素之和能被 $n$ 整除.(另外,给出由 $n-1$ 整数构成的集合,使之没有这种子集.)

b)给定 $x \in \mathbf{R}$,证明:$\{x, 2x, \cdots, (n-1)x\}$ 中至少有一个元素与某个整数之差最多为 $1/n$.

8.3.4 (!)某私人俱乐部有 90 个房间和 100 个成员. 钥匙分配给成员使得任意 90 个成员可以同时进入房间,即这 90 个成员中的任何人都可以拿出一把钥匙为自己打开一个房间(而不引起冲突)(他们不共享各自的钥匙),由此证明:最少需要 990 把钥匙并且 990 把钥匙就足够了.

392

8.3.5 设 $T$ 是一棵树,用定理 8.3.2 中的技术证明:$T$ 的中心是一个顶点或者是两个相邻的顶点(这就再次证明了定理 2.1.13).(Jordan[1869],Graham-Entringer-Székely[1994])

8.3.6 证明:$\mathbf{R}^m$ 中任意 $2^m+1$ 个整数格点均包含一对点使得它们的质心(平均向量)也是整数格点.

8.3.7 证明:对 $\mathbf{R}^m$ 中整数格点随意进行 2-着色均可以找到 $n$ 个同色的整数格点使得它们的质心(平均向量)是具有同一颜色的一个整数格点(提示:不需要 Ramsey 定理,仅用鸽巢原理就可以给出一个简短的证明).(Bòna[1990])

8.3.8 设 $S$ 是 $n+1$ 个和为 $k$ 的正整数构成的集合. 对于 $k \leqslant 2n+1$,证明:对任意 $i \in [k]$,$S$ 有一个和为 $i$ 的子集. 对于每个 $n$,给出一个集合使得上述结论在 $k=2n+2$ 时不成立.

8.3.9 对于偶数 $n$,构造 $E(K_n)$ 的一个顺序,使得递增迹的最大长度是 $n-1$.(注:这证明了 $n$ 为偶数时定理 8.3.4 是最优的. 当 $n$ 是大于等于 9 的奇数时,这个结果也是最优的,但相应的构造要困难得多.)(Graham-Kleitman[1973])

8.3.10 设 $S$ 是由平面上 9 个点(任意 3 点不共线)构成的集合. 证明:$S$ 包含了一个凸五边形的顶点集. 并给出一个由 8 个点构成的集合使之不具备上述性质.

8.3.11 设 $S$ 是平面上 $R(m, m; 3)$ 个点构成的集合,其中任意三点不共线. 证明:$S$ 中存在 $m$ 个点使得它们可以围成一个凸 $m$-边形.(Tarsi)

8.3.12 前面讲过,有向图是简单的,仅当它的任意两条边没有相同的端点序对. 一个**单调竞赛图**是一个竞赛图,其中边的方向总是与顶点下标的顺序一致或者总是与顶点下标的顺序不一致. 一个**完全无圈有向图**将两个不同顶点的任意有序对的一个拷贝作为一条边. 给定 $m$,证明:如果 $N$ 足够大,则顶点集为 $[N]$ 的任意简单无圈有向图有一个阶为 $m$ 的独立集或者有一个阶为 $m$ 的单调竞赛图,或者有一个阶为 $m$ 的完全无圈有向图.

8.3.13 (!)Schur 定理.(Schur[1916])

a)给定 $k>0$,证明:存在最小整数 $s_k$ 使得对整数 $1, \cdots, s_k$ 的任意 $k$-着色均有单色 $x$, $y$, $z$(不一定唯一)满足 $x+y=z$(提示:应用 Ramsey 定理在 $r=2$ 时的情况).

b)用构造性方法证明:$s_k \geqslant 2s_{k-1}-1$ 进而 $s_k \geqslant (3^k+1)/2$.

8.3.14 (!)两个简单图 $G$ 和 $H$ 的**复合**或者**字典积**是简单图 $G[H]$,其顶点集是 $V(G) \times V(H)$,$(u, v) \leftrightarrow (u', v')$ 当且仅当(1)$uu'$ 是 $G$ 的一条边,或者(2)$u=u'$ 和 $vv'$ 是 $H$ 的一条边.

a)证明：$\alpha(G[H])=\alpha(G)\alpha(H)$.

b)证明：$G[H]$的补是$\overline{G}[\overline{H}]$.

c)利用(a)和(b)，用构造性方法证明：

$$R(pq+1,\,pq+1)-1\geqslant[R(p+1,\,p+1)-1]\times[R(q+1,\,q+1)-1].$$

d)通过推理得出$R(2^n+1,\,2^n+1)\geqslant5^n+1$对$n\geqslant0$成立，将$R(k,\,k)$的这个下界与用非构造性方法得出的下界进行比较(Abbott[1972])．

8.3.15 （一）验证$R(p,\,2)=R(2,\,p)=p$. 利用此结论和定理8.3.11证明$R(p,\,q)\leqslant\binom{p+q-2}{p-1}$.

8.3.16 （一）利用下面的图，证明$R(3,\,5)=14$.

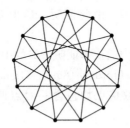

8.3.17 $r=2$且颜色较多时的Ramsey数．

a)令$p=(p_1,\,\cdots,\,p_k)$，从$p_i$减去1但其他的坐标保持不变，用这种方法从$p$得到的元组记为$q_i$. 证明：$R(p)\leqslant\sum_{i=1}^{k}R(q_i)-k+2$.

b)证明：$R(p_1+1,\,\cdots,\,p_k+1)\leqslant\dfrac{(p_1+\cdots+p_k)!}{p_1!\cdots p_k!}$.

8.3.18 令$r_k=R_k(3;\,2)$(它是使得$E(K_n)$的任意$k$-着色中必然出现单色三角形的最小$n$值)．

a)证明：$r_k\leqslant k(r_{k-1}-1)+2$.

b)利用(a)，证明：$r_k\leqslant\lfloor k!\,e\rfloor+1$，从而$r_3\leqslant17$. (注：$r_3=17$，但是对下界的证明需要巧妙地对$K_{16}$进行3-着色，这个着色方案来自于有限域$GF(2^4)$)．

8.3.19 证明：$R_k(p;\,r+1)\leqslant r+k^M$，其中$M=\binom{R_k(p;\,r)}{r}$.

8.3.20 （+）远离对角线的Ramsey数．

a)证明：如果$\binom{n}{k}p^{\binom{k}{2}}+\binom{n}{l}(1-p)^{\binom{l}{2}}<1$对某个$p\in(0,\,1)$成立，则$R(k,\,l)>n$.

证明$R(k,\,l)>n-\binom{n}{k}p^{\binom{k}{2}}-\binom{n}{l}(1-p)^{\binom{l}{2}}$对于所有$n\in\mathbf{N}$和$p\in(0,\,1)$均成立．

b)利用(a)，证明：$R(3,\,k)>k^{3/2+o(1)}$. 从(a)的第一个结论可以得到$R(3,\,k)$的什么下界？(Spencer[1977])

c)利用a，得出$R_k(q)$的一个下界．

8.3.21 （!）确定Ramsey数$R(K_{1,m},\,K_{1,n})$. (提示：答案依赖于$m$和$n$是奇数还是偶数．)

8.3.22 （!）设$T$是有$m$个顶点的一棵树．假定$m-1$整除$n-1$，确定Ramsey数$R(T,\,K_{1,n})$. (Burr[1974])

8.3.23　如果 $p > (m-1)(n-1)$，证明：$E(K_p)$ 的任意 2-着色，只要其中的红色图是可传递定向的，包含一个红色 $m$-团或者一个蓝色 $n$-团；证明上述结果是最优的(提示：利用完美图). (Brozinsky-Nishiura)

8.3.24　如果 $T$ 是一棵有 $m$ 个顶点的树. 证明：$R(T, K_{n_1}, \cdots, K_{n_k}) = (m-1)(R(n_1, \cdots, n_k) - 1) + 1$. (Burr)

8.3.25　证明：$R(C_4, C_4) = 6$(注：有多种证明方法).

8.3.26　证明：$R(2K_3, 2K_3) = 10$(提示：归约到由两种颜色的三角形构成的蝴蝶结外加一个单色 5-环这种情况，然后使用对称性).

8.3.27　(!)证明：$R(mK_2, mK_2) = 3m-1$.

8.3.28　(!)对于 $1 \leqslant i \leqslant k$，令 $G_i$ 是 $p_i$ 个顶点上的图，固定重数 $m_i$. 证明：$R(m_1G_1, \cdots, m_kG_k) \leqslant \sum(m_i-1)p_i + R(G_1, \cdots, G_k)$.

[394]

8.3.29　Frankl 和 Wilson[1981]明确地构造出了一个具有 $n$ 个顶点的图，它没有大小超过 $2^{c\sqrt{\log n \log\log n}}$ 的团或独立集，其中 $c$ 是一个特定的常数. 证明：对 $R(p, p)$ 的这个下界，其增长速度比 $p$ 的任意多项式快，且比 $p$ 的任意指数函数慢.

8.3.30　(!)对于任意简单图 $G$，确定 $R(P_3, G)$，且仅用 $G$ 的顶点数和 $\overline{G}$ 中匹配的最大大小来将它表示成一个函数.

8.3.31　(!)设 $r$ 和 $s$ 是满足 $r+s \not\equiv 0 \bmod 4$ 的自然数. 证明：$E(K_{r,s})$ 的任意 2-着色有一个顶点数至少为 $\lceil r/2 \rceil + \lceil s/2 \rceil$ 的单色连通图. 由此得出结论 $E(K_{r+s})$ 的任意 3-着色含有一个顶点数大于 $(r+s)/2$ 的单色连通子图. 证明：当 4 整除 $r+s$ 时，上述结论不成立.

8.3.32　**强制 4-环**.

　　a)证明：如果 $\sum_{v \in V(G)} \binom{d(v)}{2} > \binom{n(G)}{2}$，则 $G$ 必然包含一个 4-环.

　　b)证明：如果 $e(G) > \frac{n(G)}{4}(1 + \sqrt{4n(G)-3})$，则 $G$ 必然包含一个 4-环.

　　c)证明：$R_k(C_4) \leqslant k^2 + k + 2$. (Chung-Graham[1975])

8.3.33　(!)Bondy[1971a]证明了如果 $x \not\leftrightarrow y$ 蕴涵 $d(x) + d(y) \geqslant n(G)$，则 $G = K_{t,t}$ 或者 $G$ 有长度介于 3 和 $n$ 之间的各种的环. 由此证明：$R(C_m, K_{1,n}) = \max\{m, 2n+1\}$，除非 $m$ 是不超过 $2n$ 的偶数. (Lawrence[1973])

8.3.34　(!)证明：$E(K_n)$ 的任意 2-着色有一个哈密顿环是单色的或者是由两条单色路径构成的. (提示：对 $n$ 用归纳法.)(Lovász[1979，p85，p482——由 H. Raynaud 发现])

8.3.35　(+)令 $f$ 是 $E(K_n)$ 的一个 2-着色，假设 $k \geqslant 3$. 证明下列命题：
　　a)如果 $f$ 有一个单色 $C_{2k-1}$，则 $f$ 也有单色 $C_{2k}$.
　　b)如果 $f$ 有一个单色 $C_{2k}$，则 $f$ 也有单色 $C_{2k-1}$ 或者 $2K_k$.
　　c)如果 $m \geqslant 5$，则 $R(C_m, C_m) \leqslant 2m-1$($m=4$ 情况参见习题 8.3.25). (提示：利用(a)和(b)及 Erdös-Gallai[1959]的结果(定理 8.4.35)的结论，即，$e(G) > (m-1)(n(G)-1)/2$ 将使得 $G$ 中必然出现一个长度至少为 $m$ 的环. 此外，还剩下一种较难的情况.)

8.3.36　$G$ 的 **Ramsey 重数**是 $R(G, G)$-团的一个 2-边-着色中含有 $G$ 的单色拷贝的最小个数. 证明：$K_3$ 的 Ramsey 重数是 2.

8.3.37　证明：三角形区域中的任意点均可以唯一地表达成三角形中三个顶点的凸组合(凸组合是一种线性组合，其系数均非负且和为 1).

8.3.38　**高维 Sperner 引理**. 一个 **$k$-维单纯形**由 $\mathbf{R}^k$ 中不位于同一超平面之内的 $k+1$ 个点的所有凸组合构成. **单纯细分**将 $k$-维单纯形表达成若干个 $k$-维单纯形(单元)的并集使得任意两个单元在单纯形内的交集是由这两个单元的公共角确定的. 一个**完全标记**单元在其所有角上的标记为 $\{0, \cdots, k\}$.

　　　　描述一般的"真标记"这个概念，使得 $k$-单纯形的单纯细分的任意真标记均含有一个完全标记单元. 证明这个定理.(提示：对 $k$ 用归纳法，Sperner 引理在二维情况时的证明(定理 8.3.17)是归纳步骤的实例).

[395] 8.3.39　(−)计算 $P_n$, $K_n$ 和 $C_n$ 的带宽.

8.3.40　计算 $K_{n_1, \cdots, n_k}$ 的带宽.(Eitner[1979])

8.3.41　(!)证明：具有 $k$ 个叶子的任意一棵树是 $\lceil k/2 \rceil$ 条两两相交的路径之并(习题 2.1.40). 由此证明：有 $k$ 个叶子的树的带宽最多为 $\lceil k/2 \rceil$.(Ando-Kaneko-Gervacio[1996])

8.3.42　(+)设 $G$ 是一个毛虫形(定义 2.2.17)，$m$ 是一个整数，它使得 $\left\lceil \dfrac{n(H)-1}{\mathrm{diam}\ H} \right\rceil \leqslant m$ 对任意 $H \subseteq G$ 成立. 由此证明：$B(G) \leqslant m$.(提示：证明 $G$ 有一个编号 $f$，使得只要 $v$ 位于毛虫形的脊骨上，则 $f(v)$ 是 $m$ 的倍数；并且，$|f(u)-f(v)| \leqslant m$ 对所有 $u \leftrightarrow v$ 均成立.)(Syslo-Zak[1982]，Miller[1981])

8.3.43　网格的带宽.

　　a)对 $P_m \square P_n$，计算其局部密度界.

　　b)令 $S$ 为 $P_n \square P_n$ 中顶点的一个 $k$-集，它在第 $i$ 行中取 $a_i$ 个顶点，在第 $j$ 列中取 $b_j$ 个顶点. 证明：如果对每个 $i$ 值，取第 $i$ 行的前 $a_i$ 个顶点，用这些顶点构成集合 $T$，则 $|\partial T| \leqslant |\partial S|$.

　　c)证明：在 $V(P_n \square P_n)$ 中的所有 $k$-集中，$|\partial S|$ 在某个满足 $a_1 \geqslant \cdots \geqslant a_n$ 和 $b_1 \geqslant \cdots \geqslant b_n$ 的集合 $S$ 上取最小值. 由此得出结论：$B(P_n \square P_n)$ 的 Harper 下界为 $n$.

　　d)得出结论：$B(P_m \square P_n) = \min\{m, n\}$.(Chvátalová[1975])

8.3.44　(+)令 $G$ 是阶为 $n$、带宽为 $b$ 的一个简单图.

　　a)对于 $e \in \overline{G}$，证明：$B(G+e) \leqslant 2b$.

　　b)证明：如果 $n \geqslant 6b$，则 $B(G+e)$ 可以达到 $2b$.

　　(注：如果 $n \leqslant 3b+4$，则 $B(G+e)$ 的最大值是 $b+1$；如果 $3b+5 \leqslant n \leqslant 6b-2$，则 $B(G+e)$ 的最大值是 $\lceil (n-1)/3 \rceil$.)(Wang-West-Yao[1995])

## 8.4　其他极值问题

　　极值图论是一个宽广的领域. 在 1.3 节中，我们单独描述了优化问题(在输入图中找出极值结构)和极值问题(在一类图中找出极值实例)的区别；本书对这两类问题的研究贯穿全书. 在本节中，我们研究后一种问题. 提出这种问题的原型例子是 Turán 问题：找出不包含 $H$ 作为子图的这类图中的最大边数. 此外，我们还列出了每章中的一个例子.

| 目　标 | 图的类别 | 答　案 | 引　用 |
|---|---|---|---|
| max $e(G)$ | 有 $n$ 个顶点和 $k$ 个分支 | $\binom{n-k+1}{2}$ | 习题 1.3.40 |
| max 围长 | 直径为 $k$ 且不是一棵树 | $2k+1$ | 习题 2.1.61 |
| max $\beta(G)$ | $\alpha'(G)\leqslant k$ | $2k$ | 习题 3.3.10 |
| min $\alpha(G)$ | $\kappa(G)=k$ 且直径为 $d$ | $\lceil(d+1)/2\rceil$ | 习题 4.2.22 |
| max$\chi(G)$ | $2K_2$-无关且 $\omega(G)=k$ | $\binom{k+1}{2}$ | 习题 5.2.11 |
| max$\chi(G)$ | 外可平面图 | $3$ | 习题 6.3.12 |
| max $e(G)$ | $n(G)=n$ 的非哈密顿图 | $\binom{n-1}{2}+1$ | 习题 7.2.26 |
| max $n(G)$ | $\omega(G)<p,\ \alpha(G)<q$ | $R(p,q)-1$ | 8.3 节 |

各种极值问题很多，本节仅列出一些有趣的结论．

396

### 图的编码

首先考虑同图的三类编码相关的一些参数．每个编码模型均用向量来表示顶点，而参数就是符合要求的向量的最小长度．我们在 $n$ 顶点图上研究这个参数的最大值，这三个参数分别叫作交数、乘积维和塌陷立方体维．

**8.4.1 定义**　**长度为 $t$ 的交表示**为每个顶点分配一个长度为 $t$ 的 $0，1$-向量，使得 $u\leftrightarrow v$ 当且仅当它们的向量在一个公共的位置上出现了 $1$．等价的说法是，为任意 $x\in V(G)$ 分配一个集合 $S_x\in[t]$ 使得 $u\leftrightarrow v$ 当且仅当 $S_u\bigcap S_v\neq\varnothing$．**交数** $\theta'(G)$ 是 $G$ 的交表示的最小长度．

在一个表示中，$[t]$ 中的每个元素对应 $G$ 的一个完全子图，所有这些完全子图可以覆盖 $E(G)$．这就是我们用 $\theta'$ 来表示交数的动机，因为 $\theta(G)$ 是覆盖 $V(G)$ 所需团的最小个数．

**8.4.2 命题**（Erdös-Goodman-Pósa[1966]）　交数等于覆盖 $E(G)$ 所需完全图的最小个数．

**证明**　我们在长度为 $i$ 的表示和由 $t$ 个完全子图构成的 $E(G)$ 的覆盖之间定义一个自然对应．任意 $i\in[t]$ 生成一个团 $\{v\in V(G)\colon i\in S_v\}$；这些完全子图覆盖了 $E(G)$，因为 $u\leftrightarrow v$ 当且仅当 $S_u\bigcap S_v\neq\varnothing$．

反之，如果完全子图 $Q_1，\cdots，Q_t$ 覆盖了 $E(G)$，则将 $\{i\colon v\in V(Q_i)\}$ 分配给每一个顶点 $v$ 即得到一个交表示．　∎

因此，如果 $G$ 是三角形无关的则 $\theta'(G)=e(G)$，进而 $\theta'(K_{\lfloor n/2\rfloor,\lceil n/2\rceil})=\lfloor n^2/4\rfloor$．事实上，这是唯一一个使得 $\theta'(G)$ 达到最大值的 $n$ 顶点图．习题 1 将直接证明这个界限．这里给出一个更强的结论．

设 $F$ 是一个图族．给定一个输入图 $G$，**$F$-分解问题**是将 $G$ 分解成 $F$ 中的一些图使得所用图的个数最少．如果 $F$ 在取子图这个操作下不是封闭的，则 $F$-分解问题使用的子图可能比 $F$-覆盖使用的子图多．比如，我们可以用两个完全子图覆盖风筝图，却需要三个完全子图才能分解它．

证明 $\theta'(G)\leqslant\lfloor n^2/4\rfloor$ 对所有 $n$ 顶点图成立就是要证明：每个 $n$ 顶点图均可以被 $\lfloor n^2/4\rfloor$ 个完全子图覆盖；我们证明更强的结论，即（对每个 $n$ 顶点图）总存在一个分解最多使用了这么多个完全子图．事实上，我们可以用贪心算法找出这样一个分解．

**8.4.3 定理**（McGuinness[1994]）　$n$-顶点图 $G$ 的任意一个贪心团分解最多使用 $\lfloor n^2/4\rfloor$ 个团．

**证明**　我们对 $n$ 进行归纳．对 $n\leqslant 2$，论断显然成立；考虑 $n>2$．令 $Q=Q_1，\cdots，Q_m$ 是 $G$ 的一个贪心分解，这就意味着任意 $Q_i$ 在 $G-\bigcup_{j<i}E(Q_j)$ 中是一个极大完全子图．注意，从列表 $Q$ 中删除 $Q_1$ 将剩下 $G-E(Q_1)$ 的一个贪心分解．

397

如果每个 $Q_i$ 至少有 3 条边，则 $m < n^2/6$；所以，我们可以假设某个 $Q_j$ 是一条边 $xy$. 令 $R$ 是 $Q - \{Q_j\}$ 中与 $x$ 关联的那些完全子图，$S$ 也是 $Q - \{Q_j\}$ 中与 $y$ 关联的那些完全子图，因此集合 $Q' = Q - (R \cup S \cup \{Q_j\})$ 是 $G - x - y$ 的一个子图的贪心分解. 根据归纳假设，$|Q'| \leqslant (n-2)^2/4$. 因此，只需证明 $|R| + |S| \leqslant n-2$.

为了证明上述结论，我们对为 $R \cup S$ 的每个元素从 $V(G) - \{x, y\}$ 中选取一个顶点，使得挑选的顶点各不相同. 由于（构造覆盖的过程中）每条边恰好被删除一次，对于任意 $v \notin \{x, y\}$，如果 $v \in N(x)$，则 $v$ 在 $R$ 中出现一次；如果 $v \in N(y)$，则 $v$ 在 $S$ 中出现一次. 考虑 $Q \in R$. 如果 $Q$ 使用了顶点 $v \notin N(y)$，则为 $Q$ 选择顶点 $v$. 如果 $V(Q) \subseteq N(y)$，则从序列 $Q$ 中找到第一个完全子图 $Q'$ 使得它包含 $y$ 和 $Q$ 中的某个顶点 $v$，我们为 $Q$ 选择的顶点就是 $v \in Q$. 注意，$Q'$ 是 $S$ 中包含 $v$ 的唯一完全子图. 由于（覆盖的构造过程中）选定 $Q$ 和 $xy$ 时它们都具有极大性，故在 $Q$ 中，$Q'$ 位于 $Q$ 和 $xy$ 之前. 对于 $S$ 中完全子图，可以同样为它们选择一个顶点，这只需将上述过程中 $y$ 换成 $x$.

我们已经证明，如果 $x$ 属于某个 $Q \in R$ 和某个 $Q' \in S$ 并且 $v$ 是在上述过程中为这二者之一选定的顶点，则在序列 $Q$ 中与 $v$ 对应的那个完全子图必然位于另一个完全子图之后. 因此，任何顶点不可能被选中 2 次. 由此得到结论，$|R| + |S| \leqslant n-2$，进而 $m \leqslant n^2/4$.

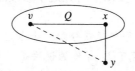

Chung[1981]和 Györi-Kostochka[1979]加强了分解的界限；他们证明了任意 $n$ 顶点图均可以分解成一些完全子图，使得这些完全子图的阶之和不超过 $\lfloor n(G)^2/2 \rfloor$.

现在，我们考虑第二种编码模型.

**8.4.4 定义** **长度为 $t$ 的乘积表示**为顶点分配长度为 $t$ 的不同向量，使得 $u \leftrightarrow v$ 当且仅当它们的向量在任意位置都不相同. **乘积维** pdim $G$ 是 $G$ 的积表示的最小长度.

令任意 $e \in E(\overline{G})$ 对应一个坐标位，对于 $e$ 的端点，在向量的对应位置取 0，在其他顶点上将这个位置的值取不同的正数，从而得到 pdim $G \leqslant e(\overline{G})$（如果 $G$ 不是完全图）.

**8.4.5 例** 任意完全图的乘积维是 1. 对于 $\overline{K}_n$，每一对顶点必须在某个坐标位上取相同的值，但我们却不能为两个顶点分配同一个向量. 因此，向量中有两个坐标位就够了，对于任意 $j$，只需将向量 $(0, j)$ 分配给顶点 $v_j$ 即可.

398

对于 $K_1 + K_{n-1}$，团的向量必须在每个坐标位上取不同的值，孤立顶点的向量与任意一个其他顶点的向量必须在某个坐标位上取相同的值，但是取相同值的坐标位不能多于 1 个. 因此，至少需要 $n-1$ 个坐标位. 这个长度就够了，这只需将向量 $(1, 2, \cdots, n-1)$ 分配给孤立顶点而将向量 $(i, i, \cdots, i)$ 分配给团中的第 $i$ 个顶点.

我们再次用完全图来描述此参数.

**8.4.6 定义** $G$ 上的一个**等价**是 $\overline{G}$ 的一个生成子图，其所有连通分量均是完全图.

**8.4.7 命题** $G$ 的乘积维是满足 $\bigcup E_i = \overline{G}$ 和 $\bigcap E_i = \varnothing$ 的等价 $E_1, \cdots, E_t$ 的最小个数.

**证明** 这里同样存在一个自然双射. 给定一个乘积表示，由第 $i$ 个坐标产生 $E_i$，其中在第 $i$ 个坐标位上使用的每个值均对应一个连通分量. 每一对不相邻的顶点在坐标的某个位上是一致的，因此，$\overline{G}$ 的每条边均被覆盖.

反之，给定 $E_1, \cdots, E_t$，$E_i$ 的每个连通分量在表示的第 $i$ 个坐标上有定值．条件中 $\bigcap E_i = \varnothing$ 保证了乘积表示使用了不同的向量． ∎

**8.4.8 引理** 如果 $\chi'(\overline{G}) > 1$，则 $\mathrm{pdim}\,G \leqslant \chi'(\overline{G})$；如果 $\overline{G}$ 是三角形无关的，则等号成立．

**证明** 任意匹配都是一些完全图的不相交并，进而将孤立顶点添加进来之后就变成了一个等价；因此，$\chi'(\overline{G})$ 个等价覆盖了 $\overline{G}$．如果 $\chi'(\overline{G}) > 1$，则这些等价没有公共边．

如果 $\overline{G}$ 是三角形无关的，则在 $\overline{G}$ 的覆盖中所用的任意一个等价均是一个匹配外加一些孤立的边；这样，$\chi'(\overline{G}) \leqslant \mathrm{pdim}\,G$． ∎

**8.4.9 推论** 对于 $n \geqslant 3$，$n$-顶点图的最大乘积维是 $n-1$．

**证明** 令 $G$ 是一个 $n$-顶点图．根据引理 8.4.8 和 Vizing 定理（定理 7.1.10），$\mathrm{pdim}\,G \leqslant \chi'(\overline{G}) \leqslant \Delta(\overline{G}) + 1 \leqslant n$．并且，这个界限可以改进为 $n-1$，除非 $\Delta(\overline{G}) = n-1$．令 $S$ 是 $\overline{G}$ 中度为 $n-1$ 的顶点构成的集合，我们可以假设 $|S| = k \geqslant 1$．

再次利用引理 8.4.8 和 Vizing 定理，$\mathrm{pdim}(G-S) \leqslant n-k$．如果有必要就对坐标进行复制，从而得到了 $G-S$ 的一个长度为 $n-k$ 的乘积表示．令 $x^i$ 是在这个表示中分配给顶点 $v_i$ 的向量．

$S$ 的每个顶点在 $G$ 中都是孤立点．现在为每个 $v \in S$ 分配一个向量，其第 $i$ 个坐标（$1 \leqslant i \leqslant n-k$）是 $x^i$ 的第 $i$ 个坐标．如果 $k=1$，这即得到 $G$ 的一个长度为 $n-1$ 的表示．如果 $k > 1$，则为 $S$ 中的所有顶点分配了同一个向量；将所有向量增加一个坐标位使得该坐标位的取值各不相同，这样就得到一个长度为 $n-k+1$ 的表示，此时 $n-k+1$ 小于 $n-1$．

由于 $\mathrm{pdim}(K_1 + K_{n-1}) = n-1$（例 8.4.5），所以这个界限是最优的． ∎

Lovász-Nešetřil-Pultr[1980] 刻画了乘积维是 $n-1$ 的 $n$-顶点图．他们还利用线性代数中维数论证方法证明了一个一般的下界．

399

**8.4.10 定理**（Lovász-Nešetřil-Pultr[1980]） 令 $u_1, \cdots, u_r$ 和 $v_1, \cdots, v_r$ 是图 $G$ 中的两个顶点序列（顶点不一定互异）．如果 $u_i \leftrightarrow v_i$ 对 $i=j$ 成立并且 $u_i \nleftrightarrow v_j$ 对 $i < j$ 成立，则 $\mathrm{pdim}\,G \geqslant \lceil \lg r \rceil$．

**证明** 令 $G$ 是长度为 $d$ 的一个表示．令 $x^1, \cdots, x^r$ 和 $y^1, \cdots, y^r$ 分别是分配给 $u_1, \cdots, u_r$ 和 $v_1, \cdots, v_r$ 的向量．向量 $x^i$ 和 $y^i$ 在每一个坐标位上均不同，但如果 $i \neq j$，则 $x^i$ 和 $y^j$ 在某个坐标位上取值相同．因此，$\prod\limits_{k=1}^{d}(x_k^i - y_k^j)$ 不等于 0 当且仅当 $i=j$．

利用上述乘积特性，在 $\mathbf{R}^{2^d}$ 中构造 $r$ 个线性无关的向量，这样就证明了 $r \leqslant 2^d$ 进而 $\mathrm{pdim}\,G \geqslant \lceil \lg r \rceil$．对于 $w, z \in \mathbf{R}^d$，将 $\prod\limits_{k=1}^{d}(w_k - z_k)$ 展开得到和式 $\sum\limits_{S \subseteq [d]} \prod\limits_{i \in S} w_i \prod\limits_{j \in \bar{S}} (-z_j)$．为了将 $r$ 和 $2^d$ 关联起来，我们把上式看成是 $\mathbf{R}^{2^d}$ 中的点乘积，其坐标由 $[d]$ 的子集索引．对于每个 $w \in \mathbf{R}^d$，分别将坐标 $S \subseteq [d]$ 的值设置为 $\bar{w}_S = \prod\limits_{i \in S} w_i$ 和 $\hat{w}_S = \prod\limits_{i \notin S}(-w_i)$，这样就定义了 $\mathbf{R}^{2^d}$ 中的两个向量；根据这个定义，点乘积 $\bar{w} \cdot \hat{z}$ 等于 $\prod\limits_{k=1}^{d}(w_k - z_k)$．于是，$x$ 和 $y$ 上的条件表明 $\bar{x}^i \cdot \hat{y}^j$ 不等于 0 当且仅当 $i=j$．

我们断言 $\bar{x}^1, \cdots, \bar{x}^r$ 是线性无关的．考虑线性依赖 $\sum\limits_{i=1}^{r} c_i \bar{x}^i = \mathbf{0}$．在等式两端分别与 $\hat{y}^r$ 进行点乘，即去掉了与 $r$ 无关的所有项，得到 $c_r \bar{x}^r \cdot \hat{y}^r = 0$．由于 $\bar{x}^r \cdot \hat{y}^r \neq 0$，故有 $c_r = 0$．现在，我们将同样的论述过程应用到 $\hat{y}^{r-1}$ 上，由于已知 $c_r = 0$，则得到 $c_{r-1} \bar{x}^{r-1} \cdot \hat{y}^{r-1} = 0$．继续这个过程，将得到 $c_j = 0$ 对所有 $j$ 成立．由此可知 $\bar{x}^1, \cdots, \bar{x}^r$ 是线性无关的，这要求 $2^d \geqslant r$． ∎

**8.4.11 例**（匹配） $\mathrm{pdim}(n/2)K_2 = \lceil \lg n \rceil$. 给定 $k$ 个坐标，用二进制 $k$-元组的所有 $2^k$ 个向量进行编码的图就是 $2^{k-1}K_2$，因为一个向量仅与其补向量在每一个坐标位上都不同．如果 $n$ 不是 2 的幂，则可以丢弃一些互补的向量对来构造一个表示．下界可以由定理 8.4.10 得到，从每个序列中取一个顶点（比如可以令 $u_i = v_{n+1-j}$）． ■

在第三个编码模型中，我们希望再现更细节的信息：顶点之间的距离．这源自网络的寻址问题，每一条信息应选择最短路径到达它的目的地址．由于没有集中控制机制，因此接收信息的顶点必须仅利用目的地址的名字确定把信息发送到哪里．如果两个顶点的向量表明了它们在 $G$ 中的距离，则收到信息的顶点可以把目的顶点的向量和该顶点邻域中的向量进行比较，并且把消息送往离目的顶点最近的相邻顶点．

对于连通图 $G$，我们希望为顶点分配向量，使得顶点之间的距离等于相应向量中取不同值的坐标位的个数．这是 $G$ 的一个到 $H = K_{n_1} \square \cdots \square K_{n_t}$ 的**等距**或者"**保距**"嵌入：一个映射 $f: V(G) \to V(H)$，它满足 $d_G(u, v) = d_H(f(u), f(v))$．然而很多连通图没有等距嵌入．

400 因此，我们引入一个"无所谓"的符号 $*$；令 $S = \{0, 1, *\}$ 并定义一个对称函数 $d$: $d(0, 1) = 1$，$d(0, *) = 0 = d(1, *)$．令 $S^N$ 表示元素取自 $S$ 的 $N$-元组（向量）的集合，对于 $a, b \in S^N$，令 $d_S(a, b) = \sum d(a_i, b_i)$．对于任意图 $G$，用某个 $N$ 值得到一个编码 $f: V(G) \to S^N$ 使得 $d_G(u, v) = d_S(f(u), f(v))$ 对任意 $u, v \in V(G)$ 均成立．

任意 $a \in S^N$ 对应于 $N$-维立方 $Q_N$ 的一个子立方体；子立方体的维数是 $a$ 中 $*$ 的个数．对于 $a, b \in S^N$，在相应的子立方体中，顶点间的最短距离是 $d_S(a, b)$．为不同顶点分配的向量对应了不相交的子立方体，否则它们的距离将会是 0．对于每一个分配给顶点的子立方体，如果我们对其所有边进行缩减，则 $Q_N$ 就会被挤压成一个塌陷立方体 $H$，等距映射 $f: V(G) \to S^N$ 就是 $G$ 到 $H$ 上的一个等距嵌入．

**8.4.12 定义** **长度为 $N$ 的塌陷立方体嵌入**是一个映射 $f: V(G) \to S^N$，使得 $d_G(u, v) = d_S(f(u), f(v))$．**塌陷立方体维** $\mathrm{qdim}\, G$ 是 $G$ 的这种嵌入的最小长度．

**8.4.13 例** 向量 000，001，$01*$ 和 $1**$ 构成了 $K_4$ 的一个塌陷立方体嵌入，其长度为 3．3-立方体中有两个相邻顶点保持不变，有一条同时与这两个顶点相邻的边坍缩了，（这四个顶点的）对立面全部坍缩．结果得到的图是 $K_4$．各个顶点的象均是子立方体，如下图中黑体线所示．我们推广这个构造方法可以将 $K_n$ 嵌入 $n-1$-维立方体中．

为 $P_n$ 的各个顶点分别分配向量 $00\cdots00$，$10\cdots00$，$11\cdots00$，$\cdots$，$11\cdots10$，$11\cdots11$，可以将 $P_n$ 等距嵌入到没有塌陷的 $Q_{n-1}$ 中．不存在更短的嵌入，因为 $P_n$ 的两个端点间的距离是 $n-1$，且每个坐标位对向量间的距离最多贡献 1．

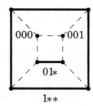

**8.4.14 命题** 对于图 $G$，$\mathrm{qdim}(G) \leqslant \sum_{i<j} d_G(v_i, v_j)$．

**证明** 对于任意满足 $i < j$ 的 $i, j$ 对，我们占用向量中的 $d_G(v_i, v_j)$ 个坐标位；在 $v_i$ 对应的向

量中，将这些坐标位的值设为 0；在 $v_j$ 对应的向量中，将这些坐标位的值设为 1；两个向量的其他坐标位置 *。给定两个顶点，只有不含 * 的坐标位才对计算距离有用，故 $d_G(v_i, v_j) = d_S(f(v_i), f(v_j))$. ■

利用特征值技术（习题 8.6.14），Graham 和 Pollak[1971，1973]证明了 qdim($G$) 的一个一般下界，由此得到 qdim $K_n = n-1$. 因此，$K_n$ 和 $P_n$ 的塌陷立方体维均为 $n-1$；Graham 和 Pollak 曾猜想：对于任意 $n$ 顶点连通图，qdim$G \leqslant n-1$. 对于这个猜想的证明，Graham 悬赏 \$100，Winkler 找到了一个编码策略来证明这个"塌陷立方体猜想". 401

Winkler 的证明方法对任意连通 $n$ 顶点图 $G$ 生成了一个明确的 $n-1$ 维塌陷立方体编码. 我们首先为顶点编号，任意选取 $v_0$；然后找出一棵生成树 $T$，使得 $d_T(v, v_0) = d_G(v, v_0)$ 对所有 $v \in V(G)$ 均成立（$T$ 可以通过从 $v_0$ 进行广度优先搜索得到）；现在，通过对 $T$ 进行深度优先搜索对各个顶点进行编号. 换句话说，假设已经确定了编号 $v_0, \cdots, v_i$，则令 $v_{i+1}$ 为 $T$ 中 $v_i$ 的还未被访问的孩子（如果存在）；否则向树根方向回溯，直到找到一个具有这种孩子的顶点. 在所得的编号方案中，沿着 $T$ 中始于 $v_0$ 的任何路径行进，顶点的编号将递增.

**8.4.15 例**（广度优先生成树的深度优先编号）　在下图中，粗体线标记的边属于 $T$，实线标记的边属于 $G-T$. 我们要用这个例子来演示证明过程的几个步骤.

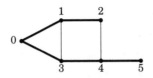

此后，我们将固定 $T$ 及其顶点顺序，并用顶点在这个顺序中的编号来表示它. 令 $P_i$ 是 $T$ 中 $i$，0-路径上的所有顶点构成的集合，$i'$ 是 $T$ 中顶点 $i$ 的父亲顶点（从 $i$ 到 0 的路径上经历的下一个顶点），$i \wedge j = \max(P_i \cap P_j)$ 是位于 $i$，0-路径和 $j$，0-路径交汇处的顶点. 给定 $G$ 的广度优先树的深度优先编码，令 $c(i, j) = d_T(i, j) - d_G(i, j)$ 是顶点 $i$，$j$ 的**偏差**.

**8.4.16 例**　下面所有的图均有标记 $c(i, k)$. 对例 8.4.15 中的树 $T$，我们为每个顶点 $k$ 标记了偏差 $c(i, k)$.

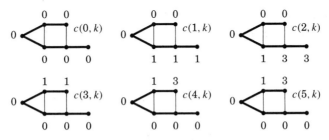

**8.4.17 引理**（Winkler[1983]）　偏差有以下性质：

a)$c(i, j) = c(j, i) \geqslant 0$.

b)如果 $i \in P_j$，则 $c(i, j) = 0$.

c)如果 $i \in P_j$ 和 $j \in P_i$ 都不成立，则 $c(i, j') \leqslant c(i, j) \leqslant c(i, j') + 2$.

**证明**　a)图中，长度是对称的，并且 $G$ 中最短的 $i$，$j$-路径不长于 $T$ 中介于这两个顶点间的路径；b)各顶点到 $v_0$ 的距离在 $T$ 中得到了保持，这表明 $T$ 中的 $i$，$j$-路径是 $G$ 中的最短 $i$.$j$-路径； 402

c)因为 $j'$ 属于 $T$ 中的 $i$, $j$-路径,所以 $d_T(i, j) - d_T(i, j') = 1$. 由于 $jj' \in E(G)$,所以 $|d_G(i, j) - d_G(i, j')| \leqslant 1$. 于是,$c(i, j) - c(i, j')$ 等于 0 或 1 或 2.

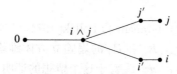

根据偏差这个概念,可以大致看一下 Winkler 编码是如何工作的. 我们采用搜索树是因为它很自然地提供了 $n-1$ 个坐标位,树中的距离是对图中的距离的一种近似;树中的距离经过适当调整(减去偏差)就是图中的距离. 对于顶点 $i$, $j$,Winkler 编码恰好在 $d_T(i, j)$ 个坐标位中的每个位置 $k$ 上恰好令 $i$ 和 $j$ 的向量之一取 1;我们希望其他编码位上恰好有 $d_G(i, j)$ 个坐标位取 0;对于这两个向量之一取 1 的所有坐标位上,要恰好放置 $c(i, j)$ 个 *,这样就达到调整的目的. 问题是在于恰当地设计编码使得上述条件对所有顶点对同时成立.

**8.4.18 定理**(Winkler[1983])  任意连通 $n$-顶点图 $G$ 的塌陷立方体维至多为 $n-1$.

**证明**  如上面所述,取树 $T$ 并将所有顶点编号为 $0$, $\cdots$, $n-1$. 我们定义一个编码 $f(i) = (f_1(i), \cdots, f_{n-1}(i))$ 并验证 $d_G(i, j) = d_S(a_i, a_j)$. 编码是:

$$f_k(i) = \begin{cases} 1 & \text{如果 } k \in P_i \\ * & \text{如果 } c(i,k) - c(i,k') = 2 \\ * & \text{如果 } c(i,k) - c(i,k') = 1 \text{ 并且 } i < k \text{ 并且 } c(i,k) \text{ 是偶数} \\ * & \text{如果 } c(i,k) - c(i,k') = 1 \text{ 并且 } i > k \text{ 并且 } c(i,k) \text{ 是奇数} \\ 0 & \text{其他情况} \end{cases}$$

(例 8.4.16 中各个顶点的编码向量分别是 $f(0) = 00000$,$f(1) = 10000$,$f(2) = 110 * 0$,$f(3) = * 0100$,$f(4) = **110$,$f(5) = **111$.)

为了证明 $d_S(f(i), f(j)) = d_G(i, j)$,我们对 $f(i)$,$f(j)$ 中一个取值为 1 而另一个取值为 0 的坐标位进行计数. 这种坐标位 $k$ 必然都属于 $P_i \bigcup P_j$,因为只有这里的坐标位才可能取 1. 根据对称性,我们不妨假设 $i < j$. 因此,$j \notin P_i$,我们分别考虑 $i \in P_j$ 和 $i \notin P_j$ 这两种情况.

如果 $i \in P_j$,则 $d_G(i, j) = d_T(i, j) = |P_j - P_i|$,且 $f_k(i) = f_k(j) = 1$ 当且仅当 $k \in P_i$. $f(i)$,$f(j)$ 中恰好有一个取 1 的坐标位都位于 $P_j - P_i$ 中. 对于 $k \in P_j - P_i$,有 $f_k(i) = 0$,因此 $d_G(i, j) = d_S(f(i), f(j))$.

如果 $i \notin P_j$,则在 $k \in (P_j - P_i) \bigcup (P_i - P_j)$ 时 $\{f_k(i), f_k(j)\}$ 中恰好有一个等于 1. 我们要证明另一个向量恰好在这些坐标位中的 $c(i, j)$ 个位置上取 *. 这样将得出

$$d_S(f(i), f(j)) = |P_j - P_i| + |P_i - P_j| - c(i,j) = d_T(i,j) - c(i,j) = d_G(i,j).$$

在例 8.4.16 中,$(P_5 - P_2) \bigcup (P_2 - P_5)$ 是所有 5 个坐标,由于 $f(2)$ 和 $f(5)$ 在这些坐标上共有 3 个取 *,因此得到 $d_S(f(2), f(5)) = d_G(2, 5) = 2$.

为了在这些坐标位上确定 * 的位置,考虑将 $i$, $j$ 之一移到 $P_i$,$P_j$ 交汇处之后对偏差造成的变化. 考虑两个序列:

$$0 = c(i, i \wedge j) \leqslant \cdots \leqslant c(i,j') \leqslant c(i,j),$$
$$0 = c(i \wedge j, j) \leqslant \cdots \leqslant c(i',j) \leqslant c(i,j).$$

我们将对满足 $0 < m \leqslant c(i, j)$ 的每个偶数 $m$ 在 $f(i)$ 中取到一个 *,并且对满足 $0 < m \leqslant c(i, j)$ 的每

403

个奇数 $m$ 在 $f(j)$ 中取到一个 $*$.

对于满足 $0<m\leqslant c(i, j)$ 的偶数 $m$，令 $j_m$ 是满足 $c(i, j_m)\geqslant m$ 和 $c(i, j'_m)<m$ 的唯一顶点. 即使 $m$ 这个值不在第一个序列中，$j_m$ 也是有定义的. 由于 $c$ 在每一步中最多变化 2，故 $j_m$ 的值互不相同. 并且，深度优先顺序保证了 $i<k$ 对所有 $k\in P_j-P_i$ 均成立. 因此，$f_k(i)= *$ 对 $k\in P_j-P_i$ 成立当且仅当有某个偶数 $m$ 使得 $k=j_m$. 在例 8.4.16 中，对于 $(i, j)=(2, 5)$，我们有 $j_2=4$ 和 $f_4(2)=*$.

同样，对于满足 $0<m\leqslant c(i, j)$ 的奇数 $m$，令 $i_m$ 是满足 $c(i_m, j)\geqslant m$ 和 $c(i'_m, j)<m$ 的唯一顶点. 同前面一样，$i_m$ 的值互不相同且有定义. 深度优先顺序保证了 $j>k$ 对所有 $k\in P_i-P_j$ 均成立，故 $a_j(k)= *$ 对 $k\in P_i-P_j$ 成立当且仅当有某个奇数 $m$ 使得 $k=i_m$. 在例 8.4.16 中，对于 $(i, j)=(2, 5)$，我们有 $i_1=1$，$i_3=2$ 和 $f_1(j)=f_3(j)= *$.

这样，我们对 $P_i-P_j\bigcup P_j-P_i$ 中 $*$ 的个数进行了计数. 这个数量等于从 1 到 $c(i, j)$ 之间偶数的个数加上从 1 到 $c(i, j)$ 之间奇数的个数，加起来等于 $c(i, j)$. ∎

### 分叉和流言

在图中，我们已经研究了找出两两间无公共边的生成树的最大数量这个问题；这个数量等于满足如下条件的最大 $k$ 值：对任意顶点划分 $P$，至少有 $k(|P|-1)$ 条边介于 $P$ 的集合之间（推论 8.2.59）. 这里，我们在有向图中考虑类似的问题，它与 Menger 定理有关（习题 14）. Menger 定理是集中讨论顶点对的最小-最大定理. 我们考虑单个顶点到有向图其余部分的"连通性".

**8.4.19 定义** 有向图中一个 $r$-分叉是一棵从 $r$"分叉出来的"有根树，其中顶点 $r$ 的入度为 0，其他所有顶点的入度均为 1，并且其他顶点从 $r$ 出发均是可达的. 令 $\kappa'(r; G)$ 表示为使得某个顶点从 $r$ 出发不可达至少需要删除的边数.

删除进入集合 $X\in V(G)-\{r\}$ 的所有边将使得 $X$ 的任意顶点从 $r$ 出发均不可达. 另一方面，删除后使得某个顶点不可达的极小集合包括了离开已到达顶点的所有边. 因此，$\kappa'(r; G)$ 就是在所有非空集合 $X\subseteq V(G)-\{r\}$ 上取进入 $X$ 的边数的最小值.

|404|

在由两两间无公共边的 $r$-分叉构成的集合中，每个分叉至少用到一条进入 $X$ 的边. 因此，$G$ 中至多有 $\kappa'(r; G)$ 个两两间无公共边的 $r$-分叉. Edmonds 证明了这个界是可达的. 我们下面的讨论允许重边.

**8.4.20 定理**（Edmond 分叉定理[1973]） 对于有向图 $G$ 的顶点 $r$，两两间无公共边的 $r$-分叉的个数是 $\kappa'(r; G)$.

**证明**（Lovász[1976]） 设 $V$ 是 $G$ 的顶点集. 上界成立，因为 $V-r$ 的任意子集必然由每个 $r$-分叉的至少一条边进入. 我们对 $k=\kappa'(r; G)$ 用归纳法来证明存在 $\kappa'(r; G)$ 个两两间无公共边的 $r$-分叉. $k=1$ 时，由于每个顶点均是可达的，故一次广度优先搜索就可以生成一个 $r$-分叉. 对于 $k>1$，我们找出一个 $r$-分叉 $T$ 使得 $\kappa'(r; G-E(T))=k-1$；所以由归纳假设即可得到其余 $k-1$ 个 $r$-分叉.

一个部分 $r$-分叉是 $G$ 的某诱导子图的一个 $r$-分叉. 令 $T$ 是满足 $\kappa'(r; G-E(T))\geqslant k-1$ 的阶数达到最大的部分 $r$-分叉. 顶点 $r$ 本身就是满足 $\kappa'(r; G-E(T))\geqslant k-1$ 的部分分叉，其中 $E(T)=\varnothing$（因此，上述的 $T$ 是有定义的）. 令 $S=V(T)$，如果 $S=V$，则已经完成了证明，故我们假设 $S\neq V$.

对于 $X\subseteq V-r$，令 $e_X$ 表示 $G-E(T)$ 中进入 $X$ 的边的数量. 如果 $e_X\geqslant k$ 对任意与 $V-S$ 相交的集合 $X\subseteq V-r$ 均成立，则把从 $V-S$ 到 $S$ 的任意一条边添加进来就可以扩展 $T$. 因此，我们可以选择一个最小集合 $U\subseteq V-r$ 使得它与 $V-S$ 相交并且恰有 $k-1$ 条边进入它.（在下面的示意图中，$T$

由实线边构成).

因为 $\kappa'(r; G) = k$ 并且没有删除任意进入 $U-S$ 中的边, 故 $e_{U-S} \geq k$ 仍然成立. 然而, $e_U = k-1$, 所以必然有一条边 $xy$ 从 $S \cap U$ 到 $U-S$. 我们断言可以将 $xy$ 添加进来扩展 $T$, 这与 $T$ 的最大性矛盾. 我们仅需验证从 $G-E(T)$ 中删除 $xy$ 后, 至少还有 $k-1$ 条边进入任意 $W \subseteq V-r$. 这是平凡的, 除非 $x \in V-W$ 且 $y \in W$. 对于这样的 $W$, 只需证明 $e_W \geq k$.

数量 $e_W + e_U$ 表示了进入 $W$ 的边和进入 $U$ 的边的总数. 除了介于 $U-W$ 和 $W-U$ 之间的边, 上述这些边都进入了 $W \cup U$, 且进入 $W \cap U$ 的那些边被计算了两次. 于是 $e_W + e_U \geq e_{W \cup U} + e_{W \cap U}$. 根据 $T$ 的定义, 我们有 $e_{W \cup U} \geq k-1$; 由构造过程, 有 $e_U = k-1$; 由 $x \in U-W$ 和 $U$ 的最小性, 有 $e_{W \cap U} \geq k$. 因此, $e_W \geq k-1-(k-1)+k = k$, 这即为所证.

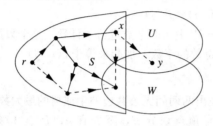

Lovász 的证明可以转化为一个算法以找出两两间无公共边的 $r$-分叉的个数; Tarjan[1974/75] 给出了另一个算法. 我们可以把 $\kappa'(r; G)$ 称为**局部-全局边-连通度**. 定理 8.4.20 有几个等价形式.

**8.4.21 推论**  如果 $G$ 是有向图, $r$ 是 $G$ 的顶点, 且 $k \geq 0$, 则下列论断等价:

A) $G$ 有 $k$ 个两两间无公共边的 $r$-分叉.

B) $\kappa'(r; G) \geq k$; 等价的说法是, $|[\overline{X}, X]| \geq k$ 对所有 $X \subseteq V(G)-\{r\}$ 成立.

C) 对任意 $s \neq r$, 存在 $k$ 条两两间无公共边的 $r, s$-路径.

D) 在底(无向)图中存在 $k$ 棵两两间无公共边的生成树, 使得对任意 $s \neq r$, 这些生成树中恰好包含了有向图 $G$ 中的 $k$ 条进入 $s$ 的边.

**证明**  A⇔B 是 Edmonds 定理, B⇔C 是 Menger 定理, 显然 A⇒D. 对于 D⇒B, 假设树存在, 考虑 $U \subseteq V-r$. 每棵生成树最多有 $|U|-1$ 条边位于 $U$ 中, 因此, 这些生成树最多共有 $k(|U|-1)$ 条边位于 $U$ 中. 根据假设, 这些生成树在有向图 $G$ 中对应的边恰好有 $k|U|$ 条边的头部位于 $U$ 中, 所以至少有 $k$ 条边进入 $U$.

Schrijver 发现 Edmonds 分叉定理还可以用拟阵并定理和拟阵交定理来证明. 丢弃进入根 $r$ 的边. 设 $M_1$ 是底(无向)图上环拟阵的 $k$ 个拷贝的并; 设 $M_2$ 是一个拟阵, 其中边集是一个独立集当且仅当该集合中任意 $k+1$ 条边没有相同的头部(这是阶为 $k$ 的均匀拟阵的直和). 存在 $k$ 个不相交的 $r$-分叉当且仅当这两个拟阵有一个大小为 $k(n(G)-1)$ 的公共独立集.

两两间无公共边的 $r$-分叉提供了从 $r$ 进行消息传递的一个容错静态协议; (它使得消息传递时) 有多棵可供选择的树(用来进行路由). 下面我们考虑从任意顶点到其他所有顶点进行消息传递的静态传输协议. 传输都是双向的, 但是它们按一定的顺序进行.

这个问题就是**流言问题**. 考虑 $n$ 个流言, 每个流言有一小片信息. 作为流言的传播者, 每个人都希望知道所有的信息; 两个流言传播者在交流时, 他们都将自己知道的信息全部告诉对方. 要想完成所有的信息传输, 流言传播者之间至少需要打多少个电话? 在 20 世纪 70 年代早期, 人们给出了这个问题的一些解.

打 $2n-3$ 个电话即可，这个结论比较简单：每个人都打电话给 $x$，然后 $x$ 又给每个人都打回电话，将最后一个打入的电话与第一个打出的电话合并在一起，这样就节省了一次电话通信．如果 $n \geqslant 4$，则 $2n-4$ 次电话通信就足够了：选 4 个人构成集合 $S$；首先，其他人都给 $S$ 中的一个人打电话；然后，$S$ 中的人通过两个不同的配对方式，用 4 次电话通信即实现信息共享；最后，其他人接到从 $S$ 打回的电话，这样通话次数的总和为 $(n-4)+4+(n-4)=2n-4$．使用图模型，我们证明了这个结论是最优的．

**8.4.22 定义**  **有序图**是边有序的一个图（允许重边）．**递增路径**是一条路径，它不断通过边顺序中靠后的边．一个**流言模式**是一个有序图，其中每个顶点均有达到其他任意顶点的递增路径．如果一个流言模式没有递增 $x$，$y$-路径外加一条介于 $x$，$y$ 之间（在边顺序中较路径内其他边）靠后的边，则称它**满足 NOHO**（"没有人能听到他自己的信息"）． 406

**8.4.23 定理**  对于 $n \geqslant 4$，在 $n$-顶点流言模式中边的最小条数是 $2n-4$．

**证明**（Baker-Shostak[1972]）  我们随意地使用"呼叫"代替"边"来强调顺序以及重边的可能性．上面描述的模式使用了 $2n-4$ 次呼叫，而且对于各种情况进行分析后可以知道 $n=4$ 时它是最优的．这为对 $n$ 进行归纳奠定了基础．对于 $n>4$，我们假设具有 $n-1$ 个顶点的任意流言模式至少使用 $2n-6$ 次呼叫．如果 $2n-4$ 对 $n$ 个顶点不是最优的，则可以向最优模式中添加若干个呼叫（如果必要）来得到恰好有 $2n-5$ 次呼叫的 $n$-顶点流言模式 $G$．

论断 1：$G$ 满足 NOHO．否则，$G$ 有一条从 $x$ 到 $v_k$ 递增路径沿着边 $e_1$，$\cdots e_k$ 行进，后面紧跟着边 $e_{k+1}=v_k x$．删除 $e_1$ 和 $e_{k+1}$．将其他涉及 $x$ 的呼叫划分成 $k+2$ 个集合：$E_0$ 由 $e_1$ 之前的呼叫构成；对于 $1 \leqslant i \leqslant k$，$E_i$ 由介于 $e_i$ 和 $e_{i+1}$ 之间的呼叫构成；$E_{k+1}$ 由 $e_{k+1}$ 之后的呼叫构成．对任意 $e \in E_i$，根据 $i=0$，$1 \leqslant i \leqslant k$ 或 $i=k+1$ 这三种情况之一分别将 $e$ 的端点 $x$ 替换成 $v_1$，$v_i$ 或 $v_k$（见下面的示意图）．现在 $E(G)-\{e_1, e_{k+1}\}$ 是 $V(G)-\{x\}$ 上的流言模式，因为每一条穿越 $x$ 的递增路径被一条由相同的边（可能还要从 $\{e_i\}$ 中另外选出一些边）构成的递增路径替换．这个模式有 $2(n-1)-5$ 条边，这与归纳假设矛盾．

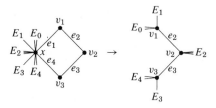

论断 2：有 $d(x)-3$ 次呼叫对 $x$ 是无用的，进而 $\delta(G) \geqslant 3$．令 $O(x)$ 是如下这种呼叫构成的集合：通过这种呼叫，从 $x$ 出发的递增路径第一次到达某个顶点，这些呼叫形成一棵树．将 $E(G)$ 内各边的顺序颠倒之后也可以得到一个 $Q(x)$，我们用新记号 $I(x)$ 来表示，这些边也构成一棵树，它们对于"进入"顶点 $x$ 是有用的．我们证明 $O(x) \bigcap I(x)$ 是与 $x$ 关联的所有边构成的集合．如果一条递增的 $x$，$y$-路径到达 $y \in N(x)$ 且边 $xy$（在边顺序中）位于该路径其他边之后，则 $x$ 违背了 NOHO．因此，$xy \in O(x)$；类似地可以证明，$xy \in I(x)$．反之，如果 $O(x) \bigcap I(x)$ 包含了一条不与 $x$ 关联的边 $e$，则始于 $x$ 并包含边 $e$ 的一条递增路径与到达 $x$ 并包含边 $e$ 的一条递增路径组合在一起将违背 NOHO．因此，$|O(x) \bigcap I(x)|=d(x)$．"对 $x$ 无用的"边是那些不在 $O(x) \bigcup I(x)$ 之内的边．由此得到：

$$|\overline{O(x) \bigcup I(x)}| = 2n-5-(n-1)-(n-1)+d(x) = d(x)-3$$

由于这个数是对一个边集进行计数，故 $\delta(G) \geqslant 3$.

论断 3：删除每个顶点的第一个呼叫和最后一个呼叫，所得的子图至少有 5 个连通分量并且没有孤立顶点. 令 $xy$ 是与 $x$ 相关的第一个呼叫. 如果与 $y$ 相关的第一个呼叫是 $yz$ 且 $z \neq x$，则根据定义知道它出现在 $xy$ 之前，并且这两个呼叫均不会从 $x$ 到 $z$ 通信. 在 $yz$ 和 $xy$ 之后，一条递增 $x$，$z$ 路径在 $z$ 上违反了 NOHO. 因此，第一个呼叫构成的集合 $F$ 是一个匹配，其中有 $n/2$ 个第一次呼叫. 类似地，最后一个呼叫构成的集合也是一个大小为 $n/2$ 的匹配. 图 $G-F-L$ 有 $n-5$ 条边，因此至少有 5 个连通分量. 根据命题 1.2.11，它没有孤立顶点，因为 $\delta(G) \geqslant 3$.

矛盾. 由于 $e(G) = 2n-5 < 2n$，某个顶点 $x$ 的度至多为 3. 令 $C_1$，$C_2$，$C_3$ 分别是 $G-F-L$ 中包含 $x$、它的第一个相邻顶点、它的最后一个相邻顶点的连通分量（它的中间那个相邻顶点位于 $C_1$ 中）. 只有通过始于 $x$ 关联的第一条或者中间那条边并且避开 $F \cup L$ 的路径，$G-F-L$ 的边才可能属于 $O(x)$，所以这样的边属于 $C_1$ 或 $C_2$. 类似地，$G-F-L$ 中属于 $I(x)$ 的边只能出现在 $C_1$ 或者 $C_3$. 其他连通分量的边至少有两条，它们对于 $x$ 是无用的（$G-F-L$ 没有孤立顶点），但是论断 3 仅允许有 $d(x)-3 = 0$ 条边对 $x$ 是无用的. ■

在实际应用中，我们希望最小化消息的总长度或者总时间（假定任意顶点在每个时间单位内最多参与一个呼叫）. 我们也可以对可以彼此呼叫的点对进行限制. 流言可以用 $2n-4$ 次呼叫完成当且仅当由允许的呼叫确定的图是连通的并且有一个 4-环（Bumby[1981]，Kleitman-Shearer[1980]）. 问题的其他变形考虑有向图（习题 15～16）、容错、会议呼叫等.

**序列着色和可选择性**

序列着色是顶点着色问题的一般形式. 我们仍要为每个顶点选取一种颜色，但是对各个顶点上可供选择的颜色集合有一定的限制. 这个模型由 Vizing[1976] 和 Erdös-Rubin-Taylor[1979] 独立地引入.

**8.4.24 定义** 对图 $G$ 的每个顶点 $v$，令 $L(v)$ 表示可用于 $v$ 的颜色序列. **一个序列着色或选择函数**是一个真着色 $f$，它使得 $f(v) \in L(v)$ 对所有 $v$ 成立. 图 $G$ 是 $k$-**可选择的**或者可 $k$-**序列着色的**，如果任意为各个顶点指定 $k$-元序列均存在一个真序列着色. **序列色数、选择数**或者**可选度** $\chi_l(G)$ 是使得 $G$ 是 $k$ 可选择的最小 $k$ 值.

由于所有序列可以是相同的，故 $\chi_l(G) \geqslant \chi(G)$. 如果序列的长度至少是 $1+\Delta(G)$，则依次对顶点进行着色将在每个顶点处还剩下一种可用的颜色. 这个方法类似于贪心着色算法，并证明了 $\chi_l(G) \leqslant 1+\Delta(G)$（其他与 $\chi(G)$ 类似的结论见习题 22）. 然而，不可能用 $\chi(G)$ 来给出 $\chi_l(G)$ 的一个上界. 存在具有任意大的序列色数的二部图.

**8.4.25 命题**（Erdös-Rubin-Taylor[1979]） 如果 $m = \binom{2k-1}{k}$，则 $K_{m,m}$ 不是 $k$-可选择的.

**证明** 令 $X$，$Y$ 是 $G = K_{m,m}$ 的二部剖分. 将 $[2k-1]$ 的不同 $k$-子集作为颜色序列分配给 $X$ 中的顶点，并对 $Y$ 做同样的操作. 考虑选择函数 $f$. 如果 $f$ 为 $X$ 中的顶点选用的不同颜色少于 $k$ 种，则有一个 $k$-子集 $S \subseteq [2k-1]$ 没有被使用，即 $f$ 没有为 $X$ 中以 $S$ 作为颜色序列的顶点选中任何颜色. 如果 $f$ 在 $X$ 的所有顶点上至少使用了 $k$ 种颜色，则有一个颜色的 $k$-集合 $S \subseteq [2k-1]$ 在 $X$ 中被使用，但将序列 $S$ 分配给 $Y$ 的一个顶点之后不可能得到一个真着色. ■

序列色数比色数更难计算，因为其上界和下界的确定都涉及全局变化. 确定 3-可选完全二部图是困难的. 对于 $3 \leqslant m \leqslant n$，$K_{m,n}$ 是 3-可选的当且仅当

$m = 3$ 且 $n \leqslant 26$(Erdös-Rubin-Taylor[1979]),或者

$m = 4$ 且 $n \leqslant 20$(Mahadev-Roberts-Santhanakrishnan[1991]),或者

$m = 5$ 且 $n \leqslant 12$(Shende-Tesman[1994]),或者

$m = 6$ 且 $n \leqslant 10$(O'Donnell[1995]).

Alon 和 Tarsi[1992]利用与图相关的一个多项式得到了 $\chi_l(G)$ 的上界(参见 Alon[1993]). Fleischner 和 Stiebitz[1992]利用同样的技术证明了向 $3n$-环中添加 $n$ 个不相交的三角形之后得到一个可 3-着色图;他们还证明了更强的结论:它是 3-可选的.

边-着色也有一个变形:为所有边指定可用颜色序列并要求选择一个真边-着色.

**8.4.26 定义**　令 $L(e)$ 表示边 $e$ 的可用颜色序列. **一个序列边-着色**是一个真边-着色 $f$,其中每条边 $e$ 的颜色 $f(e)$ 均选自 $L(e)$. **边-可选度** $\chi_l'(G)$ 是使得任意为所有边指定大小为 $k$ 的可用颜色序列均有真序列边-着色的最小 $k$ 值. 换句话说, $\chi_l'(G) = \chi_l(L(G))$,其中 $L(G)$ 是 $G$ 的线图.

论证 $\chi'(G) \leqslant 2\Delta(G) - 1$ 的过程也可以得到 $\chi_l'(G) \leqslant 2\Delta(G) - 1$(习题 22),从而 $\chi_l'(G) < 2\chi'(G)$. 同通常的着色一样,用线图可以把边着色的定理表达成为顶点着色的特殊情况,并且表现出更好的性质. 尽管如此,对于边-可选度界限的猜想也是令人吃惊的. 这一结论由不同的研究人员独立提出,包括 Vizing、Gupta、Albertson、Collins 和 Tucker,并且它的第一次出现大概是在 Bollobás-Harris[1985](也可以参见 Bollobás[1986]).

**8.4.27 猜想**(序列着色猜想)　$\chi_l'(G) = \chi'(G)$ 对所有 $G$ 成立.　　　　　　■

对于简单图,该猜想和 Vizing 定理(定理 7.1.10)可以得到 $\chi_l'(G) \leqslant \Delta(G) + 1$. Bollobás 和 Harris [1985]证明了 $\chi_l'(G) < c\Delta(G)$ 在 $c > 11/6$ 时对于足够大的 $\Delta(G)$ 是成立的. 这个结论以及后来的改进工作都使用了概率方法. Kahn[1996]证明该猜想渐近行为: $\chi_l'(G) \leqslant (1 + o(1))\Delta(G)$. Käggkvist and Janssen[1997]细化了错误区间: $\chi_l'(G) \leqslant d + O(d^{2/3}\sqrt{\log d})$,其中 $d = \Delta(G)$. Molloy and Reed[2001]进一步加强(并推广)了这个界限.

Dinitz 在 1979 年对于 $G = K_{n,n}$ 的特殊情况提出了序列着色猜想(Janssen[1993]证明 $K_{n,n-1}$ 的情况). Dinitz 猜想用矩阵形式表达出来变得更通俗:如果 $n \times n$ 网格的每个位置包含了一个大小为 $n$ 的集合,则可以从每个集合中选出一个元素,使得每一行中选出的元素互不相同并且每一列中选出的元素也互不相同.

Galvin[1995]对二部图证明了序列着色猜想,这一结果包含了 Dinitz 猜想(参见 Slivnik[1996]). 这里,我们只证明 Dinitz 猜想,证明过程使用了稳定匹配问题(3.2 节).

**8.4.28 定义**　有向图的一个**核**是一个独立集合 $S$,使得 $S$ 之外的任意顶点都有一个后继含于 $S$ 中. 如果有向图的任意诱导子有向图都有一个核,则称该有向图是**核-完美的**. 给定函数 $f: V(G) \to \mathbf{N}$,称图 $G$ 是 $f$ **可选的**,如果只要 $|L(x)| = f(x)$ 对任意 $x$ 成立即可从顶点的序列中选择颜色构成一个真着色.

我们在应用 1.4.14 中使用了"核"这个概念(比如不含奇环的有向图有核). 一个 $f$ 可选图对 $k = \max f(x)$ 是 $k$-可选的,因为向序列中添加颜色不会使得(颜色的)选择更加困难.

**8.4.29 引理**(Bondy-Boppana-Siegel)　如果 $D$ 是 $G$ 的一个核-完美定向且 $f(x) = 1 + d_D^+(x)$ 对所有 $x \in V(G)$ 成立,则 $G$ 是 $f$-可选的.

**证明**　我们对 $n(G)$ 用归纳法. $n(G) = 1$ 时,结论是平凡的. 当 $n(G) > 1$ 时,考虑给定的(颜色)序

列，其中 $L(x)$ 的大小为 $f(x)$. 从某个序列中取一种颜色 $c$. 令 $U=\{v: c\in L(v)\}$. 令 $S$ 是诱导子图 $D[U]$ 的核. 将颜色 $c$ 分配给 $S$ 的所有顶点，这是可行的，因为 $S$ 是独立顶点集.

对每个 $v\in U-S$，从 $L(v)$ 中删除 $c$. 从其他序列中随意地删除其他一些颜色，使得任意 $x\in V(D)-S$ 的序列 $L(x)$ 的大小缩减为 $f'(x)$，其中 $f'(x)=1+d^+_{D-S}(x)$. 由于 $S$ 之外的任意顶点都有一个后继位于 $S$ 中，我们有 $f'(x)<f(x)$ 对 $x\in V(D)-S$ 成立，这恰好反映了将 $c$ 从序列中删除这一情况. 根据归纳假设，$D'$ 是 $f'(x)$-可选的. 因此，在 $S$ 上使用颜色 $c$，再加上 $D'$ 的序列着色，可以得到 $G$ 的序列着色. ∎

**8.4.30 定理**（Galvin[1995]） $\chi'_l(K_{n,n})=n$.

**证明** 因为 $\chi'_l(G)=\chi_l(L(G))$，根据引理 8.4.29，只需证明 $L(K_{n,n})$ 有一个核-完美定向，使得其中每个顶点的入度和出度均为 $n-1$. 图 $L(K_{n,n})$ 是笛卡儿积 $K_n\square K_n$（习题 7.1.8）；将它放到 $n\times n$ 的网格中，则顶点是邻接的当且仅当这两个顶点位于同一行或者同一列中.

适当分配标记 $1，2，\cdots，n$ 使得顶点 $(r，s)$ 的标记为 $r+s-1 \bmod n$. 如下定义 $K_n\square K_n$ 的一个定向 $D$：对 $s$ 这一列，定义边的方向使得它从标记为 $i$ 的顶点 $(r，s)$ 指向该列中标记值较小的顶点；对于 $r$ 这一行，定义边的方向使得它从标记为 $i$ 的顶点 $(r，s)$ 指向该行中标记值较大的顶点. 由于标记 $i$ 大于 $i-1$ 个其他的标记，因此顶点 $(r，s)$ 在 $s$ 这一列中有 $i-1$ 个后继而在 $r$ 这一行中有 $n-i$ 个后继. 因此，$d^+(r，s)=d^-(r，s)=n-1$.

我们证明 $D$ 是核-完美的. 给定 $U\subseteq V(D)$，通过求解一个稳定匹配问题，我们找出子图 $D[U]$ 的核. 如果 $(r，b)\in U$ 且 $(r，s)\rightarrow(r，b)$ 在 $D$ 中成立，则规定 $r$ 对 $b$ 偏好程度高于 $r$ 对 $s$ 的偏好程度. 这样，对于行 $r$，$r$ 对各个列的偏好序列以 $\{s: (r，s)\in U\}$ 开始，按照顶点标记值的递减顺序，后面是 $\{s: (r，s)\notin U\}$ 中的任意顺序. 同样，对于列 $s$，$s$ 列对各个行的偏好序列以 $\{r: (r，s)\in U\}$ 开始，按照顶点标记值的递增顺序，后面是 $\{r: (r，s)\notin U\}$ 的任意顺序.

Gale-Shapley 求婚算法（算法 3.2.17）根据这些偏好序列求得一个稳定匹配 $M$. 将 $M$ 中相互匹配的序对看作网格中的位置，令 $S=M\cap U$. 由于 $M$ 是匹配，故 $S$ 中任意两个位置不位于同一行或者同一列中；因此，$S$ 是 $D$ 中的一个独立顶点集. 我们证明 $x\in U-S$ 有一个后继位于 $S$ 中.

令 $i$ 是位置 $x=(r，s)\in U-S$ 的标记. 由 $S=M\cap U$ 可知 $x\notin M$. 因此，$M$ 有一个位置 $y=(r，b)$，设其标记为 $j$，另有一个位置 $z=(a，s)$，设其标记为 $k$. 由于 $M$ 是稳定的，因此不能同时有：$r$ 对 $s$ 的偏好高于 $r$ 对 $b$ 的偏好和 $s$ 对 $r$ 的偏好高于 $s$ 对 $a$ 的偏好. 根据这个命题，我们用如下的几个步骤得知 $x$ 的后继 $y$ 或者 $z$ 位于 $S$ 中.

不是 $[(r$ 偏好 $s$ 高于 $b)$ 和 $(s$ 偏好 $r$ 高于 $a)]$
不是 $[(y\notin U$ 或者 $i>j)$ 和 $(z\notin U$ 或者 $i<k)]$
$(y\in U$ 和 $i<j)$ 或者 $(z\in U$ 和 $i>k)$
$(x\rightarrow y\in S)$ 或者 $(x\rightarrow z\in S)$ ∎

**8.4.31 注记** 序列着色猜想与另一个猜想有关. 图 $G$ 的一个**全着色**为每个顶点和每条边均分配一种颜色，使得两个对象有邻接关系或者有关联关系时它们有不同的颜色. 全着色猜想（Behzad[1965]）是说，任意简单图 $G$ 有一个全着色使得它使用的颜色至多为 $\Delta(G)+2$. Rosenfeld[1971] 和 Behzad[1971] 在一些特殊图类中证明了上述猜想. 由序列着色猜想可以得出一个上界 $\Delta(G)+3$，因为任意图 $G$ 有一个全着色至多使用了最多 $\chi'_l(G)+2$ 种颜色（习题 25）. ∎

人们还在平面图上研究了序列着色猜想．Ellingham 和 Goddyn[1996]证明了，任意 $k$-正则可 $k$-边-着色的可平面图均是 $k$-边-可选的（使用 4 色定理）．

对于可平面图的讨论把我们带回到对顶点的序列着色上．尽管可平面图的色数至多为 4，但 Vizing[1976]和 Erdös-Rubin-Taylor[1979]曾猜想可平面图的最大选择数是 5．Voigt[1993]构造了一个有 238 个顶点的平面图，它不是 4-可选的．Mirzakhani[1996]（习题 26）将这种图的顶点数减少到 63（这两个例子都可以推广得到无限图族）．事实上，存在可 3-着色的平面图不是 4-可选的（Gutner [1996]，Voigt-Wirth[1997]）． 〔411〕

Thomassen[1994b]证明了这个上界（并且[1995]还证明了围长为 5 的可平面图是 3-可选的）．用归纳法证明可平面图的结论时，无边界面上的顶点（外部顶点）往往有特殊用途．

**8.4.32 定理**（Thomassen[1994b]）　可平面图是 5-可选的．

**证明**　添加边不会使序列色数减小，因此我们集中精力来讨论外部面是一个环并且每个有界面均是三角形的这种平面图．在 $n(G)$ 上用归纳法，我们证明更强的结论：即使两个相邻的外部顶点有大小为 1 的不同序列而其他外部顶点有大小为 3 的序列，也可以选择颜色得到一种着色方案．基本步骤（$n=3$），在第三个顶点上可以再选出一种颜色．

现在，考虑 $n>3$．设 $v_p$，$v_1$ 是在外环 $C$ 上有固定颜色的顶点．令 $v_1$，$\cdots$，$v_p$ 是 $V(C)$ 按顺时针顺序排列得到的序列．

情况 1：$C$ 有一条弦 $v_i v_j$ 满足 $1 \leq i \leq j-1 \leq p-2$．我们将归纳假设应用到由环 $v_1$，$\cdots$，$v_i$，$v_j$，$\cdots$，$v_p$ 及其内部构成的图中．这样就选择了一个真着色，其中 $v_i$，$v_j$ 的颜色被固定下来．接下来，我们将归纳假设应用到由环 $v_i$，$v_{i+1}$，$\cdots$，$v_j$ 及其内部构成的图中，这样就得到 $G$ 的一个序列着色．

情况 2：$C$ 没有弦．令 $v_1$，$u_1$，$\cdots$，$u_m$，$v_3$ 依次是 $v_2$ 的所有相邻顶点（可能有 $3=p$）．由于有界面都是三角形，因此 $G$ 有一条顶点依次为 $v_1$，$u_1$，$\cdots$，$u_m$，$v_3$ 的路径 $P$．由于 $C$ 是无弦的，$u_1$，$\cdots$，$u_m$ 都是内部顶点，因此 $G'=G-v_2$ 的外部面的边界是 $C'$，其中 $P$ 取代了 $C$ 中 $v_1$，$v_2$，$v_3$ 这三个顶点．

令 $c$ 为分配给 $v_1$ 的颜色．由于 $|L(v_2)| \geq 3$，我们可以选出不同的颜色 $x$，$y \in L(v_2) - \{c\}$．我们将 $x$，$y$ 留给 $v_2$ 使用，并且不允许 $u_1$，$\cdots$，$u_m$ 使用这两种颜色．由于 $|L(u_i)| \geq 5$，我们有 $|L(u_i) - \{x, y\}| \geq 3$．因此，我们可以在 $G'$ 上使用归纳假设，其中 $u_1$，$\cdots$，$u_m$ 的可用颜色序列的大小至少是 3 而其他顶点与 $G$ 中该顶点有同样的颜色序列．在所得的着色方案中，$v_1$ 和 $u_1$，$\cdots$，$u_m$ 的颜色均在 $\{x, y\}$ 之外．从 $\{x, y\}$ 选出一种未在 $v_3$ 上使用过的颜色，将它用到 $v_2$ 上，这样即将 $G'$ 的着色扩展为 $G$ 的着色．

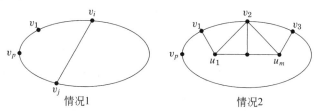

情况1　　　　　　情况2　　　　　　〔412〕

## 使用路径和环的划分

我们已经考虑了 **F 分解**问题：将 $E(G)$ 划分为集族 **F** 中最少数量的子图．人们对很多集族 **F** 都研究过这个问题，比如团（定理 8.4.3）、二部图（习题 3）、完全二部图（定理 8.6.20）、星形（顶点覆盖数——3.1 节)和森林(荫度——推论 8.2.57). 在考虑把图划分成环和路径这个极值问题之前，我们首先讨论一下早期的一个问题：用最少的路径覆盖有向图的所有顶点．

可比较图是有传递定向的图；如果有向图中 $x \rightarrow y$ 和 $y \rightarrow z$ 蕴涵 $x \rightarrow z$，则称它是**传递**的．传递有向图的一条路径上的所有顶点诱导出一个竞赛图．可比较图都是完美的(结论 5.3.25)，即最大比赛子图包含 $\omega$ 个顶点的有向图 $D$ 可以被真 $\omega$-着色．根据完美图定理(定理 8.1.16)，我们还知道 $V(D)$ 可以用 $D$ 中的 $\alpha(D)$ 个比赛子图来覆盖，其中 $\alpha(D)$ 是独立顶点集的最大大小．

把路径看成"链"并把独立顶点集看成"反链"，上述结论就变成了传递无圈图的 Dilworth 定理：反链的最大大小等于划分 $V(D)$ 所需链的最小条数．除使用完美图定理可以得到 Dilworth 定理之外，它还与 König-Egerváry 定理等价(习题 27)，并且它的一般形式还可以由拟阵交定理得到(习题 8.2.50). 这里我们给出一个一般形式，它的证明比较短并且是自包含的．

**8.4.33 定理**(Gallai-Milgram[1960])　有向图 $D$ 的顶点至多用 $\alpha(D)$ 条两两互不相交的路径就可以被覆盖．

**证明**　由于 $V(D)$ 可以用 $n$ 条长度为 0 的不相交路径来覆盖，只需证明下面这个更强论断：如果集合 $C$ 是由覆盖 $V(D)$ 的两两不相交的路径构成的，集合 $S$ 是由这些路径的源(起始顶点)构成的，则 $V(D)$ 可以被源位于 $S$ 中的至多 $\alpha(D)$ 条两两不相交的路径覆盖．证明过程是对 $n(D)$ 用归纳法．基本步骤 $n(D)=1$ 是平凡的．附加的关于源的条件将有助于完成归纳步骤．

假设 $n > 1$ 且 $C$ 是覆盖 $V(D)$ 的 $k$ 条路径，这些路径的源构成集合 $S$. 上述论断成立，除非 $|C| = k > \alpha(D)$，此时，可以用更少的路径来构造一个覆盖，并且所用路径的源都位于 $S$ 中．由于 $k > \alpha$，因此必存在一条边 $xy$ 使得 $x, y \in S$. 令 $A$ 和 $B$ 分别是 $C$ 中始于 $x$ 和 $y$ 的路径．可以假设 $A$ 有一条边 $xz$，否则将 $x$ 添加到路径 $B$ 上作为起始顶点就可以节省一条路径．

在路径 $A$ 的开始位置删除 $x$，我们便得到了 $V(D-x)$ 的一个由 $k$ 条源位于 $S' = S - x + z$ 中的路径构成的覆盖 $C'$. 由于 $\alpha(D-x) \leqslant \alpha(D)$，由归纳假设得到 $V(D-x)$ 的一个覆盖 $C''$，它使用的路径少于 $k$ 条，并且这些路径的源都位于 $S'$ 中．除了 $z$ 之外，$S'$ 的元素均属于 $S$.

如果 $z$ 是 $C''$ 中某条路径的源，则将 $x$ 添加到这条路径的起始位置．如果 $z$ 不是源但是 $y$ 是源，则将 $x$ 添加到起始于 $y$ 的路径之前．如果 $y$ 和 $z$ 都不是源，则最多使用了 $|S'| - 2 = k - 1$ 条路径，可以将 $x$ 自身作为一条路径添加进来，这样得到 $V(D)$ 的一个由 $k-1$ 条路径构成的覆盖．在所有的情况中，所得的路径都是两两不相交的且源都位于 $S$ 中．

只要 $k > \alpha$，我们就可以重复上述过程，最终将路径的数量减小到 $\alpha$.

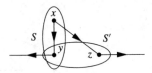

我们回到分解问题上来．Gallai 曾猜想，任意 $n$-顶点图都可以用 $\lceil n/2 \rceil$ 条路径来分解．等号对团成立(习题 28). 其他图具有较少的边，但缺乏连通性可能需要更多的路径．Hajós 有一个类似的猜想，$n$-顶点偶图可以分解成 $\lfloor n/2 \rfloor$ 个环．这两个猜想仍然在讨论中，但是 Lovász 证明了在路径和环都允许使用时这个界是最优的．分解的**大小**是所用子图的个数．

**8.4.34 定理**(Lovász[1968b])　任意 $n$-顶点图可以分解为 $\lfloor n/2 \rfloor$ 个路径和环．

**证明**　令 $F$ 是由所有路径和环构成的集族，令 $n'(G)$ 是图 $G$ 中非孤立顶点的数量．对 $\lambda(G) =$

$2e(G)-n'(G)$ 用归纳法，证明 $G$ 有一个大小不超过 $\lfloor n'(G)/2 \rfloor$ 的 **F**-分解．$G$ 中边数大于 1 的任意连通分量对 $\lambda(G)$ 的贡献均是一个正数．因此 $\lambda(G)\geq 0$ 等号成立仅当每个非平凡连通分量都是一条边．当 $\lambda(G)=0$，上述论断成立并且等号成立．

在归纳步骤中，$\lambda(G)>0$．我们考虑两种情况．**情况 1**：如果 $G$ 有一个顶点 $y$ 的度为正偶数，取 $x\in N(y)$，令 $W=\{z\in N(x)$：$d(z)$ 是偶数$\}$．这时，令 $G'=G-\{xz$：$z\in W\}$．在得到 $G'$ 的过程中，至少丢掉了一条边 $(xy)$ 并且至多产生了一个孤立顶点 $(x)$，故 $\lambda(G')<\lambda(G)$．**情况 2**：如果 $G$ 的任意顶点度都不是正偶数，则 $\lambda(G)>0$ 迫使 $\Delta(G)>1$．令 $x$ 为度至少为 3 的一个顶点，引入新顶点 $y$ 来对一条边 $xx'$ 进行细分，将得到的图记为 $G^+$．令 $W=\{y\}$，$G'=G^+-xy$．现在 $e(G')=e(G)$，但是 $n'(G')>n'(G)$，故 $\lambda(G')<\lambda(G)$．

在每种情况下，由归纳假设得到 $G'$ 的一个 **F**-分解 **D**，它满足 $|\boldsymbol{D}|\leq\lfloor n'(G')/2\rfloor$．在 $G'$ 中添加从 $x$ 到 $W$ 的所有边，这样得到的图记为 $H$；我们把 **D** 转化成 $H$ 的一个大小为 $|\boldsymbol{D}|$ 的 **F**-分解．在情况 1 中，$H=G$ 且 $n'(G')\leq n'(G)$，故这就是所求的分解．在情况 2 中，$H=G^+$ 且 $n'(G')=n'(G^+)$．由于 $n'(G)$ 是偶数，$\lfloor n'(G')/2\rfloor=\lfloor n'(G^+)/2\rfloor$．在 $G^+$ 的一个 **F**-分解中，具有奇度的 $n'(G)$ 个顶点必然全是路径的端点；这样，后来添加的度为 2 的顶点 $y$ 不可能是任何路径的端点．这表明 $xy$ 和 $yx'$ 属于同一个子图，可以用 $xx'$ 来替换这两条边以得到所求的 $G$ 的分解．

现在，把这两种情况结合在一起；我们仅需由 **D** 来获得 $H$ 的一个分解．令 $U=N_H(x)$．$U$ 的任意顶点在 $G'$ 中均有奇数度，所以对任意 $u\in U$，**D** 中有一条以 $u$ 为端点的路径 $P(u)$．对 $u\in W$，我们要扩展 $P(u)$ 以吸收边 $ux$．如果 $P(u)$ 到达但不终止于 $x$，则不能进行这个操作，因为这样的话子图 $P(u)\bigcup ux$ 不在 **F** 中．这时，我们的想法是：如果 $P(u)$ 通过 $u'x$ 这条边到达 $x$，则在 $P(u)$ 上去掉 $u'x$，令 $P(u')=P(u)\bigcup ux-u'x$ 并使用 $u'x$ 来扩展 $P(u')$ 以此代替上述操作．这样，对每个 $u\in W$ 就产生了一系列变化．我们必须证明这些变化序列会终止并且彼此不会冲突．

414

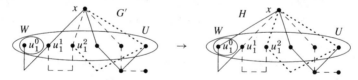

令 $W=w_1,\cdots,w_t$．对 $w_i\in W$，我们构造序列 $u_i^0,u_i^2,\cdots$，其中 $u_i^0=w_i$ 且任意 $u_i^j\in U$．如果在第 $i$ 个序列中，则我们已经选择了顶点 $u_i^j$，我们检验 $x$ 是否为 $P(u_i^j)$ 的内部顶点．如果不是，则停止且不再定义 $u_i^{j+1}$；如果是，则把 $u_i^{j+1}$ 定义为 $P(u_i^j)$ 中恰好位于 $x$ 之前的那个顶点；这就是上一段提到的 "$u'$"．对于 $j\geq 1$，路径 $P(u_i^j)$ 不会沿着边 $u_i^j x$ 开始，因为这条边是 $P(u_i^{j-1})$ 的内部边（上面 $G'$ 的示意图给出了 3 条连续的路径，$P(u_0^1)$ 用实线表示，$P(u_1^1)$ 用虚线表示，$P(u_1^2)$ 用点线表示）．

下面，我们证明 $U$ 中的任意顶点不会在这些序列中出现两次．由于 $j\geq 1$ 时 $xu_i^j\in E(G')$，$W$ 中的顶点仅作为起始顶点出现．令 $u_i^j$，$u_k^l$ 是重复出现的顶点且 $\min(j,l)$ 在这两个顶点上达到最小值，我们已经证明了 $j,l>0$．根据最小性得出，$u_i^{j-1}\neq u_k^{l-1}$，因此路径 $P(u_i^j)$ 和 $P(u_k^l)$ 起始于不同的顶点．如果 $u_i^j=u_k^l$，则这两条路径有公共边 $u_i^j x$ 进而它们必然是同一条路径．始于不同顶点的两条路径发生上述情况仅当 $u_i^{j-1}$ 和 $u_k^{l-1}$ 是这条路径的两个端点，但是这样的话它们不会都在 $x$ 之前遇到 $u_i^j$．因此，不会出现重复．

令 $W'=\{u_i^j\}$．如果 $u=u_i^j$ 且 $u$ 不是其序列的结尾，则令 $u'=u_i^j+1$．我们定义 $H$ 的一个 **F**-分解，每个 $Q\in\boldsymbol{D}$ 在这个分解中的对应体 $Q'$ 是一条路径或者一个环．如果 $Q\neq P(u)$ 对某个 $u\in W'$ 成立，则

令 $Q'=Q$. 如果 $Q=P(u)$，则根据 $u$ 是不是其序列中的最后一个顶点分别令 $Q'=Q+ux$ 或者 $Q'=Q+ux-u'x$. $Q'$ 总是一条路径，除非 $Q$ 终止于 $x$（$u'$ 没有定义），此时 $Q'$ 是一个环. 对应于 $\{P(u_i^j)\}$ 的这些新路径之并与 $\bigcup P(u_i')$ 相同，除非边 $\{xw_i\}$ 被吸收了. 由于 $u \in W'$ 仅在这些序列中出现一次，边 $ux$ 仅在某一条新路径中出现，进而 $\{Q': Q \in \mathbf{D}\}$ 是 $H$ 的分解. ■

415 注意，在此证明中，可能对 $u$, $v \in W'$ 均选中了路径 $Q$. 但这不是问题，因为从这两个端点对 $Q$ 的调整不会冲突. 这条路径可以经过 $x$（这样就定义 $v'$ 和 $u'$）或者不经过，如下图所示.

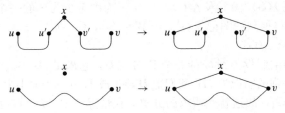

## 周长

当出现哈密顿环所需的充分条件只是轻微地被违背，我们希望这个图仍然含有相当长的一个环. $G$ 中最长环的长度称为**周长** $c(G)$. 首先，我们考虑迫使一个 $n$-顶点图包含长度至少为 $c$ 的环所需的边数. 本节中，$P(v, w)$ 表示包含 $v$ 和 $w$ 的一条路径中的 $v$, $w$-部分. 如果路径 $P$ 的最后一个顶点是路径 $Q$ 的第一个顶点，则还用 $P$, $Q$ 表示这两条路径的串接.

**8.4.35 定理**（Erdös-Gallai[1959]）　对于 $m \geqslant 2$，边数大于 $m(n-1)/2$ 的任意简单 $n$-顶点图均有长度大于 $m$ 的环.

**证明**（Woodall[1972]）　我们固定 $m$ 后对 $n$ 用归纳法. 当 $n=m+1$ 时，（相对于完全图而言）缺少的边数量小于 $(n-1)/2$，故 $\delta(G) \geqslant n/2$ 且 $G$ 是哈密顿图. 假设 $n>m+1$ 且 $c(G) \leqslant m$. 如果 $d(x) \leqslant m/2$，则 $e(G-x) \geqslant m(n-2)/2$. 对 $G-x$ 应用归纳假设得到 $c(G-x)>m$. 因此，我们可以假设 $\delta(G) \geqslant n/2$. 类似地，还可以假设 $G$ 是连通图.

在 $G$ 的所有最长路径中，选择 $P=v_1, \cdots, v_l$ 使得 $v_1$ 的度 $d$ 最大；由于 $G$ 是连通的，我们有 $v_1 \nleftrightarrow v_l$（否则一条从 $V(P)$ 到 $V(G)-V(P)$ 的边可以得到更长的路径）. 令 $W=\{v_i: v_1 \leftrightarrow v_{i+1}\}$. $v_1$ 的所有相邻顶点都位于 $P$ 上，故 $|W|=d$. 对于 $v_k \in W$，路径 $P(v_k, v_1)$，$v_1 v_{k+1}$，$P(v_{k+1}, v_l)$ 也具有长度 $l-1$；因此，$N(v_k) \subseteq V(P)$，并且由 $P$ 的选择知道 $d(v_k) \leqslant d$. 而且，任意 $v_k \in W$ 没有相邻顶点 $v_j$ 满足 $j>m$，否则的话，我们将 $v_j v_k$ 添加到路径 $P(v_k, v_1)$，$v_1 v_{k+1}$，$P(v_{k+1}, v_l)$ 中就构成了一个更长的环.

由于限制了与 $W$ 关联的边，这使得很多边都不得不位于 $G-W$ 中. 令 $Z=\{v_1, \cdots, v_r\}$，其中 $r=\min\{l, m\}$. 对于任意 $v_k \in W$，我们已经证明了 $N(v_k) \subseteq Z$. 因此，共有 $|[W, Z-W]|+e(G[W])$ 条边与 $W$ 关联. 对于 $W$ 中固定的度数和，上述这个值在 $[W, Z-W]$ 是完全二部图时达到最大. 令 $W$ 的每个顶点的度均为 $d$，这使得这个值进一步最大化. 最后，这个值是 $\frac{1}{2}|W|(d+|Z-W|)=dr/2 \leqslant dm/2$. 因此，$G-W$ 有 $n-d$ 个顶点且边数大于 $m(n-d-1)/2$. 由归纳假设，$c(G-W)>m$（如果在 $G-W$ 中的边数太大以至于不可能存在，则这种情况不会发生，这时要应用前一种情况）.

确保出现哈密顿环的大多数充分条件都有相似的版本来确保出现"长环". Dirac 定理的长环版本是说, 2-连通图 $G$ 有一个长度至少为 $\min\{n(G),2\delta(G)\}$ 的环(Dirac[1952b]). 2-连通性这个要求排除了反例 $K_1\vee 2K_\delta$, 它的周长是 $\delta+1$.

Ore 定理的长环版本出现得相当晚. 这一结果暗含于 Bondy[1971b], 后来 Bermond[1976]和 Linial[1976]明确给出了这个结果. 在与长环相关的很多结果中有一种基本的论证方法, 它出现在 Bondy[1971b]中. 这种方法考虑了"间隙", 它强化了 Ore/Dirac 调换论证法(定理 7.2.8).

**8.4.36 引理**(Bondy[1971b])    如果 $P=v_1,\cdots,v_l$ 是 2-连通图 $G$ 的一条最长路径, 则 $c(G)\geqslant \min\{n(G),d(v_1)+d(v_l)\}$.

**证明**(参见 Linial[1976])    令 $m=d(v_1)+d(v_l)$. 假设 $c(G)<\min\{n(G),m\}$. 由于 $G$ 是连通的, 因此一个 $l$ 环可以产生一条更长的路径; 因此, $v_1\nleftrightarrow v_l$. 如果 $v_1\leftrightarrow v_j$ 且 $v_i\leftrightarrow v_l$ 对某 $i<j$ 成立, 则 $i$, $j$ 是间隙为 $j-i$ 的一个交叉. 如果我们把 $v_1v_j$ 和 $v_lv_i$ 添加到 $P(j,l)$ 和 $P(i,1)$ 上, 则得到一个长度为 $l-(j-i-1)$ 的环. 因此, 如果 $i$, $j$ 是交叉, 则 $l-(j-i-1)<m$.

$$x=v_1\qquad v_i\qquad\qquad v_j\qquad y=v_l$$

令 $x=v_1$, $y=v_l$. 如果 $P$ 有交叉, 则令 $i$, $j$ 是最小的间隙. 这样 $x$ 和 $y$ 在 $P$ 上位于 $v_i$ 和 $v_j$ 之间的位置上没有相邻顶点. 并且, $N(y)$ 不以 $P$ 上 $x$ 的任何相邻顶点作为前驱, 因为一个 $l$-环将得到一条更长的路径. 因此, $N(y)$ 含于 $V(p)-\{y\}$ 中但是避开了 $\{v_{i+1},\cdots,v_{j-2}\}$ 和 $\{v_{r-1}:v_r\leftrightarrow x\}$. 因此, $d(y)\leqslant(l-1)-(j-2-i)-d(x)$. 由于 $l-(j-i-1)<m$, 我们有 $d(x)+d(y)<m$, 这与假设矛盾. 因此, $P$ 没有交叉.

设 $t_0=\max\{i:x\leftrightarrow v_i\}$ 而 $u=\min\{i:y\leftrightarrow v_i\}$, 我们已经证明了 $t_0\leqslant u$. 现在来构造一个环使之包含 $x$, $y$ 以及它们的所有相邻顶点. 由不存在交叉可知 $|N(x)\cap N(y)|\leqslant 1$, 这样一个环的长度至少为 $d(x)+d(y)+1>m$.

我们以迭代的方式定义路径 $P_1$, $P_2$, $\cdots$. 给定 $t_{i-1}$, 选择整数 $s_i$ 和最大的 $t_i$ 使得 $s_i<t_{i-1}<t_i$ 且 $G$ 有一条 $v_{s_i}$, $v_{t_i}$-路径 $P_i$ 不与 $P$ 在内部相交. 这种路径存在, 因为 $G-v_{t_{i-1}}$ 是连通的. 这些路径是彼此不相交的; 如果 $P_i$ 和后来的一条路径 $P_j$ 有一个公共顶点, 则可以将 $P_i$ 选作 $s_i$, $t_j$-路径, 这与 $t_i$ 的最大性矛盾. 同样, $s_{i+1}\geqslant t_{i-1}$, 否则 $P_{i-1}$ 将被选作 $P_i$.

设 $r$ 是满足 $t_r>u$ 的最小编号. 令
$$a=\min\{j:x\leftrightarrow v_i \text{ 且 } j>s_1\}, b=\max\{j:y\leftrightarrow v_i \text{ 且 } j<t_r\},$$
由于 $s_1<t_0$ 且 $t_r>u$, 故 $a$, $b$ 都有定义. 我们使用编号为偶数的路径 $P_i$ 来构造一条 $x$, $y$-路径, 用编号为奇数的路径来构造另一条 $x$, $y$-路径. 如果 $r$ 是奇数, 则这两条路径按如下方式串接而成:
$$xv_a,P(a,s_2),P_2,P(t_2,s_4),P_4,\cdots,P(t_{r-1},b),v_by$$
$$P(1,s_1),P_1,P(t_1,s_3),P_3,P(t_3,s_5),\cdots,P_r,P(t_r,l)$$

417

$$
\begin{array}{c}
P_2 \qquad\qquad P_{r-1}\\
a\ \ t_0\ \ s_2\qquad\qquad t_2 \qquad\qquad t_{r-1}\ \ u\ \ b\\
1\ \ s_1\qquad\qquad t_1\ \ s_3\qquad\qquad s_r\qquad\qquad t_r\ \ l\\
P_1\qquad\qquad P_3\qquad\qquad P_r
\end{array}
$$

如果 $r$ 是偶数, 则以 $xv_a$ 开始的路径到达 $t_r$ 并终止于 $P(t_r,l)$, 而另一条路径到达 $v_b$ 并终止于 $v_by$.

我们已经注意到 $s_{i+1}\geqslant t_{i-1}$. 因此
$$s_1<a\leqslant t_0\leqslant s_2<t_1\leqslant s_3<t_2\cdots<t_{r-1}\leqslant u\leqslant b<t_r.$$

这表明上述两个串接都是路径且它们的并是一个环. 根据 $a$ 的定义, 有 $N(x)\subseteq P(1,s_1)\bigcup P(a,t_0)$; 同样, $N(y)\subseteq P(u,b)\bigcup P(t_r,l)$. 加上 $x$, $y$ 这两个顶点本身, 这个环的长度至少是 $2+d(x)+d(y)-1>m$.

Ore 证明了: 如果在 $u\nleftrightarrow v$ 时有 $d(u)+d(v)\geqslant n(G)$, 则 $G$ 是哈密顿图. Bondy 引理蕴涵了这个结论的长环版本, 这一结果又加强了 Dirac 定理的长环版本.

**8.4.37 定理**(Bondy[1971b], Bermond[1976], Linial[1976])   如果 $G$ 是 2 连通图且 $d(u)+d(v)\geqslant s$ 对任意不相邻的顶点 $u$, $v\in V(G)$ 都成立, 则 $c(G)\geqslant\min\{n(G),s\}$.

**证明**   如果 $s\geqslant n$, 则 Ore 的定理保证必然会出现哈密顿环; 因此, 我们可以假设 $s<n$. 假设 $P$ 是 $G$ 中的最长路径, 其端点是 $x$ 和 $y$. 由于 $G$ 是连通的, 由 $P$ 的最大性可以得出 $x\nleftrightarrow y$. 现在, 条件 $d(x)+d(y)\geqslant s$ 允许使用引理 8.4.36.

Bermond 将上述结果扩展为 Chvátal 条件和 Las Vergnas 条件的组合, 这也会确保出现"长环". 边调换技术涉及最长路径的端点, 这个技术在定理 8.4.35 中使用过. 我们给出的结果弱于 Bermond 的结果, 但是证明也要简单一些.

**8.4.38 定理**(Bermond[1976])   设 $G$ 是度序列为 $d_1\leqslant\cdots\leqslant d_n$ 的 2 连通图. 如果 $G$ 没有不相邻顶点 $x$, $y$ 使得它们的度 $i$, $j$ 满足 $d_i\leqslant i<c/2$, $d_{j+1}\geqslant j$, $i+j<c$, 则 $c(G)\geqslant\min\{n(G),c\}$.

**证明**   在 $G$ 的所有最长路径中, 选择路径 $P=v_1,\cdots,v_l$ 使得 $d(v_1)+d(v_l)$ 达到最大值, 将它的端点记为 $x=v_1$, $y=v_l$. 如果 $d(x)+d(y)\geqslant c$, 则应用 Bondy 引理. 如果 $d(x)+d(y)<c$, 则可以断言 $x$, $y$ 与假设矛盾. 同往常一样, 一个 $l$-环将产生一条更长的路径(因为 $G$ 是连通的), 故 $x\nleftrightarrow y$. 我们假设 $d(x)\leqslant d(y)$ 并令 $i=d(x),j=d(y)$.

$x$, $y$ 的所有相邻顶点都位于 $P$ 中. 如果 $x\leftrightarrow v_k$, 则 $P(v_{k-1},x)$, $xv_k$, $P(v_k,y)$ 是另一条终止于 $y$ 的最长路径. 于是, 根据 $P$ 的选择, 有 $d(v_{k-1})\leqslant d(x)=i$. 因为这个不等式对于 $x$ 的 $i$ 个相邻顶点中的任意一个都成立, 因此有 $d_i\leqslant i$. 类似地, 在 $y$ 的 $j$ 个相邻顶点中, 任何一个的度至多为 $j$. 此外, 还有 $d(x)\leqslant j$, 故 $d_{j+1}\geqslant j$. 由假设条件得到 $i+j=d(x)=d(y)<c$, 这即得到矛盾.

418

G. -H. Fan[1984]加强了定理 8.4.37, 他把度的条件减弱, 只要求该条件对具有公共相邻顶点的不相邻顶点成立. T. Feng[1988]用 Bondy 引理来简化了证明过程. 所得的结果包括了存在哈密顿环的一个充分条件, 该条件不要求图的闭包是完全图.

**8.4.39 例**(一个哈密顿图)   对偶数 $n$, 令 $G_1=K_n/2$, $G_2=(n/4)K_2$. 在 $G_1$ 和 $G_2$ 的不相交的拷贝中添加一个匹配, 这样构成图 $G$. $G$ 的哈密顿闭包是 $G$ 自身, 故前面给出的充分条件无法使用. 尽管 $G$ 有 $n/2$ 个度为 2 的顶点, 但 Fan 定理可以导出 $G$ 是哈密顿图.

**8.4.40 定理**(Fan[1984])   如果 $G$ 是 2-连通的且 $d_G(u,v)=2$ 蕴涵 $\max(d(u),d(v))\geqslant c/2$, 则 $c(G)\geqslant\min\{n(G),c\}$.

**证明**(Feng[1988])   令 $U=\{v\in V(G):d(v)\geqslant c/2\}$. 根据 Bondy 引理, 只需找出一条端点位于 $U$ 中的最长路径. 在所有最长路径中, $P=v_1,\cdots,v_m$ 是位于 $U$ 中的顶点达到最多的一条最长路径. 如果它的端点不全在 $U$ 中, 则可以找到一条更长的路径或者找到一条具有同样长度但有更多端点位于 $U$ 中的路径, 我们假设 $v_1\notin U$.

由于 $d(v)<c/2$ 对所有 $v\notin U$ 成立, 因此由距离为 2 的顶点对上的假设条件可知, $G-U$ 是若干

个完全图的不相交并. 设 $Y$ 是其中包含 $v_1$ 的完全图, $X$ 是由 $U$ 中有相邻顶点位于 $Y$ 内顶点构成的集合. 根据假设, $X$ 的顶点的相邻顶点仅位于 $Y \cup U$ 中; 并且 $|X| \geqslant 2$, 因为 $G$ 是 2-连通的.

令 $r = |Y|$, 我们首先证明 $P$ 在开始阶段必然要访问 $Y$ 的所有顶点. 如果 $P$ 遗漏了 $Y$ 的某个顶点, 则可以在离开 $Y$ 之前将这个顶点吸收进来. 如果 $P$ 离开之后又返回 $Y$, 则它要通过一条边 $xy$ 返回 $Y$ 中. 由于 $G[Y]$ 是完全图, 因此可以用 $v_1 y$ 在 $P$ 中替换 $xy$, 这样得到的一条 $x, v_m$-路径与 $P$ 有同样长度但有更多端点位于 $U$ 内. 因此, 可以假设 $Y = \{v_1, \cdots, v_r\}$.

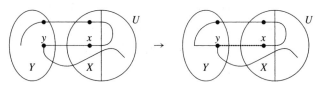

考虑 $x \in X - v_{r+1}$. 首先, 假设 $x$ 有一个相邻顶点 $y \in Y$ 但它不同于 $P$ 离开 $Y$ 时使用的顶点. 如果 $x \notin V(P)$, 则可以从 $xy$ 开始并逐步吸收 $Y$ 中的其余顶点直到遇到 $v_r$, 这样即得到一条比 $P$ 长的 $x, v_m$-路径. 如果 $x \in V\{P\}$, 则令 $x'$ 是 $P$ 上位于 $x$ 之前的那个顶点. 由于 $x \neq v_{r+1}$, 因此有 $x' \in U$. 我们在 $P$ 中用 $yx$ 替换 $x'x$, 得到一条与 $P$ 具有同样长度但有更多端点位于 $U$ 中的 $x', v_m$-路径. ⎯ 419

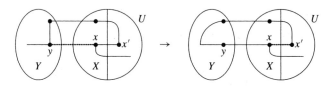

因此, 我们可以假设对于 $x \in X - v_{r+1}$, 除 $v_r$ 之外 $x$ 没有其他相邻顶点位于 $Y$ 中. 如果 $|Y| \geqslant 2$, 这使得 $v_r$ 成为一个割点, 除非 $v_{r+1}$ 另有一个相邻顶点 $y \in Y - v_r$. 现在重新排列 $P$ 使得它以 $v_r, \cdots, y$, $v_{r+1}$ 开始而不是以 $v_1, \cdots, v_r, v_{r+1}$ 开始. 这就回到了刚刚讨论过的情况.

剩下的情况是 $|Y| = 1$ 且 $N(v_1) = X$. 同前面一样, 由于 $x \in X - v_{r+1}$, 可以把 $x$ 添加到 $P$ 的起始位置或者用 $xv_1$ 替换 $x'x$. ∎

最后, 我们给出一个关于有向图的结论, 它强化了 Ghouilà-Houri 给出的存在哈密顿环的充分条件(定理 7.2.22). 我们只考虑每个顶点序对最多仅有一个拷贝是一条边的无圈上有向图; 我们将这样的有向图称为**严格有向图**. 对于有向图 $G$, 我们使用"$u, v$ 不相邻"来表示 $uv, vu \notin E(G)$; 并且, 我们还定义 $d(v) = d^+(v) + d^-(v)$.

Ghouilà-Houri[1960]确实证明了: 如果有向图 $G$ 中 $d(v) \geqslant n(G)$ 对任意 $v$ 都成立, 则它是一个哈密顿图. 这个结果比定理 7.2.22 强. Woodall[1972]证明: 只需要求一旦 $u, v$ 不相邻就必有 $d^+(u) + d^-(u) \geqslant n(G)$. 这推广了无向图的 Ore 定理(习题 33). Meyniel[1973]证明了: 如果严格强连通有向图 $G$ 中 $d(u) + d(v) \geqslant 2n(G) - 1$ 对任意不相邻的顶点 $u, v$ 都成立, 则它是哈密顿图. 由 Meyniel 定理可以得到 Ghouilà-Houri 定理和 Woodall 定理(习题 33).

**8.4.41 例**(Meyniel 定理是最优的)  令 $G$ 由具有一个公共顶点的两个双向团构成. 该有向图是强连通的, 且不相邻顶点对只能从每个团取一个点. 如果团的阶分别为 $k$ 和 $n+1-k$, 则任意不相邻顶点对的总度数分别是 $2k-2$ 和 $2n-2k$, 它们之和为 $2n-2$. ∎

**8.4.42 定理**(Meyniel[1973]) 如果 $G$ 是严格强连通有向图且 $d(u)+d(v) \geq 2n-1$ 对任意不相邻的顶点 $u$，$v$ 都成立，则 $G$ 是哈密顿图.

**证明**(Bondy-Thomassen[1977]) 我们首先证明一个技术引理：如果 $T=v_1,\cdots,v_k$ 是一条不能在内部(在它的两个顶点之间)吸收顶点 $v$ 的路径，则从 $v$ 到 $T$ 边的条数加上从 $T$ 到 $v$ 的边的条数至多是 $k+1$. 该引理可以用计数方法得到. 对于 $1 \leq i \leq k-1$，边 $v_i v$ 和 $v v_{i+1}$ 只可能存在一个；但是 $v v_1$ 和 $v_k v$ 却可能都存在，因为没有约束限制在末尾吸收 $v$.

我们用这个引理来证明下面的论断：如果 $G$ 是严格强有向图但不是哈密顿图，且 $S$ 是 $G$ 中有生成环的极大顶点子集，其生成环是 $(x_1,\cdots,x_m)$，则存在 $v \in \overline{S}$ 和满足 $1 \leq a \leq m$，$1 \leq b \leq m$ 的整数 $a$，$b$ 使得：1)$x_a v \in E(G)$；2)$v$ 不与满足 $1 \leq i \leq b$ 的任意 $x_{a+i}$ 相邻；3)$d(v)+d(x_{a+b}) \leq 2n-1-b$. 由于 $b \geq 1$，这个论断的结论在定理的假设下是不成立的，由此表明有生成环的极大顶点子集只有 $V(G)$.

首先，假设任何路径不可能离开 $S$ 之后再返回它. 由于 $G$ 是强连通的且 $S \neq V(G)$，因此某个长度至少为 2 的环 $C$ 与 $S$ 恰好有一个公共顶点. 令这个顶点为 $x_a$，设 $v$ 是 $x_a$ 在 $C$ 上的后继. 根据路径条件，在 $v$ 和 $S-\{x_a\}$ 之间不存在任何方向的路径. 特别地，$S \cup \{v\}$ 之外的任意顶点最多关联到两条与 $v$ 或者 $x_{a+1}$ 关联的边. 而且，$v$ 至多关联到两条与 $S$ 关联的边(另外一个端点必然是 $x_a$). 最后，$S-\{x_{a+1}\}$ 的任意顶点至多关联到两条与 $x_{a+1}$ 关联的边. 将所有可能的贡献相加得到 $d(v)+d(x_{a+1}) \leq 2n-2$. 因此，要求的条件仅在 $b=1$ 时成立.

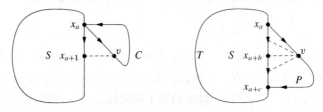

现在，假设某条路径离开 $S$ 之后又回到它. 取一条这样的路径 $P$ 使得沿着 $S$ 从 $P$ 的起始顶点到 $P$ 的终止顶点的距离 $c$ 达到最小值. 令 $x_a$ 是 $P$ 起始顶点，$v$ 是它在 $P$ 上的后继. $S$ 的极大性表明 $c>1$. 令 $T$ 是 $S$ 中从 $x_{a+c}$ 到 $x_a$ 的这一部分；它有 $m-c+1$ 个顶点. $S$ 的极大性表明 $v$ 不会被 $T$ 的内部吸收. 因此，我们的技术引理表明 $v$ 至多属于 $m-c+2$ 条与 $T$ 关联的边. $c$ 的最小性使得 $v$ 不与 $x_{a+1},\cdots,x_{a+c-1}$ 相邻.

令 $b$ 为 $[c]$ 中满足如下条件的最大整数：$G$ 有一条从 $x_{a+c}$ 到达 $x_a$ 的路径且其顶点集为 $S-\{x_{a+b},\cdots,x_{a+c-1}\}$. 令 $R$ 是这样一条路径($b=1$ 时路径 $T$ 就是符合上述条件的一条路径，这说明 $R$ 存在). 由于 $P \cup R$ 是一个环，因此由 $S$ 的极大性得到 $b<c$. 由 $b$ 的最大性可知，$x_{a+b}$ 不能被 $R$ 的内部吸收. 因此，根据技术引理，$x_{a+b}$ 至多属于 $m-c+b+1$ 条与 $R$ 关联的边.

现在，我们对 $d(v)+d(x_{a+b})$ 进行计数. $S \cup \{v\}$ 之外的每个顶点至多关联到两条与 $\{v,x_{a+b}\}$ 关联的边，因为 $c$ 的最小性不允许 $v$ 和 $x_{a+b}$ 之间通过 $S$ 之外的一个顶点(在任意方向上)形成长度为 2 的路径. 我们已经注意到，$v$ 至多属于 $m-c+2$ 条与 $S$ 关联的边. 我们还注意到，$x_{a+b}$ 至多属于 $m-c+b+1$ 条与 $R$ 关联的边. 最后，$x_{a+b}$ 至多属于 $2(c-b-1)$ 条与 $S-R$ 关联的边. 因此，$d(v)+d(x_{a+b}) \leq 2(n-m-1)+(m-c+2)+(m-c+b+1)+2(c-b-1)=2n-1-b$. 我们又得到了要求的条件. ■

## 习题

8.4.1 令 $m=\lfloor n^2/4 \rfloor$，证明：任意 $n$-顶点图有一个由 $[m]$ 的子集构成的交表示，使得 $[m]$ 的每个元素至多在三个子集中出现．换句话说，任意 $n$-顶点图分解成边和三角形时这两种子图的总数可以不超过 $m$．

8.4.2 对没有孤立顶点的图 $G$，证明下列条件是等价的(Choudom-Parthasarathy-Ravindra[1975])：
A) $\theta'(G)=\alpha(G)$．
B) $\theta'(G\vee G)=(\theta'(G))^2$．
C) $\theta'(G)=\theta(G)$．
D) 在 $E(G)$ 的最小团覆盖中，每个团都使用了 $G$ 中的一个单纯顶点．

8.4.3 (+)．令 $b(G)$ 是划分 $E(G)$ 所需二部图的最小个数(称为**二分度**)．可以将 $E(G)$ 划分成若干个类使得 $G$ 的任意环均包含某个类中的非 0 偶数条边，令 $a(G)$ 表示这种划分所需的最小类数．证明：这两个参数都等于 $\lceil \lg \chi(G) \rceil$ (提示：证明 $\lg \chi(G) \leqslant b(G) \leqslant a(G) \leqslant \lceil \lg \chi(G) \rceil$)．(Harary-Hsu-Miller[1977]，Alon-Egawa[1985])

8.4.4 确定乘积维是 $n-1$ 的所有 $n$-顶点图．(Lovász-Nešetřil-Pultr[1980])

8.4.5 证明：pdim $G \leqslant 2$ 当且仅当 $G$ 是二部图的线图的补图．(Lovász-Nešetřil-Pultr[1980])

8.4.6 给定 $r$，对所有 $m \geqslant 1$ 计算 $\text{pdim}(K_r+mK_1)$．(Lovász-Nešetřil-Pultr[1980])

8.4.7 (−) 计算三维立方体的乘积维．

8.4.8 得出 Petersen 图的乘积维的上界和下界，使得它们之差为 1(上界可能就是正确值，但是要证明这个上界不能再被改进却非常烦琐)．

8.4.9 令 $f(n)$ 是在所有 $n$-顶点图上 $\text{pdim } G \cdot \text{pdim } \overline{G}$ 的最大值．证明 $\lfloor n^2/4 \rfloor \leqslant f(n) \leqslant (n-1)^2$．

8.4.10 对于 $n \geqslant 4$，证明：$\text{pdim } P_n=\lceil \lg(n-1) \rceil$．对于 $n \geqslant 3$，证明 $\text{pdim } C_{2n}=1+\lceil \lg(n-1) \rceil$ 且 $1+\lceil \lg n \rceil \leqslant \text{pdim } C_{2n+1} \leqslant 2+\lceil \lg n \rceil$ (注：Evans-Fricke-Maneri-McKee-Perkel[1994] 证明了 pdim $C_{2n+1}=1+\lceil \lg n \rceil$，除 $n$ 是 2 的幂时可能不成立)．(Lovász-Nešetřil-Pultr[1980])

8.4.11 如果 $k>1$，证明：$C_{2k+1}$ 不能被等距嵌入到任何团的笛卡儿积中．

8.4.12 确定 $C_5$ 的塌陷立方体维．

8.4.13 (+) 确定 $K_{3,3}$ 的塌陷立方体维(提示：利用对称性可以减少对各种情况的分析)．

8.4.14 (!) 用 Edmonds 分叉定理(定理 8.4.20)证明有向图中 Menger 定理的边版本：$\lambda'(x, y)=\kappa'(x, y)$ (提示：设计一个恰当的图变换以得到简短的证明)．

8.4.15 (!) 流言问题也叫作"电话问题"，有向图中相应的问题叫作"电报问题"．为了使每个人都能找到一条传递路径通往其余任何人，确定在 $n$ 个人中进行单向通信的最少次数，并将它表示成 $n$ 的函数．(Harary-Schwenk[1974])

422

8.4.16 令 $D$ 是解决电话问题的有向图，其中每个顶点从其他顶点恰好接收一次信息．证明：在 $D$ 中至少有 $n-1$ 个顶点收到了自己的信息．对于任意 $n$，构造这样一个 $D$，使得只有 $n-1$ 个顶点收到了它们自己的信息，但是对任意 $x \neq y$，恰好有一条递增 $x$，$y$-路径．(Seress[1987])

8.4.17 NOHO 性质．
a) 令 $G$ 是具有 $2n-4$ 条边的一个连通图，这些边有一个线性顺序解决了流言问题且满足 NOHO(不存在递增环)．假设 $n(G)>8$ 且最多有两个顶点的度为 2．证明：删除 $G$ 中所有顶点的第一次呼叫和最后一次呼叫之后，所得的图有 4 个连通分量，其中两个是孤立顶点而另外两个是有同样大小的毛虫形.（West[1982a]）

b)对于每个偶数 $n \geqslant 4$，构造一个具有 $2n-4$ 条边的连通有序图使之满足 NOHO 性质（提示：利用(a)中证得的结构性质来指引对这种图的查找）.

8.4.18　一个 **NODUP 模式**(非重复传递)是一个连通有序图，且从每个顶点到其他任意顶点恰好有一条递增路径.

a)(一)证明：每个 NODUP 模式都满足 NOHO 性质.

b)证明：当 $n \in \{6, 10, 14, 18\}$ 时，不存在 NODUP 模式(注：Seress[1986]构造了所有奇数值的 NODUP 模式，由此证明了：只有 $n$ 为偶数时，NODUP 才不存在. 对于 $n=4k$，West[1982b]构造了具有 $9n/4-6$ 次呼叫的 NODUP 模式，Seress[1986]证明了这些模式是最优的).

8.4.19　简单图 $G$ 中的一个顶点希望把信息广播到其他所有顶点. 在每个时间单位中，已经收到信息的每个顶点可以呼叫它的一个仍不知道该信息的相邻顶点. $v$ 广播信息所花的时间就是所有顶点都知道这个信息所需时间单位的最小数. 构造一个边数小于 $2n$ 的 $n$-顶点图 $G$ 使得 $G$ 的任意顶点广播信息所花的时间至多是 $1+\lg n$.（Grigni-Peleg[1991]）

8.4.20　(!)证明：下图不是 2-可选的.

8.4.21　证明：$K_{k,m}$ 是 $k$-可选的当且仅当 $m<k^k$.（Erdös-Rubin-Taylor[1979]）

8.4.22　证明：$\chi_l(G) \leqslant 1+\max\limits_{H \subseteq G}\delta(H)$ 并且 $\chi_l(G)+\chi_l(\overline{G}) \leqslant n+1$. 此外，证明：$\chi_l'(G) \leqslant 2\Delta(G)-1$.

8.4.23　证明：任意弦图 $G$ 均是 $\chi(G)$-可选的.

8.4.24　证明：如果连通图 $G$ 中 $|L(v)| \geqslant d(v)$ 且严格不等式至少对一个顶点成立，则可以从顶点的可用颜色序列中选出一个真序列着色.

8.4.25　(!)证明：$G$ 有一个至多使用 $\chi_l'(G)+2$ 种颜色的全着色(注记 8.4.31).

8.4.26　(!)阶为 63 的非 4-可选的平面图.

a)如下所示，为图的各个顶点分配颜色序列，$S$ 表示[4]，$\bar{i}$ 表示 $S-\{i\}$. 证明：这个图没有选自这些颜色序列的真着色.

423

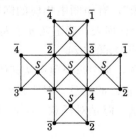

b)如下所示，为图 $G$ 的各个顶点分配颜色序列，$\bar{i}$ 表示 $[5]-\{i\}$；每个序列的大小都是 4. 在 $G$ 的这种画法中，添加一个顶点使之与外部面上的所有顶点邻接，为新添加的顶点分

配的序列是 $\overline{1}$，将最终得到的图记为 $G'$．证明：$G'$ 没有选自这些序列的真着色．
(Mirzakhani[1996])

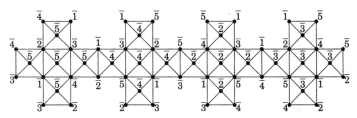

8.4.27　(!)Dilworth 定理和 König-Egerváry 定理的等价性．

　　　a)给定二部图 $G$，将 Dilworth 定理应用到它的一个传递定向上得出 König-Egerváry 定理．

　　　b)给定传递有向图 $D$，令 $G$ 是 $D$ 的分裂(如定义 1.4.20 所述)．对 $G$ 应用 König-Egerváry 定理得到 $D$ 的 Dilworth 定理．

8.4.28　(!)证明：$K_n$ 可以分解成 $\lceil n/2 \rceil$ 条路径．当 $n$ 是奇数时，证明：$K_n$ 可以分解成 $\lfloor n/2 \rfloor$ 个环．

8.4.29　(!)将 $K_n$ 分解成若干个生成连通子图．

　　　a)证明：如果 $K_n$ 可以分解成 $k$ 个生成连通子图，则 $n \geqslant 2k$．

　　　b)证明：$K_{2k}$ 可以分解成 $k$ 棵直径为 3 的生成树(提示：令这些树的中心边构成一个完美匹配).(Palumbiny[1973])

8.4.30　证明：每个 2-边连通 3-正则简单可平面图可以分解成若干条长度为 3 的路径．对平面三角剖分证明同样的命题．(Jünger-Reinelt-Pulleyblank[1985])

8.4.31　证明：如果 $m-1$ 整除 $n-1$，则定理 8.4.35 是最优的．

8.4.32　设图 $G$ 使得 $\overline{G}$ 是三角形无关的且 $\overline{G}$ 不是非森林．证明：$G$ 有一个长度至少为 $n(G)/2$ 的环(提示：使用定理 8.4.37).(N. Graham)

8.4.33　由 Woodall 定理证明 Ore 定理，由 Meyniel 定理证明 Woodall 定理．

8.4.34　由 Meyniel 定理证明：如果严格 $n$-顶点有向图中 $d(u)+d(v) \geqslant 2n-3$ 对任意不相邻顶点 $u$，$v$ 均成立，则它有一条生成路径．

424

## 8.5　随机图

　　在最简单的形式中，概率的方法可以用来证明目标组合对象的存在性而无须明确地将它们构造出来．一个恰当的概率模型要定义在一大类对象上．目标结构的出现是一个事件．如果这个事件有正概率，则存在一个对象具有要求的这个目标结构．设计概率模型、应用概率论和渐近技术都要求很高的技巧性．

　　我们在随机图这个领域中来讨论这几个问题．对随机图的研究本身受两个因素的推动，一是对物理特性的建模，二是计算机科学中对算法的分析．

　　**8.5.1 例**(溶解点)　随机图的特性给出了溶解点的一个数学解释．将固体看成是由分子构成的三维网格，相邻分子通过键连接在一起．比如，考虑图 $P_l \square P_m \square P_n$，其中键相当于边．

　　添加能量将激发分子，由此引起键的断裂．假设当我们提高温度(能量级别)时，键的断裂是随机的．与每个温度相对应，均有一定比例的键会断裂．只要这个图的连通部分仍比较大，则材料就会保持固态．脱落的细片不会改变这种固态，但是当所有连通分量都变得非常小时，材料的整体外观就发生了变化. 此时, 由分子构成的小连通分量可以自由浮动, 就像液体和气体一样.

从数学的角度来看, 断裂键的数量应该有一个阈值(用网格的大小来表示), 使得随意地稍微少断开一些键则会剩下一个大的连通分量; 而随意地再多断开一些键则剩下的连通分量都将会非常小. 恰好在阈值温度之下, 则材料几乎肯定是固体; 而恰好在阈值温度之上, 则材料几乎可以肯定不再是固体. ∎

**8.5.2 例**(算法分析) 最坏复杂性是一个算法在大小为 $n$ 的所有输入上的最大运行时间(参见附录 B). 对于难解的问题, 我们可以寻找一个算法使之在少量奇异图上花费很多(计算)步骤, 而在多数图上运行起来非常快. 我们需要一个方法来衡量这种算法的有用程度.

解决办法是**概率分析**. 假设在输入上存在某种概率分布, 根据这个分布来研究算法运行时间的数学期望. 选择真实的分布比较困难. 在实际应用中, 可以选择一个分布使得分析可行. 我们不能在无限多个图上定义概率分布, 因此对每个阶定义图的概率分布. 这与把运行时间的数学期望看作输入大小的函数是一致的. ∎

[425] Erdös 和 Rényi[1959]引入了随机图. 这个学科在 20 世纪 80 年代迅猛发展, 相关的书籍包括 Bollobás[1985]、Palmer[1985]、Alon and Spencer[1992](最后一本书讨论了概率方法在广义组合上的应用). Janson-Luczak-Ruciński[2000]强调了后来的进展.

除了我们在这里给出的方法之外, 还有很多复杂的概率方法被应用到随机图中. 我们只描述了一些基本技术并表明了这个学科的风格, 而并不是对它做详尽的处理.

### 存在性和期望值

首先, 我们看看概率技术如何用来证明存在性命题. 假设要证明具有某种性质的对象存在. 我们定义概率空间, 使得这个性质的出现是一个事件 $A$. 如果 $A$ 有正概率, 则所求的对象存在.

**8.5.3 定义** 一个**离散概率空间**或者**概率模型**是一个有限集合或可数集合 $S$, 它的元素均有非负权值且所有权值之和为 1. 一个**事件**是 $S$ 的一个子集. 事件 $A$ 的**概率** $P(A)$ 是 $A$ 中所有元素的权值之和. 如果事件 $A$ 和 $B$ 满足 $P(A \bigcap B) = P(A)P(B)$, 则称 $A$ 和 $B$ 是**独立**的.

Erdös 在 1947 年用概率方法证明了 Ramsey 数(定义 8.3.6)的下界, 由此引起了概率方法的广泛应用. 我们在定理 8.3.12 中用组合方法证明了这个结果; 这里, 我们用概率方法给出一个证明. 这用到了 $P(\bigcup_i A_i) \leqslant \sum_i P(A_i)$ 这个事实. 注意, **在这一节中, 所有的图均是简单图**.

**8.5.4 定理**(Erdös[1947]) 如果 $\binom{n}{p} 2^{1-\binom{p}{2}} < 1$, 则 $R(p, p) > n$.

**证明** 只需证明在 $\binom{n}{p} 2^{1-\binom{p}{2}} < 1$ 时存在一个 $n$-顶点图 $G$ 使得 $\omega(G) < p$ 且 $\alpha(G) < p$. 令每条边都独立地以概率 0.5 出现, 这样就定义了顶点集为 $[n]$ 的所有图上的一个概率模型. 如果事件 $Q$ = "没有 $p$-团或者独立 $p$-集" 的概率为正, 即可得到所求的图.

每一个可能的 $p$-团以概率 $2^{-\binom{p}{2}}$ 出现, 因为得到完全图需要得到它的所有边, 并且这些边是独立出现的. 因此, 至少存在一个 $p$-团的概率的界限是 $\binom{n}{p} 2^{-\binom{p}{2}}$. 同样的界限对于独立 $p$-集也成立. 因此, "非 $Q$" 的概率的下界是 $\binom{n}{p} 2^{1-\binom{p}{2}}$, 定理条件中给定的不等式保证了 $P(Q) > 0$. ∎

**8.5.5 注记** 存在性论证过程可以用作概率构造算法. 一个随机的 64-顶点图中存在一个 10-团

或独立 10-集的概率小于 $((2^6)^{10}/10!)2^{-44}$. 如果第一个随机图不满足要求，则再生成一个；连续出错的概率是一些非常小的数之积，它很快就会变得无限小. ■                                                            426

定理 8.5.4 中的下界大约是 $\sqrt{2}^k$；在定理 8.3.11 中用归纳法证得的上界是 $4^k$. 这两个值之间的间隙是非常大的. 使用更复杂的概率方法只能轻微地改进这个下界. 而且，用构造方法得出的下界要弱得多，所以这就是成功应用概率方法的范例. 证明过程的本质是计数论证法. 使用有限样本空间的很多概率论证过程都可以改写成带权的计数论证过程，但是用概率方法可以使证明过程更加简单.

随机变量的引入极大地增强了论证的能力，我们给概率空间$^{\ominus}$中的元素分别分配一个值. 我们已经使用了通过比较随机变量的平均值和最大值来证明不等式的方法.

**8.5.6 定义**　*随机变量*是一个函数，它为概率空间中的每个元素分配一个实数值. 我们用 $X=k$ 表示由变量 $X$ 具有 $k$ 值的所有元素构成的事件.

随机变量 $X$ 的**数学期望** $E(X)$ 是加权平均数 $\sum_k kP(X=k)$. 数学期望的**鸽巢性质**表明，概率空间中存在一个元素使得它对应的 $X$ 值与 $E(X)$ 一样大.

要应用鸽巢性质，需要有 $E(X)$ 的值或者界限.（数学期望的）计算过程通常将数学期望的**线性性质**应用到 $X$ 的一个由简单随机变量构成的表达式上. 为此，我们通常将注意力限制在有限集合的概率模型上，并且只计算有限个随机变量之和. 类似的结论在连续概率空间也成立.

**8.5.7 引理**(线性性质)　如果 $X$ 和有限集 $\{X_i\}$ 都是同一个空间上的随机变量且 $X=\sum X_i$，则 $E(X)=\sum E(X_i)$. 并且，对于 $c\in \mathbf{R}$, $E(cX)=cE(X)$ 也成立.

**证明**　在离散概率空间中，各个元素为所证等式的每一端贡献同样大的值. ■

我们经常将引理 8.5.7 应用到计算子结构个数的随机变量上. 这种随机变量是一些变量之和，这些变量表明要计数的概率事件是否真的发生. **示性变量**从 $\{0,1\}$ 中取值（它们也被称作 0，1-变量）. 示性变量的数学期望等于该变量取 1 的概率. 这些性质有助于我们得到下面的结果，这可能是我们第一次真正使用概率方法.                                                                   427

**8.5.8 定理**(Szele[1943])　某个 $n$-顶点竞赛图至少包含了 $n!/2^{n-1}$ 条哈密顿路径.

**证明**　对任意顶点对 $\{i,j\}$，等概率地随机选择 $i\rightarrow j$ 或者 $j\rightarrow i$，这样随机地生成 $[n]$ 上的竞赛图. 令 $X$ 为哈密顿路径的条数；$X$ 是 $n!$ 个示性随机变量之和，每个示性变量表示一条可能的哈密顿路径是否出现. 每条哈密顿路径出现的概率是 $1/2^{n-1}$，故 $E(X)=n!/2^{n-1}$. 在某个竞赛图中，$X$ 至少与数学期望一样大. ■

利用期望得到了这个简单下界，它给出的 $n$-顶点竞赛图中哈密顿路径最大数几乎是正确的；Alon[1990]证明了这个数至多是 $n!/(2-o(1))^n$. 如果几乎所有实例都有一个接近于极限值的值，则概率论证方法特别有效.

很多不等式都可以解释成关于随机变量数学期望的论断. 与组合方法相比，这往往可以得到更简单的证明. 习题 3.1.42 要求用组合方法证明下面的结果.

**8.5.9 定理** (Caro[1979], Wei[1981])　$\alpha(G) \geqslant \sum_{v\in V(G)} \dfrac{1}{d(v)+1}$ 对任意图 $G$ 成立.

---

$\ominus$　我们只考虑离散概率空间，但是类似的概念在连续概率空间中也成立.

**证明**（Alon-Spencer[1992，p81]）　给定 $G$ 的所有顶点的一个顺序，在该顺序中有些顶点位于其所有相邻顶点之前，所有这种顶点构成的集合是一个独立顶点集．如果这个顺序是按均匀分布随机选择的，则 $v$ 出现在其所有相邻顶点之前的概率为 $1/(d(v)+1)$．于是，在随机顶点顺序中，选择位于其所有相邻顶点之前的顶点构成独立顶点集，这些独立顶点集的大小的数学期望恰好是不等式的右端．∎

如果随机生成的一个对象接近满足某种特性，则稍微修改它就可能使之满足这种性质．这项技术称作**删除法**、**变更法**或者**两阶段法**．Ramsey 数为这种方法提供了一个经典的应用，我们给出另外两个应用．

前面讲过，如果 $S$ 之外的任意顶点均有一个相邻顶点位于 $S$ 中，则 $S\subseteq V(G)$ 是 $G$ 中的一个支配集（定义 3.1.26）．如果 $G$ 是 $k$-正则的，则每个顶点都支配 $k+1$ 个顶点（包括它自身），所以任意支配集至少有 $n(G)/(k+1)$ 个顶点．对最小度为 $k$ 的任意一个图，变更法给出一个支配集，其大小接近上面的界．同很多涉及这些技术的其他论证过程一样，这里的论证使用了一个基本不等式 $1-p<e^{-p}$（习题 2）．

**8.5.10 定理**（Alon[1990]）　最小度为 $k>1$ 的任意 $n$-顶点图有一个大小至多是 $n\dfrac{1+\ln(k+1)}{k+1}$ 的支配集．

[428]

**证明**　在这样一个图 $G$ 中，随机选取集合 $S\subseteq V(G)$，每个顶点是否被选中是独立的且它被选中的概率等于 $p=\ln(k+1)/(k+1)$．取定 $S$ 后，令 $T$ 是由 $S$ 之外没有相邻顶点位于 $S$ 中的所有顶点构成的集合；将 $T$ 添加到 $S$ 中即得到一个支配集．我们找出 $S\cup T$ 中顶点数的数学期望．

由于每个顶点以概率 $p$ 出现于 $S$ 中，因此由线性性质得到 $E(|S|)=np$．随机变量 $|T|$ 是 $n$ 个示性变量之和，每个示性变量表明某个顶点是否属于 $T$．$v\in T$ 当且仅当它及其所有相邻顶点不在 $S$ 中；这个事件的概率小于等于 $(1-p)^{k+1}$，因为 $v$ 的度至少为 $k$．由于 $(1-p)^{k+1}<e^{-p(k+1)}$，因此有 $E(|S|+|T|)\leq np+ne^{-p(k+1)}=n\dfrac{1+\ln(k+1)}{k+1}$．由数学期望的鸽巢性质可以完成证明．∎

这个简单的界限生成了几乎最小的 $s_k$ 使得每个最小度为 $k$ 的图 $G$ 有大小不超过 $s_kn(G)$ 的支配集（Alon[1990]）．贪心算法用构造性的方法证明了同样的结论（定理 3.1.30）．

删除法的显著而著名的应用是有大的周长和着色数的图的存在性．清晰的构造晚一些才出现（Lovász[1968a]、Nešetřil-Rödl[1979]、Kriz[1989]）．我们给出原始证明的一个简化版本（Alon-Spencer [1992，p35]）．它使用了我们将要在引理 8.5.17 中证明的期望的性质．

**8.5.11 定理**（Erdös[1959]）　给定 $m\geq 3$ 和 $g\geq 3$，存在一个周长至少为 $g$ 且色数至少为 $m$ 的图．

**证明**　对于集合 $[n]$ 中的任意顶点对，设该顶点对独立成为一条边的概率为 $p$，由此可以生成顶点集为 $[n]$ 的所有图．由于 $\chi(G)\geq n(G)/\alpha(G)$，故不具备大独立集的图必有大色数．因此，我们选择足够大的 $p$ 使得大独立集不可能出现．同时，$p$ 也要足够小使得（长度小于 $g$ 的）短环的长度的数学期望值较小．给定一个同时满足这两个条件的图，则可以从每个短环上删除一个顶点以得到所求的图．

为使生成的短环不多于 $n/2$ 个，我们令 $p=n^{t-1}$，其中 $t<1/g$．在可能出现的长度为 $j$ 的环中，

每一个出现的概率是 $p^j$. 将 $n(n-1)\cdots(n-j+1)$ 记为 $n_{(j)}$，对每个 $j$ 值可能出现的环有 $n_{(j)}/(2j)$ 个；因此，长度小于 $g$ 的环的总数 $X$ 有数学期望：

$$E(X) = \sum_{i=3}^{g-1} n_{(i)} p^i/(2i) \leqslant \sum_{i=3}^{g-1} n^i/(2i).$$

由于 $tg<1$，这表明 $n\to\infty$ 时 $E(X)/n\to0$. 利用 Markov 不等式进行详细讨论，可以得到 $n\to\infty$ 时 $P(X\geqslant n/2)\to0$. 当 $n$ 充分大时，$P(X\geqslant n/2)<1/2$.

由于删除顶点时 $\alpha(G)$ 不会增大，因此当我们从每个环中删除一个顶点之后，至少需要 $(n-X)/\alpha(G)$ 个独立集才能完成对剩下顶点的着色. 如果 $X<n/2$ 且 $\alpha(G)\leqslant n/(2k)$，则剩下的图最少需要 $k$ 种颜色. 取 $r=\lceil 3\ln n/p\rceil$，有：

$$P(\alpha(G)\geqslant r)\leqslant \binom{n}{r}(1-p)^{\binom{r}{2}}<[ne^{-p(r-1)/2}]^r.$$

随着 $n$ 的增大，这个值趋近于 $0$.

由于 $r=\lceil 3n^{1-r}\ln n\rceil$ 且 $k$ 是固定值，所以可以选择足够大的 $n$ 使得 $r<n/(2k)$. 如果选择足够大的 $n$ 使得 $P(X\geqslant n/2)<1/2$ 和 $P(\alpha(G)\geqslant r)<1/2$ 都成立，则必然存在一个 $n$-顶点图 $G$ 满足 $\alpha(G)\leqslant n/(2k)$ 并使得 $G$ 中长度小于 $g$ 的环少于 $n/2$ 个. 从每个短环中删除一个顶点，这将剩下一个围长至少为 $g$ 且色数至少为 $k$ 的图. ■　429

### 几乎所有图均具有的性质

我们下面研究一些"几乎处处"成立的性质. 这个词在概率模型下才有意义.

**8.5.12 定义**　给定一系列概率空间，令 $q_n$ 是性质 $Q$ 在第 $n$ 个空间内成立的概率. 如果 $\lim_{n\to\infty} q_n=1$，则称性质 $Q$ **几乎处处**成立.

对于我们而言，第 $n$ 个概率空间是 $n$-顶点图上的概率分布. 如果性质 $Q$ 几乎处处成立，则我们称"几乎所有图都具有性质 $Q$". 令顶点集为 $[n]$ 的所有图等概率地出现就相当于令任意顶点成为一条边的概率均为 $1/2$. 在随机图中，边以同样概率独立的出现这种模型是最常用的，因为它们的计算最简单. 我们允许上述概率依赖于 $n$.

**8.5.13 定义**　**模型 A**：给定 $n$ 和 $p=p(n)$，令 $[n]$ 中的任意点对以概率 $p$ 独立成为一条边，这样可以生成顶点集为 $[n]$ 的所有图. 每个具有 $m$ 条边的图出现的概率为 $p^m(1-p)^{\binom{n}{2}-m}$. 随机变量 $G^p$ 表示这个概率空间中的一个图. "这种随机图"特指 $p=1/2$ 时的模型 A，它使得顶点集为 $[n]$ 的图等概率地出现.

在具有固定顶点集的图（带标记的图）上进行计算要比在图的同构类上进行计算容易. 由于算法的输入是具有指定顶点集的图，因此该模型与应用是一致的.

我们经常用顶点数和边数来衡量算法的运行时间；因此，我们希望控制边数. 这又需要一个模型，其中具有 $m$ 条边的 $n$-顶点标记图等概率地出现（在本节中，我们用 $m$ 来表示边数，因为 $e=2.71828\cdots$ 在渐近论证中起着重要的作用）.

**8.5.14 定义**　**模型 B**：给定 $n$ 和 $m=m(n)$，令顶点集为 $[n]$ 且有 $m$ 条边的每个图以概率 $\binom{N}{m}^{-1}$ 出现，其中 $N=\binom{n}{2}$. 随机变量 $G^m$ 表示由这种方法生成的图.

在众多研究的模型中，这两种模型是最具一般性的. 模型 B 更适于实际应用. 在这种模型中，我们常用如下方式提问"作为 $n$ 的函数，需要多少条边才能使一个图几乎肯定是连通的?"在模型 A 中，我们却常问"作为 $n$ 的函数，边的概率是多少才能使得一个图几乎肯定是连通的?"不幸的是：在解答这种问题时，在模型 B 中所需的计算过程要比在模型 A 中所需的计算过程显得更加凌乱.

所幸的是，当 $n$ 足够大且 $p = m / \binom{n}{2}$ 时，模型 B 可以精确地用模型 A 来描述，因为模型 A 生成的实际边数几乎总接近于数学期望 $m$. 对于大多数我们感兴趣的性质而言，这种对应关系都是成立的. 要证明这种对应关系需要仔细利用边数的二项分布. 如果只要 $F \subseteq G \subseteq H$ 且 $F, H$ 都满足性质 $Q$，则 $G$ 也满足性质 $Q$，这时称图 $G$ 的性质 $Q$ 是凸的.

**8.5.15 定理**(Bollobás[1985，p34-35]) 如果 $Q$ 是凸的且 $p(1-p)\binom{n}{2} \to \infty$，则几乎每个 $G^p$ 都满足 $Q$ 当且仅当对任意固定的 $x$，几乎每个 $G^n$ 都满足 $Q$，其中 $m = \left[ p\binom{n}{2} \right] + x \left[ p(1-p)\binom{n}{2}^{1/2} \right]$.

定理 8.5.15 使我们的注意力集中到了模型 A 上，它还促动我们将 $p$ 当作 $n$ 的函数；为了研究边数满足线性关系的图，我们必须让 $p$ 以一个类似 $c/n$ 的比例减小，其中 $c$ 是常数. 常数 $p$ 将生成稠密图.

证明 $P(Q) \to 1$ 通常比计算 $P(Q)$ 简单得多；它们之间的区别很重要. 精确计算概率是困难的也没有必要，应尽可能避免. 作为替代手段，我们采用渐近分析，它依靠极限方法. 我们将 $\lim_{n \to \infty} a_n = L$ 写成 $a_n \to L$. 为了比较序列的增长速度，采用"大 $O$"和"小 $o$"这两个概念(参见附录 B 中的定义). 如果序列 $<a>$ 和序列 $<b>$ 相差一个增长速度慢于 $<b>$ 的序列，则记为 $a_n = b_n(1 + o(1))$；还可以等价地记为 $a_n / b_n \to 1$. 当 $a_n / b_n \to 1$ 时，我们说 $a_n$ **趋近于** $b_n$，记为 $a_n \sim b_n$.

使用渐近表述法是为了去掉对 $\lim_{n \to \infty} P(Q) = 1$ 不发生影响的低阶项. 先计算 $P(Q)$ 再证明所得的公式趋向于 1，这种做法非常困难，同时也是没有必要的. 我们只需证明 $P(\neg Q)$ 被某个趋于 0 的量限制住了. 从这种意义上讲，很多渐近论证过程都比较"马虎"；我们并不关心控制 $P(\neg Q)$ 的这个量到底有多宽松，只要它趋于 0 即可. 至于哪些量可以丢弃而不会造成麻烦，这就需要应用经验知识将直觉细化.

**8.5.16 定理**(Gilbert[1959]) 如果 $p$ 是常数，则几乎每个 $G^p$ 都是连通的.

**证明** 将顶点划分成两个集合，并让 $G$ 不包含介于这两个集合之间的边，这样 $G$ 就不是连通的. 出现在每个集合内的边与连通性无关. 在所有划分 $S, \overline{S}$ 上对概率 $P([S, \overline{S}] = \varnothing)$ 求和，得到 $G^p$ 不是连通图的概率 $q_n$ 的一个上界. 有多个连通分量的图在上述过程中被多次计数. 当 $|S| = k$ 时，$[S, \overline{S}]$ 包含了 $k(n-k)$ 条可能会出现的边. 每条边都独立地以概率 $1-p$ 不出现，故 $P([S, \overline{S}] = \varnothing) = (1-p)^{k(n-k)}$. 由于任意 $S$ 均可以是划分中的任何一个子集，所以 $q_n \leqslant \frac{1}{2} \sum_{k=1}^{n-1} \binom{n}{k} (1-p)^{k(n-k)}$.

这个公式对 $k$ 和 $n-k$ 是对称的；因此，$q_n$ 的一个上界是 $\sum_{k=1}^{\lfloor n/2 \rfloor} \binom{n}{k} (1-p)^{k(n-k)}$. 我们放宽界限以便对其进行简化.（对 $k \leqslant n/2$ 由 $\binom{n}{k} < n^k$ 和 $(1-p)^{n-k} \leqslant (1-p)^{n/2}$ 得到 $q_n < \sum_{k=1}^{\lfloor n/2 \rfloor} (n(1-p)^{n/2})^k$. 对于足够大的 $n$，有 $n(1-p)^{n/2} < 1$. 这使得上界是一个收敛几何级数的初始部分之和. 我们得到 $q_n <$

$x/(1-x)$，其中 $x=n(1-p)^{n/2}$. 由于 $p$ 是常数时有 $n(1-p)^{n/2}\to 0$，故在 $n\to\infty$ 时 $q_n$ 的上界趋于 0.

431

引入整值随机变量及其期望的相关技术，可以避免重复地证明概率公式. 如果 $X$ 是非负随机变量并且在 $G^p$ 满足性质 $Q$ 时 $X=0$，则 $E(X)\to 0$ 就表明几乎每个 $G^p$ 都满足 $Q$. 这一结论是下面这个引理的一个特殊情况. 我们仅对整型变量证明它成立，但是它对连续变量也成立.

**8.5.17 引理**（Markov 不等式）　如果 $X$ 仅取非负值，则 $P(X\geqslant t)\leqslant E(X)/t$. 特别地，如果 $X$ 取整数值，则 $E(X)\to 0$ 表明 $P(X=0)\to 1$.

**证明**　$E(X)=\sum_{k\geqslant 0}kp_k\geqslant\sum_{k\geqslant t}kp_k\geqslant t\sum_{k\geqslant t}p_k=tP(X\geqslant t)$. ∎

为了讨论连通性，可以如下定义 $X(G^p)$：如果 $G$ 不是连通的，则定义 $X=1$；否则定义 $X=0$. 示性变量的数学期望等于它取 1 的概率. 我们证明 $P(X=1)\to 0$（当 $p$ 是常数时），从而证明了几乎每个 $G^p$ 都是连通的. 用不同的随机变量，可以简化证明并增强结论. 我们仍然希望当 $X=0$ 时 $G$ 满足性质 $Q$（为了应用 Markov 不等式），但是无须 $(X=0)\Leftrightarrow(G$ 满足 $Q$ 成立）. 我们定义 $X$ 是许多示性变量之和使得 $X=0$ 时 $G$ 满足 $Q$. 数学期望的线性性质以及示性变量中 $E(X_i)=P(X_i=1)$ 这种便利性，可以用来简化对 $E(X)\to 0$ 的证明.

**8.5.18 定理**　如果 $p$ 是常数，则几乎每一个 $G^p$ 的直径均为 2（从而是连通的）.

**证明**　令 $X(G^p)$ 是没有公共相邻顶点的无序顶点对的数量. 如果这种顶点对不存在，则 $G^p$ 是连通且直径为 2. 根据 Markov 不等式，仅需证明 $E(X)\to 0$. 我们把 $X$ 表示成 $\binom{n}{2}$ 个示性变量 $X_{i,j}$ 之和，每个示性变量对应一个顶点对 $\{v_i,v_j\}$，其中 $X_{i,j}=1$ 当且仅当 $v_i$，$v_j$ 没有公共的相邻顶点.

如果 $X_{i,j}=1$，则其余 $n-2$ 个顶点都不会同时与这两个顶点相邻. 所以，$P(X_{i,j}=1)=(1-p^2)^{n-2}$ 且 $E(X)=\binom{n}{2}(1-p^2)^{n-2}$. 若 $p$ 是固定的，则 $E(X)\to 0$，进而几乎所有 $G^p$ 的直径均为 2. ∎

隐藏在上述推理背后的直觉是：如果我们希望几乎没有坏点对，则几乎每个图都不会有这种点对；Markov 不等式可以使该直觉精确化. 这时求和过程消失了；为了证明极限为 0，仅需证明 $(1-p^2)^{n-2}$ 趋于 0 的速度快于 $n$ 的任意多项式的增长速度.

## 阈值函数

粗略地说，边概率为常数的随机图是连通的，因为它们的边比连通需要的边多得多. 为了改进定理 8.5.18，我们希望使得几乎每个 $G^p$ 都是连通图的 $p(n)$ 值尽可能地小. 为此，我们需要阈值概率函数这个概念. 根据模型 A 和模型 B 之间的关系，由边概率的一个阈值也可以得到边数的一个阈值.

432

**8.5.19 定义**　**单调性质**是在添加边时能够被保持的一个图的性质. 单调性质的一个**阈值概率函数**是一个函数 $t(n)$，使得 $p(n)/t(n)\to 0$ 蕴涵几乎没有 $G^p$ 满足 $Q$，而 $p(n)/t(n)\to\infty$ 蕴涵几乎每个 $G^p$ 都满足 $Q$. **阈值边函数**是在模型 B 上定义的类似概念.

这是阈值函数有一个比较宽泛的定义；它允许一个性质有多个阈值函数. 对于阈值函数 $t(n)$，如果 $p(n)/t(n)$ 趋近于非 0 常数时"几乎肯定"有某种性质发生，则称该阈值函数是一个"更优"的阈值. 也可以认为"更优的"阈值 $t(n)$ 使得 $p(n)$ 和 $t(n)$ 在相差一个正、负的低阶项时"几乎肯定"有某种性质发生.

Markov 不等式完成了阈值函数的一半工作. 如果 $X=0$ 蕴涵性质 $Q$, 而我们证明了 $E(X)\to 0$, 则 $P(Q)\to 1$. 如果确定了哪些函数 $p(n)$ 可以得到 $E(X)\to 0$, 即可得到阈值函数的一些候选者. 通常, 我们得到的 $p(n)$ 使得 $E(X)\to 0$ 或者 $E(X)\to \infty$, 具体是哪种情况依赖于一个参数 $c$ 的值. 性质 $E(X)\to 0$ 预示 $P(X=0)\to 0$, 但这种蕴涵关系并不总成立. 比如, 如果 $P(X=0)=0.5$ 且 $P(X=n)=0.5$, 则 $E(X)\to \infty$. 为了得到 $P(X=0)\to 0$, 必须避免这种概率发散现象.

**8.5.20 定义**  $X$ 的 $r$ 阶矩是 $X^r$ 的期望. $X$ 的**方差**是 $E\big[(X-E(X))^2\big]$, 记作 $\mathrm{Var}(X)$. $X$ 的**标准差**是 $\mathrm{Var}(X)$ 的平方根.

**8.5.21 引理**(二阶矩方法)  如果 $X$ 是一个随机变量, 则 $P(X=0)\leqslant \dfrac{E(X^2)-E(X)^2}{E(X)^2}$; 特别地, 如果 $\dfrac{E(X^2)}{E(X)^2}\to 1$, 则 $P(X=0)\to 0$.

**证明**  将 Markov 不等式应用到变量 $(X-E(X))^2$ 和值 $t^2$ 上, 得到 $P\big[(X-E(X))^2\geqslant t^2\big]\leqslant E\big[(X-E(X))^2\big]/t^2$. 我们把它改写成 $P\big[|X-E(X)|\geqslant t\big]\leqslant \mathrm{Var}(X)/t^2$ (Chebyshev 不等式). 由于

$$E\big[(X-E(X))^2\big] = E\big[X^2-2XE(X)+(E(X))^2\big] = E(X^2)-(E(X))^2,$$

因此 Chebyshev 不等式变成了 $P\big[|X-E(X)|\geqslant t\big]\leqslant (E(X^2)-E(X)^2)/t^2$. 由于 $X=0$ 只有在 $|X-E(X)|\geqslant E(X)$ 才会发生, 故令 $t=E(X)$ 即完成整个证明.  ∎

从直觉上看, 如果平均值增长并且标准差增长得更缓慢一些, 则所有的概率值将会远离 0 进而导致 $P(X=0)\to 0$. 为了说明(阈值函数)这种方法, 我们考虑孤立顶点的消失. 由于连通图没有孤立顶点, 因此连通阈值至少与孤立顶点消失所需的阈值一样大. 后者的计算比较简单, 因为可以将该条件表达成若干个同分布的示性变量之和, 从而使其数学期望易于计算. 事实上, 这两个性质有相同的阈值(函数), 因为在这个阈值上几乎每个图都由一个大的连通分量加上一些顶点构成.

**8.5.22 定理**  在模型 A 中, $\ln n/n$(自然对数)是孤立顶点消失即 $\delta(G)\geqslant 1$ 的阈值概率函数(在模型 B 中, 相应的阈值是 $\dfrac{1}{2}n\ln n$).

**证明**  令 $X$ 是孤立顶点的个数, $X_i$ 表示顶点 $i$ 是否为孤立顶点. 于是, $E(X)=\sum E(X_i)=n(1-p)^{n-1}$. 我们将 $E(X)$ 用 $p(n)$ 表达出来, 由此研究 $E(X)$ 的渐近特性. 由于

$$(1-p)^n = e^{n\ln(1-p)} = e^{-np}e^{-np^2[1/2+p/3+\cdots]},$$

如果 $np^2\to 0$, 则 $E(X)$ 的表达式可以用渐近形式化简. $np^2\to 0$ 等价于 $p\in o(1/\sqrt{n})$ 并且它还蕴涵了 $(1-p)^n\sim e^{-np}$ 以及 $(1-p)^{-1}\sim 1$, 这就得到 $E(X)\sim ne^{-np}$. 为了进一步简化, 令 $p=c\ln n/n$ 可以得到 $ne^{-np}=n^{1-c}$, 其中 $c$ 可能依赖于 $n$. 由常数 $c$ 得到 $p\in o(1/\sqrt{n})$, 这与前面的要求一致. 如果 $c>1$, 则得到 $E(X)\sim n^{1-c}\to 0$, 这证明了阈值函数的一个方面.

如果 $c<1$, 有 $E(X)\to \infty$, 利用二阶矩方法. 现在只需证明 $E(X^2)\sim E(X)^2$. 这要用到示性变量的另外一个有用的性质: $X_i^2=X_i$. 因此, 有

$$E(X^2) = \sum_{i=1}^{n} E(X_i^2) + \sum_{i\neq j} E(X_iX_j) = E(X)+n(n-1)E(X_iX_j).$$

仅当 $v_i$ 和 $v_j$ 都是孤立顶点时, 示性变量 $X_iX_j$ 才取 1; 这时, 这两个孤立点使得 $2(n-2)+1$ 条边不会出现. 因此, $E(X_iX_j)=(1-p)^{2n-3}$. 再次用 $(1-p)^n\sim e^{-np}$, 所以 $E(X_iX_j)\sim e^{-2np}$ 且

$$E(X^2) \sim E(X)+n(n-1)e^{-2np} \sim E(X)+E(X)^2.$$

由于 $E(X) \to \infty$，这即得到 $E(X^2) \sim E(X)^2$. ■

定理 8.5.22 强于阈值函数的定义. 这个阈值函数是更优的：当 $p(n)$ 与 $\ln n/n$ 的比值趋近于一个常数但该常数不是 0 也不是 $\infty$ 时，我们同样可以确保或者禁止孤立点的出现.

事实上，人们早就知道有更优的孤立点阈值函数. 如果 $p = \lg n/n + x/n$ 且随机变量 $X$ 表示孤立顶点的个数，则 $P(X=k) \sim e^{-\mu}\mu^k/k!$，其中 $\mu = e^{-x}$（读者可以把这个极限分布看作 **Possion 分布**）. 对于 $k=0$，有 $P(X=0) \sim e^{-\mu}$. $P$ 中的这个加项描述了（孤立顶点的个数）从几乎全是孤立顶点（穿过孤立顶点阈值）到几乎没有孤立顶点这一变化过程. 已经已知很多这种比较好的阈值函数，但导出渐近 Possion 分布的技术超出了我们的讨论范围.

下面，我们导出一个阈值函数以确保某些固定子图必然出现. 对于一个图，如果其任意诱导子图的平均度不超过整个图的平均度，则称该图是**平衡的**. 所有的正则图和所有的森林都是平衡的.

|434|

**8.5.23 定理**　　如果 $H$ 是一个具有 $k$ 个顶点和 $l$ 条边的平衡图，则在模型 A 中 $p = n^{-k/l}$ 是几乎每个 $G^p$ 均以 $H$ 作为诱导子图的阈值函数.

**证明**　　令 $X$ 是 $H$ 的各种拷贝在 $G^p$ 中出现的总次数；$X$ 可以表示成一些示性变量之和，每个示性变量表示 $K_n$ 中 $H$ 的一个拷贝. 存在 $n(n-1)\cdots(n-k+1)$ 种方法将 $V(H)$ 对应到 $[n]$ 中. $H$ 的每个拷贝出现 $A$ 次，其中 $A$ 是 $H$ 的自同构的个数. 这样，有 $\frac{1}{A}\prod\limits_{j=0}^{k-1}(n-j)$ 个示性变量 $X_i$. 由于 $H$ 的一个拷贝出现也就是它的所有边出现，所以 $P(X_i = 1) = p^l$. 由于 $k$ 是固定的，故 $E(X) \sim n^k p^l/A$.

设 $p(n) = c_n n^{-k/l}$ 则得到 $E(X) \sim c_n^l/A$. 因此，由 $c_n \to 0$ 得到 $E(X) \to 0$，由 $c_n \to \infty$ 则得到 $E(X) \to \infty$. 剩下的工作就是证明：当 $c_n \to \infty$ 时可以得到 $E(X^2) \sim E(X)^2$. 我们再次用到 $E(X^2) = E(X) + \sum\limits_{i\neq j} E(X_i X_j)$. 这时，各个加数并不相等，$E(X_i X_j)$ 依赖于 $H' = H_i \bigcap H_j$. 我们选择 $H' \subseteq H$ 来将这些加数分类. 当 $H'$ 有 $r$ 个顶点和 $s$ 条边时，构建 $H_i$ 和 $H_j$ 所需的边的条数为 $2l-s$，所以 $E(X_i X_j) = p^{2l-s}$.

为了确定 $i$, $j$ 对使之满足 $H' = H_i \bigcap H_j$，我们为 $H'$ 取 $r$ 个顶点，为 $H_i - H'$ 和 $H_j - H'$ 分别取 $k-r$ 个顶点，把 $H'$ 扩展到 $H_i$ 和 $H_j$ 上得到 $H$ 的拷贝. 这三个顶点集的取法有 $\dfrac{n!}{r!(k-r)!(k-r)!(n-2k+r)!}$ 种，这个值趋近于 $n^{2k-r}/[r!\ (k-r)!^2]$. 在确定的两个 $k$-元集合中将 $H'$ 分别扩展为 $H$ 的拷贝，其方法的种数 $M$ 仅依赖于 $H$ 和 $H'$；这个值与 $n$ 和 $p$ 无关. 用 $\alpha_H$ 来表示常数 $M/[r!\ (k-r)!^2]$. 满足 $H_i \bigcap H_j = H'$ 的 $i$, $j$ 对 $\sum E(X_i X_j)$ 的贡献趋近于 $\alpha_H n^{2k-r} p^{2l-s}$；我们把这个值称为 $E_{H'}$.

如果 $r=s=0$，则有 $M = (k!\ /A)^2$. 因此，当 $H'$ 为空图时，$\alpha_H \sim n^{2k} p^{2l}/A^2 \sim E(X)^2$. 这是满足 $H_i \bigcap H_j = \emptyset$ 的所有 $i$, $j$ 对 $\sum E(X_i X_j)$ 的贡献，这个值趋近于 $E(X)^2$. 为了完成整个证明，只需证明 $H'$ 的所有其余取法对 $\sum E(X_i X_j)$ 的总贡献具有较低的阶. 我们有 $E_H \sim \alpha_H A^2 E(X)^2 n^{-r} p^{-s}$. 由于 $2s/r$ 是 $H$ 的平均度，根据 $H$ 的平衡性得到 $2r/s \geq 2k/l$，或者 $c_n \to \infty$ 时 $pn^{r/s} \geq pn^{k/l} \to \infty$. 由于 $pn^{r/s} \to \infty$ 等价于 $n^{-r} p^{-s} \to 0$，因此得到 $E_H \in o(E(X)^2)$ 对 $H' \neq \emptyset$ 成立. 由于可能的子图 $H'$ 的数量是有界的（界限可以表达成常数 $k$ 和 $l$ 的表达式），这表明了 $E(X^2) \sim E(X) + E_\emptyset \sim E(X)^2$. ■

这个结论可以推广到所有的 $H$. 比率 $d(H)=e(H)/n(H)$ 是 $H$ 的**密度**，$\rho(H)=\max\limits_{F\subseteq H}d(F)$ 是**最大密度**. 如果 $H$ 是平衡图，则这两个值相等，进而 $p=n^{-1/\rho(H)}$ 是 $H$ 出现的阈值. 任意图 $H$ 有一个平衡子图 $F$ 使得 $d(F)=\rho(H)$. 如果 $pn^{\rho(H)}\to 0$，则几乎每个 $G^p$ 都不包含 $F$ 的拷贝；因此，它也不可能包含 $H$ 的拷贝. 事实上，$p=n^{-1/\rho(H)}$ 总是 $H$ 出现的阈值函数(习题 25).

### 演变和图参数

Palmer[1985]在他的书的副题中告诉我们随机图的研究涉及下面的内容：

"**阈值函数**，它促使人们在图的形成过程中对图的结构进行仔细研究，并且它还详细揭开了**唯一巨大连通分量**突然出现这种神秘的现象，即唯一的巨大连通分量系统地吸收其相邻顶点，它先吞噬较大的连通分量并无情地继续下去直到最后一个**孤立顶点**被吸收进来，此时这个巨大的分量突然被一个**生成环**控制."

基于图的演变的观点来生成具有 $m$ 条边的随机图的过程与模型 B 中的概率空间生成它的过程一致，但是前者使得直觉推理更加容易. 由直觉或者经验得出的有关随机图任何结果几乎都是正确的. 演变的观点对这种直觉进行了升华.

同时生成 $m$ 条边或者逐次生成 $m$ 条边这两种方法得到的概率分布是相同的，它们都使得具有 $m$ 条边的图以相等概率出现. 通过研究在当前结构中新加入一条边之后可能造成的影响，可以在任何阶段随时研究对图的性质所做的直观假设. 演变的一个阶段是 $m(n)$ 或者 $p(n)$ 的一个取值区间，在这个区间内典型图的结构描述不会有太大的变化. 我们已经研究了验证这些描述的基本技术，但是计算还是很困难的. 因此，我们只描述用到了演化直觉的这些阶段.

首先，我们注明，"几乎不发生"的常数倍还是"几乎不发生". 因此，如果 $A_1$，$\cdots$，$A_r$ 中的任何一个都是几乎总会发生($r$ 的值是固定的)，则这 $r$ 个事件几乎总会同时发生.

开始时引入很多孤立顶点但不引入任何边，每一条新边很可能都是孤立的. 当相当数量的顶点都被关联到边上之后，所得的随机图就是一个匹配. 关于特定子树出现的阈值 $p\sim cn^{-k/(k-1)}$ 推广了上述结论. 令 $t_k(n)=n^{-k/(k-1)}$，如果 $p/t_k\to\infty$ 但 $p/t_{k+1}\to 0$，则 $k$ 个顶点上的任意一棵特定的子树都会出现，但是含有 $k+1$ 个顶点的子树都不会出现(关于单独一棵子树的结论变成了关于同阶的所有子树的结论). 而且，这个 $p$ 也低于特定环(密度为 1，长度以 $k$ 为上界)出现的阈值，所以 $G^p$ 是阶至多为 $k$ 的一些树构成的森林，其中 $k$ 个顶点之上的一棵树作为一个连通分量出现.

直观地看，在演变的这个阶段，随机图不包含环，因为在没有大连通分量时随机添加的一条边更有可能将两个连通分量连接起来，而不是位于某个连通分量的内部. 为了使这个直觉更加精确，令 $X$ 是 $G^p$ 中环的数量，计算

$$E(X) = \sum_{k=3}^{n} \binom{n}{k} \frac{1}{2}(k-1)!\,p^k < \sum_{k=3}^{n} (np)^k/2k.$$

如果 $pn\to 0$，则 $E(X)\to 0$.

演变的下一个主要的阶段是 $p=c/n$，其中 $0<c<1$. 用 $X$ 对环进行计数，这时不再有 $E(X)\sim\sum_{k=3}^{n}(np)^k/2k$，因为在 $k$ 占 $n$ 的相当比重时比值 $n^k/(n)_k$ 不趋于 1. 我们必须把 $E(X)$ 分成两个和，此时讨论变得更困难. 当 $pn\to c$ 时，我们发现 $E(X)$ 趋于一个常数 $c'$，且 $G^p$ 中环的个数趋于 Possion 分布. 由于只有少数连通分量有环且所有的连通分量都很小，因此下一条边仍有望连接两个连通分量，或者在一个没有环的连通分量中产生一个环. 在这个阶段，最大连通分量的大小约为 $\log n$，有很多连通分

量,其中每个连通分量中至多只有一个环.绝大多数顶点仍位于无环连通分量中.

当 $c$ 到达并超过 1 时,$G^p$ 的结构发生了根本变化.这被称为**双跳**,因为 $G^p$ 的结构在 $c<1$、$c\sim1$ 和 $c>1$ 上有重大的区别. $pn=1$ 时,2 阶矩方法确保几乎每个 $G^p$ 都有环,并且最大连通分量的大小从 $\log n$ 跃迁为 $n^{2/3}$. $pn=c>1$ 时,位于"巨大连通分量"之外的顶点的个数变成 $o(n)$. $G^p$ 也有极可能有某个环具有三条相交的弦进而变成不可平面图.

下面,令 $p$ 趋于 $c\ln n/n$. $c<1$ 时,我们已经证明了几乎每个 $G^p$ 都有孤立顶点. $c>1$ 时,孤立顶点消失了.当向一个非连通图中添加边时,这些边可能位于一个连通分量之内,或者将两个连通分量连接起来.最后,就产生了一个巨大的连通分量.这时,新添加的边几乎肯定位于这个巨大的连通分量之内,或者把它与某个小的连通分量连接起来.在小连通分量中,最可能包含这条新添加边的连通分量是那些较大的分量.换句话说,当 $c$ 超过 1 时最后剩下来被这个巨大的连通分量吞噬的小连通分量是那些孤立顶点.这就直观地解释了为什么连通性的阈值与孤立顶点消失的阈值相同. $c>1$ 时,几乎每个 $G^p$ 都立即有了一个生成环.最小度 $k$(和 $k=2$ 时哈密顿环的出现)有一个阈值涉及如下的低阶项: $\ln n/n+(k-1)\ln\ln n/n$.

演变的最后一个阶段是 $pn/\ln n\to\infty$ 但 $p=o(1)$,最终 $p=c$;这回到了我们在开始时的讨论.

当 $p=c\log n/n$ 且 $c\to\infty$ 时,我们要讨论的范围就是稀疏图.演化的观点则不具有太大的意义,此时我们研究随机图的性质.我们不再将注意力集中在对概率阈值函数的研究上而主要集中在图参数的可能取值上,尤其当 $p$ 是常数时这种转变特别明显.给定参数 $\mu$,我们想证明 $\mu(G^p)\sim f(n)$ 对几乎每个 $G^p$ 都成立.如果对任意 $\varepsilon>0$,$\mu(G^p)$ 几乎总介于 $(1-\varepsilon)f(n)$ 和 $(1+\varepsilon)f(n)$ 之间,则也可以将上述 $f(n)$ 看成一个阈值函数.如果 $\mu(G^p)$ 几乎总介于 $f(n)-\varepsilon g(n)$ 和 $f(n)+\varepsilon g(n)$ 之间,其中 $g(n)=o(f(n))$,则我们的结论就更强,写作 $\mu(G^p)\in f(n)(1+o(1))$.

目前还未出现对几乎所有图都成立的性质.对于 Ramsey 数已知的下界,尽管几乎所有图都满足这个性质,但人们仍没有构造出一个无限图族使之同时满足 $\alpha(G)<\log_{\sqrt{2}}(n(G))$ 和 $\omega(G)<\log_{\sqrt{2}}(n(G))$.

由随机图的性质可以得到快速算法以便在几乎所有输入上解决某个难题.比如,下面先给出两个关于随机图中顶点度的结论,然后展示如何利用度序列的性质来设计一个快速算法使得该算法"几乎总能"检测出同构关系.在随机图的相关文献中,$\omega_n$ 表示增长速度任意缓慢的无界函数.

**8.5.24 定理**(Erdös-Rényi[1966]) 如果 $p=\omega_n\log n/n$ 且 $\varepsilon>0$ 是定值,则几乎所有 $G^p$ 均满足 $(1-\varepsilon)pn<\delta(G^p)\leqslant\Delta(G^p)\leqslant(1+\varepsilon)pn$.

很多顶点的度都接近平均值,但方差仍然不容忽视. Bollobás[1982]证明了 $p\leqslant1/2$ 时,具有最大度的顶点在几乎所有 $G^p$ 中是唯一的当且仅当 $pn/\log n\to\infty$.当我们在完成演变过程后再回过头来讨论边概率为常数的情况时,就可以得出关于度的分布的更多结论.几乎总有某些顶点的度突出出来显得很大,随后其他顶点的度都比较接近. Bollobás 确定了到底可以出现多少个互不相同的度值.

**8.5.25 定理**(Bollobás[1981b]) 在模型 A 中,将 $p$ 固定并令 $t\in o(n/\log n)^{1/4}$,则几乎每个 $G^p$ 中度最大的 $t$ 个顶点均有互不相同的度.如果 $t\notin o(n/\log n)^{1/4}$,则几乎每个 $G^p$ 均对某个 $i<t$ 满足 $d_i=d_{i+1}$.

我们将这个结论应用到同构检测中.对于这个问题没有已知的多项式时间算法,但 Babai-Erdös-Selkow[1980]利用随机图的度结论设计一个快速算法,它几乎总能得出正确结果.我们定义一个集合 $H$ 使它包含几乎所有的图,然后证明可以快速检测出 $H$ 中图的同构关系.

测试算法用规范标记算法来实现.如果输入的图属于 $H$,则这个算法用一种规范的方式接受并标记它. 我们希望这个算法有如下性质: 如果算法将一个图的所有顶点依次标记为 $v_1, \cdots, v_n$, 而将另一个图的所有顶点依次标记为 $w_1, \cdots, w_n$, 则只有将 $v_i$ 映射成 $w_i$ 的这种双射才可能是一个同构; 然后就可以通过比较这个标记之下的邻接矩阵来检测同构(关系是否成立).

**8.5.26 推论**(Babai-Erdös-Selkow[1980]) 有一个二次时间算法能够检测几乎任意两个图之间的同构关系.

**证明** 用邻接矩阵的形式给定 $n$ 个顶点上的一个图 $G$, 计算所有顶点的度然后将它们排序, 按降序依次将各个顶点标记. 固定 $r = 3 \lfloor 3 \lg n \rfloor$. 如果 $d(v_i) = d(v_{i+1})$ 对任意 $i < r$ 均成立, 则不再继续测试 $G$, 拒绝它. 在定理 8.5.25 中令 $p = 1/2$, 则该定理表明几乎每个图都可以成功地通过这个测试.

令 $U = \{v_1, \cdots, v_r\}$. 由于 $r = 3 \lfloor 3 \lg n \rfloor$, 因此顶点集 $U$ 约有 $n^3$ 个不同的子集. 由于 $U$ 之外只剩下 $n - r$ 个顶点, 这些顶点有可能通过它们在 $U$ 中的邻域就可以区分开. 集合 $H$ 是所有到达这个演变阶段的图中满足如下条件的图构成的集合: $V - U$ 的顶点在 $U$ 中的邻域互不相同. 为了在 $O(n^2)$ 时间内检测出这些图并完成标记, 对每个 $x \in V - U$ 把 $N(x) \cap U$ 编码成二进制的 $r$-元组. 把这些元组看成是二进制整数并将它们排序. 这几个步骤花费的时间为 $O(n \log n)$. 再将顶点 $v_{r+1}$ 到 $v_n$ 按照这些整数值的递减顺序重标记为 $w_{r+1}, \cdots, w_n$. 如果有两个前后相继的值相等, 则不再继续测试 $G$, 拒绝它.

如果对 $G$ 的测试进行到目前这种程度, 则 $G$ 没有非平凡的自同构. 同构于 $G$ 的一个图也只有一个同构映射将其映射到 $G$, 这个同构映射由在该图上应用规范标记算法得出. 最后, 如果两个图都通过了规范标记, 则剩下的最后一个步骤是比较这两个图的关联矩阵的各行各列, 其中关联矩阵的各行各列均由规范标记得出的编号来进行索引. 这两个图同构当且仅当这两个矩阵相同. 这个比较花费的时间为 $O(n^2)$.

我们必须证明: 对几乎每个 $G^p$, 由特定的 $r$ 个顶点构成的集合与其余顶点的邻接向量互不相同. 如果 $p \leq 1/2$, 则对任意 $x, y$, 它们在 $U$ 中有相同邻接关系的概率近似地由 $(1 - p)^r$ 给出一个上界. 我们说"近似地"是因为 $U$ 并不是随机选取的. 把 $U$ 选成度最高的顶点将削弱随机性, 即这样选择将使得与这些顶点关联的特定边的概率增大. 但是, 这不会引起太大的改变, 位于 $U$ 之外但在 $U$ 中却有相同邻域的顶点对的个数的数学期望仍然以 $O\left(\binom{n-r}{2}(1-p)^r\right)$ 为上界. 根据我们对 $r$ 的选取, 可以将这个上界的(以 2 为底的)对数用 $2 \lg n - 3 \lg b \lg n$ 来给出一个上界, 其中 $b = 1/(1 - p) \geq 2$ (如果 $p \leq 1/2$). 这个值趋于 $-\infty$. 所以, 对几乎所有的图来说, 在这个集合中的邻接向量都是互不相同的. ∎

对于足够大的 $n$, 这个标记算法中拒绝概率以 $n^{-1/7}$ 为上界. 后来的一些改进工作得到一个算法, 其运行时间为 $O(n^2)$, 拒绝概率为 $c^{-n}$ (Babai-Kučera[1979]).

## 连通度、团和着色

研究随机结构的"典型性质"经常要研究其各种参数的概率分布. 这里, 我们考虑随机图的连通度、团和着色.

对随机图而言, 质朴简单的算法可能是一个好算法. 比如, (从图中)找出最大团这个问题是 NP-难的. 如果我们知道几乎每个图的团数均大约为 $2 \lg n$, 则可以对大小不超过 $3 \lg n$ 的所有顶点子集进行检测以找出独立子集. 如果 $\omega(G) < 3 \lg n$, 则这样就计算出了 $\omega(G)$, 因为大小为 $\omega(G) + 1$

任意集合都不是团. 如果 $\omega(G) \geqslant 3\lg n$, 则这个算法不能计算出 $\omega(G)$, 但这种情况极少发生. 大小为 $2\lg n$ 的顶点子集太多了, 因此上述算法不是一个多项式时间算法. 但它接近于多项式时间算法, 它还给出了在算法(设计)中使用随机图性质的一种方式.

一些 NP-难问题对于随机图来说是平凡的. 尽管 $\Delta(G) \leqslant \chi'(G) \leqslant \Delta(G)+1$ 对任意简单图都成立(Vizing[1964]), 但是要确定 $\chi'(G)$ 到底是这两个值中的哪一个却是 NP-难的(Holyer[1981]). Vizing 证明了仅当具有最大度的顶点至少有 3 个时, $\chi'(G) = \Delta(G)+1$ 才成立. Erdös and Wilson[1977]注意到 $\chi'(G) = \Delta(G)$ 对随机图成立, 他们还发现当 $p = 1/2$ 时具有最大度的顶点是唯一的.

对于稀疏图和常数 $k$, 连通度 $k$ 的阈值与最小度 $k$ 的阈值是相同的. 当边概率是常数时, 这个结论是否成立呢? 定理 8.5.18 可以在推广和加强之后用来证明: 如果 $k \in o(n/\log n)$ 且 $p$ 为定值, 则几乎每个 $G^p$ 中任意顶点对均有 $k$ 个公共的相邻顶点, 进而它是 $k$ 连通的(习题 33). 改进这个结果需要用到其他方法. Bollobás[1981b]对常数 $p$ 证明了几乎每一个 $G^p$ 的连通度都等于其最小度.

有关团数的讨论又是什么情况呢? 对固定的 $k$, 定理 8.5.23 给出了 $k$-团出现的概率阈值, 但是对于常数 $p$, 团数将随着 $n$ 增长. 确定团数是一个 NP-完全问题, 但是对随机图, 可以猜测团数使得正确的概率比较高, 而且猜测的过程中根本无须去研究图本身! 令人惊异的是, 对一个固定的 $p$, 几乎每个 $G^p$ 的团数(作为 $n$ 的函数)都从两个可能的值中选取; 并且, 对任意 $k \in \mathbf{N}$, $n$ 有一个取值范围使得其中团数几乎都等于 $k$. 讨论的方法就是找出 $r(n)$ 的一个边界, 使得几乎每个 $G^p$ 都有一个 $r$-团, 并且几乎所有的图都没有 $r+1$-团.

**8.5.27 定理**(Matula[1972])    对固定的 $p = 1/b$ 和固定的 $\varepsilon > 0$, 几乎任意 $G^p$ 的团数都介于 $\lfloor d-\varepsilon \rfloor$ 和 $\lceil d+\varepsilon \rceil$ 之间, 其中 $d = 2\log_b n - 2\log_b \log_b n + 1 + 2\log_b(e/2)$.

**证明**    (概要)如果 $X_r$ 是 $r$-团的个数, 则 $E(X_r) = \binom{n}{r} p^{\binom{r}{2}}$. 由 $r! \sim (r/e)^r \sqrt{2\pi r}$(Stirling 逼近), 还可以得到 $E(X_r) \sim (2\pi r)^{-1/2}(enr^{-1}p^{(r-1)/2})^r$. 如果 $r \to \infty$ 且 $(enr^{-1}p^{(r-1)/2}) \leqslant 1$, 则我们希望 $E(X_r) \to 0$. 为了确定 $r(n)$ 使得上述结论成立, 对不等式的两端取对数(以 $b$ 为底)再解出 $r$, 我们发现:

$$r \geqslant 2\log_b n - 2\log_b r + 1 + 2\log_b e.$$

这近似地等价于 $r \geqslant d(n)$, $d(n)$ 同前面的定义相同. 更确切地说, 如果 $r > d+\varepsilon$, 则几乎每个 $G^p$ 都没有大小为 $r$ 的团.

要得到下界需仔细地应用 2 阶矩方法, 这个过程与定理 8.5.23 类似, 但是 $r$ 对 $n$ 的依赖使得这里的分析更加困难. $X_r^2$ 的数学期望是将各个 $r$-团中的全部有序对同时出现的概率求和. 这个概率仅依赖于公共顶点的个数, 故:

$$E(X_r^2) = \binom{n}{r} \sum_{k=0}^{r} \binom{r}{k} \binom{n-r}{r-k} p^{2\binom{r}{2}-\binom{k}{2}}.$$

我们希望证明 $k=0$ 的这个项(互不相交的团)对整个表达式的值起到决定性作用. 令 $E(X_r^2)/E(X_r)^2 = \alpha_n + \beta_n$, 其中 $\alpha_n = \binom{n}{r}^{-1}\binom{n-r}{r}$, $\beta_n = \binom{n}{r}^{-1} \sum_{k=1}^{r} \binom{r}{k}\binom{n-r}{r-k} b^{\binom{k}{2}}$. 我们要证明 $\alpha_n \sim 1$ 和 $\beta_n \to 0$. 当 $r \sim 2\log_b n$ 时, $\binom{a}{k} / \binom{b}{k}$ 的一个渐近表达式可以得出 $\alpha_n \sim e^{-r^2/(n-r)} \to 1$. 对 $\beta_n$ 的讨论更加复杂, 参见 Palmer[1985, p75-80]. ∎

我们对图参数的研究可以用来度量哈密顿环条件的强度(Palmer[1985，p81-85])．如果定理的假设不可能被满足，则这个定理不能证明任何结论；这就提示我们将这种定理的强度看成 0．如果仅当定理假设被满足时定理的结论才成立，则称该定理是强的；这说明定理的假设不能被削弱．将定理的**强度**定义为假设被满足的概率除以结论被满足的概率．

考虑哈密顿环的充分条件．由于 $p=\log n/n$ 是哈密顿环的一个阈值，故当 $p$ 为定值时几乎每个 $G^p$ 都是哈密顿图．Dirac[1952b]证明了如果 $G$ 的任意顶点的度至少为 2，则 $G$ 是哈密顿图(定理 7.2.8)．当 $p>1/2$ 时，上述条件对几乎每个 $G^p$ 都成立；当 $p\leqslant 1/2$ 时，它几乎不成立．因此，如果 $p$ 是不超过 1/2 的常数，则 Dirac 定理的渐近强度为 0．对 7.2 节的其他度条件，也有同样的结论．

同时，Chvátal and Erdös[1972]证明了只要图 $G$ 的连通度超过了其独立数，则 $G$ 是哈密顿图(定理 7.2.19)．这两个参数的阈值表明了这个定理对任意常数 $p>0$ 都是强的．我们知道 $\alpha(G^p)<2(1+\varepsilon)\log_b n$ 几乎总成立，还知道 $\kappa(G^p)\geqslant k$ 几乎总成立(当 $k=o(n/\log n)$)．因此，$\kappa>\alpha$ 对几乎每个 $G^p$ 都成立，进而定理的渐近强度是 1．

最后，我们对常数 $p$ 考虑色数．由于 $1-p$ 也是常数，因此可以应用有关团数的结论：几乎每个 $G^p$ 都没有顶点多于 $(1+o(1))2\log_b n$ 的稳定集，其中 $b=1/(1-p)$．因此 $\chi(G^p)\geqslant(1/2+o(1))n/\log_b n$ 几乎总成立．要达到这个下界，需要找到很多个互不相交且大小都接近于最大值的稳定集．20 年以来只有一个最好的结果，即一个产生着色方案的算法，它生成的着色方案所使用的颜色至多是色数下界的 2 倍．

Bollobás[1988]证明了这个下界是可达的，他使用了另外的概率技术来确保能够找到足够大的稳定集．他证明了：在几乎每个 $G^p$ 中，至少包含 $n/(\log_b n)^2$ 个顶点的任意集合包含了一个阶至少为 $2\log_b n-5\log_b\log_b n$ 的团．这样，我们就可以不断地找到大小接近于最大值的稳定集，直到剩下的顶点太少以至于继续寻找时会遇到麻烦；在进行着色时，对剩下的顶点可以分配互不相同的颜色．

在讨论 Bollobás 的方法之前，我们先给出一个较早的结论，这样做是基于该结论在算法方面的意义；贪心算法在几乎每个 $G^p$ 上至多使用 $(1+\varepsilon)n/\log_b n$ 种颜色．这样，与前面讨论同构算法时提到"几乎总能得到正确结果"的意义一样，贪心着色算法也"几乎总能得到正确结果"．Garey and Johnson[1976]证明了：没有快速算法在每个图上所用颜色的数量均至多为最优颜色数的 2 倍，除非 P=NP．Bollobás 的证明并没有给出产生着色方案的一个快速算法，使得它对几乎任意图所用颜色的数量渐近于最优颜色数，它仅仅证明了这种算法的存在性．

**8.5.28 定理**(Grimmett-McDiarmid[1975])　给定边概率 $p$，令 $b=1/(1-p)$．对于常数 $p$ 和常数 $\varepsilon>0$，几乎每个 $G^p$ 均满足

$$(1/2-\varepsilon)n/\log_b n \leqslant \chi(G^p) \leqslant (1+\varepsilon)n/\log_b n.$$

**证明**　根据上面的讨论，用稳定集即可得到下界．对于上界，我们证明：按照 $v_1,\cdots,v_n$ 这个顺序用贪心着色依次对各个顶点着色，则对几乎每个图至多使用 $f(n)=(1+\varepsilon)n/\log_b n$ 种颜色(为简单起见，恰当选择 $\varepsilon$ 使得 $f(n)$ 是一个整数)．在由所用颜色的数量超过 $f(n)$ 那些 $n-$ 顶点图构成的集合中，令 $\boldsymbol{B}_m$ 是满足如下条件的图构成的集合：在这种图中 $v_m$ 是第一个使用颜色 $f_n+1$ 进行着色的顶点．我们证明当 $n\to\infty$ 时 $\sum\limits_{m=1}^{n}P(\boldsymbol{B}_m)\to 0$．

给定 $G$，令 $G_m = G[\{v_1, \cdots, v_{m-1}\}]$. 在颜色 $f_n+1$ 被使用之前，颜色 $f_n$ 必然已经被使用过；所以，对任意 $G \in \boldsymbol{B}_m$，$G_m$ 的贪心着色使用了 $f_n$ 种颜色. 令 $k_i$ 是颜色 $i$ 在这个着色中出现的次数. 由于 $v_{m+1}$ 要求使用颜色 $f_n+1$，故 $v_{m+1}$ 至少存在一个相邻顶点被着色为 $1, \cdots, f_n$ 中任意一种颜色. 给定 $\{k_i\}$，上述条件发生的概率为 $\prod\limits_{i=1}^{f(n)} [1 - (1-p)^{k_i}]$.

Bollobás 和 Erdös[1976]观察到当 $k_i$ 都相等时上面这个界限达到最大值（习题 8.3.37），由此简化证明定理中上界所需的后续计算步骤. 这样，我们得到

$$\prod_{i=1}^{f(n)} [1 - (1-p)^{k_i}] \leqslant [1 - (1-p)^{(m-1)/f}]^f < [1 - (1-p)^{n/f}]^f.$$

给定 $G_m$，图 $G$ 属于 $\boldsymbol{B}_m$ 的概率以 $b_n = [1 - (1-p)^{n/f(n)}]^{f(n)}$ 为上界. 由于这对于每个 $G_m$ 都成立，因此得出结论 $P(\boldsymbol{B}_m) < b_n$. 这对所有 $m$ 均成立，故 $\sum\limits_{m=1}^{n} P(\boldsymbol{B}_m) < nb_n$.

由 $(1-p)^{-x} < e^{-x}$ 可以得到 $nb_n < ne^{-f(1-p)^{n/f}}$. 将 $f_n = cn/\log_b n$ 代入得到 $(1-p)^{n/f} = n^{-1/c}$. 这个界限的对数是 $\log n - cn^{1-1/c}/\log_b n$. 这个值在 $c > 1$ 时是趋于 $-\infty$ 的，所以，贪心算法所用颜色多于 $f(n)$ 的概率以一个趋于 0 的函数为上界. ∎

$\chi(G)$ 增长的阶反映了图论中的一些著名的问题. Hajós 曾猜想，每个 $r$-色的图都包含了 $K_r$ 的一个细分（参见注记 5.2.21）. 这个猜想被 Catlin[1979]证伪（习题 5.2.40）. Erdös 和 Fajtlowicz[1981]注意到，$G^p$ 的色数几乎总是以 $\Theta(n/\log n)$ 增长. 另一方面，使得 $G^p$ 包含 $K_r$ 的一个细分的最大 $r$ 值以 $\Theta(\sqrt{n})$ 增长. 因此，色数几乎总是非常大，而 Hajós 猜想几乎总是不成立的.

相反，当 $r \in \Theta(n/\sqrt{\log n})$ 时，几乎每个 $G^p$ 都有一个可收缩为 $K_r$ 的子图. 这样，几乎每个图都满足 Hadwiger 猜想的较弱形式（注记 5.2.21），即任意 $r$-色图均有一个可收缩为 $K_r$ 的子图.

**鞅**

概率论中的高级技术可以用来得出组合学上的一些优美的结论而无须烦琐地计算 2 阶矩或更高阶的矩. 这样的理论旨在获得一些推理模式使得它们无须重复进行计算即可直接应用.

这些方法中的一部分使用了相关随机变量序列. 所得的随机过程与由单个随机变量所得的结果相比较在整体性质上表现出更好的一致性和可预测性.

直线上的经典随机行走中，每一步向左移一个单位的概率为 $p$，向右移一个单位的概率为 $p$，不移动的概率为 $1-2p$. 不论以前是怎样移动的，$t$ 步之后所在位置的数学期望等于 $t-1$ 步之后的实际位置. 这是鞅的定义中描述的性质.

**8.5.29 定义** *一个**鞅**是一个随机变量序列 $X_0, \cdots, X_n$，它使得在给定 $X_0, \cdots, X_{i-1}$ 的值之后 $X_i$ 的数学期望等于 $X_{i-1}$.*

在随机行走 $n$ 步之后，所在位置的数学期望是原点. 在这种行走中，如果将 $n$ 步之后所在的位置表示成 $n$ 的函数，则它不太可能离原点很远，这一结论并不显然. 我们将会看到，这是由每次移动不能超过一个单位距离这种约束造成的.

在证明随机变量的取值集中在它的数学期望附近时，鞅使得证明过程十分简单. 如果采用这种方法，证明过程将不必详细计算 2 阶矩. 这项艰难的工作是由 Azuma 不等式完成的，这个不等式也称作鞅尾不等式. 这个不等式指出，如果鞅中前后相继的随机变量至多相差 1，则 $X_n - X_0$ 超过 $\lambda\sqrt{n}$ 的概率将以 $e^{-\lambda^2/2}$ 为上界. 我们先证明两个引理. 这些结论对于连续随机变量也成立，但是我们

442

仍然只考虑离散变量.

**8.5.30 引理**  令 $Y$ 是满足 $E(Y)=0$ 和 $|Y| \leqslant 1$ 的随机变量. 如果 $f$ 是 $[1, -1]$ 上的一个凸函数,则 $E(f(Y)) \leqslant \frac{1}{2}[f(-1)+f(1)]$. 特别地,$E(e^{tY}) \leqslant \frac{1}{2}[e^t+e^{-t}]$ 对任意 $t>0$ 成立.

**证明**  如果 $Y$ 的取值仅为 $\pm 1$ 且每个取值的概率为 0.5,则有 $E(f(Y))=\frac{1}{2}[f(-1)+f(1)]$. 对于其他分布,把概率推到"边界之外"将使 $E[f(Y)]$ 变大. 对于离散变量,可以对概率不是 0 的随机变量的个数用数学归纳法. 凸性表明 $f(a) \leqslant \frac{1-a}{2}f(-1)+\frac{1+a}{2}f(1)$. 如果 $P(Y=a)=\alpha$,则可以把 $a$ 点处的概率减小为 0、把 $P(Y=-1)$ 增大 $\alpha\frac{1-a}{2}$、把 $P(Y=1)$ 增大 $\alpha\frac{1+a}{2}$,这样得到一个随机变量 $Y'$,它与 $Y$ 具有相同的数学期望. 由凸性不等式和归纳假设,得到 $E(f(Y)) \leqslant E(f(Y')) \leqslant \frac{1}{2}[f(-1)+f(1)]$.

$$
\begin{array}{c}
\vdash\!\!\!\!\!\!\!\!\!\!\!-\!\!\!\!\stackrel{\alpha}{\mid}\!\!\!\!\!\!\!\!\!\!\!-\!\!\!\!\!\!\!\dashv \\
-1 \quad a \qquad\qquad 1
\end{array}
$$

■

**8.5.31 定义**  对于事件 $A$ 和 $B$,在给定 $B$ 的情况下 $A$ 的**条件概率**是将 $B$ 看作完全概率空间时 $A$ 发生的概率,也就是用 $P(B)$ 进行规范化. 因此,我们定义 $P(A|B)=\dfrac{P(A \text{ 且 } B)}{P(B)}$.

如果 $Y$, $X$ 是随机变量,则用 $Y|X$ 来表示"给定 $X$ 之后 $Y$ 发生的概率". 这为 $X$ 的每个取值定义了一个随机变量;这时,我们把 $X$ 看作常数 $i$,并把 $Y$ 的新概率分布用 $P(X=i)$ 进行规范化.

在证明 Azuma 不等式时,我们要用到条件变量的数学期望. 对于每个 $i$ 值,将样本中的 $X$ 限制为 $X=i$ 之后再计算 $Y$ 值的数学期望. 对 $i$ 的所有取值,数学期望 $E(Y|X=i)$ 发生的概率为 $P(X=i)$,将这些数学期望 $E(Y|X=i)$ 的数学期望记为 $E(E(Y|X))$. 所得的结果是在整个样本空间上得到的一个数学期望. 它消除了条件造成的影响,因此得到 $E(E(Y|X))=E(Y)$.

**8.5.32 引理**  $E(E(Y|X))=E(Y)$.

**证明**  令 $p_{i,j}=P(X=i \text{ 且 } Y=j)$. 由于 $E(Y|X=i)=\dfrac{\sum\limits_j jp_{i,j}}{P(X=i)}$,故

$$
E(E(Y|X)) = \sum_i E(Y|X=i)P(X=i) = \sum_i \sum_j jp_{i,j} = E(Y).
$$

■

**8.5.33 定理**（Azuma 不等式）  如果 $X_0, \cdots, X_n$ 是一个满足 $|X_i - X_{i-1}| \leqslant 1$ 的鞅,则 $P(X_n - X_0 \geqslant \lambda\sqrt{n}) \leqslant e^{-\lambda^2/2}$.

**证明**  通过变换,可以假定 $X_0=0$. 对于 $t>0$,有 $X_n \geqslant \lambda\sqrt{n}$ 当且仅当 $e^{tX_n} \geqslant e^{t\lambda\sqrt{n}}$;因此,$P(X_n \geqslant \lambda\sqrt{n}) = P(e^{tX_n} \geqslant e^{t\lambda\sqrt{n}})$. 将 Markov 不等式应用到 $e^{tX_n}$ 上,得到 $P(e^{tX_n} \geqslant e^{t\lambda\sqrt{n}}) \leqslant E(e^{tX_n})/e^{t\lambda\sqrt{n}}$. 这个上界对任意 $t>0$ 都成立;下面,我们将选择 $t$ 来使得这个上界达到最小.

首先,对 $n$ 用归纳法证明 $E(e^{tX_n}) \leqslant \frac{1}{2}(e^t+e^{-t})^{\ominus}$. 我们引入 $X_{n-1}$ 来作为条件对它加以限制. 由引理 8.5.32 得到

$$
E(e^{tX_n}) = E(e^{tX_{n-1}} e^{t(X_n-X_{n-1})}) = E(E(e^{tX_{n-1}} e^{t(X_n-X_{n-1})} | X_{n-1})).
$$

---

　　$\ominus$  原文中遗漏了指数 $n$. ——译者注

当以 $X_{n-1}$ 作为条件时，$X_{n-1}$ 的值对内层数学期望来说是常数．因此，可以从内层数学期望中去掉 $e^{tX_{n-1}}$，这样得到 $E(e^{tX_n})=E(e^{tX_{n-1}}E(e^{tY}|X_{n-1}))$，其中 $Y=X_n-X_{n-1}$．由于 $\{X_n\}$ 是一个鞅且假设条件包括 $|Y|\leqslant1$，故 $E(Y)=0$．因此，应用引理 8.5.30，得到 $E(e^{tY}|X_{n-1})\leqslant\frac{1}{2}(e^t+e^{-t})$．现在，这个值本身是常数，故 $E(e^{tX_n})=\frac{1}{2}(e^t+e^{-t})E(e^{tX_{n-1}})$．由归纳假设即可完成证明．

注意到 $\frac{1}{2}(e^t+e^{-t})\leqslant e^{t^2/2}$，我们还可以由此将这个界限削弱到更有用的形式．上式成立是因为其左端是 $\sum t^{2k}/(2k)!$，其右端是 $\sum t^{2k}/(2^kk!)$．因此，对于任意 $t>0$，最初的那个概率以 $e^{nt^2/2-\lambda t\sqrt{n}}$ 为上界．我们令 $t$ 在表达式中变化可以求出该表达式的最小值．由于其指数是二次多项式，我们求解方程 $tn-\lambda\sqrt{n}=0$，故 $t$ 的取值为 $t=\lambda/\sqrt{n}$ 时表达式达到最小值．最后得到的上界为 $e^{-\lambda^2/2}$．■

Azuma 不等式只给出了上界，它限制了 $X_n$ 比 $X_0$ 大得多的概率．由于各种条件在符号上是对称的，因此将这个不等式应用到 $\{-X_i\}$ 上得到另外一个不等式，它限制了 $X_n$ 比 $X_0$ 小得多的概率．

**8.5.34 例**（实际的赌徒）  一个赌徒可以下注 $n$ 次，$n$ 是定值．他每次下注之后赢 1 分或者输 1 分的概率相等．他的目标是赢 $\lambda\sqrt{n}$ 分，所以当达到这个值时就停止赌博．设 $X_i$ 为他在第 $i$ 局之后赢得的分数；于是，如果 $X_{i-1}\geqslant\lambda\sqrt{n}$，则 $X_i=X_{i-1}$，否则 $X_i=X_{i-1}\pm1$（每种情况发生的概率均为 0.5）．因此，$\{X_i\}$ 是每一步的变化至多为 1 的一个鞅，可以应用 Azuma 不等式．赌徒赢得 $\lambda\sqrt{n}$ 分的概率以 $e^{-\lambda^2/2}$ 为上界．如果 $\lambda=1$，则赌徒还有机会成功，但如果 $\lambda=10$，则赌徒成功的希望就很渺茫了．■

在组合应用中，我们考虑一种特殊类型的鞅．我们有一个底概率空间，$X_0$ 是随机变量 $X$ 的数学期望．变量 $X_n$ 是 $X$ 在某个样本点上的值．我们定义鞅 $X_0,\cdots,X_n$ 来描述 $X$ 的最终取值 $X_n=X$ 这样一个渐进过程．

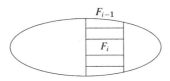

**8.5.35 引理**  令 $X$ 是定义在一个概率空间上的一个随机变量．令 $F_0\supseteq F_1\supseteq\cdots\supseteq F_n$ 是概率空间的一系列子空间，$F_0$ 是整个空间，$F_n$ 是一个（计算）结果，$F_i$ 是随机变量并且它是 $F_{i-1}$ 的一个划分中的一个块．在 $F_{i-1}$ 内选中 $F_i$ 的概率是它在底概率空间中所占的比例．如果 $X_i=E(X|F_i)$，则序列 $X_0,\cdots,X_n$ 是一个鞅．

**证明**  必须证明 $E(X_i|X_0,\cdots,X_{i-1})=X_{i-1}$．在这个过程的一个特殊实例中，这一系列值是在特殊序列上加上限制之后计算（条件概率）的结果．产生给定值 $X_0,\cdots,X_{i-1}$ 的每个被约束的序列总能达到某个 $F_{i-1}$，使得 $E(X|F_{i-1})$ 的值为给定的 $X_{i-1}$．对于每一个这样的 $F_{i-1}$，可以计算 $X_i$ 在 $F_i$ 的所有可能值上的数学期望．在每种情况下，我们都得到 $X_{i-1}$；所以，不管是哪个 $F_{i-1}$ 生成了序列 $X_0,\cdots,X_{i-1}$，要证明的公式总成立．

我们将条件设置在选定的 $F_{i-1}$ 上来计算 $E(X_i|X_0,\cdots,X_{i-1})$．在 $F_{i-1}$ 中，由引理 8.5.32 得到 $E(X_i)=E(E(X|F_i))=E(X)$．这是在事件 $F_{i-1}$（将它视为概率空间）内的数学期望，所以所有这些

表达式都以 $F_{i-1}$ 为条件，而最后一个表达式实际上就是 $E(X|F_{i-1})=X_{i-1}$. ■

这种鞅称为**约束鞅**. 当我们逐渐地找出一个随机产生的对象时，这种鞅就会出现. 这里，$F_i$ 是 $i$ 步之后概率空间的子集，对象被限制在其中（$F$ 的意思是"已知的信息"）. 在抛硬币这个随机实验中，样本点是长度为 $n$ 的序列，$F_i$ 是前 $i$ 个值的相关信息. 在随机图中，$F_i$ 可能是由顶点 $\{v_1, \cdots, v_i\}$ 诱导的子图，或者 $F_i$ 也可能是描述最先出现的 $i$ 条边的相关信息.

为了应用 Azuma 不等式，需要给出 $|X_i-X_{i-1}|$ 的界限. 有关哪些边关联到了某个固定顶点 $v_i$ 这一信息使得色数的变化不超过 1，因为 $\chi(G-v_i)$ 等于 $\chi(G)$ 或者 $\chi(G)-1$. 由此，可以得出结论：在由逐个地显露顶点这种方式定义的约束鞅中，$|X_i-X_{i-1}|\leqslant 1$.

**8.5.36 引理**　考虑由独立步骤 $S_1, \cdots, S_n$ 确定的一个随机结构. 令 $F_i$ 是关于 $S_1, \cdots, S_i$ 的信息，令 $X_0, \cdots, X_n$ 是随机变量 $X$ 对应的约束鞅. 在 $S_i$ 的信息是未知的情况下，对所有 $j\neq i$，令 $S_j$ 的信息是 $A$. 如果对每个这样的 $A$，$X$ 在 $A$ 中各个点上的取值至多相差 1，则 $|X_i-X_{i-1}|\leqslant 1$ 对所有 $i$ 成立（进而得到 $P(X-E(X)>\lambda\sqrt{n})\leqslant e^{-\lambda^2/2}$）.

**证明**　考虑 $F_{i-1}$ 的一个特定实例，其中 $X_{i-1}=E(X|F_{i-1})$ 是给定的. 我们将 $F_{i-1}$ 的所有点放入一个网格的各个单元中. 对所有这些点，$S_1, \cdots, S_{i-1}$ 的结果均相同. 每一行是选择 $F_i$ 的一种方法；即 $F_{i-1}$ 的划分中的一个块. 每一列就是一个 $A$，其中 $S_{i+1}, \cdots, S_n$ 都是固定的，而只有 $S_i$ 是变化的. 根据假设，在每一列中 $X$ 的最大值和最小值至多相差 1. 令 $m_s, M_s$ 分别是 $X$ 在 $s$ 这一列中的最小值和最大值.

$A$ 的选择（$S_{i+1}, \cdots, S_n$ 固定在行中）

选择 $F_i$ 的（或者 $S_i$）

由于 $S_i$ 和 $S_{i+1}, \cdots, S_n$ 均被独立地指定，因此对于 $r$ 行和 $s$ 列这个位置上的结果，其概率为 $q_r p_s$，其中 $q_r$ 是 $S_i$ 生成这个行的概率，而 $p_s$ 是 $S_{i+1}, \cdots, S_n$ 生成这列的概率. 计算 $X_i$ 就是在这一行上计算数学期望：

$$\sum m_s p_s \leqslant E(X|F_i) \leqslant \sum M_s p_s \leqslant 1+\sum m_s p_s.$$

由于这些上、下界都与行的编号无关，因此在整个网格上求数学期望计算 $X_{i-1}$ 时将得到同样的不等关系. 因此，$X_{i-1}$ 和 $X_i$ 被限制在一个长度为 1 的区间内，它们至多相差 1. 当然，Azuma 不等式也适用. ■

如果引理 8.5.36 的条件成立，可以立刻得出结论：$X$ 的取值高度集中于其平均值附近.

**8.5.37 例**（随机图的色数）　固定 $n$，考虑边概率为 $p$ 的模型 A. 假设一次只显露 $n$-顶点图的一个顶点. 在阶段 $i$，从 $v_i$ 到以前那些顶点的边是已知的；这就是 $S_i$，并且模型 A 独立地确定 $S_i$ 的结果. 事件 $A$ 是随机图 $G$ 的子图 $G-v_i$ 加上从 $v_i$ 到后续顶点的所有边的信息，它包含了 $S_i$ 之外的所有东西. 由于 $\chi(G-v_i)\leqslant\chi(G)\leqslant\chi(G-v_i)+1$，因此 $X$ 的值在 $A$ 中所有图上至多相差 1. 引理 8.5.36 的假设成立，利用两个鞅尾不等式，得到如下结论：

$$P(|\chi(G)-E(\chi(G))|\geqslant\lambda\sqrt{n})\leqslant 2e^{-\lambda^2/2}.$$
■

例 8.5.37 中的结论对 $E(\chi(G))$ 的值未下任何结论. 为了近似地计算出这个值, 我们将再次使用 Azuma 不等式. 由边概率为常数 $p$ 可知, $G^p$ 的团数与 $d=2\log_b n-2\log_b \log_b n+1+2\log_b(\mathrm{e}/2)$ 的差几乎总不超过 1, 其中 $b=1/p$. 同样的结论对于稳定集也成立, 只是需要将对数的底换成 $c=1/(1-p)$. 为了证明 $G^p$ 的色数接近于 $n/(2\log_c n)$, Bollobás 证明了可以不断提取大小接近于最大值的稳定集, 直到剩下的顶点的数量少到不能再继续提取为止.

**8.5.38 定理**(Bollobás[1988]) 对于几乎每个 $G^p$(其中 $p=1-1/c$ 是常数), 阶至少为 $m=\lceil n/\log_c^2 n\rceil$ 的任意诱导子图均有一个大小至少为 $r=2\log_c n-5\log_c \log_c n$ 的稳定集.

**证明**(概要) 我们用 $r$-稳定集来表示大小为 $r$ 的稳定集, 这类似于 $r$-团的用法. 令 $S$ 是包含 $m$ 个顶点的集合, 对于某个 $d,\varepsilon$, 将 $S$ 不包含 $r$-稳定集的概率用 $\mathrm{e}^{-dm^{1+\varepsilon}}$ 给出一个界限. 这样, 不包含 $r$-稳定集的 $m$-元集合的存在概率就以 $\binom{n}{m}\mathrm{e}^{-dm^{1+\varepsilon}}$(小于 $2^n\mathrm{e}^{-dm^{1+\varepsilon}}$)为界限. 由于 $n=m^{1+o(1)}$, 故这个界限趋于 0; 并且 1 阶矩方法表明几乎每个 $G^p$ 没有坏的 $m$-集.

为此, 只需研究由 $[m]$ 诱导的子图 $G$. 令 $X$ 表示这个子图中两两之间不相交于两点以上的 $r$-稳定集的最大个数, 其中不相交于两点以上意味着任意两个稳定集至多有一个公共顶点. 我们将证明 $X\geqslant 1$ 几乎总成立. 为此, 只需证明: 1) $X$ 的取值集中在其平均值附近; 2) $E(X)$ 比某个较大的(并且是不断增长的)值还要大.

我们用 Azuma 不等式来证明 1). 考虑 $X$ 的约束鞅, 它是以每次一个边-位的方式来显露 $G$ 时得到的. 在每一步中, 我们研究是否还有另一对顶点诱导了一条边. 我们有 $X_0=E(X)$ 和 $X_{\binom{m}{2}}=X$. 一个边-位所处的状态对 $X$ 的取值造成的影响至多为 1, 所以可以应用引理 8.5.36, 得到

$$P\left(X-E(X)\leqslant -\lambda\binom{m}{2}^{1/2}\right)\leqslant \mathrm{e}^{-\lambda^2/2}.$$ 由于 $\lambda=E(X)/\binom{m}{2}^{1/2}$, 有

$$P(X=0)=P(X-E(X)\leqslant -E(X))\leqslant \mathrm{e}^{-E(X)^2/(m^2-m)}.$$

因此, 只需证明 $E(X)/m\to\infty$.

为了证明这一点, 考虑另一个随机变量 $\hat{X}$, 它表示 $G$ 中与任何其他的 $r$-稳定集没有公共点对的 $r$-稳定集的数量. 这样一个集合包含了两两之间不相交于两个以上的顶点的一些稳定集, 所以 $X\geqslant \hat{X}$. 我们之所以引入 $X$, 是因为 $\hat{X}$ 的约束鞅不满足 $|\hat{X}_i-\hat{X}_{i-1}|\leqslant 1$. 例如, 在下图绘制的 $\overline{G}$ 中, 有 $r=4$ 并且可以找到 4-团; 如果最后一条边(虚线边)出现在 $\overline{G}$ 中(不在 $G$ 中), 则 $\hat{X}=0$; 但是如果它不出现在 $\overline{G}$ 而出现在 $G$ 中, 则 $\hat{X}=3$.

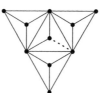

计算 $E(\hat{X})$ 比计算 $E(X)$ 要容易一些. 将 $\hat{X}$ 表达成 $\binom{m}{r}$ 个示性变量之和, 我们得到: $E(\hat{X})$ 的值等于 $\binom{m}{r}$ 乘以 $[r]$ 诱导出一个与其他所有 $r$-稳定集都不相交于两个以上的顶点的 $r$-稳定集的概率.

447

这个概率等于 $(1-p)^{\binom{r}{2}}$ 乘以 $[r]$ 不与其他 $r$-稳定集发生冲突的条件概率, 条件概率中给定的事件 $Z$ 是指: $[r]$ 实际上是一个独立顶点集. 令 $Y$ 是其他 $r$-稳定集中至少与 $[r]$ 有两个公共元素的集合的个数. 由 Markov 不等式可知, $E(Y\mid Z)\to 0$ 蕴涵了 $P(Y=0\mid Z)\to 1$. 由于由 $Y$ 计数的每个集合至少与 $[r]$ 有两个公共顶点, 因此有

$$E(Y\mid Z) = \sum_{i\geqslant 2, r-1}\binom{r}{i}\binom{m-r}{r-i}(1-p)^{\binom{r}{2}-\binom{i}{2}}.$$

当 $m\to\infty$ 时, 这个值趋于 0; 这可以通过将 $r$ 表达成 $m$ 的表达式得到. 因此, $E(\hat{X})$ 趋于 $\binom{m}{r}(1-p)^{\binom{r}{2}}$. 将 $r$ 表达成 $m$ 的表达式, 可以得到 $E(\hat{X})\in\Omega(m^{5/3})$. 于是, $E(X)/m\to\infty$, 即完成了证明. ■

**8.5.39 推论**(Bollobás[1988])   对于常数边概率 $p=1-1/c$, 几乎每个 $G^p$ 均满足

$$(1+\varepsilon)n/(2\log_c n)\leqslant \chi(G^p)\leqslant (1+\varepsilon')n/(2\log_c n),$$

其中 $\varepsilon=\log_c\log_c n/\log_c n$, $\varepsilon'=5\log_c\log_c n/\log_c n$.

**证明**   下界成立, 因为几乎每个 $G^p$ 都没有大小超过 $2\log_c n-2\log_c\log_c n$ 的稳定集. 上界由定理 8.5.38 得到, 因为我们几乎总可以选择大小为 $2\log_c n-5\log_c\log_c n$ 的稳定集, 直到只剩下 $n/\log_c^2 n$ 个顶点为止. 由于 $n/\log_c^2 n\in o(n/\log_c n)$, 因此可以对剩下的顶点使用不同的新颜色来完成整个着色. ■

## 习题

8.5.1   (一)数学期望.

a)在 $[n]$ 的随机排列中, 计算固定点的个数的数学期望.

b)在边概率为 $p$ 的 $n$-顶点随机图中, 计算度为 $k$ 的顶点个数的数学期望.

448
8.5.2   (一)对于 $p>0$, 证明: $1-p<e^{-p}$.

8.5.3   (一)在 $E(K_6)$ 的随机 2-着色中, 计算同色三角形个数的数学期望.

8.5.4   (一)证明: 如果 $K_{m,n}$ 的两个部集中分别存在 $r$, $s$ 个顶点, 则它的边的某个 2-着色至多有 $K_{r,s}$ 的 $\binom{m}{r}\binom{n}{s}2^{1-rs}$ 个单色拷贝.

8.5.5   (一)论断"$f(G_n)\leqslant(1+\varepsilon)n$"意味着对于所有 $\varepsilon>0$, 不等式对充分大的 $n$ 成立. 论断"$f(G_n)\leqslant n+o(n)$"意味着当 $n\to\infty$ 时 $f(G_n)/n\to 1$. 证明这两个论断等价.

8.5.6   对顶点集合为 $[5]$ 的随机图, 明确计算其哈密顿闭包是完全图的概率.

8.5.7   设图 $G$ 有 $p$ 个顶点, $q$ 条边, 自同构群的大小为 $s$. 令 $n=(sk^{q-1})^{1/p}$. 证明: $E(K_n)$ 的某个 $k$-着色不包含 $G$ 的单色拷贝(Chvátal-Harary[1973]).

8.5.8   (!)a)对顶点进行随机划分, 证明: 每个图有一个二部子图使它至少包含了该图的一半边.

b)在对顶点进行划分时使用大小相等的集合, 由此改进(a)的结果: 如果 $G$ 有 $m$ 条边和 $n$ 个顶点, 则 $G$ 有一个二部子图至少包含 $m\dfrac{\lceil n/2\rceil}{2\lceil n/2\rceil-1}$ 条边.

8.5.9   将一些计算机组织成一棵完全 $k$-元树, 其中所有叶子到树根的距离为 $l$. 在指定时刻, 每个节点工作的概率是 $p$, 并且各个节点的工作情况是相互独立的. 如果某个节点不工作, 则该节点以下的整棵子树均不能被访问. 从根出发可以访问的节点的数量的数学期望是多少?

8.5.10 设 $G$ 是一个大小为 $n$ 的匹配. 随机选取 $k$ 个顶点构成一个集合. 计算由所选顶点诱导的边的数量的数学期望.

8.5.11 对于一个具有 $n$ 个顶点和 $m$ 条边的简单图, 其中 $m \geq 4n$, 考虑它在平面上的一个画法. 随机地独立选择一些顶点, 其中每个顶点被选中的概率为 $p$, 设 $H$ 是由所选顶点诱导得到的一个随机子图. 令 $Y$ 是 $H$ 中边交叉的次数. 令 $X = Y - [e(H) - (3n(H) - 6)]$. 用数学期望证明 $3n + p^3 \nu(G) - pm > 0$, 并得出结论 $\nu(G) \geq m^3/[64n^2]$, 其中 $\nu(G)$ 是 $G$ 的画法中边交叉的最小次数(注: 这是定理 6.3.16 的另一个证明).

8.5.12 给定简单图 $G$ 的所有顶点的一个随机排列, 据此为 $G$ 的每条边定向使得它指向该排列中编号较大的顶点. 在这种定向中, 计算接收点(出度为 0 的顶点)数量的数学期望. 确定这个期望的最大值和最小值, 并将它们用 $n(G)$ 表示出来. 证明: 仅有一个接收点的概率最多为 $e(G)/\binom{n(G)}{2}$. (Jeurissen[1997])

8.5.13 (!)**超图**由一个顶点集和边集构成; 如果顶点集是 $V$, 则所有的边都是 $V$ 的一个子集. 对于超图 $H$, 对其顶点进行着色使得每条边都不是单色的, 将这种着色所需颜色的最小种数称为 $H$ 的**色数**$\chi(H)$. 如果超图的所有边的大小均为 $k$, 则称这个超图是 $k$-**均匀**的.

a)证明: 边数少于 $2k-1$ 的任意 $k$-均匀超图都是可 2-着色的. (Erdös[1963])

b)利用(a)证明: 如果 $n$-顶点二部图的任意顶点均有一个长度大于 $1 + \lg n$ 的可用颜色序列, 则可以从这些序列中选出一种真着色.

8.5.14 (!)用删除法证明: 如果一个图有 $n$ 个顶点并且顶点平均度 $d \geq 1$, 则该图有一个顶点数至少为 $n/(2d)$ 的独立顶点集(提示: 以随机独立的方法来选择一个顶点子集, 其中每个顶点被选中的概率为 $p$. 计算由这个顶点子集诱导的边的条数的数学期望).

449

8.5.15 不包含 $H$ 的 $n$-顶点图的最大大小记为 $ex(n; H)$. 用删除法证明 $ex(n; C_k) \in \Omega(n^{1+1/(k-1)})$(注: 对偶数 $k$, Bondy-Simonovits[1974]证明了 $ex(n; C_k) \in O(n^{1+2/k})$).

8.5.16 (!)对 $n \in \mathbf{N}$, 证明 $R(k, k) > n - \binom{n}{k} 2^{1 - \binom{k}{2}}$. 由此得出结论: $R(k, k) > (1/e)(1 - o(1)) k 2^{k/2}$.

8.5.17 对于自然数 $n, t$, 令 $m = n - \binom{n}{t}^2 2^{1 - t^2}$. 证明: 可以对 $K_{m,m}$ 的边进行 2-着色使之不包含 $K_{t,t}$ 的单色拷贝.

8.5.18 非对角 Ramsey 数. 假设 $0 < p < 1$.

a)证明: 如果 $\binom{n}{k} p^{\binom{k}{2}} + \binom{n}{l}(1-p)^{\binom{l}{2}} < 1$, 则 $R(k, l) > n$.

b)证明: $R(k, l) > n - \binom{n}{k} p^{\binom{k}{2}} - \binom{n}{l}(1-p)^{\binom{l}{2}}$ 对所有 $n \in \mathbf{N}$ 成立.

c)在(b)中适当选择 $n, p$, 证明 $R(3, k) > k^{3/2 - o(1)}$. 由(a)可以得到 $R(3, k)$ 的什么样的下界? (Spencer[1977])

8.5.19 设 $H$ 是一个图. 对于常数 $p$ 证明: 几乎每个 $G^p$ 都包含 $H$ 作为诱导子图.

8.5.20 a)固定 $k$, $s$, $t$, $p$. 证明：几乎每个 $G^p$ 都有如下性质：任意选取大小分别为 $s$, $t$ 的不相交的顶点集 $S$, $T$，则至少有 $k$ 个顶点使得它们与 $S$ 中每个顶点相邻，但不与 $T$ 中任意一个顶点相邻.(Blass-Harary[1979])

b)证明：几乎每个 $G^p$ 都是 $k$-连通的.

c)将同样的论证过程应用到随机竞赛图上. 几乎每一个竞赛图都有如下性质：任意选取大小分别为 $s$, $t$ 的不相交的顶点集 $S$, $T$，至少有 $k$ 个顶点使得它们有指向 $T$ 中每个顶点的边和从 $S$ 中每个顶点指向它们的边.

8.5.21 随机独立地为每条边定向，使得边 $v_iv_j$ 的方向为 $v_i \rightarrow v_j$ 和 $v_j \rightarrow v_i$ 的概率均为 1/2，这样即可生成随机竞赛图.

a)证明：几乎每个竞赛图都是强连通的.

b)在一个竞赛图中，"王"是一个顶点，从它出发通过长度不超过 2 的路径可以到达其他任意顶点. 已知每个竞赛图均包含一个王. 如下结论是否成立：在几乎每个竞赛图中，每个顶点都是王？(Palmer[1985])

8.5.22 为如下性质找出一个阈值概率函数：至少有一半可能的边会出现在图中. 这个阈值有多好呢？

8.5.23 对 $p = 1/n$ 和固定的 $\varepsilon > 0$，证明：几乎每个 $G^p$ 都没有连通分量使之包含多于 $(1+\varepsilon)n/2$ 个的顶点(提示：不要尝试直接找出概率界限，证明这个概率界限以另一个事件的概率为上界，该事件的概率趋于 0).

8.5.24 确定非平衡的最小连通简单图.

8.5.25 将定理 8.5.23 的论证过程中的 2 阶矩方法进行扩展，证明：$n^{-1/\rho(H)}$ 是 $H$ 作为 $G^p$ 的子图出现的阈值函数，其中 $\rho(H) = \max\limits_{G \subseteq H} e(G)/n(G)$. (Bollobás[1981a], Ruciński-Vince[1985])

8.5.26 令 $Q$ 是如下的图性质：任意选择大小为 $c\lg n$ 的不相交顶点集 $S$, $T$，有一条边使得其端点位于 $S$ 和 $T$ 中. 证明：如果 $c > 2$，则几乎每个图都有性质 $Q$(注：这说明随机图的带宽至少为 $n - 2\log n$).

8.5.27 证明：如果 $k = \lg n - (2+\varepsilon)\lg\lg n$，则几乎每个 $n$-顶点竞赛图都有如下性质：每个 $k$-顶点集都有一个公共的后继.

8.5.28 如果一个竞赛图有一个顶点顺序 $u_1$, $\cdots$, $u_n$ 使得 $u_i \rightarrow u_j$ 当且仅当 $i < j$，则称该竞赛图是**传递的**. 证明：每个竞赛图有一个包含 $\lg n$ 个顶点传递子竞赛图；并且，如果 $c$ 是大于 1 的常数，则几乎每个竞赛图都没有多于 $2\lg n + c$ 个顶点的传递子竞赛图.

8.5.29 (!)奖券搜集者.

a)考虑多次重复进行随机实验，每次实验成功的概率为 $p$. 证明：第一次获得成功的实验的编号的数学期望为 $1/p$.

b)设每一盒糖果都有一张奖券，这些奖券共有 $n$ 种. 每种奖券出现的概率均为 $1/n$. 要想获得大奖，各种奖券都必须至少要有一张. 证明：在收集全 $n$ 种奖券的过程中，在收集到最后一种奖券时打开的糖盒的总数的数学期望是 $n\sum\limits_{i=1}^{n} 1/i$.

c)证明：$m(n) = n\ln n + (k-1)n$ 是使得每种奖券至少被收集到 $k$ 张的阈值函数(提示：证明如下结果，若 $p = o(1)$ 且 $k$ 是常数，则在每次随机实验的成功概率为 $p$ 的条件下 $m$ 次

随机实验中至多有 $k$ 次实验成功的概率渐近于($m$ 次随机实验中)恰好有 $k$ 次实验成功的概率).

8.5.30 证明：放置 $n$ 个箭头使得每个箭头的方向都随机地朝上或朝下，则同一朝向的箭头出现的最大长度为 $(1+o(1))\lg n$. 换而言之，对于 $\varepsilon > 0$，几乎任何序列都不包含 $(1+\varepsilon)\lg n$ 个连续相同的箭头，且几乎每个序列都有 $(1-\varepsilon)\lg n$ 个连续相同的箭头.

8.5.31 取 $p=(1-\varepsilon)\log n/n$，找到一个大整数 $m$ 使得几乎每个图都至少有 $m$ 个孤立顶点. 由 Chebyshev 不等式，对 $m(n)$ 可以得出什么样的结论?

8.5.32 给定图 $G$，如果 $G$ 没有顶点 $v$ 满足 $S \subseteq N(v)$，我们说 $k$-集 $S$ 是坏的. 对于固定的 $p$，为了使几乎每个 $G^p$ 都没有坏的 $k$-集，$k$ 可以取多大值? 为了使几乎每个 $G^p$ 都有一个环的 $k$-集，$k$ 的增长速度应为多慢?

8.5.33 通过对公共的相邻顶点进行检查，证明：如果 $p$ 是定值且 $k=o(n/\log n)$，则几乎每个 $G^p$ 都是 $k$-连通的.

8.5.34 (!)取 $p=(1-\varepsilon)\log n/n$，为了使几乎每个图都有 $m$ 个孤立顶点，$m$ 可以取多大值? (提示：利用 Chebyshev 不等式)

8.5.35 一个 $t$-**区间**是 **R** 的一个子集，并且它至多是 $t$ 个区间的并集. 图 $G$ 可以表示成若干个 $t$-区间交图(每个顶点被分配给一个集合使得该集合至多是 $t$ 个区间之并)，使得图 $G$ 有这种表示的最小 $t$ 值称为 $G$ 的**区间数**. 证明：几乎所有图(边概率为 1/2)的区间数都至少为 $(1-o(1))n/(4\lg n)$(提示：将表示数与简单图的个数进行比较. 注：Scheinerman[1990] 证明了，几乎所有图的区间数均为 $(1+o(1))n/(2\lg n)$). (Erdös-West[1985])

8.5.36 (!)随机二部图中完美匹配的阈值. 设 $K_{n,n}$ 的部集分别为 $A$，$B$，随机独立地选择它的边，每条边被选中的概率为 $p=(1+\varepsilon)\ln n/n$，其中 $\varepsilon$ 是一个非 0 常数，将这样得到的子图记为 $G$. 如果集合 $S$ 满足 $|N(S)| < |S|$，则称之为**受扰集**.

a)证明：如果 $\varepsilon < 0$，则几乎每个 $G$ 都没有完美匹配.

b)令 $S$ 是一个极小受扰集. 证明：$|N(S)|=|S|-1$ 且 $G[S \cup N(S)]$ 是连通的.

c)假定 $G$ 没有完美匹配. 证明：$A$ 或 $B$ 包含一个至多有 $\lceil n/2 \rceil$ 个元素的受扰集.

d)对于 $r$，$s \geqslant 1$，$K_{r,s}$ 的生成树的棵数为 $r^{s-1}s^{r-1}$. 利用这个结论和(b)、(c)以及 Markov 不等式，证明：如果 $\varepsilon > 0$，则 $G$ 几乎肯定有一个完美匹配(提示：求极小受扰集的个数的数学期望，再将它们的界限求和，这个值以一个几何级数为上界). $\boxed{451}$

8.5.37 假设 $0 < p < 1, k_1, \cdots, k_r$ 是和为 $m$ 的非负整数. 证明 $\prod_{i=1}^{r}[1-(1-p)^{k_i}] \leqslant [1-(1-p)^{m/r}]^r$.

8.5.38 二项分布的尾不等式. 令 $X=\sum X_i'$，其中每个 $X_i'$ 是成功概率为 $P(X_i'=1)=0.5$ 的示性变量，故 $E(X)=n/2$. 对随机变量 $Z=(X-E(X))^2$ 应用 Markov 不等式得到 $P(|Z| \geqslant t) \leqslant \mathrm{Var}(X)/t^2$. 令 $t=\alpha\sqrt{n}$ 得到边缘概率的一个界限：$P(|X-np| \geqslant \alpha\sqrt{n}) \leqslant 1/(2\alpha^2)$. 利用 Azuma 不等式，证明更强的界限：$P(|X-np| > \alpha\sqrt{n}) < 2e^{-2\alpha^2}$ (提示：令 $Y_i'=X_i'-0.5$. 令 $F_i$ 是关于 $Y_1', \cdots, Y_i'$ 的信息且 $Y_i=E(Y|F_i)$).

8.5.39 装箱问题. 令 $S=\{a_1, \cdots, a_n\}$ 是从 $[0,1]$ 中依均匀分布独立选取的数. 这些数必须被放入若干个箱子中，每个箱子的容量为 1. 令 $X$ 为所需箱子的个数. 利用引理 8.5.36，证明 $P(|X-E(X)| \geqslant \lambda\sqrt{n}) \leqslant 2e^{-\lambda^2/2}$.

8.5.40 (!)Azuma 不等式与旅行商问题.

    a)证明 Azuma 不等式的推广形式来推广鞅：如果 $E(X_i) = X_{i-1}$ 且 $|X_i - X_{i-1}| \leqslant c_i$，则
$$P(X_n - X_0 \geqslant \lambda \sqrt{\sum c_i^2}) \leqslant e^{-\lambda^2/2}.$$

    b) 在单位正方形中随机独立地取 $n$ 个点，对于单位正方形中给定的一个点 $z$，令 $Y$ 是 $z$ 到那 $n$ 个点中距离它最近的一个顶点的距离. 证明：$E(Y) < c/\sqrt{n}$ 对某个常数 $c$ 成立（提示：对于非负连续随机变量 $Y$ 而言 $E(Y) = \int_0^\infty P(Y \geqslant y)dy$，这个公式可以用分部积分进行验证. 为了给出这个积分的一个上界，（在某个地方）使用不等式 $1 - a < \pi^{-a}$ 和定积分 $\int_0^\infty e^{-t^2} dt = \sqrt{\pi}/2$).

    c)利用(a)和(b)证明：在单位正方形中，将 $n$ 个随机点围起来的多边形的最小长度高度集中于它的数学期望附近. 特别地，对于某个合适的 $c$ 值，这个最小长度与它的期望值之间的偏差超过 $\lambda c \sqrt{\ln n}$ 的概率以 $2e^{-\lambda^2/2}$ 为上界（提示：令 $X_i$ 是在前 $i$ 个点已知的情况下这种多边形的长度的数学期望，由此定义了一个鞅，证明 $|X_i - X_{i-1}| < c(n-i)^{-1/2}$. 不能直接应用引理 8.5.36).

## 8.6　图的特征值

    群论和线性代数中的一些技术有助于研究图的结构和图的计数.

    我们已经从（线性代数的）向量空间和行列式中得到了一些启示. 在边分别为 $e_1, \cdots, e_m$ 的图 $G$ 中，当 $e_i \in F$ 时，集合 $F \subseteq E(G)$ 的**关联矢量**的坐标 $a_i = 1$，而当 $e_i \notin F$ 时 $a_i = 0$. 设 $C$ 是由所有偶子图（所有顶点的度均为偶数）的关联向量构成的集合，并设 $B$ 是由所有边割的关联向量构成的集合. 由于这两个集合在向量的二元加法操作下是封闭的，因此 $C$ 和 $B$ 都是向量空间（习题 1~2），分别称之为 $G$ 的**环空间**和**键空间**. 由于一个偶子图和一个边割有偶数条公共边，故 $C$ 和 $B$ 是正交的. 这与定理 6.1.14 和推论 8.2.37 中的环和键的对偶性以及矩阵树定理（定理 2.2.12）中的行列式是密切相关的. 对这两个向量空间的进一步讨论请参见 Biggs[1993，第一部分].

    群用来研究图的同构、嵌入和计数. 图的自同构形成了一个群，群中的元素对该图的所有顶点进行置换. 群论的思想产生了一些用来测试图同构的算法和一些用来构造表面嵌入的算法. 反之，每个群也可以用图来表示. Wite[1973]介绍了图和群之间的相互影响；这方面的内容也可以参见 Gross-Yellen[1999，第 13~15 章].

    我们将注意力集中在邻接矩阵的特征值上. 我们将使用子图来解释特征多项式，将特征值与图的其他参数关联起来，并刻画二部图和正则图的特征值. 在本节结束时，我们将特征值理论应用到扩张图上，并用特征值理论得到"友谊定理". 对于图的特征值的全面介绍参见 Cvetkovic-Doob-Sachs[1979]. Chung[1997] 提出了现代方法，他对邻接矩阵进行了修改使得特征值被规范化，并且得到了更具有一般性的类似结果. 为了用简短的篇幅给出特征值理论，我们采用经典的方法.

### 特征多项式

**8.6.1 定义**　矩阵 $A$ 的**特征值**是存在非 0 向量满足 $Ax = \lambda x$ 的所有 $\lambda$ 值，其中 $Ax = \lambda x$ 的解向量称为与 $\lambda$ 相关的**特征向量**. 图的**特征值**是其邻接矩阵 $A$ 的特征值，它们恰好是**特征多项式** $\phi(G;\lambda) =$

$\det(\lambda I - A) = \prod\limits_{i=1}^{n} (\lambda - \lambda_i)$ 的根 $\lambda_1, \cdots, \lambda_n$. 谱是指所有不同的特征值以及它们(作为多项式的根的)的

重数;我们将谱记为 $\mathrm{Spec}(G) = \begin{pmatrix} \lambda_1 & \cdots & \lambda_t \\ m_1 & \cdots & m_t \end{pmatrix}$.

**8.6.2 注记**(特征值的基本性质)

0)特征值 $\lambda$ 是使得方阵 $\lambda I - A$ 是奇异矩阵的值,即 $\det(\lambda I - A) = 0$.

1)$\sum \lambda_i = \mathrm{Trace}\, A$. 迹(trace)是矩阵中对角线元素之和,也是 $\det(\lambda I - A)$ 中 $\lambda^{n-1}$ 的系数的相反

数. 由于 $\det(\lambda I - A) = \prod\limits_{i=1}^{n}(\lambda - \lambda_i)$,故这个值也等于 $\sum \lambda_i$. 对于简单图,迹是 0.

2)$\prod \lambda_i = (-1)^n \phi(G; 0) = \det A = \sum\limits_{\sigma} \mathrm{sign}(\sigma) \prod\limits_{i=1}^{n} a_{i,\sigma(i)}$,其中最后一个式子对 $[n]$ 的所有排列 $\sigma$

求和.

3)对于 $n \times n$ 的实对称矩阵 $A$ 和 $\lambda \in \mathbf{R}$,如果 $\lambda$ 是 $A$ 的特征值,则它的重数为 $n - \mathrm{rank}(\lambda I - A)$.

4)将 $c$ 加到矩阵对角线上的每个元素上,则特征值也将是原来的特征值加上 $c$;因为 $\alpha + c$ 是 $\det(\lambda I - (cI + A))$ 的根当且仅当 $a$ 是 $\det(\lambda I - A)$ 的根.

**8.6.3 例**(团和二部团的谱)   $K_n$ 的邻接矩阵是 $J - I$,其中 $J$ 是所有元素均为 1 的矩阵. 所以,$K_n$ 的特征值比 $J$ 的特征值小 1. 由于 $\mathrm{Spec}\, J = \begin{pmatrix} n & 0 \\ 1 & n-1 \end{pmatrix}$,因此有 $\mathrm{Spec}\, K_n = \begin{pmatrix} n-1 & -1 \\ 1 & n-1 \end{pmatrix}$.

453

$K_{m,n}$ 的邻接矩阵的秩是 2,所以它有两个非 0 特征值 $\lambda_1, \lambda_2$. 该矩阵的迹是 0,所以 $\lambda_1 = -\lambda_2$;将这个常数记为 $b$. 所以,$\phi(K_{m,n}; \lambda) = \lambda^n - b^2 \lambda^{n-2}$. 我们利用 $\phi(G; \lambda) = \det(\lambda I - A)$ 来计算 $b$. 由于 $\lambda$ 仅在对角线上出现,故所有排列中对 $\lambda^{n-2}$ 的系数有贡献的只包含那些用到对角线上的 $n-2$ 个位置的排列.(这种排列中的)其余两个位置必然是 $-a_{i,j}$ 和 $-a_{j,i}$(对每个 $i$, $j$). 这种项共有 $mn$ 个,所有项都是负数. 因此,$b^2 = mn$ 且 $\mathrm{Spec}(k_{m,n}) = \begin{pmatrix} \sqrt{mn} & 0 & -\sqrt{mn} \\ 1 & m+n-2 & 1 \end{pmatrix}$.   ■

我们对特征多项式的系数进行编号使得 $\phi(G; \lambda) = \sum\limits_{i=0}^{n} c_i \lambda^{n-i}$,因为 $\phi(G; \lambda) = \det(\lambda I - A)$,故 $c_0 = 1$ 和 $c_1 = -\mathrm{Trace}\, A = 0$ 总成立. 我们在 $K_{m,n}$ 中计算 $c_2$ 的过程可以推广到所有图中.

**8.6.4 定义**   方阵 $A$ 的**主子阵**是(从 $A$ 中)选择具有相同编号的行和列构成的子矩阵.

由于 $c_2 \lambda^{n-2}$ 这个项从对角线上选择了 $n-2$ 个 $\lambda$ 因子,故系数 $c_2$ 是 $-A$ 的一些 $2 \times 2$ 的主子行列式之和. 对于简单图来说,如果 $v_i \leftrightarrow v_j$ 则 $-a_{i,j}$ 为 $-1$,否则 $-a_{i,j}$ 为 0;所以 $c_2 = -e(G)$.

同样,$c_3$ 是 $-A$ 的一些 $3 \times 3$ 的主子行列式之和. 对于三元组 $i$, $j$, $k$ 来说,(相应的主)行列式仅依赖于介于 $v_i$, $v_j$, $v_k$ 这三个顶点之间的边的条数. 行列式的值为 0,除非这三个顶点构成一个三角形,此时行列式的值是 $-2$. 因此,$c_3$ 等于 $-2$ 乘以 $G$ 中 3-环的个数.

由于主子阵是诱导子图的邻接矩阵,故可以得到一般形式 $c_i = (-1)^i \sum\limits_{|S|=i} \det A(G[S])$.

**8.6.5 定理**(Harary[1962b])   给定简单图 $G$,令 $\mathbf{H}$ 是如下生成子图构成的集合:生成子图的每个连通分量均是一条边或者是一个环. 如果令 $k(H)$ 和 $s(H)$ 分别表示 $H$ 中连通分量的个数和环这种连通分量的个数,则 $\det A(G) = \sum\limits_{H \in \mathbf{H}} (-1)^{n(H)-k(H)} 2^{s(H)}$.

**证明**   行列式的计算公式是 $\det A = \sum\limits_{\sigma} (-1)^{t(\sigma)} \prod a_{i,\sigma(i)}$,它对 $[n]$ 上的所有排列求和并且 $t(\sigma)$ 是

将位置 $i$, $\sigma(i)$ 移到对角线上所需的行调换的次数. 当 $A$ 是 $0$, $1$-矩阵时, $\sigma$ 对行列式值的贡献不是 $0$ 当且仅当(连乘符号下与 $\sigma$ 对应的)这些元素都等于 $1$.

我们将 $\sigma$ 看作所有顶点的一个排列, 它把任意 $v_i$ 映射到 $v_{\sigma(i)}$. 排列 $\sigma$ 将 $V(G)$ 划分成若干条轨道. 由于 $a_{i,\sigma(i)}=1$ 意味着 $v_i \leftrightarrow v_{\sigma(i)}$, 故不存在只含 $1$ 个顶点的轨道, 顶点数为 $2$ 的轨道对应于边, 更长的轨道对应于环. 这样, 对于一个排列所描述的 $G$ 的生成子图, 如果其所有连通分量是一些边和环, 则该排列对行列式的值的贡献不是 $0$.

其贡献的正负取决于将所有相关元素移到对角线上所需的行调换的次数. 每次行调换将某条轨道的一个元素移到对角线上, 但是最后一次调换将最后两个元素同时移到对角线上. 因此, $t(\sigma)=n(H)-k(H)$. 最后, $H$ 中长度至少为 $3$ 的任意一个环都可以以两种方式之一出现在排列中, 因为环有两个方向. 因此, 能够产生 $H$ 的排列共有 $2^{s(H)}$. ∎

**8.6.6 推论** (Sachs[1967]) 设 $\boldsymbol{H}_i$ 表示简单图 $G$ 中由如下 $i$-顶点子图构成的集合:这种子图的所有连通分量均为边或环, 则 $G$ 的特征多项式是 $\sum c_i \lambda^{n-i}$, 其中 $c_i = \displaystyle\sum_{H \in \boldsymbol{H}_i} (-1)^{k(H)} 2^{s(H)}$.

**证明** 根据定理 8.6.5 和前面讲过的 $c_i = (-1)^i \displaystyle\sum_{|S|=i} \det A(G[S])$ 这一结果, 即可得到这里的推论. ∎

这个公式可以得出特征多项式的递归表达形式(习题 5). 这个公式还可以用来构造具有相同特征多项式(且仅有 $8$ 个顶点)但却不同构的树(习题 7).

下面, 我们讨论二部图的特征值的性质.

**8.6.7 命题** $A^k$ 的第 $(i, j)$ 个元素计算了长度为 $k$ 的 $v_i$, $v_j$-通道的条数. $A^k$ 的特征值是 $A$ 的特征值的 $k$ 次幂.

**证明** 对 $k$ 用数学归纳法, 即可得知有关通道的论断是成立的(习题 1.2.30). 对于第二个论断, 通过多次乘法, 由 $Ax=\lambda x$ 得到 $A^k x = \lambda^k x$. 特征向量 $x$ 的任意性保证了所有特征值的重数不会发生变化. ∎

**8.6.8 引理** 如果 $G$ 是二部图且 $\lambda$ 是 $G$ 的 $m$ 重特征值, 则 $-\lambda$ 也是 $(G$ 的$)m$ 重特征值.

**证明** 添加孤立顶点使得两个部集的大小相等, 在邻接矩阵中这相当于添加了一些所有元素均为 $0$ 的行和列. 这没有改变邻接矩阵的阶; 因此, 对谱产生的影响是, 新添加的每个孤立顶点在谱中新引入了一个特征值 $0$. 因此, 可以假设部集的大小相等.

由于 $G$ 是二部图, 因此可以交换 $A$ 的行和列使得邻接矩阵的形式变成 $A = \begin{pmatrix} 0 & B \\ B^{\mathrm{T}} & 0 \end{pmatrix}$, 其中 $B$ 是方阵. 如果 $\lambda$ 是与特征向量 $v = \begin{pmatrix} x \\ y \end{pmatrix}$ 相关的特征值(其中向量的划分是根据 $G$ 的二部剖分得到的), 则 $\lambda v = Av = \begin{pmatrix} 0 & B \\ B^{\mathrm{T}} & 0 \end{pmatrix}\begin{pmatrix} x \\ y \end{pmatrix} = \begin{pmatrix} By \\ B^{\mathrm{T}}x \end{pmatrix}$. 因此 $By=\lambda x$ 且 $B^{\mathrm{T}}x=\lambda y$.

令 $v' = \begin{pmatrix} x \\ -y \end{pmatrix}$. 计算 $Av' = \begin{pmatrix} B(-y) \\ B^{\mathrm{T}}x \end{pmatrix} = \begin{pmatrix} -\lambda x \\ \lambda y \end{pmatrix} = -\lambda v'$. 因此, $v'$ 是 $A$ 的一个与特征值 $-\lambda$ 相关的特征向量. 而且, $\lambda$ 的 $m$ 个线性无关的特征向量可以按照这种方法得到 $-\lambda$ 的 $m$ 个线性无关的特征向量. 因此, $-\lambda$ 是 $A$ 的特征值且它与 $\lambda$ 有相同的重数. ∎

**8.6.9 定理**    关于图 $G$，下列论断等价：

A)$G$ 是二部图．

B)$G$ 的非 0 特征值以 $\lambda_i = -\lambda_j$ 的方式成对出现．

C)$\phi(G; \lambda)$ 或者 $\lambda\phi(G; \lambda)$ 是 $\lambda^2$ 的多项式．

D) $\sum_{i=1}^{n} \lambda_i^{2t-1} = 0$ 对任意正整数 $t$ 成立．

**证明**    我们在引理中证明了 A⇒B.

B⇔C：$(\lambda - \lambda_i)(\lambda - \lambda_j) = (\lambda^2 - a)$ 当且仅当 $\lambda_j = -\lambda_i$. 因此，所有根以这种方式成对出现当且仅当 $\phi(G; \lambda)$ 是 $\lambda^2$ 的一些线性因子之积．

B⇒D：如果 $\lambda_j = -\lambda_i$，则 $\lambda_j^{2t-1} = -\lambda_i^{2t-1}$.

D⇒A：因为 $\sum \lambda_i^k$ 计算了图中所有闭合的 $k$-通道的条数(包含了始于任意顶点的闭合通道)，条件 D 禁止了具有奇数长度的闭合通道的出现．这也禁止了奇环的出现，因为奇环是奇闭迹．因此，$G$ 是二部图．∎ $\boxed{455}$

## 实对称矩阵的线性代数

为了将特征值与其他参数关联起来，我们还需要线性代数中的几个结论，包括实对称阵的谱定理和 Cayley-哈密顿定理．这两个定理在表述时通常采用更一般形式，但是邻接矩阵是实对称阵，此时这两个定理有更简短的证明．我们先证明一个引理，如果谱定理是用复数矩阵证明的，则该引理可以由后者得到．读者可以跳过这些结论的证明过程，尤其是对线性代数比较娴熟的读者．

**8.6.10 引理**    如果 $f(x) = x^{\mathrm{T}} A x$，其中 $A$ 是实对称阵，则 $x$ 取遍所有单位向量时 $f$ 在 $A$ 的特征向量上达到最大值和最小值，且最大值和最小值等于相应的特征值．

**证明**    函数 $f$ 在 $x_1, \cdots, x_n$ 上是连续的．对于受限的优化过程，我们使用拉格朗日乘子法来求解．给定约束 $x^{\mathrm{T}} x = 1$，令 $g(x) = x^{\mathrm{T}} x - 1$. 让 $L(x, \lambda) = f(x) - \lambda g(x)$，极值在 $L$ 的所有偏导数均为 0 的点上取到．由此，对 $\lambda$ 求偏导数即得到 $x^{\mathrm{T}} x = 1$.

令 $\nabla$ 表示由 $x_1, \cdots, x_n$ 这些变量的偏导数构成的向量．我们计算 $\nabla L(x, \lambda) = \nabla f(x) - \lambda \nabla g(x) = 2Ax - 2\lambda x$. 由 $A$ 的对称性可以得到论断 $\nabla f(x) = 2Ax$. 因此，当 $Ax = \lambda x$ 时，恰好有 $\nabla L = 0$；而 $Ax = \lambda x$ 要求 $x$ 是 $A$ 的一个与特征值 $\lambda$ 相关的特征向量．这表明 $f(x) = x^{\mathrm{T}} A x = \lambda x^{\mathrm{T}} x = \lambda$. ∎

由于我们在优化过程中使用的变量是实数，故至少已经找到了一个实特征向量和实特征值．由此，我们可以用归纳法来证明所有的特征向量都是实向量．

**8.6.11 定理**(谱定理)    $n \times n$ 实对称阵的所有特征值都是实数，且有 $n$ 个正交的实特征向量．

**证明**    对 $n$ 用归纳法．论断在 $n = 1$ 时是平凡的．考虑 $n > 1$ 的情况．令 $v_n$ 是使得 $x^{\mathrm{T}} A x$ 达到最大值的特征向量．令 $W$ 是由 $v_n$ 张成的空间的正交补；它的维数是 $n-1$. 如果 $w \in W$，则 $v_n^{\mathrm{T}} A w = w^{\mathrm{T}} A v_n = \lambda_n w^{\mathrm{T}} v_n = 0$. 因此，$Aw \in W$. 将 $A$(与向量)的乘法看作一个映射 $f_A$，则有 $f_A: W \to W$.

设 $S$ 是一个矩阵，它的列恰好是 $\mathbf{R}^n$ 的一组正交基且 $v_n$ 对应于最后一列．因为基是正交的，故 $S^{-1} = S^{\mathrm{T}}$. 在这组基之下，(线性映射)$f_A$ 的矩阵表示为 $S^{\mathrm{T}} A S$. 由于基是正交的且 $v_n$ 是一个特征向量，故在 $S^{\mathrm{T}} A S$ 的最后一列中除最后一个元素为 $\lambda_n$ 之外其余元素都是 0. 并且，该矩阵也是对称的．因此，它的前 $n-1$ 行和前 $n-1$ 列构成的矩阵 $A'$ 是 $f_A$ 在 $W$ 上的限制在这组基之下的矩阵表示．

根据归纳假设，$A'$ 的所有特征值都是实数且有正交的特征向量 $v_1, \cdots, v_{n-1}$. 利用 $S$，可以把这些特征向量转换成为 $A$ 的实特征向量．转换前后的特征向量有相同的特征值，并且转换后的特征向量也构成一个正交向量集.

下面,我们考虑矩阵的多项式函数. 将 $I,A,A^2,\cdots,A^{n^2}$ 看作 $\mathbf{R}^{n^2}$ 中元素,则它们不可能是线性无关的,因为它们共有 $n^2+1$ 个元素. 利用由线性相关性得出的等式,我们得到一个多项式 $p$ 使得 $p(A)$ 是 0 矩阵. 特征多项式本身就满足上述性质. 这个论断对所有的 $A$ 都成立,但是我们仍然只考虑实对称阵.

**8.6.12 定理**(Cayley -哈密顿定理)  如果 $\phi(\lambda)$ 是实对称阵 $A$ 的特征多项式,则 $\phi(A)$ 是 0 矩阵(即 $A$ "满足"它自身的特征多项式).

**证明**  令 $A$ 的全部特征值为 $\lambda_1,\cdots,\lambda_n$,故 $\phi(\lambda)=\prod\limits_{i=1}^{n}(\lambda-\lambda_i)$. 由于 $A$ 的幂运算满足交换性,所以将 $\lambda$ 的因子换成 $A$ 的因子可以得到矩阵多项式 $\phi(A)=\prod\limits_{i=1}^{n}(A-\lambda_i I)$. 为了证明 $\phi(A)=0$,只需证明矩阵 $\phi(A)$ 把任意向量映射到 0. 由谱定理得到一组由特征向量构成的基,任意向量 $x$ 都可以写成这组基的线性组合. 用 $A-\lambda_i I$ 乘以 $x$ 就将 $v_i$ 的系数变成 0. 用所有因子 $A-\lambda_i I$ 不断乘以 $x$ 最终得到 0 向量.

**8.6.13 定义**  矩阵 $A$ 的**最小多项式** $\psi$ 是被 $A$ 满足的首项系数为 1 的阶最小的多项式. 如果 $A$ 是 $G$ 的邻接矩阵,则将它称为 $G$ 的**最小多项式** $\psi(G;\lambda)$.

最小多项式是唯一的:如果 $A$ 满足两个同阶的最小多项式,则 $A$ 也满足它们的差,而这个多项式将具有更小的阶.

**8.6.14 定理**  $A$ 的最小多项式是 $\psi(A)=\prod\limits_{i=1}^{t}(\lambda-\lambda_i)$,其中 $\{\lambda_1,\cdots,\lambda_t\}$ 是 $A$ 不同的特征值.

**证明**  最小多项式整除 $A$ 满足的任意多项式,因为否则的话余(数)多项式将是 $A$ 满足的阶更低的一个多项式. 现在,Cayley -哈密顿定理表明 $\psi$ 整除 $\phi$,并且 $\psi$ 必然是 $\phi$ 的某些因子之积. 要将特征值 $\lambda_i$ 的特征子空间中的向量映射到 0,需要一个形如 $A-\lambda_i I$ 的因子. 这个因子将该特征子空间中所有向量映射为 0. 所以,对于所有的这种因子,我们只需要它的一个拷贝.

**8.6.15 引理**(Sylvester 惯性定律)  设 $A$ 是实对称阵. 如果 $x^{\mathrm{T}}Ax$ 可以写成 $N$ 个乘积项之和,每个乘积项都是 2 个线性表达式之积,即 $x^{\mathrm{T}}Ax=\sum\limits_{m=1}^{N}(\sum\limits_{i\in S_m}a_{i,m}x_i)(\sum\limits_{j\in T_m}b_{j,m}x_j)$,则 $N$ 至少是 $A$ 的正特征值个数和负特征值个数的最大值.

**证明**(Tverberg[1982])  将线性表达式分别记为 $u_m(x)$ 和 $v_m(x)$. 对每个 $m$,有 $u_m(x)v_m(x)=L_m^2(x)-M_m^2(x)$,其中 $L=\dfrac{1}{2}(u+v),M=\dfrac{1}{2}(u-v)$ 也都是 $x_1,\cdots,x_n$ 的线性组合. 这样,二次型就表示成 $x^{\mathrm{T}}Ax=\sum\limits_{m=1}^{N}[L_m^2(x)-M_m^2(x)]$.

另一方面,$A$ 是实对称阵从而有正交的特征向量 $w^1,\cdots,w^n$. 由此有 $x^{\mathrm{T}}Ax=x^{\mathrm{T}}S\Lambda S^{\mathrm{T}}x$,其中 $\Lambda$ 是由特征值 $\lambda_1\geqslant\cdots\geqslant\lambda_n$ 构成的对角矩阵而 $S$ 的各列依次是 $w^1,\cdots,w^n$. 如果 $S$ 有 $p$ 个正特征值和 $q$ 个负特征值,则上式变成 $x^{\mathrm{T}}Ax=\sum\limits_{i=1}^{p}(y^i\cdot x)^2-\sum\limits_{i=n-q+1}^{n}(z^i\cdot x)^2$,其中每个 $y^i$ 或者每个 $z^i$ 都是 $|\lambda_i|^{1/2}w^i$.

现在,考虑一个联立线性方程组. 我们要求 $L_m(x)=0$ 对 $1\leqslant m\leqslant N$ 成立、$z^i\cdot x=0$ 对 $n-q<i\leqslant n$ 成立且 $w^i\cdot x=0$ 对 $p<i\leqslant n-q$ 成立. 这就在 $n$ 个变量上设置了 $N+n-p$ 个联立的线性约束.

如果 $N<p$,则这个方程组有非 0 解 $x'$. 在 $x^{\mathrm{T}}Ax$ 的两个表达式中将 $x$ 取为 $x'$,得到 $\sum_{i=1}^{p}(y^i\cdot x')^2=-\sum_{m=1}^{N}M_m^2(x')$. 由于 $x'$ 与具有非负特征值的所有特征向量正交,故等式左端是正数,而右端是非正数. 由这个矛盾,我们得到 $N\geqslant p$. 通过类似的论证可以得到 $N\geqslant q$.   ■

**特征值和图参数**

特征值给出了各种参数的界限,或者反之,图参数得到了特征值的界限. 我们的第一个结果只使用了最小多项式.

**8.6.16 定理**   图 $G$ 的直径小于 $G$ 的不同特征值的个数.

**证明**   令 $A$ 是邻接矩阵;$A$ 满足阶为 $r$ 的多项式当且仅当 $A^0$,…,$A^r$ 的某个线性组合是 0. 由于不同特征值的个数是最小多项式的阶,因此仅需证明当 $k\leqslant\mathrm{diam}(G)$ 时 $A^0$,…,$A^k$ 是线性无关的.

只需证明在 $k\leqslant\mathrm{diam}(G)$ 时 $A^k$ 不是 $A^0$,…,$A^{k-1}$ 的线性组合. 取 $v_i$,$v_j\in V(G)$ 使得 $d(v_i,v_j)=k$. 对通道进行计数,我们发现 $A_{i,j}^k\neq 1$ 但 $A_{i,j}^t=0$ 对 $t<k$ 均成立. 因此,$A^k$ 不是较低幂次的线性组合.   ■

由于谱定理保证了所有特征值都是实数,故可以对特征值恰当编号使得 $\lambda_1\geqslant\cdots\geqslant\lambda_n$. 我们还分别用 $\lambda_1$ 和 $\lambda_n$ 来指代 $\lambda_{\max}(G)$ 和 $\lambda_{\min}(G)$.

**8.6.17 引理**   如果 $G'$ 是 $G$ 的诱导子图,则

$$\lambda_{\min}(G)\leqslant\lambda_{\min}(G')\leqslant\lambda_{\max}(G')\leqslant\lambda_{\max}(G).$$

**证明**   由于 $A$ 是实对称阵,由引理 8.6.10 知道 $\lambda_{\min}(A)\leqslant x^{\mathrm{T}}Ax\leqslant\lambda_{\max}(A)$ 对任意单位向量 $x$ 成立. 考虑 $G'$ 的邻接矩阵 $A'$. 适当改变 $G$ 中各顶点的顺序,可以把 $A'$ 看作 $A=A(G)$ 中位于左上角的主子阵. 令 $z'$ 是 $A'$ 的单位特征向量,且它满足 $A'z'=\lambda_{\max}(G')z'$. 令 $z$ 是向 $z'$ 中追加若干个 0 之后得到的 $\mathbf{R}^n$ 中的一个单位向量. 于是,$\lambda_{\max}(G')=z'^{\mathrm{T}}A'z'=z^{\mathrm{T}}Az\leqslant\lambda_{\max}(G)$. 类似地,$\lambda_{\min}(G')\geqslant\lambda_{\min}(G)$.   ■

在顶点删除操作下,极限特征值表现的特性是"交错定理"的特殊情况. 交错定理是说:如果 $G$ 的特征值为 $\lambda_1\geqslant\cdots\geqslant\lambda_n$ 而 $G-x$ 的特征值为 $\mu_1\geqslant\cdots\geqslant\mu_{n-1}$,则 $\lambda_1\geqslant\mu_1\geqslant\lambda_2\geqslant\cdots\geqslant\mu_{n-1}\geqslant\lambda_n$. 我们不需要这个结论因而省略了对它的证明,但它的证明仅涉及线性代数知识.

458

**8.6.18 引理**   对任意图 $G$,$\delta(G)\leqslant\dfrac{2e(G)}{n(G)}\leqslant\lambda_{\max}(G)\leqslant\Delta(G)$.

**证明**   令 $x$ 是特征值 $\lambda$ 的一个特征向量,并令 $x_j=\max\limits_i x_i$ 是 $x$ 中的最大坐标值. 则由 $\lambda\leqslant\Delta(G)$ 可以得到下式:

$$\lambda x_j=(Ax)_j=\sum_{v_i\in N(v_j)}x_i\leqslant d(v_j)x_j\leqslant\Delta(G)x_j.$$

为证明下界,我们在坐标均相等的单位向量上应用引理 8.6.10. 由于邻接矩阵中所有元素之和是 $G$ 的边数的二倍,因此有

$$\lambda_{\max}\geqslant\frac{\mathbf{1}_n^{\mathrm{T}}}{\sqrt{n}}A\frac{\mathbf{1}_n}{\sqrt{n}}=\frac{1}{n}\sum\sum a_{ij}=\frac{2e(G)}{n}.$$   ■

贪心着色算法给出了一个平凡的上界 $\chi(G)\leqslant 1+\Delta(G)$,引理 8.6.18 使我们可以对它进行改进. 用平均度来替换 $\Delta(G)$ 是不行的,因为平均度太小;$K_n+K_1$ 的色数为 $n$ 但其平均度小于 $n-1$. 由于 $\lambda_{\max}$ 至少等于平均度,$1+\lambda_{\max}(G)$ 有可能会改进上述平凡上界但不会有较大的改进.

**8.6.19 定理**(Wilf[1967])　对任意图 $G$，$\chi(G) \leqslant 1 + \lambda_{\max}(G)$.

**证明**　如果 $\chi(G) = k$，则可以在不减少色数的前提下持续地删除一些顶点直到得到的子图 $H$ 对所有 $v \in V(H)$ 满足 $\chi(H-v) = k-1$. 我们在引理 5.1.18 中曾注意到 $\delta(H) \geqslant k-1$. 由于 $H$ 是 $G$ 的一个诱导子图，因此先运用引理 8.6.18 再运用引理 8.6.17 即得到

$$k \leqslant 1 + \delta(H) \leqslant 1 + \lambda_{\max}(H) \leqslant 1 + \lambda_{\max}(G).$$　∎

Sylvester 惯性定律得到了分解一个图所需二部团个数的一个下界. 由于星形是二部团且星形的任意子图还是星形，故所需二部团的个数至多是顶点覆盖数 $\beta(G) = n(G) - \alpha(G)$. Erdös 曾猜想，上述结论中的等号几乎总成立，但这个猜想仍然在讨论中. 具有特殊结构的图可以分解成其他二部团使得上述结论中的等号成立. 用特征值得出的一般形式的下界明确地出现在 Reznick-Tiwari-West [1985] 中，但是它隐式地出现在早期对完全图进行划分这项工作中(Tverberg[1982]，Peck[1984]).

**8.6.20 定理**　对于简单图 $G$，分解 $G$ 所需二部团的个数至少等于邻接矩阵 $A(G)$ 的正特征值个数和负特征值个数的最大值.

**证明**　如果 $G$ 可以分解成子图 $G_1, \cdots, G_t$，则可以记 $A(G) = \sum_{i=1}^{t} B_i$，其中 $B_i$ 是 $G$ 中边集为 $E(G_i)$ 的生成子图的邻接矩阵. 如果 $G_i$ 是二部剖分为 $S_i, T_i$ 的二部团，则有 $x^{\mathrm{T}} B_i x = 2 \sum_{j \in S_i} x_j \sum_{k \in T_i} x_k$. 将这些线性表达式写为 $u_i(x) = \sqrt{2} \sum_{j \in S_i} x_j$ 和 $v_i(x) = \sum_{k \in T_i} x_k$，则有 $x^{\mathrm{T}} A x = \sum_{i=1}^{t} x^{\mathrm{T}} B_i x = \sum_{i=1}^{t} u_i(x) v_i(x)$.

459 现在，Sylvester 惯性定律(引理 8.6.15)得到了所求证的下界.　∎

**8.6.21 例**($C_{(2t+1)n} \square C_n$ 的二部团分解)　有简单的公式可以用来计算环的特征值(习题 6)，也有简单公式根据各个因子的特征值来计算笛卡儿积的特征值(习题 10). 如果 $m$ 是 $n$ 的奇数倍，则由上述的两个公式可以得出一个简单公式，用来计算 $C_m \square C_n$ 的正特征值个数和负特征值个数. 特别地，如果 $n$ 是奇数，则 $C_{(2t+1)n} \square C_n$ 有 $(2t+1)(n^2+1)/2$ 个正特征值和 $(2t+1)(n^2-1)/2$ 个负特征值(0 不是特征值).

而且，这种笛卡儿积可以分解成 $(2t+1)(n^2+1)/2$ 个二部团，该分解由 $(2t+1)(n-1)/2$ 个 4-环和 $(2t+1)(n+1)/2$ 个星形构成(Kratzke-West). 注意，4-环和星形是 $C_m \square C_n$ 中仅有的两类二部团. $C_{15} \square C_5$ 的最优分解如下图所示. 边从上到下、从左到右地卷起来(形成一些环)，所有网格点代表顶点. 黑点代表在分解中星形的中心，圈代表分解中的 4-环.

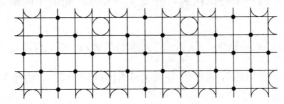

## 正则图的特征值

同二部图一样，正则图也可以用谱来进行刻画. 所有元素均是 1 的 $n$ 元向量 $\mathbf{1}_n$ 在这种特征刻画过程中以及很多其他涉及特征值的论述过程中有着特殊的作用，所有元素都为 1 的矩阵 $J$ 也有特殊的作用.

**8.6.22 定理**　$G$ 的绝对值最大的特征值是 $\Delta(G)$ 当且仅当 $G$ 的某个连通分量是 $\Delta(G)$-正则的. 如果 $\Delta(G)$ 是特征值,则其重数恰好是 $\Delta(G)$-正则连通分量的个数.

**证明**　设 $A$ 是邻接矩阵. $A\mathbf{1}_n$ 的第 $i$ 个元素是 $d(v_i)$. 如果 $G$ 是 $k$-正则的,则可以得到 $A\mathbf{1}_n = k\mathbf{1}_n$;于是,$k$ 是一个特征值并且与之相关的一个特征向量是 $\mathbf{1}_n$. 对于一般情况,设 $x$ 是特征值 $\lambda$ 的特征向量;在 $x$ 内与 $G$ 的连通分量 $H$ 的顶点相对应的那些坐标中,令 $x_j$ 是绝对值最大的坐标. 对于 $Ax$ 的第 $j$ 个坐标,有:

$$|\lambda|\,|x_j| = |(Ax)_j| = \left| \sum_{v_i \in N(v_j)} x_i \right| \leqslant d(v_j)\,|x_j| \leqslant \Delta(G)\,|x_j|.$$

因此,$|\lambda| \leqslant \Delta(G)$. 要使等号成立,必须要求 $d(v_j) = \Delta(G)$ 和 $x_i = x_j$ 对所有 $v_i \in N(v_j)$ 成立. 重复同样的论证过程,即可为 $H$ 中各个顶点的相应坐标得出同样的结论. 因此,与 $x$ 相关的特征值的绝对值等于 $\Delta(G)$ 仅当 $H$ 是 $\Delta(G)$-正则的.

因此,与特征向量 $x$ 相关的特征值的绝对值等于 $\Delta(G)$ 当且仅当 1)对于 $x$ 的每个非 0 分量均可以找到一个连通分量,它至少包含一个顶点并且是 $\Delta(G)$-正则的;2)$x$ 中对应于每个这种连通分量的所有坐标均是常数. 我们可以为每个 $\Delta(G)$-正则连通分量独立地选择一个常数;因此,(特征值) $\Delta(G)$ 的特征子空间的维数就是 $\Delta(G)$-正则连通分量的个数. ∎

如果 $G$ 是连通的非正则图,则绝对值最大的特征值的重数是 1,并且相关特征向量的所有坐标都具有相同的正负号,这个结论成立,它与线性代数中的 Perron-Frobenius 定理相关,其证明过程与上面的论证过程类似,在此我们省略了对它的证明.

用邻接矩阵的幂可以得到其他特征刻画.

**8.6.23 定理**(Hoffman[1963])　图 $G$ 是正则连通的当且仅当 $J$ 是 $A(G)$ 的幂的线性组合.

**证明**　充分性. 如果 $J$ 可以表达成这种线性组合,则对任意 $i,j$ 均有某个 $k \geqslant 0$ 使得 $(A^k)_{ij} \neq 0$,这样就存在一条长度为 $k$ 的 $v_i, v_j$-通道. 因此,$G$ 是连通的. 为证明正则性,考虑矩阵 $JA$ 和 $AJ$. $AJ$ 的第 $i,j$ 位置是 $d(v_i)$(所有的行均相等),$JA$ 的第 $i,j$ 位置是 $d(v_j)$(所有的列均相等). 由于 $J$ 是 $A$ 的幂的线性组合,且其中的每个幂与 $A$ 的乘法都满足交换律,因此有 $JA = AJ$. 因此在这个乘积矩阵中,$i,j$ 位置既等于 $d(v_i)$ 又等于 $d(v_j)$;故这个图是正则的.

必要性. 由于 $G$ 是 $k$-正则的,故 $k$ 是一个特征值,进而最小多项式可以表达成 $\psi(G;\lambda) = (\lambda - k)g(\lambda)$,其中 $g$ 是某个多项式. 由于 $\psi(G;A) = 0$,有 $Ag(A) = kg(A)$. 因此,$g(A)$ 的每个列都是 $A$ 的与特征值 $k$ 相关的特征向量. 由于 $G$ 是正则连通的,每一个这种特征向量都是 $\mathbf{1}_n$ 的倍数. 因此,$g(A)$ 的各个列都是常数. 然而,$g(A)$ 是一个对称矩阵的幂的线性组合,因此它自己也必然是对称的. 因此,它的各个列均相等,进而 $g(A)$ 是 $J$ 的倍数. ∎

如果 $G$ 是简单正则的,则 $\overline{G}$ 也是正则且 $\overline{G}$ 的特征值可以由 $G$ 的特征值得到. 这要用到补图的矩阵表示:$A(\overline{G}) = J - I - A(G)$.

**8.6.24 引理**　$\phi(\overline{G};\lambda) = (-1)^n \det[(-\lambda - 1)I - A(G) + J]$.

**证明**　直接计算可以得到 $\det(\lambda I - A(\overline{G})) = \det(\lambda I - (J - I - A)) = \det[(\lambda + 1)I - J + A] = (-1)^n \det[(-\lambda - 1)I - A + J]$. ∎

**8.6.25 定理**　如果简单图 $G$ 是 $k$-正则的,则 $G$ 和 $\overline{G}$ 有相同的特征向量. 特征向量 $\mathbf{1}_n$ 在 $G$ 中与特征值 $k$ 相关而在 $\overline{G}$ 中与特征值 $n - k - 1$ 相关. 如果 $x$ 是与 $G$ 的特征值 $\lambda$ 相关的非常量特征向量,则它在 $\overline{G}$ 中相关的特征值是 $-1 - \lambda$.

**证明**　由于 $\overline{G}$ 是 $n - k - 1$ 正则的,因此 $\mathbf{1}_n$ 同时是 $G$ 和 $\overline{G}$ 的特征向量,它在 $G$ 中与特征值 $k$ 相

关而在 $\overline{G}$ 中与特征值 $n-k-1$ 相关. 在由特征向量构成的一组正交基中, 令 $x$ 是 $G$ 的另一个特征向量, 令 $\overline{A}=A(\overline{G})$. 由于 $\mathbf{1}_n \cdot x=0$, 故 $\sum x_i = 0$. 我们计算得到 $\overline{A}x=Jx-x-Ax=0-x-Ax=$ $(-1-\lambda)x$.

由这个结论可以得出正则图的最小特征值的一个下界和 $K_n$ 的谱的另一个推导过程.

**8.6.26 推论**　对于 $k$-正则简单图, $\lambda_1 \geqslant k-n$.

**证明**　如果 $G$ 是 $k$-正则的且 $\lambda_1 \geqslant \cdots \geqslant \lambda_n$, 则根据定理 8.6.22~8.6.25 可知 $\overline{G}$ 特征值是 $(n-k-1, -1-\lambda_n, \cdots, -1-\lambda_2)$. 特别地, $n-k-1 \geqslant -\lambda_n-1$. ∎

连通正则简单图 $G$ 的特征值可以用来计算其生成树的棵数. 特征值不一定是有理数, 但是计算结果 $\tau(G)$ 却是一个整数. 矩阵树定理(定理 2.2.12)是说, $\tau(G)$ 等于 $Q=D-A$ 的每个子式, 其中 $A$ 是邻接矩阵, $D$ 是由所有度构成的对角矩阵. 如果 $G$ 是 $k$-正则的, 则 $D=kI$. 令 $\mathrm{Adj}\, Q$ 表示 $Q$ 的转置伴随矩阵(即由带有正负号的余子式构成的矩阵), 于是矩阵树定理断言 $\mathrm{Adj}\, Q=\tau(G)J$. 对 $K_n$ 的生成树用 Cayley 公式(定理 2.2.23), 我们有 $\mathrm{Adj}(nI-J)=n^{n-2}J$.

**8.6.27 引理**　对于简单图 $G$, 用其所有顶点度构成一个对角矩阵, 将这个矩阵记为 $D$. 设 $A=A(G)$, $Q=D-A$, 则 $G$ 的生成树的棵数是 $\tau(G)=\det(J+Q)/n^2$.

**证明**　注意到 $J^2=nJ$, $JQ=0$ 且 $\mathrm{Adj}(AB)=\mathrm{Adj}(A)\mathrm{Adj}(B)$. 将这些结果应用到 $J+Q$ 和由 $K_n$ 产生的矩阵 $nI-J$ 上, 有:
$$\mathrm{Adj}(nI-J)\mathrm{Adj}(J+Q)=\mathrm{Adj}[(nI-J)(J+Q)]=\mathrm{Adj}(nQ),$$
由于 $J^2=nJ$ 且 $JQ=0$, 故由计算过程得到 $\mathrm{Adj}(nI-J)=n^{n-2}J$. 而且, $\mathrm{Adj}(nQ)=n^{n-1}\mathrm{Adj}\, Q$ 对任意矩阵 $Q$ 均成立. 消去公因子 $n$ 得到 $J\mathrm{Adj}(J+Q)=n\tau(G)J$. 在两端同时右乘 $(J+Q)^{\mathrm{T}}$ 得到 $J(\det(J+Q)I)=n\tau(G)nJ$. 两端都是 $J$ 的倍数, 故所证的等式成立. ∎

如果 $G$ 是正则的, 则可以用特征值来计算 $\tau(G)$ (如果将特征值系统进行修改, 则这里的分析可以扩展到所有图上).

**8.6.28 定理**　如果 $G$ 是 $k$-正则的连通简单 $n$-顶点图且它的谱为 $\begin{pmatrix} k & \lambda_2 \cdots \lambda_t \\ 1 & m_2 \cdots m_t \end{pmatrix}$, 则 $\tau(G)=$ $n^{-1}\phi'(G;k)=n^{-1}\prod\limits_{j=2}^{t}(k-\lambda_j)^{m_j}$.

**证明**　由于 $J+Q=J+kI-A$, 故 $J+Q$ 的行列式是 $A-J$ 的特征多项式在 $k$ 上的取值. 由于 $G$ 是 $k$-正则的连通图, 因此 $\mathbf{1}_n$ 是其与特征值 $k$ 相关的特征向量, 且其他特征向量均与 $\mathbf{1}_n$ 正交. $A$ 的每个这种特征向量也是 $A-J$ 的特征向量, 并且与这些特征向量相关的特征值也相同, 因为 $(A-J)x=Ax-Jx=Ax=\lambda x$.

而且, $\mathbf{1}_n$ 是 $A-J$ 的与特征值 $k-n$ 相关的特征向量. 这就找到了 $A-J$ 的所有特征值. 计算特征多项式在 $k$ 上的取值, 得到 $\det(J+Q)=n\prod\limits_{j=2}^{t}(k-\lambda_j)$; 其中乘积式恰好是 $\phi'(G;k)$, 因为当 $G$ 是 $k$-正则连通图时 $\lambda-k$ 是 $\phi(G;\lambda)$ 的不重复出现的因子. 根据引理 8.6.27, 将行列式的值除以 $n^2$ 就得到 $\tau(G)$. ∎

在 Kelmans[1967b](也可以参见 Kelmans-Chelnokov[1974])中, 作者利用图的拉普拉斯矩阵的特征值将引理 8.6.24 至定理 8.6.28 中的结果扩展到了任意(非正则)图上. 图的拉普拉斯矩阵就是上面使用的矩阵 $Q$. Kelmans[1965, 1966]中给出了另一种计算图的生成树的棵数的方法,

Hartsfield-Kelmans-Shen[1996]中给出了矩阵树定理的另一种变形.

### 特征值和扩张图

计算机科学中的很多应用都需要"扩张图".Walters[1996]搜集了这种图的很多种定义.扩张的基本概念是所有小集合都具有较大的邻域,其目的是在不引入很多边的情况下获得较好的连通性.

**8.6.29 定义**  一个$(n, k, c)$-**扩张图**是一个$X, Y$-二部图$G$,其中$|X|=|Y|=n$,$\Delta(G) \leqslant k$并且$|N(S)| \geqslant (1+c(1-|S|/n)) \cdot |S|$对任意满足$|S| \leqslant n/2$的$S \subseteq X$均成立.一个$(n, k, c)$-**放大器**是一个$n$-顶点图,它满足$\Delta(G) \leqslant k$且$|N(S) \cap \overline{S}| \geqslant c \cdot |S|$对满足$|S| \leqslant n/2$的任意$S \subseteq V(G)$都成立.一个$n$-**超级集中器**是具有$n$个源顶点和$n$个收顶点的一个无环有向图,它对任意源顶点集$A$和大小为$|A|$的任意收顶点集$B$均存在$|A|$条不相交的$A, B$-路径.

扩张图出现在Ajtai,Komlós和Szemerédi[1983]的并行排序网络中.扩张图的条件增强了Hall条件;我们的匹配不止一个而是很多个.这将非常有助于构造超级集中器.Alon[1986a]讨论了超级集中器的应用.最大度的界限使得边数与$n$呈线性关系,从而限制了构建网络的代价.

概率方法(习题22)对充分大$n$和有界的平均度得到了扩张图(和超级集中器)的存在性(Pinsker[1973],Pippenger[1977],Chung[1978b]).Margulis[1973]利用代数的思想明确地构造出了一个例子(也可以参见Gabber-Galil[1981]).

尽管恰当生成的随机图几乎总有较好的扩张性,但很难对扩张性给出一个度量.Tanner[1984]和Alon-Milman[1984,1985]独立地利用特征值来弥补了这一点.他们证明了当最大的两个特征值相差很远时,图具有较好的扩张性.由于特征值容易计算(或者近似),我们可以随机生成一个图,然后通过计算它的特征值来检查其扩张程度.

我们仅考虑正则图这种特殊情况.在应用中,扩张图比放大器更有用,但是由一个$(n, k, c)$-放大器很容易得到一个$(n, (k+1), c)$-扩张图(习题21).因此,我们考虑特征值与放大倍数之间的关系.我们给出的内容选自Alon-Spencer[1992,p119ff],这本书还讨论了正则(和随机)图的特征值的其他性质.

463

**8.6.30 定理**  如果$G$是$k$-正则的$n$-顶点图且其第二大特征值为$\lambda$,且$S$是$V(G)$非空真子集,则$|[S, \overline{S}]| \geqslant (k-\lambda)|S||\overline{S}|/n$.

**证明**  由于$G$是$k$-正则的,故$\lambda_{\max}(G)=k$.如果$k-\lambda=0$,则定理中的论断是平凡的;所以,可以假设$G$是连通的.我们进行如下计算:

$$x^{\mathrm{T}}(kI-A)x = k\sum x_i^2 - 2\sum_{ij \in E(G)} x_i x_j = \sum_{ij \in E(G)} (x_i - x_j)^2.$$

现在,令$s=|S|$,并且对$i \in S$取$x_i=-(n-s)$而对$i \notin S$则取$x_i=s$.上式右端的和式变成$n^2|[S, \overline{S}]|$.

因为$|S|=s$蕴涵了$\sum x_i=0$,故向量$x$正交于$A$的与特征值$k$相关的特征向量$\mathbf{1}_n$.特征向量$\mathbf{1}_n$也是$kI-A$的与最小特征值0相关的特征向量.由引理8.6.10和定理8.6.11,$\dfrac{x^{\mathrm{T}}(kI-A)x}{x^{\mathrm{T}}x}$在与$\mathbf{1}_n$正交的所有向量上取到的最小值是$kI-A$的下一个最小的特征值$k-\lambda$.因此:

$$x^{\mathrm{T}}(kI-A)x \geqslant (k-\lambda)x^{\mathrm{T}}x = (k-\lambda)(s(n-s)^2+(n-s)s^2) = (k-\lambda)s(n-s)n.$$

由于$x^{\mathrm{T}}(kI-A)x = n^2|[S, \overline{S}]|$,因此有$|[S, \overline{S}]| \geqslant (k-\lambda)s(n-s)/n$. ∎

**8.6.31 推论**  如果$G$是一个$k$-正则的$n$-顶点图且它的第二大特征值为$\lambda$,则$G$是一个$(n, k, c)$-放大器,其中$c=(k-\lambda)/2k$.

**证明**    如果 $S$ 是 $G$ 中 $s \leqslant n/2$ 个顶点构成的集合，则由定理 8.6.30 得到 $|[S, \overline{S}]| \geqslant (k-\lambda)$ $s(n-s)/n$. $\overline{S}$ 的每个顶点至多只能与这些边中的 $k$ 条关联，所以 $S$ 在 $\overline{S}$ 中的相邻顶点至少有 $(k-\lambda)$ $s(n-s)/(nk)$ 个. 由于 $(n-s)/n \geqslant 1/2$，故结论成立.    ■

如果最大的两个特征值相差更大，则我们还将得到更大的放大器. Alon 和 Milman[1984] 将放大器中的下界改进为 $c \geqslant (2k-2\lambda)/(3k-2\lambda)$. Alon[1986b] 证明了逆命题的一部分：如果 $k$-正则图 $G$ 是一个 $(n, k, c)$-放大器，则差值 $k-\lambda$ 至少等于 $c^2/(4+2c^2)$.

现在，用已知的方法可以明确地构造出一些正则图，使得特征值 $\lambda_1$ 与 $\lambda_2$ 的差几乎可以任意大. 对于直径为 $d$ 的 $k$-正则图，其第二大特征值至少是 $2\sqrt{k-1}(1-O(1/d))$（参见 Nilli[1991]）. Lubotzky-Phillips-Sarnak[1986] 和 Margulis[1988] 构造了一个无穷正则图族，其中度 $k$ 比模 4 余 1 的素数大 1，且第二大特征值至多为 $2\sqrt{k-1}$.

## 强正则图

下面我们讨论正则图的一个特殊子类，并以该子类上的一个应用来结束本节.

**8.6.32 定义**    一个简单的 $n$-顶点图 $G$ 是**强正则**的，如果存在参数 $k$，$\lambda$，$\mu$ 使得：$G$ 是 $k$-正则的，每一对邻接顶点有 $\lambda$ 个公共的相邻顶点，每一对不相邻顶点有 $\mu$ 个公共的相邻顶点.

由强正则图特征值的性质可以给出一个简短的过程以证明"友谊定理"这一奇妙的结果. 这个定理指出，在任意一次聚会中，如果任意两个人恰好有一个公共的熟人，则必有一个人认识所有人（比如，聚会的主人就是这样的一个人）. 由熟识关系可以得到一个图，它由若干个具有一个公共顶点的三角形组成. 研究强正则图的另一个动机是强正则图与设计理论间的联系. 满足 $\lambda = \mu$ 的强正则图与对称平衡不完全的区组设计相对应. Biggs[1993，第 3 部分] 中给出了其他一些具有丰富代数结构的正则图.

**8.6.33 定理**    如果 $G$ 是一个强正则图，且它有 $n$ 个顶点并且参数分别为 $k$，$\lambda$，$\mu$，则 $\overline{G}$ 也是一个强正则图，其参数为 $k' = n-k-1$，$\lambda' = n-2-2k+\mu$ 和 $\mu' = n-2k+\lambda$.

**证明**    对于 $G$ 中任意一对相邻顶点 $v \leftrightarrow w$，在 $N(v) \cup N(w)$ 中还有 $2(k-1)-\lambda$ 个其他顶点，所以 $v$ 和 $w$ 有 $n-2-2(k-1)+\lambda$ 个公共的不相邻顶点. 当 $v \not\leftrightarrow w$ 时，$N(v) \cup N(w)$ 中有 $2k-\mu$ 个顶点；进而，这两个顶点有 $n-2k+\mu$ 个公共的不相邻顶点.    ■

**8.6.34 定理**    如果 $G$ 是一个强正则图，且它有 $n$ 个顶点并且参数为 $k$，$\lambda$，$\mu$，则 $k(k-\lambda-1) = \mu(n-k-1)$.

**证明**    计算以固定顶点 $v$ 为一个端点的诱导子图 $P_3$ 的个数. 中间顶点 $w$ 可以用 $k$ 种方法取；对这样选取的每个 $w$，第三个顶点可以是 $w$ 的任意一个不与 $v$ 相邻的相邻顶点. 由于 $v$ 也不能被选作第三个顶点，因此第三个顶点的取法共为 $k-\lambda-1$ 种. 另一方面，第三个顶点可以取为 $v$ 的不相邻顶点，共有 $n-k-1$ 种取法；对于这样选取的每一个顶点，它和顶点 $v$ 的 $\mu$ 个公共的相邻顶点都可以选作中间顶点 $w$.    ■

**8.6.35 例**（退化的情况：$\mu=0$ 或者 $\lambda=k-1$ 或者 $k=n-1$）    我们证明这种强正则图是 $k+1$ 个团的不相交并. 根据定理 8.6.34，$\lambda=k-1$ 当且仅当 $\mu=0$ 或者 $k=n-1$. 因此，可以假设 $\lambda=k-1$. 现在，$v$ 的每个相邻顶点均与其他所有顶点相邻，这样 $P_3$ 不可能被诱导出来进而 $G$ 是一些团的不相交并.    ■

然后，假设 $\mu>0$ 且 $\lambda<k-1$. 定理 8.6.34 给出了（由三个整数构成的）集合成为强正则图的参数集的必要条件. 另一个必要条件是由特征值得来的.

**8.6.36 定理**(整性条件)   如果 $G$ 是一个强正则图,且它有 $n$ 个顶点并且参数为 $k$, $\lambda$, $\mu$,则下面的两个数都是非负整数:

$$\frac{1}{2}\left(n-1\pm\frac{(n-1)(\mu-\lambda)-2k}{\sqrt{(\mu-\lambda)^2+4(k-\mu)}}\right)$$

465

**证明**   这两个数都是非负整数,因为它们是特征值的重数.考虑 $A^2$.如果 $i=j$,则 $A^2$ 的第 $i$, $j$ 个元素是 $k$;如果 $v_i\leftrightarrow v_j$,则这个元素是 $\lambda$;如果 $v_i\nleftrightarrow v_j$,则这个元素是 $\mu$.由于 $v_i\leftrightarrow v_j$ 时邻接矩阵的相应元素被标记为 1 而当 $v_i\nleftrightarrow v_j$ 时补图的邻接矩阵中相应的元素被标记为 1,因此有 $A^2=kI+\lambda A+\mu(J-I-A)$.对各项进行重组得到 $A^2=(k-\mu)I+(\lambda-\mu)A+\mu J$.

在 $A^2$ 的表达式的两端同时乘以 $\mathbf{1}_n$ 得到:

$$k^2\mathbf{1}_n=(k-\mu)\mathbf{1}_n+(\lambda-\mu)k\mathbf{1}_n+\mu n\mathbf{1}_n,$$

这即得到了 $k(k-\lambda-1)=\mu(n-k-1)$ 的另一个证明.令 $x$ 是与另一个特征值 $\theta\neq k$ 相关的特征向量.由于 $x$ 与 $\mathbf{1}_n$ 正交,因此有 $Jx=0_n$.在 $A^2$ 的表达式的两端同时乘以 $x$ 得到 $\theta^2-(\lambda-\mu)\theta-(k-\mu)=0.\theta$ 的二次方程有两个根 $r$, $s$,它必然是全部其他特征值的值.这些值是 $\frac{1}{2}(\lambda-\mu\pm\sqrt{(\lambda-\mu)^2+4(k-\mu)})$.

现在,令 $a$ 和 $b$ 是特征值 $r$ 和 $s$ 的重数.例 8.6.35 描述了 $\mu=0$ 时的所有情况.因此,可以假设 $\mu>0$,此时 $G$ 是连通的.因为 $G$ 是连通的,故特征值 $k$ 的重数为 1,进而有 $1+a+b=n$.由于所有特征值之和是 0,因此有 $k+ra+sb=0$.对 $a$ 和 $b$ 的这两个线性方程求解得到 $a=-\dfrac{k+s(n-1)}{r-s}$, $b=\dfrac{k+r(n-1)}{r-s}$.这两个数就是定理中给出的两个数,因此它们是非负整数.■

上面的论证过程也可以从相反的方向进行.

**8.6.37 定理**   一个 $k$-正则连通图 $G$ 是参数为 $k$, $\lambda$, $\mu$ 的强正则图当且仅当它恰好有 3 个特征值 $k>r>s$,并且这三个特征值满足 $r+s=\lambda-\mu$ 和 $rs=-(k-\mu)$.

**8.6.38 例**(强正则图的分类)   我们考虑两种情况:$(n-1)(\mu-\lambda)=2k$ 和 $(n-1)(\mu-\lambda)\neq2k$.如果不考虑平凡的取值,则第一种情况要求 $\mu=\lambda+1$,因为 $0<2k<2n-2$.根据定理 8.6.33,$G$ 和 $\overline{G}$ 是具有相同参数的强正则图.在这种情况下,我们还知道 $n=4\mu+1$ 且 $n$ 是两个完全平方数之和.而且,特征值 $r$ 和 $s$ 具有相同的重数.

在第二种情况下,有理性要求 $(\mu-\lambda)^2+4(k-\mu)=d^2$ 对某个正整数 $d$ 成立,并且 $d$ 必须整除 $(n-1)(\mu-\lambda)-2k$.这时,特征值必须是整数.关于这种图,我们已经知道一些各种各样的例子.在 $\lambda=0$ 且 $\mu=2$ 这种特殊情况下,已知三个这样的图,但是还不知道这个图序列是否是有限的!已知的例子,列出参数 $(n, k, \lambda, \mu)$,是正方形 $(4, 2, 0, 2)$、Clebsch 图 $(16, 5, 0, 2)$ 和 Gewirtz 图 $(56, 10, 0, 2)$(参见 Cameron-van Lint[1991],p43).Clebsch 图出现在习题 23 中.其他强正则图出现在习题 24~26 中.■

最后,我们证明友谊定理.Craig Huneke 有一个短小的证明,他对通道进行计数并使用了模算术,由此排除了正则图;这个证明不比整性条件的证明长.Hammersley[1983]讨论了其他一些证明方法,这些证明都避免使用特征值,但是却使用了复杂的数值方法来排除正则图.

466

**8.6.39 定理**(友谊定理——Wilf[1971])   设 $G$ 是一个图,如果其中任意两个不同的顶点恰有一个公共的相邻顶点,则 $G$ 有一个顶点与其余所有顶点都相邻.

**证明**   条件的对称性表明了 $G$ 可以是正则的.如果 $G$ 是正则的,则它是满足 $\lambda=\mu=1$ 的强正则图. 根据定理 8.6.36, $\frac{1}{2}(n-1\pm k/\sqrt{k-1})$ 必须是整数. 因此, $k/\sqrt{k-1}$ 是整数, 这个条件仅当 $k=2$ 时成立. 然而, $K_3$ 是唯一的满足条件的 2-正则图, 因此它确有度为 $n-1$ 的顶点.

现在, 假设 $G$ 不是正则的. 我们证明 $v\nleftrightarrow w$ 要求 $d(v)=d(w)$. 任意不相同的顶点有唯一的公共相邻顶点, 这个条件不允许出现 4-环. 令 $u$ 是 $\{v, w\}$ 的公共相邻顶点. 令 $a$ 是 $\{u, v\}$ 的公共相邻顶点, 令 $b$ 是 $\{u, w\}$ 的公共相邻顶点. 任意 $x\in S=N(v)-\{u, a\}$ 与 $w$ 有一个公共的相邻顶点 $f(x)$. 如果对于某个 $x\in S$ 有 $f(x)=b$, 则 $x, b, u, v$ 是一个 4-环. 如果对不同的 $x, x'\in S$ 有 $f(x)=f(x')$, 则 $x, v, x', f(x)$ 是一个 4-环. 这样, 我们就证明了 $d(w)\geqslant d(v)$. 由对称性可知 $d(v)\geqslant d(w)$.

由于 $G$ 不是正则的, 因此它有两个顶点 $v, w$ 满足 $d(w)\neq d(v)$. 根据上一段的讨论, $v\nleftrightarrow w$. 令 $u$ 是它们的公共相邻顶点. 由于 $u$ 不能同时与 $v$ 和 $w$ 具有相同的度, 因此可以假设 $d(u)\neq d(v)$. 如果 $G$ 有一个顶点 $x\notin N(v)$, 则 $d(x)=d(v)$, 但是这又要求 $x\leftrightarrow w$ 和 $x\leftrightarrow u$. 这即产生了一个 4-环 $v, u, x, w$. 因此, $d(v)=n-1$.

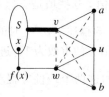 

## 习题

8.6.1 对环空间和键空间的解释. 给定图 $G$, 证明:
a) 两个偶子图的对称差是一个偶子图.
b) 两个边割的对称差是一个边割.
c) 每一个边割与任意偶子图有偶数条公共边.

8.6.2 环空间和键空间的维数. 根据习题 8.6.1 中的 a 和 b, 图 $G$ 的环空间 $\boldsymbol{C}$ 和键空间 $\boldsymbol{B}$ 是二元向量空间. 证明: 如果 $G$ 是连通图, 则 $\boldsymbol{C}$ 的维数是 $e(G)-n(G)+1$ 而 $\boldsymbol{B}$ 的维数是 $n(G)-1$. (提示: 证明向一棵特定的生成树中添加一条边之后所得到的环构成了环空间的一组基. 再证明能够产生单个孤立顶点的 $n(G)-1$ 个键构成键空间的一组基, 或者利用正交性).

8.6.3 前面讲过, 顶点 $v$ 的闭邻域指的是 $N(v)\bigcup\{v\}$.
a) 设 $S$ 是简单图 $G$ 中具有相同邻域的一些顶点构成的集合, 证明: $G$ 有一个特征值使得其重数至少为 $|S|-1$, 这个特征值是什么?
b) 设 $S$ 是简单图 $G$ 中具有相同闭邻域的一些顶点构成的集合, 证明: $G$ 有一个特征值使得其重数至少为 $|S|-1$, 这个特征值是什么?

8.6.4 $\sigma_k$ 是图 $G$ 中 $k$-环这种子图的个数. $L_k=\sum\lambda_i^k$ 是特征值的 $k$ 次幂之和, $D_k=\sum d_i^k$ 是顶点度之和. 将 $\sigma_3$ 和 $\sigma_4$ 用 $\{L_k\}$ 和 $\{D_k\}$ 表示出来.

8.6.5 特征多项式的删除公式. 为了阐明问题, 我们把 $\phi(G;\lambda)$ 写作 $\phi_G$. 设 $v[xy]$ 是任意顶点 [边], $Z(v)[Z(xy)]$ 是由包含了 $v[xy]$ 的环构成的集合. 证明特征多项式满足下面的递归表达式:

a)$\phi_G = \lambda\phi_{G-v} - \sum\limits_{u \in N(v)} \phi_{G-v-u} - 2\sum\limits_{C \in Z(v)} \phi_{G-V(C)}$.

b)$\phi_G = \phi_{G-xy} - \phi_{G-x-y} - 2\sum\limits_{C \in Z(xy)} \phi_{G-V(C)}$.

（提示：可以使用归纳法或 Sach 公式．边-删除公式可以由顶点-删除公式得到．注：如果 $G$ 是一个森林且 $v$ 是相邻顶点为 $u$ 的叶子，则公式可以简化成 $\phi_G = \lambda\phi_{G-v} - \phi_{G-v-u}$ 和 $\phi_G = \phi_{G-xy} - \phi_{G-x-y}$．）

8.6.6 路径和环的特征多项式．

a)利用习题 8.6.5，分别找出 $\phi(P_n;\lambda)$ 和 $\phi(C_n;\lambda)$ 的递归表达式．

b)不求解递归方程，证明：$\{2\cos(2\pi j/n):0\leqslant j\leqslant n-1\}$ 是 $C_n$ 的所有特征值．

c)给定 $\mathrm{Spec}(C_n)$，计算 $\mathrm{Spec}\,G$，其中 $G$ 是添加一些边将 $C_n$ 中距离为 2 的顶点连接起来之后得到的图．

8.6.7 对于一棵树，证明：特征多项式中 $\lambda^{n-2k}$ 的系数为 $(-1)^k\mu_k(G)$，其中 $\mu_k(G)$ 表示大小为 $k$ 的匹配的个数．利用上述结论，构造两棵不同构的"同谱"8-顶点树，且它们的特征多项式都是 $\lambda^8 - 7\lambda^6 + 9\lambda^4$（注：随着 $n\to\infty$，几乎没有树可以被它的谱唯一地确定下来）．

8.6.8 （+）设 $T$ 是一棵树．证明：$\alpha(T)$ 是 $T$ 的非负特征值的个数（提示：参考定理 8.6.20）．

   (Cvetković-Doob-Sachs[1979，p233])

8.6.9 图 $G$ 有 $m$ 条边和 $n$ 个顶点，设 $\lambda$ 是 $G$ 的一个特征值．证明：$|\lambda|\leqslant\sqrt{2m(n-1)/n}$．

8.6.10 设 $\lambda_1,\cdots,\lambda_m$ 和 $\mu_1,\cdots,\mu_n$ 分别是 $G$ 和 $H$ 的所有特征值．证明：$G\square H$ 的 $mn$ 个特征值是 $\{\lambda_i + \mu_j\}$．由此得出 $k$-立方体的谱（提示：给定 $A(G)$ 的一个与 $\lambda_i$ 相关的特征向量和 $A(H)$ 的一个与 $\mu_j$ 相关的特征向量，构造 $A(G\square H)$ 的一个与 $\lambda_i + \mu_j$ 相关的特征向量）．

8.6.11 计算完全 $p$-部图 $K_{m,\cdots,m}$ 的谱（提示：对于补图的邻接矩阵，利用表达式 $A(\overline{G}) = J - I - A(G)$）．

8.6.12 给定 $\phi(G;x) = x^8 - 24x^6 - 64x^5 - 48x^4$，确定 $G$．

8.6.13 （!）证明：如果 $G$ 是连通图且 $\lambda_{\max}(G) = -\lambda_{\min}(G)$，则 $G$ 是一个二部图．

8.6.14 （!）给定图 $G$，设 $R(G)$ 是一个矩阵且它的第 $i,j$ 个元素是 $d_G(v_i,v_j)$．证明：一个图的塌陷立方体维至少是 $R(G)$ 的正特征值个数和负特征值个数的最大值．得出结论：$K_n$ 的塌陷立方体维是 $n-1$（提示：把二次型 $x^\mathrm{T}Rx$ 重写成一些线性函数的平方和，然后应用 Sylvester 惯性定律）．

468

8.6.15 （!）图 $G$ 的拉普拉斯矩阵 $Q$ 指的是矩阵 $D - A$，其中 $D$ 是由所有顶点形成的对角矩阵而 $A$ 是邻接矩阵．拉普拉斯谱是 $Q$ 的特征值序列．

a)证明：$Q$ 的最小特征值是 0．

b)证明：如果 $G$ 是连通的，则特征值 0 的重数为 1．

c)证明：如果 $G$ 是 $k$-正则的，则 $k-\lambda$ 是拉普拉斯特征值当且仅当 $\lambda$ 是（通常意义下）$G$ 的一个特征值，并且 $k-\lambda$ 和 $\lambda$ 具有相同的重数．

8.6.16 给定实对称矩阵，将它分块成 $M = \begin{pmatrix} P & Q \\ Q^\mathrm{T} & R \end{pmatrix}$，其中 $P,R$ 是方阵．由线性代数的一个引理，可以知道 $\lambda_{\max}(M) + \lambda_{\min}(M)\leqslant\lambda_{\max}(P) + \lambda_{\max}(R)$．

a)如果实对称阵 $A$ 被划分成 $t^2$ 个子矩阵 $A_{i,j}$ 使得对角线上的子矩阵 $A_{ii}$ 都是方阵．证明：

$$\lambda_{\max}(A) + (t-1)\lambda_{\min}(A) \leqslant \sum_{i=1}^{m} \lambda_{\max}(A_{ii}).$$

b)证明：$\chi(G) \geqslant 1 + \lambda_{\max}(G)/(-\lambda_{\min}(G))$ 对任意非平凡图 $G$ 都成立（Hoffman [1970]）.

c)利用四色定理，证明 $\lambda_1(G) + 3\lambda_n(G) \leqslant 0$ 对于可平面图都成立.

8.6.17 (!)利用定理 8.6.28，计算 $K_{m,m}$ 的生成树的棵数（注：参见习题 2.2.13）.

8.6.18 (＋)给定矩阵 $A$，$b_{i,j}$ 等于 $(-1)^{i+j}$ 乘以从 $A$ 中删除第 $i$ 行和第 $j$ 列之后所得矩阵的行列式⊖. Adj $A$ 是第 $i$，$j$ 个元素为 $b_{j,i}$ 的矩阵. 根据行列式依行展开的定义，得到 $A(\text{Adj}A) = (\det A)I$. 利用这个公式，证明：如果 $A$ 的各列之和是 $0$ 向量，则 $b_{i,j}$ 的值与 $j$ 无关（注：与下一个习题放在一起，就完成了对矩阵树定理的证明（定理 2.2.12））.

8.6.19 (＋)设 $C = AB$，其中 $A$ 和 $B$ 分别是 $n \times m$ 和 $m \times n$ 的矩阵. 给定 $S \subseteq [m]$，令 $A_S$ 是由 $A$ 中编号位于 $S$ 内的列构成的 $n \times n$ 矩阵，$B_S$ 是由 $B$ 中编号位于 $S$ 内的行构成的 $n \times n$ 矩阵. 证明 Binet-Cauchy 公式：$\det C = \sum_S \det A_S \det B_S$，其中和式（中的 $S$）遍历 $[m]$ 的所有 $n$-元子集（提示：考虑矩阵等式 $\begin{pmatrix} I_m & 0 \\ A & I_n \end{pmatrix}\begin{pmatrix} -I_m & B \\ A & 0 \end{pmatrix} = \begin{pmatrix} -I_m & B \\ 0 & AB \end{pmatrix}$）.

8.6.20 如果一个矩阵的任意方子阵的行列式都位于 $\{0, 1, -1\}$ 中，则称该矩阵是一个**完全幺模**. 证明：简单图的关联矩阵是完全幺模当且仅当这个图是二部图（记住：简单图的关联矩阵在每个列中都有两个 $+1$）.

8.6.21 (－)设 $G$ 是一个顶点分别为 $v_1, \cdots, v_n$ 的 $(n, k, c)$-放大器. $H$ 是部集分别为 $X = \{x_1, \cdots, x_n\}$ 和 $Y = \{y_1, \cdots, y_n\}$ 的二部图，它满足：$x_i y_j \in E(H)$ 当且仅当 $i = j$ 或者 $v_i v_j \in E(G)$. 证明：$H$ 是一个 $(n, k+1, c)$-放大器.

8.6.22 大小呈线性的扩张图的存在性.

a)从 $\binom{[n]}{s}$ 中任意选择 $[n]$ 的 $k$ 个 $s$-元子集，随机变量 $X$ 表示这些子集的并集的大小. 证明：$P(X \leqslant l) \leqslant \binom{n}{l}(l/n)^{ks}$.

b)(＋)对于 $\alpha\beta < 1$，证明：有一个常数 $k$ 使得在 $n$ 足够大时总存在 $K_{n,n}$ 的一个最大度为 $k$ 的子图使得只要 $|S| \leqslant \alpha n$ 就有 $|N(S)| \geqslant \beta|S|$ 成立（提示：随机取一些完美匹配，求它们的并，由此生成 $K_{n,n}$ 的二部子图）.

c)证明：存在 $k$ 使得 $n$ 足够大时 $n$，$k$，$c$-扩张图总存在.（$n, \alpha, \beta, d$）-扩张图是一个二部图 $G \subseteq K_{A,B}$，其中 $|A| = |B| = n$，$\Delta(G) \leqslant d$，并且只要 $|S| \leqslant \alpha n$ 就有 $|N(S)| \geqslant \beta(S)$.

8.6.23 设 $G$ 是 $n$ 个顶点上的一个三角形无关的图，其中每一对不相邻的顶点恰好有两个公共的相邻顶点. 证明：$G$ 是正则的且 $n = 1 + \binom{k+1}{2}$，其中 $k$ 是 $G$ 的顶点度. 证明：$G$ 是强正则的. 整性条件蕴涵了 $k$ 的什么性质？对所有 $k \in \{1, 2, 5\}$，分别构造出这种图的例子. 当

⊖ 原文的译文是"$b_{i,j}$ 等于 $(-1)^{i+j}$ 乘以从 $A$ 中删除第 $i$ 行和第 $j$ 列之后所得的矩阵"，但根据线性代数的知识，此处应更正为"$b_{i,j}$ 等于 $(-1)^{i+j}$ 乘以从 $A$ 中删除第 $i$ 行和第 $j$ 列之后所得矩阵的行列式". ——译者注

$k=10$ 时，这种图的实现过程在组合设计的使用中非常有名.

8.6.24 （＋）证明：Petersen 图是强正则的；确定它的谱（利用强正则图的性质很容易得出谱，但不利用这些性质也不难得出谱）. 利用这个谱证明：完全图 $K_{10}$ 的所有边不可能被划分成三个不相交的 Petersen 图（提示：利用谱证明 Petersen 矩阵的两个拷贝有一个公共的特征向量且这个公共的特征向量不是常数向量）.（Schwenk[1983]）

8.6.25 令 $F=G\square H$，其中 $G$ 和 $H$ 都是至少有 2 个顶点的简单图. 证明：如果 $F$ 中的任意两个不相邻的顶点恰好有两个公共的相邻顶点，则 $G$ 和 $H$ 是完全图.

8.6.26 图的**子成分**是指形为 $G[U]$ 的诱导子图，其中 $v\in V(G)$ 而 $U=N(v)$ 或者 $U=\overline{N(v)}$. Vince[1989]定义 $G$ 为**超正则的**，如果 $G$ 没有顶点，或者如果 $G$ 是正则的且 $G$ 的每个子成分也是超正则的. 令 $S$ 是一个类，它由下面这些图族构成：$\{aK_b: a, b\geqslant 0\}$（若干个同构团的不相交并）、$\{K_m\square K_m: m\geqslant 0\}$、$C_5$ 以及这些图的补图图族.

　　a)证明：$S$ 中的每个图都是超正则的，并且任意不连通的超正则图都位于 $S$ 中（注：事实上，任意超正则图都位于 $S$ 中，但是要用归纳法完整地证明这个结论却需要好几页的篇幅.（Maddox[1996]，West[1996]））

　　b)证明：每个超正则图都是强正则的.

8.6.27 （＋）自同构与特征值.

　　a)证明：$\sigma$ 是 $G$ 的自同构当且仅当与 $\sigma$ 相对应的置换矩阵 $P$ 在同 $G$ 的邻接矩阵 $A$ 做乘法运算时是可以交换的；即 $PA=AP$.

　　b)设 $x$ 是 $G$ 的一个特征向量，与之相关的特征值的重数为 1. 令 $P$ 是 $G$ 的自同构对应的置换矩阵. 证明：$Px=\pm x$.

　　c)得出结论：如果 $G$ 的任意特征值的重数都是 1，则 $G$ 的任意自同构均是对合（映射），对合是指将映射重复（一次）会得到恒等映射.（Mowshowitz[1969]，Petersdorf -Sachs[1969]）

8.6.28 （＋）灯泡 $l_1, \cdots, l_n$ 由开关 $s_1, \cdots, s_n$ 控制. 第 $i$ 个开关改变第 $i$ 个灯泡的开/关状态，它有可能还控制其他灯泡的开/关，但是，$s_i$ 改变了 $l_j$ 的状态当且仅当 $s_j$ 改变了 $l_i$ 的状态. 开始时，所有灯都处于关状态. 证明：有可能把所有的灯都同时点亮（提示：这将用到向量空间，但不会用到特征值）.（Peled[1992]）

470

# 附录A  数学基础

本附录总结了书中用到的一些术语和数学知识，这些内容本身并不是图论的一部分，但它们作为图论学习的基础是很有用的. 我们将在恰当的地方指出这些内容在图论中使用的实例，因此建议读者在学习第1章时结合阅读本附录. 本附录对这些知识点的描述将以 John P. D'Angelo 和 Douglas B. West 所著 *Mathematical Thinking*（Prentice-Hall 出版社，第2版，2000年）一书的前半部分为模板.

## 集合

最基础的数学概念就是关于**集合**的概念. 这个概念非常基础，它不能用更简单的概念来定义. 我们将集合看成是收集在一起的若干个不同的对象，这些对象具有精确的描述，原则上讲，这种精确的描述应该能提供一种判断给定对象是否属于该集合的方法.

**A.1定义**  集合中的对象称为该集合的**元素**或**成员**. 如果 $x$ 是 $A$ 的一个元素，则记为 $x \in A$ 并读作"$x$ 属于 $A$". 如果 $x$ 不在 $A$ 中，则记为 $x \notin A$. 如果集合 $B$ 的任意元素均属于 $A$，则 $B$ 是 $A$ 的**子集**而 $A$ **包含** $B$；记为 $B \subseteq A$ 或 $A \supseteq B$. 如果 $A$ 包含 $B$ 但不等于 $B$，则记为 $B \subset A$.

例如，可以由具有 $n$ 个顶点的所有图构成一个集合 $A$. 如果再添加另外的限制，比如要求这些图是连通的，则得到 $A$ 的一个子集.

当明确地将某个集合的所有元素列出来时，我们用大括号将所有元素括起来；"$A = \{-1, 1\}$"表示由元素 $-1$ 和 $1$ 构成了集合 $A$. 按不同的顺序来书写所有元素不能改变一个集合. 我们用 $x$, $y \in S$ 来表示 $x$ 和 $y$ 都是 $S$ 的元素.

**A.2例**  用字母 **N**, **Z**, **Q** 和 **R** 来分别表示**自然数集合**、**整数集合**、**有理数集合**和**实数集合**. 在这一系列集合中，每个集合都包含在后一个集合中，故有 $\mathbf{N} \subseteq \mathbf{Z} \subseteq \mathbf{Q} \subseteq \mathbf{R}$.

这些集合及其元素都是我们熟悉的对象. 根据约定，0 不是自然数，故 $\mathbf{N} = \{1, 2, 3, \cdots\}$. 整数集合即为 $\mathbf{Z} = \{\cdots, -2, -1, 0, 1, 2, \cdots\}$. 有理数集 $\mathbf{Q}$ 由可以表达成 $a/b$（其中 $a$, $b \in \mathbf{Z}$ 且 $b \neq 0$）的所有实数构成.

这几个数集上的基本算术性质我们也很熟悉. 这些性质包含了表达式、等式和不等式的代数操作法则，还包含整数相除的基本性质. ■

**A.3定义**  如果集合 $A$ 和 $B$ 的所有元素相同，则称 $A$ 和 $B$ **相等**，记为 $A = B$. **空集**是唯一不含元素的集合，记为 $\varnothing$. 集合 $A$ 的**真子集**是不同于 $A$ 本身的子集.

空集是任意集合的子集，并且任意集合是其自己的子集. 子图的定义（定义1.1.16）与此类似. 任意图均是其自己的子图，但要得到一个真子图必须要删掉一些边或顶点.

"求解一个数学问题"通常意味着要将一个集合用更简单的形式表述出来. 我们必须证明满足新表述方式的所有元素构成的集合与原来的集合相等.

**A.4注记**（集合相等）  为证明 $A = B$，需要证明 $A$ 的任意元素均在 $B$ 中且 $B$ 的任意元素均在 $A$ 中；即证明 $A \subseteq B$ 且 $B \subseteq A$. 也可以将其中一个集合的定义转换成另一个集合的定义，但要求这种转换操作不改变元素与集合之间的隶属关系.

本书为各种图证明了许多特征刻画定理. 这种定理都断言某两个集合相等（例如，所有二部图构成的集合等于由所有不含奇环的图构成的集合，定理1.2.18).

通常，一个数学模型定义了一个由解构成的集 $S$；这些解就是满足问题条件的所有对象．我们要明确地列举或描述这些解，这也给出了一个集合 $T$．这样，问题就变成了证明 $S=T$．证明 $S\subseteq T$ 即证明任意解都属于 $T$；证明 $T\subseteq S$ 即证明 $T$ 的任意成员均是一个解．∎

**A.5 注记**（刻画一个集合） 给定一个集合 $A$，我们要刻画由 $A$ 中满足给定条件的所有元素构成的子集 $S$．为此，可以写成"$S=\{x\in A:\text{condition}(x)\}$"．我们将这种写法读作"$S$ 是由 $A$ 中满足'condition'条件的所有元素 $x$ 构成的集合"．例如，表达式 $\{n\in\mathbf{N}:n^2\leqslant 25\}$ 是集合 $\{1,2,3,4,5\}$ 的另一种表示法．

在这种表示法中，集合 $A$ 是 $x$ 的**全域**．如果上下文已经明确了全域的意义，则可以从这种表示法中删除全域这个部分．如，$\{n^2:n\in\mathbf{N}\}$ 是所有正整数的平方构成的集合．∎

许多特殊的集合都有大家常用的名字或记号．

**A.6 定义** 如果 $a,b\in\mathbf{Z}$，则将 $\{i\in\mathbf{Z}:a\leqslant i\leqslant b\}$ 记为 $\{a,\cdots,b\}$．如果 $n\in\mathbf{N}$，则将 $\{1,\cdots,n\}$ 记为 $[n]$；而 $[0]=\varnothing$．由所有**偶数**构成的集合是 $\{2k:k\in\mathbf{Z}\}$．由所有**奇数**构成的集合是 $\{2k+1:k\in\mathbf{Z}\}$．一个整数的**奇偶性**表明这个整数是奇数还是偶数． 472

注意，0 是偶数；我们只有在讨论整数时，才有"奇数"和"偶数"的提法．任意整数只能是奇数或偶数，不能既是奇数又是偶数．

**A.7 定义** 集合 $A$ 的一个**划分**是 $A$ 的一些子集 $A_1,\cdots,A_k$，使得 $A$ 的每个元素恰好属于这些子集中的一个．

奇数集和偶数集划分了 $\mathbf{Z}$．将集合 $A$ 划分成 $A_1,\cdots,A_k$ 后，$A_1,\cdots,A_k$ 这些集合称为"块""类""部分"或者"部集"．在组合论中通常用"块"这种说法，但是在图论中"块"这个词还有其他定义，因此我们常用"类"或者"集"这种说法．"部集"只用于将图的顶点集划分成独立子集时得到的那些集合．

**A.8 注记**（关于全域的约定） 如果我们使用"$[n]$"这种写法，则 $n$ 应理解为一个非负整数．如果用 $n$ 来表示某个图的顶点数，则由上下文可以知道 $n$ 是一个自然数．如果我们只说某个数是正数但没有提及包含它的数集，则我们是指这个数是一个正实数．因此，"考虑 $x>0$"的意思是"设 $x$ 是一个正实数"，但是在"对于 $n\geqslant 2$，令 $G$ 是一个 $n$-顶点图"中我们约定 $n\in\mathbf{N}$．∎

**A.9 定义** 如果对某个 $n\in\mathbf{N}\cup\{0\}$，集合 $A$ 和 $[n]$ 之间存在一个一一对应，则称 $A$ 是**有限的**．这个 $n$ 值称为 $A$ 的**大小**，记为 $|A|$．

前面给出的几个数集的另一个基本的性质是，只要 $m\neq n$，则任意集合 $A$ 不可能与 $[m]$ 和 $[n]$ 都有一一对应．故有限集合的大小是良定义的．对一个集合进行**计数**就是确定其大小．

**A.10 注记**（定义中的"如果"） 定义数学性质时有一个约定俗成的说法，即，**如果**一个对象满足某个条件则称该对象具有某种性质．这样，条件就可以用性质来替换，反之亦然；故这种"如果"实际上相当于"当且仅当"．定义中的这种约定俗成反映了这样一种观念，即：只有定义是完备的，被定义的概念才会存在．∎

存在几种自然的方法用来从集合得到新集合．

**A.11 定义** 设 $A$ 和 $B$ 是集合，它们的**并集** $A\bigcup B$ 由位于 $A$ 或 $B$（或同时位于二者）中的所有元素构成；它们的**交集** $A\bigcap B$ 由同时位于 $A$ 和 $B$ 中的所有元素构成；它们的**差集** $A-B$ 由位于 $A$ 但不位于 $B$ 中的所有元素构成；它们的**对称差** $A\triangle B$ 由恰属于 $A$ 和 $B$ 之一的所有元素构成．

如果两个集合的交为空集 $\varnothing$，则称这两个集合**不相交**．如果集合 $A$ 含于所讨论的某全域 $U$ 中， 473

则 $A$ 的**补集** $\overline{A}$ 是 $U$ 中不含于 $A$ 的所有元素构成的集合.

当我们提及对某个简单图取"补"时,我们保持顶点集不变而对边集(看成是若干个顶点对)取补集,此时全域是所有的顶点对.另有一些时候,我们还说 $G$ 中 $\overline{S}$ 是顶点集 $S$ 的补集,此时我们是指 $\overline{S}=V(G)-S$.

**A.12 注记**    在 **Venn 图**中,外层的矩形框表示所考虑的全域,矩形框中的区域对应于各个集合.不重叠的区域对应于不相交的集合.在两个集合 $A$ 和 $B$ 的 Venn 图中,4 个区域分别表示 $A\cap B$, $\overline{A\cup B}$, $A-B$ 和 $B-A$. 注意, $A\triangle B=(A-B)\cup(B-A)$.

由于 $A-B$ 由位于 $A$ 中但不位于 $B$ 中的所有元素构成,故 $A-B=A\cap\overline{B}$. 类似地,该图还说明 $\overline{B}$ 是 $A-B$ 和 $\overline{A\cup B}$ 的并集,而这两个集合是不相交的.它还说明对称差可以从并集中将交集删除而得到.

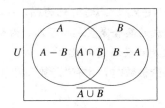

**A.13 注记**(如果 $A$ 和 $B$ 是集合)    则 $A\triangle B=(A\cup B)-(A\cap B)$. 并集包含了至少含于 $A$ 和 $B$ 之一的所有元素;我们删掉同时含于 $A$ 和 $B$ 的集合即可得到对称差.

如果 $A$ 和 $B$ 是有限集,则 $|A\cup B|+|A\cap B|=|A|+|B|$. 交集中的每个元素在等式的两端都被计算了两次,对称差中的每个元素在等式的两端都被计算了一次,(等式的两端均)没有对其他元素进行计数. ■

**A.14 定义**    元素取自 $A$ 的一个**序列**是由 $A$ 中的一些元素按一定顺序排放形成的,其中元素允许重复.一个 $k$-**元组**是具有 $k$ 个元素的序列.我们将元素取自集合 $A$ 的所有 $k$-元组构成的集合记为 $A^k$. 如果 $A=\{0,1\}$,则 $A^k$ 是**二进制 $k$-元组**的集合.

**有序对** $(x,y)$ 是具有两个元素的序列.集合 $S$ 和 $T$ 的**笛卡儿积**是集合 $\{(x,y):x\in S,y\in T\}$,记为 $S\times T$.

注意, $A^2=A\times A$ 且 $A^k=\{(x_1,\cdots,x_k):x_i\in A\}$. 我们将" $x_i$ "读作" $x_i$ ". 当 $S=T=\mathbf{Z}$ 时,笛卡儿积 $S\times T$ 是**整数格**,即坐标平面上横纵坐标都取整数的所有点构成的集合.

474

## 量词与证明

粗略地讲,一个数学命题是可以确定其真、假的论断.这就需要正确的数学语法,并且要求所有变量都被"量化".

例如, $x^2-4=0$ 这句话不能确定其真伪,因为我们不知道 $x$ 的取值.如果在这句话之前加上"当 $x=3$ 时"或者"对于 $x\in\{2,-2\}$ "或者"对某个整数 $x$ ",则它就变成了一个数学命题.

如果无论 $x$ 在集合 $S$ 中取什么值,论断 $P(x)$ 都是一个数学命题,则下面的两个陈述句也是数学命题:

"对所有的 $x\in S$,论断 $P(x)$ 为真"

"对某些 $x\in S$,论断 $P(x)$ 为真"

**A.15 定义**    命题"对所有的 $x\in S$,论断 $P(x)$ 为真"中,变量 $x$ 被**全称量化**.我们将这个命题写成$(\forall x \in S)P(x)$并称$\forall$是**全称量词**. 命题"对某些$x \in S$, 论断$P(x)$为真"中, 变量$x$被**存在量化**. 我们将这个命题写成$(\exists x \in S)P(x)$并称$\exists$是**存在量词**. 紧跟在变量取值后面的集合称为**论域**.

**A.16 注记**(表达量化过程的词汇)    一般情况下, "每个"和"对于所有"表示全称量词, 而"某些"和"存在"表示存在量词. 我们也可以通过提及论域中的任意元素来表达全称量化, 如"令$x$是一个整数"或者"未通过考试的学生其课程不合格". 下面我们给出公共的表达量化过程的一些词汇.

| 全称量词($\forall$) | (辅助词) | 存在量词($\exists$) | (辅助词) |
|---|---|---|---|
| 对[所有的], 对每个 | | 对于某个 | |
| 如果 | 则 | 存在 | 使得 |
| 只要, 对于, 给定 | | 至少有一个 | 它 |
| 每个, 任何一个 | 满足 | 某个 | 满足 |
| 一个, 任意 | 必然, 是 | 有一个 | 使得 |
| 令 | 是 | | |

"辅助词"可能不出现. 考虑"一个实数的平方是非负的", 它的意思是$x^2 \geqslant 0$对每个$x \in \mathbf{R}$都成立; 它不是关于某个实数的命题, 因而仅给出一个例子并不能证明这个命题. 当我们说"一个二部图没有奇环"时, 我们是指"每个二部图中都不存在奇环". 当我们说"令$G$是一个二部图"时, 即意味着将每个二部图都纳入了考虑. 当取图中的"任意"一个顶点时, 就是在独立地考察每个顶点. 当考察图中的"任意"一个顶点对时, 实际上是在考察图中的每一对顶点, 每次考察一对顶点.

"对每个$G$"和"对每个图$G$"的区别在于后者指明了全称变量$G$的论域.                                    475

存在量词表达的是下界; "存在一个"和"存在两个"的意思分别是"至少有一个"和"至少有两个". 像"存在唯一一个"和"恰好有两个"这样的短语均表达了相等关系. 有时, 相等关系可以从上下文判断出来, 但如果有必要就要将它们明确地表达出来.

一个命题的量词可以不止一个. 考虑命题"存在色数为任意大的三角形无关图", 其字里行间中明确地表达了多个量词的意义; 这个命题是说"对每个$n \in \mathbf{N}$, 存在一个三角形无关的图使其色数至少为$n$". "任意大"这种说法通常以上述方式表述了一个隐式的全称量词.

与此类似, "充分大"这种说法则表述了一个隐式的存在量词. 命题"$2^n > n^{1000}$对充分大的$n$成立"是指"存在$N \in \mathbf{N}$使得对所有$n \geqslant N$, 不等式$2^n > n^{1000}$成立".

**A.17 注记**    具有多个量词的命题的意思依赖于这些量词的顺序. 考虑如下两个句子:

"对每个图$G$, 存在$m \in \mathbf{N}$使得每个$v \in V(G)$的度至多为$m$"
"存在$m \in \mathbf{N}$使得对每个图$G$, 每个$v \in V(G)$的度至多为$m$"

第一个命题是真的, 而第二个命题是假的. 每个(有限)图均有一个最大度, 但对所有图而言并不存在度的最大值. 用逻辑符号可以将这两个句子写成:

$$(\forall G)(\exists m \in \mathbf{N})(\forall v \in V(G))(d_G(v) \leqslant m),$$
$$(\exists m \in \mathbf{N})(\forall G)(\forall v \in V(G))(d_G(v) \leqslant m).$$

在英文中, 量词通常出现在句子的末尾以提高其可读性, 如"每次我学到新东西时都感到特别高兴". 在含有抽象概念且具有多个量词的句子中, 我们对量词的顺序有一些约定以避免混淆. 量词作用的先后次序就是它们被陈述的次序. 特别地, 对于一个变量, 只有位于它之前的变量取定后, 才能确定它的取法.

例如, 在$(\forall G)(\exists m \in \mathbf{N})P(G, m)$中, 只有知道了$G$之后才能选取$m$. 在$(\exists m \in \mathbf{N})(\forall G)P(G, m)$

中，我们必须选出一个 $m$ 使得它对所有的 $G$ 都起作用. ■

**A. 18 注记**（对量化命题的否定）　否定词的逻辑符号是 $\neg$. 如果所有 $x \in S$ 均使得 $P(x)$ 为真这个命题不成立，则必存在某个 $x \in S$ 使得 $P(x)$ 为假. 类似地，对一个存在量化命题进行否定将得到一个全称量化命题. 用符号表示为：

$$\neg[(\forall x \in S)P(x)] \text{ 的意义等同于} (\exists x \in S)(\neg P(x)).$$
$$\neg[(\exists x \in S)P(x)] \text{ 的意义等同于} (\forall x \in S)(\neg P(x)).$$

否定一个命题时，量化过程的论域并不发生变化.

例如，A. 17 中的假命题是：

$$(\exists m \in \mathbf{N})(\forall G)(\forall v \in V(G))(d_G(v) \leqslant m).$$

其否命题相当于 $(\forall m \in \mathbf{N})(\exists G)[\neg((\forall v \in V(G))(d_G(v) \leqslant m))]$，它可以进一步简化为 $(\forall m \in \mathbf{N})$ $(\exists G)(\exists v \in V(G))(d_G(v) > m)$. 这个命题即是"对于每个自然数 $m$，存在一个图使得它有一个顶点的度大于 $m$"，它是真的. ■

逻辑连词可以用来构造复合命题.

**A. 19 定义**　逻辑连词. 下表中定义了几个操作，它们的名字位于第一列中，而它们的真值位于最后一列中.

| 名称 | 符号 | 意义 | 取真的条件 |
|------|------|------|-----------|
| 否定 | $\neg P$ | 非 $P$ | $P$ 为假 |
| 合取 | $P \wedge Q$ | $P$ 且 $Q$ | 同为真 |
| 析取 | $P \vee Q$ | $P$ 或 $Q$ | 至少有一个为真 |
| 双条件 | $P \Leftrightarrow Q$ | $P$ 当且仅当 $Q$ | 二者的真值表相同 |
| 条件 | $P \Rightarrow Q$ | $P$ 蕴涵 $Q$ | $P$ 为真则 $Q$ 为真 |

**A. 20 注记**　合取和析取是作用在命题各个构件真值上的量词. 如果命题的所有构件都为真，则合取（"且"）恰好为真. 如果命题的构件中有一个为真，则析取（"或"）恰好为真. 根据我们对否定的理解，可以得到 $\neg(P \wedge Q)$ 与 $(\neg P) \vee (\neg Q)$ 以及 $\neg(P \vee Q)$ 与 $(\neg P) \wedge (\neg Q)$ 之间的逻辑等价关系. ■

**A. 21 定义**　在条件命题 $P \Rightarrow Q$ 中，我们将 $P$ 称为**假设条件**并将 $Q$ 称为**结论**. 命题 $Q \Rightarrow P$ 是 $P \Rightarrow Q$ 的**逆命题**.

**A. 22 注记**（条件）　在 A. 19 定义的操作中，如果将 $P$ 和 $Q$ 互换，则意义发生变化的唯一一个定义是条件命题. $P \Rightarrow Q$ 与 $Q \Rightarrow P$ 之间没有一般的蕴涵关系. 对图 $G$ 来考虑这三个命题：$P$ 是"$G$ 是一条路径"，$Q$ 是"$G$ 是二部图"，而 $R$ 是"$G$ 没有奇环". 此时，$P \Rightarrow Q$ 为真但 $Q \Rightarrow P$ 为假. 另一方面，$Q \Rightarrow R$ 和 $R \Rightarrow Q$ 均为真.

注意，$G$ 在这里是一个变量. 由于这一点在上下文中已经很清楚了，故我们在这几个命题的符号表示中删掉了 $G$ 的信息. $P \Rightarrow Q$ 的确切意义用 $G$ 表达出来是 $(\forall G)(P(G) \Rightarrow Q(G))$.

条件命题为假当且仅当假设条件取真但结果取假. 因此，$P \Rightarrow Q$ 的意义是 $(\neg P) \vee Q$；这两个表示法在逻辑上是等价的. 假设条件为假的每个条件命题都为真，不管结论是否为真. $\neg(P \Rightarrow Q)$ 的意义是 $P \wedge (\neg Q)$. ■

下面给出了表述 $P \Rightarrow Q$ 的说法.

如果 $P$（为真）则 $Q$（为真）　　　　　　　　$P$ 为真仅当 $Q$ 为真

$Q$ 为真只要 $P$ 为真                 $P$ 是 $Q$ 的充分条件

$Q$ 为真如果 $P$ 为真                 $Q$ 是 $P$ 的必要条件

数学的任务就是证明蕴涵关系. 注意, 全称量化命题可以转换成条件命题. 命题"($\forall G \in G$)$(P(G))$"等同于命题"如果 $G \in G$, 则 $P(G)$"(在如下的情况下考虑这两个命题, $G$ 是所有二部图构成的图族而 $P(G)$ 断言 $G$ 没有奇环).

根据条件命题的意义可以得到最基本的证明方法.

**A.23 注记**(蕴涵关系的证明) 证明 $P \Rightarrow Q$ 的**直接证法**是: 假设 $P$ 为真, 然后用数学推理导出 $Q$ 为真. 如果 $P$ 是"$x \in A$"而 $Q$ 是"$Q(x)$", 则直接证法就是对任意一个 $x \in A$ 导出 $Q(x)$. 绝不能"用举例代替证明". $A$ 的每个成员都可能是 $x$ 的实例, 证明过程必须对所有的情况均成立.

$P \Rightarrow Q$ 的**逆否命题**是 $\neg Q \Rightarrow \neg P$. 这两个命题为假的情况都是: $P$ 为真且 $Q$ 为假. 因此, 这两个命题等价; 可以通过证明 $\neg Q \Rightarrow \neg P$ 来证明 $P \Rightarrow Q$. 这就是**逆否命题法**.

我们已经注意到 $(P \Rightarrow Q) \Leftrightarrow \neg[P \wedge (\neg Q)]$. 因此, 可以通过证明 $P$ 和 $\neg Q$ 不能同时成立来证明 $P \Rightarrow Q$. 为此, 首先假设 $P$ 且 $\neg Q$, 然后由此得到矛盾. 这就是**反证法**.

后两种方法都是**间接证法**. 如果对 $P \Rightarrow Q$ 的直接证法不大起作用, 我们就说"若不然". 此时, 即假设了 $\neg Q$, 由此开始间接证法. 但我们事先并不知道将要去导出 $\neg P$ 还是将要用 $P$ 且 $\neg Q$ 来得出矛盾. ■

这几种证明方法的实例在书中均出现过. 如果对命题结论的否定会得到丰富的信息, 则间接证法可能比较有效. 相比于寻找直接证明, 间接证法可能更容易, 因为这时在证明过程中可以同时使用假设条件和结论的否命题. 如果得出的矛盾是 $\neg Q$ 这个假设不可能成立, 则往往可以用直接证法给出一个更简洁的证明. 如果得到 $\neg P$, 就证明了逆否命题.

**A.24 注记**(双条件命题) 双条件命题"$P \Leftrightarrow Q$"等同于"$(P \Rightarrow Q) \wedge (Q \Rightarrow P)$". 我们将"$P \Leftrightarrow Q$"读作"$P$ 当且仅当 $Q$", 其中"$Q \Rightarrow P$"是"$P$ 当 $Q$"之意而"$P \Rightarrow Q$"是"$P$ 仅当 $Q$"之意.

尽管在某些时候可以用一系列等价命题来证明双条件命题, 但常用的证明方法仍然是证明条件命题及其逆命题; 而逆命题也是一个条件命题. 对于条件命题及其逆命题, 我们均可采用上述的三种基本证明方法. 为了证明 $P \Leftrightarrow Q$, 必须证明下表中每个列内的一个命题; 三个行分别表示采用的是直接证法、逆否命题法还是反证法. 证明同一列内的两个命题将相当于把同一个命题证明了两遍. ■

$$P \Rightarrow Q \qquad\qquad Q \Rightarrow P$$

$$\neg Q \Rightarrow \neg P \qquad\qquad \neg P \Rightarrow \neg Q$$

$$\neg(P \wedge (\neg Q)) \qquad\qquad \neg(Q \wedge (\neg P))$$

学生们常对"定理""引理""推论"等这些用来标识数学结果的词的确切含义产生疑惑. 在希腊语中, 引理(lemma)的意思是"前提"而定理(theorema)的意思是"待证的论题". 因此, 定理是主要结果, 其证明有一定的难度. 引理是较小的命题, 通常证明它是为了证明其他论断. 命题是"提出来"要证明的某种论断, 其难度往往比定理小. 推论(corollary)这个词来自拉丁语, 它是对一个意为"赠品"的词的修改; 推论是从定理或命题出发无须太多额外工作即可得出的论断.

## 归纳与递归

许多以自然数为变量的命题都可以用归纳法来证明. 在定理 1.2.1 中, 给出了归纳法的强形式. 这里, 我们复习以下普通的归纳法, 这也是多数学生第一次接触归纳法时学习到的形式. 它涉及自然数的良序性，即 **N** 的任意非空子集均有最小元素．我们将这个性质当作公理，这也是我们对自然数集 **N** 的直观理解的一部分．尽管我们将归纳法原理作为定理给出，但本质上它与 **N** 的良序性是等价的．

**A.25 定理**（归纳法原理）　对每个自然数 $n$，设 $P(n)$ 是一个数学命题．如果下面的性质 a 和 b 成立，则 $P(n)$ 对每个 $n \in \mathbf{N}$ 均为真．

a) $P(1)$ 为真．

b) 对于 $k \in \mathbf{N}$，如果 $P(k)$ 为真，则 $P(k+1)$ 为真．

**证明**　如果 $P(n)$ 不是对所有的 $n$ 均取真，则它取假的那些 $n$ 值构成的集合不是空集．由良序性知道，这个集合有最小元素．由 a 可知，最小元素不是 1．由 b 可知，最小元素不可能比 1 大．上述矛盾说明 $P(n)$ 对所有的 $n$ 均取真．∎

在应用数学归纳法时，我们证明 A.25 中命题 a 的过程称为**基本步骤**，证明命题 b 的过程称为**归纳步骤**．命题 b 是一个条件命题，它的假设条件（"$P(k)$" 为真）称为**归纳假设**．我们用正式的提法给出一个例子．

**A.26 命题**　令 $S$ 是由平面内的 $n$ 条直线构成的集合，其中任意两条直线恰好有一个交点且任意三条直线没有公共点，则 $S$ 将平面分割成 $1 + n(n+1)/2$ 个区域．

**证明**　我们对 $n$ 用归纳法来证明该论断对所有 $n \in \mathbf{N}$ 均成立．令 $P(n)$ 表示如下命题，即论断对这样的 $n$ 条直线构成的集合成立．

基本步骤（$P(1)$）：一条直线（将平面）分割成的区域数是 2，等于 $1 + 1(1+1)/2$．

归纳步骤（$P(k) \Rightarrow P(k+1)$）：命题 $P(k)$ 是归纳假设．设 $S$ 是满足条件的 $k+1$ 条直线构成的集合．从 $S$ 中取出一条直线，设它是 $L$（图中用虚线表示）；令 $S'$ 是由 $S$ 中将 $L$ 删除后剩下的 $k$ 条直线构成的集合．

由于 $S'$ 满足条件，故归纳假设断言 $S'$ 将平面分割成 $1 + k(k+1)/2$ 个区域．再将 $L$ 添加进来时，有些区域（被 $L$）分割开．区域数的增加值等于被 $L$ 分割开的区域的个数．每当 $L$ 穿过 $S'$ 中的一条直线时，它就从一个区域进入另一个区域．由于 $L$ 穿过 $S'$ 中的每条直线一次，故 $S'$ 中的直线将 $L$ 分割成 $k+1$ 个片断．每个片断与被 $L$ 分割的一个区域相对应．

因此，由 $S$ 分割成的区域数比由 $S'$ 分割成的区域数多 $k+1$．由 $S$ 分割成的区域数为
$$1 + k(k+1)/2 + (k+1) = 1 + (k+1)(k+2)/2.$$
我们已经证明 $P(k)$ 蕴涵 $P(k+1)$．

由归纳法原理得到，论断对每个 $n \in \mathbf{N}$ 均成立．

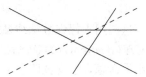

**A.27 注记**　对 A.26 的证明可以进一步讨论，这将说明用归纳法时需要注意的几个问题．首先注意到，在证明有关非负正数 $n$ 的命题时，可以将 $n = 0$ 的情况作为基本步骤．

区域数对于由 $n$ 条直线构成的所有集合都相同，这一点从这个问题的命题来看并不显然；但它是对的，因为我们已经证明这个数的计算公式只依赖于 $n$．

在证明归纳步骤时，我们在开始时取了较大问题中的一条直线 $L$．这种做法实际上保证了在取

直线时已经考虑到所有可能的实例；我们简短地回顾这种做法．

正如 A.25 中要求的那样，我们已经由 $P(k)$ 证明了 $P(k+1)$．在本书的绝大多数例子中，我们采用的归纳法的形式与 1.2 节引入的强归纳法更一致，它与这里的形式稍有不同．为了证明 $P(n)$ 对所有 $n \in \mathbf{N}$ 成立，对于上面的例子我们将首先证明"基本步骤：$n=1\cdots$"再证明"归纳步骤：$n>1\cdots$"．在证明归纳步骤时，考虑这样的 $n$ 条直线构成的任意一个集合 $S$，从中删除一条直线 $L$，然后将归纳假设应用到所得的集合 $S'$ 上．

这两种表述方式表达的证明过程的实质内容是一样的．刚才描述这种表述方式强调的是待证论断要证明的事实．基本步骤直接验证论断对于归纳参数的最小取值是正确的．当参数取更大值时，此时证明待证事实的正确性要利用归纳假设，即待证事实对于较小的参数是正确的，这就是归纳步骤．（反复）利用归纳步骤即可证明论断对于参数的任何子序列都成立．                                    ■   480

学习在图论中使用归纳法时，很多学生在两个特殊场合会遇到麻烦．其一是当要用归纳法证明的命题 $P(n)$ 本身是一个条件命题 $A(n) \Rightarrow B(n)$ 时．此时，归纳假设是命题 $A(n-1) \Rightarrow B(n-1)$．注记 1.3.25 给出了此时归纳步骤的一个范例，且这种例子在第 1 章中比比皆是．

另一个麻烦称为"归纳陷阱"，例 1.3.26 花费了大量篇幅对此进行讨论．这里，我们给出另一个例子，由 $P(n)$ 来证明 $P(n+1)$，但其论述方式却经常将学生引入归纳陷阱．

**A.28 例**（握手问题）   阶为 $n$ 的握手聚会（也称作 $n$-聚会）是由 $n$ 对已婚夫妻参加的聚会，其中每对夫妻之间不互相握手，且除男主人之外与其他 $2n-1$ 个人握手的人数各不相同．我们对 $n$ 用归纳法来证明，女主人恰好与 $n-1$ 个握手．

我们用一个简单图作为这个聚会的模型，其顶点是参与聚会的所有人，而边是互相握手的人员对．顶点的度表示与该人握手的人数．如果任何人不与其配偶握手，则每个度均介于 0 和 $2n-2$ 之间．除男主人外与其余 $2n-1$ 个人握手的人数各不相同，这个条件意味着所有的度就是从 0 到 $2n-2$ 这些数．下面给出了 $n \in \{1, 2, 3\}$ 时各种情形对应的图；位于同一圆圈内的顶点表示一对夫妻，男女主人位于每个图的最右侧．

基本步骤：如果 $n=1$，则女主人与 0（亦即 $n-1$）个人握手，因为男女主人不互相握手．

归纳步骤（**错**）：归纳假设就是该论断对 $n$-聚会成立．对于这样一个聚会，根据归纳假设，女主人的度为 $n-1$．根据前面的讨论，除男主人外其他顶点的度应分别为 $0, \cdots, 2n-2$．我们增加一对夫妻，得到一个 $n+1$-聚会．让新加入夫妻中的一个人与先前 $n$ 对夫妻中的每个人握手，而另一个人不与任何人握手．这使得先前顶点的度都增大 1，因此除去男主人外其他顶点的度分别为 $1, \cdots, 2n-1$；这对新加入夫妻的度分别为 0 和 $2n$．因此，新得到的确实是一个 $n+1$-聚会．女主人的度增加 1，故为 $n$．

归纳步骤（**对**）：归纳假设即是该论断对 $n$-聚会成立．考虑一个 $n+1$-聚会．根据前面的讨论，除男主人外其他顶点的度应分别为 $0, \cdots, 2n$．令 $p_i$ 表示这些人中度为 $i$ 的人．由于 $p_{2n}$ 与除一人外的其他所有人都握了手，因此 $p_0$ 这个没与任何人握手的人必是没与 $p_{2n}$ 握手的那个人．因此，$p_0$ 是 $p_{2n}$ 的配偶．而且，$S=\{p_0, p_{2n}\}$ 这对夫妻不是男女主人，因为男主人不在 $\{p_0, \cdots, p_{2n}\}$ 中．                                    481

不位于 $S$ 中的每个人恰好与 $S$ 中的一个人握手，即 $p_{2n}$．如果删除 $S$ 得到一个较小的聚会，则

在该聚会中还剩下 $n$ 对夫妻(包括男女主人);在这个聚会中,每个人都不与自己的配偶握手,且与每个人握手的人数较原来整个聚会时与之握手的人数小 1. 因此,在这个较小的聚会中,除男主人外,与每个人握手的人数各不相同.

删除 $S$ 后,得到一个 $n$-聚会(在上图中,在 $n=3$ 的情形中删除最左侧的夫妻即得到 $n=2$ 的情形). 将归纳假设应用到这个 $n$-聚会上,可知女主人与 $S$ 这对夫妻之外的 $n-1$ 个握手. 由于她还与 $p_{2n} \in S$ 握手,故在整个 $n+1$-聚会中她与 $n$ 个人握手. ∎

例 A.28 中,第一种论述陷入了归纳陷阱,因为它并未考虑所有可能的 $(n+1)$-聚会. 它只考虑了在 $n$-聚会中按照某种方式添加一对夫妻得到的 $(n+1)$-聚会,但并未证明所有 $(n+1)$-聚会都可以通过这种方式得到.

从任意一个 $(n+1)$-聚会入手,为了得到一个情形使得归纳假设得以应用,必须证明所有的 $(n+1)$-聚会都是按上述方式得到的. 我们不能随意删除一对夫妻以得到较小的聚会. 我们必须找出一对夫妻 $S$,使得 $S$ 之外的每个人恰好与 $S$ 中的一个人握手. 只有这样才能保证较小的聚会满足所有假设条件并因此成为一个 $n$-聚会.

在前一种论述中,需要证明较大的对象均可以由较小的对象生成;而在后一种论述中,我们的需要变成了证明较小的对象满足归纳假设中的所有条件.

有时,证明归纳步骤需要用到的较小实例不止一个. 如果我们总用 $P(n-2)$ 和 $P(n-1)$ 来证明 $P(n)$,则在开始时就必须证明 $P(1)$ 和 $P(2)$ 都成立. 归纳步骤本身不能用来证明 $P(2)$ 成立,因为 $P(0)$ 根本不存在.

**A.29 例** 设 $a_1$,$a_2$,$\cdots$ 是如下定义的数列,$a_1=2$,$a_2=8$ 且当 $n \geqslant 3$ 时 $a_n=4(a_{n-1}-a_{n-2})$. 我们要找一个公式将 $a_n$ 表达成 $n$ 的形式.

我们猜想一个满足所给数据的公式. 由定义,$a_3=24$,$a_4=64$,$a_5=160$. 所有这些值都满足 $a_n=n2^n$. 猜想 $a_n$ 可能满足这个公式,我们尝试用归纳法来证明它.

当 $n=1$ 时,有 $a_1=2=1 \cdot 2^1$;当 $n=2$ 时,有 $a_2=8=2 \cdot 2^2$. 在这两种情况下,公式都成立.

在归纳步骤中,证明这个公式对 $n \geqslant 3$ 均成立. 我们要使用归纳假设,即公式对 $n-2$ 和 $n-1$ 这两个较小的实例都成立. 这使得我们可以用这两个实例的表达式来计算 $a_n$:

$$a_n = 4(a_{n-1}-a_{n-2}) = 4[(n-1)2^{n-1} - (n-2)2^{n-2}] = (2n-2)2^n - (n-2)2^n = n2^n.$$

482 公式对 $a_n$ 的有效性来自于公式对 $a_{n-1}$ 和 $a_{n-2}$ 的有效性,这即完成了证明. ∎

在这个证明中,在基本步骤中必须证明公式对 $n=1$ 和 $n=2$ 均成立;用归纳步骤来证明 $n=2$ 的情形是无效的. 例 A.29 用**递归关系**来定义 $a_1$,$a_2$,$\cdots$. 一般项 $a_n$ 是由它之前的若干项来表征的. 类似地,命题 A.26 的证明也得到由 $n$ 条直线分割成的区域数 $r_n$ 的一个递归表达;$r_n = r_{n-1} + n$,且 $r_1 = 2$.

如果递归关系在计算 $a_n$ 时要用到之前的 $k$ 个项;则必须给出 $k$ 个初始项的值才能够确切地定义所有的项;这就是递归的**阶** $k$. 用归纳法来证明 $k$ 阶递归的命题时,基本步骤一般需要证明 $k$ 个初始命题. 由枚举组合学的一些标准技术可以得出许多递归关系的解,无须进行猜想或直接用归纳法.

有时,我们在图论中也要用到递归计算. 也许在每个图上都有一个值,而不是像序列一样同一个"大小"才有一个值. 如果我们能够将图 $G$ 的值用具有较少边的图的值表示出来(并为不含任何边的图确定相应的值),则即可建立递归关系. 我们用这种技术来计算树的棵数(2.2 节)和真着色的个数(5.3节).

**函数**

函数将一个集合的所有元素转换成另一个集合的元素.

**A.30 定义**　从集合 $A$ 到集合 $B$ 的一个**函数** $f$ 为每个 $a \in A$ 分派 $B$ 中的唯一元素 $f(a)$，$f(a)$ 称为 $a$ 在 $f$ 下的**象**. 对于从 $A$ 到 $B$ 的函数(记为 $f: A \rightarrow B$)，集合 $A$ 称为**定义域**，集合 $B$ 称为**值域**. 对于定义域为 $A$ 的函数，其**象**是指 $\{f(a): a \in A\}$.

我们对许多初等函数非常熟悉，比如绝对值函数和多项式函数(它们都定义在 **R** 上). "大小"是一个函数，其定义域是所有有限集构成的集合，值域是 $\mathbf{N} \cup \{0\}$.

**A.31 定义**　对 $x \in \mathbf{R}$，**下限** $\lfloor x \rfloor$ 是不超过 $x$ 的最大整数. **上限** $\lceil x \rceil$ 是不小于 $x$ 的最小整数. **序列**是定义域为 **N** 的函数.

下限函数和上限函数将 **R** 映射到 **N**. 如果序列的值域为 $A$，则序列中的所有元素都位于 $A$ 中，我们将序列写成 $a_1, a_2, a_3, \cdots$，这里 $a_n = f(n)$. 前面我们用归纳法证明了命题序列和用数列描述的公式.

有时我们需要知道从 **R** 到 **R** 的函数的增长速度到底有多快，尤其在分析算法时. 例如，如果函数 $g$ 在自变量充分大以后以一个二次多项式为上界，则该函数的增长(至多)称为是**二次的**. 附录 B 中给出了函数增长速度的精确讨论.

483

**A.32 注记**(函数的图示)　函数 $f: A \rightarrow B$ **定义于** $A$ 上且将 $A$ **映射到** $B$. 为了将函数 $f: A \rightarrow B$ 形象化，我们用一个区域表示 $A$，用另一个区域表示 $B$；对于每个 $x \in A$ 引一个箭头指向 $B$ 中的 $f(x)$. 用有向图的术语来说，我们在部集为 $A$ 和 $B$ 的二部图上产生了一个定向，其中 $A$ 中的每个元素恰好为一条边的尾部.

函数的象包含在其值域中. 因此，我们将象画在了值域的内部.

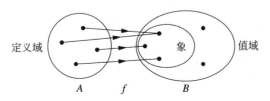

$$\text{定义域} \qquad \text{象} \qquad \text{值域}$$
$$A \qquad f \qquad B$$

为了给出一个函数，需要为每个 $a \in A$ 指定 $f(a)$. 为此，可以列举所有 $(a, f(a))$ 对，给出由 $a$ 计算 $f(a)$ 的公式，或用自然语言描述由 $a$ 得到 $f(a)$ 的规则.

**A.33 定义**　函数 $f: A \rightarrow B$ 是**双射**，如果对每个 $b \in B$ 恰好有一个 $a \in A$ 使得 $f(a) = b$.

在双射下，值域中的每个元素恰好是定义域中某一个元素的象. 因此，如果双射用 A.32 的方法来表示，则值域中的每个元素恰好是某一条边的头部.

**A.34 例**(夫妻配对)　在某个舞会上，设 $M$ 是所有男士构成的集合，设 $W$ 是所有女士构成的集合. 如果参与舞会的人全部是成对的夫妻，则可以如下定义一个映射 $f: M \rightarrow W$：令 $f(x)$ 是 $x$ 的配偶. 对于每个女士 $w \in W$，恰有一个男士 $x \in M$ 使得 $f(x) = w$. 因此，$f$ 是从 $M$ 到 $W$ 的双射. ■

双射将来自两个集合的所有元素两两配对. 因此，也可以将从 $A$ 到 $B$ 双射称为 $A$ 与 $B$ 之间的**一一对应**. 偶尔，我们还在书中使用如下的非正式说法：一个集合的所有元素"对应着"另一个集合的所有元素；此时，是指这两个集合间存在着一个自然的一一对应.

如果 $A$ 有 $n$ 个元素，则将它们全部列出形成 $a_1, \cdots, a_n$ 就得到从 $[n]$ 到 $A$ 的一个双射. 如果从另一个方向来看这个对应关系即得到一个从 $A$ 到 $[n]$ 的双射. 所有的双射都可以"倒过来".

> **A.35 定义**　如果 $f$ 是从 $A$ 到 $B$ 的一个双射, 则 $f$ 的**逆函数**是一个函数 $g: B \to A$, 它使得: 对每个 $b \in B$, $g(b)$ 是 $A$ 中唯一满足 $f(x)=b$ 的元素 $x$. 我们将函数 $g$ 记为 $f^{-1}$.

如果一个函数的值域是第二个函数的定义域, 则先用第一个函数作用再用第二个函数作用即可得到一个新的函数, 其定义域是第一个函数的定义域, 而其值域是第二个函数的值域.

> **A.36 定义**　如果 $f: A \to B$ 和 $g: B \to C$ 是两个函数, 则 $g$ 与 $f$ 的**复合**是一个函数 $h: A \to C$, 其定义为: 对所有 $x \in A$, $h(x)=g(f(x))$. 如果 $h$ 是 $g$ 与 $f$ 的复合, 则记为 $h = g \circ f$.

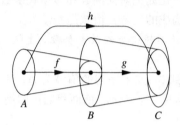

根据定义, 容易证明两个双射的复合仍是一个双射. 命题 1.1.24 中用到了这一点, 即图的多个同构映射的复合仍是同构映射.

## 计数与二项式系数

讨论计数时马上就会遇到求和以及求积, 这两个操作可以用恰当的记号简明地表示出来.

> **A.37 注记**　我们用大写"sigma"这个希腊字母 $\sum$ 来表示求和. 当 $a$ 和 $b$ 都是整数时, $\sum\limits_{i=a}^{b} f(i)$ 的值是在所有满足 $a \leqslant i \leqslant b$ 上对 $f(i)$ 求和的结果. 这里, $i$ 是**求和操作的索引**而 $f(i)$ 是**求和项**.
>
> 我们用 $\sum\limits_{j \in S} f(j)$ 来表示函数 $f$ 在集合 $S$ 的所有元素上取值之和. 如果未指明任何子集, 则 $\sum\limits_{j} x_j$ 表示在全域上求和. 如果表示求和项的符号不发生变化, 则可以省略求和符号的下标, 写成 $\sum x_i$.
>
> 当用大写"pi"这个希腊字母, 即 $\prod$ 来表示带索引的求乘积操作时, 可以采用类似的记法. ∎

为了完成对有限集合的计数, 可以将问题分解成若干个子问题, 有两个法则可以帮助我们按照这种方式组织这些子问题. 这两个法则的依据是大小的定义和双射的性质.

> **A.38 定义**　**加法法则**断言: 如果 $A$ 是有限集且 $B_1, \cdots, B_m$ 是 $A$ 的一个划分, 则 $|A| = \sum\limits_{i=1}^{m} |B_i|$.
>
> 设 $T$ 是一个集合, 对其元素的表征可以分为若干个步骤 $S_1, \cdots, S_k$ 且不管步骤 $S_1, \cdots, S_{i-1}$ 是如何完成的, 步骤 $S_i$ 均可以用 $r_i$ 种方法来完成. **乘法法则**断言: $|T| = \prod\limits_{i=1}^{k} r_i$.

例如, 如果序列中的元素取自一个大小为 $q$ 的集合, 则长度为 $k$ 的序列共有 $q^k$ 个. 不管其他位置的元素是如何选取的, 序列中每个位置的元素均有 $q$ 种选择. 根据乘法法则, 共有 $q^k$ 种方法来构造 $k$-元组.

> **A.39 定义**　有限集 $S$ 的一个**置换**是从 $S$ 到 $S$ 的一个双射. 对于 $[n]$ 的一个置换 $f$, 它的**词形**就是依次列出置换中的各个元素所得到的形式 $f(1), \cdots, f(n)$. 集合 $S$ 的所有元素的一个**排列**就是按照某种顺序依次列举所有的元素. 我们用 $n!$ (读作 $n$ 的**阶乘**) 来表示 $\prod\limits_{i=1}^{n} i$, 并约定 $0! = 1$.

$[n]$ 的置换的词形包含了该置换的全部信息. 为了方便计数, 我们将词形看作置换. 因此,

614325 是 [6] 的一个置换. 按照这种观点, [n] 的一个置换就是 [n] 的一个排列.

**A. 40 定理** 任意 n-元集合有 n! 个置换(不重复的排列). 一般情况下, 对大小为 n 的集合, 其中 k 个不同元素的排列共有 n(n−1)⋯(n−k+1) 个.

**证明** 对于大小为 n 的集合 S, 我们对由 S 中 k 个不同元素构成的序列进行计数. 如果 k>n, 则不存在这样的序列, 这与计算公式一致. 我们逐次确定排列中的元素, 即在确定第 i+1 个元素之前先确定之前的所有元素, 由此来构造整个排列.

存在 n 种方式来确定 1 的象. 对于每一种方式, 又存在 n−1 种方式来确定 2 的象. 一般情况下, 确定了前 i 个数的象之后, 为了避免重复使用已经用过的元素, 还有 n−i 种方式来确定下一个数的象, 不管前 i 个数的象是如何确定的. 由乘法法则得到排列的个数等于 $\prod_{i=0}^{k-1}(n-i)$. ∎

序列中元素的次序在一些情况下又常常没有太大意义.

**A. 41 定义** 从 [n] 中选取 k 个元素的一个**组合**是 [n] 的一个 k-元子集. 这种组合的个数是 "n 选 k", 记为 $\binom{n}{k}$.

如果 k<0 或 k>n, 则 $\binom{n}{k}=0$; 此时, 无法从 [n] 中选取 k 个元素. 当 $0\leqslant k\leqslant n$ 时, 有简单的计算公式.

**A. 42 定理** 对于满足 $0\leqslant k\leqslant n$ 的整数 n 和 k, $\binom{n}{k}=\dfrac{1}{k!}\prod_{i=0}^{k-1}(n-i)$.

**证明** 将组合与排列关联起来. 我们用两种方法对 [n] 中的 k 元排列进行计数. 像 A. 40 那样依次确定排列中各个位置的元素, 得到这种排列的个数为 n(n−1)⋯(n−k+1).

另一方面, 可以先取出一个 k 元子集, 然后按一定次序将其中的元素列出来. 根据定义, 共有 $\binom{n}{k}$ 种选取子集的方法. 根据乘法法则, 这种排列的数目为 $\binom{n}{k}k!$.

这两种计数方法都计算了这种排列的个数, 因此有 $n(n-1)\cdots(n-k+1)=\binom{n}{k}k!$. 两端同时除以 k! 即可完成证明. ∎

计算 $\binom{n}{k}$ 的公式可以写成 $\dfrac{n!}{k!(n-k)!}$, 但定理 A. 42 中的表达形式更有用, 尤其是当 k 比较小时. 比如, $\binom{n}{2}=n(n-1)/2$ 而 $\binom{n}{3}=n(n-1)(n-2)/6$, 前者是含 n 个顶点的完全图的边数. 这种形式更能体现计数论述的本质, 它是在分子和分母中约掉了因子 (n−k)!.

由于所有的 $\binom{n}{k}$ 恰好作为系数出现在两项和的 n 次方中, 故这些数也称为**二项式系数**.

**A. 43 定理**(二项式定理) 对 $n\in\mathbf{N}$, $(x+y)^n=\sum_{k=0}^{n}\binom{n}{k}x^k y^{n-k}$.

**证明** 证明过程就是将乘积 (x+y)(x+y)⋯(x+y) 展开的过程. 为了得到乘积结果中的一个项, 必须从每个因子中选取 x 或者 y; x 因子的个数是 {0, ⋯, n} 中的一个数 k, 而其余 n−k 个因子都是 y. $x^k y^{n-k}$ 的项数等于选取 k 个 x 因子的方法数. 对 k 求和即得到公式中的所有项. ∎

根据大小的定义和双射的复合, 可以知道: A 和 B 具有相同的大小当且仅当存在从 A 到 B 的双射.因此,为了计算某个集合的大小,可以建立一个双射将它映射到某个已知大小的集合.

比较简单的例子是,论证顶点集为 $[n]$ 的完全图有 $\binom{n}{2}$ 条边进而得到顶点集为 $[n]$ 的简单图共有 $2^{\binom{n}{2}}$ 个的过程.命题 1.3.10 用建立双射的方法计算了 Petersen 图中 6-环的个数.习题 1.3.32 用建立双射的方法计算了顶点集为 $[n]$ 且所有度均为偶数的图的个数.定理 2.2.3 用建立双射的方法计算了顶点集为 $[n]$ 的树的棵数.

**A.44 引理**    对于 $n \in \mathbf{N}$,$[n]$ 的大小为偶数的子集的个数等于 $[n]$ 的大小为奇数的子集的个数.

**证明**    方法 1(建立双射). 对于大小为偶数的每个子集,如果元素 $n$ 在其中出现,则从该子集中删除 $n$;否则,将 $n$ 添加到该子集中.这样,子集的大小变化了 1,因而得到了一个大小为奇数的子集.这样建立的映射是双射,因为每个包含 $n$ 的奇子集都只能从不含 $n$ 的偶子集得到,且每个不含 $n$ 的奇子集都只能从包含 $n$ 的偶子集得到.

方法 2(用二项式定理). 在定理 A.43 中,令 $x = -1$ 而 $y = 1$ 得到 $\sum_{k=0}^{n} \binom{n}{k} (-1)^k = (-1+1)^n = 0$(定理 A.43 是用建立双射的方法来证明的).                                               ■

|487|

下面,我们证明几个涉及二项式系数的恒等式,以此展示建立双射的组合论证方法和用两种方法对集合进行计数的思想.只要证明了等号的两端是对同一个集合的计数,即可证明该恒等式成立.

**A.45 引理**    $\binom{n}{k} = \binom{n}{n-k}$.

**证明**    方法 1(用两种方法计数). 根据定义,$[n]$ 有 $\binom{n}{k}$ 个大小为 $k$ 的子集.选取 $k$ 个元素的另一种方法是从集合中选取 $n-k$ 个元素并将它们删掉,而选取 $n-k$ 个元素的方法有 $\binom{n}{n-k}$ 种.

方法 2(建立双射). 等式的左端计算了 $[n]$ 的 $k$-元子集的个数,右端计算了 $n-k$-元子集的个数.而"补"操作建立了这两类集合之间的双射.                                               ■

通常,"用两种方法计数"意味着要将所有元素用两种方法分组.有时,其中一种计数方法仅能给出集合大小的一个界限;此时,计数方法所证得的是一个不等式;第 3 章(也可以参见习题 1.3.31)有几个这样的实例.这里仍只证明等式.

**A.46 引理**(主席恒等式)    $k\binom{n}{k} = n\binom{n-1}{k-1}$.

**证明**    等式的两端都是对如下的方案数进行的计数:从 $n$ 个人中选出一个设立了一个主席职位的 $k$-人委员会.等式的左端,先选出委员会成员,再从这些成员中选出主席;等式的右端,先选出主席,再从剩下的人中选出委员会的其他成员.                                               ■

很多学生将下一个公式看成归纳法的第一个应用,但用两种方法计数也很容易证明它.

**A.47 引理**    $\sum_{i=1}^{n} i = \dfrac{n(n+1)}{2}$.

**证明**    等式的右端是 $\binom{n+1}{2}$;可以将它看成两个端点均位于 $\{1, \cdots, n+1\}$ 中的非平凡区间的个数.另一方面,可以根据区间的长度将这些区间分组;有一个长度为 $n$ 的区间,两个长度为 $n-1$ 的区间,等等,最后有 $n$ 个长度为 1 的区间.                                               ■

引理 A. 47 可以推广为 $\sum_{i=k}^{n} \binom{i}{k} = \binom{n+1}{k+1}$. 要用两种计数的方法来证明它，需要将 $[n+1]$ 的所有 $k+1$-元子集分组，使得第 $i$ 组子集的大小恰好为 $\binom{i}{k}$.

最后，我们给出二项式系数的一个递归计算公式.

**A. 48 引理**（Pascal 公式）   如果 $n \geq 1$，则 $\binom{n}{k} = \binom{n-1}{k} + \binom{n-1}{k-1}$.

**证明**   计算 $[n]$ 中 $k$-元集合的个数. 这些集合中有 $\binom{n-1}{k}$ 个不包含元素 $n$ 且有 $\binom{n-1}{k-1}$ 个包含元素 $n$. ∎

将 $n=0$ 的情况以初始条件的形式给出，即 $\binom{0}{0}=1$ 且 $\binom{0}{k}=0$ 对任意 $k \neq 0$ 成立；Pascal 公式可以用在归纳法中来证明许多关于二项式系数的论断，包括定理 A. 42～A. 43.

488

**A. 49 注记**（多项式系数）   二项式系数和二项式定理可以推广到多项式. 如果 $\sum n_i = n$，则多项式系数 $\binom{n}{n_1, \cdots, n_k}$ 是 $(\sum_{i=1}^{k} x_i)^n$ 的展开式中 $\prod x_i^{n_i}$ 的系数. 它的值为 $n! / \prod n_i!$. $\prod x_i^{n_i}$ 这种形式的项只有在 $\sum n_i = n$ 时才会出现. 否则，没有这种形式的项可以被计数，故当 $\sum n_i \neq n$ 时我们约定 $\binom{n}{n_1, \cdots, n_k} = 0$.

这个系数中的每一个和因子都是由 $n$ 个对象的一个排列构成的 $n$ 元组，并且对于任意 $i$ 值该排列中均出现了对象 $i$ 的 $n_i$ 个拷贝. 对象 $i$ 出现在位置 $j$ 相当于从第 $j$ 个因子 $(x_1 + \cdots + x_k)$ 中选取了项 $x_i$.

对这些排列进行计数可以导出公式 $n! / \prod n_i!$. $n$ 个不同对象的排列共有 $n!$ 个；如果将 $n$ 个对象看成是不同的，则每个排列被重复计算了 $\prod n_i!$ 次，因为交换同一个对象的不同拷贝并不改变这个排列.

在推论 2.2.4 中，这些排列对应于顶点集为 $[n]$ 且具有指定度的树. 如果对任意 $i$ 值令 $x_i = 1$，则得到元素取自 $k$ 种字母且各元素的重数是任意的 $n$-元组的总数；即 $k^n$. ∎

## 关系

给定对象 $s$ 和 $t$，它们不必具有相同的类型，我们可能要问它们是否满足某种给定的关系. 设 $S$ 是由第一类对象构成的集合，而 $T$ 是由第二类对象构成的集合. 可能某些有序对 $(s, t)$ 满足给定的关系，但另一些可能不满足这种关系. 下面的定义使得这种思想更确切.

**A. 50 定义**   如果 $S$ 和 $T$ 是集合，则 $S$ 与 $T$ 之间的一个**关系**是笛卡儿积 $S \times T$ 的一个子集. $S$ 上的一个**关系**是 $S \times S$ 的一个子集.

通常，我们在元素对上添加一个条件来定义一个关系. 在 1.1 节中，我们在图 $G$ 上定义了几个关系. $S = V(G)$ 和 $T = E(G)$ 间的**关联关系**是如下的有序对 $(v, e)$ 构成的集合：$v \in V(G)$，$e \in E(G)$ 且 $v$ 是边 $e$ 的一个端点. $V(G)$ 上的**邻接关系**是由如下的有序顶点对 $(x, y)$ 构成的集合：$x$ 和 $y$ 是某条边的两个端点.

**A. 51 注记**   设 $R$ 是定义在集合 $S$ 上的一个关系. 在讨论 $S$ 中的多个元素时，我们用副词**两两地**来表述这些元组中任意两个元素构成的序对均满足 $R$. 因此，我们有两两互不相交的集合构成的集族，或者两两同构的图构成的图族这样的提法．图中的一个独立集是由两两互不相邻的顶点构成的集合．由**不同对象**构成的集合是指由两两互不相等的对象构成的集合．

我们需要"两两地"这个词是因为关系是针对有序对定义的．由于同样的原因，在只讨论某两个对象时，我们不用"两两地"这个词．如果两个图同构，可以不说它们两两同构．类似地，对于某条边的顶点，我们说它们相邻而不说它们两两相邻；满足邻接关系的是某些顶点对．■

为了给出 $S$ 和 $T$ 之间的一个关系，可以列出满足该关系的所有序对．通常，比较方便的做法是给出一个**矩阵**，其中用 $S$ 中的元素来标识行而用 $T$ 中的元素来标识列，从而标识矩阵中的位置．这样就可以通过记录来给出关系：如果序对 $(s, t)$ 满足该关系，则在矩阵的 $s$ 行 $t$ 列的位置上记录 1；如果 $(s, t)$ 不满足该关系，则在相应的位置上记录 0．因此，图的邻接矩阵和关联矩阵就是记录邻接关系和关联关系的矩阵（参见定义 1.1.17）．

"具有相同的奇偶性"这一条件定义了 **Z** 上的一个关系．如果 $x$，$y$ 同为奇数或者同为偶数，则 $(x, y)$ 满足该关系；否则它就不满足这种关系．由奇偶性的一些重要性质诱导出一类重要的关系．

**A.52 定义**　集合 $S$ 上的一个**等价关系**是 $S$ 上的一个关系 $R$，它对不同元素 $x$，$y$，$z \in S$ 满足：

a)$(x, x) \in R$(**自反性**)．

b)$(x, y) \in R$ 蕴涵 $(y, x) \in R$(**对称性**)．

c)$(x, y) \in R$ 且 $(y, z) \in R$ 蕴涵 $(x, z) \in R$(**传递性**)．

对任意集合 $S$，**相等关系** $R = \{(x, x): x \in S\}$ 是 $S$ 上的一个等价关系．在命题 1.1.24 中，我们证明了同构关系是所有图上的一个等价关系．该等价关系中采用的记号 $G \cong H$ 表明的意义是"在某种意义下相等"．

**A.53 定义**　给定 $S$ 上的一个等价关系，与 $x \in S$ 等价的所有元素构成的集合是包含 $x$ 的**等价类**．

对于 $S$ 上的一个等价关系，其所有的等价类构成了 $S$ 的一个划分；$x$ 和 $y$ 同属于划分中的一个类，当且仅当 $(x, y)$ 满足该关系，其逆命题也成立．如果 $A_1$，$\cdots$，$A_k$ 是 $S$ 的一个划分，则"$x$ 和 $y$ 同属于划分中的一个集合"这个条件定义了 $S$ 上的一个等价关系．

奇偶性将整数划分成两个等价类，这实际上是根据整数被 2 除所得的余数来划分的．这种思想可以推广到任意自然数．

**A.54 定义**　给定自然数 $n$，如果整数 $x$ 和 $y$ 的差 $x - y$ 可以被 $n$ 整除，则称 $x$ 和 $y$ 是**模 $n$ 同余**的．将它记为 $x \equiv y \bmod n$，自然数 $n$ 称作**模**．

**A.55 定理**　对于 $n \in \mathbf{N}$，模 $n$ 同余是 **Z** 上的一个等价关系．

**证明**　自反性：$x - x$ 等于 0，它能被 $n$ 整除．

对称性：如果 $x \equiv y \bmod n$，则由定义有 $n | (x - y)$．由于 $(y - x) = -(x - y)$ 且 $n$ 整除 $-m$ 当且仅当 $n$ 整除 $m$，因此又得到 $n | (y - x)$．故 $y \equiv x \bmod n$．

传递性：如果 $n | (x - y)$ 且 $n | (y - z)$，则存在整数 $a$，$b$ 使得 $x - y = an$ 且 $y - z = bn$．将这两个等式相加得到 $x - z = an + bn = (a + b)n$，因此 $n | (x - z)$．故这个关系是传递的．■

**A.56 定义**　对于"模 $n$ 同余"这个关系，其等价类称为模 $n$ 的**余数类**或者**同余类**．所有同余类构成的集合记为 $\mathbf{Z}_n$ 或 $\mathbf{Z}/n\mathbf{Z}$．

模 $n$ 有 $n$ 个余数类．对于 $0 \leq r < n$，$\mathbf{Z}_n$ 中的第 $r$ 个类是指 $\{kn + r: k \in \mathbf{Z}\}$．$a$ 和 $b$ 这两个数位于第 $r$ 个类中当且仅当它们被 $n$ 除时的余数均为 $r$．因此，"$m \equiv r \bmod n$"的意思等同于"$m$ 与 $r$ 相差 $n$ 的一个倍数"．

### 鸽巢原理

鸽巢原理的思想很简单，但它能够得到优美的证明过程并可能导致分情况讨论这种证明技巧．在数构成的任意集合中，平均值总介于最小值和最大值之间．在处理整数时，鸽巢原理使得我们能够根据需要对平均值向上取整或者向下取整．

**A.57 引理**（鸽巢原理）  如果对象多于 $kn$ 的一个集合被划分成 $n$ 个类，则必有一个类包含的对象多于 $k$ 个．

**证明**  其逆否命题断言，如果每个类都至多包含 $k$ 个对象，则对象的总数不超过 $kn$．  ■

由于鸽巢原理允许我们利用集合中极端元素的其他信息，它可能会导致分情况讨论．鸽巢原理这个简单的思想可能会突然地出现在我们的论述中，但它的使用可能非常有效．当我们发现需要使用鸽巢原理时，应用它总能解决问题：我们需要在某集合中产生一个足够大的值，而鸽巢原理就提供了这样的值．

对鸽巢原理的某些应用是相当精妙的．8.3节就给出了几个这样的例子．精妙之处在于如何定义对象和类使得鸽巢原理能够得以应用．

命题1.3.15利用 A.13 证明了下面的命题．这里用鸽巢原理来证明它．

**A.58 命题**  如果 $G$ 是一个简单 $n$-顶点图且满足 $\delta(G) \geqslant (n-1)/2$，则 $G$ 是连通的．

**证明**  取 $u,v \in V(G)$．如果 $u \nleftrightarrow v$，则至少有 $n-1$ 条边将 $\{u,v\}$ 与其他顶点相连，因为 $\delta(G) \geqslant (n-1)/2$．其他顶点共有 $n-2$ 个，由鸽巢原理可知有一个顶点与上述这些边中的两条相关联．由于 $G$ 是简单图，故该顶点是 $u$ 和 $v$ 的公共相邻顶点．

对于任意两个顶点 $u,v \in V(G)$，我们已经证明了 $u$ 和 $v$ 要么相邻，要么有一个公共的相邻顶点．故 $G$ 是连通的．  ■  |491|

鸽巢原理在有关树的论述中也非常有用．此时，顶点数比边数大1；如果每个顶点均以某种方式选择一条边，则有一条必然被选中了两次．这时，基本思想就是设计选择过程使得某条边被选中两次时所需的结果恰好出现．引理8.1.10和定理8.3.2中给出了这种思想的应用．

在由数构成的集合中，平均数必然介于最小值和最大值之间；鸽巢原理就是这一原理的离散形式．对于前者，推论1.3.4中讨论顶点度时给出了明确的论述；鸽巢原理的其他应用零星地分布于整本书中．  |492|

# 附录 B  最优化和复杂度

一位销售人员要巡游其他 $n-1$ 个城市再回到出发地，其自然的想法是花费最短的巡游时间．如果为 $K_n$ 的每条边分配一个权值使之等于相应城市间的旅行时间，则要求的就是总权值最小的生成环．这就是著名的**旅行商售货问题**（TSP）．尽管它看起来与最小生成树问题有些类似，但目前 TSP 还没有找到有效的算法．

类似地，尽管我们有一个有效算法来找出（图中的）最大匹配，但没有有效的算法来找出顶点的最大独立子集．由于在线图中前一个问题是后一个问题的特殊情况，因此它比较容易求解也就不足为奇了．

**难解性**

我们对有效算法的定义（定义 3.2.3）是，该算法正确运行的时间以输入大小的一个多项式函数为上界．TSP 的一个算法是，考虑所有的生成环并从中选取代价最小的一个．但这不是一个有效的算法，因为 $K_n$ 有 $(n-1)!/2$ 个生成环且它比 $n$ 的任意多项式的增长速度都快．对任何一个很大的 $n$，该算法的运行时间太大了．但实际应用中，需要在具有成百上千个顶点的图上求解 TSP．

没有人找到有效算法，但也没有人证明有效算法不存在．TSP 属于一个很大的问题类，该问题类有一个性质，即其中任何一个问题的有效算法均可以产生出其中任何一个问题的有效算法．如果问题 A 可以"归约"到问题 B，则由问题 B 的有效算法可以产生问题 A 的有效算法．

例如，可以用 TSP 问题（问题 B）的有效算法来识别哈密顿图（问题 A）．给定图 $G$，为 $G$ 中的边分别权值 0 而为不是边的顶点对分配权值 1，这就得到顶点集 $V(G)$ 上的 TSP 的一个实例．图 $G$ 有一个哈密顿环当且仅当该 TSP 实例的最优解的代价为 0．上述变换的时间为 $n(G)$，因此 TSP 的一个有效算法可以用来检测生成环的存在性．我们的结论是，TSP 的难度至少与哈密顿环问题是一样的．

在正式的讨论中，我们只考虑**决断性问题**，其答案要么是 **YES** 要么是 **NO**．这对于哈密顿图的识别是可行的，但 TSP 是一个优化问题．如果将它描述成决断性问题（称为**最小生成环问题**），则问题的输入变成了一个加权图 $G$ 和一个数 $k$，而问题变成了检测 $G$ 是否有一个代价至多为 $k$ 的生成环．反复应用该决断性问题（至多应用多项式次）即可求得最小生成环．类似地，**最大独立子集问题**以图 $G$ 和数 $k$ 为输入并检测 $\alpha(G) \geqslant k$ 是否成立．

我们评判一个算法的标准是该算法在 $n$ 个顶点的所有输入上的最大（最坏）运行时间，这个时间要表示为 $n$ 的函数．决断性问题的**复杂度**指的是所有求解算法的最坏运行时间的最小值，它也要表示为输入规模的函数⊖．要刻画函数 $g$ 增长的速度，我们将它与一个参照函数 $f$ 进行比较．我们用 $f$ 来定义集合函数集合．集合 $O(f)$ 和 $\Omega(f)$ 分别刻画了以 $f$ 的倍数为上界和下界的所有函数．$\Theta(f)$ 中的函数的增长速度大致与 $f$ 相当，$o(f)$ 中的函数增长较慢，而 $\omega(f)$ 中的函数增长较快．

$$O(f) = \{g : \exists c, a \in \mathbf{R} \text{ 使得 } |g(x)| \leqslant c |f(x)| \text{ 对 } x > a \text{ 成立}\}$$

---

⊖ 从技术上讲，问题实例的**规模**是对它进行编码时所需的长度．为达到目的，用顶点数来衡量图论问题的规模就足够了．一个函数以 $n$ 的一个多项式为上界当且仅当它以形如 $n^2$ 或 $n^3$ 的多项式为上界；因此除非输入中包含了很大的权值，其他区别并不重要．

$$\Omega(f)=\{g: \exists c, a\in \mathbf{R}\ \text{使得}\ |g(x)|\geqslant c|f(x)|\ \text{对}\ x>a\ \text{成立}\}$$
$$\Theta(f)=O(f)\bigcap\Omega(f)$$
$$o(f)=\{g: |g(x)|/|f(x)|\to 0\}$$
$$\omega(f)=\{g: |g(x)|/|f(x)|\to\infty\}$$

具有多项式复杂度的问题(可以被有效算法求解)构成的类称为"P". 前面只考虑了确定性算法: 一个算法恰好执行一个多项式时间的计算.

现在, 我们考虑非确定性算法. 对于许多没有已知有效算法的决断性问题, 存在简短的证明过程来证明答案 **YES**. 例如, 如果在哈密顿环问题中能猜到所有顶点的正确顺序(给出一个长为 $O(n\log n)$bit 的序列), 则可以迅速证明这个顺序构成了一个生成环.

**一个非确定的多项式时间算法**同时对所有多项式长度的序列值进行检测, 在每个猜测(其长度是输入规模的多项式)上执行一个多项式时间的计算. 如果有一个猜测对该决断性问题回答是 **YES**, 则算法就回答是 **YES**; 否则, 算法的回答是 **NO**. 换句话说, 如果问题的答案是 **YES**, 则可以在多项式时间内证明这一点. 非确定性并不是说答案具有非确定性, 而是说得出答案的计算路径是非确定的.

494

用非确定的多项式时间算法可以求解的所有问题构成的类称为"NP". 具有并行执行多个计算这种能力的机器也能够只执行一个计算, 故 $P\subseteq NP$. 大家普遍认为 $P\neq NP$, 但这个结论还未得到证明, 因此不能将 NP 理解为"无多项式的". 因此, 我们用**难解**这个非正式的词来进行如下理解: NP 类中的问题本质上与 NP 类中的所有问题的难度是一样的.

一个问题是 **NP-难**的, 如果它的多项式时间算法可以用来构造 NP 类中任何一个问题的多项式时间算法. 如果一个问题属于 NP 类且它是 NP-难的, 则称它是 **NP-完全**的. 如果某个 NP-完全问题属于 P, 则 $P=NP$. NP-完全问题很多, 但均不是已知有多项式时间算法的. 这一点支持了 $P\neq NP$ 这种盛行的观点. Garey-Johnson[1979]详细介绍了这个主题.

如前面所讨论的, 给定一个 NP-完全问题, 其他一些问题的 NP-完全性可以由归约法来证明. 在本附录中我们给出了几个这样的归约证明. 这里, 列出了本书讨论的几个问题的复杂度.

在计算机科学中, 标准的做法是将所有词大写来表示决断性问题. 对于一个问题, 如果问题的名称表明它是一个优化问题, 则相应的决断性问题就是: 在问题输入中给定一个值, 然后检测问题的可行解是否可以取得这个给定的值. 但问题名称中的参数是问题陈述过程的一个固定部分.

这个区别很重要, 例如, 对于固定的 $k$, $k$-独立子集问题属于 P. 因为当 $k$ 是固定时, $k$-顶点子集的个数可以表示为 $n$ 的 $k$ 次多项式. 我们可以简单地测试这些集合是否为独立子集. 另一方面, **最大独立子集问题**是 NP-完全的. 它要检测 $G$ 是否有一个大小为 $k$ 的独立子集, 其中 $k$ 是输入的一部分(并可能随 $n$ 增长).

| P 问题 | NP-问题 |
| --- | --- |
| $k$-独立子集问题 | 最大独立子集问题 |
| 围长(最小环)问题 | 周长(最大环)问题 |
| 欧拉回路问题 | 哈密顿环问题 |
| 直径问题 | 最长路径问题、哈密顿路径问题 |
| 连通性问题 | |
| 2-着色问题 | (任意固定的 $k\geqslant 3$)$k$-着色问题 |
| 最大匹配问题 | $\Delta(G)$-边着色问题 |
| 可平面性问题 | 亏格问题 |

NP-完全性与缺乏验证 YES 答案的简单可操作的充要条件有关．一个**有效的特征刻画**是用一个可以在多项式时间内得到验证的条件来进行的特征刻画．对欧拉图的特征刻画是有效的，且围长问题、直径问题和 2-着色问题都可以用广度优先搜索在多项式时间内求解．**连通性问题**的多项式复杂度却不是很明显的，但是像 Menger 定理这样的最小-最大关系一般都能得到多项式时间的优化算法，但这样的算法往往都建立在网络流（参见 4.3 节）的基础上．

### 启发式算法及其近似界

旅行售货商仍在等待我们告诉他应该如何旅行．NP-完全性并不是说不再需要求解问题．我们要找到启发式算法来得到一个可行解使之与优化解比较接近．或许我们能证明某种结论以表明我们的解距离优化解到底有多远．例如，我们或许只需解的代价不超过最优解的两倍就足够了，只要有一个算法能快速求出这样的解．**近似算法**总能求得一个解使得它与最优解的比值以一个常数为界．⊖

贪心选择就是一个简单的启发式算法．对于最小生成树问题，算法的结果是最优解．在其他一些问题上，贪心算法的性能可能非常差．考虑**最大独立子集问题**．我们可以重复如下操作生成一个独立集：选择一个顶点，将该顶点和其相邻顶点删除．但是如何来选择下一个要删除的顶点呢？如果我们总能够选正确的话，则算法的结果就是最大独立集．贪心启发式规则就是从剩下的顶点中选取度最小的顶点，因为这样为选择最大独立集所留下的候选集最大．但算法的性能比可能任意地小．

**B. 1 例**（战胜贪心算法）  考虑 $(K_1 + K_m) \vee \overline{K}_m$．这个图有一个度为 $m$ 的顶点、$m$ 个度为 $m+1$ 的顶点以及 $m$ 个度为 $2m-1$ 的顶点．贪心启发式规则选中度最小的顶点，然后删除该顶点及其相邻顶点，剩下一个团．因此，贪心算法找到一个大小为 2 的独立集，但实际上 $\alpha(G) = m$.

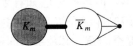

然而，贪心算法在随机产生的较大的图上却比较有效．在这个模型中（参见 8.5 节），贪心算法几乎总能找到一个独立集使其大小至少是最大独立集大小的一半．习题 12 为**最小顶点覆盖问题**给出了两个启发式算法；其中一个像例 B.1 一样比较失败；但另一个却可以得到一个近似算法．

下面，我们考虑 TSP 的简单启发式算法．用 $\{v_1, \cdots, v_n\}$ 表示所有顶点，且 $w_{ij}$ 表示边 $v_iv_j$ 上的权值．从任意一个顶点出发，选择与之关联的权值最小的边行进似乎比较合理．我们递归地从当前顶点到达目前最近的未到过的顶点．这是一个"贪心"算法，其运行速度很快．这个启发式规则就是**近邻法**．

**B. 2 例**（近邻法失败的情形）  对于不同的两个顶点 $x$ 和 $y$，将不与这两个顶点关联的边的权值均设为 0，将恰好与这两个顶点之一关联的边的权值设为 1，将边 $xy$ 的权值设为 $n$．当 $n \geqslant 4$ 时，由近邻法找到的每个环均具有权值 $n+2$，而最优解的权值为 4．因此，由算法产生的解的代价不以最优解代价的常数倍为上界，故这个算法不是一个近似算法．

类似这样的启发式规则有很多．我们总能在环中逐次插入一个顶点来得到一个环，在环中以贪

---

⊖ 最好的近似算法是一个**近似模式**，它是以 $\in$ 为标识的一族算法，其中第 $k$ 个算法由 $\in = 1/k$ 来标识且第 $k$ 个算法的性能比以 $1 + \in$ 为界．每个算法都具有多项式复杂性，但多项式的阶随 $k$ 一起增大．要提高性能就需要花更多的时间．

心方式引入一个顶点使之被加入到环之后引起的代价增量达到最小. 与近邻法相比, 上述的**最小插入启发式法**则更可能找到最优解, 因为近邻法在第 $i$ 步有 $n-i$ 中候选方案, 而最小插入法则在第 $i$ 步有 $(n-i)i$ 种候选方案(选择哪个顶点在什么位置加入). 然而, 这也不是一个近似算法(习题 7).

另一种方法是从一个生成环开始, 试着去改进它. 始终维护一个可行解(一个实际的环), 并考虑用微小的改动来改进它, 这种方法称为**局部搜索**. 允许改动, 这种方法使我们跳出了贪心算法, 因而可能会得到更好的算法.

为了改进目前的环, 我们考虑修改一对边. 假如我们的环是 $(v_1, \cdots, v_n)$, 则可以用 $v_iv_j$ 和 $v_{i+1}v_{j+1}$ 来替换 $v_iv_{i+1}$ 和 $v_jv_{j+1}$ 以得到一个新环(另一种调换顶点的方法得到的是两个互不相交的环而不是一个环). 如果 $w_{i,j}+w_{i+1,j+1} < w_{i,i+1}+w_{j,j+1}$, 则这种调换对我们就是有益的. 当前的环有 $\binom{n}{2}-n=\binom{n-1}{2}$ 对非邻接边可以考虑用于调换. Lin-Kernighan[1973]的算法考虑一次调换三条边, 但实践证明该算法很难达到调换的目的.

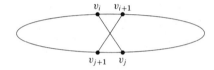

下面的定理表明为一般的 TSP 问题寻找近似算法的努力似乎必然要失败.

**B. 3 定理**(Sahni-Gonzalez[1976])    如果存在常数 $c \geqslant 1$ 和一个多项式时间算法 A 使得 A 为 TSP 产生的生成环的代价最多是最优解代价的 $c$ 倍, 则 P=NP.

**证明**    我们证明这样一个算法 A 可以用来构造求解哈密顿环问题的多项式时间算法, 但哈密顿环问题是 NP-完全的(推论 B. 11). 给定一个 $n$-顶点图 $G$, 如果 $v_iv_j \in E(G)$ 则令 $w_{ij}=1$, 否则令 $w_{ij}=cn$, 这即在同一个顶点集上构造了 TSP 的一个实例.

在 TSP 的这个实例中, 权值不超过 $cn$ 的每个生成环的代价恰好为 $n$, 并且这样的环恰好对应原输入 $G$ 的一个生成环. 由于 A 得到的解的代价不超过最优解代价的 $c$ 倍, 故 A 得到一个代价为 $n$ 的解当且仅当 $G$ 有生成环.

于是, 如前所述, 我们为哈密顿环问题设计的多项式时间算法首先生成 TSP 的一个实例, 然后在该实例上运行算法 A. 图 $G$ 是哈密顿图当且仅当 A 生成一个代价为 $n$ 的环. ∎

对于 TSP 问题的一些特殊子类, 确实存在近似算法. 为了证明一个算法是近似算法, 需要最优解的一个下界.

令 $M$ 是加权图 $G$ 的最小生成树的代价. 如果从 $G$ 的最优环中删除一条边, 即可得到一条生成路径. 由于它也是一棵生成树, 因此其代价至少是 $M$. 最优环的代价至少等于 $M$ 加上不位于某棵代价为 $M$ 的树中的代价最小的一条边的权值. 我们可以用 Kruskal 算法找出一棵最小生成树以计算这个代价.

**B. 4 定理**    在由输入满足三角不等式的所有旅行商售货问题构成的问题类中, 存在一个近似算法使得该算法找到的解的代价至多是最优解代价的 2 倍.

**证明**    满足三角不等式意味着代价矩阵对所有 $i$, $j$, $k$ 满足 $w_{i,j}+w_{j,k} \geqslant w_{i,k}$. 我们知道最优环的代价至少是 $M$, 其中 $M$ 是最小生成树的代价. 我们利用三角不等式和最小生成树来得到一个代价不超过 $2M$ 的生成环.

497

首先，对最小生成树中的每条边进行复制，如下面左侧图所示．这使得所有的度均变成了偶数，故存在一条欧拉回路；该回路有 $2n$ 条边，其总代价为 $2M$．我们不断削减边的条数并保持代价不增加，直到剩下 $n$ 条边为止．通过维护该回路使之访问到所有的顶点，我们确信最后得到的回路是一个生成环且其代价不超过 $2M$．

如果一个回路中的边多于 $n$ 条，则它对某些顶点访问了多次，不妨设它通过边 $v_i \rightarrow v_j \rightarrow v_k$ 和 $v_r \rightarrow v_j \rightarrow v_s$ 访问了 $v_j$．将 $v_i v_j$ 和 $v_j v_k$ 这两条边用 $v_i v_k$ 替换．所得的环仍然访问了原图中的所有顶点．而且，三角不等式保证了所有边的总权值不超过替换前的总权值．在下图中，我们用箭头标记了边的方向以表明各边在回路中的先后次序．

定理 B.4 中的算法曾被多次重新发现．Christofides[1976] 将性能比改进到 3/2．在找到一棵最小生成树之后，不必复制所有的边来得到一个欧拉回路，而只需添加一些边使得树中度为奇数的顶点两两配对即可．所得的图有一个欧拉回路．算法接下来的部分产生一个生成环，其代价等于 $M$ 加上上述匹配的代价．要得到 3/2 这个性能比，只需证明该匹配的代价最多是最优环代价的一半（习题 8）．这种改进是可行的，因为可以在多项式时间内找到一个最小加权匹配来浸润树中度为奇数的顶点．

## NP-完全性的证明

问题 A 到问题 B 的**变换**是将问题 A 的所有实例转换成问题 B 的实例，使得 A 的原实例的答案能够由 B 的相应实例的答案得到．如果我们有一个从 A 到 B 的有效（多项式时间）变换和一个有效求解 B 的算法，则有一个有效求解 A 的算法．我们说 A **归约**（或**变换**）到 B.

如果 A 是 NP-难的且被一个多项式变换归约到 B，则 B 也是 NP-难的（B 的多项式算法得到 A 的多项式算法，进而得到所有 NP 问题多项式算法）．如果 B 也在 NP 中，则称 B 是由 A **归约**（或**变换**）来的 NP-完全问题．

归约的方向很关键．例如，**欧拉回路问题**可以很容易归约到**哈密顿环问题**．给定输入图 $G$，将每条边替换成一条通过 3 个新顶点的具有 4 条边的路径，再添加一些边使得原图中每个顶点的所有相邻顶点两两相邻，再删除 $V(G)$．图 $G$ 是欧拉图当且仅当所得的图 $G'$ 是哈密顿图．将求解哈密顿环问题的算法应用到 $G'$ 即可确定 $G$ 是否为欧拉图．这就告诉我们，**哈密顿环问题**至少与**欧拉回路问题**具有同样的难度，（前者的复杂度至少比后者的复杂度）高一个多项式因子．由于**欧拉回路问题**比较简单（在 P 中），我们据此不能了解到关于**哈密顿环问题**的复杂度的任何有用信息．

归约技术需要一个初始的 NP-完全问题．Cook[1971] 证明了**可满足性问题**就是这样一个问题．**可满足性问题**的输入是用一系列子句表达出来的逻辑公式；每个子句均是一些文字（变量或变量的否定）．子句为真仅当其中至少有一个文字取真．如果存在所有文字的一个真值赋值使得每个子句均为真，则称公式是**可满足的**．问题就是这样的赋值是否存在．

Cook 证明了，对于 NP 中的每个问题 A，**可满足性问题**的每个实例均可以由 A 的一个实例花费多项式时间归约得到，使得**可满足性问题**实例的答案与 A 实例的答案相同．因此，NP 中的每个问题均可以归约到**可满足性问题**．

这个过程无需对每个 NP-完全问题都重复．为证明 B 是 NP-完全的，可以将可满足性问题归约到 B．任何 NP-完全问题都可以用来归约以证明 B 是 NP-完全的．如果可供选择的 NP-完全问题越多，则从原则上讲证明 B 的 NP-完全性就更容易，但实际上绝大多数 NP-完全性的证明过程仅将少数几个基本的 NP-完全问题用作已知的 NP-完全问题．

从**可满足性问题**出发，Karp[1972]给出了 21 个这样的 NP-完全问题．这些问题中包含了很多图论的基本问题，其中就有**哈密顿环问题**和**最大独立集问题**．如果有可能，应在保证 NP-完全性的前提下尽量对 NP-完全问题进行限制，这样做是很有益处的．因为更具有限制性的问题会具有更少的灵活性，因此更容易将它归约为我们欲证明其 NP-完全性的问题．

例如，如果要求**可满足性问题**的每个子句都具有三个文字，则它仍是一个 NP-完全问题．这个限制后的问题称为 3-**可满足性问题**或者 3-**SAT**．其 NP-完全性可用如下方法证明，考虑**可满足性问题**的任意一个实例，将其每个子句用与之等价的一系列仅含三个文字的子句替换（可能要引入另外一些变量）．3-**SAT** 是一个极具限制性的问题，很多 NP-完全的证明均由 3-**SAT** 归约而来．当然，如果从更具限制性的 2-**SAT** 开始归约则会更简单，但 2-**SAT** 可以在多项式时间内求解，因为它的限制性过强．

我们从 3-**SAT** 开始，因为**可满足性问题**的 NP-完全性以及它归约到 3-**SAT** 的过程与图论无关．根据 Gibbons[1985]论述的方式，我们将 3-**SAT** 归约到 3-**着色问题**和**有向哈密顿路径问题**．

**B.5 定义**（3-可满足性问题（3-SAT））

**实例**：逻辑变量集 $U = \{u_j\}$ 和**子句集** $C = \{C_i\}$，其中每个子句由 3 个文字组成，一个**文字**就是一个变量 $u_i$ 或者变量的否定 $\bar{u}_i$．

**问题**：能否将每个变量的值置为真或假使得每个子句均被"满足"（至少包含一个取值为真的文字）？

**B.6 定理**（Karp[1972]） 3-**SAT** 是 NP-完全的．

**证明** 参见习题 14． ■

**B.7 定理**（Stockmeyer[1973]） 3-**着色问题**是 NP-完全的．

**证明** 在这个问题中，给定一个图并问它是否是 3-可着色的．如果答案是 YES，则存在一个真 3-着色，而我们可以用二次时间来验证该着色是真着色．因此，3-**着色问题**在 NP 中．为证明它是 NP-难的，我们将 3-SAT 归约到 3-**着色问题**．

考虑 3-SAT 的一个实例，设其变量集为 $U = \{u_j\}$ 且子句为 $C = \{C_i\}$．我们将它变换成一个图使得该图是 3-可着色的当且仅当 3-SAT 的这个实例是可满足的．我们要使用如下所示的辅助图 $H$，将其中的 $\{u_1', u_2', u_3'\}$ 称为**输入**并将 $v$ 称为**输出**．当在变换过程中用到 $H$ 时，我们会通过输入将它粘连到一个更大的图中，如下面右侧图所示．

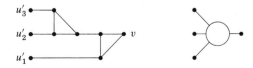

我们用 $\{0, 1, 2\}$ 来考虑 3-着色．对于 $H$ 的每个真 3-着色，如果三个输入的颜色均为 0，则 $v$ 的颜

色也是 0. 另一方面，如果三个输入的颜色不全为 0，则将这种着色扩展为 $H$ 的真着色之后 $v$ 的颜色必不为 0.

从我们给出的 3-SAT 实例出发，来构造图 $G$. 对 $U$ 中的每个变量，$u_j$ 和 $\overline{u}_j$ 都对应一个顶点，每个子句 $C_i$ 对应 $H$ 的一个拷贝 $H_i$，另外还有两个特殊的顶点 $a$, $b$. 对于每个 $j$ 值，$a$, $u_j$, $\overline{u}_j$ 构成一个三角形. 对于每个子句 $C_i$，将子图 $H_i$ 粘连到目前已经形成的部分上，粘连点就是 $C_i$ 中的文字对应的顶点. $C_i$ 中的第 $j$ 个文字在 $H_i$ 中扮演 $u'_j$ 的角色. 在粘连点以外的地方，所有 $H_i$ 两两间互不相交. 最后，顶点 $b$ 与 $a$ 邻接，还与每个 $H_i$ 的输出顶点 $v_i$ 邻接. 在下图中，我们为 3-SAT 的一个具有 4 个变量和 3 个子句的实例画出了图 $G$.

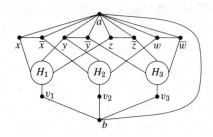

满足 $\{c_i\}$ 的一个真值赋值得出 $G$ 的一个真 3-着色 $f$. 如果在赋值中 $u_i$ 取真，则令 $f(u_i)=1$ 且 $f(\overline{u_i})=0$；否则，则令 $f(u_i)=0$ 且 $f(\overline{u_i})=1$. 对每个子句，必有某个文字取真；故在每个 $H_i$ 的输入 $\{u'_1, u'_2, u'_3\}$ 至少有一个的颜色为 1. 根据观察 $H$ 得出的结论，可以扩展 $f$ 使得每个 $v_i$ 的颜色均不为 0. 我们令 $f(b)=0$ 且 $f(a)=2$ 即得到一个真 3-着色.

反之，假设 $G$ 有一个真 3-着色 $f$. 如果有必要，可以对颜色重新命名. 这样，可以假设 $f(a)=2$ 且 $f(b)=0$. 由于 $f(a)=2$，对每个变量，它对应的文字有一个被着以颜色 0 而另一个被着以颜色 1. 根据 $f(u_j)$ 是 1 还是 0，分别给变量赋予真或假，这样即得到所有变量的一个赋值. 我们断言它满足所有子句. 由于 $f(b)=0$，故每个输出顶点的颜色都不是 0. 根据观察 $H$ 得出的结论，对应于 $H_i$ 的三个输入的顶点不能都被着以颜色 0. 因此，每个子句至少有一个取真的文字. ∎

习题 2 将这个证明扩展到 $k$-着色问题上（$k \geqslant 3$）. 对每个 $k$，$k$-着色问题均是**色数问题**的特殊情况，因此色数问题也是 NP-完全的.

501

**B. 8 定理**（Karp[1972]）  **独立集问题、团问题和顶点覆盖问题**都是 NP-完全的.

**证明**  输入图是否有一个独立子集与输入参数 $k$ 一样大，为了验证这个问题的 YES 答案，可以（在二次时间内）列举并检查所有规模为 $k$ 的集合是否为独立集. 因此，**独立集问题**包含在 NP 中.

习题 5.1.31 断言，$G$ 是 $m$-可着色的当且仅当 $G \square K_m$ 有一个大小为 $n(G)$ 的独立集. 这即将**色数问题**归约到**独立集问题**. 构造 $G \square K_m$ 的时间是 $n(G)$ 的平方，因为当 $m > n$ 之后色数问题是平凡的. 于是我们得到结论，**独立集问题**是 NP-难的.

由于 $G$ 中的团是 $\overline{G}$ 中的独立集，故**团问题**与**独立集问题**是多项式（时间）等价的. 由于 $\alpha(G)+\beta(G)=n(G)$（引理 3.2.21），因此**独立集问题**与**顶点覆盖问题**也是多项式等价的. ∎

下面，我们考虑通过生成路径和生成环来遍历图的问题. 有向图的问题比图的问题更具一般性，因为可以用对称有向图来表示图. 因此，在有向图中证明问题的 NP-完全性可能是最容易的，然后通过一个限制过程即可证明相应问题在图中的 NP-完全性.

**B. 9 定义**  给定有向图 $D$ 的顶点 $x$, $y$，**有向哈密顿路径问题**是问 $D$ 中是否有生成 $x$, $y$-路径.

**B. 10 定理**(Karp[1972])　有向哈密顿路径问题是 NP-完全的.

**证明**　$D$ 中的一条生成 $x$, $y$-路径可以在线性时间内得到确认, 故**有向哈密顿路径问题**在 NP 中. 为证明它是 NP-难的, 我们将**顶点覆盖问题**归约到**有向哈密顿路径问题**.

考虑**顶点覆盖问题**的一个实例, 它由一个图 $G$ 和一个整数 $k$ 构成; 我们想知道 $G$ 是否有一个大小(至多)为 $k$ 的顶点覆盖. 我们构造一个有向图 $D$ 使得 $D$ 有一条哈密顿路径当且仅当 $G$ 有一个大小至多为 $k$ 的顶点覆盖. 我们以任意方式对关联到一个顶点的所有边进行标号. 如果 $e=uv$ 是关联到 $u$ 的第 $i$ 条边和关联到 $v$ 的第 $j$ 条边, 则将它记为 $e_i(u)=e=e_j(v)$.

为构造 $D$, 我们从 $k+1$ 个特殊的顶点 $z_0$, $\cdots$, $z_k$ 开始. 对每个 $v\in V(G)$, 添加一条路径 $P(v)=v_1$, $\cdots$, $v_{2r}$ 到 $D$, 其中 $r=d_G(v)$. 我们从 $z_0$, $\cdots$, $z_{k-1}$ 中的每个顶点出发添加一些边指向每条 $P(v)$ 的起始顶点, 再从每条 $P(v)$ 的终止顶点添加一些边指向 $z_1$, $\cdots$, $z_k$ 中的每个顶点. 同时, 对于 $E(G)$ 的每条边 $e=e_i(u)=e_j(v)$, 添加边 $u_{2i-1}v_{2j-1}$、$v_{2j-1}u_{2i-1}$、$u_{2i}v_{2j}$ 和 $v_{2j}u_{2j}$.

假设 $G$ 有一个大小为 $k$ 的顶点覆盖, 它由顶点 $v^1$, $\cdots$, $v^k$ 构成. 我们在 $D$ 中沿 $z_0$, $P(v^1)$, $z_1$, $\cdots$, $P(v^k)$, $z_k$ 行进即形成一条 $z_0$, $z_k$-路径. 对于每个未被覆盖的顶点 $u$, 上述路径避开了 $P(u)$. 我们将这些未被覆盖的顶点成对地吸收进来. 为了吸收 $u_{2i-1}u_{2i}$, 在覆盖边 $uv=e_i(u)=e_j(v)$ 的顶点 $v$ 处从 $P(v)$ 做一个迂回. 迂回的路线是 $v_{2j-1}u_{2j-1}u_{2j}v_{2j}$, 如下图所示. 由于 $v_{2j-1}$, $v_{2j}$ 这两个顶点只与一条边关联, 故每一条这样的迂回路线最多使用一次. 在实现了所有的迂回之后, 即在 $D$ 中得到了一条哈密顿 $z_0$, $z_k$-路径.

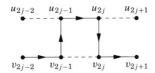 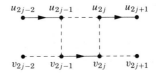

反之, 假设有一条这样的路径 $Q$. 注意, 对每个 $u\in V(G)$, $P(u)$ 中除第一个顶点和最后一个顶点之外每个顶点的出度和入度均为 2. 首先, 我们证明对于 $i\geqslant 1$ 和 $u\in V(G)$, $u_{2i}u_{2i+1}\in E(Q)$ 当且仅当 $u_{2i-2}u_{2i-1}\in E(Q)$, 其中当 $i=1$ 时将 $u_0$ 看成是 $\{z_r\}$ 中的某个元素; 类似地, 当 $i=d(u)$ 时将 $u_{2i+1}$ 也看成是 $\{z_r\}$ 中的某个元素. 由于与 $u$ 关联的第 $i$ 条边有定义, 因此可以令顶点 $v$ 和标号 $j$ 是满足 $e_i(u)=e_j(v)$ 的对象.

如果 $u_{2i-2}u_{2i-1}\notin E(Q)$, 则 $Q$ 必然从 $v_{2j-1}$ 进入 $u_{2i-1}$. 这意味着 $Q$ 只能通过 $u_{2i-1}u_{2i}$ 离开 $u_{2i-1}$ 且只能通过 $u_{2i}v_{2j}$ 进入 $v_{2j}$. 这又说明了 $u_{2i}u_{2i+1}\notin E(Q)$.

如果 $u_{2i-2}u_{2i-1}\in E(P)$, 则 $P$ 不能通过 $v_{2j-1}u_{2i-1}$ 离开 $v_{2j-1}$ 而必须通过 $v_{2j-1}v_{2j}$ 离开 $v_{2j-1}$. 这说明 $Q$ 进入 $v_{2j}$ 时通过的边只能是 $v_{2j-1}v_{2j}$ 而不是 $u_{2i}v_{2j}$. 因此, $Q$ 没有通过 $u_{2i}v_{2j}$ 离开 $u_{2i}$, 而必须通过 $u_{2i}u_{2i+1}$ 离开 $Q$(在这种情况下, $Q$ 可能包含 $\{u_{2i-1}u_{2i}, v_{2i-2}v_{2i-1}, v_{2i}v_{2i+1}\}$ 或 $\{u_{2i-1}v_{2i-1}, v_{2i}u_{2i}\}$).

现在, 令 $S=\{v\in V(G) : z_iv_1\in Q\}$; $G$ 中存在 $k$ 个顶点, 它们前面一些拷贝在 $Q$ 中均是从 $\{z_0, \cdots, z_{k-1}\}$ 进入的. 我们的论证说明, 对于每条满足 $u\notin S$ 边 $uv$ 必有 $v\in S$. 因此, $S$ 是一个顶点覆盖. 这样, 顶点覆盖问题就归约到有向哈密顿路径问题, 这恰好是我们需要完成的转换关系. ■

**B. 11 推论**(Karp[1972])　有向哈密顿环问题、哈密顿路径问题、哈密顿环问题都是 NP-完全的.

**证明**　这些问题都在 NP 中. 为了将**有向哈密顿路径问题**归约到**有向哈密顿环问题**, 在前者的实例中添加一个顶点 $z$ 再添加两条边 $vz$ 和 $zu$, 然后判断 $D$ 中是否存在一条 $u$, $v$-路径.

将**哈密顿路径问题**(有两个特定的顶点)归约到**哈密顿环问题**的过程是相同的.

为了将有向**哈密顿路径问题**归约到**哈密顿路径问题**, 考虑如下实例: 问 $D$ 中是否存在一条 $u$, $v$-路径. 要得到**哈密顿路径问题**的实例 $G$, 先将每个顶点 $x$ 分裂为一条路径 $x^-$, $x^0$, $x^+$; 让 $x^-$ 继承头部位于 $x$ 的所有边, 让 $x^+$ 继承尾部位于 $x$ 的所有边. 在 $D$ 中的一条 $u$, $v$-路径内将每个顶点 $x$ 替换成路径 $x^-$, $x^0$, $x^+$ 之后即得到 $G$ 中的一条 $u^-$, $v^+$-生成路径.

反之, 由于 $G$ 中的一条 $u^-$, $v^+$-生成路径必定要经过 $x^0$, 故它必然要正向或者反向经过所有形如 $x^-$, $x^0$, $x^+$ 的路径. 由于具有相同符号的顶点均不相邻, 故经过所有这些路径时采用的方向必然是一致的, 坍缩这些路径即得到 $D$ 中的一条 $u$, $v$-路径. 因此, $G$ 有一条 $u^-$, $v^+$-生成路径当且仅当 $D$ 有一条 $u$, $v$-生成路径. ■

503

研究 P 类问题和 NP-完全类问题之间的界限需要另一类更具限制性的问题, 它们仍然是 NP-完全的, 并扩大了具有多项式时间求解算法的问题类. 前一个类使得证明 NP-完全性更容易, 同时缩小了对后一类问题的限界. 后一类问题的目标在于扩展有效算法应用的范围.

为了展示上述过程, 我们证明 3-可平面性问题对于平面图而言仍然是 NP-完全的.

**B. 12 定理**(Stockmeyer[1973], 也可以参见 Garey-Johnson-Stockmeyer[1976]) **平面图的 3-可平面性问题是 NP-完全的.**

**证明** 与大多数证明过程一样, 容易验证一个 3-着色是否为真着色. 我们将 3-可平面性问题归约到平面图的 3-可着色问题. 任意给定一个图 $G$, 构造一个平面图 $G'$ 使得 $G'$ 是 3-可着色的当且仅当 $G$ 是 3-可着色的.

考虑 $G$ 在平面上的一个画法, 将每个交叉替换为一个平面 "小配件", 使得该小配件能够将 3-着色方案在交叉点附近的颜色扩展到这个配件上. 在下图 $H$ 的每个 3-着色中, $u$, $v$ 必具有相同颜色, $x$, $y$ 也必具有相同颜色(习题 17). 没画全的边表示 $H$ 的拷贝要粘连到图的其他部分中.

在 $G$ 的平面画法中, 有 $k$ 个交叉的边被这些交叉分成 $k+1$ 条线段. 对于每条线段, 添加一个新顶点. 将每个交叉点替换成 $H$ 的一个拷贝, $H$ 的末端被粘连到刚才为该交叉所涉及的 4 条线段添加的顶点上. 最后, 对于原图中的每条边 $wz$, 取其一个端点, 将该端点到 $H$ 的这个拷贝之间的线段收缩掉. 不涉及交叉的边保持原状.

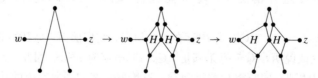

在 $G'$ 的真 3-着色中, 配件对其周围顶点颜色的传播要求原始边的两个端点具有不同颜色. 因此, 将这个着色限制在原图上即得到原图的一个 3-着色.

反之, 给定 $G$ 的一个真 3-着色, 可以从每一条边上位于 $H$ 拷贝中的那个端点出发, 将所有颜

色传播进而得到 $G'$ 的一个真 3-着色. 能够做到这一点的原因在于, $H$ 有一个真 3-着色使得 $x$, $y$, $u$, $v$ 全具有相同颜色且另有一个真 3-着色使得 $x$, $y$ 上的颜色不同于 $u$, $v$ 上的颜色(习题17). ■ 〔504〕

**哈密顿环问题**对于平面图而言仍然是 NP-完全的. 实际上, 这个问题的 NP-完全性限制在下面这几类图中仍然成立: 平面图, 3-正则图, 3-连通图, 所有面的长度均不小于 5 的图(Garey-Johnson-Tarjan[1976]). 而且, 它对二部图(Krishnamoorthy[1975])和线图(Bertossi[1981], 也可参见习题14)而言也是 NP-完全的. 3-**可着色问题**限制在线图上之后与图的 3-**边可着色问题**一样; 而且, 这个问题对 3-正则图也是 NP-完全的, 它由 3-SAT 问题归约而来(Holyer[1981]).

## 习题

B.1　(一)利用本书前面给出的一个算法, 给出一个有效算法在 $G$ 为二部图时计算 $\alpha(G)$.

B.2　(!)由定理 B.7 证明: 对于每个至少为 3 的固定 $k$ 值, $k$-**可着色问题**是 NP-完全的.

B.3　给出一个多项式算法来求解 2-**可着色问题**.

B.4　证明: **哈密顿环问题**和**哈密顿路径问题**是多项式等价的. 即证明: 无论从哪个问题开始, 均存在多项式时间算法将其变换成另一个问题.

B.5　在具有 $n$ 个顶点的输入图上, 检测是否存在长度固定为 $k$ 的环, 所需的时间以 $k! \, n^k$ 的一个倍数为上界: 依次察看 $\binom{n}{k}$ 个大小为 $k$ 的顶点子集, 检验各种可能的顶点顺序(以确定它们是否构成一个环). 由于 $k$ 是常数, 这是多项式时间. 为找到 4-环, 其运行时间为 $O(n^4)$. 设计一个算法使之在 $O(n^2)$ 时间内检测一个图中是否有 4-环. (Richards-Liestman[1985])

B.6　给定图 $G$ 和一个整数 $k$, **最小度生成树**问题是问 $G$ 是否有一棵生成树 $T$ 满足 $\Delta(T) \leqslant k$. **最长路径问题**是问 $G$ 是否有一条长度至少为 $k$ 的路径. 在 $k$-路径问题中, $k$ 不是输入的一部分, 其问题在于 $G$ 是否有一条长度至少为 $k$ 的路径.

　　a)证明: **最小度生成树问题**行和**最长路径问题**是 NP-完全的.

　　b)证明: 对每个固定的 $k$ 值, $k$-**路径问题**在 P 中.

B.7　构造一族例子, 证明 TSP 的最小插入启发式算法的性能比不以任何常数为界.

B.8　(!)考虑 TSP 的一个满足三角不等式的实例. 证明: 最小生成树中度为奇数的所有顶点中存在一个匹配, 它使用的边的总代价至多为生成环的最小代价的 1/2. 由此得出结论, Christofides 算法的性能比至多为 3/2.

B.9　证明: 要精确求解 TSP, 有一个算法可以用来求解边权值满足三角不等式的 TSP 就够了(提示: 任意给定 TSP 的一个实例, 在多项式时间内产生边权值满足三角不等式($w_{ij} + w_{jk} \geqslant w_{ik}$) 的 TSP 实例使得其解集与原实例一样).

B.10　证明: 2-SAT 属于 P. 〔505〕

B.11　某道路系统有一台扫雪机, 该城市中所有街道均比较窄, 但要求每条道上的雪都必须清除. 扫雪机通过街道一次就可以清除该街道上的积雪. 有一些偏僻的街道可供扫雪机改变方向, 但这种偏僻的街道无须清扫积雪. 于是, 我们有一个图, 它有两种类型的边, 类型 1 的边必须被遍历, 类型 2 的边则无须遍历. 州政府需要一个算法在这个图中找出遍历了所有类型 1 的边的长度最小的回路. 从**哈密顿环问题**开始归约, 证明这个问题是 NP-难的.

B.12　(!)顶点覆盖的启发式算法. 算法 1: 选(所剩)度最小的顶点加入输出集, 然后删除它; 重复这一步骤直到剩下一个稳定集为止. 算法 2: 任选一条边, 将其端点都加入输出集, 删掉这两个顶点；重复这一步骤直到剩下一个稳定集为止. 启发式算法 1 看起来更有效，但算法 2 具有更好的性能比.

a)证明：算法 2 产生的顶点覆盖的大小总不会超过最优大小 $\beta(G)$ 的 2 倍.

b)证明：算法 1 产生的顶点覆盖的大小大约等于 $\log\beta(G)$ 乘以最优解大小(提示：构造一个二部图 $G$ 使得算法 1 大约选中了 $\beta(G)/i$ 个度为 $i$ 的顶点，其中 $1\leqslant i\leqslant\beta(G)$).

B.13 (+)图 $G$ 是 $\alpha$-临界的，如果 $\alpha(G-e)>\alpha(G)$ 对任意 $e\in E(G)$ 成立. 证明：连通的 $\alpha$-临界图没有割点(提示：如果 $e_1$，$e_2$ 是与割点关联的边，用 $G-e_1$ 和 $G-e_2$ 的独立集来构造 $G$ 的一个独立集使它包含的顶点个数大于 $\alpha(G)$).

B.14 **可满足性问题**与 3-SAT 的不同之处在于其子句的大小是任意的. 证明：文字个数大于 3 的子句可以用一些仅含 3 个文字的子句替换(允许引入一些新变量)，使得原始子句是可满足的当且仅当 3-SAT 的新实例是可满足的. 据此得出结论，可满足性问题可以归约为 3-SAT. (Karp[1972])

B.15 (!)已知 3-正则图的**哈密顿环问题**是 NP-完全问题，证明：**覆盖回路问题**是 NP-完全的，它是问输入图 $G$ 是否有一条闭合迹至少包含了每条边的一个端点. 证明：线图 $G$ 是哈密顿图当且仅当 $G$ 有一条闭合迹. 由此得出结论，线图的**哈密顿环问题**是 NP-完全的.

B.16 **支配集问题**的输入是一个图 $H$ 和一个整数 $k$，问题是 $H$ 是否有一个大小为 $k$ 的支配集(定义 3.1.26).

a)给定图 $G$，添加 $G$ 中每条边的一个拷贝，然后细分每条边的一个拷贝(于是 $G$ 的每条边被一个三角形替代，每个三角形均引入了一个新顶点)，将得到的图记为 $G'$. 证明：$G$ 有一个大小至多为 $k$ 的顶点覆盖当且仅当 $G'$ 有一个大小至多为 $k$ 的支配集.

b)由顶点覆盖问题的 NP-完全性证明**支配集问题**的 NP-完全性.

B.17 证明定理 B.12 中对配件 $H$ 的 3-着色所做的论断.

B.18 (∗)利用有向图中的哈密顿路径问题，证明 3-拟阵相交问题是 NP-完全的.

B.19 (∗)用 3-维**匹配问题**证明 3-**拟阵相交问题**是 NP-完全的. 给定一个由形如 $(x_1,x_2,x_3)$ 的三元组构成的集合，其中 $x_i\in V_i$ 且 $V_1$，$V_2$，$V_3$ 不相交，则 3-维**匹配问题**就是要选出一些三元组，使得每个元素至多在选中的一个三元组中出现并且使得所选的元组数达到最大(与此对照，二部图匹配问题就是 2-维匹配问题，其中候选集就是顶点对的集合).

# 附录 C 部分习题的提示

本附录给出了一般指导原则并对部分习题给出了具体的提示．这可能对初学者在寻找和书写证明的时候有一些帮助．

**一般指导原则**

第一步要确定你准确地理解了问题．有些问题要求对一个数学命题给出证明．定义也许就会指明到底需要证明什么．有时，待证的命题可以由某个已经证明了的定理推导出来，此时需要证明的就是验证假设条件都成立．

另一些问题需要做一些实验，以找出需要证明的数学命题．有时要通过仔细检查一些小实例来找出一般模式，然后再用归纳法去证明这个模式．对于另一些问题，仔细研究例子可以帮助理解为什么论断是对的．

理解和使用定义要特别小心．一个不连通的图不必有孤立顶点．环和圈是不同的概念．要理解极大和最大的区别．顶点覆盖是由一些顶点构成的集合，而边覆盖是由一些边构成的集合．连通度为 3 的一个图是 2-连通的，而一个 3-色图是可 17-着色的．

如果要直接证明一个条件命题，可以从两端同时进行．列出假设条件蕴涵的结论，列出结论蕴涵的结论．如果某个结论在两边都出现了，则问题也就解决了．

如果用直接证法未获成功，假设结论不成立，则列出可能得到的结论．如果这些结论中的某一个与由假设条件得到的一个结论（或者其他已知为真的结论）矛盾，则用反证法即解决了问题．

反证法特别适合证明有关不可能性的命题．为了证明某种东西存在，通常可以构造一个例子并证明需要的性质存在；这就是直接法．

多数的条件命题能够转换成全称量化的命题．对全称量化命题的证明必须对变量在所给论域内的每个取值均有效．举例可以帮助理解或解释证明，但举例本身并不是证明．解释一个例子为什么具有待证的性质（当然使用的术语必须对所有可能的例子都正确）就能够完成待证命题的证明．

归纳法在证明以自然数为参数的命题时往往比较有效．但小心归纳陷阱！（对此，在例 1.3.26 和例 A.28 中已经讨论过了）．要记住用归纳法证明条件命题的范例（注记 1.3.25）．研究（参数）较小的情况将有助理解命题，同时也有助于理解从一个参数值的情况证明另一个参数值的情况时所采用的手段；但这种研究过程并不是最终证明的一部分，除非基本步骤需要这样的过程．

其他方法还包括极端化方法和鸽巢原理．有时，我们需要考虑某个命题的最小反例，并用它的存在性来得到一个更小的反例．这个过程可以看成归纳法或反证法或极端化方法．

对一个特定问题有效的技术或许并不是显然的．有时，许多技术都有效因而可以得到多个证明．数学家往往要经历艰辛的工作才能找出证明；固执和随意改变同样有害．我们应试着用所有能够想象到的技术来求解问题．实践能够加深理解并加速获取证明的速度．

最后一步是仔细且完备地阐明你获得的问题的解．写出证明的过程会让被忽略的难点或情况彻底暴露．这个过程还可以排除不相干的想法．要给出一个写得比较好的证明往往需要多次重复书写．比较好的做法是，先写出一个证明，将它放在一旁，提交之前再看看我们是否仍然认为它是完备的、令人信服的和易于理解的．书写解的过程可以培养简洁、清晰、准确表达的能力，而这恰恰是一种非常有用的技能．

**部分习题提示**

1.1.14　反证法在证明非存在性结论时往往比较有效．假设这样一个分解存在，关于这个棋盘可以得出什么结论．

1.1.25　这是另一个非存在性问题．假设存在 7-环，则利用 Petersen 图的性质得出矛盾．

1.1.26　考虑 $G$ 的一条边（当然也可以考虑顶点）．

1.1.27　从 $G$ 的一个顶点开始．

508

1.1.29　考虑一个特定的人的所有熟人或所有陌生人（总有一个比较大）．

1.1.32　考虑两个部集大小的奇偶性．

1.1.34　由于三个子图两两同构，因此检查该图的具有 3-重对称性的一个画法．

1.1.37　将这些路径的端点对度的贡献与中间顶点对度的贡献进行比较．

1.1.38　由二部划分可以得到一个分解，由分解也可以得到一个二部划分．

1.2.15　当顶点重复时到底发生什么？

1.2.17　利用连通关系的传递性．

1.2.18　对于较小的 $n$ 值，画出 $G$，看看答案是什么；然后证明它．

1.2.19　对于上界，利用如下事实：如果 $a$, $b$ 互素，则存在 $p$, $q$ 使得 $pa+qb=1$.

1.2.26　二部图的特征刻画将使得证明过程比较容易．

1.2.28　问题并没有将我们的注意力局限于诱导子图上．

1.2.38　用归纳法和引理 1.2.25.

1.2.40　如果 $P$ 和 $Q$ 无公共顶点，则考虑从 $V(P)$ 到 $V(Q)$ 的最短路径，由此得出矛盾．

1.3.12　先将 $k=1$ 时的例子构造出来，再进行推广．

1.3.15　证明(b)时，考虑补图．

1.3.18　假设 $e$ 是割边而 $H$ 是 $G-e$ 的一个分量，从每个部集的角度对 $H$ 边数进行计数．令这两个计数结果的公式相等即得出矛盾．

1.3.19　对于第二个部分，让所求的图对应到 3-正则图．

1.3.22　在(a)中，如果一个外部顶点有 3 个相邻顶点位于 $V(C)$ 中，会发生什么情况？对于(b)，(a)这个部分对介于 $V(C)$ 和 $V(G)-V(C)$ 之间的边的条数给出了一个界限；对最小度的假设条件给出了另一个界限．

1.3.28　当 $k$ 为偶数时，给出一个同构．当 $k$ 是奇数时，在 $Q'_k$ 中找出一个奇环．

1.3.31　对于(a)，考虑例 1.3.18.

1.3.33　对于(a)，在 $x$ 的所有非相邻顶点和 $x$ 的所有相邻顶点对之间建立一一对应．

1.3.34　考虑相邻顶点 $x$, $y$，在 $N(x)$ 和 $N(y)$ 之间建立一一对应．

1.3.43　在构造图时，正则图是行不通的．需要有度较高的顶点和度较低的顶点，但它们都应该与度较高的顶点相邻．

1.3.50　对每个 $n$ 值构造一个仅含少数几条边的例子，再用归纳法证明它们是最优的．度和公式表明，在边数少于 $3n/2$ 的 $n$-顶点简单图中有一个度至多为 2 的顶点．

1.3.53　定义一个图，用它表示那些仍然可以在一起玩牌的人员对．什么样的条件能够保证还可以再玩一局比赛？

1.3.55　对于(a)，证明 $\Delta(G) \geqslant n(G)/2$. 对于(b)，证明 $\overline{G}$ 不连通．

1.3.57　记住注记 1.3.25 给出的范例.

1.3.63　对充分性无论采取何种归纳证明，在应用归纳假设前必须验证"较小的对象"满足条件.　509

1.4.16　对于 (a)，要谨记 $l$ 的定义.

1.4.23　证明可以修改不平衡定向以减小不平衡的程度.

1.4.25　为给出一个奇出度顶点个数大于 2 的定向，适当地修改定向.

1.4.29　利用 $D$ 的强连通性和 $G$ 中所给的奇环，构造 $D$ 的一个奇环.

1.4.34　证明：在 $G$ 的由与 $H$ 中方向相反的边构成的子图 $F$ 中，在每个顶点处出度均等于入度. 找出一个 3-环使之包含 $F$ 中出度最大的顶点，将它的方向逆转即可使得 $G$ 更接近于 $H$.

1.4.37　对竞赛图的阶用强归纳法.

1.4.38　在其中一个方向中，证明：如果存在具有 $n-2$ 个顶点的这种竞赛图，则存在具有 $n$ 个顶点的这种竞赛图. 当心 $n=6$ 的情况.

2.1.2　对于 (b)，命题可以允许添加树中已经存在的边的拷贝.

2.1.17　对照定理 2.1.4 中证明 A⇒B，C 的部分.

2.1.25　对 $n$ 用归纳法；对归纳步骤，删除一个叶子.

2.1.27　记住量词. 证明：对这一系列数的限制条件对顶点度为 $d_1, \cdots, d_n$ 的树的存在性是充分必要的. 有两个蕴涵关系需得到证明.

2.1.29　用两种方法对边进行计数.

2.1.31　考虑逆否命题.

2.1.33　有两个蕴涵关系需得到证明，对每个蕴涵关系均考虑一个连通 $n$-顶点图.

2.1.34　对 $n$ 用归纳法.

2.1.40　将 $G$ 表达成正确数量的路径之并，如果这些路径不是两两不相交的，我们能做些什么？

2.1.41　利用某个分量的生成树.

2.1.47　在 (a) 中，需要注意的是一条 $u, v$-路径与一条 $v, w$-路径之并不一定是一条 $u, w$-路径.

2.1.59　在问题中，$n$ 和 $k$ 都是固定的. 答案必须表达成这两个参数的形式.

2.1.61　由 $G-x-y$，添加 $k$ 条无公共顶点的边将 $N_G(x)$ 和 $N_G(y)$ 连起来，得到 $G'$.

2.2.5　考虑每个 5-环要用到的边的条数.

2.2.7　由对称性，$K_n$ 的每条边均位于相同数量的 $K_n$ 的生成树中.

2.2.9　利用 Prüfer 编码.

2.2.19　在顶点集为 $[n]$ 的树中，将从 $n$ 到 1 的路径上位于顶点 $n$ 处的边去掉.

2.2.24　以顶点间差值的递减顺序来构建所有边.

2.2.29　如果一棵树不是毛虫形，则它包含例 2.2.18 中的树 $Y$.

2.2.33　考虑经过从根出发的路径可以到达的顶点构成的集合.

2.3.11　如果最小权值生成树有一条边的权值大于瓶颈生成树中边的最大权值，会发生什么情况？

2.3.13　在位于 $T'$ 但不位于 $T$ 的所有边中，考虑权值最重的边.

2.3.31　在归纳步骤中，根据编码的第一个 bit，将最优编码的码集划分成两个集合.　510

3.1.8 考虑两个完美匹配的对称差.

3.1.9 用顶点覆盖，或利用对称差将极大匹配和最大匹配进行比较.

3.1.16 对 $k$ 用归纳法.

3.1.24 将问题转化成图论问题.

3.1.25 找出一个恰当的置换矩阵，然后用常数因子调整剩下的部分以利用归纳假设.

3.1.26 用推论 3.1.13 证明(a)，对 $n$ 用归纳法来证明(b).

3.1.29 考虑当 $G$ 没有大小为 $k$ 的匹配时，关于顶点覆盖问题 König-Egerváry 定理有什么结论.

3.1.30 问题需要一个界，而有一个例子恰好达到了这个界.

3.1.39 考虑连接一个最大独立集及其补集的那些边.

3.2.11 假设婚配算法中这样的拒绝首先出现在 $a$ 拒绝 $x$，即使 $ax$ 可能是某个稳定匹配 $M$ 中的一个对. 如果 $a$ 是由于 $y$ 才拒绝 $x$，注意在 $M$ 中 $y$ 必然与某个女子 $b$ 配对. 由这几个人的意愿，能推导出什么结论?

3.3.2 顶点覆盖不足以证明匹配的最优性.

3.3.7 $k$ 是偶数时问题比较容易. 当 $k$ 是奇数时，为 $k=3$ 构造一个例子然后推广.

3.3.11 利用 Tutte 定理.

3.3.12 为证明存在一个匹配使其大小等于某个广义覆盖的大小，令 $T$ 是使得数量 $o(G-T)-|T|$ 达到最大的一个极大集合.

3.3.14 对每个 $S \subseteq V(G)$，证明 $o(G-S)-|S|$ 充分小. 另一个不同的方法是，令 $X$ 是诱导出最少边的一个 $k$-顶点集，证明在 $X$ 和 $\bar{x}$ 之间存在一个匹配.

3.3.16 推广推论 3.3.8 的论证过程.

3.3.17 给定两个相邻顶点 $x, y$，对 $G-x-y$ 验证 Tutte 定理.

3.3.18 考虑具有适当大小的 Tutte 集 $S$ 和 $G-S$ 中适当数量的奇分支.

3.3.19 利用推论 3.3.8 获取一个 1-因子，在剩下的 2-因子中考虑环的一致定向来获得 $P_4$ 的拷贝.

4.1.5 证明 $G'$ 是连通的且没有割点. 利用内部互不相交的路径还可以得出一个简短的证明.

4.1.10 由定理 4.1.11 和推论 1.3.5 得到一个简短的证明.

4.1.14 证明逆否命题.

4.1.17 先证明：如果 $|[S, \bar{S}]|=3$，则 $S$ 和 $\bar{S}$ 的大小都是奇数.

4.1.18 对第一个部分，证明：在至多包含两条边的边割中，在较小的顶点集诱导的子图中有很多边因而必然出现三角形.

4.1.23 验证 Tutte 条件. 记住要求不以较大的星形为诱导子图，而不是不出现星形.

4.1.26 必要性只需对单个环证明即可. 对于充分性，用 $G-F$ 的所有分量为顶点定义一个恰当的辅助图. 证明辅助图是二部图，据此将 $G-F$ 的所有分量划分成所需的形式.

4.1.27 记住边割是键当且仅当边割的两个顶点集均诱导出连通子图.

4.2.6 利用耳分解.

4.2.14 这实际上是定理 4.2.2 讨论边的情况的版本，只是附加了一个结论，即两条路径的公共顶点在两条路径中以相同的顺序出现.

4.2.21 关于最多有两个奇数度顶点的图，我们知道什么结论?

4.2.23 根据给定的二部图 $G$，设计一个图 $H$ 使得在 $H$ 上应用 Menger 定理可以得到 $G$ 上所需要的结果．

4.2.28 利用扩张引理和 Menger 定理．

4.3.13 设计一个网络使得存在这样的分组当且仅当该网络有一个值为 $\sum m_i$ 的流．

5.1.20 一种方法是证明逆否命题．另一种方法是删掉一个奇环．

5.1.22 需要将所有顶点排序，使得每个顶点至多有两个相邻顶点位于它之前．

5.1.23 用计数方法或鸽巢原理给出下界．比较有趣的部分是，给出一个构造来证明 $k+1$ 不整除 $n$ 时该图是可 $k+2$-着色的．

5.1.26 （也适用于下一个问题）获取具有相同大小的一个团和一个真着色．

5.1.30 给定 $G_n$ 的一个真着色，产生颜色的一些子集，每个子集与 $n$ 的一个元素关联．反之，说明如何用这样一些子集来产生一个真着色．

5.1.31 根据一个真 $m$-着色，建立一个具有同样大小的独立集．根据一个足够大的独立集，构造一个真 $m$-着色．

5.1.32 同定理 1.2.23 中的情况，可以用归纳法或者将颜色编码成二进制 $k$-元组之后再应用鸽巢原理．

5.1.39 由 $e(G)$ 的上下界，得到 $k$ 的一个用 $m$ 表达的二次不等式．

5.1.41 根据归纳假设，一个新图必须满足这个界，除非删除一个顶点之后发现图及其补图的色数均减小了．当这两个色数之和已经达到最大时，这种情况可能发生吗？

5.1.44 用(a)得出上界．对于下界，采用定理 5.1.21 中同样的定向．

5.1.51 修改某个真 $k$-着色得到一个真 $k+1$-着色，使得 $P$ 的所有顶点上具有事先指定的值．

5.2.2 考虑补图．

5.2.9 由于 $G'$ 是连通的，因此只需考虑从 $G'$ 中删除一些边．

5.2.15 当剩下的顶点具有较高的度时，用大邻域作为同色类；然后应用 Brook 定理．

5.2.17 对于(b)，考虑补图．

512

5.2.19 修改 $\overline{K_a}+K_{n-a}$ 得到 $T_{n,r}$，对改动的边数进行计数．

5.2.21 定理 5.2.9 的证明将一个不含 $r+1$-团的图变换成了一个边最少的 $r$-部图．边数是严格递增的，除非在计算的每一步中等式都成立．等式成立需要什么条件？

5.2.27 为了证明上界，将反例中一个环的所有边删除，得到一个森林，这就限制了围长．归约为 $\delta(G)\geqslant 3$ 的情况，这要求 $n\leqslant 8$，与习题 5.2.26 矛盾．

5.2.28 为了证明上界，归约为 $\delta(G)\geqslant 3$ 的情况，考虑最短的环 $C$．删除 $V(C)$ 剩下一个森林，其所有叶子在 $C$ 上至少有 3 个相邻顶点．

5.2.29 对于(b)，如果最大的同色类和最小的同色类的大小之差超过 1，利用(a)适当修改着色．

5.2.32 利用 $k$-临界图 $G$ 和 $H$ 的性质来证明(a)．在(c)中，可以明确构造阶为 $4,6,8$ 的例子，然后利用(a)．

5.2.40 为计算色数，考虑独立子集．为禁止完全子图细分的出现，考虑顶点割；$K_k$ 的细分必有 $k-1$ 条两两不相交的路径连接其中两个度为 $k-1$ 的顶点．

5.2.43　对 $k$ 用归纳法，在归纳步骤中删除 $V(G)$ 的一个恰当子集.

5.2.44　归约为 $\delta(G) \geqslant k-1$ 的情况，然后对 $k$ 用归纳法.

5.3.3　如果 $\chi(G; k) = k^4 - 4k^3 + 3k^2$，则 $G$ 有多少个顶点、多少条边？

5.3.4　对于(a)，用色递归或者定理 5.3.10.

5.3.6　在计算 $\sum_{r=1}^{n} p_r(G)k_{(r)}$ 时，有多少项对 $k^{n(G)-1}$ 的系数有贡献？

5.3.12　对于(a)，用色递归. 对于(b)，为了得到具有 $r$ 个连通分量的 $n$-顶点图中边数的最大值，参考习题 1.3.40.

a)证明：在图 $G$ 的着色多项式中，最后一个非 0 项的指数是 $G$ 的连通分量的个数.

b)用(a)证明：如果 $p(k) = k^n - ak^{n-1} + \cdots \pm ck^r$ 且 $a > \binom{n-r+1}{2}$，则 $p$ 不是着色多项式(比如，该结论即刻表明习题 5.3.3 中的多项式不是着色多项式).

5.3.18　(a)意味着(b)只需一次计算. 与例 5.3.9 一样，将色多项式表达成两个色多项式之和需要另外的一条边.

5.3.23　利用单纯删除顺序.

5.3.26　对于(a)，利用单纯删除顺序；单纯顶点可能在也可能不在 $G \cap H$ 中. 对于(b)，$N(x)$ 可能等于也可能不等于 $V(G) - x$.

5.3.28　建立 $G$ 的一个单纯删除顺序和 $\overline{G}$ 的一个传递定向.


6.1.20　哪个平面图仅有一个面？如果一个平面图有多个面，删除什么类型的边可以使得面的数量减少？

6.1.24　在归纳步骤中，删除一个环的一条边.

6.1.25　用欧拉公式.

6.1.28　这可以通过将欧拉公式应用到一个恰当的平面图上来证明. 也可以用归纳法来证明.

6.1.30　模仿定理 6.1.23 的证明.

6.2.6　为了应用题目给出的结论和归纳假设，从较大的图中找出一个恰当的顶点将它删除.

6.2.7　给定要检测的图 $G$，构造一个图 $H$ 使得 $G$ 是外可平面的当且仅当 $H$ 是可平面的. 这样就可以将 Kuratowski 定理应用到 $H$ 上.

513

6.2.8　需要分几种情况来考虑 $K_5$ 的一个细分如何被放到该图中.

6.2.9　从 $n = 5$ 开始，给出构造. 将上界归约为考虑一个具有 $2n$ 条边的图，它的最小度为 3 且不含三角形. 对每种情况，找出一些不相交的环或者 $K_{3,3}$ 的一个细分.

6.2.11　设 $H'$ 是可收缩为 $H$ 的一个子图. 考虑 $H'$ 中收缩得到 $H$ 的顶点的那些子图.

6.3.5　利用四色定理.

6.3.9　当 $C$ 的长度为 4 时，将其内部(外部)用连接 $C$ 上相对的顶点一条边代替，这将得到 $C$-瓣的一个 4-着色，它在 $C$ 的两个相对顶点使用了不同的颜色.

6.3.12　要给出这样一个构造，将顶点分组使得每组由 3 个顶点构成，由此建立一些"凹室"使得每个保安不能监控多于一个的凹室.

6.3.19　证明这两个图的并是 $C_5 \vee K_6$.

6.3.20  证明当 $s>(r-2)^2/2$ 时命题 6.3.10 得出的下界至少是 $r/2$，并给出一个方案将它分解成 $r/2$ 个平面子图．

6.3.25  考虑环的笛卡儿积．

6.3.27  在 $K_{m+1,n}$ 的一个画法中考虑 $K_{m,n}$ 的拷贝．

6.3.28  (也适用于下一个问题)考虑当移动一个顶点使之越过一条边时会发生什么．对于第二个部分，考虑交叉次数易于计算的一种画法．

7.1.11  为证明(b)的必要性，首先证明度的平均值必为 2.

7.1.16  设 $G=L(H)$，用 $H$ 来证明：对于 $S\subseteq V(G)$，$G-S$ 的分量数至多为 $|S|+1$.

7.1.17  从 $L(G)$ 的一个嵌入中抽取 $G$ 的一个嵌入．

7.1.20  考虑定义 1.4.20.

7.1.24  最好先考虑 $H=K_2$ 这种特殊情况，尽管这无须单独证明．

7.1.26  关联到割点的每条边必须以某种颜色出现．

7.1.33  证明当一种颜色频繁出现而另一种颜色较少出现时，可以改进着色．

7.2.17  将问题归约为两个哈密顿图均是环的情况．

7.2.23  对每个 $k$ 值，确定为使 $G-S$ 有 $k$ 个分量 $S$ 必须是多大?

7.2.29  将涉及 $G$ 和 $\overline{G}$ 的条件分别用 $G$ 的度表达出来．然后证明 $G$ 满足关于生成路径的 Chvátal 条件．

7.2.31  利用 Chvátal-Erdös 定理．

7.2.32  注意该变换如何改变度；条件的陈述是正确的(定理 7.2.19).

7.3.3  对偶图是 3-正则的．

7.3.4  分别考虑生成环内部和外部的面．

7.3.5  将问题转换成前面证明过的一个命题．

7.3.17  将问题归约为研究例 7.3.6 中分析的图．

7.3.18  将图修改为 Grinberg 定理可以应用的情形．

7.3.21  给定 $\{x_{i-1}x_i，y_{i-1}y_i，z_{i-1}z_i\}$ 上的颜色，考虑 $\{x_ix_{i+1}，y_iy_{i+1}，z_iz_{i+1}\}$ 上可能采用的颜色．

# 附录 D 术 语 表

除了本书使用的术语外，本术语表还给出了读者进一步学习时可能会遇到的一些相关术语．它还包含其他作者用过的一些同义术语．

这些术语是定义的非正式提法．括号中的数字是完整定义或第一次使用所在的页．如果未特别说明，"$G$"表示图（有时也表示有向图），"$D$"表示有向图，$v$ 和 $e$ 表示顶点和边，$n$ 表示顶点的个数．

## A

Absorption property(matroids)[351 ⊖]　吸收性（拟阵）：$r(X) = r(X \cup e) = r(X \cup f)$ 蕴涵 $r(X) = f(X \cup f \cup e)$

Acyclic[67]　无环的：没有环的

Acyclic orientation[203，208]　无环定向：没有环的定向

Adjacency matrix $A$[6]　邻接矩阵 $A$：矩阵中的元素 $a_{i,j}$ 是从顶点 $i$ 到顶点 $j$ 的边的条数

Adjacency relation　邻接关系：无序或有序的顶点对构成的集合，它们分别是图和有向图的边集

Adjacency set $N(v)$　邻接集：与 $v$ 邻接的所有顶点构成的集合

Adjacent[2]　邻接点：边的端点，有时用来描述具有公共端点的边

Adjoins　邻接：与……邻接

Adjugate　转置伴随矩阵：由余子式构成的矩阵

Almost always[430]　几乎处处：渐近概率为 1

$M$-alternating path　$M$-交错路径：由 $M$ 内和 $M$ 外的边相间形成的路径

Ancestor[100]　祖先：在有根树中，到根的路径上的顶点

Antichain　反链：（序关系中）一族两两不能比较的元素

Anticlique　反团：稳定集

Antihole　反孔：与环的补图同构的诱导子图

Approximation algorithm[496]　近似算法：性能比有界的多项式时间算法

Approximation scheme[496]　近似模式：性能比可以任意小的一族近似算法

Arborescence　树形图：任意顶点的出度均不超过 1 的有向森林

Arboricity $\gamma(G)$[372]　荫度：覆盖所有边所需的最小森林数

Arc　弧：有向边（有序顶点对）

$k$-arc-connected　$k$-弧-连通的：与有向图的 $k$-边连通相同

Articulation point　连接点：删除将导致分量数增大的顶点

Assignment Problem[126]　分配问题：在部集相等的完全二部图中将完美匹配各边权值之和最小化（或最大化）

Asteroidal triple[346]　星状三元组：由不同的三个顶点构成的三元组，且任意两个点可以由避开第三个顶点的路径连接

---

⊖　页号为英文原书页码，与书中边栏的页号一致．

Asymmetric　反对称的：除恒等映射外没有同构映射

Asymptotic　渐近的：比例逐渐接近 1

Augmentation property(matroids)[352]　扩展性(拟阵)：$I_1$，$I_2 \in \boldsymbol{I}$ 满足 $|I_2| > |I_1|$ 就蕴涵存在 $e \in I_2 - I_1$ 使得 $I_1 \bigcup \{e\} \in \boldsymbol{I}$

Augmenting path[109]　增广路径：在匹配问题中指一条可以用来增大匹配大小的交错路径；在流问题中指一条可以用来增大流值的交错路径

Automorphism[14]　自同构：保持邻接关系的一个顶点置换

Automorphism group $\Gamma$　自同构群 $\Gamma$：所有自同构在复合运算下形成的群

Average degree　平均度：$\sum d(v)/n(G) = 2e(G)/n(G)$

Azuma's inequality　Azuma 不等式：分布的边缘概率的一个界

## B

Backtracking[156]　回溯(法)：深度优先搜索

Balanced graph[434]　平衡图：平均顶点度最大的子图为整个图的图

Balanced $k$-partite　平衡 $k$-部图：各部集的大小至多差 1(参见等部集图)

Bandwidth　带宽：相邻顶点的不同整数编号之差的最大值可以达到的最小值

Barycenter[78]　重心：与其他顶点距离之和达到最小值的顶点

Base(matroids)[349]　基(拟阵)：极大独立集

Base exchange property(matroids)[351]　基交换性：如果 $B_1$，$B_2 \in \boldsymbol{B}$ 且 $e \in B_1 - B_2$，则存在 $f \in B_2 - B_1$ 使得 $B_1 - e + f$ 是一个基.

Berge graph[340]　Berge 图：没有奇洞或奇反洞的图

Best possible　最优的：如果将每个条件放宽，则结论不再成立

Bicentral tree　双中心树：中心是一条边的图

Biclique[9]　双团：完全二部图.

Biconnected　双连通的：2-连通的.

Bigraphic[65，185]　可二部图示的：可以作为简单二部图中部集的顶点度实现的一对序列

$X$，$Y$-bigraph[24]　$X$，$Y$-二部图：二剖分为 $X$，$Y$ 的二部图

Binary matrix(or vector)　二进制矩阵(或向量)：所有元素均在 $\{0, 1\}$ 中

Binary matroid[357]　二进制拟阵：可表示在仅有两个元素的域上的拟阵

Binary tree[101]　二叉树：每个非叶节点至多有两个孩子的有根树

Binomial coefficient $\binom{n}{k}$ [487]　二项式系数 $\binom{n}{k}$：从 $n$-元素集合中选出 $k$-元素子集的方案数，等于 $n! / [k! (n-k)!]$

Biparticity[422]　二分度：对所有边进行划分所需的二部子图的个数

Bipartite graph[4]　二部图：所有顶点可以被两个独立集覆盖的图

Bipartite Ramsey number　二部图 Ramsey 数：对于二部图 $G$，对 $K_{n,n}$ 的所有边进行二着色后在其中存在单色 $G$ 所需的最小 $n$ 值

Bipartition[24]　二剖分：将顶点集划分成两个独立集的一个划分

Birkhoff diamond[259]　Birkhoff 菱形：用于证明四色定理的一个特殊归约→可归约构形

Block[155]　块：(1)没有割点的极大子图；(2)没有割点的图；(3)集合的一个划分中的一个类

Block-cutpoint graph[156]　块-割点图：以 $G$ 的所有块和所有割点分别为部集，以邻接关系是包含
　　关系得到的简单二部图

Block graph　块图：$G$ 的所有块的交图

Blossom[142]　花朵：求解一般匹配的 Edmonds 算法中出现的奇环

Bond[154]　键：最小边割

Bond matroid[362]　键拟阵：图的环拟阵的对偶拟阵

Bond space[452]　键空间：环空间的正交补；键(在只有两个元素的域上)的线性组合

Book embedding　书嵌入：将 $G$ 分解成若干个外可平面图使它们均有相同的顶点序(像书脊一样)

Bouquet　花束(图)：由一个顶点和一些圈形成的图

Branch vertex[249]　(分)叉点：度至少为 3 的顶点

Branching　分叉：除入度等于 0 的一个顶点外，其余顶点的入度均为 1 的一个有向图

$r$-branching[404]　$r$-分叉：以 $r$ 为根的分叉

Breadth-first search[99]　广度优先搜索：以距根的距离为顶点序进行的搜索

Breadth-first tree　广度优先树：广度优先搜索得到的树，其根是搜索始点

Bridge[304]　桥：割边

$H$-bridge of $G$　$G$ 的 $H$-桥：$H$-碎片(其他作者用过的术语)

Bridgeless graph[304]　无桥图：没有割边的图

Brooks' Theorem　Brooks 定理：除团和奇环之外，连通图中 $\chi(G) \leqslant \Delta(G)$

C

Cactus[160]　仙人掌图：每条边至多出现在一个环中的连通图

$(k, g)$-cage[49]　$(k, g)$-笼：阶最小的围长为 $g$ 的 $k$-正则图

Capacity[176, 178]　容量：对流量的限制：(1)通过网络中一条边的流量；(2)通过一个割的流量

Cartesian product $G_1 \square G_2$[193]　笛卡儿积 $G_1 \square G_2$：一个图，其顶点集为 $V(G_1) \times V(G_2)$，边由
　　$(u_1, u_2) \leftrightarrow (v_1, v_2)$ 给出，如果 1)$u_1 = v_1$ 且 $G_2$ 中 $u_2 \leftrightarrow v_2$ 或 2)$u_2 = v_2$ 且 $G_1$ 中 $u_1 \leftrightarrow v_1$ 给出

Caterpillar[88]　毛虫形：有一条路径包含了每条边的至少一个端点的树

Cayley's Formula[81]　Cayley 公式：断言顶点集为 $[n]$ 的树共有 $n^{n-2}$ 棵

2-cell[268]　2-胞腔：某表面上与圆盘同态的一个区域，它意味着每条闭合曲线均可以收缩为一
　　个点

2-cell embedding[268]　2-胞腔嵌入：每个区域均是 2-胞腔的嵌入

Center[72]　中心：由具有最小离心率的那些顶点诱导的子图

Central tree[78]　中心树：中心是一个顶点的树

$\alpha, \beta$-chain　$\alpha, \beta$-链：$\alpha$ 和 $\beta$ 这两种颜色在其上交替出现的一条路径

Characteristic polynomial $\phi(G; \lambda)$[453]　特征多项式 $\phi(G; \lambda)$：图的邻接矩阵的特征多项式，它的
　　根称为特征值

Children[100]　孩子(节点)：树中较当前顶点距离根更远的当前顶点的相邻顶点

Chinese postman problem[99] 中国邮递员问题：在边加权图中寻找出覆盖所有边的最廉价闭合通道的问题

Choice number[408] 选择数：可选度

Choosability $\chi_l(G)$[408] 可选度$\chi_l(G)$：使得$G$是$k$-可选的最小$k$值

$k$-choosable[408] $k$-可选的：为$G$的顶点指定所有大小为$k$的列表，存在$G$的一个真着色，在列表中为每个顶点选择一种颜色

Chord[225] 弦：连接路径或环中两个不相邻顶点的边

Chordal graph[225] 弦(图)：没有无弦环的(图)

Chordless cycle[225] 无弦环：长度至少是4的诱导环

Chordless path 无弦路径：作为诱导子图出现的一条路径

Chromatic index $\chi'(G)$[275] 色指数$\chi'(G)$：边-色数

Chromatic number $\chi(G)$[5，191] 色数$\chi(G)$：真着色需要的最少颜色数

Chromatic polynomial $\chi(G; k)$[220] 色多项式$\chi(G; k)$：一个多项式，它在$k$上的取值是$G$的颜色取自$\{1, \cdots, k\}$的真着色的个数

Chromatic recurrence 色递归：色多项式的递归关系

$k$- chromatic[192] $k$-色的：色数为$k$的

Circle graph[341] 环图：环的所有弦的交图

Circuit[27，60] 回路：(偶图中)未指定出发点的所有迹的等价类
(注意——有些作者是指环)

Circulant graph 循环图：在一个环上等间距地取一些顶点且顶点间的邻接关系仅依赖于距离的一种图

Circular-arc graph[341] 圆弧图：某个圆的所有弧对应的交图

Circulation[187] 环流：网络中每个顶点的净流量均为0的一个流

Circumference[293] 周长：最长环的长度

Clause[499] 子句：逻辑(布尔)公式中的一些文字构成的集合

Claw[12] 爪形：图$K_{1,3}$

Claw-free 无爪形的：没有诱导$K_{1,3}$的

Clique[4] 团：两两相邻的顶点集(很多作者用以指完全图)

Clique cover[226] 团覆盖：覆盖顶点的团集(其最小大小等于$\theta(G)$)

Clique decomposition 团分解：将所有边划分成一些完全子图

Clique edge cover 团边覆盖：覆盖所有边的一个团集

Clique identification 团识别：将所有团合并成两个图的保持完美性的操作

Clique number $\omega(G)$ 团数$\omega(G)$：$G$中团的最大阶

Clique partition number 团划分数：团分解的最小大小

Clique tree[327] 团树：一个弦图的交表示，由一棵主树和一个一一映射构成，其中一一映射将主树的所有顶点映射成$G$的所有极大团使得包含任意顶点的团均构成主树的一棵子树

Clique-vertex incidence matrix[328] 团-顶点关联矩阵：一个0，1-矩阵，其中$i$，$j$元素为1当且仅当顶点$j$属于极大团$i$

Closed ear[164]　闭耳：通过一些新顶点连接两个(可能相等的)老顶点的路径

Closed-ear decomposition[164]　闭耳分解：通过添加闭耳从环构造图

Closed neigborhood[116]　闭邻域：一个顶点及其所有相邻顶点

Closed set(matroids)[360]　闭集(拟阵)：拟阵中生成自身的集合

Closed walk[20]　闭通道：第一个顶点与最后一个顶点相同的通道

Closure[289，360]　闭包：(1)在 $G$ 中不断添加边来连接度和至少为 $n(G$ 的)不相邻顶点之后得到的图 $C(G)$；(2)闭包操作符的象

Closure operator[360]　闭包操作符：一个具有生成性、保序性和幂等性的操作符

Cobase[360]　余基：对偶拟阵的基

Cocircuit[360]　余回路：对偶拟阵的回路

Cocritical pair　共临界对：作为边添加到图中会引起团数增大的顶点对

Cocycle matroid[362]　余环拟阵：环拟阵的对偶

Cocycle space　余环空间：键空间

Cograph[202]　余图：$P_4$-无关的图(等价于补可归约图)

Color class[191]　同色类：在一个着色中，由同色的所有对象构成的集合

Color-critical[192]　颜色-临界的：任意真子图均具有较小色数的图

$k$-colorable[191]　可 $k$-着色的：有一个真着色至多用了 $k$ 种颜色

$k$-coloring[191，380]　$k$-着色：分成 $k$ 个集合的划分

$P$ coloring　$P$ 着色：将顶点划分成子集，它们诱导的子图均有性质 $P$

Column matroid $M(A)$[351]　列拟阵 $M(A)$：一个拟阵，其独立集是 A 中线性无关列的子集

Comma-free code　无分隔编码：没有码字是另一个码字的前缀

Common system of distinct representatives(CSDR)[171]　公共相异代表系：给定集族 $A$ 和 $B$，CSDR 是由一些元素构成的集合，它既是 $A$ 的相异代表系(SDR)又是 $B$ 的相异代表系(SDR)

Comparability graph[228]　可比图：具有传递定向的图

Complement $\overline{G}$[3]　补图 $\overline{G}$：一个简单图或有向图，它与 $G$ 有相同的顶点集，但其定义为 $uv \in E(\overline{G})$ 当且仅当 $uv \notin E(G)$

Complement reducible[344]　补图可归约的：不断对各分量取补可归约到平凡图

Complete graph $K_n$[9]　完全图 $K_n$：任意两个顶点均相邻的简单图

Complete $k$-partite graph $K_{n_1,\cdots,n_k}$[207]　完全 $k$-部图 $K_{n_1,\cdots,n_k}$：不属于同一部集的两个顶点均相邻的 $k$-部图(部集大小为 $n_1$，$n_2$，$\cdots$，$n_k$)

Completely labeled cell[388]　完全标记单元：各个角均有不同标记的单纯区域

Complexity[494]　复杂度：最坏情况下所需的操作数目，表达成输入大小的函数

Component[22]　分量：极大连通子图

$S$-component of $G$　$S$-分量：参见 $S$-瓣

Composition $G_1[G_2]$[332]　复合 $G_1[G_2]$：一个图，其顶点集为 $V(G_1) \times V(G_2)$，其定义为 $(u_1, v_1) \leftrightarrow (u_2, v_2)$ 当且仅当 $G_1$ 中有 $u_1 \leftrightarrow v_1$ 或 $u_1 = v_1$ 且 $G_2$ 中有 $u_2 \leftrightarrow v_2$

Conflict graph[252]　冲突图：一个图，其顶点集为某个环的所有桥，两个桥相邻(冲突)当它们有三个公共端点或者有环上的四个交错点

Conflicting chords 冲突弦：顶点交错出现在指定环上的两条弦

Conjugate partition 共轭划分：对 $n$ 的两个划分使得一个给出 Ferrers 图中的行大小而另一个给出 Ferrers 图中的列大小

Connected[6] 连通的：对任意一对顶点 $u$, $v$, 均存在一条 $u$, $v$-路径

$k$-connected[149, 164] $k$-连通的：连通度至少为 $k$

Connection relation[21] 连通关系：如果存在一条 $x$, $y$-路径，则顶点 $x$, $y$ 满足该关系

Connectivity $\kappa(G)$[149, 164] 连通度 $\kappa(G)$：使一个图不连通或只剩下一个顶点需要删除的最少顶点个数（为明确起见有时称为"顶点连通度"）

Consecutive 1s property(for rows)[328] （行的）连续 1 性质：存在一个列置换使得每个行的 1 均连续出现

Conservation constraint[176] 守恒约束：限制流中每个顶点的净流量为 0 的条件

Consistent rounding[186] 一致舍入：矩阵的一个变换，将矩阵元素与行/列之和变为向上或向下最接近的整数使得行、列之和正确

Construction procedure 构造过程：从较小的一个或一些基图不断构造图类的成员的过程

Contraction[84] 收缩：将边 $uv$ 用一个以前与 $u$ 或 $v$ 关联的边相关联的顶点 $w$ 替换

Converse $D^{-1}$ 逆（图）$D^{-1}$：将有向图 $D$ 的所有边逆转方向后得到的图

Convex embedding[248] 凸嵌入：一个平面图，其中每个有界面都是凸集且外边界是一个凸多边形

Convex function[443] 凸函数：对任意 $a$, $b$ 和 $0 \leqslant \lambda \leqslant 1$ 均满足不等式 $f(\lambda a + (1-\lambda)b) \leqslant \lambda f(a) + (1-\lambda)f(b)$

Convex quadrilateral 凸四边形：三角形内任何一个角都不能由另三个张成

Cost[125] 代价：许多加权最小化问题的目标函数的叫法

Cotree 余树：对于一个图来说，不属于给定生成树的所有边

$F$-covering $F$-覆盖：用族 $F$ 中的子图形成的一个边覆盖

Critical edge[122, 339] 临界边：删除将导致独立数增大的边

Critical graph 临界图：用在许多图性质中，表示删除其中任意顶点（或边，根据具体情况而定）将使得该性质不再成立

$k$-critical graph[192] $k$-临界图：通常指色数为 $k$ 的颜色-临界图

Critically 2-connected 临界 2-连通的：删除一条边将不再是 2-连通的

Crossing[234] 交叉：在图的画法中，两条边在内部相交

Crossing number $v(G)$[262] 交叉数：$G$ 的平面画法中的最小交叉次数

$k$-cube $Q_k$[36] $k$-立方体 $Q_k$：$k$-维立方体

Cubic graph[304] 立方图：度为 3 的正则图

Cut $[S, \bar{S}]$[166] 割 $[S, \bar{S}]$：（尤其指网络中）从一个顶点子集到其补集的所有边

Cut-edge[23] 割边：删除将导致分量数增加的边

Cutset 割集：由一些顶点构成的分离集

Cut-vertex[23] 割（顶）点：删除将导致分量数增加的顶点

Cycle[5, 55] 环：一个简单图，其顶点可以放在一个圆上使得顶点相邻当且仅当它们在圆上前后

相继（注意：有些作者用它来指偶图）

Cycle double cover[312]    环双覆盖：一个环表使得每条边出现在表中的其中两个环里

$k$-cycle[9]    $k$-环：长度为 $k$ 的环，它由 $k$ 个顶点 $k$ 条边构成

Cycle matroid $M(G)$[350]    环拟阵 $M(G)$：回路就是 $G$ 中的环的拟阵

Cycle rank    环秩：环空间的维数，它等于边数－顶点数＋分量数

Cycle space[452]    环空间：关联矩阵的零空间，其元素对应偶数子图

Cyclic edge-connectivity    环边-连通度：为了使分量不连通以致剩余的所有分量均含有一个环所必须删除的边的条数

Cyclically $k$-edge-connected    环 $k$-边连通的：环的边-连通度至少为 $k$

# D

de Bruijn graph[61]    de Bruijn 图：当接收附加的字符时对 $k$ 元的 $n$-元组之间的可能的转换进行编码的有向图

Decision problem[494]    判定问题：答案为 YES/NO 的计算问题

Decomposition[11]    分解：将 $G$ 表达成一些边不相交的子图之并

$F$-decomposition[397]    $F$-分解：用图族 $F$ 中的图完成的分解

$F$-decomposition number of $G$    $G$ 的 $F$-分解数：完成 $G$ 的 $F$-分解所需图的最小个数

Degree $d(v)$[6，34]    度 $d(v)$：(1)对于一个顶点指的是它出现在边中的次数(对有向图可以有"出""入"之分)；(2)对正则图指的是每个顶点的度

Degree sequence $d_1 \geqslant \cdots \geqslant d_n$[44]    度序列 $d_1 \geqslant \cdots \geqslant d_n$：顶点的度的序列，通常以非递增顺序给出而不管顶点的顺序

Degree set    度集：所有顶点的度构成的集合(每个度出现一次)

Degree-sum Formula    度-和公式：$\sum d(v) = 2e(G)$

Deletion method[428]    删除法：概率方法中对存在性论证的加强

Demand[184]    需求量：传输网络中对接受顶点的限制

Density[435]    密度：边数与顶点数的比值

Dependent edge[231]    依赖边：无环定向中的一条边，改变其方向将产生环

Dependent set(matroids)[349]    依赖集：含回路的集合

Depth-first search [156]    深度优先搜索：从某顶点开始的回溯搜索，从最近到过的顶点开始搜索并且当它没有新的相邻顶点时返回

Descendants of $x$ [100]    $x$ 的子孙：在有根树中，以 $x$ 为根的子树中的顶点

Diagonal Ramsey number[385]    对角 Ramsey 数：阈值(数或图)相等的实例所对应的 Ramsey 数

Diameter[70]    直径：在所有顶点对 $u$，$v$ 上，距离 $d(u, v)$ 的最大值

Digraph[53]    有向图：有方向的图

Dijkstra's Algorithm[97]    Dijkstra 算法：计算从一个点到其他点的最短路径的算法

Dilworth's Theorem [413]    Dilworth 定理：两两不可比元素的最大个数等于覆盖所有元素所需全序子集的最小个数

$k$-dimensional cube $Q_k$[36]    $k$-维立方体 $Q_k$：顶点集为 $\{0, 1\}^k$ 的一个简单图，其中顶点相邻当且仅

当它们的名字仅在一个坐标上不同

Dinitz Conjecture[410]　Dinitz 猜想：每个二部图 $G$ 均是 $\Delta(G)$-序列-边可着色的

Directed graph[53]　有向图：顶点集、边集和每条边头部和尾部的说明

Directed walk，trail，path，cycle，etc.[57]　有向通道：迹路径和环等：与不用修饰词"有向"（一条边的头是下一条边的尾）时的含义相同

Disc　圆盘：由简单闭曲线围起来的可平面区域

Disconnected[6]　非连通的：一个图有多个分量

Disconnecting set[152]　不连通集：由一些边构成的集合，删除边后将使某个顶点无法到达另一个顶点

Disjoint union $G_1+G_2$[39]　不相交并 $G_1+G_2$：顶点集合不相交的两个图之并

Disjointness graph　非交图：交图的补图

Distance $d(u,v)$[70]　距离 $d(u,v)$：$u$，$v$-路径的最小长度

Distance-preserving embedding[400]　保距嵌入：满足 $d_H(f(u),f(v))=d_G(u,v)$ 的映射 $f$：$V(G)\to V(H)$

Dodecahedron[243]　十二面体：具有 20 个顶点、30 条边和 12 个长度为 5 的面的可平面图

Dominating set[116]　支配集：一个集合 $S\subseteq V$，使得 $S$ 之外的每个顶点均在 $S$ 中有一个相邻顶点

Domination number[116]　支配数：支配集中顶点的最小个数

Double jump[437]　双跳：在 $c<1$、$c=1$、$c>1$ 这三种情况下，概率函数为 $c/n$ 的随机图模型 $A$ 中的显著不同的构造

Double star[77]　双星：至多有两个顶点的度大于 1 的树

Double torus[266]　双环面：有两个柄的（可定向）表面

Double triangle[280]　双三角（形）：$K_4-e$

Doubly stochastic matrix[120]　双随机矩阵：各行和各列元素之和均为 1 的方阵

Dual augmentation property(matroids)[362]　对偶扩展性(拟阵)：拟阵及其对偶中的不相交集可以被扩充为补基或余基

Dual edge $e^*$[236]　对偶边 $e^*$：对偶图 $G^*$ 中的边，它对应于平面图 $G$ 的边 $e$

Dual graph $G^*$[236]　对偶图 $G^*$：对于一个平面图 $G$，对偶图的一个顶点对应 $G$ 中的一个区域，顶点相邻当且仅当它们的区域在 $G$ 中有公共边（可扩展到任意表面的 2-胞腔嵌入上）

Dual hereditary system(or matroid)$M$[360]　对偶遗传系统（或拟阵）$M$：一个遗传系统，它的基是 $M$ 的基之补

Dual problem[113]　对偶问题：对于问题 $\max c^T x$，$Ax\leqslant b$，$x\geqslant 0$，其对偶问题为 $\min y^T b$，$yA\geqslant c$，$y\geqslant 0$

Duality gap　对偶间隙：在一对对偶整数规划中，最优值严格不等

Duplication of vertex $x$[321]　顶点 $x$ 的复制：添加新顶点 $x'$ 使得 $N(x')=N(x)$

## E

Ear[163]　耳：内部顶点的度均为 2（或是"新的"顶点）的路径

Ear decomposition[163]　耳分解：在一个环上添加一些耳来构造 $G$

Eccentricity$\in_G(v)$ [70]　离心率$\in_G(v)$：对一个顶点而言，是指它到其他顶点的最大距离

Edge[2]　边：(1)在图中，是指一个顶点对($E(G)$表示边集)；(2)在超图中，是指顶点集的子集

Edge-choosability $\chi'_l(G)$[409]　边可选度$\chi'_l(G)$：使$G$是$k$-边可选的最小$k$值

$k$-edge-choosable[409]　$k$-边可选的：对于$G$的边指定的大小为$k$的所有列表，存在$G$的一个真边
　　着色，其中对列表中的每条边选择一种颜色

Edge-chromatic number $\chi'(G)$[275]　边色数：真边着色中需要的最小颜色数

$k$-edge-colorable[275]　可$k$-边着色：有一个真边着色至多使用了$k$种颜色

Edge-coloring[274]　边着色：将(颜色)标记分配给边

$k$-edge-connected[152，164]　$k$-边连通的：边-连通度至少为$k$

Edge-connectivity $\kappa'(G)$[152]　边连通度$\kappa'(G)$：使$G$变成不连通要删除的最少边数

Edge cover[114]　边覆盖：一些边构成的集合，所有顶点均与某条边关联

Edge cut $[S，\overline{S}]$[152，164]　边割$[S，\overline{S}]$：连接$S$中的一个顶点和一个不在$S$中的顶点的所有边
　　构成的集合

Edge-reconstructible　边-可重构的：知道了由删除单独一条边所得子图构成的多重集合后，(在同
　　构意义下)可以确定原来的图

Edge-Reconstruction Conjecture　边-可重构的猜想：指的是如下猜想：至少有四条边的图均是边-
　　可重构的

Edge-transitive[18]　边传递的：对于每对边 $e，f\in E(G)$存在一个置换将$e$映射成$f$

Eigenvalue[453]　特征值：对图而言，是邻接矩阵的特征值

Eigenvector of $A$[453]　$A$的特征向量：使得$Ax=\lambda x$对某个常数$\lambda$成立的向量$x$

Elementary contraction[84]　基本收缩：收缩

Elementary cycle　基本环：平面图中一个区域的边界(注意—有些作者所说的"环"指"回路"，"基本
　　环"是指"环")

Elementary subdivision[162]　基本细分：用有两条边的路径将一条边的两个端点连起来以替换原来
　　那条边(参见边细分)

Embedding[234]　嵌入：一个图到一个表面的映射，使得所有边(的象)除了公共顶点外不相交

Empty graph[22]　空图：没有边的图

Endpoint[2]　端点：(1)边的每个成员顶点；(2)路径、迹或通道的第一个或最后一个顶点

End-vertex　端-顶点：度为1的顶点

Equipartite[207]　等部集：各部集的大小至多差1

Equitable coloring　均衡着色：同色类大小至多差1的着色

Equivalence[399]　等价：作为图是指两两不相交的一些完全图之并

Equivalence relation[490]　等价关系：自反、对称和传递关系

Erdös number　Erdös 数：在数学家合作图中，从 Erdös 到其他人的距离

Euler characteristic　欧拉特征：亏格为 $\gamma$，$2-2\gamma$ 的表面

Euler tour　欧拉巡回：欧拉回路

Eulerian circuit[26，60]　欧拉回路：包含每条边的闭迹

Eulerian(di)graph[26，60]　欧拉(有向)图：具有欧拉回路的图或有向图

Eulerian trail[26，60] 欧拉迹：包含每条边的迹

Euler's Formula[241] 欧拉公式：具有 $e$ 条边 $f$ 个面的连通的 $n$-顶点图在亏格为 $\gamma$ 的表面上的 2-胞腔嵌入的公式 $n-e+f=2-2\gamma$

Even cycle[24] 偶环：具有偶数条边（或顶点）的环

Even graph[26] 偶图：所有顶点度均为偶数的图

Even pair[348] 偶对：顶点对 $x$，$y$，使得每条 $x$，$y$-路径的长均为偶数

Even triangle[280] 偶三角（形）：三角形 $T$，它的每个顶点在 $T$ 中均有偶数个相邻顶点

Even vertex[26] 偶顶点：度为偶数的顶点

Evolution 进化：一个生成随机图的模型，通过不断添加随机边来生成随机图

$(n, k, c)$-expander[463] $(n, k, c)$-扩张图：两个部集的大小均为 $n$ 的一个二部图，其顶点度至多为 $k$，且至多包含第一个部集的一半顶点的每个集合 $S$ 至少有 $(1+c(1-|S|/n)|S|)$ 个相邻顶点

Expansion 扩张：在 3-正则图中，细分两条边并增加一条连接新顶点的边

Expansion Lemma[162] 扩张引理：添加一个度为 $k$ 的顶点到 $k$-连通图中保持 $k$-连通性

Expansive property[358] 扩展性：对于定义在一个集合的子集上的函数 $\sigma$，要求它对于所有 $x$ 满足 $X\subseteq\sigma(X)$

Expectation[427] 数学期望：对于离散随机变量，等于 $\sum k\mathrm{Prob}(X=k)$

Exterior region 外区域：平面图的无界区域

Exterior vertex 外顶点：无界区域上的顶点

# F

Face[235] 面：嵌入中的一个区域

Factor[136] 因子：生成子图

$f$-factor[140] $f$-因子：满足 $d(v)=f(v)$ 的生成子图

$k$-factor[140] $k$-因子：生成 $k$-正则子图

$k$-factorable[276] 可 $k$-因子分解：有一个 $k$-因子分解

Factorization 因子分解：将 $G$ 表达成一些生成子图的边不相交并

$k$-factorization[276] $k$-因子分解：将 $G$ 分解成一些 $k$-因子

$x$，$U$-fan[170] $x$，$U$-扇：从 $x$ 到 $U$ 中顶点的一些两两内不相交的路径

Fáry's Theorem[246] Fáry 定理：可平面图在平面上有一个直线嵌入

Fat triangle[275] 胖三角形：一个 3-顶点图，其每对顶点具有相同边重数

Feasible flow[176] 可行流：满足边约束且内部顶点的净流量均为 0 的网络流

Feasible solution[322] 可行解：最优化问题中对于满足所有约束条件的变量的值的选择

Ferrers digraph Ferrers 有向图：不存在顶点 $x$，$y$，$z$，$w$（不必不相同）满足 $x{\to}y$ 和 $z{\to}w$ 但是 $z{\nrightarrow}y$ 和 $x{\nrightarrow}w$ 的有向图；一个等价的说法是，前驱集或后继集在包含关系下是有序的；另一个等价说法是，邻接矩阵没有 $2\times 2$ 的置换子矩阵

Five Color Theorem[257] 五色定理：可平面图都是可 5-着色的

Flat[266] 平面：拟阵中的一个闭集

Flow[176]　流：网络中所有边的一种权值分配

$k$-flow[307]　$k$-流：用$\{-k+1, \cdots, k-1\}$中的值对有向图进行权值分配使得在每个顶点的净出流
　　　量等于 0

Flower(in Edmonds′Blossom Algorithm)[142]　（Edmonds 花朵算法中的）花：由花柄（始于未被浸润的
　　　顶点的一条交错路径）和花朵（一个具有近乎完美匹配的奇环）构成

Forcibly Hamiltonian　强制哈密顿图：一个度序列，使得以此为度序列的每个简单图都是哈密顿图

Forest[67]　森林：若干棵不相交树之并，是一个无环图

Four Color Theorem[260]　四色定理：可平面图都是可 4-着色的

Fraternal orientation[345]　孪生定向：图的一个定向，其中两个顶点相邻当且仅当它们有公共的
　　　后继

$H$-fragment of $G$[252]　$G$ 的 $H$-碎片：$G-H$ 的一个分量以及连接到它的粘连顶点的边

$H$-free[41]　$H$-无关：不以 $H$ 的拷贝为诱导子图

Free matroid[357]　自由拟阵：拟阵中任意一些元素的集合均是独立集

Friendship Theorem[467]　友谊定理：一群人中，如果任意两个人恰好有一个共同的朋友，则有一
　　　个人是所有人的朋友

Fundamental cycle[374]　基本环：在一棵生成树中添加一条边所得到的环

## G

Gammoid[377]　群联拟阵：借助有向图的顶点集合 $E$，$F$ 定义在集合 $E$ 上的拟阵，其独立集是 $E$ 的
　　　被始于 $F$ 的一些不相交路径浸润的集合

Generalized chromatic number　广义色数：将所有顶点划分成一些子集使得每个同色类诱导的子图
　　　均具有性质 **P** 所需要的最小同色类个数

Generalized Petersen graph[316]　广义 Petersen 图：顶点为$\{u_1, \cdots, u_n\}$和$\{v_1, \cdots, v_n\}$，边为
　　　$\{u_iu_{i+1}\}$，$\{u_iv_i\}$和$\{v_iv_{i+k}\}$的图，其中加法是模 $n$ 的加法

Generalized Ramsey number $r(G_1, \cdots, G_k)$[386]　广义 Ramsey 数 $r(G_1, \cdots, G_k)$：使得对 $K_n$ 的边
　　　进行真着色后必然在某种颜色 $i$ 上会出现 $G_i$ 的拷贝的最小 $n$ 值

Genus $\gamma$[266]　亏格 $\gamma$：(1)对于一个表面，指的是其拓扑描述中柄的个数；(2)对一个图，指的是
　　　实现该图的嵌入时所需表面的最小亏格

Geodesic　测地线：端点之间的最短路径

Geodetic　测地线的：具有如下性质，即每一对顶点 $u$, $v$ 均是唯一一条长度为 $d(u, v)$的路径的
　　　端点

Girth[13]　围长：$G$ 中最短环的长度

$k$-gon　$k$-边形：在一个嵌入中，围绕一个区域的 $k$-环

Good algorithm[124]　好算法：运行时间是多项式的算法

Good characterization[495]　好特征刻画：在多项式时间内可检验的特征刻画

Good coloring　好着色：通常指真着色

Gossip problem[406]　流言问题：通过一条递增路径用最小的呼叫次数使得每个顶点的信息都传递
　　　到其余每个顶点

Graceful labeling[87]　优美标记：为所有顶点分配不同的整数，使得(1)所有整数介于 0 到 $e(G)$；
　　(2)所有边的端点对应的整数之差是 $1, \cdots, e(G)$ 这些整数

Graceful graph[87]　优美图：具有优美标记的图

Graceful tree[87]　优美树：具有优美标记的树

Graceful tree conjecture[87]　优美树猜想：每棵树均有优美标记

Graph[2]　图：一个顶点集、一个边集和一个集合赋值，赋值使得每条边至多有两个端点

Graphic matroid $M(G)$[350]　图拟阵 M(G)：拟阵的独立集是 $E(G)$ 的无环子集

Graphic sequence[44]　可图解序列：可以作为简单图的顶点度序列的一个整数序列

Greedy algorithm[95，354]　贪心算法：通过不断地作启发式优化选择来获得一个较好的可行解的
　　一种快速算法

Greedy coloring[194]　贪心着色：与顶点的某个顺序相关，用带有最小标记的颜色着色每一个顶
　　点，这种颜色未出现在正被着色的顶点的相邻顶点中

Grinberg condition[303]　Grinberg 条件：可平面图中存在哈密顿环的必要条件，即在所有内部面
　　或外部面上对(length-2)求和将得到相同的总和

Grötzsch graph[205]　Grötzsch 图：最小的三角形-无关的 4-色图

Grundy number　Grundy 数：应用贪心着色算法使用的最大颜色数

## H

Hadwiger conjecture[213]　Hadwiger 猜想：每个 $k$-色图有一个可以收缩为 $K_k$ 的子图(它对"几乎所
　　有"的图均成立)

Hajós conjecture[213]　Hajós 猜想：每个 $k$-色图均包含 $K_k$ 的一个细分(它在 $k > 5$ 时不成立)

Hall's condition[110]　Hall 条件：对二部图中一个部集 $X$ 的每个子集 $S$，至少有 $|S|$ 个顶点在 $S$ 中
　　有相邻顶点

Hall's theorem[110]　Hall 定理：Hall 条件是存在浸润 $X$ 的匹配的充要条件

Hamilton tour　哈密顿巡回：哈密顿环

Hamiltonian[286]　哈密顿的：有一个哈密顿环

Hamiltonian closure[289]　哈密顿闭包：不断添加连接如下顶点的边后得到的图，这些顶点的度和
　　至少与顶点个数一样大

Hamiltonian-connected[297]　哈密顿-连通的：从每个顶点到其余任意顶点有哈密顿路径

Hamiltonian cycle[286]　哈密顿环：包含每个顶点的环

Hamiltonian path[291]　哈密顿路径：包含每个顶点的路径

Harary graphs[150]　Harary 图：具有最少边的 $k$-连通 $n$-顶点图族

Head[53]　头部：定向图中边的第二个顶点

Heawood's Formula[268]　Headwood 公式：可以嵌入到具有 $\gamma$ 个柄的有向表面的图，其色数至多
　　是 $\lfloor 1/2(7 + \sqrt{1+48\gamma}) \rfloor$

Helly property[80]　Helly 性质：实直线(或树)的性质，即两两相交的集合有公共的交点

Hereditary class[226]　遗传类：满足如下性质的集类 F，F 中的图的诱导子图仍在 F 中

Hereditary family[349]　遗传族：满足如下性质的集族 F，F 中的集合的子集仍在 F 中

Hereditary system[349]　遗传系统：由一个遗传族以及几种不同的确定遗传族的方法构成的系统

Hole[340]　洞：图中的一个无弦环

Homeomorphic　同胚的：由一个图用细分边的方法可以得到的两个图

Homogeneous[380]　单色的：在 Ramsey 定理中，指的是被着色部分具有相同颜色的集合

Homomorphism　同态：保持邻接关系的一个映射 $f: V(G) \rightarrow V(H)$

Huffman code[103]　霍夫曼编码：使搜索时间最小的无前缀数据编码

Hungarian Algorithm[126]　匈牙利算法：求解分配问题的一个算法

Hypercube $Q_k$[36]　超方体 $Q_k$：$k$-维立方体

Hypergraph[449]　超图：图的一种推广，其中的边可以是任意顶点子集

Hyperplane(matroids)[360]　超平面(拟阵)：基本集的一个极大闭真子集

Hypohamiltonian　亚哈密顿的：本身不是哈密顿图，但其顶点删除子图是哈密顿图

Hypotraceable　亚可寻迹的：本身不是可寻迹的图，但其顶点删除子图均是可寻迹的图

# I

Icosahedron[243]　二十面体：具有 20 个面、30 条边和 12 个顶点的平面三角剖分

Idempotence property(matroids)[359]　幂等性(拟阵)：$\sigma^2(X) = \sigma(X)$ 对所有 $X$ 成立

Identification　识别：指以下操作，将两个顶点替换为一个顶点并合并关联关系(如果两个顶点相邻，则该操作同收缩)

Imperfect graph[232]　非完美图：$\chi(H) > \omega(H)$ 对某个诱导子图成立的图

Incidence matrix[6]　关联矩阵：(1)对于一个图，指的是一个 0，1-矩阵，其中 $i$，$j$ 元素取 1 当且仅当顶点 $i$ 与边 $j$ 关联；(2)对于有向图，如果顶点 $i$ 是边 $j$ 的头部，则矩阵 $i$，$j$ 取 $-1$，如果顶点 $i$ 是边 $j$ 的尾部，则取 1，其他情形取 0；(3)在一般情况下，指的是表示隶属关系的矩阵

Incident[6]　关联的：(1)一个顶点 $v$ 以及一条边，满足 $v \in e$；(2)具有公共端点的两条边

Inclusion-exclusion principle[223]　容斥原理：不属于集合 $A_1, \cdots, A_n$ 的元素有 $\sum_{S \in [n]} (-1)^{|S|} \left| \bigcap_{i \in S} A_i \right|$ 个

Incomparability graph：　非可比较图：可比较图的补

Incorporation property(matroids)[359]　结合性(拟阵)：$r(\sigma(X)) = r(X)$

Indegree[58]　入度：对于有向图中的一个顶点，入度是以其为头部的边的条数

Independence number $\alpha(G)$[113]　独立数 $\alpha(G)$：顶点独立集大小的最大值

Independent domination number[117]　独立支配数：独立支配集大小的最小值

Independent set[3]　独立集：由两两不相邻的一些顶点构成的集合

Indicator variable[427]　示性变量：从 $\{0, 1\}$ 中取值的随机变量

Induced circuit property(matroids)[355]　诱导回路性质(拟阵)：在独立集中添加一个元素，至多产生一条回路

Induced sub(di)graph $G[A]$[23]　诱导子(有向)图 $G[A]$：以 $A \subseteq V(G)$ 为顶点集和 $G$ 中所有边的端点均位于 $A$ 中的子(有向)图

Integer program[323]　整数规划：要求所有变量均取整数值的线性规划

Integrality Theorem[181]　整性定理：如果网络流中边的权值都是整数，则存在一个最优流可以表

    达成沿源点/接收点路径的一些单位流

Interlacing Theorem[458]     交错定理：对于每个顶点 $x$，$G$ 的特征值 $\{\lambda_i\}$ 和 $G-x$ 的特征值 $\{\mu_i\}$ 满足 $\lambda_1 \geqslant \mu_1 \geqslant \lambda_2 \geqslant \cdots \geqslant \mu_n \geqslant \lambda_n$

Internal vertices[20]     内顶点：(1)对于路径，指的是非端点；(2)对于平面图，指的是不位于外部面边界上的顶点

Internally disjoint paths[161]     内部不相交路径：仅在端点相交的路径

Intersection graph[324]     交图：对于一族集合，图中有每个集合的一个顶点且当两个集合相交时相应的顶点相邻

Intersection number[397]     交数：为使 $G$ 是集合 $U$ 的所有子集的交图所需 $U$ 的大小的最小值(等于覆盖 $E(G)$ 的完全子图数的最小值)

Intersection of matroids[366]     拟阵的交：一个遗传系统，其独立子集是拟阵的公共独立子集

Intersection representation[324]     交表示：为每个顶点 $v$ 分配一个集合 $S_v$，使得 $u \leftrightarrow v$ 当且仅当 $S_u \cap S_v \neq \varnothing$

Interval graph[195]     区间图：有区间表示的图

Interval number[451]     区间数：使得 $G$ 有 $t$-区间表示的最小 $t$ 值

Interval representation of $G$[195]     $G$ 的区间表示：一些区间构成的集合，其交图为 $G$

$t$-interval[451]     $t$-区间：$\mathbf{R}$ 中的至多 $t$ 个区间之并

$t$-interval representation[451]     $t$-区间表示：每个被分派集合均为 $t$-区间的交表示

In-tree[89]     入树：一棵有向图，其中每条边的方向均指向根

Involution[470]     对合：平方等于恒等映射的置换

Isolated vertex or edge[22]     孤立点或孤立边：不与(其他)边关联

Isometric embedding[400]     等距嵌入：$V(G)$ 到 $V(H)$ 的一个保距映射

Isomorphic decomposition     同构分解：分解成一些同构子图

Isomorphism[7]     同构：保持邻接关系的顶点集之间的一一映射

Isthmus     峡部：一条割边

# J

Join $G \vee H$[138]     连接 $G \vee H$：不相交并 $G+H$ 加上边 $\{uv: u \in V(G)，v \in V(H)\}$

Joined to     连接到：与…相邻

Junction     联结点：度至少是 3 的顶点

# K

Kempe chain[258]     Kempe 链：两个顶点之间的交错出现两种颜色的路径(特别用在不允许极小 5-色可平面图出现时)

Kernel[57，410]     核：有向图中的一个独立受支配集

Kernel perfect[410]     核-完美的：每个诱导子图均有核

Kirchhoff's current law     Kirchhoff 流定律：闭通道上的净流量为 0

Kite[12]     风筝形：从 $K_4$ 中删除一条边后得到的 4-顶点简单图

König-Egerváry Theorem[112]　Könige-Egerváry 定理：在没有孤立顶点的二部图中，最大匹配和最小顶点覆盖具有相同的大小

König's Other Theorem[115]　König 其他定理：在没有孤立顶点的二部图中，最大独立集与最小边覆盖具有相同的大小

Krausz decomposition[285]　Krausz 分解：用完全图形成且每个顶点至多使用两次的边覆盖（导致产生线图）

Kronecker product　克罗内克积：张量积

Kruskal's algorithm[95]　Kruskal 算法：不断添加图中权值最小且不引起环的边以得到最小生加权成树

Kuratowski subgraph[247]　Kuratowski 子图：$K_5$ 或 $K_{3,3}$ 的细分

Kuratowski's Theorem[246]　Kuratowaski 定理：一个图是可平面的当且仅当它没有 $K_5$ 或 $K_{3,3}$ 的细分

# L

Labeling　标记：将整数赋值给顶点

Leaf[67]　叶子：度为 1 的顶点

Leaf block[156]　叶块：只含有一个割点的块

Length[20]　长度：从始点到终点的步数（或总权值）

Lexicographic product $G[H]$[393]　字典积 $G[H]$：复合

Line　线：边的另一种叫法

Line graph $L(G)$ [168, 273]　线图 $L(G)$：图 $G$ 的边的交图，其顶点对应于 $G$ 的边，顶点相邻，如果它们的边有一个公共顶点

Linear matroid[351]　线性拟阵：一种拟阵，其独立集是由某个域上的一个矩阵的一些线性无关列构成的

Linear program[179]　线性规划：约束均为线性函数的线性函数优化问题

Link　链接：边

$k$-linked　$k$-链接的：比 $k$-连通更强的一个条件，它要求对任意选取的两个 $k$-元组顶点 $(u_1, \cdots, u_k)$ 和 $(v_1, \cdots, v_k)$ 存在 $k$ 条两两不相交的路径连接 $u_i$ 和 $v_i$

List chromatic index[409]　序列色指数：边-可选度

List chromatic number[408]　序列色数：可选度

List Coloring Conjecture[409]　列表色着色猜想：边-可选度等于边-色数

Literal[500]　文字：逻辑（真/假）变量或它的否定

$S$-lobe[211]　$S$-瓣：由 $G$ 中 $S \cup V_i$ 诱导的子图，其中 $V_i$ 是 $G-S$ 的一个分量的顶点集

Local search　局部搜索：对可行解作微小改动以求解最优化问题的技术

Loop[2]　圈：端点相同的边

Loopless[6]　无圈的：没有圈

# M

$(n, k, c)$-magnifier[463]　$(n, k, c)$-放大器：最大度为 $k$ 的一个 $n$-顶点图，它对于至多包含一半

顶点的每个集合 $S$，在 $S$ 外至少有 $c|S|$ 个相邻顶点

Markov chain[54]　Markov 链：具有转移概率的离散系统

Markov's inequality[432]　Markov 不等式：对非负随机变量，$\mathrm{Prob}(X{\geqslant}t){\leqslant}E(X)/t$

Martingale[443]　鞅：满足 $E(X_i|X_0,\cdots,X_{i-1})=X_{i-1}$ 的随机变量序列

Matching[107]　匹配：无公共端点的一些边构成的集合

$b$-matching　$b$-匹配：所有 $v$ 均满足 $d_H(v){\leqslant}b(v)$ 的子图 $H$，其中 $b$ 是给定的约束向量

Matrix rounding[186]　矩阵舍入：将矩阵元素与行/列之和向上或向下取整使得行、列之和仍然正确

Matrix-Tree Theorem[86]　矩阵-树定理：从由所有度构成的对角矩阵中减去邻接矩阵，删除一行一列再取行列式将得到生成树的棵数

Matroid[354]　拟阵：满足一系列等价条件之一的遗传系统

Matroid basis graph[376]　拟阵基图：一个图，其顶点集是某个拟阵的基构成的集合，两个顶点相邻当且仅当两个基的对称差包含两个元素

Matroid Covering Theorem[372]　拟阵覆盖定理：覆盖拟阵的所有元素需要的独立集的最小个数等于 $\max\limits_{X\subseteq E}\lceil|X|/r(X)\rceil$

Matroid Intersection Theorem[367]　拟阵交定理：$E$ 上两个拟阵的公共独立子集的最大大小等于在所有 $X\subseteq E$ 上对 $X$ 在第一个拟阵中的秩与 $\overline{X}$ 在第二个拟阵中的秩之和取最小值

Matroid Packing Theorem[372]　拟阵填充定理：两两互不相交基的最大个数等于 $\min\limits_{r(X)<r(E)}\lfloor(|E|-CA(X))/(r(E)-r(X))\rfloor$

Matroid Union Theorem[370]　拟阵并定理：拟阵 $M_1,\cdots,M_k$ 之并是秩函数为 $r(X)=\min\limits_{Y\subseteq X}(|X-Y|+\sum r_i(Y))$ 的拟阵

Max-flow Min-cut Theorem[180]　最大流最小割定理：最大流的值等于最小割的值

Maximal clique[31]　极大团：两两相邻的顶点构成的极大集

Maximal path or trail[27]　极大路径或迹：不能扩展的路径或迹

Maximal planar graph[242]　极大可平面图：等价于可平面三角剖分

Maximum Cardinality Search[325]　最大基数搜索：识别弦图的一个算法

Maximum degree $\Delta$[34]　最大度 $\Delta(G)$：顶点度的最大值

Maximum flow[176]　最大流：具有最大值的可行网络流，或者这种流的值

Maximum genus $\gamma_M(G)$　最大亏格 $\gamma_M(G)$：$G$ 在其上有 2-胞腔嵌入的具有最大亏格值的平面

Maximum($P$-object)[31]　最大($P$-对象)：对于性质 $P$，不存在更大的同类对象也具有性质 $P$

Menger's theorems[167-169]　Menger 定理：用顶点对之间内部不相交的或无公共边的路径对计数的连通度的最小-最大特征

Meyniel graph[330]　Meybiel 图：图中长度至少为 5 的每个奇环均至少有两条弦

Minimal imperfect graph[320]　极小非完美图：其每个真诱导子图均为完美

Minimally 2-connected[175]　极小 2-连通的：任意删除一条边将不再是 2-连通的

Minimum cut[178]　最小割：具有最小值的源点/接收点割，或这样一个割的值

Minimum degree $\delta(G)$[34]　最小度 $\delta(G)$：顶点度的最小值

Minimum($P$-object)[31]　最小($P$-对象)：对于性质 $P$，不存在更小的同类对象也具有性质 $P$

Minimum Spanning Tree(MST)[95]　最小生成树(MST)：所有边的总权值最小的生成树

Minor[251，362]　子式：通过删除和收缩得到的图(或拟阵)

Mixed graph　混合图：一种图模型，它允许有向边和无向边并存

Möbius ladder　Möbius 梯：通过对偶环的环上的最大距离的顶点之间增加一条边得到的图(可以画成扭曲的梯子)

Möbius strip　Möbius 带：用相反方向标识矩形的两个对立边得到的非定向表面

Model A[430]　模型 A：用顶点集[n]生成简单图的概率分布，让每对顶点独立地以概率 $P(n)$ 成为一条边

Model B[430]　模型 B：使简单图具有顶点集为[n]和 m 条边的等概率分布

rth-moment[433]　r 阶矩：$X^r$ 的数学期望

Monochromatic [386]　单色的：在一个着色中，某集合的所有元素具有相同颜色

Monotone graph property[432]　单调图性质：删除边或顶点时可以保持的性质

Multigraph　多重图：许多作者用它来表示允许(但不需要)重边和圈的图(有的作者不允许多重图但包含环)

Multinomial coefficient[489]　多项式系数：计算具有固定重数的项的排列数；对于类型 $i$ 的 $k_i$ 项，有 $(\sum k_i)!\, /\prod (k_i!)$ 方式把它们排列成一个表

Multiple edges[2]　重边：具有相同端点的多条边

## N

Nearest-insertion[497]　最近插入：增长环的 TSP 启发式算法

Nearest-neighbor[496]　近邻法：增长路径的 TSP 启发式算法

Neighborhood $N(v)$[34]　邻域 $N(v)$：$v$ 的相邻顶点构成的集合(闭邻域还包含顶点 $v$)

Neighbors[2]　相邻顶点：(名词)邻域中的顶点，(动词)"与…相邻"

Net outflow[178]　净流出量：每个顶点处的总流量减去入流量

Network[176]　网络：有向图，它有一个特殊的始点(源点)和一个特殊的终点(接收点)，且对每条边指定一个流容量和另一个可能的流需求量(下界)

Node　节点：顶点，特别是网络流问题中

Nondeterministic algorithm[494]　非确定算法：允许通过"猜测"来并行计算所有路径的算法

Nondeterministic polynomial algorithm[494]　非确定多项式算法：对每个具有多项式长度的猜测有一个多项式时间的计算

Nonorientable surface　不可定向表面：只有一侧的表面

Nontrivial graph[22]　非平凡图：至少有一条边的图

Nonplanar[243]　不可平面的：没有平面上的嵌入

Nowhere-zero $k$-flow[207]　无处为 0 的 $k$-流：所有指定的权值均不为 0 的 $k$-流

NP[495]　NP：由非确定多项式算法可以求解的问题构成的类

NP-complete[495]　NP-完全的：NP-难的且在 NP 中的

NP-hard[495]　NP-难的：为 NP 中的每个问题均给出多项式算法

Null graph[3]　空图：不含顶点的图

Numbering　编号：从 $V(G)$ 到 $[n(G)]$ 的——映射

## O

Obstruction　障碍：受禁结构

Odd antihole[340]　奇反洞：奇洞的分量

Odd component[136]　奇分量：具有奇数个顶点的分支

Odd cycle[24]　奇环：边数（顶点数）是奇数的环

Odd graph　奇图：$[2k+1]$ 的 $k$-子集的不相交图

Odd hole　奇洞：无弦的奇环

Odd vertex[27]　奇顶点：具有奇数度的顶点

Odd walk[24]　奇通道：长度为奇数的通道

Open walk[20]　开通道：起点和终点不同的通道

Optimal tour　最优巡回：流动推销员问题或中国邮递员问题的一个解

Order of graph[34]　图的阶：顶点的个数

Ordered graph[406]　有序图：边上面有一个序关系（通常是线性序）的图

Order-preserving property[358]　保序性：对于定义在某集合的子集上的一个函数 $\sigma$，要求 $X \subseteq Y$ 蕴涵 $\sigma(X) \subseteq \sigma(Y)$

Orientable surface　可定向表面：有两个不同侧的表面

Orientation of graph[62]　图的定向：为每条边指定头部和尾部后得到的有向图

Outdegree[58]　出度：对于一个顶点，以它为尾部的边的条数

Outerplanar graph[239]　外可平面的：可以嵌入到平面上使得所有顶点均位于外部区域的边界上的可平面图

Outerplane graph[239]　外平面图：外可平面图的一个特定的嵌入

## P

Parallel elements[351]　并行元素：拟阵中的一些非圈元素，它们构成秩为 1 的集合

Parent[100]　父亲：有根树中，在从顶点到根的路径上该顶点的相邻顶点

Parity[473]　奇偶性：奇数或偶数

Parity subgraph of G[312]　$G$ 的奇偶子图：子图 $H$，对于所有 $v \in V(G)$ 满足 $d_H(v) \equiv d_G(v)$

$k$-partite[5]　$k$-部的：同 $k$-可着色的

Partite set[4]　部集：将顶点划分成独立集（或同色类）后，划分中的一个集合

Partition matroid[357]　划分拟阵：由基本集的一个划分诱导得到的一个拟阵，一个集合是独立的当且仅当该集合至多从划分的每个块中取一个元素

Partitionable graph[335]　可（划）分图：一个具有 $aw+1$ 个顶点的图，每个删除单个顶点后得到的子图均可以用 $w$ 个大小为 $a$ 的稳定集来着色，也可以用 $a$ 个大小为 $w$ 的团来覆盖

Path[5]　路径：一个简单图，它的顶点可以列表使得顶点相邻当且仅当它们在该序列中前后相继

$u$，$v$-path[20]　$u$，$v$-路径：以 $u$ 和 $v$ 为端点的路径

Path addition[163]　路径添加：耳分解中的一个步骤

Path decomposition[414]　路径分解：将图表示成两两不相交的路径之并

Paw[12]　掌形：在爪形中添加一条边后得到的简单 4-顶点图

p-critical graph[334]　p-临界图：真诱导子图均是完美图的非完美图

Pendant edge[67]　悬垂边：与一个度为 1 的顶点关联的边

Pendant vertex[67]　悬垂顶点：度为 1 的顶点

$\alpha$-perfect[319]　$\alpha$-完美的：$\alpha(H) = \theta(H)$ 对每个诱导子图 $H$ 均成立

$\beta$-perfect[335]　$\beta$-完美的：$\alpha(H)\omega(H) \geqslant n(H)$ 对每个诱导子图 $H$ 均成立

$\gamma$-perfect[319]　$\gamma$-完美的：$\chi(H) = \omega(H)$ 对每个诱导子图 $H$ 均成立

Perfect elimination ordering[224]　完美删除顺序：一个删除顺序，它使得每删除一个顶点后，它在剩下部分中的邻域是一个团(同单纯删除顺序)

Perfect graph[226]　完美图：使 $\chi(H) = \omega(H)$ 对每个诱导子图 $H$ 均成立的图

Perfect Graph Theorem(PGT)[226, 320]　完美图定理：图是完美的当且仅当其补图是完美的

Perfect order[331]　完美(顺)序：顶点的一个顺序，由它可以得到所有子图的最优贪心着色

Perfectly orderable graph[331]　完美有序图：有一个完美序

Perfect matching[107]　完美匹配：一些边构成的集合，它使得每个顶点恰好属于其中一条边

Peripheral vertex[70]　外围顶点：离心率最大的顶点

Permutation[486]　置换：从有限集到其自身的一个一一映射

Permutation graph　置换图：可以用一个置换 $\sigma$ 表示使得 $u_i \leftrightarrow v_j$ 当且仅当 $\sigma$ 颠倒 $i$ 和 $j$ 的顺序

Permutation matrix[120]　置换矩阵：每行每列恰有一个 1 的 0，1-矩阵

Petersen graph[12]　Petersen 图：5-元集的所有 2-子集的不相交图

Pigeonhole principle[491]　鸽巢原理：任意数集至少有一个元素至少与其平均值一样大

Pigeonhole property[427]　鸽巢性质：在有限概率空间中，有一个元素，其中随机变量的一个取值至少与其数学期望一样大

Planar graph[5, 235]　可平面图：可以嵌入到平面上的图

Plane graph[235]　平面图：可平面图在平面上的一个特定嵌入

Plane tree[101]　平面树：每个顶点处的边均有固定的循环嵌入顺序的树

Planted tree[101]　植树：有根的平面树

Platonic solid[242]　纯体：有界正多面体

Point　点：顶点

Polygonal curve[234]　多边形曲线：一些线段的串接

Polyhedron[242]　多面体：一些半空间的交

Polytope　多胞形：顶点集的一个凸包

Positional game[120]　位置游戏：一种游戏目标是夺取获胜集中的位置

$k$th-power($G^k$)　$k$ 次幂 $G^k$：顶点集为 $V(G)$ 的图，其中 $u \leftrightarrow v$ 当且仅当 $d_G(u, v) \leqslant k$

Predecessor[54]　前驱：对于有向图中顶点 $v$，指满足 $u \rightarrow v$ 的顶点 $u$

Predecessor set[58]　前驱集：有向图中顶点 $v$ 的所有前驱构成的集合

Prefix-free code[101]　无前缀编码：每个码字均不是其他码字的前缀

Prim's Algorithm[104]　Prim 算法：找出最小生成树的算法，在当前树中以最小代价添加叶子

Principal submatrix　主子阵：用相同下标的行和列构成的子方阵

Product dimension[398]　乘积维：$G$ 的乘积表示的最小坐标号

Product representation[398]　乘积表示：图的一种编码，它使得顶点相邻当且仅当编码中所有坐标位置的值均不同

Proper coloring[192]　真着色：(1)对于顶点着色，指没有单色边的着色；(2)对于边着色，指使得具有公共端点的边具有不同颜色的着色

Proper subgraph of $G$[192]　$G$ 的真子图：不同于 $G$ 的子图

Proper subset of $S$[472]　$S$ 的真子集：不同于 $S$ 的子集

Proposal Algorithm[131]　婚配算法：产生稳定匹配的算法

Prüfer code[81]　Prüfer 编码：在标号图中，不断删除具有最小标号的顶点并记录其相邻顶点的标号，这样得到的一个长度为 $n-2$ 的序列

Pseudograph　伪图：用于允许重边和圈的图模型，主要是那些将多重图定义成不含圈的图的作者使用

# R

Radius[70]　半径：顶点离心率的最小值

Ramsey number[380]　Ramsey 数：为使给所有顶点对分配颜色之后得到具有指定大小(或指定图)的单色团，所需顶点个数的最小值

Random graph[430]　随机图：概率空间中的一个图，概率空间通常指其中每个带标号的顶点对独立的具有邻近点的概率 $p$；典型的情况是，$p=1/2$ 或是 $n$ 的函数

Random variable[427]　随机变量：在概率空间中每个点均可取值的变量

Rank(matroids)[349]　秩(拟阵)：对于一个元素集，指的是含于其中的独立集的最大大小

Reconstructible[38]　可重构的：一个图(在同构意义下)可以由一系列仅删除一个顶点后所得的子图来确定

Reconstruction Conjecture[38]　重构猜想：至少有 3 个顶点的图都是可重构的

Rectilinear crossing number　直线交叉数：将图画在平面上并使得每条边均是直线段时的最小交叉次数

Reducible configuration[258]　可约构形：极小 5-色可平面图不能包含的图

Reflexive[490]　自反的：(1)有向图的每个顶点均有一个圈；(2)$xRx$ 对所有 $x$ 均成立的二元关系 $R$

Region[235]　区域：对于图在表面上的一个嵌入，它是表面上不包含图的任何部分的极大连通部分

Regular[34]　正则的：所有顶点的度均相等

Regular matroid[351]　正则拟阵：在任何域上均是可表示的

$k$-regular[34]　$k$-正则的：所有顶点的度均等于 $k$

Representable matroid[351]　可表达拟阵：线性拟阵

Restriction martingale[445]　受限鞅：一种鞅，其中逐个变量的值是概率空间上一个收缩子集上的数学期望

Rigid circuit graph　严格回路图：弦图

Robbins' Theorem[166]　Robbins 定理：每个 2-边连通图均有一个强定向

Root[100]　根：(1)一个特殊顶点；(2)分叉中入度为 0 的顶点

Rooted plane tree[100]　有根平面树：一棵树，它有一个特殊的根顶点使得每个非叶子顶点的孩子具有平面上从左到右的顺序

Rotation scheme　旋转模式：对 2-胞腔嵌入的一种描述；每个顶点处的所有边均有一个循环排列，给出它们围绕顶点的逆时针顺序

## S

SATISFIABILITY[499]　可满足性问题：求所有变量的真值使得输入的逻辑公式为真

Satisfiable[499]　可满足的：可满足性问题中的公式有"YES"答案

Saturated vertex[107]　(被)浸润顶点：对一个匹配而言，指被匹配上的一个顶点

Score sequence[62]　得分序列：竞赛图中所有出度构成的序列

Second moment method[433]　二阶矩方法：求阈值函数的一种方法

Self-complementary[11]　自补的：与补(图)同构

Self-converse　自逆的：与逆(图)同构

Self-dual　自对偶的：与对偶(图)同构

Semi-strong perfect graph theorem[344]　半-强完美图定理：如果 $V(G)=V(H)$ 且 $G$ 中的一个顶点集诱导得到 $P_4$ 当且仅当它在 $H$ 中诱导得到 $P_4$，则 $G$ 是完美的当且仅当 $H$ 是完美的

Semipath　半路径：每个顶点在其中至多出现一次的半通道

Semiwalk　半通道：有向图中的一系列边(或相邻顶点)使得前后相继的两条边是相邻的，不考虑边的方向

Separable　可分离的：有割点

Separating set　分离集：删除将导致分量数增大的一些顶点构成的集合

$k$-set[380]　$k$-集：大小为 $k$ 的集合

Shannon Switching Game[365]　Shannon 开关游戏：拟阵中由夺取者和防御者参与的游戏，前者要获得一些元素以生成指定的元素而后者要阻止前者达到其目的

Shift graph[202]　平移图：定义在具有 $\{i, j\}$ 的 $[n]$ 的 2-子集上的图，其中如果 $i<j<k$，则 $\{i, j\}$ 与 $\{j, k\}$ 相邻

Signed (di)graph　符号(有向)图：加权图的特例，每条边被赋予＋或－

Simple[2]　简单的：(1)指一个图没有圈和重边；(2)指一个有向图对于每个有序顶点对至多有一条边；(3)指一个拟阵没有圈和并行元素

Simplicial vertex[224]　单纯顶点：其邻域诱导出一个团的顶点

Sink[176]　接收点：特定的终止顶点，或任意出度为 0 的顶点

Size[35，473]　大小：(1)边的条数；(2)元素的个数

Skew partition[347]　偏斜划分：对 $V(G)$ 的一个划分 $X$，$Y$，使得 $G[X]$ 和 $\overline{G}[Y]$ 不连通

$f$-soluble[148]　$f$-可解的：有一种对边的加权方法使得与 $v$ 关联的边的权值之和等于 $f(v)$

Source[176]    源顶点：一个特殊的起始顶点，或任意入度为 0 的顶点

Source/sink cut[178]    发/收割：将网络中的所有顶点划分成两个集合 $S$，$T$ 使得 $S$ 包含源顶点而 $T$ 包含接收点

Span function[358]    生成函数：在一个遗传系统中，集合 $X$ 生成的集合由 $X$ 中的所有元素以及 $X$ 之外能够与 $X$ 的某个子集一起形成完全回路的所有元素构成

Spanning subgraph    生成子图：包含每个顶点的子图

Spanning set[67]    生成集：（在定义于 $E$ 上的遗传系统中）生成 $E$ 的一个集合

Spanning tree[67]    生成树：一个生成的、连通的、无环的图

Spectrum[453]    谱：带有重数的一系列特征值

Split graph[345]    分裂图：顶点可以被一个团和一个独立集覆盖的图

Splittance    分裂度：为得到一个分裂图需要添加或删除的最少边数

Square of a graph    图的平方：图的二次幂

Squashed-cube dimension[401]    塌陷-立方体维：塌陷立方嵌入中向量的最小长度

Squashed-cube embedding[401]    塌陷-立方体嵌入：将每个顶点编码成 0，1，* 一向量，使得两个顶点间的距离等于其中一个编码取 0 而另一个编码取 1 的坐标位置的个数

Stability number[319]    稳定数：独立数

Stable matching[130]    稳定匹配：一个匹配，它没有实例 $x$ 和 $y$ 使其中每个元素都偏好于当前配偶之外的另一个元素

$r$-staset[447]    $r$-稳定集：大小为 $r$ 的稳定集

Stable set[3，319]    稳定集：由两两不相邻的一些顶点构成的集合（同独立集）

Star[67]    星形：至多只有一个非叶节点的树 $K_{1,n-1}$

Star-cutset[333]    星形-割集：可以诱导一个子图使其中一个顶点与其他所有顶点均相邻的分离集

Star-cutset Lemma[334]    星形-割集引理：$p$-临界图没有星形-割集

Steinitz exchange property[358]    Steinitz 交换性：生成函数的一个性质，即如果 $e$ 在 $X \cup f$ 生成的空间内但不在 $X$ 生成的空间内，则 $f$ 在 $X \cup e$ 生成的空间内

Steinitz's Theorem    Steinitz 定理：3-连通可平面图在平面上只有一个嵌入（更确切地讲，只有一个对偶图）

Strength[440]    强度：对于一个定理，结论成立的情况占假设条件也成立的情况的比例

Strict digraph[294]    严格有向图：一个有向图，它没有圈，且对于每个有序顶点对该有向图中只有一条边

Strictly balanced    严格平衡的：所有子图的平均度的最大值仅在整个图上取得

Strong absorption property(matroids)[355]    强吸收性(拟阵)：如果 $r(X \cup e)=r(X)$ 对任意 $e \in Y$ 成立，则 $r(X \cup Y)=r(X)$

Strong component[56]    强分量：极大强连通子有向图

Strong orientation[165]    强定向：$G$ 的一个定向，其中每个顶点均可以从其他任意顶点达到

Strong Perfect Graph Conjecture(SPGC)[320]    强完美图猜想(SPGC)：图是完美的当且仅当它没有奇洞或奇反洞的猜想

Strong product $G_1 \cdot G_2$    强积 $G_1 \cdot G_2$：一个乘积图，其顶点集为 $V(G_1) \times V(G_2)$ 且边集 $(u_1, v_1) \leftrightarrow (u_2, v_2)$ 仅当 $u_1 = u_2$ 或 $u_1 \leftrightarrow u_2$ 并且 $v_1 = v_2$ 或 $v_1 \leftrightarrow v_2$

Strongly connected(or strong)digraph[56]    强连通(或强)有向图：每个顶点均可从其他任意顶点达到的有向图

Strongly perfect[330]    强完美(图)：某个稳定集与每个极大团均相交的图

Strongly regular[464]    强正则(图)：一个 $k$-正则图，它的相邻顶点都具有 $\lambda$ 个公共相邻顶点且不相邻的顶点都具有 $\mu$ 个公共的相邻顶点

Subconstituent[470]    子成分：由一个顶点的邻域或非邻域诱导出的图

Subdigraph[56]    子有向图：有向图的子图

Subdivision[212]    细分：(1)将一条边替换为通过一个新顶点的含两条边的路径的操作；(2)由一系列细分操作得到的图

$H$-subdivision[212]    $H$-细分：将 $H$ 细分之后得到的图

Subgraph[5]    子图：所有顶点和边均属于 $G$ 的图

Submodular function[354]    子模块函数：使 $r(X \cup Y) + r(X \cap Y) \leqslant r(X) + r(Y)$ 对所有集合 $X$，$Y$ 均成立的函数 $r$

Submodularity property(matroids)[354]    子模块性质(拟阵)：有一个子模块秩函数

$k$-subset[471]    $k$-子集：具有 $k$ 个元素的子集

Subtree representation[324]    子树表示：将一棵主树的子树分配给某弦图的每个顶点，使得顶点相邻当且仅当相应的子树相交

Successor[54]    后继：对于有向图中的顶点 $u$，指满足 $u \to v$ 的顶点 $v$

Successor set[58]    后继集：对于有向图中的顶点 $u$，指它的所有后继的集合

Sum[39]    和：(1)对于环或余环，意义与对称差一样；(2)对于图，指不相交并；(3)对于定义于不相交集合上的一些拟阵，指定义在并集上的一个拟阵，它们的独立集是各个拟阵的一个独立集之并

Supergraph of $G$    $G$ 的超图：包含 $G$ 的图

Superregular[470]    超正则的：空正则图或子成分均是超正则图的正则图

Supply[184]    供应量：运输网络中对源顶点的限制

2-switch[46]    2-调换：在保持度不变的情况下，将两条不相交的边调换成两条新边

Symmetric[490]    对称的：(1)对于图，指有一个非平凡的自同构；(2)对于简单有向图，指 $u \to v \Rightarrow v \to u$；(3)对二元关系 $R$，指 $xRy \Rightarrow yRx$

Symmetric difference $A \triangle B$[109，473]    对称差 $A \triangle B$：由恰属于 $A$ 和 $B$ 之一的所有元素构成的集合

System of distinct representatives(SDR)[119]    相异代表系(SDR)：从集族的每个集合中取一个元素使得所有的代表元素互不相同

Szekeres-Wilf Theorem[231]    Szekeres-Wilf 定理：$\chi(G) \leqslant 1 + \max_{H \subseteq G} \delta(H)$

**T**

Tail[53]    尾部：有向图中边的第一个顶点

Tait coloring[301]　Tait 着色：对于可平面立方图，指真 3-边着色

Tarry's Algorithm[95]　Tarry 算法：遍历迷宫的过程

Telegraph problem[423]　电报问题：流言问题的有向版，它只允许信息单向流动

Telephone problem[422]　电话问题：流言问题

Tensor product　张量积：弱积

Ternary matroid[357]　Ternary 拟阵：可在 3 个元素的域上表示的拟阵

Thickness[261]　厚度：其并等于 $G$ 的可平面图的最小个数

Threshold dimension　阈值维：其并等于 $G$ 的阈值图的最小个数

Threshold function for $Q$[433]　$Q$ 的阈值函数：使得 $Q$ 几乎总存在或者几乎总不存在的一个函数 $t$，具体是哪种情况依赖于模型参数属于 $o(t)$ 还是属于 $w(t)$

Threshold graph　阈值图：有一个阈值 $t$ 和一个顶点加权函数 $w$，使得 $u \not\to v$ 当且仅当 $w(u)+w(v) \leqslant t$；另有一些特征刻画，如没有 2-调换和存在一个添加孤立顶点或支配顶点的构造顺序

Topological graph theory　拓扑图论：研究图在各种表面上的画法

Toroidal[266]　环面的：在圆环面上有一个 2-胞腔嵌入的图

Torus[266]　环面：有一个柄的(可定向)表面

Total coloring[411]　全着色：对顶点和边都进行着色使得相邻或相关联的元素有不同的颜色

Total Coloring Conjecture[411]　全着色猜想：每个图都有使用至多 $\Delta(G)+2$ 种颜色全着色

Total domination number[117]　完全支配数：集合 $S$ 中的最小顶点个数，使得每个顶点在 $S$ 中都有一个相邻顶点

Total interval number　完全区间数：将 $G$ 表示成实直线上一些区间的交图时所需区间的最小个数

Totally unimodular[469]　完全幺模：所有子方阵的行列式均等于 0 或 ±1 的矩阵

Toughness[288]　韧度：使得 $|S| \geqslant t \cdot c(G-S)$ 对每个分离集 $S$ 均成立的最小 $t$ 值，其中 $c(G-S)$ 表示删除 $S$ 后得到的图的分量数

Tournament[61]　竞赛图：完全图的一个定向

Trace[453]　迹：矩阵中对角线元素之和

Traceable　可寻迹的：有一条哈密顿路径

Trail[20，59]　迹：各边出现的次数不超过 1 的通道

Transitive digraph[228]　传递有向图：$u \to v$ 与 $v \to w$ 一起蕴涵 $u \to w$

Transitive closure　传递闭包：(1)对于有向图 $D$，指的是一个有向图，如果 $D$ 中存在 $u$ 到 $w$ 的路径则该图，就有 $u \to w$；(2)对于关系 $R$，是指一个关系 $S$，如果有一个序列 $x_0，\cdots，x_k$ 使得 $x = x_0 R x_1 R \cdots R x_k = y$，则 $xSy$

Transitivity of dependence(matroids)[359]　依赖传递性(拟阵)：$e \in \sigma(X)$ 和 $X \subseteq \sigma(Y)$ 蕴涵 $e \in \sigma(Y)$

Transportation constraints[184]　运输约束：供应量和需求量

Transportation Problem[185]　运输问题：分配问题的一种推广，其中每个源顶点都有供应量且每个目的顶点都有需求量

Transversal[125]　横截：相异代表系(这是在该概念推广后的术语)；也用来表示各个元素不必相异的代表系

Transversal matroid[352]　横截拟阵：一个拟阵，其元素集是某二部图的一个部集且独立集是被匹配浸润的子集

Traveling Salesman Problem(TSP)[493]　流动推销员问题：求权值最小的生成环问题

Tree[67]　树：连通的无环图

$k$-ary tree[101]　$k$-叉树：每个非叶子顶点最多有 $k$ 个孩子的有限树

$k$-tree[345]　$k$-树：一个弦图，它由一个 $k$-团不断添加顶点得到，每个新添加的顶点在添加后其邻域是一个 $k$-团

Triangle[12]　三角形：长度为 3 的环

Triangle-free[41]　三角形-无关的：不以 $K_3$ 为子图

Triangle inequality　三角不等式：$d(x, y)+d(y, z) \geqslant d(x, z)$

Triangular chord　三角弦：路径或环上的长度为 2 的弦

Triangulated graph[225]　三角剖分图：没有无弦环的图

Triangulation[242]　三角剖分：嵌入到表面上的图，其中每个区域都是三边形

Trivalent　三价的：度为 3 的

Trivial graph[22]　平凡图：没有边的图(有些作者特指只有一个顶点的图)

$k$-tuple[474]　$k$-元组：长度为 $k$ 的序列

Turán graph[207]　Turán 图：各个部集大小相等的完全多部图

Turán's theorem[208]　Turán 定理：完全等 $r$-部图的特征是这种图为具有指定阶的不含 $r+1$-团的最大图

Tutte polynomial　Tutte 多项式：色多项式和其他一些多项式的推广

Tutte's Theorem[146，174，250]　Tutte 定理：(1)对于匹配，指出具有 1-因子图的特征；(2)对连通度，指出通过收缩成车轮形的 3-连通图的特征；(3)对可平面图，是指 3-连通可平面图的嵌入的每个有界面均是凸面

Twins[348]　孪生顶点：具有相同领域的顶点(伪孪生顶点是指有相同闭邻域的相邻顶点)

## U

Unavoidable set[258]　不可避免集：一些构形构成的集合，使得特定类中的每个图均要包含该集合中的某个构形

Underlying graph[56]　底图：将有向图中的边看成无序顶点对后得到的图

Unicyclic　单环的：恰有一个环

$k$-uniform hypergraph[449]　$k$-均匀超图：仅含大小为 $k$ 的边

Uniform matroid $U_{k,n}$[357]　均匀拟阵 $U_{k,n}$：$[n]$ 上的拟阵，其独立集的大小至多为 $k$

Uniformity property(matroids)[354]　一致性(拟阵)：对所有 $X \subseteq E$，$X$ 的极大独立子集具有相同的大小

Union $(G_1 \cup G_2)$[25]　并$(G_1 \cup G_2)$：一个图，其顶点集等于 $G_1$ 和 $G_2$ 的顶点集之并，其边集等于 $G_1$ 和 $G_2$ 的边集之并(如果顶点集不相交则记为 $G_1+G_2$)

Union of matroids[369]　拟阵的并：拟阵 $M_1, \cdots, M_k$ 之并是独立集为 $\{I_1 \cup \cdots \cup I_k : I_i \in \mathbf{I}_i\}$ 的遗传

系统

Unit-distance graph[201]　单位距离图：顶点集为 $\mathbf{R}^2$ 的一个图，其中顶点相邻当且仅当它们的距离为 1

Unlabeled graph[9]　无标号图：同构类的非正式叫法

$M$-unsaturated[107]　$M$-未浸润的：不属于 $M$ 中任意一条边的顶点

Upper embeddable　上可嵌入的：在亏格为 $\lfloor (e(G)-n(G)+1)/2 \rfloor$ 的表面上存在一个 2-胞腔嵌入

## V

Valence　价：顶点度

Value of a flow[176]　流值：从源顶点流出或流入接收顶点的净流量

Variance[433]　方差：与均值之差的平方的数学期望

Vectorial matroid[351]　向量拟阵：线性拟阵

Vertex[2]　顶点：顶点集 $V(G)$ 中的一个元素

Vertex chromatic number[191]　顶点色数：色数

Vertex connectivity[149]　顶点连通度：连通度

Vertex cover[112]　顶点覆盖：由每条边的至少一个端点构成的集合

Vertex-critical　顶点-临界的：删除任何顶点均会改变某参数

Vertex cut[149，164]　（顶）点割：由顶点构成的分离集

Vertex-deleted subgraph[37]　顶点删除子图：删除一个顶点后剩下的子图

Vertex multiplication[320]　顶点多重复制：将 $G$ 的一些顶点用独立集替换，使得顶点 $x$，$y$ 的拷贝相邻当且仅当 $xy \in E(G)$

Vertex partition　顶点划分：对顶点集的一个划分

Vertex set $V(G)$[2]　顶点集 $V(G)$：元素的集合，在其上定义图

Vertex-transitive[14]　顶点传递的：对于每对 $x$，$y \in V(G)$，$G$ 的某个自同构将 $x$ 映射成 $y$

Vizing's Theorem[275]　Vizing 定理：用最大度和最大边重数给出边色数的上界

## W

Walk[20，59]　通道：由图的顶点和边相间形成的一个序列，其中每个顶点属于位于其前、后的那两条边

$u$，$v$-walk[20]　$u$，$v$-通道：从 $u$ 到 $v$ 的通道

Weak elimination property[352]　弱消除性：矩阵的如下性质，不同的相交回路之并包含一个回路使该回路避开交集中的一个指定点

Weak product $G_1 \otimes G_2$　弱积 $G_1 \otimes G_2$：一个图乘积，其顶点集为 $V(G_1) \times V(G_2)$，且边 $(u_1，v_1) \leftrightarrow (u_2，v_2)$ 当且仅当 $u_1 \leftrightarrow u_2$ 和 $v_1 \leftrightarrow v_2$

Weakly chordal[330]　弱弦（图）：$G$ 和 $\overline{G}$ 中没有长度至少为 5 的无弦环

Weakly connected[56]　弱连通（图）：底图是连通图的有向图

Weight　权（值）：一个实数

Weighted　加权的：(对边或顶点)赋予权值

Well Ordering property[19]　良序性：(自然数集的)任意子集都有最小元素

Wheel[174]　轮状图：将一个环与一个顶点相连接得到的图

Whitney's 2-isomorphism Theorem[376]　Whitney 2-同构定理：对环拟阵同构的图对的特征刻画

Wiener index[72]　Wiener 指数：顶点间两两距离之和

# Z

Zero flow　零流：网络中所有边的流量均为 0 的流

# 附录 E  补充阅读材料

有关图论方面的著作很多，这里我们列出其中的一小部分，以方便感兴趣的读者查阅特定主题的更详细材料．我们将一般的教科书大致分成三类，然后按照本书各章主题列出一些特定的教科书，最后列出一些有关图论附加主题方面的书籍．

Many books have been published about graph theory. Here we list a few for the interested reader who seeks an alternative presentation or more detailed material on special topics. We list several general textbooks grouped approximately into three levels. Specialized texts and monographs follow, listed by the relevant chapter in this book. Finally, we list some books that present additional topics in graph theory.

## 一般/初级

Chartrand, G. *Graphs as Mathematical Models*. Prindle–Weber–Schmidt, 1977. Reprinted as *Introductory Graph Theory*, Dover, 1985.

Clark J. and D.A. Holton, *A First Look at Graph Theory*. World Scientific, 1991.

Trudeau R.J., *Introduction to Graph Theory* (originally *Dots and Lines*, 1976). Dover, 1993.

Wilson R.J. *Introduction to Graph Theory*. Academic Press, 1979, 1972; Longman, 1985.

Wilson R.J. and J.J. Watkins, *Graphs: An Introductory Approach*. John Wiley & Sons, 1990.

## 一般/中级

Bondy J.A. and U.S.R. Murty, *Graph Theory with Applications*. Elsevier, 1976.

Chartrand G. and L. Lesniak, *Graphs and Digraphs*. PWS Publishers, 1979; Wadsworth–Brooks/Cole, 1986; Chapman & Hall, 1996.

Gould R., *Graph Theory*. Benjamin/Cummings, 1988.

Gross J. and J. Yellen, *Graph Theory*. CRC Press, 1999.

Harary F., *Graph Theory*. Addison-Wesley, 1969.

Ore O., *Theory of Graphs*. AMS Colloq. **38**, Amer. Math. Soc., 1962.

## 一般/高级

Berge, C. *Graphs*. North-Holland 1973, 1976, 1985. (1970, 1983 in French.)

Bollobás B., *Graph Theory: An Introductory Course*. Grad. Texts in Math. **63**, Springer-Verlag, 1979.

Bollobás B., *Modern Graph Theory*. Grad. Texts Math. **184**, Springer-Verlag, 1998.

Diestel R., *Graph Theory* Grad. Texts Math. **173**, Springer-Verlag, 1996, 2000.

Zykov A.A. *Fundamentals of Graph Theory*. Nauka, 1987 (Russian). Transl. by L. Boron, C. Christenson, and B. Smith, BCS Associates, 1990.

## 第1章

Asratian A.S., T.M.J. Denley, and R. Häggkvist, *Bipartite Graphs and Their Applications*. Cambridge Tracts in Math., **131**, Cambridge Univ. Press, 1998.

Fleischner H., *Eulerian Graphs and Related Topics*, Vols 1 & 2. Ann. Discrete Math. **45** & **50**, North-Holland, 1990 & 1991.

Harary F., R.Z. Norman, and D. Cartwright, *Structural Models: An Introduction to the Theory of Directed Graphs*. John Wiley & Sons, 1965.

**第2章**
Buckley F. and F. Harary, *Distance in Graphs*. Addison-Wesley, 1990.
Moon J., *Counting Labelled Trees*. Canadian Math. Congress, 1970.

**第3章**
Gusfield D. and R.W. Irving, *The Stable Marriage Problem: Structure and Algorithms*. MIT Press, 1989.
Haynes T.W., S.T. Hedetniemi, and P.J. Slater, *Fundamentals of Domination in Graphs*. Pure and Applied Math. **208**, Marcel Dekker, 1998.
Lovász L. and M.D. Plummer, *Matching Theory*. North-Holland, 1986.

**第4章**
Ahuja R.K., T.L. Magnanti, and J. Orlin, *Network Flows*. Prentice-Hall, 1993.
Ford L.R. and D.R. Fulkerson, *Flows in Networks*. Princeton Univ. Press, 1962.
Tutte W.T., *Connectivity in Graphs*. Univ. Toronto Press, 1966.

**第5章**
Jensen T.R. and B. Toft, *Graph Coloring Problems*. Wiley-Interscience, 1995.

**第6章**
Aigner M., *Graph Theory: A Development from the 4-Color Problem*. Teubner, 1984 (German). Transl. by BCS Associates, 1987.
Bonnington C.P. and C.H.C. Little, *The Foundations of Topological Graph Theory*. Springer-Verlag, 1995.
Fritsch R. and G. Fritsch, *The Four-Color Theorem*. Springer-Verlag, 1994, 1998.
Gross, J.L. & T.W. Tucker, *Topological Graph Theory*. Wiley-Interscience, 1987.
Nishizeki T. and N. Chiba, *Planar Graphs: Theory and Algorithms*. North-Holland Math. Studies **140**, Annals Disc. Math. **32**, North-Holland 1988.
Saaty T.L. and P.C. Kainen, *The Four-Color Problem: Assaults and Conquests*. McGraw-Hill, 1977; reprinted Dover, 1986.
White A.T., *Graphs, Groups and Surfaces*. North-Holland Math. Studies **8**, North-Holland 1973, 1984.

**第7章**
Fiorini S. and R.J. Wilson, *Edge-colourings of Graphs*. Res. Notes in Math. **16**, Pitman, 1977.
Voss H.-J., *Cycles and Bridges in Graphs*. Kluwer Academic, 1991.
Zhang C.-Q., *Integer Flows and Cycle Covers of Graphs*. Pure and Applied Math. **205**, Marcel Dekker, 1997.

**8.1节**
Golumbic M.C., *Algorithmic Graph Theory and Perfect Graphs*. Academic Press, 1980.
Brandstädt A., V.B. Le, and J.P. Spinrad, *Graph Classes: A Survey*. Soc. Indust. Appl. Math., 1999.

**8.2节**
Oxley J., *Matroid Theory*. Clarendon Press, Oxford Univ. Press 1992.
Welsh D.J., *Matroid Theory*. Academic Press, 1976.

**8.3节**
Graham R.L., B.L. Rothschild, and J.H. Spencer, *Ramsey Theory*. Wiley-Interscience, John Wiley & Sons, 1980, 1990.

**8.4节**

Bollobás B., *Extremal Graph Theory*. London Math. Soc. Monographs **11**, Academic Press, 1978. (Also treats material of Chapter 5.)

**8.5节**

Alon N. and J. Spencer, *The Probabilistic Method*.

Bollobás B., *Random Graphs*. Academic Press, 1985.

Janson S., T. Łuczak, and A. Ruciński, *Random Graphs*. Wiley-Interscience, John Wiley & Sons, 2000.

Palmer E.M., *Graphical Evolution*. John Wiley & Sons, 1985.

**8.6节**

Biggs N., *Algebraic Graph Theory*. Cambridge Tracts in Math. **67**, Cambridge Univ. Press, 1974, 1993.

Chung F.R.K. *Spectral Graph Theory*. CBMS Reg. Conf. Series in Math. **92**, Amer. Math. Soc. 1997.

Cvetković D.M., M. Doob, and H. Sachs, *Spectra of Graphs: Theory and Applications*. Pure and Appl. Math. **87**, Academic Press, 1980, 1985; Johann Ambrosius Barth, 1995.

算法和应用

Chartrand G. and O.R. Oellermann, *Applied and Algorithmic Graph Theory*. McGraw-Hill, 1993.

Chen W.K. *Applied Graph Theory: Graphs and Electrical Networks*. Series in Appl. Math. & Mechanics **13**, North-Holland, 1976 (2nd ed.).

Christofides N., *Graph Theory: An Algorithmic Approach*. Acad. Press, 1975.

Even S., *Graph Algorithms*. Computer Science Press, 1979.

Foulds L.R., *Graph Theory Applications*. Universitext, Springer-Verlag, 1992.

Gibbons A., *Algorithmic Graph Theory*. Cambridge Univ. Press, 1985.

Gondran M. and M. Minoux, *Graphs and Algorithms*, (translated by Steven Vajda). Wiley-Interscience, John Wiley & Sons, 1984.

Lawler E., J.K. Lenstra, A.H.G. Rinooy-Kan, and D.B. Shmoys, *The Traveling Salesman Problem*. Wiley-Interscience, John Wiley & Sons, 1985, 1990.

McHugh J.A., *Algorithmic Graph Theory*. Prentice-Hall, 1990.

Swamy M.N.S. and K. Thulasiraman, *Graphs, Networks, and Algorithms*. Wiley-Interscience, John Wiley & Sons, 1981.

Temperley H.N.V., *Graph Theory and Applications*. Halstead Press, 1981.

Wilson R.J. and L.W. Beineke (eds.), *Applications of Graph Theory*. Academic Press, 1979.

附加主题

Beineke L.W. and R.J. Wilson (eds.), *Selected Topics in Graph Theory*, Vols. 1 & 2 & 3. Academic Press, 1978 & 1983 & 1988.

Cameron P.J and J.H. van Lint, *Designs, Graphs, Codes and Their Links*. Lond. Math. Soc. Student Texts **22**, Cambridge Univ. Press, 1991.

Capobianco M. and J.C. Molluzzo, *Examples and Counterexamples in Graph Theory*. North-Holland, 1978.

Berge C., *Hypergraphs*. North-Holland Math. Lib. **45**, North-Holland, 1987, 1989.

Biggs, N.L., K.E. Lloyd, and R.J. Wilson, *Graph Theory: 1736–1936*. Clarendon Press, Oxford Univ. Press, 1976, 1986.

Bosák J., *Decompositions of Graphs*. Math. & Its Appl. (East European Series) **47**, Kluwer Academic Publishers, 1990.

Brouwer A.E., A.M. Cohen, and A. Neumaier, *Distance-regular Graphs*. Springer-Verlag, 1989.

Chung F.R.K. and R.L. Graham, *Erdős on Graphs: His Legacy of Unsolved Problems*. A.K. Peters, 1998.

Fulkerson D.R. (ed.), *Studies in Graph Theory*, Parts I & II. Studies in Math. **11** & **12**, Math. Assoc. Amer., 1975.

Harary F. and E.M. Palmer, *Graphical Enumeration*.

Hartsfield N. and G. Ringel, *Pearls in Graph Theory*. Academic Press, 1990, 1994.

Holton D.A. and J. Sheehan, *The Petersen Graph*. Australian Math. Soc. Lect. Series **7**, Cambridge Univ. Press, 1993.

Imrich W. and S. Klavžar, *Product Graphs: Structure & Recognition*. Wiley-Interscience, John Wiley & Sons, 2000.

Lovász L., R.L. Graham, and M. Grötschel (eds.), *Handbook of Combinatorics*, Vol. I. Elsevier, 1995.

Mahadev N.V.R. and U.N. Peled, *Threshold Graphs and Related Topics*. Ann. Disc. Math. **56**, North-Holland, 1995.

McKee T.A. and F.R. McMorris, *Topics in Intersection Graph Theory*. Soc. Indust. Appl. Math., 1999.

Moon J.W., *Topics on Tournaments*. Holt, Rinehart, and Winston, 1968.

Prisner E., *Graph Dynamics*. Pitman, 1996.

Scheinerman E.R. and D.H. Ullman, *Fractional Graph Theory: A Rational Approach to the Theory of Graphs*. Wiley-Interscience, John Wiley & Sons, 1997.

Tutte W.T. *Graph Theory*. Encyc. Math. and Its Appl. **21**, Addison-Wesley, 1984.

Yap H.P. *Some Topics in Graph Theory*. London Math. Soc. Lect. Notes **108**, Cambridge Univ. Press, 1986.

# 附录 F　参 考 文 献

在本书印刷时尚未出版的参考书目左边标以"2001"，并在书目后标有"to appear"（即将出版）.
参考书目最后的页号为英文原书页码，与书中边栏的页号一致.

[1972]　Abbott H.L., Lower bounds for some Ramsey numbers. *Discr. Math.* **2** (1972), 289–293. [393]

[1991]　Abeledo H. and G. Isaak, A characterization of graphs that ensure the existence of a stable matching. *Math. Soc. Sci.* **22** (1991), 93–96. [136]

[1964]　Aberth O., On the sum of graphs. *Rev. Fr. Rech. Opér.* **33** (1964), 353–358. [194]

[1982]　Acharya B.D. and M. Las Vergnas, Hypergraphs with cyclomatic number zero, triangulated graphs, and an inequality. *J. Comb. Th. B* **33** (1982), 52–56. [327]

[1993]　Ahuja R.K., T.L. Magnanti, and J.B. Orlin, *Network Flows.* Prentice Hall (1993). [97, 145, 176, 180, 185, 190]

[1979]　Aigner M., *Combinatorial Theory.* Springer-Verlag (1979). [355, 360, 373]

[1984]　Aigner M., *Graphentheorie. Eine Entwicklung aus dem 4-Farben Problem.* B.G. Teubner Verlagsgesellschaft (1984) (English transl. BCS Assoc., 1987). [258]

[1982]　Ajtai M., V. Chvátal, M.M. Newborn, and E. Szemerédi, Crossing-free subgraphs. *Theory and practice of combinatorics, Ann. Discr. Math.* **12** (1982), 9–12. [264]

[1980]　Ajtai M., J. Komlós, and E. Szemerédi, A note on Ramsey numbers. *J. Comb. Th. (A)* **29** (1980), 354–360. [51, 385]

[1983]　Ajtai M., J. Komlós, and E. Szemerédi, Sorting in $c \log n$ parallel steps. *Combinatorica* **3** (1983), 1–19. [463]

[1989]　Akiyama J., H. Era, S.V. Gervacio, and M. Watanabe, Path chromatic numbers of graphs. *J. Graph Th.* **13** (1989), 569–575. [271]

[1981]　Akiyama J, and F. Harary, A graph and its complement with specified properties, IV: Counting self-complementary blocks. *J. Graph Th.* **5** (1981), 103–107. [32]

[1998]　Albertson M.O., You can't paint yourself into a corner. *J. Comb. Th. (B)* **73** (1998), 189–194. [204]

[1976]　Alekseev V.B. and V.S. Gončakov, The thickness of an arbitrary complete graph (Russian). *Mat. Sb. (N.S.)* **101(143)** (1976), 212–230. [271]

[1977]　Alexanderson G.L. and J.E. Wetzel, Dissections of a plane oval. *Amer. Math. Monthly* **84** (1977), 442–449. [245]

[1978]　Allan R.B. and R.C. Laskar, On domination and independent domination numbers of a graph. *Discr. Math.* **23** (1978), 73–76. [118]

[1986a]　Alon N., Eigenvalues, geometric expanders, sorting in rounds and Ramsey Theory. *Combinatorica* **6** (1986), 207–219. [463]

[1986b]　Alon N., Eigenvalues and expanders. *Combinatorica* **6** (1986), 83–96. [464]

[1990]  Alon N., The maximum number of Hamiltonian paths in tournaments. *Combinatorica* **10** (1990), 319–324.                                        [117, 428, 429]

[1993]  Alon N., Restricted colorings of graphs. In *Surveys in Combinatorics, 1993*. London Math. Soc. Lect. Notes **187** Cambridge Univ. Press (1993), 1–33.       [409]

[1985]  Alon N. and Y. Egawa, Even edge colorings of a graph. *J. Comb. Th. (B)* **38** (1985), 93–94.                                                                  [422]

[1984]  Alon N. and V.D. Milman, Eigenvalues, expanders and superconcentrators. In *Proc. 25th IEEE Symp. Found. Comp. Sci.*. IEEE (1984), 320–322.   [463, 464]

[1985]  Alon N. and V.D. Milman, $\lambda_1$, isoperimetric inequalities for graphs and superconcentrators. *J. Comb. Th. (B)* **38** (1985), 73–88.              [463]

[1992]  Alon N. and J.H. Spencer, *The Probabilistic Method*. Wiley (1992).   [426–9, 463]

[1992]  Alon N. and M. Tarsi, Colorings and orientations of graphs. *Combinatorica* **12** (1992), 125–134.                                                              [409]

[1994]  Alspach B., L. Goddyn, and C.Q. Zhang, Graphs with the circuit cover property. *Trans. Amer. Math. Soc.* **344** (1994), 131–154.                        [314]

[1977]  Andersen L.D., On edge-colourings of graphs. *Math. Scand.* **40** (1977), 161–175.                                                                    [279, 285]

[1996]  Ando K., A. Kaneko, and S. Gervacio, The bandwidth of a tree with $k$ leaves is at most $\lceil k/2 \rceil$. *Discr. Math.* **150** (1996), 403–406.        [77, 396]

[1976]  Appel K. and W. Haken, Every planar map is four colorable. *Bull. Amer. Math. Soc.* **82** (1976), 711–712.                                             [258, 260]

[1977]  Appel K. and W. Haken, Every planar map is four colorable. Part I: Discharging. *Illinois J. Math.* **21** (1977), 429–490.                               [258]

[1986]  Appel K. and W. Haken, The four color proof suffices. *Math. Intelligencer* **8** (1986), 10–20.                                                          [258, 261]

[1989]  Appel K. and W. Haken, *Every Planar Map Is Four Colorable, Contemporary Mathematics* **98**. Amer. Mathematical Society (1989).                         [258]

[1977]  Appel K., W. Haken, and J. Koch, Every planar map is four colorable. Part II: Reducibility. *Illinois J. Math.* **21** (1977), 491–567.                  [258, 260]

[1974]  Arnautov V.I., Estimation of the exterior stability number of a graph by means of the minimal degree of the vertices (Russian). *Prikl. Mat. i Programmirovanie* **11** (1974), 3–8, 126.                                                           [117]

[1982]  Ayel J., Hamiltonian cycles in particular $k$-partite graphs. *J. Comb. Th. (B)* **32** (1982), 223–228.                                                         [296]

[1980]  Babai L., P. Erdős, and S.M. Selkow, Random graph isomorphisms. *SIAM J. Computing* **9** (1980), 628–635.                                             [438]

[1979]  Babai L. and L. Kučera, Canonical labelling of graphs in linear average time. In *Proc. 20th IEEE Symp. Found. Comp. Sci.*. IEEE (1979), 39–46.        [439]

[1953]  Bäbler F., Über eine spezielle Klasse Euler'scher Graphen. *Comment. Math. Helv.* **27** (1953), 81–100.                                                     [77]

[1966]  Bacharach M., Matrix rounding problems. *Manag.Sci.* **9** (1966), 732–742.  [186]

[1972]  Baker B. & R. Shostak, Gossips and telephones. *Disc. Mat.* **2** (1972), 191–3.  [407]

[1969]  Barnette D., Conjecture 5. In *Recent Progress in Combinatorics*. (ed. W.T. Tutte) Academic Press (1969), 343.                                              [304]

[1984]  Batagelj V., Inductive classes of cubic graphs. In *Finite and Infinite Sets*. (ed. A. Hajnal, L. Lovász, V.T. Sós), Proc. 6th Hung. Comb. Colloq. (Eger 1981) *Coll. Math. Soc. János Bolyai* **37**, Elsevier (1984), 89–101.                          [53]

[2000]  Bauer D., H.J. Broersma, and H.J. Veldman, Not every 2-tough graph is Hamiltonian. *5th Twente Workshop on Graphs & Comb. Opt., Enschede, 1997, Discr. Appl. Math.* **99** (2000), 317–321.                                                     [288]

[1976]  Bean D.R., Effective coloration. *J. Symbolic Logic* **41** (1976), 469–480.     [202]

[1965]  Behzad M., *Graphs and their chromatic numbers*. Ph.D. Thesis, Michigan State University (1965).     [411]

[1971]  Behzad M., The total chromatic number of a graph: A survey. In *Combin. Math. and its Applics.*. (Proc. Oxford 1969) Academic Press (1971), 1–8.     [411]

[1968]  Beineke L.W., Derived graphs and digraphs. In *Beiträge zur Graphentheorie*. Teubner (1968), 17–33.     [282]

[1965]  Beineke L.W. and F. Harary, The thickness of the complete graph. *Canad. J. Math.* **17** (1965), 850–859.     [271]

[1964]  Beineke L.W.,F. Harary, and J.W. Moon, On the thickness of the complete bipartite graph. *Proc. Cambridge Philos. Soc.* **60** (1964), 1–5.     [271]

[1969]  Beineke L.W. and R.E. Pippert, The number of labeled $k$-dimensional trees. *J. Comb. Th.* **6** (1969), 200–205.     [346]

[1959]  Benzer S., On the topology of the genetic fine structure. *Proc. Nat. Acad. Sci. USA* **45** (1959), 1607–1620.     [328]

[1957]  Berge C., Two theorems in graph theory. *Proc. Nat. Acad. Sci. U.S.A.* **43** (1957), 842–844.     [109]

[1958]  Berge C., Sur le couplage maximum d'un graphe. *C.R. Acad. Sci. Paris* **247** (1958), 258–259.     [138]

[1960]  Berge C., Les problèmes de coloration en théorie des graphes. *Publ. Inst. Statist. Univ. Paris* **9** (1960), 123–160.     [227, 228, 320]

[1961]  Berge C., Färbung von Graphen, deren sämtliche bzw. deren ungerade Kreise starr sind. *Wiss. Z. Martin-Luther-Univ. Halle–Wittenberg Math.-Natur. Reihe* **10** (1961), 114.     [320]

[1962]  Berge C., *The theory of graphs and its applications* (Translated by Alison Doig). Methuen & Co., John Wiley & Sons (1962).     [116]

[1970]  Berge C., Une propriété des graphes $k$-stables-critiques. In *Combinatorial Structures and Their Applications*. (ed. R. Guy, H. Hanani, N.W. Sauer, J. Schönheim) Gordon and Breach (1970), 7–11.     [122]

[1973]  Berge C., *Graphs and Hypergraphs*. North-Holland (1973) (translation and revision of *Graphes et Hypergraphes* (Dunod, 1970).     [47, 147, 202]

[1984]  Berge C. and V. Chvátal, *Topics on Perfect Graphs, Ann. Discr. Math.* **21**. North-Holland (1984).     [320]

[1984]  Berge C. and P. Duchet, Strongly perfect graphs. In *Topics on Perfect Graphs*. (ed. C. Berge, V. Chvátal), *Ann. Discr. Math.* **21** North-Holland (1984), 57–61.     [331]

[1976]  Bermond J.C., On Hamiltonian walks. In *Proc. Fifth Brit. Comb. Conf.*. (ed. C.St.J.A. Nash-Williams, J. Sheehan) Utilitas Math. (1976), 41–51.     [417, 418]

[1981]  Bernstein P.A. and N. Goodman, Power of natural semijoins. *SIAM J. Computing* **10** (1981), 751–771.     [328]

[1981]  Bertossi A.A., The edge Hamiltonian path problem is NP-complete. *Info. Proc. Letters* **13** (1981), 157–159.     [505]

[1988]  Bertschi M. and B.A. Reed, Erratum: A note on even pairs. *Disc. Math.* **71** (1988), 187 (re. B.A. Reed, A note on even pairs, *Disc. Math.* 65(1987), 317–318.     [348]

[1994]  Bhasker J., T. Samad, and D.B. West, Size, chromatic number, and connectivity. *Graphs and Combin.* **10** (1994), 209–213.     [215]

[1993]  Biggs N., *Algebraic Graph Theory (2nd ed.)*. Cambr. U. Press (1993).     [453, 465]

[1912]  Birkhoff G.D., A determinant formula for the number of ways of coloring a map. *Ann. of Math.* **14** (1912), 42–46.     [219]

[1913]  Birkhoff G.D., The reducibility of maps. *Amer. J. Math.* **35** (1913), 114–128.
                                                                        [259, 270, 272]

[1946]  Birkhoff G., Tres observaciones sobre el algebra lineal. *Rev. Univ. Nac. Tucumán, Series A* **5** (1946), 147-151.                                                        [120]

[1981]  Bixby R.E., Matroids and operations research. In *Advanced techniques in practice of operations research.* (ed. H.J. Greenberg, F.H. Murphy, and S.H. Shaw) North-Holland (1981), 333–458.                                                       [355]

[1979]  Bland R.G., H.-C. Huang, and L.E. Trotter Jr., Graphical properties related to minimal imperfection. *Discr. Math.* **27** (1979), 11–22.                   [335, 337, 348]

[1946]  Blanuša D., Le problème des quatre couleurs (Croatian). *Hrvatsko Prirodoslovno Društvo. Glasnik Mat.-Fiz. Astr. Ser. II.* **1** (1946), 31–42.                       [305]

[1979]  Blass A. and F. Harary, Properties of almost all graphs and complexes. *J. Graph Th.* **3** (1979), 225–240.                                                              [450]

[1981a] Bollobás B., Threshold functions for small subgraphs. *Math. Proc. Camb. Phil. Soc* **90** (1981), 197–206.                                                              [450]

[1981b] Bollobás B., Degree sequences of random graphs. *Trans. Amer. Math. Soc.* **267** (1981), 41–52.                                                                   [438, 440]

[1982]  Bollobás B., Vertices of given degree in a random graph. *J. Graph Th.* **6** (1982), 147–155.                                                                           [438]

[1985]  Bollobás B., *Random Graphs.* Academic Press (1985).                             [426, 431]

[1986]  Bollobás B., *Extremal Graph Theory with Emphasis on Probabilistic Methods.* (CBMS #62, American Math Society (1986) Chapter 9 - List Colorings).        [409]

[1988]  Bollobás B., The chromatic number of random graphs. *Combinatorica* **8** (1988), 49–55.                                                                       [441, 447, 448]

[1979]  Bollobás B. and E.J. Cockayne, Graph-theoretic parameters concerning domination, independence, and irredundance. *J. Graph Th.* **3** (1979), 241–9.        [123]

[1976]  Bollobás B. and P. Erdős, Cliques in random graphs. *Math. Proc. Camb. Phil. Soc.* **80** (1976), 419–427.                                                               [442]

[1985]  Bollobás B. and A.J. Harris, List colorings of graphs. *Graphs and Combin.* **1** (1985), 115–127.                                                                       [409]

[1998]  Bollobás B. and A. Thomason, Proof of a conjecture of Mader, Erdős and Hajnal on topological complete subgraphs. *Europ. J. Comb.* **19** (1998), 883–887.    [214]

[1990]  Bòna M., Problem E3378. *Amer. Math. Monthly* **97** (1990), 240.                [393]

[1969]  Bondy J.A., Properties of graphs with constraints on degrees. *Stud. Sci. Math. Hung.* **4** (1969), 473–475.                                                          [159]

[1971a] Bondy J.A., Pancyclic graphs I. *J. Comb. Th. (B)* **11** (1971), 80–84.        [395]

[1971b] Bondy J.A., Large cycles in graphs. *Discr. Math.* **1** (1971), 121–132.    [417, 418]

[1972a] Bondy J.A., Induced subsets. *J. Comb. Th. (B)* **12** (1972), 201–202.          [80]

[1972b] Bondy J.A., Variation on the Hamiltonian theme. *Canad. Math. Bull.* **15** (1972), 57–62.                                                                               [297]

[1978]  Bondy J.A., A remark on two sufficient conditions for Hamilton cycles. *Discr. Math.* **22** (1978), 191-194.                                                            [297]

[1976]  Bondy J.A. and V. Chvátal, A method in graph theory. *Discr. Math.* **15** (1976), 111–136.                                                                        [289, 290]

[1988]  Bondy J.A. and M. Kouider, Hamiltonian cycles in regular 2-connected graphs. *J. Comb. Th. (B)* **44** (1988), 177–186.                                                 [292]

[1976]  Bondy J.A. and U.S.R. Murty, *Graph Theory with Applications.* North Holland, New York (1976).                                       [51, 76, 190, 209, 217, 252, 253, 311]

[1974]  Bondy, J.A. and M. Simonovits, Cycles of even length in graphs. *J. Comb. Th. (B)* **16** (1974), 97–105.                                                                [450]

[1977]  Bondy J.A. and C. Thomassen, A short proof of Meyniel's Theorem. *Discr. Math.* **19** (1977), 195–197.                                                                  [420]

[1976] Booth K.S. and G.S. Lueker, Testing for the consecutive ones property, interval graphs, and graph planarity using $PQ$-tree algorithms. *J. Comp. Syst. Sci.* **13** (1976), 335–379. [252]

[1926] Borůvka O., Příspevěk k řešeníotázky otázky ekonomické stavby elektrovodních síti. *Elektrotechnicky Obzor* **15** (1926), 153–154. [97]

[1977] Borodin O.V. and A.V. Kostochka, On an upper bound of the graph's chromatic number depending on the graph's degree and density. *J. Comb. Th. (B)* **23** (1977), 247–250. [199, 204]

[1966] Bosák J., Hamiltonian lines in cubic graphs. presented at the International Seminar on Graph Theory and its Applications, Rome 5–9) (1966). [316]

[1999] Boyer J. and W. Myrvold, Stop minding your P's and Q's: a simplified $O(n)$ planar embedding algorithm. In *Proc. 10th ACM-SIAM Symp. Discr. Algs.*. (Baltimore 1999) ACM (1999), 140–146. [252]

[1994] Brandt S., Subtrees and subforests of graphs. *J. Comb. Th. (B)* **61** (1994), 63–70. [147, 219]

[2001] Brandt S., Expanding graphs and Ramsey numbers. (to appear). [387]

[1941] Brooks R.L., On colouring the nodes of a network. *Proc. Cambridge Phil. Soc.* **37** (1941), 194–197. [197]

[1986] Brylawski T., Appendix of matroid cryptomorphisms. In *Theory of matroids.* (ed. N. White), *Encyc. Math. Appl.* **26** Cambr. Univ. Press (1986), 298–316. [360]

[1980] Buckingham M.A., Circle Graphs (also Ph.D. Thesis, Courant 1981). Courant Computer Science Report 21 (1980). [337]

[1983] Buckingham M.A. & M.C. Golumbic, Partitionable graphs, circle graphs, and the Berge strong perfect graph conj.. *Disc. Mat.* **44** (1983), 45–54. [336, 339, 348]

[1981] Bumby R.T., A problem with telephones. *SIAM J. A. D. M.* **2** (1981), 13–9. [408]

[1974] Buneman P., A characterization of rigid circuit graphs. *Discr. Math.* **9** (1974), 205–212. [324]

[1982] Burlet M. and J.P. Uhry, Parity graphs. In *Bonn Workshop on Combinatorial Optimization.* (ed. A. Bachem, M. Grötschel, and B. Korte), *Ann. Discr. Math.* **16** North-Holland (1982), 1–26. [330, 347]

[1977] Burns D. and S. Schuster, Every $(p, p-2)$ graph is contained in its complement. *J. Graph Th.* **1** (1977), 277–279. [80]

[1978] Burns D. and S. Schuster, Embedding $(p, p-1)$ graphs in their complements. *Israel J. Math.* **30** (1978), 313–320. [80]

[1974] Burr S.A., Generalized Ramsey theory for graphs—a survey. In *Graphs and Combinatorics*. Springer (1974), 52–75. [394]

[1981] Burr S.A., Ramsey numbers involving graphs with long suspended paths. *J. Lond. Math. Soc. (2)* **24** (1981), 405–413. [387]

[1983] Burr S.A., Diagonal Ramsey num. for small gr. *J. Gr. Th.* **7** (1983), 57–69. [386]

[1983] Burr S.A. and P. Erdős, Generalizations of a Ramsey-theoretic result of Chvátal. *J. Graph Th.* **7** (1983), 39–51. [387]

[1975] Burr S.A., P. Erdős, and J.H. Spencer, Ramsey theorems for multiple copies of graphs. *Trans. Amer. Math. Soc.* **209** (1975), 87–99. [387]

[1974] Buršteĭn M.I., An upper bound for the chromatic number of hypergraphs (Russian). *Sakharth. SSR Mecn. Akad. Moambe* **75** (1974), 37–40. [315]

[1991] Cameron P.J. and J.H. van Lint, *Designs, Graphs, Codes, and their Links*, London Math. Soc. Student Texts 22. Cambridge Univ. Press (1991). [466]

[1991] Campbell C. and Staton W., On extremal regular graphs with given odd girth. *Proc. 22th S.E. Intl. Conf. Graph Th. Comb. Comp.* **81** (1991), 157–159. [49]

[1979] Caro Y., New results on the independence number. Tel-Aviv University 05-79 (1979). [122, 428]

[2000] Caro Y., D.B. West and R. Yuster, Connected domination and spanning trees with many leaves. *SIAM J. Discr. Math.* **13** (2000), 202–211.                    [117]

[1978] Catlin P.A., A bound on the chromatic number of a graph. *Discr. Math.* **22** (1978), 81–83.                                                                  [204]

[1979] Catlin P.A., Hajós' graph-coloring conjecture: variations and counterexamples. *J. Comb. Th. (B)* **26** (1979), 268–274.                          [213, 218, 442]

[1889] Cayley A., A theorem on trees. *Quart. J. Math.* **23** (1889), 376–378.        [82]

[1984] Celmins U.A., *On cubic graphs that do not have an edge 3-coloring.* Ph.D.Thesis, University of Waterloo (1984).                                               [312]

[1959] Chang S., The uniqueness and nonuniqueness of the triangular association scheme. *Sci. Record* **3** (1959), 604–613.                                         [285]

[1994a] Chappell G.G., A weaker augmentation axiom. unpublished (1994).               [374]

[1994b] Chappell G.G., Matroid intersection and the Gallai-Milgram Theorem. unpublished (1994).                                                                     [376]

[1968] Chartrand G. and F. Harary, Graphs with prescribed connectivities. In *Theory of Graphs*. Proc. Tihany 1966, (ed. P. Erdős and G. Katona) Acad. Press (1968), 61–63.                                                                            [158]

[1969] Chartrand G. and H.V. Kronk, The point-arboricity of planar graphs. *J. Lond. Math. Soc.* **44** (1969), 750–752.                                             [202]

[1986] Chartrand G. and L. Lesniak, *Graphs and Digraphs* (2nd ed.). Wadsworth (1986).                                                                  [77, 173, 252]

[1973] Chartrand G., A.D. Polimeni and M.J. Stewart, The existence of 1-factors in line graphs, squares, and total graphs. *Nederl. Akad. Wetensch. Proc. Ser. A* **76**, *Indag. Math.* **35** (1973), 228–232.                                            [283]

[1968] Chein M., Graphe régulièrement décomposable. *Rev. Francaise Info. Rech. Opér.* **2** (1968), 27–42.                                                         [173]

[1998] Chen G., J. Lehel, M.S. Jacobson and W.E. Shreve, Note on graphs without repeated cycle lengths. *J. Graph Th.* **29** (1998), 11–15.                         [77]

[1986] Chetwynd A.G. and A.J.W. Hilton, Star multigraphs with 3 vertices of maximum degree. *Math. Proc. Cambridge Math. Soc.* **100** (1986), 303–317.              [278]

[1989] Chetwynd A.G. and A.J.W. Hilton, 1-factorizing regular graphs of high degree—an improved bound. *Graph theory and combinatorics (Cambridge, 1988), Discr. Math.* **75** (1989), 103–112.                                                         [279]

[1975] Choudom S.A., K.R. Parthasarathy and G. Ravindra, Line-clique cover number of a graph. *Proc. Indian Nat. Sci. Acad.* **41** (1975), 289–293.                [422]

[1976] Christofides N., Worst-case analysis of a new heuristic for the traveling salesman problem. Grad. Sch. Indust. Admin., Carnegie-Mellon Univ. (1976). [498]

[1978a] Chung F.R.K., On partitions of graphs into trees. *Discr. Math.* **23** (1978), 23–30.                                                                        [34]

[1978b] Chung F.R.K., On concentrators, superconcentrators, generalizers and nonblocking networks. *Bell Syst. Tech. J.* (1978), 1765–1777.                          [463]

[1981] Chung F.R.K., On the decompositions of graphs. *SIAM J. Algeb. Disc. Meth.* **2** (1981), 1–12.                                                               [398]

[1988] Chung F.R.K., Labellings of graphs. In *Selected Topics in Graph Theory, Vol. 3.* (ed. L.W. Beineke and R.J. Wilson) Acad. Press (1988), 151–168.            [390]

[1997] Chung F.R.K., *Spectral graph theory. CBMS Conf. Series* **92** American Mathematical Society (1997).                                                         [453]

[1975] Chung F.R.K. and R.L. Graham, On multicolor Ramsey numbers for complete bipartite graphs. *J. Comb. Th. (B)* **18** (1975), 164–169.                          [395]

[1983] Chung F.R.K. and C.M. Grinstead, A survey of bounds for classical Ramsey numbers. *J. Graph Th.* **7** (1983), 25–37.                                         [385]

[1993] Chung M.-S. and D.B. West, Large $P_4$-free graphs with bounded degree. *J. Graph Th.* **17** (1993), 109–116. [52]

[1970] Chvátal V., The smallest triangle-free 4-chromatic 4-regular graph. *J. Comb. Th.* **9** (1970), 93–94. [203]

[1972] Chvátal V., On Hamilton's ideals. *J. Comb. Th. B* **12** (1972), 163–168. [290, 297]

[1973] Chvátal V., Tough graphs and Hamiltonian circuits. *Discr. Math.* **2** (1973), 215–223. [297]

[1975] Chvátal V., A combinatorial theorem in plane geometry. *J. Comb. Th. (B)* **18** (1975), 39–41. [270]

[1976] Chvátal V., On the strong perfect graph conjecture. *J. Comb. Th.* **20** (1976), 139–141. [341, 343, 348]

[1977] Chvátal V., Tree-complete graph Ramsey numbers. *J. Graph Th.* 1(1977), 93. [386]

[1984] Chvátal V., Perfectly ordered graphs. *Ann. Discrete Math.* **21** (1984), 63–65. [331, 332, 347]

[1985a] Chvátal V., Hamiltonian cycles. In *The Traveling Salesman Problem: A Guided Tour of Combinatorial Optimization.* (ed. E.L. Lawler, J.K. Lenstra, A.H.G. Rinnooy Kan, D.B. Shmoys) Wiley (1985), 403-429. [286]

[1985b] Chvátal V., Star-cutsets and perfect graphs. *J. Comb. Th. (B)* **39** (1985), 138–154. [333, 347]

[1972] Chvátal V. and P. Erdős, A note on hamiltonian circuits. *Discr. Math.* **2** (1972), 111–113. [292, 297, 298, 441]

[1979] Chvátal V., R.L. Graham, A.F. Perold, and S.H. Whitesides, Combinatorial designs related to the strong perfect graph conjecture. *Discr. Math.* **26** (1979), 83–92. [337, 347]

[1972] Chvátal V. and F. Harary, Generalized Ramsey theory for graphs, III. Small Off-Diagonal Numbers. *Pac. J. Math.* **41** (1972), 335–345. [387]

[1973] Chvátal V. and F. Harary, Generalized Ramsey theory for graphs, I. Diagonal numbers. *Period. Math. Hungar.* **3** (1973), 115–124. [449]

[1974] Chvátal V. and L. Lovász, Every directed graph has a semi-kernel. In *Hypergraph Sem..* (Columbus, 1972) *Lect. Notes Math.* **411**, Springer (1974), 175. [66]

[1983] Chvátal V., V. Rödl, E. Szemerédi, W.T. Trotter, The Ramsey numbers of a graph with bounded maximum degree. *J. Comb. Th. (B)* **34** (1983), 239–243. [388]

[1988] Chvátal V. and N. Sbihi, Recognizing claw-free perfect graphs. *J. Comb. Th. (B)* **44** (1988), 154–176. [341]

[1975] Chvátalová J., Optimal labelling of a product of two paths. *Discr. Math.* **11** (1975), 249–253. [396]

[1974] Clapham C.R.J., Hamiltonian arcs in self-complementary graphs. *Discr. Math.* **8** (1974), 251–255. [297]

[1977] Cockayne E.J. and S.T. Hedetniemi, Towards a theory of domination in graphs. *Networks* **7** (1977), 247–261. [116]

[1971] Cook S.A., The complexity of theorem-proving procedures. In *Proc. 3th ACM Symp. Theory of Comp..* Assoc. Comput. Mach. (1971), 151–158. [499]

[2001] Corneil D.G, S. Olariu, and L. Stewart, The LBFS structure and recognition of interval graphs. (to appear). [326]

[1970] Crapo H.H. and G.C. Rota, *On the Foundations of Combinatorial Theory: Combinatorial Geometries* preliminary edition. M.I.T. Press (1970). [355]

[1980] Cull P., Tours of graphs, digraphs, and sequential machines. *IEEE Trans. Comp.* **C29** (1980), 50–54. [65]

[1979] Cvetković D.M., M. Doob, and H. Sachs, *Spectra of Graphs.* Academic Press (1979) 3rd ed., Johann Ambrosius Barth, 1995. [453, 468]

[1971]  de Werra D., Balanced schedules. *Information J.* **9** (1971), 230–237.          [285]

[1964]  Demoucron G., Y. Malgrange and R. Pertuiset, Graphes planaires: reconnaissance et construction des représentations planaires topologiques. *Rev. Francaise Recherche Opérationnelle* **8** (1964), 33–47.          [253–255]

[1947]  Descartes B., A three colour problem. *Eureka* (1947), (soln. 1948).          [206, 216]

[1948]  Descartes B., Network-colourings. *Mat. Gaz.* **32** (1948), 67–69.          [305]

[1954]  Descartes B., Solution to advanced problem 4526 (Ungar). *Amer. Math. Monthly* **61** (1954), 352.          [206, 216]

[1997]  Diestel R., *Graph theory. Graduate Texts in Mathematics* **173** Springer-Verlag (Second edition, 2000) (1997).          [269]

[1959]  Dijkstra E.W., A note on two problems in connexion with graphs. *Numer. Math.* **1** (1959), 269–271.          [97, 104]

[1952a] Dirac G.A., A property of 4-chromatic graphs and some remarks on critical graphs. *J. Lond. Math. Soc.* **27** (1952), 85–92.          [212, 218]

[1952b] Dirac G.A., Some theorems on abstract graphs. *Proc. Lond. Math. Soc.* **2** (1952), 69–81.          [288, 293, 298, 417, 441]

[1953]  Dirac G.A., The structure of $k$-chromatic graphs. *Fund. Math.* **40** (1953), 42–55.          [211]

[1960]  Dirac G.A., In abstrakten Graphen vorhandene vollständige 4-Graphen und ihre Unterteilungen. *Math. Nachr.* **22** (1960), 61–85.          [170]

[1961]  Dirac G.A., On rigid circuit graphs. *Abh. Math. Sem. Univ. Hamburg* **25** (1961), 71–76.          [226, 231]

[1964]  Dirac G.A., Homomorphism theorems for graphs. *Math. Ann.* **153** (1964), 69–80.          [214]

[1965]  Dirac G.A., Chromatic number and topological complete subgraphs. *Can. Math. Bull.* **8** (1965), 711–715.          [213]

[1967]  Dirac G.A., Minimally 2-connected graphs. *J. Reine Angew. Math.* **228** (1967), 204–216.          [175]

[1954]  Dirac G.A. and S. Schuster, A theorem of Kuratowski. *Nederl. Akad. Wetensch. Proc. Ser. A* **57** (1954), 343–348.          [252]

[1980]  Dmitriev I.G., Weakly cyclic graphs with integral chromatic spectra (Russian). *Metody Diskret. Analiz.* **34** (1980), 3–7,100.          [230]

[1917]  Dudeney H.E., *Amusements in Mathematics.* Nelson (1917).          [233]

[1917]  Dziobek O., Eine Formel der Substitutionstheorie. *Sitzungsber. Berl. Math. G.* **17** (1917), 64–67.          [94]

[1965a] Edmonds J., Paths, trees, and flowers. *Can. J. Math.* **17** (1965), 449–467.          [142–5]

[1965b] Edmonds J., Minimum partition of a matroid into independent sets. *J. Res. Nat. Bur. Stand.* **69B** (1965), 67–72.          [79, 355, 372]

[1965c] Edmonds J., Lehman's switching game and a theorem of Tutte and Nash-Williams. *J. Res. Nat. Bur. Stand.* **69B** (1965), 73–77.          [80, 355, 372]

[1965d] Edmonds J., Maximum matchings and a polyhedron with 0,1-vertices. *J. Res. Nat. Bur. Standards* **69B** (1965), 125–130.          [145]

[1970]  Edmonds J., Submodular functions, matroids and certain polyhedra. In *Combinatorial Structures and Their Applications.* (Proc. Calgary 1969) Gordon and Breach (1970), 69–87.          [367]

[1973]  Edmonds J., Edge-disjoint branchings. In *Combinatorial Algorithms.* Courant Symp. Monterey 1972 - (ed. B. Rustin) Academic Press (1973), 91–96.          [405–6]

[1979]  Edmonds J., Matroid intersection. In *Discrete Optimization I.* (ed. P.L. Hammer, E.L. Johnson, and B.H. Korte) *Ann. Discr. Math.* **4** (1979), 39–49.          [369]

[1965]  Edmonds J. and D.R. Fulkerson, Transversals and matroid partition. *J. Res. Nat. Bur. Standards Sect. B* **69B** (1965), 147–153.                    [353, 370]

[1973]  Edmonds J. and E. Johnson, Matching, Euler tours, and the Chinese postman. *Math. Programming* **5** (1973), 88–124.                    [100]

[1972]  Edmonds J. and R.M. Karp, Theoretical improvements in algorithmic efficiency for network flow problems. *J. Assoc. Comp. Mach.* **19** (1972), 248–264.    [180]

[1931]  Egerváry E., On combinatorial properties of matrices (Hungarian with German summary). *Mat. Lapok* **38** (1931), 16–28.                    [112, 368]

[1979]  Eitner P.G., The bandwidth of the complete multipartite graph. Presentation at Toledo Symposium on Applications of Graph Theory (1979).                    [396]

[1956]  Elias P., A. Feinstein, and C.E. Shannon, Note on maximum flow through a network. *IRE Trans. on Information Theory* **IT-2** (1956), 117–119.                    [168]

[1996]  Ellingham M.N. and L. Goddyn, List edge colourings of some 1-factorable multigraphs. *Combinatorica* **16** (1996), 343–352.                    [411]

[1994]  Enchev O., Problem 10390. *Amer. Math. Monthly* **101** (1994), 574 (solution **104** (1997), 367–368).                    [120]

[1985]  Enomoto B., B. Jackson, P. Katerinis, and A. Saito, Toughness and the existence of $k$-factors. *J. Graph Th.* **9** (1985), 87–95.                    [288]

[1946]  Erdős P., On sets of distances of $n$ points. *Am. Mat. Mo.* **53** (1946), 248–50. [265]

[1947]  Erdős P., Some remarks on the theory of graphs. *Bull. Amer. Math. Soc.* **53** (1947), 292–294.                    [385, 426]

[1959]  Erdős P., Graph theory and probability. *Can. J. Math.* **11** (1959), 34–38. [206, 429]

[1962]  Erdős P., Remarks on a paper of Pósa. *Magyar Tud. Akad. Mat. Kut. Int. Közl.* **7** (1962), 227–229.                    [297]

[1963]  Erdős P., On a combinatorial problem. *Nord. Mat. Tidskr.* **11** (1963), 5–10. [449]

[1964]  Erdős P., Extremal problems in graph theory. In *Theory of Graphs and Its Applications.* Academic Press (1964), 29–36.                    [70, 217]

[1981]  Erdős P., On the combinatorial problems I would most like to see solved. *Combinatorica* **1** (1981), 25–42.                    [202]

[1988]  Erdős P., Problem E3255. *Amer. Math. Monthly* **95** (1988), 259.                    [51]

[1981]  Erdős P. and S. Fajtlowicz, On the conjecture of Hajós. *Combinatorica* **1** (1981), 141–143.                    [442]

[1959]  Erdős P. and T. Gallai, On maximal paths and circuits of graphs. *Acta Math. Acad. Sci. Hung.* **10** (1959), 337–356.                    [395, 416]

[1960]  Erdős P. and T. Gallai, Graphs with prescribed degrees of vertices (Hungarian). *Mat. Lapok* **11** (1960), 264–274.                    [141, 148]

[1961]  Erdős P. and T. Gallai, On the minimal number of vertices representing the edges of a graph. *Publ. Math. Inst. Hung. Acad. Sci.* **6** (1961), 181–203.    [147, 216]

[1966]  Erdős P., A. Goodman, and L. Pósa, The representation of graphs by set intersections. *Canad. J. Math.* **18** (1966), 106–112.                    [397]

[1973]  Erdős P. and R.K. Guy, Crossing number problems. *Amer. Math. Monthly* **80** (1973), 52–58.                    [264]

[1966]  Erdős P. and A. Hajnal, On chromatic numbers of graphs and set systems. *Acta Math. Acad. Sci. Hung.* **17** (1966), 61–99.                    [204]

[1959]  Erdős P. and A. Rényi, On random graphs, I. *Publ. Math. Debrecen* **6** (1959), 290–297.                    [426]

[1966]  Erdős P. and A. Rényi, On the existence of a factor of degree one of a connected random graph. *Acta Math. Acad. Sci. Hung.* **17** (1966), 359–368.                    [438]

[1979]  Erdős P., A. Rubin, and H. Taylor, Choosability in graphs. *Congr. Num.* **26** (1979), 125–157.                    [408, 409, 412, 423]

[1963]  Erdős P. and Sachs H., Reguläre Graphen gegebener Taillenweite mit minimaler Knotenzahl. *Wiss. Z. Martin-Luther-Univ. Halle-Wittenberg Math.-Natur. Reihe* **12** (1963), 251–257.                                                                      [49, 79]

[1935]  Erdős P. and G. Szekeres, A combinatorial problem in geometry. *Composito Math* **2** (1935), 464–470.                                                          [203, 379, 382, 383]

[1985]  Erdős P. and D.B. West, A note on the interval number of a graph. *Discr. Math.* **55** (1985), 129–133.                                                                                  [451]

[1977]  Erdős P. and R.J. Wilson, On the chromatic index of almost all graphs. *J. Comb. Th. (B)* **23** (1977), 255–257.                                                                           [439]

[1962]  Eršov A.P. and G.I. Kožuhin, Estimates of the chromatic number of connected graphs (Russian). *Dokl. Akad. Nauk. SSSR* **142** (1962), 270–273.                      [215]

[1736]  Euler L., Solutio problematis ad geometriam situs pertinentis. *Comment. Academiae Sci. I. Petropolitanae* **8** (1736), 128–140 (appeared 1741).                      [26]

[1758]  Euler L., Demonstratio Nonnullarum Insignium Proprietatum Quibus Solida Hedris Planis Inclusa Sunt Praedita. *Novi Comm. Acad. Sci. Imp. Petropol* **4** (1758), 140–160.                                                                                              [241]

[1994]  Evans A.B., G.H. Fricke, C.C. Maneri, T.A. McKee, and M. Perkel, Representations of graphs modulo *n*. *J. Graph Th.* **18** (1994), 801–815.                      [422]

[1975]  Even S. and O. Kariv, An $O(n^{2.5})$ algorithm for maximum matching in general graphs. In *Proc. 16th Symp. Found. Comp. Sci.* IEEE (1975), 100–112.      [145]

[1975]  Even S. and R.E. Tarjan, Network flow and testing graph connectivity. *SIAM J. Computing* **4** (1975), 507–518.                                                                  [134]

[1987]  Faigle U., Matroids in combinatorial optimization. In *Combinatorial Geometries.* (ed. N. White) Cambridge Univ. Press (1987), 161–210.                                  [369]

[1984]  Fan G.-H., New sufficient conditions for cycles in graphs. *J. Comb. Th. (B)* **37** (1984), 221–227.                                                                                  [419]

[1986]  Farber M. and R.E. Jamison, Convexity in graphs and hypergraphs. *SIAM J. Algeb. Disc. Meth.* **7** (1986), 433–444.                                                                  [225]

[1948]  Fáry I., On the straight line representations of planar graphs. *Acta Sci. Math.* **11** (1948), 229–233.                                                                                  [246]

[1988]  Feng T., A short proof of a theorem about the circumference of a graph. *J. Comb. Th. (B)* **45** (1988), 373–375.                                                                  [419]

[1968]  Finck H.-J., On the chromatic numbers of a graph and its complement. In *Theory of Graphs.* Proc. Tihany 1966 (ed. P. Erdős and G. Katona) Academic Press (1968), 99–113.                                                                                              [202]

[1969]  Finck H.-J. and H. Sachs, Über eine von H.S. Wilf angegebene Schranke für die chromatische Zahl endlicher Graphen. *Math. Nachr.* **39** (1969), 373–386.      [202]

[1985]  Fishburn P.C., *Interval Orders and Interval Graphs.* Wiley (1985).                      [347]

[1994]  Fisher D.C., K.L. Collins, and L.B. Krompart, Problem 10406. *Amer. Math. Monthly* **101** (1994), 793.                                                                                  [316]

[1978]  Fisk S., A short proof of Chvátal's watchman theorem. *J. Comb. Th. (B)* **24** (1978), 374.                                                                                                  [270]

[1974]  Fleischner H., The square of every two-connected graph is hamiltonian. *J. Comb. Th. (B)* **16** (1974), 29–34.                                                                          [296]

[1983]  Fleischner H., Eulerian graphs. In *Selected Topics in Graph Theory Vol. 2.* (ed. L.W. Beineke and R.J. Wilson) Academic Press (1983), 17–54.                      [95]

[1991]  Fleischner H., A maze search algorithm which also produces Eulerian trails. In *Advances in Graph Th..* (ed. V.R. Kulli) Vishwa Intl. Publ. (1991), 195–201.      [95]

[1992]  Fleischner H. and M. Stiebitz, A solution to a coloring problem of P. Erdős. *Discr. Math.* **101** (1992), 39–48.                                                                          [409]

[1990] Floyd R.W., Problem E3399. *Am. Math. Monthly* **97** (1990), 611–612.      [121]

[1956] Ford L.R. Jr. and D.R. Fulkerson, Maximal flow through a network. *Canad. J. Math.* **8** (1956), 399–404.      [168, 169, 180, 185–9]

[1958] Ford L.R. Jr. and D.R. Fulkerson, Network flows and systems of representatives. *Canad. J. Math.* **10** (1958), 78–85.      [171, 369]

[1962] Ford L.R. Jr. and D.R. Fulkerson, *Flows in Networks.* Princeton University Press, Princeton (1962).      [130, 176, 185]

[1973] Fournier J.-C., Colorations des arêtes d'un graphe. In *Colloque Th. des Graphes.* (Bruxelles 1973) *Cahiers Ctr. Étud. Rech. Opér.* **15** (1973), 311–314.      [285]

[1993] Frank A., Applications of submodular functions. In *Surveys in Combinatorics, 1993.* (ed. K. Walker) *Lond. Math. Soc. Lect. Notes* **187** Cambridge Univ. Press (1993), 85–136.      [166]

[1981] Frankl P. and R.M. Wilson, Intersection theorems with geometric consequences. *Combinatorica* **1** (1981), 357–368.      [385, 395]

[1985] Fraughnaugh (Jones) K., Minimum independence graphs with maximum degree four. In *Graphs and Applics.* (Proc. Boulder 1982) Wiley (1985), 221–230. [270]

[1998] Fritsch R. and G. Fritsch, *The Four-Color Theorem.* Springer (1998) (published in German by F.A. Brockhaus, 1994).      [258]

[1917] Frobenius G., Über zerlegbare Determinanten. *Sitzungsber. König. Preuss. Adad. Wiss.* **XVIII** (1917), 274–277.      [111]

[1971] Fulkerson D.R., Blocking and anti-blocking pairs of polyhedra. *Math. Programming* **1** (1971), 168–194.      [318, 320]

[1965] Fulkerson D.R. and O.A. Gross, Incidence matrices and interval graphs. *Pac. J. Math.* **15** (1965), 835–855.      [231, 328, 344]

[1981] Gabber O. and Z. Galil, Explicit construction of linear-sized superconcentrators. *J. Comput. Systems Sci.* **22** (1981), 407–420.      [463]

[1975] Gabow H.N., An efficient implementation of Edmonds' algorithm for maximum matchings on graphs. *J. Assoc. Comp. Mach.* **23** (1975), 221–234.      [145]

[1990] Gabow H.N., Data structures for weighted matching and nearest common ancestors with linking. In *Proc 1st ACM-SIAM Symp. Disc. Algs.* (San Francisco 1990) SIAM (1990), 434–443.      [145]

[1986] Gabow H.N., Z. Galil, T. Spencer, and R.E. Tarjan, Efficient algorithms for finding minimum spanning trees in undirected and directed graphs. *Combinatorica* **6** (1986), 109–122.      [97]

[1989] Gabow H.N. and R.E. Tarjan, Faster scaling algorithms for general graph matching problems. Tech. Rept. CU-CS-432-89 Dept. Comp. Sci., Univ. Colorado - Boulder (1989).      [145]

[1957] Gale D., A theorem on flows in networks. *Pac. J. Math.* **7** (1957), 1073–1082.      [184–5, 190]

[1962] Gale D. and L.S. Shapley, College admissions and the stability of marriage. *Amer. Math. Monthly* **69** (1962), 9–15.      [131–2, 135–6, 411]

[1959] Gallai T., Über extreme Punkt- und Kantenmengen. *Ann. Univ. Sci. Budapest, Eötvös Sect. Math.* **2** (1959), 133–138.      [115, 122, 376]

[1962] Gallai T., Graphen mit triangulierbaren ungeraden Vielecken. *Magyar Tud. Akad. Mat. Kut. Int. Közl.* **7** (1962), 3–36.      [330]

[1963a] Gallai T., Neuer Beweis eines Tutte'schen Satzes. *Magyar Tud. Akad. Mat. Kut. Int. Közl.* **8** (1963), 135–139.      [147]

[1963b] Gallai T., Kritische Graphen I. *Magyar Tud. Akad. Mat. Kut. Int. Közl.* **8** (1963), 165–192.      [198–9]

[1963c] Gallai T., Kritische Graphen II. *Magyar Tud. Akad. Mat. Kut. Int. Közl.* **8** (1963), 373–395. [217]

[1968] Gallai T., On directed paths and circuits. In *Theory of Graphs.* Proc. Tihany 1966 (ed. P. Erdős and G. Katona) Academic Press (1968), 115–118. [196]

[1960] Gallai T. and A.N. Milgram, Verallgemeinerung eines graphentheoretischen Satzes von Rédei. *Acta Sci. Math. Szeged* **21** (1960), 181–186. [413]

[1998] Gallian J.A., A dynamic survey of graph labeling. *Electron. J. Combin.* **5** (1998), (Dynamic Survey 6) 43 pp. [88]

[1995] Galvin F., The list chromatic index of a bipartite multigraph. *J. Comb. Th. (B)* **63** (1995), 153–158. [410]

[1976] Gardner M., Mathematical games. *Sci. Amer.* **234** (1976), 126–130 (also **235**, 210–211). [305]

[1978] Garey M.R., R.L. Graham, D.S. Johnson, and D.E. Knuth, Complexity results for bandwidth minimization. *SIAM J. Appl. Math.* **34** (1978), 477–495. [390]

[1976] Garey M.R. and D.S. Johnson, The complexity of near-optimal graph colouring. *J. Assoc. Comp. Mach.* **23** (1976), 43–49. [441]

[1979] Garey M.R. and D.S. Johnson, *Computers and Intractability.* W.H. Freeman and Company, San Fransisco (1979). [495]

[1976] Garey M.R., D.S. Johnson, and L. Stockmeyer, Some simplified NP-complete graph problems. *Theor. Comp. Sci.* **1** (1976), 237–267. [504]

[1976] Garey M.R., D.S. Johnson, and R.E. Tarjan, unpublished [505]

[1972] Gavril F., Algorithms for minimum coloring, maximum clique, minimum covering by cliques and maximum independent set of a chordal graph. *SIAM J. Computing* **1** (1972), 180–187. [344]

[1974] Gavril F., The intersection graphs of subtrees in trees are exactly the chordal graphs. *J. Comb. Th. (B)* **16** (1974), 47–56. [324]

[1994] Gavril F. and J. Urrutia, Intersection graphs of concatenable subtrees of graphs. *Discr. Appl. Math.* **52** (1994), 195–209. [345]

[1991] George J., *1-Factorizations of tensor products of graphs.* Ph.D. Thesis, Univ. of Illinois (Urbana-Champaign) (1991). [284]

[1989] Georges J.P., Non-Hamiltonian bicubic graphs. *J. Comb. Th. (B)* **46** (1989), 121–124. [292]

[1960] Ghouilà-Houri A., Une condition suffisante d'existence d'un circuit Hamiltonien. *C. R. Adac. Sci. Paris* **156** (1960), 495–497. [294, 299, 420]

[1985] Gibbons A., *Algorithmic Graph Theory.* Cambr. Univ. Press (1985). [100, 500]

[1959] Gilbert E.N., Random graphs. *Ann. Math. Stat.* **30** (1959), 1141–1144. [431]

[1984] Giles R., L.E. Trotter Jr., and A.C. Tucker, The strong perfect graph theorem for a class of partitionable graphs. In *Topics on Perfect Graphs.* (ed. C. Berge and V. Chvátal) North-Holland (1984), 161–167. [342, 343]

[1964] Gilmore P.C. and A.J. Hoffman, A characterization of comparability graphs and of interval graphs. *Canad. J. Math.* **16** (1964), 539–548. [328]

[1963] Glicksman S., On the representation and enumeration of trees. *Proc. Camb. Phil. Soc.* **59** (1963), 509–517. [93]

[1991] Goddard W., Acyclic colorings of planar graphs. *Disc. Math.* **91** (1991), 91-94. [271]

[1985] Goddyn L., A girth requirement for the double cycle cover conjecture. *Cycles in graphs (Burnaby, 1982), Math.Stud.* **115** North-Holland (1985), 13–26. [314]

[1973] Goldberg M.K., Multigraphs with a chromatic index that is nearly maximal (Russian). *Coll. in memory V. K. Korobkov, Diskret.Analiz* **23** (1973), 3–7. [279]

[1977] Goldberg M.K., Structure of multigraphs with restrictions on the chromatic class (Russian). *Metody Diskret. Analiz.* **30** (1977), 3–12. [279, 285]

[1984]  Goldberg M.K., Edge-coloring of multigraphs: recoloring technique. *J. Graph Th.* **8** (1984), 123–137. [279, 285]

[1980]  Golumbic M.C., *Algorithmic Graph Theory and Perfect Graphs.* Academic Press (1980). [320, 337, 346]

[1984]  Golumbic M.C., Algorithmic aspects of perfect graphs. In *Topics on perfect graphs.* (ed. C. Berge and V. Chvátal) North-Holland (1984), 301–323. [325]

[1946]  Good I.J., Normal recurring decimals. *J. Lond. Math. Soc.* **21** (1946), 167–169. [60, 64, 65]

[1959]  Goodman A. W., On sets of acquaintances and strangers at any party. *Amer. Math. Monthly* **66** (1959), 778–783. [52]

[1988]  Gould R.J., *Graph Theory.* Benjamin/Cummings (1988). [252]

[1994]  Graham N., R.C. Entringer and L.A. Székely, New tricks for old trees: maps and pigeonhole principle. */AMM* **101** (1994), 664–667. [379, 393]

[1992]  Graham N. and F. Harary, Changing and unchanging the diameter of a hyper-cube. *Discr. Appl. Math.* **37-38** (1992), 265–274. [379]

[1973]  Graham R.L. and D.J. Kleitman, Increasing paths in edge ordered graphs. *Period. Math. Hungar.* **3** (1973), 141–148. [380, 393]

[1971]  Graham R.L. and H.O. Pollak, On the addressing problem for loop switching. *Bell Sys. Tech. J.* **50** (1971), 2495–2519. [401]

[1973]  Graham R.L. and H.O. Pollak, On embedding graphs in squashed cubes. In *Graph Theory and Applications.* (Proc. Kalmazoo 1972), *Lect. Notes Math.* **303** Springer (1973), 99–110. [401]

[1980]  Graham R.L., B.L. Rothschild, and J.H. Spencer, *Ramsey Theory.* Wiley (1980) 2nd ed. 1990. [381, 385]

[1968]  Graver J.E. and J. Yackel, Some graph theoretic results associated with Ramsey's Theorem. *J. Comb. Th.* **4** (1968), 125–175. [384, 385]

[1973]  Greene C., A multiple exchange property for bases. *Proc. Amer. Math. Soc.* **39** (1973), 45–50. [374]

[1975]  Greene C. and G. Iba, Cayley's formula for multidimensional trees. *Discr. Math.* **13** (1975), 1–11. [346]

[1978]  Greenwell D.L., Odd cycles and perfect graphs. In *Theory and Applications of Graphs. Lect. Notes Math.* **642** Springer-Verlag (1978), 191–193. [344]

[1973]  Greenwell D.L. and H.V. Kronk, Uniquely line colorable graphs. *Canad. Math. Bull.* **16** (1973), 525–529. [296]

[1974]  Greenwell D.L. and L. Lovász, Applications of product colouring. *Acta Math. Acad. Sci. Hung.* **25** (1974), 335–340. [201]

[1955]  Greenwood R.E. and A.M. Gleason, Combinatorial relations and chromatic graphs. *Canad. J. Math.* **7** (1955), 1–7. [384]

[1992]  Griggs J.R. and M. Wu, Spanning trees in graphs of minimum degree 4 or 5. *Discr. Math.* **104** (1992), 167–183. [123]

[1991]  Grigni M. and D. Peleg, Tight bounds on minimum broadcast networks. *SIAM J. Discr. Math.* **4** (1991), 207–222. [423]

[1975]  Grimmett G.R. and C.J.H. McDiarmid, On colouring random graphs. *Math. Proc. Camb. Phil. Soc.* **77** (1975), 313–324. [441]

[1968]  Grinberg E.J., Plane homogeneous graphs of degree three without hamiltonian circuits. *Latvian Math. Yearbook* **5** (1968), 51–58. [302–3, 315–6]

[1978]  Grinstead C.M., *The strong perfect graph conjecture for a class of graphs.* Ph.D. Thesis, UCLA (1978). [341]

[1981]  Grinstead C.M., The strong perfect graph conjecture for toroidal graphs. *J. Comb. Th. (B)* **30** (1981), 70–74. [341]

[1982]  Grinstead C.M. and S.M. Roberts, On the Ramsey numbers $R(3, 8)$ and $R(3, 9)$.
        *J. Comb. Th. (B)* **33** (1982), 27–51.                                             [384]

[1989]  Gritzmann P., B. Mohar, J. Pach and R. Pollack, Problem E3341. *Amer. Math.
        Monthly* **96** (1989), 642 (solution **98**, 165–166).                              [256]

[1999]  Gross J. and J. Yellen, *Graph Theory*. CRC Press (1999).                            [453]

[1959]  Grötzsch H., Ein Dreifarbensatz für dreikreisfreie Netze auf der Kugel. *Wiss. Z.
        Martin-Luther-U., Halle-Wittenberg, Math.-Nat. Reihe* **8** (1959), 109–120.  [270]

[1963]  Grünbaum B. and T.S. Motzkin, The number of hexagons and the simplicity of
        geodesics on certain polyhedra. *Canad. J. Math.* **15** (1963), 744–751.            [245]

[1962]  Guan M., Graphic programming using odd and even points. *Chinese Math.* **1**
        (1962), 273–277.                                                                      [99]

[1966]  Gupta R.P., The chromatic index and the degree of a graph (Abstract 66T-429).
        *Not. Amer. Math. Soc.* **13** (1966), 719.                              [275, 277, 279, 285]

[1989]  Gusfield D. and R.W. Irving, *The Stable Marriage Problem: Structure and Algo-
        rithms.* MIT Press (1989).                                                           [132]

[1996]  Gutner S., The complexity of planar graph choosability. *Discr. Math.* **159** (1996),
        119–130.                                                                             [412]

[1969]  Guy R.K., The decline and fall of Zarankiewicz's theorem. In *Proof Techniques
        in Graph Theory.* (ed. F. Harary) Acad. Press (1969), 63–69.                         [264]

[1970]  Guy R.K., Sequences associated with a problem of Turán and other problems.
        Proc. Combin. Conf. Balatonfüred 1969, Bolyai János Matematikai Tarsultat
        (1970), 553–569.                                                                [264, 272]

[1972]  Guy R.K., Crossing numbers of graphs. In *Graph Theory &Appl.* Kalamazoo,
        1972 (ed. Y. Alavi et al), *Lect. Notes Math.* **303** Springer (1972), 111–124. [263]

[1967]  Guy R.K. and F. Harary, On the Möbius ladders. *Canad. Math. Bull.* **10** (1967),
        493–496.                                                                             [271]

[1975]  Gyárfás A., On Ramsey covering-numbers. In *Finite and Infinite Sets.* (ed. A.
        Hajnal, R. Rado and V.T. Sós) Proc. Colloq. Keszthely, 1973 *Coll. Math. Soc.
        János Bolyai* **10**, North-Holland (1975), 801–816.                           [206, 214–5]

[1980]  Gyárfás A., E. Szemerédi, and Z. Tuza, Induced subtrees in graphs of large
        chromatic number. *Discr. Math.* **30** (1980), 235–244.                            [219]

[1979]  Győri E. and A.V. Kostochka, On a problem of G.O.H. Katona and T. Tarján. *Acta
        Math. Acad. Sci. Hung.* **34** (1979), 321–327.                                     [398]

[1943]  Hadwiger H., Über eine Klassifikation der Streckenkomplexe. *Vierteljschr.
        Naturforsch. Ges. Zürich* **88** (1943), 133–142.                              [213, 363]

[1945]  Hadwiger H., Ueberdeckung des Euklidischen Raumes durch kongruente Men-
        gen. *Portugaliae Math.* **4** (1945), 238–242.                                     [201]

[1961]  Hadwiger H., Ungelöste Probleme No. 40. *Elem. Math.* **16** (1961), 103–4.  [201]

[1997]  Häggkvist R. and J.C.M. Janssen, New bounds on the list-chromatic index of the
        complete graph and other simple graphs. *Combin. Probab. Comput.* **6** (1997),
        295–313.                                                                             [410]

[1961]  Hajós G., Über eine Konstruktion nicht $n$-färbbarerGraphen. *Wiss. Z. Martin-
        Luther-Univ. Halle-Wittenberg Math.-Nat. Reihe* **10** (1961), 116–117. [213, 217]

[1962]  Hakimi S.L., On the realizability of a set of integers as degrees of the vertices of
        a graph. *SIAM J. Appl. Math.* **10** (1962), 496–506.                            [45, 52]

[1967]  Halin R., Unterteilungen vollständiger Graphen in Graphen mit unendlicher
        chromatischer Zahl. *Abh. Math. Sem. Unv.Hamburg* **31** (1967), 156–165.  [202]

[1969]  Halin R., A theorem on $n$-connected graphs. *J. Comb. Th.* **7** (1969), 150–4. [175]

[1948]  Hall M., Distinct representatives of subsets. *Bull. Amer. Math. Soc.* **54** (1948),
        922.                                                                            [111, 120]

[1956] Hall M., An algorithm for distinct representatives. *Amer. Math. Monthly* **63** (1956), 716–717. [189]

[1935] Hall P.,On representatives of subsets. *J. Lond.Mat. Sc.* **10** (1935), 26–30. [110]

[1950] Halmos P.R. and H.E. Vaughan, The marriage problem. *Amer. J. Math* **72** (1950), 214–215. [120]

[1981] Hammer P.L. and B. Simeone, The splittance of a graph. *Combinatorica* **1** (1981), 275–284 (also Dept. Comb. Opt., Univ. Waterloo, CORR 77-39 (1977). [345]

[1983] Hammersley J., The friendship theorem and the love problem. In *Surveys in Combinatorics.* (ed. E.K. Lloyd), *Lond. Math. Soc. Lec. Notes* **82** Cambridge Univ. Press (1983), 31–54. [466]

[1962a] Harary F., The maximum connectivity of a graph. *Proc. Nat. Acad. Sci. U.S.A.* **48** (1962), 1142–1146. [151, 159]

[1962b] Harary F., The determinant of the adjacency matrix of a graph. *SIAM Review* **4** (1962), 202–210. [454]

[1969] Harary F., *Graph Theory.* Addison-Wesley, Reading MA (1969). [252, 299]

[1977] Harary F., D.F. Hsu, and Z. Miller, The biparticity of a graph. *J. Graph Th.* **1** (1977), 131–133. [422]

[1993] Harary F. and P.C. Kainen, The cube of a path is maximal planar. *Bull. Inst. Combin. Appl.* **7** (1993), 55–56. [271]

[1964] Harary F. and Y. Kodama, On the genus of an *n*-connected graph. *Fund. Math.* **54** (1964), 7–13. [160]

[1965] Harary F. and C.St.J.A. Nash-Williams, On eulerian and hamiltonian graphs and line graphs. *Canad. Math. Bull.* **8** (1965), 701–710. [295]

[1966] Harary F. and G. Prins, The block-cutpoint-tree of a graph. *Publ. Math. Debrecen* **13** (1966), 103–107. [160]

[1973] Harary F. and A.J. Schwenk, The number of caterpillars. *Discr. Math.* **6** (1973), 359–365. [94]

[1974] Harary F. and A.J. Schwenk, The communication problem on graphs and digraphs. *J. Franklin Inst.* **297** (1974), 491–495. [422]

[1966] Harper L.J., Optimal numberings and isoperimetric problems on graphs. *J. Comb. Th.* **1** (1966), 385–393. [390]

[1995] Hartman C.M., A short proof of a theorem of Giles, Trotter, and Tucker. unpublished note (1995). [342]

[1997] Hartman C.M., *Extremal problems in graph theory.* Ph.D. Thesis, University of Illinois (1997). [284]

[1996] Hartsfield N., A.K. Kelmans and Y.Q. Shen, On the Laplacian polynomial of a *K*-cube extension. *Proc. 27th S.E. Intl. Conf. Graph Th. Comb. Comp. (Baton Rouge, 1996), Congr. Num.* **119** (1996), 73–77. [463]

[1955] Havel V., A remark on the existence of finite graphs (Czech.). *Časopis Pěst. Mat* **80** (1955), 477–480. [45, 52]

[1998] Haynes T.W., S.T. Hedetniemi and P.J. Slater, *Fundamentals of domination in graphs.* Marcel Dekker, Inc. (1998). [116]

[1985] Hayward R.B., Weakly triangulated graphs. *J. Comb. Th. (B)* **39** (1985), 200–208. [334]

[1890] Heawood P.J., Map-colour theorem. *Q. J. Math.* **24** (1890), 332–339. [257, 268]

[1898] Heawood P.J., On the four-colour map theorem. *Q. J. Math.* **29** (1898), 270–285. [271]

[1969] Hedetniemi S., On partitioning planar graphs. *Canad. Math. Bull.* **11** (1969), 203-210. [270]

[1969]  Heesch H., Untersuchungen zum Vierfarbenproblem. Num. 810/810a/810b B.I.
        Hochschulscripten. Bibliographisches Institut (1969).                          [259]

[1990]  Hendry G.R.T., Extending cycles in graphs. *Discr. Math.* **85** (1990), 59–72. [231]

[1873]  Hierholzer C., Über die Möglichkeit, einen Linienzug ohne Wiederholung und
        ohne Unterbrechung zu umfahren. *Math. Ann.* **6** (1873), 30–32.        [26, 30]

[1989]  Hilton A.J.W., Two conjectures on edge colouring. *Discr. Math.* **74** (1989), 61–
        64.                                                                            [278]

[1941]  Hitchcock F.L., The distribution of a product from several sources to numerous
        facilities. *J. Math. Phys.* **20** (1941), 224–230.                           [130]

[1995]  Hochberg R., C.J.H. McDiarmid, and M. Saks, On the bandwidth of triangulated
        triangles. *14th Brit. Comb. Cf. (Keele, 1993), Disc. Mat.* **138** (1995), 261–5. [391]

[1958]  Hoffman A.J., *Théorie des Graph* (ed. by ) C. Berge (1958), 80.              [317]

[1960]  Hoffman A.J., On the exceptional case in the characterization of the arcs of a
        complete graph. *IBM J. Res. Dev.* **4** (1960), 487–496.                      [285]

[1963]  Hoffman A.J., On the polynomial of a graph. *Amer. Math. Monthly* **70** (1963),
        30–36.                                                                         [461]

[1964]  Hoffman A.J., On the line-graph of the complete bipartite graph. *Ann. Math.
        Statist.* **35** (1964), 883–885.                                              [285]

[1970]  Hoffman A.J., On eigenvalues and colorings of graphs. In *Graph Theory and Its
        Applications.* (B. Harries, ed.) Academic Press (1970), 79–91.                 [469]

[1993]  Holton D.A. and J. Sheehan, *The Petersen Graph.* Cambr. Univ. Pr. (1993).     [13]

[1981]  Holyer I., The NP-completeness of edge-coloring. *SIAM J. Computing* **10** (1981),
        718–720.                                                             [278, 439, 505]

[1972]  Holzmann C.A. and F. Harary, On the tree graph of a matroid. *SIAM J. Appl.
        Math.* **22** (1972), 187–193.                                                 [376]

[1973]  Hopcroft J. and R.M. Karp, An $O(n^{2.5})$ algorithm for maximum matching in
        bipartite graphs. *SIAM J. Computing* **2** (1973), 225–231.                   [132]

[1974]  Hopcroft J. and R.E. Tarjan, Efficient Planarity Testing. *J. Assoc. Comp. Mach.*
        **21** (1974), 549–568.                                                        [252]

[1982]  Horton J.D., On two-factors of bipartite regular graphs. *Discr. Math.* **41** (1982),
        35–41.                                                                         [292]

[1976]  Huang H.-C., *Investigations on combinatorial optimization.* Ph.D. Thesis, School
        of Organization and Management, Yale University (1976).                        [337]

[1952]  Huffman D.A., A method for the construction of minimum redundancy codes.
        *Proc. Inst. Rail. Engin.* **40** (1952), 1098–1011.                  [101–103, 106]

[1995]  Hutchinson J.P., Problem 10478. *Amer. Math. Monthly* **102** (1995), 746 (solution
        **105** (1998), 274–275).                                                      [271]

[1973]  Ingleton A.W. and M.J. Piff, Gammoids and transversal matroids. *J. Comb. Th.
        (B)* **15** (1973), 51–68.                                                     [377]

[1975]  Isaacs R., Infinite families of nontrivial trivalent graphs which are not Tait col-
        orable. *Amer. Math. Monthly* **82** (1975), 221–239.                    [306, 317]

[1991]  Isaak G. and B. Tesman, The weighted reversing number of a digraph. Proc.
        22nd Southeastern Conf., *Congr. Num.***83** (1991), 115–124.                  [66]

[1978]  Itai A. and Rodeh M., Covering a graph by circuits. In *Automata, Langs. & Prog.,
        Lect. Notes Comp. Sci* **62**. Springer-Verlag (1978), 289–99.               [317–8]

[1980]  Jackson B., Hamilton cycles in regular 2-connected graphs. *J. Comb. Th. (B)* **29**
        (1980), 27–46.                                                                 [292]

[1991]  Jacobson M.S., F.R. McMorris, and H.M. Mulder, Tolerance Intersection Graphs.
        In *Proc. Kalamazoo 1988.* (ed. Y. Alavi, G. Chartrand, O.R. Oellerman and A.J.
        Schwenk) Wiley (1991), 705–724.                                                [346]

[1978] Jaeger F., Sur certaines valuations des hypergraphes d'intervalles. *C. R. Acad. Sci. Paris Sir. A-B* **287** (1978), A487–A489. [317]

[1979] Jaeger F., Flows and generalized coloring theorems in graphs. *J. Comb. Th. (B)* **26** (1979), 205–216. [312]

[1988] Jaeger F., Nowhere-zero flow problems. In *Selected Topics in Graph Theory 3.* (eds. L.W. Beineke and R.J. Wilson) Academic Press (1988), 71–95. [312, 317]

[2000] Janson S., T. Łuczak, and A. Ruciński, *Random Graphs.* Wiley-Interscience (2000). [426]

[1993] Janssen J.C.M., The Dinitz Problem is solved for rectangles. *Bull. Amer. Math. Soc.* **29** (1993), 243–249. [410]

[1930] Jarník V., O jistém problému minimálnim. *Acta Societatis Scientiarum Natur. Moravicae* **6** (1930), 57–63. [97, 104]

[1997] Jeurissen R., "Sinks in digraphs", posted on GRAPHNET, Oct 7, 1997 (response to question of A. Hobbs and L. Anderson) [449]

[1869] Jordan C., Sur les assemblages de lignes. *J. Reine Angew. Math.* **70** (1869), 185–190. [72, 78, 393]

[1965] Jung H.A., Anwendung einer Methode von K. Wagner bei Färbungsproblemen für Graphen. *Math. Ann.* **161** (1965), 325–326. [213]

[1985] Jünger M., G. Reinelt, and W.R. Pulleyblank, On partitioning the edges of graphs into connected subgraphs. *J. Graph Th.* **9** (1985), 539–549. [424]

[1996] Kahn J., Asymptotically good listcolorings. *J. Comb. Th. (A)* **73**(1996),1–59. [410]

[1967] Kalbfleisch J.G., Upper bounds for some Ramsey numbers. *J. Comb. Th.* **2** (1967), 35–42. [384]

[2001] Kaneko A., A. Kelmans and T. Nishimura, On packing 3–vertex paths in a graph. *J. Graph Th.* (to appear). [173]

[1983] Kano M. and A. Sakamoto, Ranking the vertices of a weighted digraph using the length of forward arcs. *Networks* **13** (1983), 143–151. [66]

[1960] Kantorovich L.V., Mathematical methods in the organization and planning of production (in Russian, 1939, Leningrad State Univ.). *Management Science* **6** (1960), 366–422. [130]

[1977] Kapoor S.F., A.D. Polimeni, and C.E. Wall, Degree sets for graphs. *Fund. Math.* **95** (1977), 189–194. [52]

[1995] Karger D.R., P.N. Klein, and R.E. Tarjan, A randomized linear-time algorithm to find minimum spanning trees. *J. Assoc. Comp. Mach.* **42** (1995), 321–328. [97]

[1972] Karp R.M., Reducibility among combinatorial problems. In *Complexity of Computer Computations.* (ed. R.E. Miller and J.W. Thatcher) Plenum Press (1972), 85–103. [500, 502, 503, 506]

[1965] Kelmans A.K., The number of trees in a graph, I. *Automat. Remote Control* **26** (1965), 2118–2129. [94, 463]

[1966] Kelmans A.K., The number of trees in a graph, II. *Automat. Remote Control* **27** (1966), 233–241. [463]

[1967a] Kelmans A.K., Connectivity of probabilistic networks. *Automat. Remote Control* **28** (1967), 98–116. [93]

[1967b] Kelmans A.K., The properties of the characteristic polynomial of a graph (Russian)., *Cybernetics* **4** Izdat. "Énergija" (1967), 27–41. [463]

[1980] Kelmans A.K., Concept of a vertex in a matroid and 3-connected graphs. *J. Graph Th.* **4** (1980), 13–19. [251, 365, 376]

[1981a] Kelmans A.K., The concept of a vertex in a matroid, the nonseparating cycles of a graph and a new criterion for graph planarity.. In *Algebraic methods in graph theory, Vol. I, II.* (ed. L. Lovász, V.T. Sós), Proc. Colloq. (Szeged, 1978) *Coll. Math. Soc. János Bolyai* **25**, North-Holland (1981), 345–388. [256]

[1981b] Kelmans A.K., A new planarity criterion for 3-connected graphs. *J. Graph Th.* **5** (1981), 259–267.                                                                         [251]

[1983] Kelmans A.K, On existence of given subgraphs in a graph (Russian). In *Algoritmy Diskret. Optim. Primen. v Vychisl. Syst.* Yaroslav Gos. Univ. (1983), 3–20.                                                                                         [252]

[1984a] Kelmans A.K., Problem. In *Finite and Infinite Sets.* (ed. A. Hajnal, L. Lovász, V.T. Sós), Proc. 6th Hung. Comb. Colloq. (Eger 1981) *Coll. Math. Soc. János Bolyai* **37**, Elsevier (1984), 882.                                                         [252]

[1984b] Kelmans A.K., A strengthening of the Kuratowski planarity criterion for 3-connected graphs. *Discr. Math.* **51** (1984), 215–220.                                    [252]

[1987] Kelmans A.K., A short proof and a strengthening of the Whitney 2-isomorphism theorem on graphs. *Discr. Math.* **64** (1987), 13–25.                                       [365]

[1988] Kelmans A.K., Matroids and the theorems of Whitney on 2-isomorphism and planarity of graphs (English transl.. *Uspekhi Mat. Nauk* **43** (1988), 199–200), *Russian Math. Surveys* **43**. London Math. Soc (1988), 239–241.                  [365]

[1992] Kelmans A.K., Spanning trees of extended graphs. *Combinatorica* **12** (1992), 45–51.                                                                                         [93]

[1993] Kelmans A.K., Graph planarity and related topics. In *Graph Structure Theory (Seattle, WA, 1991).* (ed. N. Robertson and P. Seymour) *Contemp. Math.* **147**, Amer. Math. Soc. (1993), 635–667.                                                      [251]

[1998] Kelmans A.K., On homotopy of connected graphs having the same degree function. RUTCOR Research Report, Rutgers University 39-98 (1998).                  [77]

[2000] Kelmans A.K., On convex embeddings of planar 3-connected graphs. *J. Graph Th.* **33** (2000), 120–124.                                                                     [248]

[1974] Kelmans A.K. and V.M. Chelnokov, A certain polynomial of a graph and graphs with an extremal number of trees. *J. Comb. Th. (B)* **16** (1974), 197–214.    [463]

[1879] Kempe A.B., On the geographical problem of four colours. *Amer. J. Math.* **2** (1879), 193–200.                                                                                [258]

[1992] Kierstead H.A., Long stars specify $\chi$-bounded classes. In *Sets, graphs and numbers.* (ed. G. Halász, L. Lovász, D. Miklós and T. Szönyi), Proc. Colloq. (Budapest, 1991) *Coll. Math. Soc. János Bolyai* **60**, North-Holland (1992), 421–428.    [206]

[1997] Kierstead H.A., Classes of graphs that are not vertex Ramsey. *SIAM J. Discr. Math.* **10** (1997), 373–380.                                                                  [206]

[1990] Kierstead H.A. and S.G. Penrice, Recent results on a conjecture of Gyárfás. *Proc. 21th S.E. Intl. Conf. Graph Th. Comb. Comp.* **79** (1990), 182–186.              [206]

[1994] Kierstead H.A. and S.G. Penrice, Radius two trees specify $\chi$-bounded classes. *J. Graph Th.* **18** (1994), 119–129.                                                         [206]

[1996] Kierstead H.A. and V. Rödl, Applications of hypergraph coloring to coloring graphs not inducing certain trees. *Discr. Math.* **150** (1996), 187–193.              [206]

[1975] Kilpatrick P.A., *Tutte's first colour-cycle conjecture.* Ph.D. Thesis, Cape Town (1975).                                                                                        [312]

[1995] Kim J.H., The Ramsey number $R(3, t)$ has order of magnitude $t^2 / \log t$. *Random Structures Algorithms* **7** (1995), 173–207.                                           [385]

[1981] Kimble R.J. Jr. and A.J. Schwenk, On universal caterpillars. In *The theory and applications of graphs.* Wiley (1981), 437–447.                                              [94]

[1847] Kirchhoff G., Über die Auflösung der Gleichungen, auf welche man bei der Untersuchung der linearen Verteilung galvanischer Ströme geführt wird. *Ann. Phys. Chem.* **72** (1847), 497–508.                                                              [85]

[1856] Kirkman T.P., On the representation of polyhedra. *Philos. Trans. Roy. Soc. London Ser. A* **146** (1856), 413–418.                                                            [286]

[1970] Kleitman D.J., The crossing number of $K_{5,n}$. *J. Comb. Th.* **9** (1970), 315–323. [264, 272]

[1980] Kleitman D.J. and J.B. Shearer, Further gossip problems. *Discr. Math.* **30** (1980), 151–156. [408]

[1991] Kleitman D.J. and D.B. West, Spanning trees with many leaves. *SIAM J. Discr. Math.* **4** (1991), 99–106. [123]

[1989] Klotz W., A constructive proof of Kuratowski's theorem. *Ars Combinatoria* **28** (1989), 51–54. [255]

[1976] Knuth D.E., *Mariages Stables*. Les Presses de l'Univ. de Montréal (1976). [132]

[1996] Kochol M., Snarks without small cycles. *J. Comb. Th. (B)* **67** (1996), 34–47. [306]

[1996] Komlós J. and E. Szemerédi, Topological cliques in graphs II. *Combin. Probab. Comput.* **5** (1996), 79–90. [214]

[1916] König D., Über Graphen und ihre Anwendung auf Determinantentheorie und Mengenlehre. *Math. Ann.* **77** (1916), 453–465. [115, 227,276]

[1931] König D., Graphen und Matrizen. *Math. Lapok* **38** (1931), 116–119. [112, 368]

[1936] König D., *Theorie der endlichen und unendlichen Graphen*. Akademische Verlagsgesellschaft (1936) (reprinted Chelsea 1950). [25, 95]

[1947] Koopmans T.C., Optimum utilization of the transportation system. Proc. Intl. Stat. Conf. Washington, (1947), see also *Econometrica* **17** (1949). [130]

[1979] Kotzig A., 1-Factorizations of cartesian products of regular graphs. *J. Graph Th.* **3** (1979), 23–34. [284]

[1943] Krausz J., Démonstration nouvelle d'une théorème de Whitney sur les réseaux (Hungarian). *Mat. Fiz. Lapok* **50** (1943), 75–89. [280]

[1975] Krishnamoorthy M.S., An NP-hard problem in bipartite graphs. *SIGACT News* **7** (1975), 26. [505]

[1989] Kriz I., A hypergraph-free construction of highly chromatic graphs without short cycles. *Combinatorica* **9** (1989), 227–229. [206, 429]

[1956] Kruskal J.B. Jr., On the shortest spanning subtree of a graph and the traveling salesman problem. *Proc. Am. Math. Soc.* **7** (1956), 48–50. [95–97, 104, 498]

[1989] Kubicka E. and A.J. Schwenk, An introduction to chromatic sums. Proc. Proc. ACM Computer Science Conference, Louisville, Kentucky, (1989), 39–45. [204]

[1955] Kuhn H.W., The Hungarian method for the assignment problem. *Naval Research Logistics Quarterly* **2** (1955), 83–97. [127]

[1999] Kündgen A., Art galleries with interior walls. *Discrete & Comp. Geom.* **22** (1999), 249–258. [271]

[1986] Kung J.P.S., Strong maps. In *Theory of Matroids*. (ed. N. White) Cambridge Univ. Press (1986), 224–252. [376]

[1930] Kuratowski K., Sur le problème des courbes gauches en topologie. *Fund. Math.* **15** (1930), 271–283. [246–252, 256, 365]

[1953] Landau H.G., On dominance relations and the structure of animal societies, III: The condition for score structure. *Bull. Math.Biophys.* **15** (1953), 143–8. [62, 65]

[1983] Laskar R. and D. Shier, On powers and centers of chordal graphs. *Discr. Appl. Math.* **6** (1983), 139–147. [225]

[1971] Las Vergnas M., Sur une propriété des arbres maximaux dans un graphe. *C.R. Acad. Sci. Paris Ser. A-B* **272** (1971), 1297–1300. [298]

[1975] Las Vergnas M., A note on matchings in graphs. *Cahiers Centre Etudes Recherche Opér.* **17** (1975), 257–260. [147]

[1976] Lawler E.L., *Combinatorial Optimization: Networks and Matroids*. Holt, Rinehart, and Winston (1976). [145, 369]

[1978]  Lawrence J., Covering the vertex set of a graph with subgraphs of smaller de-
        gree. *Discr. Math.* **21** (1978), 61–68.                                    [204]

[1973]  Lawrence S.L., Cycle-star Ramsey numbers. *Notices Amer. Math. Soc.* **20** (1973),
        A-420 (Notice #73T-157).                                                      [395]

[1957]  Lazarson T., *Independence functions in algebra.* Thesis, U. London (1957). [375]

[1966]  Lederberg J., Systematics of organic molecules, graph topology and Hamiltonian
        circuits (Instrumentation Res. Lab. Rept.). Stanford Univ. 1040 (1966).       [316]

[1964]  Lehman A., A solution of the Shannon switching game. *J. Soc. Indust. Appl.
        Math.* **12** (1964), 687–725.                                        [360, 366, 374]

[1974]  Lehot P.G.H., An optimal algorithm to detect a line-graph and output its root
        graph. *J. Assoc. Comp. Mach.* **21** (1974), 569–575.                        [282]

[1983]  Leighton F.T., *Complexity Issues in VLSI: optimal layouts for the shuffle-exchange
        graph and other networks.* Foundations of Computing MIT Press (1983). [264]

[1962]  Lekkerkerker C.G. and J.Ch. Boland, Representation of a finite graph by a set
        of intervals on the real line. *Fund. Math.* **51** (1962), 45–64.            [346]

[1973]  Lick D.R., Characterizations of *n*-connected and *n*-line-connected graphs. *J.
        Comb. Th. (B)* **14** (1973), 122–124.                                        [174]

[1970]  Lick D.R. and A.T. White, *k*-degenerate graphs. *Canad. J. Math.* **22** (1970), 1082–
        1096.                                                                         [202]

[1973]  Lin S. and B.W. Kernighan, An effective heuristic algorithm for the traveling-
        salesman problem. *Oper. Res.* **21** (1973), 498–516.                        [497]

[1976]  Linial N., A lower bound for the circumference of a graph. *Discr. Math.* **15** (1976),
        297–300.                                                                 [417, 418]

[1988]  Little C.H.C., W.T. Tutte and D.H. Younger, A theorem on integer flows. *Sec-
        ond International Conference on Combinatorial Mathematics and Computing
        (Canberra, 1987), Ars Combinatoria* **26** (1988), 109–112.                   [318]

[1997]  Liu J. and H. Zhou, Maximum induced matchings in graphs. *Discr. Math.* **170**
        (1997), 277–281.                                                              [121]

[1995]  Locke S.C., Problem 10447. *Amer. Math. Monthly* **102** (1995), 360.          [66]

[1966]  Lovász L., On decomposition of graphs. *Stud. Sci. Math. Hung.* **1** (1966), 237–
        238.                                                                          [203]

[1968a] Lovász L., On chromatic number of finite set-systems.. *Acta Math. Acad. Sci.
        Hung.* **19** (1968), 59–67.                                            [206, 429]

[1968b] Lovász L., On covering of graphs. In *Theory of Graphs.* Proc. Tihany 1966 (ed. P.
        Erdős and G. Katona) Academic Press (1968), 231–236.                          [414]

[1972a] Lovász L., Normal hypergraphs and the perfect graph conjecture. *Discr. Math.*
        **2** (1972), 253–267.                                              [226, 320, 322]

[1972b] Lovász L., A characterization of perfect graphs. *J. Comb. Th. (B)* **13** (1972), 95–
        98.                                                              [226, 322, 334, 335]

[1975]  Lovász L., Three short proofs in graph theory. *J. Comb. Th. (B)* **19** (1975), 269–
        271.                                                                     [137, 197]

[1976]  Lovász L., On two minimax theorems in graph theory. *J. Comb. Th. (B)* **21** (1976),
        96–103.                                                                       [405]

[1979]  Lovász L., *Combinatorial Problems and Exercises.* Akademiai Kiado and North-
        Holland (1979).                                                   [94, 173, 175, 395]

[1983]  Lovász L., Perfect graphs. In *Selected Topics in Graph Theory, 2.* (ed. L.W.
        Beineke and R.J. Wilson) Academic Press (1983), 55–87.                        [330]

[1980]  Lovász L., J. Nešetřil, and A. Pultr, On a product dimension of graphs. *J. Comb.
        Th. (B)* **28** (1980), 47–67.                                         [399, 400, 422]

[1986] Lovász L. and M.D. Plummer, *Matching Theory (Ann. Discr. Math.29)*. Akademiai Kiado and North Holland (1986). [120, 368]

[1994] Lu X., A Chvátal-Erdős type condition for Hamiltonian graphs. *J. Graph Th.* **18** (1994), 791–800. [298]

[1996] Lu X., On avoidable and unavoidable trees. *J. Graph T.* **22** (1996), 335–46. [190]

[1986] Lubotzky A., R. Phillips, and P. Sarnak, Explicit expanders and the Ramanujan conjectures. In *Proc. 18th ACM Symp. Theory of Comp.*. ACM Press (1986), 240–246. [464]

[1988] Lubotzky A., R. Phillips, and P. Sarnak, Ramanujan graphs. *Combinatorica* **8** (1988), 261–277. [206]

[1995] Mabry R., Bipartite graphs and the Four-color Theorem. *Bull. ICA* **14** (1995), 119-112. [270]

[1936] MacLane S., Some interpretations of abstract linear dependence in terms of projective geometry. *Amer. J. Math.* **58** (1936), 236–240. [349, 360]

[2001] Maddox R.B., The superregular graphs (Solution to Problem 6617). *Amer. Math. Monthly* (1996). [470]

[1967] Mader W., Homomorphieeigenschaften und mittlere Kantendichte von Graphen. *Math. Ann.* **174** (1967), 265–268. [213, 214]

[1971] Mader W., Minimale *n*-fach kantenzusammenhängende Graphen. *Math. Ann.* **191** (1971), 21–28. [175]

[1973] Mader W., 1-Faktoren von Graphen. *Math. Ann.* **201** (1973), 269–282.. [146]

[1978] Mader W., A reduction method for edge-connectivity in graphs. *Ann. Discr. Math.* **3** (1978), 145–164. [175]

[1998] Mader W., $3n - 5$ edges do force a subdivision of $K_5$. *Combinatorica* **18** (1998), 569–595. [214, 256]

[1991] Mahadev N.V.R., F.S. Roberts, and P. Santhanakrishnan, 3-choosable complete bipartite graphs. DIMACS Tech. Report 91–62 (1991). [409]

[1907] Mantel W., Problem 28, soln. by H. Gouwentak, W. Mantel, J. Teixeira de Mattes, F. Schuh and W.A. Wythoff. *Wiskundige Opgaven* **10** (1907), 60–61. [41]

[1959] Marcus M. and R. Ree, Diagonals of doubly stochastic matrices. *Quart. J. Math.* **2** (1959), 295–302. [121]

[1973] Margulis G.A., Explicit constructions of concentrators. *Problems of Information Transmission* **9** (1973), 325–332. [463]

[1988] Margulis G.A., Explicit constructions of concentrators. *Problems of Information Transmission* **24** (1988), 39–46. [464]

[1984] Markossian S.E. and I.A. Karapetian, On critically imperfect graphs. In *Prikladnaia Matematika*. (ed. R.N. Tonoian) Erevan Univ. (1984), . [122]

[1999] Markus L.R., Disjoint cycles in planar and triangle-free graphs. *J. Comb. Math. & Comb. Comput.* **31** (1999), 177–182. [256]

[1972] Mason J.H., On a class of matroids arising from paths in graphs. *Proc. Lond. Math. Soc.(3)* **25** (1972), 55–74. [377]

[1978] Matthews K.R., On the Eulericity of a graph. *J. Graph Th.* **2**(1978),143–8. [317]

[1984] Matthews M.M. and D.P. Sumner, Hamiltonian results in $K_{1,3}$-free graphs. *J. Graph Th.* **8** (1984), 139–146. [297]

[1968] Matula D.W., A min-max theorem for graphs with application to graph coloring. *SIAM Review* **10** (1968), 481–482. [202]

[1972] Matula D.W., The employee party problem. *Not. A.M.S.* **19** (1972), A-382. [440]

[1973] Matula D.W., An extension of Brooks' Theorem. Center for Numerical Analysis, University of Texas–Austin 69 (1973). [204]

[1980] Maurer S., The king chicken theorems. *Math. Mag.* **53** (1980), 67–80. [63, 65]

[1980]  Maurer S., I. Rabinovitch, and W.T. Trotter Jr., Large minimal realizers of a partial order II. *Discr. Math.* **31** (1980), 297–314.                                                                    [66]

[1989]  McCuaig W. and B. Shepherd, Domination in graphs with minimum degree two. *J. Graph Th.* **13** (1989), 749–762.                                                                                 [117]

[1972]  McDiarmid C.J.H., The solution of a timetabling problem. *J. Inst. Math. Applics.* **9** (1972), 23–34.                                                                                                      [285]

[1994]  McGuinness S., The greedy clique decomposition of a graph. *J. Graph Th.* **18** (1994), 427–430.                                                                                                         [397]

[1991]  McKay B.D. and S.P. Radziszowski, The first classical Ramsey number for hypergraphs is computed. Proc. 2nd Symp. Disc. Alg. (San Francisco), ACM-SIAM (1991), 304–308.                                                                                           [384]

[1995]  McKay B.D. and S.P. Radziszowski, $R(4, 5) = 25$. *J. Graph Th.* **19** (1995), 309–322.                                                                                                                      [384]

[1992]  McKay B.D. and K.M. Zhang, The value of the Ramsey number $R(3, 8)$. *J. Graph Th.* **16** (1992), 99–105.                                                                                               [384]

[1984]  McKee T.A., Recharacterizing Eulerian: intimations of new duality. *Discr. Math.* **51** (1984), 327–242.                                                                                                    [34]

[1993]  McKee T.A., How chordal graphs work. *Bull. ICA* **9** (1993), 27–39.          [327, 328]

[1971]  Melnikov L.S. and V.G. Vizing, Solution to Toft's problem (Russian). *Diskret. Analiz.* **19** (1971), 11–14.                                                                                              [344]

[1927]  Menger K., Zur allgemeinen Kurventheorie. *Fund. Math.* **10** (1927), 95–115.
                                                                                                                                                  [167–175]

[1973]  Meyniel H., Une condition suffisante d'existence d'un circuit Hamiltonien dans un graph oriente. *J. Comb. Th. (B)* **14** (1973), 137–147.                                              [294, 420]

[1976]  Meyniel H., On the perfect graph conjecture. *Discr. Math.* **16** (1976), 339–342.
                                                                                                                                              [330, 341, 348]

[1987]  Meyniel H., A new property of critical imperfect graphs and some consequences. *Europ. J. Comb.* **8** (1987), 313–316.                                                                                [348]

[1980]  Micali S. and V.V. Vazirani, an $O(\sqrt{|V|} \cdot |E|)$ algorithm for finding maximum matching in general graphs. In *Proc. 21th IEEE Symp. Found. Comp. Sci.*. ACM (1980), 17–27.                                                                                                                  [145]

[1983]  Mihók P., On vertex partition numbers of graphs. In *Graphs and Other Comb. Topics (Prague, 1982). Teubner-Texte Math.* **59** Teubner (1983), 183–8.            [271]

[1981]  Miller Z., The bandwidth of caterpillar graphs. Proc. 12th Southeastern Conf., *Congr. Num.* **33** (1981), 235–252.                                                                                    [396]

[1962]  Minty G.J., A theorem on *n*-coloring the points of a linear graph. *Amer. Math. Monthly* **69** (1962), 623–624.                                                                                          [203]

[1966]  Minty G.J., On the axiomatic foundations of the theories of directed linear graphs, electrical networks and network programming. *J. Math. Mech.* **15** (1966), 485–520.                                                                                                                  [375]

[1971]  Mirsky L., *Transversal theory* (Mathematics in Science and Engineering, Vol. 75). Academic Press (1971).                                                                                          [111, 368]

[1967]  Mirsky L. and H. Perfect, Applications of the notion of independence to combinatorial analysis. *J. Comb. Th.* **2** (1967), 327–357.                                                                [353]

[1996]  Mirzakhani M., A small non-4-choosable planar graph. *Bull. Inst. Combin. Appl.* **17** (1996), 15–18.                                                                                                       [412, 424]

[2001]  Molloy M. and B. Reed, Near-optimal list colourings. *Random Structures & Algs.* (to appear).                                                                                                                  [410]

[1963]  Moon J.W., On the line-graph of the complete bigraph. *Ann. Math. Statis.* **34** (1963), 664–667.                                                                                                          [285]

[1965a] Moon J.W., On a problem of Ore. *Math. Gaz.* **49** (1965), 40–41.                 [297]

[1965b] Moon J.W., On the diameter of a graph. *Michigan Math. J.* **12** (1965), 349-351. [79]

[1965c] Moon J.W., On the number of complete subgraphs of a graph. *Canad. Math. Bull.* **8** (1965), 831–834. [217]

[1966] Moon J.W., On subtournaments of a tournament. *Canad. Math. Bull.* **9** (1966), 297–301. [299]

[1969] Moon J.W., The number of labeled $k$-trees. *J. Comb. Th.* **6** (1969), 196–199. [346]

[1970] Moon J.W., *Counting Labeled Trees.* Canad. Math. Congress (1970). [81]

[1961] Moser L. and W. Moser, Problem and solution P10. *Canad. Math. Bull.* **4** (1961), 187–189. [201]

[1969] Mowshowitz A., The group of a graph whose adjacency matrix has all distinct eigenvalues. In *Proof Techniques in Graph Theory.* (ed. F. Harary) Acad. Press (1969), 109–110. [470]

[1957] Munkres J., Algorithms for the assignment and transportation problems. *J. Soc. Indust. Appl. Math.* **5** (1957), 32–38. [127]

[1955] Mycielski J., Sur le coloriage des graphes. *Coll. Math.* **3** (1955), 161–162. [205]

[1972] Myers B.R. and R. Liu, A lower bound on the chromatic number of a graph. *Networks* **1** (1972), 273–277. [216]

[1960] Nash-Williams C.St.J.A., On orientations, connectivity and odd-vertex-pairings in finite graphs. *Canad. J. Math.* **12** (1960), 555–567. [166, 174–175]

[1961] Nash-Williams C.St.J.A., Edge-disjoint spanning trees in finite graphs. *J. Lond. Math. Soc.* **36** (1961), 445–450. [73, 80, 166, 312, 372]

[1964] Nash-Williams C.St.J.A., Decomposition of finite graphs into forests. *J. Lond. Math. Soc.* **39** (1964), 12. [79, 372]

[1966] Nash-Williams C.St.J.A., An application of matroids to graph theory. In *Theory of Graphs.* (Intl. Sympos., Rome) Dunod (1966), 263–265. [370]

[1988] Nemhauser G.L. and L.A. Wolsey, *Integer and combinatorial optimization.* Wiley (1988). [355]

[1979] Nešetřil J. and V. Rödl, A short proof of the existence of highly chromatic hypergraphs without short cycles. *J. Comb. Th. (B)* **27** (1979), 225–227. [206, 429]

[1953] von Neumann J., A certain zero-sum two-person game equivalent to the optimal assignment problem. *Contributions to the Theory of Games II* (ed. H.W. Kuhn), *Ann. Math. Studies* **28**. Princeton Univ. Press (1953), 5-12. [120]

[2000] Niessen T. and J. Kind, The Round-Up Property of the Fractional Chromatic Number for Proper Circular Arc Graphs. *J. Graph Th.* **33** (2000), 256-267. [217]

[1990] Niessen T. and L. Volkmann, Class 1 conditions depending on the minimum degree and the number of vertices of maximum degree. *J. Graph Th.* **14** (1990), 225–246. [279]

[1991] Nilli A., On the second eigenvalue of a graph. *Discr. Math.* **91** (1991), 207–210. [464]

[1956] Nordhaus E.A. and J.W. Gaddum, On complementary graphs. *Amer. Math. Monthly* **63** (1956), 175–177. [202]

[1959] Norman R.Z. and M. Rabin, Algorithm for a minimal cover of a graph. *Proc. Amer. Math. Soc.* **10** (1959), 315–319. [122]

[1995] O'Donnell P., The choice number of $K_{6,q}$. (1995). [409]

[1988] Olariu S., No antitwins in minimal imperfect graphs. *J. Comb. Th. (B)* **45** (1988), 255–257. [348]

[1989] Olariu S., The strong perfect graph conjecture for pan-free graphs. *J. Comb. Th. (B)* **47** (1989), 187–191. [341]

[1969] Olaru E., Über die Überdeckung von Graphen mit Cliquen. *Wiss. Z. Tech. Hochsch. Ilmenau* **15** (1969), 115–121. [330]

[1951]  Ore O., A problem regarding the tracing of graphs. *Elemente der Math.* **6** (1951), 49–53.                                                                                    [77]

[1955]  Ore O., Graphs and matching theorems. *Duke Math. J.* **22** (1955), 625–639.
                                                                                  [121, 368]

[1960]  Ore O., Note on Hamilton circuits. *Am. Mat. Monthly* **67** (1960), 55. [289, 417-8]

[1961]  Ore O., Arc coverings of graphs. *Ann. Mat. Pura Appl.* **55** (1961), 315–321. [297]

[1962]  Ore, O., *Theory of graphs* (American Mathematical Society Colloquium Publications, Vol. XXXVIII). American Mathematical Society (1962).          [116, 122]

[1963]  Ore O., Hamiltonian connected graphs. *J. Math. Pures Appl.* **42** (1963), 21–27.
                                                                                       [297]

[1967a] Ore O., *The four-colour problem.* Academic Press (1967).                [258, 285]

[1967b] Ore O., On a graph theorem of Dirac. *J. Comb. Th.* **2** (1967), 35–42.      [298]

[1997]  Pach J. and G. Tóth, Graphs drawn with few crossings per edge. *Combinatorica* **17** (1997), 427–439.                                                            [264]

[1974]  Padberg M.W., Perfect zero-one matrices. *Math. Prog.* **6** (1974), 180–196. [335–7]

[1985]  Palmer E.M., *Graphical Evolution: An Introduction to the Theory of Random Graphs.* Wiley (1985).                                             [426, 436, 440, 450]

[1973]  Palumbíny D., On decompositions of complete graphs into factors with equal diameters. *Boll. Un. Mat. Ital.(4)* **7** (1973), 420–428.              [424]

[1982]  Papadimitriou C.H. and K. Steiglitz, *Combinatorial Optimization: Algorithms and Complexity.* Prentice Hall (1982) reprint Dover, 1998.              [180, 355]

[1976]  Parthasarathy K.R. and G. Ravindra, The strong perfect graph conjecture is true for $K_{1,3}$-free graphs. *J. Comb. Th. (B)* **21** (1976), 212–223.        [341–343]

[1979]  Parthasarathy K.R. and G. Ravindra, The validity of the strong perfect graph conjecture for $K_4 - e$-free graphs. *J. Comb. Th. (B)* **26** (1979), 98–100.      [341]

[1975]  Payan C., Sur le nombre d'absorption d'un graphe simple. Proc. Colloque sur la Théorie des Graphes (Paris, 1974),  Cahiers Centre Études Recherche Opér. **17** (1975), 307–317.                                                              [117]

[1984]  Peck G.W., A new proof of a theorem of Graham and Pollak. *Discr. Math.* **49** (1984), 327–328.                                                            [459]

[1992]  Peled U., Problem 10197. *Amer. Math. Monthly* **99** (1992), 162.          [1992]

[1975]  Penaud J.G., Une propriété de bicoloration des hypergraphes planaires. Proc. Colloque sur la Théorie des Graphes (Paris, 1974),  Cahiers Centre Études Recherche Opér. **17** (1975), 345–349.                                            [315]

[1997]  Perkovic L. and B. Reed, Edge coloring regular graphs of high degree. *Graphs & combinatorics (Marseille, 1995), Discr. Math.* **165/166** (1997), 567–578.    [279]

[1969]  Petersdorf M. and H. Sachs, Spektrum und Automorphismengruppe eines Graphen. In *Combinatorial Theory and its Applications, III.*  North-Holland (1969), 891–907.                                                            [470]

[1891]  Petersen J., Die Theorie der regulären Graphen. *Acta Math.* **15** (1891), 193–220.
                                                                              [139, 140, 147]

[1898]  Petersen J., Sur le Théoréme de Tait. *L'Intermédiaire des Mathématiciens* **5** (1898), 225–227.                                                          [139, 276]

[1973]  Pinsker M., On the complexity of a concentrator. *7th International Teletraffic Conference* Stockholm  (1973), 318/1–318/4.                              [463]

[1977]  Pippenger N., Superconcentrators. *SIAM J. Computing* **6** (1977), 298–304. [463]

[2001]  Plantholt M., The overfull conjecture for graphs with high minimum degree. (to appear).                                                            [279]

[1975] Plesník J., Critical graphs of given diameter. *Acta Fac. Rerum Natur. Univ. Comenian. Math.* **30** (1975), 71–93. [160]

[1968] Plummer M.D., On minimal blocks. *Trans. Amer. Math. Soc.* **134** (1968), 85–94. [175]

[1963] Pósa L., On circuits of finite graphs. *Magyar Tud. Akad. Mat. Kutato Int. Kozl.* **8** (1963), 355–361. [217]

[1957] Prim R.C., Shortest connection networks and some generalizations. *Bell Syst. Tech. J.* **36** (1957), 1389–1401. [97, 104]

[1995] Pritikin D., A Prüfer-style bijection proving that $\tau(K_{n,n}) = n^{(2n-2)}$. Proc. 25th Southeastern Conf. (1994), *Congr. Num.* **104** (1995), 215–216. [93]

[1918] Prüfer H., Neuer Beweis eines Satzes über Permutationen. *Arch. Math. Phys.* **27** (1918), 742–744. [81–83, 92–93]

[1957] Rado R., Note on independence functions. *Proc. Lond. Math. Soc.* **7** (1957), 300–320. [354]

[1995] Radziszowski S.P., Small Ramsey numbers. *Electronic J. Comb.* Dynamic Survey 1 [384]

[1930] Ramsey F.P., On a Problem of Formal Logic. *Proc. Lond. Math. Soc.* **30** (1930), 264–286. [380, 381]

[1982] Ravindra G., Meyniel graphs are strongly perfect. *J. Comb. Th. (B)* **33** (1982), 187–190. [330]

[1967] Ray-Chaudhuri D.K., Characterization of line graphs. *J. Comb. Th.* **3** (1967), 201–214. [283]

[1975] Read R.C., Review. *Math. Rev.* **50** (1975), review #6906. [230]

[1934] Rédei L., Ein kombinatorischer Satz. *Acta Litt. Szeged* **7**(1934), 39-43. [200, 299]

[1987] Reed B., A semistrong perfect graph theorem. *J. Comb. Th. (B)* **43** (1987), 223–240. [344]

[1996] Reed B., Paths, stars and the number three. *Combin. Probab. Comput.* **5** (1996), 277–295. [117]

[1998] Reed B., $\omega$, $\Delta$, and $\chi$. *J. Graph Th.* **27** (1998), 177–212. [199]

[1999] Reed B., A strengthening of Brooks' theorem. *J. Comb. Th. (B)* **76** (1999), 136–149. [199]

[1946] Rees D., Note on a paper by I.J. Good. *J. Lond. Mat. Sc.* **21** (1946), 169–172. [65]

[1959] Rényi A, Some remarks on the theory of trees. *Magyar Tud. Akad. Mat. Kut. Int. Közl.* **4** (1959), 73–85. [92]

[1966] Rényi A., New methods and results in combinatorial analysis, I (Hungarian). *Magyar Tud. Akad. Mat. Fiz. Oszt. Közl* **16** (1966), 77–105. [93]

[1985] Reznick B., P. Tiwari, and D.B. West, Decompostition of product graphs into complete bipartite subgraphs. *Discr. Math.* **57** (1985), 179–183. [459]

[1985] Richards D. and A.L. Liestman, Finding cycles of a given length. *Ann. Discr. Math.* **27** (1985), 249–256. [505]

[1993] Richter R.B., Problem 10330. *Amer. Math. Monthly* **100** (1993), 796 (solution **103** (1996)), 700–701. [216]

[1964] Ringel G., Problem 25. In *Theory of Graphs and Its Applications (Proc. Symp. Smolenice 1963)*. Czech. Acad. Sci. (1964), 162. [87]

[1974] Ringel G., *Map color theorem. Die Grundlehren der mathematischen Wissenschaften, Band* **209** Springer-Verlag (1974). [269]

[1968] Ringel G. and J.W.T. Youngs, Solution of the Heawood map-coloring problem. *Proc. Nat. Acad. Sci. U.S.A.* **60** (1968), 438–445. [269]

[2000] Rizzi R., A short proof of König's Theorem. *J. Graph Th.* **33** (2000), 138-9. [113]

[1939]  Robbins H.E, A theorem on graphs, with an application to a problem in traffic control. *Amer. Math. Monthly* **46** (1939), 281–283.                                                      [165]

[1968]  Roberts F.S., *Representations of Indifference relations.* Ph.D. Thesis, Department of Mathematics, Stanford Univ. (1968).                                                              [346]

[1978]  Roberts F.S., *Graph Theory and Its Applications to the Problems of Society (CBMS-NSF Monograph 29).* SIAM Publications (1978).                                              [130, 328]

[1996]  Robertson N., D.P. Sanders, P.D. Seymour, and R. Thomas, Efficiently four-coloring planar graphs. In *Proc. 28th ACM Symp. Theory of Comp..* ACM Press (1996), 571–575.                                                                                                      [260]

[2001]  Robertson N., D.P. Sanders, P.D. Seymour, and R. Thomas, Every 2-connected cubic graph with no Petersen minor is 3-edge-colorable. (to appear). [304, 305]

[1985]  Robertson N. and P.D. Seymour, Graph minors—a survey. *Surveys in combinatorics 1985 (Glasgow, 1985), London Math. Soc. Lecture Note Ser.* **103**. Cambridge Univ. Press (1985), 153–171.                                                                            [269]

[1993]  Robertson N., P.D. Seymour, and R. Thomas., Hadwiger's conjecture for $K_6$-free graphs. *Combinatorica* **13** (1993), 279–361.                                                       [213]

[1967]  Rosa A., On certain valuations of the vertices of a graph. In *Theory of Graphs (Intl. Symp. Rome 1966).* Gordon and Breach, Dunod (1967), 349–355.            [88]

[1976]  Rose D., R.E. Tarjan, and G.S. Lueker, Algorithmic aspects of vertex elimination on directed graphs. *SIAM J. Computing* **5** (1976), 266–283.                               [325]

[1971]  Rosenfeld M., On the total coloring of certain graphs. *Israel J. Math.* **9** (1971), 396–402.                                                                                                      [411]

[1964]  Rota G.C., On the foundations of combinatorial theory I. *Z. Wahrsch. Verw. Gebiete* **2** (1964), 340–368.                                                                                [355, 360]

[1991]  Rotman J.J., Problem E3462. *Amer. Math. Monthly* **98** (1991), 645.                  [64]

[1967]  Roy B., Nombre chromatique et plus longs chemins d'un graphe. *Rev. Francaise Automat. Informat. Recherche Opérationelle sér. Rouge* **1** (1967), 127–132. [196]

[1985]  Ruciński A. and A. Vince, Balanced graphs and the problem of subgraphs of random graphs. *Congr. Num.* **49** (1985), 181–190.                                                    [450]

[1957]  Ryser H.J., Combinatorial properties of matrices of zeros and ones. *Canad. J. Math.* **9** (1957), 371–377.                                                                                [65, 185, 190]

[1964]  Ryser H.J., Matrices of zeros and ones in combinatorial mathematics. In *Recent Advances Matrix Theory.* (Madison, 1963) U. Wisc. Press (1964), 103–124.   [65]

[1977]  Saaty T.L. and P.C. Kainen, *The Four-Color Problem.* McGraw-Hill (1977) (reprinted by Dover, 1986).                                                                                      [258]

[1967]  Sachs H., Über Teiler, Faktoren und charakteristische Polynome von Graphen II. *Wiss. Z. Techn. Hochsch. Ilmenau* **13** (1967), 405–412.                             [455]

[1970]  Sachs H., On the Berge conjecture concerning perfect graphs. In *Combinatorial Structures and Their Applications.* (ed. R. Guy, H. Hanani, N.W. Sauer, J. Schönheim) Gordon and Breach (1970), 377–384.                                                [330]

[1997]  Saclé J.-F. and Woźniak M., The Erdős-Sós conjecture for graphs without $C_4$. *J. Comb. Th. (B)* **70** (1997), 367–372.                                                                   [70]

[1976]  Sahni S. and T. Gonzalez, P-complete approximation problems. *J. Assoc. Comp. Mach.* **23** (1976), 555–565.                                                                              [497]

[1969]  Schäuble M., Bemerkungen zur Kounstruktion dreikreisfreier $k$-chromatischer Graphen. *Wiss. Zeitschrift TH Ilmenau* **15** (1969), 59–63.                              [215]

[1990]  Scheinerman E.R., On the interval number of random graphs. *Discr. Math.* **82** (1990), 105–109.                                                                                                  [451]

[1990]  Schnyder W., Embedding planar graphs on the grid. In *Proc. 1st ACM-SIAM Sympos. Discrete Algorithm.* (1990), 138–148.                                                        [251]

[1934] Schönberger T., Ein Beweis des Petersenschen Graphensatzes. *Acta Scientia Mathematica Szeged* **7** (1934), 51–57. [147]

[2001] Schrijver A., *Theory of Combinatorial Optimization.* (unpub.). [355, 370, 406]

[1916] Schur I., Über die Kongruenz $x^m + y^m \equiv z^m (\bmod\ p)$. *Jber. Deutsch. Math.-Verein.* **25** (1916), 114–116. [393]

[1966] Schwartz B.L., Possible winners in partially completed tournaments. *SIAM Review* **8** (1966), 302–308. [183]

[1973] Schwenk A.J., Almost all trees are cospectral. In *New Directions in the Theory of Graphs.* Academic Press (1973), . [468]

[1983] Schwenk A.J., Problem 6434. *Amer. Math. Monthly* **6** (1983), . [470]

[1962] Scoins H.J., The number of trees with nodes of alternate parity. *Proc. Camb. Phil. Soc.* **58** (1962), 12–16. [93]

[1997] Scott A.D., Induced trees in graphs of large chromatic number. *J. Graph Th.* **24** (1997), 297–311. [214]

[1974] Seinsche D., On a property of the class of $n$-colorable graphs. *J. Comb. Th. (B)* **16** (1974), 191–193. [52, 344]

[1986] Seress Á., Quick gossiping without duplicate transmissions. *Graphs and Combin.* **2** (1986), 363–381 (also in *Combinatorial Mathematics*, Proc. 3rd Intl. Conf. Combin., New York 1985, New York Acad. Sci. 1989), 375–382). [423]

[1987] Seress Á., Gossips by conference calls. *Stud. Sci. Math. Hungar.* **22** (1987), 229–238. [423]

[1976] Seymour P.D., A short proof of the matroid intersection theorem. unpubl. note (1976). [367]

[1979a] Seymour P.D., On multicolourings of cubic graphs, and conjectures of Fulkerson and Tutte. *Proc. Lond. Math. Soc.* **38** (1979), 423–460. [279]

[1979b] Seymour P.D., Sums of circuits. In *Graph theory and related topics (Proc. Waterloo, 1977).* Academic Press (1979), 341–355. [313, 318]

[1981] Seymour P.D., Nowhere-zero 6-flows. *J. Comb. Th. (B)* **30** (1981), 130–135. [312]

[1948] Shannon C.E, A mathematical theory of communication. *Bell Syst. Tech. J.* **27** (1948), 379–423, 623–656. [103, 106]

[1949] Shannon C.E., A theorem on coloring the lines of a network. *J. Math. Phys.* **28** (1949), 148–151. [275, 285]

[1994] Shende A.M. and B. Tesman, 3-Choosability of $K_{5,q}$. Computer Science Technical Report #94-9, Bucknell University (1994). [409]

[1988] Shibata T., On the tree representation of chordal graphs. *J. Graph Th.* **12** (1988), 421–428. [328]

[1981] Shmoys D.B., *Perfect graphs and the strong perfect graph conjecture.* B.S.E. Thesis, Princeton University (1981). [334]

[1959] Shrikhande S.S., The uniqueness of the $L_2$ association scheme. *Ann. Math. Statist.* **30** (1959), 781–798. [285]

[1991] Sierksma G. and Hoogeveen H., Seven criteria for integer sequences being graphic. *J. Graph Th.* **15** (1991), 223–231. [44]

[1996] Slivnik T., A short proof of Galvin's theorem on the list-chromatic index of a bipartite mulitgraph. *Combin. Probab. Comput.* **5** (1996), 91–94. [410]

[1962] Smolenskii E.A., . *Zh. vychisl. mat. i matem fiziki* **3** (1962), 371–372. (also in A.A. Zykov, *Fundamentals of graph theory* (1987), 110 (Russian), (ed. and transl. L. Boron et al., BCS Associates (1990)). [79]

[2000] Soffer S.N., The Komlós-Sós conjecture for graphs of girth 7. *Discr. Math.* **214** (2000), 279–283. [70]

[1977] Spencer J.H., Asymptotic lower bounds for Ramsey functions. *Discr. Math.* **20** (1977), 69–76. [394, 450]

[1984] Spencer J.H, E. Szemerédi, and W.T. Trotter, Unit distances in the Euclidean plane. In *Graph theory and combinatorics (Cambridge, 1983).* (ed. B. Bollobás) Academic Press (1984), 293–303. [265]

[1928] Sperner E., Neuer Beweis für die Invarianz der Dimensionszahl und des Gebietes. *Hamburger Abhand.* **6** (1928), 265–272. [388–391, 395]

[1973] Stanley R.P., Acyclic orientations of graphs. *Disc.Mat.***5**(1973),171–8. [228, 232]

[1974] Stanley R.P., Combinatorial reciprocity theorems. *Advances in Math.* **14** (1974), 194–253. [229]

[1951] Stein S.K., Convex maps. *Proc. Amer. Math. Soc.* **2** (1951), 464–466. [246]

[1970] Stein S.K., *B*-sets and coloring problems. *Bull. Amer. Math. Soc.* **76** (1970), 805–806. [315]

[1976] Steinberg R., *Grötzsch's Theorem dualized.* Masters Thesis, Univ. Waterloo (1976). [311]

[1993] Steinberg R., The state of the 3 color problem. In *Quo Vadis, Graph Theory?* (ed. J. Gimbel, J.W. Kennedy, L.V. Quintas) *Ann. Disc. Mat.* **55** (1993), 211–48 [270]

[1993] C.A. Tovey and Steinberg R., Planar Ramsey numbers. *J. Comb. Th. (B)* **59** (1993), 288–296. [270]

[1989] Steinberg R. and D.H. Younger, Grötzsch's theorem for the projective plane. *Ars Combinatoria* **28** (1989), 15–31. [317]

[1985] Stiebitz M., *Beiträge zur Theorie der färbungskritischen Graphen.* Dissertation zu Erlangung des akademischen Grades Dr.sc.nat., Technische Hochschule Ilmenau (1985). [218]

[1973] Stockmeyer L., Planar 3-colorability is polynomial complete. *ACM SIGACT News* **5** (1973), 19–25. [500, 504]

[1994] Stoer M. and F. Wagner, A simple min cut algorithm. In *Algorithms, ESA '94.* (ed. J. van Leeuwen) Springer-Verlag, *Lect. Notes Comp. Sci.* (1994), 141-7. [182]

[1974a] Sumner D.P., Graphs with 1-factors. *Proc. Am. Mat. Sc.* **42** (1974), 8–12. [147]

[1974b] Sumner D.P., On Tutte's factorization theorem. In *Graphs and Combinatorics.* (ed. R. Bari and F. Harary), *Lecture Notes in Math.* **406** Springer-Verlag (1974), 350–355. [159]

[1981] Sumner D.P., Subtrees of a graph and the chromatic number. In *The Theory and Applic. of Graphs (Kalamazoo, 1980).* Wiley (1981), 557–576. [206, 214, 219]

[1991] Sun L., Two classes of perfect graphs. *J. Comb. Th. (B)* **53** (1991), 273–292 (also Tech. Report DCS-TR-228, Computer Science Dept., Rutgers Univ. 1988). [341]

[1982] Sysło M.M. and J. Zak, The bandwidth problem: critical subgraphs and the solution for caterpillars. In *Bonn Workshop on Combinatorial Optimization.* (Bonn, 1980) North-Holland (1982), 281–286. [396]

[1997] Székely L.A., Crossing numbers and hard Erdős problems in discrete geometry. *Combin. Probab. Comput.* **6** (1997), 353–358. [265]

[1973] Szekeres G., Polyhedral decompositions of cubic graphs. *Bull. Austral. Math. Soc.* **8** (1973), 367–387. [305, 313]

[1968] Szekeres G. and H.S. Wilf, An inequality for the chromatic number of a graph. *J. Comb. Th.* **4** (1968), 1–3. [196, 201, 231]

[1943] Szele T., Combinatorial investigations concerning complete directed graphs (Hungarian). *Mat. es Fiz. Lapok* **50** (1943), 223–236. [428]

[1978] Szemerédi E., Regular partitions of graphs. In *Problémes combinatoires et théorie des graphes.* Orsay C.N.R.S. (1978), 399–401. [388]

[1878] Tait P.G., On the colouring of maps, *Proc. Royal Soc. Edinburgh Sect. A* **10** (1878–1880), 501–503, 729 [300–304]

[1984]  Tanner R.M., Explicit construction of concentrators from generalized $N$-gons. *SIAM J. Algeb. Disc. Meth.* **5** (1984), 287–293.                                    [463]

[1975]  Tarjan R.E., A good algorithm for edge-disjoint branching. *Info. Proc. Letters* **3** (1974)/(1975), 51–53.                                                         [406]

[1976]  Tarjan R.E., Maximum cardinality search and chordal graphs. Lecture Notes from CS 259 (1976).                                                              [325–326]

[1984]  Tarjan R.E., A simple version of Karzanov's blocking flow algorithm. *Oper. Res. Letters* **2** (1984), 265–268.                                                   [97]

[1984]  Tarjan R.E. and M. Yannakakis, Simple linear-time algorithms to test chordality of graphs, test acyclicity of hypergraphs, and selectively reduce acyclic hypergraphs. *SIAM J. Computing* **13** (1984), 566–579.                            [325, 344]

[1895]  Tarry G., Le problème des labyrinthes. *Nouv. Ann. Math.* **14**(1895), 187-190. [95]

[1980]  Thomassen C., Planarity and duality of finite and infinite graphs. *J. Comb. Th. (B)* **29** (1980), 244–271.                                              [249, 250]

[1981]  Thomassen C., Kuratowski's Theorem. *J. Graph Th.* **5** (1981), 225–241.    [250]

[1983]  Thomassen C., A theorem on paths in planar graphs. *J. Graph Th.* **7** (1983), 169–176.                                                                        [304]

[1984]  Thomassen C., A refinement of Kuratowski's theorem. *J. Comb. Th. (B)* **37** (1984), 245–253.                                                                  [252, 256]

[1988]  Thomassen C., Paths, circuits and subdivisions. In *Selected Topics in Graph Theory, 3.* (ed. L.W. Beineke & R.J. Wilson) Academic Press (1988), 97–132. [213-4]

[1994a] Thomassen C., Grötzsch's 3-Color Theorem. *J. Comb. Th. (B)* **62** (1994), 268–279.                                                                       [270]

[1994b] Thomassen C., Every planar graph is 5-choosable. *J. Comb. Th. (B)* **62** (1994), 180–181.                                                                    [412]

[1995]  Thomassen C., 3-List-coloring planar graphs of girth 5. *J. Comb. Th. (B)* **64** (1995), 101–107.                                                              [412]

[1974]  Toft B., On critical subgraphs of colour-critical graphs. *Discr. Math.* **7** (1974), 377–392.                                                                      [218]

[1973]  Toida S., Properties of an Euler graph. *J. Franklin Inst.* **295** (1973), 343-5. [34]

[1971]  Tomescu I., Le nombre maximal de colorations d'un graphe. *C. R. Acad. Sci. Paris* **A272** (1971), 1301–1303.                                                  [230]

[1973]  Tucker A.C., The strong perfect graph conjecture for planar graphs. *Canad. J. Math.* **25** (1973), 103–114.                                                  [341]

[1975]  Tucker A.C., Coloring a family of circular arcs. *SIAM J. Appl. Math.* **3** (1975), 493–502.                                                                         [341]

[1976]  Tucker A.C., A new applicable proof of the Euler circuit theorem. *Amer. Math. Monthly* **83** (1976), 638–640.                                                     [34]

[1977]  Tucker A.C., Critical perfect graphs and perfect 3-chromatic graphs. *J. Comb. Th. (B)* **23** (1977), 143–149.                                             [337, 339, 341]

[1976]  Tucker A.C. and L. Bodin, A model for municipal street-sweeping operations. In *Case Studies in Applied Mathematics.* (CUPM) Math. Assn. Amer. (1976), . [130]

[1941]  Turán P., Eine Extremalaufgabe aus der Graphentheorie. *Mat. Fiz Lapook* **48** (1941), 436–452.                                                      [207–210, 216–217]

[1946]  Tutte W.T., On Hamiltonian circuits. *J. Lond. Mat. Sc.* **21** (1946), 98–101. [303]

[1947]  Tutte W.T., The factorization of linear graphs. *J. Lond. Math. Soc.* **22** (1947), 107–111.                                                                      [137]

[1948]  Tutte W.T., The dissection of equilateral triangles into equilateral triangles. *Proc. Cambridge Philos. Soc.* **44** (1948), 463–482.                           [89]

[1949]  Tutte W.T., On the imbedding of linear graphs in surfaces. *Proc. Lond. Math. Soc.(2)* **51** (1949), 474–483.                                                    [308, 312, 318]

[1952]  Tutte W.T., The factors of graphs. *Canad. J. Math.* **4** (1952), 314–328. [140, 148]

[1954a] Tutte W.T., A short proof of the factor theorem for finite graphs. *Canad. J. Math.* **6** (1954), 347–352.                                                       [141, 148]

[1954b] Tutte W.T., A contribution to the theory of chromatic polynomials. *Canad. J. Math.* **6** (1954), 80–91.                                                          [309, 311]

[1956]  Tutte W.T., A theorem on planar graphs. *Trans. Amer. Math. Soc.* **82** (1956), 99–116.                                                                           [304]

[1958]  Tutte W.T., A homotopy theorem for matroids, I, II. *Trans. Amer. Math. Soc.* **88** (1958), 144–174.                                                        [252, 256, 375]

[1960]  Tutte W.T., Convex representations of graphs. *Proc. Lond. Math. Soc.* **10** (1960), 304–320.                                                                     [248, 250]

[1961a] Tutte W.T., On the problem of decomposing a graph into $n$ connected factors. *J. Lond. Math. Soc.* **36** (1961), 221–230.                                     [73, 80, 372]

[1961b] Tutte W.T., A theory of 3-connected graphs. *Indag. Math.* **23**(1961),441-55. [174]

[1963]  Tutte W.T., How to draw a graph. *Proc. Lond. Math. Soc.* **13** (1963), 743–767.
                                                                                         [248, 250, 256]

[1966a] Tutte W.T., *Connectivity in Graphs.* Toronto Univ. Press (1966).        [175, 311]

[1966b] Tutte W.T., On the algebraic theory of graph colourings. *J. Comb. Th.* **1** (1966), 15–50.                                                                       [311]

[1967]  Tutte W.T., A geometrical version of the four color problem. In *Combinatorial Math. and its Applications.* (eds. R.C. Bose and T.A. Dowling) Univ. N. Carolina Press (1967).                                                                        [304]

[1970]  Tutte W.T., *Introduction to the Theory of Matroids.* Amer. Elsevier (1970). [355]

[1971]  Tutte W.T., On the 2-factors of bicubicgraphs. *Discr. Math.* **1**(1971), 203-8. [292]

[1980]  Tverberg H., A proof of the Jordan Curve Theorem. *Bull. Lond. Math. Soc.* **12** (1980), 34–38.                                                                   [235]

[1982]  Tverberg H., On the decomposition of $K_n$ into complete bipartite subraphs. *J. Graph Th.* **6** (1982), 493–494.                                                 [457, 459]

[1951]  van Aardenne-Ehrenfest T. and N.G. de Bruijn, Circuits and trees in oriented linear graphs. *Simon Stevin* **28** (1951), 203–217.                                  [91]

[1937]  van der Waerden B.L., *Moderne Algebra Vol. 1.* (2nd ed.) Springer-Verlag (1937).
                                                                                         [349, 355]

[1965]  van Rooij A. and H.S. Wilf, The interchange graphs of a finite graph. *Acta Math. Acad. Sci. Hung.* **16** (1965), 263–269.                                         [281]

[1994]  Vazirani V.V., A theory of alternating paths and blossoms for proving correctness of the $O(|V^{1/2}||E|)$ general graph matching algorithm. *Combinatorica* **14** (1994), 71–91.                                                                           [145]

[1989]  Vince A., Problem 6617. *Amer. Math. Monthly* **96** (1989), 942.          [470]

[1962]  Vitaver L.M., Determination of minimal coloring of vertices of a graph by means of Boolean powers of the incidence matrix (Russian). *Dokl. Akad. Nauk. SSSR* **147** (1962), 758–759.                                                              [196]

[1963]  Vizing V.G., The Cartesian product of graphs. *Vyč. Sis.* **9** (1963), 30–43.  [194]

[1964]  Vizing V.G., On an estimate of the chromatic class of a $p$-graph. *Diskret. Analiz.* **3** (1964), 25–30.                                               [275, 277, 279, 285, 439]

[1965]  Vizing V.G., Critical graphs with a given chromatic class (Russian). *Metody Diskret. Analiz.* **5** (1965), 9–17.                                           [277, 279, 285]

[1976] Vizing V.G., Coloring the vertices of a graph in prescribed colors (Russian). *Diskret. Analiz.* **29** (1976), 3–10.                                                        [408, 411]

[1969] Vizing V. and M. Goldberg, On the length of a circuit of a strongly connected graph (English transl. *Cibernetics* **5** (1969), 95–98). *Kibernetica (Kiev)* (1969), 79–82.                                                                                              [65]

[1993] Voigt M., List colourings of planar graphs. *Discr. Math.* **120** (1993), 215-9.   [412]

[1997] Voigt M. and B. Wirth, On 3-colorable non-4-choosable planar graphs. *J. Graph Th.* **24** (1997), 233–235.                                                                 [412]

[1982] Voloshin V.I., Properties of triangulated graphs (Russian). In *Oper. Research & Progr.*. (ed. B. A. Shcherbakov) Shtiintsa (1982), 24–32.             [225, 231, 345]

[1982] Voloshin V.I. and I.M. Gorgos, Some properties of 1-simply connected hypergraphs and their applications (Russian), in Graphs, hypergraphs and discrete optimization problems. *Mat. Issled.* **66** (1982), 30–33.                                 [231]

[1936] Wagner K., Bemerkungen zum Vierfarbenproblem. *Jber. Deutsch. Math. Verein.* **46** (1936), 21–22.                                                                         [246]

[1937] Wagner K., Über eine Eigenschaft der ebenen Komplexe. *Math. Ann.* **114** (1937), 570–590.                                                                         [251, 256, 363]

[1980] Wagon S., A bound on the chromatic number of graphs without certain induced subgraphs. *J. Comb. Th. (B)* **29** (1980), 245–246.                                 [215]

[1972] Walter J.R., *Representations of rigid cycle graphs*. Ph.D. Thesis, Wayne State Univ. (1972).                                                                             [324]

[1978] Walter J.R., Representations of chordal graphs as subtrees of a tree. *J. Graph Th.* **2** (1978), 265–267.                                                               [324]

[1996] Walters I.C.Jr., The ever expanding expander coefficients. *Bull. Inst. Combin. Appl.* (1996), 97.                                                                     [463]

[1973] Wang, D.L. and D.J. Kleitman, On the existence of *n*-connected graphs with prescribed degrees ($n \geqslant 2$). *Networks* **3** (1973), 225–239.                 [52]

[1995] Wang J., D.B. West, and B. Yao, Maximum bandwidth under edge addition. *J. Comb. Th.* **20** (1995), 87–90.                                                         [396]

[1994] Weaver M.L. and D.B. West, Relaxed chromatic numbers of graphs. *Graphs and Combin.* **10** (1994), 75–93.                                                           [204]

[1981] Wei V.K., A Lower Bound on the Stability Number of a Simple Graph. Bell Laboratories TM 81-11217-9 (1981).                                                     [122, 428]

[1963] Weinstein J.M., On the number of disjoint edges in a graph. *Canad. J. Math.* **15** (1963), 106–111.                                                                     [146]

[1976] Welsh D.J.A., *Matroid Theory*. Academic Press (1976).           [355, 369, 374, 376]

[1967] Welsh D.J.A. and M.B. Powell, An upper bound for the chromatic number of a graph and its application to timetabling problems. *Computer J.* **10** (1967), 85–87.                                                                                             [195]

[1982a] West D.B., A class of solutions to the gossip problem, I. *Discr. Math.* **39** (1982), 307–326.                                                                         [423]

[1982b] West D.B., Gossiping without duplicate transmissions. *SIAM J. Algeb. Disc. Meth.* **3** (1982), 418–419.                                                               [423]

[1996] West D.B., The superregular graphs. *J. Graph Th.* **23** (1996), 289–295.       [470]

[1973] White A.T., *Graphs, Groups and Surfaces*. North-Holland (1973).                 [453]

[1960] Whiting P.D. and J.A. Hillier, A method for finding the shortest route through a road network. *Operations Research Quart.* **11** (1960), 37–40.                   [97]

[1931] Whitney H., A theorem on graphs. *Ann. of Math.* **32** (1931), 378–390.         [315]

[1932a] Whitney H., Congruent graphs and the connectivity of graphs. *Amer. J. Math.* **54** (1932), 150–168.                                             [152, 161, 163, 169, 286]

[1932b] Whitney H., A logical expansion in Mathematics. *Bull. Amer. Math. Soc.* **38** (1932), 572–579.                                                                          [222]

[1932c] Whitney H., The coloring of graphs. *Ann. Math. (2)* **33** (1932), 688–718.     [222]

[1933a] Whitney H., Planar graphs. *Fund. Math.* **21** (1933), 73–84.                   [364]

[1933b] Whitney H., 2-isomorphic graphs. *Amer. J. Math.* **55** (1933), 245–254.
                                                                                [256, 365, 376]

[1935]  Whitney H., On the abstract properties of linear dependence. *Amer. J. Math.* **57** (1935), 509–533.                                                     [349, 355, 361, 374]

[1967]  Wilf H.S., The eigenvalues of a graph and its chromatic number. *J. Lond. Math. Soc.* **42** (1967), 330–332.                                                              [459]

[1971]  Wilf H.S, The friendship theorem. In *Combinatorial Mathematics and Its Applications.* Proc. Conf. Oxford 1969 Academic Press (1971), 307–309.                [467]

[1986]  Wilson R.J., An Eulerian trail through Königsberg. *J. Graph Th.* **10** (1986), 265–275.                                                                                   [26]

[1990]  Wilson R.J. and J.J. Watkins, *Graphs, an Introductory Approach.* Wiley (1990).
                                                                                         [16]

[1983]  Winkler P.M., Proof of the squashed cube conjecture. *Combinatorica* **3** (1983), 135–139.                                                                           [402, 403]

[1965]  Wolk E. S., A note on "The comparability graph of a tree". *Proc. Amer. Math. Soc.* **16** (1965), 17–20.                                                                   [34]

[1972]  Woodall D.R., Sufficient conditions for circuits in graphs. *Proc. Lond. Math. Soc.* **24** (1972), 739–755.                                                       [416, 420, 424]

[1993]  Woodall D.R., Cyclic-order graphs and Zarankiewicz's crossing-number conjecture. *J. Graph Th.* **17** (1993), 657–671.                                                   [264]

[1982]  Xia X.-G., Hamilton cycle in two sorts of Euler tour graph. *Acta Xin Xiang Normal Inst.* **2** (1982), 8–10.                                                             [299]

[1981]  Yao A.C.C., Should tables be sorted?. *J. Assoc. Comp. Mach.* **28** (1981), 615–628.
                                                                                        [383]

[1983]  Younger D.H., Integer Flows. *J. Graph Th.* **7** (1983), 349–357.         [309, 312]

[1954]  Zarankiewicz K., On a problem of P. Turán concerning graphs. *Fund. Math.* **41** (1954), 137–145.                                                                         [264]

[1997]  Zhang C.Q., *Integer flows and cycle covers of graphs. Monographs and Textbooks in Pure and Applied Mathematics* **205** Marcel Dekker, Inc. (1997).       [307, 312]

[1986]  Zhang F.-J. and X.-F. Guo, Hamilton cycles in Euler tour graph. *J. Comb. Th. (B)* **40** (1986), 1–8.                                                                     [299]

[1985]  Zhu Y.J., Z.H. Liu, and Z.G. Yu, An improvement of Jackson's result on Hamilton cycles in 2-connected regular graphs. In *Cycles in Graphs.* Proc. Burnaby 1982 (ed. B. Alspach & C. Godsil) North-Holland (1985), 237–247.                    [292]

[1949]  Zykov A.A., On some properties of linear complexes (Russian). *Mat. Sbornik* **24** (1949), 163–188.                                                                       [215]